"十二五"普通高等教育本科国家级规划教材

大学基础有机化学

第二版

秦 川 荣国斌 编著

化学工业出版社

·北京·

本书根据教育部高等学校化学类专业教学指导分委员会制定的"化学专业和应用化学专业化学教学基本内容"中有机化学部分的要求选材编写。包括：绪论，分子的结构与性能，烷烃和环烷烃，烯烃，分子的手性，炔烃，芳香族化合物，卤代烃，醇、酚和醚，醛和酮，羧酸，羧酸衍生物，含氮化合物，糖，氨基酸、肽和蛋白质，核酸，有机合成设计，绿色有机化学。第1～第16章均有习题，书末附有有机化合物中文名称中的构词成分和系统命名通则、主题词索引、西文（中文）人名索引、英文缩写词及其含义、希腊字母及其含义五个附录。

　　本书可作为化学类相关专业的学生学习基础有机化学的教材或教学参考用书，也可供有关科研工作者参考。

图书在版编目（CIP）数据

大学基础有机化学/秦川，荣国斌编著．—2版．北京：化学工业出版社，2016. 5

"十二五"普通高等教育本科国家级规划教材

ISBN 978-7-122-26364-3

Ⅰ. ①大…　Ⅱ. ①秦…②荣…　Ⅲ. ①有机化学-高等学校-教材　Ⅳ. ①O62

中国版本图书馆 CIP 数据核字（2016）第 036879 号

责任编辑：刘俊之　　　　　　　　　　文字编辑：向　东
责任校对：王素芹　　　　　　　　　　装帧设计：关　飞

出版发行：化学工业出版社（北京市东城区青年湖南街 13 号　邮政编码 100011）
印　　刷：北京永鑫印刷有限责任公司
装　　订：三河市宇新装订厂
787mm×1092mm　1/16　印张 33　字数 884 千字　2016 年 8 月北京第 2 版第 1 次印刷

购书咨询：010-64518888（传真：010-64519686）　　售后服务：010-64518899
网　　址：http://www.cip.com.cn
凡购买本书，如有缺损质量问题，本社销售中心负责调换。

定　价：69.00 元

前 言

　　《大学基础有机化学(第二版)》是在初版基础上根据近几年有机化学的发展及教学实践的需要逐字逐句作了全面修订而完成的。新版遵从初版的编写原则并从以下几个方面进一步强调科学性、时代性、启发性、应用性和文字的简洁性,以更好地提升读者学习、研究有机化学的兴趣。

　　(1) 每个有机反应都有其来龙去脉,不是两个底物和试剂的混合就能发生的。新版对反应更重视机理的描述讨论,并就其起因、电子流动的标示、中间体或过渡态结构、适用范围、特色、优缺点及与同类反应的比较等给出更具必要的增补说明。内容顺序有所调整:分子的手性置于烯烃章节后以利于不对称反应的论述;同类机理的反应尽量归入一起讨论;各类官能团化合物的制备放在理化性能后再讨论。出现前后交叉的内容有"(参见×.×.×)"标示以方便读者对照阅读。

　　(2) 按照 IUPAC 的新要求并结合科技刊物的通用表示法对命名和图式作了规范表示:如,2-丁烯的命名改为丁-2-烯,糖的 Fischer 结构式中的直角折线改用圆角,立体构型中远离读者的基团用虚楔形线连接,等等。所有的方程式和结构式都重新绘制且在文中都有对应的代号或"式(×-×)"或"图×-×"描述。化合物的编号次序自二级标题下以粗体阿拉伯数字按序表示,同一分子的不同构象或图式用数字加后缀英语小写字母表示,对映异构体用数字加撇号表示;图、表和方程式的编号次序自章开始。

　　(3) 习题有所增加,仍坚持思索性、开放性、综合性为主的原则,部分习题则有相当大的挑战性。由化学工业出版社出版的配套书《大学基础有机化学习题精析》提供本书所有习题的详尽解答和分析。

　　使用本书作为教材的授课教师可无偿得到 Word 格式的所有反应方程式、结构式及目录、索引等资料和 PPT 教学课件。

　　编著者水平所限,在选材和编排方面仍会有不足之处,诚盼广大读者不吝校正和指教。

荣国斌 (ronggb@ecust.edu.cn)

秦川 (qinchuan@ecust.edu.cn)

2016 年 4 月于华东理工大学　上海

第一版前言

　　《大学基础有机化学》是按照教育部高等学校化学类专业教学指导分委员会制定的"应用化学专业和化学专业化学教学基本内容"中有机化学部分和当前高等院校教学改革的要求而重新选材编写的。编者结合教学实践和国内外最新教材的优秀编著经验,力求在提高本书的科学性、先进性、实践性和新颖性上下工夫,在缩减篇幅、强化基础和反映当代的指导思想下努力在框架体系的构建及内容的精选上重点做好如下几个方面:

　　● 有机化学的应用性、实用性及充满活力的逻辑性是极为引人入胜的。本书努力以现代有机化学的理论和成果为基础,反映时代特征,有重点地介绍当代有机化学与其他学科,特别是生物、材料、环境、能源和低碳科学等领域的众多交叉发展及应用渗透。读者学完本书后对当代有机化学的发展、应用、对人类生活的影响及前沿所在将有较清晰的了解并欣赏到有机化学学科发展所带来的新景象和新成果。

　　● 懂得为什么及理解而非简单地知道知识要重要得多! 本书起始即引入在有机化学的学习和研究中应正确理解和掌握的各个基本概念、理论、有机元素符号和方法,并在后续各章节中不断增强和展开它们的内涵、深度及应用。让读者理解有机化学是有规律可循的并能从结构和机理出发来认识有机化合物的性质和反应。

　　● 以官能团分类展开介绍。官能团的性质、转化和反应有理论分析和机理解释,并结合绿色化学的要求和有机合成问题说明其应用范围。书中许多反应给出了 OR(Organic Reactions) 和 OS(Organic Synthesis) 上的文献所在;以粗体较醒目地给出了中英文对照的一些主题词和相关内容的前后参阅点。西文人名在书中也仍以英语表达以方便读者阅读文献资料。

　　● 对波谱原理和仪器仅作了简要注解,更多着眼于波谱数据对解析结构的应用。本书提供了紫外和核磁共振波谱数据的理论估算方法,方便读者在学习阶段及今后的实际工作中能一直参考使用。

　　● 每章均有非简单抄书就能解答的以思考性、开放性为主的习题。书末有部分习题参考答案、英文字母及主题词索引、英文希腊字母及化学符号一览和西文(中文)人名索引。

　　● 使用本书作为教材的授课教师可以无偿得到 WORD 格式的所有反应方程式、结构式及目录、索引等资料以方便制作课件。编著者也非常渴望能与各位老师交流经验,为提高大学有机化学的教学水平而共同努力。

　　学完本教材所涉及的内容将基本能够满足目前有机化学课程硕士研究生的入学考试要求。当今的有机化学仍然是一门欣欣向荣的充满了实用性和创新性的科学,学科范围广泛,发展迅猛,涉及到方方面面的前沿知识。编著者水平有限,相信在本书的选材和编排方面会有过简过繁、叙述不清甚而错误之处,诚盼广大读者不吝校正和指教。

荣国斌 (ronggb@ecust.edu.cn)

秦川 (qinchuan@ecust.edu.cn)

2010 年 11 月于华东理工大学　上海

目录

绪　论

有机化学(organic chemistry)一词是化学科学的奠基者 Berzelius 于 1807 年提出的，是一门研究**有机化合物**(Compound) 的科学，涉及有机化合物的**结构与性能**(structure and properties)、**有机合成化学**(organic synthesis chemistry) 和**有机反应机理**(organic reaction mechanism) 三大部分。

分子 (molecules) 是由多原子构成的保持特定化学性质的最小微粒，指由同种元素的原子组成的单质 (element) 或由两种或以上元素的原子依一定比例组成的化合物。有机化合物亦称**有机分子**(organic molecules)，泛指**碳氢化合物**(hydrocarbon) 及其**衍生物**(derivative，即基本碳架不变，在侧链或取代基、官能团有所不同的新化合物)，几乎所有的有机化合物都含有碳、氢元素。但是，如二氧化碳、碳酸盐、碳化钙和氢氰酸等含碳化合物仍归入无机化合物。触目所及，包括我们人体在内的周围都是有机化合物的世界。有机化合物在国民经济各个领域及民众生活的方方面面都发挥着无可替代的作用，也是人类衣食住行和现代高新科技的物质基础。

0.1　环境友好的有机化学

有机化学的发展与人类生存和生活品质的改善密切相关，但不少有毒有害的有机化合物若处置不当或随意丢弃则会污染环境并破坏生态平衡，进而影响人类健康。当今的有机化学学科无论在科学界还是工业界都已经进入了一个更高层次的成熟期，在保护环境和治理环境污染过程中起着极为重要的作用。**绿色有机化学**(green organic chemistry，参见 17)[1] 已经成为现代有机化学发展的准则而得到推广应用，采用无毒无害的原料和可再生自然资源，在无害排放的反应条件下实现高选择性的原子经济性的反应来生产环境友好的有机产品。人类既要得到有用的有机化合物，又要能掌控它们的清洁生产和附带的各种影响。一个繁荣昌盛的可持续发展的**低碳经济**(low carbon economy) 社会正期待有更多富有创新精神的青年有机化学家来共同参与建设。

0.2　有机化合物的特点

早期人们认为如糖、油脂及尿素、乙酸等有机化合物只能从动植物等有机体中产生而与

---

[1]　有机化学文献中普遍采用粗体阿拉伯数字指代某个化合物，本书也采用此表示方法。参见×.×.×指相关内容在本书的×.×.×章节中还有论述。

从无生命的气体、岩石及矿物中得到的无机物质不同。1828 年 **Wohler** 在试图从氰酸铅和氨水制备氰酸铵（**1**）时发现氰酸铵受热即可生成**尿素**（**2**）这一有机化合物（参见 11.12.2）。1845 年 **Kolbe** 以木炭、硫黄、氯气和水为原料合成了乙酸。这些实验结果彻底否定了有机化合物只能从生物体产生的观点。

$$Pb(OCN)_2 + 2NH_3 \xrightarrow[-Pb(OH)_2]{2H_2O} [NH_4OCN] \xrightarrow{\triangle} (NH_2)_2CO$$

$$\qquad\qquad\qquad\qquad\qquad\qquad\quad \mathbf{1} \qquad\qquad\qquad \mathbf{2}$$

即使有机化合物不是必须从有机体而来，它们的结构和性质与无机物相比还是有如下几个非常明显的特性。

（1）**数量和结构**　目前不到 3s 就有一个理化性质各异的新化合物来自实验室或天然提取。**美国化学会**（Chemical Abstracts Service，**CAS**）旗下的化学物质信息数据库在 2015 年 4 月已收录了超过 11000 万种有机和无机物质，这一亿多种物质中绝大部分是有机化合物，无机化合物的数量远不能和有机化合物相比，两者差距悬殊。即使除去蛋白质、核酸一类生物大分子，有机小分子的数量也接近 2000 万个。位于元素周期表第二周期的正中位置、地壳中含量仅 0.2% 的碳是一个极其独特的元素，可以与包括其自身在内的绝大部分元素通过共价键形成庞大数目的有机化合物。有机化合物中碳原子的数目可以多寡不等，成键方式有多种组合，形成的碳链可以是开链状或环状的；直链或支链的；有相同数量和种类的原子可形成众多结构各不相同的同分异构体。有机分子中的某个原子（团）还能被其他原子（团）取代而形成众多衍生物。基础有机化学涉及的非碳、氢元素的原子包括统称**杂原子**（hetero atom）的氮、氧、硫、硅、磷、卤素和碱（土）金属等。

每个有机分子无论是最简单的甲烷还是较复杂的天然产物都有其唯一的独特结构。如 20 世纪 80 年代从海洋生物中得到的**沙海葵毒素**（palytoxin）的分子式为 $C_{129}H_{221}O_{53}N_3$，这 400 多个原子即使以相同的次序键连，由于原子在空间取向的不同就有可能形成 2×10^{71} 个立体异构体！而其中只有一个才是该化合物的真正结构。许多人工合成的有机化合物是依照化学家的意愿创造出来的，它们或是有所需的特殊性能，或是有优雅而美观的形状。2011 年，化学家合成得到的一个稳定的树状分子的直径约 2nm，相对分子质量达 2×10^8。

（2）**可以燃烧**　绝大多数有机化合物都因含有碳、氢等可燃元素而可着火并最终不留或仅留有很少的残余物。故在处理有机化合物时要注意消防安全，能否燃烧这个特点也可以较简单地用于区别有机化合物或无机化合物。但也有一些含卤素、含磷的有机化合物不仅不会燃烧，还有灭火功效。

（3）**熔点不高**　无机化合物的结晶因有正负离子间非常强的静电引力而具有较高的熔点。组成有机晶体的单位是分子，分子之间的引力比正负离子间的静电引力弱得多。有机化合物熔点一般都不高，其数值是有机分子非常重要的一个物理常数。绝大多数纯净的有机分子有着固定的熔点和很短的**熔程**（固-液相变区域）。**液晶**（liquid crystal）有机分子有较长的熔程并在固-液相区域显示特殊的光电性能而得到广泛应用。

（4）**不溶于水**　水是一种极性很强、介电常数很大的液体，易于克服极性盐的晶格并使之离子化而溶解。有机分子的极性一般较弱甚至没有，和水之间也只有很弱的吸引力。除乙醇、乙酸和蔗糖等不多的几种有机化合物外，绝大多数有机化合物都不溶于水而易与有机溶剂混溶，这种特性称**疏水性**（hydrophobicity，参见 1.6.4）。

（5）**反应复杂**　绝大多数有机化合物发生反应的速率都不大，需要采取溶解、搅拌、加热或加催化剂等手段来促进反应。不少有机化合物易爆易燃或有毒有害，处理有机化合物及进行有机反应时需遵循严格的操作规程并寻找最佳的反应条件。有机分子中原子众多，反应时各个原子部位都会受到影响，同类型但不同键的键能差别不大，完全专一性的反应很难控制，故许多有机反应得到的产物常常是混合物。

0.3　怎样学好有机化学

　　有机化学是一门专业学科，其内容虽与日常生活密切相关，但并非在人的成长过程中就能自然认识。如，无人不知酒和汽油，但没学过有机化学就搞不清两者的结构及溶解性截然不同的缘由。不具备一点有机化学知识的人必然与社会脱节，对许多日常生活中出现的问题会产生本不该有的困惑和误解。读者学完本书将能理解分子的三维微观结构及解析方法，熟悉有机化合物的理化性质、反应机理及其应用，设计目标分子的合成路线。

　　有机分子的结构与性能都有规律可循，合乎科学逻辑和因果关系，性能是由其结构与外界环境共同决定的。有机化学已由实验科学为主进展到实验与理论并重，理论是可以预测或指导实验结果的新台阶。但人类对分子微观世界的认识仍很有限，有机化学中少有如数学、物理那样明晰的公式、定理、定律或如无机化学、分析化学、物理化学那样定量的关系式。有机反应丰富多彩，某些现象可以用不同的概念来解释，此时只有符合实验结果的那个概念才是最应该采用的。学习有机化学与学习一门语言有相似之处：应能完整地理解相当于是词汇的众多基本概念以及**有机术语和符号**（参见 1.13），并运用它们去熟悉和掌握类似于语法的**反应过程（机理）**。有机化学就是靠这些词汇和语法构筑而成的语言大树并有自身特有的理论体系支撑和发展。本书第 1 章内容是有机化学的理论基础，希望读者能确切掌握并将其融会贯通地应用于后续各章节官能团化学的学习中。记忆知识点（参见索引）是学好有机化学所需要的，但不能强记硬背，应放松心情并养成一种好奇心，运用科学的逻辑思维理解它们是如何得出的及如何用于解决实际问题的。不同的作者编写教材时对一些概念的侧重点和分析方法及思路不同，适当阅读一些课堂教材外的国内外经典教材对扩展视野是大有益处的。除了接受课堂教学外，动手实验和勤于练习、自测、解答习题是学习有机化学两个必不可少的重要环节。能学好有机化学的人在早期肯定做过许多习题而概莫能外。本书习题很少是抄书就可解答的，多为思索性、综合性、开放性并具有挑战性的，希望读者能个人求索或集体讨论后得出答案，并可参阅配套的由化学工业出版社出版的《大学基础有机化学习题精析》。

　　探究有机分子的结构、性能及其应用与充满活力的不确定性和逻辑性是极为引人入胜的。过去的有机化学已经改变了你我的生活，当今的有机化学正使许多想象的东西成为现实，明天的有机化学将继续与时俱进，生机勃勃，充满理想、创新、扩展。对青年学子而言，学习和研究有机化学充满了机遇、挑战、愉悦和成功。

1 分子的结构与性能

绪论中介绍的有机分子的特点是由其原子组成及成键方式，即结构所决定的。学习有机化学先要了解原（分）子的结构及其产生的电子效应和立体效应，训练有素后就能看到结构即能预测其应有的性能；根据性能也能推出其可能具有的结构。此外，有机化合物的性能还与其所处的外部环境有关，存在主-客效应。

1.1 原子结构

分子由原子键合而成，了解原子结构才能理解分子结构。

1.1.1 原子核

原子由原子核和电子所组成。原子核体积（直径约 10^{-15} m）极小，内有带正电荷的质子及中性的中子；原子质量就是质量近似相等的质子与中子的质量之和。每个元素有特定的质子数。如，大部分氢原子只有一个质子而无中子，质量数 1，标记为 ^{1}H；碳原子有 6 个质子和 6 个中子，质量数 12，标记为 ^{12}C。质子数相同但中子数不同的原子是**同位素**（isotope）原子。如，氢元素中约 0.02% 称氘（deuterium，**D**）的原子有一个质子和一个中子，质量数 2，标记为 ^{2}H 或 D；碳元素中约 1.1% 的原子有 6 个质子和 7 个中子，质量数 13，标记为 ^{13}C。原子核外有数量与质子相等且带负电荷的电子，故原子是中性的。少于或多于中性原子带有电子数的分别是**正离子**（cation）或**负离子**（anion）。**原子序数**（atomic number）与原子的质子数或电子数相同，质子数在化学反应中通常是不会改变的，但原子可以失去或得到电子而带电正性或电负性并引发反应。

1.1.2 电子

原子核外兼具波和粒子性质（**波粒二象性**，wave-particle duality）的电子具有几近纯粹而完美的圆球形，质量仅是质子的 1/1800 却占有原子（直径约 10^{-10} m）的绝大部分体积。同一个原子中没有也不可能有运动状态完全相同的两个电子存在，每个电子的能量和状态都可用四个量子数来描述。两个量子数与能量有关：一个是用**主量子数** n 并用 1，2，3，…表示的**层**（shell），每一层可容纳 $2n^2$ 个电子；位于第一层的电子离核最近，受核的束缚最大，能量也最低，位于主量子数愈大的层中的电子离核愈远，受核的束缚愈小，能量也愈大。位于最远层，即**价层**（valance shell）的是参与形成化学键的**价电子**。价电子是影响元素化学性质的主要因素，也是有机化学所要关注的重点；元素周期表中同一列（族）的元素因有相似的价电子构型而有相似的化学性质。层又可分为由**角量子数**决定电子云形状并用 s、p、d、f 表示的几个**亚层**（subshell），电子在这些亚层中成组进入能量不同俗称**轨道**（orbital）的空间区域。如，第一层有球状的 s 轨道；第二层除 s 轨道外还有 3 个哑铃状的 p 轨道；第三层除 s、p 轨道外还有 5 个八面体状的 d 轨道。轨道能量随 s、p、d、f 增大且每个轨道最多只能容纳两个电子。另外两个量子数与能量无关：一个是决定空间方向的**磁量子数**，如 p 轨道 3 个正交方向的 p_x、p_y、p_z；另一个是与电子自旋状态相关的**自旋量子数**（I，用箭头的上下指向或 +1/2、−1/2 代表）。

原（分）子中的电子具波动性的特性比粒子性更多，各类电子按一定的空间体积和形状在原（分）子中飞转的运动状态可用**量子力学**（quantum mechanics）的 **Schrodinger 波方程**（wave equation）来描述，波方程的解称**波函数**（wave function，ψ）或轨道，给出了电子的能量及其空间可能占有的区域。电子运动形成一团带负电荷的**电子云**（electronic cloud），电子云的形状也就是轨道的形状，常用包含了绝大部分电子密度的界线来图示。量子力学的一个基本原理，**Heisenberg 测不准原理**（uncertainty principle）指出：对粒子的位置测得越准确，对粒子速度的测量就越不准确，反之亦然。故电子在原子中的确切位置和其对应的能量无法同时得知，但电子在轨道的某个区域存在的概率，即**电荷密度**（charge density）可以测得，其值与波函数值的平方（ψ^2）相关。电荷密度反映电子最有可能出现的运动区域，并非局限于两个原子之间的连线上。

电子已占轨道的状态遵从一定的**排布规则**（configuration）而有规律性，用**电子构型**（electronic configuration）来表述，遵循三大原则，即**能量最低原理**（aufbau principle）、**Pauli 不相容原理**（exclusion principle）和 **Hund 规则**。故基态原子轨道的电子排布依次为 1s、2s、2p、3s、3p、4s、3d、4p、5s、4d、5p、6s、4f、5d、6p、7s、5f、6d。

1.1.3　s 轨道、p 轨道和杂化轨道

原（分）子中的电子排布满足最低能级状态的称**基态**（ground state），其他状态的称**激发态**（excited state）。基态碳原子的电子构型是 $1s^2 2s^2 2p_x^1 2p_y^1$，两个内层电子（$1s^2$），两个 2s 电子和一个 $2p_x$ 电子及一个 $2p_y$ 电子是价电子，故 s 轨道和 p 轨道是有机化学中最常用到的。以通过原子核的直线为轴对称分布的 p 轨道中的电子偏离原子核的区域比 s 轨道远，能量也更高。如图 1-1 所示，Schrodinger 波方程的数学计算和实验均表明，s 轨道是球形对称的，1s 轨道是能量最低的轨道，2s 轨道比 1s 轨道大，能量也更高；p 轨道恰似大门球形把手相等的两瓣（多用泪珠状或哑铃状表示），因磁量子数不同而有三个能量相同〔原子或分子中能量相同的一组轨道称**简并**（degenerate）**轨道**〕彼此相互垂直的 p_x、p_y、p_z 轨道。p 轨道中的电荷密度对称分布在两瓣中，通过节点（面）时波相符号改变。波相符号用正负或黑白体表示，仅是波函数数学符号的表述而与电荷密度或能量无关。正负位相交界处有一个电子波动性所决定的出现概率为零的**节点（面）**〔node（nodal plane）〕。如，$2p_z$ 轨道围绕 z 轴呈轴对称，xy 平面为节面。节点（面）也存在于分子轨道中，节点（面）愈多的轨道能量愈高。

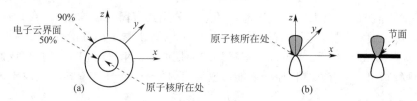

图 1-1　s 轨道（a）和 $2p_z$ 轨道（b）示意图

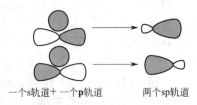

一个s轨道＋一个p轨道　　　两个sp轨道

图1-2　一个 s 轨道与一个 p 轨道混合后生成指向相反的两个 sp 杂化轨道

轨道相互作用（线性组合）后可形成新的轨道。能量相近但类型不同的原子轨道可混合并平均化后形成相等数量的形状和能量都相同的**杂化**（hybridization）原子轨道。第二周期元素的原子可有 3 种类型的杂化轨道，如，碳的一个 s 轨道分别与一个、两个或三个 p 轨道混合后形成两个 sp 杂化轨道（参见 5.1 和图 1-2）、三个 sp^2 杂化轨道（参见 3.1.1）和 4 个 sp^3 杂化轨道（参见 2.1.1）。杂化也是一个能量均化过程，sp^n（$n=1$，2，3）❶ 杂化轨道的能量位于 s 轨道和 p 轨道之间，兼具 s 轨道和 p 轨道的特性，呈两端大小不等的哑铃状，方向性更强而使成键也更易、成键稳定性更强。与原子轨道一样，不同的杂化轨道有特定的不同空间大小、形状和能量。

分子中某原子具有的杂化轨道的数目与其连有的配体［即原子（团）］数和**孤对电子**（lone-pair electrons，参见 1.2.3）数是相同的。如，乙炔（C_2H_2）中的碳原子连有碳、氢两个原子，有两个 sp 杂化轨道；乙烯（C_2H_4）中的碳原子连有一个碳和两个氢原子，有三个 sp^2 杂化轨道；乙烷（C_2H_6）中的碳原子连有一个碳和三个氢原子，有 4 个 sp^3 杂化轨道；水中的氧原子连有两个氢原子和两对孤对电子，有 4 个 sp^3 杂化轨道。杂化轨道上配体相同的是**等性**（equivalent）**杂化**，每个杂化轨道的 s 和 p 成分一样。如，甲烷中的 4 个 sp^3 杂化轨道是等性的。配体不同的杂化是**不等性**（inequivalent）**杂化**，各个杂化轨道因配体不同而有不同的 s 或 p 成分。如，氨分子中连有三个氢原子和一对孤对电子的氮原子有 4 个 sp^3 杂化轨道：其中三个与氢成键的轨道与容纳一对孤对电子的轨道并不等同，前者轨道中的 s 成分要比后者轨道中的 s 成分少一些；键角∠HNH 为 107.3°，比正四面体的小一点（参见 1.3.2）。

应用很广的杂化轨道理论能较直观地解释分子的结构和理化性质。如，位于第二周期的碳原子若利用 2s 轨道和 2p 轨道成键的话，则甲烷（CH_4）中的四根键是不同的，利用 p 轨道成键的键角将是 90°。实验结果表明并非如此，由杂化轨道理论就可对此做出合理解释。要注意：孤立的原子轨道是不会杂化的，杂化也从未改变可用于成键的轨道的总数目。杂化轨道总是参与形成 σ 或接受孤对电子，即肯定有电子占据而不会成为空轨道，也不会形成 π 键（参见 1.3.2）。

1.2　分　子　结　构

原子依赖化学键结合形成分子，键的本质就是电子配对而产生的作用，有机反应就是旧键断裂和新键生成，即两个电子的分离或共享的过程。

1.2.1　八隅律

原子轨道完全充满或尚未完全充满电子的原子分别具有**闭壳层构型**（closed shell configuration）或**开**（opened）**壳层构型**。有 8 个价电子的第二周期原子具有惰性气体那样的闭壳层构型，称**八隅体**（octet）原子。Lewis 在解释第二周期的 C、N、O 和 F 原子如何成键形成分子时提出的**八隅律**指出，只有八隅体原子才能形成稳定的分子，分子中有多于或少于 8 个外层电

---

❶　p 右上标的阿拉伯数字 n 通常都是整数，表示有 n 个 p 轨道参与杂化，并非指 n 个电子。

子的原子存在时是不稳定的而易于反应。如，Be 和 B 难以实现八隅体构型，BeH_2 和 BF_3 都是很活泼的分子。八隅体构型实际上就是满足闭壳层电子构型，故锂正离子（Li^+）或钠正离子（Na^+）、氟负离子（F^-）都有如氦或氖原子一样的闭壳层电子构型而易实现；甲烷分子中碳和氢原子都有如氖和氦原子一样的闭壳层电子构型而稳定存在。第三周期后具有 d 轨道原子的价电子为 18 个或 32 个时才满足闭壳层电子构型，称**扩充的价层**（extended valence shell），故有 10 个或 12 个价电子的硫原子或 10 个价电子的磷原子组成的有机分子也都是稳定的。

1.2.2 离子键和共价键

众多原子通过**成键**（bonding）而组合成化合物或分子并在成键后都可实现闭壳层构型。成键因异性电荷的吸引或电子在空间的更大分散而能放出能量，使体系得以稳定。成键模式包括**离子键**（ionic bond）、**共价键**（covalent bond，**VB**）和不多见的**配位键**（Coordinate bond，参见 12.12.1）。有机分子中通常只有共价键。

如图 1-3 所示，一个原子提供价电子（结构式中用一个黑点表示电子）给另一个原子后这两个原子都成为八隅体且因极强的正负电荷的吸引而形成离子键，故离子键是两个正负离子间的库仑（Coulomb）吸引力。离子键化合物中的原子在溶液中以溶剂化的正、负离子形式自由存在；在固态晶格中则有众多原子重重延展以正负电荷配对

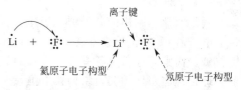

图 1-3 LiF 中 Li^+ 与 F^- 之间的离子键

的形式靠极强的静电引力（离子键能约 800kJ/mol）而紧密结合在一起。原子的相对位置与特定的晶格有关，如氯化钠晶格中每个 Na^+ 周围有 6 个 Cl^-，每个 Cl^- 周围有 6 个 Na^+。离子键常见于氯化钠之类无机化合物中，乙胺盐酸盐中质子化的氮原子与氯离子间也有离子键 $[C_2H_5NH_3^+ Cl^-]$，但有机分子中含离子键的不多。同种元素的原子间要形成离子键是很困难的，位于元素周期表第ⅣA族的碳原子要通过得到或失去 4 个电子来实现八隅体构型显然在能量上也是做不到的。

成键除了来自供受电子外，也可如卤素或卤化氢分子那样由两个原子采用共享一对电子的形式，后者的成键称共价键，即原子间的 Coulomb 吸引力。分属同种或异种的 A 和 B 两个原子的原子（杂化）价层轨道上各有一个**未成对**（unpaired）电子就可偶合配对成键（A—B）并实现八隅体构型。具有 4 个价电子数（n）的原子可分别形成 n 根（共价）键，具有 5 个价电子数（n'）的原子可形成 $8-n'$ 根（共价）键。如中性有机分子中的碳、氮、氧和氢及卤素原子各有四根、三根、两根和一根（共价）键。原子的成键数又称**价数**，碳、氮和氧原子各是 4 价、3 价和 2 价的，氢和卤素原子是一价的。每根（共价）键含两个电子，故第二周期的原子最多只能有四根键。两个原子间拥有的成键电子可以不止两个，相同的成键数可能含有不同的成键模式。如，4 价碳可能有四根单键或两根单键加一根双键或一根单键加一根叁键或两根双键。形成共价键的两个电子应能量相近且自旋相反并经相同位相**重叠**（overlap），如，两个 p 轨道要么头头重叠、要么肩肩重叠，其他方向重叠则是无效或很少有效的，故共价键有**方向性**和**空间特性**，即沿着电子云密度最大的方向才能成键。

共价键使键连区域的电荷密度增加，电子靠近成键的两个原子核并产生屏蔽效应使同性相斥的作用降低，故成键后体系更稳定，能量也得以下降。与离子键不同，共价键形成的分子有明确的几何图形，参与成键的原子数量和位置都是确切无疑的。如图 1-4 所示，共价键常用 Lewis 结构式表示，一根短线表示成键的一对电子或一根共价键。给出分子的 Lewis 结构式时，需将原子合理排列以让每个原子都实现八隅体构型。如图 1-4 所示，甲烷分子中一个碳原子给出 4 个价电子，四个氢原子各给出一个价电子，形成四根单键；乙烷分子在两个

碳原子间也有一根单键；乙烯分子中两个碳原子给出 8 个价电子，4 个氢原子各给出一个价电子，共 12 个电子分配给这些碳、氢原子时必须在两个碳原子间形成双键才行；乙炔分子则必须在两个碳原子间形成叁键才行（参见 5.1）。

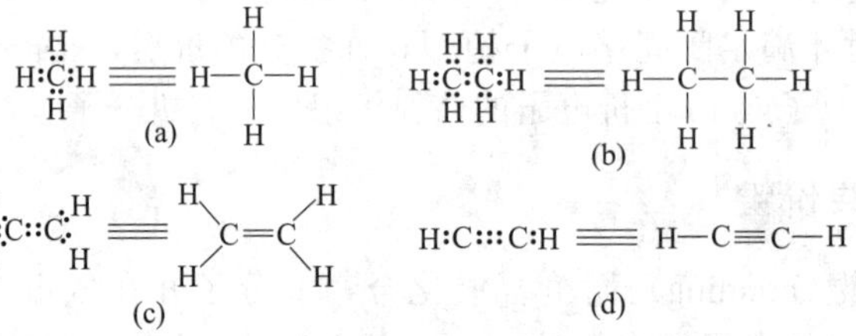

图 1-4 甲烷（a）、乙烷（b）、乙烯（c）和乙炔（d）的 Lewis 结构式，C 和 H 都是八隅体构型

1.2.3 孤对电子

满足八隅体结构的分子中少于 4 根价键的杂原子上还有未用于成键的成对价电子，这些价电子称孤对电子或**非键**（non-bonding）**电子**或**未共享**（unshared）**电子**。如，氮、磷、氧、硫、卤素等原子上各有一对、一对、两对、两对和三对孤对电子。孤对电子的存在与分子的理化性能密切相关，结构式上虽然常被省略而未予标示，但绝不可忽视它们的存在，如图 1-5 所示。

图 1-5 胺（a）、醇（b）和氯代物（c）中氮、氧和氯原子上的孤对电子

1.2.4 形式电荷

如图 1-6 所示，有机分子中第二周期元素的原子带有的共价键数目和孤对电子数目之和为 4 的是中性不带电荷的；多于或少于 4 的必定带有正的或负的**形式电荷**（formal charge）。此外，氯、溴、碘和磷、硫等原子均可能在一些分子中带有形式电荷，其值等于该原子的价电子数与其实际具有的电子数之差，可标示于结构式中。

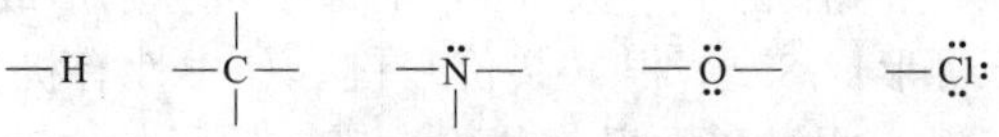

图 1-6 第二周期中性氢、碳、氮、氧和氯原子带有的共价键和孤对电子数目之和必定是 4

共价键上的电子归两个成键原子平均共有，非键电子归原子独有，将原子的价电子数减去成键电子数的一半（或拥有的键数）和非键电子数即得到该原子的形式电荷。

形式电荷＝价电子数－[成键电子数（或键数）/2＋非键电子数]

如，质子（H^+）和氢负离子（H^-）的形式电荷各为＋1[1－（0/2）－0] 和－1[1－（0/2）－2]。氧原子在氢氧根（OH^-）和水合质子（H_3O^+）中的形式电荷各为－1[6－（2/2）－4－2] 和＋1[6－（6/2）－2]；氢原子在这两个离子中的形式电荷都为零。带有未成对单电子原子的物种称**自由基**，其形式电荷为零，如，碳自由基（$R_3C\cdot$）中的碳原子有 7 个价电子，形式电荷为 0 [4－（6/2）－1]；带有正或负形式电荷的碳原子各称**碳正离子**（carbocation）或**碳负离子**（carbanion），如，碳正离子（R_3C^+）中的碳原子只有 6 个价电子，形式电荷为＋1[4－（6/2）－0]；碳负离子（R_3C^-）中的碳原子有 8 个价电子，形式电荷为－1[4－（6/2）－2]。硫与磷原子的外层可有多于 8 个电子并形成高价态的稳定化合物，如，三苯氧膦（**5**）中的磷原子是 5 价的，它和氧原子的形式电荷为 0；但在偶极化的正负电荷分离的共振结构式（参见 1.9.4）上各为 +1 和 -1；硫酸（**6**）中的硫原子是 6 价的，在偶极化的共振结构式中形式电荷可达 +2。这些偶极化的共振结构式都符合八隅律。

分子中各个原子的形式电荷之和与分子的净电荷相等。形式电荷有助于了解带电荷的分子中哪个原子带了电荷或中性分子中哪些原子带了正或负的电荷，对追踪电子在反应过程中的流向也很有用。与 $\delta+$ 和 $\delta-$ 所表示的部分正电荷和部分负电荷是实际存在的不同，形式电荷的概念顾名思义仅是一种计算所得的"形式"，可能是或可能不是真正的电荷。如，NH_4^+ 和 H_3O^+ 中的氮和氧原子的电负性都比氢强，带有更多的负电荷，但形式上它们却都带了 1 个正电荷。

1.2.5 共价键理论和分子轨道理论

分子实际上就是电子云中的一团原子核，并通过相反的静电力与另外一团原子核进行着一场永不停歇的"拔河游戏"而不停地运动和重组。电子如何在分子中形成共价键？对此有两个被普遍接受的价键理论，即**共价键理论**（VB theory）和**分子轨道理论**（MO theory）。共价键理论认为，共价键来自相邻原子的原子（杂化）轨道间的叠合。如，利用 sp^n 杂化轨道生成 σ 键，利用 p 原子轨道生成 π 键，成键的两个电子归两个原子共享，键是**定域**（localized）在两个相邻原子间的。根据共价键理论给出的结构相当直观，如，两个原子间的一根键可用两个点或更常用的一根短线表达。

以 **Mulliken** 为代表的科学家提出的分子轨道理论认为，原子的最外层电子在同一原子中相互作用生成杂化轨道，在分子中经线性组合形成分子轨道。分子轨道可由严格的数学式来表达且能用于预测分子的理化特性。分子轨道理论有两个要点与共价键理论完全不同：电子在分子轨道中分布于整个分子的空间区域而非定域的；一组 n 个原子轨道经同相或异相叠合可线性组合成 n 个分子轨道。如，两个 p 原子轨道可生成两个分子轨道，其中：对称性匹配的，即位相（波瓣符号）相同的原子轨道叠合形成能量较 p 原子轨道低的**成键分子轨道**（bonding MO）；对称性不匹配的，即位相不同的原子轨道叠合形成能量较 p 原子轨道高的**反键分子轨道**（antibonding MO）；故一对成键 p 电子将进入成键轨道。成键轨道中的电子云在原子核间较多，电子成为纽带使两个原子核接近而能成键。成键能量降低愈多，形成的分子愈稳定。相反，反键轨道中原子核间电子云密度降低甚而为零，而外侧电子云密度较大，对原子核的吸引使两个原子核远离，能量比原子轨道高而不易成键。与原子轨道一样，分子轨道也有特定的空间大小、形状和能量，其电子构型也符合原子轨道所遵循的三大原则，基态分子依次为 σ、π、n（能量与原子轨道相同的**非键轨道**）、$π^*$、$σ^*$，如图 1-7 和图 1-8 所示。电子总是优先进入能级最低的分子轨道，而后再依次进入能级更高的分子轨道。不同的分子有不同的分子轨道，但同类型的键仍可作简化后相同处理。如，甲烷中的 C—H σ 键的模式也可应用在其他有机分子的 C—H σ 键或 C—C σ 键中。

共价键理论和分子轨道理论均来自 Schrodinger 波方程的量子力学，但提出的简化假设或近似不同。❶ 这两个理论互有长短，实践中人们常根据研究对象分别使用或结合使用，

---

❶ 共价键理论是解释分子结构的，但分子的形成并非来自共价键理论的结果。如，自然界中的甲烷是生物过程的产物，勿误解为由一个碳原子和 4 个氢原子反应而成的。

如，原子间利用杂化轨道形成成键轨道和反键轨道，两者对简单的双原子分子的处理并无多少差别。对多原子分子而言，共价键理论认为它们是所有连接原子的键的集成，分子轨道理论则认为所有的成键电子与所有的原子均有关联而非定域于单个原子。共价键理论更适于直观形象化地解释单键和孤立重键的结构特性，但很难解释如苯一类具共轭重键的结构。分子轨道理论的详尽描述需要非常复杂而专业的数学运算，多原子分子的分子轨道在图像上不易表达，常需运用计算机程序来解释共轭的重键和反应的立体化学等特性。

1.3 共价键的性质

不同的共价键因有不同的性质而形成丰富多彩的有机分子。

1.3.1 σ键、π键和单键、重键

轨道的不同能级用由下往上排列的水平线表示，位置愈高能量也愈高。如图 1-7 所示，两个原子的两个 s 轨道之间、一个 s 轨道与另一个 sp^n 杂化轨道间或两个 sp^n 杂化轨道间沿核间轴方向，即线性的头头电子云叠合而形成的分子轨道称 **σ 轨道**。两个轨道同相正重叠可有效地形成能量较原子轨道低的**成键 σ 分子轨道**，异相负重叠时将形成能量较原子轨道高的**反键 σ* 分子轨道**。两个 s 轨道形成的 σ 轨道中没有节点，σ* 轨道中有一个节点；s 轨道与 sp^n 杂化轨道形成的 σ 和 σ* 轨道中各有一个和两个节点；两个 sp^n 杂化轨道形成的 σ 和 σ* 轨道中各有两个和三个节点。节点愈多轨道的能量愈高，电子也愈不易进入。两个原子轨道上的两个电子进入 σ 轨道形成一根 **σ 键**，σ 键上的电子称 **σ 电子**。每个有机分子都有 σ 键，单键就是 σ 键，重键中必有一根 σ 键。σ 键键连的两个原子（团）可自由地围绕 σ 键旋转。

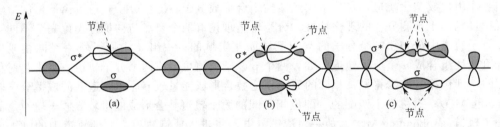

图 1-7　σ 分子轨道的形成：两个 s 轨道（a），一个 s 轨道和一个 sp^n（$n=1，2，3$）
轨道（b）及两个 sp^n（$n=1，2，3$）轨道（c）

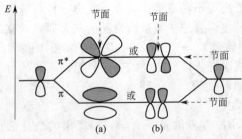

图 1-8　π 分子轨道的形成及其两种常见的
图示形式(a) 和 (b)

如图 1-8 所示，两个 p 轨道沿垂直核间的侧向发生平行的电子云叠合而形成的分子轨道称 **π 轨道**。同相重叠形成能量较 p 轨道低的**成键 π 分子轨道**；异相重叠时形成能量较 p 轨道高的**反键 π* 分子轨道**。两个 p 轨道上的两个电子进入成键 π 轨道产生一根 **π 键**，π 键上的两个 p 电子称 **π 电子**。

π 键不会单独存在，只能与 σ 键共存于不饱和键中。电子在 π 轨道上的叠合效果及受原子核的束缚力均不如 σ 轨道强，故 π 键具有一定的流动性，易受外界电场影响而发生极化变形乃至破裂而表现出远较 σ 键大的化学活泼性。

由于两个 p 轨道只有平行才能有最大的叠合，故 π 键键连的两个原子（团）不可围绕 σ 键自由旋转，偏离平行的叠合导致 π 键的削弱直至断裂。

两个原子间只有一根 σ 键的称**单键**（single bond），结构式中用一根短直线表示；两个原子间除 σ 键外还有一根或两根 π 键的分别称**双键**（double bond）或**叁键**（triple bond），结构式中用两根或三根平行的短直线表示，其中一根短直线表示 σ 键，另外的短直线表示 π 键。双键或叁键统称**重键**（multiple bond）。

1.3.2 键长、键角和分子形状

两个原子靠近时，每个原子带正电荷的原子核吸引另一个原子的电子，产生 **Coulomb 吸引力**（Coulombic force）而放出能量。两个原子过于远离不易相互吸引，过于靠近则因两个原子间电子云-电子云、原子核-原子核间的同性相斥使其分离。以共价键结合的两个原子间的电性吸引和排斥达到平衡时成键最强，体系能量最低最稳定，此时两个原子核间的距离称**键长**（bond length）。同类键处于不同化学环境中的键长并不相同。键中电荷密度愈大键长愈短，故键长是 $C—C > C = C > C \equiv C$；p 轨道在空间的伸展比 s 轨道离核更远，故杂化轨道中 p 成分愈多形成的键长愈长。如，$C(sp^3)—H$、$C(sp^2)—H$ 和 $C(sp)—H$ 键长分别为 0.109nm、0.107nm 和 0.106nm。

如图 1-9 和表 1-1 所示，键长也可用成键原子的半径来理解。同一原子（a）成键成为分子（a_2）后核间距离的一半即该原子的**共价半径**（covalent radius）；a—b 两个原子的键长近似值可从它们的共价半径之和得出。两个靠拢的未成键原子达成电性吸引和排斥平衡时的核间距是这两个原子的 **van der Waals 半径**（范氏半径）之和。稀有气体元素只有范氏半径而无共价半径。与原子半径不同的范氏半径是未成键原子的原子核与外沿间的距离，是能有效确定原子（团）间有无立体效应和范氏张力（参见 1.4 和 1.5）

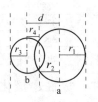

d: a—b 键长
r_1: a 原子范氏半径
r_2: a 原子共价半径
r_3: b 原子范氏半径
r_4: b 原子共价半径

图 1-9　a—b 键中 a 原子的范氏半径 r_1 和共价半径 r_2，b 原子的范氏半径 r_3 和共价半径 r_4

的物理量，在有机化学中运用极广。可以通过晶体的 X 射线衍射测得的范氏半径总大于共价半径，常见原子（团）的范氏半径大小的次序为：$I > Br > CH_3 \sim CH_2 > Cl > NO_2 > COOH > NH_2 > OCH_3 > OH > F > H$。

表 1-1　一些原子（团）的范氏半径　　　　　　　　　　　　　单位：nm

原子(团)	H	CH$_2$	CH$_3$	N	O	S	F	Cl	Br	I
范氏半径	0.12	0.20	0.20	0.15	0.14	0.19	0.14	0.18	0.20	0.22

键角（bond angle，**θ**）指原子上两根键之间的夹角。**价层电子对排斥**（valence shell electron-pair repulsion，**VSEPR**）**理论**指出：价键电子或孤对电子（对空间的要求比受到两个原子核束缚的价键电子更大）在空间上都因同性相斥而倾向于尽量远离。也就是说，除非有范氏引力或氢键的影响，分子内或分子间的非键连原子（团）总是尽可能相互远离的。故根据价电子对排斥理论就可看出，表观上各有四个、三个或两个配体［原子（团）或孤对电子］的键角应各为 109°28′、120° 和 180°。但这些数值并不是恒定的，与原子在分子中的杂化形态、所连配体的体积和性质有关。

分子大小和形状是由电子及其运动区域所决定的。每个分子都因其原子组成及键连模式不同而有特定的三维立体形状或线状、平面状。键角和键长是影响分子大小和形状的关键因素。带两个、三个或四个配体的原子因成键时所取杂化轨道的不同而分别具有线型、平面型和正四面体型。

1.3.3 键能

标准状态下将两个成键原子拆开成两个自由基（参见 1.10.3）时所需吸收的能量称**键离解能**（bond dissociation energy，**BDE**），同类键离解能的平均值为**键能**（$\Delta_D H_m$）。键能相当于库仑力，是决定一个反应能否进行的重要参数，反映出两个原子的结合程度，结合愈强键能愈大。键长反映出成键电子离原子核的距离和受核束缚的程度，故键长愈短键能愈大。σ 键的键能比 π 键的大得多。如，C—C 键能约 350kJ/mol，C＝C 键能约 610kJ/mol，而 π 键的键能只有 260kJ/mol 左右。某些共价单键的键能如表 1-2 所示。

表 1-2　一些共价单键（a—b）的键能（25℃）[①]　　　单位：kJ/mol

a / b	H	CH₃	C₆H₅	Cl	Br	I	OH	OCH₃	NH₂	CN
H—	435	445	464	432	366	299	498		448	523
CH₃—	435	375	427	355	298	238	389	335	355	510
C₂H₅—	410	356		339	285	222	381			
(CH₃)₂CH—	397	360	401	339	284	224	389	337	343	485
(CH₃)₃C—	381	335	389	328	264	207	379	326	333	
C₆H₅—	464	427	481	401	337	272	464		427	548
C₆H₅CH₂—	368	318	376	301	242	201	339		297	
CH₃CO—	435	347	422				184	184		
CH₂＝CH—	460	418	431	376	326					544

① 焦耳（J）是能（热）量的标准国际单位（IS），有机化学文献上仍常用卡（cal）作能量单位。1cal＝4.185J。

1.3.4 电负性、极性、极化和偶极矩

元素周期表左侧或右侧元素的原子分别通过失去或接受价电子来实现八隅体结构，故各称**电正性**（electropositive）的或**电负性**（electronegative）的。电正性和电负性的概念也是相对的，成键的两个不同原子（团）A—B 中一个是电正性的，另一个是电负性的。电负性值用于度量一个原子（团）吸引成键电子的能力大小：原子核愈小、具有的正电荷愈多、吸引电子的能力愈强、电负性也愈大。同一元素的电负性值在不同的化学环境中并不相同，如，丙烯中 3 个碳原子的电负性值都不一样。s 成分愈多原子核对电子吸引的能力愈强。故碳原子的电负性值大小为 $sp > sp^2 > sp^3$。电负性值只有相对大小，用不同的标准得出的数值并不相等，Pauling 电负性值是最常用的。如表 1-3 所示，氟的电负性相对最大，定为 4.0。知晓两个原子（团）的电负性相对大小能提示键的极性大小、方向及成键原子的相对电性，故比孤立了解某个原子（团）电负性的绝对值更为重要和有用。

表 1-3　几种常见元素的相对电负性值（Pauling 值）

H(2.1)						
Li(1.0)	Be(1.5)	B(2.0)	C(2.5)	N(3.0)	O(3.5)	F(4.0)
Na(0.9)	Mg(1.2)	Al(1.5)	Si(1.8)	P(2.1)	S(2.5)	Cl(3.0)
K(0.8)	Ca(1.0)					Br(2.8)
						I(2.5)

形成共价键的两个电子虽为键连原子共享，但共享的程度随键而异。最纯粹的共价键存在于相同的原子（团）间，成键电子为两个原子均有，是**非极性**（nonpolar）共价键。两个电负性相差不大的原子形成的共价键也是非极性的，如烷烃中的 C—H 键；相差较大的原子（团）形成的共价键上的电子会有偏向或者说出现在这两个键连原子周围的时间概率不等，形成**极性**（polarity）共价键或称**偶极键**（dipole bond）。σ 电子因键连原子（团）的电负性不同

而发生迁移的现象称**诱导效应**（inductive effect，参见 1.3.5）。极性共价键上有分离的部分正负电荷中心分别位于两个成键原子上，用 $\delta+$ 和 $\delta-$ 来表示（更少量的部分正负电荷可用 $\delta\delta+$ 和 $\delta\delta-$ 来表示）或用**偶极符号**，即尾部带正电符号的箭头"$\longmapsto$"表示，箭头指向电负性更大的一端。如氟甲烷（CH_3F）中的 C—F 键可表示为 $H_3C^{\delta+}$—$F^{\delta-}$ 或"$\overset{\longmapsto}{CH_3-F}$"。实际上无共享电子的离子键和均享电子的非极性共价键是成键模式的两种极端，极性共价键处于两者之间。两个原子的电负性相差愈大，成键的极性也愈大，通常认为差别在 1.7 以上形成离子键，相差在 0.5 以下时形成共价键，相差在 0.5 以上时形成极性共价键，其间的过渡既难以也无需严格划分。如，就离子键特性而言，NaCl 远不如 KF；N—H 键和 O—H 键都是极性共价键，但 O—H 键的极性更大。某些键用离子键或共价键表示均可，如，乙酸钠（$CH_3COO—Na$ 或 $CH_3COO^-Na^+$）中的钠原子与氧原子间的键。

共价键的极性通常是静态下未受外来试剂或电场作用时表现出来的一种属性，但也与外界环境密切相关。如，甲醇 CH_3OH 中 C—O 键的极性并不大，但在酸性环境下形成 $C—O^+H$ 后氧原子将更强烈地吸引键中的电子，使 C—O 键的极性大大增强。各种共价键均能在外电场影响下引起键电子云密度的重新分布而产生**极化**（polarization）。极化反映出原子核外的电子云在外电场影响下的变形能力，是在外电场作用下才产生的一种动态的暂时性质，外电场一旦消失，极化不复存在。较大原子的原子核对价电子的约束力小，较松散的价电子层易在外电场作用下产生较大程度的偏移，故极化性也大。如，C—X（卤素）键的极化性次序为 C—I＞C—Br＞C—Cl。碳原子和碘原子的电负性相差很小，C—I 键也几无极性，但易极化而在反应时能表现出与极性键相似的性能。了解键的极性和极化性对理解有机反应如何发生至关重要，因为反应就是在电负性的富电子原（分）子与电正性的缺电子原（分）子之间发生的。

光通过介质与真空的速率之比称**折射率**（refractive index，n_D^{20}），其值与分子中电子被极化的程度有关，分子的极化性愈大折射率数值也愈大，表明其可被极化的程度也愈大。有机分子的折射率数值都大于 1 且相当精确，曾是判别液态分子的结构和样品纯度的一个重要参数。如，4 种正戊基卤代烃 RX（R＝n-C_5H_{11}）的折射率分别为 RF(1.3562)、RCl(1.4119)、RBr(1.4444)、RI(1.4955)。

偶极或共价键的极性大小用**偶极矩**（dipole moment，μ）表达：偶极矩是向量，其值相当于正（负）电荷中心的电荷值（q，一个电子的电量为 $1.60\times10^{-19}C$）与其距离（d）的乘积（$\mu=qd$），单位为 $C\cdot m$（库仑·米）。常见键的偶极矩数值如表 1-4 所示。与单个键的偶极不等同的分子偶极由分子中两个不相重合的正、负电荷形成，是分子中所有键的偶极向量和，大小揭示出分子极性的强弱。极性分子必定含有至少一根极性键，非极性分子或者是所有原子的电负性非常接近，或者是所有偶极键的向量和为零。如图 1-10 所示，氯甲烷和水都是有极性的，分子中都有偶极键和偶极矩；四氯化碳分子中虽有 C—Cl 偶极键，但所有键偶极向量抵消，分子无偶极，是非极性的。

表 1-4　常见键的偶极矩数值（μ）[①]　　　　　　　　　　单位：$10^{-30}C\cdot m$

H—C	H—N	H—O	C—N	C—O	C—F
1.00	4.38	5.11	1.34	2.87	5.04
C—Cl	C—Br	C—I	C＝N	C＝O	C≡N
5.21	4.94	4.31	4.67	8.02	12.02

① 有机化学文献上仍常见用非 SI 制的 D（德拜）为偶极矩的单位，$1D=3.336\times10^{-30}C\cdot m$。

关注偶极矩要兼顾其方向和大小。如，C—H 键的偶极矩小于 C—O 键，更重要的是还应注意它们的方向是不同的，因为反应如何进行与底物偶极矩的方向和大小密切相关。

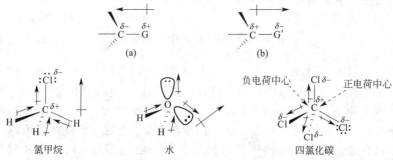

图 1-10　C—G（电负性比碳小）极化键（a）与 C—G′（电负性比碳大）
极化键（b）及氯甲烷、水和四氯化碳的偶极矩

1.3.5　诱导效应和场效应

取代基可以对分子中的其他部位产生静电影响，引起正电荷或负电荷沿某一方向传递，这种效应称为**极性效应**（polar effect），指与一个标准取代基（常常指氢）比较，某个取代基（团）对一个反应中心产生静电力的所有作用方式，这涉及键的极性和电子云密度的变化。通过 σ 键连产生的极性效应即为诱导效应。因分子结构而存在的永久性诱导效应称**静态诱导效应**；由外在试剂或溶剂等产生的临时性诱导效应称**动态诱导效应**。诱导效应用"I"表示，以氢原子为相对标准，供电性比氢大的基团称供电子基团（electron donating group，**EDG**），它们的诱导效应表现在其本身将带有微量正电荷，用"＋I"表示；供电性比氢小的基团称吸电子基团（electron withdrawing group，**EWG**），它们的诱导效应表现在其本身将带有微量负电荷，用"－I"表示。产生诱导效应的供或吸电子基团并不是真的得到或给出了电子，只是表明键连电子在氢和基团之间因电负性差异将分别处于不同的位置。

有机分子中表现出"＋I"效应的主要是一些如 O^-、COO^- 等带负电荷的供电子基团和烷基，各类烷基的给电子效应大小为 $R_3C > R_2CH > RCH_2$；$D > H$。有机分子中表现出"－I"效应的吸电子基团有 N^+R_3、NO_2、CN、X（卤素）、$COOH(R)$、$CH(R)=O$、OH（$OCOR$）、C_6H_5、NO、CH_2Ph、$CH=CH_2$、$C≡CH$ 等。其中 N^+R_3、NO_2、CN 和 F 的效应较强。同族中自上而下效应减弱，如，$F > Cl > Br > I$。

取代基通过空间对另一端反应中心产生的静电作用称**场效应**（field effect，参见 10.4.2）。场效应与分子的构型相关，其大小与产生作用的距离平方成反比。诱导效应与场效应常同时发挥作用，但在不同的场合下两者的方向可能相同或相反。

1.3.6　共轭效应

轭是牛马拉物时架于其脖子上的器具，共轭作用即指两个以上的物体（官能团）作为一个物体（官能团）协同产生的作用。属于单个原子拥有的孤对电子和仅仅为两个成键原子拥有的 σ 或 π 成键电子都是**定域**的电子。如，丁-2-烯中的两个 π 电子仅归 C(2) 和 C(3)。有些分子中的 π 电子和孤对电子归分子中的三个或更多的原子所有，是**离域**（delocalized）的电子。电子离域的体系称**共轭体系**（conjugation system，），共轭体系中的键长和电子云密度偏于平均化，内能相对较小，也更稳定和易于生成。因共轭体系产生的**共轭效应**还会影响分子的色彩、酸碱性、导电性及生理活性等各种理化性能，是非常重要而又常见的一种电子效应。共轭、离域、共振等词汇都用来表示电子的非定域现象，分别用于描述键、电子、结构。

共轭体系有各种类型，最常见的是单键、重键交替出现的 **π-π 共轭体系**（参见 3.13.2），如图 1-11 所示的三个分子均是 π-π 共轭体系，所有相邻的原子都有可重叠成键的 p 轨道，p 电子的运动范围不再局限于孤立的两个相邻重键原子间，离域到所有带不饱和键的原子而形成**大 π 键**。π-π 共轭体系中的单键带有部分双键特性，离域原子数和电子数是相等的。

$$CH_2=CH-CH=CH-CH=CH_2$$

己-1,3,5-三烯　　　　甲基乙烯基甲酮　　苯

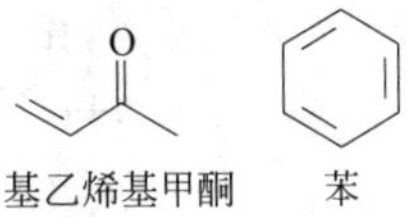

图 1-11　单键、双键交替出现的 π-π 共轭体系

只要有三个以上具有相互平行的 p 轨道就能形成大 π 键。如图 1-12 所示的重键与带有未共享电子（对）的原子相连可形成 **p-π 共轭体系**：中性的 p-π 共轭体系中位于氮、氧或卤素原子（1）位的 p 轨道上的孤对电子可与相邻碳原子形成双键，这些原子将带有正电荷，而 C（3）则接受 π 键上的一对 π 电子而带有负电荷，C（2）位原子的电性则不受影响而无变化。与重键相连的正离子、负离子或自由基烯丙基体系中的电荷也均可因共轭而从 C（1）位分散到 C（3）位，电子云离域的方向在不同的 p-π 共轭体系中是不同的。p-π 共轭体系中的原子数和电子数并不相等，如，涉及三原子和 3 个或 2 个、4 个电子。

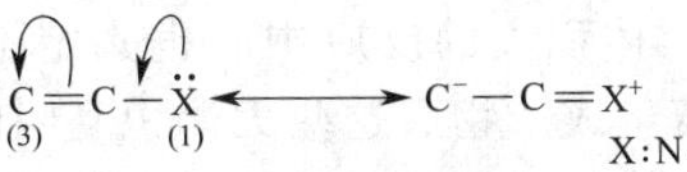

$$\underset{(3)}{C}=\underset{}{C}-\underset{(1)}{\ddot{X}} \longleftrightarrow C^--C=X^+$$

X：N、O 或卤素

图 1-12　烯基氮、氧或卤素形成的 p-π 共轭体系

共轭效应用"C"表示，用"＋C"表示的供电子共轭效应的原子（团）有带孤对电子的 Cl、Br、OH(R)、NH(R)₂ 和 SH(R) 等；用"－C"表示的吸电子共轭效应的原子（团）有 CHO、COR、NO₂、COOH(R) 和 CN 等；重键和苯环在不同的环境中可分别表现出供或吸电子的共轭效应。参与共轭的各原子之间的 p 轨道大小愈是接近，肩并肩重叠愈有效，共轭效应愈强。故大小次序同周期中自左至右或同族中自上而下效应减弱：$NR_2>OR>F$；$F>Cl>Br>I$，$OR>SR$。

如图 1-13 所示，共轭效应和诱导效应的起因和影响途径都不同。缘由上共轭效应仅来自共轭体系中因 p 轨道交盖引起的电子离域，诱导效应是因原子（团）的电负性差异而形成的极性；传递途径上共轭效应是沿着共轭体系，诱导效应是沿着 σ 键或空间；电量影响上共轭效应几乎不变地可以传递到共轭体系的另一端，沿 σ 键的诱导效应每经过一根 σ 键递减 1/3，经三根 σ 键后就基本无影响了；正（负）电性影响上，共轭效应是交替传递的［X 和 C（2）带负电荷，C（1）、C（3）带正电荷］，而诱导效应在传递过程中不会改变［因 X 的吸电子和 C（2）带负电荷，C（1）、C（3）带正电荷］；表示方式上，共轭效应用弯箭头符号而诱导效应用直箭头符号。

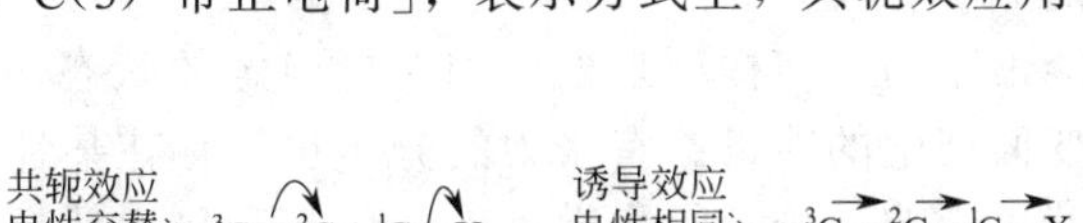

图 1-13　共轭效应（a）和诱导效应（b）中电荷传递和电性的影响

1.3.7　超共轭效应

如图 1-14 所示，与 π 键相连的 C—H 键上的 σ 轨道与 π 轨道接近平行时也有某种程度的重叠而发生电子的离域现象，称 **σ-π 超共轭**（hyperconjugation）效应；C—H 键上的 σ 轨道与

相邻碳原子上的空 p 轨道间也可发生 **σ-p 超共轭**(参见 7.4.4) 效应。这两个效应中都是 σ 键向 π 键或空 p 轨道提供电子而使体系得到稳定，C—H 键愈多，超共轭效应愈强。超共轭效应的影响要比共轭效应小，也远不如共轭效应那么普遍，但可很好地解释一些反应现象。

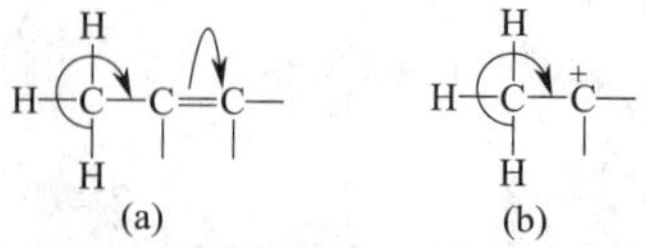

图 1-14　σ-π 超共轭（a）效应和 σ-p 超共轭（b）效应

1.4　立体效应

　　就像弯曲的树枝或压紧的弹簧那样，偏离内能最低、结构最稳定的分子都会产生一定的不稳定性。分子内或分子间任何两个原子（团）都不能占有空间的同一位置，当它们被迫靠得太近时将因空间阻碍而相互排斥，偏离正常键长、键角并引起分子具有**立体张力**(steric strain) 而造成内能升高。另一方面，体积大的反应中心也必定不易接纳大体积基团试剂的进攻，导致反应速率较慢；反之，若生成产物后这些大体积基团的拥挤程度有所降低将有利于反应的进行。这些因反应中心上取代基的体积而给其稳定性或反应活性带来影响的效应称**立体效应**(steric effect，参见 2.9.3、7.4、7.5 和 7.6.1) 或**空间位阻效应**。原子（团）体积愈大造成的立体效应愈强。

　　包括诱导效应、场效应、共轭效应、超共轭效应和所有电性作用力在内的电子效应及立体效应是有机化学经典结构理论的根基。

1.5　内能和张力

　　分子与宏观物体一样也是有一定结构的物理实体。分子的结构与能量相关，每个结构所对应的有机分子都有一个特有的**内能**(又称**热力学能**)。不稳定的结构意味其具有能释放并参与化学反应或做功放热的内能，愈不稳定的结构储存的内能愈高。比较各种结构间的内能差比讨论某个孤立结构的内能值更有意义，分子中的键能愈强，愈不易断键，也愈稳定。有机反应前后的断键或成键分别是吸收或释放内能的过程（参见 1.10.4），易发生放热反应的分子也常被称为储能或富能分子。

　　分子总是取能使内能最小的几何构型来处于相对更稳定的状态，**张力**(strain) 是分子因结构偏离最佳排列的形变而产生的能量。有张力的分子也就存在某种程度的不稳定性，体系能量升高并对反应活性产生影响。分子的化学反应、碰撞和热运动都可释放张力。基于**分子力学**(molecular mechanics) 的测算表明，分子的张力主要来自**非键作用**(nonbonded interaction) 和偏离最佳平衡值的键长、键角或扭转角所产生的影响。不易精确定量的非键作用用 E_{nb} 表示，它是两个被 3 根以上的键分隔的原子被迫过于接近而超过它们的范氏半径之和时产生的静电排斥作用。这种非键斥力又常称**范氏张力**(van der Waals strain)，也是一种立体效应而可有效地阻止这两个原子过于接近。键长、键角和**扭转角**(torsional angle，参见 2.2) 偏离最佳平衡值的变化都会引起体系的内能增大，它们分别用 E_l、E_θ 和 E_f 表示。这 4 种力对提升分子内能的强弱次序为 $E_{nb} > E_l > E_\theta > E_f$。当由于结构原因产生范氏张力时，它们大多会改变扭转角以减小非键作用；若单靠扭转角度变化还不足以使两个靠得太近的原子（团）分开，则某些键角和键长就会发生变化使这两个原子（团）能够容纳在有限的空间内而尽量减少因压缩或改变范氏半径所带来内能的更大增加。

1.6　分子间作用力和物理性质

原子间通过离子键、共价键和金属键结合成分子，分子间除了能发生涉及共价键的化学反应外还有未涉及共价键的作用力。分子间除了因过于靠近会有排斥力（范氏张力）外还有较弱的使其能聚集成液相或固相的吸引力。这些吸引力自弱到强包括比共价键弱得多的**范氏力**（van der Waals force）、偶极-偶极作用和氢键。这些分子间作用力控制了物质的沸点、熔点、汽化热、熔化热、溶解度、表面张力、黏度和反应性等理化性质。

1.6.1　范氏力和偶极作用

范氏力是分子间一种有量子效应的弱静电力，因中性原（分）子间的瞬间静电相互作用而产生，包括偶极-**诱导偶极**（induced dipole）和诱导偶极-诱导偶极产生的作用力，两个原子间的距离等于范氏半径之和时范氏力最强。偶极-偶极作用是两个极性分子的正、负端之间产生的吸引作用，也是一种与分子极性、距离和温度有关的库仑吸引力。分子中的电子处在不断的运动状态之中，任一瞬间其电荷分配可能变化而形成一个**瞬时偶极**（temporary dipole），如图 1-15 所示。瞬时偶极会影响其附近的另一个分子，偶极的负端排斥电子，正端吸引电子，从而感应另一个分子产生方向相反的诱导偶极。由偶极-诱导偶极产生的作用力称**诱导力**（induction force），其强弱与极性诱导分子的偶极矩大小、被诱导非极性分子的变形性大小及两者之间的距离有关。瞬时偶极和其感应出的诱导偶极都不断在变，但总的结果是在分子之间产生了吸引作用。非极性分子之间通过诱导偶极-诱导偶极之间的**色散力**〔dispersion force，来自量子力学导出的这种力的公式与光的色散效应相似，又称**伦敦力**（London force）〕产生相互作用，其强弱与分子的表面积和可极化性有关。色散力比库仑力弱得多，其大小与分子间距离的六次方成反比。距离太近时，同性原子核-原子核之间的斥力和电子-电子之间的斥力将超过吸引力。总的来看，两个极性分子之间有库仑力、极性分子和非极性分子之间有诱导力和色散力；两个非极性分子之间只有色散力。

图 1-15　偶极-偶极的相互作用（a）和瞬时偶极的相互吸引（b）

范氏力在各类分子中都存在，没有饱和性和方向性问题，作用范围在几百皮米（1pm＝10^{-12}m）。单一孤立的范氏力很小，但体系中巨大分子数累积起来的范氏力也足以影响体系的理化性质，分子愈大，官能团愈多，范氏力也愈大。

1.6.2　氢键

氢键（hydrogen bond）是指与电负性较大的原子以极性共价键结合的氢（H—X）与另一个电负性原子（Y）之间形成的第二根键。有相当适应性和灵活性的氢键是一种特别强的偶极-偶极作用力，具有动态可逆的特点而在分子不断运动变化的条件下可不断地形成和断裂。

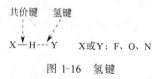

共价键　氢键

X—H---Y　　X或Y: F、O、N

图 1-16　氢键

如图 1-16 所示，X—H---Y 呈线形排列是形成氢键最理想的几何形状，但也可有较大的偏离。氢键键长介于形成氢键的两个原子的范氏半径之和与共价半径之和之间，强度与供体、受体及形成氢键的微环境有关，其键能为 8～120kJ/mol。

任何带负电荷的受体都可以接受氢键，最常见的供体主要是氟、氧、氮等电负性大的原子，当氢原子与这些原子相连时，电子云严重偏离氢原子，使氢带有部分正电性而可被另一个电负性较大的富电子受体所吸引。F 的电负性最大，原子半径又很小，F—H 是最强的氢键供体，O、N、S、P 等也都是较强的氢键受体原子，π 体系也可成为氢键受体。在生物体系中还广泛存在着通常难以形成的 C—H---O 氢键。分子间或分子内均可形成氢键，分子内氢键则不随浓度的改变而变化，可存在于稀溶液或非质子性溶剂和非极性溶剂中。

氢键对分子识别、构象、光谱信息、理化性质和生物大分子的结构均可产生重要影响：众多材料间粘接的根源即来自氢键，反应物与溶剂间的氢键使反应速率降低，DNA 的双螺旋结构是靠氢键作用而形成的。

1.6.3　对熔点和沸点的影响

熔点（melting point，**mp**）或**沸点**（boiling point，**bp**）分别是固相转变为液相或液相转变为气相的温度。分子间作用力在有序固相中大于相对有序的液相，在液相中又大于无序的气相。液化和汽化都需要吸收能量来克服分子间的吸引力，无机化合物中有很强的正负电荷间的静电引力而表现出极高的熔点和沸点。有机分子间作用力愈大的熔点和沸点必定也愈高，如，同碳数的有机分子中有很强氢键作用的羧酸的熔点和沸点远高于只有范氏引力的烷烃；同官能团分子随着碳原子数的增加而增加了分子的表面积和极化性，分子间作用力随之增加，熔点和沸点也随之升高。

熔点的高低与分子的大小、形状及其在晶格中的有序**堆积**（packing）有关。堆积愈紧密，分子间的吸引力和晶格能愈大，熔点也愈高。如，支链烷烃的熔点比同分异构的直链烷烃低，支链的存在使分子形状趋向球体而减小了分子的表面积，导致与其接触的相邻分子减少而色散力降低。如，2-甲基戊烷和 2,2-二甲基丁烷的熔点分别为 −154℃ 和 −100℃，均低于同碳数的已烷（−95℃）。但更多的支链引起结构向球状过渡而带有高度对称性时分子在晶格中的堆积将非常有效，熔点也随之升高。如甲烷和新戊烷分子都接近球状，甲烷的熔点（−183℃）比丙烷（−188℃）高，新戊烷的熔点（−20℃）比戊烷（−130℃）高 110℃。

同官能团分子的同分异构体中直链异构体的沸点最高，支链愈多沸点愈低。如，已烷、2-甲基戊烷、2,2-二甲基丁烷的沸点分别为 68.7℃、60.3℃、49.7℃。

1.6.4　对相对密度和溶解性的影响

水分子间有很强的氢键作用力。绝大多数有机化合物的**相对密度**（relative density，d_4^{20}）随相对分子质量的增加而增加，仍都比水小，比水大的有机化合物多含有溴、碘之类重原子或有多个氯原子。

大多数有机化合物有**疏水性**或称**亲脂性、脂溶性**（fat soluble），即不溶于水而溶于有机溶剂，在非极性溶剂（参见 1.12）中的**溶解度**（solubility）比在极性有机溶剂中大。溶解涉及复杂的热力学和动力学过程，需要打破溶质分子之间或溶剂分子之间的吸引力并在溶质分子和溶剂分子之间产生新的更强的吸引。一条称"**相似相溶**"的经验规律指出，极性（参见 1.3.4）或结构相似的溶质与溶剂通常是互溶的，不相似的是不易互溶的。该规律对寻找溶剂有较好的参考作用。从结构来看，极性的水中的 O—H 键是极性键，低或无极性的有机化合物中的 C—H 键和 C—C 键是非极性键。如氯化钠那样的盐在如水那样的极性溶剂中离解为可被溶剂化而稳定的正负离子并释放出足够破坏晶格中静电引力的能量。非极性溶剂对盐没有溶剂化效应也不能克服其固相中正负电性相吸引的晶格能，故不能溶解极性物质。如石蜡那样由非极性烃类分子组成的固相分子间有较弱的范氏引力，也易被非极性溶剂分子之间相似的范氏引力所取代而溶解。非极性分子与极性分子间只有很弱的引力，如水那样的极性溶剂分子之间靠氢键而相互吸引的作用力则很强，会将分散于水相中的非极性分子排挤出去，故非极性物质难溶于极性溶剂。如，烷烃、烯烃和芳烃非极性溶质等都不溶于水而易溶于四氯化碳等非极性溶剂；乙醇、乙酸和丙酮等极性分子则是**亲水性**（hydrophilic）的溶剂。四氯化碳虽不是极性溶剂，但可极化性大，能与溶质分子间产生较强的偶极-偶极作用而也能溶解不少极性溶质。

能与水混溶的有机化合物多具有一个能与水形成氢键的极性基团，如，含氧或含氮的官能团。碳氢骨架的大小对水溶性有很大影响，分子中至少每 3 个碳原子中就有一个极性基团的才有水溶性，极性基团的占比愈少水溶性愈小，占比愈多水溶性愈大。如，有一个羟基官能团的六碳己醇（$C_5H_{11}CH_2OH$）不溶于水；同样是六碳的葡萄糖有五个羟基和一个醛基，是能与水混溶的有机化合物。

1.7　有机化合物的分类

众多有机化合物可以按照有特征性的组成或是根据碳**骨架**（frameworks，skeleton，backbone）的形状或是依附于骨架上的官能团来分类。

1.7.1　碳骨架

碳原子成键后形成的各种碳骨架形状包括如下三大类及它们的组合。

（1）开链（open chain）化合物　这类化合物没有环（ring）状碳链结构，呈可长可短的**直链**（straight chain）状或**支链**（branched chain）状，碳碳之间可以是单键或双键、叁键等重键。油脂里有许多开链结构的化合物，故开链化合物亦称**脂肪族**（aliphatic）化合物。

（2）碳环化合物　这类化合物有环状碳链结构，其中不带或带苯环结构的分别称**脂环**（alicyclic）或**芳香族**（aromatic）化合物。脂环化合物的性质与开链化合物相似，芳香族化合物则有其特殊的物理和化学性质。

（3）杂环化合物　非碳、氢原子在有机分子中常称杂原子。**杂环**（heterocyclic）化合物中含有由碳原子与杂原子组成的环状结构，与芳香族化合物的性质相似的亦称**杂芳环**（heteroaromatic）化合物。

1.7.2　官能团

有机分子是由一些相对不活泼的饱和的碳氢链骨架和若干相当清晰且富有特征而称**官能团**（functional group）或**特性基团**（characteristic group）的原子（团）或 π 键组合而成的。有相同官能团的化合物显示出类似的特征性理化性质，在许多反应中除了官能团有所变化外分子的其余部分一般不受影响。故根据官能团对有机化合物予以分类和命名也是最被广为接受的，学习有机化学也可以从官能团入手，本教材也是按官能团来讨论的。有机分子中一些常见的官能团及其作前缀（取代基）或后缀（母体化合物）的命名如表 1-5 所示。

表 1-5　有机分子中常见的官能团[①]及其前缀或后缀的命名

官能团	前缀名	英文词尾	后缀名	官能团	前缀名	英文词尾	后缀名
C=C	烯基	-ene	烯	O=C—NH₂	氨基羰基	-amide	酰胺
—C≡C—	炔基	-yne	炔	—CN	氰基	-nitrile	腈
—X	卤素		卤代物	=N₂	重氮基	diazo-	重氮物
—OH	羟基	-ol	醇,酚	—N₃	叠氮基	azido-	叠氮物
—OR	(烃)氧基	ether	醚	—NO₂	硝基	-nitro	硝基
O—OH	过羟基	peroxide	氢过氧物	—NH₂	氨基	-amine	胺
O—OR	(烃)过氧基	peroxy	过氧物	—NCO	异氰氧基	isocyanate	异氰酸酯(盐)
O=C—H (甲酰)	甲酰基	-al	醛	=NH(R)	氨亚基	-imine	亚胺
O=C (羰)	羰基	-one	酮	—SH	巯基	-thiol	硫醇(酚)
O=C—OH (羧)	羧基	-oic acid	羧酸	—SCN	硫氰基	-thiocyano	硫氰酸盐
O=C—Cl (卤羰)	卤羰基	-oyl chloride	酰氯	O=S (亚砜)	亚砜(亚磺酰)基	-sulfinyl	亚砜
(R')H—OR/OR (缩醛)	缩醛(酮)基	acetal (ketal)[②]	缩醛(酮)	O=S—OH (亚磺酸)	亚磺酸基	-sulfinic acid	亚磺酸
O=C—C=O (酸酐)	酸酐基	-oic anhydride	酸酐	O=S=O (砜)	砜(磺酰)基	-sulfonyl	砜
O=C—OR (酯)	(烃)氧羰基	-oate	酯	O=S=O—OH (磺酸)	磺酸基	-sulfonic acid	磺酸

① 最常见的 C—H 键和 C—C 键在有机分子中随处可见,所以通常不被认为是官能团,但随着这两根键的活化和烃类化合物作底物的应用不断取得成功,愈来愈多的文献认为将它们看作官能团更合适。

② ketal 原专指缩酮,现已不用,缩醛或缩酮都用 acetal 表示。

1.8　分子结构的命名

有机化合物无论以何种形式出现,都应有一套相对标准的命名体系。早期的命名多根据其来源、性质、形状、发现地点或发现者而采用**俗名**(trivial name)或称**惯用名**的方法。如,甲烷最初来自沼池里动植物腐烂产生的气体而称**沼气**,乙醇俗称酒精。俗名相当简单,许多复杂的天然产物一直沿用俗名。显然,俗名难以适应有机化合物的不断增加产生的命名问题。

有机化合物的名称由词根和词缀所构成。词根由化合物母体氢化物（烃等）结构的名称和特性基团的名称复合而成，词缀则包括连缀字、前缀字、后缀字以及精确表征整个化合物结构所需而加在词根前、中、后的各种符号和数字。如今，每一个有确切结构式的有机化合物都可根据一套完整严密的**系统命名法**予以命名，并根据其命名可给出相应结构。一些化合物和基团的惯用普通命名也为系统命名法采纳。中外系统命名法细节有差异，大原则相同，都由前缀（取代基）、碳骨架（主碳链）加后缀（分子主要的官能团）所构成，该法亦称**官能团命名**。我国所采用的"有机化学命名原则（1980）"是由**中国化学会**根据国际通用原则并结合汉字的语言特点于 1983 年予以审定和公布推荐使用的，不久将有新版面世（参见附录 I）。国际上普遍采纳的是不断修订充实的由**国际纯粹与应用化学联合会**（International Union of Pure and Applied Chemistry，**IUPAC**）提出的《**IUPAC 有机化学命名法**》（IUPAC Nomenclature of Organic Chemistry）。此外较常见的还有美国化学会因化学文摘索引需要而建立的 **CAS**（Chemical Abstracts Service）命名系统及德国由 **Beilstein 数据库**发展起来的命名法。

1.8.1 基的命名

分子中的某一结构单元通常以**基**为后缀命名，俗称**取代基**，也就是连接在母体氢化物上替代氢的一些结构片段。有机化合物的名称即由母体氢化物的名称加取代基的名称为前缀或后缀所构成。**烷基**（alkyl，**R**，radical 的首字母）是烷烃分子去掉一个氢原子后剩下的原子团，是一个最常见的有机化学符号，用来表示分子中不起反应的剩余部分，其具体结构在反应前后没有变化或者是它的差异对性能或反应的影响很小而可忽略。如，RH 或 ROH 代表任何一个烷烃或醇。R 右上角加撇号或阿拉伯数字表示不同的基，右下角的数字表示数量，如，ROR′ 表示氧原子上连有两个不同的烷基，R_2O 表示氧原子上连有两个相同的烷基。各种特性基团（官能团）也是基，如，氨基、羟基、羰基等。键连的原子、原子团、基团、官能团或取代基常统称**配体**（ligand）。

1.8.2 碳原子数目的命名

有机化合物中碳原子数目在十以内的用 10 个天干字甲、乙、丙、丁、戊、己、庚、辛、壬和癸表示，十碳以上的用中文小写数字表示。如，C_2H_6 称乙烷、$C_{11}H_{24}$ 称十一碳烷或简称十一烷等。这些名称也应用于其他族类化合物的命名，如丙烷、丙烯、丙炔、丙醇、丙醛、丙酮、丙酸、丙胺均指有三个碳原子的化合物。C_{10} 以内直链烷基的中文、英文名称及 C_4 以内 4 个烷基的英文缩写如表 1-6 所示。

表 1-6　C_{10} 以内直链烷基的中文、英文名称及 C_4 以内 4 个烷基的英文缩写

烷基(碳原子数)	缩略式	英文	缩写[①]	烷基(碳原子数)	缩略式	英文
甲基(C_1)	—CH_3	methyl	Me	己基(C_6)	—C_6H_{13}	hexyl
乙基(C_2)	—C_2H_5	ethyl	Et	庚基(C_7)	—C_7H_{15}	heptyl
丙基(C_3)	—C_3H_7	propyl	Pr	辛基(C_8)	—C_8H_{17}	octyl
丁基(C_4)	—C_4H_9	butyl	Bu	壬基(C_9)	—C_9H_{19}	nonyl
戊基(C_5)	—C_5H_{11}	pentyl		癸基(C_{10})	—$C_{10}H_{21}$	decyl

① ≥C_5 的烷基通常无缩写词。

1.8.3 几个通用词头

不同结构的链用**正**（normal）、**异**（iso）和**新**（neo）三个**词头**来区别。以只含碳、氢两种原子的烷烃为例，直链烷烃称"正"某烷〔官能团位于直链烃末端的化合物也都用正字（正字通常

可以省去）]；端基为 $(CH_3)_2CH-$ 结构的称"异"某烷；为 $(CH_3)_3C-$ 结构的称"新"某烷。如五碳的开链烷烃有三个同分异构体：正戊烷（**1**）、异戊烷（**2**）和新戊烷（**3**）。

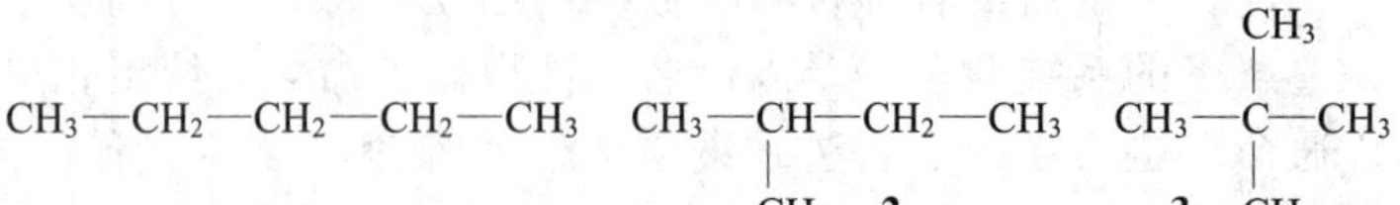

$$CH_3-CH_2-CH_2-CH_2-CH_3 \qquad CH_3-\underset{\underset{CH_3}{|}}{CH}-CH_2-CH_3 \qquad CH_3-\underset{\underset{CH_3}{|}}{\overset{\overset{CH_3}{|}}{C}}-CH_3$$

$$\textbf{1} \qquad\qquad\qquad\qquad \textbf{2} \qquad\qquad \textbf{3}$$

分子中的各个碳原子根据它们所连的碳原子数量可分为五级：甲基碳原子；与一个、两个、三个、四个碳原子相连的碳原子各称**伯**（primary，用 1° 表示）或一级碳原子、**仲**（secondary，用 2° 表示）或二级碳原子、**叔**（tertiary，用 3° 表示）或三级碳原子和**季**（quaternary，用 4° 表示）或四级碳原子。氢原子按照所连碳原子的级数也分别称甲基、伯氢原子、仲氢原子、叔氢原子。如，**4** 中有伯、仲和叔 3 种碳、氢原子，**5** 中有伯和叔两种碳、氢原子，**6** 中有伯、仲和季 3 种碳原子和伯、仲两种氢原子。原子级别是很重要的概念。同级别原子有相似的反应性质，不同级别原子的性质有所不同，连在不同级别碳原子上的同一官能团也会表现出不同的反应性质。

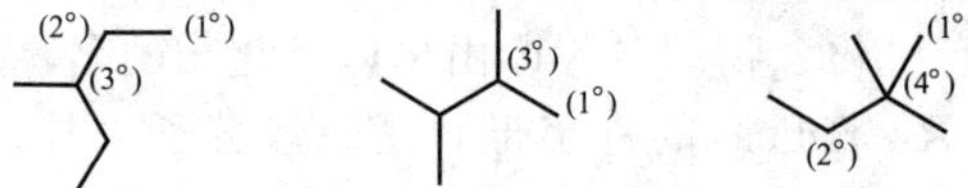

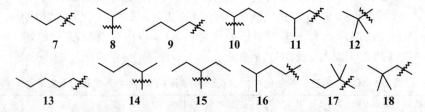

$$\textbf{4} \qquad\qquad\qquad \textbf{5} \qquad\qquad\qquad \textbf{6}$$

丙烷上有两种级别的氢，脱去伯氢原子后剩下的为正丙基 $[CH_3CH_2CH_2-({}^nC_3H_7-)$，**7**]，脱去仲氢原子后剩下的称异丙基 $[isopropyl，(CH_3)_2CH-({}^iC_3H_7-)$，**8**]。同样，四碳的烷基可有正丁基 $[CH_3CH_2CH_2CH_2-({}^nC_4H_9-)$，**9**]、一个甲基和一个乙基连在同一个碳原子上的仲丁基 $[sec\text{-}butyl，CH_3CH_2C(CH_3)H-({}^sC_4H_9-)$，**10**]、一个异丙基连在亚甲基（$-CH_2-$）上的异丁基 $[iso\text{-}butyl，(CH_3)_2CHCH_2-({}^iC_4H_9-)$，**11**] 和 3 个甲基连在同一个碳原子上的叔丁基 $[tert\text{-}butyl，(CH_3)_3C-({}^tC_4H_9-)$，**12**]。五碳的烷基有正戊基（$C_5H_{11}-$，**13**）、两个仲戊基 $[C_3H_7CH(CH_3)-$，**14**] 和 $[(C_2H_5)_2CH-$，**15**]、异戊基 $[(CH_3)_2CHCH_2CH_2-$，**16**]、叔戊基 $[C_2H_5C(CH_3)_2-$，**17**] 和新戊基 $[(CH_3)_3CCH_2-$，**18**]。

$$\textbf{7} \qquad \textbf{8} \qquad \textbf{9} \qquad \textbf{10} \qquad \textbf{11} \qquad \textbf{12}$$

$$\textbf{13} \qquad \textbf{14} \qquad \textbf{15} \qquad \textbf{16} \qquad \textbf{17} \qquad \textbf{18}$$

正、异、伯、仲、叔等这些词头在较小分子和基的命名中极为常见。结构式中还常用英文小写斜体字母"n""s""i"或"t"置于基团的左或右上方表示正、仲、异或叔取代基；也可加短划线置于前方，如，$n\text{-}C_4H_9$、$s\text{-}C_4H_9$、$i\text{-}C_4H_9$ 和 $t\text{-}C_4H_9$。"n"并非 IUPAC 命名，命名直链正构烷基时常可略去。

1.8.4 烷烃的系统命名法

较复杂烷烃的系统命名可按如下次序操作：

① 首先选择一条碳原子数最多的长碳链为**主链**（stem chain）并作为**母体**结构的词根来命名，根据主链上的碳原子数目称为某烷，如 **19** 的主链为弯曲向的五碳戊烷而不是水平向的四碳丁烷。

② 与主链相连的支链作取代基处理，从靠近取代基的一端给主链碳原子用阿拉伯数字（阿拉伯数字在命名中也用来表示取代基或特性基团在母体结构中的位次和螺环、桥环节点间的原子数目）编序。取代基的位次一律标示在取代基名称之前，多个取代基的位次用逗号分开。半字连接号"-"（英文连接号）用于阿拉伯数字、西文字母或字节与中文间的连接，朗读时可加上一个"位"字。相同原子或取代基的个数可合并后用汉语基数词二（di）、三（tri）和四（tetra）等表示。如此，**19**、**20** 和 **21** 的系统命名各为 3-甲基戊烷、3-甲基己烷和 2,2,4-三甲基戊烷。

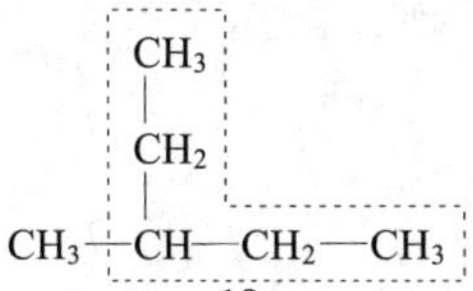

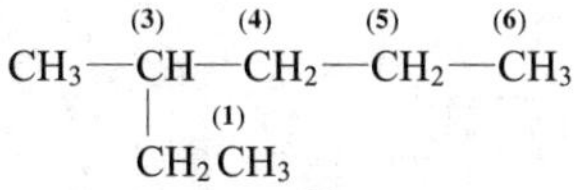

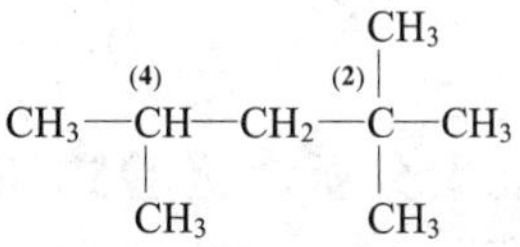

③ 命名不同烷基取代基时，小的在前，大的在后。取代基的大小根据立体化学中的**次序规则**（参见 3.2.2）而非相对质量大小来定。数字和表示级数的伯、仲、叔等均不参与排序，故 **22** 命名为 4-甲基-3,3-二乙基-5-异丙基辛烷。英文命名法是根据取代基名称的字母顺序来排先后的，故与中文命名的次序并不完全一致。如，**23** 命名时主链编序从右到左为 3-甲基-4-乙基己烷；英文命名中因 e 的字序在 m 之前而称 3-ethyl-4-methylhexane（3-乙基-4-甲基己烷，主链编序从左到右）。

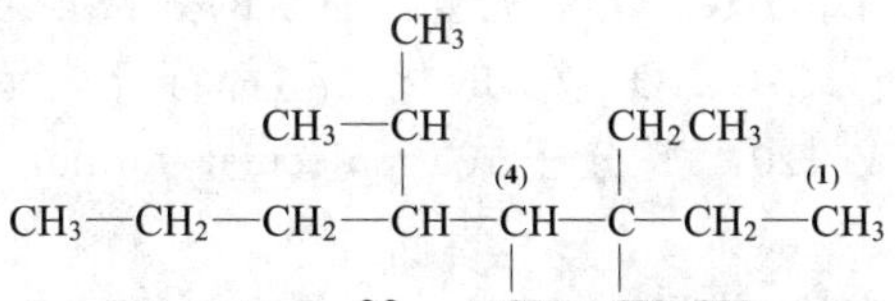

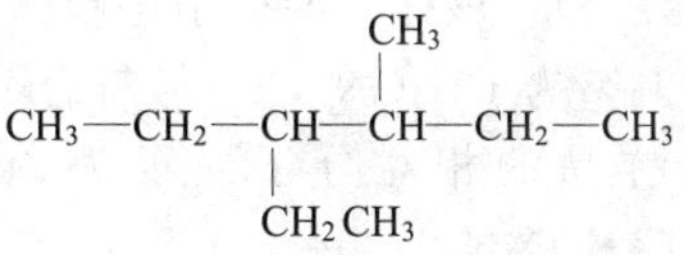

④ 几条等长的主链中应选取支链数目最多的为主链。如，**24** 命名为 2-甲基-3-乙基己烷，不建议称 3-异丙基己烷。主链以不同方向编序若得到不同编号系列时应顺次逐项比较各系列的不同位次，最先遇到的位次最小者是**最低系列**的一种编号方式，这种编号方式也是应选取采用的。如，**25** 的主链编号从右往左，命名为 2,4,7-三甲基辛烷；不建议从左往右编号而称 2,5,7-三甲基辛烷。

⑤ 带取代基的支链可作为一个整体来命名，从与主链相连的碳原子开始对支链碳原子编号并将全名放在圆括号中。如，**26** 称 3-甲基-5-(1′,1′-二甲基丙基)壬烷；**27** 称 3-乙基-7-(1′,2′-二甲基丙基)壬烷。

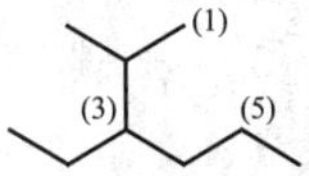

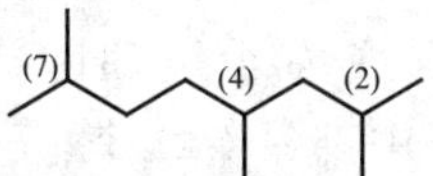

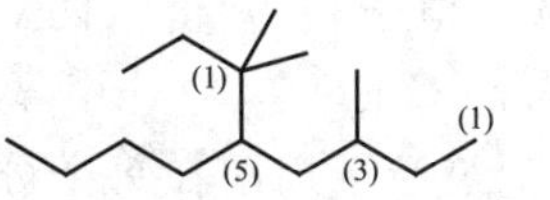

系统命名法的优点是其确切性。结构式无论如何表示，其 IUPAC 名称基本上都是一样的；由名称也可无误地写出化合物的结构式。但是对于一些结构复杂的化合物也有命名不易且名称过于烦琐冗长的缺陷，故有些化合物仍常用惯用名或俗名，如 **21** 就常用**异辛烷**来称之，天然产物也主要采用俗名。

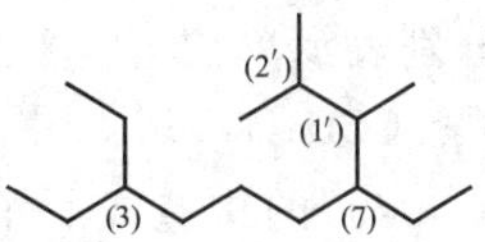

除烷烃外的其他各类有机化合物都有官能团，系统命名时需结合官能团和取代基而来，具体操作请参见各相关章节。

1.9 分子构造及表示方式

分子中所有原子相对位置的总和就是**分子结构**，包括构造、构型和构象（参见4.1）。但通常情况下论及结构时多指的是构造和构型，即原子连接的次序和相对空间向位。分子结构如今已可通过 X 射线衍射和后续各章介绍的波谱等实验方法得到精确解析。**结构式**（structural formulas）则是表达结构的化学图式工具，给出由价电子连接的原子种类、数量及组合方式。

1.9.1 元素分析、经验式和分子式

有机分子在文献中记载的数据一般包括原子种类、数量及成键方式、熔点、沸点、相对密度、折射率、比旋光度和各种波谱数据，比对这些文献数据可判别所得化合物是新化合物还是已知化合物。由法定认证单位给出的元素分析可提供分子中原子的种类和数量，从而得出分子中各种原子最小整数比的**经验式**（empirical formula）。如，某样品经定量元素分析测得各元素的含量为 C 20.00%、H 6.71%、N 46.42%；氧元素的含量无法直接测定，是减去其他元素含量的总和后推论出的，故该样品中还有 O 26.87%。各元素的百分含量除其相对原子质量得到各元素的原子数目之比为 C 1.67（20/12）、H 6.71（6.71/1）、N 3.31（46.42/14）、O 1.68（26.87/16），该样品的分子经验式为 $C_{1.67}H_{6.71}O_{1.68}N_{3.31}$。原子的数目必定为整数，故该经验式应调整为 CH_4ON_2，任何符合分子式 $(CH_4ON_2)_n$ 的化合物都符合该元素分析的结果。若测得样品的相对分子质量为 60 或 120，则**分子式**（molecular formula）应分别为 CH_4ON_2 或 $C_2H_8O_2N_4$。

有机分子的分子式中元素排列的先后次序通常为 C、H、O、N、S、F、Cl、Br、I、P，其他元素按字母顺序排在后面，同种元素的原子数合并表示。结晶水单独计数另行排在后面。

1.9.2 构造式

国际纯粹与应用化学联合会指出：**构造**（constitution）是分子中原子互相连接的次序和方式，其化学表示式称**构造式**（constitution formula）或价键结构式。能写出构造式前应先得知其分子式，根据分子式熟练地写出其构造式是学习有机化学的基本技能。先判断分（离）子中每个原子能提供的成键电子数量，负离子或正离子需另行加上或减去一个电子。接着要明确每个原子的连接方式并将两个原子间按照八隅体要求用一根、两根或三根短线连接［分别表示单键（一对共享电子）、双键（两对共享电子）和叁键（三对共享电子）］。如甲醇（CH_4O，**1**）、甲醛（CH_2O，**2**）、甲氧基负离子（CH_3O^-，**3**）和碳正离子（$C_4H_9^+$，**4**）的构造式所示：氢原子周围在每个分子中都只有 2 个电子，**1**、**2** 和 **3** 中碳和氧原子周围都各有 8 个电子，每个氢原子提供 1 个电子，碳原子提供 4 个电子，氧原子提供 6 个电子，**3** 中带负电荷的氧原子上再加上 1 个电子；**4** 中带正电荷的碳原子上再减去 1 个电子。

构造式应书写简洁，表达明晰。像 **1** 和 **2** 那样给出所有价键的构造式称 **Kekule 结构式**（Kekule structure，孤对电子常不用显示）。简化的 Kekule 结构式称**缩略式**（condensed structure），缩略式中的某些键无需标示，同一原子上连有的相同基团可以用小括号合并表示。Kekule 结构式和缩略式中所有的原子均被标示。又称**键线式**（bond-line formula）或**线角式**（line-angle）的**碳架式**（carbon skeleton diagram）是能更快写出也是更为简洁的构造式，碳架被简化为**锯齿状**（zig-zag），短线连接处，如两条单键的折拐点或与双键、叁键的结合处都存在一个碳原子，端点即为甲基。碳架式中标示有杂原子或官能团，碳、氢原子除需特别强调外通常不用显示，各个原子都被认定键连有足够多的氢原子以满足八隅体要求（结构式书写中若碳原子用了"C"标示，连在该碳原子上的"H"也应标示，不然光有"C"标示会有歧义。）。原子在分子中的空间排列方式，即立体结构式的表示方式参见 4.1。

如图 1-17 所示的丁-1-醇（正丁醇，**5**）和丁-2-醇（**6**）的 Kekule 结构式、缩略式和碳架式（键线式）。**5** 的碳架式中端点碳 C（4）上有 3 个氢原子，链间碳 C（1）、C（2）和 C（3）上各有 2 个氢原子；**6** 的碳架式中端点碳 C（4）和 C（1）上各有 3 个氢原子，链间碳 C（3）和 C（2）上各有 2 个和 1 个氢原子。

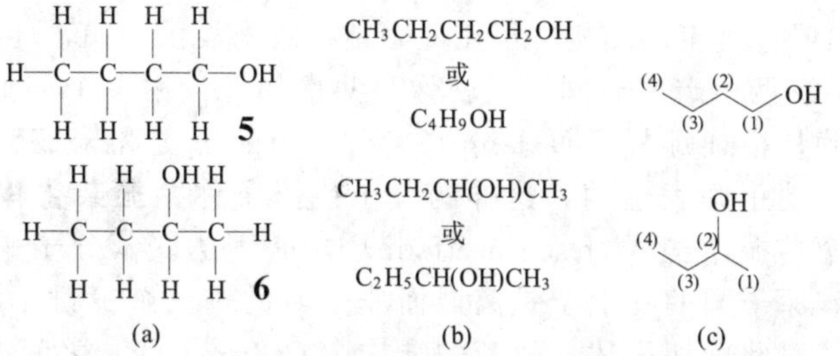

图 1-17　正丁醇（**5**）和丁-2-醇（**6**）的 Kekule 结构式（a）、缩略式（b）和
碳架式〔（c），注意该结构式中未标出碳原子上键连的氢原子〕

碳架式也常用来表示带电荷的分子。如，都是 3 价的碳正离子（**7**）、碳负离子（**8**）或碳自由基（**9**）都是碳原子失去一个配体形成的，只有 3 个配体。碳正离子失去的配体带着成键电子离去；碳负离子失去的配体未带着成键电子离去，成键电子作为一对孤对电子留在碳原子上；碳自由基失去的配体带着一个成键电子离去，还有一个成键电子留在碳原子上。

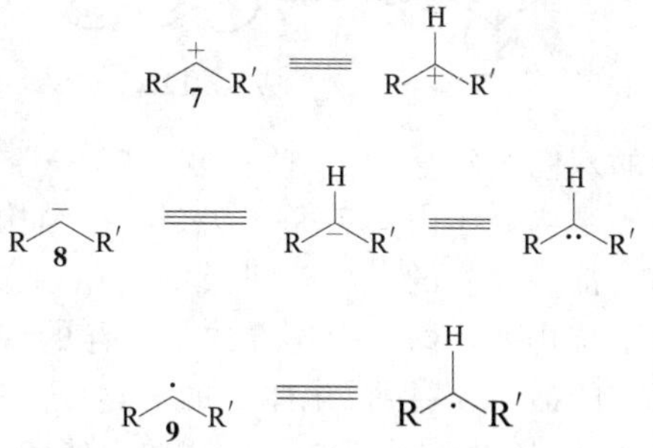

1.9.3　同分异构

就像几个相同数量和种类的字母通过不同的组合能形成不同的单词，具有相同数目和种类的原子有同一分子式，但原子间连接方式不同或相对空间不同能形成结构和性质都不同的分子。不同的分子具有同一分子式在有机化学中普遍存在，称**同分异构现象**（isomerism）。如，分子式同为 $C_4H_{10}O$ 的化合物有丁-1-醇（**5**）、丁-2-醇（**6**）、乙醚（**10**）

和甲丙醚（**11**）；同是丁-2-醇但由于原子团在空间的取向不同还有不同的两个对映异构体 **6** 和 **6′**（参见 4.2）。这五个化合物的原子种类和数量都相同，但各是不同的分子，称**同分异构体**（isomers），故有机分子不能简单地用分子式表示。同分异构体的数量和可能组成的方法请参见 2.1.3。

同分异构包括构造异构、构型异构和构象异构。构型异构和构象异构都是立体异构（参见 4.1），是共价键方向性的一个必然属性。构造异构指分子中由于原子连接的次序和方式不同而产生的同分异构，可分为如正丁烷和异丁烷的**碳架异构**、如 **5** 和 **6** 的**位置异构**、如 **5** 或 **6** 与 **10** 的**官能团异构**、如丙酮的酮式（**12**）和烯醇式（**13**）的**互变异构**（参见 9.4.2）。

1.9.4　共振杂化体

每个分子都有其唯一确定的结构并可用一个结构式来表示。如，环己烯用一个结构式就可，一对 π 电子定域在两个碳原子间。但就像某些事物可只用一个词汇，某些事物则需用多个词汇才能得到确切描述那样，许多分子或离子中的 π 键和未成键电子的归属仅用一个结构式是不能完整地正确表达的，这样的分子或离子称**共振杂化体**（resonance hybride），它们的结构需用几个**共振结构式**（resonance form）才能表达。苯分子中相邻碳碳键既非单键亦非双键，两个碳原子间的 π 电子是离域而非定域的，三个 π 键平均分布于六元环上，单用一个结构式不能对此确切描述。故苯的结构中 C(1)—C(2) 之间的键在 **12a** 中表达成双键或在 **12b** 中表达成单键都是不正确的，苯的结构既非共振结构式 **12a** 亦非共振结构式 **12b**。**12a** 和 **12b** 代表了苯的两个实际上并不存在的**共振贡献者**（resonance contributor），是共振杂化体苯的两个极限结构。共振杂化体苯的结构需要用这两个共振贡献者的共振叠加来表示。

共振结构式之间由专用的双箭头符号 "⟷" 关联。"⟷" 并非指两个异构体之间的平衡，仅表示共振杂化体的真实结构处于由其关联的两个共振结构式之间。各个共振结构式对共振杂化体的贡献无论有多大都是独立的，相互间谈不上有互变或形成平衡。

所有共振结构式中的原子核排列，即 σ 键连方式是一样的，有相同的键长、键角和共价键数、未成键电子数（如果有的话）。共振杂化体中的 π 电子、未成键电子或正负电荷因共轭效应（参见 1.3.6、7.4.4 和 9.10.1）而可离域，这些电子经合理移动即可形成另一个共振结构式，离域是有利体系稳定的。[*] 各个共振结构式之间的 σ 电子和电性是不会变动的并有相等的成对电子数或单电子数，差异仅是归属。如，**12a** 和 **12b** 中将三根 π 键用三个弯箭

---

[*] 此处的弯箭头符号仅显示一种共振结构如何通过电子迁移（离域）就能成为另一种共振结构，但这只是形式而已，帮助并提示在给出不同的共振结构式时勿遗漏或添加电子。共振杂化体中的电子不会从一个位置移到另一个位置，它们同时离域分布在所有的共振结构式中。

头依次移向相邻的 σ 键就成为一个新的共振结构式 **12b** 或 **12a**。共振杂化体烯丙基自由基是一个与 π 键相邻的自由基，如 **13a** 中 C（1）和 C（2）间是双键，C（3）带一个单电子，其 π 键上的一个电子与自由基上的单电子间叠合可形成一个新的 π 键，π 键上的另一个电子则留在离原有自由基较远的那个碳原子上成为一个新的如 **13b** 所示的自由基〔C（2）和 C（3）间是双键，C（1）带一个单电子〕。如 **14** 那样〔双键消失，C（1）、C（2）和 C（3）各带一个单电子〕带三个单电子的的共振贡献者是没有的。

$$
\underset{\substack{(1)\quad(2)\quad(3)\\ \mathbf{13a}}}{H_2C{=}CH{-}\overset{\cdot}{C}H_2} \longleftrightarrow \underset{\substack{(1)\quad(2)\quad(3)\\ \mathbf{13b}}}{H_2\overset{\cdot}{C}{-}CH{=}CH_2} \quad\times\quad \underset{\substack{(1)\quad(2)\quad(3)\\ \mathbf{14}}}{H_2\overset{\cdot}{C}{-}\overset{\cdot}{C}H{-}\overset{\cdot}{C}H_2}
$$

各种类型的共振杂化体都是共轭体系的结构（参见 1. 3. 6）。共振杂化体比任何一个能给出的最稳定的共振贡献者还要稳定，两者的能量差称**共振能**（resonance energy）。不同的共振贡献者对共振杂化体的结构有权重不等的贡献，其结构愈合理愈稳定，能量愈低贡献愈大，也愈接近和能代表共振杂化体的真实结构。与任何一个分子结构一样，合理的共振贡献者的结构应符合八隅律、无未成对电子、负电荷位于电负性大的原子上、尽量多的成键和尽量少的正负电荷分离等标准。这些标准有矛盾时，八隅律要求是最重要的。具有愈多合理共振结构式的共振杂化体也愈稳定，共振能愈大。如 **12a** 和 **12b** 那样结构等同的共振贡献者形成的共振是最有效的。再强调一下，共振绝不是几个离域结构之间的快速振动；形式上不同的共振结构式代表的都是同一共振杂化体分子。许多有机分子或离子都是共振杂化体，利用共振结构式描述这些分子的结构并在解释它们的稳定性、酸碱性、电荷位置及反应的方向性、选择性等问题中是相当有用、可靠而又方便的。

1.10 有机反应

有机反应因 Lewis 酸碱作用而起，直观上可以从反应物和产物的结构变化来理解发生了什么。分子中，特别是与官能团相连的许多键是有极性的，反应中可以通过提供或接受电子对来成键而生成产物，反应本质都是旧键破裂和新键形成。知晓底物和试剂的酸碱性强弱及富电和缺电部位所在对理解反应至关重要，因反应就是电子从富电部位向缺电部位流动而成键。文献中用**双钩弯箭头**（curved arrow）符号"⤻"或单钩弯箭头符号"⤴"分别表示一对电子或一个单电子从箭尾所在处的一个原子上的孤对电子、负电荷或某个键移向箭头所在处的另一个可以接受这些电子形成新键或容纳这些电子的原子，反映出在共振结构或反应过程中价键或孤对电子的重组。理解和运用弯箭头符号是学习有机化学的基本技能之一。

1.10.1 底物、试剂和亲电、亲核

有机反应中的反应物包括**底物**（substrate）和试剂。能转化为所需产物的有机化合物视为底物，无机反应物一般视为试剂。除少数给出单电子的自由基型试剂外，绝大多数试剂都是具有偶数电子的离子型试剂，可分为**亲电**（electrophilicity）的或**亲核**（nucleophilicity）的。**亲电试剂（E）**意味着该试剂是**缺电**（electron-deficient）的，要进攻底物中带负电荷的部分或孤对电子或接近电子云，由其进攻而引发的反应称亲电反应。**亲核试剂（Nu）**至少含有一对孤对电子，是带或不带负电荷的，孤对电子或负电荷部分要进攻底物中带正电荷的部分，由其进攻而引发的反应称亲核反应。一个中性试剂分子通常兼具亲电中心或亲核中心，大多数情

况下只有一种中心去参与某个反应。如，溴分子参与反应前被极化而形成 $Br^{\delta+}$ --- $Br^{\delta-}$，$Br^{\delta+}$ 相较 $Br^{\delta-}$ 具有较高能量而更易反应，故 Br_2 属于亲电试剂。氰化氢（$H^{\delta+}$ --- $CN^{\delta-}$）中 $CN^{\delta-}$ 的能量和活性都比 $H^{\delta+}$ 大，反应时总是由 $CN^{\delta-}$ 进攻，故属于亲核试剂。水分子（$H^{\delta+}$ --- $OH^{\delta-}$）中两个中心区别不大，亲电中心 $H^{\delta+}$ 和亲核中心 $OH^{\delta-}$ 这两端的活性都不大，故水既不易进行亲电反应也不易进行亲核反应。亲核、亲电这两个概念所适用的对象是相对而言的，许多反应和试剂的分类已经约定俗成，有通用的亲核或亲电的定义。

1.10.2 反应机理

反应机理（mechanism）亦称反应过程，具体分析一个有机反应进行的全过程，描述各步反应中涉及哪些旧键破裂和哪些新键形成及反应速率大小和能量的变化。一个完整的反应机理应给出体系中的原子在反应任一时刻所处的相对位置和能量，但实际上未能做到这一理想目标，因键的破裂和形成在 10^{-13} s 左右完成，至今没有可直接观测此过程的仪器装置。故有关反应机理的描述是依据实验结果、现象和模型作出的符合科学原理的合理假设和判断。

有机反应需一定时间才能达成平衡而完成。从机理来看，有些是一步完成（仅有过度态而无中间体生成）的**基元反应**（elementary reaction），有些是由多步基元反应组合才完成的多步反应，每步基元反应都生成一个不正常价键数的**活泼中间体**（reactive intermediate，常简称中间体）。活泼中间体是化学实体，主要包括碳原子是三配位或二配位的碳正离子、碳负离子、碳自由基和卡宾。活泼中间体不符合八隅律，生存期极短但尚能观测分析，反应过程中迅速转变为产物或另一个活泼中间体。一步完成的反应又称**协同反应**（concerted reaction），旧键断裂的同时新键生成，反应中没有活泼中间体产生。

1.10.3 反应的分类

有机反应难以计数，表面看似纷纭杂乱互不关联，但每个反应从机理来分析都可归于某个类同机理的通用反应之一。从反应物和产物之间的相互关系可将有机反应分为如下几类。

（1）取代反应　两个底物（AB 和 CD）反应交换部分原子（团）后生成两个新产物（AC 和 BD）的反应。根据引发反应所需试剂的类型分为**亲核、亲电和自由基取代**三种反应，如式(1-1)所示。式中的 Nu⁻ 为负离子一类亲核试剂，E⁺ 为正离子一类亲电试剂，带孤对电子、π 键或极性单键的中性分子也可成为 Nu⁻ 或 E⁺；R· 为自由基（带单电子的分子）；L 为离去基团。

$$Nu^-(E^+,R\cdot)+R'—L \longrightarrow R'—Nu(E,R)+L^-(L^+,L\cdot) \qquad (1\text{-}1)$$

（2）加成反应　两个底物反应后生成一个产物且无原子损失的反应，根据引发反应的试剂也可分为**亲核、亲电、自由基**及**协同加成**四种类型。由同种或异种的众多底物键连生成聚合物的反应称**聚合反应**，是一类特殊的加成反应。

（3）消除反应　加成反应的逆反应，一个底物生成几个产物的反应。根据机理或消除位置可分为极性、协同消除或分为 α-、β-消除等。

（4）缩合反应　两个反应底物组合成一个产物的同时失去如水、醇或其他小分子的反应。

（5）重排反应　底物分子中的原子或键的位置反应后重组而生成新的异构体产物的反应。如式(1-1)所示的氰酸铵受热生成尿素的反应就是一个重排反应。

（6）氧化还原反应　氧化和还原是互为可逆的两个反应。在无机和分析化学中被视为一个电子得失的过程，失去电子称氧化，得到电子称还原。有机反应的氧化还原过程中电子的得失并不是很清楚，故更多的是从其反应前后结构的变化来评判：底物分子中加入氧或脱去氢的反应称**氧化**（oxidation），加入氢或脱去氧的反应则称**还原**（redaction）；即 C—H 键减少或 C(N、S)—O 键增加的是氧化，C(N、S)—H 键增加的是还原。一般来说，反应前后与碳相连的元素的电负性从低到高的过程是氧化，反之为还原。如式(1-2)所示，式中 Y 是低电负性原子（团），Z 是高电负性原子（团）。

$$\cdots\overset{|}{\underset{|}{C}}-Y \xrightleftharpoons[\text{还原}]{\text{氧化}} \cdots\overset{|}{\underset{|}{C}}-Z \qquad (1\text{-}2)$$

氧化态（oxidation number）或称氧化数可用来定量描述碳在不同官能团中的氧化状态。C—杂（原子）键愈多或碳上重键数愈多，碳的氧化态愈大。每有一根碳—杂原子键或重键，碳的氧化态增加+1。❶ 故烷烃碳的氧化态为 0；烯烃、卤代烃、醇、醚、胺中碳的氧化态为+1；炔烃、二卤代烃、缩醛（酮）、醛（酮）、亚胺碳的氧化态为+2；三卤代烃、羧酸、腈碳的氧化态为+3；四卤化碳、二氧化碳中碳的氧化态为+4。碳的氧化态在反应前后相同不是氧化-还原反应，如，腈的水解反应或羧酸的酯化反应；氧化态在反应前后有改变的是氧化或还原反应，如，烷烃到烯烃再到炔烃是 C—H 键减少的氧化反应，碳的氧化态从 0 到+1 再到+2；反之，炔烃到烯烃再到烷烃则都称还原反应。许多反应虽可归于氧化-还原反应，但更多的是各以取代、加成或氢化（解）等来称呼。

各类有机反应从旧键断裂或新键形成来分析则涉及以下两个类型。

（1）极性反应 如式(1-3)所示，键的断裂或生成涉及成对电子取舍的反应称**极性反应**或**异裂反应**，是在极性键上发生的最为常见的一类有机反应。

$$A\!:\!B \rightleftharpoons A^+ + :B^- \qquad (1\text{-}3)$$

极性反应一般在酸或碱存在下于极性溶剂相中进行，常涉及离子中间体，故又称**离子型反应**。如式(1-4)所示，烯和卤素的加成反应是从卤素正离子进攻电荷密度大的双键碳开始，是亲电反应。

$$H_2C = CH_2 \xrightarrow{X_2} [XH_2C—CH_2^+] \longrightarrow XH_2CCH_2X \qquad (1\text{-}4)$$

如式(1-5)所示，卤代烃的水解反应是由 OH^- 进攻与卤素相连的带部分正电荷的碳，同时卤素带着一对电子离去，是亲核反应。

$$\overset{R}{\underset{H}{\underset{H}{\bigtriangleup}}}X + OH^- \longrightarrow \overset{OH}{\underset{H}{\underset{H}{\bigtriangleup}}}R + X^- \qquad (1\text{-}5)$$

（2）自由基反应 键的断裂或生成涉及两个单电子分离或叠合的反应称**自由基**（radical）反应。非极性键对称断裂后成键的一对电子平均留在两个各带有一个单电子的称自由基（**游离基**）的碎片原子（团）上。这种断裂方式又称**均裂**（homolytic fission），如式(1-6)所示。

$$A\!:\!B \rightleftharpoons A\cdot + B\cdot \qquad (1\text{-}6)$$

自由基与许多具有催化作用的金属离子一样有不成对电子，在生物化学过程中发挥电子传递作用而参与生物体内的氧化还原反应。自由基反应较极性反应少见，一般需光照或高温条件，在气相或非极性溶剂相中进行。如式(1-7)所示的甲烷光照下的氯化反应。

---

❶ 文献上另一种算法是将氢原子和氧原子的氧化数人为地分别规定为+1 和-2。如，一碳有机分子从甲烷（CH_4）到甲醇（CH_3OH）到甲醛（$HCHO$）到甲酸（HCO_2H）再到二氧化碳（CO_2）的每一步都是 C—H 键减少和 C—O 键增加的反应，碳的氧化数从最低的-4 到-2 到 0 到+2 再到最高的+4，每一步反应都是碳的氧化反应。

$$\text{(structure)} \ \cdot\text{CH}_3 + Cl\cdot \longrightarrow \text{(structure)} + H\cdot \qquad (1\text{-}7)$$

1.10.4　热力学和动力学要求

任何有机反应都可用有利的或不利的及快的或慢的来描述，各涉及**热力学**（thermodynamic）的平衡及**动力学**（kinetic）的快慢问题。它们分别与底物及产物之间的能量差及反应过程有关，是需要分别予以考虑的范畴。

（1）**热力学要求**　热力学涉及反应前后体系能量的变化及达到平衡时底物和产物的相对含量问题。底物或产物愈稳定，其 **Gibbs 自由能**（Gibbs free energy，简称**自由能**或内能，一个大气压及 298K 温度下的标准态用 $G^{\ominus}$ 表示）愈小，在平衡体系中的相对含量愈大。反应的平衡位置可用无量纲的平衡常数（k_{eq}）表示。如式（1-8）所示，❶ 反应始态和终态之间的自由能变化 $\Delta G^{\ominus}$ 与平衡常数有指数级定量关系 ［R 是气体常数，8.314J/(mol·K)]，$\Delta G^{\ominus}$ 每相差约 5.7kJ/mol，平衡常数可相差 10 倍（参见 2.9.3）；$\Delta G^{\ominus}$ 达到 12kJ/mol 时反应就相当完全而大大偏向于产物（99.2%）的了。原则上每个反应都是可逆的，但许多有机反应到达平衡态时产物的浓度远大于反应物的，$k_{eq} > 10^3$，反应被认为是不可逆的。

$$a\text{A} + b\text{B} \underset{}{\overset{k_{eq}}{\rightleftharpoons}} c\text{C} + d\text{D}$$

$$k_{eq} = \frac{[产物]}{[底物]} = \frac{[\text{C}]^c [\text{D}]^d}{[\text{A}]^a [\text{B}]^b}$$

$$\Delta G^{\ominus} = -2.303RT \lg k_{eq} \qquad (1\text{-}8)$$

产物的自由能若小于底物的自由能，$\Delta G^{\ominus}$ 为负值，此时有能量放出，反应是**放能**（exergonic）的，$k_{eq} > 1$，反应达到平衡时产物的比例高，$\Delta G^{\ominus}$ 负值愈大，反应进行得愈完全。反之，$\Delta G^{\ominus}$ 为正值的反应是**吸能**（endergonic）的，$k_{eq} < 1$，反应达到平衡时产物的比例低。标准状态下的 $\Delta G^{\ominus}$ 与反应始态和终态之间的**标准生成焓变**（kJ/mol，$\Delta H^{\ominus}$）及**标准生成熵变**［也称熵单位（eu），kJ/mol，$\Delta S^{\ominus}$］有如式（1-9）所示的**热力学第二定律**的定量关系。

$$\Delta G^{\ominus} = \Delta H^{\ominus} - T\Delta S^{\ominus} \qquad (1\text{-}9)$$

有机反应中分子断键需要热量，成键放出热量，$\Delta H^{\ominus}$ 表达出反应前后总的键能变化，又称**反应热**。断键热量小于或大于成键热量的反应分别是**放热**（exothermic，$\Delta H^{\ominus}$ 为负值）的或**吸热**（endothermic，$\Delta H^{\ominus}$ 为正值）的。键能（参见 1.3.3）是可以实验测量的热值，故 $\Delta H^{\ominus}$ 可以通过分析反应前后的断键和成键状况得知。$\Delta S^{\ominus}$ 反映体系无序度的变化，反应后若分子数是增加的，各种分子运动的自由度变大，$\Delta S^{\ominus}$ 是正值。从式（1-9）可知，要使反应有利于正向进行，最好是低焓变和高熵变过程，这样可以得到较大的 $-\Delta G^{\ominus}$ 值，使反应平衡点大大偏向于产物。

除非平衡点在高温，大部分有机反应的 $\Delta S^{\ominus}$ 值很小，$T\Delta S^{\ominus}$ 往往可忽略，此时 $\Delta H^{\ominus}$ 可用来替代 $\Delta G^{\ominus}$ 以判断平衡。如式（1-10）所示，底物碳碳双键中的一根 π 键（＋285kJ/mol）和一根 H—Br 键（＋370kJ/mol）断裂，共吸热 655kJ/mol；产物中新生成一根 C—H 键（－420kJ/mol）和一根 C—Br 键（－300kJ/mol），共放热 720kJ/mol。该反应的焓变是一个足够大的值（$\Delta H^{\ominus} = -65$kJ/mol），$T\Delta S^{\ominus}$ 值已很难改变 $\Delta G^{\ominus}$，故从 $\Delta H^{\ominus}$ 就可判断该反应是非常有利于正向的。但此处仅从热力学角度来指出变化发生的趋势，未涉及需要多少时间才能

---

❶　严格意义上式（1-8）中应该用活度而非浓度，此处简化为用浓度来讨论也是可行的。

完成反应，后者是需要从下面所介绍的动力学角度来研究的。

$$\text{（1-10）}$$

（2）动力学要求 自然界的一个基本规律是实体总是自发地由内能较高状态趋向位于内能最低的状态，只要这个过程允许发生。有机反应亦是如此，平衡位置虽总是在体系能量最低点，但能否到达这个位置涉及其**反应速率**（v）是快还是慢的动力学问题。一个基元反应在一定温度下的**动力学方程式**如式（1-11）所示，式中反应物浓度项上的指数方次之和（$a+b$）是**反应级数**，k 是**速率常数**。反应速率指单位时间内底物或产物浓度的变化，与速率常数及底物的浓度和反应温度都有关联，故评论两个反应何者更快应比较它们的速率常数而非速率。正向反应的速率与逆向反应的速率相等时反应到达平衡态，此时底物和产物的浓度不再变化。

$$aA + bB \xrightarrow{k} cC + dD$$
$$v = k[A]^a[B]^b$$
$$\text{（1-11）}$$

有机化学常用来处理动力学问题的**过渡态**（transition state，**TS**）理论认为，从底物到产物的每步基元反应都会经过一个能量最高点的过渡态［常用右上角带**双剑号**（‡）的中括号表示］结构。每个产物都来自各自独立的过渡态，主产物则来自能量最低的那个过渡态。过渡态中反应中心原子上含有即将断裂的旧键和即将形成的新键及超过价键规则所允许的原子（团）。每个基元反应都有一个连续的两步电子变迁过程：第一步是底物（**S**）和试剂（**R**）吸收能量并严格地按反应要求相互靠拢，在所需最小能量途径的最高点生成过渡态；第二步由过渡态不可逆地快速（约 10^{-13} s）分解为中间体或产物（**P**），该过程可用如图 1-18 所示的**反应坐标图**（energy profile，横轴和纵轴分别是反应进程和能量）来描述。图 1-18（a）和（b）分别表示无中间体生成的从底物到产物的一步放热反应和吸热反应。

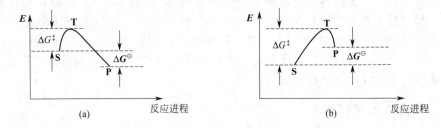

图 1-18 放热反应（a）和吸热反应（b）中体系能量的变化（未涉及 $\Delta G^{\ominus}$ 和 $\Delta G^{\ddagger}$ 的绝对值大小）

任何使反应物活化而不稳定或使过渡态稳定而易于生成的因素都有利反应进行。底物或中间体与过渡态之间的能差称 **Gibbs 活化自由能**［free energy of activation，简称**活化能**或**能垒**（energybarrier），用 $\Delta G^{\ddagger}$ 表示］。过渡态的能量总是比反应物高，每个反应物都必须接受活化自由能到达过渡态后才会反应。总是正值的 $\Delta G^{\ddagger}$ 表征出反应物到达过渡态的容易程度：$\Delta G^{\ddagger}$ 小速率常数（k）就大，反应物易到达过渡态，反应易于发生；$\Delta G^{\ddagger}$ 大的反应是不易发生或难以发生的。催化剂就是能降低 $\Delta G^{\ddagger}$ 而使反应加快的材料。大部分有机反应的 $\Delta G^{\ddagger}$ 在 $40 \sim 150$kJ/mol，$\Delta G^{\ddagger}$ 小于 80kJ/mol 的反应在室温下就有可观的速率；$\Delta G^{\ddagger}$ 大于 80kJ/mol 的反应需加温进行，$\Delta G^{\ddagger}$ 和 $\Delta G^{\ominus}$ 是两个不同的概念，各涉及起始反应物与过渡态和与产物之间的能差。无论 $\Delta G^{\ominus}$ 是正是负或有多大，需要的 $\Delta G^{\ddagger}$ 视反应不同可能很小或很大，表现出的反应速率可能很大或很小。

反应速率常数（k）与浓度无关但与温度有关，可用如式（1-12）所示的 **Arrhenius 方程**来表达。式中的 A 是**前项指数**（相当于分子都具有大于活化能的能量时反应的速率常数，每个反应都有其独特的 A 值）；$E_活$ 是**经验活化能**（$E_活 = \Delta H^{\ddagger} + RT$，$\Delta S^{\ddagger}$ 已置于 A 中）；R 和 T 分别是摩尔气体常数和热力学温度。分子通过不停的具一定动能和方向的碰撞运动来提供到达过渡态所需能量。温度对反应速率的影响很大，热能可转化为分子运动的动能，通常可见每提升 10℃ 可使速率提高一倍以上。

$$k = A e^{(-E_活/RT)} \tag{1-12}$$

多步反应有中间体生成。以一个两步反应为例，两步反应各有其过渡态，两个过渡态之间的是活泼中间体，中间体的能量比任何一个过渡态都低，比底物或产物的高。过渡态与化学实体的反应物、产物或中间体都不同，仅是一个反应时必须要经过的一种按严格要求达到理想有效碰撞的生存期极短的状态，既无法分离也未能用实验观察证实。Hammond 提出的假设认为，能量相近的物种结构也相近，过渡态的结构与反应体系中能量最相近物种的结构相似。根据 Hammond 假设，虽然反应过渡态的结构无法直接测知，但从可以测知的反应物、产物或中间体结构能对其作出合理的推测，从而对反应所需活化自由能的相对大小作出判断。对放热反应而言，其反应过渡态的结构更接近底物；对吸热反应而言，其反应过渡态的结构更接近中间体或产物。同一底物发生的众多可能的反应中，放热多的反应或吸热少的反应活化自由能都是相对较小的，也是能相对快速进行的，生成的产物或中间体必定是主要的。

1.10.5　分子的稳定性和活性

稳定是一种对外界干扰的抵抗能力而非持久不变，是受到干扰后能恢复到原状态的能力。分子因张力而产生热力学稳定性问题（参见 1.5），另一个常被提及的稳定性是与 $\Delta G^{\ddagger}$ 相关的动力学稳定性问题，通常论及稳定性时多指的是用 $\Delta G^{\ominus}$ 表征的热力学稳定性。讨论一个孤立分子的热力学稳定性意义不大，比较两个可以转化的分子间热力学稳定性的强弱可用于判断达到反应平衡态时两者的比例大小。一个反应的 $\Delta G^{\ddagger}$ 大，意味着化合物不易进行这个反应，对该反应是动力学稳定的；反之，$\Delta G^{\ddagger}$ 小意味着化合物进行这个反应的速率很大，对该反应是动力学不稳定的。分子的稳定性强也意味着其（反应）**活性**（activity）弱。一个好的有机反应总是有活性强的反应底物和稳定性好的产物。分子的活性与其某个原子的酸碱性和电负（正）性的强弱密切相关。

1.10.6　有机反应方程式

有机反应方程式常常不用配平且有较为简单易行的一些表示方法来强调重点。阅读时不但要注意底物和产物的结构变化、还应搞清底物和试剂的酸碱中心、正负电荷所在及电子移动的始点、终点，理解分子中其他官能团的影响和催化剂、溶剂等外界条件的的作用，分析各种选择性（化学、区域、立体）问题和涉及决速步、平衡点的反应过程。文献中见到的有些反应方程式往往只描述可以得到的产物而未给出整个反应的全过程，所报道的产率也不易重复。如式（1-13）所示，一个反应在底物（S）、试剂（**R**）和产物（product，**P**）间用单箭头符号"⟶"关联，副产物（byproduct，**B**）若非必要常忽略不提。催化剂、溶剂、温度等反应条件及产率都可以放在单箭头符号的上方或下方；若要强调反应底物，试剂也可置于箭头上方，副产物或无机盐、水等常被略去不提。如，**产率**（yield，y）90% 意味着用 1mol 底物可得到 0.9mol 产物。10% 的损失可能是生成了副产物或实验操作不当。产率指出了这个反应有多大的成功性，但不同的人实施同一个反应会得到不同的产率，这与经验和技术密切相关。

$$S + R \xrightarrow{y=90\%} P + B \tag{1-13}$$

许多有机反应是从底物经活泼中间体产物再到产物的。有些反应方程式中用中括号内给出活泼中间体（**I**），用右上角带**双剑号**（‡）的中括号表示过渡态（**T**），如式（1-14）所示的两个方程式。

$$S \longrightarrow [I_1 \longrightarrow I_2] \longrightarrow P$$
$$S \longrightarrow [T]^{\ddagger} \longrightarrow P \tag{1-14}$$

如式（1-15）所示，底物（S）与试剂（R）、碱（OH^-）一起反应生成产物（P）。许多产物实际上都是反应后需经酸水溶液（H_3O^+）处理才能得到的，但往往未标示于方程式中。酸水溶液处理的反应是显而易见且是必需的常规操作，故不提也罢，读者不应产生误解。

$$S \xrightarrow[R]{OH^-} P \tag{1-15}$$

一个方程式也能表示出多步反应，用单箭头符号上、下方试剂前的数字或用两个前后一条直线上的单箭头符号表示先后次序。如式（1-16）所示的两个方程式，底物第一步先与碱（OH^-）反应，反应完后第二步再与试剂或另一个反应物反应。第一步反应生成的中间体产物在反应方程式中被忽略不提了，因为它很容易从底物或产物的结构中推知。

$$S \xrightarrow[(2)R]{(1)OH^-} P$$
$$S \xrightarrow{OH^-} \xrightarrow{R} P \tag{1-16}$$

1.11　有机化学中的酸和碱

酸和碱也是有机化学的核心概念，有机反应本质上就是酸碱反应或需要酸碱催化的反应。与普通化学所讨论的酸碱概念及重点有所不同，有机化学中常用**质子酸碱理论**和**电子酸碱理论**来理解酸和碱，后者的运用更是有机化学的一大特色。

1.11.1　Bronsted 质子理论和酸度

Bronsted 提出，**酸**（acid，**HA**）是**质子**（proton，H^+）的供体，**碱**（base，**B**）是质子的受体。酸放出质子后成为该酸的**共轭碱**（**A^-**），碱接受质子后成为其**共轭酸**（**BH^+**）。任何带氢原子的分子都是潜在的酸；任何带孤对电子或 π 键等富电子的分子都是潜在的可以接受质子的碱。酸碱反应就是速率极大的质子转移反应，如式（1-17）所示。

$$H{\frown}A + B\!: \rightleftharpoons A^- + B{-}H^+ \tag{1-17}$$

Bronsted 酸碱是一种着眼于质子的狭义理论。一个化合物是酸或碱实际上是相对而言的，视与其作用的客体对象不同而不同。如式（1-18）所示，甲醇在强质子酸中接受质子，属于碱；但它与强碱作用放出质子，又属于酸了。许多含带有孤对电子的氧、氮、硫等原子的有机化合物都与水一样可以作为碱接受质子，水本身既是酸又是碱。

$$CH_3OH \begin{cases} \xrightarrow{H_2SO_4} CH_3O^+H_2 + HSO_4^- \\ \qquad\qquad \text{共轭酸(强酸)} \\ \xrightarrow{NaNH_2} CH_3ONa + NH_3 \\ \qquad\qquad \text{共轭碱(强碱)} \end{cases} \tag{1-18}$$

除了硫酸、盐酸等无机矿物酸外，有机化学中常见的 Bronsted 酸主要是含 OH 基团的分子，如，醇（RO—H）、酚（C_6H_5O—H）、羧酸 [RC(O)O—H]、磺酸（RSO_2O—H）等。它们的酸性在于失去质子后形成的负电荷可以落在电负性大的原子上。此外，与羰基或烯键相连的 C—H 键也能表现出 Bronsted 酸性，它们因共轭碱中的负电荷可通过共轭效应分散而稳定。

氮、氧原子都带有能接纳质子的孤对电子，有机化合物中常见的 Bronsted 碱有胺和含氧分子及它们的负离子；带负氢离子的碱金属氢化物（如灰白色固体 NaH）和带碳负离子的有机碱（土）金属试剂也都是很强的碱。重键也可接受质子生成碳正离子，故也是一类Bronsted 碱（参见 3.4.1）。

如式（1-19）所示，有机酸 HA 在水相中的解离反应是一个平衡过程，平衡反应的两侧都有酸碱存在，水在此过程中兼具溶剂和碱的作用。

$$\text{HA} + \text{H}_2\text{O} \xrightleftharpoons{k_{eq}} \text{H}_3\text{O}^+ + \text{A}^-$$

$$k_{eq} = \frac{[\text{H}_3\text{O}^+][\text{A}^-]}{[\text{HA}][\text{H}_2\text{O}]} \tag{1-19}$$

平衡常数 k_{eq} 通常是在水大大过量的稀溶液中测量的，$[\text{H}_2\text{O}]$ 是一个常数（55.6mol/L，1000g/L），故酸的强度可用另一个如式（1-20）所示的**酸解离常数**（acid dissociation constant，k_a）来量化和表示。k_a 表达了平衡体系两侧物种的相对稳定性或酸（HA）相对**单水合质子** [H_3O^+，hydronium ion，现代研究表明，H_3O^+ 及与其等量的单水合物（H_5O_2^+）是质子存在于水相中的主要组分，但可用 H_3O^+ 一并代表水相中的质子] 的强度。$k_a > 1$，反映 HA 比 H_3O^+ 能更有效地给出质子，HA 是比 H_3O^+ 更强的酸；或者说 A^- 是比 H_2O 更弱的碱。与 pH 和 $[\text{H}_3\text{O}^+]$ 的关系一样可以定义更便于应用的 pk_a（参见 10.4）来替代 k_a。判断有机反应中分子的 k_a 值和哪一个 H 最易被作为质子除去是非常重要的。通常在水相中测得的 pk_a 是每个化合物都具有的如熔点、沸点一样的固有不变的特定性质，反映出其供质子的能力。

$$k_a = k_{eq}[\text{H}_2\text{O}] = \frac{[\text{H}_3\text{O}^+][\text{A}^-]}{[\text{HA}]}$$

$$pk_a = -\lg k_a = -\lg[\text{H}_3\text{O}^+] - \lg \frac{[\text{A}^-]}{[\text{HA}]} = \text{pH} - \lg \frac{[\text{A}^-]}{[\text{HA}]} \tag{1-20}$$

酸或碱的强度就是给出或接受质子倾向的能力，pk_a 愈小酸性愈强，pk_a 大于 15 的酸是极弱的酸。酸愈强愈易失去质子，它的共轭碱自然也愈弱，即愈不易与质子结合。一个酸 A^1 若比另一个酸 A^2 的酸性强，则 A^1 的共轭碱 B^1 比 A^2 的共轭碱 B^2 的碱性弱。强酸的共轭碱必定是不易接受质子的弱碱，强碱的共轭酸必定是不易失去质子的弱酸。但不同弱酸或弱碱的共轭碱或共轭酸可能是弱的，也可能是强的。如，弱酸 NH_3 的共轭碱（NH_2^-）是强碱，而弱酸 CH_3COOH 的共轭碱（CH_3COO^-）仍是弱碱；NH_4^+（$pk_a = 9.3$）和 F^- 都是弱碱，它们各自的共轭酸 NH_3（$pk_a = 36$）是很弱的酸，HF（$pk_a = 3.1$）是稍强的酸。

如式（1-21）所示，酸碱反应平衡总是偏向质子从强酸（强碱）转移到强碱（弱酸）的。当强酸底物和弱酸产物的 pk_a 值相差 4 以上时，该酸碱反应就能基本达到完全了（$k_{eq} > 10000$）。

$$\underset{\text{强酸}}{\text{HA}} + \underset{\text{强碱}}{\text{B}} \xrightleftharpoons{k_{eq}} \underset{\text{共轭碱（弱碱）}}{\text{A}^-} + \underset{\text{共轭酸（弱酸）}}{\text{BH}^+}$$

$$k_{eq}=\frac{[A^-][BH^+]}{[HA][B]}=\frac{[A^-][BH^+][H_3O^+]}{[HA][B][H_3O^+]}=\frac{k_a(HA)}{k_a(BH^+)} \tag{1-21}$$

式(1-5)是一个很有用的关系式,各类化合物的 pk_a 值都可从各种文献资料中得到,从而可以测知两个酸碱底物能否反应及反应平衡的所在点。如式(1-22a)和式(1-22b)所示的两个反应,乙酸与氨的反应是能完全进行的,而乙醇与乙胺间的质子转移反应是难以进行的。

$$HOAc+NH_3 \xrightleftharpoons{k_{eq}} CH_3COO^- +NH_4^+ \tag{1-22a}$$

$$k_{eq}=\frac{10^{-4.8}}{10^{-9.4}}=10^{4.6}=40000$$

$$C_2H_5OH+CH_3NH_2 \xrightleftharpoons{k_{eq}} C_2H_5O^- +CH_3NH_3^+ \tag{1-22b}$$

$$k_{eq}=\frac{10^{-15.9}}{10^{-10.7}}=10^{-5.2}=0.0000063$$

由质子浓度而定的 pH 表达了某溶液体系的**酸度**,与酸的相对强弱无关且大小是可以调节的。如,完全电离的 HCl 水溶液的浓度从 $0.1mol/dm^3$ 调整为 $0.01mol/dm^3$ 时,溶液的 pH 从 1 变为 2。一个酸在某个 pH 的溶液中以酸式(HA)还是共轭碱式(A^-)存在可从非常有用的式(1-20)来判断:$pH=pk_a$,反映出 $[HA]=[A^-]$;$pH>pk_a$,反映出 $[A^-]>[HA]$;$pH<pk_a$,反映出 $[A^-]<[HA]$。pH 值是可以人为调节的,故体系中各物种的酸式与其共轭碱式的比例也是可以调整的,这往往也是设置反应条件和分离产物等操作的关键因素。如,反应结束后往体系中加入无机酸或碱溶液可从混合物产物中分别提取出碱性或酸性的产物。强酸与强碱间的质子转移是极快发生的而不会再进行其他反应,故强酸和强碱是不可能同时共存于同一体系中的。质子酸碱在有机反应中可以是底物、催化剂、产物或中间体。在描述涉及质子酸碱的反应机理(参见 1.11.2)时需注意:在强酸体系中的反应不应有强碱出现,中间体或产物或是中性的或是带正电荷的而不会带负电荷;在强碱体系中的反应也不应有强酸出现,中间体或产物或是中性的或是带负电荷的而不会带正电荷。

物种的酸碱性及其强弱是相对的,与其所处介质的酸碱性密切相关。水是一个标准溶剂,作为溶剂的同时又起到碱的作用并可区分绝大部分中等强度酸的给质子能力。但是,一个比 H_3O^+ 更强的酸 HA 在水中将全部被 H_2O 转变成 H_3O^+ 而无 HA 存在,故比 H_3O^+ 强的酸在水中都表现出同样的强度而没有差别。如,HA 和 HA′ 的 pk_a 各为 -2 和 -3,在 $0.1mol/L$ 的水溶液中的 $[H_3O^+]$ 各为 0.09990 和 0.09999,pH 相差仅 0.0004 而几乎没有差别。另一方面,若一个酸的酸性比 H_2O 还要弱(碱性比 OH^- 强)时,其在水溶液中能产生的 H_3O^+ 比水经质子自递化产生的 H_3O^+ 还要少,故已无法测量由这个弱酸产生的 H_3O^+,碱性强度完全是水给出的。如,由于 NH_2^- 将完全夺取水的质子,水溶液中存在的碱只是 OH^- 而非 NH_2^-,NaOH 和 $LiNH_2$ 等许多强碱在水中也都具有相等的酸度。

也就是说,只有比 H_2O 强比 H_3O^+ 弱的酸才可在水中测量其强度,pk_a 范围不在 1.74~15.74 之间的酸的强度在水溶液中是测不出的。水对于此类酸的酸性强度起了一种**拉平效应**(leveling effect)。若一个酸比 H_3O^+ 还要强,则要找一个比水的碱性更弱的溶剂碱来作介质,让强酸在这个介质中只能部分电离从而可以区别出它们的相对强度。每种溶剂都有其特定的区分范围,水是最常用的,其他常见的还有乙酸、甲酸、硫酸、高氯酸、乙醚、乙醇、液氨及胺等。

1.11.2 Lewis 电子理论和亲电、亲核性

就像氧化剂未必要含氧原子那样,酸碱反应也不一定非有质子参与。提出共价键理论的 Lewis 于 1924 年提出的酸碱电子理论认为,能接受或给出电子对的物质就是酸或碱,进一步

说，**Lewis 酸**和 **Lewis 碱**分别是亲电试剂和亲核试剂。Lewis 酸分子中有缺少或可以接受电子的原子或空轨道。常见的有 H^+、BF_3、$AlCl_3$、$ZnCl_2$、$SnCl_4$、R^+、$RC^+{=}O$ 及 $C{=}O$、$C{\equiv}N$ 中的碳原子等。Lewis 碱分子中有带孤对电子的原子或富电子的重键，如 R^-、$NH(R)_2^-$、$OH(R)^-$、X^-、SH^-、RNH_2、ROR' 和不饱和烃等。Lewis 酸碱反应是电子对**受体**（acceptor，**A**）与电子对**供体**（donor，**D**）间实现的电子授受过程，结果生成**酸碱配合物**。此处"供体"的概念只是指提供一对电子用于与其他原子共享成键而非是从 Lewis 碱的价电子层中移走了一对电子。如式（1-23）所示的 3 个代表性反应：Lewis 酸中有缺电子并接受一对电子的铝原子和碳正离子，Lewis 碱中有提供一对电子成键的氯原子和溴负离子。

$$\overset{\textbf{Lewis酸}}{A} + \overset{\textbf{Lewis碱}}{B\!:} \longrightarrow \overset{\textbf{Lewis酸碱反应生成的键}}{A\!-\!B}$$

$$AlCl_3 + C_2H_5Cl \longrightarrow Cl_4Al^- \!-\! C_2H_5^+$$

$$(CH_3)_3C^+ + Br^- \longrightarrow (CH_3)_3C\!-\!Br \tag{1-23}$$

Lewis 酸碱反应还包括旧键断裂和新键生成的反应。如式（1-24）所示，双键与卤化氢反应经过碳正离子中间体再生成加成产物。反应中 π 键提供一对电子，是 Lewis 碱；卤化氢接受一对电子，是 Lewis 酸。

$$\underset{\textbf{Lewis碱}}{\diagdown\!\!=\!\!\diagup} + \underset{\textbf{Lewis酸}}{H\!-\!X} \longrightarrow \left[H\overset{+}{\diagdown\!\diagup} \right] \longrightarrow H\diagdown\!\diagup X \tag{1-24}$$

Lewis 酸碱理论包涵了 Bronsted 酸碱且大大扩展了酸碱的概念，各种相态的 Lewis 酸碱在有机化学中到处可见，故又称**广义的酸碱**。Lewis 碱与 Bronsted 碱是基本相同的，但 Lewis 酸的范畴比 Bronsted 酸广得多。Lewis 理论还能阐明既无溶剂又无质子转移的酸碱反应。如 BF_3、SO_3 等化合物既不含氢，在水中也不具有供质子的性能，但它们是可以与如 NH_3 或 Na_2O 等传统意义上的碱发生反应的。Lewis 酸碱的电子理论在有机化学中特别重要，应用极为广泛，是理解有机分子的结构和反应的基础。有机化合物中普遍存在配位键，反应过程中的成键和断键也就是电子得失，有机反应就是电子得失的过程，都可归入酸碱反应来加以研究讨论。

Bronsted 酸是质子酸，Lewis 酸包括质子酸和非质子酸，故不像 Bronsted 质子理论那样可用一个统一的 pk_a 值作为定量比较强度之用。Lewis 酸碱的强弱和反应对象密切相关，取决于相互之间在结构、授-受电子能力的强弱等方面是否匹配。一个 Lewis 酸 A^1 可能与某一个 Lewis 碱 B^1 配位得很好，但可能跟另一个 Lewis 碱 B^2 就配位得不好。就 B^1 而言，A^1 是强酸，但就 B^2 而言，A^1 则是弱酸。故尽管供（受）电子能力的强弱被认为是 Lewis 酸碱强弱的判别标准，但并无普遍适用的定量标准。

文献中一般讨论酸碱的含义时多是指质子论定义的酸碱，加上不可省略的前缀"Lewis"而出现的"Lewis 酸"或"Lewis 碱"这类名称也意味着它和一般提及的酸碱概念是不一样的。

1.12 溶剂

绝大多数有机反应是在液相中进行的，反应溶剂的选择至关重要。有机溶剂常用有无极性来描述。极性溶剂分别通过其正性和负性部分簇集于溶质分子的负性端和正性端来达到分离和稳定作用。这种使相反电荷分离或偶极定向的能力称**相对介电常数**（relative permittivity，

ε，真空的为 1）或**电容率**。溶剂的介电常数愈大，极性也愈大。醇类溶剂是强极性的，腈、酯、卤代烷、醚等是中等或低极性的，烷烃溶剂是非极性的。溶剂的极性和大小与分子的极性和大小的含义并不完全等同：偶极矩愈大的分子极性愈大，也都是极性溶剂；偶极矩为零的非极性分子也可能是非极性或低极性溶剂。

有机溶剂也常被分为**质子性溶剂**（protonic solvent）和**非质子性溶剂**（non-protonic solvent）两大类。前者泛指如水、醇、酸等一类氢键供体（参见 1.6.2），有一个连接在如 O、N、S 等杂原子上的氢原子；后者泛指不能形成氢键的，多是非极性或低极性的，如苯、石油醚等。也有根据能否提供孤对电子来分类的，如醇、醚、胺和芳香烃等为电子供体溶剂，烷烃等是非电子供体溶剂。一些常用有机溶剂的物理常数和性质如表 1-7 所示。

表 1-7 常用有机溶剂（按相对介电常数大小的次序排列）的物理常数和性质

名称	分子式或结构式	沸点/℃	ε	极性	质子性	电子供体
己烷	$^nC_6H_{14}$	68.7	1.9			
二氧六环	$C_4H_8O_2$	101.3	2.2			√
四氯化碳	CCl_4	76.8	2.2			
苯	C_6H_6 或 PhH	80.1	2.3			√
乙醚	$C_2H_5OC_2H_5$ 或 Et_2O	34.6	4.3			√
氯仿	$CHCl_3$	61.2	4.8			√
乙酸乙酯	$CH_3COOC_2H_5$ 或 EtOAc	77.1	6.0			√
四氢呋喃	或 THF	66	7.6			√
二氯甲烷	CH_2Cl_2	39.8	8.9			
叔丁醇	Me_3COH	82.1	11.0	√	√	√
丙酮	$(CH_3)_2CO$ 或 Me_2CO	56.3	21	√		√
乙醇	C_2H_5OH 或 EtOH	78.3	25	√	√	√
六甲基磷酰三胺	$[(CH_3)_2N]_3PO$ **HMP(T)A**	233	30	√		√
甲醇	CH_3OH 或 MeOH	64.7	33	√	√	√
硝基甲烷	CH_3NO_2 或 $MeNO_2$	101.2	36	√		√
N,N-二甲基甲酰胺	$HCON(CH_3)_2$ 或 **DMF**	153	37	√		√
乙腈	CH_3CN 或 MeCN	81.6	38	√		√
二甲亚砜	$(CH_3)_2SO$ 或 **DMSO**	189	49	√		√
甲酸	HCOOH	100.6	59	√	√	√
水	H_2O	100	78	√	√	√

分子在不同的相态下会表现出不同的性质，反应性除了受到其本身的结构和外界的试剂、温度、压力、催化剂等条件影响外，还与其所在的溶剂环境密切有关，称**主-客效应**（host-guest effect）。溶质被溶剂层松紧不等地包围起来的现象称**溶剂化作用**（solvation，参见 7.6.3、10.4.5 和 12.3.1），溶剂为水的溶剂化现象特称**水化作用**（hydration）。分子的体积、可极化性、电荷的离域等多种因素都会影响溶剂化效应，电荷愈多体积愈小的离子受到的溶剂化作用愈强。合适的溶剂不仅仅是使反应物和试剂保持一定浓度并能有效接触的惰性载体，它们在溶解反应物的同时还能控制有机反应、影响反应平衡及速率，甚至从没有反应发生到发生反应。

据统计，污染环境的**挥发性化合物**（volatile organic compounds，**VOCs**）中溶剂占 35%，废物中溶剂占 85%。根据绿色化学的要求可将常见溶剂分为绿色、红色和橙色三大类，如

表 1-8 所示。绿色和红色分别代表推荐的和不建议应用的，橙色表示若找不到绿色替代物时可谨慎使用的。

表 1-8　绿色、红色、橙色的溶剂

绿色溶剂	红色溶剂	橙色溶剂
水,丙酮,乙醇,正丙醇,异丙醇,乙酸乙酯,乙酸异丙酯,甲醇,丁酮,正丁醇,叔丁醇	戊烷,己烷,异丙醚,乙醚,二氯甲烷,1,2-二氯乙烷,氯仿,DMF,N-甲基吡咯烷-2-酮,吡啶,1,4-二噁烷,1,2-二甲氧基乙烷,苯,四氯化碳	环己烷,庚烷,甲苯,甲基环己烷,甲基叔丁基醚,异辛烷,乙腈,2-甲基四氢呋喃,四氢呋喃,二甲苯,DMSO,乙酸,乙二醇

绿色溶剂（green solvent）指环境友好的反应溶剂，其研制和开发应用是非常重要而又极富价值的课题。如，水、超临界二氧化碳和可再生的是较满意的替代物；碳酸酯、多羟基化合物、离子液体、全氟烃溶剂等也都是可考虑的。最好的溶剂实际上是无溶剂，无溶剂的固态负载的固相反应或无载体、无溶剂和无催化剂的反应也已有许多成功的报道。但无溶剂的反应目前能应用的并不多，有些还有爆炸的隐患。

1.13　有机术语和符号

有机化学常用到的一些使命名、词句或结构式的表述更为简洁的或正或斜的字、在教材和研究文献是会到处出现的。如下一些约定俗成的反映结构、现象、反应条件和过程的**符号**（symbol）也是必须理解记忆和正确应用的。

除了双钩和单钩弯箭头符号（参见 1.10）外，"↓"或"↑"可表示电子及其自旋方向，在反应方程式中各表示沉淀或气体放出；实线"—"表示纸平面上的键，在结构式中表示 σ 单键；结构式中的双实线"＝"表示含一根 σ 键和一根 π 键的双键，三实线"≡"表示含一根 σ 键和两根 π 键的叁键；粗楔形线"━"或虚楔形线"﹏"分别表示在纸平面上方面向或背离观察者的键，粗的一端离观察者较近；细虚线"---"表示氢键、离域键、共振结构式中的**部分成键**（partial bond）。波纹线"～"表示相连基团的立体位向未定；开放键加曲折线"⌇"表示键连基团所在或在反合成分析中表示断键所在；有机化学中应用很少的等号"＝"表示定量的反应，此时反应方程式要配平，等号两侧的原子数是相同的；三杆等号"≡"表示相等或相当于；符号"⇌"表示可逆反应；符号"⇋"用于可逆程度不等的反应，长的单箭头指向相对比例更大的成分。符号"↔"表示共振，仅用于价键异构。单箭头符号"⟶"表示反应过程，多个单箭头符号"⟶⟶"或"⟶⟶"表示多步骤的反应；符号"⤯"表示没有反应；虚线箭头符号"⋯⟶"表示图示中的注解位置或反合成中的转化；符号"⟳⟶"表示反应产物和原料的构型反转；尾部带正电符号的箭头"＋⟶"表示箭头指向负性端的偶极指向；双杆箭头符号"⟹"的右侧和左侧在反合成分析中分别表示目标物及其前体。方括号"[ ]"或右上角加双箭号"[ ]‡"的方括号分别表示反应过程中的活泼中间体或过渡态。三角符号"△"表示加热。小写英文字母 h 及小写希腊字母 ν 的组合符号"hν"表示光引发的过程。符号"＋""－"分别表示正、负电荷或右旋、左旋或自旋量子数；标点符号圆点"."在命名中表示原子的个数，结构式中表示一个电子，粗圆点符号表示稠环烷烃中桥头碳原子上取代基的向位朝上；标点符号逗号","命名中表示原子的位置；符号"＊"置（左）右上角表示反键轨道、标记（同位素）或手性原子，正文中表示附注。

1-1 有机化合物广泛存在于动植物等生命体的代谢产物中，也可人工合成。从代谢产物或人工合成得到的具同样结构的有机化合物有什么区别吗？

1-2 指出：

（1）下列两个结构式 **1**、**2** 中箭头指向成键处的轨道组成。

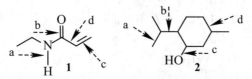

（2）甲醇（CH_3OH）、甲醛（$HCHO$）、甲酸（$HCOOH$）、甲酸甲酯（$HCOOCH_3$）中碳和氧原子所取的杂化轨道。

（3）下列四个分子（**3~6**）中箭头所指原子所取的杂化轨道。

$$CH_3CH_2CH_2CH_3 \qquad CH_3^+ \qquad (CH_3)_2N^- \qquad$$

3   **4**   **5**   **6**

（4）取 sp^3、sp^2、sp 杂化的碳原子上有哪些键连配体或正、负电荷。

（5）由两个原子各用其三个 p 原子轨道线性组合成的分子轨道。

（6）σ 键和 π 键的异同。

（7）下列两个分子 **7**、**8** 中存在的 σ 键和 π 键。

7   **8**

（8）下列结构式中箭头指向处的碳-氢键或碳-碳键的键长、键能、极性的相对大小。

$$H-C\equiv C-C=CH-CH-CH_3$$

（9）氯甲烷（CH_3Cl）、氯乙烯（$CH_2 = CHCl$）、氯乙炔（$HC\equiv CCl$）三个分子中键角的大约值。

（10）下列三组分子（**A~C**）中哪根标出的键极性更大？用 δ 指出键的极性。

     $HO-CH_3$ 和 $(CH_3)_3Si-CH_3$；H_3C-H 和 $H-Cl$；H_3C-Li 和 $HO-Li$

       A   **B**   **C**

（11）下列三个分子结构式中某些原子上存在的非键电子。

（12）碳负离子（R_3C^-）、碳自由基（$R_3C\cdot$）、氢原子（H）的形式电荷。

（13）质子化甲醛（$HC = O^+H$）中氢、氧原子上的形式电荷。

（14）氯化亚砜（Cl_2S-O）中的硫、氧及三甲基亚磷甲磷叶立德 $[H_2C^- -P^+(CH_3)_3]$ 中的磷和两种碳的形式电荷。硫酰（$S = O$）结构式的双键若用极化的偶极表示，硫和氧原子仍均符合八隅体结构，该状态下硫、氧原子的形式电荷是多少？

（15）$H_3N\text{---}BH_3$ 中氮、硼原子上的形式电荷。

（16）下列三个分子（**9～11**）中各有哪些共轭类型？

$$CH_3-CH=CH-\overset{\displaystyle .}{C}(CH_3)_2 \qquad CH_2=CH-CH=CH-\overset{+}{C}H_2 \qquad CH_2=CH-\overset{-}{C}H-CH=CH_2$$

$$\textbf{9} \qquad\qquad\qquad \textbf{10} \qquad\qquad\qquad \textbf{11}$$

（17）丁烷（$CH_3CH_2CH_2CH_3$）、丁醇（$CH_3CH_2CH_2CH_2OH$）、丁醛（$CH_3CH_2CH_2CHO$）分子中存在的分子间作用力及强弱次序。

（18）下列七个分子（**12～18**）中存在的官能团。

$$\textbf{12} \qquad \textbf{13} \qquad \textbf{14} \qquad (CH_3)_3CCH_2OH \qquad C_6H_5\text{-}O\text{-}C_6H_5$$
$$\qquad\qquad\qquad\qquad\qquad\qquad \textbf{15} \qquad\qquad \textbf{16}$$

$$\textbf{17} \qquad\qquad\qquad\qquad \textbf{18}$$

（19）下列分子式或结构式（**19～22**）中出现的错误。

$$C_2H_6N \qquad C_2H_6Cl_2 \qquad (CH_3)_3CHCH=CH_2CHCH_3$$
$$\textbf{19} \qquad\quad \textbf{20} \qquad\qquad\qquad \textbf{21} \qquad\qquad\qquad\qquad \textbf{22}$$

（20）与下列两个碳架式相等的 Kekule 结构式和缩略式。

（21）谷草酸（$C_4H_4O_5$）有三个羰基和两个羟基，其可能的结构式有哪些？后发现其结构含两个羧基，何者是其确切的结构？

（22）叔丁烷（**23**）、叔丁基正离子（**24**）、叔丁基自由基（**25**）、叔丁基负离子（**26**）的 Kekule 结构式。

$$\textbf{23} \qquad \textbf{24} \qquad \textbf{25} \qquad \textbf{26}$$

（23）下列 8 个分子式所代表的结构式（不考虑立体异构）。

①C_4H_8O 的醛或酮；②C_5H_9N 的腈；③C_4H_9Br 的溴代烯；④C_5H_{10} 的环烷烃；⑤C_5H_8O 的烯酮；⑥C_5H_8 的二烯；⑦$C_4H_8O_2$ 的酯；⑧$C_5H_{11}N$ 的胺。

（24）乙醇（CH_3CH_2OH）中两个碳原子的氧化态。

（25）下列四个物种中的亲电部位。

$$Br\text{---}Br$$

（26）下列四个物种中的亲核部位。

$$RCH_2C\equiv C^- \qquad RCH_2Li \qquad NaBH_4 \qquad C_6H_5NH_2$$

（27）下列两个方程式表示的是同一个意思吗？

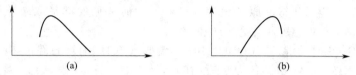

（28）下列两个反应坐标图中横、竖坐标各代表什么？底物、产物和过渡态各在哪个位置？反映的反应是放热的还是吸热的？哪个反应速率更快？

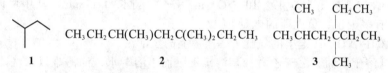

（29）下列三个论述是否正确？

①当反应达到平衡，底物与产物的浓度相同时，反应平衡常数 k_{eq} 必为 1；②平衡常数与温度有关；③平衡常数＞10 的反应总是放热的。

（30）为何反应速率常数随温度上升而变大？靠提高温度来加快反应总是有利的吗？

1-3 命名问题：

（1）给出下列三个化合物（**1～3**）的系统命名和分子中的伯、仲、叔、季碳原子：

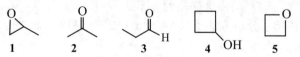

（2）给出下列八个烷基的名称及对应的英文字母：

①$CH_3CH_2CH_2-$；②（CH_3）$_2$CH-；③$CH_3CH_2CH_2CH_2-$；

④（CH_3）$_2$CHCH$_2-$；⑤$CH_3CH_2CH(CH_3)-$；⑥（CH_3）$_3$C-。

（3）指出下列四个化合物（**4～7**）的系统命名中不正确的地方并给以重新命名：

2,4-二甲基-6-乙基庚烷（**4**）；4-乙基-5,5-二甲基戊烷（**5**）；3-乙基-4,4-二甲基己烷基（**6**）；5,5,6-三甲基辛烷（**7**）。

1-4 同分异构体问题：

（1）下列 6 个化合物中哪些是同分异构体？

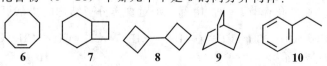

（2）指出下列化合物（**2～5**）中哪几个是 **1** 的同分异构体？

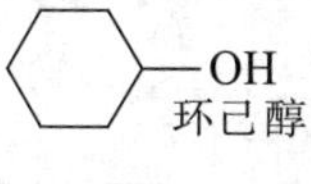

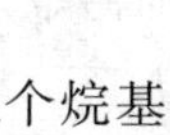

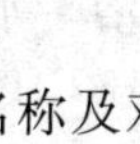

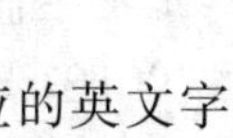

（3）指出下列化合物（**6～10**）中哪几个不是 **6** 的同分异构体？

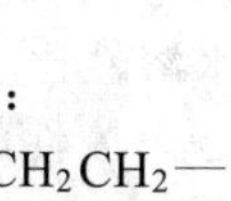

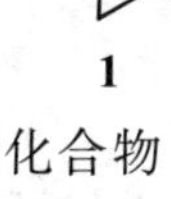

（4）下列四个结构式表示的是一个还是多个结构？

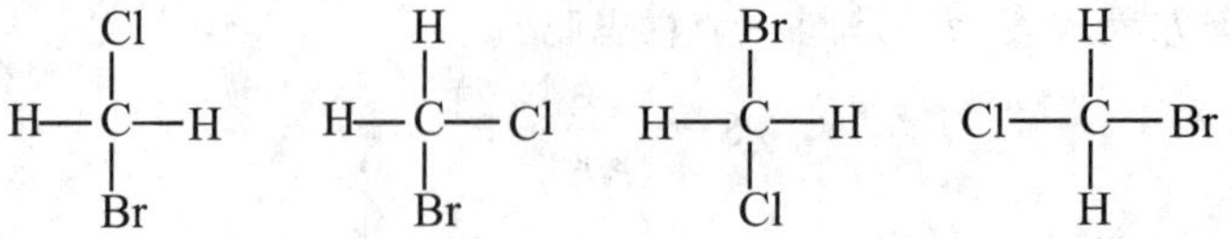

$$\begin{array}{cccc}
\underset{\overset{|}{Br}}{\overset{Cl}{H-C-H}} & \underset{\overset{|}{Br}}{\overset{H}{H-C-Cl}} & \underset{\overset{|}{Cl}}{\overset{Br}{H-C-H}} & \underset{\overset{|}{H}}{\overset{H}{Cl-C-Br}}
\end{array}$$

1-5 解释：

（1）同位素原子有相同的化学性质。

（2）s 轨道与 p 轨道侧面叠合能形成 π 键吗？

（3）氮和氧原子能用基态的原子轨道成键吗？为何常见的都是取杂化轨道成键？NH_3 和 H_2O 的键角∠HNH 和∠HOH 各为 107°和 105°。

（4）醇（RCH_2OH）的键角∠COH 为 109°，硫醇（RCH_2SH）的键角∠CSH 为 96°。PH_3 和 PCl_3 的键角∠HPH 和∠ClPCl 各为 92°和 100°。

（5）C—H σ键比 C—C σ键更短更强。

（6）PCl_3 和 PCl_5 都是稳定的化合物。NCl_3 也是稳定的化合物，但 NCl_5 尚未能制得。

（7）BH_3 以双分子形式（B_2H_6）存在，BF_3 以单分子形式存在。

（8）单质氟是气体，其同族的单质碘是晶体。

（9）CO_2 无偶极矩，SO_2 有偶极矩；$Cl_2C=O$ 的偶极矩比 $H_2C=O$ 小；CH_3F 的偶极矩比 CH_3Cl 的小。

（10）CH_3Cl 的偶极矩为 $6.47\times10^{-30}C\cdot m$，C—Cl 键长 0.178nm，从中可以看出碳、氯两个原子各占有多少正、负电荷的电量？

（11）CH_3OH 中 O—H 键上的氢比 C—H 键上的氢活泼。

（12）NaCl 溶于水而不溶于乙醚；苯溶于乙醚而不溶于水；油污难以水洗。

（13）甲醇（CH_3OH）的水溶性比丁醇（$CH_3CH_2CH_2CH_2OH$）大。

（14）四氯化碳（CCl_4）是无极性的分子，氯仿（$HCCl_3$）是有极性的分子，但四氯化碳（77℃）的沸点比氯仿（62℃）高。氟的电负性比氧大得多，但 HF 的沸点比 H_2O 低得多。

（15）$C_2H_5NHCH_3$ 和（CH_3）$_3N$ 有相同的原子组成，但前者的沸点比后者高。

（16）苯的沸点（80℃）比甲苯（111℃）低，但熔点（5℃）比甲苯（−93℃）高。

（17）同分异构的乙醚和正丁醇有相似的水溶性，但乙醚的沸点（35℃）比正丁醇（117℃）低。

（18）丙烷、氯乙烷和乙醇的分子大小和形状相仿，但沸点分别为−42℃、12℃和 78℃。

（19）NF_3 的极性和碱性都比 NH_3 小。

（20）缺电性、亲电性、电正性、带正形式电荷等概念有无相关性，它们是否都是不稳定的？

1-6 元素分析问题：

（1）某样品经元素分析测得各元素的含量为 C 25.60%、H 4.32%、N 15.0%、Cl 37.9%，相对分子质量为 93，给出该样品的分子式。

（2）5mg 雌甾醇经元素分析方法生成 14.54mg 二氧化碳和 3.97mg 水，其相对分子质量为 272。给出雌甾醇的分子式。

1-7 共振结构式问题：

（1）下列三个共振杂化体（**1～3**）中哪一个对真实分子结构的贡献更大？为什么？

① $\quad H_2C^+ —CH=CH—CH=CH—C^-H_2 \longleftrightarrow H_2C=CH—CH=CH—CH=CH_2$

$\qquad\qquad\qquad\qquad\qquad\qquad\textbf{1a} \qquad\qquad\qquad\qquad\qquad\qquad\qquad\qquad \textbf{1b}$

②
$$H_2C^+ \!-\! O \!-\! CH_3 \longleftrightarrow H_2C \!=\! O^+ \!-\! CH_3$$

2a   **2b**

③
$$N \!\equiv\! O^+ \longleftrightarrow N^+ \!=\! O$$

3a   **3b**

（2）下列三组结构式（**A～C**）中哪组不是共振关系？为什么？

A   **B**   **C**

（3）给出下列三个分子（**4～6**）的共振结构式，说明何者更稳定并对真实分子的贡献更大。

4   **5** SO_3 **6**

（4）下列硝基烷烃（**7**）、氨基负离子（**8**）的共振结构式为何都是不合理的。

7a   **7b**   **8a**   **8b**

1-8 酸碱性问题：

（1）水和水合氢离子的 pk_a 值各为多少？

（2）卤素负离子也有孤对电子，但并无碱性，为什么？

（3）给出 5-氨基戊-1-醇（**1**）的共轭酸和共轭碱。

（4）乙酰胺（**2**）接受强酸的质子化时是羰基氧原子而非氮原子。

1   **2**

（5）叔丁醇钾是常见的强碱，它能否在水相体系中制备呢（叔丁醇的 pk_a 为 18）？

（6）给出下列平衡反应中的酸、碱、共轭酸、共轭碱和反应的平衡常数 k_{eq} 值。$HC \equiv CH$ 和 NH_3 的 pk_a 分别为 26 和 36：

$$H\!-\!C\!\equiv\!C\!-\!H + NH_2^- \underset{}{\overset{k_{eq}}{\rightleftharpoons}} H\!-\!C\!\equiv\!C^- + NH_3$$

（7）$NaCN/NaF$、C_6H_5ONa/C_2H_5ONa 和 Na_2CO_3/CH_3COONa 这三组化合物中哪个碱性更强？HCN、HF、C_6H_5OH、C_2H_5OH、H_2CO_3 和 CH_3COOH 的 pk_a 分别为 9、3、10、15、6 和 5。

（8）写出水与 HCN、$(C_3H_7)_2NLi$ 发生酸碱反应的方程式。

（9）苯乙酸的 pk_a 为 4.3，丙酸的 k_a 为 1.35×10^{-5}，下列反应的平衡点偏向反应物还是产物？

（10）一个 pk_a 为 8.4 的化合物在 pH 为多少的溶液中其共轭碱式（A^-）的比例可达

到 99%？

（11）将下列各个分子或离子分为 Lewis 酸和 Lewis 碱两部分，指出各个物种中可能存在的未成键电子及其所在原子和数量。

H_2O、CH_3OCH_3、N^+O_2、CH_3CN、BCl_3、SbF_5、CH_3SH、$(CH_3)_3N$、$AlCl_3$、BH_3

（12）下列三组配合物（**A**～**C**）中何者是 Lewis 酸？何者是 Lewis 碱？

$(CH_3)_2S \cdots BH_3$（**A**） $(CH_3)_3N \cdots AlCl_3$（**B**） $BF_3 \cdot HCHO$（**C**）

（13）在硫酸水溶液中仲丁基碳正离子如下所示可后继发生水合反应（**a**）或成烯反应（**b**），从酸碱概念来看，仲丁基碳正离子在这两个反应中是 Bronsted 酸还是 Lewis 酸？

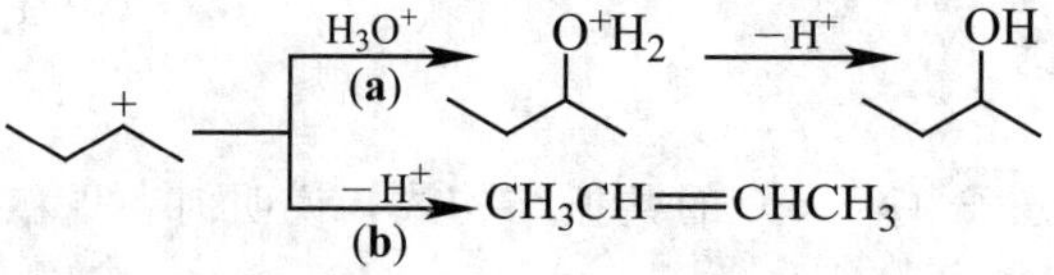

1-9 下列 10 个反应可归为何种反应类型？

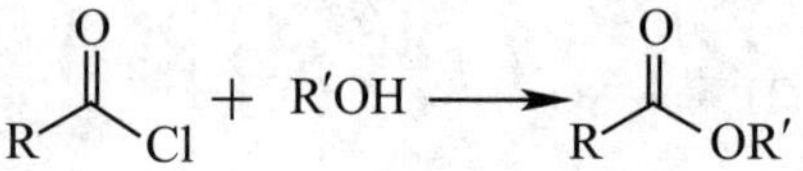

（2） $CH_4 + Cl_2 \xrightarrow{h\nu} CH_3Cl$

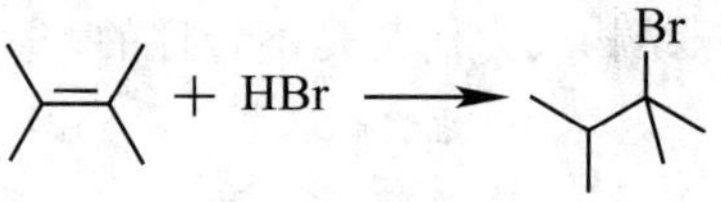

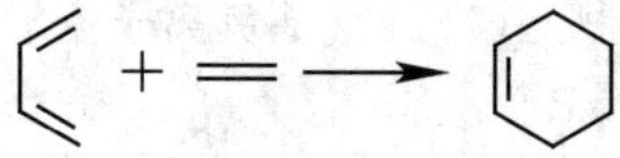

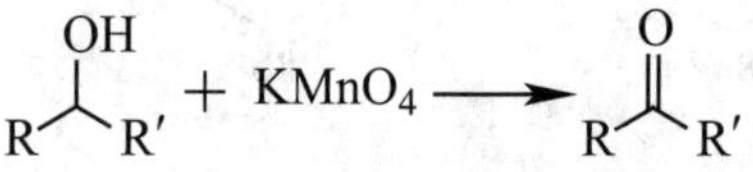

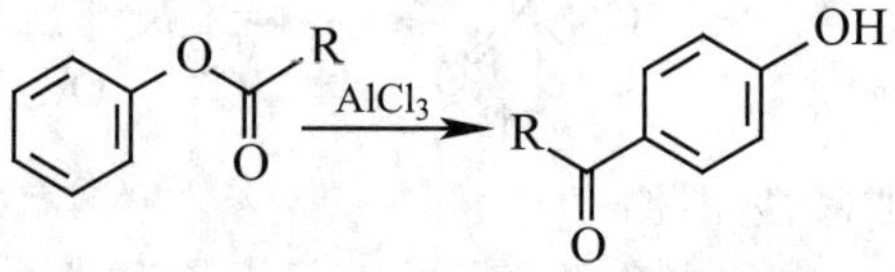

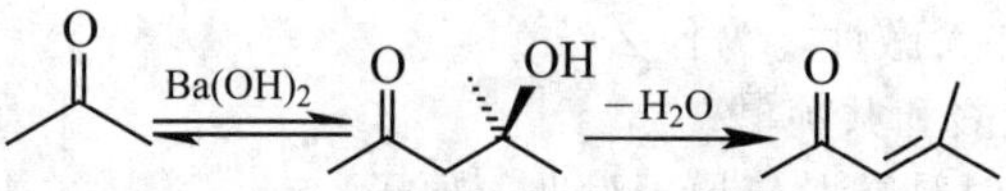

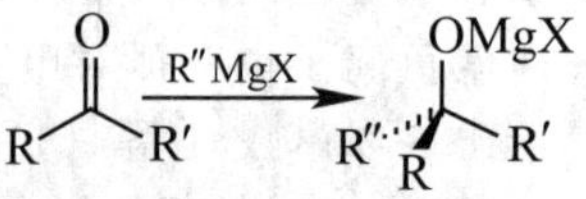

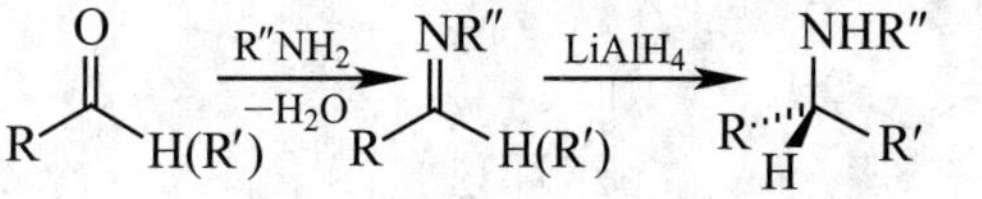

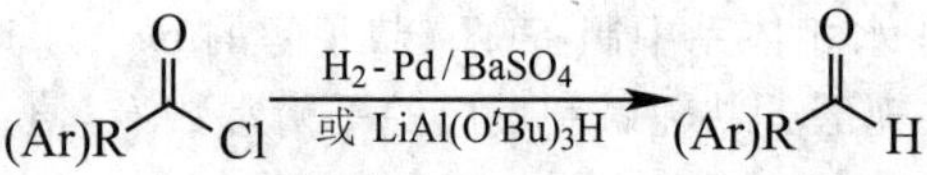

2 烷烃与环烷烃

只含碳、氢两种元素的有机化合物称**烃**（hydrocarbon）或碳氢化合物。如图 2-1 所示，烃可分为**脂肪**（aliphatic）**烃**和**芳香**（aromatic）**烃**两大类，前者又可再分为烷烃、烯烃、炔烃三大族。烷烃和环烷烃又称**饱和**（saturated）**烃**，因分子中每个碳原子都已连有最多可能的氢原子；烯烃、炔烃、芳香烃等称**不饱和**（unsaturated）**烃**中的碳原子间有双键或三键等不饱和键，重键碳原子还有能力再与氢原子成键。芳香烃的性质与烯烃或炔烃有很大差异。

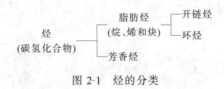

图 2-1 烃的分类

2.1 烷烃的结构和异构体

烷烃（alkane）指通式为 C_nH_{2n+2} 的开链化合物，碳链是线形的带或不带支链的直链。烷烃中所有的碳原子均以单键与其他碳原子或氢原子结合。最简单的烷烃是只有一个碳原子的甲烷，分子式为 CH_4。

2.1.1 C(sp³) 的构型

基态碳原子的电子构型是 $1s^2 2s^2 2p_x^1 2p_y^1$，只有两个未配对的电子可以成键。根据 **Pauling** 提出的杂化理论（参见 1.1.3），烷烃中的碳原子在成键时，配对的两个 2s 电子中有 1 个被激发到空着的 $2p_z$ 轨道上，电子构型成为 $2s^1 2p_x^1 2p_y^1 2p_z^1$，这 4 个未成对电子可形成比基态多两个成键的四个共价键，由此得到的成键能量足以补偿激发所需的能量。一个 2s 轨道和三个 2p 轨道混杂并均分形成四个均含有 1/4 s 成分和 3/4 p 成分的 sp³ 轨道，4 个 sp³ 轨道上的电子与其他碳或氢原子以 σ 键结合而成烷烃，如图 2-2 所示。

甲烷中碳原子的 4 个 sp³ 杂化轨道互成对称分布的 109°28′，形成正四面体构型，碳原子处于中心位置，4 个轨道分别指向该正四面体的 4 个顶点，顶点方向的电子云密度最大而与氢原子形成 C—H(s)σ 键，如图 2-3(a) 所示的甲烷中的 4 根 C—H(s)σ 键那样。

有机分子中四配位的碳原子都是取 sp³ 杂化形式参与成键的，解释甲烷分子的杂化轨道理论也能用于其他烷烃的结构问题。含两个碳原子的烷烃分子式为 C_2H_6，Kekule 结构式为 CH_3CH_3，相当于甲烷中的一个氢原子被 CH_3 所取代，是最简单的具有 C—C 键的分子，C—C

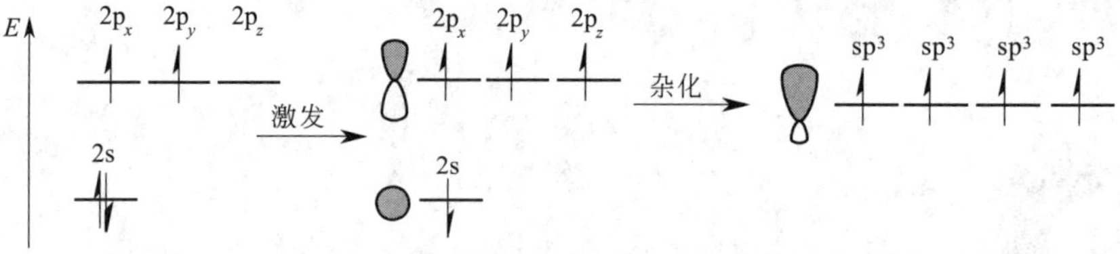

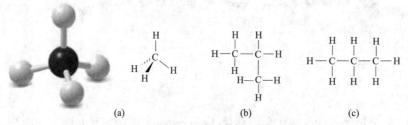

图 2-2　一个 s 轨道和三个 p 轨道混杂并均分形成 4 个 sp³ 杂化轨道

图 2-3　甲烷的立体构型（a）及丙烷的两种平面投影结构式（b）和（c）

键和 C—H 键都是 σ 键，如图 2-4 所示。含三个碳原子的烷烃（丙烷）分子式为 C_3H_8，Kekule 结构式为 $CH_3CH_2CH_3$，相当于甲烷中的两个氢原子被 CH_3 取代。丙烷好似有如图 2-3(b) 和（c）所示的两种平面结构式，但实际上不过是因碳原子有四面体构型使同一个分子可有两种不同的平面投影。

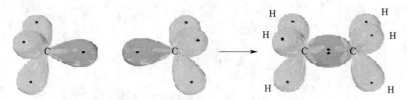

图 2-4　两个 sp³ 杂化的碳形成乙烷中的 C—C σ 键

　　电子衍射实验表明甲烷分子中 4 根 C—H 键长均为 0.109nm；乙烷分子中的 C—C 键长为 0.154nm，C—H 键长和所有的键角（109°28′）与甲烷的数值基本相同。对这些数值稍加修正就可得到其他烷烃的 C—H、C—C 键长和键角的数值。

2.1.2　同系物

　　比丙烷再多一个碳原子的烷烃（丁烷）分子式为 C_4H_{10}。从烷烃的通式 C_nH_{2n+2} 可以看出，分子式最相近的两个烷烃间都相差一个相同的亚甲基（CH₂）单位。此类具有相同的构造通式且组成相差一个或多个相同原子团单位的化合物称**同系物**（homolog），同系物组成**同系列**（homologous series），同系列中相差最小的原子团单位称**系列差**，如，烷烃同系列的系列差为 CH₂。每类有机化合物都是系列差为 CH₂ 的同系物，它们的结构和理化性质相似且有一定的规律性变化，从一个化合物可大致推测出其同系物的性质，但量变到质变及共性和特殊个性也有影响。

2.1.3　同分异构体的表示

　　丁烷（C_4H_{10}）有两个物理性质和化学性质都不同的同分异构体（参见 1.9.3）：正丁烷（**1**）和异丁烷（**2**），如图 2-5 所示。
　　比丁烷高一级的同系物分子为 C_5H_{12}（戊烷），接着是 C_6H_{14}（己烷）、C_7H_{16}（庚烷）……高级烷烃同分异构体的数目随着原子数目的增加而增加。戊烷有三个异构体；己烷

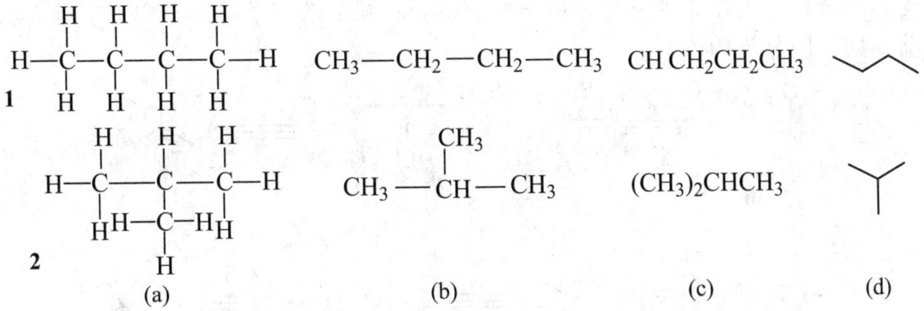

图 2-5　丁烷的两个异构体正丁烷（**1**）和异丁烷（**2**）的表示方式

（a）Kekule 结构式；（b）简化的 Kekule 结构式；（c）缩略式；（d）骨架式

有正己烷（**3**）、2-甲基戊烷（**4**）、3-甲基戊烷（**5**）、2,3-二甲基丁烷（**6**）和 2,2-二甲基丁烷（**7**）这 5 个异构体，如图 2-6 所示。庚烷和二十碳烷（$C_{20}H_{42}$）已各有 9 个和 366319 个异构体，到 $C_{30}H_{62}$ 和 $C_{167}H_{336}$ 更各有 4×10^{9} 个和 10^{80} 个异构体存在！同碳数的分子中引入重键或杂原子都将大大增加同分异构体的数量。如，癸烷（$C_{10}H_{22}$）、癸烯（$C_{10}H_{20}$）和氯代癸烷（$C_{10}H_{21}Cl$）各有 75 个、377 个和 507 个异构体。有机分子形成同分异构体的方式是如此之多，以致尚未有一个简单易操作的理论方法可以预计异构体的数量。每个异构体都有其特有的理化性能，有机化学的丰富多彩也是必然的。

3　$CH_3CH_2CH_2CH_2CH_2CH_3$

4　$(CH_3)_2CHCH_2CH_2CH_3$

5　$CH_3CH_2CH(CH_3)CH_2CH_3$

6　$(CH_3)_2CHCH(CH_3)_2$

7　$CH_3CH_2C(CH_3)_3$

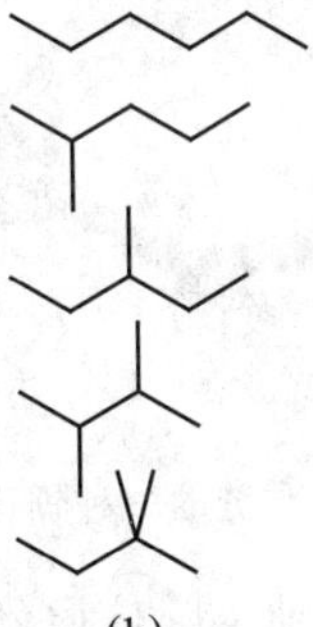

图 2-6　5 个己烷同分异构体的缩略式（a）和骨架式（b）

根据原子的种类、数量及它们特有的成键数能找出各种可能的组合方式，从而写出各种同分异构体的结构式。常用如下所述的逐步缩短碳链的方法。以六碳的己烷为例：

（1）先写出己烷 **3** 最长的碳链，如下所示：

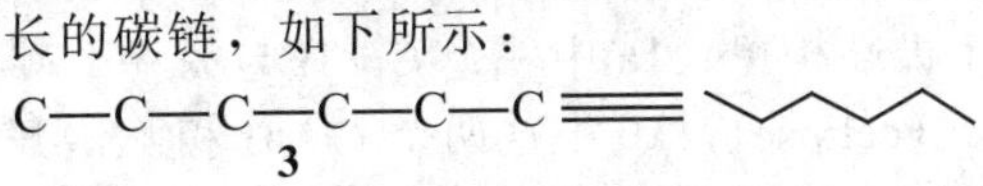

（2）再写出比 **3** 少一个碳原子的直链，将减下来的碳原子作为支链依次取代该直链碳上的氢原子。取代两端碳原子上的氢原子得到与 **3** 一样的结构，如此给出 **4a**、**4b** 和 **5a**，**4a** 和 **4b** 是一样的：

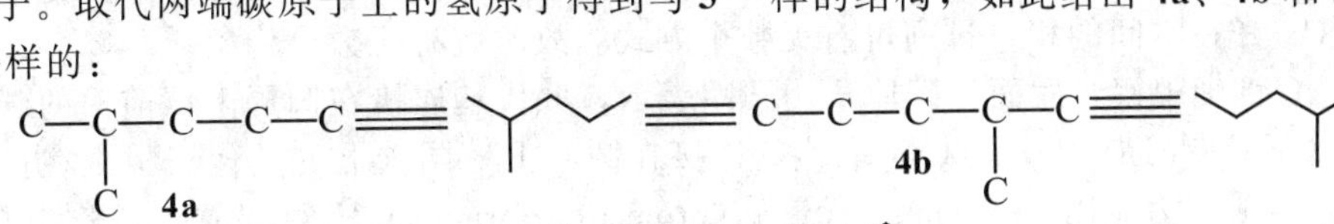

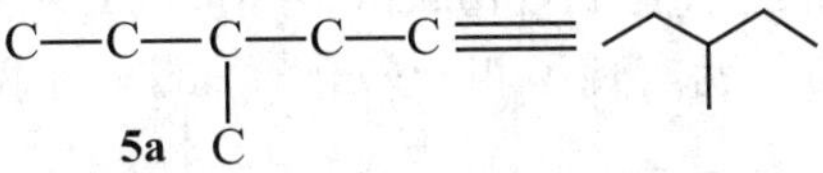

（3）再写出比 **3** 少两个碳原子的直链，将减下的两个碳原子作为两个支链（每个支链有一个碳原子）或一个两碳支链取代直链中各个碳原子上的氢原子，得到四个结构式 **5b**、**6**、**7a** 和 **7b**。其中 **5b** 和 **5a** 是一样的，**7a** 和 **7b** 也是一样的。因此，己烷有 **3**、**4**、**5**、**6** 和 **7** 这

五种异构体。若再写出比 **3** 少三个碳原子的直链，将减下的三个碳原子作为支链去取代只能得到与前相同的同分异构体。

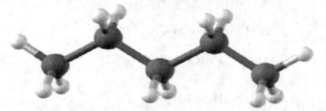

（4）补上碳架中缺失的氢原子以完成一个完整的结构式。

2.2　烷烃的构象

　　给出分子中原子间连接次序的结构式并未给出原子在三维空间的位置。饱和碳原子取正四面体构型，键角为 109.5°，这就决定了碳原子数多于三个的烷烃分子中主链碳原子呈非直线形的锯齿状排列，如图 2-7 所示的正戊烷的碳链。

图 2-7　正戊烷碳链的一种锯齿状构象（深色大球和浅色小球各是碳、氢原子）

　　σ 键中的电子云沿键轴呈圆柱形分布，绕 σ 键旋转对轨道没有影响，故分子会有各种不同的形状或形态，两个相邻 $C(sp^3)$—H 之间的空间关系并不固定，锯齿状也不是只有一种，即便如乙烷那样简单的分子也不是只有一个结构（参见 4.1）。分子的不同形状就像人总是不停地呈现各种姿态那样，呈现出各个称**构象**（conformation）的空间排列方式。分子的所有构象中最稳定、出现频率最高也是内能最低的称**优势构象**（predominance conformation）。如图 2-8 所示的是乙烷的两个极端构象：**1a** 中一个 C—H 与另一个碳原子上的 C—H 相对排列而处于同一平面，称**重叠式**（eclipse）；**1b** 中这两个 C—H 相互错开，一个 C—H 正好位于另一个碳原子上的两个氢原子之间，称**交叉式**（stagger）；重叠式和交叉式外的其他构象称**歪斜式**（skew）。若让乙烷中的一个甲基不动，另一个甲基绕 C—C 键旋转，旋转程度可以无穷小，两个 C—H 在空间的相对排列可有无数个方式。故乙烷有无数个构象。

　　沿 C—C 键轴观察，后面的碳原子用圆圈表示，取代基连接在圆周上；前面的碳原子用圆心表示（不必专门加上一个点），取代基连接在圆心上，同碳上的其他三根键在投影式上互为 120°，组成广为应用的 Newman **投影式**（projection formula）。❶ 可以看出，若绕 C—C 键旋转 60°，重叠式构象和交叉式构象就实现了相互转化。Newman 投影式的重叠式上本来是

---

　　❶ 有机化学是一个有个人特色和高度竞争性的学科。许多有机反应（包括图式和试剂）都冠以人名来命名，称**成名反应**（name reaction）。这是为了纪念首次发现一类重要的反应或是对这类反应作了深入研究并取得突出成就的化学家，这已成为传统特色而保留至今。

看不到后面碳原子上的键的，为此往往偏离一个角度来给出后面那个碳原子上的键和取代基，如图 2-8 所示。在一个原子链 $a-b-c-d$ 上由 abc 和 bcd 平面形成的角称扭转角或**两面角**（dihedral angel，f，参见图 2-10），如乙烷 $H_3C^1-C^2H_3$ 中 $H-C^1-C^2$ 平面和 $H-C^2-C^1$ 平面之间的夹角。重叠式中扭转角为 0°或 120°；交叉式中为 60°或 180°。

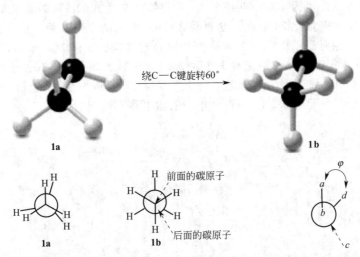

图 2-8　乙烷围绕 C—C σ 键旋转及其 Newman 投影式中的重叠式构象（**1a**）、交叉式构象（**1b**）和扭转角（φ）

　　乙烷的各种构象有不同的内能和稳定性，交叉式（**1b**）张力最小、内能最低，是乙烷的优势构象。偏离交叉式的排列都会产生一定的**扭转张力**（torsional strain）。扭转张力来自于两个碳原子上的 C—H 键因相距较近造成键电子云相互排斥及相邻两个碳原子上的氢因相距较近（交叉式和重叠式中各为 0.255nm 和 0.235nm）而产生的范氏斥力，故重叠式（**1a**）的扭转张力最强，内能最高。乙烷的交叉式和重叠式能量差称**扭转能垒** E_φ，仅 12.6kJ/mol，室温（25℃）下不停运动的分子间碰撞产生的能量（约 80kJ/mol）比扭转能垒大得多而使构象互变可达到 10^{11} 次/s！故在室温或一般的低温条件下不可能分离出独立存在的交叉式构象。环境温度愈高围绕 C—C 键旋转愈快，构象互变愈容易。故乙烷的结构实际上是含有无数个构象的处于动态平衡的混合体系。从统计角度看，各种构象存在的比例是一个常数，优势构象最多，但各种构象是在快速互变的，虽然绕 C—C 键的旋转仍需克服一定的能垒而非完全自由的。❶

---

　　❶　IUPAC 和中国化学会规定了表示链状分子构象的空间排列名称和符号。用 Newman 式来描绘，扭转角（φ）在圆的右侧为"＋"，在左侧为"－"；在上方为顺（s），在下方为反（a）；扭转角在＋30°～－30°和＋150°～－150°范围内为**叠**（p），在＋30°～＋150°和－30°～－150°为**错**（c）。扭转角的确定取决于前后两个原子上的取代基，取代基的选择依据以下规则：当一个原子上的取代基不同时，按次序规则选定较优基团；两个取代基相同时，选定第三个取代基；三个取代基都相同时，采用最小的扭转角。这样就能看到有代表性的典型构象，表示名称和符号为**顺叠**（$\pm sp$，synperiplanar）、**顺错**（$\pm sc$，synclinal）、**反叠**（$\pm ap$，antiperiplanar）和**反错**（$\pm ac$，anticlinal），如图 2-9 所示。

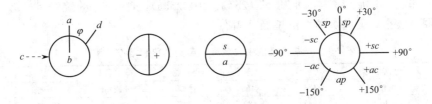

图 2-9　IUPAC 制定的表示构象的方法

乙烷 C—C 键上连有烷基取代基的分子构象中最稳定的仍是交叉式。取代基的空间位阻使旋转能垒增大，取代基愈大、愈多，扭转能垒也愈大。如图 2-10 所示，正丁烷分子（**2**）因相当于在乙烷的两个碳原子各有一个甲基而可产生不同的交叉式或重叠式构象。沿 C(2)—C(3) 键观察，最为稳定的**对位交叉式**（**2a**）是丁烷的优势构象（约占 68%），两个甲基已尽可能远离，两面角为 180°。两面角为 60° 的**邻位交叉式**（**2c** 和 **2e**）相同（约占 32%），两个甲基处于邻位，能量比 **2a** 要高。**全重叠式**（**2d**）中的两个甲基距离最近，有最大的范氏张力和扭转张力而相对最不稳定，含量最少。**部分重叠式**（**2b** 和 **2f**）相同，比 **2d** 稳定（参见图 2-10）。这几个极端构象的稳定性大小为 **2a**＞**2c**～**2e**＞**2b**～**2f**＞**2d**。丁烷的扭转能垒约为 24kJ/mol，分子间碰撞产生的能量仍足以使之围绕 C—C 键发生快速旋转，速率虽不如乙烷大，但构象互变仍是足够快的，想得到单一的构象是不可能的。

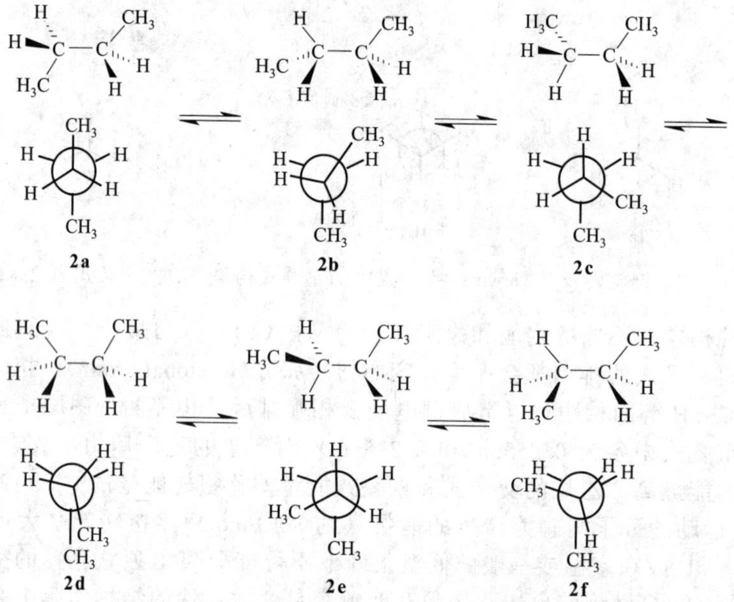

图 2-10　丁烷分子绕 C(2)—C(3) 键旋转的构象变化

烷烃最稳定的构象中碳链总是排列成锯齿形交叉式，大的取代基尽可能处于如 **2a** 那样的对位。分子在气液两相中各种构象互相转变，在晶体中运动受阻，固定排列在刚性的晶格中呈锯齿状构象，这样的排列有利于分子在晶格中紧密靠近，内能也较低。

2.3　烷烃的物理性质

有机分子在一定环境下有各种恒定不变的如熔点、沸点、相对密度、折射率和溶解度等物理常数。如表 2-1 所示，常温常压下（25℃、101325Pa），$C_1 \sim C_4$ 的烷烃呈气态，$C_5 \sim C_{16}$ 的直链烷烃呈液态，更高级的直链烷烃呈固态。

表 2-1　一些烷烃的中文名称、英文名称和熔点、沸点　　　　单位：℃

化合物	英文名称	熔点	沸点	化合物	英文名称	熔点	沸点
甲烷	methane	−183	−168	己烷	hexane	−95	68
乙烷	ethane	−183	−89	庚烷	heptane	−91	98
丙烷	propane	−188	−42	辛烷	octane	−57	126

化合物	英文名称	熔点	沸点	化合物	英文名称	熔点	沸点
丁烷	butane	−139	−0.5	壬烷	nonane	−54	151
异丁烷	isobutane	−160	−10	癸烷	decane	−30	174
戊烷	pentane	−130	36	十二烷	dodecane	−10	216
异戊烷	isopentane	−160	28	十四烷	tetradecane	6	254
新戊烷	neopentane	−20	9	二十碳烷	icosane	37	343

烷烃分子中只有极性很小的 C—C 和 C—H 共价键，碳和氢的电负性相差无几，分子的非极性是其主要特性。烷烃分子间只有很弱的色散力（参见 1.6.1），沸点、熔点、相对密度和折射率都比同碳数的其他类有机化合物小。烷烃的熔点虽然也随着碳原子数的增加而升高，但有个别例外且变化的规律性不如沸点。奇数碳原子和偶数碳原子的烷烃分别构成两条熔点曲线，偶数的曲线在上面，奇数的在下面并最终逐渐趋于一致。这种现象在其他同系列中也可看到。这可能是由于烷烃中的碳链在晶体中为锯齿形，奇数碳链的两端甲基处在同一侧，偶数碳链的处于相反的位置。故偶数碳链可堆积得相对更紧密，范氏引力更强，熔点也高一点。正构烷烃的折射率随碳原子数增多而逐渐增大。

2.4　烷烃的化学性质

烷烃分子中不带孤对电子的碳、氢原子，既无酸碱性，也无亲核、亲电性。烷烃亦称**石蜡**（paraffins，意为差的亲和力），一般情况下确实相当稳定，与强酸、强碱、强氧化剂或强还原剂等都不起反应或反应速率极慢，故常用作**惰性溶剂**（inactive solvent）和**润滑剂**（lubricant）。实验室常用于萃取的低极性有机溶剂**石油醚**（petroleum ether，参见 2.12）是一些烷烃的混合物，根据沸程不同分为几个等级。但烷烃的这种稳定性不是绝对的，在高温、光照或催化剂存在下也可以发生化学反应；与超强酸 HF/SbF$_5$ 或 FSO$_3$H 等作用得到各种产物；在某些酶的作用下还可以变成蛋白质。最稳定的小分子甲烷已可无氧催化活化为乙烯、芳烃和氢气，碳原子利用效率达到 100%。

2.4.1　C—H 键活化反应

C—H 键是有机化合物中最简单、最基本和最常见的，但 C—H 键键能高，反应活性低，非常难以实现有效的转化。基于 C—H 键活化策略的合成可以应用自然界含量极为丰富的烷烃为原料，是反应流程最短的经济、简捷而又高效的途径，符合现代绿色合成化学的发展趋势和低碳经济的要求，被誉为有机合成的**圣杯**（holy grail）。已经发现在过渡金属配位物催化下一些烷烃可生成带各类官能团的化合物，如图 2-11 所示。但烷烃分子中各种不同类型的 C—C 键和 C—H 键在温和条件下进行选择性活化还有许多难点，实现工业化规模生产的 C—H 键活化反应至今还很少。

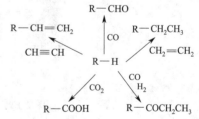

图 2-11　过渡金属配位化合物催化下烷烃 C—H 键的几个活化反应和产物

2.4.2　氧化反应

烷烃燃烧并与氧反应生成二氧化碳和水的同时放出称**燃烧热**（heat of combustion，$\Delta_c H_m$）的热量，这也是饱和烃之所以成为能源的基本。烃类化合物只有高温下才会燃烧，火焰或火花均会提供高温条件，而一旦反应发生后放出的热量足够维持燃烧。发动机引擎中的燃烧过程非常复杂且常常伴随会大大降低引擎动力的**爆震**（knocking）过程。燃料的相对抗震能力可用**辛烷值**（octane number）来表示：抗震性很差的正庚烷的辛烷值定为 0，很好的异辛烷（2，2，4-三甲基戊烷）的辛烷值定为 100。有支链的烷烃、烯烃及某些芳烃常具有较高的辛烷值。甲烷燃烧不彻底能生成可作为橡胶、塑料的填料和黑色油漆及油墨等工业上极为有用的**炭黑**；与氧或水蒸气高温反应可生成乙炔及**合成气**（一氧化碳与氢气的混合物）。工业上采用催化和部分氧化条件，烷烃可氧化为醇、醛、酸等一系列含氧化合物。

甲烷燃烧放出 1000kJ/mol 的热量，每增加一个亚甲基单元，烷烃燃烧热平均增加约 655kJ/mol。可以精确测量的燃烧热是很重要的反映出分子内能的热化学数据并可用于判别同分异构化合物热力学稳定性的相对大小。如表 2-2 所示，烷烃的同分异构体中，直链的燃烧热最大；支链愈多的燃烧热愈小，化合物愈稳定。

表 2-2　一些烷烃的燃烧热（$\triangle_c H_m$）　　　　单位：kJ/mol

化 合 物	$-\triangle_c H_m$	化 合 物	$-\triangle_c H_m$	化 合 物	$-\triangle_c H_m$
甲烷	891.0	戊烷	3539.1	庚烷	4820.3
乙烷	1560.8	2-甲基丁烷	3531.3	辛烷	5474.2
丙烷	2221.5	己烷	4165.9	壬烷	6129.1
异丁烷	2869.6	2-甲基戊烷	4160.0	癸烷	6783.0

2.4.3　热解反应

烷烃中甲烷的热稳定性最大并随着相对分子质量的增加而降低。化合物在高温无氧条件下的分解反应称**热解**（pyrolysis），烷烃同分异构体中支链的比直链的容易发生热解。热解是一个很复杂随条件不同而发生的异构化、环化、芳构化和聚合等键的裂解和重组的反应。如，高级烷烃热解后可生成各种相对分子质量较小的烷烃、烯烃和氢气等复杂的混合物产物。键愈弱愈易裂解，C—C 键和 C—H 键均能在热解反应中均裂，前者相对更易裂解。如图 2-12 所示，丁烷热解可以生成两个乙基自由基或一个甲基自由基和一个丙基自由基或一个丁基自由基和一个氢原子。寿命极短的烷基自由基有很高的反应活性，相互结合生成新的烷烃分子，也可以从另一个烷基自由基夺取一个氢原子生成烷烃，失去了氢原子的烷基自由基则同时转变为烯烃。

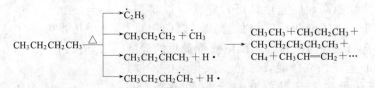

图 2-12　丁烷热解反应的自由基生成及产物

自由基中未配对电子在伯、仲和叔碳原子上的分别称伯碳、仲碳和叔碳自由基。它们的稳定性次序为叔烷基自由基最大，伯烷基自由基最小。

2.4.4　磺化和硝化反应

如式（2-1）所示，烷烃在高温下能与硫酸进行**磺化**（sulfonation）反应生成烷基磺酸（RSO_3H），洗涤剂的主要成分十二烷基磺酸钠（$C_{12}H_{25}SO_3Na$）就是从十二烷基磺酸而来。烷烃与硝酸进行**硝化**（nitration）反应生成硝基化合物（RNO_2），硝化反应还伴随有碳链的断裂，得到的常常是多种硝基化合物的混合物。磺化反应和硝化反应都是自由基反应过程。

$$RH \xrightarrow{\triangle} \begin{cases} \xrightarrow{H_2SO_4} RSO_3H \\ \xrightarrow{HNO_3} RNO_2 \end{cases} \qquad (2\text{-}1)$$

2.4.5 卤代反应

烷烃可与卤素在紫外线照射（$h\nu$）或高温条件下发生取代反应生成卤代烃，卤素的反应活性次序为 $F_2 > Cl_2 > Br_2 > I_2$。如图 2-13 所示，甲烷分别与氟、氯、溴、碘发生卤代反应生成单卤代物的反应焓变分别为 $-430kJ/mol$、$-110kJ/mol$、$-30kJ/mol$ 和 $50kJ/mol$。氟化反应时放出的热量相当大，反应十分激烈而很难控制，即使在黑暗中和室温的条件下也会产生爆炸现象。故需低压并用惰性气体稀释反应物的浓度。甲烷与溴的**溴化**（bromination）反应不如氯化反应容易，形成 H—Br 键放出的热能少于断裂 CH_3—H 键所需的能量，生成甲基自由基的反应很慢。碘虽然最易形成碘自由基，但碘代反应是吸热反应，形成 H—I 键放出的热能远不及断裂 CH_3—H 键所需的能量，HI 又对碘代物有强烈的还原作用，故烷烃的碘代反应是可逆的且强烈偏向于烷烃和碘。

	X—X+CH₃—H		⟶ CH₃—X+H—X		$\Delta H^{\ominus}$
F	155	435	451	569	-430
Cl	242	435	355	432	-110
Br	199	435	298	366	-30
I	152	435	238	299	50

图 2-13　甲烷卤化反应的焓变（$\Delta H^{\ominus}$，kJ/mol）

甲烷与氯发生**氯代**（chlorination）反应生成初产物氯甲烷（**1**）和氯化氢，如式（2-2）所示。

$$CH_4 \xrightarrow[h\nu \text{ 或} \triangle]{Cl_2} \underset{\textbf{1}}{CH_3Cl} + HCl \qquad (2\text{-}2)$$

氯甲烷与氯的反应活性和甲烷相仿，和体系中的甲烷将竞争与氯的反应，以相同的方式依次生成二氯甲烷（**2**）、三氯甲烷（**3**）和四氯化碳（**4**），如式（2-3）所示。

$$CH_3Cl \xrightarrow[h\nu \text{ 或} \triangle]{Cl_2} \underset{\textbf{2}}{CH_2Cl_2} + \underset{\textbf{3}}{CHCl_3} + \underset{\textbf{4}}{CCl_4} \qquad (2\text{-}3)$$

使用大大过量的甲烷，使氯更多地与甲烷而不是与生成的氯甲烷反应有可能使反应控制在单氯化阶段。甲烷的沸点（$-182℃$）与氯甲烷的沸点（$-24℃$）相差很大，两者很易分离。这种过量利用几个反应物中的某一个以控制反应进程的方法在有机反应中是常用的。工业上生产一氯甲烷或四氯化碳就是使用甲烷与氯的投料之比为 10∶1 或 1∶4 即可。各类氯甲烷共存时，分离并不容易，但这种混合物可作溶剂使用。从甲烷到氯甲烷的**转化率**（conversion，指投入的底物转化成产物的比例）在上述过程中不高，但过量甲烷可以回收，以氯的消耗量来计算则产率还是相当高的。

其他烷烃分子中有不同的氢原子可被取代而使卤代反应变得复杂。如，丙烷、正丁烷和异丁烷都各能生成两种异构体，正戊烷和异戊烷则分别得到 3 种和 4 种异构体。异戊烷（**5**）分子上有 4 种不同类型的氢原子：两种伯氢原子各 6 个和 3 个、仲氢原子 2 个和叔氢原子 1 个。室温下光照单氯化时可得到 4 种异构体，各异构产物的相对比例如式（2-4）所示。

$$\text{(2-4)}$$

(16%)   (22%)   (28%)   (34%)

产物比率反映出这些氢原子的反应活性显然是不一样的：叔氢原子＞仲氢原子＞伯氢原子；或者说叔碳自由基最稳定而容易生成（按 Hammond 假设，生成叔碳自由基的反应活化能最小而速率最大，参见 1.10.4），仲碳自由基次之，伯碳自由基最难生成。若以伯氢的活性为 1，则仲氢、叔氢的相对活性可分别用式(2-5)的两个算式得到：

$$\frac{仲氢}{伯氢}=\frac{28/2}{(16+34)/9}=2.52 \qquad \frac{叔氢}{伯氢}=\frac{22}{(16+34)/9}=3.96 \qquad \text{(2-5)}$$

氯原子较为活泼，表现出对伯、仲和叔这三类氢原子反应的选择性较低，反应后常得到沸点相差不大也不易分离的氯代异构体产物的混合物，通常不宜用来制备单一氯代烷烃。活性不如氯原子的溴原子会更有选择性地夺取活性较大的叔氢或仲氢原子，得到更多的叔和仲氢原子取代的溴代物。如式(2-6)所示的两个反应，叔、仲、伯三种氢原子在光照和 130℃下发生溴代反应的相对活性之比为 1600∶82∶1。反应温度愈高，三类氢原子相对卤代反应活性的差别也愈小。

X: Cl, 25℃   55%   45%
X: Br, 130℃   3%   97%

X: Cl, 25℃   36%   64%
X: Br, 130℃   99%   1%

$$\text{(2-6)}$$

如烷烃的自由基卤代反应那样，有不同反应点的一个底物会随机生成多个构造异构体，某个构造异构体成为主产物的反应称**位置选择性**（regioselectivity）的。

2.5　自由基链过程

甲烷与氯的反应有如下几个实验现象：①常温或暗处不起反应，若超过 250℃后虽在暗处也能很快发生反应；②室温时紫外线照射下也易发生反应，所需紫外线的波长与引起氯分子均裂时所需的能量相对应，每吸收一个光子可以得到几千个氯烷分子；③有乙烷产生；④少量氧的存在会延迟反应的发生，但过一段时间后又可正常进行，时间推迟的长短与氧气的量有关。这些实验事实可用包括引发、传递和终止三大步的自由基链反应过程来解释。反应第一步，即引发步是氯分子均裂成两个活性很强的氯原子，如式(2-7)所示，断裂 Cl—Cl 键所需的能量由高热或一定波长的紫外线（约 250kJ/mol）提供。

$$\text{Cl——Cl} \longrightarrow 2\text{Cl·} \qquad \text{(2-7)}$$

氯原子有强烈的再得到一个电子以完成稳定八隅体结构的趋向。如式(2-8)所示，它与体系中浓度最大的甲烷分子反应，夺取带一个电子的氢原子而形成一分子氯化氢和甲基自由基。带有单电子的自由基也是缺电子的，强烈倾向于再得到一个电子以满足八隅体结构。故同样非常活泼的甲基自由基可从氯分子夺取一个带有单电子的氯原子，生成产物氯甲烷的同时再生出另一个又可进攻甲烷的氯自由基，如式(2-9)所示。反应即照此程序依反应式(2-

8)、式（2-9）……重复不已，不断生成氯甲烷和氯化氢产物。如式（2-10）或式（2-12）、式（2-13）或自由基与杂质、反应器壁作用后使自由基被消耗但不再生成新自由基的任何反应都使链反应断裂而变慢或终止。

$$Cl\bullet + H—CH_3 \longrightarrow \bullet CH_3 + HCl \tag{2-8}$$

$$CH_3\bullet + Cl—Cl \longrightarrow CH_3Cl + Cl\bullet \tag{2-9}$$

第一步式（2-7）反应生成的氯原子在体系中的浓度很低，它与另一同种氯原子碰撞发生如式（2-10）所示反应的可能性较小，若发生这种相当于式（2-7）逆反应的话，反应过程也就中止了。

$$Cl\bullet + Cl\bullet \longrightarrow Cl_2 \tag{2-10}$$

氯原子或甲基自由基如果与另一氯分子或甲烷分子发生如式（2-11）所示的两个反应后并无净变化产生，属于有可能发生但无影响的反应：

$$Cl\bullet + Cl—Cl \longrightarrow Cl_2 + Cl\bullet$$

$$CH_3\bullet + H—CH_3 \longrightarrow CH_4 + CH_3\bullet \tag{2-11}$$

第二步式（2-8）反应生成的甲基自由基与含量稀少的氯原子或另一个甲基自由基碰撞则使反应终止并分别生成氯甲烷和乙烷，如式（2-12）和式（2-13）所示。这两个反应的概率也很小。

$$Cl\bullet + \bullet CH_3 \longrightarrow CH_3Cl \tag{2-12}$$

$$\bullet CH_3 + \bullet CH_3 \longrightarrow CH_3CH_3 \tag{2-13}$$

氧减缓反应的发生是因为它的基态有双自由基结构，可与甲基自由基反应生成一个新的氧自由基而抑制了式（2-9）的反应，如式（2-14）所示。当所有的氧都与甲基自由基结合后，式（2-9）的氯化反应就可开始了。

$$\bullet CH_3 + \overset{\cdot\cdot}{\underset{\cdot\cdot}{O}}—\overset{\cdot\cdot}{\underset{\cdot\cdot}{O}} \longrightarrow CH_3—\overset{\cdot\cdot}{\underset{\cdot\cdot}{O}}—\overset{\cdot\cdot}{\underset{\cdot\cdot}{O}} \tag{2-14}$$

甲烷生成氯甲烷的自由基氯化反应过程像一个环环相扣的锁链，故称**连锁反应**或**链反应**（chain reaction）。式（2-7）产生自由基活性物种，称**链引发步骤**（chain initiation step）；周而复始的式（2-8）、式（2-9）形成反应链，称**链传递**或**链增长步骤**（chain propagating step），链传递反应在消耗一个活性物种并生成反应产物的同时又生成另一个活性物种；如式（2-10）、式（2-12）和式（2-13）的**链终止步骤**（chain terminating step）则消耗了活性物种而使链传递反应不再发展。引发步产生的一个氯自由基可生成许多氯甲烷分子，甲烷的氯化连锁反应在终止反应之前平均可重复5000次以上。像氧那样即使含量不多也能使链反应减缓的物质称**抑制剂**（inhibitor）。反应被抑制进行的那段时期为**抑制期**（inhibition period），过了抑制期后链反应就可正常进行了。各种不同类型连锁反应一般都有其特有的抑制剂。

两步链传递反应中生成甲基自由基的反应焓变如式（2-15）所示。除氟外，氯、溴和碘的反应都是吸热的。

$$X\bullet + H—CH_3 \longrightarrow \bullet CH_3 + HX \tag{2-15}$$

X	F	Cl	Br	I
$\Delta H^{\ominus}$/(kJ/mol)	-133	3	69	136

如式(2-16)所示的卤素与甲基自由基生成卤甲烷的反应热都是放热、易行的。故甲基自由基是否容易形成是卤化反应中关键的决速步（骤）。

$$H_3C\cdot + X\!-\!X \longrightarrow X\cdot + CH_3X \tag{2-16}$$

X	F	Cl	Br	I
$\Delta H^{\ominus}$/(kJ/mol)	-129	-113	-99	-86

甲烷氯化反应过程中链引发的反应式(2-7)是吸热的（$\Delta H^{\ominus}=242$kJ/mol），故反应要在光照或高温下进行以给出反应起始需要的氯原子。链传递反应中的反应式(2-8)是数值很小（$\Delta H^{\ominus}=3$kJ/mol）的吸热反应，反应式(2-9)是数值很大（$\Delta H^{\ominus}=-113$kJ/mol）的放热反应。故在链终止反应之前，这两步链传递反应可以容易地进行下去。虽然引发步氯分子的断裂［式(2-7)］需要吸收能量，但成千上万个氯甲烷分子在整个全反应过程中需要的氯自由基都在反应式(2-9)中产生而无需反应式(2-7)了。

如图 2-14 所示为反应进程-能量曲线图：反应式(2-8)中，当氯原子与甲烷分子（开始反应时位于 **R** 点）接近达到一定距离之后，一根 CH_3—H 键开始伸长但尚未完全断裂，其他 C—H 键之间的键角逐渐加大；氢和氯之间相互靠拢，H—Cl 键亦未完全形成。随着反应继续，体系到达过渡态（**T₁** 点）后生成平面状的中间体甲基自由基和氯化氢分子（**I** 点）。甲基自由基与氯继续反应［式(2-9)］再经过另一个过渡态（**T₂** 点）后生成最终产物氯甲烷（**P** 点）。

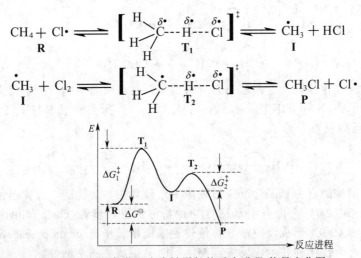

图 2-14 甲烷氯化反应中链增长的反应进程-能量变化图

多步有机反应中速率最慢的一步称**决速步**（rate-determining step），因为反应全过程的实现主要取决于活化能最大的该决速步的完成。两步链增长反应中生成甲基自由基的反应式(2-8)的活化能（$\Delta G_1^{\ddagger}$，约 18kJ/mol）比生成氯甲烷的反应式(2-9)活化能（$\Delta G_2^{\ddagger}$，约 4kJ/mol）大。反应式(2-8)的速率相对较慢，是链增长反应的决速步。

甲烷氯化的链反应为何不是另一种方式，即由反应式(2-17)到反应式(2-18)的链传递过程：

$$Cl\cdot + CH_3\!-\!H \longrightarrow H\cdot + CH_3Cl \tag{2-17}$$

$$H\bullet + Cl\!\!-\!\!Cl \longrightarrow Cl\bullet + HCl \tag{2-18}$$

表面看来，这样的反应历程也能解释所有的实验事实。但反应式（2-17）需吸收热量 80kJ/mol（断键、成键各吸热、放热 355kJ/mol 和 435kJ/mol），反应活化能远大于反应式（2-8）而速率比后者小得多，在 275℃ 时两者相差 250 万倍。反应式（2-8）的发生使反应式（2-17）不可能有机会发生。分子若能参与不止一种反应途径时就有可能发生多个竞争反应，实际进行的则总是活化能低的反应，即反应速率大的反应，这也是一个一般规律。

其他烷烃的氯化反应与甲烷基本上经历同样的自由基链反应历程，但因烷烃上有不同的氢原子均可被取代，生成各种异构体而使反应变得复杂（参见 2.4.5）。

2.6 各类环烷烃的命名

碳原子结合成环状结构的烃称**环烃**，环中的碳原子都是饱和的环烃即是**环烷烃**(cycloalkane)。有机分子中环的大小并无限制，许多天然产物中存在着环碳原子从 3 个到大于 30 个的多种环结构，但五元环和六元环是最为常见的环烷子结构。如，松节油中的 **α-蒎烯**(**1**)、**β-蒎烯**(**2**)、人参中的**皂苷**(**3**)。人们还合成了许多如**立方烷**(cubane，**4**) 等结构独特美观和高度对称的环烷烃化合物。

通式为 $C_n H_{2n}$ 的环烷烃比同数碳原子的开链烷烃少两个氢原子，性质上有许多相似之处。环烷烃可以在同碳的开链烃前面冠以 "环"(cyclo，c-) 字来命名，CH_2 是环烷烃的单元，简称**元**，故环某（天干名）烷也常称某（中文小写数字三、四、五、…）元烷。环上的支链作取代基看待，环上碳原子的编号也是以给取代基最小位次为原则。取代基不止一个时，用较小的数字表明较小取代基的位次，如，**5** 称 1-甲基-4-异丙基环己烷。取代基为较长的碳链或比环结构更复杂时，也可将环烷烃作取代基处理，如，**6** 称 2-环戊基己烷。取代基的顺/反关系（参见 2.7）也需明确指出，如，**7** 称反-1,4-二甲基环己烷。

两个或更多的环可形成统称**多环**(polycyclic) 的**稠环**(fused ring)、**桥环**(bridged ring) 和**螺环**(spirocyclic) 化合物，最常见的是两个环共享一根 C—C 键的稠环（或称**并环**，相当于是有一根零碳桥的桥环）和共享一个以上碳原子的桥环，如，双环［4.3.0］壬烷（茚烷，hydrindane，**8**）、双环［2.2.1］庚烷（**9**）和三环［2.2.2.0^{2,6}］辛烷（**10**）。共享碳原子称**桥头**(bridgehead) 碳原子，如 **8** 中的 C(1)、C(6)，**9** 中的 C(1)、C(4)。桥环化合物命名时根据碳原子总数称某环某烷；环字后加方括号，括号内用阿拉伯数字从大到小给出每一碳桥上不包括桥头碳原子的碳原子数目，数字之间用下角圆黑点隔开；中文小写数字双、三、四等用于表示**环数**，其值相当于将桥环化合物的环系切断为开链所需的最少次数。故 **9** 称庚烷是因为其共有 7 个碳原子；双环是因为需要切断两次 C—C 键才能成为开链烃；［2.2.1］则指出了桥头碳原子之间分别有 2 个、2 个、1 个碳原子。如 **10** 那样多于三环的化合物命名时还需在第 4 个数字后的右上角标出形成该碳原子数的两个桥头碳原子的位次。不少桥环化合物因结构复杂而多用俗名，如，IUPAC 名为三环［3.3.1.1^{3,7}］癸烷（**11**）俗称金刚烷。类似环己基环己烷（**12**）那样的分子在两个环之间只有一根无共用原子常称**断桥**的键，此类化合物通常不归入双环化合物而作为取代环烷烃处理，又常称**联环**（ring assemblies）。

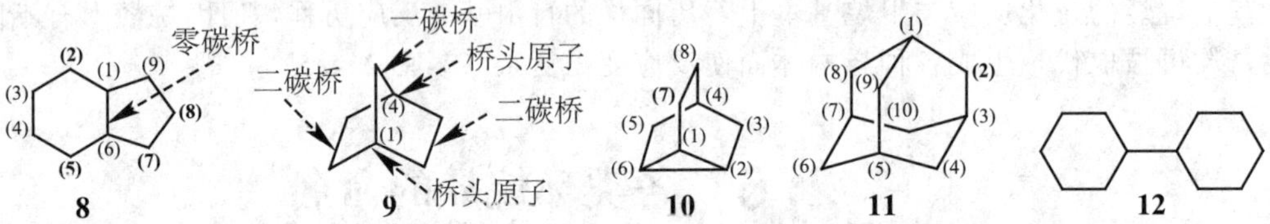

8　　**9**　　**10**　　**11**　　**12**

双环化合物常用 *endo-*（**内型**）/*exo-*（**外型**）来表示取代基之间的立体化学关系。首先按下列优先次序来选择主桥：含杂原子、含较少的原子、饱和的桥、取代基较少或取代基按优先次序规则较小。**13** 和 **14** 这两个化合物中，—CH$_2$— 的主桥和两个 H 在环的同一面，不在主桥上的取代基（此处为酸酐）远离主桥平面的称 *endo-* **13**；接近主桥平面的称 *exo-***14**。*endo-*取代基或 *exo-*取代基分别指向分子骨架的内侧或外侧。另一种解释为在一个双环体系中，*endo-*表示取代基接近于两个未取代的桥中较长的桥，如 *endo-*降冰片（**15**）；*exo-*则表示取代基接近于两个未取代的桥中较短的桥，如 *exo-*降冰片（**16**）。

不常见的螺环分子中仅有一个为两个环共有的**螺碳原子**，命名时根据碳原子的总数在螺字后面加方括号称螺某烷，括号内用阿拉伯数字由小到大（与桥环的命名规则相反）给出螺原子间的碳原子数目，通过螺原子再编第二个环，数字之间用下角圆黑点隔开；编号从小环与螺原子相邻的原子开始，同样使取代基的位次为小。如，**17** 称 2-甲基螺［4.5］癸烷。

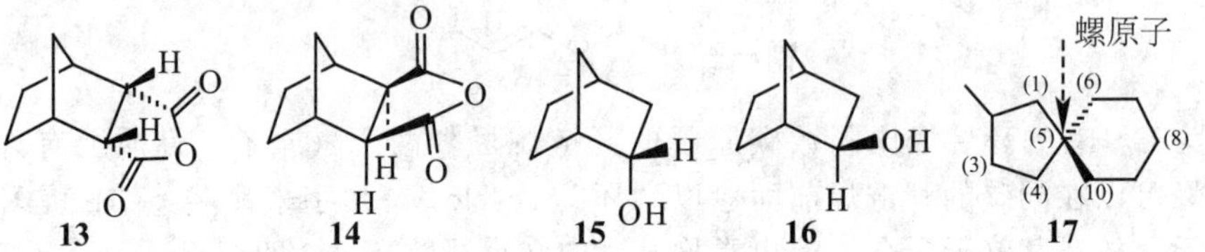

13　　**14**　　**15**　　**16**　　**17**

2.7　环烷烃的构造异构和顺/反异构

环丙烷是最小的环烷烃。≥C$_4$ 的环烷烃可出现碳环骨架的异构现象，如，同为 C$_4$H$_8$ 的环烷烃有三元环和四元环两个环构造异构体；同为 C$_5$H$_{10}$ 的环烷烃有三元环、四元环和五元环 3 种不同的环构造异构，共 5 个同分异构体，如图 2-15 所示。

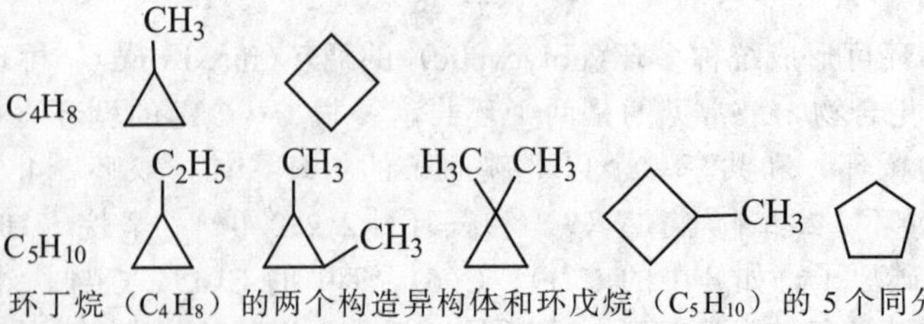

图 2-15　环丁烷（C$_4$H$_8$）的两个构造异构体和环戊烷（C$_5$H$_{10}$）的 5 个同分异构体

环烷烃根据环的大小可分成 C$_3$、C$_4$ 的**小环**（small ring）、C$_5$～C$_7$ 的**普环**（common ring）、

$C_8 \sim C_{12}$ 的**中环**（medium ring）和 C_{13} 以上的**大环**（macro ring）。小环和普环围绕 C—C 键仅可进行有限度的旋转，导致环破裂的旋转是不可能实现的，结果就是环上不同碳上的两个取代基可有在环平面同侧或异侧的立体构型关系而有**顺/反-异构**（cis-/trans-isomerism）。以 1,2-二甲基环丙烷为例，两个甲基位于三元环同一侧是顺-1,2-二甲基环丙烷（**1**）；位于三元环平面两侧的为反-1,2-二甲基环丙烷（**2**）。**1** 只有一种，而 **2** 有两种（参见 4.4）对映异构体。

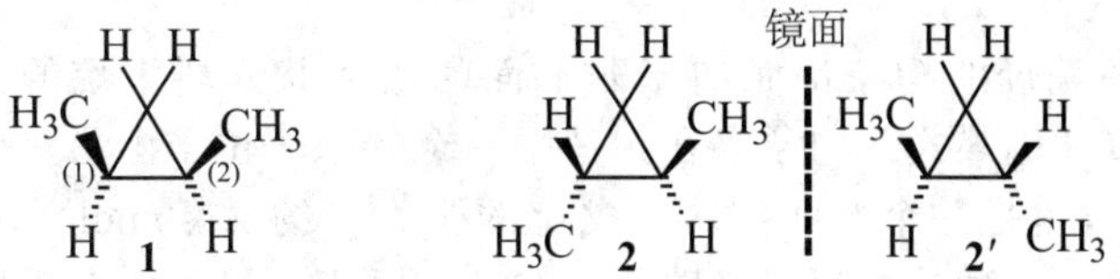

2.8　环烷烃的张力

在教材和文献中都已习惯用正多边形来表达环烷烃的结构，但若环碳原子都处在同一平面上，则除了普环外的环烷烃都将因有很大的角张力而很不稳定或难以存在，这与事实不符。实际上各类环烷烃都是可以稳定存在的，因为环碳原子无需共处一个平面来构建碳环骨架。但小环烃也确实存在着额外的**环张力**（ring strain）而不如开链烷烃稳定，如，环丙烷和环丁烷中每个 CH_2 的燃烧热比开链烷烃各多约 42kJ/mol 和 27kJ/mol。小环分子中的键角受到压缩而产生**角张力**（angle strain）；环上碳碳键旋转的受阻使构象不易达到内能最低的交叉排列，相邻碳上非键基团的重叠排列产生扭转张力。此外，在跨越环的原子（团）之间因空间障碍还有**跨环张力**（transannular strain，参见 2.9.5）。由小环到普环到中环到大环的张力大小次序是：三元环>四元环>五元环>六元环<七元环<八元环<九元环>十元环>十一元环>十二元环。张力最大的三元环是环烷烃中反应性最强的，四元环比三元环稳定一些；五元环的稳定性与开链烷已相差无几。$C_7 \sim C_{12}$ 环烷烃的张力主要来自扭转张力和偏离最佳键角的角张力；大环烷烃的稳定性与开链结构的已无区别。

2.9　环烷烃的构象

与开链烷烃通过围绕 C—C 键旋转实现构象的互变一样，环烷烃分子也可有限度地围绕环链上 C—C 键进行旋转。众多协同围绕 C—C 键的旋转在调整了环内外键角的同时也实现了各种非平面构象间的互变，又称**环翻转**（ring inversion）。

2.9.1　小环和环戊烷的构象

如图 2-16 所示，平面状环丙烷的夹角约 105°，既非正四面体的 109.5°，也不是正三角形那样的 60°。∠HCH 约 118°，∠HCC 约 116°；C—C 键是一个弯曲的重叠较差的**香蕉键**，键长（0.152nm）比正常的略短，整个分子像被拉紧了的弓一样有张力。C—C 键上杂化轨道中的 p 成分多于正常的 $C(sp^3)$ 杂化轨道，键型介于 σ 和 π 之间且更类似于 π 键；环外 C—H 键中的 s 成分则多于正常的 $C(sp^3)$ 杂化轨道，这有利于降低一定的张力。相邻碳上重叠式 C—H 键之间的扭转张力和氢原子之间的范氏张力都使环丙烷分子有较大的张力（约 116kJ/mol），故环丙烷易发生其他环不易进行的开环反应。

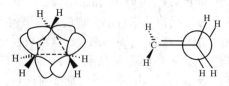

图 2-16　环丙烷结构中的香蕉键和重叠的 C—H 键

除环丙烷外的环烷烃的构象都倾向于非平面的皱褶状。环丁烷的张力（约 110kJ/mol）比环丙烷小，主要以"蝴蝶式"构象存在：其中一个碳原子位于由另三个碳原子组成的平面上方或下方；C—C 键也是一个弯曲键。环戊烷的张力（约 27kJ/mol）比环丁烷小，有两种较稳定的**皱褶式**构象：一种是相间三个碳原子在一个平面，另外两个碳原子分别处于该平面上下的**扭曲式**构象；另一种是相邻四个碳原子在一个平面的**信封式**构象，如图 2-17 所示。各种构象都可由所需能垒很小的环翻转而互变，故平面构象在平衡混合物中也有一定比例。

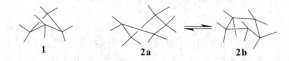

图 2-17　环丁烷的蝴蝶式构象（**1**）和环戊烷的两种构象：扭曲式（**2a**）和信封式（**2b**）

2.9.2　环己烷的构象及 a 键和 e 键

环己烷的多种构象中有**椅式**（chair form，**3a**）和**船式**（boat form，**3b**）这两种典型的构象。椅式是环己烷最稳定几无张力的构象，其中 C(1)、C(3)、C(5) 和 C(2)、C(4)、C(6) 各处在两个平行的平面内，相邻两个碳原子上的 C—H 键都处于交叉式的位置，所有的键角（∠CCC = 111.4°，∠HCH = 107.5°）和键长（C—C 和 C—H 键长分别为 0.1536nm 和 0.121nm）都接近正常值。椅式构象有一个三重对称轴 C_3，若以与 C(1)、C(3)、C(5) 或 C(2)、C(4)、C(6) 所在的平面相垂直的直线为轴，旋转 120° 或其倍数得到的构象和原来的完全一样。

船式是环己烷能保持正常键角的另一个构象。4 个几乎在同一平面碳原子中 C(2)、C(3) 和 C(5)、C(6) 这两对碳原子间是重叠式的，C(1) 和 C(4) 处于该平面的同一侧，H(1) 和 H(4) 间的距离只有 0.183nm，小于范氏半径之和 0.240nm。故船式构象中存在着扭转张力和跨环的范氏张力而不够稳定，内能比椅式大（约 30kJ/mol）。

如图 2-18 所示，旋转环己烷 C—C 键若导致 C(2) 转上来，C(3) 就会转下去，得到有 4 个相邻碳在同一平面，另两个碳分处该平面上下方而内能最高（与椅式相差约 45kJ/mol）的**半椅式**构象（half chair form，**3c**）。**3c** 中的 C(2) 和 C(3) 继续往上和往下，生成另一个能量较船式低约 7kJ/mol 的第三个无角张力的**扭船式**构象（twist-boat form，**3d**）。**3d** 中的 C(5) 转下去，C(6) 转上来生成与 **3c** 对映的 **3c′**；**3c′** 再继续如此往上和往下转生成与 **3a** 对映的 **3a′**。各种构象式之间室温下就可快速互变（2×10^5 次/s），椅式构象在各种构象异构体混合物中占到 99% 以上，但单一的构象异构体仍是无法分离得到的，**3a** 很易转化为 **3a′**。

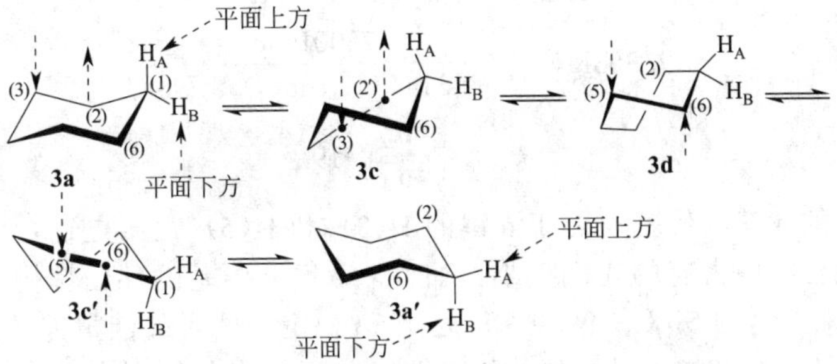

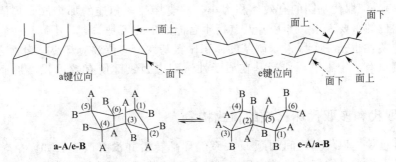

图 2-18　环己烷翻转过程中的构象变化

环己烷椅式构象中的 C—H 键有两种类型或者说有两类向位。如图 2-19 所示：其中 6 个称**直立键**或**竖键**或 **a 键**（axial bond）的 C—H 键彼此基本平行，相间的 3 根向上、3 根向下交替排列，离环平面垂直轴外偏约 7°，如 **3a** 中的 H_A 和 **3a'** 中的 H_B。另外 6 个称**平伏键**或**横键**或 **e 键**（equatorial bond）的 C—H 键与直立键成接近 109°28′ 的角，3 根向上斜伸、3 根向下斜伸，交替排列并近似地处于由三个相间碳原子组成的平面内，如 **3a** 中的 H_B 和 **3a'** 中的 H_A。

图 2-19　环己烷椅式构象中的 a 键和 e 键

环己烷椅式构象中 a/e 键的取向和环翻转有着极为重要的实践意义，环翻转后 a 键向位成为 e 键向位，同碳上的 e 键向位同时转为了 a 键向位。无论环如何翻转，取代基在环平面的上方或下方的关系不会改变，如 **1a** 中的 a-H_A 或 **1a'** 中的 e-H_A 都位于环平面的上方。

2.9.3　单取代环己烷的椅式构象

虽然环己烷中取代基的向位因环翻转可互变，取代基因位于 a 键或 e 键向位而有空间位置、能量和稳定性均不等价的两种构象。以甲基环己烷为例，甲基位于 a 键的构象（**4a**）上甲基与碳环同一侧也位于 a 键的 H(3) 和 H(5) 相距较近（0.233nm），产生范氏张力使位能升高。环己烷上这种非氢 a 键取代基与同侧 a 键氢之间的跨环立体张力称 **1,3-二竖键斥力**（diaxial repulsion）或简称 **1,3-张力**。构象（**4b**）中的 e 键甲基伸向离开环己烷骨架的空间，与邻近氢原子相距也较远，故 **4b**（占 95%）比 **4a** 更稳定。但两者的能量差仅为很小的 7.5kJ/mol，两个构象很易达成动态平衡。根据 $\Delta G^\ominus$ 与平衡常数的关系（参见 1.10.4），k_{eq} 为 19。

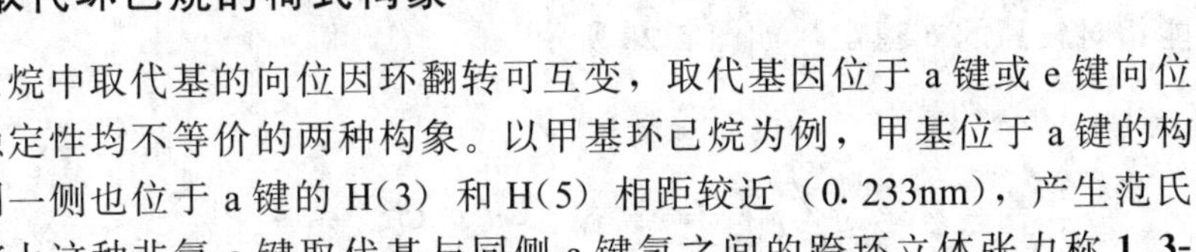

$$\Delta G^{\ominus} = -2.303RT\lg k_{eq}$$

$$-2.303\lg k_{eq} = \frac{7500\text{J/mol}}{8.314\text{J/(K}\cdot\text{mol)}\times 298\text{K}}$$

$$k_{eq} = \frac{[4b]}{[4a]} = 19$$

比甲基体积大的 a 键取代基与位于 a 键的 H(3) 和 H(5) 距离更近，产生的 1,3-张力更大，在动态平衡混合物中占有的比例更小，如，取 a 键异丙基的环己烷构象在平衡混合物中仅占 3%；叔丁基取 e 键的 5b（占 99.9%）远比 5a 稳定，两者的能量差达 23.9kJ/mol，两个构象间动态平衡的 k_{eq} 达 4800。但构象的优势取向并不是构象的固定，叔丁基环己烷依然有相对困难一些的环翻转。

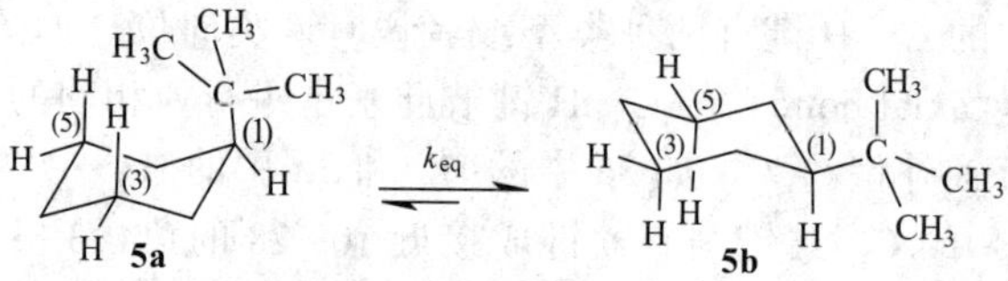

常见基团的这种位于 e 键向位的优势顺序为$^t\text{Bu} > \text{C}_6\text{H}_5 > ^c\text{C}_6\text{H}_{11} \sim ^i\text{Pr} > \text{Et} \sim \text{Me} > \text{CO}_2\text{H} > \text{NH}_2 > \text{OEt} \sim \text{OAc}$。取代基团的有效体积大小，即直接与环相连的那个原子周围的环境大小是取得 e 键向位的重要因素。如羟基及其衍生官能团中的氧是关键，不同衍生官能团的影响差别不大。电负性也是一个因素，硝基的体积比氨基大，向位效应却小；卤素之间的差别也不明显。溶剂也有一定影响，如羟基在质子性溶剂中因氢键使有效体积增加而更易取 e 键向位。

2.9.4 双取代和多取代环己烷的椅式构象

多取代环己烷上取代基之间的顺/反关系经环翻转后并没有改变。如，翻转前环上的多个取代基若都在面上，它们在椅式构象中可能各取 a 键或 e 键向位且随环翻转发生 a 键和 e 键的互变，但这些取代基仍始终都在面上而不会翻到面下。以邻二甲基环己烷为例，六碳环中相邻碳原子上的两个 a 键原子在椅式构象中总是反式关系，故顺-1,2-二甲基环己烷（6a）中两个甲基总是分别位于 a 键和 e 键，如 6b 所示，翻转后是如 6c 或 6d 所示等价的 ea 型。反-1,2-二甲基环己烷（7a）有两个不等价的椅式构象：两个甲基都位于 e 键的 ee 型（7b）或都位于 a 键的 aa 型（7c 或 7d），7b 在平衡体系中的比例更高、更稳定且比因总存在 1,3-张力而使内能相对较高的 6 稳定，如图 2-20 所示。

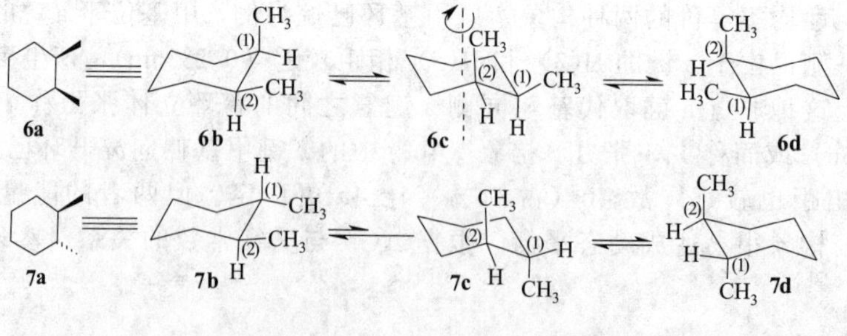

图 2-20 顺-1,2-二甲基环己烷（6）和反-1,2-二甲基环己烷（7）的平面构象和椅式构象

其他二甲基环己烷中顺-1,3-二甲基环己烷异构体（8）的两个甲基在环上均为 e 键向位的（6b）要比总有一个甲基取 a 键向位的反-1,3-二甲基环己烷（9）稳定；反-1,4-二甲基环己烷（10b）要比顺-1,4-二甲基环己烷（11）稳定。比较这些异构体的燃烧热数值得出

同样的结论。

8a　8b

9

10a　10b

11

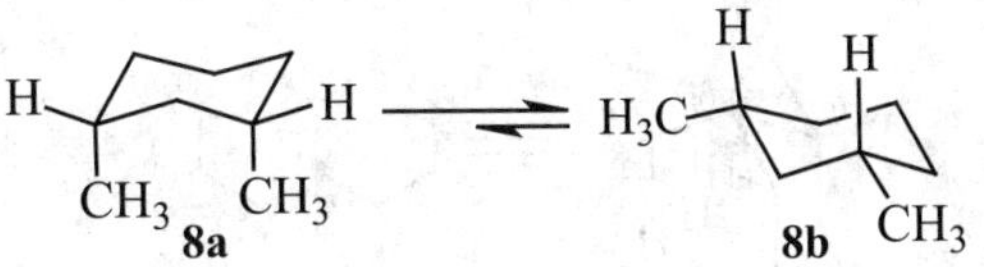

Barton 规则指出：多取代环己烷中取代基占有更多 e 键向位的通常总是成为优势构象，因构型要求而必须有取代基占有 a 键向位时，则大体积基团，如叔丁基将优先占有 e 键。如，顺-1-甲基-2-叔丁基环己烷（**12**）的两种构象异构体中总有一个取代基要占有 a 键向位，如 Barton 规则所言，大的叔丁基占据空间有利的 e 键（**12b**）是优势构象。

12a　12b

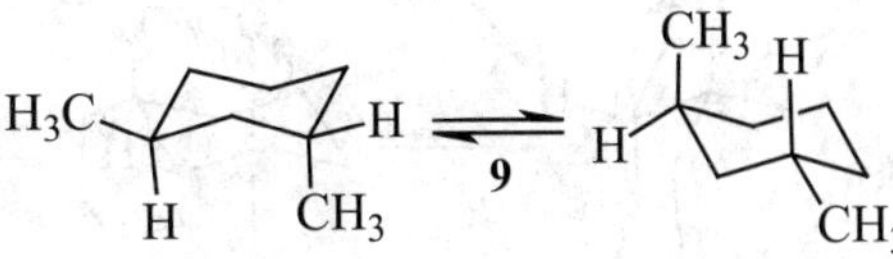

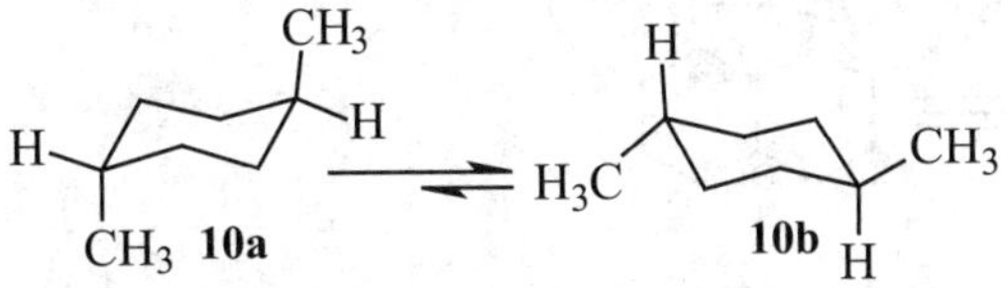

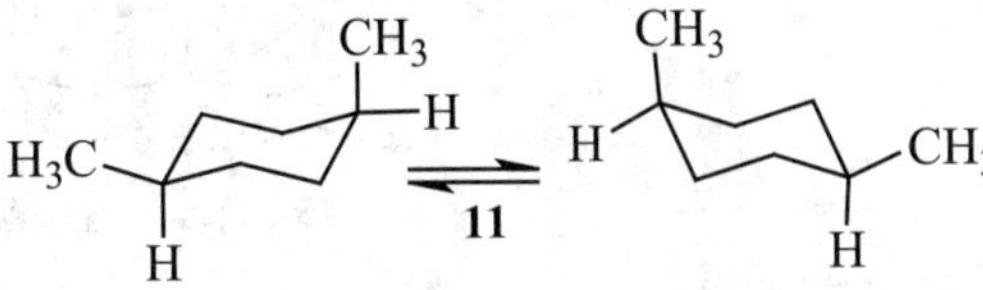

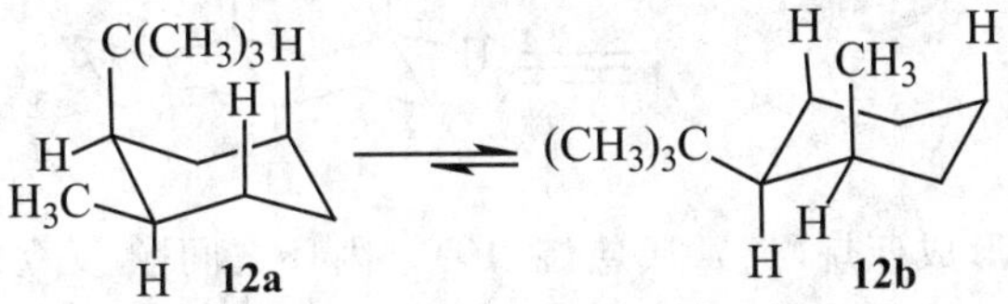

2.9.5 中环和大环烷烃的构象

中环有大角张力、相邻碳原子上的扭转张力和非相邻碳原子上的跨环张力。由两个椅式环己烷而成的环癸烷构象（**13a**）因环内的空间不够大，氢原子间会产生较大的跨环范氏张力也不够稳定。诸多张力协调的结果是形成几个内能相近的诸多构象，如 **13b**。

13a　13b

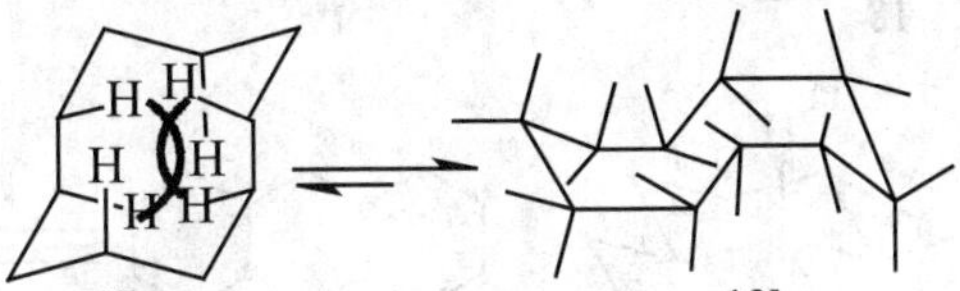

大环环内的空间很大，跨环氢之间没有干扰，C—C 键如开链那样可自由转动，碳链与开链一样可取稳定性很好的交叉式构象。

2.9.6 稠环烷烃的构象

含两个稠合或称并联环己烷的双环［4.4.0］癸烷是萘彻底氢化后的产物，故又称**十氢化萘**。若将一个环视为另一个环的取代基，桥头氢原子 H(1) 和 H(6) 分别位于 a 键和 e 键的是顺式十氢化萘（**14**）；都位于 a 键的是反式十氢化萘（**15**）。**15** 中 H(1) 和 H(6) 理论上也可都位于 e 键，但相邻反式 a 键上的两个碳原子相距太远，加一个连二亚甲基（—CH_2—CH_2—）不可能闭合成环。**15** 只有 e/e 键形式，故比 **12** 稳定。**14** 和 **13** 是两种不同的异构体，在 Pd/C 催化和高温（＞500℃）条件下经键的断裂和再建可形成动态平衡，平衡混合物中 **15** 占 91%。顺/反-十氢化萘用平面投影式来表示也很方便，桥头上的氢可用一个粗圆点来表示向位朝上，不画粗圆点则表示向位朝下。

反式十氢化萘中两个六元环都已被固定为一种椅式构象且任何一个都不能环翻转为另一个椅式构象。环上取代基若与 H(6) 同侧，其 a 键向位或 e 键向位也就固定而不会改变的，如 **16** 和 **17** 中的 R 都与 H(6) 同侧，前者位于 e 键，后者位于 a 键。

14　15

16

17

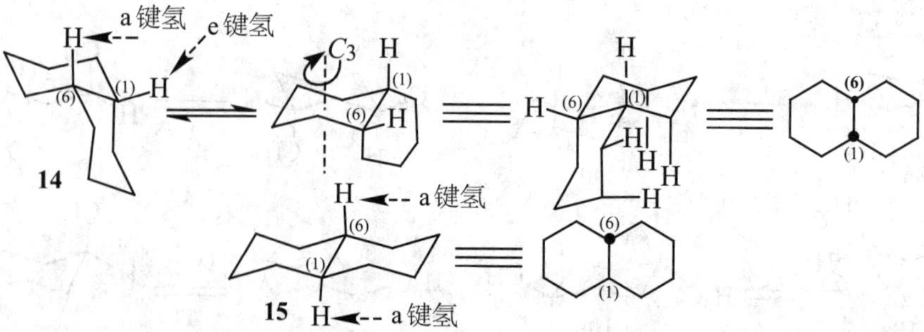

三个环己烷并联后形成**菲烷**(**18**)或**蒽烷**(**19**)，因环之间顺/反立体关系的存在能形成多种异构体。虽然各个环己烷部分仍以椅式构象为稳定，但也可能取船式或其他构象使分子内能达到最低。给出最稳定的构象结构式时可先画出中间一个环己烷的椅式构象，再根据并联环的顺/反关系给出愈多的椅式环己烷愈好。如**20**和**21**所示。

18

19

20

21

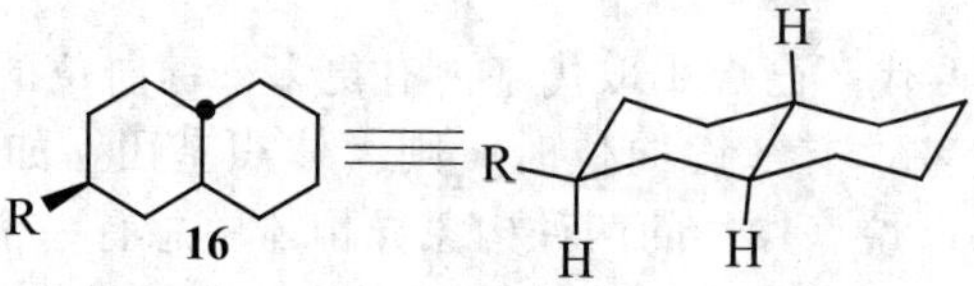

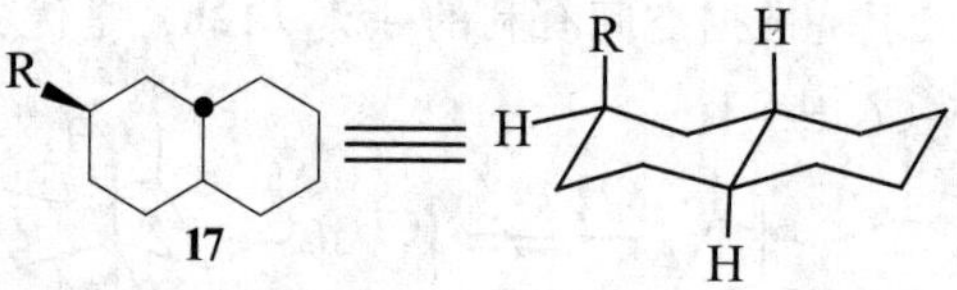

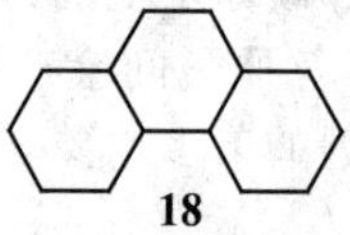

从石油中可分离出一种含量达百万分之四的碳架与金刚石晶体相同的多环化合物**金刚烷**(**22**，<u>**OS**</u> Ⅴ：16，20)。❶ 金刚烷在具 $C_{10}H_{16}$ 分子式的同分异构体中是最稳定的，接近球形的高度对称结构而在晶格中可紧密堆集，故熔点（270℃）也是已知烷烃中最高的。导入一个取代基生成的衍生物的熔点则大幅度下降，如乙基金刚烷的熔点仅为−52℃。氨基金刚烷盐酸盐（**23**）是很有效的治疗A型感冒和帕金森综合征等疾病的临床药物。

22　23

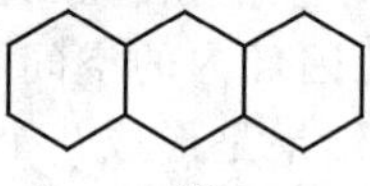

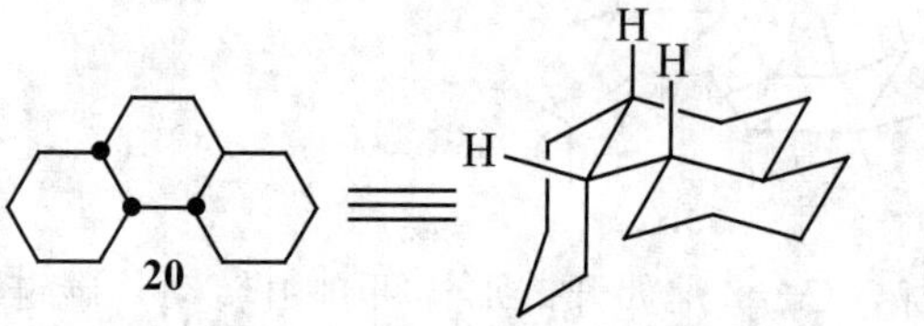

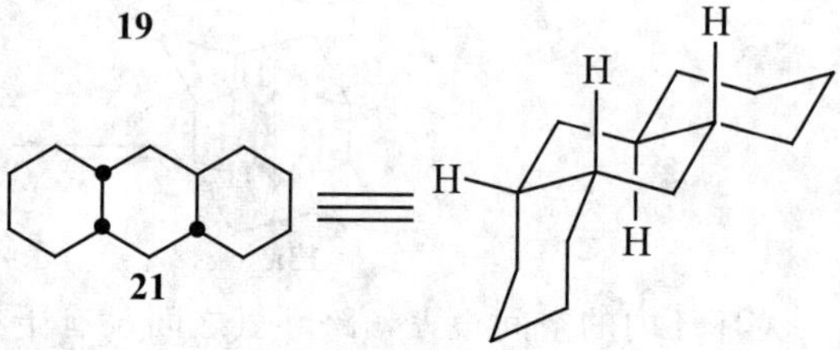

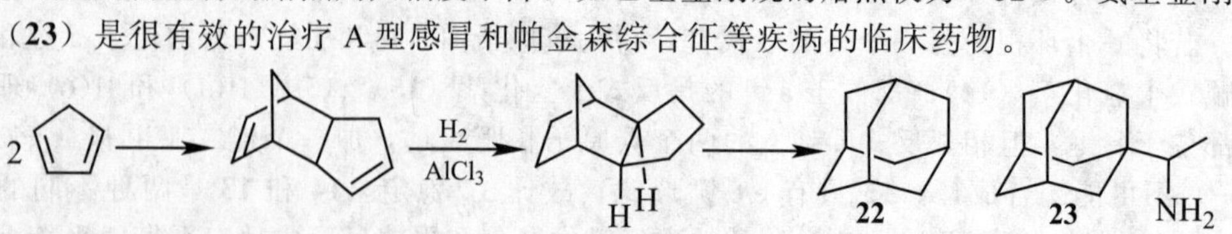

❶ 本书给出的"<u>OS</u> ×：×××"告诉读者该反应的详尽实验方法指导能在权威的有机合成丛书（Organic Synthesis）的第几卷第几页上查阅到。这套丛书自1921年由Wiley出版社出版发行，每个化合物的制备方法都在两个不同的实验室里重复实行过，记载的是最可靠的可重现的操作程序：原料来源、操作要点、产物分离和纯度检测、不寻常的反应装置及特别的注意点等。

2.9.7　构象分析

尽管单一的构象异构体很难分离得到，构象问题在许多场合下都是非常重要的关键点，分子的各种理化性质和反应过程中旧键的断裂、新键的形成、进攻试剂及离去原子（团）的取向都和最稳定的或特殊的构象密切相关。有一定立体形象的试剂和反应物必定要处于合乎要求的空间位置（构象）才有利于键的断裂和生成，产物分子的结构也必定取决于该反应的过渡态构象。构象的变化是一个连续的不涉及键断裂的过程，能量改变不大，快速多变和极不稳定是分子构象的特点。影响构象的因素极为复杂，与分子构造、温度、溶剂、客体分子等多种外部环境有关。**Barton** 和 **Hassel** 因构象分析的成就而共获 1969 年度的诺贝尔化学奖。构象概念的形成和应用被认为是化学学科的一个最为重要的发展。

2.10　环烷烃的物理性质

环烷烃的性质与开链烷烃相似。但环烷烃体系更具刚性和对称性，比直链烷烃排列得更紧密，范氏引力更强而具有相对较高的熔点、沸点和相对密度，如表 2-3 所示。各种环烷烃中每个 CH_2 单元的燃烧热从环己烷到环丙烷是依次增大的，实际上反映出这些小环的张力能。从表 2-3 中也可看出，环愈小相对也愈不稳定，$\geqslant C_6$ 的环烷烃与同碳数开链烷烃的差别就很小了。

表 2-3　几个环烷烃的熔点、沸点、张力能和其 CH_2 单元的燃烧热

环烷烃	熔点/℃	沸点/(℃/MPa)	张力能/(kJ/mol)	每个 CH_2 的燃烧热/(kJ/mol)
环丙烷	−127	−34/0.1	115	697.1
环丁烷	−90	−12/0.1	110	682.2
环戊烷	−93	49/0.1	27	664.0
环己烷	6	80/0.1	0	658.6
环庚烷	8	119/0.1	27	662.3
环辛烷	4	148/0.1	42	663.6
环壬烷	10	$69/1.8 \times 10^{-3}$	54	664.0
环癸烷	9	$69/1.6 \times 10^{-3}$	50	663.6
环十五烷	61	$147/1.6 \times 10^{-3}$	6	658.6

如正己烷等一些液体烷烃被广泛用作溶剂和清洗剂，但它们易爆燃，长期接触还会造成难以治愈的慢性中毒，处理时要注意防护。

2.11　环烷烃的开环和取代反应

环烷烃上的亚甲基都是等同的，故反应后异构体产物也相对较少。小环的 C—C 键带部分双键特性而易发生开环的化学反应；普环、中环或大环则都较稳定而不易开环，其他化学性质也与开链烷烃一样。如环丙烷、环丁烷和环戊烷与 H_2 在 Pt 催化下发生**氢化开环**（ring opening）或称**开环氢解**而生成丙烷、丁烷和戊烷的加成反应所需反应温度分别为 80℃、120℃ 和 300℃。

三元环与卤化氢反应发生开环反应，氢和卤素分别加到产物链烃的两头，产物中卤原子加到有取代基的碳原子上的异构体占多数。如，烷基环丙烷和溴化氢反应所得产物中 **1** 是主要产物，**2** 和 **3** 是次要产物。

小环与卤素发生开环加成反应后生成二卤代物；≥C_5 的环烷烃可与卤素进行自由基取代反应。如式（2-19）所示，环戊烷与溴高温反应生成溴代环戊烷。

$$(2-19)$$

如式（2-20）所示环己烷的两个反应：环烷烃与强氧化剂作用或经催化氧化时，环破裂生成二元羧酸，在温和的催化氧化条件下也可保留环结构而生成醇。环己烷脱氢还原成苯，把石油中的烷烃或环烷烃转化为芳香烃的过程称**芳构化**（aromatization），是获得苯、甲苯等基本有机化工产品的重要工艺。

$$(2-20)$$

2.12 石油、天然气、页岩气和可燃冰

有机成因论认为组成动植物的有机大分子历经几百万年的地质压力后转变成碳原子数各异的烷烃混合物，即石油及伴随而生的石油气和**页岩气**（shale gas）。但许多新油田的开发和老油田的新生都反映出化石燃料的成因是多元而非单一的，石油等资源总量的预测也不断被刷新。石油是一种含几百种化合物的深色黏稠状液体，含 150 多种烃，其中一半是烷烃和环烷烃。天然气主要是一些小分子烷烃的混合物，约含 75% 的甲烷、15% 的乙烷和 5% 的丙烷。储量极为丰富的廉价页岩气可分离出各种小分子烷烃；煤矿的坑道气含 20%～30% 的甲烷，生物废料发酵产生的沼气也含大量甲烷。甲烷主要用作燃料，乙烷和丙烷是生产液化石油气、乙烯和氯乙烯的重要原料，丁烷和异丁烷用于生产乙烯、丙烯、丁二烯、液化石油气、轻汽油和高辛烷值的 C_7、C_8 等支链烷烃。

油田中开采出来的原油经加工处理，先分离天然气，接着分馏出**汽油**（gasoline）、**煤油**（kerosene）、**柴油**（diesel oil）等**轻质油**（light hydrocarbon）和润滑油（grease oil）、**液体石蜡**（liquid paraffin）、**凡士林**（vaseline）等**重油**（heavy oil）和固体石蜡、**沥青**（asphalt）等固态物质，如表 2-4 所示。石油工业还可经**裂解**（splitting）将高级烷烃变成相对分子质量较小的烷烃和烯烃，经**催化重组**（catalytic reforming）进行芳构化反应，经异构化作用生产支链多的高辛烷值烷烃。所有这些反应从本质上来看就是 C—C 键和 C—H 键的断键和再键合的过程并由此提供如**三烯**（乙烯、丙烯、丁二烯）、**三苯**（苯、甲苯、二甲苯）、**一炔**（乙炔）、**一萘**（萘）化工基本原料。

表 2-4 石油组分

馏分	蒸馏温度/℃	碳原子数	用途
炼油气	＜20～40	C_1～C_4	燃料
石油醚	30～120	C_5～C_8	溶剂
汽油	70～200	C_7～C_{12}	汽车、飞机燃料
煤油	200～270	C_{12}～C_{16}	灯油
柴油	270～340	C_{16}～C_{20}	发动机燃料
润滑油、凡士林	＞300	C_{18}～C_{22}	润滑剂、软膏

馏分	蒸馏温度/℃	碳原子数	用途
固体石蜡	不挥发	$C_{25} \sim C_{34}$	蜡制品
沥青	不挥发	C_{30}以上	公路及建筑

随着世界上石油资源的减少，用蕴藏量极其丰富的煤炭和天然气为原料来合成和替代石油日益受到重视。如，相当兴旺的**一碳化学**就是以煤炭、一氧化碳和二氧化碳等为原料来得到相对分子质量较大的有机化合物的化学。在俄罗斯的西伯利亚冻土深层和大洋深海 1000m 左右还存在着大量由高压和低温环境下形成的称**可燃冰**的**结晶态甲烷水合物**（$8CH_4 \cdot 46H_2O$）。$1m^3$ 可燃冰能释放出约 $170m^3$ 的天然气。据估算，世界上可燃冰所含的有机碳总量约是全球已知煤、石油和天然气的 2 倍，有望成为一种可予开发利用的新型巨量能源。极为丰富的页岩气的开发利用近年来相当引人注目，已部分替代传统石油的需求，给石化工业带来革命性的变化的同时为降低碳排放量作出贡献。

2.13　类脂化合物（1）：甾体化合物

类脂（lipid）指天然存在于细胞、组织中的一类可溶于非极性溶剂不溶于水的生物活性化合物。类脂化合物可分为两大类：一类是具有并四环结构的甾体化合物；另一类是如蜡、油脂和磷脂等兼具较大非极性亲脂性烃基和极性亲水性成分的化合物（参见 11.13）；一些脂溶性维生素 A、维生素 D、维生素 E、维生素 K 等也归属类脂类化合物。从生物化学的角度看，它们都是由葡萄糖经**糖原醇解**转化为丙酮酸后再以各种生化方式转变而成的，故和糖、蛋白质、核酸一起被称为是维持生命运动所必需的**生物分子**（biomolecule）。

四个环分别用 A、B、C、D 代表的**甾体**（steroid）化合物种类繁多，广泛存在于植物和初高等动物中，发现的已达数千种，可分为甾醇、胆汁酸、甾族激素、甾族生物碱和甾族苷等几大类。上市的甾体药物有 300 多种，是仅次于抗生素的第二大类药物。人体内由各种腺体产生的各类甾体作为激素和化学信使而起作用。**胆甾醇**（cholesterol，**1**）是最早得到鉴定的甾体化合物，在自然界中广泛存在于哺乳动物的各组织器官和细胞膜中，每个成人体内有 250g 左右。自 1770 年胆甾醇被发现到 1932 年测得其构造花了 160 多年的时间，其解析过程就像读一本极富悬念的推理小说。胆甾醇的生理功能尚未完全研究明白，它能在体内合成，也是人体合成其他甾类化合物的中间体，故被认为是生命的基本物质。

甾体化合物结构复杂但都有一个氢化程度不等的 **1,2-环戊烷并全氢菲四环**（**2**）母核，C（10）和 C（13）上多有称角甲基的甲基；C（17）上含有一个支链。我国科学家发明一个象形汉字"甾"来称呼它们。该字中的"田"和"巛"分别代表四个环和三个取代基。天然甾族化合物的结构中 A、B 和 C 三个环己烷取椅式构象，A/B、B/C 和 C/D 环多为反式稠合，桥头碳原子上的甲基或氢原子沿 C（5）-C（10）-C（9）-C（8）-C（14）-C（13）占有 a 键向位且互为反式，故甾体四环的形态接近平面且是较为刚硬的，如图 2-21 所示。

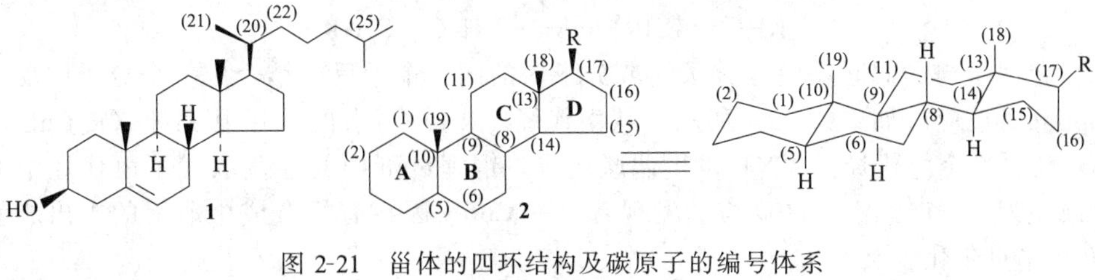

图 2-21　甾体的四环结构及碳原子的编号体系

哺乳动物的循环系统中含量最丰富的维生素 D_3 的活性形态 1,25-二羟基维生素 D_3（**5**）来自皮肤表面的 7-去氢胆甾醇（**3**），**3** 在紫外线照射下 B 环开环并在肝脏和肾脏内经酶催化氧化先后生成 25-羟基维生素 D_3（**4**）和 **5**。

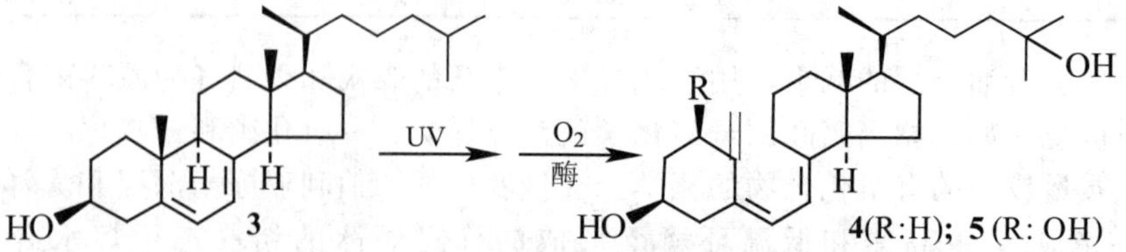

2.14　来源与制备

一个有机化合物可以取自自然界或由人工进行实验室制造或工业生产。低级烷烃主要来自天然的石油和天然气（参见 2.12）；动植物中有一些高级烷烃，如，蔬菜表面覆盖二十八烷，苹果表皮覆盖二十七烷，昆虫分泌十二烷等作为信息素而起作用。**超长烷烃**（ultralong alkane），如，直链的四百烷烃 $CH_3(CH_2)_{398}CH_3$ 也已得到合成。

2.14.1　工业生产和有机合成

工业来源要以最低的成本来提供大批量产品。一个反应若生成了多种产物，只要这些产物能够分离且有经济价值，这个反应就可采用。实验室制备产物的量小、纯度高且有时效要求，故更多着眼于反应的产率和尽早得到产物。此外，化学家在实验室工作时倾向于创造开发新的能用于某一类化合物的高效通用方法，对重复合成某一类化合物的兴趣不大。随着对环境问题的重视，绿色反应均已成为工业生产和实验室反应的首选条件。

有机合成是指通过一定的单步或多步反应从一定的原料出发得到所需产物的过程。教材中用到的一些实例可能仅有理论价值而无真正的制备意义。譬如，乙烷的制备可以从乙烯氢化而来，实际上无论是实验室还是工业上，乙烷都是由石油裂解产生而不会通过乙烯加氢得到。但知道了乙烯加氢可以产生乙烷，推而广之，也就知道了其他烯烃通过加氢也可产生烷烃这样一个通用方法，许多结构复杂的化合物中 C—C 单键确实也是从烯烃加氢产生的。另一方面，仔细研究乙烯加氢成为乙烷的反应过程和机理也可更好地掌握该一般方法的反应条件。但要注意有机反应的共性和个性，同类反应有时需用不同的反应条件；底物的差异会使反应不能发生或生成它类产物。

2.14.2　开链烷烃的制备

烷烃的实验室合成常用如下几类方法。

（1）**烯烃的氢化**　氢气和烯烃在催化剂存在下混合振荡发生多相反应生成与烯烃骨架相同的烷烃。烯烃是易得的，该法也是制备烷烃最主要的反应（参见 3.8），如式（2-21）所示。

$$RHC=CHR' \xrightarrow{H_2/cat.} RH_2C-CH_2R' \qquad (2-21)$$

（2）**金属参与的偶联反应**　分子间或分子内的两个单元反应结合成一个分子的反应称**偶联**（coupling）反应。如式（2-22）所示，从卤代烃（RX）而来的二烃基铜锂（R_2CuLi，参见 7.12.3）与另一个卤代烃（$R'X$）发生偶联反应，铜锂试剂中的烃基取代了卤代烃中的卤素原子生成烷烃 $R-R'$。本偶联反应的发现者之一 **Corey** 因在有机合成中取得的杰出成就而荣获 1990 年诺贝尔化学奖。

$$RX \xrightarrow{Li} RLi \xrightarrow{CuX} R_2CuLi \xrightarrow{R'X} R\!-\!R' + LiX$$

$$\diagdown\!\!\diagup Br \xrightarrow[(2)CuX]{(1)Li} (C_3H_7)_2CuLi \xrightarrow{{}^nC_5H_{11}Br} \diagdown\!\!\diagup\!\!\diagdown\!\!\diagup\!\!\diagdown \tag{2-22}$$

卤代烃和钠作用生成碳链增长一倍的烃 R—R，称 **Wurtz 反应**，如式（2-23）所示。

$$RX + RX \xrightarrow{Na} R\!-\!R \tag{2-23}$$

Wurtz 反应仅适用于合成对称的偶数碳原子烷烃。两种不同的卤代烃底物反应后将生成由 3 种不同的烷烃产物组成的混合物，如式（2-24）所示。若这些混合物不易分离，该法是不宜采用的。

$$RX + R'X \xrightarrow{Na} R\!-\!R + R'\!-\!R' + R\!-\!R' \tag{2-24}$$

格氏试剂（RMgX，参见 7.12.1）分子中与镁键连的碳带有部分负电荷，相当于是弱酸 RH 的镁盐。烃的酸性非常弱，只要比烃 RH 强的酸，如水、醇（ROH）、胺（RNH_2）、羧酸（RCOOH）等都可以与格氏试剂反应生成烷烃，如式（2-25）所示。

$$RX \xrightarrow{Mg} RMgX \begin{cases} \xrightarrow{H_2O} RH + Mg(OH)X \\ \xrightarrow{RCOOH} RH + Mg(OOCR)X \\ \xrightarrow{ROH} RH + Mg(OR)X \\ \xrightarrow{RNH_2} RH + Mg(NHR)X \end{cases} \tag{2-25}$$

（3）有机硼烷、卤代烷、醛酮、磺酸酯和对甲苯磺酰腙还原　这几类化合物中的官能团均可转化为烷基，相当于官能团的去除，可参见 3.4.5、7.8、8.13.4、9.4.4 和 9.4.6 等相关章节。

2.14.3　环烷烃的制备

石油中有含量 0.1%～1% 的五元和六元环烷烃。纯粹的环己烷可以由苯高压催化加氢来制备，纯度不高的环己烷由石油重整产物分离产生。脂环烃化合物可通过与制备烷烃所用分子间反应相似的分子内反应方法来制备，中环和大环化合物的合成则多采用在稀溶液中反应的方法，以减少分子间相遇的可能性和增加分子内反应的机会。如式（2-26）所示的两个反应，由卡宾与烯烃的加成可制备三元环（参见 3.4.8），由 Diels-Alder 二烯合成法可得到六元环（参见 3.13.3）：

$$RHC\!=\!CHR' \xrightarrow{:CH_2} \quad \tag{2-26}$$

可以看出，制备一类化合物往往有多种方法可以选用，要根据目标分子的结构及原料的来源和不同的反应条件选择出最有利的合成方法。

2.15　有机化合物的结构解析（1）：质谱

无论是在实验室合成的还是从自然界提取得到的未知化合物都有一个结构解析的要求，这也是化学的中心主题之一，其重要性是无论怎样强调都不为过的。有机分子的结构解析工作如今基本上依赖近百年来取得飞速发展和巨大成功的四大波谱技术（质谱、红外、紫外和核磁共振），特殊场合下的结构解析还需要做一些化学反应予以辅助性求证。X射线衍射测试可直观地给出分子形状和键长键角等数据，但也受限于单晶的制备不易、特殊的专业技术及长时间的测试等不足。近年来利用扫描探针显微技术，拥有原子分辨率的显微镜已有望直接测定分子结构。

2.15.1　质谱分析的基本原理

质谱（mass spectrometry，**MS**）解析可提供有机分子的相对分子质量，从而推导出分子式。早期质谱最常用的是以一定能量的电子轰击气相分子来进行的，即**电子轰击电离法**（electron impact，**EI**），如今相对分子质量高达10多万的蛋白质和核酸等非挥发性生物大分子等的质谱分析也已依赖**电喷雾离子化**（electrospray ionlization，**ESI**）等新技术的发明得以实现。有机分子在质谱仪中受轰击后失去一个电子生成**母体峰**或称**分子离子峰**（$[M]^{+\cdot}$或$[M]^{+}$，右上角的"＋"表示带一个电子电量的正电荷，"·"表示一个位置不确定或无需明确的单电子），其相对质量 m 与所带电荷 z（一般是一个电子电量的正电荷，即 $z=1$）之比的**质荷比**（mass to charge ratio，m/z）即为相对分子质量。有机分子中最易失去的电子依次是杂原子上的未共享电子、π电子和σ电子。质谱仪中轰击电子的能量远高于有机分子中的键能，故分子离子能继续裂解成各种出现在质谱图上的**碎片（正）离子**和不出现在质谱图上的中性碎片，裂解模式与分子离子的结构有关，如图2-22所示。

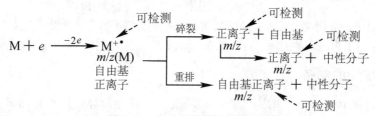

图 2-22　分子在质谱仪中的裂解

只有带正电荷的粒子，如分子离子和正离子碎片能被质谱仪检测，按质荷比大小排列成的谱图称**质谱图**（mass spectrum）。谱图中的条状信号称峰，相对强度为100%的峰称**基峰**（base peak），基峰可以是分子离子峰或碎片离子峰；谱图中的横坐标是离子的质荷比，纵坐标是以最强离子的强度为100%进行归一化后所得出的**相对强度**（relative intensity），反映出离子数量的多寡。质谱通过峰的质量和相对强度为结构解析提供信息。

以正己烷为例，其在质谱仪中所发生的电离和碎裂途径及质谱图如图2-23所示。正己烷丢失一个价电子生成正离子分子 $[C_6H_{14}]^{+\cdot}$（$m/z\,86$），该分子离子继续裂解，生成质荷比相差 CH_2 的 $[C_5H_{11}]^{+}$（$m/z\,71$）、$[C_4H_9]^{+}$（$m/z\,57$，基峰）、$[C_3H_7]^{+}$（$m/z\,43$）、$[C_2H_5]^{+}$（$m/z\,29$）等系列碎片正离子。能量很高的 $[CH_3]^{+}$ 不易形成，在质谱图上的峰很小。

$$C_6H_{14} + e \xrightarrow{-2e} [C_6H_{14}]^{+\cdot} (M^{+\cdot})$$

$$\begin{array}{l} \xrightarrow{-\dot{C}H_3} [C_5H_{11}]^{+}(m/z\,71) \xrightarrow{-CH_4} [C_4H_9]^{+}(m/z\,57) \\ \xrightarrow{-\dot{C}_2H_5} [C_4H_9]^{+}(m/z\,57) \xrightarrow{-C_2H_4} [C_2H_5]^{+}(m/z\,29) \\ \xrightarrow{-\dot{C}_3H_7} [C_3H_7]^{+}(m/z\,43) \\ \xrightarrow{-\dot{C}_4H_9} [C_2H_5]^{+}(m/z\,29) \\ \xrightarrow{-C_2H_6} [C_4H_8]^{+\cdot}(m/z\,56) \end{array}$$

2.15.2　质谱离子的主要类型

质谱仪中出现的离子包括分子离子、**同位素离子**（isotopic ion）和碎片离子。各种离子

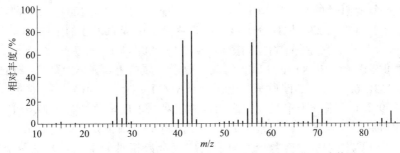

图 2-23　正己烷在质谱仪中的电离、主要裂解途径和质谱图

的相对丰度与其稳定性相关：结构愈稳定的离子愈易形成，相对丰度愈大。

（1）分子离子　分子离子峰通常应是谱图最右侧的峰，但需注意该峰是否为同位素离子或因分子离子不稳定而形成的碎片离子或由分子离子反应生成的。一个峰若是分子离子峰，其与最靠近的碎片离子峰的质量差常见的如 1（H）、15（CH₃）、17（OH）或 18（H₂O）等，但不会相差 4～14 或 21～25，因为没有一个可能失去的基团能符合这些质量数。分子中不含氮原子的分子离子峰是偶数的，其碎片离子峰是奇数的。由于氮是三价的，故有**氮规则**（nitrogen rule）存在：含奇数个氮原子的分子离子峰的质荷比为奇数，其碎片离子峰的质荷比为偶数；含偶数个氮原子的分子离子峰的质荷比为偶数，其碎片离子峰的质荷比为奇数。

分子往往因接受电子轰击获得高能而易于碎裂以释放能量，这导致最有用的分子离子峰很弱或不存在。分子离子峰的强弱或稳定性与分子结构有关，能出现分子离子峰的强弱次序一般为芳香结构＞共轭烯烃＞脂环烃＞酮、短直链烷烃＞胺＞酯＞醚＞羧酸、醛、酰胺和卤代烃。醇、腈、硝基化合物、亚硝酸酯和一些含高度支链的分子不易出现分子离子峰。利用低能的**化学电离**（chemical ionisation，**CI**）和**快原子轰击**（fast atom bombardmen，**FAB**）等质谱技术可增加分子离子峰出现的机会。

（2）同位素离子　许多元素有多个稳定同位素，质谱测得的 m/z 中的 m 是由单一同位素原子的质量产生的而非周期表上的元素质量，故会出现不同的由各种同位素组成的离子。如，甲烷 CH₄ 的组成包括 $^{12}C^1H_4$（m/z 16）、$^{13}C^1H_4$（m/z 17）和 $^{13}C^2H_4$（m/z 21）。常见元素最大丰度的同位素正好都是质量最小的，故同位素离子峰都出现在分子离子或碎片离子的高质量一侧，其丰度与组成该离子的元素种类及原子数量有关。如，^{13}C 的天然相对丰度只有 ^{12}C 的 1.1%，甲烷的 m/z 17 的离子强度也仅是 m/z 16 的 1.1%。通过测定同位素离子峰的相对强度可以推测分子离子或碎片离子的元素及原子组成。

（3）碎片离子　碎片离子是由分子离子裂解或重排而生成的正电荷离子，碎片离子可继续裂解为更小的碎片离子，为可判断样品的结构提供非常有用的信息。碎片离子的形成与其前体中键的类型、位置、强度及其自身的稳定性有关并有一定的规律性，弱键处总是最易碎裂的。碎裂生成的正离子和丢失的中性碎片的稳定性将决定几个可能的裂解途径中哪一个更占优势。也有一些碎裂途径经由较为复杂的重排，故很难对每个峰都能方便地给出合理的解释。

自由基正离子（奇数电子的正离子）相对易发生碎裂，生成正离子及自由基或重排为中性分子及正离子；正离子（偶数电子的正离子）相对稳定，碎裂后只会生成中性分子及正离子。

2.15.3　分子式的确定

用质谱推导分子式有同位素丰度法和高分辨质谱法两种不同的方法。

（1）同位素丰度法　常见元素及其同位素的相对质量及相对丰度如表 2-5 所示。比较伴随着分子离子峰一起出现的同位素离子峰的相对强度可推导分子的元素组成和原子数目。如，出现 ^{13}C 的概率随着碳原子数的增加而增加，只含一个碳原子的离子 [M＋1]：[M] 为

1.1：100，含 n 个碳原子的离子 ［M＋1］：［M］ 的值等于 （1.1/100）× n，即 1.1 n：100。根据这个规律可以用式（2-27）估计分子离子或碎片离子中碳原子数的上限。

$$C 原子数的上限 \approx （［M＋1］/［M］）\div 1.1\% \qquad (2\text{-}27)$$

如，一个可能由 C、H、O 和 N 原子组成的分子在质谱上显示 M 峰（m/z 132，70%）和 M＋1 峰（m/z 133，6.9%），其碳原子数上限＝（［M＋1］/［M］）÷ 1.1% ＝（6.9/70）÷ 1.1% ＝ 9。若分子中含 9 个 C，则分子中其余组成元素的相对原子质量总和为：132－12×9＝24。由 H、O、N 的相对原子质量推导出可能的组成方式为 C_9H_{24} 或 $C_9H_{10}N$ 或 C_9H_8O。C_9H_{24}（不符合价键要求）和 $C_9H_{10}N$（含奇数个氮原子而应有奇数相对分子质量）这两个组成均可排除，C_9H_8O 应为合理的分子式。

当相对分子质量增大或分子中杂原子数目增加时，同位素丰度法所需的计算工作量以及推导出的可能结构将会大大增加。**Beynon** 等详细计算了只含 C、H、O、N 元素的各种组合的 ［M＋1］：［M］ 和 ［M＋2］：［M］ 的理论值，制成了许多谱图解析教材或专著工具书中都能查到的 **Beynon** 表供查阅参考。若分子离子峰的丰度很低或 M＋1 离子由分子离子反应而形成，则测量的相对误差增大，同位素丰度法的可靠性就有问题了。此外，当相对分子质量大于 250 时，低丰度的重同位素对 ［M＋1］ 和 ［M＋2］ 的贡献不可忽略，使分子式的可能组成大大增加。

表 2-5 有机化合物中常见元素及其同位素的相对质量及相对丰度

元素	原子量	同位素	相对质量	同位素	相对质量	相对丰度/%	同位素	相对质量	相对丰度/%
H	1. 00794	^1H	1. 00783	^2H	2. 01410	0. 015			
C	12. 01115	^{12}C	12. 00000	^{13}C	13. 00336	1. 11			
N	14. 0067	^{14}N	14. 0031	^{15}N	15. 0001	0. 38			
O	15. 9994	^{16}O	15. 9949	^{17}O	16. 9991	0. 04	^{18}O	17. 9992	0. 20
F	18. 9984	^{19}F	18. 9984						
Si	28. 0855	^{28}Si	27. 9769	^{29}Si	28. 9765	5. 10	^{30}Si	29. 9738	3. 35
P	30. 9738	^{31}P	30. 9738						
S	32. 0660	^{32}S	31. 9721	^{33}S	32. 9715	0. 78	^{34}S	33. 9679	4. 4
Cl	35. 4527	^{35}Cl	34. 9689				^{37}Cl	36. 9659	32. 5
Br	79. 9094	^{79}Br	79. 9183				^{81}Br	80. 9163	98
I	126. 9045	^{127}I	126. 9045						

（2）高分辨质谱法 除 ^{12}C 外，同位素原子的质量都不是整数而可精确到小数点后四位数，故测量精确的质量数可解析原子组成。如，分子离子峰的 m/z 都是 28 的 N_2、CO 和乙烯的精确质量分别为 28.0061、27.9949 和 28.0312。**高分辨质谱**（high-resolution MS）能够给出峰的精确质荷比数值而成为广泛使用的确定组成和分子式最方便可靠的测试方法。如，某样品的分子离子峰的 m/z 为 114.1039，其分子式应为 $C_7H_{14}O$（114. 1044）而非 $C_6H_{10}O_2$（114. 0680）或 $C_6H_{14}N_2$（114. 1157）或 C_8H_{18}（114. 1408）。

2.15.4 烷烃质谱碎裂的类型和解析

烷烃的每一根 C—C 键和 C—H 键都可能在质谱仪中发生断裂，C—C 键比 C—H 键弱也更易断裂。正构直链烷烃的质谱图中除 ［C_nH_{2n+1}］$^+$ 系列离子外还伴随着丰度较低的 ［C_nH_{2n-1}］$^+$ 系列离子，［C_nH_{2n+1}］$^+$ 离子丰度随着 m/z 增大逐渐下降，因为 m/z 较大的烷基离子易发生二级碎裂丰度，最大的往往是 ［C_3H_7］$^+$（m/z 43）或 ［C_4H_9］$^+$（m/z 57）。如，正己烷质谱中的 ［C_nH_{2n+1}］$^+$ 系列离子峰 m/z 29、43、57 等都是 C—C 键断裂生成的，每个主峰前后由于 ^{13}C 和失去一个氢的可能性而有一些小峰。支链烷烃的质谱与正构直链烷烃十分相似，但分子离子峰的丰度明显下降。支化程度高的烷烃不易检测到分子离子，［C_nH_{2n+1}］$^+$ 系列离子峰的丰度分布也与正构烷烃不同，裂解因可生成更稳定的叔和仲碳正离子而多发生在取代中心处，故根据峰的分布有助于确定支链的位置和大小。比较正己烷（图 2-23）及其同分异构体 2,2-二甲基丁烷（图 2-24）的质谱图可以发现：2,2-二甲基丁烷的分子离子峰几乎看不到，其他 m/z 相同的经 C—C 键断裂而形成的碎片离子峰的相对丰度也不同。基峰虽都是 m/z 57，但各是伯碳正离子 $[^nC_4H_9]^+$ 和叔碳正离子 $[^tC_4H_9]^+$，后者的叔碳正离子丰度明显强于前者的伯碳正离子。

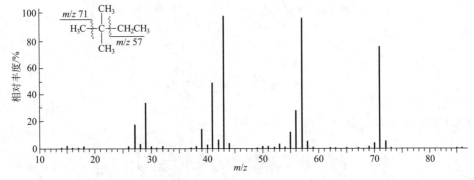

图 2-24　2,2-二甲基丁烷的质谱图

环烷烃的分子离子丰度比对应的直链烷烃大，烷基侧链容易丢失而生成稳定的丰度较大的仲碳离子。裂解往往可断裂两根以上的键且伴随氢原子重排而较复杂，在低质量端有典型的 $C_nH_{2n-1}^+$ 系列。

利用质谱数据首先是要得到分子式，其次利用不同类型的碎片离子及中性碎片信息再解析其可能的结构。图 2-25 是某未知烷烃的质谱图，高质量端丰度很小的 m/z 114 可能是分子离子，因为它与最靠近它的 m/z 99 和 71 碎片离子之间分别有一个合理的中性丢失 15 和 43。但 m/z 114 的离子丰度太小，无法用同位素丰度法计算它的元素组成。在图中还可看到一系列具有 $[C_nH_{2n+1}]^+$ 通式的间隔 14（即 CH_2 结构单元）的 m/z 29、43、57、…离子系列。除此以外几乎没有杂峰，合乎烷烃的碎裂模式，可以初步判定其为辛烷。另外可发现 m/z 71、99 的相对丰度较大，由此判断其为支链烷烃的可能性较大。

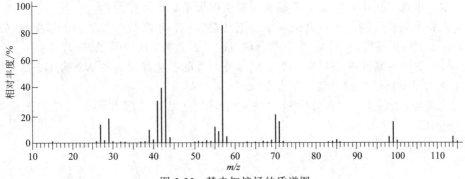

图 2-25　某未知烷烃的质谱图

设该烷烃的结构为 RCHR'R"，分子离子分别丢失 R、R'、R"生成 m/z 43、57、99 等几个丰度较大的碎片离子。从相对分子质量可计算出 R＝C_5H_{11}（m/z 71）、R'＝C_4H_9（m/z 57）、R"＝CH_3（m/z 15）。由此可基本判定该化合物为 2-甲基庚烷，其碎裂途径如图 2-26 所示。

质谱所需样品量是 4 个波谱解析中最少的，仅数毫克即可。提交**质谱报告**时，除了应要求而需附上谱图外，通常只要给出分子离子峰、基峰和其他几个相对丰度较大或对结构解析有重要意义的碎片峰的 m/z 数值，并以小括号给出相对丰度。如 2-甲基庚烷的质谱分析报告为：MS 114（M$^+$，3），99（18），71（24），57（93），43（100），29（19）。

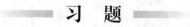

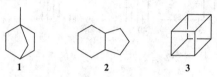

图 2-26 2-甲基庚烷在质谱仪上的碎裂途径

习 题

2-1 命名下列三个多环化合物：

1 **2** **3**

2-2 画出：

（1）2-甲基丁烷以 C(2)—C(3)σ 键为轴旋转的几个极端构象的 Newman 投影式并比较它们的稳定性大小。[重叠式 CH$_3$—C—C—CH$_3$、CH$_3$—C—C—H 和 H—C—C—H 的扭转（张力）能各为 14.6kJ/mol、5.3kJ/mol 和 4.0kJ/mol，邻位和间位交叉式中 CH$_3$—C—C—CH$_3$ 的扭转能各为 11.0kJ/mol 和 3.8kJ/mol]

（2）1,2-二溴乙烷的几个极端构象的 Newman 投影式及绕 C—C σ 键旋转的能量曲线图，理论上何者最稳定？它的偶极矩实测值为 3.336×10^{-30}C·m，从中可以看出什么？

（3）一些 β-取代乙醇 RCH$_2$CH$_2$OH（R＝F、OH、NH$_2$）的邻位交叉构象式，它们为什么是稳定的？

2-3 解释：

（1）水、甲烷、正辛烷、正十六烷的相对密度大小。

（2）水和下列化合物的沸点高低顺序：正己烷（**1**）、正辛烷（**2**）、3-甲基庚烷（**3**）、正戊烷（**4**）、2,3-二甲基戊烷（**5**）、2-甲基己烷（**6**）、2,2,3,3-四甲基丁烷（**7**）。

（3）顺-1,2-二甲基环丙烷与反-1,2-二甲基环丙烷的燃烧热哪个更大？顺-1,3-二甲基环己烷与反-1,3-二甲基环己烷的燃烧热何者更大？

（4）乙醛与环氧乙烷的热力学稳定性何者更大（已知乙醛和环氧乙烷的燃烧热各为 −1164kJ/mol 和 −1264kJ/mol）？

（5）有机过氧化物（R—O—O—R）与偶氮化合物（RN═NR）常可用作自由基反应的引发剂。

2-4 指出：

（1）顺-1-甲基-4-叔丁基环己烷（**1**）的两个椅式构象及每个构象式中甲基与叔丁基的向位。

（2）根据椅式构象分析顺-1-甲基-2-氯环己烷（**2**）与反-1-甲基-2-氯环己烷（**3**）何者稳定，顺-1,2,3-三甲基环己烷（**4**）与反-2,6-二甲基-1-甲基环己烷（**5**）何者稳定，为什么？

（3）化合物 **6**～**10** 最稳定的构象和取代基的向位。

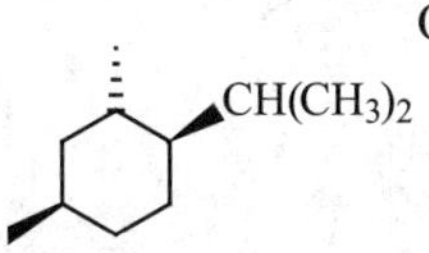

6 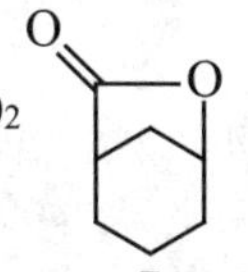　　　7 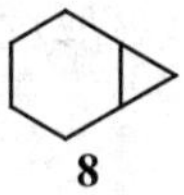　　　8　　　H 9 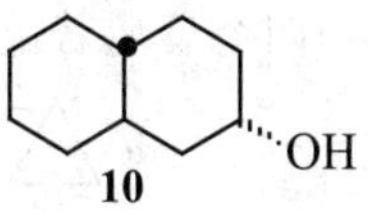　　　10

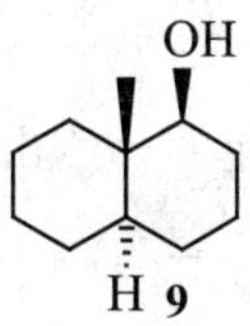

（4）L-海藻糖（**11a**）的结构如下图所示，其每个碳原子上的取代基在平面构象（**11b**）或椅式构象（**11c**）中的空间向位。

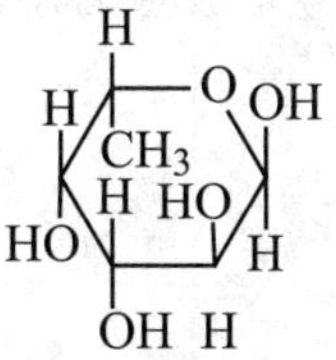

11a 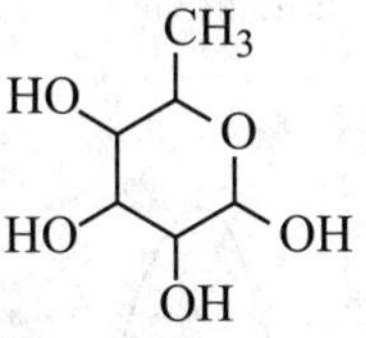　　　　　**11b** 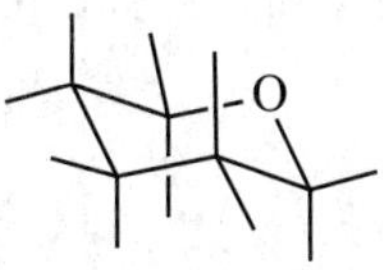　　　　　**11c**

（5）顺-2-叔丁基环己醇与反-2-叔丁基环己醇发生氧化反应的速率何者更快？已知环己烷上的 a 键羟基氧化为羰基的速率比 e 键羟基的快。

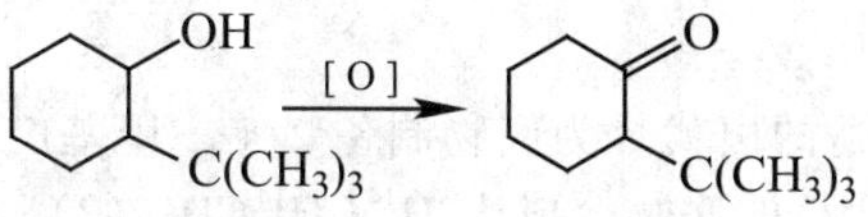

（6）环己烷稠合的两个三环化合物 **12** 和 **13** 的稳定的构象式。

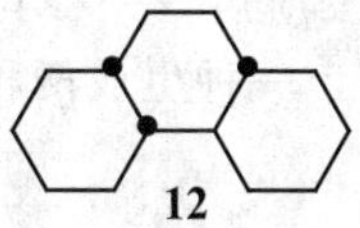

12 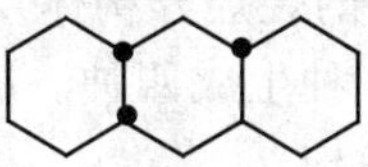　　　　　　　**13**

2-5　卤代反应的问题：

（1）螺戊烷（**1**）在光照条件下与氯气反应是制备氯代螺戊烷（**2**）的有效方法。写出反应历程并解释为什么氯化是制备这一化合物的有用方法。

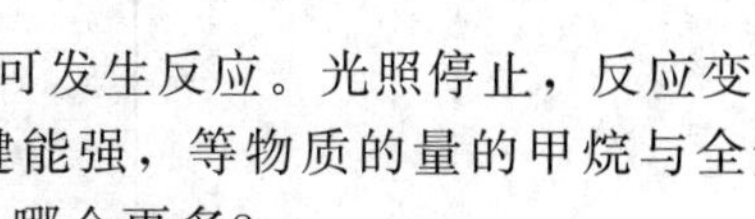

（2）环己烷的自由基单氯代反应只生成一个产物，己烷的自由基单氯代反应生成多个混合物产物。

（3）等物质的量的甲烷和乙烷混合物在光照下进行一氯代反应，得到 CH_3Cl 和 C_2H_5Cl 的比例为 1：400。

（4）甲烷与氯在光照下即可发生反应。光照停止，反应变慢但并未立刻停止。

（5）C—D 键能比 C—H 键能强，等物质的量的甲烷与全氘甲烷（CD_4）混合进行一氯代反应，得到 CH_3Cl 和 CD_3Cl 哪个更多？

（6）正丁烷和异丁烷各在 130℃下发生一溴代反应时得到的异构体及它们的相对定量比例。已知叔、仲、伯三种氢原子在该反应条件下的相对活性之比为 1600：82：1。

（7）纯净的甲醛（HCHO）常以三分子聚合物（$C_3H_6O_3$）的形式存在，后者没有羰基结构，发生单氯代反应时只生成一个产物。给出该三分子聚合物的结构。

（8）为何碘也是烷烃自由基氯代反应中的抑制剂？一些共价单键的键能（$\triangle_D H_m$，kJ/mol，25℃）为：I—I（152），I—Cl（212）。

（9）碘原子较大，但在碘代环己烷中碘原子占有 e 键/a 键向位的比例比氯代或溴代环己烷的都小。

（10）下列四个反应若能发生的，给出其反应产物。

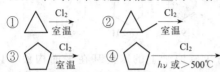

2-6 下列反应进程-能量曲线图中反映出反应是一步还是两步完成的？若是两步，哪一步是决速步？各步反应的活化能和整个反应的能量如何标记？反应是吸热的还是放热的？指出底物、过渡态、中间体和产物所在位置。

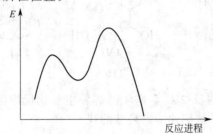

2-7 完成下列三个合成：

（1）利用铜锂试剂以合适的卤代烃为底物制备 2,4-二甲基戊烷（**1**）。

（2）以 $^{14}CH_3I$ 为唯一含 ^{14}C 的底物合成 $^{14}CH_3^{14}CH_2^{14}CH_3$（**2**）。

（3）以合适的烯烃与卡宾为底物和试剂合成 1,2-二甲基环丙烷（**3**）。

2-8 相对分子质量均为 72 的烷烃异构体发生氯代反应后，一种只生成一种一氯代产物，一种生成三种一氯代产物，一种生成四种一氯代产物，一种生成两种二氯代产物。据此给出符合反应结果的各种烷烃的结构。

2-9 质谱解析：

（1）写出分子离子峰的 m/z 值分别为 86、110、146 的烃类化合物的分子式。

（2）正辛烷分子离子峰的 m/z 值是多少？该化合物的分子离子峰和基峰与其同分异构体 3,4-二甲基己烷或 2,2,3,3-四甲基丁烷有何区别？

（3）根据给出的质谱数据，用同位素丰度法给出下列两个分子的元素组成。

1：78（M^+，100），79（6.8）；**2**：129（M^+，100），130（10）。

（4）高分辨质谱测得某化合物分子离子的精确质量为 98.0724。C_7H_{14}、$C_5H_{10}N_2$、$C_5H_6O_2$ 和 $C_6H_{10}O$ 四种可能的元素组成中哪个是该化合物的分子式？

（5）解析如下图所示某环烷烃的质谱，给出其结构式。

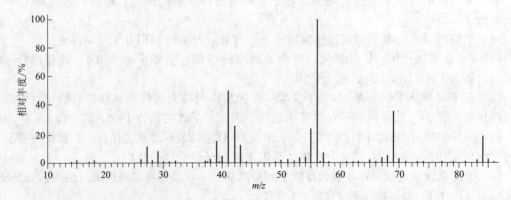

3 烯　烃

烯烃（alkene）是一类含有碳碳双键（C═C）的碳氢化合物，开链单烯烃的通式为 C_nH_{2n}，比同数碳原子的开链烷烃少两个氢原子。许多天然产物含有碳碳双键并有重要的生理作用，如，最简单的乙烯是植物生长过程中自然散发出的一种诱导植物进入成熟期的激素，遏制乙烯的产生可让水果保鲜，接受乙烯则能催熟，但乙烯对动物和人都没有作用。

3.1　结构和异构

碳碳双键是烯烃分子的官能团，烯烃化合物的形状和性质均与双键有关。

3.1.1　C(sp²) 的构型和碳碳双键

如图 3-1 所示，根据杂化理论（参见 1.1.3），烯烃中碳原子的电子构型 $2s^1 2p_x^1 2p_y^1 2p_z^1$ 中的一个 2s 轨道和两个 p 轨道杂化形成三个形状与 sp³ 杂化轨道相似的 sp² 杂化轨道，只是因 s 成分更多而使整个轨道形状更粗胖且两端大小的差异更大一些。三个 sp² 杂化轨道处在同一平面上且对称地分布在碳原子周围，互成 120°（乙烯中∠HCC 和∠HCH 各为 121.6°和 118.8°）。如此，乙烯分子中两个碳原子各以两个 sp² 杂化轨道和两个氢原子的 1s 电子轨道重叠形成四根 C(sp²)—H(s) σ 键，相互之间又各以另一个 sp² 杂化轨道重叠形成一根 C(sp²)—C(sp²) σ 键。两个碳原子还各有 1 个电子位于未参与杂化的 2p 轨道上，它们侧面平行排列并实现最大限度重叠而形成 π 键（参见 1.3.1），在 σ 键的上方和下方形成 π 电子云，故双键上有 4 个电子。结构式中用两条相同短线表示双键，但这两根短线的含义不同，各代表一根 σ 键和一根 π 键。

与碳碳 σ 单键相较，两个碳原子之间在一根 σ 键基础上增加了一根 π 键，使原子核对电子的吸引力增强，两个碳原子靠得更近，故双键键长比单键键长短。乙烯分子中 C═C 键键长 0.133nm，C—H 键键长 0.108nm。碳碳双键的键能为 610kJ/mol，单键 σ 键的键能为 350kJ/mol，故 π 键的键能为 260kJ/mol。也反映出两个 p 轨道平行重叠形成的 π 键不如轨道头-头重叠形成的 σ 键有效，双键不是两根单键简单的加和。

3.1.2　不饱和数

分子中不饱和键和环结构的存在状况可用**不饱和数**（unsaturated number，U）表达，相当于分子中的 π 键和环的数目之和，是一个非常有用的确定有机分子结构的信息参数。有 C

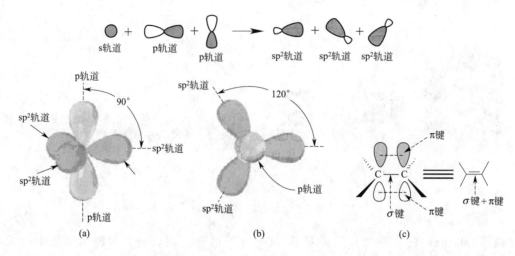

图 3-1 碳 sp^2 杂化轨道的形成及其侧面观（a）、上面观（b）和碳碳双键的结构（c）

个碳原子的分子中氢原子数最多可有 $2C+2$ 个，存在一根 π 键或一个环使氢原子数减少 2 个，故不饱和数（U）对烃而言可由最大可能值的氢原子数（C）和现有氢原子数（H）之差的一半来得到，如式（3-1）所示。

$$U=[(2C+2)-H]/2 \tag{3-1}$$

如，乙烯和苯（C_6H_6）的不饱和数分别算得为 1 和 4。分子式为 C_6H_{10} 的某烃的不饱和数为 2，它可能含有 2 根 π 键或 2 个环或一根 π 键和一个环。杂原子中的氧原子对不饱和数没有影响，每存在一个卤原子就要减去一个氢原子才能平衡，分子式为 $C_n(HX)_{2n+2}$。故有 X 个卤原子的不饱和数如式（3-2）所示。

$$U=[(2C+2)-(H+X)]/2 \tag{3-2}$$

每存在一个氮原子将随之多一个氢原子，分子式为 $C_nH_{2n+3}N$。故最大可能值的氢原子数为 $2C+3$。有 X 个卤原子和 N 个氮原子的分子的不饱和数如式（3-3）所示。

$$U=[(2C+2+N)-(X+H)]/2 \tag{3-3}$$

3.1.3 顺/反异构

π 键若如 σ 键那样围绕碳碳双键旋转会影响 p 轨道的平行重叠。旋转角度愈大 p 轨道的重叠程度愈小，分子的内能随之上升；旋转角达到 90° 时，两个 p 轨道互相垂直而不再有任何重叠，π 键也就完全断裂了，如图 3-2 所示。故双键碳原子若连有两个不同的取代基，每个取代基相对于另一个双键碳原子上的取代基就有同侧或异侧的两种排列关系，称**双键的顺/反异构**❶。具有 $_{ab}C{=}C_{cd}$ 或 $_{ab}C{=}C_{ac}$ 或 $_{ab}C{=}C_{ab}$ 等结构的双键都有顺/反异构体，一个双键碳原子带有两个相同的取代基，如 $_{aa}C{=}C_{cd}$ 就没有双键的顺/反异构现象。通常将主碳链在双键同侧的称顺式（cis-）的，在双键异侧的称反式（$trans$-）的，如顺式烯烃（**1**）和反式烯烃（**2**）。

碳碳双键是最常见的双键顺/反异构，其他原子形成的双键有不对称取代时也有顺/反异构现象。含氮分子中氮原子上的孤对电子相当于一个虚基团，故肟类化合物（**3**）和偶氮类化合物（**4**）都有顺/反异构现象。

---

❶ 双键的顺/反异构因有不同的形状而在一些文献中亦称**几何异构**。但任何异构都可归于几何异构，故几何异构一词现已建议不再使用。

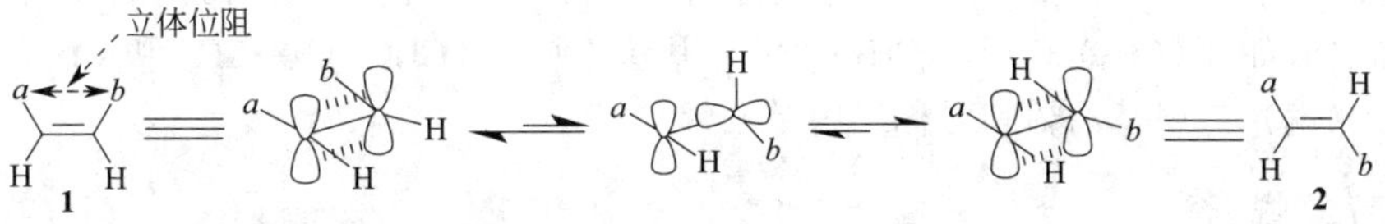

立体位阻

图 3-2　碳碳双键在烯烃顺/反异构化过程中沿轴旋转发生断裂

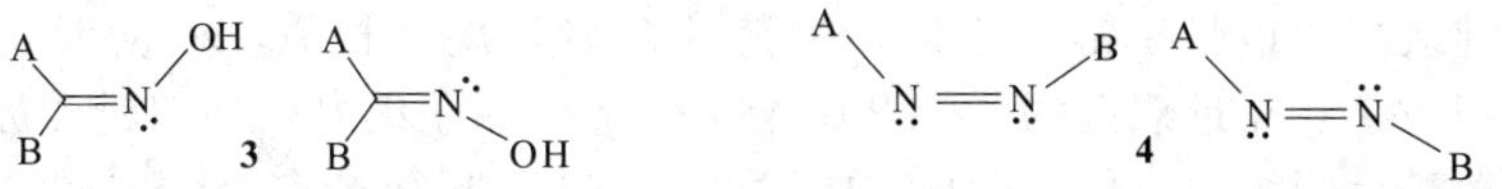

双键的顺/反异构是与构象异构不同的一种立体异构，顺/反两个异构体都是实际独立存在的，性质也完全不同（参见 3.3）。如，反-丁烯二酸（fumaric acid，**5**，熔点 287℃）是动植物的代谢产物，顺-丁烯二酸（maleic acid，**6**，熔点 138℃）则是有毒的且对生物体组织有害。顺/反异构体的转化只有使 π 键断裂才能实现，需在光照、高温或酸等化学试剂作用下才有可能。转化反应中 π 键断裂后两个键连原子即可围绕 σ 键旋转，再重组 π 键后完成顺/反异构化。如图 3-3 所示，**5** 和 **6** 可在强质子酸催化下相互转化并达到平衡组成：

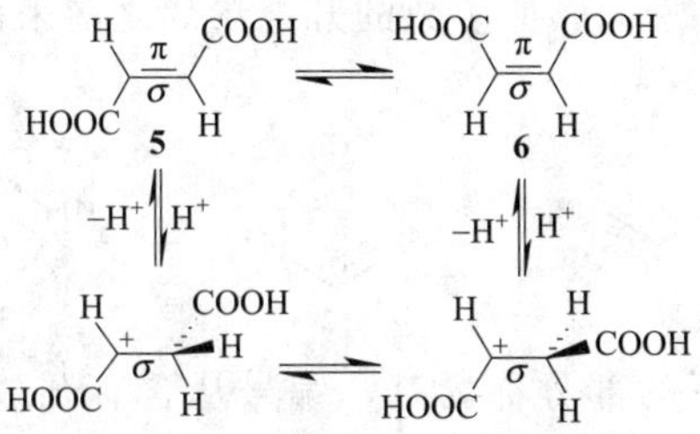

图 3-3　顺-丁烯二烯（**5**）和反-丁烯二烯（**6**）在质子酸催化下发生互变异构

3.1.4　异构体的稳定性

烯烃同分异构体的稳定性通常随着双键碳上取代基数目的增多而增大，这与取代基上 α-C—H 键与双键之间存在的超共轭效应有关（参见 1.3.7）；反式异构体（**2**）通常比顺式（**1**）的稳定，因两个体积较氢大的取代基位于双键同侧会有立体位阻效应，存在范氏斥力（参见 1.5）使分子的内能相对较高；取代基愈大立体位阻效应的影响愈大。如，顺-1,2-二叔丁基乙烯的燃烧热为 6634kJ/mol，比反式异构体大 44kJ/mol，差值大于两种丁-2-烯异构体间的差值（10kJ/mol）。烯烃同分异构体的燃烧热数据较大而差值较小，比较数据较小、更为可靠的烯烃氢化还原为烷烃时放出的**氢化热数据**〔四、三、*trans*-二、偏二、*cis*-二、单取代双键的氢化热分别为 111kJ/mol、113kJ/mol、116kJ/mol、118kJ/mol、120kJ/mol、126kJ/mol，乙烯最大（137kJ/mol）〕也同样得出烯烃同分异构体的热力学稳定性次序为：$R_2C{=}CR_2 > RHC{=}CR_2 > $ 反-$RHC{=}CRH > R_2C{=}CH_2 > $ 顺-$RHC{=}CRH > RHC{=}CH_2 > H_2C{=}CH_2$。

3.2　命　名

烯烃的命名（参见 1.8）因带有双键官能团而较烷烃复杂。双键官能团上除顺/反异构外还因其在主链中的位置不同而有称**双键异构**的同分异构现象。根据两个双键碳原子上所连的取代基团数可分为单、二、三、四取代烯烃；双键上取代基较多或较少的烯烃各称 **Zaitsef 烯**

烃或 **Hofmann 烯烃**(参见 7.5.1)。简单烯烃可用以烯烃为母体的官能团命名法或用乙烯衍生物的形式来命名。如，$(CH_3)_2C=C(CH_3)_2$ 称四甲基乙烯，$(CH_3)_2C=CH_2$ 和 $CH_3HC=CHCH_3$ 各称不对称（偏）二甲基乙烯和对称二甲基乙烯。

3.2.1 简单烯烃

系统命名法命名烯烃化合物的规则如下：

（1）含双键最多的最长碳链为主链，主链的命名与烷烃相似，根据碳原子数命名为乙烯、丙烯……用数字从靠近双键的一端开始给主碳链碳原子编号，使双键碳原子的编号较小并将位次编号置于后缀烯前，如，$CH_3(CH_2)_8CH=CHCH_3$ 可命名为十二碳-2-烯。“1”字在俗称时常可省略，如戊烯即指戊-1-烯。1-烯烃又称**端基烯烃**，非终端烯烃称**链内烯烃**。

（2）取代基的处理如同烷烃；IUPAC 的新规则提议将标记原子和基团的位次数字一律置于后缀烯、炔前。如，已-2-烯而非 2-已烯；**1** 中最长的碳链有六个碳原子，C(2)、C(3) 间有烯键，C(2)、C(4) 上有两个甲基，该化合物可命名为 2,4-二甲基已-2-烯。多双键化合物可命名为**二（双）烯**(diene)、**三烯**(triene)、**四烯**(tetraene) 等。如，已-1,5-二烯（$CH_2=CHCH_2CH_2CH=CH_2$）。

（3）环烯烃加字头“环”于同碳原子数的开链烯烃之前来命名，如，5-甲基环已-1,3-二烯（**2**）和 3,4-二氯环戊-1-烯（**3**）。

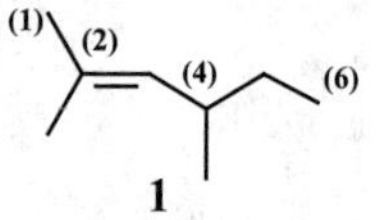

1

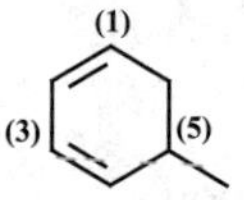

2

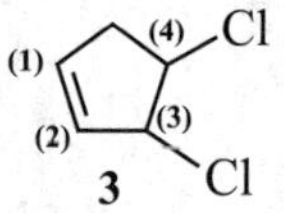

3

烯烃去掉一个氢原子余下的部分称烯基，编号从含有开放键的碳原子开始，如乙烯基（**4**）和甲基乙烯基（异丙烯基，**5**）。要注意**丙烯基**(propenyl，**6**）和**烯丙基**(allyl，**7**）这两个常见结构的差异：

$H_2C=CH-$ (**4**)　$H_2C=C(CH_3)-$ (**5**)　$\overset{(3)}{C}H_3HC=\overset{(1)}{C}H-$ (**6**)　$\overset{(3)}{C}H_2=CH-\overset{(1)}{C}H_2-$ (**7**)

两个单键连在同一原子中的基称为**亚基**，是由一个分子形式上消除两个单价或一个双价的原子（团）而形成的。如亚甲基（**8**）、亚乙基（**9**）、亚异丙基（**10**）和 2-亚环戊基环戊酮（**11**）、亚环已-3-烯基乙酸（**12**）：

$H_2C=$ (**8**)　$CH_3-CH=$ (**9**)　$(CH_3)_2C=$ (**10**)

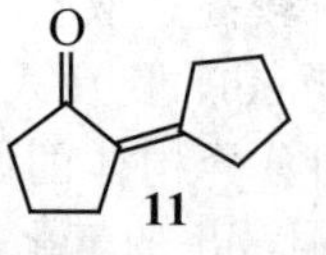

11

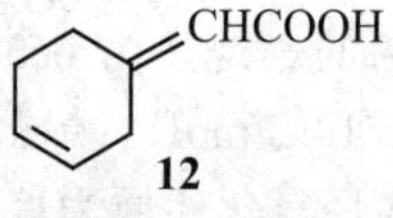

12

如图 3-4 所示，希腊字母与阿拉伯数字一样也常用于分子中的链、环和取代基或特性基团在母体结构中的位次编号。与官能团相连的碳原子称 α-碳，与 α-碳原子相连的氢原子称 α-氢原子，其他碳原子根据其与 α-碳原子相连的位次再以 β、γ、…依次命名，离 α-碳最远的称 ω-碳原子。

$$\underset{\omega}{C}-C_n-\underset{\gamma}{C}-\underset{\beta}{C}-\underset{\alpha}{C}-\underset{\text{官能团}}{C=C}$$

图 3-4 有机分子主链上碳原子的希腊字母编号

3.2.2 *Z/E* 和 CIP 规则

适于双键每个碳原子均有一个氢原子或相同原子（团）的顺/反命名对三或四取代烯烃

是有问题的。对 $_{ab}C$═C_{cd} 这样的分子需根据**次序规则**（sequence rule，**CIP 规则**）来定：4 个取代基中 a 和 c 若分别比 b 和 d 优先，a 和 c 位于两个双键碳原子同侧的称 **Z**-式（德文 zusammen，为"在一起"之意），位于两侧的称 **E**-式（德文 entgegen，为"相反"之意）。如 **13** 和 **14** 所示；顺-丁-2-烯（**15**）为 Z-式，反-丁-2-烯（**16**）为 E-式。

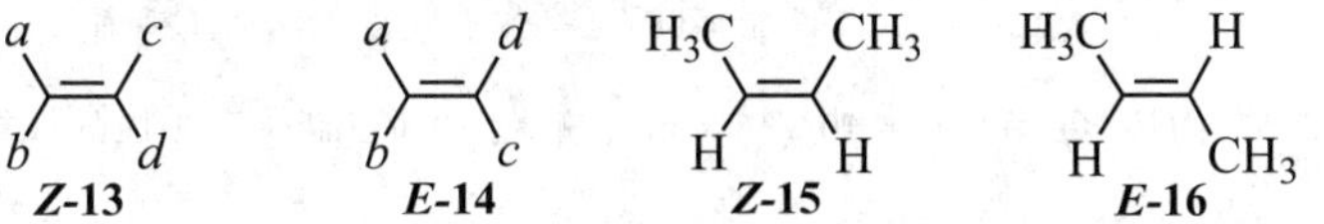

由 **Cahn**、**Ingold** 和 **Prelog** 等于 1956 年提出的决定取代基团**优先大小**（或称**优先高低**）的次序规则有如下一些细则：①比较原子序数，原子序数大的优先度也大。②第一个原子相同的再逐次比较后面键连的原子。如，C_2H_5 比 CH_3 优先，CH_2Cl 比 CHO 优先。要注意，按此规则相对质量大的基团有可能比相对质量小的基团的优先度小，如，异丙基—$CH(CH_3)_2$ 比异丁基—$CH_2CH(CH_3)_2$ 优先。③重键视为多次与同一原子的结合，芳环可按 Kekule 结构（如，苯用环己-1,3,5-三烯表达，参见 6.1）处理。如，CHO 是碳和氧的二次相连，比 CH_2OH 优先。比较一下异丙基和乙烯基，对 $C(1)$ 而言，两者的优先次序相同，都是 C、C、H；对 $C(2)$ 而言，异丙基是 C、H、H、H，乙烯基是 C、C、H、H，不饱和基团往往是优先的。④同位素较重的原子优先，如，D 比 H 优先；⑤立体异构基团中的 Z-、cis-和 R-分别比 E-、trans-和 S-优先（R/S 的含义参见 4.8.1）。

Z/E 词头的命名与顺/反词头的命名规则不同，Z 不等于顺式，E 不等于反式。顺/反异构体应该尽量用不致引起误解的 Z/E 命名方法，在不致混淆的情况下才可用顺/反词头。如，**17** 是 Z-2-溴丁-2-烯、**18** 是 E-2-溴丁-2-烯，**19** 是顺/反构型不定的或顺/反都有的戊-2-烯。

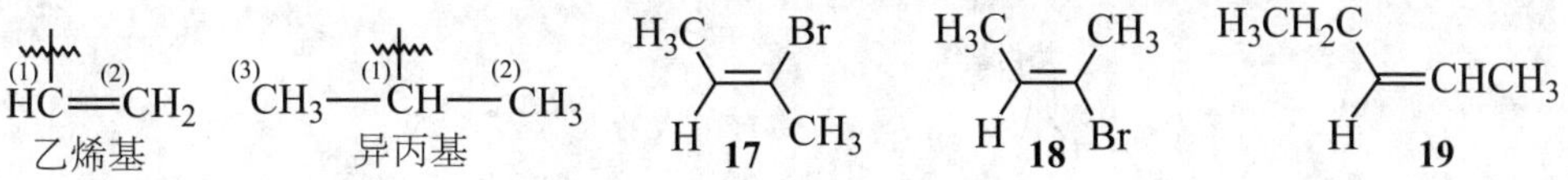

3.3 物理性质

烯烃分子间也只有很弱的范氏作用力，其物理性质与烷烃相似。$C_2 \sim C_4$ 的烯烃是气体，$C_5 \sim C_{18}$ 的为液体，$\geqslant C_{19}$ 的高级烯烃为固体。烯烃的相对密度接近饱和烃，因 π 电子云易极化，折射率及在非极性溶剂中的溶解度都比同碳烷烃的大。烯烃的水溶性略大于烷烃，能以 π 键与某些金属离子配位结合后生成一些水溶性的有机配合物。异构体中链间烯烃的沸点和熔点比终端烯烃高；终端烯烃的沸点略低于相应的烷烃。顺式烯烃分子间有相对较强的偶极-偶极吸引力，极性和沸点均比反式异构体的大。如，顺-丁-2-烯、反-丁-2-烯的沸点各为 3.7℃ 和 0.9℃。顺式异构体的对称性较低，堆积及在晶格中的排列不如反式异构体紧密，故熔点较反式异构体低。如，顺-丁烯二酸二甲酯和反-丁烯二酸二甲酯的沸点各为 225℃ 和 214℃，熔点则各为 -9℃ 和 1℃。由于取代基的体积、电子因素和相互作用力的综合效应，顺/反异构体的这些物理性质的差异倾向并非一直相同。

sp^2 杂化轨道中的 s 成分较 sp^3 多，电子更靠近原子核，$C(sp^2)$ 比 $C(sp^3)$ 有更多的吸电子性质，$C(sp^2)$—H 的酸性也比 $C(sp^3)$—H 的酸性强得多。如图 3-5 所示，$C(sp^2)$—$C(sp^3)$ 有极性，加上 π 电子云较大的流动性，使烯烃较烷烃更易极化成有偶极矩的分子；顺/反异构的两个烯烃分子中，反式的极性和偶极矩都很小或接近零，顺式的可有相对较大的极性和偶极矩。如，顺-丁-2-烯的偶极矩为 $1.10 \times 10^{-30} C \cdot m$，反-丁-2-烯的偶极矩为零。

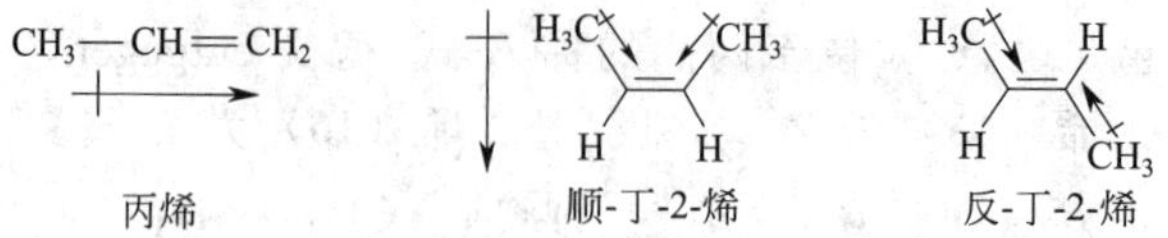

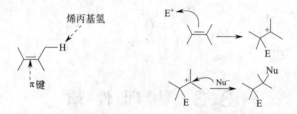

图 3-5 丙烯（$\mu = 1.17 \times 10^{-30}$ C·m）、顺-丁-2-烯和反-丁-2-烯的偶极矩

3.4 化学反应点和亲电加成反应

碳碳双键是烯烃的官能团并决定了烯烃的化学性质，同时对 α-H 键亦有很强的活化作用。形成 π 键的 2 个电子可以和其他原子再成键而发生氧化、还原、加成、聚合或移位等反应。π 电子是有亲核性的 Lewis 碱，与其反应的缺电子化合物（Lewis 酸）为寻求电子对而来，故烯烃的绝大部分加成反应可称**亲电加成反应**，反应结果是一根 π 键打开转变为两根 σ 键，两个碳原子上各引入一个新的原子（团）并保持分子骨架不变。如图 3-6 所示，亲电加成反应是两步过程：第一步亲电组分加到双键碳上，双键打开并使另一个双键碳成为三配位的碳正离子，这是一步慢的决速步；第二步亲核组分迅速与该碳正离子结合而完成反应。双键碳上连有供或吸电子基团使亲电加成反应的活性有所增强或下降。如，四甲基乙烯的亲电加成活性大于乙烯；三氟乙烯的反应活性远不如乙烯。

图 3-6 烯烃的化学反应点和亲电加成的两步反应

3.4.1 与卤化氢的反应及马氏规则

烯烃与卤化氢加成得到一卤代物，如图 3-7 所示。卤化氢的反应活性为 HI ＞ HBr ＞ HCl ＞ HF。供质子能力最大的 HI 是卤化氢中最强的酸，与烯烃进行亲电加成反应的速率也最大：

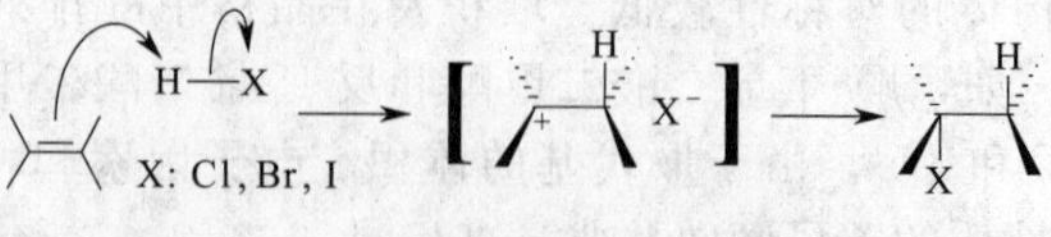

图 3-7 烯烃与卤化氢加成的两步反应

反应一般在中等极性的兼溶烯烃和 HX 的无水溶剂中进行。烯烃的亲电加成反应与烷烃的自由基卤代反应一样，也是位置选择性的反应：若双键两个碳原子上的取代基不同，亲电试剂进行加成反应时有两种取向而生成两种产量和结构均不同的产物。19 世纪 70 年代，**Markovnikov** 指出：不对称烯烃上的双键与卤化氢一类试物加成时，氢总是加到含氢较多的

碳原子上，卤素或其他原子（团）加到含氢较少的碳原子上，主要产物是多取代卤代烷，称**"马氏规则"**。这是一条总结了大量实验事实得出的经验规则。如图3-8所示，丙烯与氯化氢发生加成反应的主要产物是多取代卤代烷 2-氯丙烷（**2**）而非少取代卤代烷 1-氯丙烷（**4**）；甲基环戊烯与 HCl 反应，基本只得到 1-甲基-1-氯环戊烷（**6**），几乎没有反马氏规则的产物 1-甲基-2-氯环戊烷（**8**）。如 **2** 和 **6** 那样的产物亦称**马氏产物**，如 **4** 和 **8** 那样的产物则称**反马氏产物**。

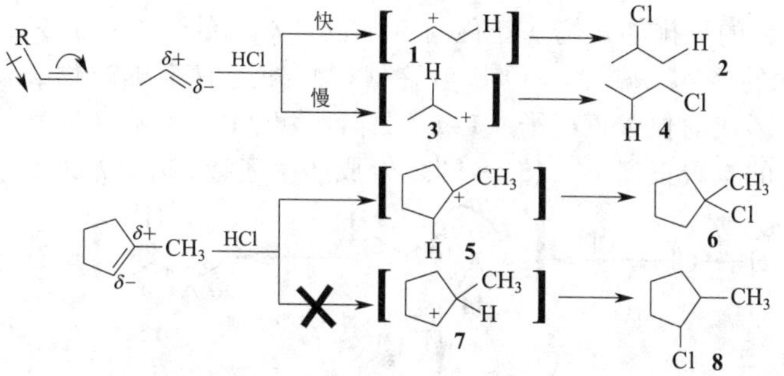

图 3-8　烯烃与氯化氢发生的加成反应

从机理可以看出，马氏规则的本质在于氢原子优先加到能形成更稳定碳正离子的那个双键碳原子上而不是表面上看到的加到含氢较多的双键碳原子上。多取代碳原子上烷基取代基比氢原子大的供电子效应使 π 电子云极化：带部分负电荷的少取代碳原子（氢原子取代多）更易接受质子进攻。形成碳正离子的这第一步吸热反应（H—X 键断裂吸收的热量比 C—H 键生成放出的热量大）是决速步，反应过渡态的结构更接近碳正离子的结构（参见 1.10.4）。碳正离子的稳定性次序是叔基＞仲基＞伯基＞甲基碳正离子（参见 3.4.2）。碳正离子愈稳定的反应活化自由能（$\Delta G^{\ddagger}$）愈小，反应愈快。仲碳正离子（**1**）比伯碳正离子（**3**）稳定而易于生成，叔碳正离子（**5**）的生成速率远大于仲碳正离子（**7**），以至于后者几无产生的机会。第二步，高度亲电的碳正离子中间体快速与高度亲核的负性部分（$X^{\delta-}$）结合而完成反应。

3.4.2　碳正离子的稳定性及其重排

碳正离子中是形式电荷为 +1 的活泼中间体，只有六个价电子的碳原子取 sp^2 杂化，有一个空的 p 轨道。根据所连烷基的多少可分为稳定性由低到高的 4 类：甲基碳正离子（H_3C^+）、伯碳正离子（RH_2C^+）、仲碳正离子（R_2HC^+）和叔碳正离子（R_3C^+）。正电荷密度小或能得到分散的碳正离子的稳定性自然就大，这可通过三方面的效应来实现：烷基的供电子诱导效应；体积大（带更多烷基取代基）和 β-C—H 键的超共轭效应（参见 1.3.7）。稳定性相对最大的叔丁基上的取代基最多、体积最大、参与超共轭的 β-C—H 键最多，甲基碳正离子最不稳定也最不易产生。需强调指出，这里讨论的各类碳正离子的稳定性是相对性的比较。实际上碳正离子都是热力学不稳定的，所谓最稳定的叔碳正离子也是极难分离而不能独立存在的。

3-甲基丁-1-烯与氯化氢加成除了有正常的产物 2-氯-3-甲基丁烷（**9**）外，还有少量重排产物 2-氯-2-甲基丁烷（**10**）和底物的异构体 2-甲基丁-2-烯（**11**）生成。**10** 中的氯连到了底物非双键的碳原子上，故可判定反应中发生了重排：第一步形成的仲碳正离子（**12**）因发生**1,2-负氢**（带着一对电子的 β-H）**迁移**而重排为更稳定的叔碳正离子（**13**）后随之生成 **10**，这样的重排在热力学上是有利的。碳正离子也是一个较强的质子酸，β-C 因受诱导效应影响而带有部分正电荷，β-H 易成质子而离去。如，从 **13** 可生成 **11**。

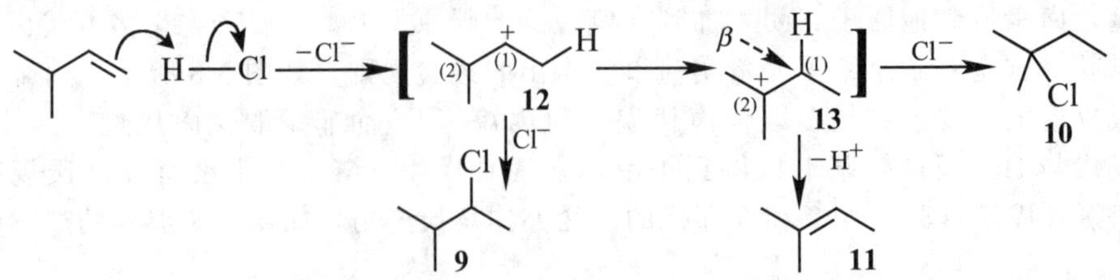

反应生成的碳正离子中间体只要能转化为相对更稳定的结构就可能发生重排（参见8.3.2）。除负氢迁移的重排外，烷基迁移的重排也是常见的。如，3,3-二甲基丁-1-烯与氯化氢加成除了有正常的产物 2-氯-3,3-甲基丁烷（**17**）外还有重排产物 2-氯-2-甲基丁烷（**16**）生成。反应第一步形成的仲碳正离子（**14**）同样因发生 1,2-甲基（带着一对电子的甲基）迁移而重排为更稳定的叔碳正离子（**15**），随之生成产率还远高于 **17** 的 **16**。

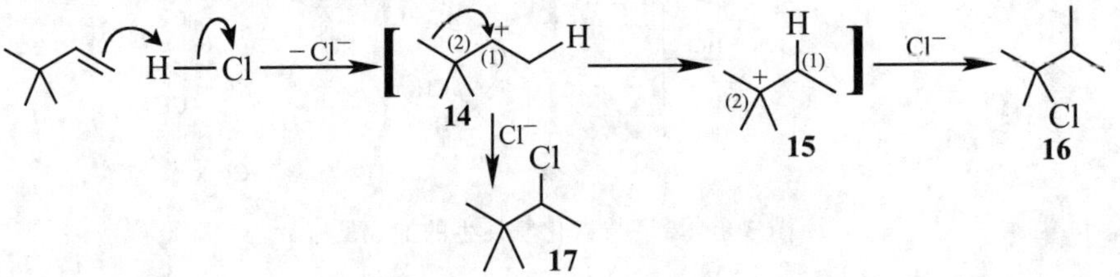

碳正离子的重排在有机反应中是极为常见的，造成反应的结果往往是各种产物的混合物。从本质上看，这类重排也是酸碱反应：缺电子的碳正离子是 Lewis 酸，一对成键电子也就是 Lewis 碱，Lewis 酸碱反应后生成热力学更稳定的产物。

3.4.3 酸参与的水合反应

单取代或 1,2-二取代烯烃与浓硫酸反应生成**烷基硫酸单酯**（**18**）后水解为醇。烷基硫酸氢酯可溶于硫酸，因此可以用浓硫酸除去混杂在烷烃中的烯烃。该反应也服从马氏规则，乙烯反应后生成乙醇，其他烯烃反应后主要生成仲醇或叔醇。

烯烃与水混合是没有反应的，需在高温、高压和中等浓度的硫酸、磷酸等强酸催化下进行，称**水合反应**（hydration）。水合反应是醇脱水制备烯烃的逆反应，体系中存在过量的水有利于醇的生成。

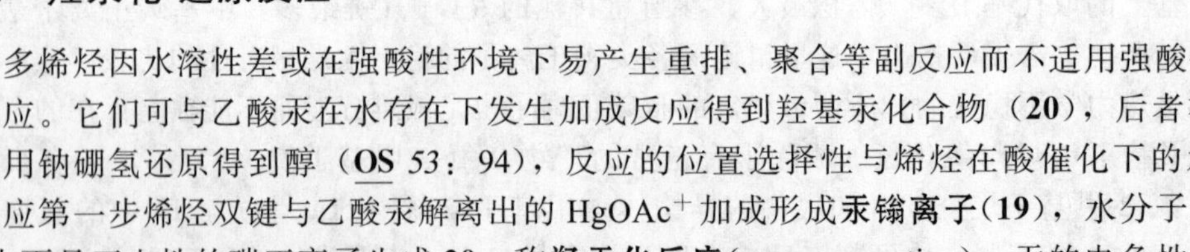

3.4.4 羟汞化-还原反应

许多烯烃因水溶性差或在强酸性环境下易产生重排、聚合等副反应而不适用强酸催化的水合反应。它们可与乙酸汞在水存在下发生加成反应得到羟基汞化合物（**20**），后者在碱性条件下用钠硼氢还原得到醇（OS *53*：94），反应的位置选择性与烯烃在酸催化下的水合相同。反应第一步烯烃双键与乙酸汞解离出的 HgOAc⁺ 加成形成**汞鎓离子**（**19**），水分子亲核进攻 **19** 中更具正电性的碳正离子生成 **20**，称**羟汞化反应**（oxymercuration）。汞的电负性（1.9）与碳相差不大，故 HgOAc 需用 NaBH₄ 还原而不像许多金属有机化合物可直接酸性水解。汞化合物有毒是其一大不足，但羟汞化反应有几个优点而非常适于实验室使用：它有高度符合马氏规则的位置选择性；无需酸性环境；反应过程中无碳正离子中间体，故无重排副反应且反应速率大。

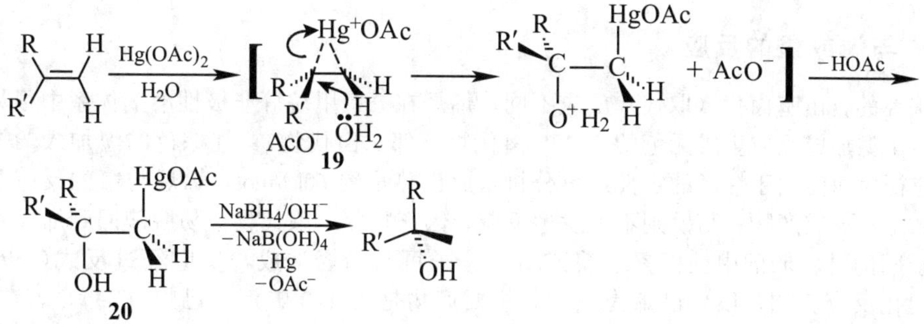

3.4.5 硼氢化-氧化反应

Brown 发展成功的**硼氢化反应**（hydroboration **OR** 13∶1）是一类极其重要而获广泛应用的有机反应，他因此发现而荣获 1979 年度诺贝尔化学奖。硼原子的电负性略小于氢原子，室温常压下以二聚体（B_2H_6）形式存在的**硼烷**（BH_3）中的硼原子是缺电子的，可选择性地进攻少取代也是更富电子的双键碳原子，使正电荷可落在另一个多取代也相对更稳定的双键碳原子上，得到氢和硼分别连在多取代和少取代的双键碳上的产物三烷基硼烷（**21**）。**21** 无需分离，经碱性溶液中的过氧化氢氧化后 C—B 键转化为 C—OH 键。

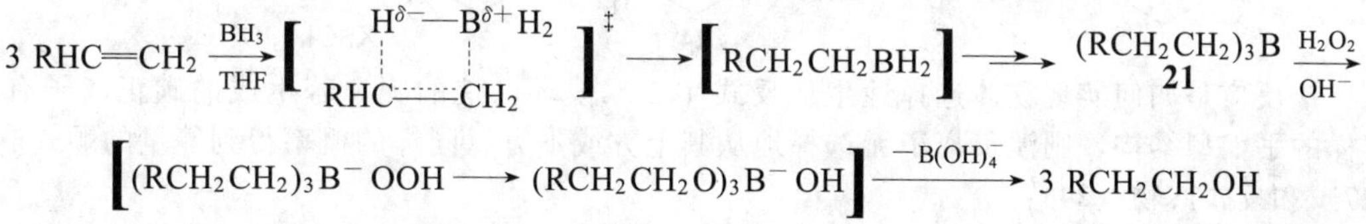

硼氢化反应的结果相当于水和烯烃的加成，但是水并不是反应试剂，氢和羟基分别来自于硼烷和过氧化氢。化学选择性是反马氏规则的，产物醇中羟基的位置与酸催化或经羟汞化的水合反应所得到的正好相反。如式（3-4）所示，异丁烯反应后得到的基本是伯醇（**22**）。

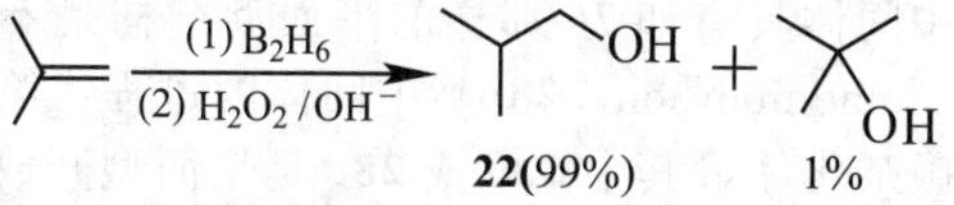

$$(3\text{-}4)$$

硼氢化反应没有重排产物，经过**顺式加成**（*syn* addition）的立体化学过程，硼和氢原子从烯键平面的同一面加成上去的。如图 3-9 所示，1-甲基环戊烯经硼氢化-氧化反应后只生成反-2-甲基环戊醇产物（**23** 或 **23'**），反映出硼和氢原子是在烯烃的同一面对 π 键一步完成的加成而无碳正离子中间体，第二步 C—B 键的氧化未涉及构型。

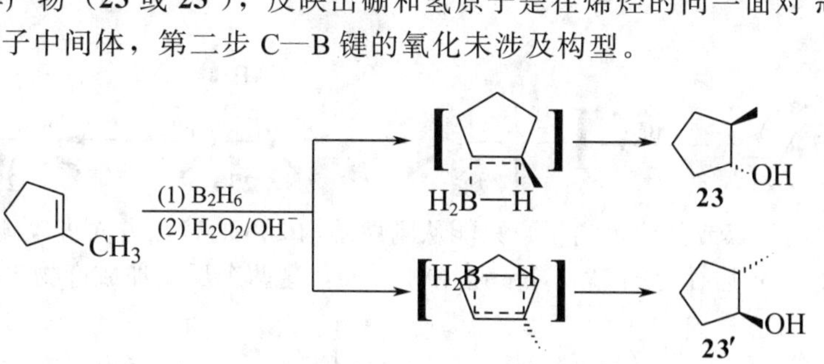

图 3-9 硼烷对烯键的顺式同面加成

烷基硼烷是有机合成中最常用的中间体化合物之一，硼原子可以演变成其他原子（团）。如式（3-5）所示，它与羧酸（非无机酸）反应后生成烷烃。

$$(RCH_2CH_2)_3B \xrightarrow{C_2H_5COOH} 3RCH_2CH_3 \qquad (3\text{-}5)$$

3.4.6　与溴或氯的反应

与烷烃的自由基卤代（取代）反应不同，烯烃在二氯甲烷等非极性溶剂体系中很易与溴或氯进行离子型加成反应生成无色的 1,2-二卤代物（邻二卤代物），红棕色的溴加入烯烃溶液后迅即反应褪色而能用于烯烃的定性定量分析，放出热量约 60kJ/mol。烯烃与氟的反应非常剧烈而得不到正常加成产物；与碘则不易发生反应，因产物邻二碘代物极易脱碘回到烯烃底物。

原子间的键较弱的中性卤素（溴或氯）分子可与烯烃加成，反应经过**反式**（*anti*）**加成**过程的溴化反应。如，以环己烯为底物，主要产物是反-1,2-二溴环己烷（**24**）。若在有 Cl^-、I^- 或 NO_3^- 等其他负离子存在的溶液中反应，则除了正常的 1,2-二溴产物外还会生成邻位含这些负离子官能团的单溴代物（**25**）。这些盐（负离子）本身不会与烯烃发生加成反应，故溴分子与烯烃的加成不是一步而是分步进行的：反应第一步，非极性的溴分子受到烯烃双键 π 电子的影响极化为两端各带部分正、负电荷的极性分子。烯烃上的 π 键打开，一个双键碳原子与带部分正电荷的那个溴原子生成带较强 C—Br σ 键的碳正离子并放出一个稳定的溴负离子（Br^-）；反应第二步是具 sp^2 杂化而带有一个空 p 轨道的碳正离子中间体快速与 Br^- 结合完成加成反应（**OS** *II*：171）。

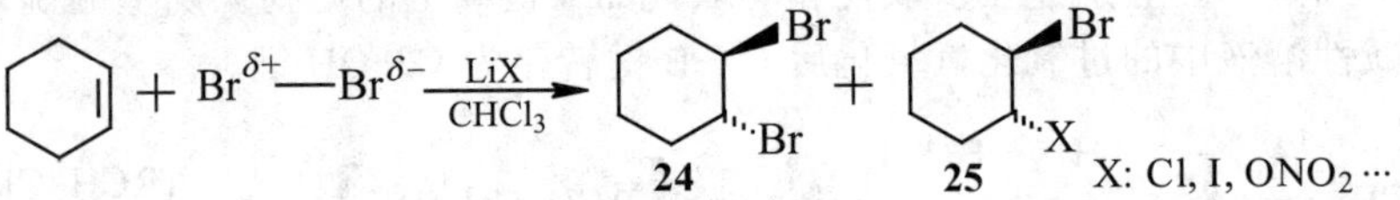

该反应是如何实现立体选择性生成反式 1,2-二溴环己烷的呢？若生成的碳正离子有 **26** 那样的平面型结构，则溴负离子无选择地从其上方或下方以同样的概率得到等量的顺式产物（**27**）和反式产物（**24**）：

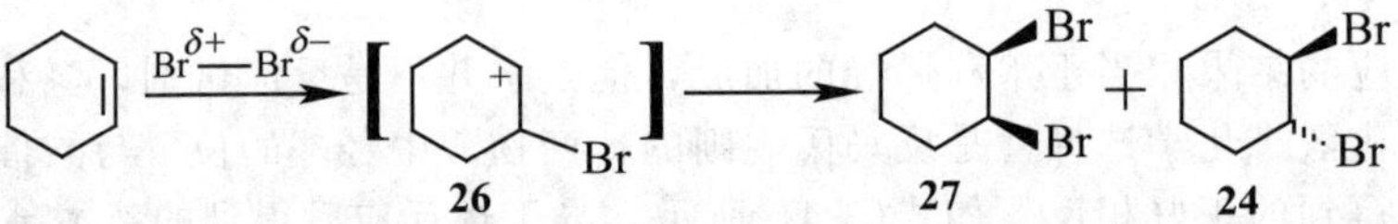

反应结果表明，反应中间体具有如 **26** 那样的平面型结构是不合理的。对此提出了一个经过**环溴鎓正离子**（cyclic bromonium ion，**28b**）中间体的过程：第一步溴加到双键碳原子上生成有 3 个共振结构的共振杂化体，其中 **28a** 或 **28c** 是平面型开放式的碳正离子，溴原子上供电性的孤对电子可与相邻碳正离子成键形成溴原子上有两根键的三元环溴鎓正离子（**28b**）。**28b** 中溴原子上的形式正电荷得到分散，溴和两个碳原子也都符合八隅律要求而较 **26** 稳定得多。

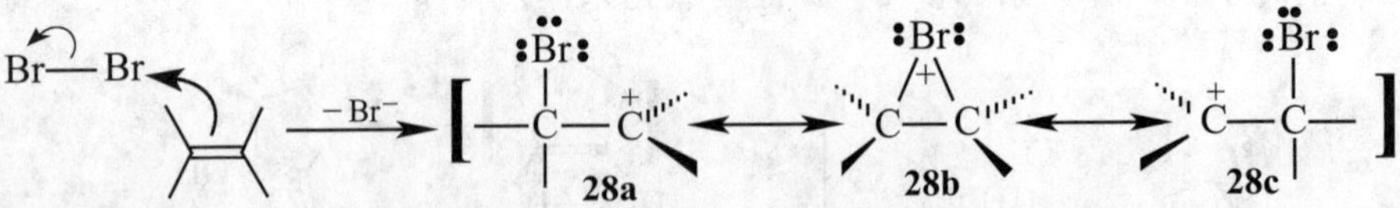

第二步溴负离子（或其他负离子）只能从刚性结构 **28b** 的背面方向进攻碳原子并打开三元环，无选择地经（a）途径得到 **29**，（b）途径得到 **30**，这两个反式加成产物 **29** 和 **30** 是等量的。

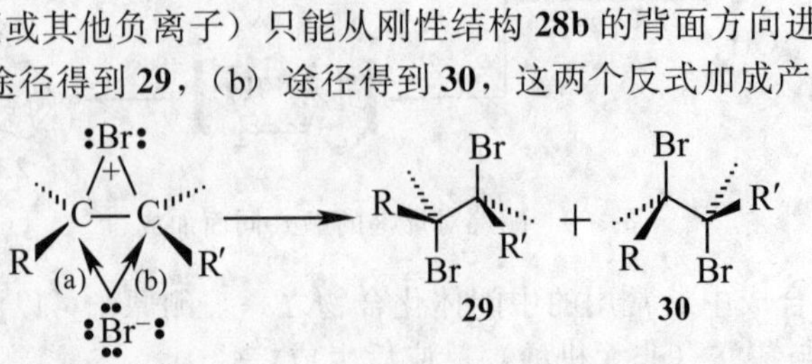

3-甲基丁-1-烯与溴加成只得到一个未重排的产物 3-甲基-1,2-二溴丁烷（**32**）。这也反映出加成反应过程仅经过环溴鎓正离子（**31**），若有平面型开放式碳正离子中间体（**33**）生成，产物中必将混有负氢重排的产物 3-甲基-1,3-二溴丁烷（**34**，参见 3.4.2）。

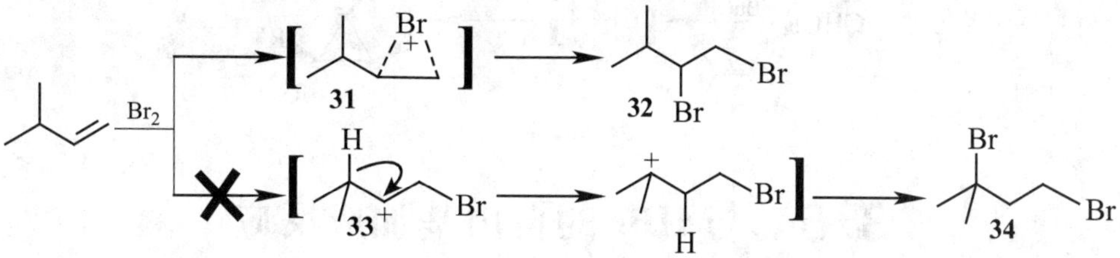

同一类型的有机反应随底物和反应条件的不同会有不同的历程和产物。烯烃与卤素的加成反应机理也并非都一样。如，烯烃与体积较小的氯加成生成的三元环因氯原子较小而相对不够稳定，故兼有环氯鎓正离子和平面型碳正离子过程。烯烃与溴的加成反应虽主要经过环溴鎓正离子机理，若有其他因素也能经过平面型开放式的碳正离子过程，将很少或没有立体选择性地得到加成产物。

3.4.7　与次卤酸的反应

烯烃与氯或溴在无溶剂或非极性溶剂体系中反应得邻二卤代烃；在亲核性溶剂，如水相体系中反应主要得到 α-**卤代醇**（halohydrin），如式（3-6）所示。

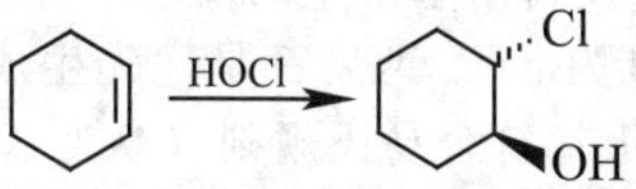

$$(3\text{-}6)$$

产物是由卤素和水依次与烯键反应生成的（**OS** I：158）。如图 3-10 所示：反应第一步形成环卤鎓正离子。后者接受体系中浓度远大于卤负离子的溶剂水分子进攻生成质子化的醇后脱去质子，结果相当于是次卤酸 $HO^{\delta-}X^{\delta+}$ 加成到了烯烃上。反应也是反式加成并符合马氏规则，产物中卤素和羟基分别加到少取代和多取代的双键碳原子上，因反应过程中不对称底物烯烃形成的中间体中更具电正性的多取代碳原子更易接受水分子进攻。

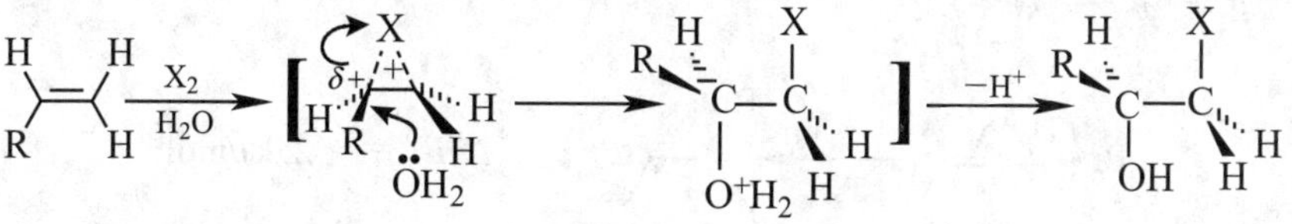

图 3-10　烯烃与次卤酸的加成反应

3.4.8　与卡宾的反应

卡宾（carbene）是形式电荷为零的中性二价碳化合物（$R_2C:$）。卡宾中的碳只用了两个成键轨道键合两个基团，还有两个剩余的空轨道容纳两个未成键电子而成为一个极为活泼只能瞬间存在的活性中间体。通常所称的卡宾指最简单的**亚甲基卡宾**$H_2C:$，其他卡宾，如，**二卤卡宾**$X_2C:$（dihaloylidene）、**甲基卡宾**$CH_3CH:$（ethylidene）均可看作是其取代物。

二碘甲烷与被少量铜活化的锌粉（Zn-Cu）反应产生卡宾，称 **Simmons-Smith 反应**，如式（3-7）所示。

$$CH_2I_2 \xrightarrow{Zn/Cu} H_2C:$$

$$(3\text{-}7)$$

氯仿在叔丁醇钾等一类强碱的作用下可产生二氯卡宾。反应中，氢和氯在同一碳原子上消去，故此类消除反应称 **1,1-消除**或 α-**消除反应**。在烯烃存在下，缺电子的卡宾一旦产生后立即与双键发生环加成反应生成三元环丙烷结构，这也是最重要的一类制备三元环的方法（参见 2.14.3），如式（3-8）所示。

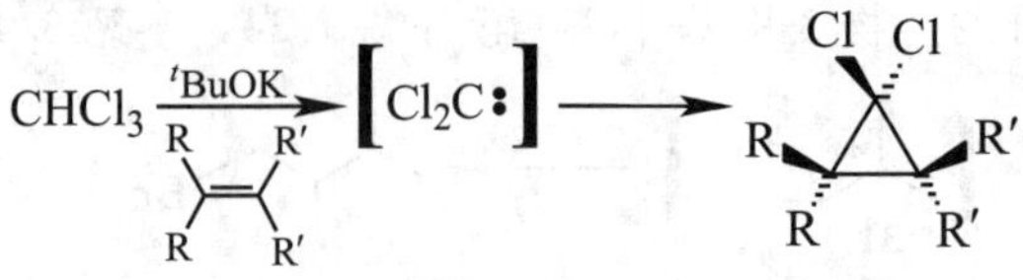

$$CHCl_3 \xrightarrow{^tBuOK} [Cl_2C\colon] \longrightarrow \text{（产物结构式）} \tag{3-8}$$

3.5 与 HBr 的自由基加成反应

丙烯与溴化氢加成得到马氏产物 2-溴丙烷（**1**），当反应有过氧化物存在或光照条件下进行时得到反马氏产物 1-溴丙烷（**2**），氢加到多取代双键碳原子上，称**过氧化物效应**。

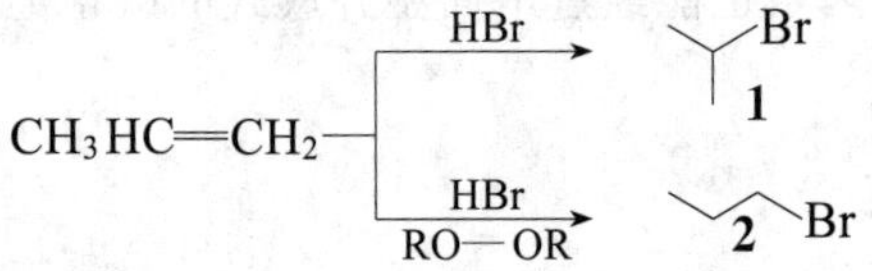

$$CH_3HC{=\!=}CH_2 \begin{cases} \xrightarrow{HBr} \text{（产物 1）} \\ \xrightarrow[RO{-}OR]{HBr} \text{（产物 2）} \end{cases}$$

烯烃与溴化氢的加成在通常的反应条件下经过离子型亲电加成历程，进攻双键的是 H^+，而在过氧化物或光照等能引发自由基产生的反应条件下经过如式（3-9）～式（3-11）所示的**自由基加成历程**，进攻双键的是 Br·。两者都是优先生成更稳定的碳正离子或碳自由基，得到的产物结构虽不同，但本质上都符合马氏规则（参见 3.4.1）。

自由基形成：

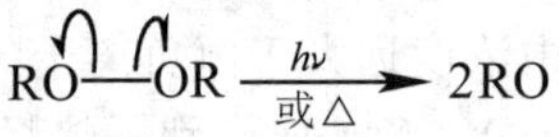

$$RO{\frown}{\frown}OR \xrightarrow[\text{或}\triangle]{h\nu} 2RO\cdot$$

引发：

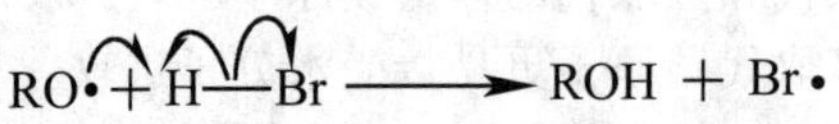

$$RO\cdot + H{-}Br \longrightarrow ROH + Br\cdot \qquad \Delta H^{\ominus} = -15\text{kJ/mol} \tag{3-9}$$

加成：

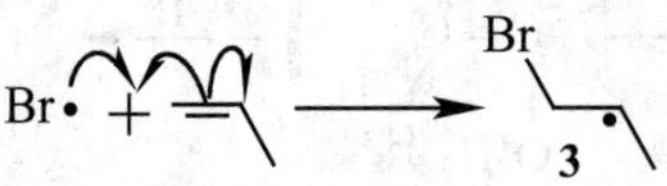

$$Br\cdot + {=\!=} \longrightarrow \text{（产物 3）} \qquad \Delta H^{\ominus} = -25\text{kJ/mol} \tag{3-10}$$

Br·再生：

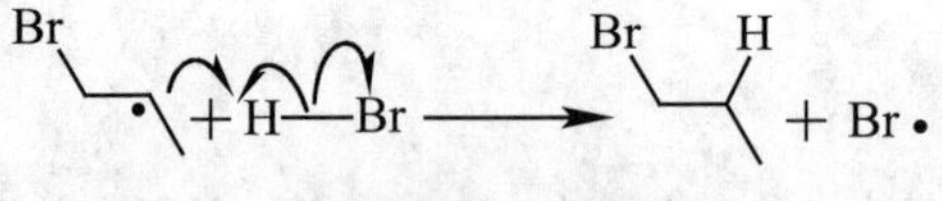

$$\text{（自由基）} + H{-}Br \longrightarrow \text{（产物）} + Br\cdot \qquad \Delta H^{\ominus} = -44\text{kJ/mol} \tag{3-11}$$

终止：

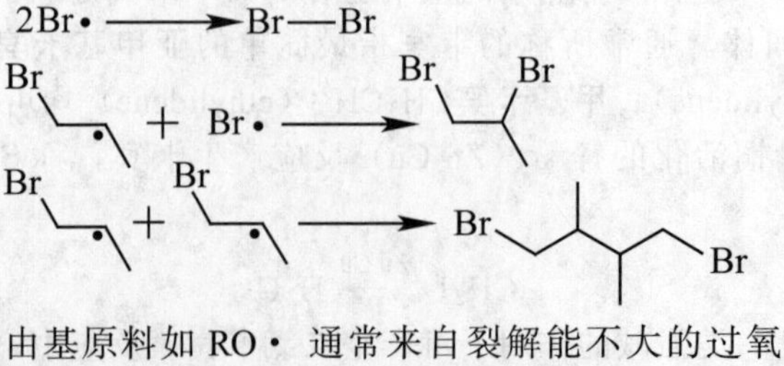

$$2Br\cdot \longrightarrow Br{-}Br \tag{3-12}$$

反应式（3-9）中的自由基原料如 RO· 通常来自裂解能不大的过氧键（RO—OR，$\Delta H^{\ominus} = 150\text{kJ/mol}$）的均裂。RO·夺取 HBr 中的氢原子产生溴自由基（Br·，夺取溴原子生成氢原子自由基的反应是吸热反应，故不易进行），不符合八隅体组态的缺电子而有亲电性的 Br·将如式(3-10) 所示进攻双键端基碳生成仲自由基（**3**）或如式(3-13) 所示进攻双键链间碳生成伯自由基（**4**）。

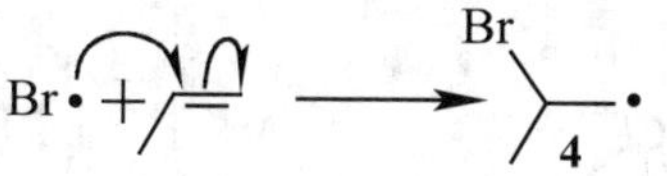

$$Br\cdot + \text{[双键]} \longrightarrow \underset{4}{\text{[Br结构]}}\cdot \tag{3-13}$$

碳自由基的稳定性与碳正离子相仿（参见 3.4.2），也是叔＞仲＞伯＞甲基自由基，生成 **4** 的反应比生成 **3** 在热力学和动力学上都有利得多。第三步是仲烷基自由基再夺取 HBr 中的氢生成溴代产物的同时再生出 Br·，如式(3-11) 所示。两步链传递步骤式(3-10) 和式(3-11) 都是速率较快且在热力学上十分有利的放热反应，它们往返循环直到如式(3-12) 所示的溴自由基或烷基自由基失活而终止反应。由于过氧化物产生的一个自由基可以引发产生许多溴原子，故过氧化物只要催化量存在即可。

对烯烃和溴化氢发生自由基型加成反应的研究提供了自由基亲电加成的一般模式，在理论上和工业应用上都非常重要。利用烯烃加溴化氢的离子型或自由基型途径可以选择性地制备两种结构类型的溴代物。自由基型途径速率较离子型的大，体系中只要有足够量的过氧化物，该加成反应都经由自由基型途径；若只有少量的过氧化物，则两种途径都有，得到的是混合物产物。氯化氢或碘化氢都没有过氧化物效应，即不会发生对烯键的自由基加成。H—Cl键较强，夺氢反应生成氯自由基的反应是热力学不利的放热反应（$\Delta H^{\ominus}=42kJ/mol$）。碘自由基活性差且易自身结合成碘，C—I 键的键能比碳碳 π 键的小，其与双键结合生成碳自由基的反应也是热力学不利的放热反应（$\Delta H^{\ominus}=54kJ/mol$）。但 HCl 和 HI 都可经由离子型机理与烯烃 π 键加成。

3.6 加氢反应

如式(3-14) 所示，烯烃加氢发生氢化反应生成烷烃，这既是制备烷烃的一个方法，也是将碳碳双键转化为碳碳单键的一个通用方法。尽管该反应是放热的，但需在贵金属铂、钯或镍等催化剂存在下进行，称**催化氢化**或**催化还原**，简单地将烯烃与氢气混合反应的速率极慢而几乎观测不到。多取代烯烃的氢化反应需更激烈的高压高温反应条件。

$$C_nH_{2n} + H_2 \xrightarrow{\text{M cat.}} C_nH_{2n+2} \tag{3-14}$$

适于氢化反应所用的催化剂有异相和均相两种。不溶于有机溶剂的铂、钯、铑和钌等贵金属催化剂称**异相**（heterogeneous）催化剂，其中常用的是两种活性很大且可分别在中高压和低压条件下使用的 **Raney Ni**（参见 9.5.1）和**铂黑**。前者是将铝镍合金与 NaOH 作用后去除铝酸钠得到的比表面积很大并被氢饱和的海绵状镍粉；后者是氧化铂氢化后得到的细铂粉。另一类可溶于有机溶剂中的催化剂称**均相**（homogeneous）催化剂，主要是如著名的 **Wilkinson 催化剂**［三（三苯基膦）氯化铑，Rh(PPh₃)₃Cl］那样的过渡金属有机配合物。如图 3-11 所示，催化氢化过程中首先是烯烃和氢都被吸附在催化剂的表面，烯烃的 π 键变得松弛，在催化剂表面键合的氢分子转化为活泼的氢原子并先后与双键碳原子结合生成烷烃，烷烃随即脱离催化剂表面完成反应。

一根双键只能吸收 1mol 氢，定量进行的加氢反应中氢的用量很易测定，是有机分析上用来测定分子不饱和数的一个方法。粗制汽油中的烯烃氢化后可生成燃烧品质更佳的氢化汽油。动物脂肪和植物油都是三羧酸甘油酯，熔点较高的动物脂肪中羧酸成分的不饱和度很少，熔点较低的植物油所含的羧酸成分中含有多个顺式双键成分，部分氢化后可形成熔点较

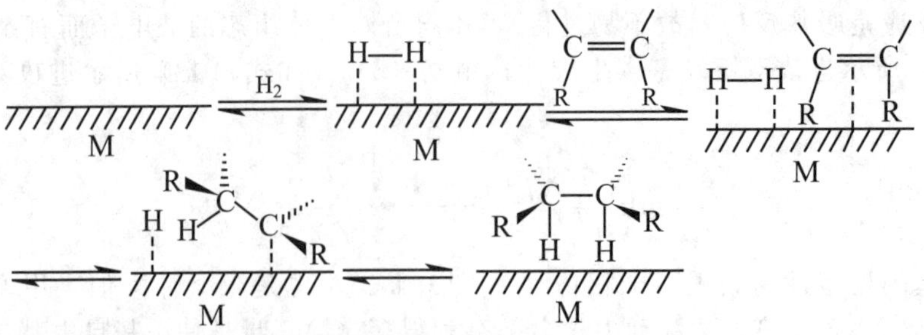

图 3-11 烯烃的催化氢化过程（M 指金属）

高的所谓**人造黄油**（参见 11.13），称油脂的硬化过程。但人造黄油中因氢化过程是可逆的而会含有一些反式脂肪酸酯，后者被认为会代谢出有害健康的胆固醇。

催化氢化反应包括**加氢**和**氢解**（hydrogenolysis），前者指本节所讨论的不饱和键的氢化，后者指开环或裂解 C—杂（原子）键并生成 C—H 键的反应（参见 7.8 和 8.9.2）。

3.7 氧 化 反 应

烯烃可进行氧化反应，随反应条件的不同或是仅断裂 π 键或是断裂双键后得到各种氧化产物。传统上有机化合物的氧化多利用易产生污染问题的高价无机金属氧化剂，随着绿色化学的进步，改用空气、过氧化氢、臭氧或有机氧化剂的反应已得到大量应用。

3.7.1 四氧化锇或高锰酸盐氧化

OsO_4 和 $KMnO_4$ 中 Os 和 Mn 的氧化态分别高达 +8 和 +7，易与富电子的烯烃双键反应。碱性溶液中可溶于有机溶剂的 OsO_4 加上定量的如过氧化氢等过氧化物与烯烃反应，先发生同步的加成反应形成较稳定的环状锇酸酯（**1**），**1** 水解得到邻二羟基产物。另一个还原产物 $(HO)_2OsO_2$ 同时被过氧化氢氧化再生出 OsO_4，故价高、剧毒且有挥发性的 OsO_4 仅需催化量即可。反应温和、操作简单和产率高是该反应的突出优点。四氧化锇对烯烃的加成是立体专一性地顺式进行加成的，从 Z- 或 E-烯烃出发得到 **2** 或 **3**。

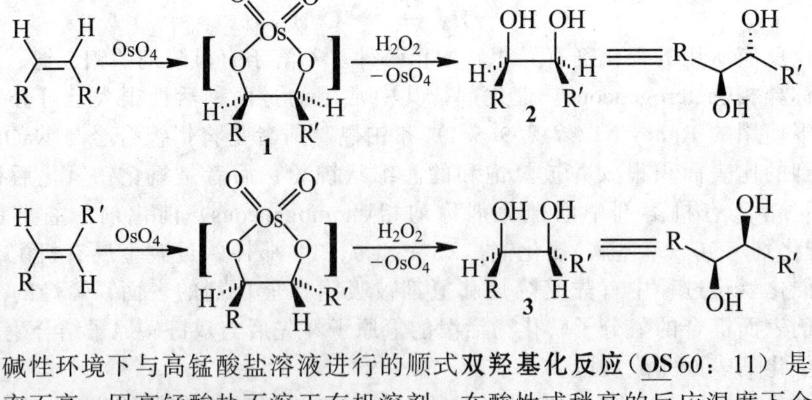

烯烃在碱性环境下与高锰酸盐溶液进行的顺式**双羟基化反应**（**OS** 60：11）是早就发现的反应，但产率不高。因高锰酸盐不溶于有机溶剂，在酸性或稍高的反应温度下会进一步氧化初产物二醇为酮；带有氢原子的双键碳被氧化为羧基碳；端基双键碳则被氧化为二氧化碳，如式（3-15）所示。冷而稀的紫色高锰酸钾水溶液与烯烃反应后迅即褪色并出现褐色 MnO_2 沉淀，可用于检验碳碳双键官能团。环丙烷在此条件下并无作用，故这个反应可用于区别烯

烃和环丙烷，但它们都能使溴水褪色。与热而浓的高锰酸钾与烯烃的反应相似，另一种强氧化剂重铬酸钾作用于烯烃发生的氧化断裂反应生成酮和羧酸。

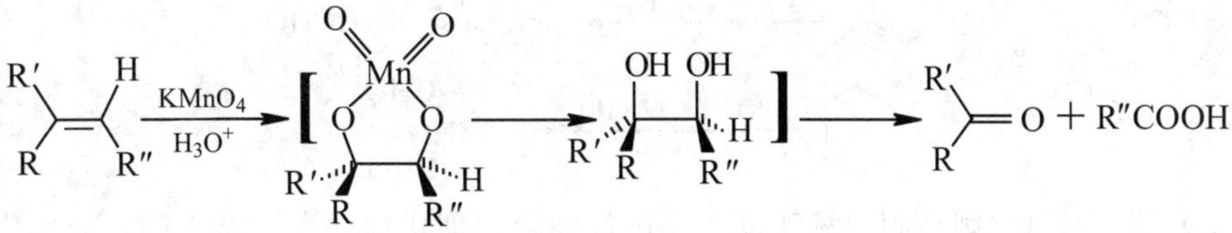

$$\text{(3-15)}$$

3.7.2 过氧酸氧化

过氧酸〔RCOO—OH〕是一类含有过氧羧基的化合物（参见 10.17），常见的有**过氧乙酸**（CH₃COOOH）、**三氟过氧乙酸**（CF₃COOOH）和可溶于非极性溶剂的**间氯过氧苯甲酸**（*m*-ClC₆H₄COOOH，**MCPBA**）。与烯烃反应的过氧酸中的羟基氧原子接受烯烃 π 电子的进攻并引起弱键 O—O 键异裂，羟基断裂后的氧原子带着一对电子连到已是缺电子的烯键碳上生成三元环的**氧杂环丙烷**（参见 4.13.3），氢则转移到过氧酸羧基上生成羧酸。该反应过程和烯烃双键的加成反应相似，也可归属于亲电加成一类。烯键电荷密度愈大亲核性愈大，愈易进攻过氧酸上亲电性的羟基氧原子（**OS** Ⅳ：860）。故烯烃底物有多个烯键存在时，可选择性地在多烷基取代的烯键上优先发生环氧化反应。如，4-乙烯基环己烯与过氧酸反应的单环氧化反应主要是在环上发生的，产物主要是 4-乙烯基-1,2-环己基环氧乙烷（**4**）而非 3,4-环己烯基环氧乙烷（**5**）。

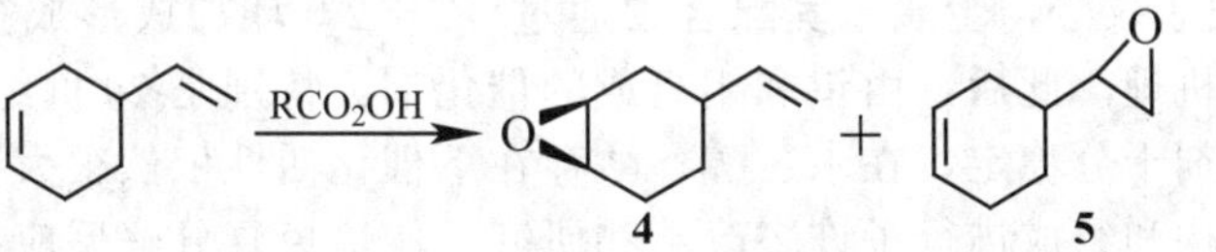

3.7.3 臭氧氧化

臭氧（ozone，**6**）是一个中性、亲电性很强的极性三原子分子，其可与烯烃反应并将烯烃氧化为醛、酮化合物。低温下烯烃与臭氧反应先断裂 π 键，生成**分子臭氧化物**（molozonide，**7**）。**7** 中两根不稳定的 O—O 键迅即再切断分子内 C—C σ 键并重排为**臭氧化物**（ozonide，**8**）。**8** 仍是一类很不稳定的易爆化合物，实际操作时无需分离而直接在 Zn 或（CH₃）₂S 等弱还原剂作用下分解为产物醛或酮（这些还原剂的作用是将水解时放出的 H₂O₂ 还原为水以避免其继续氧化醛为羧酸）。若反应在氧化剂 H₂O₂ 存在下进行，臭氧反应后生成的醛即刻被氧化为酮或羧酸；在氢化铝锂（LiAlH₄）或硼氢化钠（NaBH₄）存在下则得到醇。

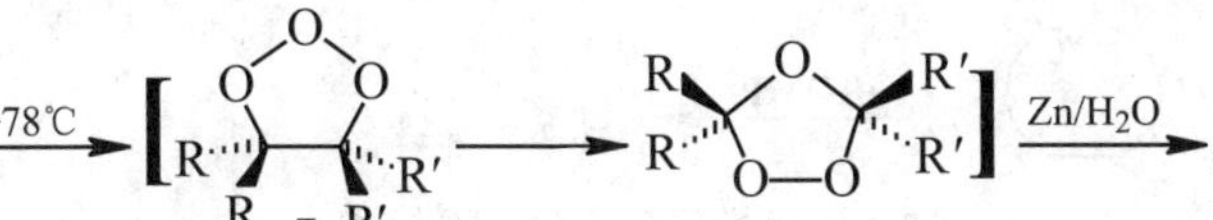

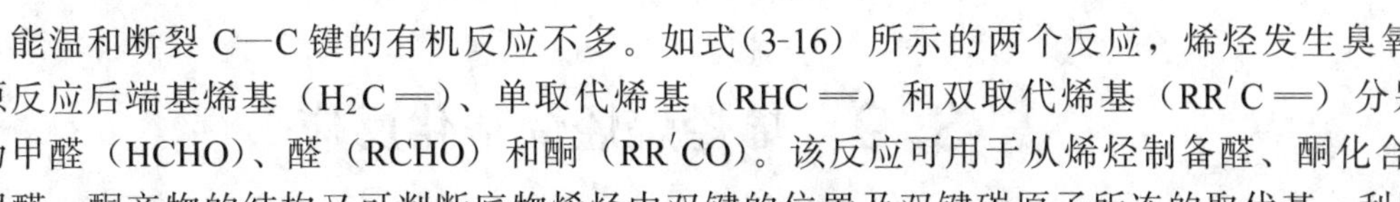

能温和断裂 C—C 键的有机反应不多。如式（3-16）所示的两个反应，烯烃发生臭氧解-还原反应后端基烯基（H₂C ＝）、单取代烯基（RHC ＝）和双取代烯基（RR′C ＝）分别转化为甲醛（HCHO）、醛（RCHO）和酮（RR′CO）。该反应可用于从烯烃制备醛、酮化合物，根据醛、酮产物的结构又可判断底物烯烃中双键的位置及双键碳原子所连的取代基。利用高锰酸钾或重铬酸钾的氧化反应也可用来测定烯烃的结构，但它们太强的氧化性对底物中许多

其他的官能团也有作用，不如臭氧化方法测定结构那么简捷单纯。

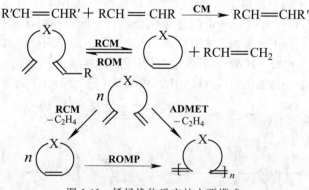

$$ （3-16） $$

工业上烯烃的氧化则是利用氧气或空气在各种金属催化剂存在下发生的，分别生成醇、醛、酮和环氧化物等氧化产物。

3.8 烯烃换位反应

烯烃换位反应（metathesis of alkene）又常称为**烯烃复分解反应**，指在 Ru、Mo、W、Re 等贵金属配合物的催化下碳碳重键的切断和重组的过程，大致上可以分为三种形式，即分子间简单的**烯烃换位反应（CM）**，**环合换位反应（RCM）**及其逆反应**开环换位反应（ROM）**，**开环换位聚合反应（ROMP）**及**非环二烯换位聚合反应（ADMEP）**，如图 3-12 所示。

碳碳键的断裂和形成的规律是有机化学需要解决的一个核心问题，碳碳重键的能量比碳碳单键大得多。为此，需要适当的催化剂来切断该重键并使其按所希望的方式重新组合。20 世纪 50 年代，人们就注意到烯烃分子在多组分催化剂存在下的切断和重组的过程。到 20 世纪 70 年代时，提出了烯烃与**金属卡宾配合物**通过［2＋2］环加成形成金属杂环中间体的相互转化过程的反应机理。此后，由钨和钼组成的催化剂，特别是 20 世纪 90 年代初期发现的钌卡宾配合物催化剂十分稳定，在水、醇、酸存在下催化活性依然很大，而且易于制备。后来又对催化剂的结构和组成进行了许多改革和研究，使烯烃复分解反应在许多复杂分子和聚合物的合成及生产中得到了极为成功的广泛应用。反应的选择性好，副产物一般是乙烯，故已成为一类标准的合成方法。以此为基础设计和合成新型有机分子更为简捷和直接，副反应更少，是一类典型的原子经济性的绿色化学。**Chauvin**、**Grubbs** 和 **Schrock** 三位科学家因对该反应的开创性研究工作而荣获 2005 年度诺贝尔化学奖。

图 3-12 烯烃换位反应的主要模式

3.9 烯烃烷烃烷基化反应

烯烃在酸性条件下能歧化形成烷烃，烷烃也可以在酸作用下进行异构化或与烯烃反应生成较高级的烷烃，称**烯烃烷烃烷基化反应**（olefin-paraffin alkylation），如式（3-17）所示。该反应反映出烷烃在一定的条件下是可以进行化学反应的，该反应已用于优质高辛烷值汽油的工业生产。

$$CH_3CH=\!\!=\!\!CHCH_3 + (CH_3)_3CH \xrightarrow{H_2SO_4} (CH_3)_3CCH(CH_3)CH_2CH_3 \qquad (3\text{-}17)$$

3.10 双键 α-H 的自由基卤代反应

碳碳双键对分子中其他部位也可产生一定的影响，特别对 α-H 的活化作用十分明显。如式（3-18）所示的两个反应，烯烃易与高浓度的氯或溴经过正离子中间体发生离子型亲电加成反应生成 2,3-二卤丙烷（参见 3.4.6），在高温或光照下与低浓度卤素则发生烯丙位自由基氯代或溴代反应生成 3-卤丙烯。

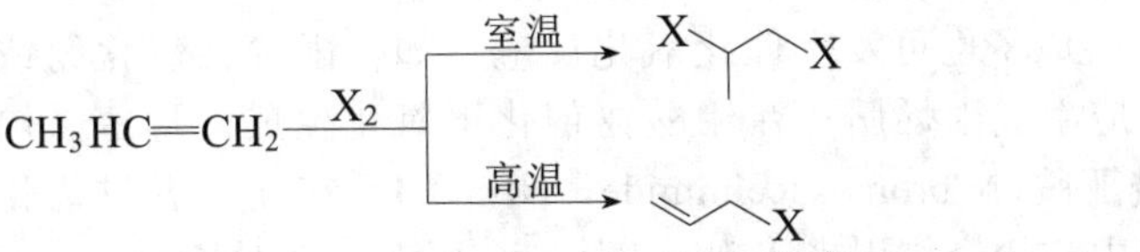

$$ \qquad (3\text{-}18)$$

X：Cl 或 Br

烯丙位取代反应生成一个自由基中间体。自由基是高度活泼的，低浓度下也能引发一个快速的链式过程。如图 3-13 所示：以氯为例，均裂生成氯自由基；氯自由基夺取底物烯丙位氢生成烯丙基自由基（**1**）。烯丙基自由基是有两个等价共振贡献者的共振杂化体，相当稳定而易于产生并再与氯反应给出 α-取代产物的同时又释放出一个氯自由基去继续参与链传递反应（参见 2.5）。两步链传递反应的总焓变为－88kJ/mol，第一步生成烯丙基自由基的反应是决速步。

链的引发：

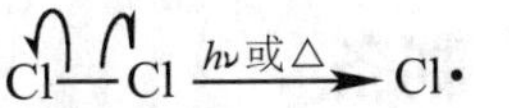

$$ \mathrm{Cl{-}Cl} \xrightarrow{h\nu\,或\,\triangle} \mathrm{Cl\cdot} \qquad \Delta H^{\ominus}=242\mathrm{kJ/mol}$$

链的传递：

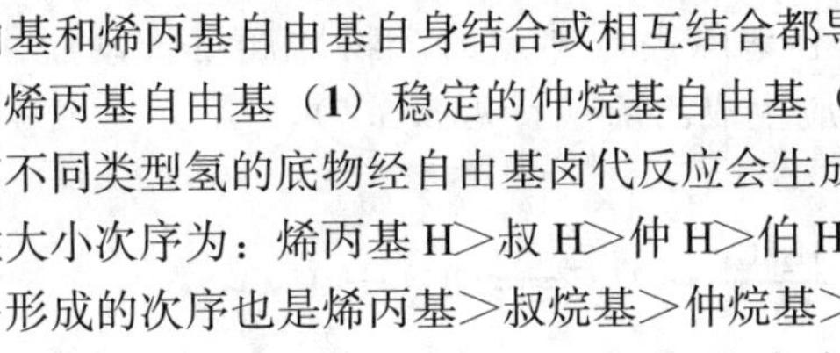

$$\Delta H^{\ominus}=-34\mathrm{kJ/mol}$$

$$\Delta H^{\ominus}=-54\mathrm{kJ/mol}$$

图 3-13　烯丙位氯代的自由基链式取代反应过程

卤素自由基和烯丙基自由基自身结合或相互结合都导致链反应的终止。氯自由基若与双键加成将生成不如烯丙基自由基（**1**）稳定的仲烷基自由基（**2**），是难以发生的活化能较高、速率很慢的反应。有不同类型氢的底物经自由基卤代反应会生成各种可能的取代产物。能被自由基夺取的氢原子活性大小次序为：烯丙基 H＞叔 H＞仲 H＞伯 H＞甲烷 H＞烯基 H，反过来也表明各种烷基自由基容易形成的次序也是烯丙基＞叔烷基＞仲烷基＞伯烷基＞甲基＞烯基自由基。

由三个原子组成的烯丙基正离子、负离子或自由基是最常见的共振杂化体（参见1.9.4）。如图 3-14 所示，体系中两个相邻原子间有一根重键，烯丙基正离子或负离子中与 π 键相邻的原子（Z）带一个正或负电荷，由 p-π 共轭形成一个新的 π 键，原远端 π 键原子（X）成为新的带一个正或负电荷的原子，如 **3a** 和 **3b** 那样。作为一个一般的简捷书写规则，在所有的结构式中都存在的键用实线表示，仅存在于某个或几个但不是全部结构式中的键用虚线表示。**3c** 中的虚线表示双键若在 XY 之间，电荷或单电子落在 Z 原子上；双键若在 YZ 之间，电荷或单电子落在 X 原子上。一个简单的结构式 **3c** 代表了两个共振结构式 **3a** 和 **3b** 组成的共振杂化体。X、Y、Z 可以是 C、N、O、P、S、X（卤素）等。星号"＊"表示该原子上的 p 轨道中可能是无电子（正离子）、单电子（自由基）或双电子（负离子）。

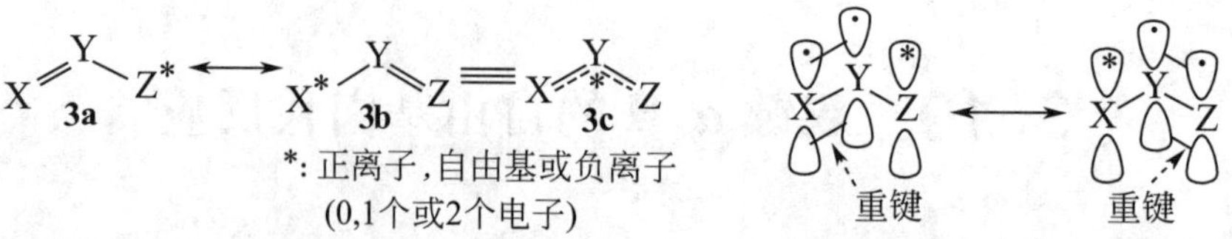

*: 正离子,自由基或负离子
(0,1个或2个电子)

图 3-14　常见的由三个相连原子形成的共振杂化体

各类重键的 α-C—H 键因受到重键的影响而变得较一般的 C—H 键活泼，这是一个普遍现象。从共振论来分析，H 离去后 α-碳上的 p 轨道与重键的 p 轨道平行重叠，α-离子或自由基上的电荷能得到有效分散、体系稳定而易于生成。

烯烃的 α-碳原子也可发生催化氧化反应。如，丙烯在氧化铋或磷钼酸铋催化下与氨和氧（空气）反应生成丙烯腈；在钼酸铋催化下氧化生成丙烯醛。烯丙位溴代反应通常应用 **N-溴代丁二酰亚胺**（N-bromosuccinimide，**NBS**，**4**）在光或者过氧化物等自由基引发剂存在下于惰性溶剂中与烯烃作用来实现。**4** 是一个可专一性对烯烃的 α-氢予以溴化的试剂，反应中释放出很低浓度的溴分子参与烯丙位取代而没有对烯键的加成反应。

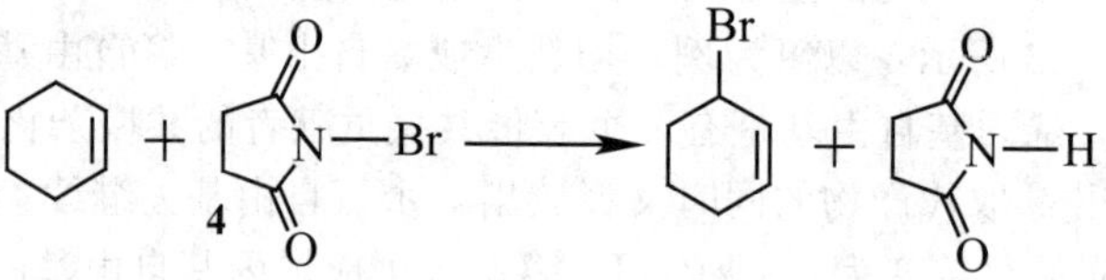

3.11　制备

石油中含有少量的烯烃。低级烯烃的工业来源主要是石油的热裂和页岩气的分离，炼油中的高沸点馏分裂化可主要生成 $\leqslant C_4$ 的烯烃。实验室一般通过下面几个方法制备烯烃。

3.11.1　醇脱水

醇与无机酸一起加热，脱去一分子水生成烯烃，称 **1,2-消除反应** 或 **β-消除反应**，因为该反应是相邻的 1,2-两个碳原子各失去一个原子（团）而发生的，或者理解为是消除官能团（OH）的 β-H。该反应是可逆反应，小心地除去低沸点的产物烯烃可推动脱水过程。如式（3-19）所示，乙醇和浓硫酸在 170℃ 反应生成乙烯（参见 8.3.7）。

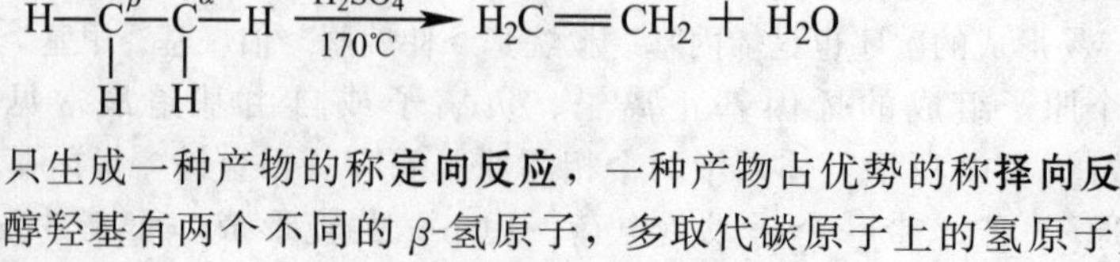

$$\tag{3-19}$$

化学选择性反应中只生成一种产物的称 **定向反应**，一种产物占优势的称 **择向反应**。醇脱水是一种择向反应，若醇羟基有两个不同的 β-氢原子，多取代碳原子上的氢原子更易离去而形成相对较稳定的多取代烯烃。这是一个较为普遍的实验现象，称 **Zaitsef 规则**。如 2-甲基丁-2-醇（**1**）的脱水反应：

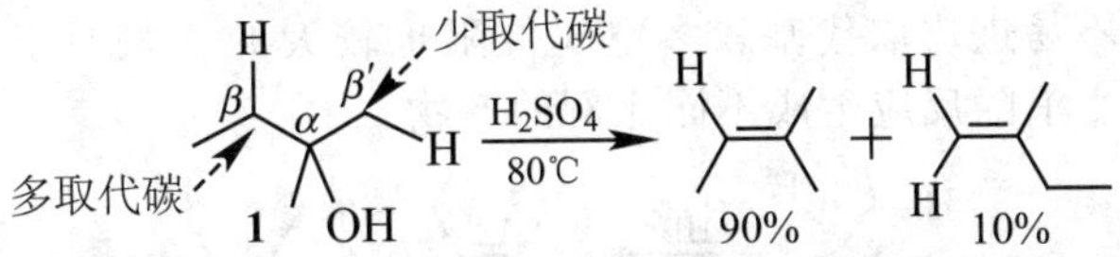

酸在醇的消除反应中兼具催化剂和脱水剂的作用。醇的羟基氧原子接受质子生成**氧𬒈盐**（oxonium，**2**）后脱水生成形式电荷为＋1的三配位**碳正离子**（carbocation，**3**），β-碳原子上失去一个质子形成的一对成键电子转移到 α,β-碳碳键中和掉正电荷并形成一个 π 键而生成烯烃。

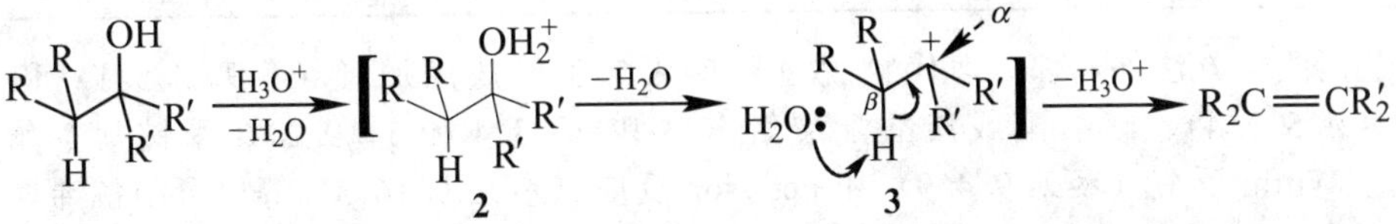

3,3-二甲基丁-2-醇在酸催化下脱水生成正常产物（**4**）的同时还有成为主要产物的重排产物 **5** 和 **6**。

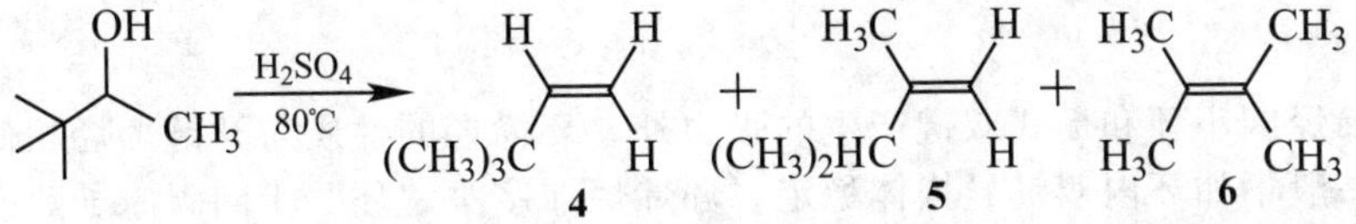

产物的组成清晰地揭示出该脱水反应不是一步发生而确有如 **3** 那样的碳正离子中间体生成，不然就无法解释 **5** 和 **6** 的生成。其过程应如图 3-15 所示，底物中的醇羟基质子化后脱水生成仲碳正离子（**7**）。**7** 失去 β-氢原子生成 **4**，C(2) 上的一个甲基带着一对电子移向 C(1) 发生 1,2-重排生成叔碳正离子（**8**），❶ **8** 失去两个不同种类的 β-氢原子分别生成 **5** 和 **6**。从产物组成的比例也再次反映碳正离子的稳定性顺序是叔＞仲＞伯碳正离子（参见 3.4.1）。

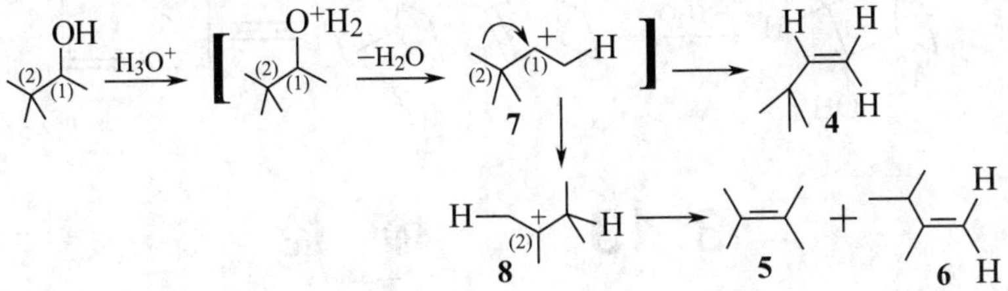

图 3-15　醇在酸催化下的脱水反应涉及碳正离子中间体

3.11.2　卤代烷脱卤化氢

卤代烷与碱反应可失去一分子卤化氢生成烯烃（参见 7.5.1），如式（3-20）所示。

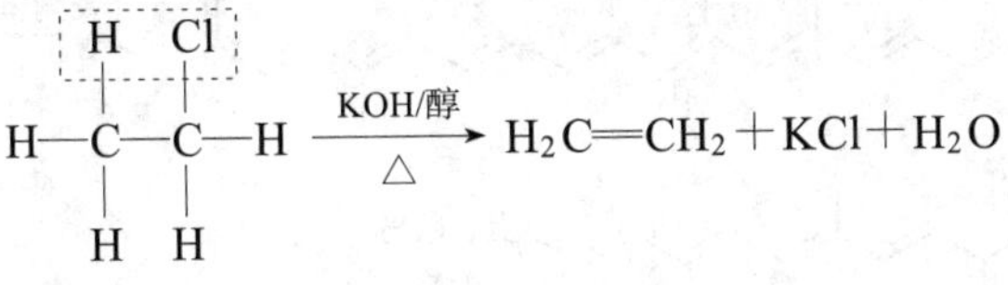

$$\text{KOH/醇} \quad H_2C{=}CH_2 + KCl + H_2O \qquad (3\text{-}20)$$

大多数卤代烷脱卤化氢后生成 Zaitsef 烯烃，但若增加碱的强度及体积会改变消除产物

---

❶　此处"1,2-重排"中的数字与化合物命名无关，仅表示专为标注用到的 C(1) 与其相邻的 C(2) 的位置。

的组成。大体积的碱不易进攻取代基较多空间位阻也较大的 β-氢原子。如 2-甲基-2-溴丁烷（**9**）在不同条件下发生消除反应生成不同比例的产物：

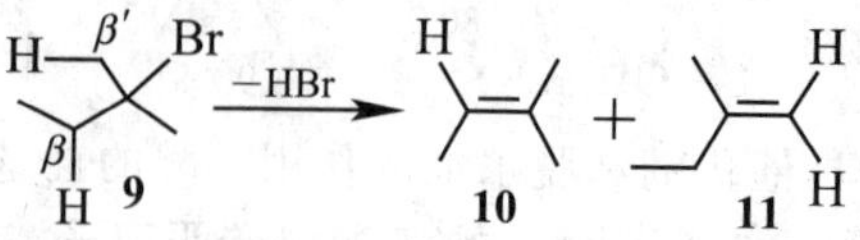

反应条件	Zaitsef 产物（**10**）	Hofmann 产物（**11**）
CH_3CH_2OK/CH_3CH_2OH	71%	29%
$(CH_3)_3COK/(CH_3)_3COH$	28%	72%

除上面两个方法外，邻二卤代物脱卤（参见 7.8）、炔烃加氢（参见 5.5.1）和硼氢化-酸化（参见 5.3.4）、磺酸酯或羧酸酯裂解（参见 8.13.4 和 11.9.2）、季铵盐热解（参见 12.6.2）、Wittig 反应（参见 9.4.9）和 Peterson 反应（参见 9.16.3）等也可制备烯烃。

3.12 环 烯 烃

除小环烯烃因小环和反式双键产生的张力外，环烯烃的性质与开链烯烃相似，与环相连的环外双键一般不如环内双键异构体稳定。环烯烃加字头"环"于同碳原子数的开链烯烃之前来命名，简单环烯烃中两个双键碳原子的编号总为 1 和 2，多环烯烃的命名要结合环烷烃的命名原则并给双键碳原子以最小的编号。小环、普环烯烃只可能是顺式的，只有 $\geqslant C_8$ 的反式环烯烃才可稳定存在。桥环化合物中的**桥头双键**同样由于构型限制形成的大角张力也是不稳定的。如化合物双环［2.2.1］庚-2-醇脱水后总是得到双环［2.2.1］庚-2-烯（**1**）而非双环［2.2.1］庚-1(2)-烯（**2**）❶。**2** 中桥头碳原子上的烯烃结构严重偏离平面，张力能极大而难以存在。

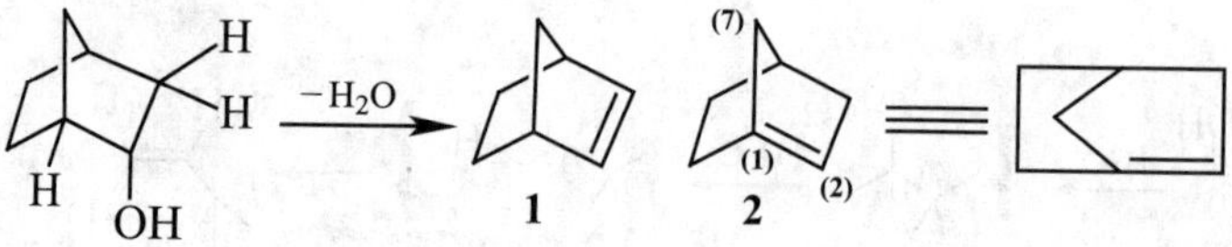

3.13 二 烯 烃

许多天然产物分子中都具有多个碳碳双键结构，如，仅存在于动物体内亦称**视黄醇**（retinol，**1**）的维生素 A（V_A）。维生素 A 在鱼肝油和牛奶制品中含量较丰富。植物中无 V_A，但在许多非绿叶蔬菜中富含四萜类（参见 3.14）胡萝卜素等 V_A 原。β-胡萝卜素（**2**）酶促下在体内氧化裂解 C(15)-C(15′) 而转化成 V_A。

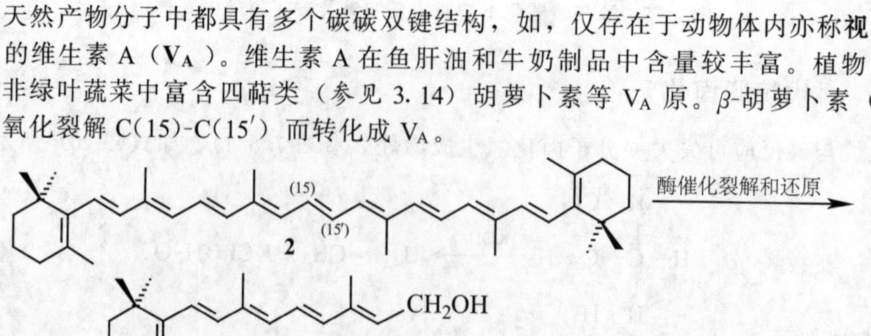

---

❶ 当重键中第二个原子的位次编号并非紧连的数字时，则需在标明该重键位次的数字后用括号标出。

以二烯烃为例，根据双键在分子中的相对位置可分为**累积二烯**（allenes）、**共轭二烯**（conjugated diene）和孤立二烯。累积二烯最不稳定也不多见，共轭二烯最稳定也最多见，孤立二烯中双键之间没有或很少有相互影响，性质与一般的烯烃并无差异。

3.13.1　累积二烯

累积二烯（$R_2C{=}C{=}CR_2$）分子中两个双键共用一个碳原子。最简单的累积二烯是**丙二烯**（allene，**OS** *V*：22），如图 3-16 所示：其分子中两端碳原子是 sp^2 杂化；中间碳原子为 sp 杂化，两个 p 轨道正交并各与两端碳原子上的 p 轨道重叠，两个 π 键相互垂直而无叠合作用；丙二烯分子是线形的，碳碳双键长（0.131nm）比烯烃中的碳碳双键短但比叁键长。累积二烯的结构并不稳定，极易异构化为炔烃；它们也可发生亲电加成反应，如丙二烯水合反应后生成烯醇并迅即异构化为丙酮。

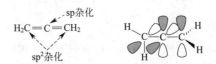

图 3-16　丙二烯两个正交的 π 轨道

3.13.2　共轭二烯和 1,2-、1,4-加成反应

两个双键被一根单键隔开的体系即为共轭二烯，丁-1,3-二烯（丁二烯）和己-1,3,5-三烯一类共轭多烯烃同系物的系列差为 C_2H_2。共轭体系内的两个单键碳原子上的 p 电子在空间也有肩并肩的重叠作用，4 个 p 电子形成一个整体大 π 键。如，丁二烯中的 C(2)—C(3)键长（0.146nm）比乙烷或丙烯中的 C—C 单键（各长 0.153nm 或 0.151nm）短；C(1)—C(2)键长（0.135nm）比一般的 C=C 键长长。这可归因于丁二烯分子中形成（sp^2）C(2)—C(3)（sp^2）键的碳原子中杂化轨道的 s 成分比正常 C—C 单键的 C(sp^3）多，导致C(2)—C(3) 之间有部分双键的性质而有利于丁二烯的平面形状，C(2)—C(3) 键的旋转能垒（约 30kJ/mol）也比烷烃 C—C 键的大得多。

根据共振论，共轭二烯有贡献较大的非极化的中性共振结构式和贡献较小的极化的偶极共振结构式。如图 3-17 所示，共振杂化体丁-1,3-二烯中 **3a** 是贡献最大的，**3b** 和 C(2)—C(3) 间形成双键的共振贡献者 **3c** 的贡献都较小。相对共轭二烯，孤立烯烃的结构中极化的偶极共振结构式的贡献是可忽略不计的。

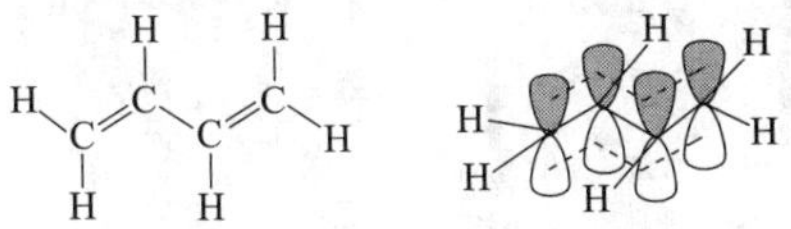

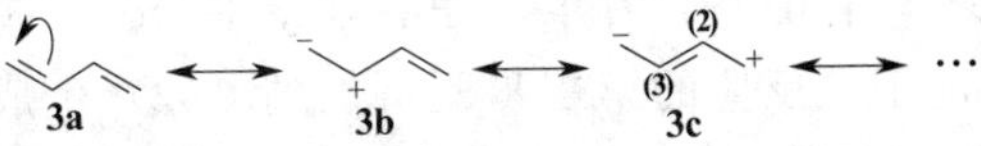

图 3-17　丁-1,3-二烯的 p 电子、大 π 键和共振结构式

丁二烯分子中所有的原子都在一个平面上，围绕带有部分双键特性的 C(2)—C(3) 键也有两种构象，即 ***s-cis***（顺）和 ***s-trans***（反）。*s*（single）是单键之意，*s-cis* 或 *s-trans* 各表示两个双键都在 C(2)—C(3) 键的同侧或异侧，两者在常温下形成动态平衡。如图 3-18 所示，*s-cis* 构象中由于两端 C(1)、C(4) 上的两个氢原子有一定的立体位阻而不如 *s-trans* 稳定，能量相差仅 12kJ/mol，两者互变极快。

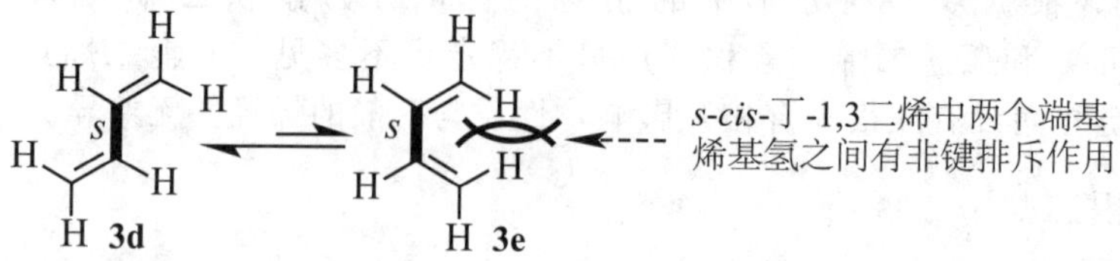

图 3-18　丁-1,3-二烯的两个构象式：*s-trans*（**3d**）和 *s-cis*（**3e**）

共轭多烯中的 π 电荷离域有利于极化和电子的流动性，体系内能降低而增加分子的稳定性。如，非共轭二烯戊-1,4-二烯的氢化热与两个孤立双键的氢化热之和相当；共轭的戊-1,3-二烯的氢化热比两个孤立双键的氢化热之和少 27 kJ/mol，反映出共轭二烯比非共轭二烯稳定。在有可能同时生成共轭和非共轭二烯的反应中，产物总是以共轭二烯为主。如，4-羟基己-1-烯（**4**）脱水反应生成的主要产物是共轭的己-1,3-二烯（**5**），非共轭的己-1,4-二烯（**6**）的产率很低。

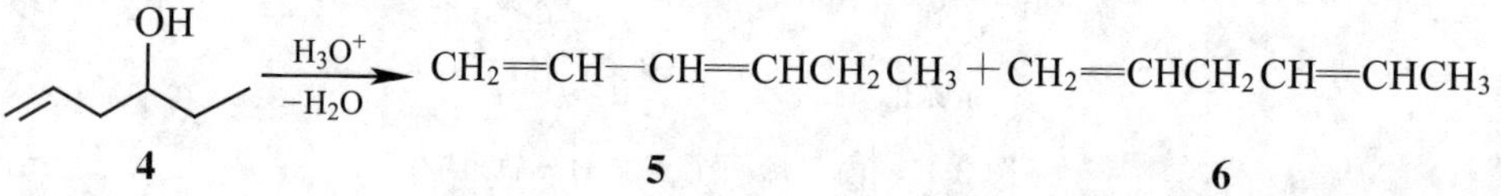

共轭二烯与一般的烯烃一样也可发生加成反应且反应速率更快，产物自然更多。如，丁二烯与溴加成，加第一分子溴的速率比加第二分子溴快得多且得到两个产物。一个次要产物 3,4-二溴丁烯（**7**）是溴与两个相邻 C(1)=C(2) 加成而成的，称 **1,2-加成** [1]或**直接加成**（direct addition）；另一个主要产物 1,4-二溴丁烯（**8**）则是溴加在共轭双键的 C(1)、C(4) 两端而成的，称 **1,4-加成**或**共轭加成**（conjugate addition）。同样的结果在丁二烯与其他试剂的亲电加成反应中也可见到，如，其与一分子氢加成可生成丁烯和丁-2-烯两种产物：

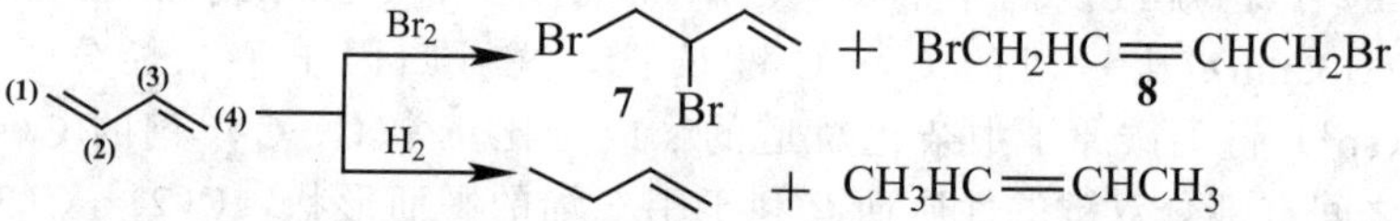

共轭二烯的亲电加成反应也是分步进行的。第一步先生成一个较稳定的碳正离子，同样遵守马氏规则，接着接受负离子亲核进攻生成产物。以丁二烯与溴的加成反应为例，第一步是溴正离子加到双键 C(1) 上生成烯丙基仲碳正离子（**9**）。溴正离子若加到双键 C(2) 上会生成稳定性很差的伯碳正离子（**10**），该途径所需反应活化能高而几乎没有发生的可能性。

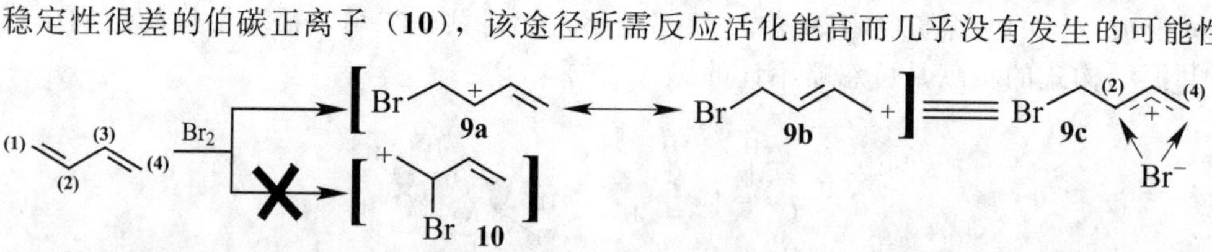

9 是个共振杂化体（参见 1.9.4），有正电荷分别位于 C(2) 或 C(4) 而形成的 **9a** 或 **9b** 两个共振结构式。故溴负离子在反应的第二步既可加到 C(2) 生成 1,2-加成产物（**7**）也可加到 C(4) 生成 1,4-加成产物（**8**）。1,4-加成产物是双取代烯烃，热力学上比单取代烯烃的 1,2-加成产物稳定而易于生成。但两者的比率除了与热力学稳定性有关外，还与两个反应的动力学因素有关，1,2-加成反应的速率比 1,4-加成反应的快。通常可以见到的是，低温或高温反应分别对 1,2- 或 1,4-加成有利。如，丁二烯与 HBr 的加成反应在 −80℃ 下进行，1,2-加

---

❶　"1,2-加成"和"1,4-加成"中的阿拉伯数字 1、2、3、4 仅指共轭体系中双键碳的相对位置而与化合物的命名无关。其他地方用于共轭体系时出现的 1,2- 或 1,4-等用法时这些数字的指向意义也是如此。

成产物（**11**）和 1,4-加成产物（**12**）之比为 4∶1，在 40℃下反应的比例变为 1∶4。**11** 的生成速率比 **12** 快，两者在低温时不会相互转化，高温时能形成平衡混合物。**11** 生成快，但发生可逆解离的反应也快；**12** 虽不易生成，但生成后不如 **11** 那么容易解离；故高温反应易达到平衡状态，**12** 占优势。此外，极性大的溶剂也对 1,4-加成有利。

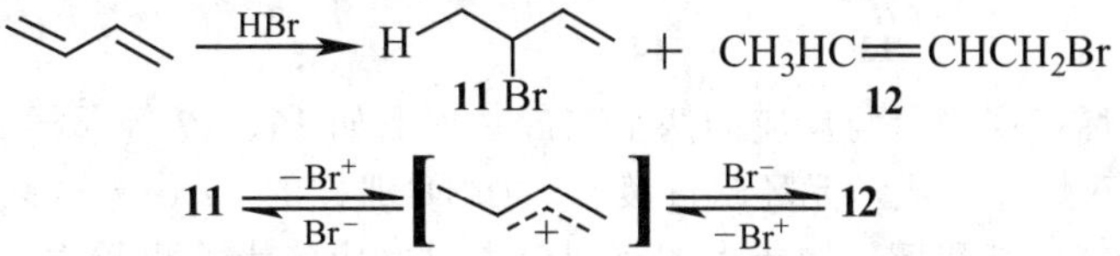
HBr
H
11 Br
$CH_3HC{=}CHCH_2Br$
12
11
$-Br^+$
Br^-
Br^-
$-Br^+$
12

当几个产物形成之后不会再转变为其他结构时，反应速率是决定因素。能够较快形成的那个产物的比例也高，这种反应产物的比率取决于反应速率的过程称**动力学控制**的过程。如果反应是可逆的或产物之间会相互转化时，则当反应平衡完全建立后产物的比例将取决于它们的相对热力学稳定性大小，称**热力学控制**或**平衡控制**的反应。大多数反应的动力学控制和热力学控制的方向是一致的，热力学更稳定的产物也是能较快生成的产物。提高温度意味着提高反应物的内能和降低反应的活化自由能，所有的反应速率都得到加快，但更有利于需更大活化能的反应和生成热力学更稳定的化合物的反应；降低反应温度或缩短反应时间更有利于生成动力学控制的反应产物。

3.13.3 Diels-Alder 环加成反应

共轭二烯能与烯（炔）烃进行加成反应生成六元环状化合物，称 **Diels-Alder 反应**（简称 **D-A 反应**）或**环加成反应**。Diels 和 Alder 也因发现该反应的杰出成果而荣获 1950 年度诺贝尔化学奖。D-A 反应是**低碳经济型**或**绿色化学**的优秀代表，所有的反应底物和试剂都结合进产物，是典型的**原子经济性反应**（参见 17 章）。

D-A 环加成反应又称**双烯合成反应**（diene synthesis）。两个底物中一个是称**双烯体**（diene）的富电子共轭双烯，另一个是称**亲双烯体**（dienophile）的缺电子不饱和成分。丁二烯与乙烯反应生成环己烯的产率（20%）较低且需较激烈的条件，像 2,3-二甲基丁二烯之类带富电子基团的双烯体就较易与丙烯醛之类带缺电子基团的亲双烯体发生 D-A 反应，产率也很好，如式(3-21) 所示的两个反应。

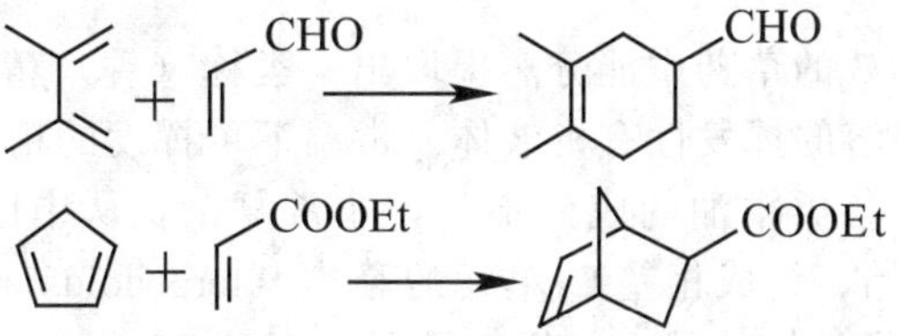
CHO
CHO
COOEt
COOEt

(3-21)

Diels-Alder 反应是一步完成的协同反应，两个底物分子彼此靠近而作用，形成六元环状过渡态后转化为产物分子，反应中涉及 6 个电子的旧键断裂和新键形成是同时完成的，故称**协同反应**（concerted reaction）。协同反应过程中没有活泼的碳正离子、碳负离子或自由基中间体产生，如图 3-19 所示。

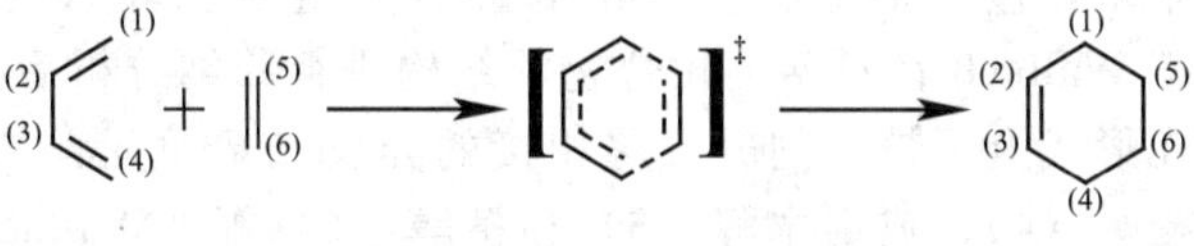
(1)
(2)
(3)
(4)
(5)
(6)
‡
(1)
(2)
(3)
(4)
(5)
(6)

图 3-19 Diels-Alder 反应经过一个六元环状过渡态一步完成

D-A 反应具有立体专一性，双烯体底物（**13**）和亲双烯体（**14**）中取代基的相对立体构型在反应产物（**15**）中保持不变：

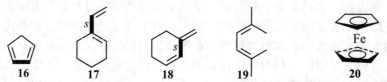

$$13 \qquad 14 \qquad 15$$

D-A 反应中双烯体底物参与反应的两个双键必须取如 **16**、**17** 等那样的 *s-cis* 构象（参见
3.13.2）才能与亲双烯体形成六元环状过渡态。如 **18** 那样的 *s-trans* 构象的双烯体不会发生
环加成反应。双烯体两端双键碳原子上的空间位阻对反应的影响也较大，如，2,5-二甲基己-
2,4-二烯（**19**）也不发生 D-A 反应。

$$16 \qquad 17 \qquad 18 \qquad 19 \qquad 20$$

3.13.4 二茂铁

有特殊臭味的环戊-1,3-二烯俗称茂，环戊二烯基称**茂基**（Cp），是有机金属配合物中常
见的配体。俗称**二茂铁**〔ferrocene，$(C_5H_5)_2Fe$，**20**〕的**双环戊二烯铁**是一个具有类樟脑气
味的橙黄色能升华的针状晶体，熔点和沸点各为 173℃ 和 249℃，不溶于水，溶于苯、石油
醚、乙醚等非极性溶剂，偶极矩为零。二茂铁的结构非常独特，两个茂基上 10 个氢原子和
10 个碳原子都是等同的。每个茂基上有离域的大 π 电荷与铁键合，两个茂基平面在铁原子
的上下，形成夹心结构。二茂铁具有一些奇特的性质：它加热到 400℃ 也不分解且耐酸耐
碱；经过磺化、烷基化、酰基化等取代反应后能生成一系列可用作紫外吸收剂、火箭的燃料
添加剂、耐高温的特种材料等二茂铁衍生物。

3.14　萜类化合物

从 1000 多种花草和 1/3 的草药中能分离提取出一类称（香）**精油**（essential oil）的具特
殊悦人气味且与水不相混溶的挥发性有机液体。常温下可挥发的精油与油脂不一样，涂抹在
纸张上挥发后不留痕迹。各类精油的成分不一，非常复杂，从中已提取的化合物超过 3000
种，主要是一族由 C_{10} 起始、组成相差 C_5 单元的**萜类**（terpenoids）化合物。**异戊二烯**（iso-
prene，**1**）是组成萜类分子骨架的基本单位。具有 10 个、15 个、20 个、30 个或 40 个碳原子
的萜类化合物分别称**单萜**（monoterpene）、**倍半萜**（sesquiterpene）、**二萜**（diterpene）、**三萜**
（triterpene）和**四萜**（tetraterpene），各含有 2 个、3 个、4 个、6 个和 8 个头-尾碳原子相连的
异戊二烯单位。

萜类化合物种类繁多，包括不饱和程度不等的各类链状和环状的烷、烯及含氧的醇、
醛、酸等。19 世纪末，**Wallach** 在对萜类化合物的结构进行归纳分析后提出一条著名的**异戊
二烯规则**：萜类分子在形式上可被分割成头尾相接的异戊二烯单元，如，**莰酮（樟脑，2）**、
莰醇（龙脑，3）、**月桂烯（4）**、**愈创木醇（5）**和**植醇（6）**等。**Wallach** 因对萜类化合物的
创造性研究荣获 1910 年度诺贝尔化学奖。萜类化合物在以往多由精油通过水蒸气蒸馏、压
榨或溶剂萃取等方法提取而得，**超临界流体萃取**（supercritical fluid extraction，参见 17 章）
是近年来发展很快的一项分离纯化精油的技术。许多萜类化合物会相互转化，酸性环境下能

发生各种重排。

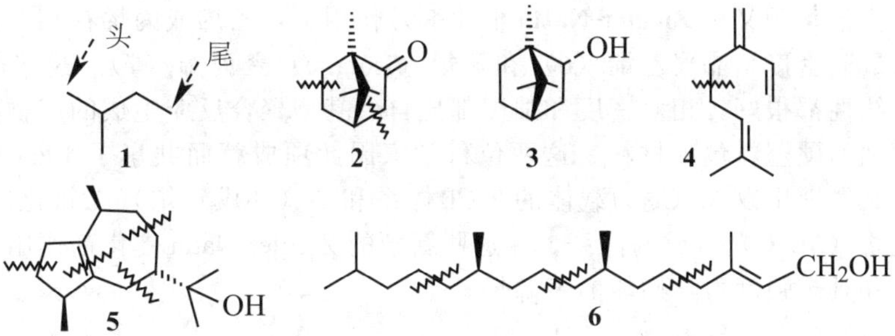

3.15 聚 合 反 应

聚合物（polimer）是由称**单体**（monomer）的小分子重复键合而成的高分子化合物。淀粉和 DNA 等是天然存在的聚合物，合成聚合物则是人工制造的。合成聚合物可分为由单体经**链增长**（chain-growth）的加成反应过程得到的**加成聚合物**和由单体经**步增长**（step-growth）的缩合反应过程失去另一个如水、氨等小分子得到的**缩合聚合物**（参见 10.12 和 11.12）。由同种单体聚合得到的称**均聚体**（homopolymer），由两种以上单体聚合得到的称**共聚体**（copolymer）。各类聚合物的性质有较大区别，它们对人类生活产生了任何其他种类化合物都不能比拟的革命性影响。

烯烃在酸、碱、自由基引发剂和过渡金属配合物等催化下经碳正离子、碳负离子或自由基中间体可得到加成聚合物。反应中经引发生成的一个活性中心进攻烯烃单体分子中的双键碳生成另一个活性中心后再去进攻另一个烯烃分子，每步反应都有位置选择性地进行，如此反复不已，碳链得以增长直至终止，可分别生成**二聚体**、**三聚体**、**寡聚体**（oligomer）和聚合物产物。组成链增长聚合反应的引发、增长及终止的各步反应的反应速率不等。单体在无引发剂存在下本身不会相互反应，聚合反应也没有各种相对分子质量不断递增的中间体产物可以分离。

异丁烯在稀硫酸作用下发生水合反应，在浓硫酸或磷酸作用下生成 2,4,4-三甲基戊-1-烯（**2**）和 2,4,4-三甲基戊-2-烯（**3**）两个同分异构体产物。产物中碳和氢的数目是异丁烯底物的两倍，故该反应称**二聚反应**（dimerization），其他烯烃也有类似的二聚作用。该反应经由碳正离子中间体历程：异丁烯在质子作用下生成叔丁基正离子，后者再与另一个异丁烯分子作用生成一个新的二聚叔丁基正离子（**1**），**1** 脱去 β-H 生成 **2** 和 **3**，若进一步再与另一分子异丁烯加成则生成一个新的三聚叔丁基正离子后再与另一分子异丁烯加成，如此不断发生的链反应最终可生成能有效去除油污的**聚异丁烯**（**4**）。

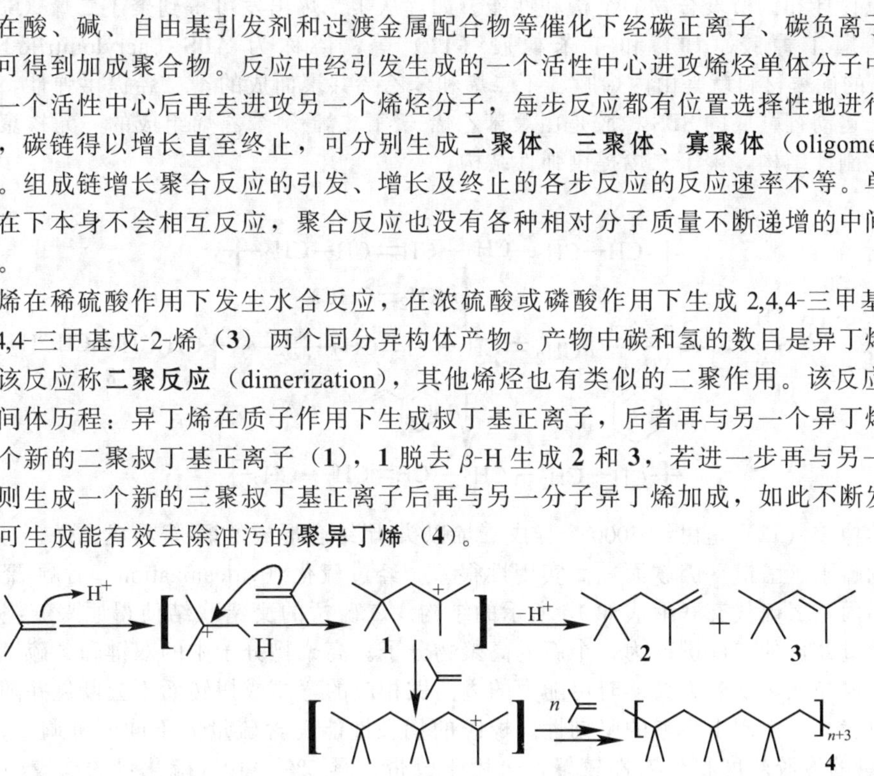

乙烯在高压、高温条件下经自由基型**聚合反应**（polymerization）生成能用于食品包装材料的平均相对分子质量在 1×10^6 的低密度聚乙烯。反应中碳链上的氢原子可被自由基夺取，形成的新自由基可参与后续加成反应形成带支链、不易堆积且结晶性较差的非线性结构聚合

物（**5**）。**Ziegler** 和 **Natta** 于 20 世纪 50 年代分别发现在四氯化钛和三乙基铝等组成的过渡金属催化剂（此类催化剂又称 **Ziegler-Natta** 催化剂）作用下，乙烯或丙烯在相对较低的压力下就能分别聚合成**高密度**结晶聚乙烯（**6**）和**等规**（isotatic）**聚丙烯**（**7**）。这些**聚烯烃**的规整度和分子链的线性都很好，相对密度和强度都比自由基型聚合反应生成的产物高，可用于注模和耐热耐腐蚀的**硬塑料**包装材料。这两位科学家因此项成就而共享了 1963 年度的诺贝尔化学奖。后来又发展出以 $MgCl_2$ 为载体的 $TiCl_4$ 体系和二（环戊二烯）二氯化锆（$ZrCp_2Cl_2$）与甲基铝氧化物（**MAO**）组成的体系。在这些新颖的 Ziegler-Natta 催化剂作用下能生成相对分子质量更高并具高强度力学性能的聚烯烃。

和孤立烯烃一样，共轭二烯自身或与其他烯烃之间可发生**交联**（cross-linked）聚合，生成的产物中每一个单元仍含有双键，各个链联接形成网状结构，故形变是快速可逆的而具有弹性，可用于**合成橡胶**。因反应可经由 1,2-或 1,4-加成或兼而有之的途径，产物结构复杂而难以控制，性能不佳。应用 Ziegel-Natta 催化剂，共轭二烯的聚合反应基本上都是通过 1,4-加成模式进行顺式加成，生成的聚合物有非常优秀的应用性能。选择不同的单体进行均聚或共聚可以设计和调节聚合物的结构和性能。如，从丁二烯出发可得到**聚丁二烯**（**8**）、**丁腈橡胶**（**9**）、**顺丁橡胶**（**10**）和**丁苯橡胶**（**11**）等，俗称为 **ABS**（acrylonitrile-butadiene-styrene）的优秀材料就是由丙烯腈、丁二烯和苯乙烯共聚而成的，二烯提供弹性，腈提供硬度。用于运动鞋鞋底的 **SBS 橡胶**是由聚苯乙烯-聚丁二烯-聚苯乙烯组成的三元崁聚物，聚苯乙烯提供刚性结构，聚丁二烯提供弹性结构。

天然橡胶（**12**）是由约 5000 个异戊二烯以头-尾结合形成的**顺-聚异戊二烯**，有一条长长缠绕着的疏水碳氢链，因软而黏而实用性很差。经过**硫化**（vulcanization）后顺-聚异戊二烯的某些烯丙基氢硫代交联形成如 **13** 所示的结构。二硫桥的交错联结使得原来缠绕独立的橡胶分子通过共价的二硫键成为一个新的高聚物分子。高聚物分子中的双键和二硫键使碳链不易堆积形成晶状，受外力拉伸时可随力的方向做相应的弯曲或扭转而不会撕裂并随外力的消除恢复原状，故表现出足够的坚韧性。橡胶的物理性能随含硫量的不同而可调整，具 1%～3% 硫化量的橡胶软度和延展性较好，可用于胶带；具 3%～10% 硫化量的橡胶较硬，可用于轮胎。

较少见的反-聚异戊二烯是一种称**杜仲胶**（**14**）的天然聚合物。杜仲胶结构中一条链上的甲基恰好能嵌入另一条链的亚甲基位，排列比较规则，比天然橡胶更硬更脆，可用于人造牙齿的填充材料和高尔夫球的表面覆盖物。

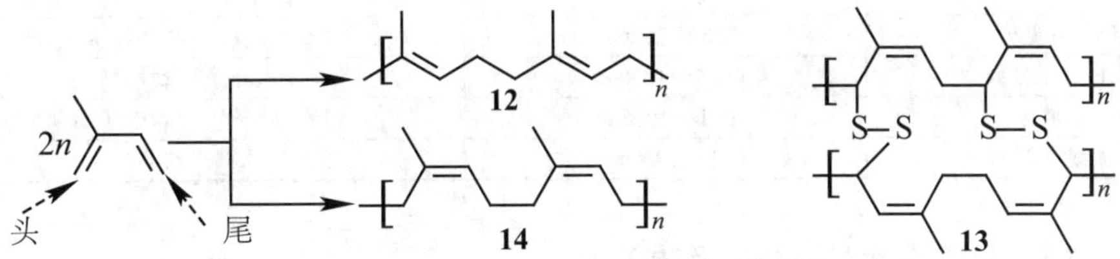

3.16 质谱解析

烯烃的质谱图与烷烃相似，有明显的质荷比间隔为 14 的系列离子和 $[C_nH_{2n-1}]^+$ 系列离子，取代烯丙基正离子常是基峰。

3.17 有机化合物的结构解析 (2)：紫外-可见吸收光谱

不同结构的有机化合物可吸收不同能量的电磁波引起分子内的电子或原子产生量子化的运动并从基态跃迁到某个激发态，激发态以**弛豫**（relax）释放热的方式回到基态。能量在 $300\sim600kJ/mol$ 的引起电子激发而生成紫外-可见吸收光谱；能量在 $8\sim50kJ/mol$ 的引起分子键的振动而生成红外吸收光谱（**IR**）；能量在 $(25\sim250)\times10^{-6}\ kJ/mol$ 的引起原子核自旋态的激发而生成核磁共振谱（**NMR**）。利用**谱仪**（spectrometer）将这些吸收作记录生成可用于解析结构的**谱图**（spectrum）。具有共轭体系的有机分子可用紫外-可见吸收光谱来解析共轭结构。

3.17.1 光的基本性质和分子吸收光谱的基本原理

光有波粒二象性，波动性表现为有**频率**（ν）或**波长**（λ）。频率是光波单位时间内完成周期性变化的次数，单位为赫兹（Hz，s^{-1}）；波长用 nm、μm、mm、m 等各种长度单位表示。频率与波长呈反比关系，故更多的是用波长的倒数，即每 1cm 长度中的**波数**（$\bar{\nu}$，cm^{-1}）来表示，频率与波数呈正比关系。频率、波长与光速（c，约 $3.0\times10^8 m/s$）有如式（3-22）所示的等式关系。

$$\lambda\nu=c \tag{3-22}$$

光有粒子性而称**光子**（proton），其能量 E(kJ/mol) 与频率成正比，与波长成反比，如式(3-23) 所示，式中 h 是 Plank 常数（$6.62\times10^{-34}J\cdot s/mol$）。

$$E=h\nu=c/\lambda \tag{3-23}$$

不同波长的光可分别与分子、电子或原子核中不同层次的能级产生作用，如表 3-1 所示。各种分子有不相同的能级组成而对光的吸收有各种选择性，检测到的吸收光谱具有被测分子的结构特征。用于检测和记录分子**吸收光谱**的仪器称**分光光度计**或**光谱仪**。

表 3-1　电磁波不同区域的划分及其对应的能级

区　　域	波　　长	原子或分子的跃迁能级
γ 射线	$10^{-3}\sim0.1nm$	原子核
X 射线	$0.01\sim10nm$	内层电子
远紫外	$10\sim200nm$	σ 电子及孤立 π 电子

区　　域	波　　长	原子或分子的跃迁能级
紫外-可见光	200～760nm	外层(价)及共轭 π 电子
红外-远红外线	0.76～1000μm	分子振动和转动
微波	0.1～100mm	分子转动和电子自旋
无线电波	1～1000m	核磁共振

3.17.2　共轭烯烃的紫外-可见吸收光谱

简称**紫外光谱（UV）**的**紫外-可见吸收光谱**（ultraviolet and visible absorption spectroscopy，**UV-Vis**）是由分子中电子能级的跃迁产生的，是非常有用的解析各类共轭体系是否存在的一个方法。基态分子的成键电子都在成键分子轨道，吸收光能后可跃迁到反键分子轨道上，形成**电子激发态**，如 $\sigma \rightarrow \sigma^*$、$\pi \rightarrow \pi^*$。另一种电子跃迁是非键轨道上的孤对电子到反键轨道的跃迁，即 $n \rightarrow \sigma^*$、$n \rightarrow \pi^*$。各类跃迁所需能量（ΔE）的大小次序为 $\sigma \rightarrow \sigma^* > \sigma \rightarrow \pi^* > \pi \rightarrow \sigma^* > n \rightarrow \sigma^* > \pi \rightarrow \pi^* > n \rightarrow \pi^*$，其中如图 3-20 所示的 $\pi \rightarrow \pi^*$ 和 $n \rightarrow \pi^*$ 跃迁可给出紫外-可见吸收光谱，前者产生的吸收带称 **K 带**，后者称 **R 带**。苯环的 $\pi \rightarrow \pi^*$ 跃迁称 **B 带**。K、R、B 各来自德文共轭、基团、苯的首字母。

图 3-20　分子轨道能级和紫外-可见吸收光谱中的 $\pi \rightarrow \pi^*$ 跃迁及 $n \rightarrow \pi^*$ 跃迁

样品在某特定波长处的吸收有效性可用与 **Beer-Lambert** 定律有关的**摩尔吸光系数** $[\varepsilon$，L/(mol·cm)] 来表征。ε_{max} 为最强吸收波长处（λ_{max}，即最高吸收峰处，反映出最易发生跃迁及生成激发态概率最大的波长处）的摩尔吸光系数，其数值愈大，反映出底物吸收该波长光的效率也愈高，它虽然不是 SI 制单位，但得到广为应用。如式（3-24）所示，I_0 和 I 为**入射光强度**和**透射光强度**；T 为**透光率**；A 为**吸光度**；c 为被测物质浓度（mol/L）；L 为样品池长度（cm）。λ_{max} 和 A 分别与被测分子的结构和数量有关，故紫外光谱可用于样品的定性和定量分析。

$$\lg(I_0/I) = \lg(1/T) = \varepsilon c l = A \tag{3-24}$$

图 3-21 是丁-1,3-二烯的紫外吸收光谱，谱图上的横坐标是以 nm 为单位的波长，纵坐标为吸光度（A），可标记为 λ_{max} 217(21000)。

$\sigma \rightarrow \sigma^*$ 和孤立双键 $\pi \rightarrow \pi^*$ 跃迁所需的能量较大，吸收峰波长在接近 200nm 的远紫外区。远紫外线能被空气中的氧、氮、二氧化碳及水分子吸收，检测必须用设备要求很高的真空紫外仪，故应用很少。随着共轭体系中双键数目的增多，π 分子轨道数目也增多，可能的跃迁类型增加而使谱图复杂的同时各个成键轨道和反键轨道间的电子能级差也逐渐减小，吸收峰向长波方向移动。人的最佳视觉能感知 400～750nm 的可见光，依次对应着深紫色、蓝紫色、蓝绿色、绿色、黄色、橙色和红色。分子吸收了特定波长的光后表现出的补偿光颜色就是人的肉眼看到的色彩，日光则是这些可见光的混合物。如，无色的乙烯、丁二烯和淡黄色的癸-1,3,5,7,9-五烯的 λ_{max} 分别在 171nm、217nm 和 335nm。β-胡萝卜素（**1**）有 11 个共轭双键，强烈吸收 450nm 左右的蓝紫光而呈现亮丽的橙红色。皮肤中的**黑色素**（melanin）可吸收紫外

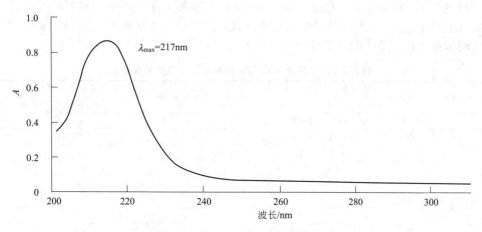

图 3-21　丁-1,3-二烯的紫外吸收光谱

线而起到一定的保护作用，但长时间暴露于阳光下对健康有害。许多含有无机或有机化学成分的防晒护肤品的作用之一就是屏蔽紫外线。无机成分主要是对紫外线产生散射作用的金属氧化物；而有机成分则可从散射和吸收两方面屏蔽紫外线。如，两个有机防晒剂（**2** 和 **3**）的 λ_{max} 分别为 288nm 和 325nm。

如 C=C、C=O、N=N、C=C、C≡N 等能在紫外-可见光谱中产生 $\pi \rightarrow \pi^*$ 或 $n \rightarrow \pi^*$ 跃迁吸收峰的基团称**生色团**或**发色团**（chromophore）。那些本身在紫外-可见光区域不产生吸收，但与生色团相连后能使生色团吸收峰红移（波长变大）的如 OH、OR、NH$_2$ 和卤素等基团称**助色团**（auxochrome）。助色团含有杂原子，杂原子上位于 p 轨道的孤对电子与生色团相连时能与生色团中的 π 键形成 p-π 共轭而使 π 电子流动性增大，$\pi \rightarrow \pi^*$ 跃迁的能差减小。溶剂的极性对吸收波长也有影响：极性溶剂使 $\pi \rightarrow \pi^*$ 跃迁的能差减小，使 $n \rightarrow \pi^*$ 跃迁的能差增大。故紫外-可见光谱在测试和记录时应记录和标明所用溶剂。

有机化合物的紫外-可见吸收谱带仅仅反映了分子中生色团和助色团的特征，不能反映分子整体。如，胆甾-4-烯-3-酮（**4**）与 4-甲基戊-3-烯-2-酮（**5**）都具有相同的 α,β-不饱和酮这一生色团且在生色团相同的位置都有烷基取代，两者的整体分子结构相差很大，但紫外-可见吸收光谱几乎完全相同。故单凭紫外吸收光谱不能确定一个分子的整体结构，但从吸收带的位置（λ_{max}）、强度（ε_{max}）和形状这三方面的信息可以解析共轭体系的类型及取代基的位置、种类和数量。如，顺式和反式的 1,2-二苯乙烯的 λ_{max} 各为 280nm（10500）和 294nm（27600），很易区别。

在归纳大量实验数据的基础上，**Woodward** 对预测各类分子紫外-可见吸收光谱的 λ_{max} 估算值提出了一个如表 3-2 所示的经验计算法。以共轭二烯母体结构的 λ_{max}（217nm）为基值，加上共轭体系中相连基团的贡献值后可得出 λ_{max} 估算值。

表 3-2 共轭烯烃中取代基影响吸收带波长的经验值

取代基团		对吸收带波长的贡献/nm
环内共轭双烯		+36
共轭双烯上每增加一个共轭双键		+30
共轭双烯上每一个烷基或环烷取代基		+5
共轭双烯上每一个环外双键		+5
每一个助色团取代	RCOO—	0
	RO—	+6
	RS—	+30
	Cl(Br)—	+5
	R_2N—	+60

应用 **Woodward** 经验计算法对未知分子的 λ_{max} 值作一理论估算还是很有效的。如，化合物 **6** 和化合物 **7** 的 UV（λ_{max}）估算值和实际测得值相差不大。

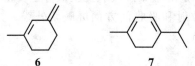

6   **7**

化合物	6	7	化合物	6	7
基本值	217	217	烷基取代	+5×3	+5×3
环外双键	+5		估算值（λ_{max}/nm）	237	268
同环共轭二烯		+36	实测值（λ_{max}/nm）	235	263

习　题

3-1 给出：

（1）下列五个化合物（**1~5**）的系统命名：

$H_2C=C(CH_2CH_3)_2$ $H_2C=CHCH(CH_3)CH(CH_3)CH=CHCH_3$
1   **2**

3   **4**   **5**

（2）下列三个化合物（**6~8**）的命名中不正确的地方并予以正确的命名：

2-甲基戊-2,4-二烯（**6**）；辛-(3E,6Z)-二烯（**7**）；E-3-丙基庚-3-烯（**8**）。

（3）下列 7 个烯烃化合物（**9~15**）有无顺反异构？若有，指出其构型：

9   **10**   **11**   **12**

13 $BrClC=CH_2$ $ClCH=CHCl$
            14   **15**

（4）下列 4 个环烃化合物（16～19）有无顺反异构？若有，指出其构型：

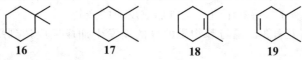

（5）下列各组化合物的稳定性大小：

① 丁-1-烯和 2-甲基丙-1-烯；②Z-己-2-烯和 E-己-2-烯；③1-甲基环己-1-烯和 3-甲基环己-1-烯。

（6）顺-1,2-二氯乙烯和反-1,2-二氯乙烯的偶极矩大小及沸点高低。

（7）下列四个化合物的不饱和数：

胆甾酮（$C_{27}H_{46}O$）；前列腺素 E（$C_{20}H_{34}O_5$）；滴滴涕（$C_{14}H_9Cl_5$，**DDT**）；咖啡因（$C_8H_{10}O_2N_4$）。

3-2 根据反应推出各化合物的结构：

（1）化合物 **1**、**2** 和 **3** 均为庚烯的异构体，经臭氧化-还原反应后，**1** 得到乙醛（**A**）、戊醛（**B**）；**2** 得到丙酮（**C**）、丁酮（**D**）；**3** 得到乙醛和戊-3-酮（**E**）。

（2）化合物 **4**，分子式为 $C_{10}H_{14}$，1mol 化合物 **4** 可以吸收 2mol 氢，经臭氧化-还原反应后给出一个产物 5,6-二氧代癸二醛（**F**）。

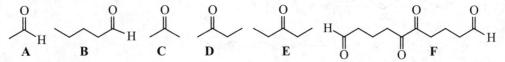

（3）化合物 **5**，分子式为 $C_{10}H_{16}$，1mol 化合物 **5** 可吸收 1mol 氢，臭氧化-还原反应后生成一个对称的分子式为 $C_{10}H_{16}O_2$ 的二酮。

（4）化合物 **6**，分子式为 C_7H_{12}，与 $KMnO_4$ 反应后得到环己酮（**G**）；**6** 用酸处理生成 **7**；**7** 臭氧化-还原反应后给出 6-氧代庚醛（**H**），与溴反应生成 **8**；**8** 与碱性醇溶液共热生成 **9**；**9** 臭氧化-还原反应后可生成丁二醛（**I**）和丙酮醛（**J**）。

（5）化合物 **10**，分子式为 C_6H_{12}，1mol 化合物 **10** 可吸收 1mol 氢，与 OsO_4 反应给出一个二醇化合物，与 $KMnO_4/H_3O^+$ 反应给出丙酸（**K**）和丙酮（**C**）。

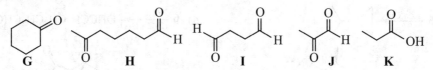

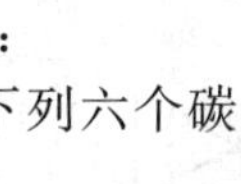

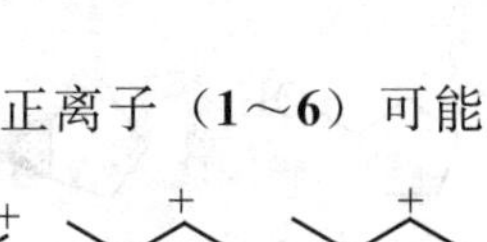

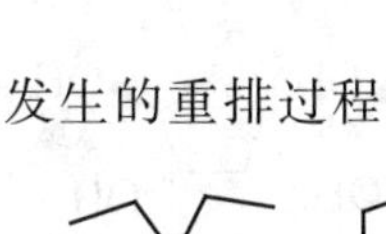

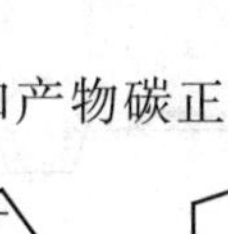

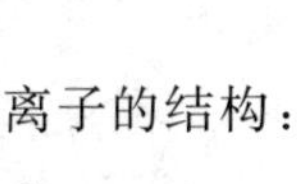

（6）化合物 **11**，分子式为 $C_{10}H_{18}O$，与稀硫酸加热反应后生成两个同分异构烯烃的混合物 $C_{10}H_{16}$，其中一个主产物烯烃经臭氧化-还原反应后只生成环戊酮。

（7）与 HBr 反应后得到的 1,2-和 1,4-加成产物是相同的共轭二烯（**12**）。

3-3 指出：

（1）下列六个碳正离子（1～6）可能发生的重排过程和产物碳正离子的结构：

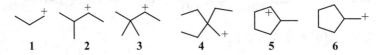

（2）下列五个碳正离子（7～11）的稳定性大小次序。

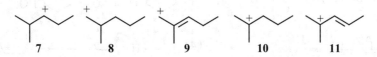

（3）为何连有如氮、氧或卤素等带孤对电子的原子的碳正离子是较稳定的？

（4）烯烃与醇在质子酸存在下进行亲电加成反应的产物。

（5）1,4-二甲基环己-1,3-二烯与等物质的量的溴发生加成反应达到平衡后的主要产物和次要产物。

（6）三种二溴乙烯的偶极矩大小的次序。

3-4 完成下列八个反应，给出 **1～9** 的结构：

（1）Z- 或 E-$C_2H_5HC \!=\! CHC_2H_5$ $\xrightarrow{RCO_3H}$ **1** 或 **2**　（2） 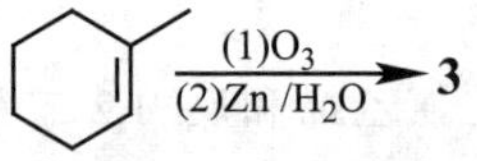 $\xrightarrow[(2)Zn/H_2O]{(1)O_3}$ **3**

（3） $\xrightarrow[(2)H_2O_2/OH^-]{(1)BH_3}$ **4**　（4） $+$ $\longrightarrow$ **5**

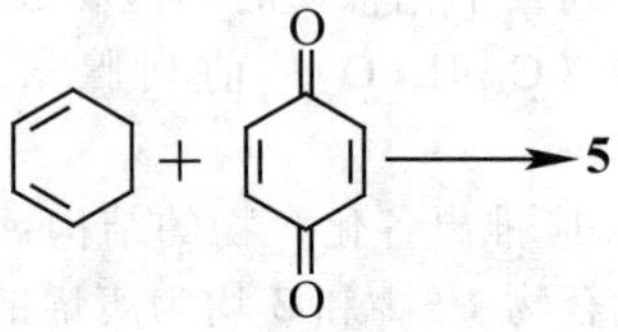

（5）$C_2H_5HC \!=\! C(CH_3)C_2H_5$ $\xrightarrow{HCl}$ **6**　（6） 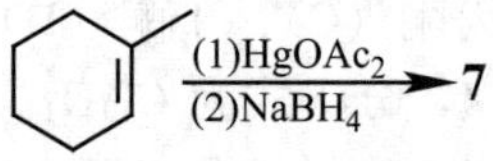 $\xrightarrow[(2)NaBH_4]{(1)HgOAc_2}$ **7**

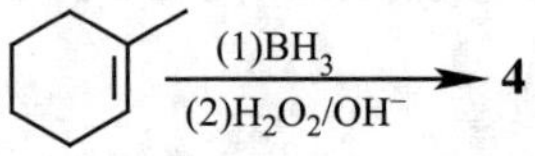

（7） $\xrightarrow[-C_2H_4]{RuL_n}$ **8**

（8） $+$ $\xrightarrow{RuL_n}$ $+$ **9**

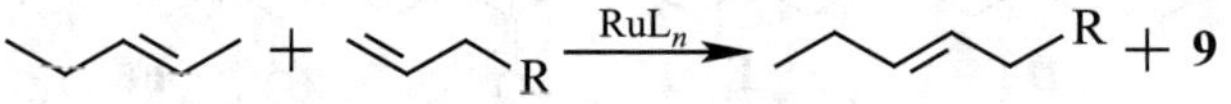

3-5 给出下列八个反应的起始原料 **1～10** 的结构（可以不止一个）：

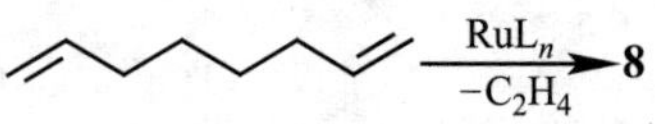

（1）**1** $\xrightarrow{H_2}$ 　（2）**2** $\xrightarrow{Br_2}$

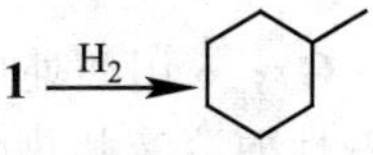

（3）**3** $\xrightarrow[(2)NaBH_4]{(1)HgAc_2/H_2O}$ 　（4）**4** $\xrightarrow[RO-OR]{HBr}$

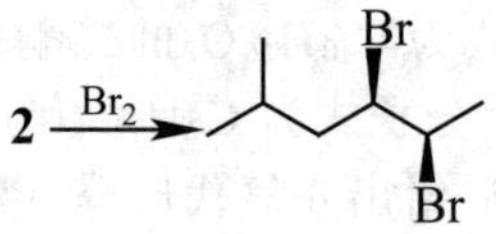

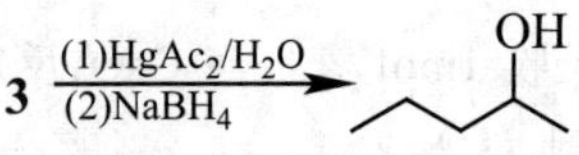

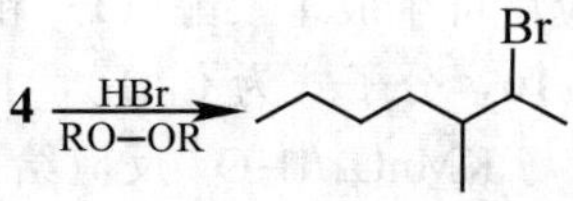

（5）**5** $\xrightarrow[CH_2I_2]{Zn/Cu}$ 　（6）**6** $\xrightarrow[(2)Zn/H_2O]{(1)O_3}$ $OHCCH_2CH_2CH_2CHO$

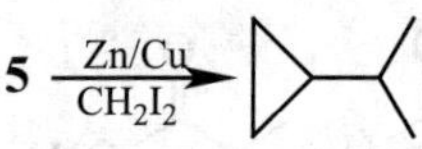

（7）**7** $+$ **8** $\longrightarrow$ 　（8）**9** $+$ **10** $\longrightarrow$

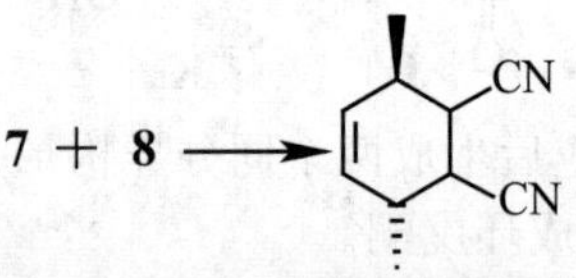

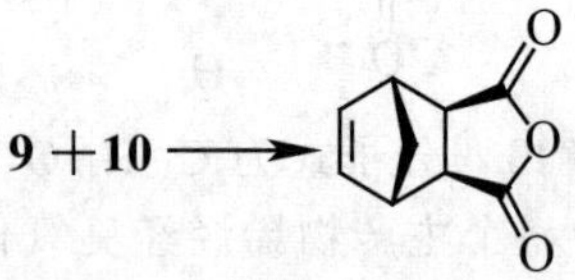

3-6 给出下列四个反应所需试剂：

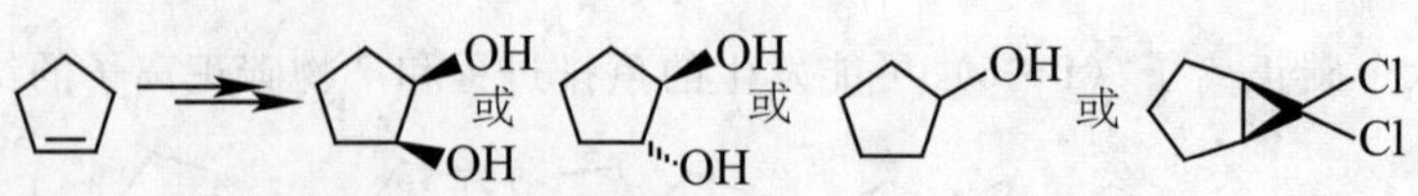

3-7 指出下列四个反应中所存在的错误：

（1） 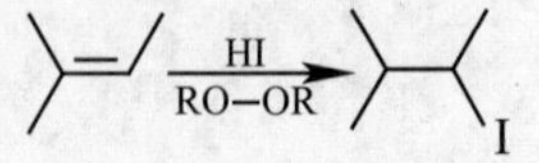　（2）

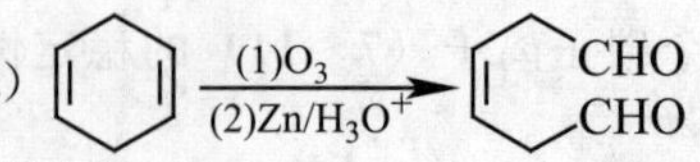

（3） 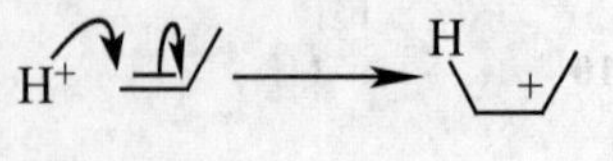　（4）

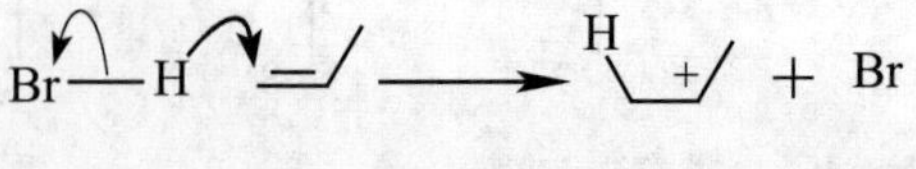

3-8 解释：

（1）下列两个烯烃底物与 HCl 发生加成反应的位置选择性不同。

$$CF_3HC\!\!=\!\!CHCH_3 \xrightarrow{\text{HCl}} CF_3CH_2CHClCH_3$$

$$CH_3OHC\!\!=\!\!CHCH_3 \xrightarrow{\text{HCl}} CH_3OCHClCH_2CH_3$$

（2）1-异丙基环己烯与 HCl 发生加成反应生成环己基二甲基氯甲烷。

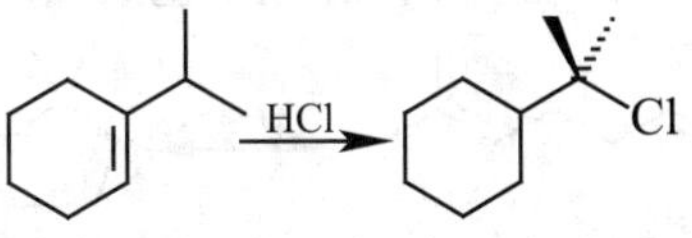

（3）1-甲基-1-异丙烯基环戊烷与 HCl 发生加成反应生成 1,2,2-三甲基-1-氯环己烷。

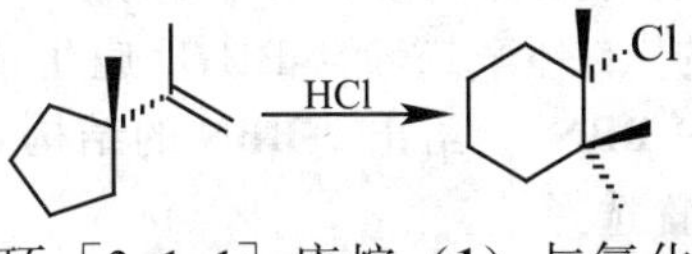

（4）1-亚甲基-7,7-二甲基双环〔3.1.1〕庚烷（**1**）与氯化氢作用生成 1,7,7-三甲基-2-氯双环〔2.2.1〕庚烷（**2**）和 1,3,3-三甲基-2-氯双环〔2.2.1〕庚烷（**3**）。

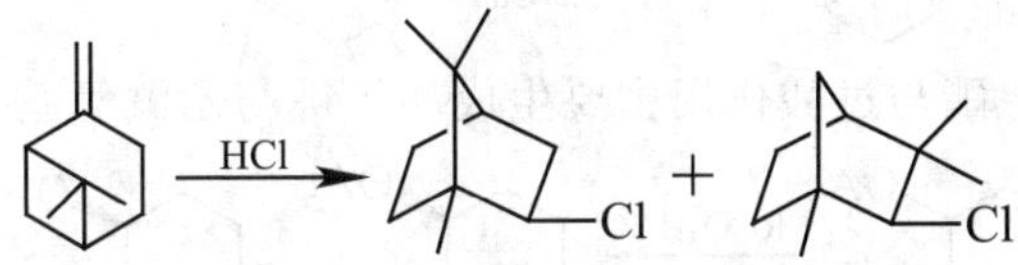

（5）3-溴环己烯与 HBr 反应生成一个产物反-1,2-二溴环己烷，3-甲基环己烯同样反应后生成四个产物顺-、反-1-甲基-2-溴环己烷及顺-、反-1-甲基-3-溴环己烷。

（6）HBr 与 2-甲氧基丙烯反应的速率比与 2-甲基丙烯的快，与 2-甲基丙烯的反应速率又比与 2-甲氧基甲基丙烯的快。

（7）烯烃与溴化氢在高温或光照的自由基反应环境下生成反马氏产物，反应过程涉及溴自由基中间体，那是否会发生烯丙位上的取代反应生成 3-溴丙烯？

（8）乙烯、异丁烯与溴或氯进行加成反应经过不同的中间体结构。

（9）1-苯基环己-1-烯与氯反应生成几乎等量的顺-1-苯基-1,2-二氯环己烷和反-1-苯基-1,2-二氯环己烷。

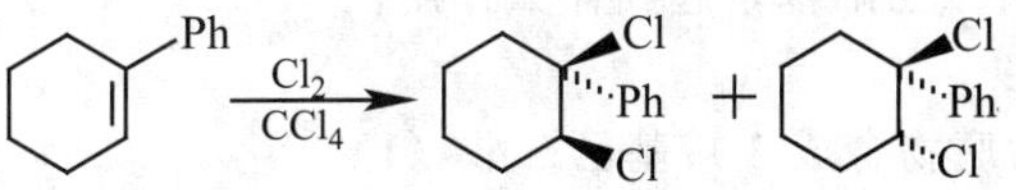

（10）环己烯与溴反应后再在碱性环境下生成 3-溴环己烯而无 1-溴环己-1-烯。

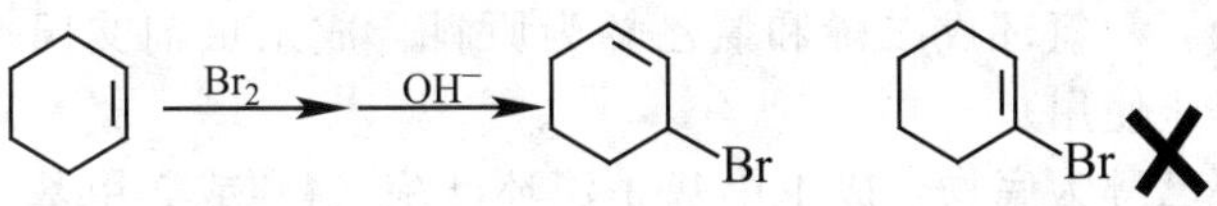

（11）NBS 在光或者过氧化物等自由基引发剂存在下与 2,3-二甲基丁-2-烯反应生成两个产物 2,3-二甲基-1-溴丁-2-烯（**4**）和 2,3-二甲基-3-溴丁-1-烯（**5**），与环己烯反应只生成一个产物 3-溴环己-1-烯（**6**）。在光或者过氧化物等自由基引发剂存在下 NBS 与己-1-烯反应可生成几个产物？

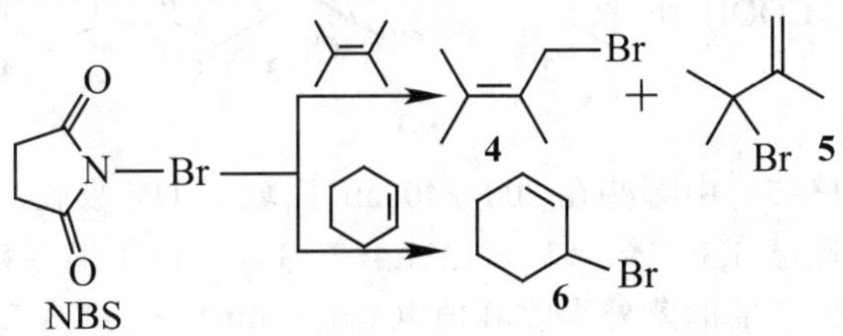

(12) 在自由基反应环境下溴与丙烯反应生成烯丙基溴。给出反应过程及各步反应的焓变值，一些共价单键的键能（$\Delta_D H_m$，kJ/mol，25℃）为：Br—Br（192），H—Br（368），CH_2=CH—H（460），CH_2=$CHCH_2$—H（364），CH_2=$CHCH_2$—Br（280）。

(13) 在相同反应条件下，乙烯、丙烯和 2-甲基丙烯发生水合反应的相对速率分别是 1、1.6×10^6 和 2.5×10^{11}。

(14) 2,7-二甲基辛-2,6-二烯（**7**）在质子酸作用下生成 1,1-二甲基-2-异丙烯基环戊烷（**8**）。

(15) 二硼烷是易爆易燃的有毒气体，常保存在四氢呋喃（THF，氧杂环戊烷）中，给出该溶液的结构。等物质的量的 1,5-环辛二烯与 BH_3 反应生成一个较为稳定和很有用的硼烷试剂 9-硼双环［3.3.1］壬烷（**9-BBN**）。给出 **9-BBN** 的结构式。

(16) 下列反应有较好的位置选择性。

(17) 乙酸 3-环己烯醇酯与过酸作用主要生成环氧键与乙酰氧基异侧的产物。

主要产物　　次要产物

(18) 戊-1,3-二烯自由基（**9**）上的单电子是离域的吗？若是，单电子可落在哪几个碳原子上？若 **9** 再失去或得到一个电子将生成什么？

(19) 人造黄油比植物油更易保存。

(20) 苯乙烯聚合得聚苯乙烯的反应中加入少量（约 2%）对二乙烯基苯得到的聚合产物有更好的机械强度。对二乙烯基苯起到什么作用？

3-9 完成下列四个合成：

(1) 以丁-1,3-二烯为底物合成 3-羧基己二酸（**1**）。

(2) 以合适的烯烃为底物经 Diels-Alder 反应合成 3-甲基环己-3-烯基甲醛（**2**）。

(3) 以环戊二烯、六氯环戊二烯和氯乙烯为原料合成杀虫剂艾氏剂（**3**，Aldrin，因环境问题该杀虫剂已停止使用）。

(4) 以 2-甲基环己醇为底物合成 1-甲基-1-溴环己烷（**4**）或 2-甲基-1-溴环己烷（**5**）。

3-10 紫外吸收光谱解析：

(1) 下列化合物（1～5）中哪些在 200～400nm 区域有 UV 吸收？

甲基环戊烷（**1**）；环己-1,3-二烯（**2**）；己-1,4-二烯（**3**）；丁烯（**4**）；丁-1,3-二烯（**5**）。

(2) 下面是几个共轭二烯的紫外吸收峰值（λ_{max}，nm）：丁-1,3-二烯（217）、2-甲基丁-1,

3-二烯（222）、戊-1,3-二烯（223）、2,3-二甲基戊-1,3-二烯（233）、己-2,4-二烯（227）、2,5-二甲基己-2,4-己二烯（237）、2,4-二甲基戊-1,3-二烯（233）。你能从中看出甲基取代会产生怎样的效应吗？己-1,3,5-三烯的 λ_{max} 值为 258，那么，2,3-二甲基己-1,3,5-三烯（**6**）的 λ_{max} 是多少？

（3）预测下列两个化合物 **7**、**8** 的紫外可见吸收的 λ_{max} 值。**8** 吸收 1mol H_2 后生成三个异构体产物，怎样利用 UV 光谱分析来区分这三个异构体产物？

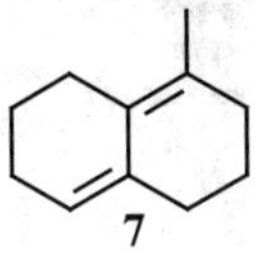

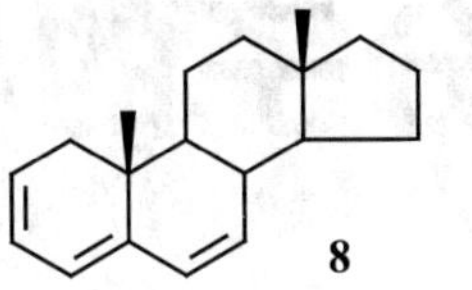

（4）下列四个化合物（**9**～**12**）哪几个有颜色？

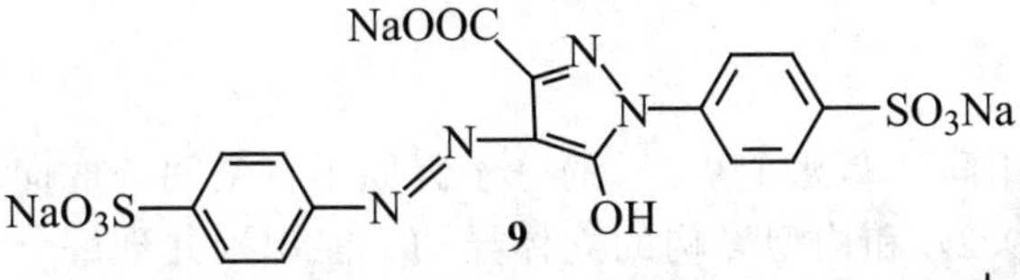

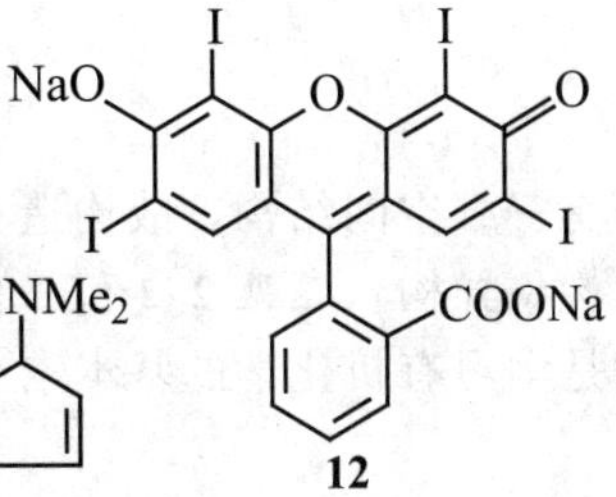

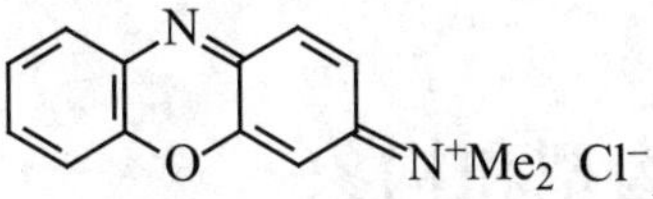

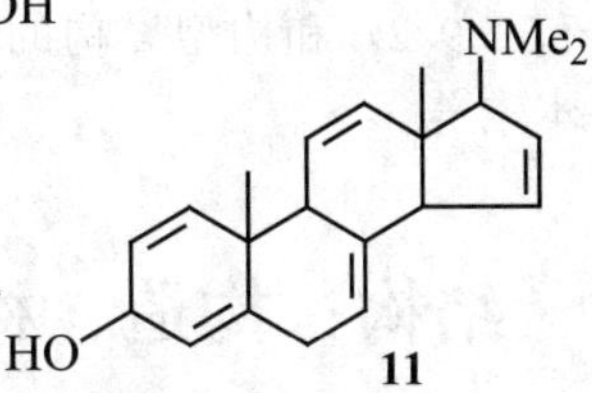

4 分子的手性

分子有三维空间结构，故构造相同（参见 1.9.3）的分子因原子在空间的取向不同而可产生包括构象异构（参见 2.2 和 2.9.2）和构型异构的立体异构。能识别并理解分子的三维空间结构是学习有机化学的基本素养。

4.1 结构：构造、构型和构象

结构和构造两个词的含义完全不同，但日常使用时常混为一谈，如，结构式和测试样品常提的结构分析通常只是指构造和构型的解析和表达。根据 IUPAC 的建议，像晶体结构、物质结构和电子结构等词用到的**结构**（structure）有严格的普遍意义。一个完整的分子层面上的结构应涵盖构造、构型和构象，不涉及粒度、形态等宏观结构。

构造决定了原子间的连接方式，构型和构象涉及分子中原子连接的相对取向。通过围绕单键旋转即可实现的各种构象异构体均是同一分子，它们之间的差异是临时的转瞬即逝的，相互转化无需断键。一个构型确定的分子若因单键旋转而使空间形象发生变化时必定有无数种构象（甲烷或乙烯等少数几个分子只有构型，它们的构象与构型相同）。**构型**（configuration）异构体之间的转化通过围绕单键的旋转是无法实现的，必须经过断键和再成键才行。构型异构体是两个不同的始终存在差异的分子，如，顺/反取代的环、双键 Z/E 异构及对映异构都是构型异构。构型的提出使放在纸平面上的有机分子站立起来成为一个立体分子，而构象则表明分子中原子之间的相对空间关系因热运动一直在变化，分子结构并非僵硬不变。

4.2 对映异构与手性

连有 4 个不同取代基的 sp^3 杂化的碳原子称**不对称碳原子**（asymmetric carbon atom），取代基有两种不同的相对空间排列方式，存在不能**叠合**（superimpose，或称**重合**）的呈物体与镜像关系的两个分子。这两个称**对映体**（enantiomer）的分子互相**对映**（enatiotopic），称**对映异构**（enantiomerism），如图 4-1 所示。两个对映体恰如左、右手的关系，故称**手性**（handedness，chirality），其特殊之处在于其有**旋光活性**（optically activity）。两个对映异构体分别使偏振光**右旋**（dextrorotatory）或**左旋**（levorotatory），旋光度相等。手性是描述分子结构的几何特征和现代立体化学的一个核心概念，也是分子可存在对映异构的必要和充分条件。双键

Z/E 异构和某些顺/反取代的环异构则是非手性的构型异构。

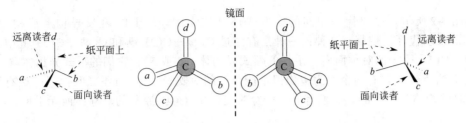

图 4-1　对映异构体 C$_{abcd}$ 及键的立体位向表示（a、b、c 和 d 代表不同的取代基）

4.3　手性与分子的对称面

分子中的原子都处于一个平面（如，烯烃双键的两个碳原子及它们所连的 4 个原子），或有一个穿过分子并能把它分成互为物体和镜像两部分的平面都称该分子的**对称面**（plane of symmetry，**s**）或**镜面**。二氯甲烷（**1**）分子中的对称面通过碳原子和两个氢原子或通过碳原子和两个氯原子；2-氯丙烷（**2**）分子中有一个对称面穿过中心碳原子和氯原子及中心碳原子上的氢原子；苯（**3**）是一个有 7 个对称面的平面型分子，包括环平面和 6 个垂直于苯环平面的对称面。如果在所有穿过分子中心的直线上离中心等距离处都有相同的原子（团），此中心称**对称中心**（center of symmetry，i）。反-1,3-二甲基-2,4-二氯环丁烷（**4**）就有一个对称中心。有对称中心的分子不多。

分子是否有手性取决于其具备的对称因素。对绝大多数分子而言，有对称面或对称中心的分子与其镜像可重合，是没有手性的。C$_{aaaa}$ 型、C$_{aaab}$ 型和 C$_{aabc}$ 型分子中都有一个对称面而无手性。没有对称面的 C$_{abcd}$ 型分子有手性和对映异构现象，称**手性分子**（chiralmoleculer）。

4.4　手性分子的类型

分子具有手性的充要条件是与其镜像不能重叠。存在一个构型确定的手性中心是分子具有手性的充分条件而非必要条件，无手性中心的分子也可有手性（参见 6.11.1）。

4.4.1　带手性碳中心

最常见的手性分子是有一个手性碳原子（C$_{abcd}$）的分子。因同位素原子也可产生手性分子，如 **1**。四个桥头不同取代的金刚烷 **2** 也是手性分子，其手性中心是相当于手性碳原子的一个高度对称的金刚烷骨架。

4.4.2　手性的环状分子

如图 4-2 所示，以取代基相同的二取代环己烷为例，环上的顺/反异构形成构型异构。1,2-或 1,3-二取代环己烷都有 3 种：一种是有穿过 C(1)—C(2) 键和 C(4)—C(5) 键中心或穿过 C(2)—C(5) 原子的对称面而无手性的顺式异构体（**3** 或 **5**）；它们的反式异构体（**4**、**4′** 或 **6**、**6′**）是有手性的，有两个互为镜像但不能叠合的对映异构体；1,4-二取代环己烷有顺式或反式两种异构体（**7** 或 **8**），它们都有一个穿过 C(1)—C(4) 原子的对称面而无手性。

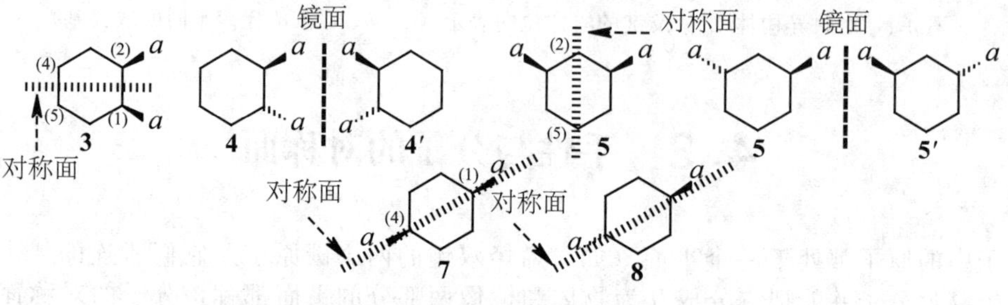

图 4-2　两个碳上有相同取代基的二取代环己烷的立体异构现象

两个不同的环并联时，如由五元和六元环并联而成的**全氢化茚**的顺式异构体（**9**）有对称面，只有一种；反式异构体则有对映异构的两种分子 **10** 和 **10′**。

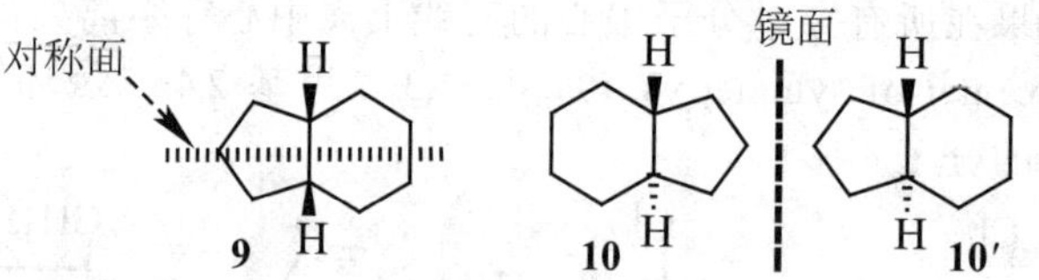

4.4.3　双键产生的手性分子

双键的顺/反异构也是构型异构，只是双键平面就是对称面，故没有对映异构。但反式环辛烯（**11a** 或 **11a′**）中双键两端所连的六碳链太短而不能处于双键平面，不存在如 **11b** 所示的平面构象，反式环辛烯是一个有手性的分子。丙二烯分子中两个双键是正交的，若两端碳原子分别都有不同的取代基团，即 C_{ab}=C=C_{ab}（**12**）或 C_{ab}=C=C_{cd} 时，整个分子就因缺少对称平面而成为无手性原子的手性分子。

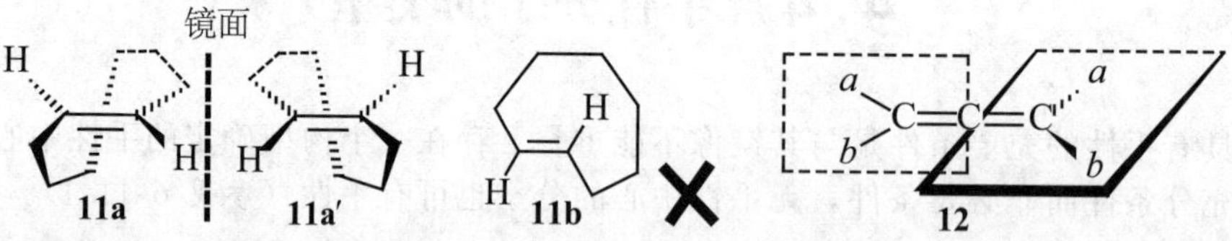

4.4.4　非碳手性中心

季铵盐中的氮原子键连有 4 个不同的基团时也是有手性的原子。若把胺中氮原子上的孤对电子当**虚原子**处理，则连有三个不同基团的叔胺（RR′R″N）就是一个手性分子。但一般叔胺中的氮原子构型会迅速翻转变化，翻转能量仅需很少（25kJ/mol），两个对映异构体（**13a** 和 **13b**）是无法分离的，就像乙烷的构象异构那样，简单的分子碰撞和热运动就能迅速地实现这种转变。若能把这 3 个不同的基团固定起来使其不能来回翻转，则可分离两个对映异构体，如图 4-3 所示的 **Troger 碱**（**14**）就有两个可分离的对映异构体。

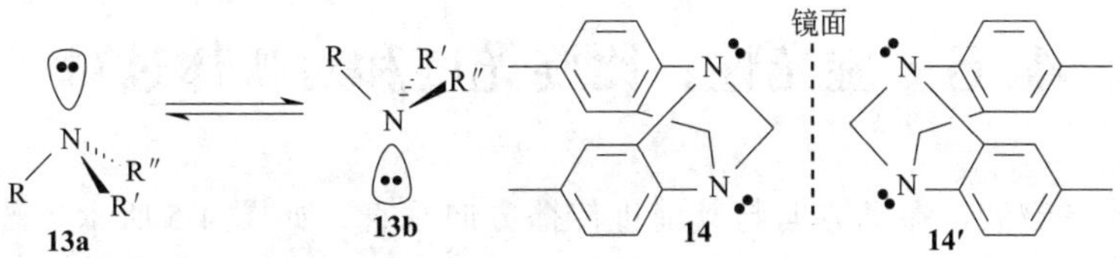

图 4-3　叔胺分子（13）的翻转和 Troger 碱（14）

与碳原子同族的 Si、Ge 和 S、P 等许多原子也都可形成手性分子。硫、磷原子上的对映构型互变需较高能量，为 $100 \sim 160 \text{kJ/mol}$。三配位的手性硫化物和膦化物，如 $RS(O)R'$、$RS(O)OR'$、$RR'R''S^+ X^-$、$(RO)S(O)OR'$、$RR'R''P$ 和 $RR'R''P(O)$ 等都是常见的手性分子。

4.4.5　构象的手性与分子的手性

手性是分子的一个永久存在且可检测的特性。手性分子的每个构象都是手性的，有非手性构象存在的分子必定是非手性的。非手性的分子也可能存在某个手性构象及与其快速互变的另一个对映体，就像无手性的乙烷也有许多手性的构象那样。取代基相同的顺-1,2-二取代环己烷从平面构象（15a）看是非手性的，从椅式构象（15b）看是有手性的，但 15b 经瞬间完成的环翻转即可成为其构象对映体（15c），15b 和 15c 不可能各自以单一异构体存在。故考察一个分子有无手性只要分析一个立体分布较简单的构象即可，讨论环己烷衍生物的立体化学也只要用一个平面构象来分析，如此也很容易找出各个取代基相互之间的顺反关系。取代基相同的反-1,2-二取代环己烷（16）是一个手性分子，其任何一个构象都是手性的。

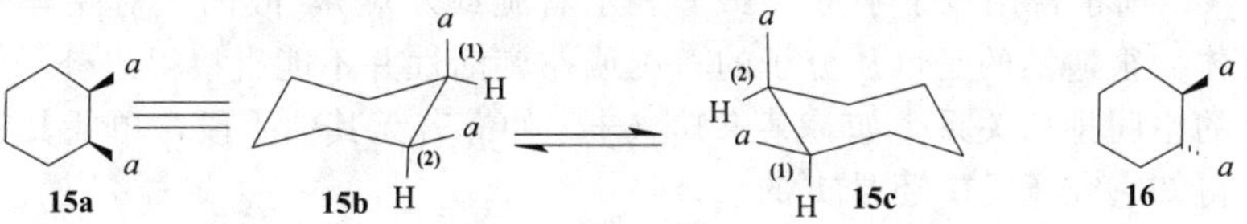

4.5　手性中心和立体源中心

不对称碳原子这一术语于 20 世纪 60 年代中期开始为**手性碳原子**（chiral carbon atom）所取代，常用 $^*C$ 表示，又常称**手性中心**（chiral center）。只含有一个手性碳原子的分子必定是手性分子，但含有多个手性碳原子的分子不一定是手性分子。如，非手性的**内消旋酒石酸**分子中有两个手性碳原子（参见 4.10.2）。也有些手性分子，如，取代丙二烯中并无手性原子（参见 4.4.3）。故手性分子和手性原子是两个概念，一个分子是否有手性只能根据其是否存在对称面而不是有无手性碳原子来作判断。

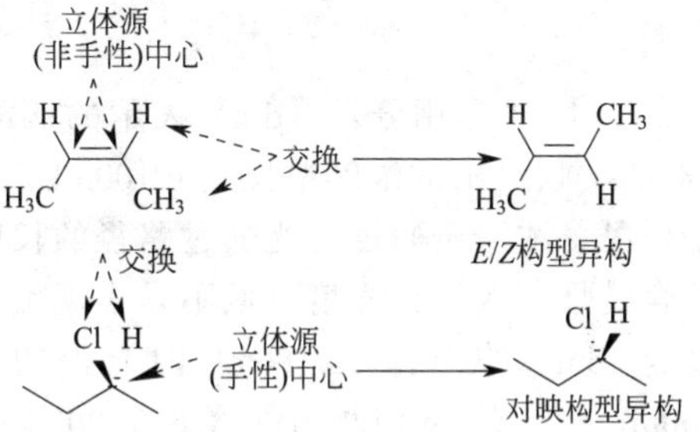

图 4-4　手性中心和立体源中心

如图 4-4 所示，含义更广的**立体源中心**（stereocenter）一词也用于描述手性中心，交换两个立体源中心上的原子（团）即生成另一个对映的或非对映的立体异构体。

4.6 旋光性、比旋光度和对映体过量

光波是一种电磁波，振动方向与其前进传播方向垂直。如图 4-5 所示，普通光在前进传播方向上有无数个与其垂直的振动平面，其中能通过 Nicol 棱晶（**起偏镜**）的光是仅在某个平面上振动的，称**平面偏振光**（plane-polarized light）或简称**偏振光**、**偏光**。手性分子极化率的各向异性可使偏振光平面向左或向右旋转而表现出**旋光性**（optical activity），在旋光仪上要旋转第二个 Nicol 棱晶（**检偏镜**）才能观察到通过的偏振光，即显示旋光性。非手性分子也可使偏振光平面旋转，但往左或往右旋转的能力相等而抵消，故无旋光性。

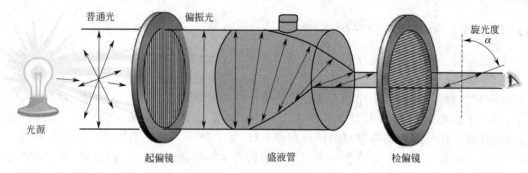

图 4-5　旋光仪和旋光度的测量

利用旋光仪可以测出手性样品的旋光方向和旋光度数。右旋或左旋的旋光方向用"＋"或"－"表示（以前也曾用拉丁字母 d 或 l 表示右旋或左旋），故两个对映异构体又分别称**右旋体**或**左旋体**。很遗憾的是，从分子的右旋或左旋活性并不能直接得出分子中 4 个基团在手性碳原子上的空间排列关系。如，某未知（＋）-仲醇若无其他手段，单凭其有右旋或左旋的特性是无法得知它究竟是 **1** 还是 **1′** 的。

手性分子的旋光能力用**比旋光度**（specific rotation，$[\alpha]$）表示，它与旋光仪上得出的**表观旋光度**（observed rotation degrees，α）有如式(4-1)所示的关系：

$$[\alpha]_\lambda^t = \frac{\alpha}{lc} \tag{4-1}$$

式中，l 是用分米（dm）表示的盛液管长度；c 是溶液用克每毫升（g/mL）表示的浓度（有的文献给出的浓度单位是 g/100mL，样品为纯液体时用相对密度替代浓度）。表观旋光度是样品、浓（密）度、光通过路径的长度（l）、温度（t）、溶剂及波长（λ）等各种因素的综合结果。故比旋光度（而不是表观旋光度）被用来表示物质的旋光特性，相当于盛液管长度为 1dm、浓度为 1g/100mL 时测得的表观旋光度。如 $[\alpha]_D^{20} = +52.5°$（H_2O，1），表示 100mL 水中有 1g 该物质的溶液在 20℃用穿过 1dm 长度的 D 线（指最常用的光源钠光灯的 D 线，$\lambda = 589.6nm$）测得的比旋光度为右旋 52.5°。$[\alpha]$ 的量纲本为 $deg \cdot cm^2/g$，单位为 10^{-1} $deg \cdot cm^2/g$（$l=1$），为方便记载和表达，通常仅用度（°）表示。旋光仪中读到的表观旋光度实际上代表一系列 $\alpha \pm n180$ 的数值，故未知样品需做两次不同浓度的测试以确定真正的数值。与化合物的沸点、熔点、相对密度、折射率等物理常数一样，比旋光度是一个手性分子

固有的物理性质，符号和大小在测试条件相同的情况下是一个定值。

对映体过量（enantiomeric excess，*ee*）是常见的一个反映样品中对映异构体纯度的单位，表示样品中含量高的对映体超过另一个含量低的对映体的百分数，如式（4-2）所示。

$$ee＝主要对映体百分数－次要对映体百分数 \tag{4-2}$$

只有单一对映体成分的样品称**对映纯**（enantiomerically pure，enatiopure）。文献中也有以**旋光纯度**（optical purity，*op*）反映样品对映异构体纯度的，它以实测的比旋光度和已知的最大比旋光度的比值表示，如式（4-3）所示。

$$op＝\frac{\alpha_{obs}}{[\alpha]}×100\% \tag{4-3}$$

如，（S）-丁-2-醇的比旋光度为＋13.52°，若一个丁-2-醇样品的比旋光度为－6.76°，其旋光纯度为 6.76/13.52＝50%，样品中（＋）-和（－）-对映体分别占 75% 和 25%，*ee* 值为50%。对绝大多数化合物而言，比旋光度和浓度之间呈线性关系，故 *op* 和 *ee* 值是一样的。当样品能形成较强的分子间氢键时，溶质与溶剂的相互缔合和溶剂化等作用均可造成旋光度与浓度的关系有可能偏离线性。如，纯的（＋）-α-甲基-α-乙基丁二酸的比旋光度为＋4.4°，实验测得由 75% 的右旋体和 25% 的左旋体组成的混合物的比旋光度只有＋1.6°（而非理论值＋2.2°），此时算得的 *op* 值只有 36.7%（而非理论值 50%），*ee* 值仍为 50%。此外，当样品的旋光度极小或难以得知纯对映体的旋光度时，*op* 值的误差会很大或难以算出；新化合物的比旋光度又无法查阅，这都使 *op* 值的运用受到限制。而通过带手性固定相的色谱分析洗脱峰的相对面积大小是可以很方便地算出 *ee* 值的。故 *ee* 值是目前最通用的确定对映体纯度的数值。

无手性的分子对偏振光没有响应，但也有个别手性分子不显示或某些环境下不显示旋光活性。外消旋体（参见 4.9）中的每个分子都有手性，但样品无旋光活性。随着其他测试技术的进步，一个分子有无旋光活性已不成为判别其是否有手性的必要方法了。早期文献中采用的旋光异构或光学异构等名词也已改用对映异构。

4.7 手性分子的表示方法

分子结构是三维立体的，手性原子上键的立体位向用实线、楔形实线和楔形虚线表示（参见 4.2）；位向均用实线或波纹线表示的意味着其构型不定或是外消旋体混合物。以（*R*）-α-羟基丙酸（**1**）为例，在一个二维纸平面上表示一个三维分子可采用**锯架式**（**1a**，眼睛沿 C—C 轴成 45°角看到的形象。两个键连碳原子之间用一斜线连接，左手较低端碳原子接近观察者，右手较高端碳原子远离观察者。）、**楔形式**（又称**伞形式**，眼睛垂直于 C—C 轴方向看得到的形象，**1b**）、**透视式**（**1c**）、**锯齿式**（**1d**）、**Fischer 投影式**（projection，**1e**）和 Newman 投影式（参见 2.2）等几种方式。它们都能较形象地表达出分子中的各个原子在空间的相互关系。画立体结构时要注意勿在纸平面两根键的中间给出楔形线，如 **1f** 那样的给出的结构式是不妥的。

三维的分子从不同的方向会得到不同的投影式。Fischer 投影式又称**十字交叉式**，正交的横竖线交叉点有一个碳原子；主碳链上下放，氧化态或优先度高的基团置于上面。

Fischer 投影式是平面的，但已约定了上下两个基团等程度向纸平面后方倾斜而远离观察者；横放的另两个基团也等程度向前方倾斜而朝向观察者。故 Fischer 投影式（**2**）中偶数次交换取代基，如，纸面上旋转 180°（相当于两次交换了取代基）仍得到原物；奇数次交换取代基，如，纸面上旋转 90°（相当于三次交换了取代基）将得到其对映体（**2′**）的 Fischer 投影式。**2′** 的 Fischer 投影式再交换任意两个取代基又得到原物（**2**），如图 4-6 所示。

Newman 投影式最能方便地表达出两个直接相连碳原子上的取代基在空间所处的位向和构象关系。Fischer 投影式所描述的立体结构是重叠式构象，故旋转 Newman 投影式上的原子（团）使其成重叠式再加以平板化处理即可得到 Fischer 投影式，如图 4-7 所示。

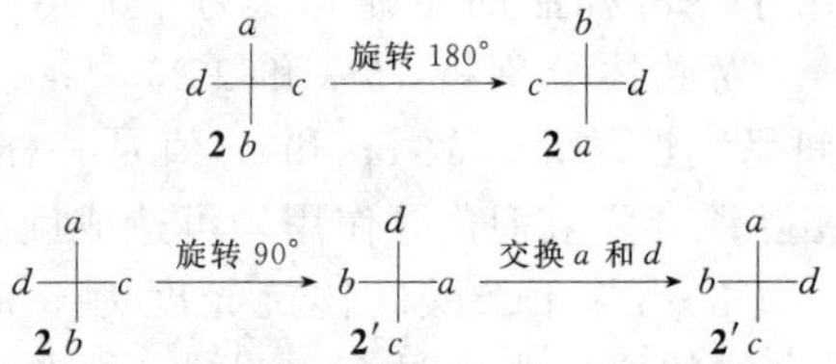

图 4-6　Fischer 投影式的立体关系 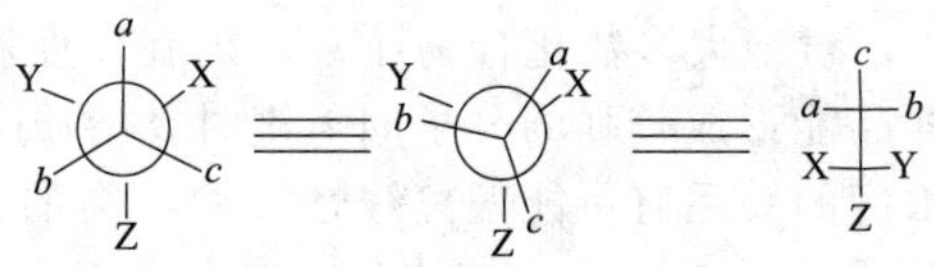　　　　图 4-7　Fischer 投影式和 Newman 投影式的转换

4.8　构　型　命　名

通过 X 射线单晶衍射实验才能测得的对映异构体的右手型或左手型构型可不必依靠图像而用两个**立体词头**（stereodescriptor）命名来予以区别。由命名也可得知手性中心上原子的空间指向。

4.8.1　绝对构型和 R/S 命名

命名双键 Z/E 的次序规则（参见 3.2.2）也用于命名手性中心的构型。若 sp³ 构型的手性原子上的键不到四个，可补加原子序数为零的假想原子使之达到四个。如氮原子上的孤电子对可视为次序最小的**虚原子或假想原子**（phantom）。定义手性碳原子的构型时，依次使眼睛、手性碳原子和优先次序最小的原子（排在后面）在同一直线上；位于同一平面的另外三个取代基离眼睛最近，按次序规则由大到小是顺时针的定义为 R，逆时针的定义为 S，如图 4-8 所示。书写时手性原子所在位次标示在 R/S 之前。

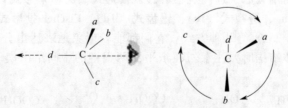

图 4-8　手性碳原子绝对构型和判断（a、b、c、d 依次代表优先次序从大到小的取代基团）

R/S 命名法是根据手性中心上四个取代基在空间的排列依次序规则而给出的，故称**绝对构型**（absolute configuration）。判别 R/S 时，关键要树立 sp³ 碳的正四面体构型来分析。如化合物 **1**、**2**、**3** 和 **4** 都是（R）-构型，各命名为（2R）-羟基丙醛、（1,2R）-二羟基丙醛、4-甲基-

（3R)-羟基戊烯和（5R)-羟基壬-2Z,7E-二烯。

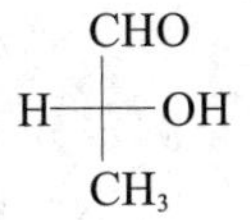

$$\begin{array}{cccc} \text{CHO} & \text{CHO} & \text{CH(CH}_3)_2 & \\ \text{H}\!-\!\!-\!\!-\!\text{OH} & \text{H}\!-\!\!-\!\!-\!\text{OH} & \text{HO}\!-\!\!-\!\!-\!\text{H} & \\ \text{CH}_3 & \text{CH}_2\text{OH} & \text{CH}=\text{CH}_2 & \\ \mathbf{1} & \mathbf{2} & \mathbf{3} & \mathbf{4} \end{array}$$

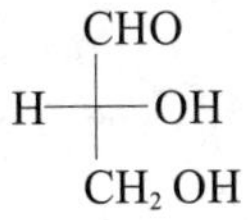

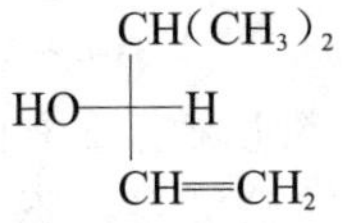

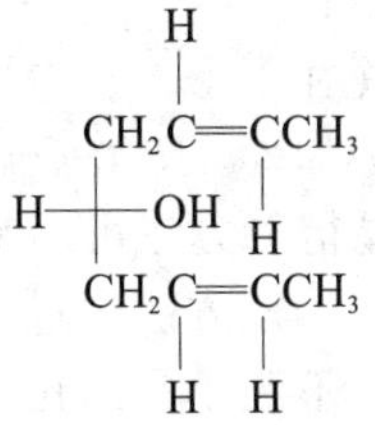

Fisher 投影式中若取代基团最小的 d 在指向后方远离观察者的竖键上，其他三个基团依次序规则看，顺时针的为（R)-构型，逆时针的为（S)-构型；若 d 在指向前方离观察者近的横键上，其他三个基团依次序规则属顺时针排列的是（S)-构型，逆时针排列的是（R)-构型，如图 4-9 所示。

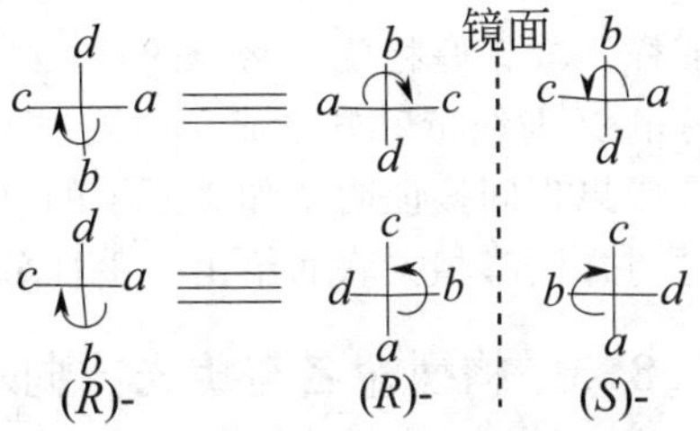

绝对构型的命名仅取决于手性中心上所连四个原子（团）的优先次序，发生化学反应后即使手性中心上的键没有变化，仅所连基团或其衍生部分发生变化时就可使产物与底物的构型命名或相同或不同，这也是绝对构型命名法的一个不足或应用不方便所在。如，（R)-5 分别经过未涉及键连手性碳原子的反应可生成 6 或 7，6 的绝对构型命名是（R)-，7 的绝对构型命名是（S)-。

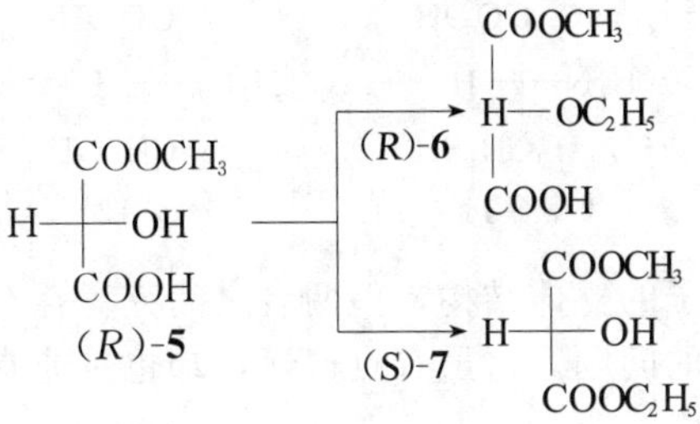

图 4-9　Fischer 投影式上手性碳原子绝对构型的判断（a、b、c、d 依次代表优先性从高到低的取代基团）

4.8.2　相对构型和 D/L 命名

两个不同的手性中心 C_{abcd} 和 C_{abce} 中，若 d 和 e 在 abc 平面的同侧或两侧，它们的**相对构型**（relative configuration）被认为是相同的或相反的，该概念也被用于构型的命名。一个手性化合物反应时，只要手性中心的键不断裂或其反应前后的构型变化能够确知，即只要知道了底物的构型、产物的构型和反应过程的立体化学这三者中的两个条件就可以判断产物或底物的相对构型。

右旋的（＋)-**甘油醛**（2）最早被选为相对构型的标准：Fischer 假设其碳链中氧化态较高的官能团 CHO 在上，CH$_2$OH 在下；H 在左，OH 在右，并以 D-命名；上下碳链不变，OH 在左，H 在右的以 L-命名（2′)。许多手性分子的相对构型通过与 D-或 L-甘油醛相关的反应得以建立。如，（－)-甘油酸（8）从 2 氧化所得，反应在醛官能团上发生，未涉及手性碳原子上的四根键，其构型在反应前后并无变化，都是 D-型。（－)-**乳酸**（9）可由 8 而来，也为 D-型。相对构型 D/L 的命名与化学转变相关联，但许多手性化合物是难以通过化学反应相关联的，故 D/L 的命名规则有相当大的局限性，目前主要应用于糖和 α-氨基酸的体系中（参见 13.1 和 14.1)。

$$\begin{array}{ccccc}
\text{CHO} & \text{COOH} & \text{COOH} & \text{COONa} & \text{CHO} \\
\text{H}\!-\!\!-\!\text{OH} & \text{H}\!-\!\!-\!\text{OH} & \text{H}\!-\!\!-\!\text{OH} & \text{H}\!-\!\!-\!\text{OH} & \text{HO}\!-\!\!-\!\text{H} \\
\text{CH}_2\text{OH} & \text{CH}_2\text{OH} & \text{CH}_3 & \text{CH}_3 & \text{CH}_2\text{OH} \\
\text{D-(+)-2} & \text{D-(}-\text{)-8} & \text{D-(}-\text{)-9} & \text{D-(+)-10} & \text{L-(}-\text{)-2}'
\end{array}$$

X 射线单晶衍射方法可用来直接地确定原子在分子中的位置，是测定分子立体结构最强有力的工具之一。该方法用量少，结论可靠，还可同时测定分子中所有不对称原子的实际构型，但液体或得不到单晶的化合物就很难应用此技术了。常用的结构解析方法无法给出分子的实际三维构型，20 世纪 50 年代前虽然成千上万个有机化合物的相对构型都已明了，但真正构型没有一个能得到确认。Fischer 对（＋)-甘油醛（2）构型的主观臆断或是恰如指定的那样，或正好相反。幸运的是，Fischer 的任意仲裁是正确的。**Bijvoet** 于 1951 年应用一种特殊的 X 射线衍射方法成功地测得了 **(＋)-酒石酸铷钠**分子中各原子在空间分布的实际排列。该成果也间接证明了如 **2** 所示的（＋)-甘油醛中四个取代基的空间关系确是如此，故许多通过与甘油醛相关联而给出的手性分子的相对构型也反映了它的真正构型。

4.8.3　构型命名与旋光方向

R/S 命名和 D/L 命名是建立在不同参考点上的两个体系。D 或 L 构型的化合物都有可能是（R)-或（S)-构型，反之亦然。如，都是右旋的 L-**半胱氨酸**（**11**）是（R)-构型，但 L-**丝氨酸**（**12**）是（S)-构型。从 R 还是 S 或 D 还是 L 构型都无法从理论上预测其旋光方向是左还是右，从旋光方向也判断不出其构型是 R 还是 S 或 D 还是 L。如，左旋的 **8** 与 **2** 的旋光方向相反，**9** 的旋光方向与 **8** 相同，**9** 中和后得到的钠盐 **10** 又成为右旋的，尽管这三者都是 D-型。

$$\begin{array}{cc}
\text{COOH} & \text{COOH} \\
\text{H}_2\text{N}\!-\!\!-\!\text{H} & \text{H}_2\text{N}\!-\!\!-\!\text{H} \\
\text{CH}_2\text{SH} & \text{CH}_2\text{OH} \\
\text{(+)-11} & \text{(+)-12}
\end{array}$$

旋光方向肯定取决于分子的立体结构，但两者之间究竟存在着怎样一个内在联系和控制因素是一个至今尚未能解决的问题。这虽有点遗憾，却也是非常令人感兴趣的一个难题。

4.9　外消旋体、外消旋化和拆分

两个对映异构体的等量混合物形成无光学活性的**外消旋体**（racemate）。外消旋体用（±)-表示，其晶体结构、溶解度、熔点、密度等物理性质与纯的对映体均不相同。纯对映体在物理或化学作用下失去旋光性成为对映异构体的平衡混合物的过程称**外消旋化**（racemization）。热、光和酸、碱等条件都可能引发必定伴随着键的断裂和再形成的外消旋化。外消旋化后手性碳原子上的两个取代基互换位置，由（R)-构型变为（S)-构型或与之相反，最终形成各一半的（R)-和（S)-构型的化合物，即外消旋体混合物。外消旋体被分离成两个纯对映体的过程称**拆分**（resolution，参见 4.12）。

4.10　含多个手性碳原子的手性分子和内消旋体

含一个手性碳原子的分子必定有两个对映的立体异构体，多于一个手性碳原子的分子可能具有的立体异构体数量与手性碳原子上的取代基是否相同有关。

4.10.1 非对映异构体

如图 4-10 所示，含有两个不同手性碳原子（这两个手性碳原子不一定要相连的）的分子 A—B 有两对对映体。如，2-氯-3-羟基丁二酸有四个立体异构体 **1~4**：

图 4-10 含有两个不同手性中心的分子 AB 可能有四个立体异构体

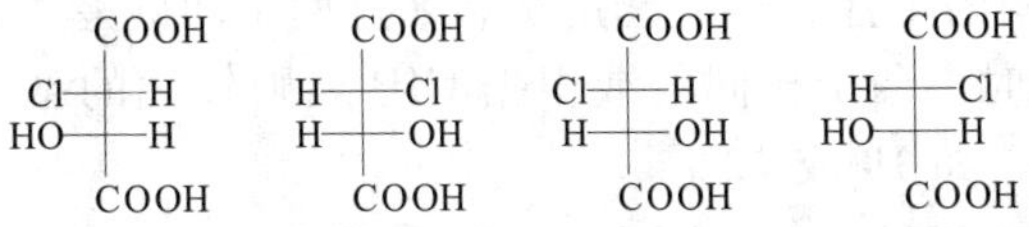

	COOH		COOH		COOH		COOH
Cl—	—H	H—	—Cl	Cl—	—H	H—	—Cl
HO—	—H	H—	—OH	H—	—OH	HO—	—H
	COOH		COOH		COOH		COOH
	1		**2**		**3**		**4**

1 和 **2** 是对映体，各是旋光度相等的左旋体和右旋体，熔点都是 173℃，等量的 **1** 和 **2** 组成熔点 146 ℃的外消旋体。**3** 和 **4** 也是对映体，各是旋光度相等的左旋体和右旋体，熔点都是 166℃，可组成另一种熔点 153℃的外消旋体。像 **1**（或 **2**）与 **3**（或 **4**）这种不呈对映关系的立体异构体称**非对映异构体**（diastereoisomer）。非对映异构体中的某些手性碳原子完全相同，而另一些手性碳原子呈对映关系，它们是不同的两个分子，在手性或非手性的环境下都具有不同的理化性质，如 **1**（或 **2**）与 **3**（或 **4**）的熔点和旋光度都不相等。

4.10.2 内消旋体

若一个分子中两个手性中心碳原子（A）的构造相同（这两个手性碳原子不一定要相连的），看似也有四个立体异构体，但实际上只有如图 4-11 所示的三个。

图 4-11 含有两个构造相同手性中心的分子有三个立体异构体

图 4-10 中左侧两个分子（R,S -和 S,R-）实际上是一样的，将其中任意一个在纸平面上旋转 180°就得到另一个。像这种有手性中心而又没有手性的分子称**内消旋体**（mesomer），用英文词首 *meso*-或字母 *m*-表示。如 **5a** 或 **5b** 都是同一个内消旋酒石酸（2R,3S-二羟基丁二酸），它们的分子中有一个对称面而无手性，可标记为 *meso*-酒石酸或 *m*-酒石酸。非手性的内消旋体分子内有对映的手性碳原子而存在一个镜面，分子的两半互为物体和镜像，使旋光性相互抵消而成为无光学活性的化合物。**5** 的非对映异构体 **6** 和 **6′** 则是一对对映体。对映异构体总是手性的分子，非对映异构体则可能是或不是手性的分子。

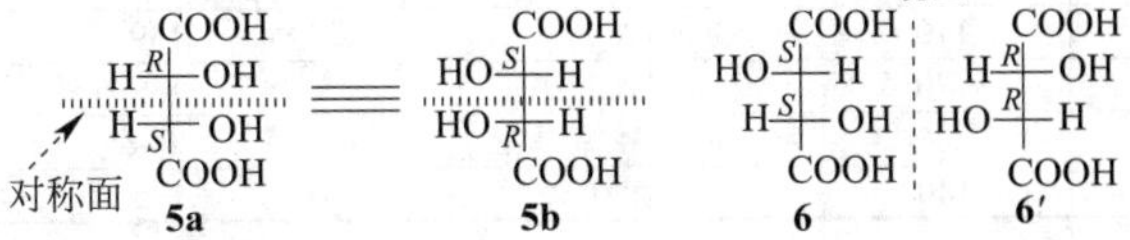

因此，有 n 个不同构造的手性碳原子的分子可能有 2^n 个对映异构体，组成 2^{n-1} 个外消旋体；手性碳原子的构造相同时，对映体的数目将小于 2^n 个。

在旋光仪上测不出旋光度的样品除了因样品的浓度或旋光度太小或所用光的波长不匹配外，绝大多数都是样品没有手性或是外消旋体。内消旋体和外消旋体都无光学活性，但本质不同：内消旋体是单纯的不可能拆分的一个分子；外消旋体是两个互为对映体的手性分子的混合物，是可被拆分为两种分子的。

4.10.3 赤式、苏式

天然 D-四碳醛糖包括 D-(−)-**赤藓糖**（**7**）及其非对映异构体 D-(−)-**苏阿糖**（**8**）。与酒石酸之类可形成内消旋体的分子不同，**7** 或 **8** 之类分子两端的基团不同，是有两个相邻手性碳原子而无内消旋体异构的手性分子。套用 **7** 和 **8** 这两个四碳醛糖的命名，此类手性分子以 Fischer 投影式给出结构时，两个相同的或根据 CIP 规则较优的基团在同侧的称**赤式**，如 **9** 或 **11**；在两侧的称**苏式**，如 **10** 或 **12**。

4.10.4 *syn / anti*

syn / anti 常用于描述直链上两个立体中心的相对构型，该命名并不限于相邻位置。取代基位于锯齿形链上同一面的为 *syn*（顺型），相反面的为 *anti*（反型）。如，**13** 中的 C(2) 和 C(3) 上的两个取代基是 *syn*-关系，C(3) 和 C(4) 上的两个取代基是 *anti*-关系；**14** 中的 C(2) 和 C(4) 上的两个取代基是 *anti*-关系。*syn / anti* 命名也用于描述有机过渡金属化合物中两个配体的空间关系及消除反应的立体化学过程（参见 7.5.3）。

4.11　对映体的性质

两个对映体分子的构型不同但内能相同，在非手性环境中除了对偏振光的旋转方向相反外，其他性质，如熔点、沸点、溶解度、酸性、旋光度和化学性质都相同，如表 4-1 所示，为各种酒石酸的物理性质。但对映体在手性环境中表现出的是完全不同的两个化合物而各具不同的性质。如，在手性溶剂中的溶解度、与手性底物的反应速率、在手性催化剂存在下与非手性试剂的反应速率等都不一样。

表 4-1　各种酒石酸异构体的一些物理性质

项　　目	熔点/℃	$[\alpha]_D$(0.2,H$_2$O)	溶解度(H$_2$O,25℃)/(g/100mL)	pk_{a1}	pk_{a2}
(+)-酒石酸(**6**)[①]	170	+12.7°	139	2.93	4.23
(−)-酒石酸(**6'**)	170	−12.7°	139	2.93	4.23
(±)-酒石酸(**6+6'**)	206	无	20.6	2.96	4.24
meso-酒石酸(**5a** 或 **5b**)	140	无	125	3.11	4.80

① 表中的分子代号 **5**~**6'** 对应章节 4.10.2。

手性是宇宙间的普遍特征。如，作为人体主要能源的天然**葡萄糖**是 D-型的，其对映体 **L-葡萄糖**不能被动物吸收或代谢；组成天然蛋白质的氨基酸都是 L-型的，天然蛋白质和 DNA 都是右旋的。生物体内的酶及许多物质都是手性的，具有识别、合成和代谢左旋体或右旋体的特殊功能，故对映体的生理活性往往会有很大差异。如，左旋体和右旋体可表现出程度不等或完全不同的香味；**L-谷氨酸钠**是常用的调味品味精，D-谷氨酸钠是苦味的；呈左旋光活性的**烟碱**能与吸烟者的神经节细胞的烟碱受体结合从而引发兴奋作用，其右旋的对映体则根本无此作用。大量的研究和实践活动都表明，手性药物的对映体作用强度不同或无作用，有的有抵消作用，有的有协同作用即**互补作用**，有的有完全不同的副作用。为保护人们抵御未知手性分子的可能危害，许多国家都制定了在每个对映体药物分子的生理作用未明了前不允许注册上市外消旋的新药或农药的法律。

4.12　手性分子的来源

手性分子可通过天然来源、外消旋体拆分和**不对称合成**（asymmetric synthesis）来获得。

许多生物体所含手性天然产物的两个对映体含量不等或只有一个对映体。常见的手性天然产物包括氨基酸、羟基酸、氨基醇、有机酸、萜、糖、生物碱和环氧化物等，但受限于资源、品种、含量及只有一个对映纯异构体天然存在等因素，直接从自然界获取手性化合物远远不能满足人类生产活动所需。

1848 年，**Pasteur** 在进行酒石酸盐的结晶学研究时发现，低于 27℃ 时**酒石酸钠铵**的溶液慢慢蒸发后能得到两种外观可以辨识的如同左手和右手一样不同的晶体。他用镊子小心地将这两种晶体分别取出溶于水后用旋光仪检测，发现旋光度相等，但各是左旋和右旋的。Pasteur 拆分酒石酸钠铵的成功是现代科学的一个划时代标志，但该方法的成功是极为罕见的，外消旋体混合物中的两个对映体靠外观识别进行拆分并无它例。最常用的拆分方法是通过外消旋体［如（±）-A］与一个手性**拆分剂**（如 B）生成非对映异构体的混合物后再利用物理性质的差异将它们分离，除去拆分剂得到两个纯的对映体。如，碱性的外消旋体原料可用酒石酸、樟脑磺酸等手性酸使它们形成非对映异构体的两个盐，然后采用重结晶或分馏等方法分离出这两个盐后再分别处理即可游离出纯对映体的碱，如图 4-12 所示。

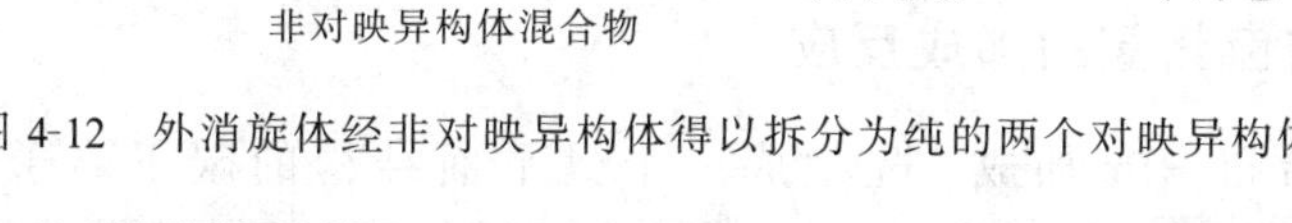

图 4-12　外消旋体经非对映异构体得以拆分为纯的两个对映异构体

有些外消旋体可用**播种结晶法**（seed crystallization）进行拆分，即在其饱和溶液中加入某一对映体晶种，利用溶液中对映异构体之间的晶间力不同使同种对映体优先结晶析出。如，将 1g D-**氯霉素**（1）晶体加入 100g（D/L）-氯霉素的 1000mL 水中，80℃ 全溶后慢慢冷却到 20℃ 可沉淀出 1.9g D-氯霉素。过滤后，再将滤液加热到 80℃ 全溶后冷却又可沉淀出 2.0g L-氯霉素。酶和微生物也常用来拆分外消旋体。酶对它的底物有非常严密的立体专一反应性。如，合成得到的（D/L）-α-丙氨酸经乙酰化反应得到丙氨酸乙酰化物（2）。用由猪肾取得的一个酶去催化水解，L-型丙氨酸乙酰化物的水解速率要比 D-型的快得多，（D/L）-乙酰化物变为容易分离的可溶于乙醇的 L-（＋）-丙氨酸（3）和不溶于乙醇的 D-（－）-乙酰丙氨酸（4）。

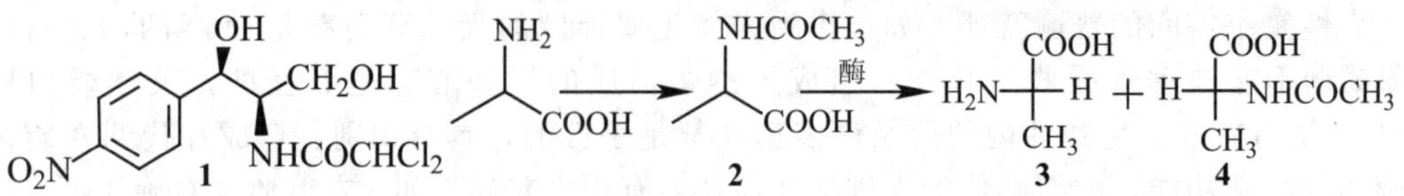

手性相色谱法（chromatography）也可以拆分一对对映体。手性吸附剂与一对对映体形成两个非对映的吸附物。非对映吸附物的稳定性不同，或者说在色谱条件下在固定相上的保留时间不同，从而可以分别得以淋洗。

4.13　产生手性中心的反应（1）

最重要也是最主要的得到纯对映体的方法是以 1890 年 Fische 合成葡萄糖的成果为开端并自 20 世纪 30 年代有了迅猛发展的依靠各种手性源实现的不对称合成。

4.13.1　手性源和前（潜）手性

手性的底物、试剂、配体、催化剂等统称**手性源**（chiron），一个非手性的原子（团）经反应能产生新的手性中心的被称为**前（潜）手性**（prochiral）的。非手性的底物与非手性的试剂在非手性环境下反应生成两个对映体的过渡态所需活化能相同，反应速率相等，生成的产物必定是外消旋体或内消旋体。为节约版面，包括本书在内的教材或文献中通常仅给出反应所得外消旋体产物中的一个对映体而不会再标示另一个对映体（即使有粗、虚楔形线描写也只是表明此处是四面体碳原子及分子的相对构型而非只有一个对映体的意思）。

4.13.2　烷烃的卤代反应

正丁烷上的亚甲基碳原子单氯代后成为手性碳原子，该亚甲基碳原子即是前手性碳原子。反应生成一个平面状态的亚甲基碳自由基中间体，接下来的氯代反应无选择性地从平面上方或下方进行而无立体控制，生成外消旋体产物，即等量的 (2R)-氯丁烷（**1**）和 (2S)-氯丁烷（**1′**）。

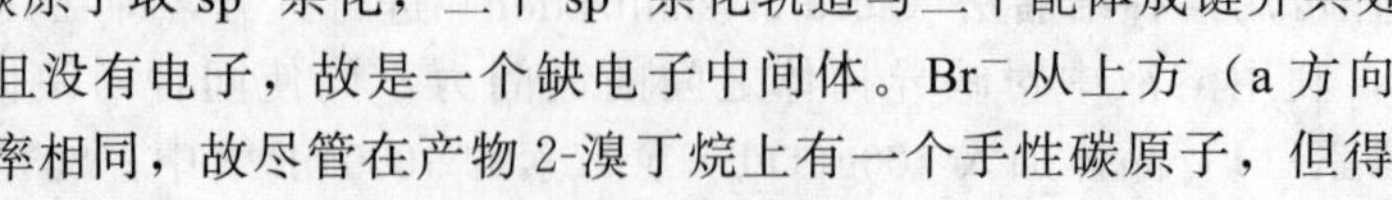

4.13.3　烯烃与卤化氢的加成反应

前手性的丁烯和 HBr 加成，先生成一个具平面结构的碳正离子 **2**（参见 1.2.4 和 3.4.1），**2** 中的碳原子取 sp^2 杂化，三个 sp^2 杂化轨道与三个配体成键并共处一个平面，p 轨道与该平面垂直且没有电子，故是一个缺电子中间体。Br^- 从上方（a 方向）或下方（b 方向）进攻 **2** 的概率相同，故尽管在产物 2-溴丁烷上有一个手性碳原子，但得到的只是 2-氯丁烷的外消旋体混合物。

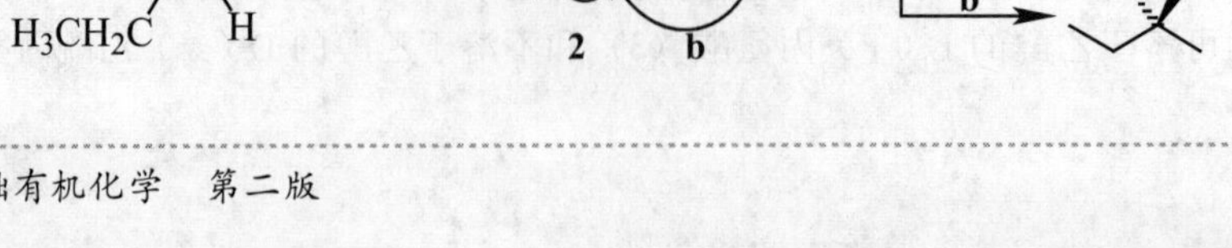

4.13.4 烯烃的氢化反应

烯烃在非手性贵金属催化下发生氢化反应，氢从烯键平面的上下方同面加成上去，前手性烯键生成的产物是外消旋体混合物。手性环境中，如过渡金属配合物催化下，氢从烯键平面的上下方进行同面加成的活化能不同，可以实现不对称氢化反应，如式（4-4）所示。

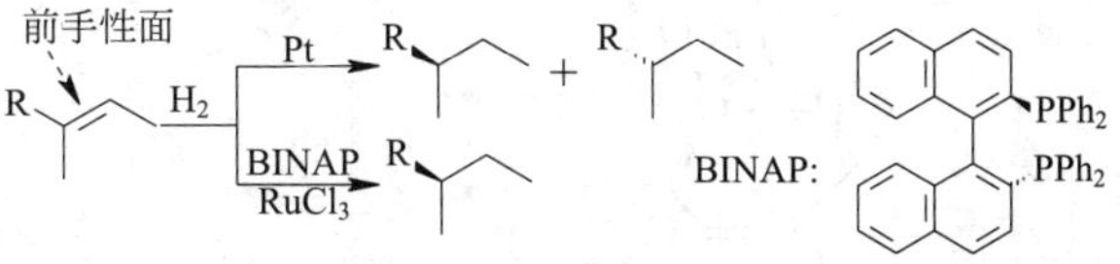

$$(4\text{-}4)$$

α-蒎烯（**3**）加氢主要得到甲基和 C_1 桥在同侧的顺蒎烷（**4**）。催化剂主要吸附在位阻较小的 C_1 桥反面（**3** 中的 a 面）的蒎烯骨架，氢化反应得到顺蒎烷，反蒎烷（**5**）的产率很低。大部分氢化反应都生成顺式加成产物，但金属催化的氢化反应是可逆的，不同的底物、催化剂、溶剂和氢气压等反应条件对顺式或反式加成产物的比例都有影响。反式加成产物来自顺式加成产物脱氢再加氢的过程，在多取代烯烃底物上更易发生。

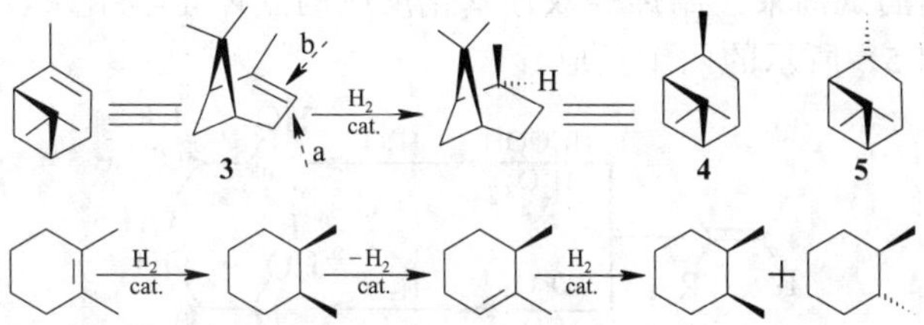

4.13.5 烯烃与卤素的加成反应

如图 4-13 所示，非手性的顺或反-丁-2-烯与溴加成生成 2,3-二溴丁烷，产物中新产生两个手性碳原子。连在这两个手性碳原子上的四个基团 H、CH_3、Br 和 $CHBrCH_3$ 是一样的，故有可能生成（R,R）-、（S,S）-和（R,S）-三个产物。反应结果表明，顺-丁-2-烯与溴加成后得到一对外消旋体 2,3-二溴丁烷（**6** 和 **7**），反-丁-2-烯得到内消旋体的 2,3-二溴丁烷（**7**），如此好的立体专一性反应表明产物是经由三元环溴鎓正离子得到的。**6** 和 **7** 是 Br^- 分别从 a 或 b 方向进攻由顺-丁-2-烯生成的环溴鎓正离子得到的；而 Br^- 无论从 a 或 b 方向进攻由反-丁-2-烯生成的环溴鎓正离子生成的是同一产物 **8**。

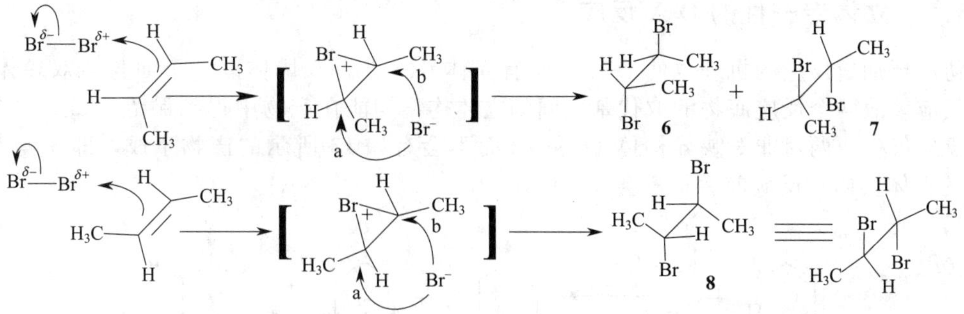

图 4-13　丁-2-烯与溴发生加成反应经过环溴鎓原子的过程

4.13.6 烯烃的氧化反应

烯烃与过氧酸反应生成氧杂环丙烷（参见 3.7.2），两根 C—O 键是协同完成的一步反应，故烯烃底物的构型在反应后得以保留。如，顺-丁-2-烯生成内消旋 *cis*-环氧化物产物（**9**）；反-丁-2-烯生成外消旋反-环氧化物（**10** 和 **10′**）。

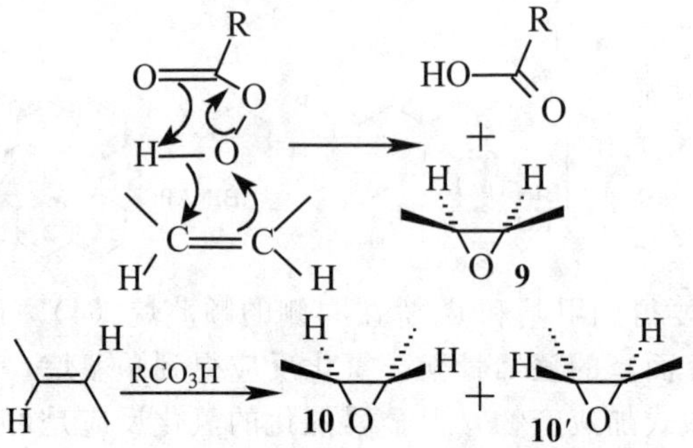

氧杂环丙烷对酸不稳定，水解后生成反式邻二羟基化合物（**OR** 7：7；参见 8.10）。OsO_4 和 $KMnO_4$ 对烯烃的加成也是立体专一性地顺式进行加成的（参见 3.7.1），如此可以根据产物要求选择不同的试剂来控制烯烃双羟基化反应的立体化学结果，可分别得到顺式或反式的邻二醇，如式(4-5)所示的两个反应。

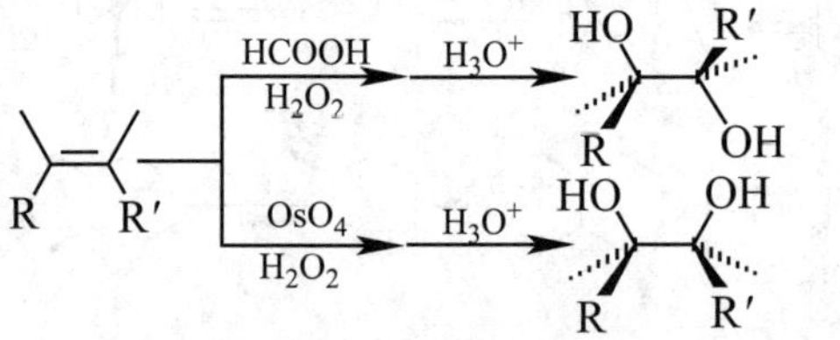

$$(4\text{-}5)$$

Sharpless 在 20 世纪 80 年代发现，烯丙醇用过氧化叔丁醇（^{t}BuOOH）和四异丙氧钛 $[Ti(O^iPr)_4]$ 体系环氧化，在 L-(＋)-或 D-(－)-酒石酸二乙酯（**DET**）存在时可立体选择性地分别得到对映纯度很高的不对称烯烃环氧化产物（**OS** 63：66），如式(4-6)所示。该法操作简单且所需试剂容易得到，改变烯丙醇的几何构型并选用 L-(＋)-或 D-(－)-DET，能分别得到环氧醇的所有 4 个光学异构体。Sharpless、**Knowles** 和 **Noyori** 三位科学家因在这类催化的对映选择性反应中做出的创造性贡献而荣获 2001 年度诺贝尔化学奖。

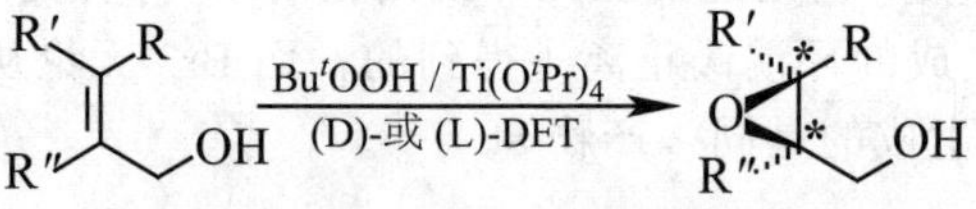

$$(4\text{-}6)$$

4.13.7 立体专一性的 D-A 反应

协同环加成反应的机理也使 D-A 反应有立体专一性，双烯体以一个面与亲双烯体的一个面反应，故两个反应底物的取代基之间的立体构型均能在产物中得到保留。如式(4-7)所示的反应仅生成两对非对映异构体 **11** 和 **12** 而不会有如 **13** 所示的产物生成，即 a 与 b 及 c 与 d 的立体位向在反应前后是不会改变的。

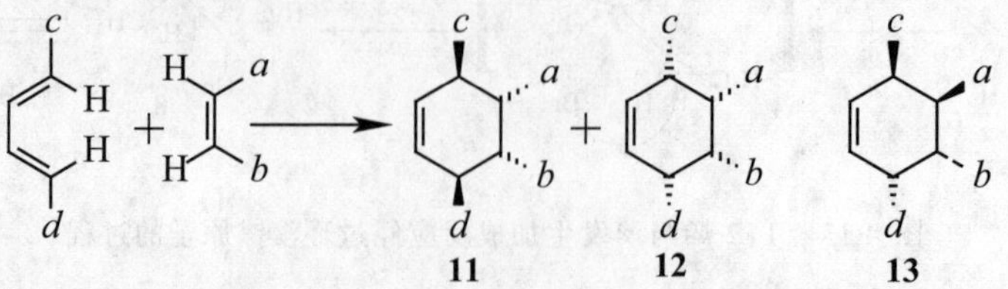

$$(4\text{-}7)$$

4.14 同分异构的类型

小结一下，有机分子的同分异构有如图 4-14 所示的各种类型。

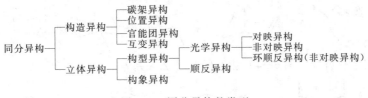

图 4-14 同分异构的类型

习 题

4-1 指出：

(1) 符合下列四个分子式的手性分子（**1~4**）的结构式：

氯代烷（$C_5H_{11}Cl$，**1**）；烯（C_6H_{12}，**2**）；烷（C_8H_{18}，**3**）；2,3-二羟基丁烷（**4**）。

(2) 下列 12 个分子（**5~16**）中哪些是手性的?

CH₃HC=C=C=CHCH₃
12

(3) 下列五个分子（**17~21**）中每个手性碳原子的绝对构型（R 或 S）：

(4) 下列五个化合物（**22~26**）的结构式：

（R）-1-(1-环戊烯基)-1-(3-环戊烯基) 乙烷（**22**）；（4R）-E-4-甲基己-2-烯（**23**）；（S）-HSCH₂CH(NH₂)COOH（**24**）；（R）-3-氯-1-戊烯（**25**）；（R）-甲基环己酮（**26**）。

(5) 1-甲基-2-溴环己烷（**27**）和 1-甲基-4-溴环己烷（**28**）各有几个立体异构体。

(6) 命名下列两个化合物 **29** 和 **30**。

29   **30**

（7）下列六对化合物（**A～F**）各是什么结构关系？给出各个手性碳原子的绝对构型。

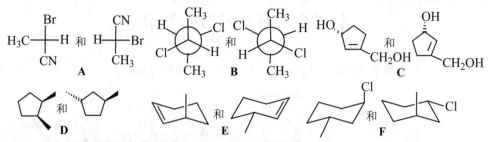

（8）下列四个化合物（**31～34**）相互间是什么关系？

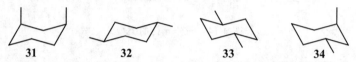

（9）三个取代环丁烷的同分异构体（**35～37**）可能存在的所有立体结构式，它们相互之间有何立体关系。

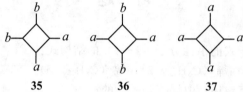

（10）3-氯-2,4-二溴戊烷（$CH_3CHBrCHClCHBrCH_3$）有多少立体异构体，它们之间是什么关系？哪些有光学活性？

（11）（S)-CHBrClF 在 1996 年得以确认有右旋的光学活性，下列四个结构式（**38～41**）中哪个有左旋的光学活性？

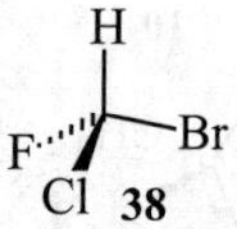

（12）下列 10 条论述中哪些是不正确的，为什么？

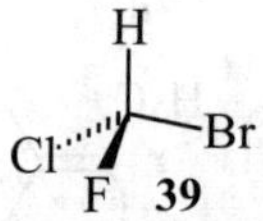

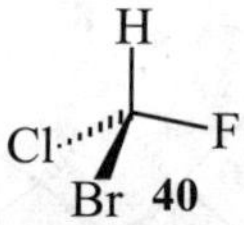

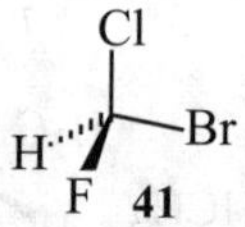

① （S)-构型的分子是（－)-异构体；②非手性化合物也可能有手性中心；③非光学活性的分子是非手性的；④从（S)-构型的底物成为（R)-构型产物的反应总伴随着构型的反转；⑤ 一个非手性的底物生成的手性产物总是外消旋体混合物；⑥酶催化的反应总是得到手性产物；⑦外消旋总是伴随着手性中心上键的断裂；⑧外消旋体、内消旋体、非手性的异构体都可拆分得到对映纯异构体；⑨苏式与赤式之间的转化总是伴随着有一个手性中心上的反转；⑩D-型异构体使偏振光左旋，L-型异构体使偏振光右旋。

4-2 旋光度问题。回答：

（1）某化合物 7.0mg 溶于 1mL 氯仿（$CHCl_3$），25℃在 2cm 长的旋光管中测得旋光值为 +0.087°，该化合物的比旋光度为多少？

（2）（＋)-丁-2-醇的比旋光度为 +13.52°，由 6.0g(＋)-丁-2-醇和 4.0g（－)-丁-2-醇组成的样品的 *ee* 值和比旋光度各是多少？

（3）样品的比旋光度为 －16°，已知其（R)-化合物的比旋光度为 －40°，样品中（S)-异构体的比例和 *ee* 值各是多少？若样品中（S)-异构体占 80%，旋光值和 *ee* 值各是多少？

4-3 根据优先规则排列下列各组取代基的大小次序：

（1）—CH＝CH_2、—CH(CH_3)$_2$、—C(CH_3)$_3$、—CH_2CH_3；

（2）$-C\equiv CH$、$-CH=CH_2$、$-C_6H_5$、$-CH_2CH=CH_2$；

（3）$-COOCH_3$、$-COCH_3$、$-CH_2OCH_3$、$-CH_2CH_3$；

（4）$-CN$、$-CH_2Br$、$-Br$、$-CH_2CH_2Br$；

（5）乙炔基、苯基、乙烯基、叔丁基、异丙基、乙基和甲基。

4-4 解释：

（1）有两个手性碳原子的樟脑（**1**）分子只有一对对映体。

1

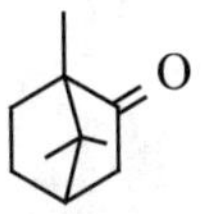

（2）（3S）-甲基己-1-烯与 HBr 反应后生成不等量的（3S）-甲基-（2S）-溴代正己烷和（3S）-甲基-（2R）-溴代正己烷。

（3）（3R）-溴代环己烯与溴加成后生成两个产物，一个有手性，另一个无手性。

（4）3-羟基环己-1-烯与过氧苯甲酸发生环氧化反应的产物中顺式异构体是主要产物。

主要产物　　次要产物

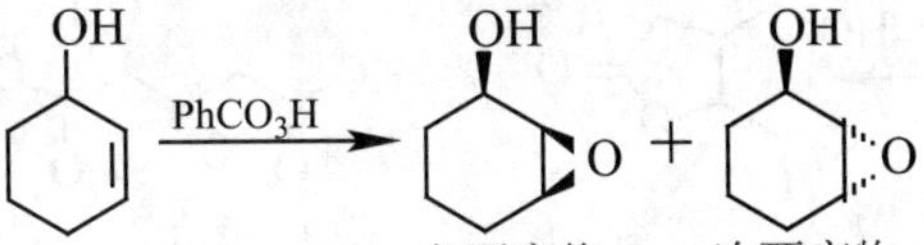

（5）（1R-甲基）-2-亚甲基环己烷发生氢化反应后生成不等量的两个 1,2-二甲基环己烷非对映异构体产物。

主要产物　　次要产物

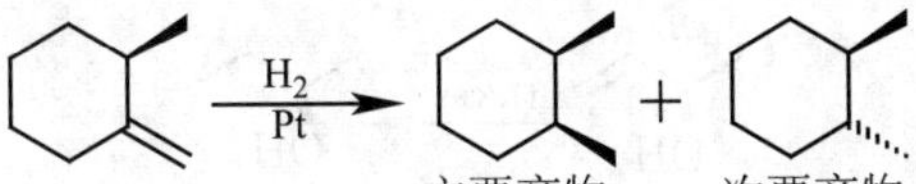

4-5 投影式问题：

（1）假麻黄碱的锯架式结构如 **1** 所示，下列 Fischer 投影式 **2**～**6** 中哪个能代表它?

2　**3**　**4**　**5**　**6**　**1**

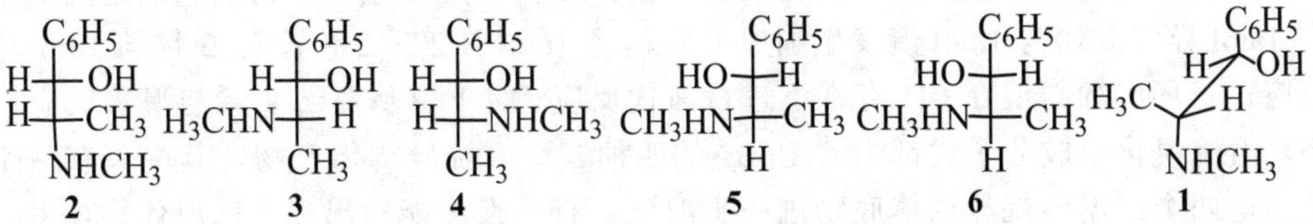

（2）完成下列两组 Fisher 投影式和 Newman 投影式之间的转换，指出 a～h 各是哪些基团?

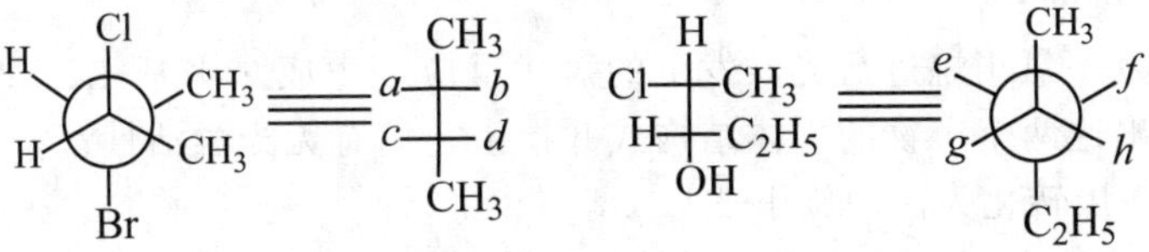

（3）完成反应，指出 i～l 是哪些基团?

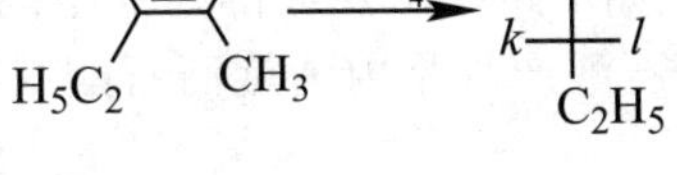

（4）指出下列四个分子（**7**～**10**）相互间的立体关系。

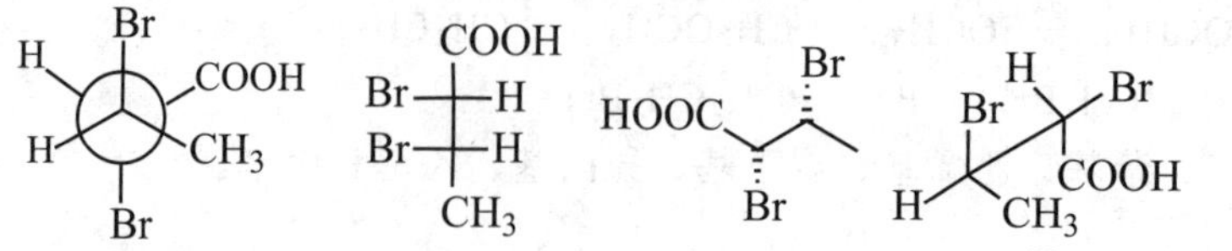

　　7　　　　　**8**　　　　　**9**　　　　　**10**

（5）指出下列四个同分异构体分子（**11**～**14**）相互间的关系（*a*、*b*、*c*、*d* 依次代表优先性从高到低的取代基团）。

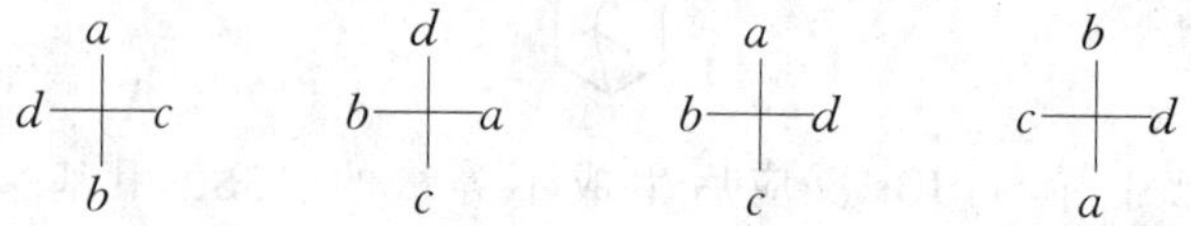

　　11　　　　**12**　　　　**13**　　　　**14**

4-6　不对称反应问题：

（1）下列三个反应所得产物中哪个是有手性的？

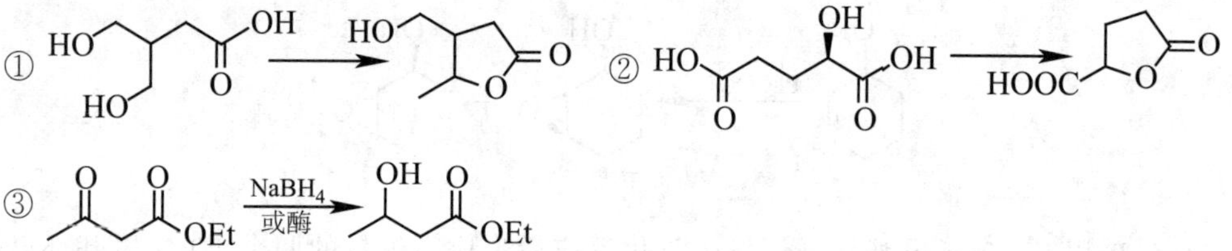

（2）已知烯烃底物（**1**）的 $[\alpha]_D$ 为 $+33°$，氢化反应后产物烷烃（**2**）的绝对构型、旋光方向、旋光度如何？

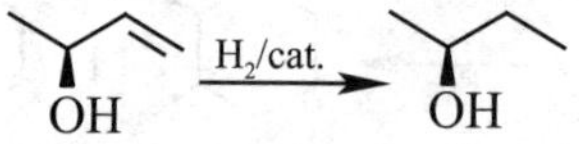

（3）画出（3R,4）-二甲基戊-1-烯（**3**）的结构式，命名其氢化反应后所得产物烷烃（**4**）的绝对构型。

（4）给出下列四个反应的所有产物，若有立体异构体产物生成，指出它们之间的关系：

① 1mol 异戊二烯与 1mol 溴发生加成反应；② 1mol E-2,5-二甲基-己-3-烯与 1mol 溴发生加成反应；③环戊烯与溴在 Cl⁻ 存在下进行卤代反应；④1-甲基环己-1-烯与溴水反应。

（5）丙烷溴化生成分子式都为 $C_3H_6Br_2$ 的四种二溴丙烷异构体产物，其中只有一个是有手性的。这四个二溴丙烷异构体底物进一步溴化，有手性的能给出三个三溴代物，另三个分别给出一个、两个和三个无手性的三溴代物。给出四种二溴丙烷异构体及有手性的三溴丙烷的结构和各个反应过程。

（6）（2S-甲基）-1-氯丁烷进行光激发下的氯代反应，生成 2-甲基-1,2-二氯丁烷和 2-甲基-1,4-二氯丁烷。给出这两个产物的立体结构式并指出它们有无光学活性？

（7）将 Z-丁-2-烯转化为内消旋丁-2,3-二醇。

（8）氯乙烯的自由基聚合反应有很好的位置选择性，聚氯乙烯的构型如何？

4-7　光活性的 D-乳酸可以用来拆分 Troger 碱（参见 4.4.4），简述其过程。

4-8　反应与构型的关联问题

（1）从（＋）-甘油醛（**1**）经如下路线出发可得到构型能通过 X 射线衍射法确定的酒石酸。结果表明反应生成的两个酒石酸产物是内消旋酒石酸（**2**）和（S,S)-（－)-酒石酸（**3**），**1** 的构型应为（*R*）还是（*S*）？

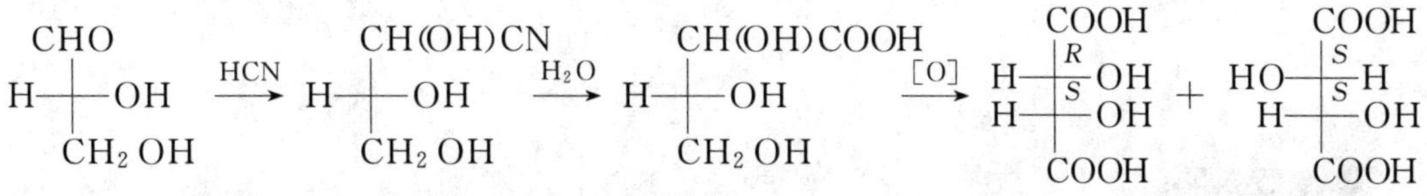

$$\underset{\textbf{1}}{\overset{\displaystyle CHO}{\underset{\displaystyle CH_2OH}{H\!\!-\!\!\!\!\mid\!\!\!\!-\!\!OH}}} \xrightarrow{HCN} \underset{\displaystyle CH_2OH}{\overset{\displaystyle CH(OH)CN}{H\!\!-\!\!\!\!\mid\!\!\!\!-\!\!OH}} \xrightarrow{H_2O} \underset{\displaystyle CH_2OH}{\overset{\displaystyle CH(OH)COOH}{H\!\!-\!\!\!\!\mid\!\!\!\!-\!\!OH}} \xrightarrow{[O]} \underset{\underset{\textbf{2}}{\displaystyle COOH}}{\overset{\displaystyle COOH}{\underset{\displaystyle H-\mid_{S}-OH}{H-\overset{R}{\mid}-OH}}} + \underset{\underset{\textbf{3}}{\displaystyle COOH}}{\overset{\displaystyle COOH}{\underset{\displaystyle H-\mid_{S}-OH}{HO-\overset{S}{\mid}-H}}}$$

（2）从 L-丝氨酸（**4**）出发可以反应得到（＋)-丙氨酸（**5**），后者的构型由 X 射线衍射方法确定为（S)-构型。L-丝氨酸的构型应为（R）还是（S)？

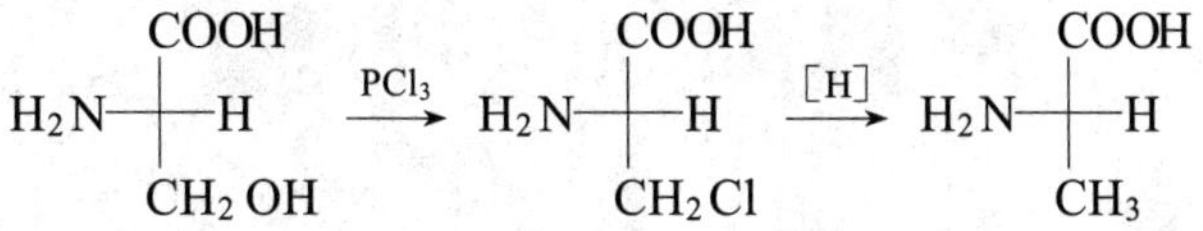

$$\underset{\textbf{4}}{\overset{\displaystyle COOH}{\underset{\displaystyle CH_2OH}{H_2N-\!\!\mid\!\!-H}}} \xrightarrow{PCl_3} \overset{\displaystyle COOH}{\underset{\displaystyle CH_2Cl}{H_2N-\!\!\mid\!\!-H}} \xrightarrow{[H]} \underset{\textbf{5}}{\overset{\displaystyle COOH}{\underset{\displaystyle CH_3}{H_2N-\!\!\mid\!\!-H}}}$$

（3）从 7,7-二甲基双环［2.2.1］庚-2-烯（**6**）经氧化反应后得 2,2-二甲基-1,3-二羧酸（**7**）。**7** 是外消旋体、内消旋体或是有旋光活性的？

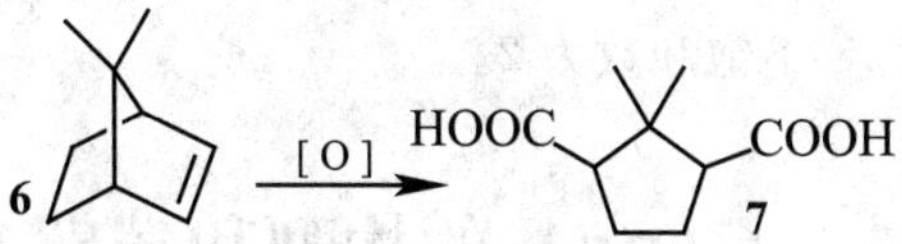

5 炔 烃

炔烃（alkyne）是含有碳碳叁键（C≡C）官能团的不饱和烃，是碳氢比例很大的分子。开链炔烃的通式为 C_nH_{2n-2}，不饱和数为 2。

5.1 C(sp) 的构型和碳碳叁键

碳碳叁键上的碳原子只与两个原子结合，2s 轨道只需与 1 个 2p 轨道杂化形成两个形状与 sp² 杂化轨道相似的 sp 杂化轨道就可以了。直线型是碳碳叁键最典型的结构特征，两个 sp 杂化轨道呈反方向对称分布，夹角为 180°（参见 1.1.3）。四个原子处于一条直线上的乙炔（C_2H_2）是最简单的炔烃化合物，分子中的两个碳原子都各以 1 个 sp 杂化轨道和 1 个氢原子的 1s 轨道重叠形成 C(sp)—H(s) σ 键，又各以 1 个 sp 杂化轨道头头叠合形成 C(sp)—C(sp) σ 键。每个碳原子各余下两个未参与杂化的 p 轨道。p 轨道的对称轴与 sp 杂化轨道的对称轴相互垂直，在侧面重叠形成两个围绕着连接两个碳原子核的直线呈上下前后对称的圆柱形分布的 π 键。故碳碳叁键是由一根 σ 键和两根 π 键组成的，如图 5-1 所示。

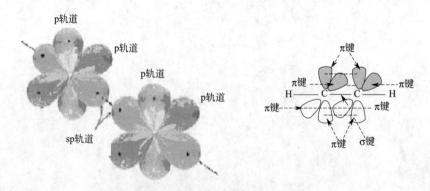

图 5-1　碳碳叁键 C≡C 和乙炔的结构示意图

sp 杂化轨道中与电子结合较强的 s 轨道成分占 50%，两个 C(sp) 成键原子的核间距离较短并有较大的电荷密度，也是碳碳键中最短（0.120nm）最强的碳碳键。丙炔分子中 C(sp)—C(sp³) 的键长（0.146nm）比丙烯中 C(sp²)—C(sp³) 键长（0.150nm）短，后者又比乙烷中 C(sp³)—C(sp³) 键长（0.154nm）短。乙炔中 C(sp)—H 键长（0.106nm）比乙烯和乙烷的都短。乙炔碳碳叁键的键能约 830kJ/mol，比乙烯中碳碳双键多约 220kJ/mol，反映

出两根 π 键组合的键能比单根 π 键的两倍要小（乙烯的碳碳双键比乙烷的碳碳单键多约 260kJ/mol）。

由于叁键的直线形几何形状，炔烃没有顺/反异构现象。与烯烃的情况相似，丁-2-炔的热力学稳定性比丁-1-炔的好。因键角张力而极不稳定的环辛炔是最小的环炔烃，室温下即快速聚合。

5.2 命名和物理性质

炔烃的命名可如同烯烃那样类推处理（参见 3.2）。**烯炔**（alkenyne）是兼具叁键和双键的分子，其主链应依次按双键、叁键数目最多者、碳原子数目最多者和双键数目最多者来决定，词尾为某烯某炔。编号依次从最接近双键或叁键的链端开始，双键或叁键位次相同时给双键以最低编号。如，化合物 **1** 称戊-3-烯-1-炔而不建议称戊-2-烯-4-炔，化合物 **2** 称 5-甲基庚-3-炔。

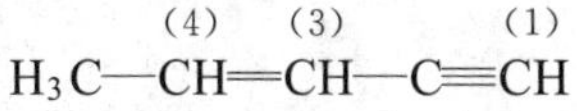

$$\overset{(4)}{H_3C}—\overset{(3)}{CH}=\overset{(2)}{CH}—\overset{(1)}{C}≡\overset{}{CH} \qquad \overset{(1)}{CH_3}—\overset{(2)}{CH_2}—\overset{}{C}≡\overset{(3)}{C}—\overset{(4)}{CH}—\overset{(5)}{CH_3}$$
$$\underset{(6)}{CH_2—CH_3}$$

1 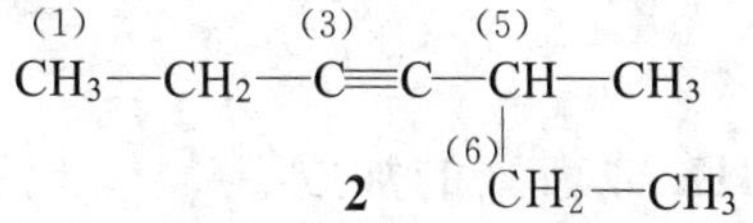   **2**

也可以乙炔为母体来命名。如，**3**、**4**、**5** 和 **6** 分别称乙基乙炔（丁-1-炔）、二甲基乙炔（丁-2-炔）、甲基异丙基乙炔和乙烯基乙炔。

$$CH_3CH_2—C≡CH \qquad CH_3—C≡C—CH_3 \qquad CH_3—C≡C—CH(CH_3)_2 \qquad CH_2=CH—C≡CH$$

3   **4**   **5**   **6**

去掉端基炔烃中叁键碳原子上的氢原子得到炔基或称**次基**，如**丙炔（次）基**（**7**）、**炔丙基**（**8**）和**乙炔（次）基**（**9**）。

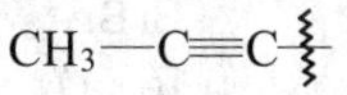

$$CH_3—C≡C\text{〜} \qquad H—C≡C—CH_2\text{〜} \qquad CH_3—C\text{〜}$$

7 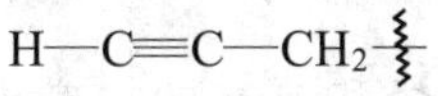   **8** 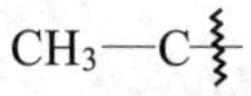   **9**

炔烃的物理性质与烯烃和烷烃的基本相同。线性的炔键比烯键更易极化，范氏作用力也更强，故炔烃的沸点、熔点和相对密度均略高于同碳原子数的烯烃和烷烃。如，丁-1-炔和丁-1-烯的偶极矩分别为 $2.7×10^{-30}$ C·m 和 $1.0×10^{-30}$ C·m。许多炔烃与烯烃一样有令人不快的臭味。

5.3 化学反应点和亲电加成反应

碳碳叁键中围绕 σ 键存在的 4 个 π 电子是高电荷密度和高能量中心所在。如图 5-2 所示，与烯烃相同的是也可进行氧化、还原和亲电加成反应。第一步加成反应后生成的产物中仍有碳碳双键而可再进行第二次亲电加成反应；与烯烃不同的是端基炔烃上的氢有较强的酸性使端基炔烃上的碳原子成为很有用的亲核试剂。

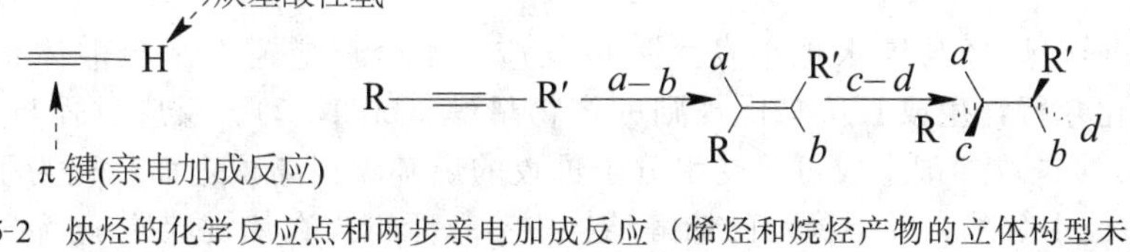

图 5-2 炔烃的化学反应点和两步亲电加成反应（烯烃和烷烃产物的立体构型未定）

5.3.1　叁键的亲电加成活性

　　叁键的亲核活性不如双键，炔烃的亲电加成反应速率不如烯烃快。碳碳叁键的键长较双键的短，$C(sp)$ 的电负性又比 $C(sp^2)$ 的大，碳正离子的稳定性大小顺序为：$R_3C^+ > R_2CH^+ > RCH_2^+ > RC^+\!=\!CH_2 > RCH\!=\!CH^+$。叁键上发生亲电加成反应的第一步生成的是正电荷落在 $C(sp)$ 上的烯基碳正离子，$C(sp)$ 中正电荷所在的空 p 轨道与 π 键所在的 p 轨道是相互垂直的，正电荷不易分散到相邻的那个新生成的 $C(sp^2)$ 上，稳定性不如在双键上发生亲电加成反应时生成的烷基 $C(sp^2)$ 碳正离子中间体。烯基碳正离子比烷基碳正离子受到的超共轭稳定效应少也是其不够稳定的一个因素。还有一种解释是认为 σ 电子对 π 电子有排斥和屏蔽作用，叁键中的 σ 成分比双键中的少，π 电子受到的排斥和屏蔽作用也比双键中的少。如式(5-1) 所示，烯烃可以使溴的四氯化碳溶液立即褪色，炔烃却需要几分钟才行。戊-4-烯-1-炔（**1**）与溴的加成反应可化学选择性地仅在双键上进行。各类炔键进行亲电加成反应的速率是 $RC\!\equiv\!CR' > RC\!\equiv\!CH > HC\!\equiv\!CH$。

$$CH_2\!=\!CH\!-\!CH_2\!-\!C\!\equiv\!CH \xrightarrow{Br_2} CH_2Br\!-\!CHBr\!-\!CH_2\!-\!C\!\equiv\!CH \qquad (5\text{-}1)$$
$$\mathbf{1}$$

5.3.2　与 HX 或卤素的加成

　　炔烃和烯烃一样可与 HX（X＝Cl、Br、I）加成且服从马氏规则，HX 的活性也是 HI 最大，HCl 最小。反应是分两步进行的，先生成的多取代卤代烯烃上的卤原子使双键的活性下降。故炔烃的活性比卤代烯烃大，应用 1mol HX 反应可中止于仅进行一步加成。亚铜盐催化下，HX 可进一步与中间体产物卤代烯烃加成生成偕二卤代物，如式（5-2）所示。

$$R\!-\!C\!\equiv\!CH \xrightarrow{HBr} R\!-\!CBr\!=\!CH_2 \xrightarrow{HBr} \underset{BrBr}{\overset{R}{\diagdown\!\diagup}} \qquad (5\text{-}2)$$

　　在光照或过氧化物存在下，炔烃和 HBr 的加成也经由自由基中间体过程得到反马氏规则的产物（参见 3.5），溴原子加成在端基叁键的端位，如式(5-3) 所示。

$$R\!-\!C\!\equiv\!CH + HBr \xrightarrow[\text{或}\,h\nu]{RO\!-\!OR} RHC\!=\!CHBr \qquad (5\text{-}3)$$

　　炔烃与等物质的量的卤素反应生成顺-、反-邻二卤代烯的混合物且混杂有四卤代烷，与过量卤素发生加成反应生成四卤代烷。如式(5-4) 所示的两个反应，乙炔与氯或溴反应最终生成 1,1,2,2-四氯（溴）乙烷，在 CuI 催化下与碘进行自由基加成且较易中止在 1,2-二碘乙烯。

$$HC\!\equiv\!CH \begin{cases} \xrightarrow{X_2} \underset{X}{\overset{H}{\diagup}}\!=\!\underset{H}{\overset{X}{\diagdown}} \xrightarrow{X_2} X_2HC\!-\!CHX_2 \quad \text{X:Cl,Br} \\[2ex] \xrightarrow[\text{CuI}]{I_2} \underset{I}{\overset{H}{\diagup}}\!=\!\underset{H}{\overset{I}{\diagdown}} \end{cases} \qquad (5\text{-}4)$$

5.3.3　羟汞化-水合反应

　　和烯烃一样，炔烃与纯水也不发生加成反应，水合反应需在浓硫酸体系下经 Hg^{2+} 或 $Cu_3(PO_4)_2$ 催化才行，生成服从马氏规则的产物**烯醇**（enol，**2**）。反应过程与烯烃的羟汞化反应相似，Hg^{2+} 进攻叁键生成可接受水分子进攻的烯基碳正离子进而转化为汞取代的烯醇，汞组分可经酸性水解除去。不稳定的烯醇结构中有一个键连在烯键碳原子上的羟基，极易重排为相应的羰基（**3**，参见 9.5.1）。酸性环境下这种转变很易发生：质子先加到无羟基的双键碳原子上，而后羟基质子离去并发生双键移位生成羰基。水合反应后乙炔和端基炔烃底物分别生成乙醛和甲基酮化合物，其他炔烃底物所得产物都是两个酮的混合物，如式（5-5）所示。

$$RC\equiv CH \xrightarrow[\text{H}_2\text{O}]{\text{Hg}^{2+}} \left[\cdots \xrightarrow{-\text{H}^+} \underset{\textbf{2}}{\text{HO}} \cdots \text{Hg}^+ \xrightarrow{\text{H}^+} \text{HO} \cdots \text{Hg}^+ \longleftrightarrow \right.$$

$$\left. \text{HO}^+ \cdots \text{Hg}^+ \xrightarrow{-\text{Hg}^{2+}} \underset{\textbf{3}}{\text{HO}} \cdots \right] \longrightarrow \underset{R}{\overset{O}{\|}} \quad\quad (5\text{-}5)$$

$$R'C\equiv CR \xrightarrow[\text{H}_3\text{O}^+]{\text{HgSO}_4} \left[R'\cdots R + R'\cdots R \right] \longrightarrow R'\cdots R + R'\cdots R$$

5.3.4 硼氢化反应

如式（5-6）所示的三个反应，炔烃也可与硼烷反应生成，链内炔烃可终止在烯键硼烷，端基炔烃生成的烯基硼烷可继续反应生成烷基硼烷。炔烃与大体积烷基硼烷顺式加成得到反马氏规则的烯键硼烷（**4**），烯基硼烷在羧酸作用下可生成顺式烯烃。端基炔烃通过硼氢化加成反应的方向与水合反应相反，氧化反应后得到烯醇，随即异构化为醛；不对称链间炔烃通过硼氢化-氧化反应将生成两种酮的混合物。

$$RC\equiv CH \xrightarrow{\text{BH}_3} RCH=CHBH_2 \longrightarrow (RCH_2CH_2)_2BH$$

$$R'C\equiv CR \xrightarrow{\text{Sia}_2\text{BH}} \underset{H\;BSia_2}{\overset{R\;R'}{\diagup}} \xrightarrow{\text{C}_2\text{H}_5\text{COOH}} \underset{H\;H}{\overset{R\;R'}{\diagup}}$$

$$\textbf{4} \qquad\qquad \text{Sia}_2\text{BH}:\left[{}^{i}\text{PrCH(CH}_3)\right]_2\text{BH} \quad (5\text{-}6)$$

$$R-C\equiv CH \xrightarrow{\text{Sia}_2\text{BH}} \underset{H\;BSia_2}{\overset{R\;H}{\diagup}} \xrightarrow[\text{OH}^-]{\text{H}_2\text{O}_2} \underset{H\;OH}{\overset{R\;H}{\diagup}} \longrightarrow RCH_2CHO$$

5.4 亲核加成反应

炔烃中的叁键进行亲电加成反应的活性较烯烃小，却能与带有—OH、—SH、—NH$_2$、—CONH$_2$、—COOH 或=NH 基团的有机分子发生亲核加成反应。这类反应的第一步是氧、氮、硫等亲核原子对叁键进行亲核加成生成烯基碳负离子，后者再与亲电成分结合完成加成。反应结果相当于在醇、酸、腈等分子中引入一个烯基，称**烯基化**（vinylation）反应。乙炔是最常用的乙烯基化试剂，如，与乙酸反应生成乙酸乙烯酯（**1**），**1** 发生聚合反应得到**聚乙酸乙烯酯**（polyvinyl acetate，**2**）。**2** 可用作黏合剂，水解后得到制造维尼纶的原料**聚乙烯醇**（polyvinyl alcohol，**3**）。乙烯基醚可用来制造涂料、黏合剂和增塑剂；丙烯腈则用于合成纤维。

$$\text{H}-\text{C}\equiv\text{C}-\text{H} + \text{CH}_3\text{COOH} \xrightarrow[\text{H}_2\text{SO}_4]{\text{HgSO}_4} \left[\text{HC}^-=\text{CH(OCOCH}_3) \right] \longrightarrow \underset{\textbf{1}}{\text{H}_2\text{C}=\text{CH(OCOCH}_3)}$$

$$n\,H_2C =\!\!=\!CH(OCOCH_3) \longrightarrow \underset{2}{\left[CH_2 -\underset{\underset{\displaystyle OCOCH_3}{|}}{CH}\right]_n} \longrightarrow \underset{3}{\left[CH_2 -\underset{\underset{\displaystyle OH}{|}}{CH}\right]_n} + n\,CH_3COOH$$

5.5 还原反应

炔烃加成一分子氢生成双键两端带氢的烯烃，利用不同的反应条件可以控制烯键产物中双键的构型。

5.5.1 氢化反应

与烯烃相同，炔烃的加氢反应也需 Pd、Pt 或 Ni 等金属催化剂在中压稍高于室温下进行并最终生成烷烃产物。炔烃部分加氢生成烯烃，该加氢也是顺式还原过程，两个氢原子同时加到吸附在催化剂表面的炔烃。第一步氢化生成的烯烃在此环境下也很易进行加氢反应，两者速率差别不大。故除非使用特殊的催化剂，炔烃的氢化很难控制在成烯阶段。如式（5-7）所示的反应，将沉积于碳酸钙上的金属钯用醋酸铅处理或将沉积于硫酸钡上的金属钯用喹啉处理可分别得到毒化（去活化）的 **Lindlar 钯** [Pd-CaCO$_3$-Pb(OAc)$_2$-喹啉] 或 **Rosenmund 钯** [Pd-BaSO$_4$；**OR** Ⅳ：362]。这两种金属钯催化剂表面对叁键的活化作用比对双键的强得多，可用作炔烃部分加氢的催化剂，得到顺式的烯烃产物。由醋酸镍经硼氢化钠还原生成的镍粉（**P-2Ni**，Ni$_2$B）也有同样的功能，P-2Ni 制备方便，效果也比前两个毒化的 Pd 催化剂更好。

$$R-C\!\!\equiv\!\!C-R' + H_2 \xrightarrow[\text{或 P-2Ni}]{\substack{\text{Lindlar Pd} \\ \text{或 Rosenmund Pd}}} \underset{H \quad\;\; H}{\overset{R \quad\;\; R'}{\diagdown\!\!C\!\!=\!\!C\diagup}} \tag{5-7}$$

5.5.2 与碱金属/液氨或负氢离子的还原反应

链内炔烃用液氨体系中的碱金属钠（锂、钾）或氢化锂铝还原也可终止在烯烃阶段 [端基叁键不被 Na(Li)/NH$_3$(l) 所还原]。该反应加了两个质子和两个电子到叁键上，结果与加成了 H$_2$ 一样，生成的烯烃是反式的。如式（5-8）所示，戊-3-炔可被还原为 E-己-3-烯。

$$CH_3CH_2-C\!\!\equiv\!\!C-CH_2CH_3 \xrightarrow[\text{或 LiAlH}_4]{\text{Li(Na)/NH}_3\text{(l)}} \underset{CH_3CH_2 \quad H}{\overset{H \quad CH_2CH_3}{\diagdown\!\!C\!\!=\!\!C\diagup}} \tag{5-8}$$

液氨体系中碱金属的反式加氢还原是分步进行的过程：碱金属失去的外层价电子在液氨中成为一个蓝色的氨合**溶剂化电子** [solvated electron，e(NH$_3$)$_n$，体系中若有铁盐催化或久置后，溶剂化电子会进一步与氨反应生成无色或浅灰色氨离子碱（NH$_2^-$）的同时放出氢气] 并与叁键作用生成**烯基碳负离子自由基（1）**。1 是极强的碱，从液氨得到一个质子生成顺/反式稳定性相差不大的**烯基自由基（2）**。2 再接受一个电子生成比其顺式异构体（3）稳定得多的反式**烯基碳负离子（4）**后再接受质子完成反式烯烃产物的生成。烷基自由基的稳定性比烯基自由基小得多；端基炔烃在该体系中发生酸碱反应，而炔基负离子不易再接受一个电子。故液氨体系中的碱金属对烯烃双键或端基炔烃都是没有作用的。

$$R-C\!\!\equiv\!\!C-R' \xrightarrow{M} \left[\underset{1}{RC^-\!\!=\!\!\dot{C}-R'} \xrightarrow[-NH_2^-]{NH_3\text{(l)}} \underset{2}{RHC\!\!=\!\!\dot{C}-R'} \xrightarrow{M}\right.$$

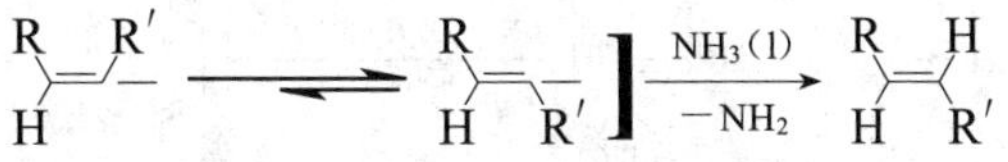

炔烃加氢反应的立体选择性非常有意义，许多有生物活性的烯类化合物的立体构型是单一的。如十六碳-10,12-二烯-1-醇的四个顺反异构体中只有 10E,12Z-**5** 是有效的雌蚕蛾**性信息素**；乙酸十二碳-9Z-烯醇酯（**6**）是雌性葡萄蛾的性信息素，其 9E-异构体是另一种昆虫欧洲松苗蛾的性信息素。从顺-或反-烯烃出发还可进行各种立体专一性反应，故得到单一立体构型的烯烃在有机合成中是非常重要的。

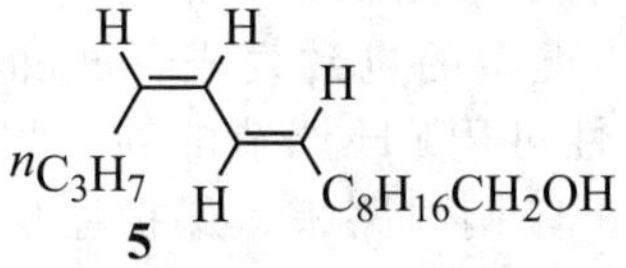

5.6 氧 化 反 应

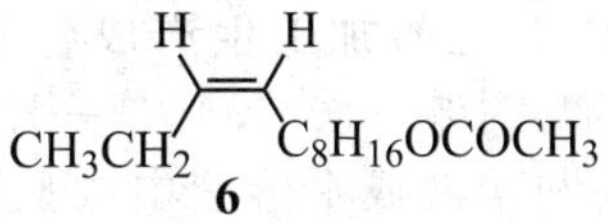

炔键也可被氧化烯键的氧化剂氧化。如式（5-9）所示，炔烃与中性的高锰酸钾反应生成 α-二酮或 α-羰基酸；高温下与碱性高锰酸钾反应叁键断裂生成羧酸盐，端基炔键断裂后生成的甲酸盐继续氧化为二氧化碳。炔键经臭氧解反应后叁键断裂生成羧酸。氧化反应可用于炔烃的结构解析，分离并鉴定生成的羧酸结构就能推断出底物中叁键在碳链上的位置。

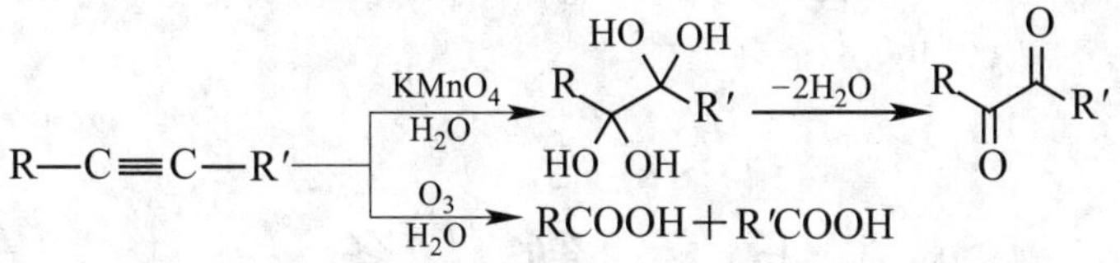

$$\tag{5-9}$$

炔烃的氧化速率不如烯烃。选择适当的氧化剂和反应条件可使烯炔的双键氧化而叁键保留，如式（5-10）所示。

$$CH_3C \equiv CCH_2CH_2CH = C(CH_3)_2 \xrightarrow[\text{HAc}]{CrO_3} CH_3C \equiv CCH_2CH_2COOH + (CH_3)_2CO \tag{5-10}$$

5.7 聚 合 反 应

炔烃也可发生聚合反应，如，乙炔二聚生成乙烯基乙炔，三聚生成苯。但早期研究的高聚反应生成的都是一些缺少实用价值且对空气敏感的链状或环状不规整低聚物的混合物。20世纪 70 年代，人们发现在过量 Lewis 酸存在下乙炔可聚合成**全反式**或**全顺式聚乙炔**（poly-acetylene）。聚乙炔具有长链共轭大 π 键结构，通过移去或加入电子的**掺杂**（doping）操作后能在整个聚烯结构中产生离域的电子空穴（正电荷）或电子对（负电荷），产生极佳的电导效应，如图 5-3 所示。

炔烃的聚合反应开创了生成**有机电子材料**和**导电聚合物**的全新领域，此类聚合物具有有机物特有的溶解性、单体可设计性、易于加工成型和类似金属电子属性的特点，潜在应用价值难以估量。如，用芳环代替聚乙炔中的双键能够增加体系的稳定性，侧链引

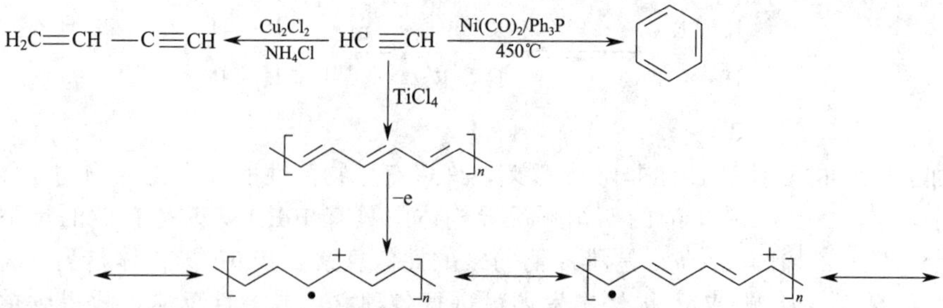

图 5-3　炔烃的聚合反应和聚炔烃的电子掺杂

入柔性的烷基能改进溶解性。由稳定的环状 6π 电子单元制得的聚合物，如**聚对苯亚乙烯**（**1**）和**聚噻吩**（**2**）等已被加工生产成各种不同类型的**电致发光**（electroluminescence）材料。称**有机金属**的聚对苯二胺（**3**）是一种导电性可用 pH 调节的导电聚合物。可溶性聚苯胺的薄膜可在有机溶液或水溶液中成型而用于印刷线路板、保护涂层及智能玻璃等许多领域。三位科学家 **Shirakawa**、**MacDiarmid** 和 **Heeger** 因导电聚合物工作获得了 2000 年诺贝尔化学奖。

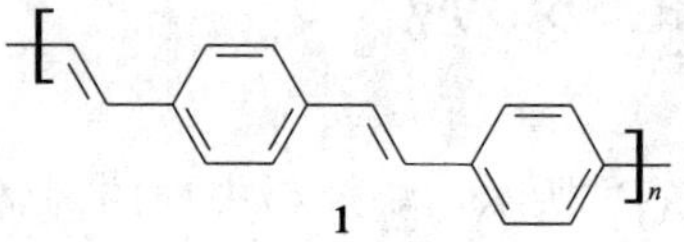

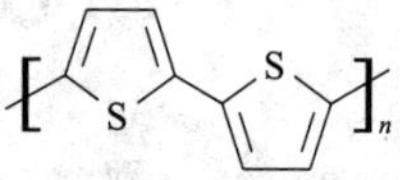

5.8　制　备

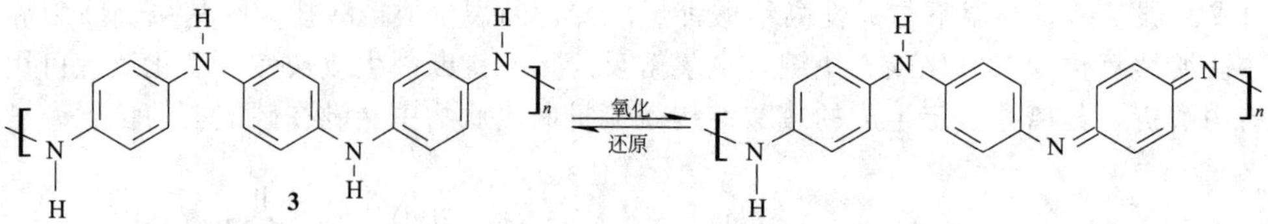

天然产物中没有乙炔，含叁键结构的也不多见。形成碳碳叁键制备炔烃的方法主要有两类：一是利用邻二卤代物的消除反应，二是通过乙炔或一元取代乙炔的取代反应。

5.8.1　乙炔的制备

纯净的乙炔是无色、无嗅的气体（沸点-75℃），在水中的溶解度是 1∶1（体积比），但在丙酮中的溶解度很大，1L 丙酮在室温和 1.01×10^5Pa 下可溶解 29.6L 乙炔。乙炔是生产氯乙烯、丙烯酸（腈）和丁炔-1,4-二醇等许多重要有机化工品的合成原料。乙炔是一个高能化合物，1mol 乙炔燃烧后得到 1mol 水和 2mol 二氧化碳，燃烧热达到 1300kJ/mol，如此高的反应热集中在 3mol 产物分子中而产生超过 2500℃ 的温度。乙炔的高能也决定了要得到它同样需要经过高能耗的生产过程。早期是由**电石**（碳化钙，CaC_2）和水反应来制备的，现在多用煤或石油和氢气在数千摄氏度高温的电弧反应器中生产，如式（5-11）所示的两个反应。

$$CaC_2 \xrightarrow{H_2O} HC\equiv CH + Ca(OH)_2$$

$$2CH_4 \xrightarrow{\triangle} HC\equiv CH + 3H_2 \qquad (5\text{-}11)$$

5.8.2　端基炔烃的酸性和炔基负离子的亲核反应

就像电负性大小的次序是氟＞氧＞氮，酸性强弱的次序是 $HF＞H_2O＞NH_3$ 一样，碳原子电负性大小的次序是 $C(sp)＞C(sp^2)＞C(sp^3)$，酸性强弱的次序是 $C(sp)—H(pk_a\,25)＞C(sp^2)—H(pk_a\,44)＞C(sp^3)—H(pk_a\,50)$。有一定酸性的 $C(sp)—H$ 是端基炔烃区别于其他烷烃、烯烃最重要的特性。但 $C(sp)—H$ 的酸性只不过是烃类化合物中最强的，没有酸味的端基炔烃不能使石蕊试纸变红，遇强碱才能作用。如，乙炔与强碱氨基钠（氨的 $pk_a\,36$）反应放出氢气并生成乙炔钠（**1**），**1** 可再与氨基钠继续反应生成乙炔二钠（**2**）：

$$H-C\equiv C-H \xrightarrow[-NH_3]{Na-\ddot{N}H_2} H-C\equiv C-Na \xrightarrow[-NH_3]{NaNH_2} Na-C\equiv C-Na$$
$$\qquad\qquad\qquad\qquad\qquad\qquad\qquad\mathbf{1}\qquad\qquad\qquad\qquad\qquad\mathbf{2}$$

乙炔钠快速与水反应生成氢氧化钠和乙炔，可见乙炔钠的碱性比氢氧化钠强，乙炔的酸性比水（$pk_a\,15.7$）弱，如式（5-12）所示。乙炔二钠与水的反应几乎是爆炸性的（**OS** V：1043）。有机分子中各类酸性氢的强弱次序为：$H_2O＞ROH＞RC\equiv CH＞RNH_2＞RH$。

$$\underset{\text{较强的碱}}{H-C\equiv C-Na} \quad \underset{\text{较强的酸}}{H-OH} \longrightarrow \underset{\text{较弱的酸}}{H-C\equiv C-H} + \underset{\text{较弱的碱}}{NaOH} \qquad (5\text{-}12)$$

炔基氢也可与格氏试剂或烷基锂（参见 7.12.1 和 7.12.2）反应，如式（5-13）所示的两个反应。

$$RC\equiv C-H \begin{cases} \xrightarrow{R'Li} RC\equiv C-Li + R'H \\ \xrightarrow{R'MgX} RC\equiv C-MgBr + R'H \end{cases} \qquad (5\text{-}13)$$

端基炔烃与 $NaNH_2/NH_3(1)$、RMgX 或 RLi 等强碱反应脱氢形成**炔基负离子**（acetylide anion）有很强的亲核性，可提供一对孤对电子与亲电原子成键，在有机合成中很有用。如，易得的乙炔可与卤代烷发生两次烷基化反应生成高级炔烃，如式（5-14）所示。

$$HC\equiv CH \xrightarrow[NH_3(1)]{NaNH_2} NaC\equiv CH \xrightarrow{RX} R-C\equiv C-H \xrightarrow[(2)R'X]{(1)NaNH_2/NH_3(1)} R-C\equiv C-R' \qquad (5\text{-}14)$$

炔烃碳负离子兼具亲核性和强碱性，要发生取代反应的卤代物只能用伯卤代物。仲或叔卤代物的反应除得到取代产物外还会发生脱卤化氢的消除反应（参见 7.6.2）。如，丙炔基负离子与异丙基溴反应除得到取代产物 4-甲基戊-2-炔（**3**）外还生成消除反应的产物丙烯；苯基或烯基卤代物的活性很小，也不能发生该反应（参见 7.4.4）。

$$CH_3-C\equiv C-H \xrightarrow[(2)(CH_3)_2CHBr]{(1)NaNH_2/NH_3(1)} \underset{\mathbf{3}}{CH_3C\equiv C-CH(CH_3)_2} + CH_3HC\equiv CH_2$$

环氧乙烷及羰基中的碳原子都带有部分正电荷，炔基碳负离子可进攻此类亲电试剂生成带炔基的烷氧负离子，酸性水解后得到醇（**OS** III：320，IV：471，792；参见 8.5 和 9.4.8），如式（5-15）所示的两个反应。

$$RC\equiv C-H \xrightarrow[NH_3(1)]{NaNH_2} RC\equiv C^-Na^+ \begin{cases} \xrightarrow{\triangle O} \xrightarrow{H_3O^+} RC\equiv C-CH_2CH_2OH \\ \xrightarrow[R']{\underset{R''}{O}} \xrightarrow{H_3O^+} \underset{R'\quad R''}{\overset{HO}{C}}C\equiv CR \end{cases} \qquad (5\text{-}15)$$

5.8.3 卤化-双脱卤化氢反应

与卤代物脱卤化氢得到烯烃相似（参见 3.11.2），邻二卤代物［（—CHBrCHBr—），**4**］和**偕二卤代物**［两个官能团连在一个碳原子上的称"偕"，geminal dihalide；（—CH$_2$CX$_2$—）］可失去两分子卤化氢生成炔烃。反应是分步进行的，第一步生成烯基卤代物。烯基卤代物（**5**）中的 p-π 共轭作用使 C—X 键增强的同时又使卤原子缺少电子而不易作为负离子离去，故再失去一分子卤化氢形成炔键时需要更为剧烈的反应条件，如高温下熔融态的碱金属氢氧化物或 NaNH$_2$ 等强碱。制备炔烃所需的二卤代物可由烯烃和卤素加成得到，故此法称**卤化-双脱卤化氢**反应（**OS** I：209，II：177，IV：969）。

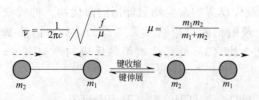

$$RHC\!\!=\!\!CHR' \xrightarrow[-HBr]{Br_2} R\overset{\overset{\displaystyle Br}{|}}{\underset{\underset{\displaystyle Br}{|}}{C}}R' \xrightarrow[-HBr]{KOH} RBrC\!\!=\!\!CHR' \xrightarrow[-HBr]{NaNH_2} RC\!\!\equiv\!\!CR'$$

5.9 质 谱 解 析

炔烃的质谱裂解特性类似于链烯烃，产生质荷比间隔为 14 且合乎通式 [C$_n$H$_{2n-3}$]$^+$ 的碎片离子峰。

5.10 有机化合物的结构解析（3）：红外光谱

位于波数 600~4000cm^{-1} 区域的**红外吸收光谱**（infrared absorption spectroscopy，**IR**）简称红外光谱。

5.10.1 分子的振动模式

共价键不是静止不动的，像弹簧一样连接着两端的原子。成键的两原子间有**伸缩振动**（stretching vibration），键连在一起的 3 个或更多的原子间有**弯曲**（bend）**振动**或称**变形**（deformation）**振动**。n 个原子组成的非线型或直线型分子各有（$3n-6$）或（$3n-5$）种振动模式，每个振动模式对应着一个红外吸收峰。键的振动形式都是量子化的，有特定的与成键原子的质量及键能有关的振动频率（$\bar{\nu}$）且符合经典力学的 **Hooke 定律**，如图 5-4 所示。不同分子中相同的键在红外光谱的差别不太大的特定频率处

$$\bar{\nu} = \frac{1}{2\pi c}\sqrt{\frac{f}{\mu}} \qquad \mu = \frac{m_1 m_2}{m_1 + m_2}$$

图 5-4 Hooke 定律和分子振动

都有吸收而能识别，故是确定官能团的光谱解析方法。

Hooke 定律中的 $\bar{\nu}$ 为以波数表示的振动频率（cm^{-1}）；c 是光速（约 3×10^{10}cm/s）；f 是双原子成键的力常数（10^5 g/s^2），键能愈大、键长愈短、力常数愈大（C—C、C=C 和 C≡C 各为 4.5、9.7 和 15.6；C—H 和 O—H 各为 5.1 和 7.1；C—O 和 C—N 各为 5.1 和 4.9；C=O 为 12.1），故 C≡C 的振动频率比 C=C 大，比 C—C 更大；μ 是**折合质量**（reduced mass），m_1 和 m_2 各为两个键连原子的质量。就像绷紧的弹簧更易伸缩振动那样，成键原子愈轻、键能愈大、振动频率也愈大，故 C—H 的振动频率比 C—C 大。以如

图 5-5 所示的亚甲基基团的振动模式为例：用希腊字母 ν 表示的伸缩振动指原子沿着化学键方向进行的往复运动，振动过程中化学键的键长发生变化。根据振动时原子间相对位置的变化可分**不对称伸缩振动**（ν_{as}，**1a**：2926cm^{-1}）和**对称伸缩振动**（ν_s，**1b**：2853cm^{-1}）。用希腊字母 δ 表示的弯曲振动指原子垂直于化学键方向的振动，振动过程中键角发生变化，强度一般较弱。弯曲振动分面内和面外两类；面内弯曲振动又可分为非对称的**摇动**（**2a**：720cm^{-1}）和对称的**剪切**（**2b**：1468cm^{-1}）；面外弯曲振动则可分为非对称的**摇摆**（**2c**：1305cm^{-1}）和对称的**扭曲**（**2d**：1250cm^{-1}）。弯曲振动也会影响伸缩振动。

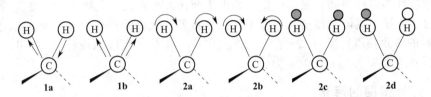

图 5-5　亚甲基的基本振动模式

红外光谱是以谱带而非谱线的形式出现的，因为每个单一振动能的跃迁总是伴随着许多转动能级的改变，故红外谱图实际上是振动-转动吸收光谱。

5.10.2　基团特征频率

红外光谱大致可分为 4 个区域：4000～2500cm^{-1} 为 O—H、N—H 和 C—H 等折合质量较小的含氢基团；2500～2000cm^{-1} 为力常数较大的叁键和累积双键基团；2000～1500cm^{-1} 为 C=C、C=O、C=N 和苯基等各种双键基团。有机分子中官能团的伸缩振动峰多大于 1500cm^{-1}，如表 5-1 所示。这 3 个区域的吸收峰相对简单且特征明显，故称**官能团区**。

表 5-1　有机分子中各种官能团的特征红外吸收波数（ν）　　　　　单位：cm^{-1}

键或官能团		$\tilde{\nu}$	键或官能团		$\tilde{\nu}$
（烷基）C—H		2840～3000	RO—C（醇、醚）		1020～1260
（烯基）=C—H		3050～3150	RH(R')C=O（醛、酮）		1690～1750
（炔基）≡C—H		3260～3330	RCOO—H（羧酸）		3200～3260
C=C（烯烃）		1620～1680	羧酸及其衍生物中的羰基	酸	1710～1760
C≡C（炔烃）		2100～2260		酯	1735～1750
RO—H（醇）		3200～3650		酸酐	1750～1850（双峰）
N—H（胺）		3250～3500		酰胺	1660～1680

小于 1500cm^{-1} 的吸收区域包括 C—C、C—O、C—N 等单键的伸缩振动以及含氢基团 O—H、N—H、C—H 等的弯曲振动。有机分子中存在大量会在这一区域产生众多吸收峰的 C—C 和 C—H 键，故这些吸收峰的官能团表征性差，但每各个分子表现出的特征性犹如人的指纹那样都是唯一的，故小于 1500cm^{-1} 的区域称**指纹区**。指纹区内的峰强和峰形常用来与已知物的标准谱图或其他样品比较以确定是否为同一物质。如，同系物尼龙 6 和尼龙 7、乙酸乙酯和乙酸丁酯都各有相同的基团，这两组化合物在官能团区的峰形相同，但指纹区的谱图不同。又如，不同年代生产的圆珠笔油的成分总有细微差异，通过 IR 对照指纹区的谱峰就可检测文件上各处用圆珠笔油签写或涂改的是否出自同一年代。

每个基团的振动频率值是相对恒定的，差异主要来自电子效应、空间效应和氢键等因素。如，$C(sp)$—H、$C(sp^2)$—H 和 $C(sp^3)$—H 的振动频率各位于 3300cm^{-1}、3050cm^{-1} 和 2950cm^{-1}；$\nu_{C=C}$ 在丁-1-烯和丁-3-烯酮中分别为 1647cm^{-1} 和 1623cm^{-1}；$\nu_{C=O}$ 在丁酮和丁-3-烯酮中则分别为 1720cm^{-1} 和 1685cm^{-1}。空间效应表现为使共轭效应的影响受到限制。无张力的六元环上的基团振动频率与链状化合物中的基本相等，但随着环张力变大，环内和环外基团的振动频率分别减小和增大。如，$\nu_{C=C}$ 在环己烯和环丁烯中分别为 1640cm^{-1} 和 1570cm^{-1}；$\nu_{C=O}$ 在环己酮和环丁酮中分别为 1715cm^{-1} 和 1780cm^{-1}。氢键的生成使 O—H、N—H 键变长，键的力常数变小，振动频率向低频移动，谱带变宽。同一分子在不同相态的红外吸收也有差异。

红外吸收峰的强度与基团振动产生的偶极矩变化大小有关。偶极矩没有变化的振动不会产生红外吸收光谱。基团极性愈大、分子对称性愈差，偶极矩变化和红外吸收强度均愈大。如，丁-1-烯的吸收强度比反-丁-2-烯大，2,3-二甲基丁-1-烯的吸收强度比 2,3-二甲基丁-2-烯的大，丙醛羰基的吸收强度比丁-1-烯大。

5.10.3　红外谱图的解析

红外光谱中横坐标（4000~600cm^{-1}）和纵坐标分别记录吸收峰的波数和强度。强度分四类：很强（vs）、强（s）、中等（m）、弱（w）。读谱可从左往右关注吸收峰位置、强度和形状，不能忽视谱图中一些强度较弱但又很有用的谱带。如，烯烃中的 $C(sp^2)$—H 伸缩振动有时并不明显。除了静态分子的结构解析外，红外光谱还可在二维谱图基础上加上秒级时间坐标，得到三维的**原位生成的 IR 谱图**（in situ IR），通过吸收峰的波数和强度随时间的变化对反应进程作出解析。

5.10.4　脂肪烃的红外光谱

（1）烷烃　烷烃和环烷烃结构中只有 C—C 和 C—H 键，它们的红外光谱比较简单。如图 5-6 所示，正己烷的红外光谱中可见 2959cm^{-1}、2875cm^{-1}、1466cm^{-1}、1379cm^{-1} 等几个主要吸收峰。ν_{C-H} 出现在 1380~1370cm^{-1}，常用于判断分子中的甲基、异丙基或叔丁基。同碳上的两个甲基因**振动偶合**会在此区域产生裂分峰，如，异丙基和叔丁基在 1380cm^{-1} 附近可出现强度几乎相等的双峰。

环丙烷因张力变大，环上的 CH$_2$ 伸缩振动移向高频而出现在 3050cm^{-1} 左右。

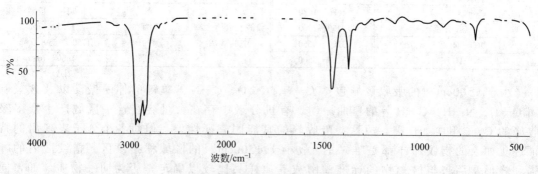

图 5-6　正己烷的红外吸收光谱图

（2）烯烃　如表 5-2 所示，烯烃有三个特征吸收区域：第一个是 1620~1680cm^{-1} 区域内的 $\nu_{C=C}$ 吸收峰，第二个是 3100~3010cm^{-1} 的 $\nu_{=C-H}$ 吸收峰（以 3000cm^{-1} 为界限可区别饱和 C—H 键与不饱和 C—H 键）；第三个是 650~1000cm^{-1} 的 $\delta_{=C-H}$ 吸收峰，结合 $\nu_{C=C}$ 可判断烯烃的类型。

类　　型	$\nu_{=C-H}$	$\nu_{C=C}$	$\delta_{外=C-H}$
$RHC=CH_2$	3010~3090(m)	1645(m)	990(s)
$R_2C=CH_2$	3010~3090(m)	1655(m)	890(s)
$cis\text{-}RCH=CHR'$	3010~3090(m)	1660(m)	760~730(m)
$trans\text{-}RCH=CHR'$	3010~3090(m)	1675(w)	1000~950(m)
$R_2C=CHR'$	3010~3090(m)	1670(w)	840~790(m)
$R_2C=CR_2'$		1670(w)	

图 5-7 是己-1-烯的红外光谱图。在 $3080cm^{-1}$、$1642cm^{-1}$ 和 $990cm^{-1}$ 处有很清晰的特征吸收峰。

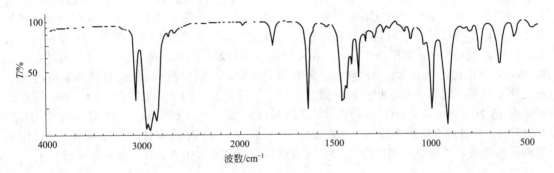

图 5-7　己-1-烯的红外光谱图

（3）炔烃　炔烃红外光谱的特征性很强，不对称 $\nu_{C\equiv C}$ 出现在 2100~2260cm^{-1} 区域（链间炔烃的 $\nu_{C\equiv C}$ 因偶极矩变化小，吸收峰很弱而不易辨析）；3260~3330cm^{-1} 范围附近有 $\nu_{\equiv C-H}$ 吸收峰。图 5-8 是己-1-炔的红外光谱图，在 $3310cm^{-1}$ 和 $2120cm^{-1}$ 处有很清晰的特征吸收峰。

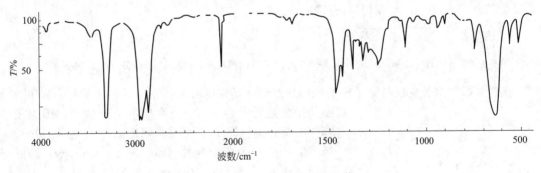

图 5-8　己-1-炔的红外吸收光谱

5.11　有机化合物的结构解析（4）：氢核磁共振谱

频率为兆赫级（波长为 1~1000m）的电磁波能引起原子核自旋能级的共振跃迁并得到**核磁共振谱**（nuclear magnetic resonance spectroscopy，NMR）。众多科学家因在核磁共振领域的创造性工作而先后获得四次诺贝尔物理奖、两次诺贝尔化学奖和一次诺贝尔生理和医学奖的肯定，氢核磁共振谱也是解析有机化合物结构最有力的工具。

5.11.1 核磁共振谱

原子核有自旋运动，可用与原子核的质量数和中子数有关的自旋量子数（I）来描述。其中 $I=1/2$ 的原子核，即质子数或中子数有一个为奇数的核，如 ^1H、^{19}F、^{31}P 和 ^{13}C 等最适宜核磁共振研究。$I=0$ 的原子核，即质子数和中子数均为偶数的核，如 ^{12}C、^{16}O、^{32}S 等无核磁共振现象。

^1H 在外磁场（H_0）中有两种**自旋取向**，可标记为 $+1/2$ 和 $m=-1/2$。外磁场不存在时，这两种取向的核的能级是相同的，称简并的；在外磁场（H_0）中，$+1/2$ 的原子核的磁矩取向与 H_0 方向相同，能量相对较低；$-1/2$ 的原子核的磁矩取向与 H_0 方向相反，能量相对较高。当这两种取向之间的能级差 ΔE 正好等于外界电磁波提供的能量时，氢核就能吸收能量并发生共振，从能量较低的状态跃迁到能量较高的状态，检测电磁波被吸收的信息就能得到核磁共振谱。与红外吸收引起分子振动形式的改变是瞬间完成的不同，核磁共振相对需要较长的时间段（10^{-3}s）。如图 5-9 所示，在外磁场中两种取向的核的能级差（ΔE）与外磁场强度（H_0）成正比。H_0 愈大、ΔE 愈大、愈有利于核磁共振的检测。ΔE 又与核的**磁旋比**（γ）成正比，故不同的原子核在相同的外磁场中因 γ 不同而有不同的共振频率（ν）。如，当外磁场强度 H_0 为 1.409T（Tesla）时，^1H 和 ^{13}C 的共振频率分别为 60MHz 和 15.1MHz；当 H_0 为 2.35T 时，两者的共振频率分别为 100MHz 和 25.2MHz。习惯上用 ^1H 的共振频率表示核磁共振谱仪的规格，故外磁场强度为 2.35T 的核磁共振谱仪称 100MHz 的核磁共振谱仪。

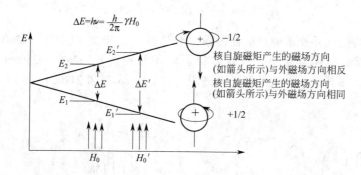

图 5-9 在不同的外磁场（H_0）中，$I=1/2$ 的原子核的两种自旋态及能级裂分（h 是 Plank 常数）

核磁共振频率若仅仅与原子核的磁旋比及外磁场强度有关，则同种原子核都一样了，核磁共振将是无用的技术。所幸实际并非如此，因原子核都带电荷，围绕原子核外围非球形对称的电子云在外磁场中会产生一个**各向异性**（magnetic anisotropy）的感应磁场（H'）。与外磁场 H_0 方向相反的 H' 使该原子核实际受到的磁场强度稍有降低（$H_{实}=H_0-H'$），或者说核外电子云对该原子核产生**屏蔽**（shielding）作用。屏蔽作用使 NMR 谱图上的吸收峰移向右侧或**高场**（high field），用"$\oplus$"表示；与外磁场 H_0 方向相同的 H' 使该原子核实际受到的磁场强度稍有增加（$H_{实}=H_0+H'$）而产生

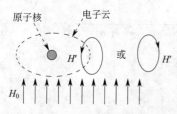

图 5-10 电子云在外磁场中产生与外磁场同向或反向的磁场（H'）

去屏蔽（deshielding）作用，用"$\ominus$"表示，去屏蔽作用使吸收峰移向左侧或**低场**（low field）。如图 5-10 所示。围绕原子核外围的电子云密度愈大或愈小，屏蔽或去屏蔽作用随之愈大或愈小。原子在分子中都是成键的，其周围的电子云密度因所连键的极性、所连原子的

杂化及电子效应不同而不同，屏蔽或去屏蔽作用不同，引起各自的核磁共振频率不同，故化学环境不同的原子是可用核磁共振技术予以识别的。

由屏蔽作用引起共振频率或磁场强度移动的现象称**化学位移**（chemical shift，δ）。化学环境不同的^{1}H各有一个独特的核磁共振或化学位移。如图 5-11 所示，2,2-二甲基丙酸甲酯$[(CH_3)_3COOCH_3]$只有两组化学环境不同的^{1}H，在核磁共振谱上只出现化学位移为 1.15 和 3.70 的两组峰。故根据化学位移可以解析各类化学环境不同的原子和整个分子结构。

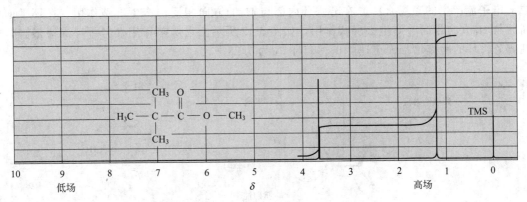

图 5-11   2,2-二甲基丙酸甲酯的^{1}H NMR 谱图

5.11.2 ^{1}H 化学位移（δ_H）

绝大多数有机化合物都含有氢原子，氢的磁旋比最大，简称**氢谱**的**氢核磁共振谱**（^{1}H NMR）也称**质子核磁共振谱**（proton magnetic resonance，**PMR**），是最灵敏的发展最早、研究最多和结构解析应用最广的一种核磁共振谱。

处于不同化学环境的质子的共振频率虽有差异，但其值很小。实际测定记录的是样品和内标参考物的共振频率之差而非各个样品确切的共振频率。化学惰性的**四甲基硅烷**[$Si(CH_3)_4$，tetramethylsilane，**TMS**]常用作内标参考物。硅的电负性（1.8）比碳（2.5）小，TMS 中^{1}H 的吸收信号处于不会与绝大多数有机化合物中的^{1}H 吸收峰发生重叠干扰的高场；被设置于零位的 TMS 中 12 个质子在^{1}H NMR 上出现单一尖峰，故 TMS 用量可以很少。

共振频率与外磁场强度成正比，使用不同频率的仪器会给出不同的化学位移值。如，1,2,2-三氯丙烷 $CH_3CCl_2CH_2Cl$，CH_3 和 CH_2 的吸收峰在 60MHz 核磁共振仪器上分别与 TMS 相距 134Hz 和 240Hz，两峰间相差 106Hz；在 100MHz 仪器上分别与 TMS 相距 223Hz 和 400Hz 处，两峰间相差 177Hz。计量必须要标准且适于比较，故化学位移（δ）由样品吸收峰与参考物 TMS 吸收峰之差（Hz）除以谱仪的使用频率（MHz）后给出，如式（5-16）所示。这样，$CH_3CCl_2CH_2Cl$ 无论在 60MHz 还是 100MHz 仪器上测定，CH_3 或 CH_2 的化学位移值 δ 都是一样的，各为 2.23 和 1.77。δ 值只有百万分之几到百万分之十几，旧文献上常标注为"**ppm**"（10^{-6}）或忽略不提，但"ppm"不是一个标准量纲单位（IS 单位）。^{1}H 化学位移用 δ_H 表示，有机分子中的 δ_H 多在 0~12 之间。

$$\delta = \frac{样品吸收峰与内标物（TMS）吸收峰之差值（Hz）}{谱仪的使用频率（MHz）} \tag{5-16}$$

影响 δ_H 的主要因素包括以下几个方面。

（1）取代基的电负性   氢核外电子云密度与其所连原子（团）的电负性密切相关。电负性大的原子（团）使^{1}H 周围的电子云密度减小，屏蔽作用变小，吸收峰出现在低场（δ_H 值大）。如表 5-3 所示的一些甲烷衍生物中甲基氢的化学位移值。

表 5-3 一些甲烷衍生物中甲基氢的 δ_H

CH$_3$X	CH$_3$F	CH$_3$OH	CH$_3$Cl	CH$_3$Br	CH$_3$I	CH$_3$H	CH$_3$Li
δ_H	4.26	3.24	3.05	2.68	2.16	0.20	−1.95

（2）各向异性效应　化学位移受到分子中各个官能团空间关系的影响。芳香环中环状**离域 π 电子流**产生的磁场（H'）在芳香环内部与 H_0 的方向相反，产生屏蔽作用；在环平面四周的与 H_0 方向相同，产生去屏蔽作用，如图 5-12 所示。去屏蔽作用在芳香环周边最强，随键离芳香环的距离增加而迅速降低。苯环 δ_H 为 7.28。

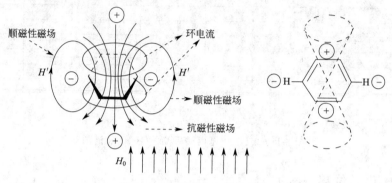

图 5-12 苯环的各向异性效应

双键的各向异性效应与芳环相似，π 电子产生的诱导磁场在双键平面上下和四周各是屏蔽区和去屏蔽区，如图 5-13（a）所示。$C(sp^2)$—H 中的 ^1H 位于去屏蔽区，δ_H 出现在低场化学位移（5~6）。C＝N、C＝O、C＝S 等双键基团也都有同样的效应。叁键的各向异性效应在键轴方向和键轴四周各是屏蔽区和去屏蔽区。处于键轴方向的炔氢受到较大的屏蔽作用，但 $C(sp)$ 有较大电负性，$C(sp)$—H 中的 δ_H 在这两种效应的综合作用下化学位移出现在约 1.8，如图 5-13（b）所示。

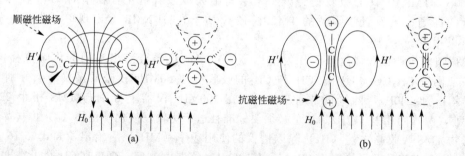

图 5-13 双键（a）和叁键（b）的各向异性效应

C—C 单键也能产生弱的各向异性效应，如图 5-14（a）所示。碳的电负性比氢略大，甲基中的氢被碳取代后去屏蔽效应增大，故 δ_H 值大小为 $R_3CH > R_2CH_2 > RCH_3 > CH_4$。溴乙烷（CH$_3aCH_2$bBr）中甲基的一个 Ha 在最稳定的交叉构象中与溴原子呈反位，另两个 Ha 与溴原子呈邻位，如图 5-14（b）所示。这两类同碳 ^1H 似乎因化学环境不同而应有不同的化学位移，但实际上因 C—C 单键在开链烷烃中的快速旋转而有完全相同的化学环境，在 NMR 中给出一个平均化的吸收信号而具有相同的化学位移。当 C—C 单键的旋转受阻时，同碳 ^1H 会有不同的化学位移。如，环己烷 12 个氢中 6 个 e 键氢原子（He）和 6 个 a 键氢原子（Ha）受到 C—C 单键各向异性效应不同的影响，如图 5-14(c) 所示。－90℃ 低温下（相当于将分子冻结）测试时可清晰地见到两个单峰，处于去屏蔽区的 He 的 δ_H 为 1.60，处于屏蔽区的 Ha 的 δ_H 为 1.12。室温下 He 和 Ha 位向因环的快速（10^{-5} s）翻转而交换，在核磁共振时间尺度内（10^{-3} s）达到平衡，给出平均 δ_H 值为 1.36 的单峰。

图 5-14　碳碳单键的各向异性效应

（3）氢键　氢键使氢原子周围电子云密度降低，产生去屏蔽作用而导致化学位移向低场移动。氢键的缔合与温度、浓度等条件有关，故—OH、—NH$_2$ 中质子的化学位移也随测试条件而变。如，在非极性溶剂或低浓度或升高温度等不利氢键形成的环境中化学位移均会移向高场，但分子内氢键受环境影响较小。

（4）溶剂效应　同一化合物在不同的溶剂中因溶剂的各向异性效应及溶质与溶剂间生成氢键的影响而有不同的化学位移。溶质与水、醇、胺及硫醇等具活泼氢的溶剂之间可发生质子交换，如式(5-17) 所示。交换反应速率很快时，NMR 测得的化学位移是一个平均值；交换速率很慢时可分别测得 δ_{Ha} 和 δ_{Hb}。

$$ROHa + HOHb \rightleftharpoons ROHb + HOHa \tag{5-17}$$

如式(5-18) 所示，重水与可交换活泼氢发生 **H-D 交换反应**，被测物 ROH 变成 ROD，原本存在的羟基 δ_H 信号消失或减小（交换慢时）。利用这个方法可判断活泼氢的存在（参见 8.3.1）。

$$ROH + D_2O \rightleftharpoons ROD + HD \tag{5-18}$$

5.11.3　各类质子的 δ_H 范围

如表 5-4 所示，处在不同化学环境中的各类质子都有一定的化学位移范围，使 NMR 成为非常有用的解析工具。

表 5-4　有机分子中各类氢原子（黑体显示）的化学位移（以递增排列）

氢 类 型	δ_H	氢 类 型	δ_H
胺 R(Ar)NHR(Ar)	0.4～4.8	醚 ROCH$_2$R	3.3～3.9
醇 ROH	0.5～5.5	醇 RCH$_2$OH	3.3～4.0
伯烷基 RCH$_3$	0.8～1.0	酚 C$_6$H$_5$OH	4.0～8.0
硫醇 RCH$_2$SH	0.9～2.5	终端烯烃 C=CH$_2$	4.6～5.0
仲烷基 R$_2$CH$_2$	1.2～1.4	酰胺 R(Ar)CONHR(Ar)	5.0～9.4
叔烷基 R$_3$CH	1.4～1.7	链内烯烃 C=CHR	5.2～5.8
丙烯基 C=CCH$_3$	1.6～1.9	芳烃 ArH	6.0～9.5
炔基 C≡CH	1.8～3.1	肟 C=NOH	7.4～10.2
羰基 RC(O)CH$_2$R	2.1～2.6	醛 RCHO	9.5～10.5
苄基 ArCH$_2$R	2.2～2.5	磺酸 RSO$_3$H	11.0～12.0
硫酚 C$_6$H$_5$SH	3.0～4.0	羧酸 RCOOH	11.0～13.0
卤代烃 RCH$_2$X	3.3～3.6	烯醇 C=COH	15.0～19.0

5.11.4　δ_H的估算公式

在归纳总结大量有机分子 δ_H 值的基础上，人们已提出了各类 δ_H 的估算公式和参数表，根据母体结构和取代基产生的增量值（**Z**）在理论上能估算出各类氢的 δ_H 值。估算值并非精确，尤其当取代基较多时误差也较大，但对解析样品结构和判别分子中各类氢原子在谱图中的归属有很大的参考价值。

（1）烷基碳上 δ_H 的估算公式　烷烃中某个 H 被其他基团（G）取代后，CH—G 和 CH—C—G 的 δ_H 值均有与 G 相关的变化（表 5-5），理论上 $\delta_H(CH_3)$、$\delta_H(CH_2)$ 和 $\delta_H(CH)$ 的大小可分别由式(5-19)、式(5-20) 和式(5-21) 得出，$\sum G$ 为不同位置上的 G 产生的增量值之和。

$$\delta_H(CH_3) = 0.86 + G_\alpha + \sum G_\beta \tag{5-19}$$

$$\delta_H(CH_2) = 1.37 + \sum G_\alpha + \sum G_\beta \tag{5-20}$$

$$\delta_H(CH) = 1.50 + \sum G_\alpha + \sum G_\beta \tag{5-21}$$

表 5-5　取代基 G 对 α-位和 β-位 CH_3、RCH_2、$RR'CH$ 的 δ_H 的增量值 Z

G	CH_3G G_α	CH_3CG G_β	RCH_2G G_α	RCH_2CG G_β	$RR'CHG$ G_α	$RR'CHCG$ G_β
R	0.00	0.05	0.00	−0.06	0.17	−0.01
—C=CH(R)$_2$	0.85	0.20	0.63	0.00	0.68	0.03
—C≡CH	0.94	0.32	0.70	0.13	1.04	—
—C$_6$H$_5$	1.49	0.38	1.22	0.29	1.28	0.38
—CN	1.12	0.45	1.08	0.33	1.00	—
—CHO	1.34	0.21	1.07	0.29	0.86	0.22
—COR	1.23	0.20	1.12	0.24	—	—
—COO(R)	1.15	0.28	0.92	0.35	0.83	0.63
—CONH$_2$	1.16	0.28	0.85	0.24	0.94	0.30
—NH(R)$_2$	1.61	0.14	1.32	0.22	1.13	0.23
—NHCOR	1.88	0.34	1.63	0.22	2.10	0.62
—NO$_2$	3.43	0.65	3.08	0.58	2.31	—
—NR$_3^+$	2.44	2.76	1.91	1.77	1.78	2.06
—OH	2.53	0.25	2.20	0.15	1.73	0.08
—OR	2.38	0.25	2.04	0.13	1.35	0.32
—OCOR	2.81	0.44	2.83	0.24	2.47	0.59
—F	3.41	0.41	2.76	0.16	1.98	0.27
—Cl	2.20	0.63	2.05	0.24	1.94	0.31
—Br	1.83	0.83	1.97	0.46	2.02	0.41
—I	1.30	1.02	1.80	0.53	1.73	0.15
—SH(R)	1.14	0.45	1.23	0.26	1.06	0.31

以乙酸乙酯 $CH_3^aCOOCH_2^bCH_3^c$（**1**）为例，用公式(5-19)、式(5-20) 和表 5-5 估算可得 δ_{Ha} 为 2.01(0.86+1.15，实测值 2.04)；δ_{Hb} 为 4.18(1.37 + 2.81 + 0.00，实测值 4.12)；δ_{Hc} 为 1.34（0.86+0.44，实测值 1.26)。

（2）烯基碳上 δ_H 的估算公式　烯烃（**2**）中烯氢的 δ 值可用式(5-22) 估算：

$$\delta_{=CH} = 5.28 + G_{同} + G_{顺} + G_{反} \tag{5-22}$$

式(5-23) 中的 5.28 为乙烯的 δ_H 值，G 的下标"同""顺"和"反"表示取代基的位置。取代基的增量值 G 值如表 5-6 所示。

表 5-6 乙烯取代基的增量值 Z

取代基	$G_\text{同}$	$G_\text{顺}$	$G_\text{反}$	取代基	$G_\text{同}$	$G_\text{顺}$	$G_\text{反}$
—H	0	0	0	—Br	1.16	0.56	0.69
—烷基	0.45	−0.32	−0.40	—I	1.25	1.29	0.95
—环烷基	0.51	−0.33	−0.40	—CN	0.45	0.92	0.79
—$CH_2C\!=\!CH_2$	0.43	−0.33	−0.36	—CHO	0.98	0.83	0.98
—$C\!=\!CH(R)_2$	0.98	−0.04	−0.21	—COR	1.02	0.99	0.62
—$C\!=\!CH$	0.34	0.11	−0.04	—COOH	0.87	1.27	0.67
—C_6H_5	1.44	0.44	−0.08	—COOR	0.86	1.14	0.55
—$CH_2C_6H_5$	0.71	−0.27	−0.28	—$CONH_2$	0.80	0.89	0.43
—CH_2F	0.61	−0.04	−0.16	—$CONR_2$	1.36	0.84	0.27
—CH_2Cl	0.74	0.02	−0.11	—COCl	1.07	1.35	0.88
—CH_2Br	0.71	0.01	−0.17	—$NH(R)_2$	0.77	−1.24	−1.29
—CH_2I	0.76	−0.05	−0.10	—NHCOR	2.05	−0.75	−0.60
—CF_3	0.62	0.57	0.28	—NO_2	1.84	1.27	0.59
—CH_2OH	0.70	−0.02	−0.16	—NR_3^+	1.22	0.48	0.26
—CH_2NH_2		−0.13	−0.24	—OH	1.17	−1.10	−1.44
—CH_2NO_2	0.73	0.18	0.21	—OR	1.18	−1.11	−1.32
—F	0.89	−1.09	−1.25	—OCOR	1.95	−1.40	−0.72
—Cl	0.98	0.20	0.11	—SH(R)	1.07	−0.44	−0.20

以 **3** 为例，用式(5-22)和表 5-6 估算可得：$\delta_{Ha}=5.28+0+0.34+(-0.40)=5.22$（实测值 5.27）；$\delta_{Hb}=5.28+0+0.11+(-0.04)=5.35$（实测值 5.37）。

(3) 苯环上 δ_H 的估算公式 苯环上氢的化学位移可用式(5-23)估算：

$$\delta=7.27+\sum G \tag{5-23}$$

式(5-23)的中 7.27 为母体苯氢的 δ 值，环上的吸电子取代基使苯环的 δ_H 移向低场。$\sum G$ 为取代基对苯氢 δ 值影响值之和，邻、间和对位不同取代基的增量值 G_o、G_m 和 G_p 值如表 5-7 所示。

表 5-7 取代基对苯氢核 δ 值影响的增量值 G

取代基	G_o	G_m	G_p	取代基	G_o	G_m	G_p
—H	0	0	0	—COOH	0.79	0.14	0.28
—CH_3	−0.17	−0.09	−0.17	—COOR	0.70	0.10	0.20
—C_2H_5	−0.14	−0.05	−0.18	—$CONH_2$	0.48	0.11	0.19
—$CH(CH_3)_2$	−0.13	−0.08	−0.18	—COCl	0.77	0.15	0.35
—$C(CH_3)_3$	0.05	−0.04	−0.18	—NH_2	−0.67	−0.20	−0.59
—$CH\!=\!CH(R)_2$	0.08	−0.02	−0.09	—NHR_2	−0.60	−0.10	−0.62
—$C\!=\!CH$	0.16	−0.01	−0.01	—NHCHO	−0.22	0.15	−0.08
—C_6H_5	0.22	0.06	−0.04	—NHCOR	0.15	−0.02	−0.23
—CF_3	0.19	−0.07	0	—NO_2	0.93	0.26	0.39
—CH_2OH	−0.07	−0.07	−0.07	—NR_3^+	0.72	0.48	0.34
—F	−0.31	−0.03	−0.21	—OH	−0.51	−0.10	−0.41
—Cl	−0.01	−0.06	−0.12	—OR	−0.45	−0.05	−0.40
—Br	0.15	−0.12	−0.06	—$OCH_2CH\!=\!CH_2$	−0.45	−0.13	−0.43
—I	0.36	−0.24	−0.02	—OCOR	−0.26	0.03	−0.12
—CN	0.32	0.14	0.28	—SH(R)	−0.08	−0.14	−0.23
—CHO	0.54	0.19	0.29	Li	0.77	0.26	−0.29
—COR	0.62	0.12	0.22	MgBr	0.40	−0.19	−0.26

以 **4** 为例，用式(5-23)和表 5-7 估算可得：$\delta_{Ha}=7.27+0.79+(-0.05)=8.01$（实测值 8.08）；$\delta_{Hb}=7.27+(-0.45)+0.14=6.96$（实测值 6.93）。

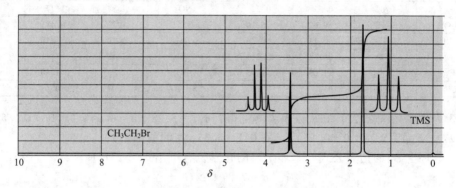

1   **2**   **3**   **4**

5.11.5 自旋-自旋偶合

如图 5-15 所示（图中两组峰的左右上方显示出峰放大后的图形），溴乙烷（CH_3CH_2Br）中 CH_2 和 CH_3 的 ¹H NMR 吸收峰是各裂分为四重峰和三重峰的多重峰而非单峰。峰的裂分是由于处于邻位的 CH_2 和 CH_3 中 ¹H 的相互干扰引起的，同一分子中不同磁性核之间的相互干扰称**自旋偶合**（spin-spin coupling），因自旋偶合使谱峰增多的现象称**自旋裂分**（spin-spin splitting）。偶合是裂分的原因，裂分是偶合的结果。

CH_3CH_2Br

TMS

图 5-15 溴乙烷的氢核磁共振谱

与 Ha 所在碳键连的碳上若没有氢原子，Ha 在谱图上只出现一个共振吸收峰；若有一个氢原子 Hb，Hb 核在外磁场中也有 +1/2 和 -1/2 两种不同自旋取向，相应产生两个概率相等的与外磁场方向相反或相同的小磁场 H''，Ha 实际受到的磁场强度是 $[H_0 + H'']$ 或 $[H_0 - H'']$。故原来产生共振的位置不再有吸收峰，而在其低场和高场两侧各出现一个吸收峰，即 Ha 的吸收峰被 Hb 裂分为强度相等的两重峰。多个同类氢产生的 H'' 是有加和性的。若 Ha 所在碳的邻位碳上有两个氢核 Hb_1 和 Hb_2，每个 Hb 在外磁场中的自旋均有两种取向，故出现四种组合情况，如表 5-8 所示。每个 Hb 的自旋取向是随机的，取向相反产生的影响是等价的，故 Ha 实际接受的磁场强度有概率比为 1∶2∶1 的三种情况而裂分为强度比为 1∶2∶1 的三重峰。Hb 同样受到邻位碳上三个 Ha 的偶合被裂分成强度比为 1∶3∶3∶1 的四重峰。

表 5-8 相邻两个自旋核 Hb_1 和 Hb_2 对 Ha 的影响

Hb_1的自旋取向	Hb_2的自旋取向	Ha 实际受到的磁场强度
→	→	$H_0 + 2\Delta H''$
→	←	H_0
←	→	H_0
←	←	$H_0 - 2\Delta H''$

5.11.6 化学等价和磁等价

处于相同化学环境的质子是**化学等价**（chemical equivalence）的或简称等价的，在 NMR 中所处的磁场环境相同，化学位移自然也相同，故化学等价又称**化学位移等价**，相互间也没有自旋偶合。如，乙烯和 1,2-二溴乙烷（CH_2BrCH_2Br）都只有一个单峰；环己烷中处于 a 键的 Ha 和处于 e 键的 He 在构象固定时是化学不等价的，但在核磁共振时间尺度内（$10^{-3}s$）常温时即因快速环翻转达到平衡，这两类质子成为化学等价而在 NMR 上表现出平均化了的化学位移。

两个化学等价的核若与分子中其他核有相同的偶合，它们在磁性上也是等价的，称**磁等价**（magnetic equivalence）。如图 5-16 所示，最常见的偶合发生在非磁等价的间隔两根键的同碳氢和间隔叁根键的邻碳氢之间，各称 ^2J 和 ^3J（参见 5.11.7）；脂肪族不饱和体系中可产生间隔四根键的氢之间的 ^4J 远程偶合。

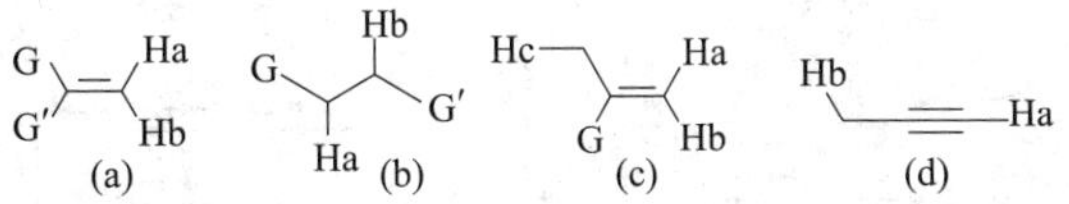

图 5-16 非磁等价的同碳氢（a）偶合、邻碳氢（b）偶合及间隔四根键［(c) 和 (d)］的远程偶合

磁等价的核一定是化学等价的，但化学等价的核不一定是磁等价的核，故磁等价的要求比化学等价高。溴乙烷（CH_3CH_2Br）中 CH_3 的 3 个氢和 CH_2 的 2 个氢各都是磁等价的，CH_3 中的每个 H 与 CH_2 中的每个 H 都有相同的偶合，反之亦然。故 CH_3 和 CH_2 的吸收峰分别裂分为三重峰和两重峰。在有两个不同取代基的间三取代苯（**5**）中，$Ha_{(1)}$ 和 $Ha_{(2)}$ 是化学等价的，与 Hb 有相同的偶合，故也是磁等价的。在不同取代基的对二取代苯（**6**）中，$Ha_{(1)}$ 和 $Ha_{(2)}$ 的邻位都是基团 G 和 H，间位都是基团 G' 和 H，化学环境相同，是化学等价的；$Hb_{(1)}$ 和 $Hb_{(2)}$ 同样也是化学等价的。但 $Ha_{(1)}$ 和 $Ha_{(2)}$ 与都有偶合的 $Hb_{(1)}$ 间各相隔三根和五根键，故 $Ha_{(1)}$ 和 $Ha_{(2)}$ 是磁不等价的（参见 5.11.9）。$Ha_{(1)}$ 被 Hb_1 裂分为两重峰的同时又被 Hb_2 裂分为两重峰，峰形是两重两重峰而非简单的两重峰。

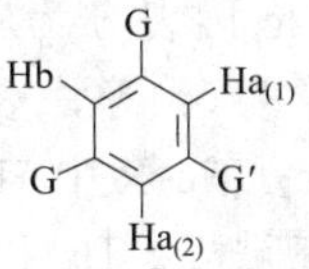

5.11.7 偶合常数和（$n+1$）规则

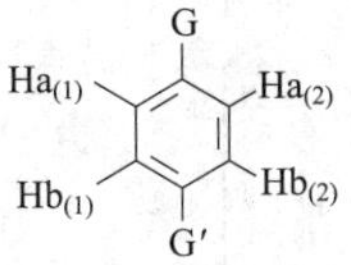

偶合裂分的值称**偶合常数**（coupling constant，**J**），等于裂分峰之间的距离（Hz）。解析自旋偶合产生的裂分峰数和 J 值可以得到分子结构的丰富信息。各种 J 值是一个恒值，可以在核磁共振谱图上直接读出［间距（$\Delta\delta$）乘以仪器的频率（Hz）］。J 值与外磁场强度，即所用测试仪器的磁场强度无关，而与发生干扰的两个核之间的距离、及电子云密度等因素有关。质子之间的 J 值一般较小，不超过 20Hz。

单峰、两（二）重峰、三重峰、四重峰分别用 s、d、t 和 q 表示，多于四重峰的情况常统称多重峰，记为 m。裂分峰以化学位移为中心，左右大体对称。根据偶合的两核间间隔的化学键数目可将偶合常数分为 ^1J、^2J、^3J 等，左上角的数字表示间隔键的数目。如 H—F 中 F 对 H 的偶合为 ^1J，同碳上两个 ^1H 的偶合为 ^2J（$J_{同}$），邻碳上的 ^1H 的偶合为 ^3J（$J_{邻}$）。偶合是相互的，如，乙基中的 CH_3 对 CH_2 及 CH_2 对 CH_3 有相同的偶合作用，偶合常数 J 也相等。

n 个磁等价相邻核产生的自旋裂分峰数目为 $2nI+1$。^1H、^{13}C、^{31}P 和 ^{19}F 等核的 I 为 1/2，裂分峰数目等于 $n+1$，称 **（$n+1$）规则**。有 n 个磁等价的相邻核偶合产生裂分峰的强度之比相当于二项式$(x+1)^n$展开的系数之比，如：

$n=2$ $(x+1)^2=x^2+2x+1$ 即 $1:2:1$

$n=3$ $(x+1)^3=x^3+3x^2+3x+1$ 即 $1:3:3:1$

……

如图 5-17 所示，溴乙烷（CH_3CH_2Br）分子中 CH_3 因相邻碳上有两个 H 而被裂分为三重峰；相邻碳上有 3 个 H 的 CH_2 裂分成四重峰；CH_3 的三重峰峰高比为 $1:2:1$，峰间距即偶合常数，为 7Hz；CH_2 的四重峰峰高比为 $1:3:3:1$，峰间距也为 7Hz。

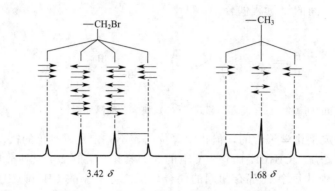

图 5-17 溴乙烷 ^1H NMR 谱图中峰的裂分

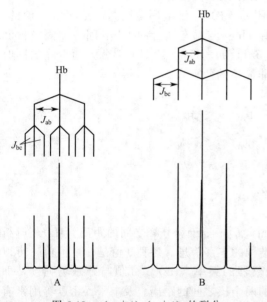

图 5-18 $(m+1)(n+1)$ 的裂分

磁不等价的 m 个和 n 个核将产生不同的偶合作用并有不同的偶合常数，吸收峰的裂分峰数等于 $(m+1)(n+1)$。如图 5-18 所示，A 是 $RCHa_2CHb_2CHc_2R'$ 中 Hb 的裂分峰，Hb 被 2 个 Ha 裂分为三重峰，每个三重峰又被 2 个 Hc 再裂分为三重峰，Ha 和 Hc 对 Hb 的偶合常数不等，表现出九重峰；B 是 $RCHa_2CHb_2CHc_2R$ 中 Hb 的裂分峰，Hb 也裂分为三重三重峰。Ha 和 Hc 是磁等价的，对 Hb 有相同的偶合常数，三重三重峰有重叠而表现出符合 $(n+1)$ 规则的五重峰。长链烷基中各个亚甲基的化学位移及偶合虽各不相同但非常接近，谱图上常叠合在一起表现出复杂的多重峰（参见 5.11.8）。

如，$trans$-3-苯基丙烯醛（**7**）中 Hb 先被相邻的 Hc 裂分为两重峰，两重峰中的每个峰又再被另一个 Ha 裂分为两重峰。该裂分模式也可理解为 Hb 先被 Ha 裂分为两重峰，两重峰中的每个峰又再被相邻的 Hc 裂分为两重峰，给出的都是一个四重峰。δ_H 7.5 处是五个苯环氢的多重峰，δ_H 9.65 处是醛基 Ha 与 Hb 偶合形成的两重峰，如图 5-19 所示。

活泼氢在分子间快速交换状态下不易感受到邻位质子的自旋影响而不产生裂分。当交换速率变慢或除去痕量的水等质子性杂质后也有偶合。如，甲醇 CH_3OH 在室温下测定是两个单峰，但在 $-65℃$ 时测定得到一个两重峰（CH_3）和一个四重峰（OH）。质子与其他 $I \neq 0$ 的核，如 ^{19}F、^{31}P 等原子核之间也有偶合，同样符合 $(n+1)$ 规则。如，CH_3F 的 ^1H 信号为两重峰，$^2J_{HF}=81Hz$。

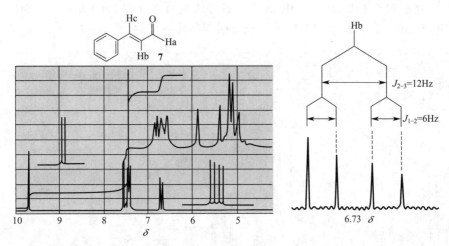

图 5-19　反-3-苯基丙烯醛的^{1}H NMR 谱图和 $\delta_{H(2)}$ 6.73 处放大的烯基氢的四重峰

（1）脂肪烃质子的偶合常数　同碳质子^{2}J 的变化范围较大，与手性碳原子相连的亚甲基、环烷烃同碳及同一烯基碳上的两个氢原子间都有^{2}J 偶合。环己烷的^{2}J = 12.6Hz，同一烯基碳上的^{2}J 仅为 0.5～3Hz。

饱和邻碳的^{3}J 有两种情况：单键能自由旋转而使构象转化极快的^{3}J 为 6～7Hz；构象固定的^{3}J 受两个 C—H 键之间的夹角，即两面角（扭转角，φ）的影响较大，φ 为 90°的最小；φ 为 180°的最大。这一关系在环戊烷、环己烷、糖类和稠环化合物的谱图分析中很有用。如，环己烷中的^{3}J$_{HaHa}$ 为 9.2Hz，^{3}J$_{HaHe}$ 和 ^{3}J$_{HeHe}$ 为 1.8Hz，它们的两面角分别为 180°、60°和 60°。

乙烯型的^{3}J 也与两面角有关。如，烯基分子（**8**）随取代基 G 的电负性不同，J$_{HbHc}$（J$_{反}$）为 11～18Hz，J$_{HaHc}$（J$_{顺}$）为 6～14Hz，故从^{3}J 值可解析双键的顺/反构型。π 电子的流动性较大，相隔 3 个键以上的质子间仍可产生 J 值较小的偶合。如，烯丙基型分子（**9**）上有跨越 3 个单键和 1 个双键的偶合，J 值的大小也与立体构型有关；^{4}J$_{HaHc}$（顺式）为 0～1.5Hz、^{4}J$_{HbHc}$（反式）为 1.6～3Hz；^{3}J$_{HcHd}$ 可达 4～10Hz。烷基炔氢，如，丙炔（**10**）上也有跨越炔键的^{4}J$_{HaHb}$（约 2.5Hz）。

（2）芳环上质子的偶合常数　苯环两个邻位质子的^{3}J 在 6～10Hz；两个间位质子的^{4}J$_{间}$为 1～3Hz；相隔 5 个键的两个对位质子间偶合常数更小，^{5}J$_{对}$为 0～1Hz。

5.11.8　质子数目的测定

^{1}H NMR 中各个吸收峰强度与其对应氢的数目呈正比关系，计量吸收峰的相对积分面积（常用台阶式曲线的高度代表）可得出该类质子的相对数量。如图 5-11 所示的 2,2-二甲基丙酸甲酯 $[(CH_3)_3COOCH_3]$ 的谱图中低场（3.70）和高场（1.65）两组吸收峰的相对积分面积为 1 和 3，表明对应的质子数目各为 1 H、3 H 或 2 H、6 H、……根据分子式即可求出实际的质子数。也可用一个已经确定的子结构单元，如甲基峰（三个质子）为基准来计算分子中其他峰的质子数。现代核磁共振仪由计算机处理给出各组峰的相对面积，并常以积分的形式标注在峰的上部。

图 5-20 是乙酸乙烯酯的^{1}H NMR 谱图，都为两重两重峰的 Hd（$J_{HcHd}=6.5Hz$，$J_{HcHb}=14Hz$）、Hc（$J_{HcHdb}=1.2Hz$）和 Hb 的相对积分面积相同，与 Ha 都是 1∶3。

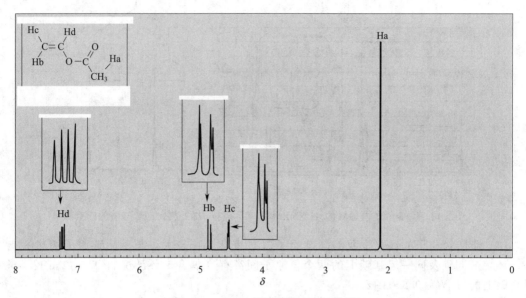

图 5-20　乙酸乙烯酯的^{1}H NMR 谱图

5.11.9　高级^{1}H NMR 谱图

符合 $n+1$ 规则的核磁共振谱图称**一级谱图**（first order spectrum）。一级谱图中相互偶合的两组质子间化学位移的差值（H_z）与其偶合常数之比（$\Delta\nu/J$）>6～8。实际上许多分子中相互偶合的两组质子的该比值<6～8，此时将产生**高级谱图**或称非一级谱图（non-first order spectrum）。NMR 中化学等价的核构成一个可用英文大写字母表示的核组；化学位移相差小的核组用字母序列中相距近的如 AB 表示，相差大的核组用字母序列中相距远的如 AM 或 AX 表示。化学等价但磁不等价的核用上标撇号"'"表示，如 5.11.6 中的分子 **5** 和 **6** 可分别标注为 A_2X 和 $AA'XX'$ 而非 A_2X_2。两个相互偶合的核组成由四条谱线形成的二旋体系，每个核有两条相邻的谱线。J 是定值，不同的谱图中可以见到随着 $\Delta\nu$ 由大到小，内侧的两条谱线的强度随之增加，外侧的两条谱线的强度随之减弱。AX 体系中的四条谱线强度相等，相当于一级谱图；AB 体系中的四条谱线表现出内强外弱，属高级谱图；如图 5-21 所示。

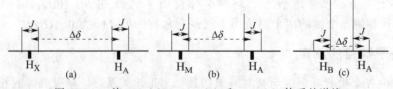

图 5-21　二旋 AX（a）、AM（b）和 AB（c）体系的谱峰

高级谱图不符合 $n+1$ 规律，裂分峰数目超过 $n+1$ 个，峰的相对强度关系复杂，δ 和 J 值很难直接从谱图中读出而使解析较为困难。长链烷基（C_nH_{2n+1}）结构中各个亚甲基有尽管不同但非常接近的化学位移，呈现一个较宽的复杂多重峰。单取代苯中的苯环氢也总是呈现出一个较宽的复杂多重峰（$\delta_H 7.04～7.14$），如图 5-22 所示甲苯的氢谱。$\Delta\nu$ 与仪器频率成正比，高频仪器可增大 $\Delta\nu/J$ 值，使高级谱图成为或近似于一级谱图。如，90MHz 仪器测定

二（2-氯乙基）醚（$ClCH_2CH_2OCH_2CH_2Cl$）得到一个在 δ_H 3.30～4.20 处有 32 个连续吸收峰的复杂谱图，若用 500MHz 仪器测定则在 δ_H 3.65 和 3.80 处出现两个清晰但略有畸变的三重峰。

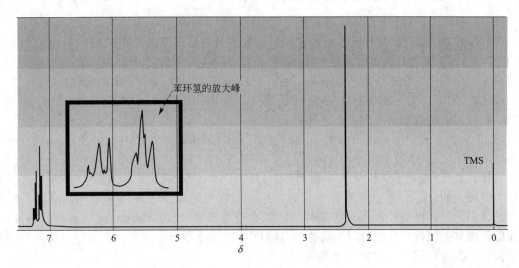

图 5-22　甲苯的 ^{1}H NMR 谱图

5.11.10　烃的 ^{1}H NMR 谱

（1）烷烃和环烷烃　烷烃和环烷烃中 δ_H 出现在 0～2 之间；正构长链烷烃或烷基中的亚甲基链中各个 CH_2 的化学位移非常相近，不符合一级谱图，出现谱线集中重叠且峰形无规的复杂峰，端甲基呈现一个畸变了的三重峰。

（2）烯烃和炔烃　烯氢的 δ_H 位于 4.5～5.9 之间的低场。烯氢之间存在偶合常数不等的顺式、反式和同碳偶合，$(n+1)$ 规则要连续运用而形成较为复杂的谱峰。烯氢与取代烷基还有 ^3J 和远程偶合，使谱图的复杂程度增加。炔氢的 δ_H 在 3 附近，解析较简单。

（3）芳烃　苯在 δ_H 7.27 处有一个单峰，取代苯上芳基氢的 δ_H 在 6～9 之间。相同取代基的对位取代苯上的 4 个 ^{1}H 处于相同的化学环境，呈现一个单峰。不同取代基的对位取代苯（对溴甲苯）谱图显示左右对称、中间强、外侧弱的四个峰，如图 5-23 所示。不同取代基的苯基氢因各种 ^3J、^4J 和 ^5J 偶合重叠而表现出很复杂的谱峰。

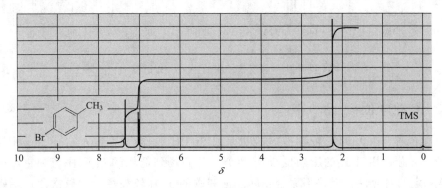

图 5-23　对溴甲苯的 ^{1}H NMR 谱图

^{1}H NMR 就是利用上述吸收峰的位置、数量、裂分模式和化学位移的相对大小这 4 个方

面的信息来解析有机分子结构的。

5.12　有机化合物的结构解析（5）：碳核磁共振谱

天然丰度最大的^{12}C没有核磁共振现象，碳核磁共振谱研究的是在磁场中与^{1}H有相似行为的^{13}C原子核，称^{13}C NMR。^{13}C NMR 谱图相对^{1}H NMR 谱图简单易识，能给出分子中每个碳原子的信息，特别适于解析如甾体、萜等含碳原子多的有机分子或无氢的如羰基、氰基等官能团的结构。^{13}C NMR 与^{1}H NMR 相辅相成，是解析有机分子结构最重要的两个核磁共振谱，但它们的吸收频率不同，两者不能同时测试。

^{13}C 的天然丰度很小，仅为 1.1%，磁旋比只有^{1}H的 1/4。^{13}C NMR 信号的灵敏度在相同的测试条件下仅是^{1}H的 1/5800，其测试记录比^{1}H NMR 困难得多，需大量样品及长时间测试。另外，虽然^{13}C原子周围绝大多数是^{12}C，几无^{13}C—^{13}C偶合，但在^{13}C NMR 中大量存在着 J 值较大的^{1}H与^{13}C之间的偶合。如，$^{1}J_{CH}$为 110～320Hz，$^{2}J_{CH}$、$^{3}J_{CH}$、$^{4}J_{CH}$等也都会造成难以识别的复杂谱图。利用双共振技术的**氢宽带去偶谱**（broad-band hydrogen decoupling，又称**质子噪声去偶谱**）方法可以全部去掉^{1}H对^{13}C的偶合作用，使每一类不同化学环境的碳原子在^{13}C NMR 谱图上只出现一个单峰。

^{13}C NMR 的谱线数目与分子中所含的碳原子种类相等，等于或小于分子中实际所含的碳原子数。对称性愈强的分子谱线数目愈少。如，利用^{13}C NMR 可很快地对分子式同为C_5H_{12}的三个异构体正戊烷（$CH_3CH_2CH_2CH_2CH_3$）、异戊烷［$(CH_3)_2CHCH_2CH_3$］和新戊烷［$C(CH_3)_4$］作出判别，它们在^{13}C NMR 谱图上各显示出三个、四个和两个峰。对溴苯乙酮（$p\text{-}BrC_6H_4COCH_3$）分子中有六种不同种类的碳原子，其^{13}C NMR 谱图上只显示出六个信号，如图 5-24 所示。^{13}C NMR 谱图上某条异常强的谱线有可能包括不止一个碳原子，但谱线强度与碳原子数目没有严格的定量关系。

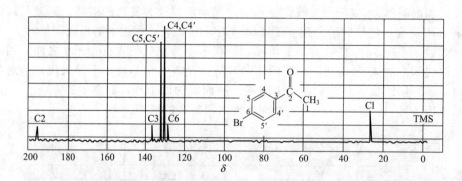

图 5-24　对溴苯乙酮的^{13}C NMR 谱图

5.12.1　^{13}C 化学位移（δ_C）

^{13}C 化学位移（δ_C）的定义与δ_H一样也是以 $Si(CH_3)_4$ 作内标［$\delta_{C(TMS)}=0$］来比较和给出的。（去）屏蔽作用对δ_C的影响也与δ_H相似。从高场到低场的δ_C顺序与和它们键连氢原子的δ_H有一定的对应性，但并不完全相同。饱和碳的δ_C在较高场，炔碳次之，烯碳和芳碳在较低场，而羰基碳在最低场。δ_C范围（0～220）宽，谱峰重叠少且无偶合裂分，故解析较^{1}H NMR 简单。表 5-9 列出了一些常见基团的δ_C范围。

表 5-9　有机分子中几种不同类型碳原子（黑体 C）的化学位移范围（以递增排列）

碳原子类型	δ_C	碳原子类型	δ_C	碳原子类型	δ_C
RCH_2CH_3	8~16	$CH_3C(O)R$	约 30	RCN	117~125
RCH_2CH_3	16~25	RCH_2NH_2	37~45	ArH	125~150
CH_3COOR	约 20	$RCH_2OH(R)$	50~90	$RCOOR'$	170~175
$R_2C{=}CHCH_2R$	20~40	$RC{\equiv}CH$	67~70	RCOOH	177~185
R_3CH	30~50	$RC{\equiv}CH$	74~85	$RCOR'$	205~220
R_4C	30~45	$RCH{=}CH_2$	115~120	RCHO	190~200
RCH_2X	28~45	$RCH{=}CH_2$	125~140		

5.12.2 δ_C 的估算公式

各类 δ_C 的理论估算公式和参数表也已提出。烷烃、环烷烃、烯烃、炔烃、取代苯的 δ_C 以甲烷（$\delta_C-2.3$）、环己烷（$\delta_C 27.1$）、乙烯（$\delta_C 123.3$）、乙炔（$\delta_C 71.9$）和苯（$\delta_C 128.5$）为基准加上不同位置上的取代基对 δ_C 值影响的增量值 Z（表 5-10）之和予以估算，如式（5-24）所示。用于估算 δ_H 和 δ_C 的经验公式和参数表不止一个，得出的数值有一定差异，但相对大小是一致的且都有很好的参考价值。

$$\delta = 基准值 + \sum Z_\alpha + \sum Z_\beta + \sum Z_\gamma \tag{5-24}$$

表 5-10　在 α-、β-、γ-位上的取代基对 δ_C 的增量值 Z

取代基	Z_α	Z_β	Z_γ	取代基	Z_α	Z_β	Z_γ
—H	0	0	0	—OCOR	56.5	6.5	−6.0
—R	9.1	9.4	−2.5	—NH(R)₂	30~40	6~11	~−6.0
—C=C	19.5	6.9	−2.1	NO₂	61.6	3.1	−4.6
—C≡C	4.4	5.6	−3.4	—C(O)H	29.9	−0.6	−2.7
—C₆H₅	22.1	9.3	−2.6	—C(O)R	22.5	3.0	−3.0
—F	70.1	7.8	−6.8	—COOH(R)	20~22	2.0	−2.8
—Cl	31.0	10.0	−5.1	—CONR₂	22.0	2.6	−3.2
—Br	18.9	11.0	−3.8	—COCl	33.1	2.3	−3.6
—I	−7.2	10.9	−1.5	—CN	3.1	2.4	−3.3
—OH(R)	48~49	10~11	−5~−6	—SH(R)	11~20	7~12	~−0.8

以 $(C^1H_3)_2C^2HC^3H_2C^4H_3$ 为例，用式（5-24）和表 5-10 可得：$\delta_{C(1)} = -2.3 + 9.1 + 9.4 \times 2 = 25.6$；$\delta_{C(2)} = -2.3 + 9.1 \times 3 + 9.40 = 34.4$。同样估算后可得 $\delta_{C(3)}$、$\delta_{C(4)}$ 分别为 37.7、16.2，这四个碳的 δ_C 实测值分别为 22.0、29.9、31.8、11.5。

5.12.3 DEPT 确定碳原子的类别

现代核磁共振已发展了多种确定碳原子级数的方法，其中最常用的是 **DEPT（无畸变增强的极化转移**，distortionless enhancement of polarization transfer）^{13}C NMR 谱技术。DEPT 谱由 3 张谱图组成：第一张是正常的宽带去偶谱，所有的碳都出正峰；第二张是 DEPT-90 谱，仅出现 CH 正峰（向上）；第三张是 DEPT-135 谱，谱图中 CH₃ 和 CH 出正峰，CH₂ 出倒峰（向下），季碳不出峰。

如，化合物 $(CH_3)_2C{=}CHCH_2CHBrCH_3$ 的宽带去偶谱中有 7 个吸收峰，DEPT-90 谱给出两个吸收峰（CH）；DEPT-135 谱给出 1 个朝下的吸收峰（CH₂）和 4 个朝上的吸收峰（CH、CH₃），无季碳的信号。综合三张谱图给出的信息即可确定各个吸收信号对应的碳。

5.13　NMR 解析有机分子结构实例

利用 NMR 可以解析有机分子中有多少不同种类的氢原子及它们所在或相近的官能团，等价氢原子的相对数量，连有不同种类氢原子的碳原子间的键连情况；同样可以解析分子中有多少不同种类的碳原子、它们的伯、仲或叔取代属性及所在或相近的官能团。

如，某未知有机化合物经 NMR 测试得到如下数据，δ_H：3.70（3H，s，$J = 7Hz$）、2.35（2H，q，$J = 7Hz$）、1.15（3H，t，$J = 7Hz$）；δ_C：175.3、51.4、29.3、10.1。从 δ_H 2.35、1.15 处的两组峰的大小和偶合常数可知存在 CH_3CH_2 基团，δ_H 3.7 处的单峰应为 1 个孤立的 CH_3。酮或羧酸（酯）的羰基不含氢，在 ^1H NMR 中无信号。由 δ_C 可知该化合物有四种不同化学环境的碳原子，高场区为三个饱和碳原子，低场处为羰基上的碳原子。由上面这些信息列出三种可能结构：丁酮（$CH_3CH_2COCH_3$）、乙酸乙酯（$CH_3COOCH_2CH_3$）和丙酸甲酯（$C^1H_3C^2H_2COOC^3H_3$）。由于 ^1H NMR 中的单峰 δ_H 为 3.7，与化合物丙酸甲酯的甲氧基 δ_H 相符，基本已可确定。再用经验加和公式（参见 5.11.4 和 5.12.2）估算这三个分子的化学位移，得出丙酸甲酯的 $\delta_{C(1)}$、$\delta_{C(3)}$ 为 9.8、63.6；$\delta_{H(1)}$、$\delta_{H(2)}$、$\delta_{H(3)}$ 各为 1.14、2.59、3.67，与实测值基本相符，这就进一步得到辅证。

5.14　有机合成化学（1）：反合成分析

有机合成化学是复制已知分子和创造未知分子的学科。20 世纪 60 年代后期，以 Corey 为代表的化学家推出了**反合成**（retrosynthesis，参见第 16 章）这一概念来处理有机合成问题并形成了**有机合成设计**这门自成体系且有一定规律可循的方法学。

有机合成基本都是要解决从较小的底物出发如何构建更大复杂分子的问题。可以是沿着由起始原料经过反应生成所需**目标分子**（target moleculer，**TM**）这种**正向合成**的思维路线进行。正向合成是一个由简到繁的过程，因为随着合成反应的进行，分子片段、结构及后续反应的复杂性逐渐增加。反合成又称**逆向合成**，是通过**反合成分析**（retrosynthesis analysis）从目标分子的结构反推找出所需的前体中间体和试剂，每一个前体再反推找出生成它所需的各个前体和试剂，直到简单可得的起始底物原料为止，合成化学家要找出的是这些推导步骤中可以运用的化学反应。

$$目标分子 \Longrightarrow 各种中间体 \Longrightarrow 起始原料$$

目标分子和底物之间涉及碳链的增长、官能团的改变及立体化学的控制。如，利用反合成分析法来思索以乙炔为原料合成 Z-己-2-烯（**1**）这一要求。目标分子是一个顺式的六碳烯烃，适宜的前体可以是己-2-炔，因为炔烃可以经催化氢化还原为顺式烯烃。己-2-炔的合适前体是丙炔或戊炔，因为这两个均有端基炔氢的炔烃中间体可在强碱作用下发生亲核取代反应来增长碳链，丙炔或戊炔的合适前体都是乙炔。这样就能设计出如式（5-25）所示的反合成路线：

$$\underset{\mathbf{1}}{\overset{H\quad H}{\underset{^nC_3H_7\quad CH_3}{C=C}}} \Longrightarrow CH_3CH_2CH_2C\equiv CCH_3 \Longrightarrow HC\equiv CCH_3 \Longrightarrow HC\equiv CH \qquad (5\text{-}25)$$

实际的合成路线则如式（5-26）所示：

$$HC\equiv CH \xrightarrow[(2)CH_3I]{(1)NaNH_2} HC\equiv CCH_3 \xrightarrow[(2)^nC_3H_7I]{(1)NaNH_2} CH_3CH_2CH_2C\equiv CCH_3 \xrightarrow[Lindlar\ Pd]{H_2} \mathbf{1} \quad (5\text{-}26)$$

习 题

5-1 更改 5-乙炔基-1-甲基环己烷（**1**）和 1-戊炔-4-烯（**2**）两个命名中不正确的地方并予以正确的命名。

5-2 根据反应结果给出各化合物的结构和所涉及的各个反应：

（1）化合物 **1**，分子式为 C_7H_{12}，有光学活性，1mol 化合物 **1** 吸收 1mol 氢生成 **2**，**2** 氧化后可得到乙酸和另一个光学活性的酸 $C_5H_{10}O_2$。

（2）化合物 **3**，分子式为 C_9H_{12}，1mol 化合物 **3** 可吸收 3mol 氢生成 **4**（C_9H_{18}）；选择性地吸收 1mol 氢气后再与 Hg^{2+}/H_2SO_4 作用生成两个异构体酮（$C_9H_{16}O$，**5 和 6**），**3** 用酸性 $KMnO_4$ 氧化生成丙酸和三酸化合物〔$CH(CH_2CO_2H)_3$〕。

（3）化合物 **7**，分子式为 $C_{12}H_8$，1mol 化合物 **7** 可吸收 8mol 氢，用酸性 $KMnO_4$ 氧化后生成草酸（HO_2CCO_2H）和丁二酸（$HO_2CCH_2CH_2CO_2H$）。

（4）三个化合物 **8**、**9**、**10** 都具有相同的分子式（C_5H_8），它们都能使溴的四氯化碳溶液褪色。**8** 与 $NaNH_2/NH_3$(l) 作用可放出氢气，**9**、**10** 不能；用酸性 $KMnO_4$ 氧化后 **8** 得到丁酸和二氧化碳，**9** 得到乙酸和丙酸，**10** 得到戊二酸。

（5）**11～14** 的构造式：

$$11 \xrightarrow[NH_3(l)]{NaNH_2} 12$$
$$13 \xrightarrow[RO-OR]{HBr} 14$$
$$\longrightarrow CH_3CH_2CH_2C{\equiv}CCH(CH_3)_2$$

（6）**15～18** 的构造式：

$$C_5H_8 \xrightarrow{HBr} C_5H_9Br \xrightarrow{NaNH_2} C_5H_8 \xrightarrow[(2)CH_3I]{(1)NaNH_2} C_6H_{10} \xrightarrow{2H_2} (CH_3)_2CHCH_2CH_2CH_3$$
$$\quad\ 15 \qquad\qquad 16 \qquad\qquad 17 \qquad\qquad\qquad 18$$

5-3 如何除去混杂在己-1-炔（沸点 71℃）中的少量己-1-烯（沸点 64℃）？

5-4 以戊-1-炔与等物质的量的溴反应欲得到 1,2-二溴戊-1-烯，实验操作时应将戊-1-炔滴入溴的溶液还是将溴滴入戊-1-炔的溶液？

5-5 写出丁炔、丁-2-炔、戊-2-炔发生硼氢化-氧化反应的主要产物，如何从端基炔烃出发来制备醛或甲基酮？为何要用大体积烷基硼烷，如二（2,3-二甲基丙基）硼烷 {Sia_2BH，〔$(CH_3)_2CHC(CH_3)H]_2BH$} 而非简单易得的 $BH_3 \cdot THF$ 为试剂？如何制得 Sia_2BH？它为何可与炔键反应却不会与烯键反应呢？

5-6 重要的塑料工业中的单体原料氯乙烯早期是由乙炔来生产的，从成本考虑后改从乙烯来生产。给出这两条合成路线。

5-7 解释下列实验现象：

（1）2,2-二溴苯丙烷用 $NaNH_2$ 或熔融态的 KOH 作用生成不同的同分异构体产物（C_9H_8）。

（2）炔键不能由一分子 1,2-二羟基化合物消除二分子水来生成。

（3）从一分子 1,2-二溴戊烷制备戊炔需三分子 $NaNH_2$。该反应有无其他产物？

（4）一分子端基炔键与三分子溴化氢反应生成偕二溴代物而非邻二溴代物。

（5）戊-2-炔与过量氯化氢反应生成两个产物，己-3-炔与过量 HCl 反应只生成一个产物。

（6）丁-1,3-二炔不能进行 D-A 反应；戊-1,3E-二烯比 Z-式异构体易发生 D-A 反应。

（7）试图以戊-2-炔为底物，经还原反应后得到 E-戊-2-烯。实验时在液氨中以 $NaNH_2$ 为试剂与戊-2-炔反应，发现没有作用。

5-8 给出下列三个反应的平衡常数。炔氢、C_4H_{10}、$^iPr_2NH$ 和 CH_3OH 的 pk_a 分别为 26、44、

36 和 15:

$$R-C\equiv C-H \xrightarrow[\text{CH}_3\text{ONa}]{\overset{\text{C}_4\text{H}_9\text{Li}}{\underset{^i\text{Pr}_2\text{NLi}}{}}} \begin{array}{l} R-C\equiv C-Li + C_4H_{10} \\ R-C\equiv C-Li + {}^i\text{Pr}_2\text{NH} \\ R-C\equiv C-Na + CH_3OH \end{array}$$

5-9 完成下列四个反应全过程：

(1) $HC\equiv CH \longrightarrow$ 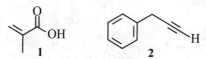 (2) $H_3CC\equiv CCH_3 \longrightarrow$ 或

(3) 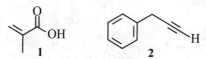 (4) $H_7C_3C\equiv CH \longrightarrow$

5-10 用化学方法区别丁烷、丁-1-烯、丁-2-烯、丁-1,3-二烯、丁-1-炔。

5-11 以乙炔、丙烯或丙炔为底物及≤C_3的试剂合成下列四个化合物（**1**～**4**）：
$CH_2=CHC\equiv CCH_2CH=CH_2$ （**1**）；3,4-二溴环己基甲醛（**2**）；异戊二烯（**3**）；丙氧基乙炔
（**4**）。

5-12 如何运用红外光谱区别下列四对化合物？

（1）$CH_3CH_2C\equiv N$ 和 $HC\equiv CCH_2NH_2$；（2）$CH_3C\equiv CCH_3$ 和 $CH_3CH_2C\equiv CH$；

（3）己-1-烯和己-1-炔；（4）顺和反-3-氟环己醇。

5-13 下列两个化合物 **1** 和 **2** 在红外光谱上有哪些值得注意的峰?

5-14 下面是戊-1-炔的红外光谱图和质谱图，指出对解析结构最有用的几个峰。

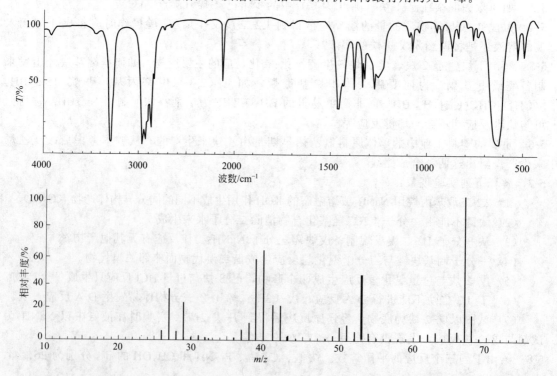

5-15 简要回答下述问题:

(1) 在相同的外磁场强度作用下,^1H 和 ^{13}C 的共振频率是否相同? 为什么?

(2) 通常提及的 300MHz 或 400MHz 共振仪中的 300MHz 或 400MHz 指的是什么?

(3) 什么是化学位移? 为什么不直接用原子核的共振频率(Hz)表示化学位移?

(4) 测量化学位移时,最常用的标准物是什么? 它的化学位移是多少?

(5) 怎样判别两个强度几乎相等的峰是两个单峰还是二重裂分峰?

(6) 如何测量偶合常数 J 的大小?

(7) 某样品在 100MHz 核磁共振谱仪中检测到化学位移在 $\delta 5.0$ 处的一个双重峰(J = 7.0Hz)。样品若在 300MHz 核磁共振谱仪中检测,该峰的化学位移在哪里? 峰型如何? 偶合常数多大? 该吸收峰在 100MHz 或 300MHz 核磁共振谱仪中与四甲基硅烷的相差多少赫兹?

(8) 三个二甲苯异构体应该用 ^1H NMR 还是 ^{13}C NMR 来解析更方便?

5-16 将下列各组化合物按 δ_H 从小到大排列:

(1) 环己烷、苯、乙炔、乙烯、甲烷。

(2) 溴甲烷、氯甲烷、氟甲烷、二氯甲烷、氯仿。

(3) 丙酮、甲醛、乙烯、二甲醚、TMS。

5-17 下列化合物(1~6)中的 Ha 和 Hb 是否化学等价和磁等价?

5-18 下列六个化合物(1~6)中哪些氢原子之间有偶合裂分?

$$CHa_3CCl_2CHb_3 \quad (CHa_3)_2CHbCHc_2CHd_3 \quad CHa_2ClCHb_2Cl$$
$$\quad\quad 1 \quad\quad\quad\quad\quad\quad 2 \quad\quad\quad\quad\quad\quad 3$$

$$CHa_2ClCHb_2Br \quad CHa_2ClCHbClCHc_3$$
$$\quad\quad 4 \quad\quad\quad\quad\quad\quad 5$$

5-19 怎样利用 ^1H NMR 区别下列各组化合物?

(1) $CH_3CH_2OCH_2CH_3$ 和 $CH_3OCH_2CH_2CH_3$ (2) $CH_3COOCH_2CH_3$ 和 $CH_3CH_2COOCH_3$

5-20 预测下列四个化合物(1~4)的 ^1H NMR(包括 δ 值及对应的质子数目和裂分模式):

5-21 根据分子式及 NMR 数据给出 1~8 的结构:

1: C_4H_8O [δ_H: 1.0(3H, t)、2.0(3H, s)、2.4(2H, q)]。

2: $C_8H_{10}O$ [δ_H: 2.0(1H, t)、2.7(2H, t)、3.8(2H, t)、7.1(5H, m)]。

3: C_3H_7Br [δ_H: 1.0(3H, t)、1.9(2H, m)、3.4(2H, t)]。

4: $C_3H_3ClO_2$ [δ_H: 6.2(1H, d, J = 14Hz)、7.5(1H, d, J = 14Hz)、10.6(1H, 宽)]。

5: C_5H_4,只有一类氢和两类碳。

6：C_5H_4，有两类氢和三类碳。

7：C_5H_4，有两类氢和四类碳。

8：C_4H_2，只有一类氢和两类碳。

5-22　解析对甲氧基苯基乙基酮的 ^{1}H NMR 谱图。

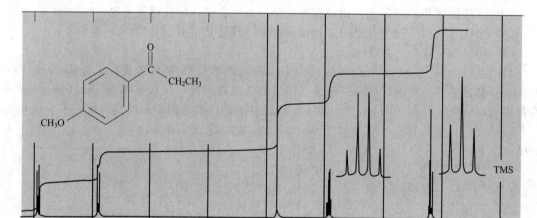

5-23　在下列各个化合物的 ^{13}C NMR 谱上能辨别到几个峰？

6 芳香族化合物

芳香族化合物在早期指含有苯环这一结构单元且带有特殊嗅味而与脂肪族化合物有所不同的一族化合物，现指有**芳香性**（aromatic）的化合物而与有无苯环无关了。

6.1 苯

不饱和数为 4 的苯是最简单的芳香烃和众多芳香族化合物的母体，分子式为 C_6H_6，有六个等同的 C—H 键和碳碳键，碳碳键键长均为 0.1397nm，比碳碳单键的键长短，比碳碳双键的键长长；∠CCC 和∠HCC 均为 120°。

6.1.1 苯的 Kekule 结构

Kekule 于 1872 年提出：苯分子具有正六边形结构，每个碳都连有一个氢；有一个由三个共轭双键组成的六元碳环，单键和双键快速移动，是可用形式上的两个环己-1,3,5-三烯（**1a** 和 **1b**）来描述的互变速率极快而无法分离的异构体。故苯只有一种单取代物、三种二取代物、三种取代基相同的三或四取代物、一种取代基相同的五或六取代物。

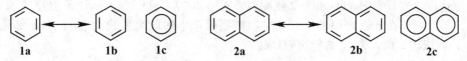

| **1a** | **1b** | **1c** | **2a** | **2b** | **2c** |

Kekule 结构的提出是有机化学发展史上的一个里程碑，大大影响并促进了有机化学的发展。但该结构不能说明为何不饱和度很大的苯环结构特别稳定而不易改变或易于形成，有双键却不易发生加成、氧化和还原等反应。让许多化学家感到困惑的这个问题只有在发现了电子并理解了电子在化学键中的作用后提出的共振论和分子轨道理论才能回答。

6.1.2 苯的共振结构

共振论认为，苯是由不存在的两个共振结构式 **1a** 和 **1b** 叠加而成的共振杂化体。如今苯分子的结构式有时也用 **1c** 表示。**1c** 中的圆圈代表共轭离域的六个 π 电子形成的环电流。**1c** 的书写形式简单，能较好地体现苯环上离域 π 电子云的平均分布，也不易误解苯环上存在表观的单、双键。但它的局限性也很多，如，表达不出有多少个 π 电子及电子在反应过程中的流向，对稠芳环的描述也易引致混乱和误解。如，萘（**2**，参见 6.11.3）上的十个碳原子有十个 p 电子，可用 Kekule 结构式 **2a** 或 **2b** 的共振来表示，早期也有用 **2c** 的。但 **2c** 的两个圆圈就只是十个 π 电子了。如今应用更广的单一 Kekule 结构式 **1a** 或 **1b** 相对能更好地反映出芳环上的 π 电子数及它们在化学反应中的走向和偶极矩等物理性质的分析，对取代苯中不同环碳原子的电荷环境也更易给出合理的解释。但不能将 **1a** 或 **1b** 误解为是环己三烯的结构，两者是完全不同的。

共振论能很好地解释苯类分子的芳香性。苯的氢化反应需高压及贵金属催化，吸收一分子氢气生成环己-1,3-二烯是罕见的吸热反应且很易接着继续氢化为最终产物环己烷。环己烯的氢化热 $\Delta H = -120\text{kJ/mol}$，环己-1,3-二烯的 $\Delta H = -232\text{kJ/mol}$，比孤立烯烃的氢化热的两倍略少 8kJ/mol。若把苯分子视为环己三烯，其氢化热似应比 -352kJ/mol 略少，但实际只有 -208kJ/mol，与环己烯的三倍氢化热相差达 152kJ/mol 之多。这一差异即为苯的**共振能**。具有如此大共振能的苯分子是应该特别稳定的（参见 1.9.4），尽管它的表观结构是环己-1,3,5-三烯。

6.1.3　苯的分子轨道

共价键理论和 Huckel 分子轨道理论（**HMO**）对苯及其他化合物的芳香性来源都有非常好的解释：苯分子有一个完全对称的 σ 骨架，六个碳原子均为 sp^2 杂化并各有一个垂直于六元环平面的 p 轨道。每个 p 轨道与其相邻的两个 p 轨道侧面交盖重叠，发生离域并形成一个连续不断的闭合大 π 键，π 电子云分布在平面上下并均匀分布，故六根碳碳键上的电子云密度也完全相同。如图 6-1 所示，苯分子六个碳原子的六个 p 轨道线形组合成六个分子轨道，其中三个是成键轨道：π_1 是能量最低的（六个 p 轨道相互间全是同相叠合，轨道中没有节点），π_2 和 π_3 是两个能量相同的简并轨道［轨道中有 2 个节点。这两个轨道是电子占有轨道中能量最高的，称最高已占轨道（highest occupied MO，**HOMO**）］；三个是反键轨道：π_6 是能量最高的（六个 p 轨道相互间全是异相叠合，轨道中有六个节点），π_4 和 π_5 是两个能量相同的简并轨道［轨道中有四个节点，这两个轨道是电子未占轨道中能量最低的，称最低未占轨道（lowest unoccupied MO，**LUMO**）］。三个成键轨道的能量都比 p 原子轨道低，总能量为 $6\alpha + 8\beta$，与原有六个 p 原子轨道的总能量 6α 相差很大的值。苯分子的 6 个 π 电子首先填充能量最低的轨道（π_1），再进入能量较高的轨道（π_2 和 π_3），正好填满三个成键轨道，空着三个反键轨道，故符合 Huckel $4n+2$ 规则（参见 6.2.2）、具有六个 p 原子轨道的苯分子是相当稳定的（电子在 p 轨道中的能级为 α，离域后产生的能级变化为 β，α 和 β 都是负值，故 $\alpha + \beta$ 的能级较 α 低，$\alpha - \beta$ 的能级较 α 高）。

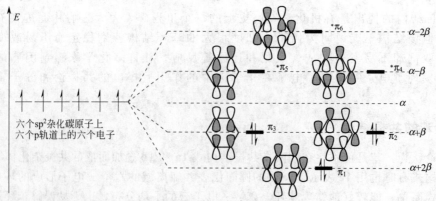

图 6-1　苯的六个碳原子轨道组成六个分子轨道，六个 π 电子进入三个成键分子轨道

图 6-2 是三～八元环共轭体系的分子轨道及其能级示意图。每个共轭体系都有一个能量最低的分子轨道，接着能量稍高的是两个简并轨道。可以看出，共轭环体系中 π 电子数目为 $4n+2$ 个的都正好可以填满各自所有的成键轨道，具有最大可能的成键能而表现出芳香性；π 电子数目不符合 $4n+2$ 个的将有电子进入非键或反键轨道，有的则是双自由基，故是非芳香性或反芳香性的（参见 6.2）。

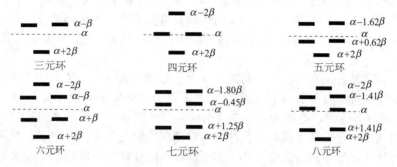

图 6-2 三～八元共轭环体系的分子轨道及其能级

6.2 芳 香 性

芳香性是与芳香味无关的一个科学术语，指因特殊数量的 π 电子离域而产生的化学稳定性、反应选择性、产物易得性等众多特性。有机化合物中超过 2/3 都有芳香性。芳香性的概念和内涵极具生命力，从苯到非苯、烃到杂环、中性分子到带电离子、二维平面到三维立体不断发展。芳香结构和芳香性在反应机理、产物生成、结构化学、配位原理、功能材料等领域都有广泛应用。

6.2.1 芳香性的表观性质

芳香性分子的结构中有高度的不饱和性但与一般的不饱和化合物的理化性能不同，它们有如下几个在理论上和实验中都可以预测和解析的表现：①具有一个较高碳氢比例的平面环结构，每个环原子有可离域的 π 电子；②键长在单键和双键之间的均等性；与亲电试剂发生取代（而非加成）的化学性质；与众不同的酸碱性和特征波谱；③因特定数量的 π 电子共轭离域而具有较高的共振能。这些多维度的芳香性表现很难给出一个简单的定义或标准。如图 6-3 所示，通常认为，一个环状分子无论有无苯环结构，只要因 π 电子离域形成大 π 电子流而能比其定域的状态或有相同 π 电子数的开链对应物稳定的即可表现出芳香性。离域体系反不如具有相同 π 电子数的开链对应物稳定，如，环丁-1,3-二烯不如丁-1,3-二烯稳定的称**反芳香性**（anti-aromatic），反芳香性化合物的热力学稳定性特别差。离域体系与具有相同 π 电子数的开链对应物的热力学稳定性相当的称**非芳香性**（non-aromatic），如，环辛-1,3,5,7-四烯与辛-1,3,5,7-四烯的稳定性相近。

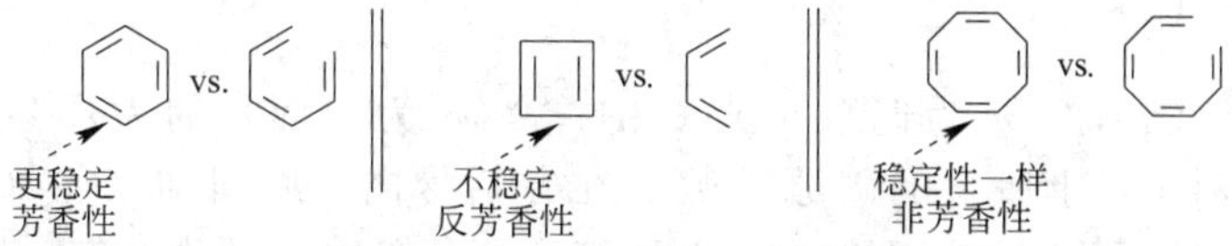

更稳定
芳香性   vs.   不稳定
反芳香性   vs.   稳定性一样
非芳香性   vs.

图 6-3 芳香性、反芳香性、非芳香性与稳定性

6.2.2　Huckel $4n+2$ 规则

从结构上看，**芳香化合物**（aromatic compounds）必定是环状分子，具有奇数对 π 电子，能形成不间断的 π 电子云，即成环的每个原子都有 π 电子且位于同一个平面。用量子力学处理的 **Huckel $4n+2$** 规则对芳香性的定义和预测作了最为成功而又简洁的解释：在一个平面单环的由 sp^2 杂化原子组成的共轭体系中，含有 $4n+2$（n 为零或正整数）个 π 电子数的体系将具有与惰性气体分子相类似的闭壳层结构而具有芳香性。该规则实际上包含了芳香性的 4 个要点：一个环，环是平面的，环上的每个原子都有一个 p 轨道，所有的 p 轨道共有 $4n+2$ 个 π 电子。

芳香性的关键是有无因一定数量的离域 π 电子形成的大 π 电子流而非原子或 p 轨道的数目，杂原子也同样可参与芳香性。中性分子、正离子、负离子或杂环分子只要符合 Huckel $4n+2$ 规则都可有芳香性，不符合 $4n+2$ 规则 4 个要点中的一点或多点的芳香性都会受到影响或破坏。判别一个分子是否具有芳香性的实验依据主要是根据因 π 电子环状离域而反映出的如键长和诱导环电流等物理性质。^{1}H NMR 是最简捷有效的判别芳香性的实验方法（参见 5.11.3），芳环氢的 δ_H 在 $6.5 \sim 8.0$ 之间，一般烯烃氢的 δ_H 在 $4.5 \sim 6.0$ 之间；苯和环辛-1,3,5,7-四烯的 δ_H 各为 7.3 和 5.8。

6.3　几个与芳香性相关的共轭环烃

有无芳香性与结构中是否有苯环结构无关，应用分子轨道理论（参见图 6-2）可以判别共轭环烃分子的芳香性。

6.3.1　环丁二烯和环辛四烯

活性极大的环丁二烯（**1**）直至 1965 年在极低的温度（$-269℃$）下才被观测到其一个长方形的扭曲结构，环上有键长较短的双键和较长的单键。4 个 π 电子中的 2 个成对的进入 π_1 成键轨道，另两个未成对的分别进入 π_2 和 π_3 非键轨道而具有双自由基特性，为反芳香性分子。有 8 个 π 电子的**环辛四烯**（**2**）是一个非芳香性分子，表现出与苯完全不同、没有一个大 π 环电流的共轭环多烯的性质：单、双键特征很明显的 C—C 键长和 C =C 键长各为 0.147nm 和 0.134nm；能与 Br_2、HCl 等发生亲电加成反应；易被空气氧化；受热时聚合。平面结构的环辛四烯中 8 个 π 电子中的六个两两成对进入成键 π_1、π_2 和 π_3 轨道，另两个未成对的分别进入简并的非键 π_4 和 π_5 轨道而具有双自由基特性。与环丁二烯不同，可稳定存在的环辛四烯虽然常用如 **2c** 那样的平面结构，但较大的分子使其具有如 **2a** 或 **2b** 所示的非平面的浴盆型结构，故环辛四烯相邻 π 轨道的叠合效果是很差的。

| **1** | **2a** | **2b** | **2c** |

6.3.2　轮烯

$n \geqslant 5$、通式为 $C_n H_n$（n 为偶数）或 $C_n H_{n+1}$（n 为奇数）的大环共轭多烯烃称**轮烯**（annulene），命名时把环上所含的碳原子数放在方括号内，后面加上轮烯。轮烯的环足够大，具更大的柔韧性而可取非平面的构象并允许环上存在反式双键。在具有顺、反双键构型的模式中由于环内氢原子造成的跨环张力也有可能使本应有芳香性的分子不能或难以达到平面结构，导致 π 电子离域程度的降低或完全消失。全顺式［10］轮烯（**3**）有严重的大环角张力，具两个反式双键的［10］轮烯（**4**）虽无角张力，但 H(1) 和 H(6) 间因相距很近而存在较强的范氏张力，干扰的结果也使分子无法有共平面构象。将干扰除去，如用一根键替代这两个氢就成为平面状的芳香性分子萘（**5**）。［14］轮烯（**6**）和［18］轮烯（**7**）都是符合 Huckel 规则的芳香性分子。取非平面构象的反芳香性轮烯的性质与部分共轭的多烯相同。

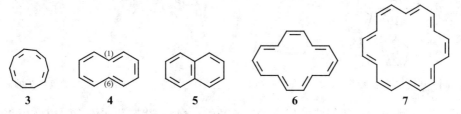

6.3.3　环丙烯正离子

中性的单数不饱和环烃的环上必定有一个 CH_2 组分而不存在大 π 电子流，不可能有芳香性。最小的环是三元环，环丙烯有符合 Huckel 规则（n 为零）的电子数，若 CH_2 组分成为 C^+H，该碳原子也成为 sp^2 杂化且有一个未被电子占有的空 p 轨道，三个碳原子的三个 p 轨道将在同一平面上交叠并共享两个 π 电子，故**环丙烯正离子**（**8**）也是有芳香性的而能稳定存在的，可用一个带正电荷号的内切（虚线）圆表示。如，环丙烯正离子的盐可以经由环丙烯氯与四氯化锡反应生成，所得产物环丙烯五氯化锡（**9**）在室温无水条件下是一个稳定的白色固体，环上的质子在 NMR 上只有一个峰（$\delta_H 11.1$，s），反映出正电荷均等地离域在三个环碳原子上。又如，与不稳定且易于聚合的环丙酮不同，环丙烯酮（**10**）是相对稳定的。较大的偶极矩（14.6×10^{-30} C·m）和 $\delta_H 9.08$(s) 反映出该分子因有具芳香性的环丙烯正离子而得以稳定。❶

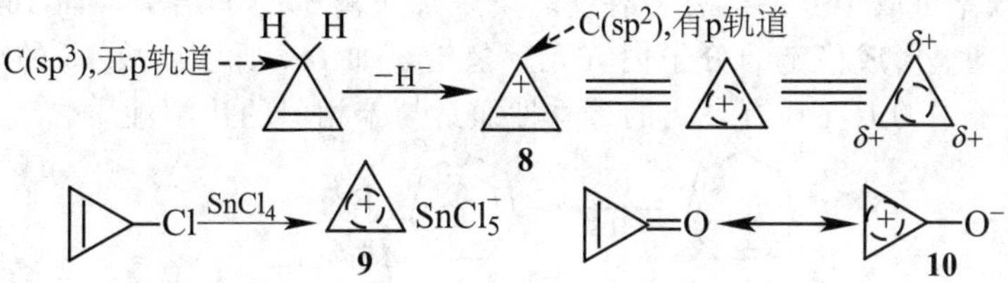

环丙烯负离子或环丙烯自由基的 π 电子数各因为不符合 Huckel 规则的 4 和 3，所以都不具芳香性而不易稳定存在。

6.3.4　环戊二烯负离子

如图 6-4 所示，环戊二烯的 CH_2 组分上去掉一个质子形成**环戊二烯负离子**（**11**），亚甲基碳原子的轨道也由 sp^3 杂化转成 sp^2，p 轨道上容纳一对电子。五个 p 轨道上共有 6 个 π 电子，**11** 是满足 $4n+2$（$n=1$）规则的芳香性负离子，可用一个带负电荷号的内切（虚线）圆表示，在 ^1H NMR 上只有一个峰（$\delta_H 5.75$，s），说明五个氢原子的化学环境完全相同。与烷烃化合物（$pk_a > 45$）或丙烯（$pk_a = 36$）相比，环戊二烯是一个少见的酸性（$pk_a = 16$）接近水的烃，因为它可以形成稳定的 **11** 而失去一个质子。环戊二烯的亚甲基碳原子上失去一个氢自由基或负氢离子的反应都因将形成非芳香性的自由基（**12**）或反非芳香性的正离子

---

❶　环丙烯正离子及下文介绍的环戊二烯负离子、环庚三烯正离子都有芳香性而稳定，指的是比各自的开链对应物丙烯正离子、戊二烯负离子及庚三烯正离子稳定而易于生成，勿误解为像中性苯分子那样的稳定，它们各与亲电或亲核试剂反应的活性仍是很强的。

（13）而不容易发生。**12** 和 **13** 的共轭环 π 电子数各为 5 个和 4 个，都不符合 Huckel 规则。

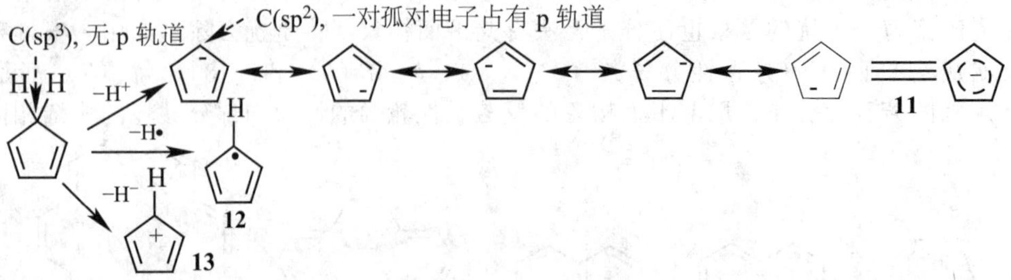

图 6-4　环戊二烯负离子（**11**）、自由基（**12**）和正离子（**13**）的生成及环戊二烯负离子的离域

环戊二烯和环丙烯以环外双键相连时形成**杯烯**（**14**）。共振杂化体 **14** 具有由芳香性的环丙烯正离子与环戊二烯负离子共存的共振结构式 **14b**，许多取代杯烯是可以稳定存在的。

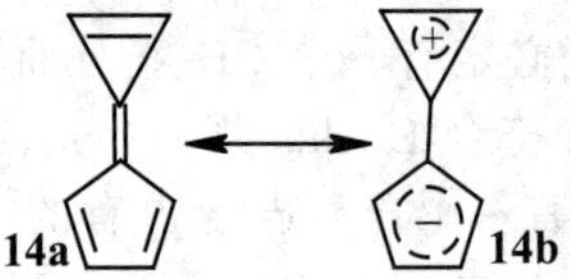

6.3.5　环庚三烯正离子

与环丙烯相似，从环庚三烯的 CH_2 组分上去掉一个负氢离子形成的**环庚三烯正离子**（**15**）有 7 个 p 轨道和 6 个 π 电子，也属 $4n+2$（$n=1$）Huckel 体系而具芳香性。一般的卤代烃都难溶于水而易溶于有机溶剂，但 **15** 的溴化物表现出一般无机盐的性质，可溶于水而不溶于有机溶剂。与之对应的是，环庚三烯自由基和负离子都非常活泼而很难制备。草酚酮（**16**）分子中的羰基可取 **16b** 那样有芳香性环庚三烯正离子的子结构，而 **16b** 中的氧负离子又可与邻位的羟基氢形成稳定的分子内五元环氢键，如 **16c** 所示。故 **16** 的性质与苯酚有许多相似之处，分子中的七元环有一定的芳香性而具与苯相似的化学性质。

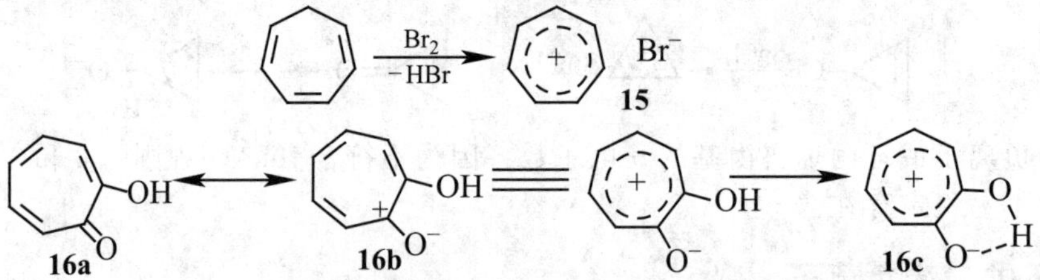

6.4　苯衍生物的命名和物理性质

苯衍生物的非系统命名用得较多，如苯酚（羟基苯，**1**）、苯胺（**2**）一类俗名被沿用至今。单取代苯的命名一般以苯为母体并在苯的前面加上取代基名称，取代烷基较大的也可将苯作为取代基来命名。如，甲苯（**3**）、硝基苯（**4**）和 3-苯基己烷（**5**）等。

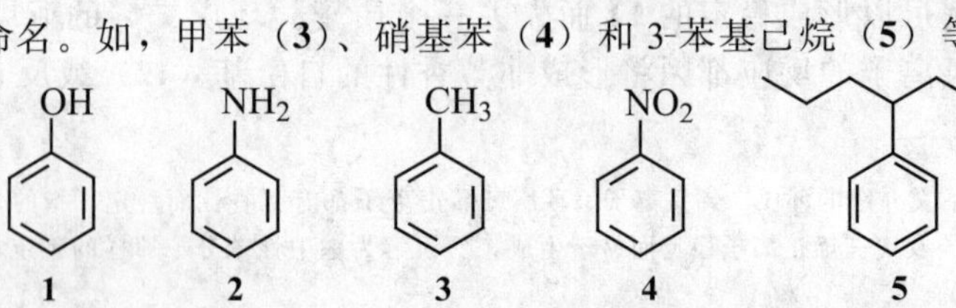

如同烷基可用 R 表示那样，**苯基**（phenyl）、**芳香基**（取代苯基或其他芳香烃基，aryl）和**苄基**（苯甲基，benzyl）分别用英文缩写 Ph、Ar 和 Bn 表示，如，苯酚（**1**）可表示为 PhOH。二取代苯有三种不同的异构体，分别用**邻**（ortho，***o***）、**间**（meta，***m***）、**对**（para，***p***）来表示两个取代基 G 之间的 1,2-、1,3-、1,4-位置关系。如，邻二氯苯（**6**）、间二氯苯（**7**）和对二氯苯（**8**）。

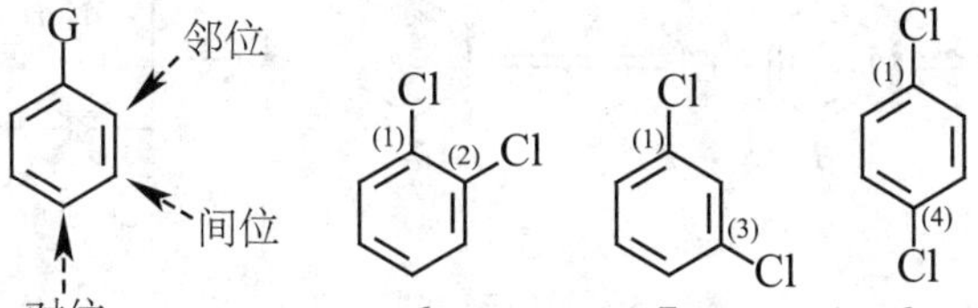

邻、间、对的命名也用于苯衍生物的反应指向。如，甲苯与溴反应主要在甲基的邻位和对位发生了溴代反应，生成邻溴甲苯（**9**）和对溴甲苯（**10**）。

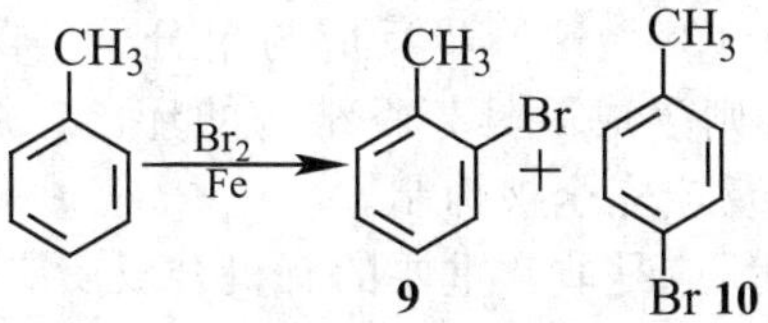

邻、间、对的命名难以适应苯环上多于两个的取代基。与脂肪族化合物中可用希腊字母来表示位置不同，苯环上的位置用阿拉伯小写数字表示，命名也同样遵循最小化原则来编号。与脂肪族化合物一样，多官能团取代苯也需选择一个称**主体基团**（parent functional groups）的官能团作为后缀母体来命名。主体基团的**优选次序**通常为自由基＞负离子＞正离子＞羧酸＞磺酸＞酸酐＞酯＞酰卤＞酰胺＞腈＞醛＞酮＞醇～酚＞硫醇＞氢过氧化物＞胺＞醚＞过氧化物＞炔＞烯＞烷＞卤素＞硝基。优选次序在前的主体基团作母体化合物，其他官能团作取代基处理。如 **11** 和 **12** 分别称 1,2,4-三甲苯和 3-氨基-4-羟基戊-2-酮。**13** 称 2-氯-4-硝基苯胺而不建议称 4-氨基-3-氯硝基苯，**14** 称 4-氨基-2-羟基苯甲酸而不建议称 4-羧基-3-羟基苯胺。

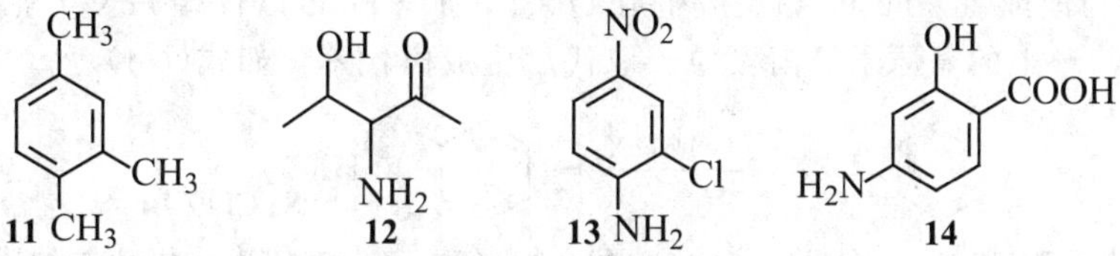

芳香烃的偶极矩愈大，其沸点也相对愈高一点；对称性较好的分子间更易堆积，熔点也相对较高。苯和带亲水基的苯酚、苯甲酸等芳香烃衍生物的水溶性都很差而仅溶于醇、醚等有机溶剂；相对密度比脂肪烃大。烷基苯有偶极矩，方向是从烷基指向苯环。苯的毒性较大，在人体内代谢为**环氧苯**（7-氧杂双环［4.1.0］庚-2,4-二烯）后继续转化为各种酚、苯醌及己二烯二酸，导致白细胞减少。许多场合下苯常用物理性质基本相同但沸点较高的甲苯来替代，因为有苄基氢的甲苯在体内代谢为苯甲酸后与甘氨酸结合转化成**马尿酸**（$C_6H_5CONHCH_2CO_2H$）而能随尿排出体外，故毒性相对较低（参见 10.14）。

6.5 化学反应点和芳香亲电取代反应

苯尽管有很高的不饱和度，但 π 电子是离域的而具芳香稳定性，故绝大多数反应的结果都不会影响苯环的结构，化学活性不如脂肪族不饱和化合物大且不会像后者那样容易打开 π

键。具有大 π 键的苯环相当于一个高电荷密度的 Lewis 碱，但与亲电试剂（E^+）的反应比烯烃慢得多，且发生的是亲电取代反应（可保留稳定的苯环结构）而非亲电加成反应，其过程如图 6-5 所示。

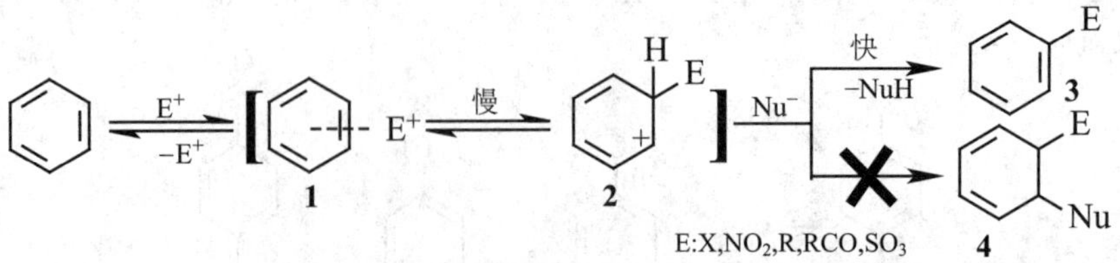

图 6-5　苯的亲电取代反应

亲电取代反应的第一步是亲电试剂进攻苯环生成能量较高的 **π-配合物**（**1**）后转化为 **σ-配合物**（环己二烯正离子中间体，又称 **Wheland** 中间体，**2**）。**2** 随后脱去一个质子恢复稳定的芳香环结构而生成取代产物（**3**），这一步反应与单分子消除反应（参见 7.5.2）类似；**2** 若与试剂的亲核部分 Nu^- 结合则生成不具芳香结构的环己二烯衍生物（**4**）。生成 **3** 的反应速率极快，以致生成 **4** 的加成反应完全被抑制。

苯及其衍生物的亲电取代反应是非常重要的有机合成反应，可将一些官能团引入到芳环上。整个反应取决于两个主要因素：芳环上取代基的电子效应和亲电试剂的亲电能力。供或吸电子取代基使苯环电荷密度增加或减少而各有利于或不利于亲电取代反应的发生。NO_2^+、Br_2、SO_3、RSO_2^+ 等高活性的亲电试剂可与各种芳环反应；R_3C^+、$RC^+\!\!=\!\!O$、H^+ 等低活性的亲电试剂只能与带有供电子活化基团的芳环反应；$HC\equiv N^+H$、 $N\equiv O^+$、$ArN^+\equiv N$ 等亲电能力更差的试剂就只与带有强供电子活化基团的芳环才能发生反应。

6.5.1　卤代反应

卤素与烯烃或炔烃的加成反应无需任何催化剂，但与苯的反应必须有 Lewis 酸，如 FeX_3 或 Fe（X 为溴或氯，Fe 和 X_2 反应生成 FeX_3，所以 Fe 可以代替 FeX_3）活化后才发生亲电取代反应，苯环上的氢原子被卤素原子取代后生成卤代苯，如式(6-1) 所示。

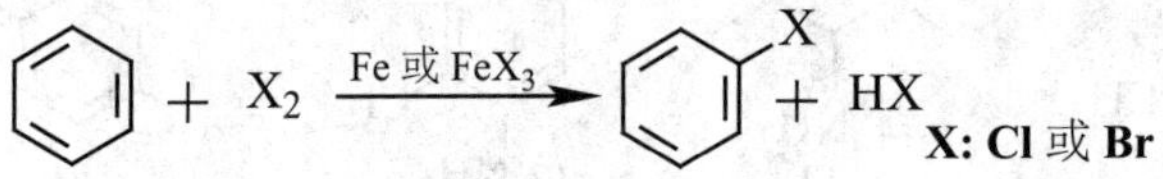

$$\text{X: Cl 或 Br} \tag{6-1}$$

反应第一步是 X_2 和 FeX_3 形成 Lewis 酸碱配合物（**5**），X—X 键发生极化，如式(6-2) 所示。

$$\overset{\delta+}{X}\!-\!\overset{\delta-}{X}+FeX_3 \rightleftharpoons \underset{\mathbf{5}}{X\!-\!X^+\!\cdots\!Fe^-X_3} \tag{6-2}$$

第二步反应如式(6-3) 所示，苯环上的 π 电子进攻配合物（**5**）形成一个称**苯鎓碳正离子**的共振杂化体（**6**）并失去一个很好的离去基 FeX_4^-。原来苯环上的六个 π 电子中有两个与卤原子成键，余下的四个 π 电子分布在五个环碳原子组成的共轭体系中，正电荷分别分散到 C(2)、C(4) 和 C(6) 上：

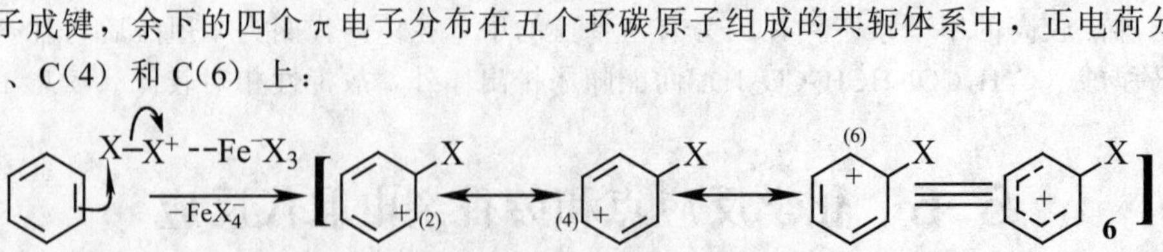

$$\tag{6-3}$$

第三步反应如式(6-4) 所示，FeX_4^- 夺取 **6** 中与卤原子同碳的苯环质子，生成卤化氢并再生出 FeX_3 的同时给出亲电取代产物卤苯。若体系中存在的 X^- 与 **6** 结合将生成无芳香性的 5,6-二卤环己-1,4-二烯（**7**）。这将需要高得多的活化能并吸收能量－8kJ/mol，远比去质子产生芳构化的取代反应（放出能量 45kJ/mol）慢，加成产物的稳定性也比卤苯差得多。

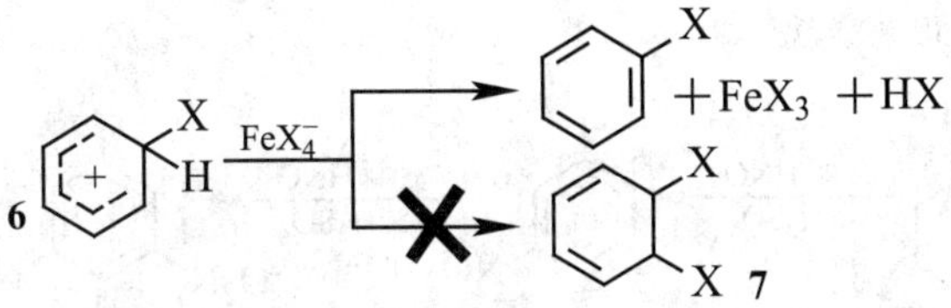

$$\text{（6-4）}$$

苯的氯代和溴代反应都是放热的反应，但碘代反应是吸热反应而很难进行。碘的亲电活性和 Lewis 酸 FeI_3 的活性都很差，且另一个副产物 HI 有还原性，可使碘苯还原为苯。碘代反应需在如 H_2O_2、HNO_3、HIO_3 等氧化剂或如 $CuCl_2$ 等**促进剂**（promotor）存在下才能慢慢进行，如式（6-5）所示。氧化剂将碘转化为 I^+ 并把还原性的副产物碘化氢再氧化为碘去参与反应（**OS** I：323）。碘苯通常是经重氮化反应或用一氯化碘（ICl）、次碘酸乙酰（CH_3COOI）等为碘化剂来制备的。氟代反应放热太多而难以控制，氟苯也是主要经重氮化反应得到的（参见 12.8）。苯的溴代反应实际操作时多是用吡啶为催化剂来进行的（参见6.13.2）。

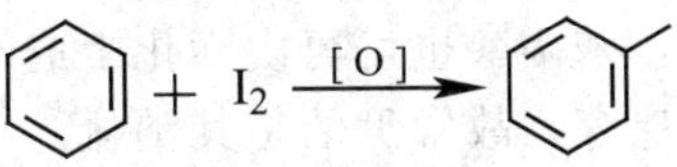

$$\text{（6-5）}$$

烷基苯在 Lewis 酸催化下也能进行苯环上的卤代反应，生成邻或对卤烷基苯（**OS** III：138；IV：984），在过量卤素存在下发生多卤代反应（**OS** II：95），如式（6-6）所示。

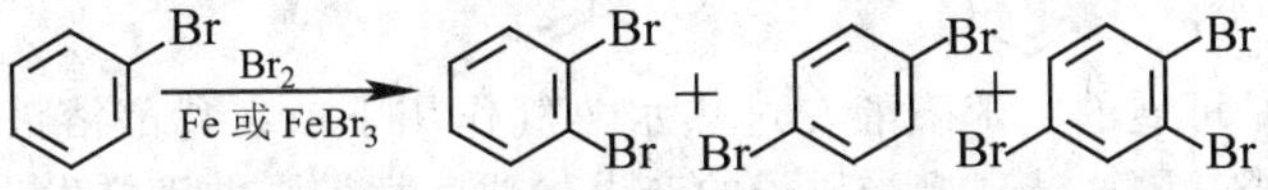

$$\text{（6-6）}$$

在紫外线作用下，苯和氯进行自由基加成反应生成俗称六六六的六氯化苯（参见7.10）。

6.5.2 硝化反应

硝酸的亲电活性不强，需活化后才能与苯反应生成硝基苯，如式（6-7）所示。苯的硝化反应是一个很重要的反应，硝基苯及其还原产物苯胺都是应用极广的医药和精细化工产品。但热的浓硝酸与体系中易氧化的物质形成的混合物易瞬间产生爆炸，故进行貌似温和的硝化反应时必需严格遵循操作规程。

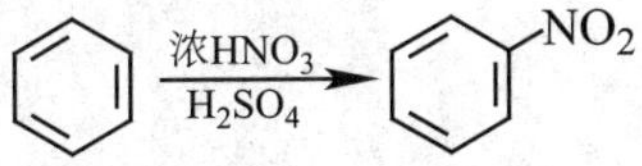

$$\text{（6-7）}$$

浓硫酸存在下的整个硝化反应过程如图 6-6 所示，浓硝酸接受质子后放出一分子水并产生亲电试剂**硝鎓离子**（NO_2^+，**8**），所有易于生成 NO_2^+ 的试剂都是非常有利硝化反应的。苯环上的 π 电子接着进攻带正电荷氮原子的 NO_2^+ 生成硝基苯鎓碳正离子中间体（**9**），**9** 随之脱去一个质子生成硝基苯。

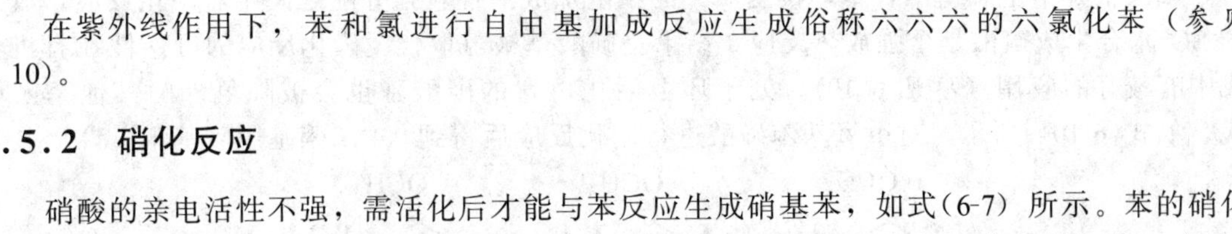

图 6-6　苯的硝化反应

硝基苯也可继续进行硝化反应生成间二硝基苯和间三硝基苯，如式（6-8）所示。但所需条件愈来愈激烈，产率也愈来愈低。

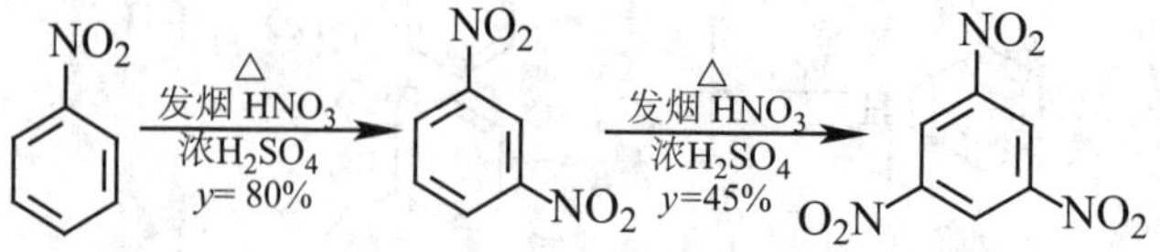

$$\text{(6-8)}$$

6.5.3 磺化反应

苯与浓硫酸室温下不起反应，但可与**发烟硫酸**（oleum，溶有三氧化硫的浓硫酸）作用生成酸性很强的苯磺酸（**10**，参见 8.13.4）。苯磺酸盐、长链烷基的硫酸盐是合成洗涤剂，洗涤原理与肥皂相同（参见 11.14）。

磺化反应的两个亲电试剂（SO_3H^+ 或 SO_3）中的硫原子因受到三个强电负性氧原子的作用而都具极强的亲电活性。SO_3H^+ 与苯的反应过程与 NO_2^+ 的相似，SO_3 的反应过程如式（6-9）所示。除去另一个产物水或以发烟硫酸为试剂都可加快反应速率并有很好的产率。在过量磺化剂和更剧烈的反应条件下，苯磺酸也可再次磺化生成间二苯磺酸和间苯三磺酸。干燥的苯磺酸因为吸水性很强而不易保存，故常见的是其钠盐。

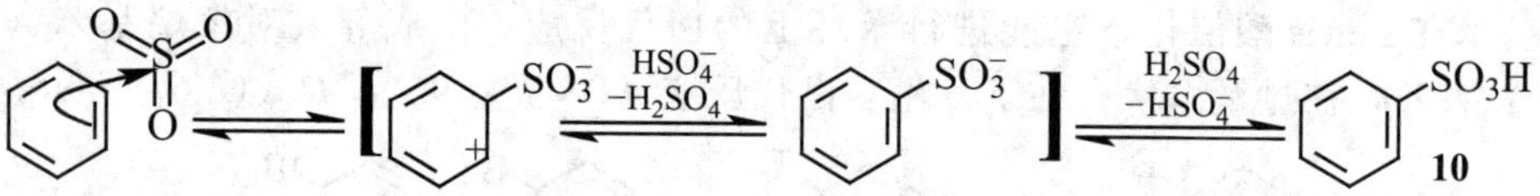

$$\text{(6-9)}$$

苯的磺化反应是可逆的：苯磺酸在过热水蒸气作用下或在稀酸溶液中受热可离解出质子，磺酸根是给电子基团，苯环接受质子的亲电加成活性较强并随之发生脱磺化反应，放出的 SO_3 水合生成硫酸是个强放热反应，结果是磺酸基被氢取代。磺化反应的可逆性在有机合成中有较好的应用（参见 6.10）。处于环上活化位置的磺酸基也会被除氢外的其他基团取代，如式（6-10）所示，对甲氧基苯磺酸进行硝化反应后得到 2,4-二硝基甲氧基苯。

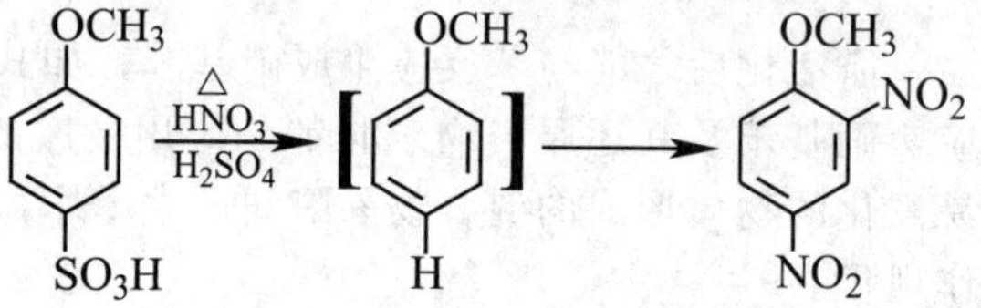

$$\text{(6-10)}$$

6.5.4 傅-克烷基化反应

生成 C—C 键的反应都是相当重要的反应，具有强亲电活性的碳原子也能与苯环上的碳原子之间成键。如式（6-11）所示，苯与卤代烷在 $AlCl_3$、$FeCl_3$、BF_3、$SbCl_5$ 等 Lewis 酸催化下反应生成烷基苯，称 **Friedel-Crafts 烷基化反应**，简称**傅-克反应**（**F-C 反应**）。

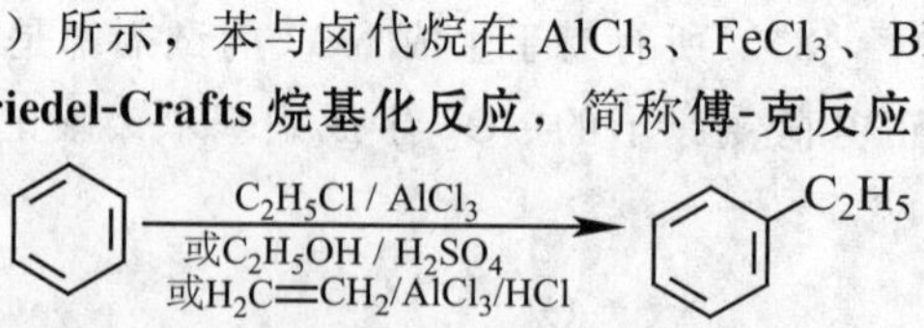

$$\text{(6-11)}$$

该反应历程如图 6-7 所示：伯卤代烷在 Lewis 酸催化下生成 Lewis 酸碱配合物（**11**），C—X 键进一步极化生成带更多部分正电荷的碳原子并接受苯环的进攻，接着失去质子完成烷基化反应；仲或叔卤代烷则可生成烷基碳正离子并如 NO_2^+ 那样亲电进攻苯环。任何可产生碳正离子的前体底物，如烯烃在质子酸催化或醇在 Lewis 酸参与下均可产生碳正离子，故也是进行傅-克烷基化反应的有用试剂。烯（芳）基卤在此过程中很难产生碳正离子，故不能通过芳香亲电取代反应来生成烯（芳）基苯（参见 7.4.4）。

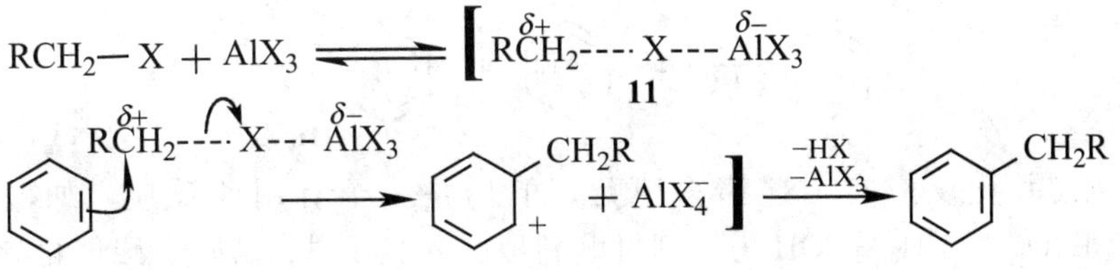

图 6-7　苯与卤代烷在 Lewis 酸催化下反应生成烷基苯

值得注意的是，傅-克烷基化反应在实际应用中因有如下两个严重的副反应而不尽人意，使应用受到较多限制：

（1）有重排产物生成　傅-克烷基化反应经过碳正离子中间体。反应第一步生成的 Lewis 酸碱配合物（**11**）或仲碳正离子在与苯反应形成 C—C 键之前会先发生重排生成更稳定的仲或叔碳正离子，故所得常是重排产物。反应温度愈高，重排产物的比例愈多。如，以正丙基氯为试剂得到的正常产物丙基苯（**12**）和重排产物异丙基苯（**13**）的比例为 1∶2。反应过程中极不稳定的伯碳正离子与 Lewis 酸的配合物（**14**）发生重排后形成较稳定的异丙基仲碳正离子与 Lewis 酸的配合物（**15**），15 与苯反应生成异丙基苯（**13**）。

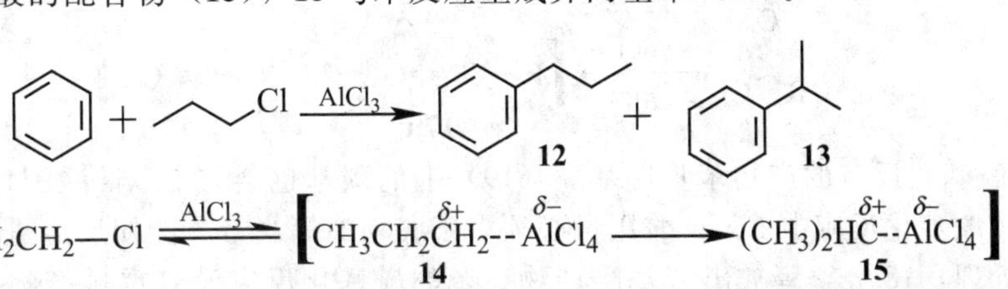

由于碳正离子的重排，直链烷基苯不宜以正烷基卤代烃为试剂经傅-克烷基化反应来制备，应可通过 6.5.5 所述的先傅-克酰基化反应再还原的两步合成路线。利用溴苯与 Gilman 试剂（参见 2.14.2）的反应；或在四（三苯基磷）钯催化下溴苯与镁、硼、铝、锌、锡、硅等众多元素有机化合物之间的偶联反应也均可得到直链烷基苯，如式（6-12）所示生成丙基苯的反应。

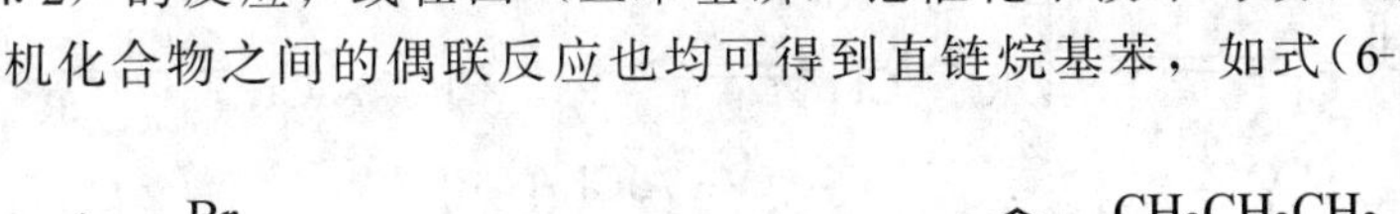

（2）生成多烷基苯的混合物　苯进行傅-克烷基化反应的初产物是单烷基苯，单烷基苯接受亲电试剂进攻的活性比苯大，更易进一步烷基化而生成多烷基取代苯的混合物。如式（6-13）所示，苯与氯甲烷反应很难终止在甲苯，后者继续反应生成二取代甲基苯和三取代甲基苯等多种产物。调节底物和试剂的配比可得到较高产率的单烷基化产物。如，苯的乙基化反应中将苯与氯乙烷的摩尔比扩大至 15∶1，乙苯的产率可达到 83%。

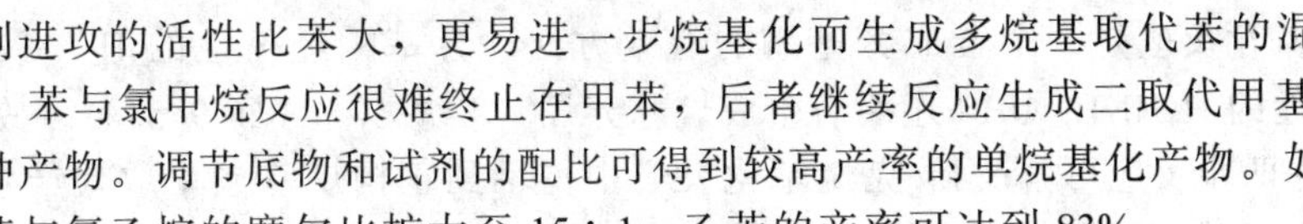

傅-克烷基化反应是可逆反应，这也造成复杂的烷基苯产物。如，甲苯在 $AlCl_3$/HCl 体系中受热回流可生成各种二甲苯异构体（**16**）和苯的混合物❶。

---

❶　**16** 是一种常见的多取代苯的简略结构式。一个指向苯环中心的取代基表示其可位于未被取代的任意位置上。甲基是邻、对位定位基团，故 **16** 主要是邻二甲苯和对二甲苯的混合物。

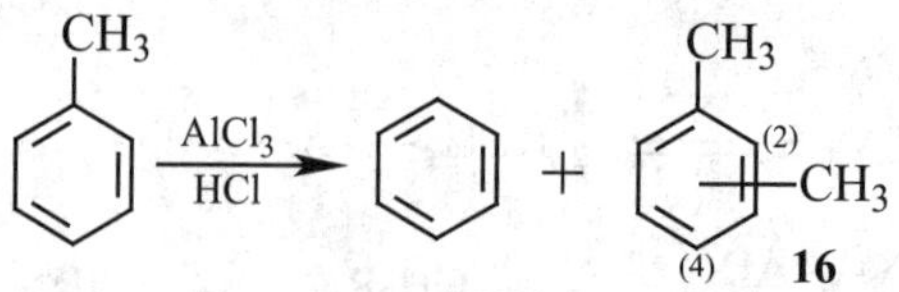

尽管傅-克烷基化反应有上述诸多不足，但仍是一个有用的反应。如，用 Lewis 酸/(CH₃)₃CX 或 H₃O⁺/(CH₃)₃COH 为试剂可顺利地引入叔丁基；以质子酸催化异丁烯制备叔丁基苯的方法更符合绿色化学的要求，反应中没有废物产生；与甲醛和氯化氢在无水氯化锌催化下在芳烃上引入很有用的氯甲基基团等。

6.5.5 傅-克酰基化反应

如式(6-16) 所示，苯与酰氯在 Lewis 酸作用下反应生成苯基烷基酮（**19**），这也是一个生成 C—C 键的反应。这类将酰基引入到芳环上的反应称**傅-克酰基化反应**，酰氯是最常用的酰基化试剂。傅-克酰基化反应的机理与傅-克烷基化反应类似，酰氯在 Lewis 酸作用下先生成由 **17a** 和 **17b** 两个共振贡献者叠加而成的共振杂化体**酰基正离子**（acylium ion，**17**），而后苯环接受 **17** 的亲电进攻。

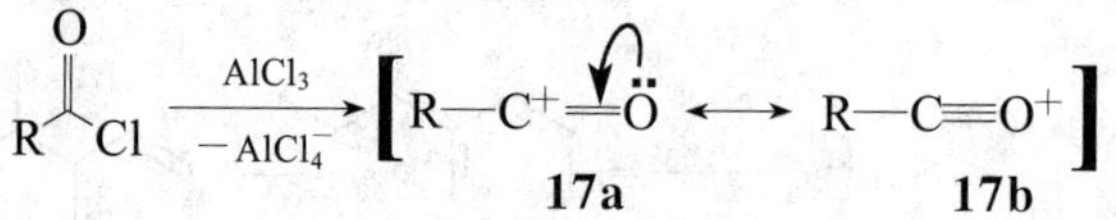

傅-克酰基化反应的产物苯基烷基酮（**19**）上的羰基也会与 Lewis 酸配位生成如 **18** 那样的结构。故酰基化反应中 Lewis 酸用量必须多于底物的等当量才能使反应进行彻底。反应结束后加水处理，**18** 分解释放出芳基酮产物。苯的酰基化反应没有重排产物，因为酰基正离子（**17**）不会重排；也不存在多酰基化问题，因为强吸电子基团酰基对苯环产生很强的致钝效应，产物芳基酮接受亲电试剂进攻的活性比苯低得多。

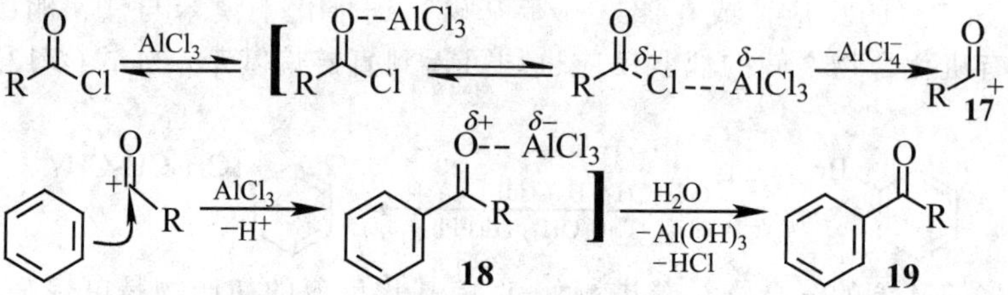

傅-克酰基化反应是一个合成芳基酮的有效方法。芳基酮经中性的 H₂/Pd 或酸性的 Zn-Hg/HCl 或碱性的 H₂NNH₂/OH⁻ 还原后生成烷基芳烃（参见 9.5.3 和 9.5.4）。故通过傅-克酰基化再还原的两步反应可解决傅-克烷基化反应中得不到正构烷基或单取代产物的问题。芳基酮若还原为苄基醇（**20**）后再通过 β-消除一分子水又成为制备苯乙烯类衍生物（**21**）的好方法。

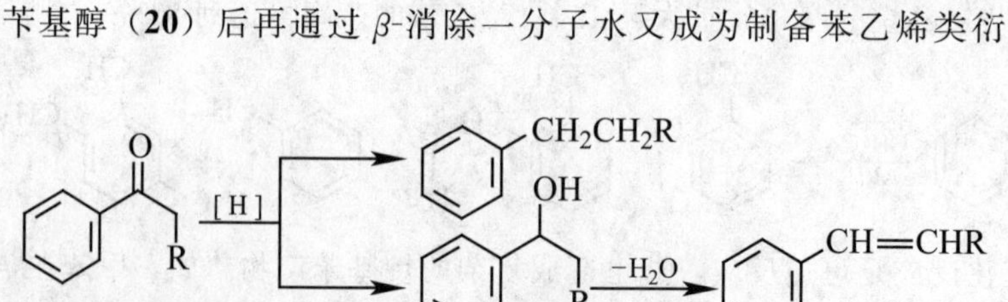

傅-克烷基化或酰基化反应也都可在分子内进行，结果生成一个稠环化合物。其中生成五元环或六元环的反应最容易进行，分子内反应比分子间反应更快。如，γ-苯基丁酰氯（**22**）分子内成环生成苯并 α-环己酮（**23**）的反应是很易进行的：

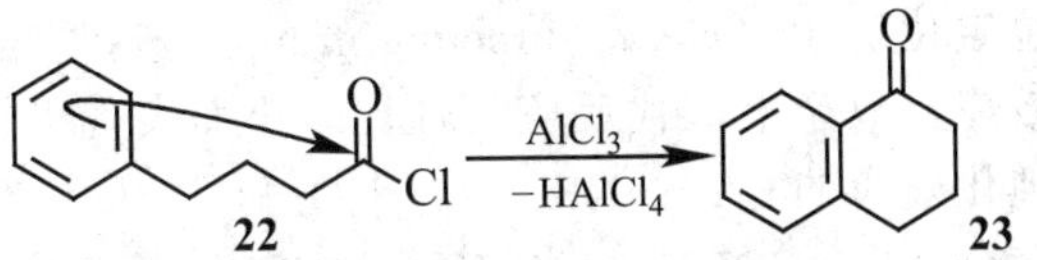

傅-克反应所用的 $AlCl_3$ 一类 Lewis 酸催化剂有两个不足。首先是反应后会生成大量不易处理的水合盐；其次是反应选择性也不易控制。一些新颖的固体酸、杂多酸及镧系 Lewis 酸等已能较好地替代这些早期所用的催化剂，它们表现出的绿色化学性能相当引人注目。

当苯环上有硝基一类吸电子基团存在时，苯环上电荷密度降低，无论傅-克烷基化还是酰基化反应都不会发生。

6.6 取代苯的芳香亲电取代反应

单取代苯进行芳香亲电取代反应随取代基（G）的类型不同表现出比苯有更快或更慢的反应速率。此外，反应后会得到三种可能的产物，但该过程是有位置选择性而非随机的：在已有取代基的邻位、间位或对位位置上的取代概率不同。以硝化反应为例，如表 6-1 所示的 7 个单取代苯应用 $HNO_3/HOAc$ 进行硝化反应后所得产物的分布（%）。

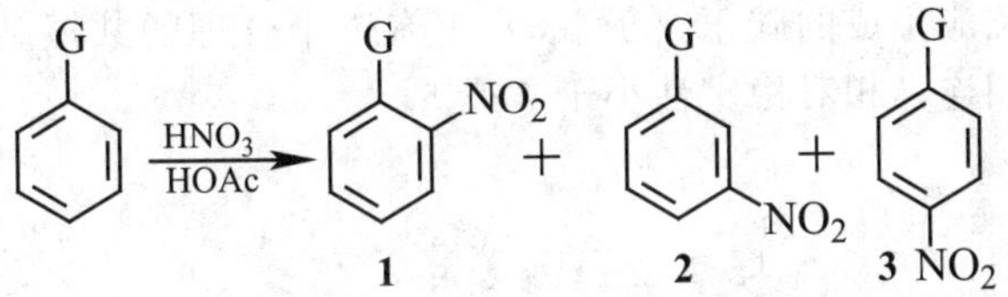

表 6-1　7 个单取代苯应用 $HNO_3/HOAc$ 进行硝化反应后所得产物的分布　　　　单位：%

G	邻位取代产物(1)	间位取代产物(2)	对位取代产物(3)	1+3
OCH_3	44	约 0	55	99
CH_3	58	4	38	96
Cl	70	约 0	30	100
Br	37	1	62	99
COOH	18	80	2	20
CN	19	80	1	20
NO_2	6.5	93	0.5	7

6.6.1 取代基效应和定位规则

如式（6-14）所示，有些单取代苯的芳香亲电取代反应产物大多为邻位和对位取代的二取代混合物（很多情况下对位产物占大多数），这样的取代基称**邻、对位定位基团**（*ortho-* and *para-* directing group）。除卤素外，这些取代基都有使苯环的 π 电子云密度增加的供电子效应，故亲电取代反应活性比苯大而表现出**活化效应**。这些取代基也称**活化基团**，其中具强活化效应的有：$-O^- > -NH_2 \approx -NHR \approx -NR_2 > -OH \approx -OR$；具有等活化效应的有：$-NHCOR > -OCOR$；具弱活化效应的有：$-R > -$苯基$> -$烯基。

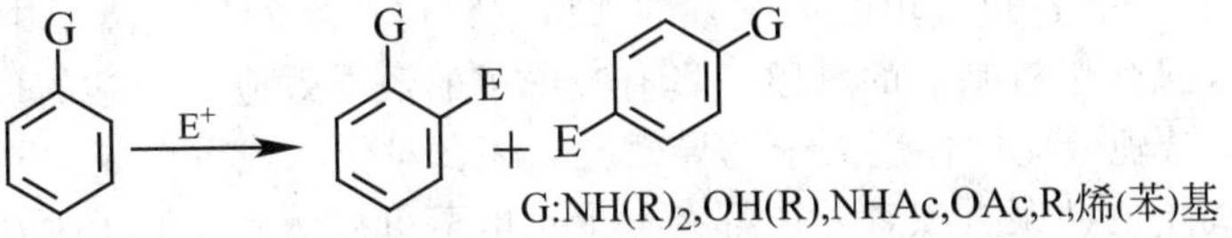

$$(6-14)$$

G:$NH(R)_2$,$OH(R)$,NHAc,OAc,R,烯(苯)基

如式（6-15）所示，另一些单取代苯进行芳香亲电取代反应后得到的产物以间位取代为

主，这样的取代基称**间位定位基团**（*meta*- directing group）。这些取代基都有使苯环的 π 电子云密度降低的吸电子效应，故亲电取代反应活性比苯小而表现出**钝化效应**。这些取代基也称**钝化基团**，其中具强钝化效应的有：—NR$_3^+$ > —NO$_2$ > —CX$_3$ > —SO$_3$H > —CN；具中等钝化效应的有：—COCl、—COOH、—CHO、—COR、—COOR、—CONH（R）$_2$；作为邻位、对位取代基的卤甲基和卤素则具有最弱的钝化效应。

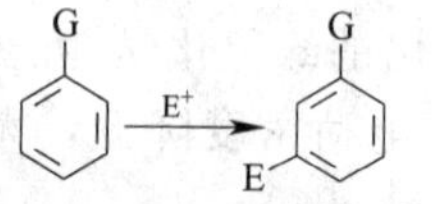

$$(6\text{-}15)$$

G:N+H(R)$_3$,NO$_2$,CX$_3$,SO$_3$H,CN,COR[H,OH(R),NH(R)$_2$],CHX$_2$,CH$_2$X,X

芳香亲电取代反应中的任何一个取代基的电子效应都是由诱导效应和共轭效应同时起作用的。此外，大体积取代基和亲电试剂都会使新取代基不易进入原有取代基的邻位。

6.6.2　带邻位、对位导向活化取代基的反应

烷基可活化苯环且对邻位或对位的活化作用比间位的大。如图 6-8 所示，E$^+$ 在烷基的邻位或对位发生取代反应生成的碳正离子都有三个合理的共振结构式，它们都有最重要的一个直接与烷基相连的叔碳正离子（**4** 和 **5**），烷基的给电子诱导效应使其稳定而易于生成。在烷基的间位发生取代反应生成的碳正离子（**6**）也有三个合理的共振结构式，但正电荷所在的仲碳原子未与烷基相连，相对稳定性小于 **4** 或 **5**。

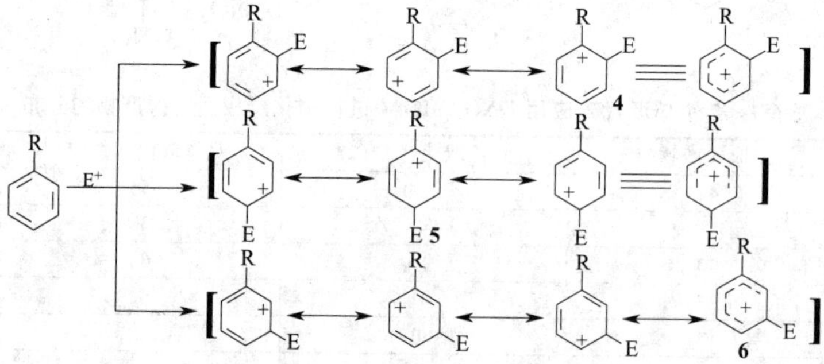

图 6-8　亲电试剂进攻烷基苯的可生成较间位更稳定的碳正离子

此外，如图 6-9 所示，烷基中与苯环相连 C—H σ 键向苯环大 π 键的供电子超共轭效应也增加了苯环的电荷密度。量子化学的研究表明，甲苯苯环碳原子的电荷密度比苯环大，邻位或对位碳原子的电荷密度比间位的大。

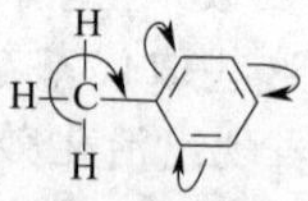

图 6-9　C—H σ 键向苯环大 π 键的供电子超共轭效应增加了苯环邻位、对位的电荷密度

如图 6-10 所示，E$^+$ 进攻苯甲醚甲氧基的邻位或对位产生的碳正离子中间体都有四个合理的共振结构式。虽然甲氧基上的氧原子具有吸电子的诱导效应，但它的孤对电子可参与给电子的 p-π 共轭，共轭效应的作用大于诱导效应。邻、对位取代后形成的共振杂化体碳正离子中除有叔碳正离子的共振贡献者外还都有一个正电荷可离域到氧原子上从而都能满足八隅体要求的共振贡献者 **7** 或 **8**。故苯甲醚具有高度邻、对位的位置选择性。

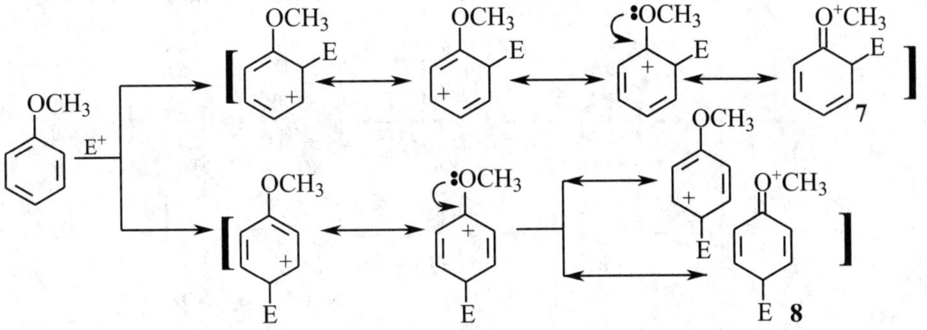

图 6-10　亲电试剂进攻烷氧基苯的邻位、对位可生成较稳定的碳正离子

　　亲电试剂进入烷氧基的间位后形成的中间体碳正离子 **9** 也有三个合理的共振结构式，但都没有与甲氧基相连的碳正离子，氧原子上的孤对电子无法经由共振去稳定碳正离子，不如 **7** 和 **8** 稳定。

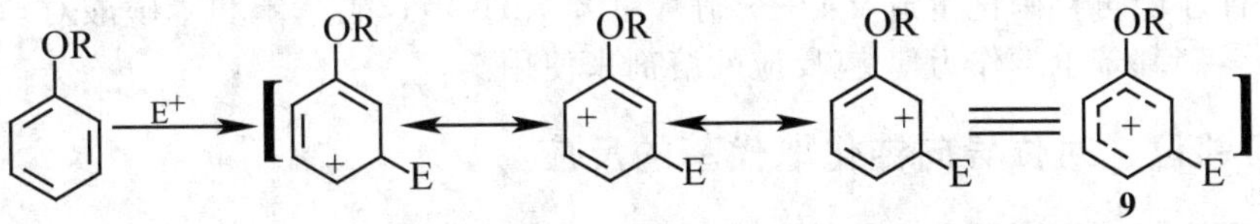

　　烷氧基活化苯环邻位或对位的效应比烷基大得多。甲氧基苯的溴化反应无需 Lewis 酸催化就能得到邻溴苯甲醚和对溴苯甲醚，若在 Lewis 酸催化下与过量的溴反应则快速生成 2,4,6-三溴苯甲醚，如式（6-16）所示的两个反应。

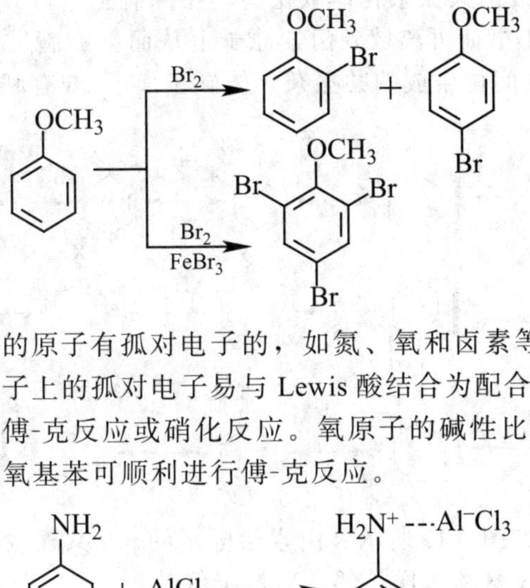

（6-16）

　　凡是与芳基直接相连的原子有孤对电子的，如氮、氧和卤素等组成的取代基都是邻位、对位定位基。但苯胺氮原子上的孤对电子易与 Lewis 酸结合为配合物（**10**）使苯环上的 π 电荷密度变小而不再能进行傅-克反应或硝化反应。氧原子的碱性比氮原子弱，它不会与催化剂成为配合物，故酚或烷氧基苯可顺利进行傅-克反应。

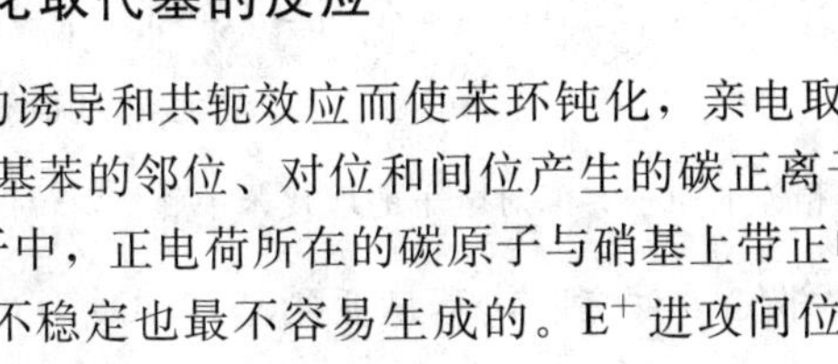

6.6.3　带间位导向钝化取代基的反应

　　硝基对苯环有吸电子的诱导和共轭效应而使苯环钝化，亲电取代反应的速率比苯小得多。如图 6-11 所示，E$^+$ 进攻硝基苯的邻位、对位和间位产生的碳正离子都有三个共振结构，进攻邻位或对位生成的碳正离子中，正电荷所在的碳原子与硝基上带正电荷的氮原子直接相连的共振贡献者（**11** 或 **12**）是最不稳定也最不容易生成的。E$^+$ 进攻间位生成的 **13** 中正电荷都不会

落在与硝基相连的碳上，反应速率远大于邻、对位取代的反应速率，相对较易生成。

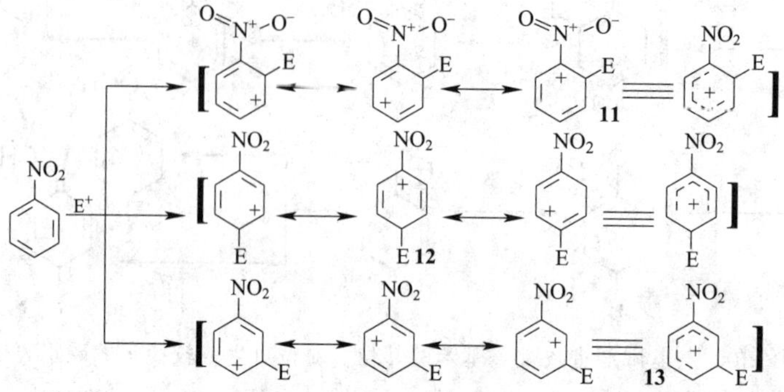

图 6-11　亲电试剂进攻硝基苯的邻位、对位和间位生成的碳正离子

带间位定位基团的苯较难进行芳香亲电取代反应。如，甲苯硝化后生成的硝基甲苯需要更苛刻的条件才能再行硝化生成 2,4,6-三硝基甲苯（TNT）；硝基苯和苯磺酸对傅-克反应是完全惰性的，硝基苯也常作为傅-克反应的溶剂来使用。

6.6.4　带邻位、对位导向钝化取代基的反应

卤素原子比氧、氮原子大，其与碳原子的 p-π 共轭效应也不如氧、氮原子有效。卤素对苯环的吸电子诱导效应比供电子的 p-π 共轭效应强，故卤素对苯环的亲电取代反应表现出钝化效应，卤苯进行亲电取代反应的速率比苯小。与烷氧基苯的反应一样，亲电试剂 E^+ 进攻卤苯中卤素的邻、对位生成的共振杂化体碳正离子中除有正电荷分散在苯环上的共振贡献者 **14a** 和 **15a** 外还都有一个正电荷可离域到卤素原子上从而都能满足八隅体要求的共振贡献者 **14b** 和 **15b**，故较进攻卤素间位生成的共振杂化体碳正离子 **16** 有利得多。

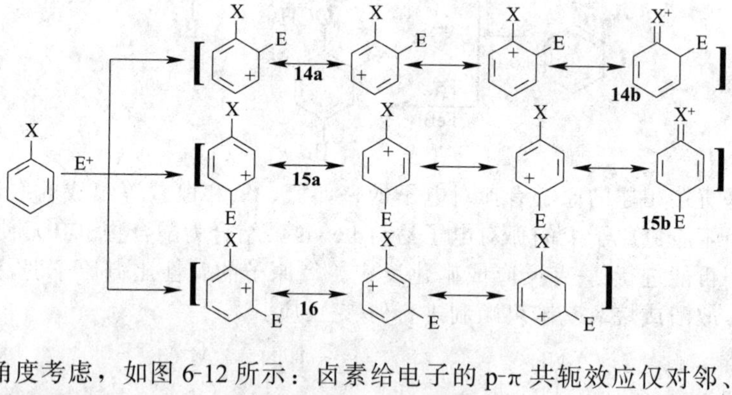

从另一个角度考虑，如图 6-12 所示：卤素给电子的 p-π 共轭效应仅对邻、对位产生较大的影响，故卤素与烷氧基及氨基一样是邻、对位定位基。

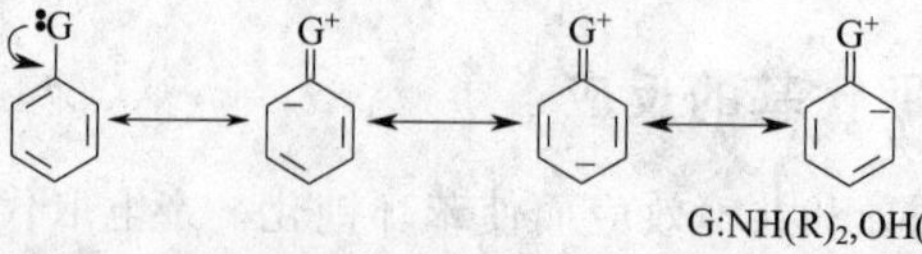

G:NH(R)$_2$,OH(R),X

图 6-12　与苯环直接相连的原子有孤对电子的取代苯中邻、对位的电荷密度较间位大

另一个也起钝化效应的邻位、对位取代基是亚硝基（NO）。

6.6.5 邻位、对位产物的比率

取代苯发生邻位、对位的芳香亲电取代反应后所得产物随机分布的比率应为 2：1，但实际上对位产物往往是主要产物，反映出取代基或亲电试剂都有较强的空间位阻效应（参见 1.4）。亲电试剂与苯环上原有的取代基接近时会产生范氏张力，导致不易进攻邻位，而进攻对位是不存在这种体积效应的。如，烷基苯的亲电取代反应随着烷基体积的增大对位产物的比例也逐渐增加：烷基苯中的 R 分别为甲基、乙基和叔丁基时，邻位产物（**17**）与对位产物（**18**）之比分别为 1.6、1.0 和 0.2。

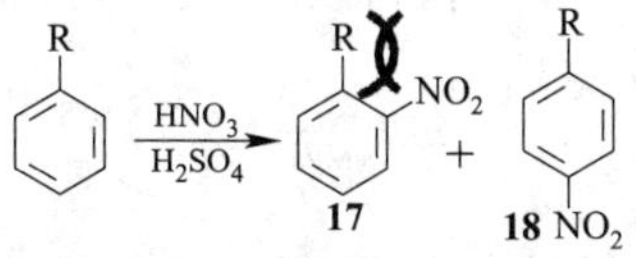

亲电试剂的体积对邻位、对位产物的比率也有很大影响。如，相似条件下的氯化和溴化反应所得邻位、对位产物的比率各约为 0.71 和 0.14；硝化和磺化的比率各约为 4.3 和 0.01。每个芳香亲电取代反应所得邻位、对位产物的比例与底物及亲电试剂的活性都密切相关。亲电试剂的活性愈大、反应温度愈高、位置选择性愈差。两种邻、对位芳香取代化合物的物理性质通常有较大区别，是容易分离而能得到纯化合物的。

6.6.6 多取代苯的定位效应

如果苯环上有两个取代基，发生亲电取代反应时第三个取代基进入的反应速率和位置选择性由原有两个取代基的综合效应而定。见图 6-13 中虚线箭头指向，**19** 和 **20** 那样原有两个取代基的定位效应一致，则第三个取代基进入的位置更具选择性。若原有两个取代基的定位效应不同，则第三个取代基进入的位置主要由原有两个取代基中具更强活化效应或更小钝化效应的给出。如，**21** 中甲基和硝基各是活化和钝化基团，甲基起定位作用；**22** 中对苯环的活化效应强于甲基的羟基起主导定位作用。**23** 中两个取代基团都是钝化基团，钝化效应比硝基弱的羧基起定位作用。总之，多取代苯的定位效应首先要注意邻、对位取代基，其次要注意定位效应更强的取代基，同时还要注意体积效应和不同的底物及反应条件问题。如 **24** 中甲基的定位效应比叔丁基强。

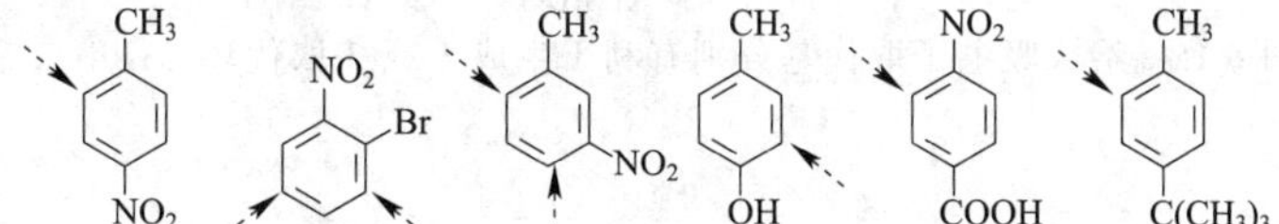

图 6-13　几个二取代苯的定位效应（箭头指向处）

6.7　苯的氧化反应

芳香环很难与氧化双键的试剂反应。但在特殊的条件下，如，苯在五氧化二钒催化和高温条件下也可被氧化生成重要的聚酯原料之一俗称**马来酸酐**的**顺丁烯二酸酐**（maleic an-hydride，**1**）。

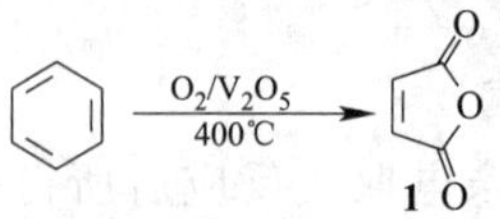

$$\text{(苯)} \xrightarrow[400℃]{O_2/V_2O_5} \text{(马来酸酐)} \quad 1$$

6.8　苯的还原反应

苯的芳香性也使其发生氢化还原的反应需在高温、高压并在贵金属催化下才行。如式（6-17）所示，制备取代环己烷的一个方法可从相应的苯的衍生物氢化而来。

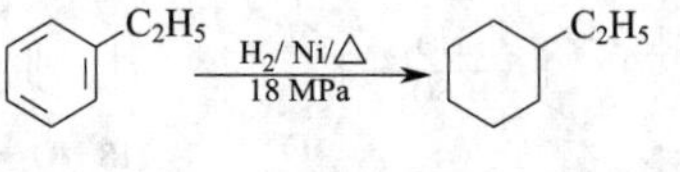

$$\text{(}C_2H_5\text{)} \xrightarrow[18\ MPa]{H_2/\ Ni/\triangle} \text{(}C_2H_5\text{)} \tag{6-17}$$

苯环在低级脂肪醇存在下可被液氨体系中的碱金属还原为环己-1,4-二烯，如式（6-18）所示，称 **Birch** 还原反应（**OR** 19：1，42：1；**OS** V：467）。

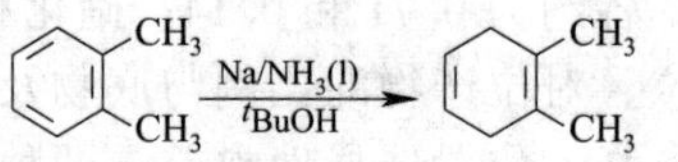

$$\xrightarrow[{}^tBuOH]{Na/NH_3(l)} \tag{6-18}$$

如图 6-14 所示，该反应也经过一个与炔烃被液氨体系中的碱金属还原（参见 5.5.2）相同的溶剂化电子的还原过程，经由负离子自由基中间体完成反应。

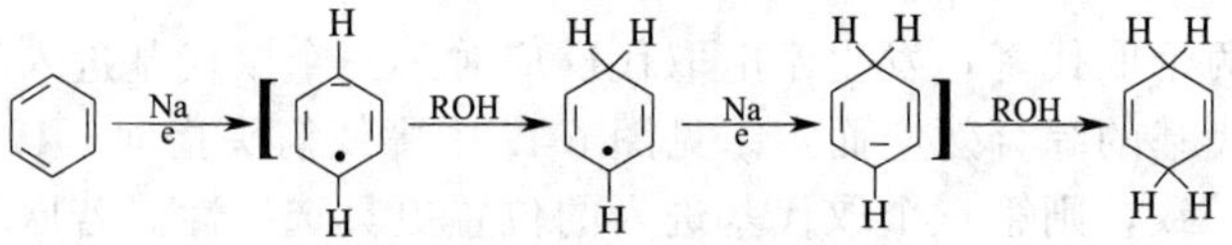

图 6-14　Birch 还原反应

单取代苯经 Birch 还原反应后生成两个单取代环己二烯产物，异构体比例与取代基的电子效应有关，供或吸电子取代基分别有利于生成 1-或 3-取代环己-1,4-二烯，如图 6-15 所示。

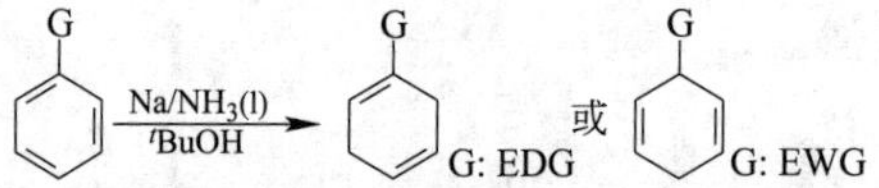

图 6-15　给或吸电子取代基分别有利于生成 1-或 3-取代环己-1,4-二烯

6.9　苄基位的卤代和氧化反应

与烯基对烯丙位的影响一样，苯基也能对苄基位产生强的致活作用。如，在光或过氧化物存在下进行自由基反应时，烷基苯的卤代不在芳环上而是在苄基位上发生，如式（6-19）所示。

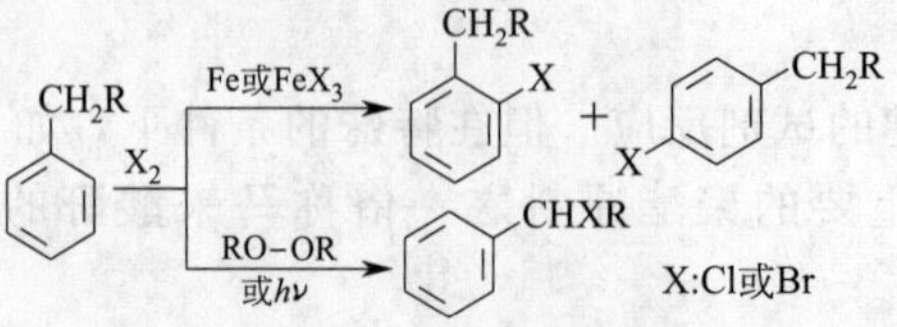

$$\tag{6-19}$$

X：Cl 或 Br

苄基氢发生自由基卤代反应的历程与丙烯的自由基卤代反应相似且在过量卤素存在下也可进行苄基位的多卤代反应。如图 6-16 所示：反应过程中生成的苄基自由基（**1**）是一个共振杂化体，因苄基碳原子上的单电子通过苯环上的大 π 键离域共轭分散到苯环的 C（2）、C（4）和 C（6）上而易于生成。

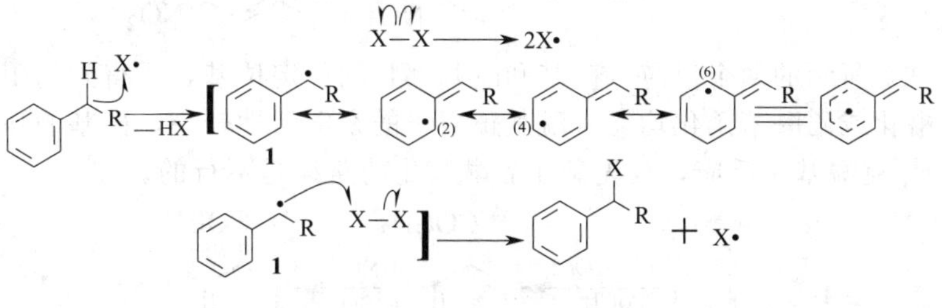

图 6-16 苄基位的自由基卤代反应

实际反应时，长链烷基苯的苄基位的氯代反应多用氯气在自由基引发环境下进行，苄基氯代产物的比例可达 90%。溴代反应多用 NBS 为试剂，产物仅为苄基溴代物。

对烷烃不起作用的 $KMnO_4$ 和酸性环境下的 $Na_2Cr_2O_7$ 等强氧化剂可将有苄基位氢的烷基苯氧化成苯甲酸（**OS** IV：579）。侧链烷基无论多大，苄基碳被氧化为羧基，其他烷基碳被氧化二氧化碳（**OS** II：135；III：820，740），如式（6-20）所示，对甲基正丙苯可被氧化为对苯二甲酸。苄基位氢原子被氧化为苄基位羟基原子是生成苯甲酸的关键一步反应，故如叔丁基苯那样没苄基位氢原子的烷基苯不容易发生氧化反应。

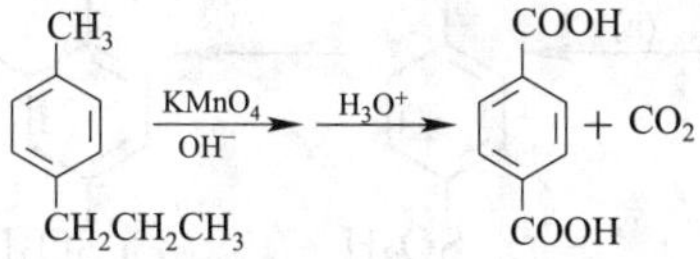

$$(6-20)$$

异丙苯用化学试剂氧化也得到苯甲酸。工业生产中用氧气催化氧化可使氧化中止在异丙苯过氧化氢（**2**）阶段，**2** 酸性水解并重排后生成很有用的基本有机化工产品苯酚和丙酮（参见 8.8）。

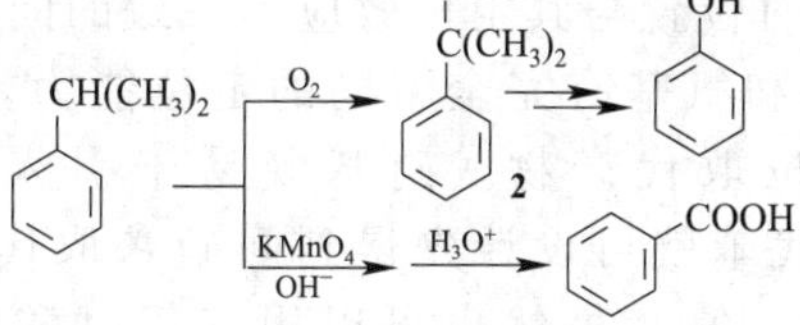

6.10 有机合成化学（2）：多取代苯的合成

芳香烃主要来自煤和石油。煤在 1000℃ 左右高温下隔绝空气裂解生成**煤焦油**，煤焦油分馏后可得到各类芳香烃。石油中含有的芳香烃较少，一些烷烃在高温高压下进行脱氢芳构化反应后可转化成简单的芳香烃。

多取代苯的合成并不简单。以苯为底物制备多取代苯必须根据目标物的结构解决各种取代基引入的先后问题，取代基的致活效应、致钝效应和体积效应都是要考虑的因素。如式（6-21）所示的两个反应，从苯合成对硝基氯苯，先引入氯后引入硝基可得对硝基氯苯；若先引入硝基再进行氯化得到的将是间硝基氯苯。

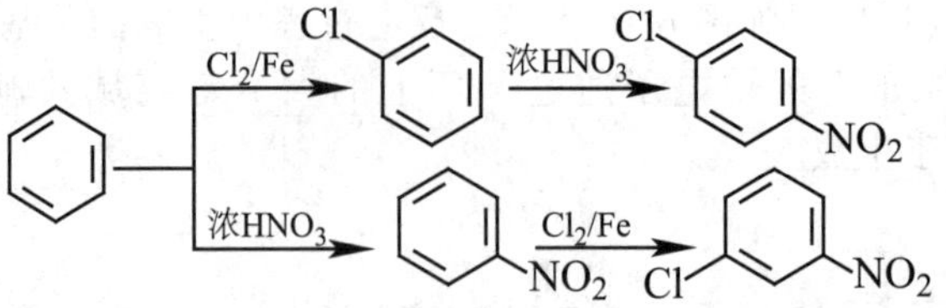

$$(6\text{-}21)$$

又如式（6-22）所示的两个反应，硝基和酰基都是间位定位基，要得到间硝基苯乙酮（**1**）看似从硝基苯酰化或乙酰苯硝化均可。酰基正离子的亲电活性较小，硝基的强钝化效应使硝基苯不会进行傅-克酰基化反应，故先硝化后酰基化的路线是不行的。

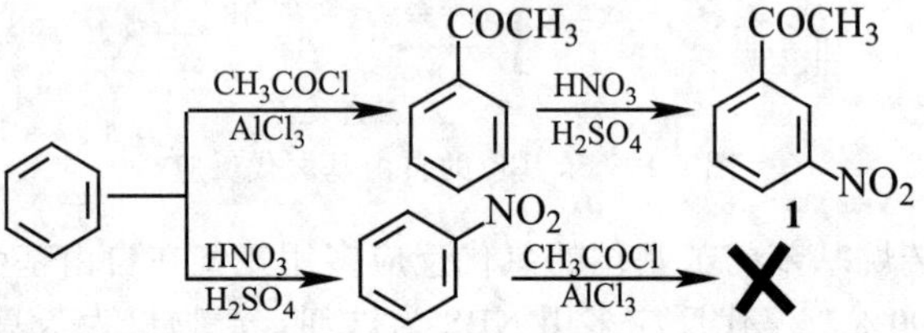

$$(6\text{-}22)$$

3-硝基-4-氯苯磺酸（**2**）中的硝基和磺酸基分别在氯的邻位和对位，以苯为底物合成时应如式（6-23）所示的路线（a）那样应先引进氯；大体积的磺酸基主要进入原有取代基的对位；再引入的硝基就能完全合乎位置要求了。若先引入硝基，会得到一定比例的副产物对硝基氯苯，若不加分离直接磺化，则产物中必混有副产物 5-硝基-2-氯苯磺酸（**3**），故如（b）所示的路线是不合适的。

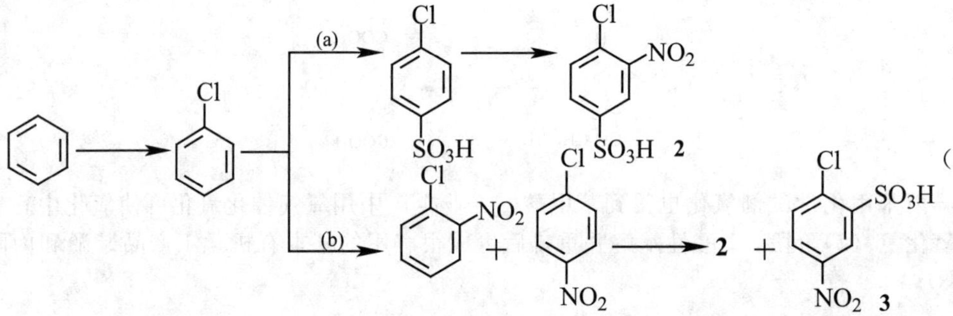

$$(6\text{-}23)$$

目标产物中取代基的相对位置与其定位效应不一致的问题有时可通过官能团之间的化学转化来解决。如，硝基和氨基有完全不同的定位能力，前者适于制备间位取代产物，后者适于制备邻、对位取代产物。硝基既易于引入，也易还原为氨基（参见12.11.3）。要得到间氨基取代苯就可设计先得到间硝基取代苯再还原的方案。如式（6-24）所示的间氯苯胺的合成。氨基虽然也可以用三氟过酸氧化为硝基，但副反应多，用作硝基前体的合成实例不多。

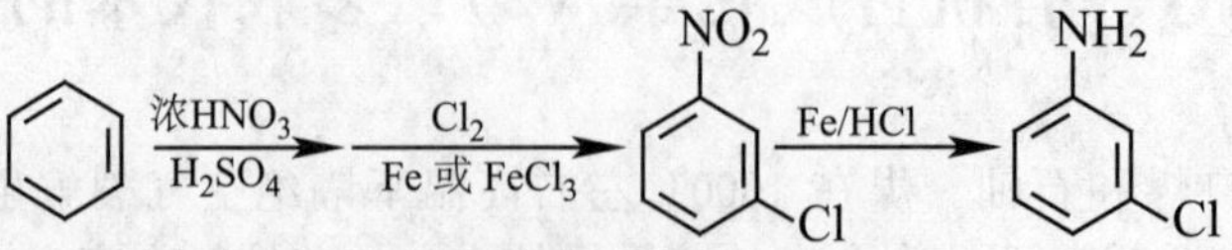

$$(6\text{-}24)$$

利用可逆的傅-克烷基化反应或磺化反应可以有效地合成所需位置的取代产物。叔丁基或磺酸基在占有了某位置的同时又对其他取代基的进入位置产生导向作用，这两个基团随后可以被氢取代。如式（6-25）所示的两个反应，邻溴甲苯或邻硝基甲苯的合成都可应用该策略。

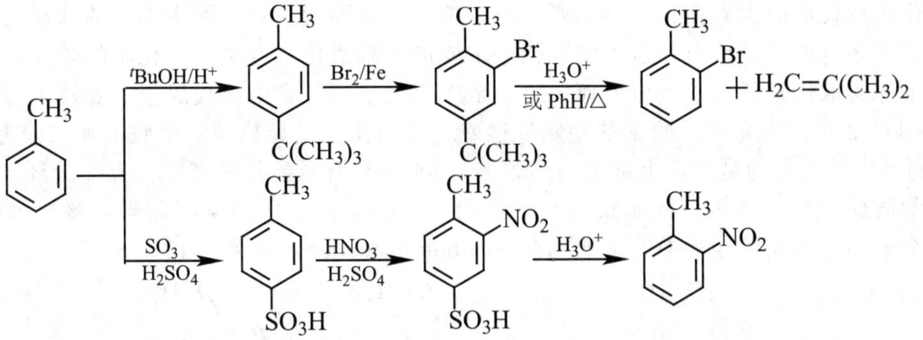

$$(6\text{-}25)$$

苯环上强致活效应的氨基或羟基使亲电进攻不易停留在单取代阶段，它们具有的酸性氢及易接受亲电试剂进攻的孤对电子都使苯胺或苯酚的直接亲电取代反应产生颇为复杂的结果。采用保护基的方法将氨基转化为活性稍低的酰氨基（参见 12.10），羟基转化为甲氧基，定位能力不变，但酸性氢产生的副反应不再发生。待取代亲电反应完成后可再生出氨基和羟基，如式（6-26）所示的邻氯苯胺的合成。

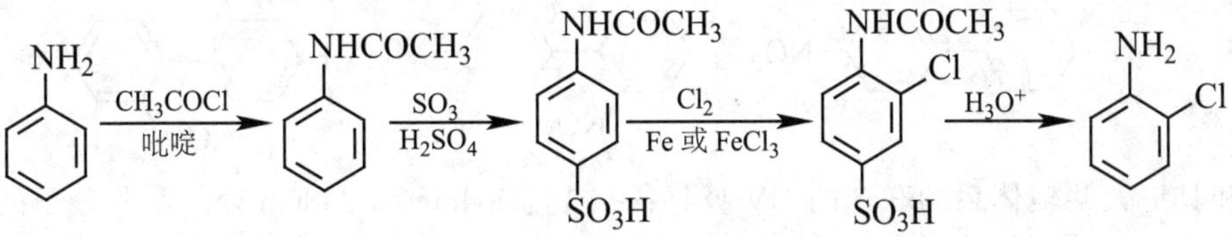

$$(6\text{-}26)$$

6.11　多环芳香烃

多环香芳烃是分子中含有一个以上苯环的芳香烃化合物。结构上可分为三类：第一类是苯环和苯环之间直接由单键相连，如联苯；第二类是苯环和苯环之间用一个碳原子相连，如三苯甲烷；第三类是每两个苯环共享两个相邻碳原子呈直线形或角状并联而成，如萘、蒽、菲及苯并芘等。

6.11.1　联苯与其手性

联苯（biphenyl，**1**，熔点 69℃，沸点 256℃）环上的编号从单键连接处的苯环碳原子开始，另一个苯环上的编号加上撇号"′"。苯高温热解可生成联苯。邻位、对位有硝基、氰基之类吸电子基团的取代卤苯经高温在铜存在下进行 **Ullmann 偶联反应**可制备对称的联苯化合物。如，2,2′-二硝基联苯（**2**，**OS Ⅲ**：339）的合成。Ullmann 偶联反应是早期开发出的反应，现在更多地应用芳香卤代烃在过渡金属配合物催化下经过 C(sp²)-C(sp²) 的偶联反应来实现（参见 7.13），如式（6-27）所示。

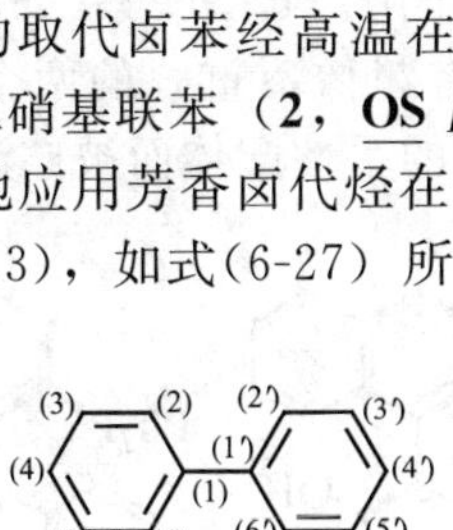

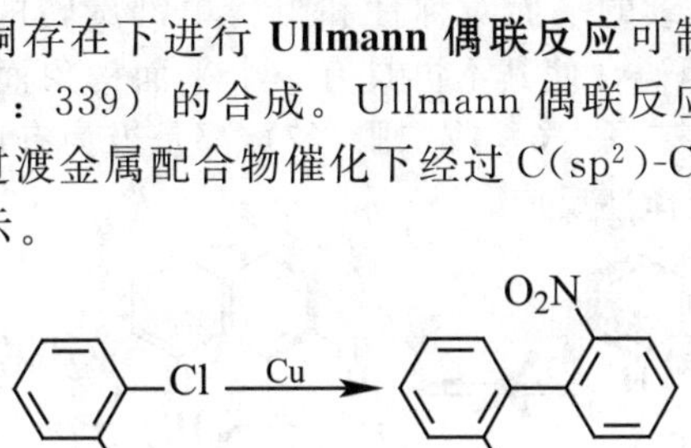

$$\text{Ar-X} + \text{Ar'B(OH)}_2 \xrightarrow{\text{Pd(PPh}_3)_4} \text{Ar-Ar'} + \text{XB(OH)}_2 \qquad (6\text{-}27)$$

相当于苯基取代苯的联苯是一种无色晶体，共振能（302kJ/mol）与两个苯之和相同，化学性质也与苯相似。如式（6-28）所示的两个反应：苯基通过 π-π 共轭效应使另一个苯环的芳香亲电取代反应得到活化，且主要生成邻位、对位取代产物。两个不等的苯环组成的联苯进行芳香亲电取代反应时新进入的取代基主要进入有活化基或少有钝化基的苯环；无论一个苯环上原有取代基的电子效应如何，另一个无取代苯环的亲电取代反应主要发生在邻、对位（**OS** Ⅳ：256）。联苯衍生物的热稳定性很好，可用作高温**导热油**。由联苯和二苯醚以 1∶3 的比例组成的混合物是工业上常用的热载体，400℃下仍不会分解变质。五个苯环经 1,4-连接形成的**五联对苯**〔[5]-cycloparaphenylene，$(p\text{-}C_6H_4)_5$〕也于 2014 年制得，该化合物被认为是一个最小的富勒烯碎片中的碳纳米箍（carbon nanohoop，参见 6.12）。

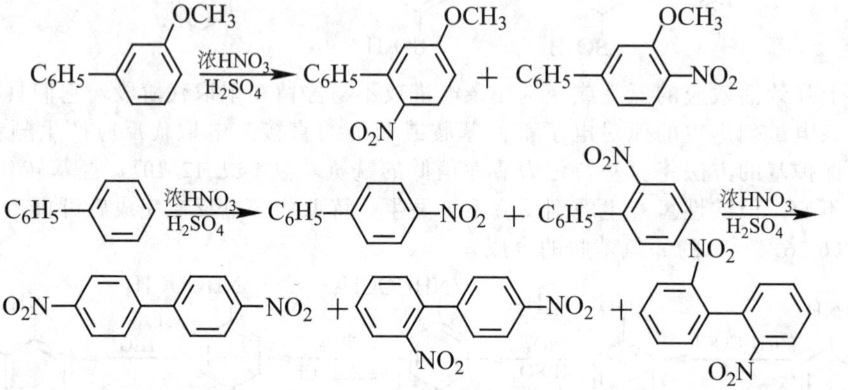

$$(6\text{-}28)$$

苯和具更大共轭体系的联苯的 UV 吸收各在 λ_{max} 204nm 和 248nm 处。联苯分子的邻位取代基将影响两个苯环的共平面，使 λ_{max} 产生蓝移。如，2-甲基联苯和 2,2′-二甲基联苯的 λ_{max} 各为 236nm 和 224nm。若联苯（**3**）中的几个邻位基团足够大且 $a \neq b$ 和 $c \neq d$；或 $a = b$ 但在它们的邻位还有不相同的取代基时两个苯环平面不能成为一个连续完整的平面，分子因无对称面而有手性。如，**4** 是一个手性分子，因为它不存在如 **4a** 那样对称的平面构象。此类因碳碳单键旋转受阻而造成的立体异构体称**阻转异构体**（atropisomer）。

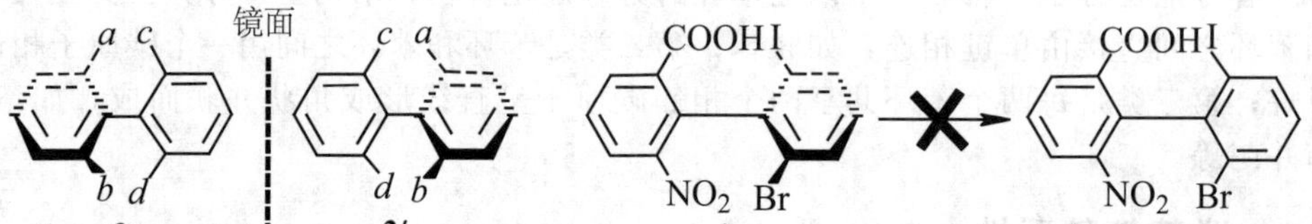

阻转异构的存在与否与联苯衍生物中 4 个邻位原子（团）的大小相关。丙二烯和联苯类化合物的手性都是因整个分子不存在对称面而产生的（参见 4.4）。联苯衍生物中的邻位取代基起到了破坏连续的平面对称性和阻碍单键旋转的作用。1,1′-联萘（**5**）分子中的 H(2) 和 H(8′) 有立体阻碍，使其不再具有一个平面构象而有镜像不重叠的两个对映异构体。该类化合物中的 2,2′-二酚（**6**）或二膦（**7**）都是极为有用的手性配体而被广泛用于有机金属配合物催化的立体选择性反应。

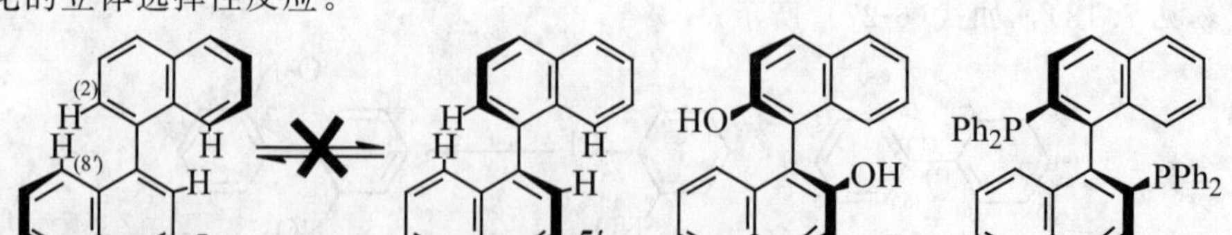

6.11.2 三苯甲烷

三苯甲烷（triphenylmethane，熔点 93℃，沸点 359℃）是一个白色晶体，可由氯仿与苯经傅-克反应或由苯甲醛与苯缩合脱水得到（**OS** Ⅰ：548；Ⅲ：839，842）。带有鲜艳色彩的各类**三苯甲烷染料**（triphenylmethane dye）是一类氨基或羟基取代的三苯甲烷衍生物。

三苯甲烷上最易发生反应的地方在 $C(sp^3)$—H 键，其因三个相邻苯环的活化呈现出很强的酸性和反应活性。如式（6-29）所示，血红色的三苯甲基钠（**8**）是一个可以电离出钠离子和三苯甲基碳负离子的有机强碱；黄色的三苯甲基碳正离子也很易产生。

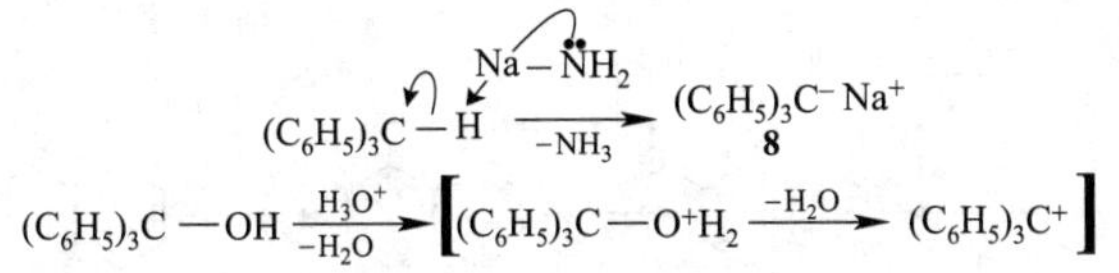

$$(C_6H_5)_3C-H \xrightarrow[-NH_3]{Na-NH_2} (C_6H_5)_3C^- \ Na^+ \qquad (6\text{-}29)$$
$$\mathbf{8}$$
$$(C_6H_5)_3C-OH \xrightarrow[-H_2O]{H_3O^+} \left[(C_6H_5)_3C-O^+H_2 \xrightarrow{-H_2O} (C_6H_5)_3C^+ \right]$$

相当稳定而易生成的三苯甲基碳正离子、碳负离子和碳自由基都是共振杂化体，苄基位上的正电荷、负电荷或单电子可以离域分散到三个苯环上。如图 6-17 所示的三苯甲基碳正离子 **9** 的共振结构。

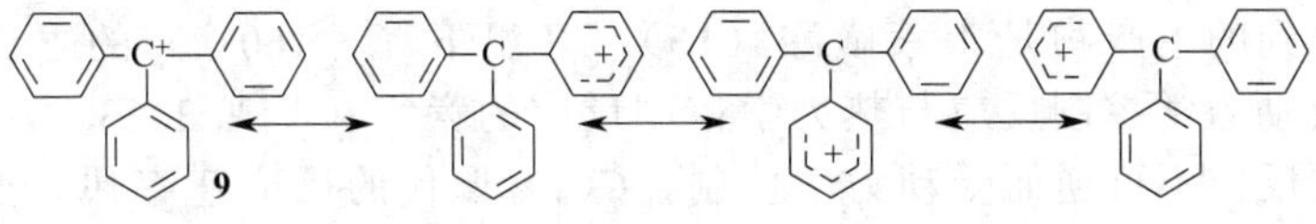

图 6-17　三苯甲基碳正离子的共振结构

6.11.3　萘

萘（naphthalene，熔点 82℃，沸点 218℃，**10**）是最简单的**并环芳烃**（polynuclear aromatic hydrocarbons，**PAHs**），它是一个有独特气味且易升华、有较高蒸气压的白色晶体，萘曾作为防蛀剂、驱虫剂，由于有致癌性，现已禁用。萘分子中 4 个位置相同的 C(1)、C(4)、C(5)、C(8) 称 **α-位**，另 4 个位置相同的 C(2)、C(3)、C(6)、C(7) 称 **β-位**。两个环共用的两个碳原子按序编为 4a 和 8a 或因没有可取代的氢而不用编号。相对苯环上的邻位、间位和对位，萘环上的 C(1)—C(8) 位和 C(2)—C(6) 位的关系各称**迫位**（peri）和**远位**（amphi）。萘的一元取代物有两个异构体，二元取代物则有多种异构体。两个取代基在萘的同一个环上的称**同环取代物**，在两个环上的则称**异环取代物**。

平面分子萘上的 10 个碳原子都取 sp^2 杂化，p 轨道间的重叠不如苯环均衡；碳碳键长是长短交替的，C(1)—C(2) 和 C(2)—C(3) 键长各为 0.1365nm 和 0.1404nm；每个六元环都有一个完整的六 π 电子体系，整个大 π 体系可以贯穿到 10 个碳原子所组成的环系。共振杂化体萘的三个共振结构式中，**10a** 中两个环都各有一个能以环己三烯表示的苯环结构而对结构的贡献最大。

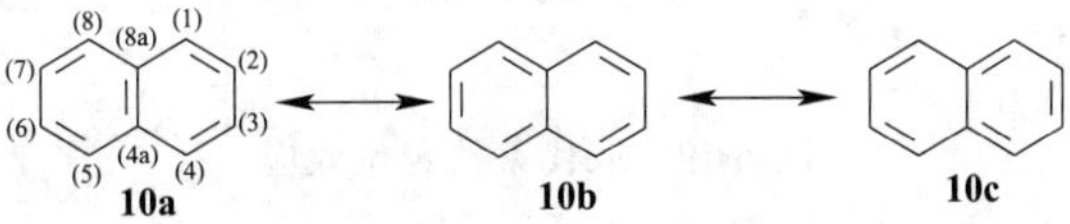

萘有芳香性，两个环上只有 10 个 π 电子，其共振能（252kJ/mol）小于两个苯环的共振能之和。如图 6-18 所示：亲电取代反应中 α-位比 β-位更易受到进攻，因为亲电试剂（E^+）进攻 α-位形成的共振杂化体中间体的五个共振结构式中有两个（**11a** 和 **11b**）可保持一个完整的苯环。亲电试剂进攻 β-位后形成的共振杂化体中间体有四个共振结构式，但其中只有一个（**12a**）可保持一个完整的苯环，因此相对不如 **11** 稳定，反应活化能高而反应速率相对较慢。

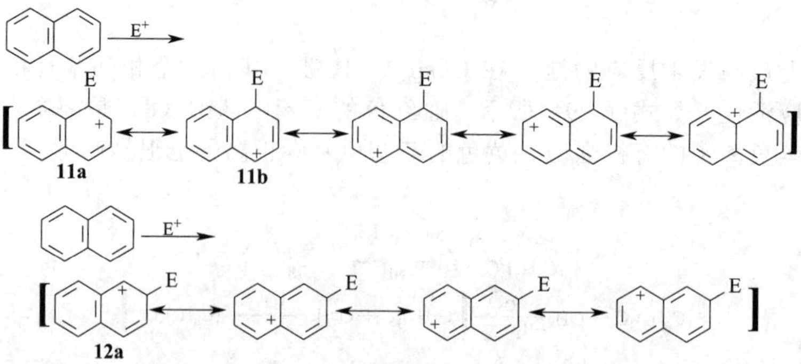

图 6-18　亲电进攻萘的 α-或 β-位形成的中间体中相对较稳定的共振结构式数量不等

　　萘发生芳香亲电取代反应的活性比苯大，如，与溴无需催化剂就可反应；硝化反应得到的主要产物是 1-硝基萘（**13**）而非 2-硝基萘（**14**）。萘在温和的条件下（40～80℃）发生磺化反应得到的主产物是 1-萘磺酸（**15**），高温下（～160℃）的主产物是 2-萘磺酸（**16**）。这里涉及动力学控制反应与热力学控制反应的竞争（参见 3.13.2）。磺化反应是可逆的，低温下的反应不可逆而受动力学控制，C(1) 取代的反应速率快，产物以 **15** 为主。高温下逆反应的反应速率也快，**15**、**16** 与底物萘之间不断达成平衡。**15** 中的磺酸基团和相邻 C(8) 上的氢原子之间存在较强的空间位阻斥力而不如 **16** 的热稳定性好，故产物以 **16** 为主。

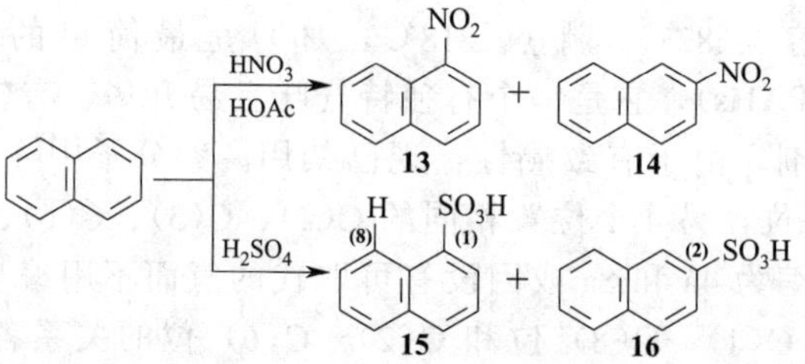

　　单取代萘的定位效应也有一定规律，α-位或 β-位的活化基通常引导亲电试剂在同环的 β-位或 α-位上进攻；钝化基通常引导亲电试剂到另一环的 α-位上进攻，如图 6-19 所示箭头指向。但位置选择性的实际结果往往较为复杂，常偏离预测。

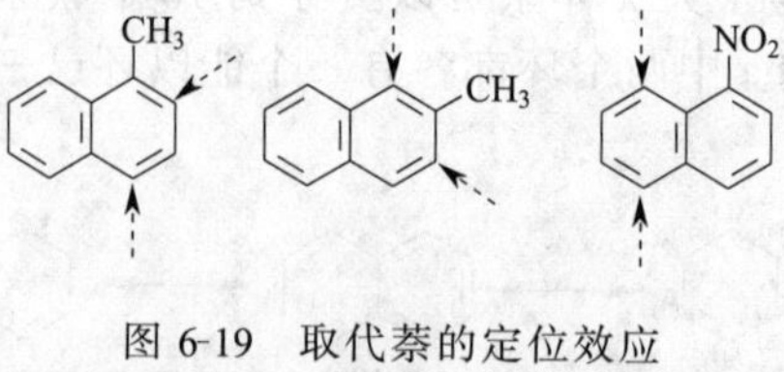

图 6-19　取代萘的定位效应

　　萘的结构中有两个邻位烯基苄碳原子，故远比苯容易氧化，依氧化程度不等而可分别生成 **1,4-萘醌**（**17**）或经邻苯二甲酸后转为邻苯二甲酸酐（**18**），经不同程度的加氢还原可分别生成 1,4-二氢萘（**20**）、1,2,3,4-四氢萘（**21**）或十氢萘（**19**）[❶]

---

　　❶　芳香烃氢化产物的命名加前缀"氢化"于母体前，氢化前再加中文数字标明饱和的程度，"化"字通常省略，而氢化的数字总是偶数，如二氢（化）、四氢（化）等。

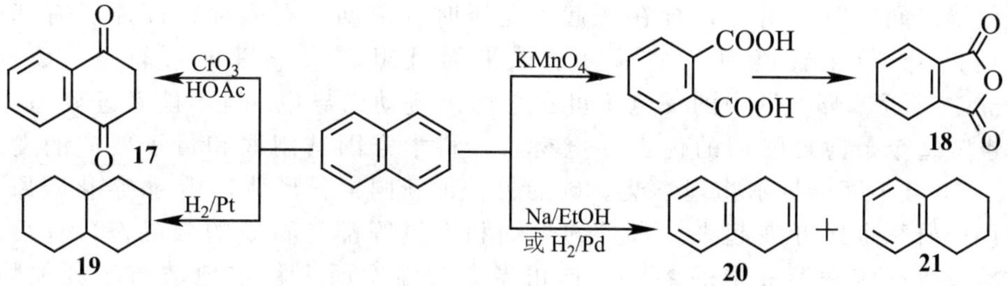

6.11.4　蒽、菲和大环并联苯环

蒽（anthracene，**22**，熔点 218℃，沸点 340℃）是由三个苯环呈直线并联而成的一个能升华、具浅蓝色荧光的晶体。菲（phenancene，**23**，熔点 100℃，沸点 336℃）是由三个苯环呈折角式并联而成的一个白色晶体。蒽和菲各有 4 个和 5 个较稳定的共振结构式，从参与共振的结构式数目愈多共振杂化体也愈稳定的规则看，菲比蒽稳定，实验所得生成热和共振能数据也支持这一点。并联苯环的大 π 体系随苯环并联数的增加得以延展，每个苯环的共振能降低，也不如苯稳定。如，蒽或菲可在 C(9)、C(10) 发生 1,4-或 1,2-加成反应，产物仍各保持两个完整的苯环结构。

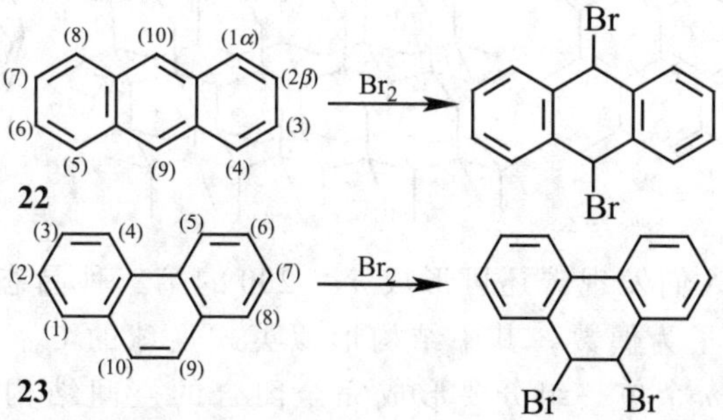

更大的并环芳烃多为结构与石墨相似的深色固体，活性较高而容易氧化。烟草和机动车生成的烟雾中就含有各种多苯并环，有不少已被确认有致癌活性。如，苯并［a］芘［benzo(a)pyrene，**24**］在体内氧化成活性较大易受 DNA 亲核进攻而打开氧环的 4,5-或 7,8-环氧化物，从而干扰细胞的正常增殖。

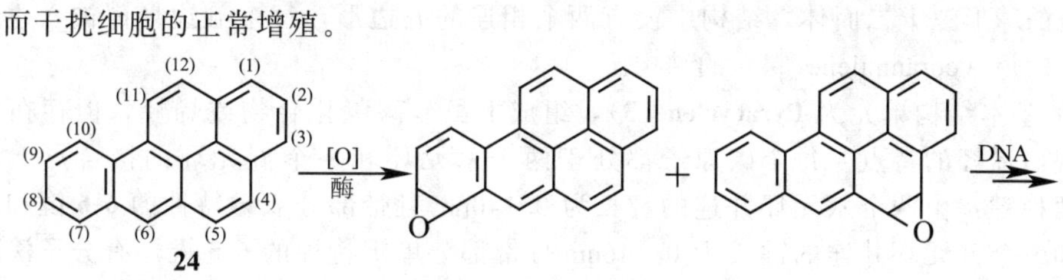

6.12　全碳分子

碳是宇宙中含量丰度达第四多的元素。若不计无定形碳这一形态，长期来人们一直认为碳只有**石墨**和**金刚石**两种同素异形体。石墨碳（**1**）实际上是成千上万个芳烃稠合而成的一个有机化合物，又称**石墨烯**（graphenen）。石墨烯是透明的单碳原子层的二维晶体，1mm 石墨大约有 300 万层（层间距 0.335nm，约等于碳原子范氏半径的两倍）。

各层石墨烯之间靠范氏引力结合在一起，受压时可滑动。石墨烯中碳原子有三个位于同一平面的 sp^2 杂化轨道和一个垂直于该平面且组成大 π 键的 p 轨道，C—C 键长（0.141nm）接近苯环。层中的 π 电子可在平面内流动而导电，但不能跃迁到另一层上。石墨烯也是迄今最薄最强韧的优良导电材料，科学家因其制取和量子效应的发现工作而获得了 2010 年度诺贝尔物理学奖。碳的另一种新同素异形体，由 sp 杂化碳原子组成的**石墨炔**的研究也已开展起来。常见的煤烟和木炭等都是石墨的微晶态，有很大的表面积而易吸收气体和溶液中的溶质，具相当大的强度而可稳定地散布于其他物质中，如实验室常用的 Pd/C 催化剂、铅笔芯、润滑剂、电极材料和轮胎中的炭黑。二维的硅烯、锗烯及砷烯、锑烯也已得到研究。

三维网状结构的金刚石（**2**）是由 σ 键连、以 sp^3 杂化的四面体构型碳原子为晶胞向空间不断衍生而成的一个巨大分子。故电绝缘体的金刚石对称性极好而具非常高的刚性和硬度。金刚石的热力学稳定性不如芳香性的石墨，转化为石墨是个放热过程（焓变 2.9kJ/mol）；其密度（3.51g/cm³）比石墨（2.25g/cm³）大。石墨在 125000atm（1atm＝101325Pa）和 3000℃环境下经金属铬、铁或铂催化可转化为金刚石。

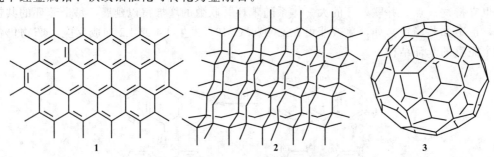

20 世纪 80 年代，人们发现碳还可形成 $n < 200$ 的第三种**晶态碳原子簇**（C_n）结构。$n > 40$ 时，簇中的碳原子为偶数，其中结构形似英式足球的 C_{60}（**3**）的稳定性特别好。建筑学家 **Fuller** 指出，n 个单一组分要形成完全闭合的空间结构至少要有 12 个五边形和 $[(n/2) - 10]$ 个六边形，若只有六边形，则只能形成石墨那样的平板状结构或圆柱状结构，嵌入五边形才能使平板状弯曲而得以封闭。Fuller 以此规则建成了一个由五边形并合六边形构成的球顶网格结构。受此启发，人们认识到 C_{60} 是由 12 个五边形和 20 个六边形组成的球形三十二面体，结构中没有两个相连的五边形，每个五边形都被六边形所包围，如**心轮烯**（corannulene，**4**）的结构。

C_{60} 的基本结构单元为 **Pyracyclene**（**5**），组成上虽非碳氢化合物或烯烃，但存在大量双键而表现出烯烃的特点。每个碳原子都处于两个六元环和一个五元环的接合点上，分子中只有两种键：由两个六元环并连的键长为 0.140nm 且带部分双键特性的 **6-6 键**和由一个六元环和一个五元环并连的键长为 0.146nm 且带部分单键特性的 **6-5 键**。有**分子滚珠**美称的 C_{60} 中所有的碳原子都是等价的（δ_C 142.68）；具有一个 1nm 直径和 0.36nm 空腔的高度对称结构。C_{60} 的熔点很高，分子间距离为 0.3nm，作用力很弱，密度（1.70g/cm³）小于石墨和金刚石。C_{60} 有类似芳香环的球环结构，非常稳定而不易破坏，反应活性类似有张力的缺电子烯烃，可在 6-6 键上发生加成反应；此外还能发生氢化、氯化、氧化、还原、重氮化、傅-克反应、环加成等反应；掺杂钾后具超导性。**Kroto、Smally** 及 **Robert** 三位科学家因对碳原子簇的开创性研究荣获了 1996 年度诺贝尔化学奖。除 C_{60} 外，可以形成封闭笼状结构的还有 C_{20}、C_{28}、C_{32}、C_{50}、C_{70}、C_{84}、C_{90}、…、C_{240}、C_{540} 等，统称 **Fullerene**，中文称**富勒烯**或**球碳**。

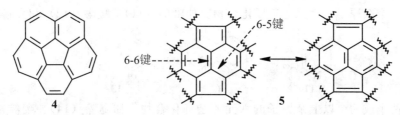

将石墨烯卷起来形成一个圆筒，再在两端用半个富勒烯封闭后即可组成**纳米碳管**（carbonnanotube）。20 世纪 90 年代人们又发现了具有多层纳米碳管结构的最稳定的碳原子簇，称**布基洋葱**（buckyonion）。类似 Fullerene 分子那样能如此迅速和广泛地蓬勃发展在科技史上也是罕见的，Fullerene 分子被誉为 20 世纪后期最重要的科学发现之一。具有不同寻常的磁、电、光和力学性能的富勒烯、纳米碳管和石墨烯等又称**全碳分子**（all carbon molecules），它们的应用前景难以估量。由 40 个硼原子组成的**硼球烯**（borospherene，B_{40}）和氮化硼、二硫化钼等非碳 Fullerene 类分子也已得到研究。

6.13 杂环化合物和杂芳性

环中只有一种元素组成的环化物称**等元素环化物**，环烷烃即是碳环。环中由两种以上不同元素组成的环化物称杂环化合物。环化物的环中只要有一个碳原子的称**有机杂环化合物**，无碳原子的称**无机杂环化合物**。有机杂环化合物的数量超过已知有机化合物的一半以上。有机杂环化合物简称杂环化合物，环中的非碳原子称杂原子，原则上除氢和碱金属外的原子均可成为杂原子，N、O、S 是最常见的。

能形成芳香体系的原子并非仅限于碳原子，用同样是 sp^2 杂化且也有 π 电子的杂原子取代芳香烃中的碳原子也可具有 $4n+2$ 个 π 电子组成的共轭体系而有芳香性，称**杂芳性**（heteroaromaticity）。具芳香性的杂环化合物简称**芳杂环化合物**，它们广泛存在于自然界，在生命体系及药物化学中起着非常重要的作用。

6.13.1 芳杂环化合物的分类和命名

芳杂环化合物与芳香烃的一个区别在于杂原子的价数与碳不同，故氢原子数也不同。氧原子和硫原子都是两价的，故杂环中可有多个氮原子，但五元杂环上只可能有一个氧原子或一个硫原子。芳杂环化合物的命名按杂原子的种类、数量和位置可分为如下四大类：

① 含有一个杂原子的五元芳杂环化合物。如**吡咯**（1）、**呋喃**（2）、**噻吩**（3）和**吲哚**（4）：

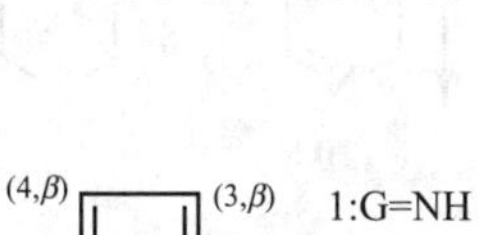

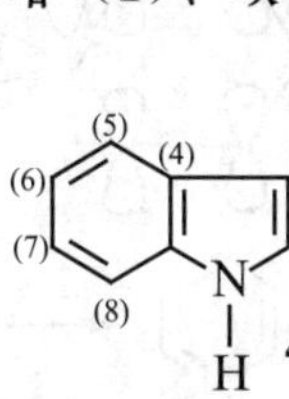

(4,β) (3,β)	1:G=NH
(5,α) G (2,α)	2:G=O
	3:G=S

(5) (4)
(6)
(7) (3)
(8) N (2)
    H
4

② 含有两个或两个以上杂原子的五元芳杂环化合物。如**吡唑**（5）、**咪唑**（6）、**噁唑**（7）、**噻唑**（8）、**1,2,4-三唑**（9）和**苯并咪唑**（10），含 N—O(S) 键的称**异噁**（**噻**）**唑**：

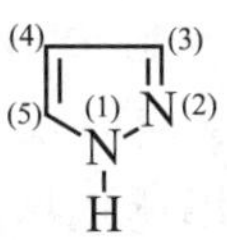

5 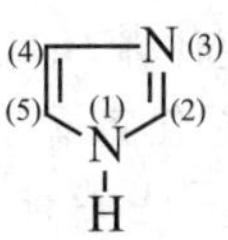　　　6 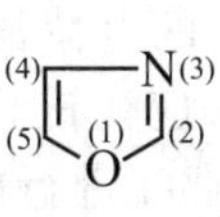　　　7 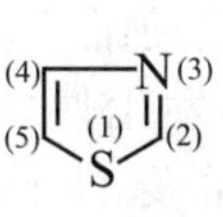　　　8 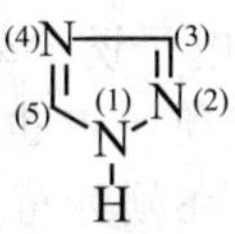　　　9 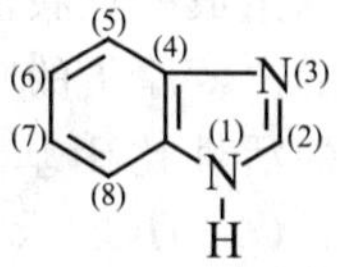　　　10

③ 含有一个杂原子的六元芳杂环化合物。如吡啶（**11**）、喹啉（**12**）和**异喹啉**（**13**）：

11　　　　**12**　　　　**13**

④ 含有两个或两个以上杂原子的六元芳杂环化合物。如哒嗪（**14**）、嘧啶（**15**）、吡嗪（**16**）、1,3,5-三嗪（**17**）和嘌呤（**18**）：

14　　　**15**　　　**16**　　　**17**　　　**18**　　　**19**

杂环化合物的中文名称多来自外文名称的音译，也有按杂原子种类和环的大小综合后给出。杂原子用氧杂、氮杂、硫杂等前缀表示，如，吡啶可称**氮杂苯**，喹啉可称 1-氮杂萘。除一些已约定俗成的外，环原子编号一般从杂原子开始，依序以阿拉伯数字或 α、β……编号。当含有两个或两个以上杂原子时，原子序数较大的杂原子编号为低，如，噁唑中的"O"和噻唑中的"S"编号为 1。有时需标明环中因带有额外的氢而未连有双键的位次，可在母体名称前加位次和大写的斜体 *H* 来命名，如 3H-吡咯（**19**）。

6.13.2　六元芳杂环化合物

吡啶（**20**）可视为苯环中一个 CH 单元被 N 取代的分子，是一种常见的无色而有特殊嗅味的液体，环上的原子均取 sp^2 杂化并提供一个 π 电子，六个 p 轨道组成一个环状封闭的 6π 电子共轭体系，符合 Huckel $4n+2$ 规则而有芳香性，如图 6-20 所示。吡啶的偶极矩为 $5.23\times10^{-30}C\cdot m$，指向与其饱和的衍生物**哌啶**（**21**）相同；环氢的化学位移比苯环氢的大，反映出环的电子云密度比苯小。其 β-氢的化学位移（$\delta_H=7.25$）比 α-氢的（$\delta_H=8.60$）和 γ-氢的（$\delta_H=7.60$）要小，可以看出有环电流存在及因共振效应而在 α-位和 γ-位造成更多的去屏蔽效应。吡啶氮原子上一个位于吡啶平面上的 sp^2 轨道有一对未参与大 π 共轭的孤对电子，故可作为 Bronsted 碱或 Lewis 碱与各种质子酸或 Lewis 酸及卤代烃、酰氯等亲电试剂反应成盐而不影响其芳香性。吡啶常在有机反应中用做**缚酸剂**，吡啶鎓离子（$C_5H_5NH^+$）是个 pk_a 为 5.16 的强酸。

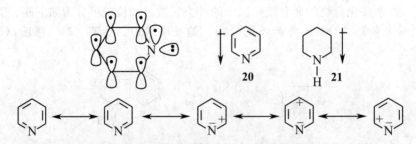

图 6-20　吡啶的结构及其与哌啶的偶极矩方向

由羰基生成的亚胺活性很大（参见 9.4.6），具六元环亚胺结构的吡啶因有芳香性而是非常稳定的。氮原子的吸电子诱导效应使吡啶环上的电荷密度比苯环低，吡啶发生芳香亲电取代反应的活性比硝基苯还小，也不发生傅-克反应，进行磺化或硝化反应时仅生成吡啶鎓盐。如式（6-30）所示，在颇为苛刻的条件下，吡啶进行的一些芳香亲电取代反应的产率通常都不高，取代基主要进入 C(3) 位。亲电试剂若进攻在 C(2) 位或 C(4) 位，形成的中间体（**22**）上的正电荷将落在电负性较大而不易接纳正电荷的氮原子上。

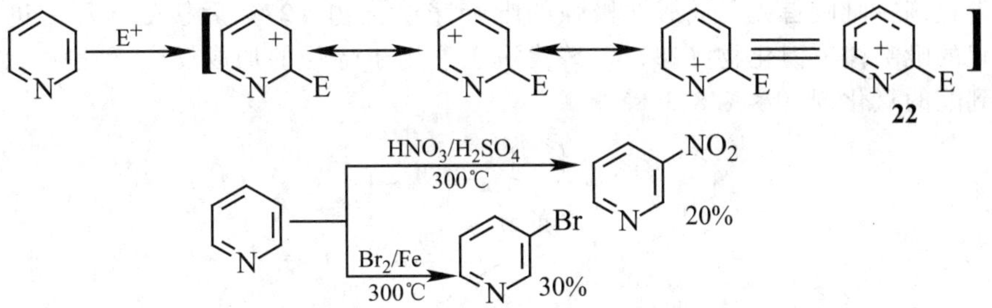

$$(6\text{-}30)$$

吡啶环也如苯环一样对环上取代基的反应活性产生影响。如式（6-31）所示，4-甲基吡啶的甲基类似于苄基，可被氧化为羧基；C（4）甲基负离子的负电荷可共轭分散到氮原子上，故 4-甲基吡啶也有较强的与甲基酮相当的酸性。

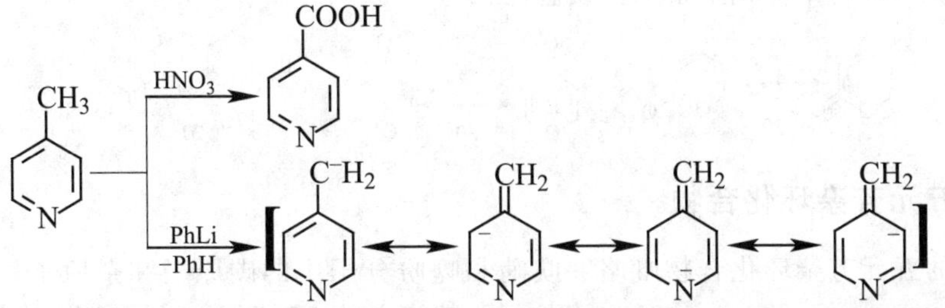

$$(6\text{-}31)$$

吡啶还可经加成-消除机理进行芳香亲核取代反应（参见 7.9.1），反应主要发生在 C（2）位和 C（4）位上。如式（6-32）所示，2-氯吡啶与溴化氢反应可生成 2-溴吡啶。

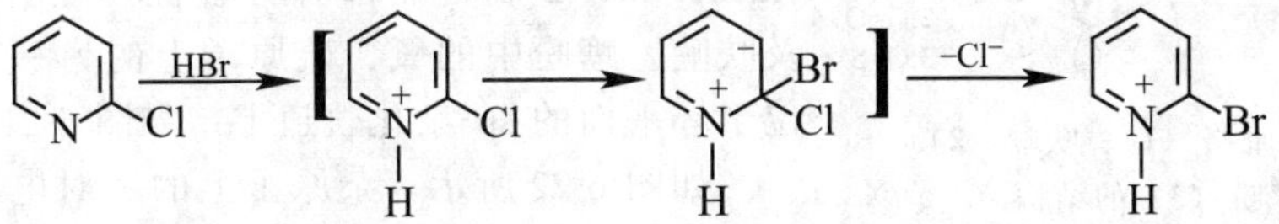

$$(6\text{-}32)$$

吡啶与氨基钠发生亲核取代反应生成 2-氨基吡啶（**23**），称 **Chichibabin 直接氨基化反应**。2-或 4-氨基吡啶经重氮化水解反应后（参见 12.9）生成 2-或 4-羟基吡啶。产物的烯醇式（**24**）并不如酚那样稳定（参见 8.1），易互变异构为具酰胺结构的吡啶酮（pyridone，**25**）。

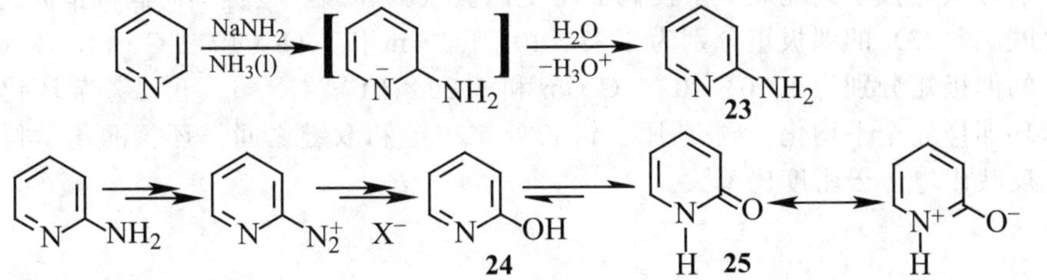

吡啶比苯易于还原，生成**哌啶**或称**六氢吡啶**（**21**）。吡啶环本身很难氧化，但易生成在合成上应用较广的**吡啶 N-氧化物**（**26**）。**26** 中的氧活化了芳环，又抑制了氮原子的亲核反应性，易在 C（2）位和 C（4）位上进行亲电取代反应；用三氯化磷或氢化还原处理后可恢复吡啶结构。

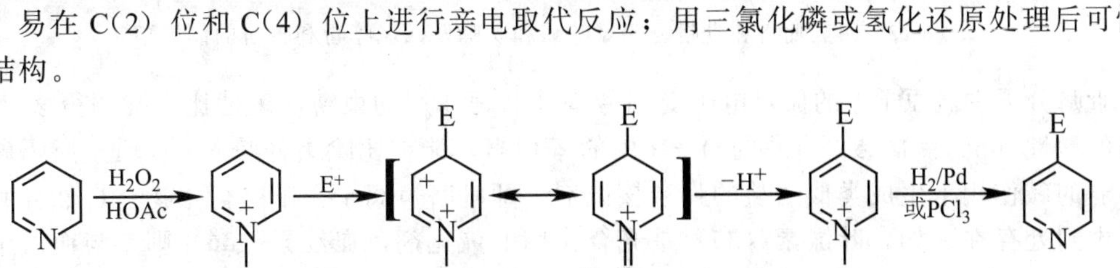

吡啶既是应用广泛的有机溶剂，其众多衍生物也是很有用的试剂。如，在苯的溴化反应中可用作催化剂：吡啶首先形成活性极强的吡啶鎓溴化物（**27**）后接受苯环的进攻得到溴苯；晶体状的吡啶鎓三溴化物（**28**）可替代液态溴用于烯烃的加成反应；吡啶-三氧化铬是氧化伯醇到醛的氧化剂（参见 8.3.8）。

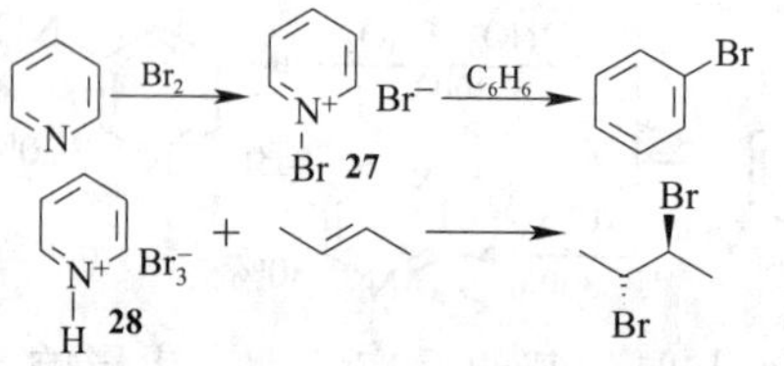

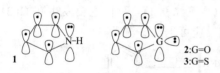

2-和 4-吡喃酮（pyrone，**29** 和 **30**）是芳香性较弱的氧杂六元芳杂环。母体骨架含吡喃鎓（pyrylium）的花色素（anthocyanidin，**31**）是一些水溶性的植物色素，在细胞液中与糖成苷，酸性或碱性环境下分别呈紫红色或蓝色。

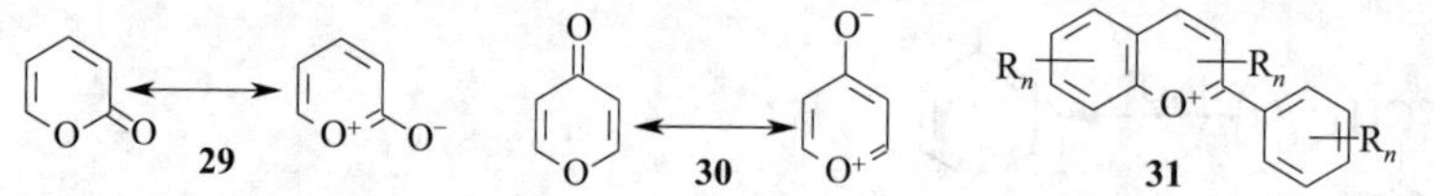

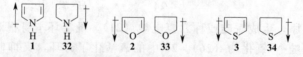

6.13.3 五元芳杂环化合物

最简单的五元芳杂环化合物吡咯、呋喃和噻吩分子中的碳原子和杂原子均取 sp² 杂化，杂原子 p 轨道上的一对孤对电子与四个碳原子提供的 4 个 π 电子组成一个环状封闭的 6π 电子共轭体系，符合 Huckel $4n+2$ 规则而都有芳香性。吡咯中的 N—H 键及呋喃、噻吩中的氧、硫原子上的另一对孤对电子均位于环平面的 sp² 杂化轨道上，如图 6-21 所示。

图 6-21 吡咯（**1**）、呋喃（**2**）和噻吩（**3**）的结构

如图 6-22 所示，杂原子上的一对电子因参与环共轭而向环移动，但杂原子吸电子诱导效应的方向与供电子共轭效应的相反。氮原子的共轭效应较强，故吡咯与四氢吡咯（**32**）的偶极指向相反，偶极矩数值也增大，分别为 6.03×10^{-30} C·m 和 5.26×10^{-30} C·m；呋喃和噻吩环中氧和硫原子的诱导效应强于共轭效应，使偶极矩变四氢呋喃和四氢噻吩小而偶极指向仍相同：呋喃和四氢呋喃（**33**）的偶极矩分别为 2.33×10^{-30} C·m 和 5.98×10^{-30} C·m；噻吩和四氢噻吩（**34**）的偶极矩分别为 1.70×10^{-30} C·m 和 6.32×10^{-30} C·m。五元芳杂环化合物的键长不像苯环那样完全平均化，碳-杂原子键长处于单键和双键之间。环氢的化学位移比苯环上的小，反映出电子云密度比苯大。

图 6-22 四氢吡咯和吡咯、四氢呋喃和呋喃及四氢噻吩和噻吩的偶极矩

吡咯分子中氮原子上的孤对电子受到芳香性共轭作用的束缚，碱性比吡啶弱得多。N—H 中氢的酸性（p$k_a = 16.5$）与醇的 O—H 中的氢相当，能在比除去仲胺 N—H 质子所需碱的碱性还弱的碱作用下生成类似酚盐的强亲核试剂，即吡咯负离子。吡咯衍生物在自然界和生命体系中到处存在。如，**叶绿素**（**35**）是光合作用的催化剂，**血红素**（**36**）则参与血液中氧气的输送。

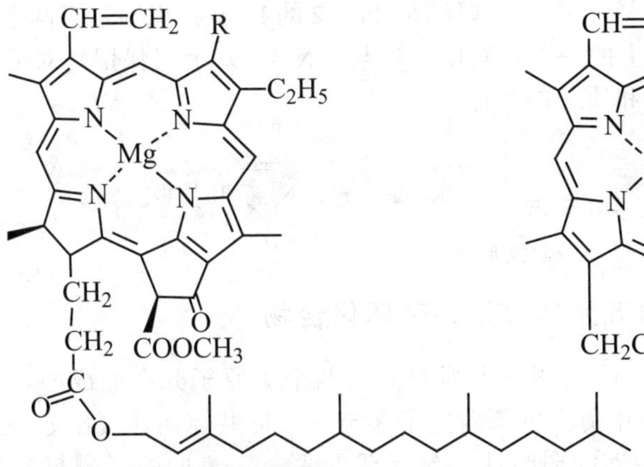

35a(R=CH₃);35b(R=CHO) 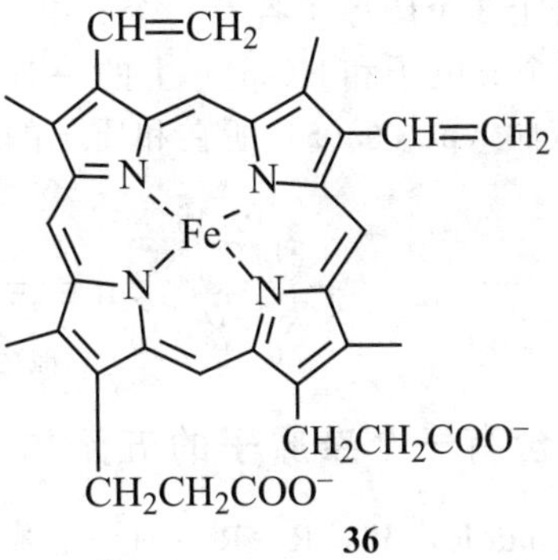 **36**

共振能和核磁共振的化学位移等众多数据均表明它们的芳香性强弱次序为噻吩＞吡咯＞呋喃。如，在酸性环境下呋喃可水解为 γ-二羰基化合物，吡咯发生聚合，噻吩则是稳定不变的。五元芳杂环化合物环上的电子云密度比苯大，故五元芳杂环化合物比苯更易发生芳香亲电取代反应。供电子共轭效应的能力是 N＞O＞S，吸电子诱导效应的能力是 O＞N＞S，故发生亲电取代反应的活性大小为吡咯＞呋喃＞噻吩。以傅-克酰基化反应为例：吡咯直接就可与酸酐反应；呋喃与酰氯反应尚需弱 Lewis 酸 BF₃ 催化，噻吩的反应活性则与苯接近。如图 6-23 所示，亲电试剂进攻五元芳杂环的 2-位时生成的中间体有 3 个合理的共振结构式，是一个与杂原子正离子呈线性的共轭体系（**A**），发生 3-位取代时生成的中间体有 2 个合理的共振结构式，是一个交叉的共轭体系（**B**），A 比 B 稳定。故亲电试剂进攻 2-位相对较 3-位有利，但两者的活性差别不是很大，产物常是混合物。

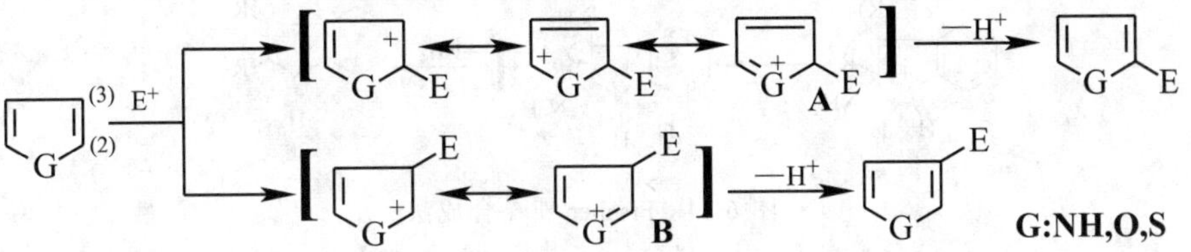

图 6-23　亲电试剂进攻五元芳杂环的 2-位比 3-位有利

吡咯、呋喃和噻吩均可发生催化氢化反应，它们对酸或氧化剂较为敏感，进行亲电取代反应时要注意反应条件的控制。吡咯与溴无需 Lewis 酸催化即可快速生成四溴吡咯（**37**）而不易中止在单取代阶段；吡咯和呋喃还表现出一些共轭二烯的性质，如，可发生 1,4-加成反应和 Diels-Alder 环加成反应等。

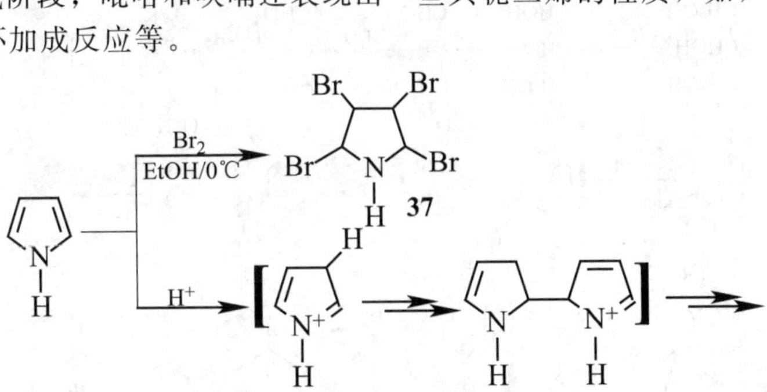

吡咯环上的 CH 单元都还可继续被 N 取代，环上含有两个以上相连氮原子组分的分子都因易于放出氮气而具爆炸性能，四唑的爆炸威力极大，五唑至今尚未制备成功。咪唑是芳香

性分子，环上 3 个碳原子各有一个 π 电子。要满足 $4n+2$ 的 Huckel 规则还需两个氮原子中 N（sp^2）的一个 π 电子和 N（sp^3）上的一对孤对电子参与。N（sp^2）上仍保留一对孤对电子，也是咪唑的碱性（pk_a 6.95）所在和质子的受体。

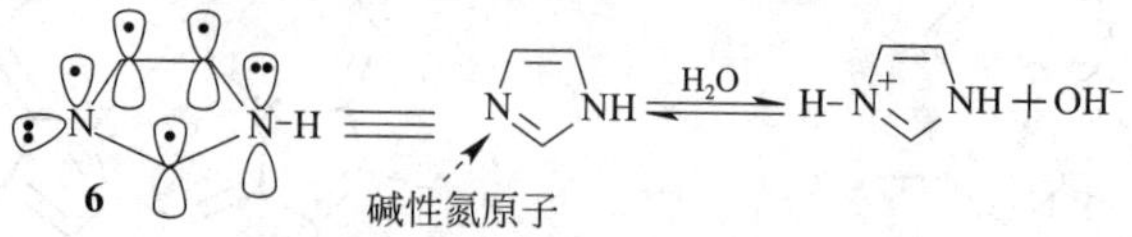

6.13.4 含有一个杂原子的五元和六元并杂环化合物

吲哚（indole，38，R＝R′＝H）是苯环与吡咯共用两个碳原子并合而成的，氮原子与苯环相连。与吡咯相似，吲哚分子中氮上的孤对电子参与大 π 键共轭而体现出芳香性。故吲哚不但没有碱性，还表现出与醇接近的弱酸性。含有至少两个 α-氢的醛、酮与苯肼在加热或酸催化下反应可生成取代吲哚。如图 6-24 所示，反应第一步生成的苯腙（**C**）异构化为烯肼（**D**），**D** 在质子催化下发生分子内芳香亲电取代反应，生成一根强 C—C 键的同时断裂一根弱 N—N 键生成双亚胺（**E**，该过程又称 3,3-重排）。**E** 芳构化生成的苯胺衍生物（**F**）分子内进攻亚胺形成缩酮胺（**G**），**G** 水解脱氨（铵离子）得到吲哚。该法称 **Fischer** 吲哚合成法（**OS** *IV*：657，884）。

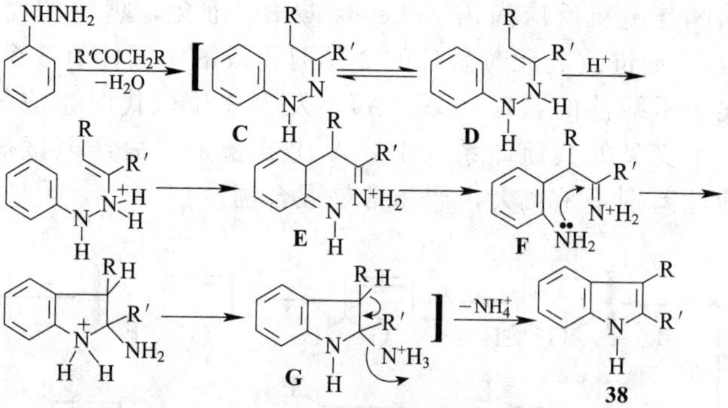

图 6-24　Fischer 吲哚合成法

苯环与吡啶共用两个碳原子的并合有氮原子与苯环相连或不相连的两种方式，分别成为**喹啉**（quinoline，39，R＝H）或**异喹啉**（isoquinoline，40）。Skraup 发现以苯胺与三碳分子丙三醇为原料在酸催化下反应可生成喹啉。如图 6-25 所示，反应中丙三醇转化为中间体丙烯醛参与反应，故以苯胺衍生物与 α,β-不饱和酮为底物可得到位置专一性的取代喹啉，称

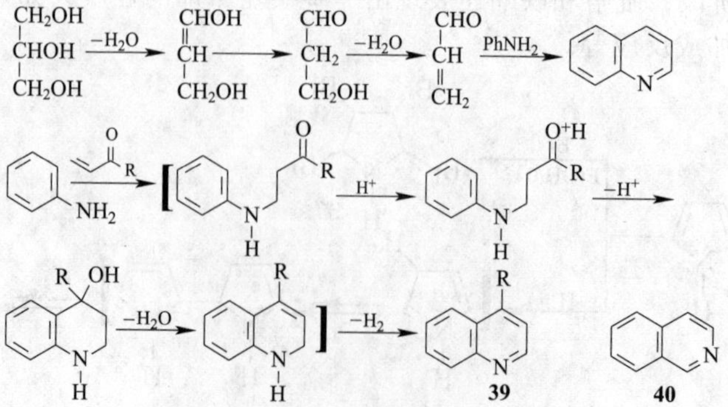

图 6-25　Skraup 喹啉合成法

Skraup 喹啉合成法（OS I：478）。

吲哚分子中五元吡咯环的电荷密度比苯环大，亲电取代反应发生在吡咯环的 C(3) 位。喹啉的碱性比吡啶弱，分子中六元吡啶环的电荷密度比苯环小，亲电取代反应主要发生在苯环的 C(5) 位和 C(8) 位上，亲核取代反应则主要发生在吡啶环的 C(2) 位和 C(4) 位上；氧化或还原反应分别易在电子云密度更大的苯环或电子云密度更小的吡啶环上发生。吲哚、喹啉和异喹啉是许多生物碱类天然产物和药物的基本骨架，也是生理过程的重要参与者。

6.14　芳烃的波谱解析

芳烃因有芳香性，它们的波谱都有明显的特点。芳烃的核磁共振谱参见 5.11 和 5.12。

（1）质谱　与烷烃、烯烃和炔烃相比，芳环使分子离子峰稳定，芳烃还有较弱的带芳香族特征的系列离子峰：m/z 39、50～52、63～65、75～78。烷基取代的芳香分子很易发生 β-断裂生成稳定的 m/z 91 的䓬鎓离子（苄基离子）峰（$C_7H_7^+$）。

（2）紫外吸收光谱　如表 6-2 所示，UV 谱可测得由苯的 $\pi \rightarrow \pi^*$ 跃迁的在 184nm（$\varepsilon = 25600$，s，一般的 UV 仪器观测不到该波长的吸收）、204nm（m，$\varepsilon = 8300$）的 E 带和 230～270nm（w，$\varepsilon = 200$）范围的 B 带。多重峰的 B 带常反映出苯环上的取代模式而称精细谱带。

表 6-2　苯及其一些衍生物的 UV 谱上的 E 吸收带 $[\lambda(\varepsilon)]$ 和 B 吸收带 $[\lambda(\varepsilon)]$

单位：nm

取代基	E 吸收带	B 吸收带	取代基	E 吸收带	B 吸收带
—H	204(8000)	254(204)	—NHAc	238(10500)	
—CH₃	208(7900)	262(225)	—NO₂	268(11000)	251(9000)
—CH=CH₂	248(12000)	282(450)	—OH	210(6200)	270(1450)
—C≡CH	236(12500)	280(650)	—O⁻	287(2600)	235(9400)
—CHO	249(11400)	280(1400)	—OCH₃	217(6400)	269(1480)
—CN	224(1300)	271(1000)	—Cl	209(7400)	263(190)
—COCH₃	245(13000)	278(1100)	—Br	210(7900)	261(192)
—COOH	230(10000)	273(970)	—I	297(7000)	257(700)
—NH₂	230(8600)	287(1430)	SO₂NH₂	217(4700)	264(740)

（3）红外吸收光谱　与烯烃相似，芳烃主要有三处特征吸收区域：一处是 3000～3100cm⁻¹ 出现的 C（芳环）—H 的 ν_{-CH} 峰；另一处是 1450～1650cm⁻¹ 出现的 2～4 个 C（芳环）—C（芳环）的 ν_{C-C} 峰；第三处是位于指纹区的 650～950cm⁻¹ 出现的多个 C（芳环）—H 的 $\delta^{外}_{CH}$ 峰。指纹区中峰的位置、个数与苯环上取代基的位置、个数有关，故能用于解析各种位置异构体，如表 6-3 所示。

表 6-3　芳香族化合物环上 $\delta^{外}_{-CH}$ 与取代基位置的关系　　　　单位：cm⁻¹

取代类型	$\delta^{外}_{-CH}$（强度）	取代类型	$\delta^{外}_{-CH}$（强度）
无	670(s)	1,4-二取代	780～860(s)
单取代	730～770(s)，690～710(s)	1,2,3-三取代	680～720(s)，760～780(s)，770～800(s)
1,2-二取代	735～770(s)	1,2,4-三取代	690～730(s)，800～860(s)，860～900(m)
1,3-二取代	680～725(m)，750～810(s)，810～860(s)，860～900(m)	1,3,5-三取代	860～900(m)

6-1　指出：

(1) 二噁英类化合物 **1** 和 **2** 各有多少种一氯和二氯取代产物?

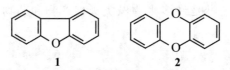

1　　　　**2**

(2) 二硝基酚和单溴代联苯胺各有多少种同分异构体?

(3) 三个二甲苯异构体中，哪个熔点最高? 哪个沸点最高?

(4) 下列各分子或离子中哪些是芳香性的?

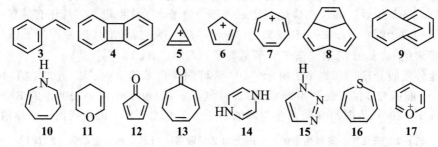

(5) 化合物 **18** 的四个氮原子中，哪几个氮原子上的孤对电子会参与芳香大 π 体系的形成?

(6) **19**、**20** 两个化合物是否相等? **21**、**22** 呢?

(7) **23**、**24** 这两个呋喃衍生物哪一个更易发生 Diels-Alder 反应?

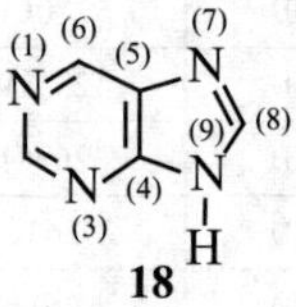

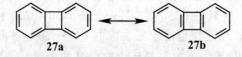

(8) 蒽（**25**）、菲（**26**）稳定的共振结构式。

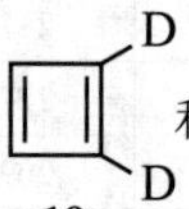

(9) 氯苯、呋喃和吡啶的共振结构式。

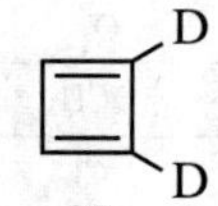

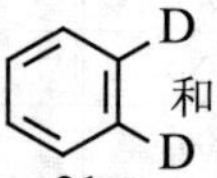

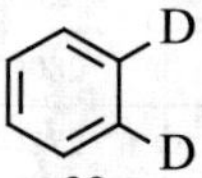

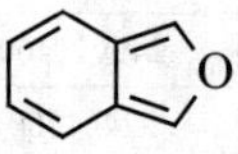

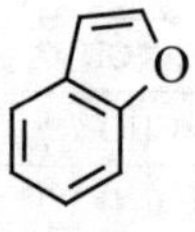

(10) 双亚苯基化合物（**27**）的两个共振结构式中哪个对实际结构的贡献更大?

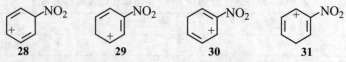

27a　　　　**27b**

(11) 丁-2-烯和 1,2-二苯乙烯都有碳碳双键，围绕碳碳双键旋转的能垒哪个大?

(12) 下列哪一个离子不是苯发生硝化反应的中间体?

NO_2　　　NO_2　　　NO_2　　　NO_2

28　　　　**29**　　　　**30**　　　　**31**

(13) 下列各组芳香族化合物发生亲电取代反应的活性大小：①苯、甲苯、苯酚和硝基苯；②苯、氯苯、苯甲醚和苯甲酸；③ C_6H_5OH、$C_6H_5O^-$ 和 $C_6H_5OCOCH_3$；④苯、间二甲苯和对二氯苯；⑤**32**、**33**、**34** 和 **35**。

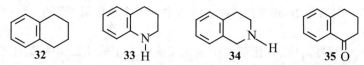

32 **33** H **34** H **35** O

（14）下列五个芳香族化合物在芳环上发生单硝化反应的位置选择性：

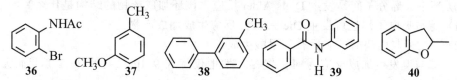

36 **37** **38** **39** H **40**

（15）甲苯或叔丁基苯发生单硝化反应后邻、对位取代产物的相对比例如何？

（16）下列各组化合物中哪一个能吸收波长较大的紫外线？

　　　　①苯和苯乙烯；②萘和蒽；③ 顺-和反-1,2-二苯乙烯。

6-2　解释：

（1）**1**～**4** 都有手性，**5** 和 **6** 都无手性。**7** 是个不稳定的化合物，但 **8** 却很稳定。

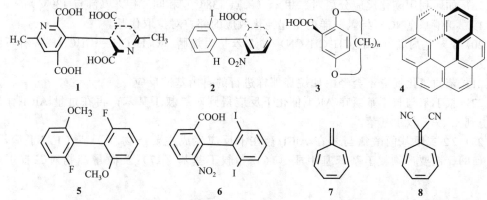

1　　　　　　　**2**　　　　　　　**3**　　　　　　　**4**

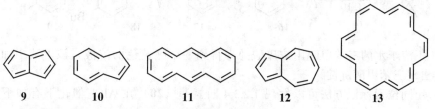

5　　　　　　　**6**　　　　　　　**7**　　　　　　　**8**

（2）下列几个化合物（**9**～**13**）中哪些有芳香性？〔18〕轮烯（**13**）的 ^{1}H NMR 中仅在 9.28 和 −2.99 处有峰，它们的面积比应如何？为何它也可被视为芳香性分子呢？

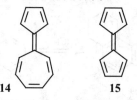

9　　　**10**　　　**11**　　　**12**　　　**13**

（3）下列两个杯烯分子（**14**、**15**）哪个稳定性高？

14　　　　　**15**

（4）苯乙烯的燃烧热比其同分异构体环辛四烯的小。

（5）2,4,6-三硝基碘苯中邻位和对位的两根 C—N 键键长不等，分别为 0.145nm 和 0.135nm。

（6）1,2-二苯基环丙烯酮的偶极矩比 1,2-二苯基甲酮的大。

（7）苯和乙烷的偶极矩都为零，被一个 Br 或 OH 取代后均产生不同的偶数矩变化，但苯的偶极矩变化小，乙烷的偶极矩变化大。

（8）1mol 环辛四烯与 2mol 钾在洁净的液氨中反应未放出氢气而生成一个能溶于极性溶剂的稳定化合物。

（9）1,2-二氢化萘与 1,4-二氢化萘发生氢化反应后均生成 1,2,3,4-四氢化萘，哪个反应的氢化热更大？

（10）环丁二烯分子间易发生 Diels-Alder 反应，该环加成产物的结构是什么？

（11）蒽与吸电子烯烃可发生 Diels-Alder 反应生成加成产物。

（12）丁二烯与丙炔酸反应后有苯甲酸生成。

（13）菲与溴发生加成反应为何位置专一性地仅生成 9.10-二溴-9,10-二氢菲而无其他异构体产物。

（14）苯在含三氧化硫的氘代重水或氘代硫酸（D_2SO_4）中可慢慢成为全氘苯。

（15）苯与醇进行的傅-克反应需至少等物质的量的而非催化量的 Lewis 酸才行。

（16）苯与（R)-2-氯丁烷进行傅-克反应，生成的产物 2-苯基丁烷没有光学活性。

（17）4-叔丁基甲苯与 NBS 反应只有一个产物，4-正丁基甲苯与 NBS 反应有两个产物。

（18）如何利用磺化反应分离对二甲苯（沸点 138℃）和间二甲苯（沸点 139℃）？

（19）亚硝基（NO）与氯一样也是起钝化效应的邻、对位取代基。

（20）3-苯基丙腈（$C_6H_5CH_2CH_2CN$）和 3-苯基丙烯腈（$C_6H_5CH＝CHCN$）各有不同的定位效应。

（21）苯的氯化反应不会经由如烷烃那样进行的自由基链反应。

（22）叔丁苯与叔丁基氯在 $AlCl_3$ 催化下反应得到对二叔丁基苯；再在过量 $AlCl_3$ 作用下反应得到 1,3,5-三叔丁基苯。

（23）2,2-二甲基丙酰氯与苯在 $AlCl_3$ 存在下反应生成主要产物叔丁基（4-叔丁基苯基）甲酮（**18**）、次要产物叔丁基苯基甲酮（**16**）和叔丁基苯（**17**）及微量产物对二叔丁基苯（**19**）。

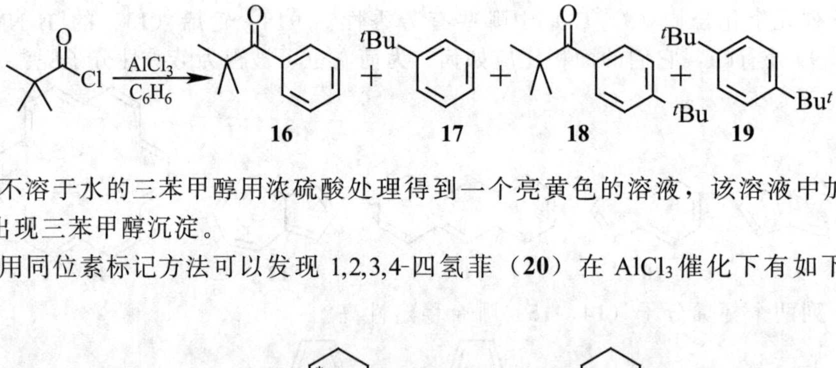

（24）不溶于水的三苯甲醇用浓硫酸处理得到一个亮黄色的溶液，该溶液中加水后颜色消除并再出现三苯甲醇沉淀。

（25）用同位素标记方法可以发现 1,2,3,4-四氢菲（**20**）在 $AlCl_3$ 催化下有如下重排反应发生：

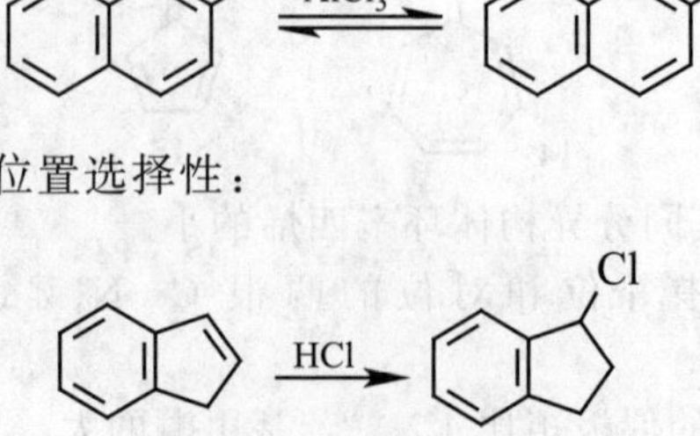

（26）下列反应有很好的位置选择性：

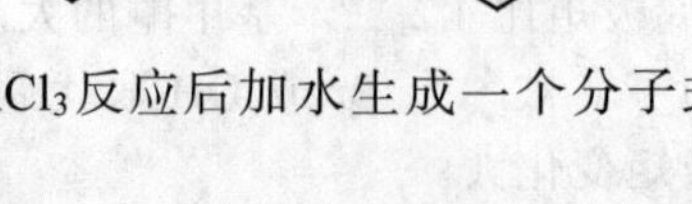

（27）对甲基苯丙酰氯和 $AlCl_3$ 反应后加水生成一个分子式 $C_{10}H_{10}O$ 的酮（**21**），给出 **21** 的结构。

（28）对氟苯甲醛与乙醇钠的乙醇溶液反应生成分子式为 $C_9H_{10}O_2$ ［**22**，δ_H：9.97（1H，s）；IR：1730cm^{-1}］的产物。给出 **22** 的结构和反应过程。

（29）吡啶氧化为吡啶 N-氧化物后，^{1}H NMR 显示，环上三个氢的化学位移都发生了变化：H（2）由 8.60 移至高场 8.19；H（3）由 7.25 移至低场 7.19；H（4）由 7.60 移至高场 7.30。从中可看出六元环上的电子环境发生了怎样的变化？此外，吡啶能与甲烷形成季铵盐，吡咯为何不能呢？

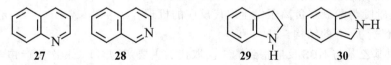

（30）3,4-二氯吡咯的偶极矩比吡咯的大。

（31）吡啶和咪唑可与水互溶，而吡咯水溶性较小，8-羟基喹啉分子中虽有吡啶环和羟基结构仍不溶于水。

（32）4-吡喃酮（**23**）质子化在羰基氧上而非环氧上；咪唑（**24**）质子化在 sp^2 的 N（3）位。

（33）3-乙酰基吡啶（**25**）有无下列共振结构？

（34）酚的苯环结构更稳定，但 2-羟基吡啶（**26**）的酮式结构，即非吡啶环结构更稳定。

（35）喹啉（**27**）与异喹啉（**28**）的稳定性相似，吲哚（**29**）与异吲哚（**30**）的稳定性却相差很大，哪个更稳定？

6-3 给出下列三个反应生成的正离子中间体的共振结构式并判断何者最易生成：

（1）卤代苯与亲电试剂在邻位、间位、对位进行亲电取代反应时生成的正离子中间体。

（2）吡啶在 C（2）位、C（3）位、C（4）位上发生芳香亲电取代反应得到的中间体正离子。

（3）芴（**1**）在苯环上进行硝化反应时生成的正离子中间体。

6-4 试从中间体结构分析给电子取代苯或吸电子取代苯经 Birch 反应分别有利于生成 1-取代

环己-1,4-二烯或 3-取代环己-1,4-二烯的原因。

6-5 傅-克反应在稠环芳烃的合成中占有十分重要的位置。如下列反应程序所示，Haworth 以苯为底物合成得到了萘，该路线也证实了萘的二苯并结构。同样应用 Haworth 反应程序，以萘为底物可得到菲；以苯和邻苯二甲酸酐为底物可得到蒽。如，二苯并 [a,h] 蒽（**6**）的合成可由 2-萘甲酰氯与 2-甲基萘反应得到。给出中间体产物 **1～5** 的结构式。

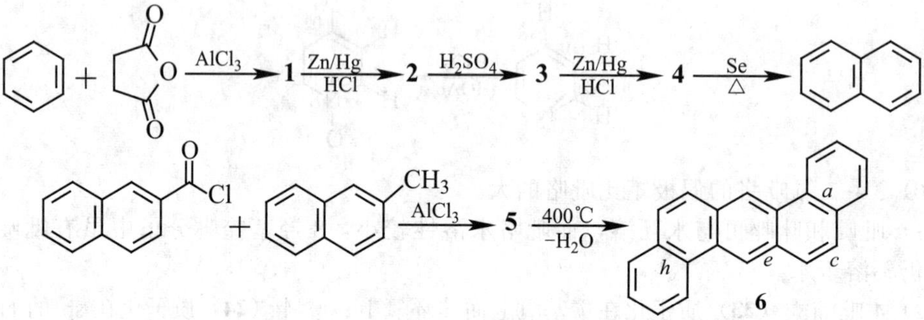

6-6 以苯或甲苯为原料合成下列七个化合物：

苯乙醇（**1**）、间溴硝基苯（**2**）、2-溴-4-硝基甲苯（**3**）、环己基环己烷（**4**）、邻溴酚（**5**）、间氯苯磺酸（**6**）、对氯苯乙烯（**7**）。

6-7 写出：

（1）用 Fischer 吲哚合成法合成下列两个化合物 **1** 和 **2** 所需原料的结构。

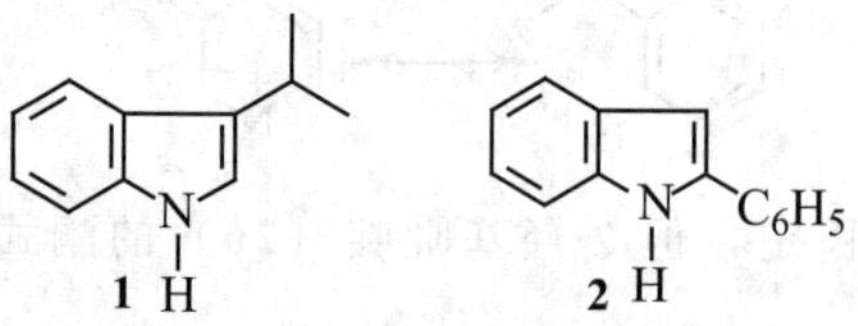

（2）用 Skraup 喹啉合成法制备 3,4-二甲基-6-氯喹啉（**3**）的路线。

（3）喹啉硝化反应后生成的两个单硝化产物的结构。

（4）4-溴吡啶与酚氧基负离子发生取代反应的机理。

6-8 从反应解析 **1～3** 的结构：

（1）对甲基乙苯与 NBS 反应得到的一溴取代的主要产物（**1**）和次要产物（**2**）。

（2）能吸收等物质的量的氢并使 Br_2/CCl_4 溶液褪色的化合物 **3**，分子式为 $C_{16}H_{16}$，与 $KMnO_4$ 酸性溶液作用生成苯二甲酸，该苯二甲酸只有一种单溴代产物。

（3）化合物 **4**，分子式为 $C_{10}H_{14}$，能得到五种单溴代产物，**4** 剧烈氧化后生成一个只有一种单硝化产物 $C_8H_5NO_6$ 的羧酸 $C_8H_6O_4$。

6-9 谱学解析 **1～5** 的结构：

（1）化合物 **1**，分子式为 $C_{10}H_{10}O_2$，^1H NMR 谱图中只有 2∶1 的两组峰。

（2）1,2-二溴环戊烯与钠反应得到化合物 **2**，分子式为 $C_{15}H_{18}$，^1H NMR 谱图中只有比例为 2∶1 的两组峰。

（3）1-苯基丁-2-烯的紫外吸收为 $\lambda = 208nm(\varepsilon = 800)$，加强酸处理后得到同分异构体产物 **3**，**3** 的紫外吸收为 $\lambda = 250nm(\varepsilon = 15800)$。

（4）化合物 **4**，分子式为 $C_{11}H_{12}O_2$，^1H NMR 和 ^{13}C NMR 谱如下图所示。

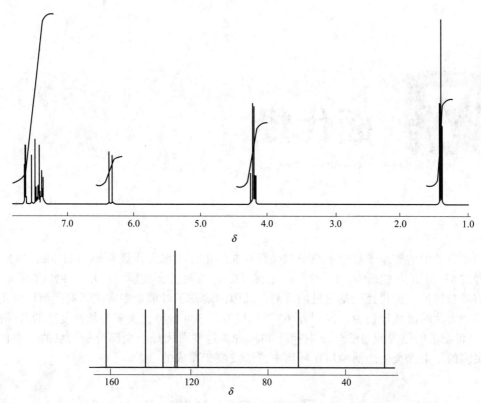

（5）化合物 **5**，分子式为 $C_9H_{12}O$，${}^1H$ NMR 和 ${}^{13}C$ NMR 谱如下图所示。

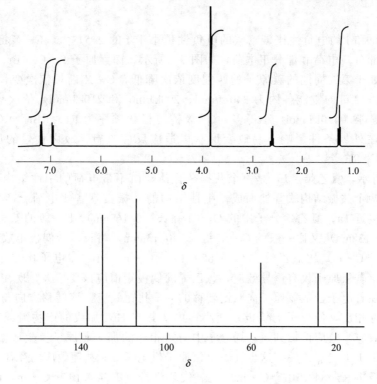

7 卤代烃

烃类分子中的氢原子被卤素原子取代后形成的化合物称**卤代烃**（alkyl halides，RX），英文符号"X"通常指 Cl、Br、I。有机氟化物（RF）的制备、性质、应用与 RX 有很大差异，故常需单独讨论。卤代烃既是常见的溶剂，又因卤素原子可被众多官能团取代而广泛用于有机合成。天然的卤代烃很少，20 世纪 60 年代仅发现 300 余种且大多是结构复杂的海洋产物，但到 20 世纪末时已发现自然环境中有近 4000 种。这些卤代烃中少部分是天然的生理代谢产物，更多的是由人类生产活动后在环境中遗留或演变而成的。

7.1 C—X 键

F、Cl、Br 和 I 的电负性比碳（碳的电负性稍小于 I 的 2.5）大，C—X 键是有极性的，X 和 C 分别带部分负电荷和部分正电荷，如图 7-1 所示。卤素原子 F、Cl、Br、I 的原子半径依次增加，与处于第二周期的碳原子的匹配度依次降低，C—X 键长依次变长；键能（C—Cl、C—Br 和 C—I 键的键能各约为 340kJ/mol，290kJ/mol 和 210kJ/mol）依次减小，除 C—F 外都比 C—H 键能（410kJ/mol）小得多。C—X 键可极化顺序为 RI＞RBr＞RCl＞RF。可极化性强的分子在外界条件影响下易改变形状以适应反应进行，故卤代烃的反应活性也是 RI＞RBr＞RCl＞RF。

如图 7-1 所示，**氯乙烯**（**1**）是一个共振杂化体，由不带电荷的中性结构（**1a**）和电荷分离的（**1b**）两个共振结构式叠加而成。中性结构的共振贡献者比电荷分离的稳定，故氯乙烯的结构更接近 **1a**。氯乙烯分子中的 C—Cl 键长（0.169nm）比一般的 C—Cl 键长略短；C＝C 键长（0.138nm）又比一般的 C＝C 键长（0.133nm）略长。从偶极矩数值来看，氯乙烯（$4.84×10^{-30}$ C·m）比氯乙烷（**2**，$6.85×10^{-30}$ C·m）小。π 电子比 C—C 单键上的 σ 电子更易极化，若氯原子仅有诱导效应，氯乙烯的偶极矩值应该要增大，现在反而小说明氯乙烯分子中存在着电子云从氯原子向双键转移的 p-π 共轭效应。该转移方向与 C—Cl σ 键的偶极矩方向正好相反，使分子的偶极矩变小。再从其与 HCl 加成的产物组成来看，若只有氯原子的诱导效应，氢应该加到氯乙烯分子中与氯相连的那个碳原子上生成 1,2-二氯乙烷，但实际得到的是 1,1-二氯乙烷，这也反映出氯原子供电子 p-π 共轭效应的存在。

氯苯的偶极矩（$5.84×10^{-30}$ C·m）比氯代环己烷（$7.34×10^{-30}$ C·m）的小，这是由于前者的碳原子为 sp^2 杂化，吸电子能力较 sp^3 杂化碳原子强而降低了 C—Cl 键的极性。此外，氯原子与苯环间的 p-π 共轭使氯原子上的部分电荷分散到苯环上，也使偶极矩减小（参

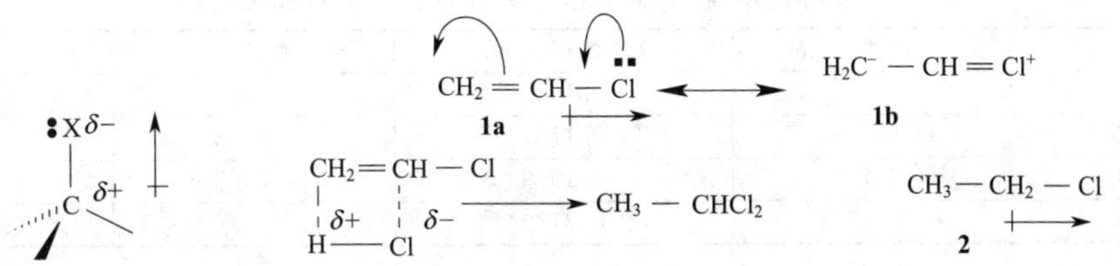

图 7-1 极性的 C—X 键、氯乙烯的 p-π 共轭效应及其反应的位置选择性和氯乙烷的极性

见 6.6.4）。氯苯分子中的 C—Cl 键带有部分双键性质，键长（0.172nm）比氯代烷中的小，键能（402kJ/mol）比氯代烷中的大。

7.2 命名和物理性质

卤素是卤代烃的官能团，C—X 键上的碳原子称 α-碳原子。根据卤素数目可将卤代烃分为一卤、二卤和多卤代烃；根据卤素所连接的碳原子的级数属性和反应活性可归类成伯（一级，1°，RCH_2X）、仲（二级，2°，R_2CHX）和叔（三级，3°，R_3CX）卤代烃或甲基、烷基、烯基和烯丙基及苄基卤代烃。

简单的卤代烷（芳）烃可在母体化合物加前缀"氟（氯、溴、碘）代"命名。"代"字通常省略，称卤代（某）烃或某烃基卤。如**碘甲烷**（CH_3I）、**异丙基氯**[$(CH_3)_2CHCl$]、**氯苯**（C_6H_5Cl）、**叔丁基氯**[$(CH_3)_3CCl$]、**四氯化碳**（CCl_4）和 **3-氯丙烯或烯丙基氯**（**1**）等。多卤代烷大多有一些俗称；三卤甲烷又称**卤仿**，如氯仿（$CHCl_3$）、溴仿（$CHBr_3$）和碘仿（CHI_3）。此外，"对称""不对称""偏""均"等词头也常见于卤代烃的命名之中。如，**对称四氯乙烷**（$CHCl_2CHCl_2$）、**不对称四氯乙烷**（CH_2ClCCl_3）、**偏氯乙烯或 1,1-二氯乙烯**（**2**）和**均氯乙烯或 1,2-二氯乙烯**（**3**）。系统命名卤代烃时将卤素作为取代基处理，卤原子的位置次序按原子序数，即 F、Cl、Br、I 的次序排列。如，3-溴甲基戊烷（**4**）、5-溴己-2Z-烯（**5**）、1-甲基-2-氯环己烷（**6**）和 2-甲基-3-氯-6-溴己-(1,4E)-二烯（**7**）等。中文命名与英文命名对取代基的排列顺序有差异：中文命名是以 CIP 规则由小到大排列，英文命名以取代基英文名称的第一个字母次序排列。如，叔丁基氯[$(CH_3)_3CCl$]的中文名称为 2-甲基-2-氯丙烷，甲基在前；英文名称则为 2-chloro-2-methylpropane，chloro（氯）在前。

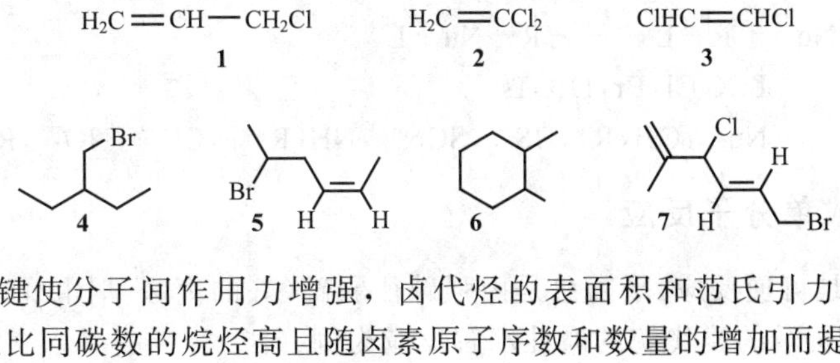

极性的 C—X 键使分子间作用力增强，卤代烃的表面积和范氏引力均比同碳数的烷烃大，沸点和熔点也比同碳数的烷烃高且随卤素原子序数和数量的增加而提高。除氯甲烷可溶于水，三个碳原子以下的卤代烷微溶于水外，一般的卤代烃均难溶于水而可溶于醇、醚、烃等有机溶剂。卤素的质量/体积比的值较大，如，溴和甲基的体积相近，溴甲烷的相对密度比乙烷大得多，二氯、多氯和溴、碘代烃的均比水大且卤原子愈多愈大。如，CH_3Cl、CH_2Cl_2、$CHCl_3$ 和 CCl_4 的相对密度分别为 0.843、1.336、1.489 和 1.595。4 种卤甲烷的偶极矩、C—X 键长、沸点和相对密度的数据如表 7-1 所示。

表 7-1　4 种卤甲烷的偶极矩、C—X 键长、沸点和相对密度

卤甲烷	$\mu/10^{-30}C \cdot m$	C—X 键长/nm	沸点/℃	d_4^{20}
CH_3F	6.07	0.1382	−78.5	0.843
CH_3Cl	6.47	0.1781	−24.2	0.916
CH_3Br	5.79	0.1939	3.6	1.730
CH_3I	5.47	0.2139	42.4	2.279

卤代芳烃有芳香味，苄基卤代物则有刺激性气味并产生催泪作用。卤代烃在洁净的铜丝上燃烧生成**卤化亚铜**，其蒸气火焰呈绿色。该**焰色试验**又称 **Beilstein 试验**，可方便地定性检测卤代烃（除氟化物外）。碘代烃遇光较易分解。

7.3　化学反应点

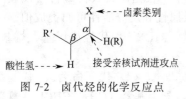

图 7-2　卤代烃的化学反应点

如图 7-2 所示，C—X 键是极化的，因电子和立体效应影响所及，卤代烃的反应性与卤素类别及卤素所在碳原子的属性密切相关，苄基、烯丙基上的卤原子远比烯基或芳基卤原子活泼。卤代烃中的 α-碳原子带部分正电荷，可作为亲电中心接受亲核试剂进攻，电负性大于碳的卤素成为负离子离去而发生亲核取代反应；卤代烃中 β-H 有一定酸性的可与卤素一起消除；同碳多卤代烃的 α-H 也有一定酸性可被强碱夺取。

7.4　亲核取代反应

卤代烃是一类重要的活性化合物和基本化工原料，工业上多用价格较低的氯代烃，实验室常用活性较高的溴代烃或碘代烃。C—X 键中亲电的碳原子可接受负离子或具有未共用电子对原子的亲核试剂的进攻发生**亲核取代反应**（nucleophilic substitution，S_N）。如式（7-1）所示，亲核基团包括碳负离子、羟基、烷氧基、硝基、氰基、氨基、硫醇基、硫氰基等，生成醇、醚、亚硝酸酯和硝基化合物、腈、胺、硫醇、硫氰化物、偶联产物等各类有机化合物。卤素原子被亲核基团取代后保留一对价电子成为负离子离去，故又称**离去基团**（leaving group，**L**）。

$$Nu^- + R—L \longrightarrow R—Nu + L^-$$
$$L:X(Cl,Br,I);OTs$$
$$Nu^-:OH(R),HS^-,SCN^-,NH(R)_2^-,CN^-,NO_2^-,R(C)^-,\cdots \qquad (7\text{-}1)$$

7.4.1　双分子或单分子反应

亲核取代反应是可逆反应，平衡总是由强碱往弱碱（好的离去基团）的方向进行且有许多共性。以式（7-2）所示的溴代烷的碱性水解反应为例：

$$R—Br + OH^- \longrightarrow R—OH + Br^- \qquad (7\text{-}2)$$

溴甲烷和伯溴代物的水解速率与溴代物和碱的浓度都成正比，浓度项指数相加为 2，动力学上表现为**二级反应**（second order kinetic），如式（7-3）所示。

$$v = k_2[RBr][OH^-] \qquad (7\text{-}3)$$

异丙基溴的水解速率也随 OH^- 浓度的增加而增加，但幅度不如溴甲烷。叔溴丁烷的水

解速率基本上不受 OH⁻ 浓度变化的影响而仅与溴代物的浓度有关，浓度项指数只有 1，动力学上表现为**一级反应**（first-order kinetic），如式(7-4) 所示。

$$\nu = k_1[RBr] \tag{7-4}$$

动力学现象反映出有两类不同的亲核取代反应过程。溴甲烷和伯溴代烃水解反应的决速步涉及两个分子，**按双分子反应过程**进行；叔溴代烃水解反应的决速步仅涉及一个分子，按**单分子反应过程**进行。仲溴代烃在主要经由双分子反应过程的同时也常伴随着单分子反应过程。这两种反应过程各称 **S$_N$2 和 S$_N$1**，其中的 S 和 N 分别代表取代和亲核，阿拉伯数字 2 和 1 分别代表在决速步（即**慢反应**）中涉及的反应分子数。

7.4.2 S$_N$2 反应

S$_N$2 反应是一步完成的协同反应。如图 7-3 所示，该碱性水解反应中 OH⁻ 可从各个方向进攻溴代烷，但只有从 C—Br 键背面进攻 α-碳原子最有利反应。OH⁻ 上的一对电子从羟基氧原子移向 α-碳原子并开始形成较弱的不完全的键 HO---C，C—Br 键同时开始削弱为 C—Br，键上的共享电子对移向溴原子；α-碳原子上另外三根键逐渐由伞形转变为平面形。这一过程需要吸收能量，反应达到最高能量点即过渡态（**1**）时，α-碳原子已由底物的 sp³ 状态转化为五配位的 sp² 状态，与三个原有取代基之间仍完全成键并组成一个平面，Br 及将要进入的 HO 分列在平面两侧并都仍与 α-碳原子部分成键。达到过渡态后 C---Br 键迅即断裂的同时 C—OH 成键放出能量而生成产物，α-碳原子上的三根成键则向平面的另一侧偏转，α-碳原子恢复四配位的 sp³ 状态。整个过程犹如雨伞遭遇大风从里向外反转那样，故称**伞反转效应**（inversion of umbrella）。

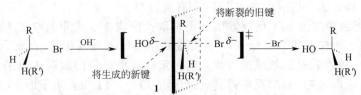

图 7-3　溴代烷碱性水解反应的 S$_N$2 过程

α-碳原子在 S$_N$2 反应中要接受亲核试剂 Nu⁻ 进攻，故 α-碳原子上取代基的体积和数量增加都不利于 Nu⁻ 接近，表现为反应速率下降。同样原因，如 N₃⁻ 和 CN⁻ 那样的线形形状或体积小的 Nu⁻ 也表现出更强的亲核活性，如，C₂H₅O⁻ 的亲核活性比 (CH₃)₃CO⁻ 的强。若 α-碳原子有手性，S$_N$2 反应后产物中该碳原子的立体构型将发生**构型反转**或称 **Walden 反转**，用符号"⟳⟶"表示，这也是 S$_N$2 反应在立体化学上的一个重要特征。如式(7-5)所示，(R)-2-碘辛烷（**2**）与放射性同位素碘负离子在丙酮中发生碘交换反应，经 S$_N$2 机理生成 (S)-2-碘辛烷（**3**）。该反应每发生一次就产生一对 R/S 外消旋体，消旋化速率是交换速率的 2 倍，交换进行到一半时，旋光性将完全消失。

$$\tag{7-5}$$

7.4.3 S$_N$1 反应

叔溴丁烷在中性或碱性水溶液中进行水解反应的速率相差无几，它们都是由两步完成的 S$_N$1 反应：卤代烃中的 C—X 键先异裂为碳正离子和卤素离子，碳正离子接着与亲核试剂结合形成亲核取代产物。第一步断键的吸热反应只涉及卤代烃一种分子，是慢的决速步；第二步是快的一步成键的放热反应。

C—X 键离解给出一个 α-碳正离子时，α-碳原子由 sp³ 杂化状态的四面体结构转为 sp² 杂化的平面结构（参见 4.13.3）。亲核试剂接下来可机会均等（无选择）地从平面两侧进攻该碳正离子的空 p 轨道。故 α-手性碳原子经 S_N1 反应后得到的是外消旋混合物产物，如图 7-4 所示。但实际上许多 S_N1 反应的第一步生成的是**紧密离子对**（**4**，tight ion pairs），碳正离子与离去基负离子间仍有一定的结合，亲核试剂只能从远离离去基负离子的一侧进攻，故取代产物中构型反转的更多一些。

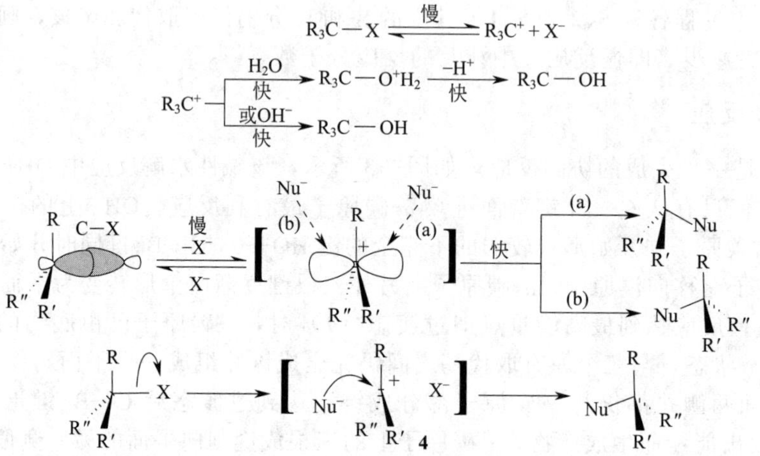

$$R_3C—X \underset{慢}{\overset{}{\rightleftharpoons}} R_3C^+ + X^-$$

$$R_3C^+ \overset{H_2O}{\underset{或OH^-}{\overset{快}{\longrightarrow}}} \quad \begin{matrix} R_3C—O^+H_2 \overset{-H^+}{\underset{快}{\longrightarrow}} R_3C—OH \\ R_3C—OH \end{matrix}$$

图 7-4　S_N1 反应

有中间体 α-碳正离子生成的 S_N1 反应会有重排过程（参见 3.4.2）。3,3-二甲基-2-溴丁烷（**5**）在乙醇溶液中发生 S_N1 反应除生成正常取代产物 3,3-二甲基-2-乙氧基丁烷（**6**）外还有两个副产物 2,3-二甲基丁-2-烯（**7**）和 2,3-二甲基-2-乙氧基丁烷（**8**）。反应第一步生成仲碳正离子（**9**），**9** 在接受亲核试剂进攻之前可重排成更稳定的叔碳正离子（**10**）。**10** 失去质子发生消除反应得到 **7**，与醇反应得到氧鎓化物（**11**），**11** 失去质子即生成 **8**：

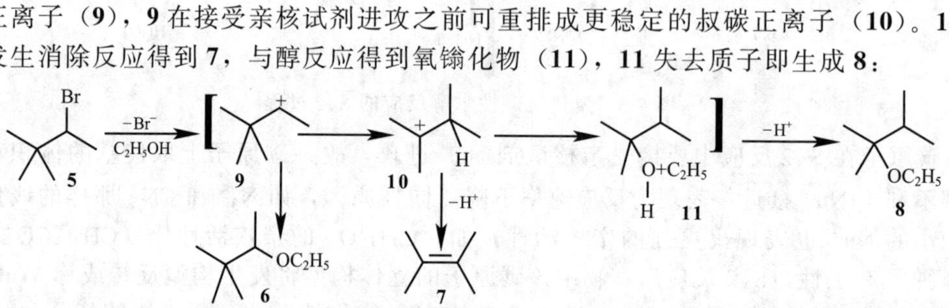

许多亲核取代反应中的亲核试剂和溶剂是同一物质，这类反应又称**溶剂解反应**（solvolysis）。如，卤代烃的水解或醇解反应中的水或醇既是亲核试剂又是溶剂。溶剂解反应速率较慢，适于研究反应机理，用于合成目的的不多。

7.4.4　S_N2 反应和 S_N1 反应的竞争

卤代烃的亲核取代反应是按 S_N2 过程进行还是 S_N1 过程进行与卤代烃的结构及外在环境有关。

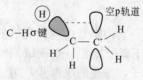

图 7-5　σ-p 超共轭

（1）卤代烃的结构　卤代烃中的烃基和卤素对亲核取代反应的速率和反应过程都有重要的影响。任何有利于 α-碳原子电子云密度增大的因素都将有利于 C—X 键的离解，使 α-碳正离子易于产生，亲核取代反应有利于按 S_N1 过程进行。烷基是推电子基团，电子云密度从伯到仲再到叔碳原子逐渐增加，同时也有如图 7-5

所示更多相邻 C—H 键的 σ-p 超共轭效应（参见 1.3.7）。故电子效应使底物卤代烃按 S_N1 机理进行的活性次序是叔卤代烃＞仲卤代烃＞伯卤代烃。S_N2 反应中 α-碳原子电子云密度愈低愈亲电，也愈易接受亲核试剂进攻而非断裂 C—X 键，故活性次序是伯卤代烃＞仲卤代烃＞叔卤代烃。

S_N2 反应中底物分子与亲核试剂必须接触碰撞才能反应。若 α-碳原子上有较大取代基时，亲核试剂就不容易从其背面靠拢接近，结果必定是使这一类型的反应不易甚至不能发生。故立体效应对底物发生 S_N2 反应活性的影响表现为甲基卤＞伯卤代烃＞仲卤代烃＞叔卤代烃。烃基的空间位阻对 S_N1 机理也有较明显的影响：卤代烷烃中的∠CCX 为 109°，α-碳原子有较大取代基会有较大的非键张力，S_N1 反应后生成平面状态的∠CCC 为 120°左右的碳正离子，键角增大使取代基拥挤造成的非键张力减小，这种非键立体张力又称**背张力或后张力**（back strain）。故立体效应对底物发生 S_N1 反应活性的影响表现为叔卤代烃＞仲卤代烃＞伯卤代烃，4 个氯代烃进行水解反应的速率大小如图 7-6 所示。

$$R_3C—Cl + H_2O \xrightarrow[S_N1]{k} R_3C—OH + Cl^-$$

R	$Me(CH_3)_2C$	$Et(CH_3)_2C$	$^tBu(CH_3)_2C$	$^iPr_3C$
k	1.00	2.06	2.40	6.91

图 7-6　体积效应对 S_N1 反应的影响

综合电子效应和体积效应两方面的影响因素，卤代烃进行 S_N2 反应的活性次序是甲基卤＞伯卤代烃＞仲卤代烃，叔卤代烃不发生 S_N2 反应；S_N1 反应的活性次序是叔卤代烃＞仲卤代烃，伯卤代烃不发生 S_N1 反应。仲卤代烷的结构决定了其发生 S_N2 或 S_N1 反应都是可行的，但反应速率相对都不大。卤代烃若带有一个一般活性的离去基，在非质子性极性溶剂中与亲核活性强且浓度高的试剂作用将经过 S_N2 反应；反之，若带有一个好的离去基，在强质子性极性溶剂中与亲核活性弱的试剂作用将经过 S_N1 过程。

烯丙基卤代烃（**12**）或**苄基卤代烃**（**13**）的 α-碳原子连有双键或苯环而比一般的伯卤代烃更易进行 S_N2 反应。如图 7-7 所示，这两个卤代烃脱卤生成的碳正离子都是共振杂化体，正电荷通过 p-π 共轭效应分散到双键和苯环碳上而得以稳定。故烯丙基和苄基卤代烃无论经过 S_N2 或 S_N1 反应都很容易进行。

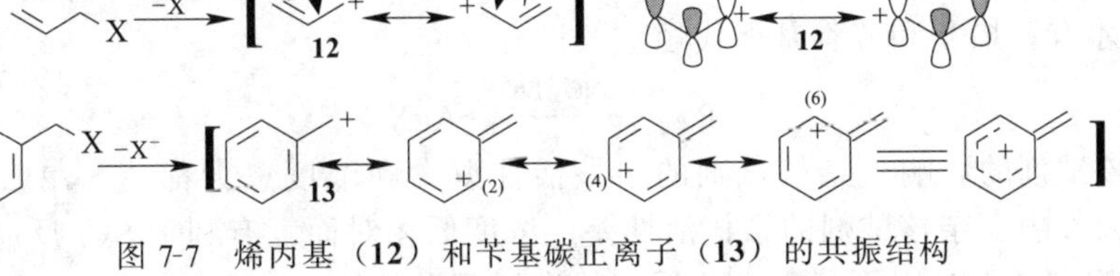

图 7-7　烯丙基（**12**）和苄基碳正离子（**13**）的共振结构

若烯丙基碳正离子中间体的两端 sp^2 杂化的碳原子连有不同的基团，则会生成两个产物。1-溴丁-2-烯（**14**）发生溶剂解水解反应生成共振稳定的烯丙基正离子中间体（**15**），**15a** 中的 C(1) 和 **15b** 中的 C(3) 正离子都可接受亲核试剂的进攻而生成正常产物丁-2-烯-1-醇（**16**）和**烯丙基迁移**（allylic shift）产物丁-3-烯-2-醇（**17**）。

$$\underset{\mathbf{14}}{\overset{(3)}{C}H_3CH{=}CH\overset{(1)}{C}H_2Br} \xrightarrow[-H^+]{H_2O} \left[\underset{\mathbf{15a}}{CH_3CH{=}CH\overset{(1)}{C}H_2^+} \longleftrightarrow \underset{\mathbf{15b}}{CH_3H\overset{(3)}{C}^+HC{=}CH_2}\right]$$

$$\mathbf{15a} \longrightarrow \underset{\mathbf{16}}{CH_3CH{=}CHCH_2OH} \qquad \mathbf{15b} \longrightarrow \underset{\mathbf{17}}{CH_3CH(OH)HC{=}CH_2}$$

除烯丙基正离子外，烯丙基负离子（**18**）或烯丙基自由基（**19**）体系中也都可看到电荷因共轭而可从 C(1) 分散到 C(3)，C(2) 则不受影响而无变化。重键与带电荷碳原子相连是一种很常见的 p-π 共轭体系（参见 1.3.6）。类似 **20** 那样的有机分子中 X(1) 和 Y(2) 两个原子间有双键时，相邻的 3,4 两个原子间的那根单键要比一般的单键活泼，这也是一个普遍适用的经验规律。

$$C=C-\overset{..}{\underset{(1)}{C}}{}^- \quad\underset{18}{\longleftrightarrow}\quad \overset{..}{C}{}^- -C=C \qquad \overset{(3)}{C}=C-\overset{.}{\underset{(1)}{C}} \quad\underset{19}{\longleftrightarrow}\quad \overset{.}{C}-C=C$$

$$\underset{(1)}{X}=\underset{(2)}{Y}\underset{(3)}{\text{—}}\overset{(4)}{\text{—}}\cdots\cdots \text{活化键}$$

20

卤代烯烃和卤代芳烃都很难进行傅-克烷基化反应（参见 6.5.4），它们也不易进行亲核取代反应。卤素上的非键电子与不饱和键形成 p-π 共轭，离域的结果使 C—X 键带有部分双键的性质而不易裂解；比伯碳正离子还不稳定的烯基碳正离子（sp^2 构型）很难生成，故 S_N1 反应很难进行。α-碳原子上的 π 电子对亲核试剂有很强的排斥作用，故发生 S_N2 反应也很难。如式(7-6)所示的两个反应，氯乙烯与氢氧化钠水溶液很难反应，而 3-氯丙烯很易碱性水解为烯丙醇。

$$(R)H_2C\!=\!CHCl \xrightarrow{\ OH^-\ } \textbf{X}$$

$$(R)H_2C\!=\!CHCH_2Cl \xrightarrow{\ OH^-\ } (R)H_2C\!=\!CHCH_2OH \tag{7-6}$$

离去基团对 S_N1 反应或 S_N2 反应的影响是基本相同的：离去性愈好反应愈易。卤代烃中的离去基卤素原子要带着一对电子离去，碱性愈弱愈能容纳负电荷，离去性就愈好，相对也就愈易被取代。卤素负离子的碱性强弱次序是 $F^->Cl^->Br^->I^-$，稳定性大小则是 $I^->Br^->Cl^->F^-$，C—X 键的键能强弱次序是 C—F＞C—Cl＞C—Br＞C—I，故伯卤代烷的反应活性是 $RCH_2I>RCH_2Br>RCH_2Cl>RCH_2F$。碘离子的体积相对最大且易于极化，分散电荷也比较容易。碘与碳的电负性尽管相近，但非极性的 C—I 键可表现出极性键的特性，也是四种 C—X 键中最活泼的。烷基氟基本上不会发生亲核取代反应。

利用亲核取代反应中的速率差异可对各种卤代烃进行定性鉴别。如式(7-7)所示的反应，卤代烃与硝酸银的醇溶液发生反应时可看到溶液因有卤化银沉淀析出而出现浑浊。烯丙基和苄基卤代烃的反应最快；叔卤代烃和碘代烃在室温下即可反应；伯、仲氯代烃和溴代烃的反应需加热才有；烯基和芳香基卤代烃一般没有反应。

$$RX \xrightarrow{\ AgNO_3/EtOH\ } AgX\downarrow \tag{7-7}$$

（2）**亲核试剂的影响**　亲核试剂的亲核活性愈大和浓度愈大都使 S_N2 反应加快，但对 S_N1 反应几无影响。亲核试剂的亲核活性差、浓度低相对而言有利于 S_N1 反应，但这并不是加快了 S_N1 反应，而是因不利于 S_N2 反应的进行而引起的。

亲核试剂是兼有碱性和**亲核性**（nucleophilicity）两个不同化学性质的 Lewis 碱。碱性是与质子结合的能力，是一个热力学性质；亲核性是进攻连有离去基团的碳原子的能力，亲核性愈强愈易进行 S_N2 反应，是一个动力学性质。带（部分）负电荷的原子的电负性大，其碱性和亲核性就弱，故碱性和亲核性在同一周期中自左往右都是降低的。如，H_2O 的亲核性比 NH_3 弱。富电子的或容易接近底物的亲核试剂也容易进行 S_N2 反应。如，强碱性的 OH^- 的亲核性比 NH_3 强，更比 H_2O 强得多，故卤代烃在碱性条件下的水解反应速率远大于在中性水相中进行的反应。常见亲核试剂亲核活性的强弱次序为：$RS^->I^->CN^->RO^-\sim OH^->Br^->N_3^->NH_3(RNH_2)>PhO^->Cl^->AcO^->H_2O>F^->NO_3^->ROH$，但该次序在不同的溶剂环境中会有变动。

I^-、Br^-和Cl^-既是亲核试剂也是离去基团，它们相互间参与的S_N2反应是可逆的，I^-的离去性和亲核活性最强，Cl^-的离去性和亲核活性最弱。碘代烷既易于形成又易于与其他亲核试剂反应，以溴（氯）代烃为底物的反应中加入催化量无机碘盐可加快反应速率。如式(7-8)所示的两组反应，亲核试剂Nu^-与氯代烃进行S_N2反应的速率不大。体系中加入I^-后，亲核活性较大的I^-与氯代烃发生S_N2反应生成碘代烃；碘代烃的高反应性使其易与Nu^-进行S_N2反应得到取代产物的同时又再生出I^-，整个反应是由两步连续且都是快速的S_N2反应完成的。少量的I^-在体系中反复使用，整个反应速率得到加快的效果非常明显。

$$RCH_2Cl + Nu^- \xrightarrow{\text{慢}} RCH_2Nu + Cl^-$$

$$I^- + RCH_2Cl \xrightarrow{\text{快}} RCH_2I + Cl^- \qquad (7\text{-}8)$$

$$RCH_2I + Nu^- \xrightarrow{\text{快}} RCH_2Nu + I^-$$

大体积原子中的电子离核相对更远，故体积大和可极化性大的物种亲核活性也大。对同一原子而言，取代基的立体效应（参见 1.4）对碱性的影响并不太大，如，叔丁醇和乙醇的pk_a各为 18 和 16，但立体效应对亲核性的影响较大，亲核物种的体积愈大愈难靠近反应中心。如，叔丁氧负离子的亲核活性比乙氧负离子的弱得多。

(3) 溶剂的影响　溶剂极性愈小愈有利于S_N2反应，愈大愈有利于S_N1反应。这可从两方面来分析：一方面，因S_N2反应与亲核试剂的亲核活性相关，亲核试剂的亲核活性在极性的质子性溶剂中因氢键等溶剂化效应使负电荷分散、亲核性下降。小体积的亲核试剂负电荷不易分散，溶剂化效应更强。如，F^-比I^-有更大的溶剂化效应，其亲核性也小得多。S_N1反应第一步解离出的离子只有在极性溶剂中因大量离子-偶极相互作用下的溶剂化才能得以稳定存在，在气相或非极性溶剂体系中是不可能发生的。另一方面，溶剂对反应过渡态的稳定性和反应速率也都有影响。如式(7-9)所示的两个反应，S_N2反应中，集中在亲核试剂中的电荷在过渡态中分散，底物极性大于过渡态。极性大的溶剂使亲核试剂受到的稳定化作用大于过渡态，使反应的活化能升高而反应速率降低。S_N1反应第一步决速步中过渡态的碳原子和卤素原子分别带更多的部分正电荷和部分负电荷，过渡态极性大于底物，故溶剂的极性大对过渡态的稳定化作用比底物的大，使反应活化能降低而速率增大。如，叔丁基溴在乙醇或水相中进行S_N1反应的相对速率为 1∶1200。

$$C\!-\!X \begin{cases} \xrightarrow[S_N2]{Nu^-} \left[Nu\cdots C\cdots X \right]^{\ddagger} \\[2mm] \xrightarrow[S_N1]{} \left[\overset{\delta+}{C}\cdots \overset{\delta-}{X} \right]^{\ddagger} \end{cases} \qquad (7\text{-}9)$$

丙酮、乙腈（CH_3CN）、硝基甲烷（CH_3NO_2）、二甲亚砜（DMSO，**21**）、**N,N-二甲基甲酰胺（DMF，22）**和**六甲基磷酰三胺（HMPA，23）**等非质子性偶极溶剂能溶解许多盐，但因不会形成氢键而对亲核试剂几无溶剂化效应。这些分子中偶极正端位于分子内部而受到屏蔽，偶极负端暴露于分子外部而易与其他分子的正端作用。亲核试剂的负端在此类溶剂中成为裸露状态，活性极大使S_N2反应很易进行。不少在一般的溶剂中很慢或不能发生的反应在这些非质子极性溶剂中能很快进行。如，碘甲烷与氯离子在溶剂CH_3OH或 DMF 中发生S_N2反应的相对速率各为 1 和 1.2×10^6。

21　　　　　**22**　　　　　**23**

综上所述，S_N2 和 S_N1 两类反应机理的对比如表 7-2 所示。

表 7-2　S_N2 和 S_N1 的对比

S_N2	S_N1
一步完成的两级动力学反应	两步完成的一级动力学反应
速率：甲基＞1°＞2°＞3°	速率：3°＞2°＞1°＞甲基
无重排产物	有碳正离子重排产物
亲核试剂的影响大	亲核试剂的影响很小
溶剂极性小有利	溶剂极性大有利
反应后底物 α-碳构型反转	产物 α-碳构型外消旋或反转更多

对亲核取代反应机理的研究主要归功于两位英国化学家 **Ingold** 和 **Hughes** 在 20 世纪 30 年代所做的基础性开创工作。S_N2 历程产生的产物是可知的，S_N1 历程产生的产物在组成和立体构型上则都是不易预测的。控制反应条件能使反应主要按 S_N2 历程进行，这对有机合成是非常重要的。但许多亲核取代反应实际上并不是完全绝对地按照理想的 S_N2 或 S_N1 来进行的，尽管如此，这两个反应机理是所有亲核取代反应的基本机理，在此基础上能更精确更详尽地来讨论每一个具体的亲核取代反应。

7.5　消　除　反　应

亲核试剂上的孤对电子也可夺取质子而使卤代烃发生脱去卤化氢的 1,2-消除反应。消除反应也有各以 **E2** 和 **E1** 表示的**双分子消除反应**和**单分子消除反应**两种过程。其中的 E 代表消除（elimination），1 和 2 分别代表在决速步中涉及的反应分子数。各种卤代烃发生消除卤化氢反应的容易程度为叔卤代烃＞仲卤代烃＞伯卤代烃，各类卤代烃发生消除反应的速率均为 RI＞RBr＞RCl＞RF。

7.5.1　E2 反应

如式（7-10）所示，亲核试剂作为一个碱进攻卤代烃的 β-H 而非 α-C 时将发生 E2 反应。E2 的反应速率与卤代烃及碱的浓度都有关，为双分子的二级动力学过程。E2 反应也是一步完成、没有活泼中间体的协同反应：碱夺取质子，C—H 键上的一对共享电子移向 C—C(X) 键，卤素同时带着 C—X 键上的一对共享电子成为负离子离去。各类卤代烃进行 E2 反应的活性强弱次序是叔卤代烃＞仲卤代烃＞伯卤代烃，伯卤代烃的消除需用强碱 ^{t}BuOK 在叔丁醇溶液中进行，仲或叔卤代烃的消除常用次强碱 EtONa 在乙醇溶液中进行。

$$\text{（结构式）} \quad \xrightarrow{\text{E2}} \quad [\text{B--H-- RR'C}=\text{CH}_2\text{-- X}]^{\ddagger} \quad \xrightarrow[-X^-]{-BH} \quad \text{RR'C}=\text{CH}_2$$

$$\nu = k[\text{RX}][\text{B}]$$

（7-10）

绝大部分脱卤代氢反应的是脱 β-H，故 E2 反应是 **1,2-消除**过程或称 **β-消除反应**。当有不同的 β-H 时，脱卤化氢的消除反应和烯烃的加成反应一样有一个位置选择性问题。少取代碳原子上的氢通常更易脱去，称 Zaitsef 规则，主要产物是反式的多取代烯烃，即 Zaitsef 烯烃（参见 3.2）。如式（7-11）所示，2-溴丁烷脱溴化氢的反应在乙醇溶剂中以乙醇钠为碱生成的多取代的丁-2-烯是主要产物，少取代的丁-1-烯是次要产物。

$$\text{（结构式）} \quad \xrightarrow{-\text{HBr}} \quad \underset{\text{主要产物}}{\text{CH}_3\text{HC}=\text{CHCH}_3} + \underset{\text{次要产物}}{\text{CH}_3\text{CH}_2\text{HC}=\text{CH}_2}$$

（7-11）

消除反应主要得到 Zaitsef 烯烃产物是因其热力学稳定性最大而非取代基多。如，5-甲基-4-溴己-1-烯（**1**）反应后消除仲氢原子（Ha）生成少取代但热力学稳定性更大的共轭二烯产物（**2**）是主要产物，消除叔氢原子（Hb）得到的多取代但热力学稳定性相对较小的非共轭二烯产物（**3**）是次要产物。

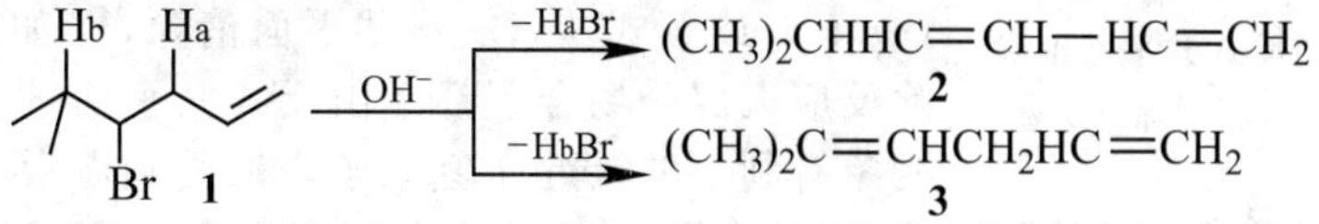

$$
\begin{array}{c}
\xrightarrow[\quad]{-HaBr} (CH_3)_2CHHC{=}CH{-}HC{=}CH_2 \quad \mathbf{2} \\
\xrightarrow[\quad]{-HbBr} (CH_3)_2C{=}CHCH_2HC{=}CH_2 \quad \mathbf{3}
\end{array}
$$

某个 β-H 所处的位置因有较大立体位阻而不利于碱接近或大体积的强碱试剂都将有利于生成少取代烯烃产物，即 Hofmann 烯烃（参见 3.2 和 12.6.2），如式（7-12）所示。

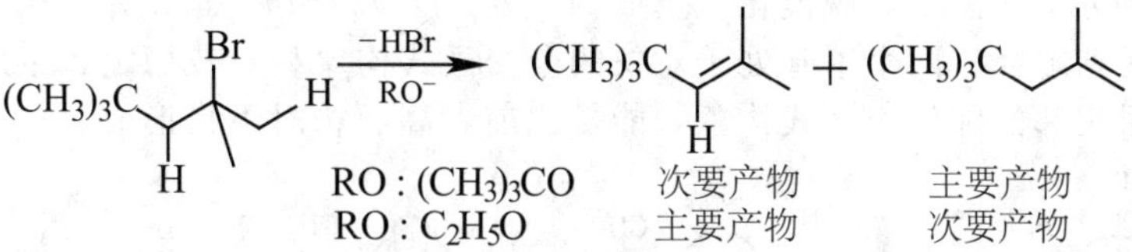

$$
(CH_3)_3C\text{...} \xrightarrow[RO^-]{-HBr} \underset{H}{(CH_3)_3C{=}} \quad + \quad (CH_3)_3C{\text{}}
$$

RO : (CH₃)₃CO　　次要产物　　主要产物
RO : C₂H₅O　　　主要产物　　次要产物

（7-12）

7.5.2　E1 反应

如图 7-8 所示，在极性溶剂和无强碱存在的体系中卤代烃发生单分子消除反应。E1 为单分子的一级动力学过程，速率仅仅与卤代烃浓度有关。E1 也经由两步历程，第一步决速步与 S_N1 相同，也是 C—X 键异裂为碳正离子和卤素离子；第二步碳正离子失去 β-H$^+$，该 C—H 上的一对成键电子转为碳碳 π 键。

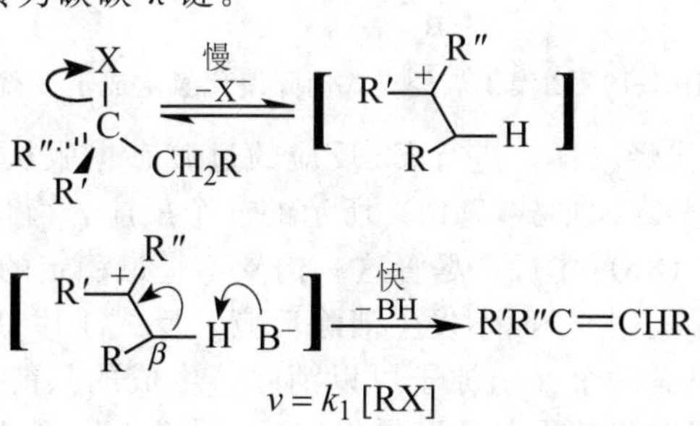

$$
\underset{R'}{\overset{X}{\underset{R''\text{...}}{C}}}CH_2R \xrightarrow[-X^-]{\text{慢}} \left[\underset{R}{\overset{R''}{R'}}\overset{+}{C}H \right]
$$

$$
\left[\underset{R\ \beta}{\overset{R''}{R'}}\overset{+}{C}\ H\ B^- \right] \xrightarrow[-BH]{\text{快}} R'R''C{=}CHR
$$

$$
v = k_1\,[RX]
$$

图 7-8　单分子消除反应的两步历程

碳正离子的稳定性是 3°苄基碳～3°烯丙基碳＞2°苄基碳～2°烯丙基碳＞3°碳＞1°苄基碳～1°烯丙基碳＞2°碳＞1°碳＞烯基碳，进行 E1 反应的活性也有同样的次序。当有不同类型的 β-H$^+$ 可以失去时也服从 Zaitsef 规则，但常因碳正离子中间体的重排而生成较复杂的混合物产物。如，2-甲基-2-溴丁烷在甲醇中进行 E1 反应的产物中 Zaitsef 烯烃（**4**）的产率比 Hofmann 烯烃（**5**）的高，此外还有少量重排产物（**6**）和亲核取代产物（**7**）。故 E1 反应不宜用于合成，它与 S_N1 反应一样主要用于探讨碳正离子中间体的性质。E1 反应常伴随有 S_N1 反应，反之亦然。

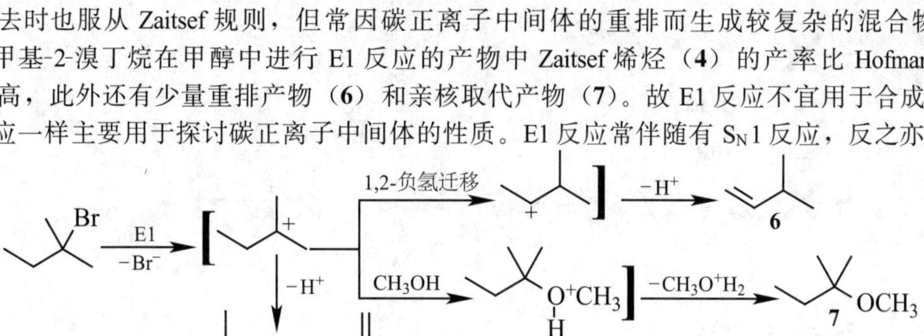

7.5.3　立体化学过程

任何一个有机反应总是经由更稳定也更易形成的过渡态。消除反应新生一根 π 键，故氢

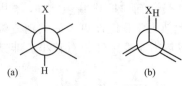

图 7-9 卤代烃的反式共平面消除
（a）和顺式共平面消除（b）

和卤素原子在过渡态中应处于同一平面才能确保逐渐形成的 π 键中的两个 p 轨道有最大的重叠。故可进行 E2 反应的卤代烃分子的构象中离去的卤素、氢及它们所在的两个碳原子将位于同一平面，两面角为 180° 或 0° 时分别发生**反式**（*anti-*）或**顺式**（*syn-*）共平面消除，[❶] 如图 7-9 所示。消除反应大部分场合下都经由反式共平面过程，该过程所需构象有利于碱接近 β-氢原子，碱受到卤素原子的排斥力因两者相距较远也较小。顺式消除过程中碱夺取质子时易受到离去卤素原子的位阻和电性影响，这样一个重叠式构象的能量相对较高也不利形成。

如图 7-10 所示，2-溴丁烷脱溴化氢生成的主要产物为 *trans*-丁-2-烯，这也可从其经由反式共平面过程得到解释。两个甲基处于对位的全交叉式构象相对较稳定，生成 *cis*-丁-2-烯需要两个甲基基团相邻的邻位交叉式构象，能量比前者高而相对不易形成。

图 7-10　2-溴丁烷经反式消除溴化氢生成丁-2-烯

卤代环烷烃与开链卤代烃一样，进行 E2 反应的过渡态也服从离去的氢原子和卤素离子要处于反式共平面排列的要求。如式(7-13) 所示的三个反应，卤代环己烷发生 E2 反应时氢和卤素必须均取 a 键向位（**8b**）才行，尽管这一构象不是最稳定的，其稳定构象（**8a**）因没有与卤素呈反式共平面的 β-氢原子而不发生消除反应。反式 1-甲基-2-氯环己烷发生 E2 反应时所要求的构象（**9**）中只有一个 β-氢原子可以消除，生成的只能是少取代的 3-甲基环己烯（**10**）而非稳定性更好的多取代的甲基环己烯（**12**）。顺式 1-甲基-2-氯环己烷发生 E2 反应所要求的构象（**11**，甲基位于 e 键）比 **9** 稳定（甲基位于 a 键），相对易于生成，发生消除反应的速率也比 **9** 快，两个 β-氢原子均可消除，产物是混有少量 **10** 的 **12**。

(7-13)

---

❶　此处的顺/反指反应的过程，与产物的顺/反构型无关。

E1 反应生成一个平面状的碳正离子中间体，接下来消去质子时似无立体化学要求，反式消除或顺式消除均可。但生成 E-烯烃产物的过渡态因立体位阻效应小，反应速率比生成 Z-烯烃产物的过渡态大，故在服从 Zaitsef 规则的同时产物往往以 E-烯烃为主，如式(7-14)所示的反应。

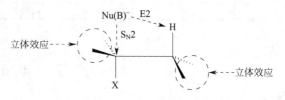

$$(7-14)$$

7.5.4 E2 反应和 E1 反应的竞争

影响 E2 反应或 E1 反应的因素也与卤代烃的结构及外在环境有关：伯卤代烃只能发生 E2 反应，叔卤代烃主要发生 E1 反应，仲卤代烃视反应条件可发生 E2 反应或 E1 反应。C—X 键的断裂在 E2 反应或 E1 反应中都是决速步，故离去性能的好坏对两个反应的影响相同。强碱、低极性溶剂和两个离去基能处于共平面排列的等因素都有利于 E2 反应。E2 反应或 E1 反应产物都遵守 Zaitsef 规则，E1 反应另有重排产物。

7.6 亲核取代反应和消除反应的竞争

卤代烃的亲核取代反应和消除反应是两类竞争反应，有部分相似的历程而常相互伴随发生。有利于发生 S_N2 或 S_N1 的反应条件也分别有利于发生 E2 反应或 E1 反应，何者为主与底物的结构和亲核试剂、碱、溶剂及温度等众多反应条件均有密不可分的关系，控制只进行一种类型的反应并不容易。考虑问题时可先从卤代烃的结构看是经由双分子还是单分子历程，再看反应条件。S_N2 和 E2 反应均涉及底物和亲核试剂或碱，竞争颇为复杂：极性非质子溶剂中强的亲核试剂与伯或仲卤代烃主要发生 S_N2 反应；碱性强、浓度高、体积大的试剂则主要发生 E2 反应。S_N1 和 E1 反应的第一步离解反应都是生成碳正离子的决速步骤，碳正离子接着或与亲核试剂结合或进行去质子这两种后续反应的活化能大小决定了反应方向。此外，双分子或单分子反应也是相互竞争的，改变条件就可能使反应过程发生变化。

7.6.1 卤代烃的结构

一般而言，叔卤代烷有利于消除反应而伯卤代烷有利于取代反应。这是因为碳正离子若再发生 S_N1 反应，则键角从 120° 返回到 109°，立体张力增加对叔碳烷基的生成是不利的。相对来说，发生 E1 反应时形成的烯烃也是键角为 120° 的平面结构，立体张力比较小。故叔卤代烃更易于进行 E1 反应而非 S_N1 反应。烯丙基和苄基卤代烃进行亲核或消除反应都较容易。

图 7-11 S_N2 反应和 E2 反应的不同反应点

S_N2 反应中试剂进攻 α-碳原子，而 E2 反应中是进攻 β-氢原子，如图 7-11 所示。卤代烃 α-碳原子上支链增加产生的立体效应将有利于 E2 而不利于 S_N2，β-碳原子上支链增加产生的立体效应将有利于 S_N2 反应而不利于 E2 反应。

7.6.2 试剂的碱性和浓度

试剂的强碱性易夺取质子而有利于消除反应。反之，试剂的碱性愈弱进行亲核取代反应的可能性就愈大。如式（7-15）所示的两个过程，氨基负离子（NH_2^-）的碱性很强，与溴代乙烷作用主要生成乙烯。而氨的碱性较弱但有亲核性，与溴乙烷反应主要发生亲核取代过程。此外，试剂的亲核性或碱性愈大，愈有利于 S_N2 或 E2 的反应。

$$RCH_2CH_2Br \begin{cases} \xrightarrow[\text{E2}]{\text{NaNH}_2} RHC = CH_2 + HBr \\ \xrightarrow[\text{S}_N2]{\text{NH}_3(l)} RCH_2CH_2NH_2 + NH_4Br \end{cases}$$

（7-15）

7.6.3 溶剂的极性

双分子反应的过渡态中负电荷的分散在亲核取代反应中比在消除反应中少，虽然极性大的溶剂将同时降低 S_N2 和 E2 的反应速率，相对更有利于取代反应，极性小的溶剂则相对有利于消除反应。故卤代烃发生取代反应时应以碱性水溶液为溶剂，发生消除反应时应以碱性醇溶液为溶剂，如式（7-16）所示的两个反应。

$$R_2CXCHR_2' \begin{cases} \xrightarrow[\text{E2}]{\text{KOH/C}_2\text{H}_5\text{OH}} R_2C = CR_2' \\ \xrightarrow[\text{S}_N2]{\text{KOH/H}_2\text{O}} R_2C(OH)CHR_2' \end{cases}$$

（7-16）

7.6.4 反应温度

生成烯键的消除反应涉及更多键的断裂，反应活化能相对较高，升高温度对需要内能更高的过渡态的消除反应更为有利。同时，消除反应因有更多产物生成而有较大熵变，高温更有利于 $T\Delta S^{\ddagger}$ 而能降低活化能（参见 1.10.4）。

总的来看，影响亲核取代反应或消除这两类不同化学反应的因素中卤代烃的结构和亲核试剂或碱的影响最为重要，可归纳如表 7-3 所示。

表 7-3　竞争的亲核取代反应和消除反应

卤代烃	碱或亲核试剂（Nu⁻）			
	弱 Nu⁻	弱碱强 Nu⁻	强碱无位阻 Nu⁻	强碱有位阻 Nu⁻
伯（无位阻）	无反应	S_N2	S_N2	E2
伯（有位阻）	无反应	S_N2	E2	E2
仲	S_N1/E1	S_N2	E2	E2
叔	S_N1/E1	S_N1/E1	E2	E2

7.7 两可反应性

两可反应性（ambient reactivity）也是化学选择性问题，主要有两种类型。一种涉及带双官能团（bifunctional）的底物分子是发生分子内还是分子间的反应（参见 10.15.2），如式（7-17）所示的以 ω-卤代氧负离子为底物的两个反应。分子内反应（a）生成环醚，分子间反应（b）生成大分子或聚合物。这类反应的选择性主要与底物在反应体系中的浓度及成环的大小有关：低或高浓度的底物分别有利于分子内或分子间的反应；能生成较稳定的五元或六元环的有利于分子内进行反应；三元环或四元环有较大张力，但三元环因底物的两个反应点较为接近而比四元环更易于生成，成环大于七元环以上的分子内反应则不易进行。

$$2\ X{\longrightarrow}\!\!\left[\!\!\left[\cdots\right]\!\!\right]_n\!\!O^- \quad \xrightarrow[\substack{\text{(a)}\\ -2X^-}]{} \quad 2\ \left[\!\!\left[\ \mathrm{O}\ \right]\!\!\right]_n$$

$$\xrightarrow[\substack{\text{(b)}\\ -X^-}]{} \quad \bar{X}{\longrightarrow}\!\!\left[\!\!\left[\cdots\right]\!\!\right]_n\!\!O{\longrightarrow}O^-$$

$$(7\text{-}17)$$

另一种涉及在不同反应条件下可在两个位置发生反应的一类双位（齿）试剂，如 NO^-、NO_2^-、CN^- 等。如，卤代烃与 NaCN 反应的产物是**腈**（RCN）；若与 AgCN 反应，则由于卤化银沉淀有利于 R^+ 的生成，主要产物是**异腈**（RNC），如式（7-18）所示的两个反应。

$$\mathrm{RX}\ \xrightarrow[\text{AgCN}]{\text{NaCN}}\ \genfrac{}{}{0pt}{}{\mathrm{RCN}}{\mathrm{RNC}} \qquad\qquad (7\text{-}18)$$

亚硝酸负离子（NO_2^-）中的氮原子有较强的亲核性，氧原子有较大的电荷密度，兼具碱性和亲核性。如式（7-19）所示的两个反应，亚硝酸银与伯卤代烃反应主要生成**硝基烷**（RNO_2），与仲卤代烃反应则主要生成**亚硝酸酯**（RONO）。前者是 S_N2 反应，试剂的亲核性起较重要的作用；后者经过 S_N1 历程，碳正离子更易与碱性较强、带负电荷的氧原子反应。

$$\mathrm{AgNO_2}\ \xrightarrow[\mathrm{R_2CHBr}]{\mathrm{RCH_2Br}}\ \genfrac{}{}{0pt}{}{\mathrm{RCH_2NO_2}}{\mathrm{R_2CHONO}} \qquad\qquad (7\text{-}19)$$

环氧乙烷和烯醇负离子的两可反应性参见 8.10 和 9.7.1。

7.8　脱卤反应和还原反应

邻二卤代烃除了能脱卤化氢生成卤代烯烃、炔烃或共轭二烯烃外，在锌、镍等金属或碘负离子存在下还可经过反式共平面脱去一分子卤素生成烯烃。如式（7-20）所示，邻二碘代物脱碘成烯的反应很快，稍稍加热无需外加试剂即可，故烯烃很难与碘发生有效的加成反应。邻二卤代烃主要由烯烃而来，故利用邻二卤代烃脱卤制备烯烃的合成较为少见，但分子内的**脱卤**（dehalogenation）反应可用来制备环烷烃，特别是小环化合物（参见 2.14.3）。

$$\xrightarrow[\mathrm{Me_2CO}]{\mathrm{NaI}}\quad + \ \mathrm{IBr}\ +\ \mathrm{NaBr} \qquad\qquad (7\text{-}20)$$

如式（7-21）所示，各类卤代烃都可用硼氢化钠、氢化铝锂（参见 8.5）、Zn-HCl、Na-NH$_3$(l)、HI 等活性氢还原剂或催化氢解实现卤原子被氢原子取代的反应（**OS** *V*：320）。该还原反应在合成上意义不大，碘代烷和溴代烷比氯代烷更易还原。

$$\mathrm{RCH_2{-}X}\ \xrightarrow{\mathrm{LiAlH_4}}\ \mathrm{RCH_2{-}H} \qquad\qquad (7\text{-}21)$$

7.9　卤苯的反应

卤苯除能进行芳香环上的各种亲电取代反应（参见 6.6.4）外，还能发生芳香亲核取代反应和生成苯炔的反应。

7.9.1 芳香亲核取代反应

卤苯芳环上的大 π 电子云对带负电荷的亲核试剂有很大的排斥作用，故氯苯的水解需要在 400℃高温和 2.5MPa 压力下才能进行。当卤原子的邻、对位上有吸电子共轭取代基而使芳环缺电子时，卤原子所在的碳原子变得活泼而能进行芳环亲核取代反应（substitution nucleophilic aromatic，$S_N AR$），且活性随着邻位、对位上吸电子取代基吸电能力的增强和数目的增多而增大。如式（7-22）所示的 2,4,6-三硝基苯酚的制备。

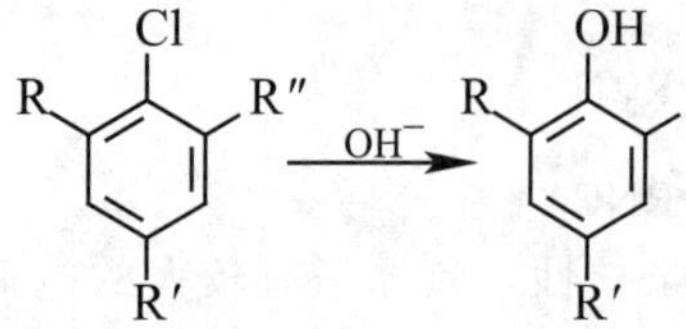

$$R = R'' = H, R' = NO_2; \text{pH} = 14, 160℃$$
$$R = H, R' = R'' = NO_2; \text{pH} = 10, 100℃$$
$$R = R' = R'' = NO_2; \text{pH} = 7, 40℃$$

(7-22)

式（7-22）中成酚的反应看似与亲核取代反应一样，但卤原子的未成对电子和苯环 π 电子有 p-π 共轭，C—X 键带有部分双键性质而不易断裂，故该反应实际上经由如图 7-12 所示的**加成-消除**历程而非 $S_N 1$ 或 $S_N 2$ 机理。反应第一步是决速步，亲核试剂进攻与卤原子相连的芳环上的碳原子形成碳负离子中间体（**1**），1 生成后很快消除卤素负离子生成取代产物。

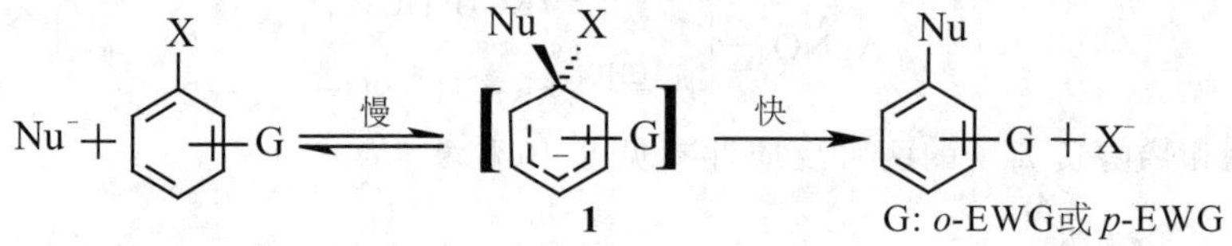

图 7-12　带邻位、对位吸电子取代基（EWG）的芳基卤代烃芳环上的加成-消除反应

芳环亲核取代反应的发生需满足两个条件：①芳环上有位于离去基邻、对位的如 N^+Me_3、CN、CHO、COR、COOH、SO_3H 等吸电子共轭取代基；②亲核试剂的碱性比离去基强。碳负离子中间体（**1**）愈稳定愈易生成也愈易进行亲核取代反应。各类卤代芳烃发生芳环亲核取代反应的活性大小是 F＞Cl＞Br＞I，与 $S_N 1$ 或 $S_N 2$ 机理表现出的相反。氟离子的体积效应最小，C—F 键的极性最大，这两点都有利于亲核试剂的进入。某些芳香亲核取代反应中生成的碳负离子中间体，如 **Meisenheimer 盐**（**2**）已得到分离鉴定。

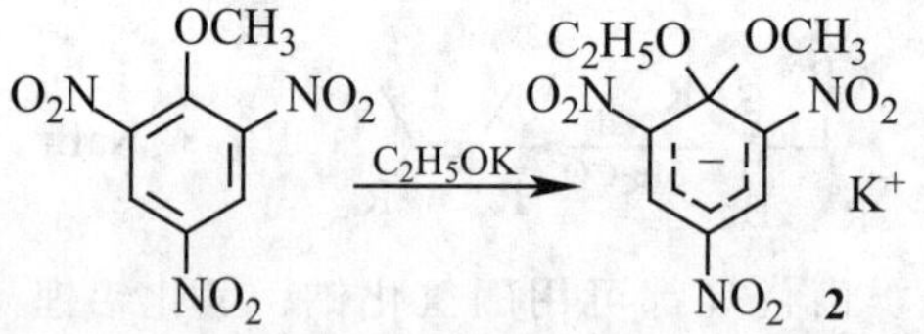

7.9.2 苯炔

如式（7-23）所示，芳基卤代烃在液氨中与氨基碱金属反应，卤原子被取代生成芳香胺，当卤素的两个邻位氢都被取代的没有芳香胺产物生成。

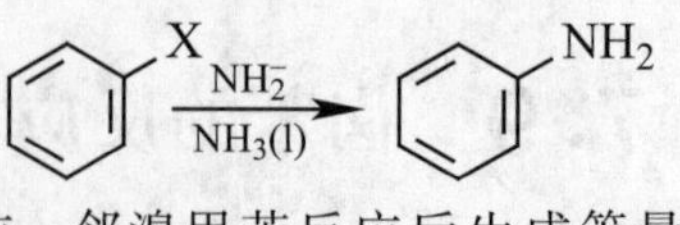

(7-23)

如式（7-24）所示的两个反应，邻溴甲苯反应后生成等量的邻甲苯胺和间甲苯胺的混合物；以 [14]C（1）标记的氯苯反应得到等量的 [14]C（1）的苯胺（**3**）和 [14]C（2）的苯胺（**4**）。亲核取代过程解释不了此类反应。

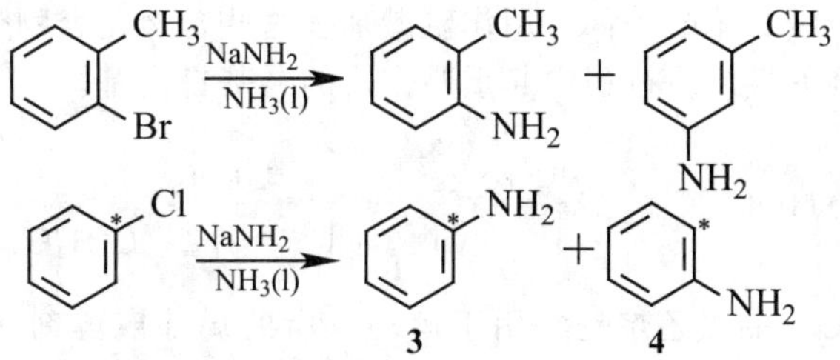

(7-24)

该反应第一步由强碱氨基负离子夺取卤原子邻位上的氢原子生成苯基负离子（**5**），5 脱去卤化氢生成非常活泼的中间体**苯炔**（benzyne，**6**）。苯炔又称 **1,2-脱氢苯**，环的结构使本应线性的叁键被迫弯曲而很不稳定。叁键两个碳原子均有相等的机会接受亲核试剂，如氨基负离子的进攻生成两个新的碳负离子 **7** 和 **8**，7 和 8 再从氨中夺取质子生成两种产率相等的产物 **3** 和 **4**。

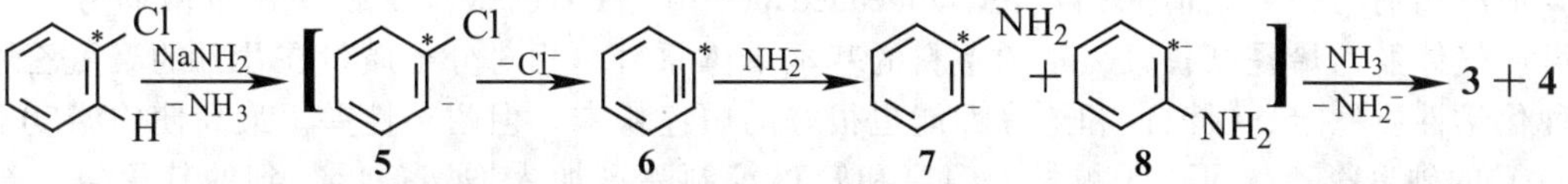

苯炔可用如图 7-13 所示的 3 种结构式表示，碳原子仍是 sp^2 杂化。叁键中一根是 σ 键，一根是参与苯环共轭体系由 p 轨道形成的 π 键，还有一根是由两个 sp^2 杂化轨道借苯环平面的侧面重叠形成的 π 键。与苯环处于同一平面的 π 键不与苯环的共轭 π 键重叠且与之垂直，极易破裂而显示出很强的化学活性。

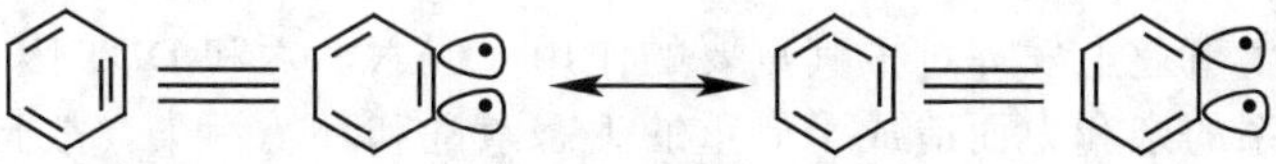

图 7-13　苯炔的结构

7.10　几个常见的卤代烃

商用卤代烃产品已有 15000 多个，广泛用作电子、电缆、涂料、包装和农药行业中的溶剂、润滑剂、除锈剂、胶黏剂、密封剂、绝缘油等。但卤代烃对环境和人类健康生活的负面影响不容忽视，即使毒性相对最小的二氯甲烷和偏三氯乙烷作溶剂使用也需受到严格限制和监控。

氯甲烷是大气层中卤代烃含量最多的一种，主要用作甲基化试剂、低温萃取剂及生产有机硅化物和汽油抗震剂四甲基铅的原料；酸性环境下可被高锰酸钾氧化放出氯气和二氧化碳。**溴甲烷**可作为驱虫熏蒸剂，但毒性和破坏大气臭氧层的作用都很大。有较强溶解能力的**二氯甲烷**不燃且毒性相对较小，常用于金属清洗剂、发泡剂和气雾剂。易燃溶剂中加入少量二氯甲烷可提高其着火点，含 30% 二氯甲烷的有机易燃品就不易着火点燃。又称**氯仿**的**三氯甲烷**有麻醉作用，作为溶剂有非常好的溶解性能，但毒副作用较大。氯仿在存在空气和光照下常温就会分解并产生剧毒的**光气**（**1**），故应放置在深棕色玻璃瓶中避光保存，同时还要混以 1% 的乙醇以增加其稳定性。乙醇有活泼氢原子可与生成的光气反应生成碳酸二乙酯（**2**）。也称**碘仿**的**三碘甲烷**（参见 9.7.3）是一个有特殊嗅味的黄色晶体，可用作外伤防腐药和局部消毒剂。**四氯化碳**是一个常温下对光和空气都很稳定的不燃无色液体。它是一个非常好的溶剂，曾用作灭火剂、干洗剂、去油剂和制备氟里昂的原料，但因有毒、致癌且是严重毁损臭氧的温室气体而已被禁止工业使用。在有机分子中引入卤原子会增强有机化合物阻燃性能，如多卤代苯、溴乙烯、四溴乙烷、十溴二苯醚等都可用作**阻燃剂**。这些含卤化合物受热后产生卤化氢，卤化氢可有效捕获在燃烧的链反应过程中起重要作用的羟基自由基。

$$HCCl_3 \xrightarrow[h\nu]{O_2} HOOCCl_3 \xrightarrow{-HOCl} \underset{\textbf{1}}{\overset{O}{\underset{Cl \quad Cl}{\|}}} \xrightarrow{C_2H_5OH} \underset{\textbf{2}}{\overset{O}{\underset{C_2H_5O \quad OC_2H_5}{\|}}}$$

低沸点（沸点 12℃）的**氯乙烷**是常用于运动场所的**局部麻醉剂**，喷在皮肤上迅速汽化并吸收大量的热量，使皮肤迅速冷却并导致神经末梢麻木。可提高汽油辛烷值的**四乙基铅**（PbEt$_4$）在燃烧过程中放出铅粒并氧化为氧化铅，氧化铅在烃类的燃烧过程中可将烃类过氧化物分解为醛类化合物，从而减少其分解为自由基的机会和汽油蒸气的自燃倾向而起到抗震效果。为了防止 PbO 在汽缸中的沉积，往往在汽油中又加入 **1,2-二氯（溴）乙烷**，使 PbO 形成 PbCl$_2$ 或 PbBr$_2$ 随废气排出，但又造成了大气中的铅污染。加入如甲基叔丁基醚、甲醇等其他添加剂的高辛烷值**无铅汽油**（unleaded petrol）目前已被广泛使用。带微弱芳香气味的可燃气体**氯乙烯**是制备聚氯乙烯塑料的基本单体原料。相对分子质量在几万的聚氯乙烯是一种化学性质稳定、保温性和绝缘性能也很好的白色粉末，但耐热性差。最高使用温度不超过 60℃ 的硬聚氯乙烯可用于板材、门窗和管材等制品；加入增塑剂后得到的软聚氯乙烯可用于雨衣、台布、薄膜和滤布等制品。

又称六六六（hexachlorocyclohexane）的**六氯环己烷**是一个早期应用非常广泛的杀虫剂。合成的六六六已知有 8 种异构体，最稳定的是对人畜有害但杀虫效果欠佳的六个氯原子均处于 e 键向位的 β-异构体（**3**），具最佳杀虫效果的 γ-异构体（**4**）中有三个相邻氯原子处于直立键。最早的人工合成杀虫剂 **DDT**（dichlorodiphenyl trichloroethane，**5**）在杀灭蚊、虱和治疗伤寒、抗疟等卫生事业上发挥过极其重要的作用。但六六六和 DDT 因难以置信的稳定性、迁移性和对生命体系的亲和力而造成了严重的生态紊乱和环境污染，故自 20 世纪 70 年代开始已逐步为世界各国禁用（参见第 17 章）。近年来，工业上被广泛使用的**多氯联苯**类等稳定性很高的添加剂也不时被发现有威胁人类健康的影响，它们不易燃，极稳定，累积于环境而成为严重的**环境毒素**之一，称**持久性有机污染物**（persistent organic pollutants，POPs）。由联合国环境规划署提出并于 2010 年 8 月正式生效的《关于持久性有机污染物的斯德哥尔摩公约》修正案涉及 21 种包括 α-六六六、β-六六六、全氟辛基磺酸、十氯酮、多溴联苯、多溴二苯醚等全球受限和禁用有毒化学品。

苯基卤代物和氯代丙酮、溴代乙酸乙酯等都有催泪作用。

7.11 制 备

卤代烃的合成方法大体上有两类：或是直接在烃类分子中引入卤原子，或是将分子中的其他官能团转变为卤原子。

7.11.1 由烃类制备

烃类的无选择性卤化会生成复杂而很难分离的卤代烃混合物。对称的烃类原料或不同种类的氢原子活性相差较大或在对产物纯度的要求不太高（如，用作溶剂）的情况下可用此方法，如式（7-25）所示氯代环己烷的制备。

$$\text{环己烷} \xrightarrow[h\nu]{\text{Cl}_2} \text{氯代环己烷} \tag{7-25}$$

烯烃和卤化氢加成得到一卤代烃，与卤素加成则可以制备邻二卤代物。炔烃与 HX 的二次加成反应（参见 5.3.2）可得到两个卤原子在同一碳原子上的偕卤代烷，如式（7-26）所示。

$$\text{RC}\equiv\text{CH} \xrightarrow{\text{HX}} \text{RXC}=\text{CH}_2 \xrightarrow{\text{HX}} \text{RCX}_2\text{CH}_3 \tag{7-26}$$

丙烯和甲苯在高温下的自由基氯化链反应是一个非常好的得到 3-氯丙烯和苄基氯的方法，烯丙基或苄基位上的溴代反应还可在很温和的反应条件下用 NBS 为溴化剂来实现（参见 3.10，OS V：825），如式（7-27）所示的三个反应。

$$\tag{7-27}$$

苯环直接卤化得到氯代苯和溴代苯的方法（参见 6.5.1）远比脂肪烃的卤化反应重要，虽然也有多卤代副产物和异构体产生，但它们易于分离精制。卤代芳烃还可应用**重氮盐**来得到（参见 12.8.1）。芳香烃在无水氯化锌存在下与甲醛/HCl 反应，芳环上的氢被氯甲基取代，称**氯甲基化反应**，如式（7-28）所示。

$$\text{ArH}+\text{HCHO} \xrightarrow[\text{HCl}]{\text{ZnCl}_2} \text{ArCH}_2\text{Cl} \tag{7-28}$$

7.11.2　由醇制备

如式（7-29）所示，制备一元卤代物最重要和最为常用的方法是以醇为底物与卤化氢反应（参见 8.3.2）。由叔醇制备叔卤代烷最顺利，伯醇制备伯卤代烷需加热处理并有副反应。羟基转化为卤素是一个可逆反应，卤代烃在水的作用下也可水解为醇。故要控制反应条件，增加醇的浓度及除去反应中生成的水都可促进平衡移向生成卤代烃的方向。

$$\text{ROH}+\text{HX} \rightleftharpoons \text{RX}+\text{H}_2\text{O} \tag{7-29}$$

伯、仲氯代烃通常由醇与 SOCl_2 在碳酸钠或如吡啶等有机碱存在下反应制备（参见 8.3.5），制备溴代烃时用 PBr_3（参见 8.3.6）。SOCl_2 和 PBr_3 这两个试剂的酸性小，反应条件温和，副反应少且产率也较高，如式（7-30）所示的两个反应。

$$\text{ROH} \begin{cases} \xrightarrow{\text{SOCl}_2} \text{RCl}+\text{SO}_2+\text{HCl} \\ \xrightarrow{\text{PBr}_3} \text{RBr}+\text{H}_3\text{PO}_3 \end{cases} \tag{7-30}$$

7.11.3　卤素交换反应制碘代烃

碘代烃可通过**卤素交换**（halide exchange，**Finkelstein 反应**）的方法（**OR** 2：49）[1] 来得到。如式（7-31）所示的反应，卤素钠盐在丙酮中的溶解度是 NaI＞NaBr＞NaCl，NaCl 几乎不溶，利用平衡原理将等物质的量的 NaI 和价廉易得的氯代烃或溴代烃在丙酮溶液中反应

---

[1]　本书中的"**OR** ×：×××"给出某一有机反应的由来、机理、适用范围和实验操作的范例能在权威的自 1921 年开始发行的有机反应（Organic Reactions）丛书的第几卷第几页上查阅到。**OR** 和 **OS** 的首任主编都是著名的化学家 Adams R.。

可得到碘代烃，产率也较高。该反应经过 S_N2 反应（参见 7.4.1），伯卤代物的反应很顺利，仲卤代烷的反应速率较慢，叔卤代烷则不易得到产物。

$$RCH_2Cl(Br)+NaI \xrightarrow{(CH_3)_2CO} RCH_2I+NaCl(Br) \downarrow \qquad (7-31)$$

卤素锂盐在丙酮溶液中的溶解度正好与钠盐相反。故依据同样的原理，利用等物质的量的 LiCl 与溴（碘）代烃在丙酮溶液中反应就可得到氯代烃。该反应的实用意义很小，氯代烃远比溴（碘）代烃价廉易得。

$$RCH_2Br(I)+LiCl \xrightarrow{(CH_3)_2CO} RCH_2Cl+LiBr(I) \downarrow$$

7.12 有机金属化合物

卤代烃可与 Li、Na、Mg、Cu、Zn 及许多过渡金属元素形成含 C—M 键的**有机金属化合物**（organometallic compounds）。金属的电负性都比碳小，卤代烃转化为有机金属化合物后 $C^{\delta+}—X^{\delta-}$ 成为 $C^{\delta-}—M^{\delta+}$，碳原子的电性发生了**极性反转**，负端的碳成为亲核试剂。C—M 键是极性共价键，根据碳与金属的电负性差与碳的电负性之比值得出的各类 C—M 键的离子性百分比为 C—Na（61%）、C—Li（60%）、C—Mg（52%）、C—M（60%）、C—Al（40%）、C—Zn（32%）、C—Cd（32%）、C—Cu（24%），离子性愈大的有机金属化合物的活性也愈大。几类有机金属化合物的活性大小次序为 RNa＞RLi＞RMgX＞R_3Al＞R_2Zn＞R_2Cd＞R_2CuLi。有机金属化合物都没有盐的性质，即使有机锂化物也仅溶于非极性烷烃类溶剂且以有序的四聚体 $(RLi)_4$ 形式出现。

7.12.1 有机镁试剂和格氏反应

如式(7-32)所示，镁可在无水乙醚中与卤代烃反应，Mg 插入 C—X 键生成称**格氏试剂**（RMgX）的烷基卤化镁。制备时常需加入一点碘以除去覆盖于镁金属表面的氧化物来引发反应，在金属镁表面反应生成格氏试剂的反应是放热的，故一旦引发成功后即可慢慢加入卤代烃以保持溶液体系沸腾回流。格氏试剂通常无需分离而直接与底物进行后续反应，全过程称**格氏反应**。Grignard 也因此一创新性工作而荣获 1912 年度诺贝尔化学奖。

$$R—X \xrightarrow{Mg} R—MgX \Longleftrightarrow R^-Mg^+X \qquad (7-32)$$

格氏试剂在各种状态下的结构各不相同，与烷基（R）、卤素原子（X）、温度、溶剂、浓度及相态等均有关系，并有单体和二聚、三聚等多种形式，许多情况下是一个如式(7-33)所示的平衡体混合物。卤代烃生成格氏试剂的活性是伯卤代烃＞仲卤代烃＞叔卤代烃，生成的叔烷基格氏试剂还易与体系中尚存的叔卤代烃发生消除反应；RI＞RBr＞RCl；一般常用价廉且活性也较好的溴代烃；乙醚是常用溶剂，烯（芳）基卤代物需以沸点更高的四氢呋喃（**THF**）为溶剂加热回流才行（**OS Ⅴ：496**）。如图 7-14 所示，四氢呋喃的 Lewis 碱性比乙醚强，氧原子又突出在外，与格氏试剂能紧密配位结合而较好地起到稳定化作用，并抑制制备过程中的歧化或偶联等副反应。格氏试剂能与空气中的水、氧和二氧化碳发生反应，故需在严格无水无氧环境下制备。

$$2RMgX \Longleftrightarrow R_2Mg+MgX_2 \Longleftrightarrow R_2Mg \cdot MgX_2 \qquad (7-33)$$

格氏试剂可与许多化合物反应而在有机合成中有非常重要的应用。

（1）与质子供体反应　格氏试剂是强碱，可与水、醇、羧酸、胺、端基炔烃等众多弱酸的质子供体反应生成烃和相应的镁化物（参见 2.14.2），如式(7-34)所示。利用此类反应可得到纯度很高的烃；在重水中反应还可将卤代烃中的卤原子转化为氘；分析甲基卤化镁与活泼氢化合物反应生成的甲烷量可以确定化合物中活泼氢的数目。

$$R—X \xrightarrow{Mg} R—MgX \xrightarrow{D_2O} R—D \tag{7-34}$$

（2）加成反应　格氏试剂与二氧化碳、环氧化物及极性的如醛、酮、醌、羧酸衍生物、腈等重键化合物进行加成反应形成新的 C—C 键，酸性水溶液处理后得到较大分子的醇、酮、酸等化合物，如图 7-14 所示。

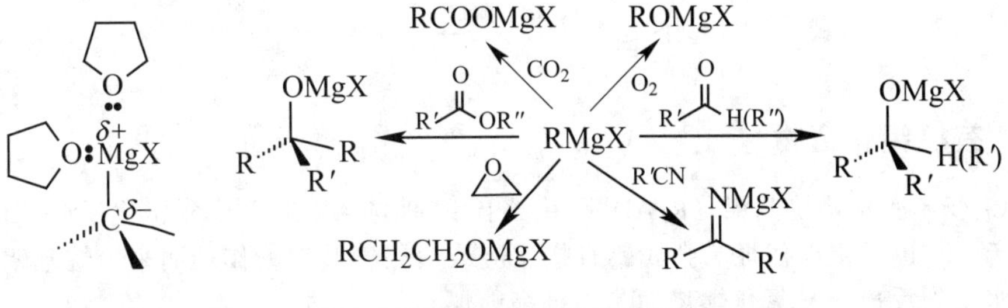

图 7-14　THF 中的格氏试剂和格氏试剂的加成反应

（3）与无机卤化物反应　有机金属化合物可以与电正性更小的金属盐发生**转金属化反应**（transmetallation）。如式（7-35）所示，格氏试剂中的烃基可以取代还原电位比镁低的金属卤化物中的卤素得到**元素有机**（elementoorganic）化合物。元素有机化合物的应用性很广。如，有机硅是性能优良的材料，有机汞和有机锡是杀菌剂，有机镉可用于合成酮，三苯基膦是一个很有用的有机试剂。

$$n\text{RMgX} + \text{MCl}_n \longrightarrow \text{R}_n\text{M} + n\text{MgClX} \tag{7-35}$$

（4）偶联反应　如式（7-36）所示，格氏试剂与烯丙基或苄基卤代物等活泼卤代烃可发生偶联反应（**OS** *I*：186）。

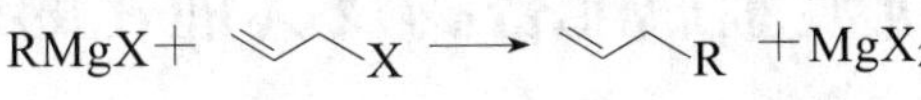

$$\text{RMgX} + \diagup\!\!\!\diagdown\text{X} \longrightarrow \diagup\!\!\!\diagdown\text{R} + \text{MgX}_2 \tag{7-36}$$

7.12.2　有机锂试剂

与格氏试剂相似，1mol 氯代烃或溴代烃与 2mol 金属锂反应生成**有机锂试剂**（organolithium reagent）的同时还生成 1mol 卤化锂。芳基锂还可由溴代芳烃和丁基锂通过卤素-金属交换反应来得到（**OS** *62*：101），如式（7-37）所示。碘代物不宜用来制备有机锂，因为生成的有机锂会进一步与碘代物发生偶联。

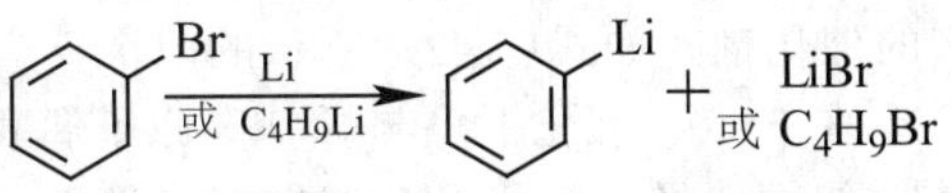

$$\underset{\text{Br}}{\bigcirc} \xrightarrow[\text{或 C}_4\text{H}_9\text{Li}]{\text{Li}} \underset{\text{Li}}{\bigcirc} + \underset{\text{或 C}_4\text{H}_9\text{Br}}{\text{LiBr}} \tag{7-37}$$

有机锂的反应性能与格氏试剂相似但更为活泼，制备和反应时需更严格的无水无氧环境。如式（7-38）所示，因具有较大空间位阻而与格氏试剂不起反应的酮仍可与有机锂试剂作用。有机锂试剂在溶解性能上优于格氏试剂，可溶于乙醚、石油醚、烷烃和苯等多种非极性溶剂中。但在醚中制得有机锂试剂后应直接进行下一步反应而不宜保存，因其与醚也会缓慢作用。有机锂可与碳碳双键发生加成，故也可用于烯烃聚合反应的催化剂（参见 3.15）。

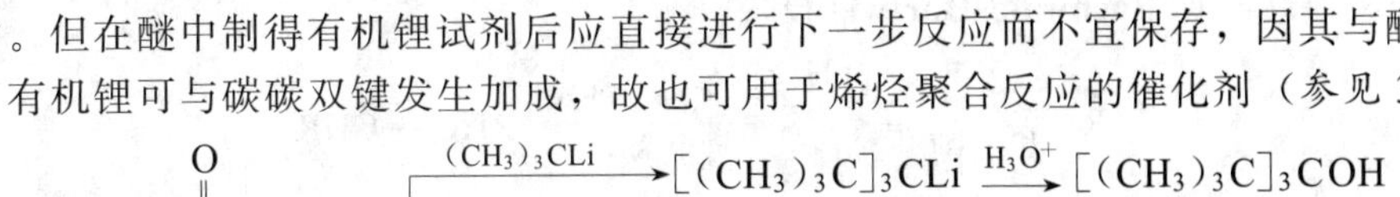

$$(\text{CH}_3)_3\text{C}\overset{O}{\underset{\|}{\text{C}}}\text{C}(\text{CH}_3)_3 \begin{array}{c} \xrightarrow{(\text{CH}_3)_3\text{CLi}} [(\text{CH}_3)_3\text{C}]_3\text{CLi} \xrightarrow{\text{H}_3\text{O}^+} [(\text{CH}_3)_3\text{C}]_3\text{COH} \\ \xrightarrow{(\text{CH}_3)_3\text{CMgBr}} \textbf{X} \end{array} \tag{7-38}$$

7.12.3　有机铜化合物

烷基锂的一个重要用途是与卤化亚铜生成结构尚不十分清楚称 **Gilman 试剂**的二烃基铜锂（R_2CuLi）。如式(7-39)所示，有机铜锂试剂可与烷基或烯基卤代烃发生立体专一性的偶联反应生成烃类化合物（参见 2.14.2），与 α,β-不饱和羰基化合物进行位置选择性的 1,4-加成反应（参见 9.10.2）都是非常有意义的合成反应。

$$\text{\diagdown\diagup\diagdown Br} \xrightarrow{(C_3H_7)_2CuLi} \text{\diagdown\diagup\diagdown\diagup} \tag{7-39}$$

7.12.4　有机铝化合物

如式(7-40)所示，烷基铝（R_3Al）可由格氏试剂与 $AlCl_3$ 经转金属化反应（transmetaltions）而产生，也可由卤代烃与金属铝直接反应或由氢气与铝粉作用而来。烷基铝的热稳定性差，遇水激烈反应，易氧化燃烧而是一种高能燃料。

$$3RMgCl + AlCl_3 \longrightarrow R_3Al + 3MgCl_2 \tag{7-40}$$

烷基铝最主要的用途是用作烯烃聚合反应的催化剂。如，合成聚乙烯的反应可在三乙基铝催化下进行，反应中不断发生 Al—C 键在碳碳双键上的加成，如式(7-41)所示。R_3Al 和 $TiCl_4$ 共存组成的 **Ziegler-Natta 催化剂**使烯烃的聚合反应可在低压下实现且有很好的定向作用（参见 3.15）。

$$Al(C_2H_5)_3 \xrightarrow{H_2C=CH_2} \underset{C_2H_5}{\overset{C_2H_5}{Al-C_4H_9}} \xrightarrow{nH_2C=CH_2} Al[(CH_2CH_2)_n-CH_2CH_3]_3 \tag{7-41}$$

7.13　过渡金属配合物及其催化的偶联反应

绿色的和化学、位置、立体选择性的碳碳成键反应始终是有机合成化学的关键，也是基础有机化学的核心内容之一。前几章学过的碳负离子的加成和亲核取代、Diels-Alder 加成、Friedl-Crafts 烷（酰）基化及以后将介绍的不少反应都是因形成新的碳碳键而得到应用。近30 年来，许多过渡金属配合物参与的以卤代烃为底物的碳碳成键新反应取得成功，更令人注目的是绝大多数此类反应都是使用催化剂的，反应专一而有效，底物中的许多官能团不受影响，无需过量的试剂、溶剂用量和很少的副产物使纯化等后处理操作得以大大简化。钯化物是过渡金属配合物中应用最广的催化剂，如式(7-42)所示的四个反应：很难进行亲核取代反应的烯（芳）基卤代烃[Ar(R)X]在 Pd(0) 催化下可与烯基碳原子偶联，相当于烯基氢原子被烯（芳）基取代，称 **Heck 反应**；终端炔烃、卤代烃和碱在催化量 Cu(Ⅰ) 及 Pd(0) 作用下发生**交叉偶联**（cross coupling），称 **Sonogashira 反应**。有机硼酸（酯）试剂 $R'B(OR)_2$ 可与烯（芳）基碳原子[Ar(R'')X]发生交叉偶联生成 R—Ar(R'')，称 **Suzuki 反应**；芳基卤可与胺或醇发生交叉偶联，称 **Buchwald-Hartwig 反应**。

$$R-X + \underset{R'}{\overset{H}{\diagup}}\diagdown H \xrightarrow[R_3N]{Pd(OAc)_2/PPh_3} RHC=CHR'$$

$$R'-\!\!\equiv\!\!-H \xrightarrow[B]{Cu(Ⅰ)} R'-\!\!\equiv\!\!-Cu \xrightarrow[R-X]{Pd(0)} R'-\!\!\equiv\!\!-R$$

$$Ar—X+RB(OH)_2 \xrightarrow[NaOH]{Pd(0)} Ar—R'$$

$$ArX \xrightarrow[^tBuONa]{Pd(0)} \begin{array}{c} \xrightarrow{RR'NH} ArNRR' \\ \xrightarrow{ROH} ArOR \end{array} \tag{7-42}$$

其他如 Fe、Co、Ni、及 Ti、Zr、Ru、Rh 等众多过渡金属配合物催化下构筑碳碳键的有机反应已占有当代有机合成的中心地位，相关的科学家已分别获得 2005 年度和 2010 年度两次诺贝尔化学奖。

7.14 有机氟化物

有机氟化学（organofluoro chemistry）在有机化学中占有一个相当特殊的地位，其基础研究工作始终与应用发展密切结合。氟的原子半径和 C—F 键长与氢的原子半径和 C—H 键长相近，氟取代氢后有**伪拟作用**（mimic effect）。但 C—F 键的键能比 C—H 键的大得多，氟化物的热稳定性、抗氧化性和抗代谢作用都较好。

氟极大的电负性改变了化合物的电荷效应、酸碱性、偶极矩、分子构型和邻近基团的反应性等理化性能。外层电子在较小的氟原子中离核很近而被牢牢控制，较强碱性的小体积氟离子不是一个好的离去基团。与重键相连的氟原子因强电负性诱导效应使重键电子云密度降低，p-π 给电子共轭效应使 π 电子云移向 β-碳原子。体积与异丙基相近、对药物设计和应用有重要意义的**三氟甲基**（CF₃）是脂溶性最大的基团，C—F 键也有 σ-π 超共轭效应，但使 β-碳原子缺电子，如图 7-15 所示。单氟烃因易于消除氟化氢而稳定性较差；多氟烃，特别是同碳多氟烃和全氟烃都相当稳定。烷烃分子中的氢原子被氟原子取代愈多相对分子质量愈大，但沸点未必随之升高。如，二碳氟代烃中 CH_3CF_3 的沸点（$-47℃$）比 C_2H_5F 的（$-32℃$）和 CH_3CHF_2 的（$-25℃$）都低，C_2F_6 的沸点（$-78℃$）最低。氟原子的可极化性极小，氟代烃的极性也很小。

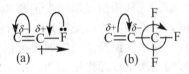

图 7-15　烯基氟的 p-π 共轭效应（a）和 CF₃ 的 σ-π 超共轭效应（b）

含氟生理活性物质的研究始于 20 世纪 40 年代，一些毒性植物的剧毒性是与氟乙酸（FCH_2COOH）有关的发现大大推动了氟化物在毒性及药物方面的研究。不少偶数碳原子的氟化物有毒，与它们在体内代谢生成剧毒的氟乙酸有关。氟原子的存在可增加分子在细胞膜上的脂溶性，提高药物的吸收和传递速率，在特效性和转化降解等性能上往往有惊人的效果。含氟药物已经占到药物品种的一半，从麻醉剂、人造血液到人造组织都有应用。无毒不燃的 $CF_3CBrClF$、$CF_3CHClOCHF_2$ 等吸入容易、起效迅速而成为最常用的一类麻醉剂。全氟碳烷的溶氧量是水的 20 倍，可作为生物体内氧气运载的担体，这与它们的表面张力低、分子间引力小、运动黏度低及分子疏松堆积而有足够空间供氧气分子自由进出有关。

无色无嗅的**四氟乙烯气体**（沸点 $-76℃$）易与氧形成易爆的过氧化物。高纯度四氟乙烯聚合而成的**聚四氟乙烯**被赋予**塑料王**的美称。聚合物分子中聚乙烯上的碳原子在同一平面内呈锯齿状展开，而聚四氟乙烯取螺旋状线圈结构，形成在扭曲的碳链表面被氟原子包围的一个棒状分子。键能大、极化率小的 C—F 键不易断裂，大小相当的氟原子形成的屏蔽使最小的氢也很难进入 C—F 键。聚四氟乙烯不溶于各种溶剂，有非常好的耐热、耐磨性能且摩擦系数小，化学稳定性也是合成树脂中最高的。它在低温（$-260℃$）时仍有韧性，250℃ 以下长时间加热，其力学性能无任何变化；另外还有非常好的疏水疏油性和非粘接性，也不导电，是一个极好的电气绝缘材料。除聚四氟乙烯外，聚氟乙烯、聚三氟氯乙烯及与其他烯烃的共聚物在离子交换膜、固体电解质、涂料、塑料、橡胶和特种工程塑料等许多新材料中都已得到应用。石墨烯（参见 6.12）经氟化后制得的材料也有聚四氟乙烯的耐高温、高强度和稳定性好等优异性能。

Midgley 在 1928 年得到的二氯二氟甲烷（CCl_2F_2）是氟化学发展中的一个里程碑。**氟氯烃**的研究极大地改善了人类的生活质量，但同时又造成了很大的环境污染问题。氟氯烃的商品名为**氟里昂**（freon），简名 F×××。如图 7-16 所示，F 后第一个阿拉伯数字由分子中的碳原子数减去 1 所得，只有一个碳原子的数字 0 可略去；第二个数字等于氢原子数加 1；第三个数字代表氟原子数。溴原子数用 B× 置于 F××× 后，异构体用字母放在数字最后，环状物加 C，如全氟环丁烷（FC318）。

CCl_2F_2	$CHCl_2F$	$CClF_2CCl_2F$	CCl_2FCClF_2	$CBrF_3$	$CBrF_2CBrF_2$	CCl_3CF_3
F12	**F21**	**F113**	**F114**	**F13B1**	**F114B2**	**F113a**

图 7-16　几个氟里昂的简名

易液化的氟里昂类气体是最常用的**制冷剂**，具有安全性高、不燃不爆、无嗅无毒等优良性能。**气溶剂**是氟里昂的另一大用处，广泛用于化妆品、农药、涂料、油漆和喷雾剂等。作为成泡气体用的氟里昂**发泡剂**和利用氟里昂的溶解性和化学惰性作**干洗剂**使用的领域也相当可观。商品名为**哈龙**（Halon）的**氟溴烃**曾是一类被广泛用于交通工具、火箭、海上钻井平台和精密机械及图书馆的灭火剂。它们的作用机理与四氯化碳相似，电导率低，不像水性灭火剂有次生破坏作用。如，用于航空发动机灭火的哈龙 1301 的优异的有效性能和可操作性能至今仍无可替代。但氟溴烃价格昂贵，对臭氧层的破坏也最强，我国已明确规定自 2010 年起，除特殊用途外禁止生产使用哈龙。

20 世纪 90 年代初氟里昂在全世界的年产量已达 100×10^4t 以上。由于其特别稳定的化学性能，不易分解而残留在大气中并不断升空，这引起了人们对其最终去向的注意。地球大气层的组成如图 7-17 所示，1985 年的一份报告指出，离地表约 25km 的**平流层**内的臭氧层浓度正以每年 1% 以上的速率降低，南极上空于 1987 年已出现**臭氧层空洞**（ozone hole）[1]。稳定的在接近地表约 10km 内的**对流层**内不会分解的氟里昂和氮氧化物到达平流层后可吸收 260nm 波长以下的阳光，分解出与臭氧作用的卤素原子，生成卤氧自由基并引发链反应，一个卤素原子可破坏众多臭氧分子从而造成对臭氧层的破坏作用。贴近地面的臭氧是一种污染和致癌剂，但高高浮于臭氧层中的臭氧可以吸收 <290nm 的紫外线。臭氧层一旦出现空洞，每受到 1% 的破坏，抵达地球表面的有害紫外线将增加 2% 左右，这使得植物生长受到抑制，生物体 DNA 中相邻的胸腺嘧啶发生二聚而造成基因改变并损伤细胞。1995年，诺贝尔化学奖授予 **Crutzen**、**Rowland** 和 **Molina** 三位科学家，以表彰他们自 20 世纪 70 年代以来对氟里昂造成大气层臭氧空洞的出色研究工作。20 世纪 80 年代末以后，国际上已经接连签署了多个关于限制生产、使用氟里昂的协议。氟里昂从地球表面扩散上升到平流层

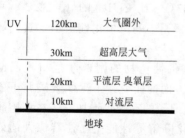

图 7-17　地球大气层示意图

---

[1]　0℃ 标准海平面压力下 5～10m 厚的臭氧层定义为一个**布森单位**。臭氧层平均厚度 ≥276 个布森单位是安全界限，低于 220 个布森单位时会出现臭氧层空洞。2010 年年初时地球上臭氧层达到 283 个布森单位，属于安全但需亟待改善的状态。

约需 10 年时间，目前残留在大气中的这些氟里昂化合物还要等几十年后才会消失。无毒不燃无腐蚀、与氟里昂兼容且对地表增温潜值较低的氟里昂代用品的研究已广泛受到重视和应用。这些氟里昂代用品主要包括含氢的氟里昂。如，因有 C—H 键在到达臭氧层之前的对流层里就能分解的 **F22**（$CHCl_2F_2$）、**F123**（$CHCl_2CF_3$）、**F32**（CH_2F_2）、**F125**（CHF_2CF_3）和 **F134a**（CH_2FCF_3）等；有的替代品是不含氟和氯的化学品，如精制石油气和二甲醚、烷烃、氮气、二氧化碳等。此外，回收和分解氟氯烃的研究工作也正在进行。臭氧问题、酸雨与因**温室效应**于 1997 年通过的《京都议定书》中明确提出要削减排放的二氧化碳、甲烷、氧化亚氮、氟里昂、全氟碳化物及六氟化硫六种温室气体一样，都是超越国界并需要地球上的每一个居民共同努力解决的问题。此外，来自化石燃料不完全燃烧产生的**炭黑**（black carbon）和**烟尘**（soot）对气候变暖产生的影响也已引起更多的重视。

7.15 卤代烃的质谱解析

卤代烃的波谱解析中以 MS 提供的信息最为重要和直接。脂肪族卤代烃的分子离子峰一般很弱，芳香族卤代烃的分子离子峰较强。氟和碘是同位素纯的元素，氯、溴各有两个同位素且它们的重同位素丰度相当高：^{37}Cl：^{35}Cl 近似于 1：3；^{81}Br：^{79}Br 近似于 1：1。故分子离子或碎片离子区域内的 M、M+2、M+4、…离子峰的强度比能明确提示出分子中氯和溴原子的数目。如图 7-18 所示，含一个氯或一个溴原子的分子离子或碎片离子区域内有相隔两个质量单位且强度比约为 3：1 或 1：1 的两个峰。

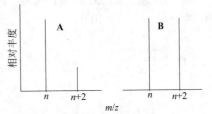

图 7-18 含一个氯原子（**A**）或一个溴原子（**B**）的分子离子及碎片离子区域有相差两个质量单位且强度比为 3：1 或 1：1 的两个峰

氯代烷烃还常在质谱仪中发生消除反应，形成 $[M-HX]^{+\cdot}$ 和 $[M-X]^+$ 的碎片离子峰及 $[C_nH_{2n-1}]^+$ 和 $[C_nH_{2n+1}]^+$ 系列离子。图 7-19 是 1-氯丁烷的质谱图，分子离子峰很弱，可见 $[M-C_2H_5]^+$ 的碎片离子峰 m/z 63（5）及其同位素碎片离子峰 m/z 65（2）、$[M-C_3H_7]^+$ 的碎片离子峰 m/z 49（3）及其同位素碎片离子峰 m/z 51（1），基峰是 $[M-HCl]^{+\cdot}$ 的碎片离子峰 m/z 56（100）。

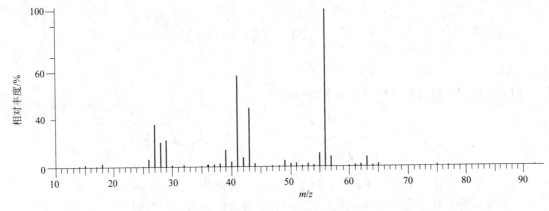

图 7-19 1-氯丁烷的质谱图

图 7-20 是氯苯的质谱图：可见 m/z 112（$M^{+ \cdot}$，100）、114（$M+2$，32）和碎片离子峰 m/z 77（$M-Cl$，52）。

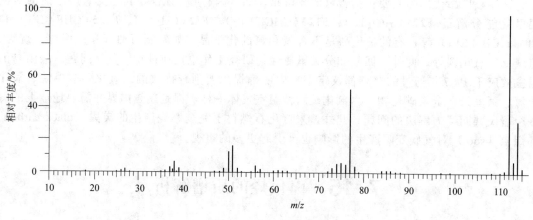

图 7-20 氯苯的质谱图

图 7-21 是溴苯的质谱图：可见 m/z 156（$M^{+ \cdot}$，59）、158（$M+2$，58）和 $[M-Br]^{+ \cdot}$ 碎片离子峰 m/z 77（100）。

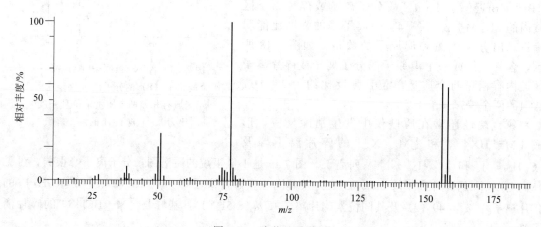

图 7-21 溴苯的质谱图

━━━━ **习 题** ━━━━

7-1 给出：

（1）下列四个化合物（**1**~**4**）的系统命名。

（2）下列化合物的结构式并指出各属于伯、仲、叔卤代物的哪一类？
一氯戊烷的所有异构体，其中哪几个有手性？哪几个只有两种氢？

（1R，2S）-1-甲基-2-氯环己烷（**5**）；（3R，5R）-3,5-二甲基-3-溴庚烷（**6**）。

（3）下列两个反应的所有产物，这些产物有无手性？

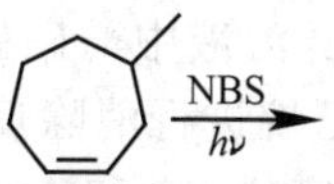

（4）下列 16 种溶剂（**7**～**22**）中适于制备格氏试剂的。

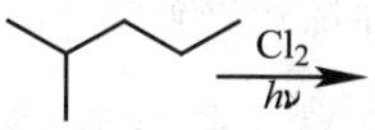

C_6H_{14}（**7**）、C_6H_6（**8**）、己-1-烯（**9**）、己-2-烯（**10**）、己-1-炔（**11**）、己-2-炔（**12**）、CCl_4（**13**）、$CHCl_3$（**14**）、CH_3OCH_3（**15**）、$CH_3OCH_2CH_2OCH_3$（**16**）、CH_3CH_2OH（**17**）、CH_3COCH_3（**18**）、CH_3COOCH_3（**19**）、环氧乙烷（**20**）、四氢呋喃（**21**）、二氧六环（**22**）。

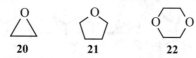

（5）烷基锂（RLi）分别与含活泼氢的化合物及醛（酮）、环氧乙烷、二氧化碳的反应产物。

（6）一分子环戊二烯与一分子氯化氢进行加成反应的产物。

7-2 解释：

（1）氟原子的体积与氢原子相仿，但氟代烷烃的沸点比烷烃高；同碳数的卤代烃的沸点高低次序是 RI＞RBr＞RCl＞RF；同分异构的卤代烃中正构的沸点相对最高，支链愈多的愈低；CH_3CH_2F、CH_3CHF_2、CH_3CF_3、CF_3CF_3 的沸点各为 $-38℃$、$-26℃$、$-47℃$、$-78℃$。

（2）四个卤甲烷的偶极矩是氯甲烷最大，碘甲烷最小。

（3）氟的电负性比氯大得多，但 $CHCl_3$ 易失去质子生成三氯甲基负离子（Cl_3C^-），CHF_3 却不易失去质子。

（4）反-1,2-二溴环己烷在非极性溶剂中有比例相近的 a,a-和 e,e-二溴构象组成，在极性溶剂中全取 e,e-二溴构象组成。

（5）（S）-3-甲基己烷进行自由基溴代反应生成一个非光学活性的 3-甲基-3-溴己烷。

（6）3-溴丁-1-烯、1-溴丁-2-烯与 $NaOCH_3/CH_3OH$ 的取代反应有相同的反应速率和产物组成。

（7）全氟叔丁基氯甲烷[$(CF_3)_3CCl$]很难进行亲核取代反应。

（8）卤原子接在桥头碳原子上的桥环卤代烃不易发生亲核取代反应。

（9）溴代正丁烷与叠氮化钠（NaN_3）在 DMSO 中的亲核取代反应比在乙醇中快得多。

（10）正丁基氯在含水乙醇中进行碱性水解的速率随含水量的增加而下降，但叔丁基氯在含水乙醇中进行碱性水解的速率则随含水量的增加而增加。

（11）1-氯丁烷在含水乙醇中与 NaOH 反应生成正丁醇，加入少量 NaI 后反应速率明显加快。

（12）氯代环己烷发生 S_N2 或 S_N1 反应的速率都比氯代环丙烷大。

（13）浓 HBr 水溶液可与乙醇反应得到溴乙烷，浓 NaBr 水溶液不与乙醇反应。

（14）1-氯己-2,4-二烯（$CH_3CH=CHCH=CHCH_2Cl$）发生水解反应能生成几个产物？它们的相对比例如何？

（15）内消旋 2,3-二溴丁烷脱溴化氢给出 E-2-溴丁-2-烯，光活性的底物给出 Z-产物。

（16）化合物 **1** 反式消除 HBr 或 DBr 后得到的丁-2-烯产物的结构。**2** 经过同样的消除反应后得到的主要产物应有怎样的结构？

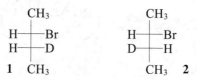

（17）Z-1,2-二氯乙烯消除 HCl 的反应速率比 E-式异构体快。

（18）2,2-二甲基-3-碘丁烷在乙醇溶液中与硝酸银反应可生成 3 种烯烃产物。

（19）顺-和反-1-叔丁基-4-溴环己烷进行消除反应，何者更快一点？

（20）为何下列两个立体异构体底物（**3** 和 **4**）发生消除反应的速率不等，得到的烯烃产物也不同？

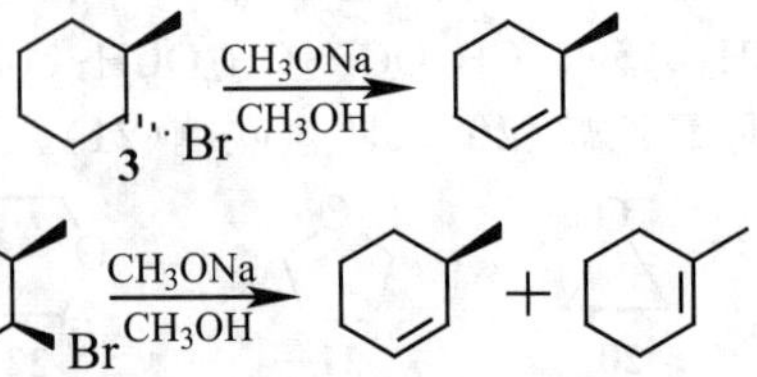

（21）两个立体异构体底物 **5** 和 **6** 消除溴化氢生成不同的产物。

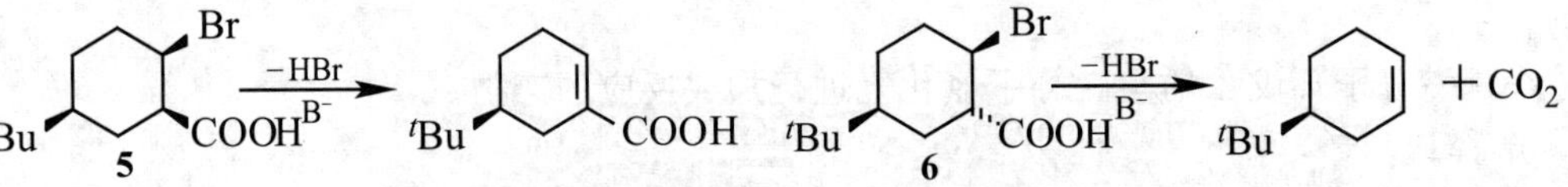

（22）蓋基氯（1R-甲基-4S-异丙基-3R-氯代环己烷）在 100℃/1mol/L EtONa 的乙醇溶液中发生消除反应生成一个产物；在 80℃/0.01mol/L EtONa 的 80% 乙醇溶液中发生消除反应生成两个产物。

（23）邻二卤代物 1-叔丁基-3trans,4cis-二溴环己烷（**7**）可发生脱卤反应生成烯烃，其立体异构体（**8**）则不发生此类反应。

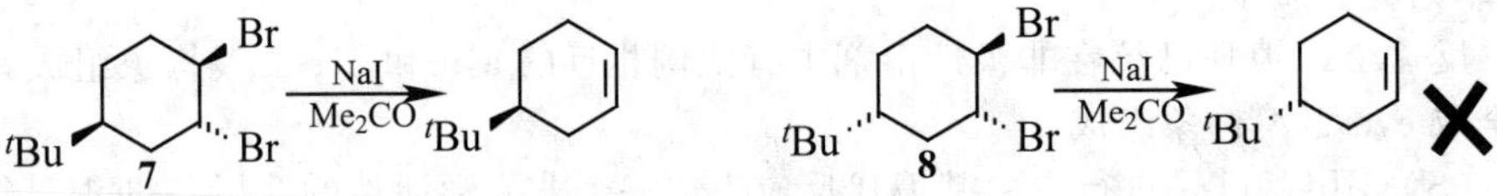

（24）有人提出 2-溴丁烷在乙醇中用乙醇钠反应得到丁-2-烯的反应有如下机理，该机理是否合理？

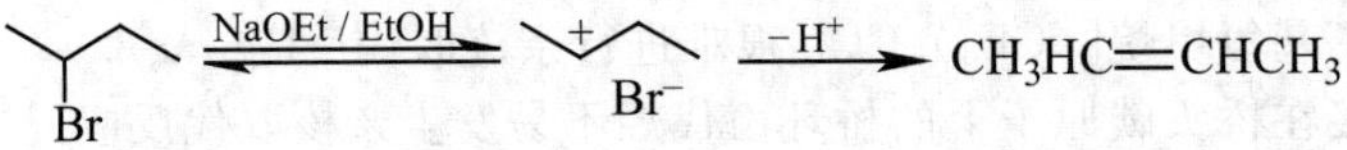

（25）各类卤代烃遵守 Zaitsef 规则的倾向趋势为 RI＞RBr＞RCl＞RF。如，2-碘、2-溴、2-氯和 2-氟丁烷在甲醇溶液中与甲醇钠反应生成的消除产物中丁-2-烯与丁-1-烯之比依次为 4.0、2.6、2.0 和 0.4。根据这一结果分析不同卤代烃进行消除反应的过渡态。

（26）3-溴戊-1-烯与乙醇钠在乙醇溶液中反应的速率与底物及乙醇钠的浓度均有关，产物是 3-乙氧基戊-1-烯；3-溴戊-1-烯与乙醇反应的速率仅与底物有关，产物除了 3-乙氧基戊-1-烯外还有 1-乙氧基戊-2-烯。

（27）3-氯吡啶在液氨中与 NH₂Li 作用主要生成 3-和 4-氨基吡啶。

（28）叔丁基锂与丙烯基溴可发生卤素-金属交换反应得到丙烯基锂，但叔丁基锂需 2equ. 才好。丙烯基锂与叔丁基溴不会发生卤素-金属交换反应得到叔丁基锂。

（29）烯丙基格氏试剂不易制备。下列反应得到的主产物是 **7** 而不是由格氏试剂中与镁相连的碳原子进攻羰基生成的产物（**8**）。

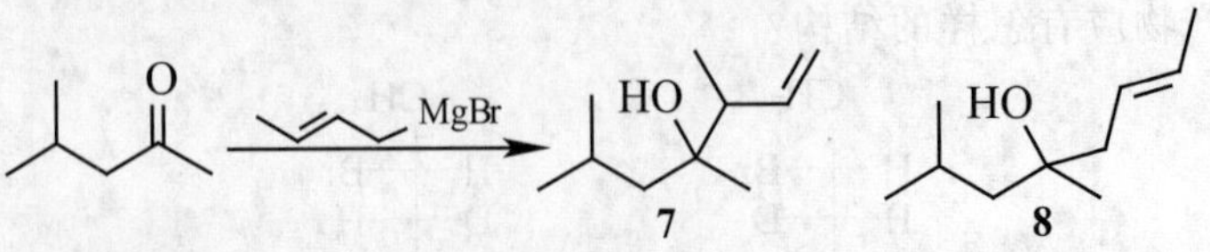

（30）下列四个反应的过程：

① （structure） $\xrightarrow{\text{MeOH}}$ （structure）　② （structure） $\xrightarrow[h\nu]{\text{NBS}}$ （structure）

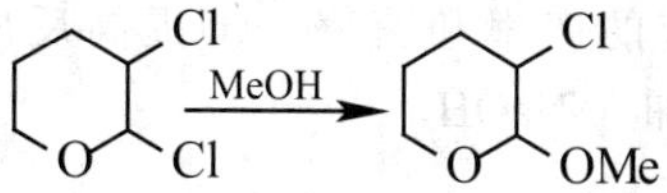

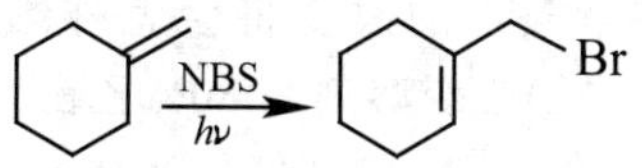

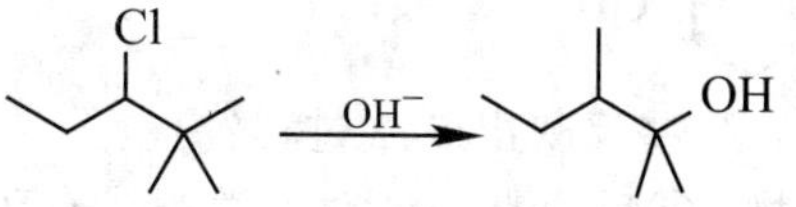

③ （structure） $\xrightarrow{\text{OH}^-}$ （structure）　④ （structure） $\xrightarrow{\text{Br}_2}$ （structure）

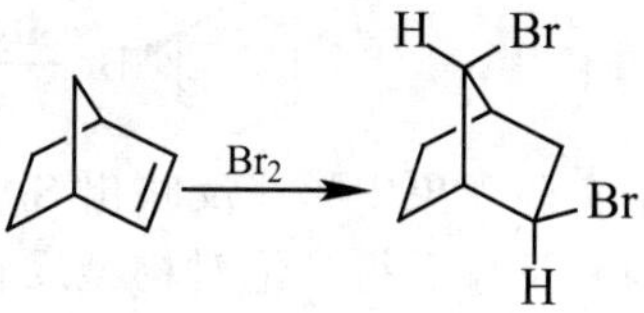

7-3 指出下列六个反应中可能有的错误：

（1）$CH_3CH_2F \xrightarrow[(2)\ D_3O^+]{(1)\ Mg} CH_3CH_2D$　（2）$CH_3CH_2Br \xrightarrow[D_3O^+]{Mg} CH_3CH_2D$

（3）（structure） $\xrightarrow[h\nu]{\text{NBS}}$ （structure）　（4）（structure） $\xrightarrow[\text{RO—OR}]{\text{HCl}} (CH_3)_3CCl \xrightarrow{\text{NaCN}} (CH_3)_3CCN$

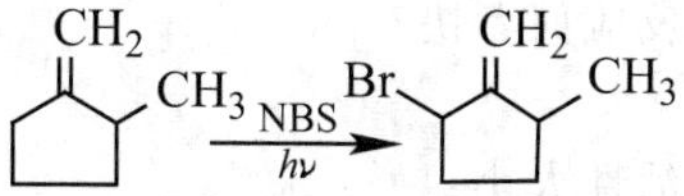

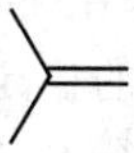

（5）

$$CH_3CH_2CH_2Br + H_2C\!=\!CHBr \xrightarrow{\text{Na}} CH_3CH_2CH_2CH\!=\!CH_2 \xrightarrow{I_2} CH_3CH_2CH_2CHICH_2I$$

（6）

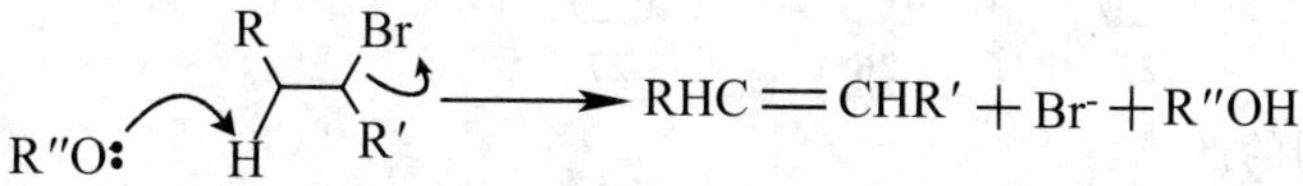

$$\longrightarrow RHC\!=\!CHR' + Br^- + R''OH$$

7-4 比较：

（1）下列两对化合物进行 S_N2 反应的活性大小：

① CH_3Br（**1**）和 CH_3Cl（**2**）；② $(CH_3)_2CHCl$（**3**）和 $CH_3CH_2CH_2Cl$（**4**）

（2）下列四个溴代物（**5～8**）进行 S_N1 反应的活性大小：

$CH_3CH_2CH_2Br$（**5**）；$CH_3CHBrCH_3$（**6**）；$CH_2\!=\!CHCH_2Br$（**7**）；$CH_2\!=\!CBrCH_3$（**8**）

（3）下列三个氯代物（**9～11**）进行溶剂解反应的活性大小：

（structures **9**, **10**, **11**）

（4）下列七个氯代物（**12～18**）进行溶剂解反应的活性大小：

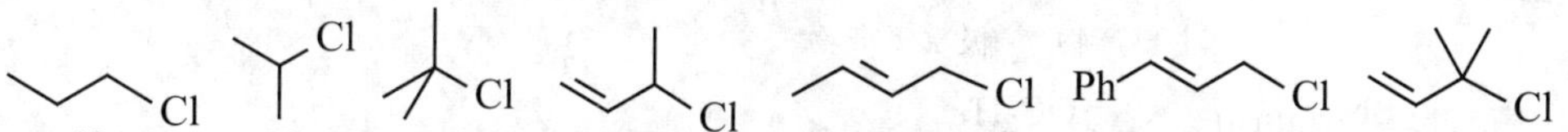

（structures **12**, **13**, **14**, **15**, **16**, **17** Ph, **18**）

（5）下列六个化合物（**19～24**）在丙酮中与碘化钠进行取代反应的活性大小：

CH_3Cl　$^nC_4H_9Cl$　$(CH_3)_2CHCl$　（structure）Cl　$PhCH_2Cl$　CH_3OCH_2Cl

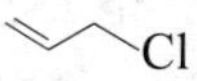

19　　**20**　　　**21**　　　　**22**　　　**23**　　　**24**

（6）下列两个亲核取代反应是可发生的还是不能进行的或进行很慢的？

① $C_2H_5F + I^- \longrightarrow C_2H_5I + F^-$　② $C_2H_5NH_2 + I^- \longrightarrow C_2H_5I + NH_2^-$

（7）下列五对反应中哪一个快一些？为什么？

①CH_3I 与 NaOH 或 NaSH 在水溶液中反应；②C_2H_5Br 与 NaSH 在甲醇或 DMF 中反应；③C_2H_5Br 与 1.0mol/L 或 2.0mol/L NaSH 反应；④2,2-二甲基-1-氯丙-2-烯或叔氯丁烷的溶剂解反应；⑤苄基氯、4-甲氧基苄基氯和 4-硝基苄基氯室温下与甲醇的溶剂解反应。

（8）下列每一个条件的改变将会怎样影响下列反应的产率和速率：①提高反应温度；②把CH₃改为 CF₃；③改变溶剂为 80%乙醇水溶液；④加入 NaOH。

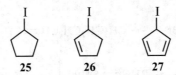

（9）下列六个实验现象中哪些反映出 S_N1 过程，哪些反映出 S_N2 过程？

①光学活性原料反应后得到绝对构型反转的产物；②反应是一级动力学；③有碳正离子中间体；④叔卤代烷比仲卤代烷反应快；⑤反应速率取决于离去基团；⑥反应速率与亲核试剂的活性有关。

（10）要得到亚甲基环己烷应该用环己基溴甲烷还是 1-甲基-1-溴环己烷为底物？

（11）环戊二烯和环庚三烯在 BuLi 作用下与 CH₃I 反应何者快？

（12）烯基取代的碳正离子和铵离子的稳定性大小。

（13）下列三个碘代物（**25～27**）进行 S_N1 反应的活性大小：

25　　**26**　　**27**

（14）下列两个反应产物的产物：

① $\xrightarrow[\text{DMSO}]{\text{CN}^-}$　　② $\xrightarrow[\text{DMF}]{^t\text{BuO}^-}$

（15）叔丁基氯在乙酸、乙醇、甲酸、水溶剂体系中发生 S_N1 反应的活性大小。已知这四个溶剂的相对介电常数（ε）各为 6、25、59、78。

7-5　通过底物、产物的结构及反应条件分析下列四个反应中影响亲核取代和消除反应的竞争因素。

（1） $\xrightarrow[\text{C}_2\text{H}_5\text{OH}]{\text{C}_2\text{H}_5\text{ONa}}$ OC₂H₅（主要产物）＋ （次要产物）

（2） $\xrightarrow[\text{HOAc}]{\text{NaOAc}}$ OAc（主要产物）＋ （极次要产物）

（3） $\xrightarrow[\triangle]{\text{C}_2\text{H}_5\text{OH}}$ OC₂H₅（主要产物）＋ （次要产物）

（4） $\xrightarrow[\text{DMF}]{\text{NaCN}}$ CN（主要产物）＋ （次要产物）

7-6　通过立体化学信息给出下列两组反应中各步反应的过程：

（1） Cl $\xrightarrow[\text{Me}_2\text{CO}]{\text{NaI}}$ I $\xrightarrow[\text{H}_2\text{O}]{\text{OH}^-}$ OH

（2） OH $\xrightarrow{\text{HCl}}$ Cl ＋ Cl

7-7　由指定底物和≤C₃的试剂合成目标化合物：

（1）$CH_3CH=CH_2 \longrightarrow CH_2ICH(OH)CH_2I$　　（2）

（3） 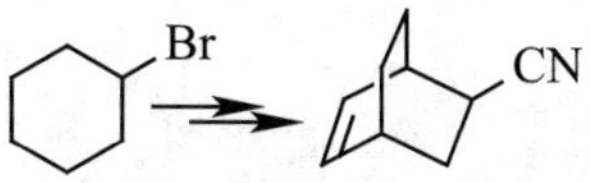　　　　　　　　　　　（4）

（5） 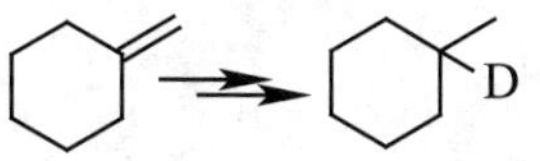　　　　　　　　　　　（6）

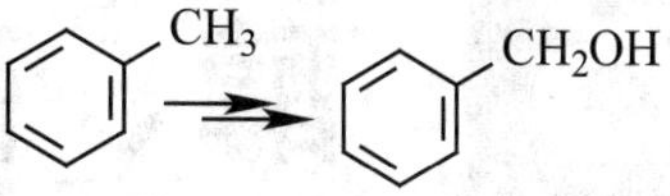

（7）$CH_3CH_2Br \longrightarrow \begin{array}{l} CH_3CH_2D \text{ 或} \\ CH_3CH_2CN \text{ 或} \\ CH_3CH_2CH_2CH_3 \end{array}$

7-8 根据反应推导出各个化合物的结构：

（1）化合物 **1**，分子式为 C_7H_{16}，光照下与氯气反应生成四种一氯代物 **2**、**3**、**4**、**5**，**4** 和 **5** 是对映异构关系。

（2）化合物 **6**，分子式为 C_5H_9Br，有光学活性，与 $AgNO_3/EtOH$ 溶液反应立即产生沉淀，与 Br_2/CCl_4 溶液反应生成等量的光学活性的 $(R,R)\text{-}C_5H_9Br_3$ 和内消旋体。

7-9 试用化学方法鉴别下列两组化合物 1～6 和 7～10：

（1）

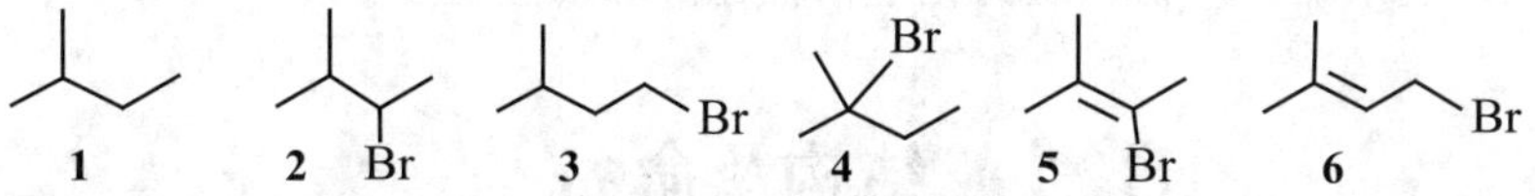

（2）

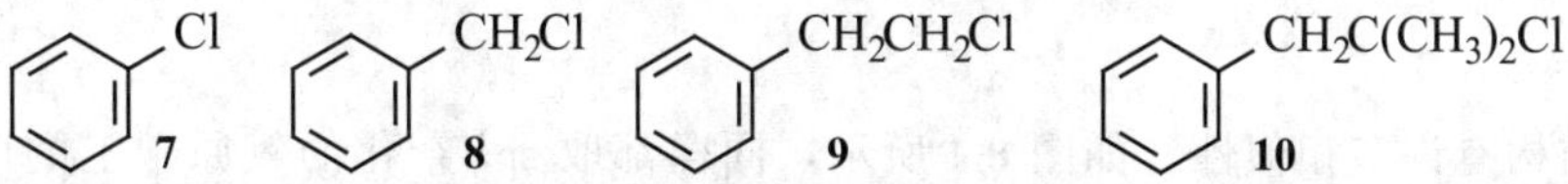

7-10 根据谱图数据解析下列四个化合物的结构。

化合物 **1**，分子式为 $C_3H_6Br_2$，δ_H：3.70（4H，t）、2.45（2H，五重峰）。

化合物 **2**，分子式为 C_7H_7Br，MS：170（90），172（89），91（100），65（30）。

化合物 **3**，分子式为 C_8H_9Br，δ_H：7.40（2H，dd）、7.05（2H，dd）、2.70（2H，q）、1.05（3H，t）；δ_C：139、131、130、120、29、18。

含有氯和溴的化合物 **4**，元素分析 C 18.98，H 1.59；MS：190（M^+，10）、192（16）、194（7）、110（100）、112（65）、114（45）；IR（cm^{-1}）：3100、1610；δ_H：5.9～6.3（1H，t）、4.0（2H，d）；δ_C：157.1、81.3、18.7。

8 醇、酚和醚

醇（ROH）、酚（ArOH）和醚（ROR′）都有 C—O 单键，醇和酚的氧原子连有活泼氢而具**羟基**（OH）官能团，羟基与烃基 $C(sp^3)$ 相连的化合物称**醇**（alcohol），与苯（芳香）环 $C(sp^2)$ 相连的称**酚**（phenol），两者的性质有相似，更有不同；醚的 C—O 单键上的氧原子以单键还连有另一个碳原子，故可看作是水分子中的两个氢原子被烃基取代所得到的产物，或是两分子醇之间的脱水缩合产物。醚的化学活性比醇和酚差得多。

8.1 结构及命名

醇和水的结构有许多相似性。如图 8-1 所示，同样都取 sp^3 杂化的氧原子上的两个轨道都容纳两对孤对电子，另两个轨道在醇或水中各与碳原子的 sp^3 轨道、氢原子的 1s 轨道或

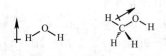

图 8-1　水与甲醇的结构

两个氢原子的 1s 轨道重叠成键。乙醇和水的偶极矩都指向氧原子且数值也较为接近，各为 $5.75 \times 10^{-30} C \cdot m$ 和 $6.20 \times 10^{-30} C \cdot m$。甲醇的 $\angle COH$、$\angle HCO$ 和 $\angle HCH$ 各为 $108.9°$、$110°$ 和 $109°$，水的 $\angle HOH$ 为 $104.5°$；甲醇和水的 O—H 键长相同（0.096nm），但碳的共价半径较氢大，故 C—O 键长

（0.143nm）也较长。比 C—H 键长（0.109nm）短得多的 O—H 键因氧的较大电负性而是高度极化的，O—H 键中含部分正电荷的氢与另一个醇分子中带部分负电荷的氧互相吸引而生成分子间氢键（参见图 8-5）。

醇的命名方法与卤代烃相似，可用烃基的名称加上"醇"字或视为甲醇的衍生物来命名。如：异丙醇$[CH_3CH(OH)CH_3]$、异丁醇$[(CH_3)_2CHCH_2OH]$、仲丁醇$[CH_3CH_2CH(OH)CH_3]$、叔丁醇$[(CH_3)_3COH]$、甲基二乙基甲醇$[(C_2H_5)_2C(OH)CH_3]$等。系统命名醇的方法与卤代烃的相似，但卤代烃中的卤素多作为取代基，醇中的羟基作为官能团来处理的。如：1,2-丙二醇$[CH_3CH(OH)CH_2OH]$、3-氯丙-1-醇$[CH_2ClCH_2CH_2OH]$、5-甲基己-4-烯-2-醇 $[(CH_3)_2C =CHCH_2CH(OH)CH_3]$；*trans*-2-甲基环己醇有两个：（2R)-甲基-1R-环己醇（**1**）和（2S)-甲基-1S-环己醇（**1′**）。

一个或多个氢原子被羟基取代的醇分别称一元醇或多元醇。醇与卤代烃一样可分为伯、仲和叔醇三大类。根据羟基所在碳原子的属性分为伯醇（1°，RCH_2OH）、仲醇（2°，R_2CHOH）和叔醇（3°，R_3COH）。已与卤素、氧或氮等电负性较大的原子相连的 sp^3 碳上再

连有羟基是不稳定的，易失去卤化氢或水分子后形成双键结构，如式（8-1）所示。羟基与脂肪族双键碳相连的烯醇也很不稳定，易异构化为羰基化合物（参见 5.3.3）。丙三醇理论上有多种异构体，但由于同一个碳原子连有一个以上的羟基是不稳定的，故通常所称的丙三醇只有一种，即俗称**甘油**（glycerol）的 1,2,3-丙三醇[$CH_2OHCH(OH)CH_2OH$]。

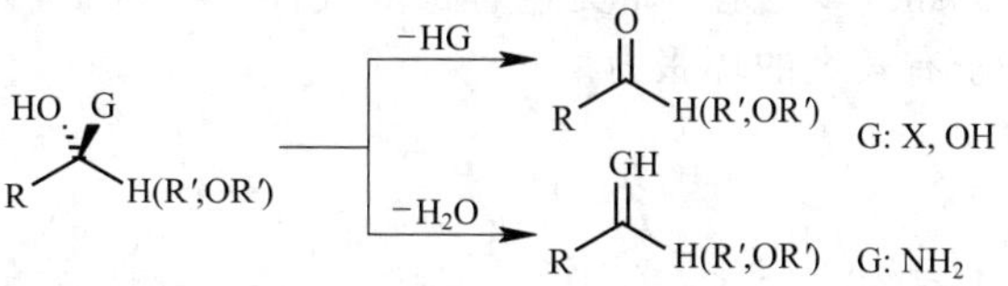

$$（8-1）$$

平面状酚分子中的∠COH 与醇接近；但 C—O 键键长（0.136nm）比醇中的短。酚的结构与烯醇有相似之处，可发生如图 8-2 所示的**烯醇式-酮式互变**（参见 9.7.1）。烯醇式的酚有一个稳定的芳香性苯环结构，在互变异构平衡中是主要存在形式：

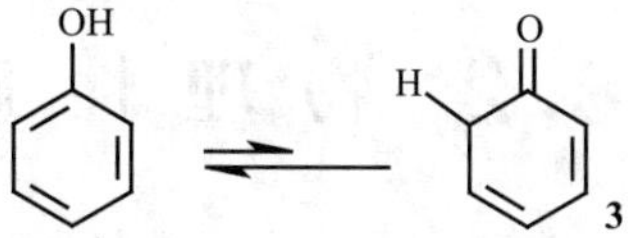

图 8-2　苯酚的烯醇式（**2**）和酮式（**3**）的结构

酚羟基的氧原子取 sp^2 杂化，p 轨道上的孤对电子与苯环的 π 体系有 p-π 共轭。故苯酚的结构可由如图 8-3 所示的几个共振结构式来表示。p-π 共轭的结果使苯环在酚羟基的邻、对位上带有更多的负电荷，苯酚的偶极矩（5.34×10^{-30} C·m）方向也指向苯环而非氧原子。

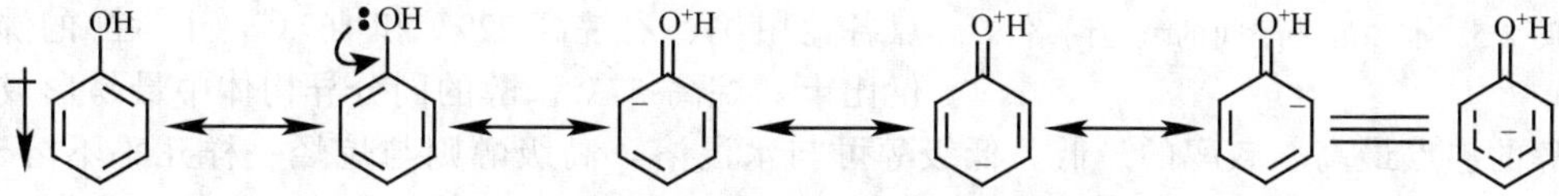

图 8-3　苯酚的偶极矩指向和共振结构式

大多数酚类化合物是以酚为母体来命名的，芳环上含多个羟基的称**多元酚**，如二酚、三酚等。如，2-甲基-6-异丙基苯酚（**4**）、邻羟基苯甲酸（**5**）、萘-1,8-二酚（**6**）：

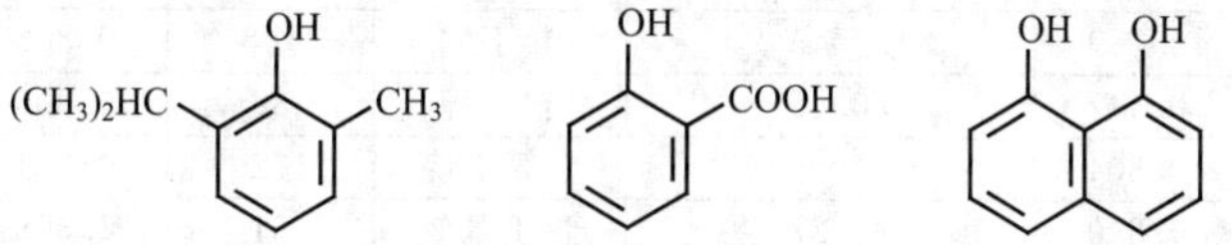

醚中的的氧原子也是 sp^3 杂化，两个轨道分别与两个碳原子的 sp^3 轨道重叠成键，另两个 sp^3 轨道容纳两对未共享电子对。键角∠COC（112°）比醇中的∠COH 大，这与两个烷基的体积效应及范氏张力有关。醚中的 C—O 键称**醚键**，—OR 称烃氧基，两个烃基 R 和 R′可以是脂肪族或芳香族的、饱和或不饱和的；R 和 R′相同的称**对称醚**或**简单醚**，不同的称**混合醚**。醚一般可用与氧相连的两个烃基加醚命名，烃基结构较复杂时也可将烷（烃）氧基作取代基来命名。如，（二）乙醚（$C_2H_5OC_2H_5$）、甲（基）乙（基）醚（$CH_3OC_2H_5$）、烯丙（基）乙炔（基）醚（$CH_2{=}CHCH_2OC{\equiv}CH$）、2-甲基-3-甲氧基丙-2-醇[$(CH_3)_2C(OH)CH_2OCH_3$]、2-甲氧基乙醚（$CH_3OCH_2CH_2OCH_2CH_3$）。**环醚**（cyclic ether）又称氧杂某环或环氧某烃，如常见溶剂四氢呋喃和 **1,4-二氧六环**（dioxane，1,4-二噁环己烷，俗称二噁烷或二氧六环，**7**）。石

油醚（英文 ether 的本意指天空中远离云层上方的清澈成分，可用于描述任何挥发性的轻净物质）虽有"醚"字，但其中没有一个成分含有醚键。

如图 8-4 所示，氧原子上的两根醚键不在一条直线上，两个 C—O 键产生的偶极矩不会抵消，醚仍有较强的偶极矩。如，**乙醚（8）**的偶极矩为 $3.94×10^{-30}$ C·m。**环氧乙烷**（ethylene oxide，oxacyclopropane，**9**）是一个无色有毒的气体（沸点 10.7℃），其三元环上 C—O 键的轨道重叠较差，分子有较大的环张力。

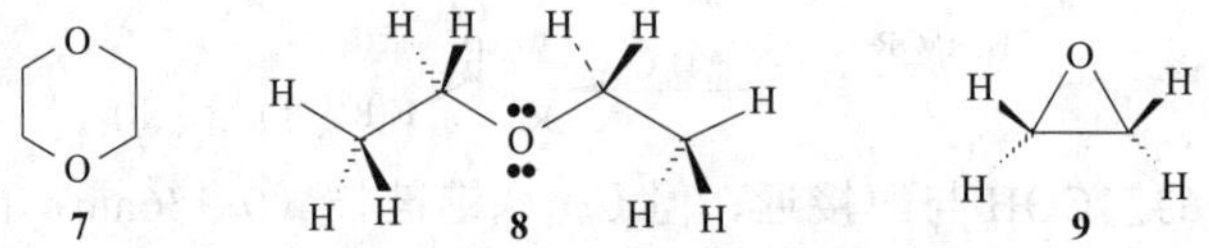

图 8-4　二氧六环（**7**）、乙醚（**8**）、环氧乙烷（**9**）的结构

8.2　物 理 性 质

C_4～C_{11} 的醇是有令人不快气味的无色液体，C_{12} 以上的醇为无嗅无味的蜡状固体。醇分子间有氧原子上高度极化的 C—O 键和 O—H 键所产生的偶极-偶极相互作用，羟基则可在分子间或与溶剂水形成一个**氢键网络**，如图 8-5 所示。可快速交换的氢键网络使醇具有许多特殊的性质。就像水的相对分子质量只有 18 但沸点高达 100℃ 那样，低级醇也有较高的沸点和熔点。如表 8-1 所示，甲醇、乙醇的沸点各比甲烷、乙烷高 229℃ 和 167℃，十六醇的沸点则仅比十六烷高 57℃。醇的同分异构体中最易形成氢键的伯醇的沸点最高，叔醇的最低。低级醇可与水混溶，高级醇则与烷烃一样几乎不溶于水。十六醇在水中的溶解度只有 10^{-8} g/dm³，在水面上会形成一个单分子层，羟基部分靠近水而烃基部分靠近空气一侧。

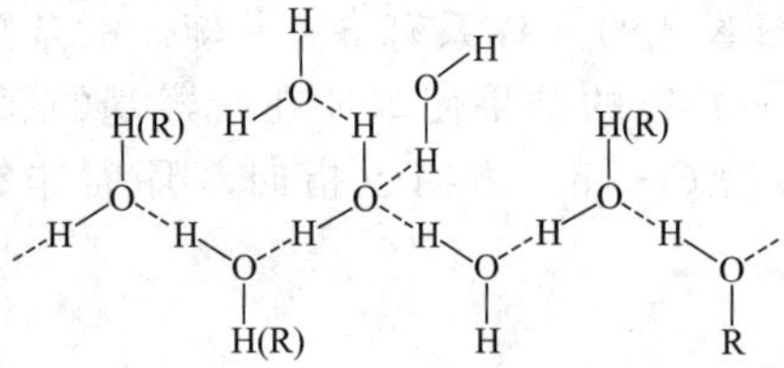

图 8-5　水和醇分子间的氢键网络

表 8-1　一些同碳数的醇及氯代烷烃的沸点、相对密度（d_4^{20}）和溶解度

化合物	沸点/℃	d_4^{20}	溶解度/(g/100mL)	化合物	沸点/℃	d_4^{20}	溶解度/(g/100mL)
乙醇	78	0.789	∞	异丁醇	108	0.802	10
氯乙烷	12	0.447	0.45	叔丁醇	82	0.806	∞
正丙醇	97	0.804	∞	1-氯丁烷	78	0.884	0.11
1-氯丙烷	47	0.890	0.27	叔丁基氯	51	0.808	微溶
烯丙醇	97	0.855	∞	正戊醇	138	0.815	2.7
烯丙氯	45	0.938	微溶	1-氯戊烷	108	0.883	0.02
正丁醇	117	0.810	9.1	正己醇	158	0.815	0.58
2-丁醇	80	0.805	24	1-氯己烷	134	0.878	不溶

低级醇与水一样可与某些无机盐结合形成**结晶醇**，如 $MgCl_2·6ROH$、$CaCl_2·4ROH$、$CuSO_4·ROH$（R：CH_3，C_2H_5）等。因此不能用这些无水的无机盐来干燥醇类化合物，否则会引起醇的损失。结晶醇不溶于有机溶剂而溶于水，利用这一性质可将醇和其他有机化合物分离。如，要除去乙醚中混有的少量乙醇就可用到此法。C_{10} 以下的醇还能与橙色的**硝酸铈铵**生成酒红色配合物 $Ce(NO_3)_4·(ROH)_2$，如式（8-2）所示。

$$(NH_4)_2[Ce(NO_3)_6]+2ROH \longrightarrow Ce(NO_3)_4·(ROH)_2+2NH_4NO_3 \qquad (8-2)$$

苯酚微溶于水。比较几个硝基酚异构体的溶解度和沸点值可以发现，**邻硝基酚（1）**的沸点（215℃）和溶解度都较间硝基酚（194℃/9kPa）或**对硝基酚（2**，190℃/40kPa）低。如图 8-6 所示，**1** 和 **2** 都有**分子间氢键**，**1** 中的硝基和羟基之间还可形成一个稳定的六元螯合环**分子内氢键**。分子内氢键的存在取代了酚之间或酚与水之间的分子间氢键，故沸点和溶解度相对都较低。邻硝基酚有一定的挥发性，可随水汽挥发，利用**水蒸气蒸馏**能将其从混合硝基酚中分离。

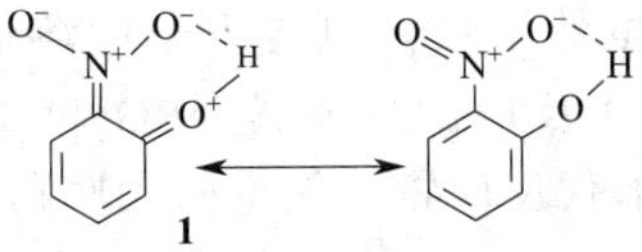

图 8-6 邻硝基酚（1）的分子内氢键和对硝基酚（2）的分子间氢键

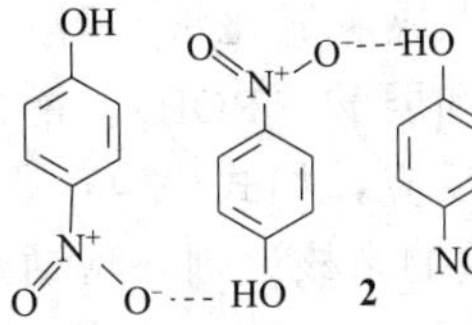

醚分子也是有极性的，C—O 键中的碳和氧原子各带有部分正电荷和部分负电荷，分子间有偶极-偶极作用力。醚分子间没有氢键，故沸点比同碳数的醇低得多。除甲醚（-25℃）、甲基乙烯基醚（6℃）和甲乙醚（11℃）是气体外，大多数醚类化合物都是挥发性高、有特殊嗅味且易于燃烧的无色液体。乙醚（沸点 35℃）的**闪点**（挥发物遇火源一闪即燃的最低温度）只有 -4.5℃，而相对密度是空气的 2.6 倍，积聚在桌面或地面上后极易被它处的火种引燃，使用时需注意安全。某些反应需用乙醚为溶剂的可用沸点较高、安全性更好的二丙醚（沸点 90℃）替代。醚中氧原子所带的孤对电子仍是氢键的受体，故醚的水溶性比烷烃大得多，含多个氧原子的醚和环醚中突出在外的氧原子更易与水形成氢键。如，二甲醚、甲乙醚、四氢呋喃、二氧六环、乙二醇二甲醚和丙三醇三甲醚等均能与水混溶。

不活泼的醚类化合物，如乙醚、四氢呋喃、**2-甲基四氢呋喃、环戊基甲基醚、叔丁基甲基醚**都是用于反应、结晶、萃取、表面处理的常见溶剂，沸点较低而易于除去回收。乙醚的麻醉作用于 19 世纪中期被发现并临床应用了 100 多年，使外科手术可以真正得以实施和发展。极性化合物在醇中的溶解性比在醚中更好，非极性化合物在两者中的溶解性相差不大。醚没有羟基，不与强碱作用，不像醇那样能溶剂化负离子，但分子中氧原子的 Lewis 碱性可以很好地对与较大体积的碘负离子、乙酸根负离子配对的正离子产生溶剂化效应而能溶解一些盐类，或通过 Lewis 酸-碱作用溶解硼烷、三氟化硼等 Lewis 酸。

8.3 醇的化学性质

醇分子中有 4 种不同类型的 C—C、C—H、C—O 和 O—H 化学键，其反应相当丰富多彩，与烯烃、卤代烃、醛酮、羧酸和酯等化合物可互相转换。C—O 键和 O—H 键都有极性，也是醇分子反应的活性部位，α-H 和 β-H 受到羟基的活化也有一定活性。OH$^-$ 是强碱，离去性极差，故醇的亲核取代和消除反应都不如卤代烃容易。醇分子中发生化学反应涉及的部位如图 8-7 所示的虚线箭头。

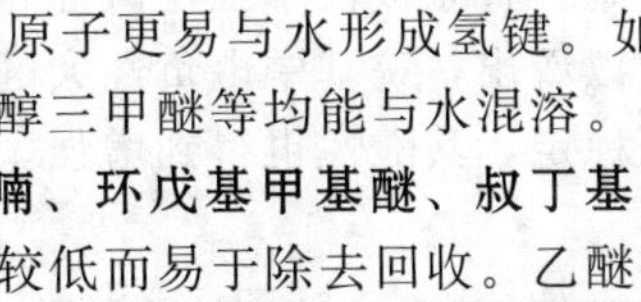

图 8-7 醇分子中的反应点

8.3.1 酸性和碱性

O—H 键的极性使质子容易离解出去，电负性较大的氧原子容易接纳留下的负电荷，故醇是有酸性的。各种醇的酸性强度有较大差异，常见的醇与强碱反应可生成**烷氧负离子**

(alkoxide ion，RO⁻)，如式（8-3）所示。

$$RO—H \xrightarrow{B^-} RO^- + BH \qquad (8\text{-}3)$$

醇与金属钠或碱性很强的氢化钠反应放出氢气并生成氢氧化钠类似物**烷氧钠（RONa）**或称**醇钠**。该反应很温和，放出的氢气一般没有自燃的危害，故实验室常用低级醇来处理需销毁不能再使用的碱金属。叔醇与金属钠的反应速率很小，故常用活性更强的金属钾来反应得到叔丁氧基钾。醇的酸性比水弱但相差不大，故与碱金属氢氧化物形成一个平衡。醇钠与水作用生成氢氧化钠和醇，相当于强碱（RO⁻）的盐和强酸（H₂O）反应生成弱碱（OH⁻）的盐和弱酸（ROH）。醇的酸性虽然不强，但与质子性溶剂，如氘水之间可迅速进行 H-D 交换反应，如式（8-4）所示的两个反应。醇金属（ROM）既是强碱，也是一类远比母体醇活性大的亲核试剂，可通过亲核取代反应将烷氧基引入底物分子中，在有机反应中应用极广。

$$RONa + H_2O \rightleftharpoons ROH + NaOH$$
$$ROH + D_2O \rightleftharpoons ROD + HDO \qquad (8\text{-}4)$$

醇的酸性比水弱显然是由于烷基的关系。推电子的烷基取代愈多的烷氧基愈不稳定，醇的酸性也愈小，故同分异构体中酸性的强弱次序为伯醇＞仲醇＞叔醇。另一个更重要的原因是溶剂化效应的影响，烷基愈大醇的酸性愈弱。溶剂化作用可使烷氧负离子的负电荷分散而稳定性增加。叔醇分子中 α-碳上的空间障碍使能与带负电荷的氧原子接近的溶剂分子数目减少，氧上的负电荷不易分散而稳定性减弱，故叔醇的酸性较弱。如，**叔丁醇钾**（^{t}BuOK）就是一种亲核性不强但碱性很强的碱，在有机合成中用处很大。表 8-2 是几个醇的酸性值。可以看出，烷基中电负性大的原子产生的吸电子诱导效应使烷氧负离子上的负电荷得以分散而稳定，其酸性也得到增强。

表 8-2　几个醇的 pk_a 值

醇	CH₃OH	C₂H₅OH	(CH₃)₂CHOH	(CH₃)₃COH	CF₃CH₂OH	(CF₃)₃COH
pk_a	15.5	15.9	17.1	18.0	12.4	5.4

醇的酸性比氨强，故醇能与钠氨反应生成醇钠和氨；醇与烃相比更是一个强酸，故很易与格氏试剂等有机金属化合物反应生成烃。醇还可以与镁、铝等作用放出氢气生成醇镁[Mg(OR)₂]和醇铝[Al(OR)₃]等，如式（8-5）所示的三个反应。

$$ROH \begin{cases} \xrightarrow{Na} RONa + H_2 \\ \xrightarrow{NaNH_2} RONa + NH_3 \\ \xrightarrow{R'MgX} Mg(OR)X + R'H \end{cases} \qquad (8\text{-}5)$$

如式（8-6）所示，醇分子中氧原子上的孤对电子能与 Lewis 酸或质子酸配位形成氧𬭊盐（**1**），醇共轭酸（RO⁺H₂）的 pk_a 为 -2.2。故醇在强酸中的溶解度也很好，这个性质在有机分析中可用来区别烷烃和醇、醛、酮、酸等含氧有机化合物。醇在这些酸碱反应中都是一个碱，但与水一样对 pH 试纸和石蕊试剂表现为中性而不会变色。

$$\underset{R}{\overset{..}{O}}\underset{H}{\ \ } \xrightarrow{HX} \underset{R}{\overset{H}{O^+}}\underset{\textbf{1}}{\underset{H}{\ }} \quad X^- \qquad (8\text{-}6)$$

在强酸或强碱性环境下兼具弱碱性和弱酸性的醇可接受或失去一个质子，这往往也是醇进行后续反应的第一步。

8.3.2 与氢卤酸反应

OH$^-$的碱性强而离去性差,故醇不会直接发生亲核取代反应。在酸性环境下羟基质子化成为离去性极佳的水,羟基所连的碳原子也可成为亲电物种而能促进亲核取代反应的发生。但许多亲核试剂是碱性的,酸性溶液中往往因质子化而失去亲核活性。

氢卤酸中含有弱碱性的亲核性卤素负离子(X$^-$),可与醇反应断裂 C—O$^+$H$_2$键生成卤代烃和水,这是制备卤代烃最重要的方法之一(OS Ⅱ:246,参见 7.11.2),如式(8-7)所示的两个反应。

$$R-OH \begin{array}{c} \xrightarrow{X^-} \quad R-X + OH^- \\ \xrightarrow{HX} \quad R-X + H_2O \end{array} \tag{8-7}$$

氢卤酸的活性是 HI>HBr>HCl,ROH 的活性是苄醇≈烯丙醇>叔醇>仲醇>伯醇。伯醇与氢卤酸的反应很慢,需要加热并在反应体系中加无水氯化锌一类 Lewis 酸或浓硫酸来催化。**Lucas 试剂**是浓盐酸和无水氯化锌组成的溶液,氯化锌与氧的配位作用比氢更强。低级醇与氯化锌形成的极性配合物可溶于浓盐酸,极性小的卤代烃不溶于浓盐酸而分层,故从反应液发生浑浊的速率可以区别六碳以下的伯醇、仲醇和叔醇。如式(8-8)所示的三个反应,浑浊现象对叔醇是迅即产生,对仲醇需数分钟时间;对伯醇需 10min 以上甚至数天。伯醇、仲醇与盐酸反应制备氯代烃的产率一般不高,HI 的反应活性虽高,但产率也不佳。

$$ZnCl_2/HCl \begin{array}{c} \xrightarrow[20℃\ 1min]{(CH_3)_3COH} (CH_3)_3CCl \\ \xrightarrow[20℃\ 10min]{CH_3CH_2CH(CH_3)OH} CH_3CH_2CH(CH_3)Cl \\ \xrightarrow[20℃\ 数小时]{CH_3CH_2CH_2CH_2OH} CH_3CH_2CH_2CH_2Cl \end{array} \tag{8-8}$$

质子酸或 Lewis 酸的主要作用都是使醇羟基转化成离去能力更大的基团以促进反应,催化过程如图 8-8 所示。

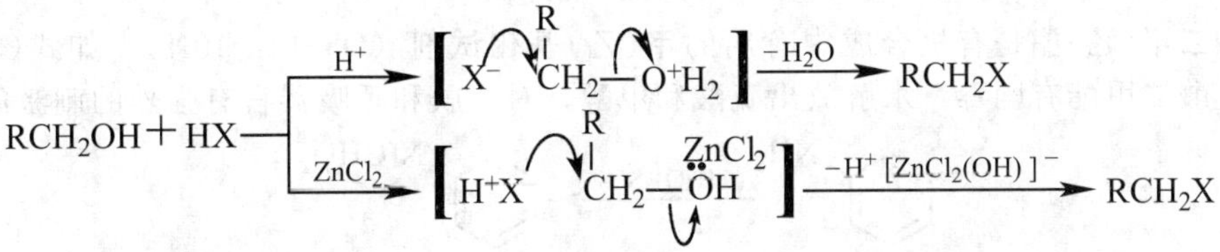

$$RCH_2OH + HX \begin{array}{c} \xrightarrow{H^+} [X^- \overset{R}{\underset{|}{CH_2}}-O^+H_2] \xrightarrow{-H_2O} RCH_2X \\ \xrightarrow{ZnCl_2} [H^+X \overset{R}{\underset{|}{CH_2}}-\overset{ZnCl_2}{\ddot{O}H}] \xrightarrow{-H^+[ZnCl_2(OH)]^-} RCH_2X \end{array}$$

图 8-8 醇羟基与卤化氢在质子酸或氯化锌催化下被卤素原子取代

伯醇与卤化氢进行的亲核取代反应主要是 S$_N$2 机理,但带 β-取代基的也有重排产物生成。极不稳定的伯碳正离子是不易生成的,故生成重排产物的仲或叔碳正离子是由质子化羟基的离去与烷基的迁移协同进行的,如图 8-9 所示。烯丙基醇、苄基醇和仲醇、叔醇主要经由 S$_N$1 历程。S$_N$1 反应中生成的碳正离子也可能发生重排或脱氢生成烯烃产物(参见3.4.2),这往往使带 β-取代基的伯醇或仲醇为底物与卤化氢反应制卤代烃的合成价值受到影响。如,戊-2-醇(**2**)和戊-3-醇(**3**)与溴化氢反应都生成相同比例的 2-溴戊烷(**4**)和 3-溴戊烷(**5**)的混合物,反映出反应过程中生成的碳正离子的重排速率与其和溴负离子结合的速率相等。

羟基所在的碳原子上有小环取代的醇与氢卤酸反应除生成取代产物外还经由碳正离子的 1,2-烷基重排生成**扩环产物**(参见 3.4.2)。如式(8-9)所示,环丙基甲醇与溴化氢反应有环

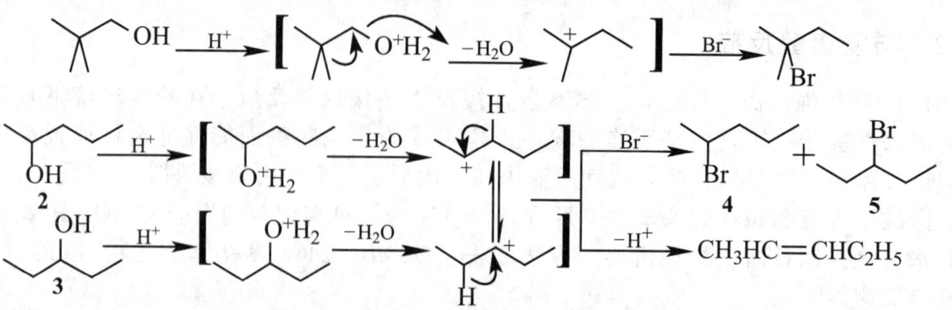

图 8-9　伯醇或仲醇与溴化氢经 S_N1 反应生成碳正离子中间体

丁醇产物。反应中脱水和环键的重排可能是协同进行的，因脱水生成的伯碳正离子是极不稳定而很难存在的。

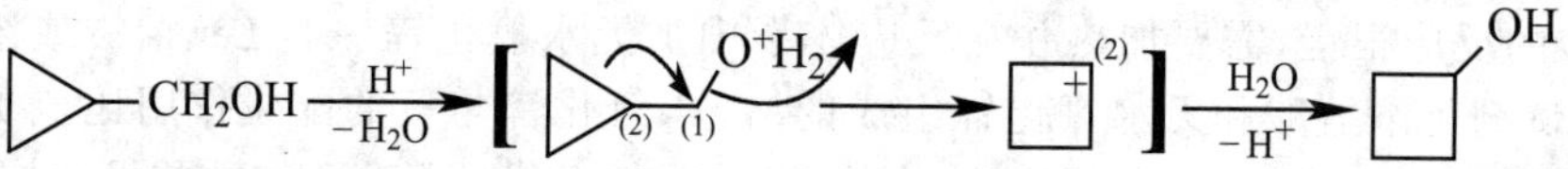

(8-9)

8.3.3　与含氧无机酸成酯的反应

醇可与含羟基的羧酸或无机酸发生脱水反应生成酯，烷氧基取代这些酸中的羟基。如式(8-10）所示的三个反应，伯醇与硫酸作用发生分子间脱水生成**硫酸单酯**（$ROSO_3H$，参见3. 4. 3)；硫酸单酯继续与醇作用或减压蒸馏生成中性的**硫酸二酯**[$(RO)_2SO_2$]，高温反应生成醚和烯烃。叔醇与硫酸反应常常只生成烯烃（参见 3. 11. 1)。高级醇的硫酸氢酯转变为钠盐后是一类很有用的**表面活性剂**（surfactant)，可用于合成洗涤剂和洗发水等，如**十二烷基磺酸钠**（sodium lauryl sulfate，$^nC_{12}H_{25}OSO_2ONa$，参见 11. 14)

$$RCH_2CH_2OH \xrightarrow{H_2SO_4} \begin{cases} \xrightarrow{<100℃} RCH_2CH_2OSO_3H \longrightarrow (RCH_2CH_2O)_2SO_2 \\ \xrightarrow{140℃} RCH_2CH_2OCH_2CH_2R \\ \xrightarrow{>160℃} RHC{=}CH_2 \end{cases} \tag{8-10}$$

硫酸二甲(乙)酯是有机合成中有用的**甲(乙)基化试剂**（**OS** Ⅴ：1018)，如式(8-11）所示。但硫酸二甲酯有剧毒，水解放出硫酸和甲醇，对皮肤和呼吸器官有强烈的刺激危害。

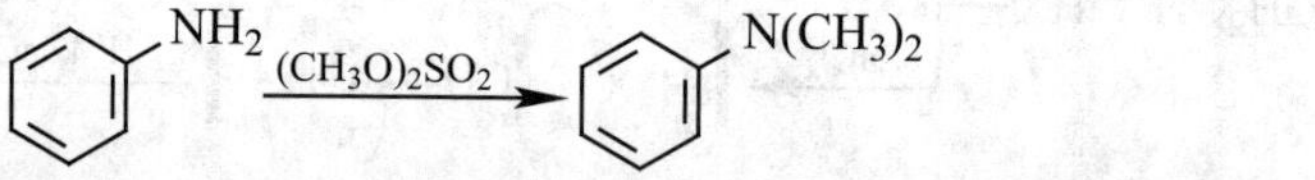

(8-11)

伯醇与硝酸作用生成**硝酸酯** $RONO_2$（nitrate，**OS** Ⅱ：412)。许多多元醇的硝酸酯，如乙二醇硝酸酯和三硝酸甘油酯都是烈性炸药，分子中的硝基和烃基分别起氧化和助燃作用。俗称**硝化甘油**（oil of glonoin，**6**）的甘油硝酸酯还有扩张冠状动脉的作用而可用作治疗心肌梗死和胆绞痛等的药物。20 世纪 70 年代，科学界发现这些药物能促进血管内壁表层细胞产生使肌肉细胞放松和血流量增加的**一氧化氮**。三位科学家因首次确定一种小分子气体（NO）也是人体的信号分子而荣获 1998 年诺贝尔生理学或医学奖。

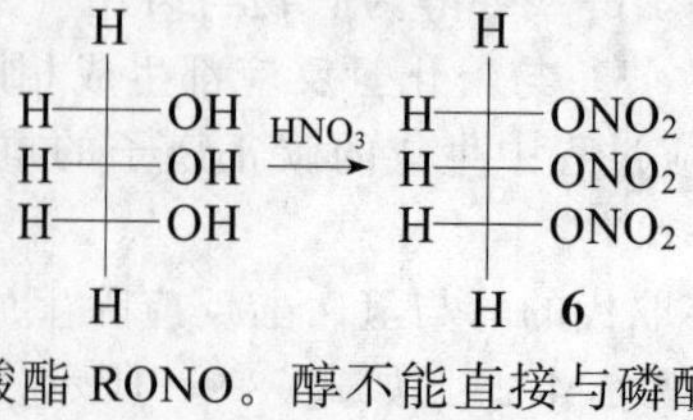

6

醇与亚硝酸反应生成亚硝酸酯 RONO。醇不能直接与磷酸反应成酯，因为磷酸的酸性太弱，**磷酸酯**〔PO(OR)$_3$，phosphate〕与酯化时生成的水很快就能再逆反应水解出磷酸和醇，故磷酸酯是由醇和氧氯化磷 POCl$_3$ 反应来制备的。天然磷酸酯是生命活动的关键物质，有非常重要的生理作用。

8.3.4　与磺酸反应

如图 8-10 所示，醇与对甲苯磺酸反应得到对甲苯磺酸酯（TsOR，**7**）。与羟基无机酸的反应一样，醇分子在这些反应中都是氧原子作为亲核试剂进攻酸中带正电荷的部分，而后醇分子中的 O—H 键断裂：

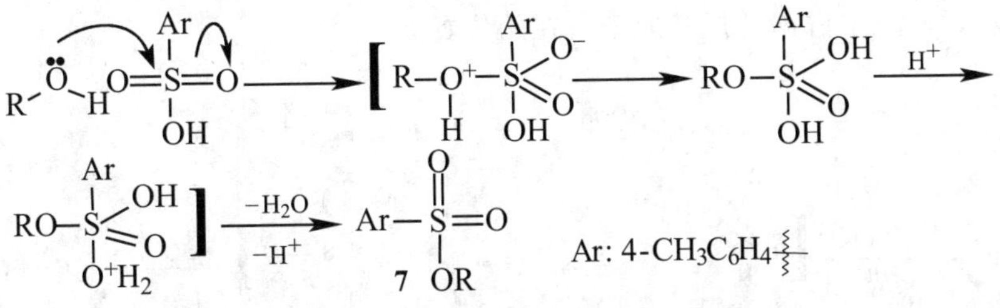

图 8-10　醇与对甲苯磺酸反应生成对甲苯磺酸酯

如前所述，醇羟基的碱性很强，酸性条件下成为氧锇离子后可成为能离去的水分子，但许多亲核试剂不适用酸性环境下的反应。将醇转化为磺酸酯就可很好地解决此问题，如，**对甲苯磺酸酯**（p-CH$_3$C$_6$H$_4$SO$_3$R，**ROTs**）、**甲磺酸酯**（CH$_3$SO$_3$R）、**三氟甲磺酸酯**（CF$_3$SO$_3$R）等磺酸酯衍生物都是 S$_N$2 反应中常用的底物。磺酸根是弱碱而易于稳定存在，在 S$_N$2 反应中是比卤素负离子更好的离去基，可被羟基、烷氧基、氰基、氨基及卤素负离子等众多亲核基团取代。芳基磺酸酯（**8**）更方便的是在吡啶（吡啶可移去反应的另一个副产物 HCl）存在下由芳基磺酰氯与醇反应制得（参见 8.3.5），该反应未涉及羟基所在碳原子，酯氧构型与醇氧一样，故从已知构型的醇可以制备构型确定的磺酸酯，再经 S$_N$2 反应可以得到预知绝对构型的取代产物，如式(8-12) 所示。而从醇制备卤代烃及以卤代烃为底物的亲核取代反应的立体化学过程都不易控制。

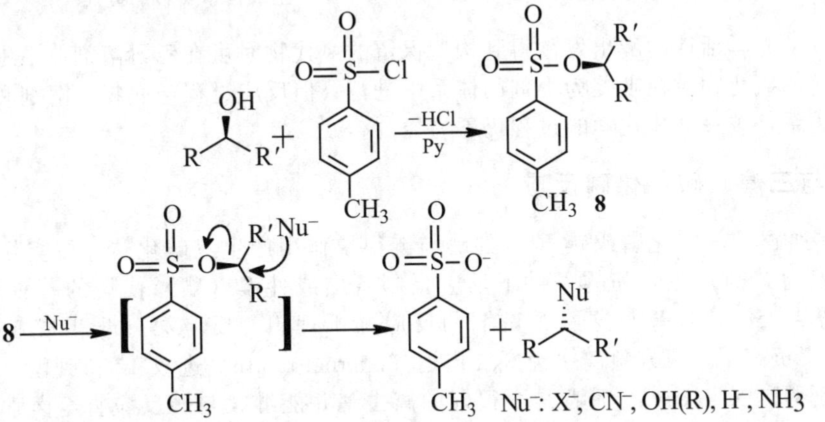

$$(8-12)$$

综合起来，S$_N$2 反应中常见离去基团的离去能力为 N$_2 \approx$ CF$_3$SO$_3^- >$ I$^- >$ Br$^- >$ C$_6$H$_5$SO$_3^- >$ Cl$^- >$ HSO$_4^- >$ H$_2$O $>$ CH$_3$SO$_3^-$；F$^-$、AcO$^-$、CN$^-$、R$_3$N 和 RS$^-$ 是差的离去基。RO$^-$、HO$^-$、NH$_2^-$ 和 H$^-$ 都是强碱，不可能成为亲核取代反应中的离去基。

8.3.5　与氯化亚砜反应

醇与三氯化磷反应生成**亚磷酸酯**，与五氯化磷反应主要得到氯代烃，但反应仍较复杂，如式（8-13）所示。

$$R{-}OH \xrightarrow{PCl_5} R{-}Cl + POCl_3 + HCl \qquad (8{-}13)$$

如图 8-11 所示，伯醇或仲醇与**氯化亚砜**（sulfur oxychloride，SOCl$_2$，**硫酰氯**）反应是制备氯代物最常用的方法之一。反应同时还产生很易与氯代产物分离的两种气体产物 SO$_2$ 和 HCl，故反应速率较快，氯代产物的纯度通常也较好（**OS** **II**：159）。在乙醚溶剂体系中，反应第一步是醇中的氧原子亲核进攻氯化亚砜中亲电的硫原子生成中间体氯代亚硫酸酯（**9**）并放出氯负离子，**9** 继而分解为紧密离子对（tight ion pair，**10**，参见 7.4.3），**10** 中的氯负离子向碳正离子正面内返进攻。故仲醇或叔醇与氯化亚砜在乙醚溶剂体系中反应后得到构型保持的氯代产物，氯原子占据了羟基原来所在的位置。

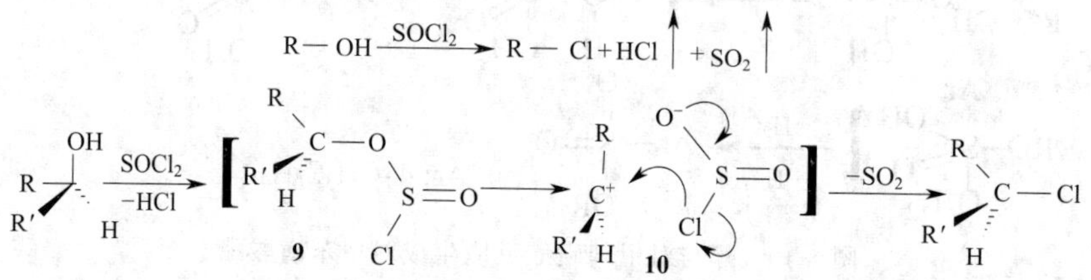

图 8-11　醇与氯化亚砜在乙醚溶剂体系中反应生成构型保持的氯代产物

仲醇或叔醇与氯化亚砜的反应若用吡啶或叔胺为溶剂，醇先与吡啶成盐生成 **11** 并产生"自由"的氯负离子，氯负离子将从碳氧键的背面进攻从而使该碳原子的构型反转，如图 8-12 所示。

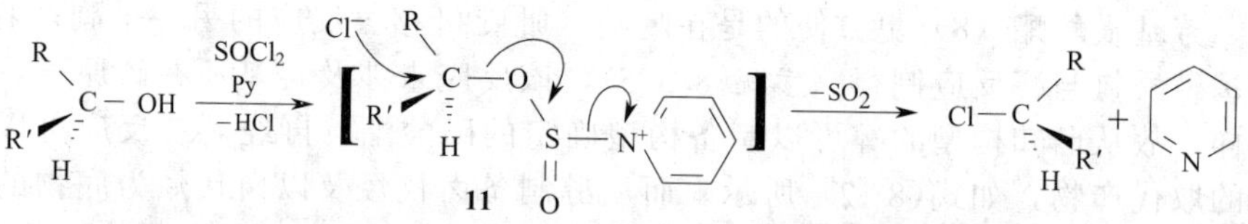

图 8-12　醇与氯化亚砜在吡啶溶剂体系中反应生成构型反转的氯代产物

因此，从光学活性的醇出发欲得到构型保留的氯代物时可在乙醚溶剂体系中进行；欲得到构型反转的氯化物应在吡啶为溶剂的体系中进行。但反应过程与底物、溶剂和温度等反应条件均有关系，单一立体化学的过程仍不易控制。

8.3.6　与三溴（碘）化磷反应

伯醇或仲醇与三溴化磷或碘-磷（红磷与碘很快作用产生三碘化磷，故实际操作时往往用红磷与碘为试剂）在温和的条件下反应是制备伯或仲溴（碘）代烃的一种好方法（**OS** **I**：36，**II**：358），叔醇与这两个试剂的反应并不理想。反应第一步生成亚磷酸衍生物（**12**）和卤素负离子，卤素负离子经 S$_N$2 **内返**（internal return）进攻 **12** 得到溴（碘）代烃并生成二卤亚磷酸 X$_2$P(OH)，后者是个很好的离去基并能继续与醇反应直至卤素原子均被用完。这种取代是在分子内进行的，故称**分子内亲核取代反应**，以 S$_N$i（substitution nucleophilic internal）表示。产物溴（碘）代烃的构型与底物醇相反。

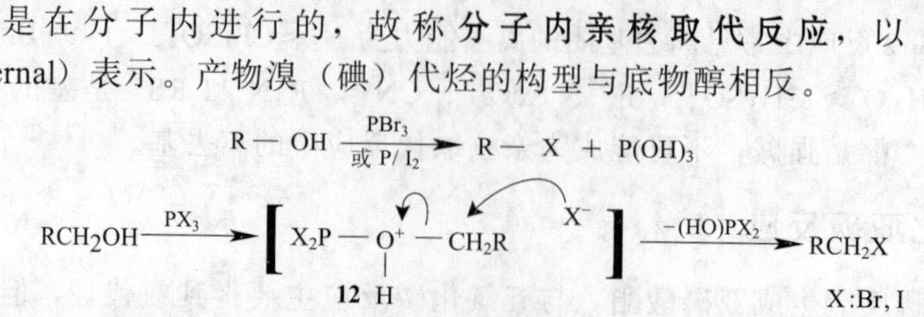

8.3.7 分子内脱水消除反应

　　醇与浓硫酸、草酸或 85% 磷酸等不带亲核性配对负离子的酸一起加热反应，失去一分子水生成烯烃，反应活性的强弱次序是叔醇＞仲醇＞伯醇，所需温度由低到高。伯醇在酸催化下的脱水反应是与亲核取代反应竞争的 E2 过程；叔醇脱水涉及碳正离子中间体，是有重排产物生成的 E1 过程（参见 3.11.1）。酸性脱水反应的条件较苛刻，产率不高且易得混合物产物。脱水反应是烯烃水合的逆反应（参见 3.4.3），体系中大量水的存在，如使用稀酸有利于醇的生成；浓酸体系中存在脱水剂并蒸馏除去产物烯烃有利于反应平衡移向生成烯烃的方向。

　　醇在温和的碱性条件下也可进行脱水反应。以吡啶为溶剂，POCl₃ 为脱水剂，叔醇和仲醇在 0℃ 时就能发生 E2 脱水过程（**OS** I：183）。如，(2R)-甲基环己-(1R)-醇（**13**）进行脱水反应生成 Hofmann 烯烃产物 3-甲基环己烯（**14**）。这表明该反应经由 E2 过程，C(2)—H 不能与羟基取反式共平面构象，只有 C(6)—H 可以与羟基取反式共平面构象而被消除：

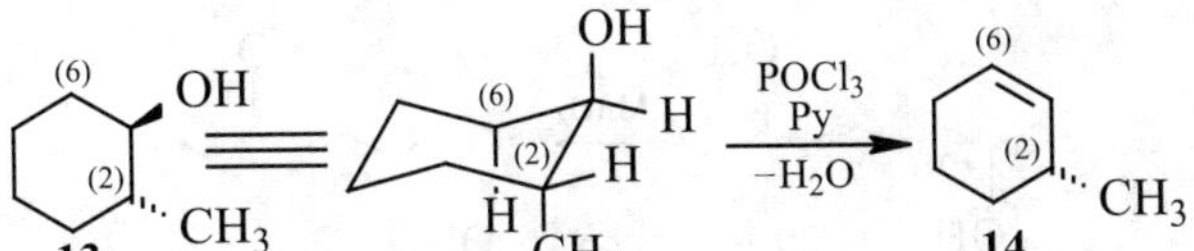

　　酸催化下邻二醇的脱水反应产物与醇不同，经碳正离子中间体而生成骨架重排的酮，称**频哪醇重排**。如，2,3-二甲基丁-2,3-二醇（**15**）反应后生成 3,3-二甲基丁-2-酮（**16**）。

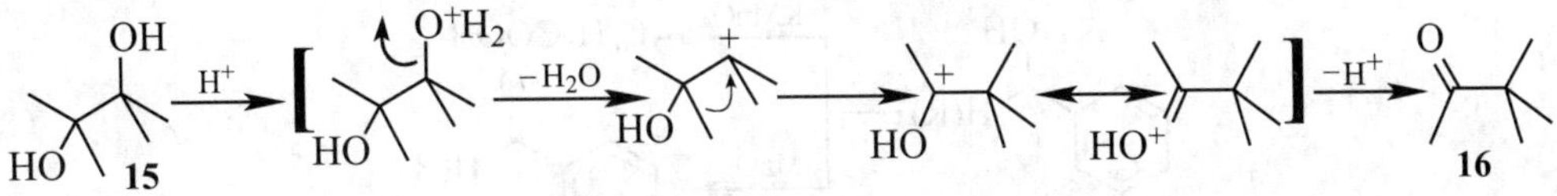

8.3.8 氧化反应和脱氢反应

　　醇的氧化反应涉及 C(OH)—H 键，α-H 受到羟基的影响而较活泼。没有 α-H 的叔醇不易氧化，在剧烈的氧化条件下碳骨架无序断裂生成小分子氧化产物的混合物（**OS** I：138）。实验室常用的氧化剂是含 O—O 键的过氧化物和含高价金属（M）—O 键的化合物，氧化醇的多是如 Cr(Ⅵ)、Mn(Ⅶ) 或与氧相连的 X⁺ 等高价原子，溶剂体系中可加入丙酮以促进底物醇溶解。氧化过程首先都经历羟基与这些原子的键连，如，醇与橙红色的 Cr(Ⅵ) 化合物（铬酸、CrO₃ 或 Na₂Cr₂O₇/H₃O⁺）反应先生成**铬酸酯**（**17**），**17** 中羟基碳上的 α-H 迅即被夺取，Cr—O 键同时断裂完成氧化反应并生成 Cr(Ⅳ) 化合物 $[(HO)CrO_2^-，$ **18**$]$。**18** 与 Cr(Ⅵ) 反应生成也可氧化羟基的 Cr(Ⅴ) 物种，反应后再转化为深蓝绿色的 Cr(Ⅲ) 物种。该现象相当灵敏，故可用于现场检验有无酒驾行为。

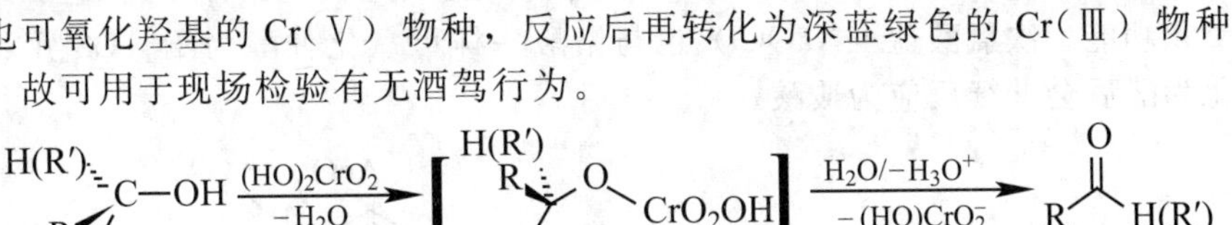

　　酮不易继续氧化，从仲醇氧化制酮是个好方法。但氧化伯醇为醛需有一个无水环境，因伯醇被酸性 Cr(Ⅵ) 化合物氧化后生成的醛在该水相体系中易形成同碳上共存两个羟基的缩醛（**19**，参见 9.4.4），后者极易被进一步氧化为羧酸。

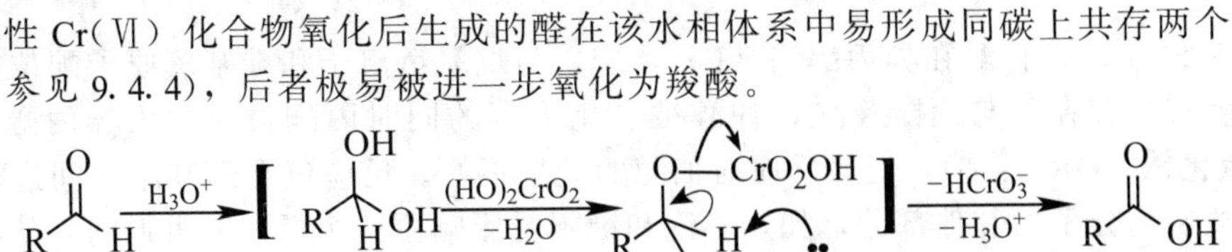

吡啶中氮原子上的孤对电子可与金属配位，与CrO_3生成易燃的配合物；将吡啶溶解于略过量的盐酸中，再加入等物质的量的CrO_3可生成较安全及氧化性能较温和的橙黄色**氯铬酸吡啶鎓盐**（pyridinium chlorochromate，**PCC**，**20**，<u>OS</u> 52：5；73：36）。与需强酸环境下应用的$Na_2Cr_2O_7$等氧化剂具有的水溶性不同，PCC溶于二氯甲烷等非极性熔剂，故无水非酸性环境下可顺利地氧化伯醇为醛而不会有羧酸生成，仲醇则氧化为酮。PCC对双键没有作用而可进行非常好的选择性氧化。

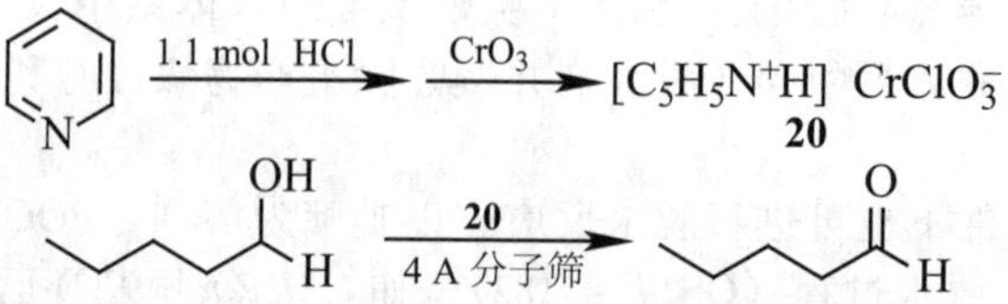

如式（8-14）所示，新鲜制备的氧化能力较弱的**二氧化锰**可以氧化烯丙基醇为α,β-不饱和醛（酮），该试剂对饱和醇并无作用（**<u>OS</u>** 74：44）。

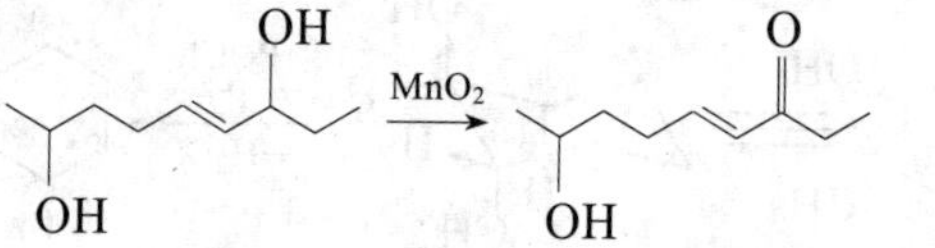

$$(8\text{-}14)$$

苄醇被$KMnO_4$和酸性环境下的$Na_2Cr_2O_7$等强氧化剂氧化为苯甲酸（参见6.9），被MnO_2之类温和的氧化剂氧化为醛或酮，如式（8-15）所示的两个反应。

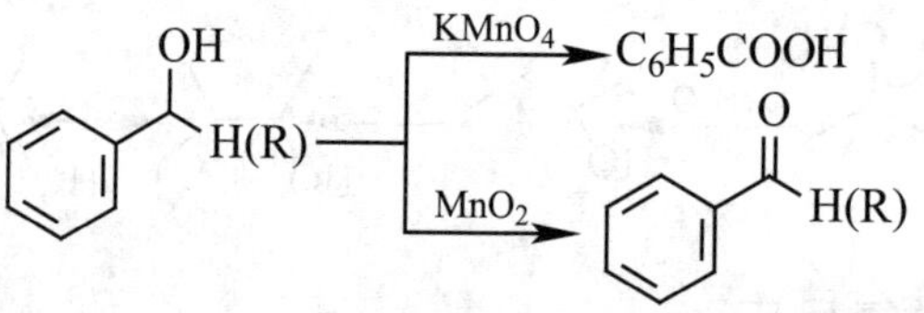

$$(8\text{-}15)$$

无机金属氧化剂化学反应性较好，但有毒且对环境产生很严重的污染。高锰酸钾和硝酸也可氧化醇，它们主要用于工业生产，对环境的影响相对较小，但需严格控制反应条件。二甲亚砜（**DMSO**）既是有用的极性非质子溶剂，也是一个较温和的氧化剂。如式（8-16）所示，将二甲亚砜和**草酰氯**［oxalyl chloride，$(COCl)_2$］在低温（$-78℃$）无水环境下混合生成活性的高价硫盐中间体［$(CH_3)_2S^+Cl$］，慢慢加入醇后再加入叔胺也可高产率地将醇转化为醛或酮，副产物是易于分离的挥发性（$CH_3)_2S$、CO_2、CO和HCl，称**Swern氧化法**（**<u>OS</u>** 64：144）。由于在无水环境下反应，醛不会被继续氧化为羧酸；应用颇广环境友好的**Dess-Martin高价碘试剂**（hypervalent iodine reagent，高价指具有多于八隅律的价电子数，**21**）也有同样的氧化功能。**次氯酸盐**（NaOCl）也与铬酸一样可氧化仲醇为酮（**<u>OS</u>** <u>Ⅳ</u>：242），但伯醇被氧化为醛后会继续反应为羧酸。

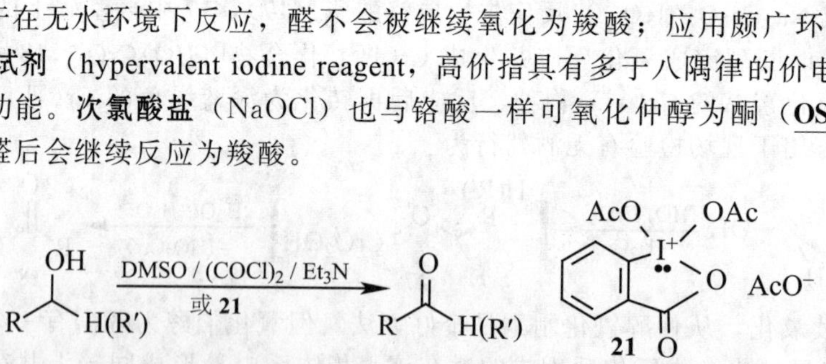

$$(8\text{-}16)$$

如图8-13所示，仲醇在**异丙醇铝**（Lewis酸，与烷氧负离子和羰基氧原子配位并促进负氢离子的转移）存在下与丙酮反应，仲醇被氧化为酮的同时丙酮被还原为异丙醇，称**Oppenauer氧化法**（**OR** 6：5），但该反应对伯醇的效果不好。反应仅在醇和酮之间进行负氢离子转移，故底物分子的其他部分，如，不饱和键不受影响。这个反应是可逆的，从酮出发也可制得仲醇（**<u>OS</u>** <u>Ⅳ</u>，192，参见9.10.4），从醇制备酮时应加入较大量的丙酮。

(3) 下列两个反应的所有产物，这些产物有无手性？

(4) 下列 16 种溶剂（7～22）中适于制备格氏试剂的。

C_6H_{14}（**7**）、C_6H_6（**8**）、己-1-烯（**9**）、己-2-烯（**10**）、己-1-炔（**11**）、己-2-炔（**12**）、CCl_4（**13**）、$CHCl_3$（**14**）、CH_3OCH_3（**15**）、$CH_3OCH_2CH_2OCH_3$（**16**）、CH_3CH_2OH（**17**）、CH_3COCH_3（**18**）、CH_3COOCH_3（**19**）、环氧乙烷（**20**）、四氢呋喃（**21**）、二氧六环（**22**）。

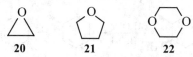

(5) 烷基锂（RLi）分别与含活泼氢的化合物及醛（酮）、环氧乙烷、二氧化碳的反应产物。

(6) 一分子环戊二烯与一分子氯化氢进行加成反应的产物。

7-2 解释：

(1) 氟原子的体积与氢原子相仿，但氟代烷烃的沸点比烷烃高；同碳数的卤代烃的沸点高低次序是 RI＞RBr＞RCl＞RF；同分异构的卤代烃中正构的沸点相对最高，支链愈多的愈低；CH_3CH_2F、CH_3CHF_2、CH_3CF_3、CF_3CF_3 的沸点各为 $-38℃$、$-26℃$、$-47℃$、$-78℃$。

(2) 四个卤甲烷的偶极矩是氯甲烷最大，碘甲烷最小。

(3) 氟的电负性比氯大得多，但 $CHCl_3$ 易失去质子生成三氯甲基负离子（Cl_3C^-），CHF_3 却不易失去质子。

(4) 反-1,2-二溴环己烷在非极性溶剂中有比例相近的 a,a-和 e,e-二溴构象组成，在极性溶剂中全取 e,e-二溴构象组成。

(5) (S)-3-甲基己烷进行自由基溴代反应生成一个非光学活性的 3-甲基-3-溴己烷。

(6) 3-溴丁-1-烯、1-溴丁-2-烯与 $NaOCH_3/CH_3OH$ 的取代反应有相同的反应速率和产物组成。

(7) 全氟叔丁基氯甲烷[$(CF_3)_3CCl$]很难进行亲核取代反应。

(8) 卤原子接在桥头碳原子上的桥环卤代烃不易发生亲核取代反应。

(9) 溴代正丁烷与叠氮化钠（NaN_3）在 DMSO 中的亲核取代反应比在乙醇中快得多。

(10) 正丁基氯在含水乙醇中进行碱性水解的速率随含水量的增加而下降，但叔丁基氯在含水乙醇中进行碱性水解的速率则随含水量的增加而增加。

(11) 1-氯丁烷在含水乙醇中与 NaOH 反应生成正丁醇，加入少量 NaI 后反应速率明显加快。

(12) 氯代环己烷发生 S_N2 或 S_N1 反应的速率都比氯代环丙烷大。

(13) 浓 HBr 水溶液可与乙醇反应得到溴乙烷，浓 NaBr 水溶液不与乙醇反应。

(14) 1-氯己-2,4-二烯（$CH_3CH \!=\! CHCH \!=\! CHCH_2Cl$）发生水解反应能生成几个产物？它们的相对比例如何？

(15) 内消旋 2,3-二溴丁烷脱溴化氢给出 E-2-溴丁-2-烯，光活性的底物给出 Z-产物。

(16) 化合物 **1** 反式消除 HBr 或 DBr 后得到的丁-2-烯产物的结构。**2** 经过同样的消除反应后得到的主要产物应有怎样的结构？

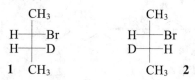

（17）Z-1,2-二氯乙烯消除 HCl 的反应速率比 E-式异构体快。

（18）2,2-二甲基-3-碘丁烷在乙醇溶液中与硝酸银反应可生成 3 种烯烃产物。

（19）顺-和反-1-叔丁基-4-溴环己烷进行消除反应，何者更快一点？

（20）为何下列两个立体异构体底物（**3** 和 **4**）发生消除反应的速率不等，得到的烯烃产物也不同？

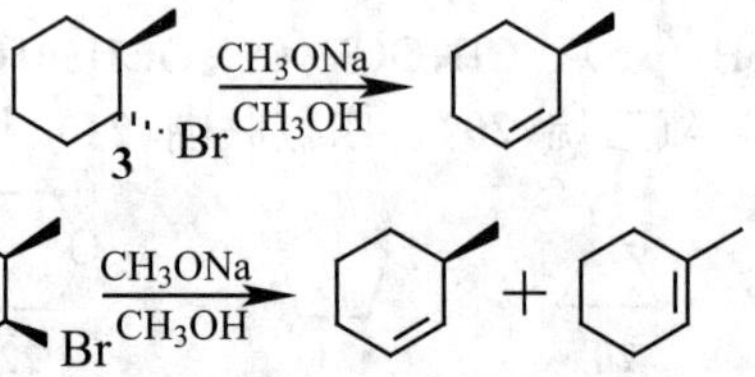

（21）两个立体异构体底物 **5** 和 **6** 消除溴化氢生成不同的产物。

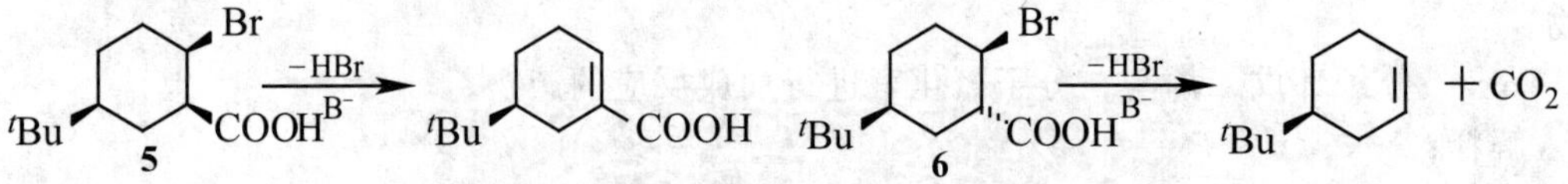

（22）蓋基氯（1R-甲基-4S-异丙基-3R-氯代环己烷）在 100℃/1mol/L EtONa 的乙醇溶液中发生消除反应生成一个产物；在 80℃/0.01mol/L EtONa 的 80% 乙醇溶液中发生消除反应生成两个产物。

（23）邻二卤代物 1-叔丁基-3trans,4cis-二溴环己烷（**7**）可发生脱卤反应生成烯烃，其立体异构体（**8**）则不发生此类反应。

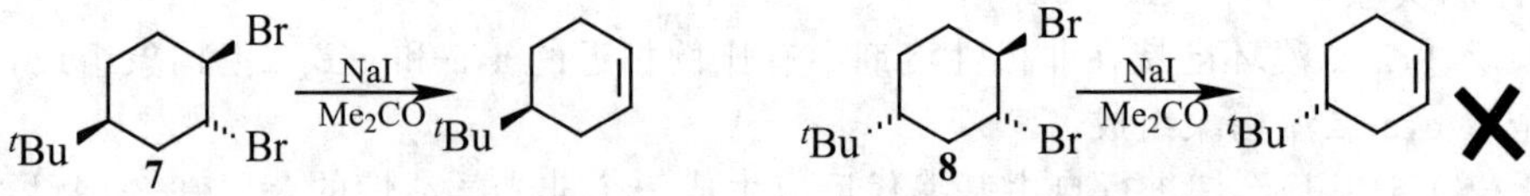

（24）有人提出 2-溴丁烷在乙醇中用乙醇钠反应得到丁-2-烯的反应有如下机理，该机理是否合理？

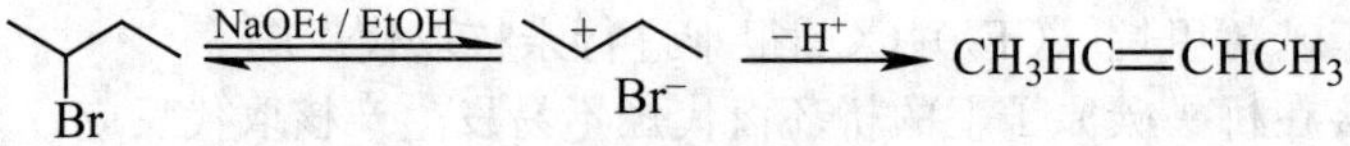

（25）各类卤代烃遵守 Zaitsef 规则的倾向趋势为 RI＞RBr＞RCl＞RF。如，2-碘、2-溴、2-氯和 2-氟丁烷在甲醇溶液中与甲醇钠反应生成的消除产物中丁-2-烯与丁-1-烯之比依次为 4.0、2.6、2.0 和 0.4。根据这一结果分析不同卤代烃进行消除反应的过渡态。

（26）3-溴戊-1-烯与乙醇钠在乙醇溶液中反应的速率与底物及乙醇钠的浓度均有关，产物是 3-乙氧基戊-1-烯；3-溴戊-1-烯与乙醇反应的速率仅与底物有关，产物除了 3-乙氧基戊-1-烯外还有 1-乙氧基戊-2-烯。

（27）3-氯吡啶在液氨中与 NH₂Li 作用主要生成 3-和 4-氨基吡啶。

（28）叔丁基锂与丙烯基溴可发生卤素-金属交换反应得到丙烯基锂，但叔丁基锂需 2equ. 才好。丙烯基锂与叔丁基溴不会发生卤素-金属交换反应得到叔丁基锂。

（29）烯丙基格氏试剂不易制备。下列反应得到的主产物是 **7** 而不是由格氏试剂中与镁相连的碳原子进攻羰基生成的产物（**8**）。

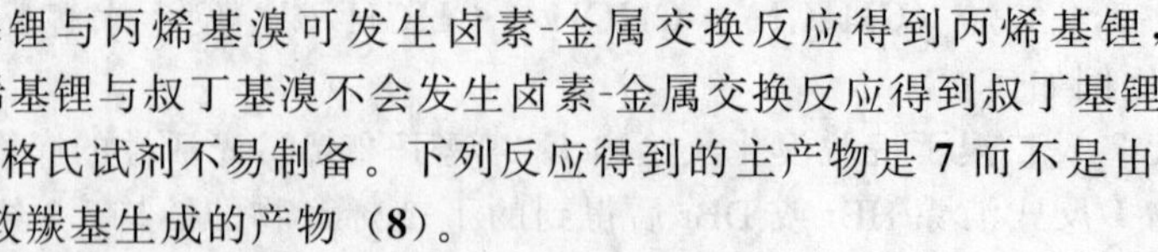

（30）下列四个反应的过程：

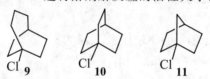

① （结构式：四氢吡喃环上Cl和Cl，经MeOH → Cl和OMe）

② （亚甲基环己烷）$\xrightarrow[h\nu]{NBS}$ （溴甲基环己烯）

③ （叔丁基仲氯结构）$\xrightarrow{OH^-}$ （叔醇结构）

④ （降冰片烯）$\xrightarrow{Br_2}$ （二溴加成产物）

7-3 指出下列六个反应中可能有的错误：

（1）$CH_3CH_2F \xrightarrow[(2)\ D_3O^+]{(1)\ Mg} CH_3CH_2D$

（2）$CH_3CH_2Br \xrightarrow[D_3O^+]{Mg} CH_3CH_2D$

（3）（2-甲基亚甲基环戊烷）$\xrightarrow[h\nu]{NBS}$ （溴代产物）

（4）$\underset{\text{（异丁烯）}}{}\xrightarrow[RO-OR]{HCl}(CH_3)_3CCl \xrightarrow{NaCN}(CH_3)_3CCN$

（5）

$CH_3CH_2CH_2Br + H_2C=CHBr \xrightarrow{Na} CH_3CH_2CH_2CH=CH_2 \xrightarrow{I_2} CH_3CH_2CH_2CHICH_2I$

（6）

$R''\overset{..}{O}: \underset{H}{\overset{R}{\diagup}}C-C\underset{R'}{\overset{Br}{\diagup}} \longrightarrow RHC=CHR' + Br^- + R''OH$

7-4 比较：

（1）下列两对化合物进行 S_N2 反应的活性大小：

① CH_3Br（**1**）和 CH_3Cl（**2**）；② $(CH_3)_2CHCl$（**3**）和 $CH_3CH_2CH_2Cl$（**4**）

（2）下列四个溴代物（**5~8**）进行 S_N1 反应的活性大小：

$CH_3CH_2CH_2Br$（**5**）；$CH_3CHBrCH_3$（**6**）；$CH_2=CHCH_2Br$（**7**）；$CH_2=CBrCH_3$（**8**）

（3）下列三个氯代物（**9~11**）进行溶剂解反应的活性大小：

（结构式 Cl **9**）　（结构式 Cl **10**）　（结构式 Cl **11**）

（4）下列七个氯代物（**12~18**）进行溶剂解反应的活性大小：

12 **13** **14** **15** **16** Ph **17** **18**

（5）下列六个化合物（**19~24**）在丙酮中与碘化钠进行取代反应的活性大小：

CH_3Cl 　 $^nC_4H_9Cl$ 　 $(CH_3)_2CHCl$ 　 （烯丙基Cl） 　 $PhCH_2Cl$ 　 CH_3OCH_2Cl

19 　 **20** 　 **21** 　 **22** 　 **23** 　 **24**

（6）下列两个亲核取代反应是可发生的还是不能进行的或进行很慢的？

① $C_2H_5F + I^- \longrightarrow C_2H_5I + F^-$ 　　② $C_2H_5NH_2 + I^- \longrightarrow C_2H_5I + NH_2^-$

（7）下列五对反应中哪一个快一些？为什么？

①CH_3I 与 NaOH 或 NaSH 在水溶液中反应；②C_2H_5Br 与 NaSH 在甲醇或 DMF 中反应；③C_2H_5Br 与 1.0mol/L 或 2.0mol/L NaSH 反应；④2,2-二甲基-1-氯丙-2-烯或叔氯丁烷的溶剂解反应；⑤苄基氯、4-甲氧基苄基氯和 4-硝基苄基氯室温下与甲醇的溶剂解反应。

（8）下列每一个条件的改变将会怎样影响下列反应的产率和速率：①提高反应温度；②把CH_3改为CF_3；③改变溶剂为80%乙醇水溶液；④加入NaOH。

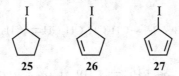

（9）下列六个实验现象中哪些反映出S_N1过程，哪些反映出S_N2过程？

①光学活性原料反应后得到绝对构型反转的产物；②反应是一级动力学；③有碳正离子中间体；④叔卤代烷比仲卤代烷反应快；⑤反应速率取决于离去基团；⑥反应速率与亲核试剂的活性有关。

（10）要得到亚甲基环己烷应该用环己基溴甲烷还是1-甲基-1-溴环己烷为底物？

（11）环戊二烯和环庚三烯在BuLi作用下与CH_3I反应何者快？

（12）烯基取代的碳正离子和铵离子的稳定性大小。

（13）下列三个碘代物（25～27）进行S_N1反应的活性大小：

25   **26**   **27**

（14）下列两个反应产物的产物：

① $\xrightarrow[\text{DMSO}]{\text{CN}^-}$ ② $\xrightarrow[\text{DMF}]{\text{'BuO}^-}$

（15）叔丁基氯在乙酸、乙醇、甲酸、水溶剂体系中发生S_N1反应的活性大小。已知这四个溶剂的相对介电常数（ε）各为6、25、59、78。

7-5 通过底物、产物的结构及反应条件分析下列四个反应中影响亲核取代和消除反应的竞争因素。

（1）$\xrightarrow[\text{C}_2\text{H}_5\text{OH}]{\text{C}_2\text{H}_5\text{ONa}}$ ~OC$_2$H$_5$（主要产物） + （次要产物）

（2）$\xrightarrow[\text{HOAc}]{\text{NaOAc}}$ OAc（主要产物） + （极次要产物）

（3）$\xrightarrow[\triangle]{\text{C}_2\text{H}_5\text{OH}}$ OC$_2$H$_5$（主要产物） + （次要产物）

（4）$\xrightarrow[\text{DMF}]{\text{NaCN}}$ CN（主要产物） + （次要产物）

7-6 通过立体化学信息给出下列两组反应中各步反应的过程：

（1）Cl $\xrightarrow[\text{Me}_2\text{CO}]{\text{NaI}}$ I $\xrightarrow[\text{H}_2\text{O}]{\text{OH}^-}$ OH

（2）OH $\xrightarrow{\text{HCl}}$ Cl + Cl

7-7 由指定底物和≤C_3的试剂合成目标化合物：

(1) $CH_3CH=CH_2 \longrightarrow CH_2ICH(OH)CH_2I$ (2)  [环己烷] ⟶ [苯]

(3) [环己基-Br] ⟶ [双环庚烷-CN]   (4) [环戊基]—CH_2OH ⟶ [环戊基]—CH_2CH_3

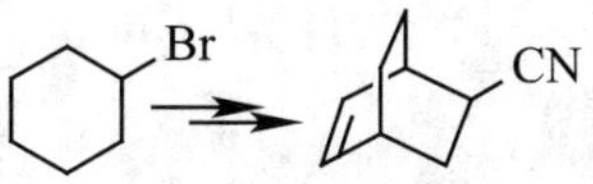

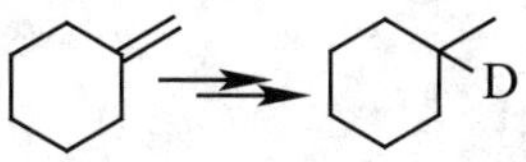

(5) [亚甲基环己烷] ⟶ [甲基环己烷-D]   (6) [甲苯 CH_3] ⟶ [CH_2OH]

$$
\begin{aligned}
&\qquad\qquad\qquad\qquad CH_3CH_2D\ 或\\
(7)\ \ CH_3CH_2Br \longrightarrow\ &CH_3CH_2CN\ 或\\
&CH_3CH_2CH_2CH_3
\end{aligned}
$$

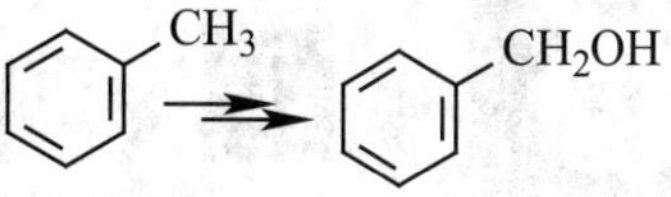

7-8 根据反应推导出各个化合物的结构：

(1) 化合物 **1**，分子式为 C_7H_{16}，光照下与氯气反应生成四种一氯代物 **2**、**3**、**4**、**5**，**4** 和 **5** 是对映异构关系。

(2) 化合物 **6**，分子式为 C_5H_9Br，有光学活性，与 $AgNO_3/EtOH$ 溶液反应立即产生沉淀，与 Br_2/CCl_4 溶液反应生成等量的光学活性的 (R,R)-$C_5H_9Br_3$ 和内消旋体。

7-9 试用化学方法鉴别下列两组化合物 1～6 和 7～10：

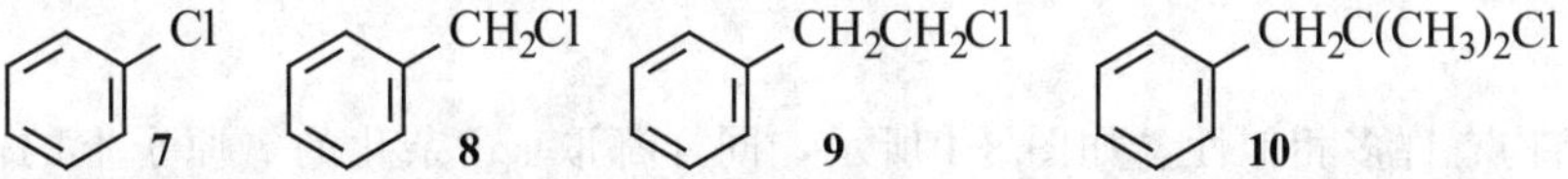

(1) 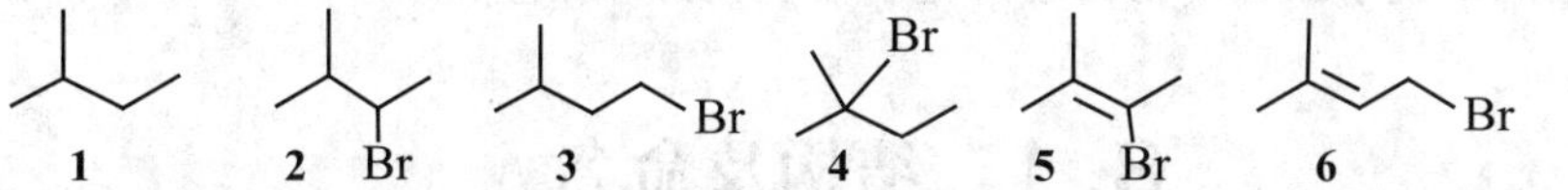 [异戊基] **1**   [异戊基-Br] **2**   [异戊基-Br] **3**   [叔-Br] **4**   [烯-Br] **5**   [烯-Br] **6**

(2) [Cl] **7**   [CH_2Cl] **8**   [CH_2CH_2Cl] **9**   [$CH_2C(CH_3)_2Cl$] **10**

7-10 根据谱图数据解析下列四个化合物的结构。

化合物 **1**，分子式为 $C_3H_6Br_2$，δ_H：3.70（4H，t）、2.45（2H，五重峰）。

化合物 **2**，分子式为 C_7H_7Br，MS：170（90）、172（89）、91（100）、65（30）。

化合物 **3**，分子式为 C_8H_9Br，δ_H：7.40（2H，dd）、7.05（2H，dd）、2.70（2H，q）、1.05（3H，t）；δ_C：139、131、130、120、29、18。

含有氯和溴的化合物 **4**，元素分析 C 18.98，H 1.59；MS：190（M^+，10）、192（16）、194（7）、110（100）、112（65）、114（45）；IR（cm^{-1}）：3100、1610；δ_H：5.9～6.3（1H，t）、4.0（2H，d）；δ_C：157.1、81.3、18.7。

8 醇、酚和醚

醇（ROH）、酚（ArOH）和醚（ROR′）都有 C—O 单键，醇和酚的氧原子连有活泼氢而具**羟基**（OH）官能团，羟基与烃基 $C(sp^3)$ 相连的化合物称**醇**（alcohol），与苯（芳香）环 $C(sp^2)$ 相连的称**酚**（phenol），两者的性质有相似，更有不同；醚的 C—O 单键上的氧原子以单键还连有另一个碳原子，故可看作是水分子中的两个氢原子被烃基取代所得到的产物，或是两分子醇之间的脱水缩合产物。醚的化学活性比醇和酚差得多。

8.1 结构及命名

醇和水的结构有许多相似性。如图 8-1 所示，同样都取 sp^3 杂化的氧原子上的两个轨道都容纳两对孤对电子，另两个轨道在醇或水中各与碳原子的 sp^3 轨道、氢原子的 1s 轨道或

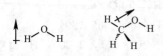

图 8-1 水与甲醇的结构

两个氢原子的 1s 轨道重叠成键。乙醇和水的偶极矩都指向氧原子且数值也较为接近，各为 $5.75 \times 10^{-30} C \cdot m$ 和 $6.20 \times 10^{-30} C \cdot m$。甲醇的 $\angle COH$、$\angle HCO$ 和 $\angle HCH$ 各为 $108.9°$、$110°$ 和 $109°$，水的 $\angle HOH$ 为 $104.5°$；甲醇和水的 O—H 键长相同（0.096nm），但碳的共价半径较氢大，故 C—O 键长

（0.143nm）也较长。比 C—H 键长（0.109nm）短得多的 O—H 键因氧的较大电负性而是高度极化的，O—H 键中含部分正电荷的氢与另一个醇分子中带部分负电荷的氧互相吸引而生成分子间氢键（参见图 8-5）。

醇的命名方法与卤代烃相似，可用烃基的名称加上"醇"字或视为甲醇的衍生物来命名。如：异丙醇[$CH_3CH(OH)CH_3$]、异丁醇[$(CH_3)_2CHCH_2OH$]、仲丁醇[$CH_3CH_2CH(OH)CH_3$]、叔丁醇[$(CH_3)_3COH$]、甲基二乙基甲醇[$(C_2H_5)_2C(OH)CH_3$]等。系统命名醇的方法与卤代烃的相似，但卤代烃中的卤素多作为取代基，醇中的羟基作为官能团来处理的。如：1,2-丙二醇[$CH_3CH(OH)CH_2OH$]、3-氯丙-1-醇[$CH_2ClCH_2CH_2OH$]、5-甲基己-4-烯-2-醇[$(CH_3)_2C=CHCH_2CH(OH)CH_3$]；*trans*-2-甲基环己醇有两个：（2R）-甲基-1R-环己醇（**1**）和（2S）-甲基-1S-环己醇（**1′**）。

一个或多个氢原子被羟基取代的醇分别称一元醇或多元醇。醇与卤代烃一样可分为伯、仲和叔醇三大类。根据羟基所在碳原子的属性分为伯醇（1°，RCH_2OH）、仲醇（2°，R_2CHOH）和叔醇（3°，R_3COH）。已与卤素、氧或氮等电负性较大的原子相连的 sp^3 碳上再

连有羟基是不稳定的，易失去卤化氢或水分子后形成双键结构，如式（8-1）所示。羟基与脂肪族双键碳相连的烯醇也很不稳定，易异构化为羰基化合物（参见 5.3.3）。丙三醇理论上有多种异构体，但由于同一个碳原子连有一个以上的羟基是不稳定的，故通常所称的丙三醇只有一种，即俗称**甘油**（glycerol）的 1,2,3-丙三醇[$CH_2OHCH(OH)CH_2OH$]。

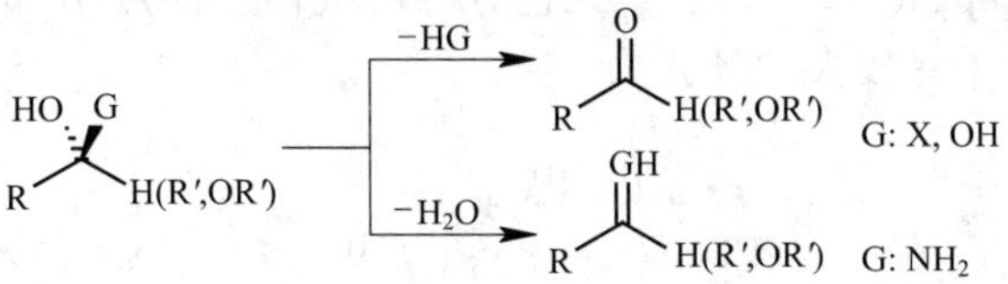

$$(8\text{-}1)$$

平面状酚分子中的$\angle COH$与醇接近；但 C—O 键键长（0.136nm）比醇中的短。酚的结构与烯醇有相似之处，可发生如图 8-2 所示的**烯醇式-酮式互变**（参见 9.7.1）。烯醇式的酚有一个稳定的芳香性苯环结构，在互变异构平衡中是主要存在形式：

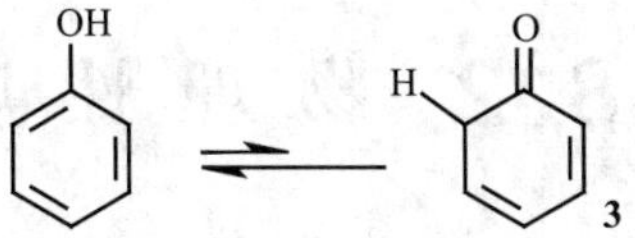

图 8-2　苯酚的烯醇式（**2**）和酮式（**3**）的结构

酚羟基的氧原子取 sp^2 杂化，p 轨道上的孤对电子与苯环的 π 体系有 p-π 共轭。故苯酚的结构可由如图 8-3 所示的几个共振结构式来表示。p-π 共轭的结果使苯环在酚羟基的邻、对位上带有更多的负电荷，苯酚的偶极矩（$5.34 \times 10^{-30}\,C \cdot m$）方向也指向苯环而非氧原子。

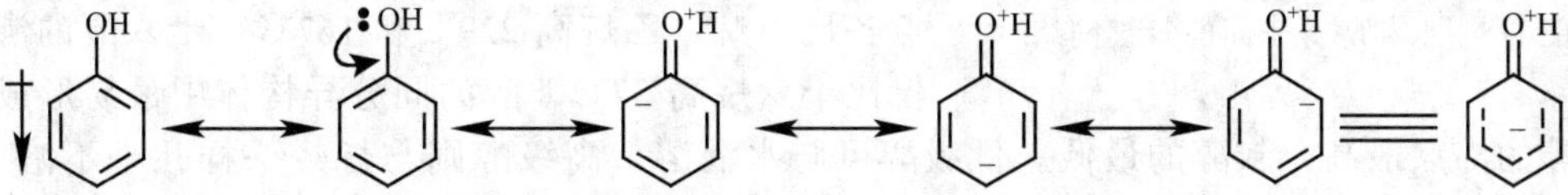

图 8-3　苯酚的偶极矩指向和共振结构式

大多数酚类化合物是以酚为母体来命名的，芳环上含多个羟基的称**多元酚**，如二酚、三酚等。如，2-甲基-6-异丙基苯酚（**4**）、邻羟基苯甲酸（**5**）、萘-1,8-二酚（**6**）：

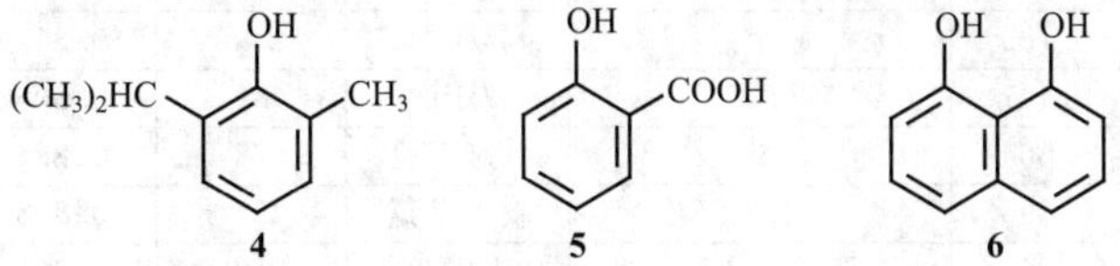

醚中的的氧原子也是 sp^3 杂化，两个轨道分别与两个碳原子的 sp^3 轨道重叠成键，另两个 sp^3 轨道容纳两对未共享电子对。键角$\angle COC$（112°）比醇中的$\angle COH$大，这与两个烷基的体积效应及范氏张力有关。醚中的 C—O 键称**醚键**，—OR 称烃氧基，两个烃基 R 和 R′可以是脂肪族或芳香族的、饱和或不饱和的；R 和 R′相同的称**对称醚**或**简单醚**，不同的称**混合醚**。醚一般可用与氧相连的两个烃基加醚命名，烃基结构较复杂时也可将烷（烃）氧基作取代基来命名。如，（二）乙醚（$C_2H_5OC_2H_5$）、甲（基）乙（基）醚（$CH_3OC_2H_5$）、烯丙（基）乙炔（基）醚（$CH_2=CHCH_2OC\equiv CH$）、2-甲基-3-甲氧基丙-2-醇[$(CH_3)_2C(OH)CH_2OCH_3$]、2-甲氧基乙醚（$CH_3OCH_2CH_2OCH_2CH_3$）。**环醚**（cyclic ether）又称氧杂某环或环氧某烃，如常见溶剂四氢呋喃和 **1,4-二氧六环**（dioxane，1,4-二噁环己烷，俗称二噁烷或二氧六环，**7**）。石

油醚（英文 ether 的本意指天空中远离云层上方的清澈成分，可用于描述任何挥发性的轻净物质）虽有"醚"字，但其中没有一个成分含有醚键。

如图 8-4 所示，氧原子上的两根醚键不在一条直线上，两个 C—O 键产生的偶极矩不会抵消，醚仍有较强的偶极矩。如，**乙醚（8）**的偶极矩为 $3.94 \times 10^{-30} C \cdot m$。**环氧乙烷**（ethylene oxide，oxacyclopropane，**9**）是一个无色有毒的气体（沸点 10.7℃），其三元环上 C—O 键的轨道重叠较差，分子有较大的环张力。

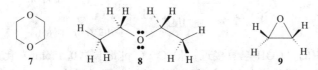

图 8-4　二氧六环（**7**）、乙醚（**8**）、环氧乙烷（**9**）的结构

8.2　物　理　性　质

$C_4 \sim C_{11}$ 的醇是有令人不快气味的无色液体，C_{12} 以上的醇为无嗅无味的蜡状固体。醇分子间有氧原子上高度极化的 C—O 键和 O—H 键所产生的偶极-偶极相互作用，羟基则可在分子间或与溶剂水形成一个**氢键网络**，如图 8-5 所示。可快速交换的氢键网络使醇具有许多特殊的性质。就像水的相对分子质量只有 18 但沸点高达 100℃ 那样，低级醇也有较高的沸点和熔点。如表 8-1 所示，甲醇、乙醇的沸点各比甲烷、乙烷高 229℃ 和 167℃，十六醇的沸点则仅比十六烷高 57℃。醇的同分异构体中最易形成氢键的伯醇的沸点最高，叔醇的最低。低级醇可与水混溶，高级醇则与烷烃一样几乎不溶于水。十六醇在水中的溶解度只有 $10^{-8} g/dm^3$，在水面上会形成一个单分子层，羟基部分靠近水而烃基部分靠近空气一侧。

图 8-5　水和醇分子间的氢键网络

表 8-1　一些同碳数的醇及氯代烷烃的沸点、相对密度（d_4^{20}）和溶解度

化合物	沸点/℃	d_4^{20}	溶解度/(g/100mL)	化合物	沸点/℃	d_4^{20}	溶解度/(g/100mL)
乙醇	78	0.789	∞	异丁醇	108	0.802	10
氯乙烷	12	0.447	0.45	叔丁醇	82	0.806	∞
正丙醇	97	0.804	∞	1-氯丁烷	78	0.884	0.11
1-氯丙烷	47	0.890	0.27	叔丁基氯	51	0.808	微溶
烯丙醇	97	0.855	∞	正戊醇	138	0.815	2.7
烯丙氯	45	0.938	微溶	1-氯戊烷	108	0.883	0.02
正丁醇	117	0.810	9.1	正己醇	158	0.815	0.58
2-丁醇	80	0.805	24	1-氯己烷	134	0.878	不溶

低级醇与水一样可与某些无机盐结合形成**结晶醇**，如 $MgCl_2 \cdot 6ROH$、$CaCl_2 \cdot 4ROH$、$CuSO_4 \cdot ROH$（R：CH_3，C_2H_5）等。因此不能用这些无水的无机盐来干燥醇类化合物，否则会引起醇的损失。结晶醇不溶于有机溶剂而溶于水，利用这一性质可将醇和其他有机化合物分离。如，要除去乙醚中混有的少量乙醇就可用到此法。C_{10} 以下的醇还能与橙色的**硝酸铈铵**生成酒红色配合物 $Ce(NO_3)_4 \cdot (ROH)_2$，如式（8-2）所示。

$$(NH_4)_2[Ce(NO_3)_6] + 2ROH \longrightarrow Ce(NO_3)_4 \cdot (ROH)_2 + 2NH_4NO_3 \quad (8-2)$$

苯酚微溶于水。比较几个硝基酚异构体的溶解度和沸点值可以发现，**邻硝基酚（1）**的沸点（215℃）和溶解度都较间硝基酚（194℃/9kPa）或**对硝基酚（2，**190℃/40kPa）低。如图 8-6 所示，**1** 和 **2** 都有**分子间氢键**，**1** 中的硝基和羟基之间还可形成一个稳定的六元螯合环**分子内氢键**。分子内氢键的存在取代了酚之间或酚与水之间的分子间氢键，故沸点和溶解度相对都较低。邻硝基酚有一定的挥发性，可随水汽挥发，利用**水蒸气蒸馏**能将其从混合硝基酚中分离。

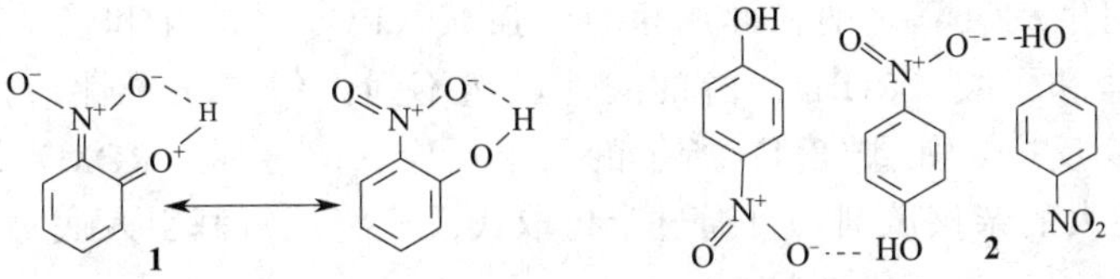

图 8-6　邻硝基酚（**1**）的分子内氢键和对硝基酚（**2**）的分子间氢键

醚分子也是有极性的，C—O 键中的碳和氧原子各带有部分正电荷和部分负电荷，分子间有偶极-偶极作用力。醚分子间没有氢键，故沸点比同碳数的醇低得多。除甲醚（—25℃）、甲基乙烯基醚（6℃）和甲乙醚（11℃）是气体外，大多数醚类化合物都是挥发性高、有特殊嗅味且易于燃烧的无色液体。乙醚（沸点 35℃）的**闪点**（挥发物遇火源一闪即燃的最低温度）只有—4.5℃，而相对密度是空气的 2.6 倍，积聚在桌面或地面上后极易被它处的火种引燃，使用时需注意安全。某些反应需用乙醚为溶剂的可用沸点较高、安全性更好的二丙醚（沸点 90℃）替代。醚中氧原子所带的孤对电子仍是氢键的受体，故醚的水溶性比烷烃大得多，含多个氧原子的醚和环醚中突出在外的氧原子更易与水形成氢键。如，二甲醚、甲乙醚、四氢呋喃、二氧六环、乙二醇二甲醚和丙三醇三醚等均能与水混溶。

不活泼的醚类化合物，如乙醚、四氢呋喃、**2-甲基四氢呋喃、环戊基甲基醚、叔丁基甲基醚**都是用于反应、结晶、萃取、表面处理的常见溶剂，沸点较低而易于除去回收。乙醚的麻醉作用于 19 世纪中期被发现并临床应用了 100 多年，使外科手术可以真正得以实施和发展。极性化合物在醇中的溶解性比在醚中更好，非极性化合物在两者中的溶解性相差不大。醚没有羟基，不与强碱作用，不像醇那样能溶剂化负离子，但分子中氧原子的 Lewis 碱性可以很好地对与较大体积的碘负离子、乙酸根负离子配对的正离子产生溶剂化效应而能溶解一些盐类，或通过 Lewis 酸-碱作用溶解硼烷、三氟化硼等 Lewis 酸。

8.3　醇的化学性质

醇分子中有 4 种不同类型的 C—C、C—H、C—O 和 O—H 化学键，其反应相当丰富多彩，与烯烃、卤代烃、醛酮、羧酸和酯等化合物可互相转换。C—O 键和 O—H 键都有极性，也是醇分子反应的活性部位，α-H 和 β-H 受到羟基的活化也有一定活性。OH$^-$ 是强碱，离去性极差，故醇的亲核取代和消除反应都不如卤代烃容易。醇分子中发生化学反应涉及的部位如图 8-7 所示的虚线箭头。

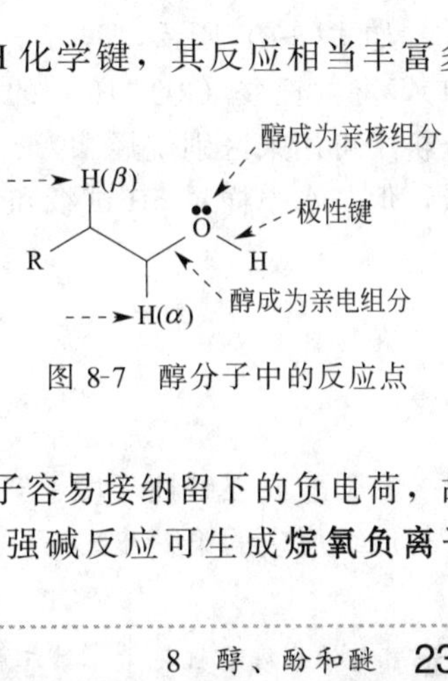

图 8-7　醇分子中的反应点

8.3.1　酸性和碱性

O—H 键的极性使质子容易离解出去，电负性较大的氧原子容易接纳留下的负电荷，故醇是有酸性的。各种醇的酸性强度有较大差异，常见的醇与强碱反应可生成**烷氧负离子**

（alkoxide ion，RO$^-$），如式（8-3）所示。

$$RO{-}H \overset{B^-}{\rightleftharpoons} RO^- + BH \tag{8-3}$$

　　醇与金属钠或碱性很强的氢化钠反应放出氢气并生成氢氧化钠类似物**烷氧钠**（**RONa**）或称**醇钠**。该反应很温和，放出的氢气一般没有自燃的危害，故实验室常用低级醇来处理需销毁不能再使用的碱金属。叔醇与金属钠的反应速率很小，故常用活性更强的金属钾来反应得到叔丁氧基钾。醇的酸性比水弱但相差不大，故与碱金属氢氧化物形成一个平衡。醇钠与水作用生成氢氧化钠和醇，相当于强碱（RO$^-$）的盐和强酸（H$_2$O）反应生成弱碱（OH$^-$）的盐和弱酸（ROH）。醇的酸性虽然不强，但与质子性溶剂，如氘水之间可迅速进行 H-D 交换反应，如式（8-4）所示的两个反应。醇金属（ROM）既是强碱，也是一类远比母体醇活性大的亲核试剂，可通过亲核取代反应将烷氧基引入底物分子中，在有机反应中应用极广。

$$RONa + H_2O \rightleftharpoons ROH + NaOH$$
$$ROH + D_2O \rightleftharpoons ROD + HDO \tag{8-4}$$

　　醇的酸性比水弱显然是由于烷基的关系。推电子的烷基取代愈多的烷氧基愈不稳定，醇的酸性也愈小，故同分异构体中酸性的强弱次序为伯醇＞仲醇＞叔醇。另一个更重要的原因是溶剂化效应的影响，烷基愈大醇的酸性愈弱。溶剂化作用可使烷氧负离子的负电荷分散而稳定性增加。叔醇分子中 α-碳上的空间障碍使能与带负电荷的氧原子接近的溶剂分子数目减少，氧上的负电荷不易分散而稳定性减弱，故叔醇的酸性较弱。如，**叔丁醇钾**（^{t}BuOK）就是一种亲核性不强但碱性很强的碱，在有机合成中用处很大。表 8-2 是几个醇的酸性值。可以看出，烷基中电负性大的原子产生的吸电子诱导效应使烷氧负离子上的负电荷得以分散而稳定，其酸性也得到增强。

表 8-2　几个醇的 pk_a值

醇	CH$_3$OH	C$_2$H$_5$OH	(CH$_3$)$_2$CHOH	(CH$_3$)$_3$COH	CF$_3$CH$_2$OH	(CF$_3$)$_3$COH
pk_a	15.5	15.9	17.1	18.0	12.4	5.4

　　醇的酸性比氨强，故醇能与钠氨反应生成醇钠和氨；醇与烃相比更是一个强酸，故很易与格氏试剂等有机金属化合物反应生成烃。醇还可以与镁、铝等作用放出氢气生成醇镁[Mg(OR)$_2$]和醇铝[Al(OR)$_3$]等，如式（8-5）所示的三个反应。

$$ROH \begin{cases} \xrightarrow{Na} RONa + H_2 \\ \xrightarrow{NaNH_2} RONa + NH_3 \\ \xrightarrow{R'MgX} Mg(OR)X + R'H \end{cases} \tag{8-5}$$

　　如式（8-6）所示，醇分子中氧原子上的孤对电子能与 Lewis 酸或质子酸配位形成氧鎓盐（**1**），醇共轭酸（RO$^+$H$_2$）的 pk_a为 -2.2。故醇在强酸中的溶解度也很好，这个性质在有机分析中可用来区别烷烃和醇、醛、酮、酸等含氧有机化合物。醇在这些酸碱反应中都是一个碱，但与水一样对 pH 试纸和石蕊试剂表现为中性而不会变色。

$$\underset{\substack{R \quad H \\ }}{\overset{\cdot\cdot}{\ddot{O}}} \xrightarrow{HX} \underset{\substack{R \quad H \\ \mathbf{1}}}{\overset{\overset{\displaystyle H}{|}}{O^+}} \quad X^- \tag{8-6}$$

　　在强酸或强碱性环境下兼具弱碱性和弱酸性的醇可接受或失去一个质子，这往往也是醇进行后续反应的第一步。

8.3.2　与氢卤酸反应

OH^- 的碱性强而离去性差，故醇不会直接发生亲核取代反应。在酸性环境下羟基质子化成为离去性极佳的水，羟基所连的碳原子也可成为亲电物种而能促进亲核取代反应的发生。但许多亲核试剂是碱性的，酸性溶液中往往因质子化而失去亲核活性。

氢卤酸中含有弱碱性的亲核性卤素负离子（X^-），可与醇反应断裂 $C—O^+H_2$ 键生成卤代烃和水，这是制备卤代烃最重要的方法之一（OS II：246，参见 7.11.2），如式（8-7）所示的两个反应。

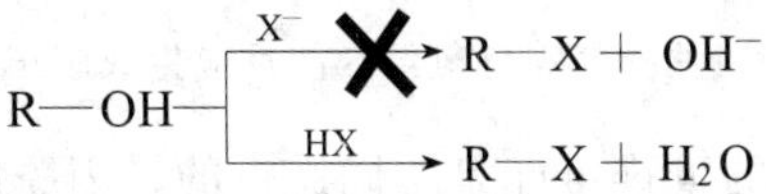

$$R—OH \begin{array}{c} \xrightarrow{X^-} \text{✗} \quad R—X + OH^- \\ \xrightarrow{HX} \quad R—X + H_2O \end{array} \qquad (8\text{-}7)$$

氢卤酸的活性是 HI＞HBr＞HCl，ROH 的活性是苄醇≈烯丙醇＞叔醇＞仲醇＞伯醇。伯醇与氢卤酸的反应很慢，需要加热并在反应体系中加无水氯化锌一类 Lewis 酸或浓硫酸来催化。**Lucas 试剂**是浓盐酸和无水氯化锌组成的溶液，氯化锌与氧的配位作用比氢更强。低级醇与氯化锌形成的极性配合物可溶于浓盐酸，极性小的卤代烃不溶于浓盐酸而分层，故从反应液发生浑浊的速率可以区别六碳以下的伯醇、仲醇和叔醇。如式（8-8）所示的三个反应，浑浊现象对叔醇是迅即产生，对仲醇需数分钟时间；对伯醇需 10min 以上甚至数天。伯醇、仲醇与盐酸反应制备氯代烃的产率一般不高，HI 的反应活性虽高，但产率也不佳。

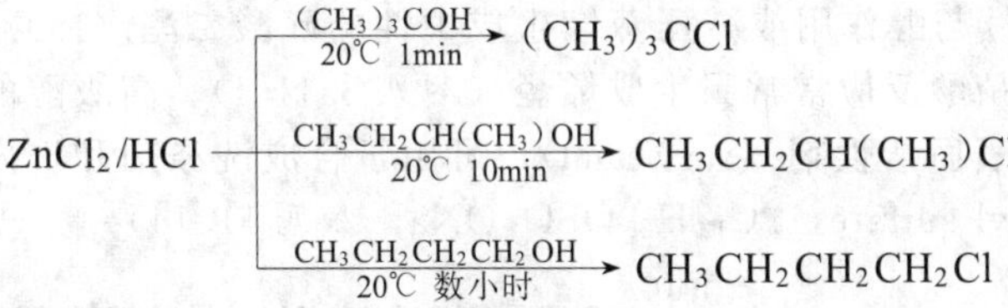

$$ZnCl_2/HCl \begin{array}{c} \xrightarrow[20℃\ 1min]{(CH_3)_3COH} (CH_3)_3CCl \\ \xrightarrow[20℃\ 10min]{CH_3CH_2CH(CH_3)OH} CH_3CH_2CH(CH_3)Cl \\ \xrightarrow[20℃\ 数小时]{CH_3CH_2CH_2CH_2OH} CH_3CH_2CH_2CH_2Cl \end{array} \qquad (8\text{-}8)$$

质子酸或 Lewis 酸的主要作用都是使醇羟基转化成离去能力更大的基团以促进反应，催化过程如图 8-8 所示。

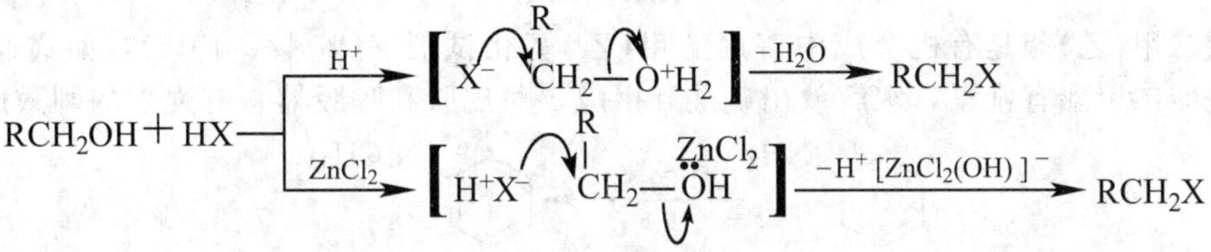

图 8-8　醇羟基与卤化氢在质子酸或氯化锌催化下被卤素原子取代

伯醇与卤化氢进行的亲核取代反应主要是 S_N2 机理，但带 β-取代基的也有重排产物生成。极不稳定的伯碳正离子是不易生成的，故生成重排产物的仲或叔碳正离子是由质子化羟基的离去与烷基的迁移协同进行的，如图 8-9 所示。烯丙基醇、苄基醇和仲醇、叔醇主要经由 S_N1 历程。S_N1 反应中生成的碳正离子也可能发生重排或脱氢生成烯烃产物（参见 3.4.2），这往往使带 β-取代基的伯醇或仲醇为底物与卤化氢反应制卤代烃的合成价值受到影响。如，戊-2-醇（**2**）和戊-3-醇（**3**）与溴化氢反应都生成相同比例的 2-溴戊烷（**4**）和 3-溴戊烷（**5**）的混合物，反映出反应过程中生成的碳正离子的重排速率与其和溴负离子结合的速率相等。

羟基所在的碳原子上有小环取代的醇与氢卤酸反应除生成取代产物外还经由碳正离子的 1,2-烷基重排生成**扩环产物**（参见 3.4.2）。如式（8-9）所示，环丙基甲醇与溴化氢反应有环

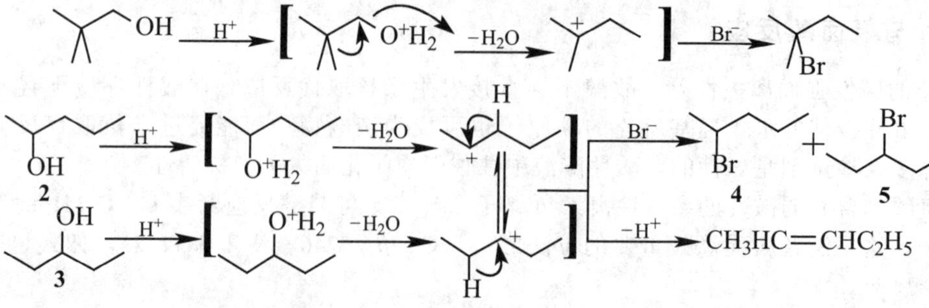

图 8-9 伯醇或仲醇与溴化氢经 S_N1 反应生成碳正离子中间体

丁醇产物。反应中脱水和环键的重排可能是协同进行的，因脱水生成的伯碳正离子是极不稳定而很难存在的。

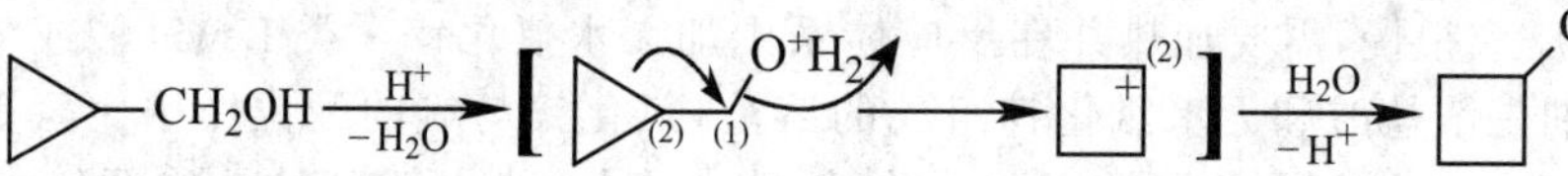
(8-9)

8.3.3 与含氧无机酸成酯的反应

醇可与含羟基的羧酸或无机酸发生脱水反应生成酯，烷氧基取代这些酸中的羟基。如式(8-10) 所示的三个反应，伯醇与硫酸作用发生分子间脱水生成**硫酸单酯**（$ROSO_3H$，参见 3.4.3）；硫酸单酯继续与醇作用或减压蒸馏生成中性的**硫酸二酯**[$(RO)_2SO_2$]，高温反应生成醚和烯烃。叔醇与硫酸反应常常只生成烯烃（参见 3.11.1）。高级醇的硫酸氢酯转变为钠盐后是一类很有用的**表面活性剂**（surfactant），可用于合成洗涤剂和洗发水等，如**十二烷基磺酸钠**（sodium lauryl sulfate，${}^nC_{12}H_{25}OSO_2ONa$，参见 11.14）

$$RCH_2CH_2OH \xrightarrow{H_2SO_4} \begin{cases} \xrightarrow{<100℃} RCH_2CH_2OSO_3H \longrightarrow (RCH_2CH_2O)_2SO_2 \\ \xrightarrow{140℃} RCH_2CH_2OCH_2CH_2R \\ \xrightarrow{>160℃} RHC{=}CH_2 \end{cases} \qquad (8\text{-}10)$$

硫酸二甲(乙)酯是有机合成中有用的**甲(乙)基化试剂**（**OS** *V*：1018)，如式(8-11) 所示。但硫酸二甲酯有剧毒，水解放出硫酸和甲醇，对皮肤和呼吸器官有强烈的刺激危害。

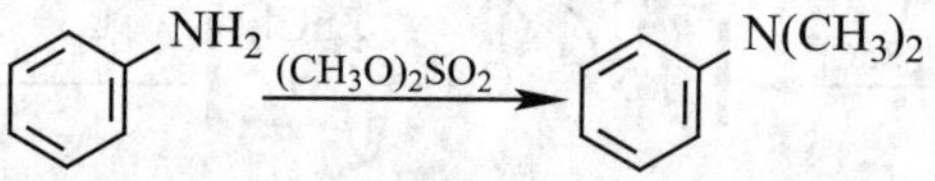
(8-11)

伯醇与硝酸作用生成**硝酸酯** $RONO_2$（nitrate，**OS** *II*：412)。许多多元醇的硝酸酯，如乙二醇硝酸酯和三硝酸甘油酯都是烈性炸药，分子中的硝基和烃基分别起氧化和助燃作用。俗称**硝化甘油**（oil of glonoin，**6**）的甘油硝酸酯还有扩张冠状动脉的作用而可用作治疗心肌梗死和胆绞痛等的药物。20 世纪 70 年代，科学界发现这些药物能促进血管内壁表层细胞产生使肌肉细胞放松和血流量增加的**一氧化氮**。三位科学家因首次确定一种小分子气体（NO）也是人体的信号分子而荣获 1998 年诺贝尔生理学或医学奖。

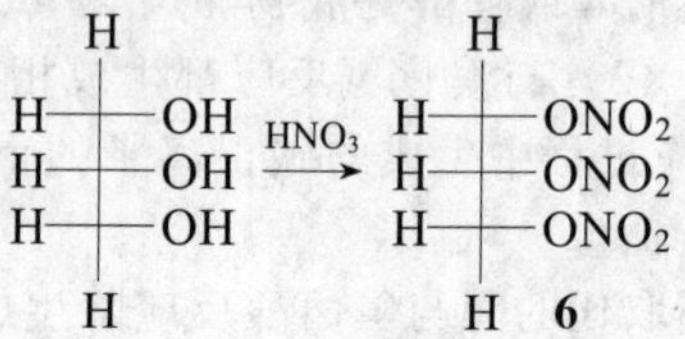
6

醇与亚硝酸反应生成亚硝酸酯 RONO。醇不能直接与磷酸反应成酯，因为磷酸的酸性太弱，**磷酸酯**［PO(OR)$_3$，phosphate］与酯化时生成的水很快就能再逆反应水解出磷酸和醇，故磷酸酯是由醇和氧氯化磷 POCl$_3$ 反应来制备的。天然磷酸酯是生命活动的关键物质，有非常重要的生理作用。

8.3.4 与磺酸反应

如图 8-10 所示，醇与对甲苯磺酸反应得到对甲苯磺酸酯（TsOR，**7**）。与羟基无机酸的反应一样，醇分子在这些反应中都是氧原子作为亲核试剂进攻酸中带正电荷的部分，而后醇分子中的 O—H 键断裂：

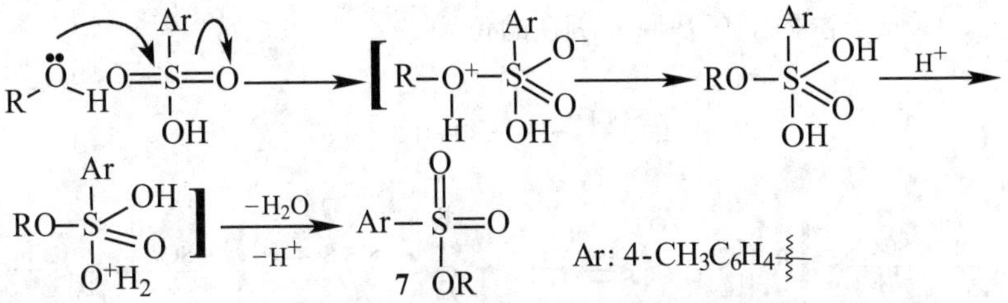

图 8-10　醇与对甲苯磺酸反应生成对甲苯磺酸酯

如前所述，醇羟基的碱性很强，酸性条件下成为氧鎓离子后可成为能离去的水分子，但许多亲核试剂不适用酸性环境下的反应。将醇转化为磺酸酯就可很好地解决此问题，如，**对甲苯磺酸酯**（p-CH$_3$C$_6$H$_4$SO$_3$R，**ROTs**）、**甲磺酸酯**（CH$_3$SO$_3$R）、**三氟甲磺酸酯**（CF$_3$SO$_3$R）等磺酸酯衍生物都是 S$_N$2 反应中常用的底物。磺酸根是弱碱而易于稳定存在，在 S$_N$2 反应中是比卤素负离子更好的离去基，可被羟基、烷氧基、氰基、氨基及卤素负离子等众多亲核基团取代。芳基磺酸酯（**8**）更方便的是在吡啶（吡啶可移去反应的另一个副产物 HCl）存在下由芳基磺酰氯与醇反应制得（参见 8.3.5），该反应未涉及羟基所在碳原子，酯氧构型与醇氧一样，故从已知构型的醇可以制备构型确定的磺酸酯，再经 S$_N$2 反应可以得到预知绝对构型的取代产物，如式（8-12）所示。而从醇制备卤代烃及以卤代烃为底物的亲核取代反应的立体化学过程都不易控制。

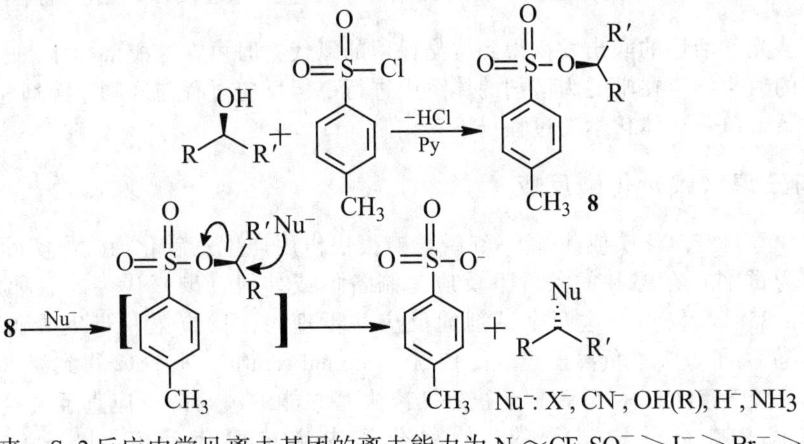

(8-12)

综合起来，S$_N$2 反应中常见离去基团的离去能力为 N$_2$≈CF$_3$SO$_3^-$＞I$^-$＞Br$^-$＞C$_6$H$_5$SO$_3^-$＞Cl$^-$＞HSO$_4^-$＞H$_2$O＞CH$_3$SO$_3^-$；F$^-$、AcO$^-$、CN$^-$、R$_3$N 和 RS$^-$是差的离去基。RO$^-$、HO$^-$、NH$_2^-$和 H$^-$都是强碱，不可能成为亲核取代反应中的离去基。

8.3.5 与氯化亚砜反应

醇与三氯化磷反应生成**亚磷酸酯**，与五氯化磷反应主要得到氯代烃，但反应仍较复杂，如式（8-13）所示。

$$R—OH \xrightarrow{PCl_5} R—Cl + POCl_3 + HCl \tag{8-13}$$

如图 8-11 所示，伯醇或仲醇与**氯化亚砜**（sulfur oxychloride，SOCl₂，**硫酰氯**）反应是制备氯代物最常用的方法之一。反应同时还产生很易与氯代产物分离的两种气体产物 SO₂ 和 HCl，故反应速率较快，氯代产物的纯度通常也较好（**OS** Ⅱ：159）。在乙醚溶剂体系中，反应第一步是醇中的氧原子亲核进攻氯化亚砜中亲电的硫原子生成中间体氯代亚硫酸酯（**9**）并放出氯负离子，**9** 继而分解为紧密离子对（tight ion pair，**10**，参见 7.4.3），**10** 中的氯负离子向碳正离子正面内返进攻。故仲醇或叔醇与氯化亚砜在乙醚溶剂体系中反应后得到构型保持的氯代产物，氯原子占据了羟基原来所在的位置。

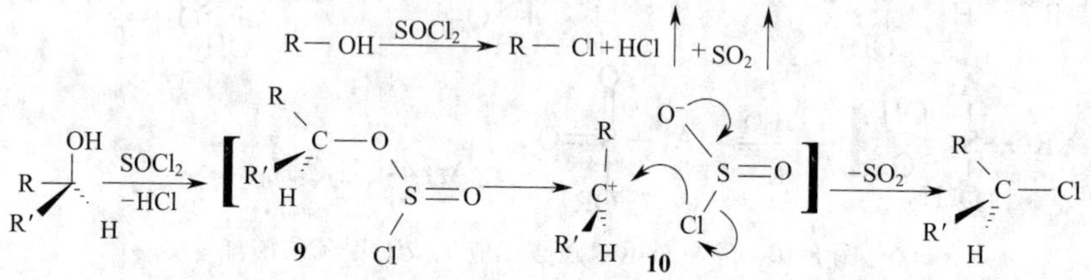

图 8-11　醇与氯化亚砜在乙醚溶剂体系中反应生成构型保持的氯代产物

仲醇或叔醇与氯化亚砜的反应若用吡啶或叔胺为溶剂，醇先与吡啶成盐生成 **11** 并产生"自由"的氯负离子，氯负离子将从碳氧键的背面进攻从而使该碳原子的构型反转，如图 8-12所示。

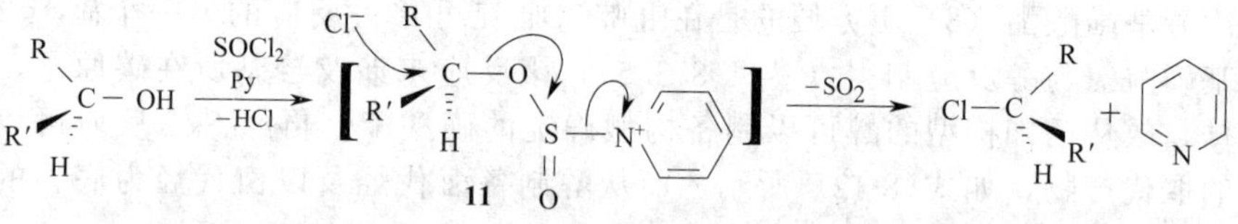

图 8-12　醇与氯化亚砜在吡啶溶剂体系中反应生成构型反转的氯代产物

因此，从光学活性的醇出发欲得到构型保留的氯代物时可在乙醚溶剂体系中进行；欲得到构型反转的氯化物应在吡啶为溶剂的体系中进行。但反应过程与底物、溶剂和温度等反应条件均有关系，单一立体化学的过程仍不易控制。

8.3.6　与三溴（碘）化磷反应

伯醇或仲醇与三溴化磷或碘-磷（红磷与碘很快作用产生三碘化磷，故实际操作时往往用红磷与碘为试剂）在温和的条件下反应是制备伯或仲溴（碘）代烃的一种好方法（**OS** Ⅰ：36，Ⅱ：358），叔醇与这两个试剂的反应并不理想。反应第一步生成亚磷酸衍生物（**12**）和卤素负离子，卤素负离子经 S_N2 **内返**（internal return）进攻 **12** 得到溴（碘）代烃并生成二卤亚磷酸 $X_2P(OH)$，后者是个很好的离去基并能继续与醇反应直至卤素原子均被用完。这种取代是在分子内进行的，故称**分子内亲核取代反应**，以 S_Ni（substitution nucleophilic internal）表示。产物溴（碘）代烃的构型与底物醇相反。

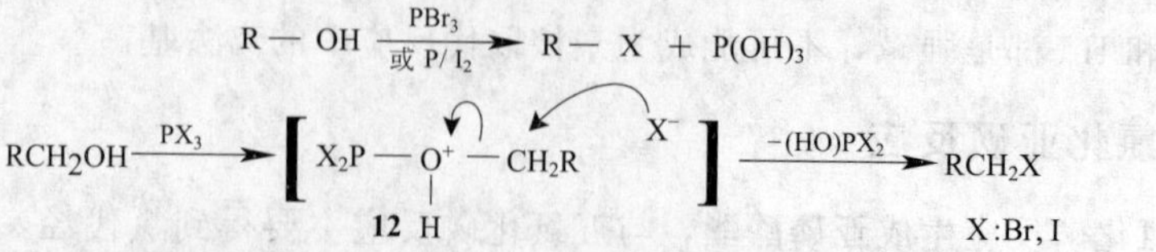

$$R—OH \xrightarrow[\text{或 P/I}_2]{PBr_3} R—X + P(OH)_3$$

8.3.7 分子内脱水消除反应

醇与浓硫酸、草酸或 85% 磷酸等不带亲核性配对负离子的酸一起加热反应，失去一分子水生成烯烃，反应活性的强弱次序是叔醇＞仲醇＞伯醇，所需温度由低到高。伯醇在酸催化下的脱水反应是与亲核取代反应竞争的 E2 过程；叔醇脱水涉及碳正离子中间体，是有重排产物生成的 E1 过程（参见 3.11.1）。酸性脱水反应的条件较苛刻，产率不高且易得混合物产物。脱水反应是烯烃水合的逆反应（参见 3.4.3），体系中大量水的存在，如使用稀酸有利于醇的生成；浓酸体系中存在脱水剂并蒸馏除去产物烯烃有利于反应平衡移向生成烯烃的方向。

醇在温和的碱性条件下也可进行脱水反应。以吡啶为溶剂，POCl₃ 为脱水剂，叔醇和仲醇在 0℃ 时就能发生 E2 脱水过程（**OS** I：183）。如，(2R)-甲基环己-(1R)-醇（**13**）进行脱水反应生成 Hofmann 烯烃产物 3-甲基环己烯（**14**）。这表明该反应经由 E2 过程，C(2)—H 不能与羟基取反式共平面构象，只有 C(6)—H 可以与羟基取反式共平面构象而被消除：

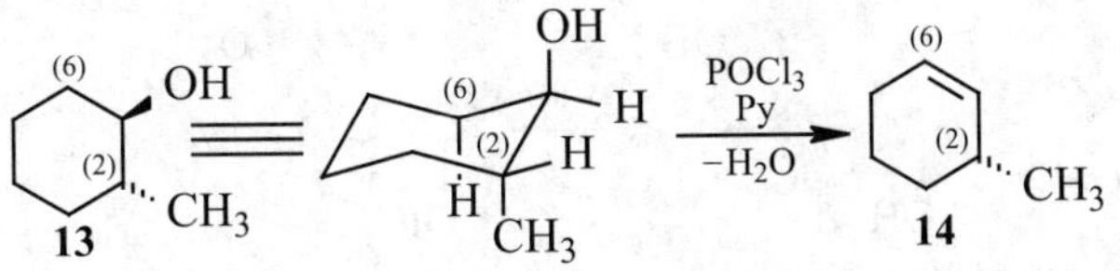

酸催化下邻二醇的脱水反应产物与醇不同，经碳正离子中间体而生成骨架重排的酮，称**频哪醇重排**。如，2,3-二甲基丁-2,3-二醇（**15**）反应后生成 3,3-二甲基丁-2-酮（**16**）。

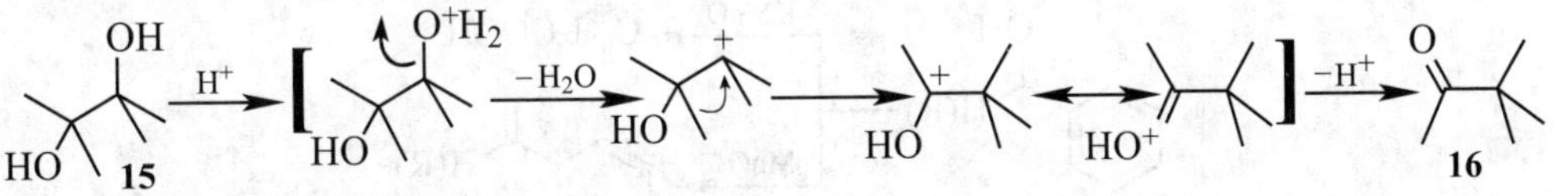

8.3.8 氧化反应和脱氢反应

醇的氧化反应涉及 C(OH)—H 键，α-H 受到羟基的影响而较活泼。没有 α-H 的叔醇不易氧化，在剧烈的氧化条件下碳骨架无序断裂生成小分子氧化产物的混合物（**OS** I：138）。实验室常用的氧化剂是含 O—O 键的过氧化物和含高价金属（M）—O 键的化合物，氧化醇的多是如 Cr(Ⅵ)、Mn(Ⅶ) 或与氧相连的 X⁺ 等高价原子，溶剂体系中可加入丙酮以促进底物醇溶解。氧化过程首先都经历羟基与这些原子的键连，如，醇与橙红色的 Cr(Ⅵ) 化合物（铬酸、CrO₃/或 Na₂Cr₂O₇/H₃O⁺）反应先生成**铬酸酯**（**17**），**17** 中羟基碳上的 α-H 迅即被夺取，Cr—O 键同时断裂完成氧化反应并生成 Cr(Ⅳ) 化合物〔(HO)CrO₂⁻，**18**〕。**18** 与 Cr(Ⅵ) 反应生成也可氧化羟基的 Cr(Ⅴ) 物种，反应后再转化为深蓝绿色的 Cr(Ⅲ) 物种。该现象相当灵敏，故可用于现场检验有无酒驾行为。

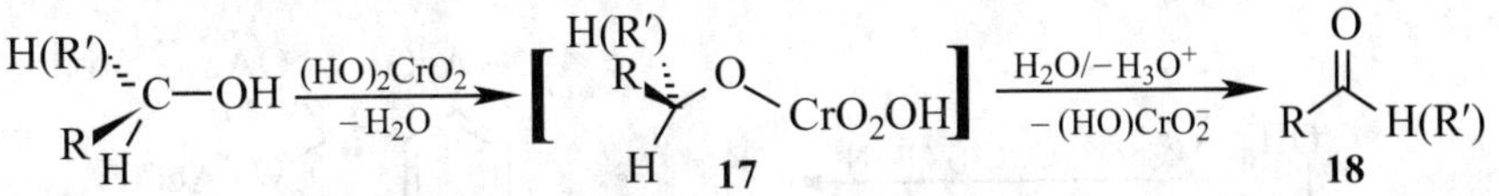

酮不易继续氧化，从仲醇氧化制酮是个好方法。但氧化伯醇为醛需有一个无水环境，因伯醇被酸性 Cr(Ⅵ) 化合物氧化后生成的醛在该水相体系中易形成同碳上共存两个羟基的缩醛（**19**，参见 9.4.4），后者极易被进一步氧化为羧酸。

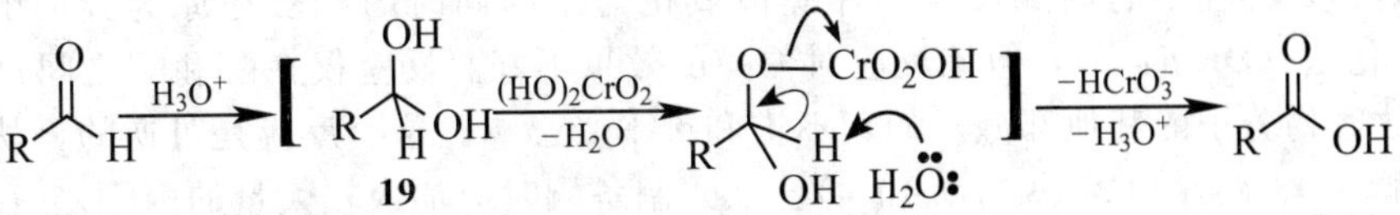

吡啶中氮原子上的孤对电子可与金属配位，与 CrO_3 生成易燃的配合物；将吡啶溶解于略过量的盐酸中，再加入等物质的量的 CrO_3 可生成较安全及氧化性能较温和的橙黄色**氯铬酸吡啶镓盐**（pyridinium chlorochromate，**PCC**，**20**，<u>OS</u> *52*：5；*73*：36）。与需强酸环境下应用的 $Na_2Cr_2O_7$ 等氧化剂具有的水溶性不同，PCC 溶于二氯甲烷等非极性熔剂，故无水非酸性环境下可顺利地氧化伯醇为醛而不会有羧酸生成，仲醇则氧化为酮。PCC 对双键没有作用而可进行非常好的选择性氧化。

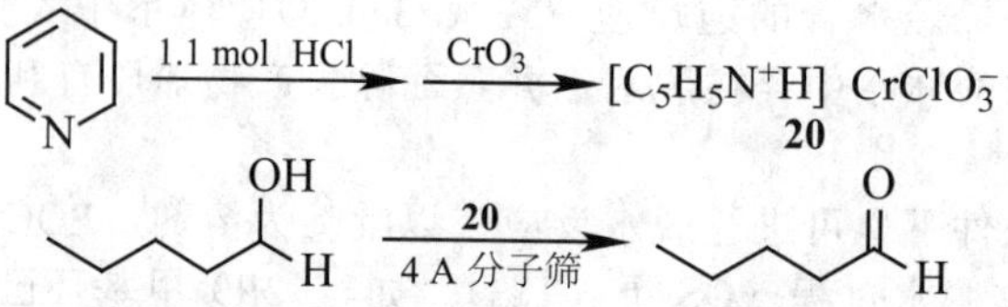

如式（8-14）所示，新鲜制备的氧化能力较弱的**二氧化锰**可以氧化烯丙基醇为 α,β-不饱和醛（酮），该试剂对饱和醇并无作用（<u>OS</u> *74*：44）。

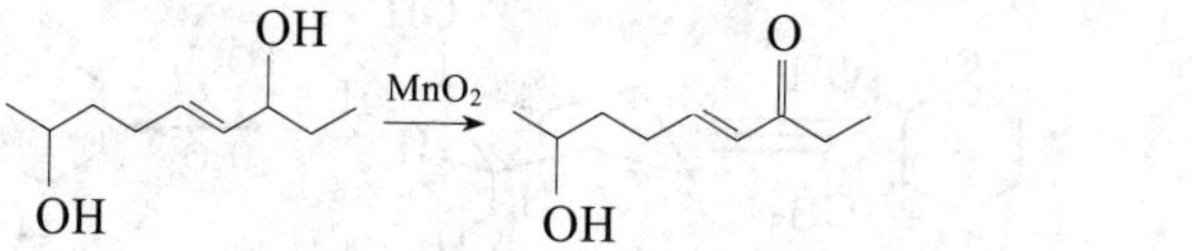

$$(8-14)$$

苄醇被 $KMnO_4$ 和酸性环境下的 $Na_2Cr_2O_7$ 等强氧化剂氧化为苯甲酸（参见 6.9），被 MnO_2 之类温和的氧化剂氧化为醛或酮，如式（8-15）所示的两个反应。

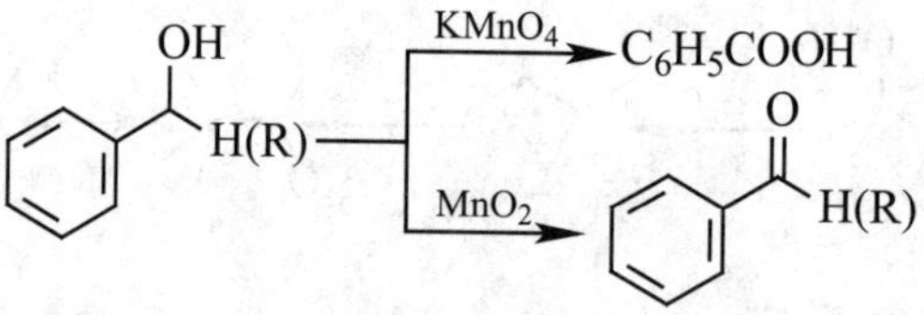

$$(8-15)$$

无机金属氧化剂化学反应性较好，但有毒且对环境产生很严重的污染。高锰酸钾和硝酸也可氧化醇，它们主要用于工业生产，对环境的影响相对较小，但需严格控制反应条件。二甲亚砜（**DMSO**）既是有用的极性非质子溶剂，也是一个较温和的氧化剂。如式（8-16）所示，将二甲亚砜和**草酰氯**［oxalyl chloride，$(COCl)_2$］在低温（$-78℃$）无水环境下混合生成活性的高价硫盐中间体 $[(CH_3)_2S^+Cl]$，慢慢加入醇后再加入叔胺也可高产率地将醇转化为醛或酮，副产物是易于分离的挥发性（$CH_3)_2S$、CO_2、CO 和 HCl，称 **Swern 氧化法**（<u>OS</u> *64*：144）。由于在无水环境下反应，醛不会被继续氧化为羧酸；应用颇广环境友好的 **Dess-Martin 高价碘试剂**（hypervalent iodine reagent，高价指具有多于八隅律的价电子数，**21**）也有同样的氧化功能。**次氯酸盐**（NaOCl）也与铬酸一样可氧化仲醇为酮（<u>OS</u> *IV*：242），但伯醇被氧化为醛后会继续反应为羧酸。

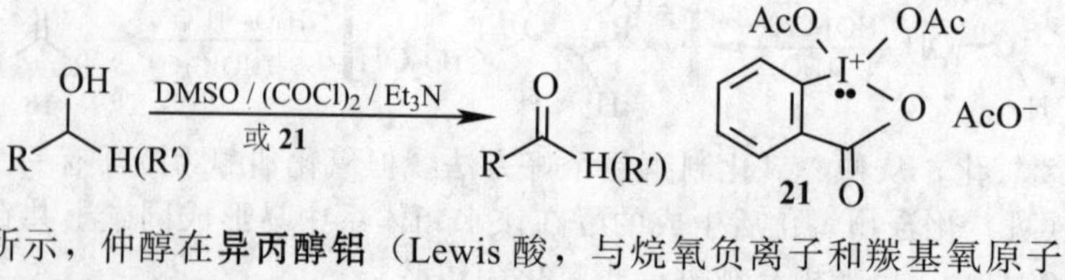

$$(8-16)$$

如图 8-13 所示，仲醇在**异丙醇铝**（Lewis 酸，与烷氧负离子和羰基氧原子配位并促进负氢离子的转移）存在下与丙酮反应，仲醇被氧化为酮的同时丙酮被还原为异丙醇，称 **Oppenauer 氧化法**（OR *6*：5），但该反应对伯醇的效果不好。反应仅在醇和酮之间进行负氢离子转移，故底物分子的其他部分，如，不饱和键不受影响。这个反应是可逆的，从酮出发也可制得仲醇（<u>OS</u> *IV*，192，参见 9.10.4），从醇制备酮时应加入较大量的丙酮。

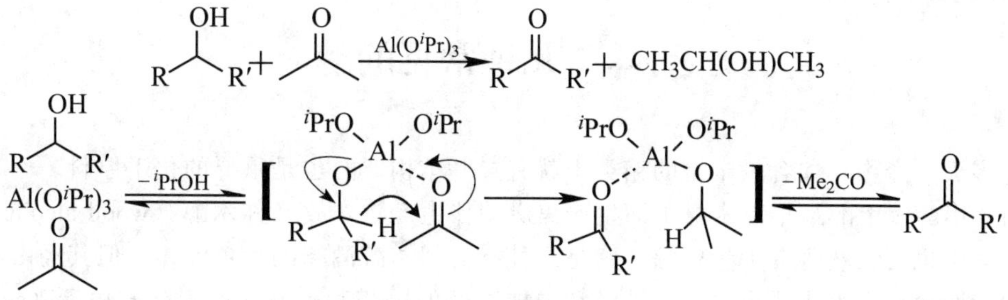

图 8-13　Oppenauer 氧化法

工业上通过脱氢反应来实现醇的氧化。如式（8-17）所示，以活性铜或银等金属为催化剂，高温下伯（仲）醇的蒸气经空气氧化使消除下来的氢气转变成水而阻止其逆反应的发生，氢气和氧气的反应同时又提供了脱氢所需的能量。

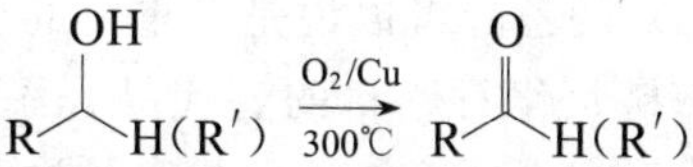

$$（8-17）$$

高碘酸（periodic acid，**HIO₄**）中碘的氧化态达到 +7，易接受来自邻二醇两个羟基氧原子的电子生成五元环状高碘酸酯中间体（**22**，**OS** 72：6）。接着 **22** 中连有邻二羟基的两个碳之间的键断裂并生成二分子醛或酮化合物，故称**氧化裂解反应**（oxidative cleavage）。该反应可在水相中进行，能用来测定邻二醇分子的结构；它又是定量进行的，每断裂一组邻二醇结构要消耗一分子高碘酸，根据高碘酸的消耗量可以推知分子中有多少组邻二醇结构。α-羟基醇也有类似反应。

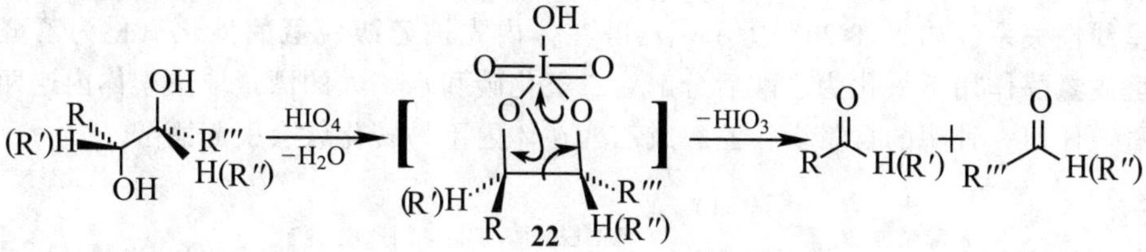

一些结构上不能形成环状高碘酸酯的二醇分子，如反式环己-1,2-二醇不会被高碘酸氧化。如式（8-18）所示，**四乙酸铅** [Pb(OAc)₄] 也可氧化断裂邻二羟基（**OS** Ⅳ：124），但反应要改为在有机相体系中进行。

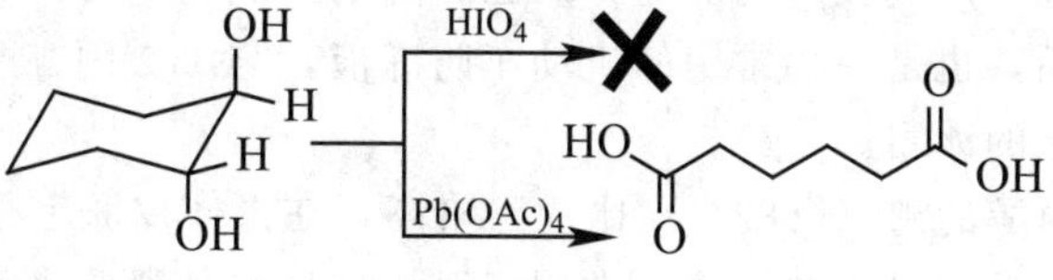

$$（8-18）$$

8.3.9　羟基碳构象反转的亲核取代反应

如式（8-19）所示，在**偶氮二羧酸二酯**（diethyl azo dicarboxylate，**DEAD**，EtOOCN＝NCOOEt）和三苯基膦存在下，仲醇羟基碳原子上可发生构型反转的 S_N2 亲核取代反应，称 **Mitsunobu 反应**。

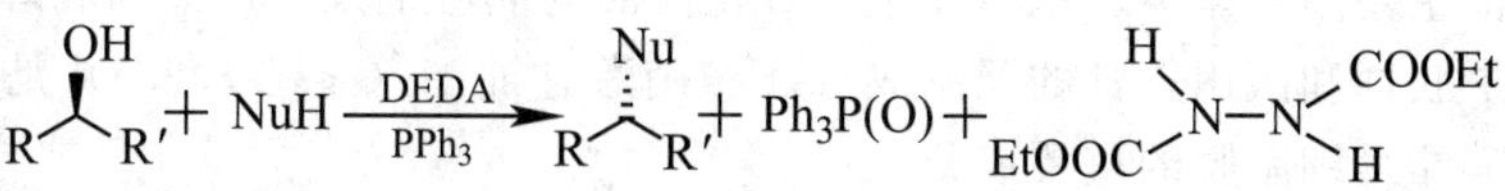

$$（8-19）$$

8.4 几种常见的醇

许多天然产物，如含量丰富的糖类中就有羟基结构。醇也是重要的化工原料。

（1）甲醇　甲醇最早是木材干馏生产焦炭的伴生产物，故又称**木醇**（wood alcohol），水果和蔬菜中也会天然含有少量甲醇。这是一种有类似乙醇酒味的无色液体，但其经由与乙醇相同的代谢途径后生成严重损伤视神经和中枢神经的甲醛和不易代谢引起**酸中毒**（acidosis）的酸性极强的甲酸，导致失明乃至死亡。甲醇因价廉、相对较小的毒性（与卤代烃相比）和溶解性强而是最重要的工业用溶剂，在精细化工品、医药和材料行业中用作甲基化试剂，如生产甲醛和燃油添加剂甲基叔丁基醚，还可替代石油产品用作燃料。由甲醇合成高辛烷值汽油和蛋白的生产也已实现了工业化。

（2）乙醇　俗称**酒精**（spirit）的乙醇可以说是最重要的羟基化合物，与甲醇一样主要用作溶剂介质、有机化工的基本原料及化石燃料的替代品，添加约 10% 乙醇的汽油能降低燃烧温度及减少含氮氧化物的排放而有利环境。乙醇与水及许多有机溶剂能够互溶，杀菌消毒效果最好的**医用酒精**是 75% 的乙醇。最常见的"无水乙醇"是乙醇含量 95% 的**二元恒沸物**（constant boiling binary mixture）。继续提高乙醇含量并不容易，实验室可利用苯-乙醇-水三元**恒沸物**的形成，在 95% 乙醇中加苯蒸馏或加氧化钙去水等方法可得到含水量约 0.5% 的**绝对乙醇**（absolute alcohol）。绝对乙醇再经金属镁处理去除微量水后即可得到含量达 99.99% 以上的无水乙醇。

乙醇并无营养价值且与甲醇一样是有毒的（成人的致死量为 200mL），在肝脏中的降解随时间呈线性关系。如式(8-20) 所示，乙醇在体内先被**乙醇脱氢酶**催化氧化为乙醛，后者再在**乙醛脱氢酶**作用下氧化为乙酸后分解为二氧化碳和水。人的酒量取决于体内这两种天然酶的含量，任何一种酶的含量少，乙醇或乙醛在体内不易转化就会引起酒醉。

$$CH_3CH_2OH \xrightarrow[\text{[O]}]{\text{乙醇脱氢酶}} \left[CH_3\overset{\overset{O}{\|}}{C}H \xrightarrow[\text{[O]}]{\text{乙醛脱氢酶}} CH_3\overset{\overset{O}{\|}}{C}OH \right] \longrightarrow CO_2 + H_2O \qquad (8\text{-}20)$$

（3）乙二醇　**乙二醇**（ethylene glycol）又称 1,2-乙二醇，是一种略黏稠的无色无嗅且毒性较强的液体。多羟基可形成较多的氢键，故乙二醇的沸点高（197℃），黏度也大。乙二醇主要用于生产聚酯产品，也是一种常用的机动车防冻液，与 1,2-丙二醇组成的混合物可用于清除机场覆盖在飞机上的冰雪。

（4）异丙醇　异丙醇的沸点（82℃）比乙醇略高，在人体皮肤上很快就能挥发并产生冷感。它有杀菌作用但不易透过皮肤吸收，常用于医用器械和外科手术等无菌要求的场合，内服毒性接近甲醇。

（5）丙三醇　**丙三醇**又称**甘油**，是一种有甜味、无毒性的黏液，沸点极高（290℃，分解）。自然界的甘油主要结合进脂肪酸酯中，故通过生物柴油工业的脂肪酸酯水解或酯交换反应等可以得到甘油。工业上以丙烯为原料得到烯丙基氯后经如式(8-21) 所示的两条反应路线制取。甘油主要用于印染、烟草和家用日化产品的润湿剂及生产炸药和醇酸树脂等，也用作抗干燥的护肤剂和医用软膏的配制成分。三硝酸甘油酯（参见 8.3.3）是威力强大的炸药；磷酸丙三醇酯是细胞膜的重要成分。

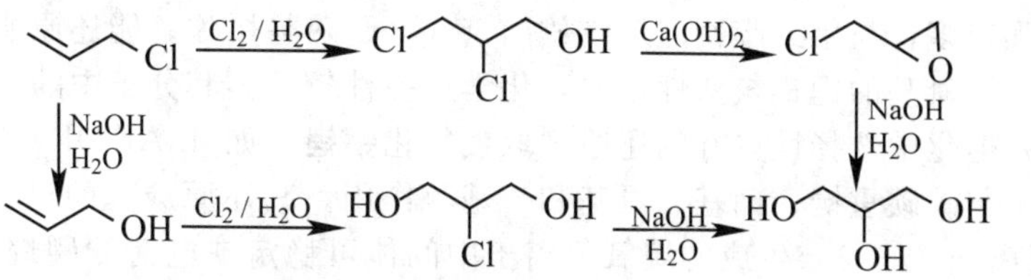

$$(8-21)$$

8.5 醇 的 制 备

醇的合成途径主要可归纳为两类，分别是以烯烃或羰基化合物为底物将碳碳双键或碳氧双键转化为羟基。

（1）烯烃的水合反应　如式（8-22）所示，烯烃经酸催化的水合反应或在汞盐催化下进行水合反应得到符合马氏规则的加成产物醇（参见 3.4.4），经硼氢化-氧化反应得到反马氏规则的加成产物醇（参见 3.4.5）。

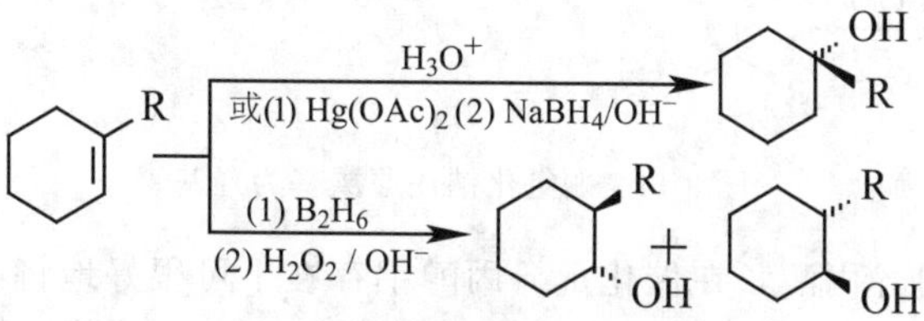

$$(8-22)$$

（2）烯烃的氧化反应　如式（8-23）所示，烯烃经过酸氧化为环氧化物后水解得反式邻二醇，用四氧化锇或高锰酸盐则得到顺式邻二醇（参见 3.7）。

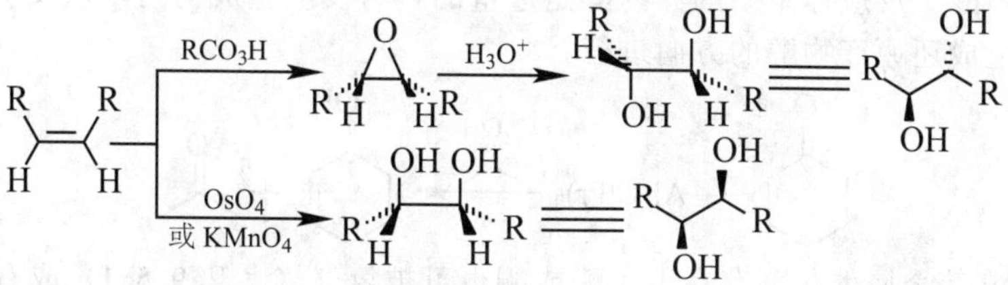

$$(8-23)$$

（3）卤代烃水解　卤代烃主要是从醇制备来的，需从卤代烃来制备醇的合成反应很少。该法常伴随有消除副反应，用氢氧化银替代氢氧化钠反应可得到更好的结果，如式（8-24）所示。

$$R—X \xrightarrow{Ag_2O/H_2O} R—OH + AgX \qquad (8-24)$$

（4）羰基化合物的还原　碳氧双键与碳碳双键相似，在一定的还原条件下可以转化为单键并产生羟基（参见 9.5），如式（8-25）所示。

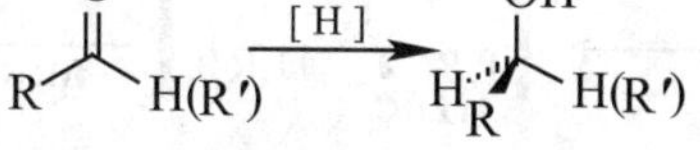

$$(8-25)$$

硼氢化钠（sodium borohydride，**NaBH₄**）或**氢化铝锂**（lithium aluminium hydride，**LiAlH₄，LAH**）等金属负氢试剂是常用的羰基还原剂。作为负氢离子（H^-）配合物的硼氢化钠和氢化铝锂虽然没有如氢化钠那样的负氢离子结构，但与硼或铝以共价键结合的氢原子都带有部分负电荷而有较强的亲核活性。铝的电负性（1.6）比硼的（2.0）小，带有相同负电荷的 AlH_4^- 比 BH_4^- 更易给出负氢离子，故是更强的还原剂。**硼氢化钠**又称**钠硼氢**，可以在水或醇类溶剂中使用。氢化铝锂面世稍晚于钠硼氢，**氢化锂铝**又称**锂铝氢**，其活性和还原能力比钠硼氢强得多，与水或醇剧烈反应放出氢气，受热易爆炸。能还原醛、酮、羧酸及羧酸衍生物、硝基、氰基的锂铝氢活性很强，化学选择性较差。其分子中的氢被烷氧基取代后可得到活性稍差但化学选择性更好的还原剂取代**氢化铝锂**，如$[LiAl(OR)_nH_{3-n}]$等。

硼氢化钠不与碳碳重键、硝基、氰基和羧基等作用，其还原羰基的过程如图 8-14 所示：BH_4^- 提供负氢离子（H^-），生成的烷氧负离子中间体可稳定缺电荷的硼烷（BH_3），并再将后者的负氢离子给予另三个羰基官能团，故 1equ 钠硼氢原则上可还原 4equ. 羰基，生成四烷氧基硼氢化物（**1**），1 经酸性水解给出羟基产物，结果与羰基加成了 H_2 一样。锂铝氢也有相似的反应过程，铝、硼的电负性均比氢小，铝的电负性则比硼还小，Al—H 键的极性更大而更易给出负氢离子，故锂铝氢的还原能力比钠硼氢强。

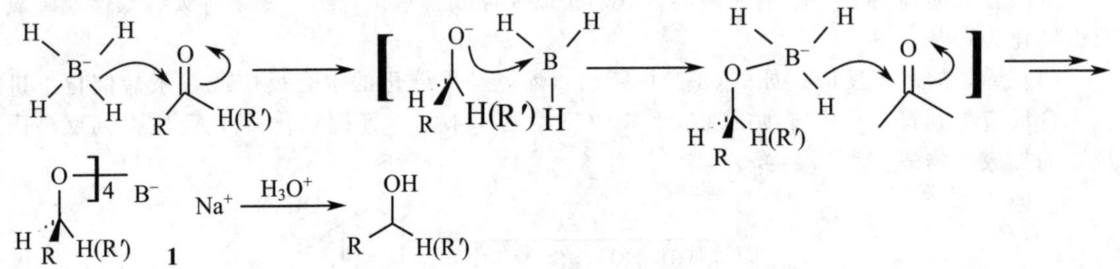

图 8-14 硼氢化钠还原羰基为羟基

负氢离子也可来自异丙醇，在催化量异丙醇铝存在下可很好地将不饱和醛或酮还原为不饱和醇，称 **Meerwein-Poundorf 反应**（**OR** 2：178），如式（8-26）所示。这是 Oppenauer 氧化法（参见 8.3.8）的逆反应，异丙醇在反应中将负氢离子转移给予异丙醇铝配位的羰基碳，自身被氧化成丙酮。反应体系中的异丙醇是过量的，将反应生成的丙酮从反应体系中蒸出以使反应平衡朝生成还原产物醇的方向进行。

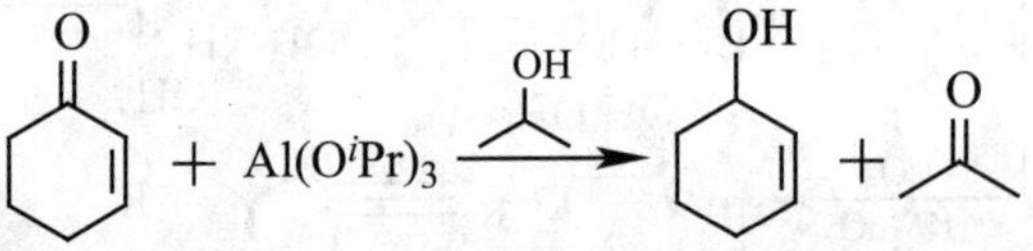

$$(8-26)$$

在 Raney Ni 等金属催化剂存在下，醛或酮也可被氢气（参见 9.5.1）或有机硅烷（参见 9.16.3）还原为伯醇或仲醇；各类羧酸衍生物也可被还原为醇（参见 11.6）。

（5）由金属有机化合物制备　羰基化合物与炔基负离子（参见 5.4）、格氏试剂或锂试剂均可发生加成反应，生成醇盐再水解后给出醇（参见 9.4.8）。甲醛与格氏试剂反应得到在格氏试剂的烃基上增加一个碳原子的伯醇；醛反应后得到在羰基碳连上一个格氏试剂所带烃基的仲醇；酮反应后得到在羰基碳连上一个格氏试剂所带烃基的叔醇（**OS** I：188，II：406），如式（8-27）所示。

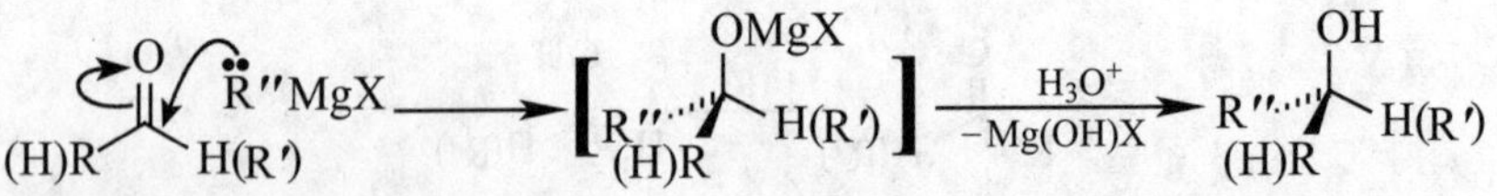

$$(8-27)$$

环氧乙烷与格氏试剂反应后生成在格氏试剂的烃基上增加两个碳原子的伯醇（参见 9.3），如式（8-28）所示。

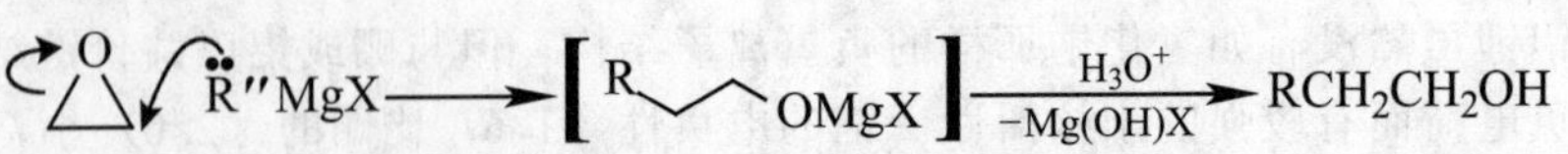

$$(8-28)$$

如式（8-29）所示的两个反应，格氏试剂与甲酸酯反应生成仲醇；与酰卤、酸酐和酯等羧酸衍生物反应生成含两个格氏试剂所带烃基的叔醇（甲酸酯生成仲醇，参见 11.5）；与碳酸酯反应生成含三个格氏试剂所带烃基的叔醇。

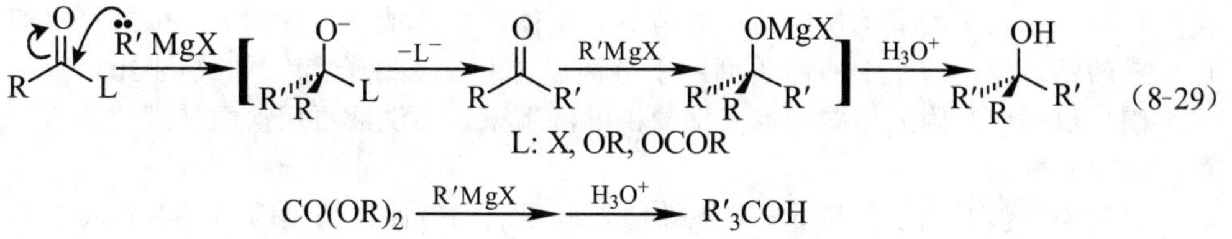

$$L: \ X, \ OR, \ OCOR$$

$$CO(OR)_2 \xrightarrow{R'MgX} \xrightarrow{H_3O^+} R'_3COH$$

工业生产醇有以下几种方法：

① **烯烃水合** 许多低级醇可通过石油裂解产品中的烯烃为原料来生产。反应或者直接催化高温加压进行水合，或者通过生成硫酸氢酯再水解的方法。反应符合马氏规则，乙烯生成乙醇，其他烯烃生成的主要是仲醇或叔醇。

② **淀粉发酵** **发酵**（fermentation）制酒是人类使用的最古老的有机合成反应。乙醇的工业生产原来就是以甘薯、马铃薯等富含淀粉的粮食为原料经**曲霉（菌）**或酵母菌糖化、发酵进行的一种生物化学方法。这些原料先在黑麦霉菌作用下进行**糖化**，淀粉转变为单糖后再经酒化酶发酵转变为乙醇并放出二氧化碳。该相当复杂的生化过程经过一系列都由特殊酶控制的现已了解得较为彻底的专一性反应，生成主要由丙醇、丁醇、异戊醇、2-甲基丁醇及丁二酸等组成的**杂醇油**混合物。同样的淀粉物质在不同的微生物作用下得到的产物比例都不一样，一般生产 1t 乙醇需要 4t 淀粉物质。随着石油工业的发展，粮食发酵法的应用除有特殊用处外已日趋减少。

白酒的主要成分是乙醇和水，通过蒸馏分离除去生产原料中含有的甲醇酯在曲霉作用下生成的有害物甲醇。若以腐烂的水果、薯干等为原料制酒，产生的甲醇含量很高而不易用一般工艺使其达到卫生标准，故只能用作**非食用酒精**或**工业酒精**。乙醇中常被人为添加甲醇、吡啶或汽油等杂质而成为不能食用的**变性**（denatured）**酒精**。

③ **蜡脂水解** 天然的羧酸酯和天然蜡含许多高级碳链的脂肪醇组分，经水解或醇解反应生成羧酸和醇（参见 11.4.1 和 11.4.2）。如，从植物油可得到正己醇、正辛醇和正十二碳醇，从**鲸蜡**可得到正十六碳醇、从**蜂蜡**可得到正三十碳醇、正三十二碳醇。

8.6 酚的化学性质

酚与醇一样有羟基，但羟基所连是苯环上 sp^2 杂化的碳且分子中有一个苯环。

8.6.1 酸性和碱性

p-π 共轭效应使酚中的 C—O 键非常牢固；O—H 键则更易断裂，生成的酚氧负离子中的负电荷可离域分散到邻、对位碳原子而得以稳定，苯环则由于上述共轭作用而比苯更易进行亲电取代反应（参见 6.6.2）。如图 8-15 所示，共振杂化体**酚氧负离子**有 2 个等价的负电荷落在氧原子上的共振结构式和 3 个负电荷落在苯环碳原子上的共振结构式。

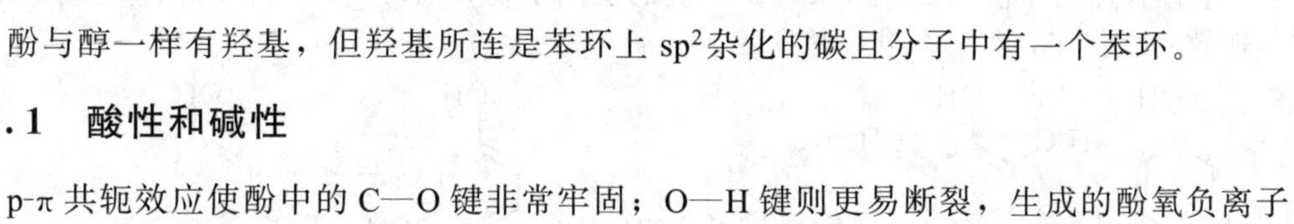

图 8-15 酚氧负离子中的负电荷可离域分散到酚羟基的邻、对位

苯环上 C(sp^2) 的吸电子诱导效应比醇中 C(sp^3) 的强，与 p-π 共轭效应一样使苯酚的酸性 (pk_a 10.00) 比醇强得多，0.1mol/L 苯酚水溶液的 pH 为 5.4。醇需与金属钠反应才能生成醇钠，不与碳酸氢钠作用的苯酚与氢氧化钠或碳酸钠 (碳酸的 pk_a 6.36) 水溶液反应都可生成酚钠。酚钠溶于水的性质可用于分离、纯化酚类化合物：如式 (8-30) 所示，含酚污水被磺化煤树脂吸附后用碱性水液将酚钠淋洗下来，淋洗液再用盐酸处理或通入二氧化碳即可回收得到酚。

酚氧中的孤对电子参与 p-π 共轭效应，故酚氧的碱性比烷氧的小 (参见 8.3.1)，但强酸仍能使酚氧原子质子化而形成苯氧鎓离子，其共轭酸 ArO$^+$H$_2$ 的 pk_a 为 -6.7。

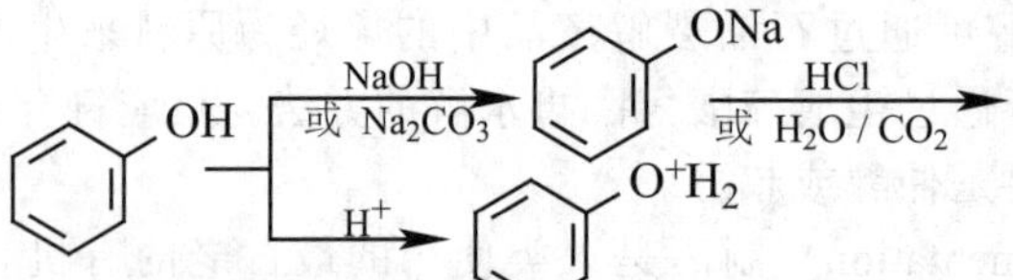

$$(8-30)$$

苯环上的供电子取代基使酚的酸性减弱，吸电子取代基使酚的酸性增强。如图 8-16 所示，邻、对位上具共轭效应的取代基对酚的酸性有很大影响，2- 和 4-硝基苯酚的 pk_a 各为 7.22 和 7.14。间位硝基仅有吸电子诱导效应，其吸电子共轭效应不能传递到酚氧负离子所在的 C(1) 位，故 3-硝基苯酚的 pk_a 为 8.39。

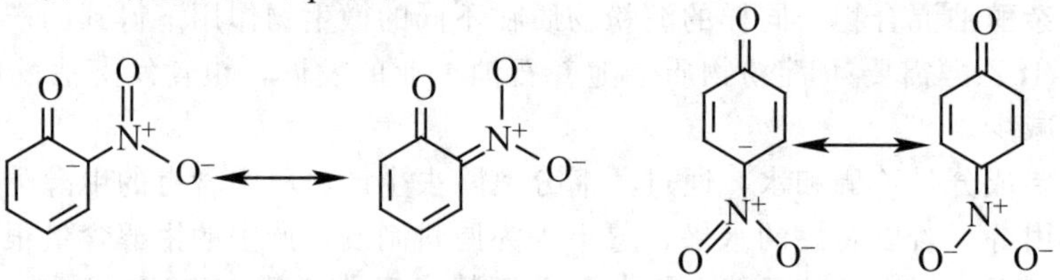

图 8-16　2- 和 4-硝基苯酚中硝基的吸电子共轭效应可有效分散氧负电荷

在 4-硝基苯酚 (**1**) 中酚羟基的两个邻位引入两个供电子的甲基生成的 **2** (pk_a 7.16) 使酸性下降，但幅度较小 (Δpk_a 0.02)，因为这两个甲基并未干扰硝基的吸电子共轭效应。但若在 **1** 中硝基的两个邻位引入两个甲基，生成的 **3** (pk_a 8.24) 的酸性下降幅度较大 (Δpk_a 1.10)，因为两个甲基的空间效应阻碍了硝基与苯环的共平面排布而使硝基吸电子的共轭效应下降，称**共轭的位阻抑制**。也具有吸电子共轭效应的氰基具线型结构，它对空间的要求比硝基小。故同样在 4-氰基苯酚 (pk_a 7.95) 中氰基的两个邻位引入两个甲基生成的 **4** (pk_a 8.21) 的酸性仅略有下降 (Δpk_a 0.26)。甲基的供电子诱导效应的影响相对硝基或氰基的吸电子共轭效应小得多，如，4-甲基苯酚的 pk_a 为 10.3 (Δpk_a 0.30)。

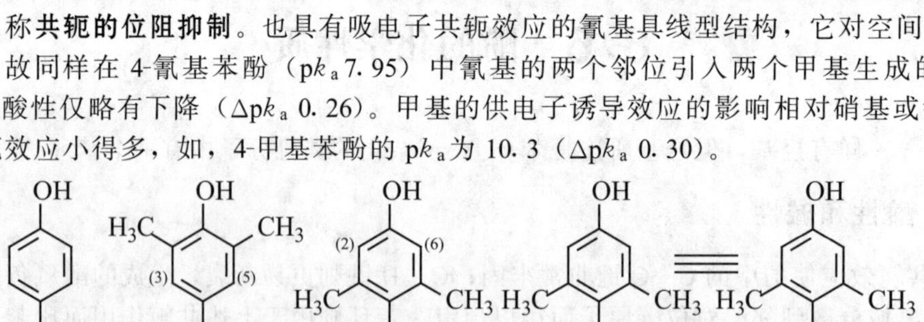

8.6.2　酚酯的生成和重排

酚与酰卤直接反应或与酸酐在碱或酸催化下反应可生成酚酯 (**5**, OS *IV*: 178; 390)。碱可将酚转化为酚氧负离子，又可中和反应中生成的酸。加入几滴强酸使酸酐有更强的亲电活性也有利于发生 O-酰基化反应而能抑制芳环上的傅-克酰基化反应。O-酰基化反应的速率比苯环上发生傅-克酰基化反应的快，是动力学有利的反应，但傅-克酰基化反应的产物 (**6**

和 **7**）热力学上比 O-酰基化产物稳定。

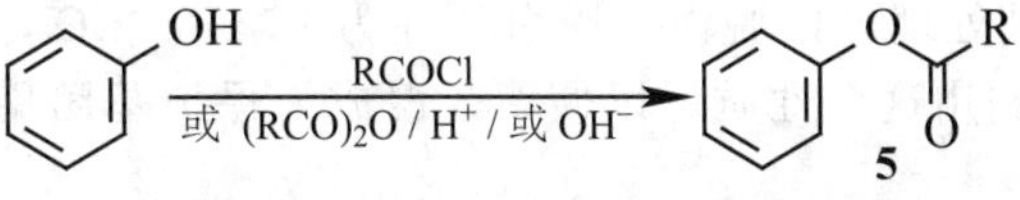

酚酯与等物质的量的 Lewis 酸反应或紫外线照下受热后可重排为邻酰基酚和对酰基酚（**6** 和 **7**）的混合物，称 **Fries 重排反应**（**OR** *1*：11），也是一个制备酚酮的好方法，如式（8-31）所示。邻酰基酚（**6**，**OR** *1*：11）中酚羟基的氢与酰基氧原子之间可以形成氢键，这使它在非极性溶剂中的溶解度较大，利用该特性采用重结晶的方法能分离这个异构体。

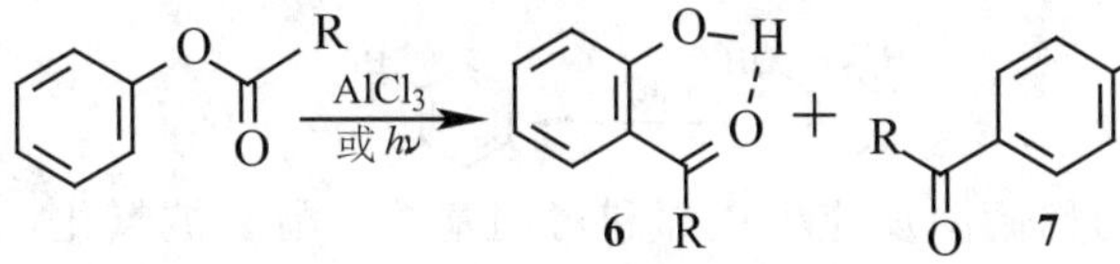

（8-31）

8.6.3 氧化反应

供电子的羟基使苯环活化，不含 C(OH)—H 键的酚远比醇容易氧化，尽管氧化结果颇为复杂而可生成各类产物，不同杂质的存在也会影响反应。多数情况下氧化经单电子转移机理生成具有环己二烯二酮结构的**醌**类化合物（benzoquinone，参见 9.11）。酚类化合物易于氧化这一性质可以用作抗氧剂或去氧剂，如，俗称 **246-抗氧剂**（**BHT**）的 **2,6-二叔丁基对甲酚**和俗称**焦没食子酸**的**连苯三酚**都是常用的去氧剂。邻苯二酚或对苯二酚在黑白照相行业用作**显影剂**，它被氧化同时将底片中被感光活化的银离子还原为金属银粒，如式（8-32）所示。

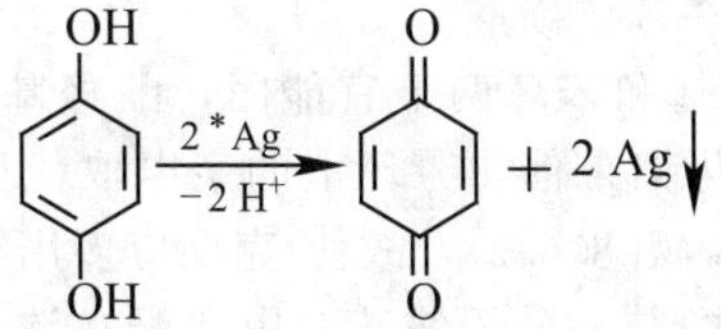

（8-32）

8.6.4 芳环上的亲电取代反应

酚有烯醇结构，苯环上的羟基是很强的致活基，在其邻位、对位上发生远比苯容易进行的亲电取代反应。

（1）**卤代反应** 苯的卤代反应必须有 Lewis 酸催化，而酚的卤代反应无需催化剂，室温下就可快速进行且极易得到多卤代酚。酚在乙醇溶液中与溴反应，可见溴的橙红色立刻消退。往不再反应的体系（溴的橙红色保留）中加水出现白色的 2,4,6-三溴苯酚（**8**），该反应可用于苯酚的定性和定量化学分析，水溶液中有 10^{-6} g/L 的苯酚即可显示正反应而出现浑浊。**8** 可继续与溴反应生成黄色的 2,4,4,6-四溴环己-2,5-二烯酮（**9**）。可用作芳环溴化试剂的 **9** 经亚硫酸氢钠溶液洗涤又可转化为 **8**。低温下酚在 1,2-二氯乙烷或二硫化碳等非极性溶剂中与等物质的量的溴反应生成对溴酚和少量的邻溴代酚（**OS** *I*：128）。酚与氯在不同的反应条件下也可生成各种多取代氯代酚。

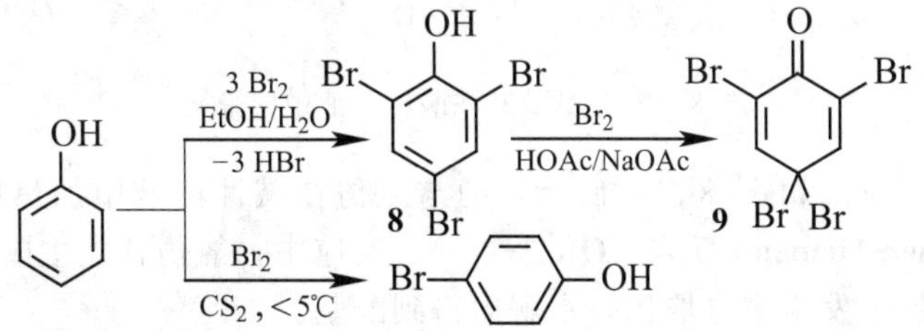

各种**卤代酚**的酸性都比苯酚强，有些具杀虫、杀菌和防腐作用，是制药工业的重要原料。卤代酚用锌和碱溶液处理可以脱卤，脱卤活性为 I＞Br＞Cl，对位的比邻位的更易失去，如式（8-33）所示。利用这个性质可以使碘或溴成为**保护基团**用于制备特定位置的取代苯酚类化合物。

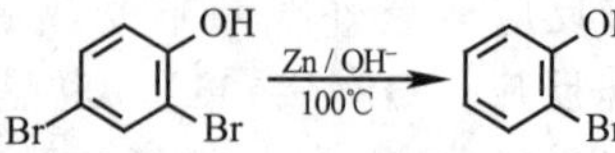

$$\text{(8-33)}$$

三苯基膦和溴组成的配合物则可将酚羟基转化为溴代芳烃（**OS** V：142），如式（8-34）所示。

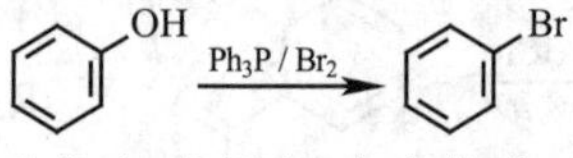

$$\text{(8-34)}$$

（2）硝化反应 酚与稀硝酸反应生成邻和对硝基酚。酚易被氧化，故硝基酚一般不用苯酚直接与硝酸反应来制备。如，2,4,6-三硝基氯苯的水解反应（参见 7.9.1）可得到 2,4,6-三硝基酚（picric acid），后者俗称**苦味酸**，有很强的酸性和易爆性，与许多有机碱能生成熔点明确的盐。苦味酸分子中三个硝基官能团强烈的吸电子诱导和共轭效应使芳环缺少电荷，与一些富有 π 电子的化合物之间可生成**电子供受配合物**（donor-acceptor complexes）或称 **π-酸碱配合物**，如图 8-17 所示。这些配合物多是有敏锐熔点的结晶，可用于分析鉴定芳香烃。

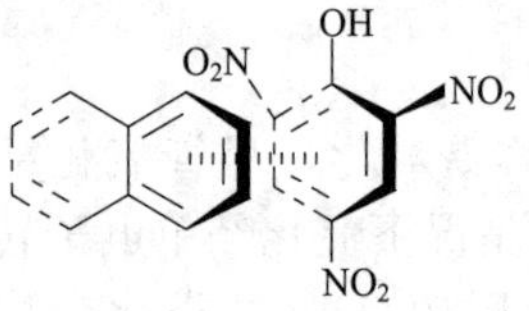

图 8-17 萘（电子供体）和苦味酸（电子受体）形成的 π-酸碱配合物

（3）磺化反应 苯酚和浓硫酸在低温或高温下反应分别主要得到邻和对羟基苯酚磺酸，继续磺化反应都生成 4-羟基-1,3-苯二磺酸。

（4）傅-克反应 酚兼具羟基和苯环两个官能团，酚羟基可与 Lewis 酸三氯化铝作用形成铝盐，因此需用较多的三氯化铝来催化芳环上的亲电取代反应。傅-克酰基化反应因伴随酚酯副产物的生成而较复杂（参见 8.6.2），故傅-克反应多用羟基保护的酚醚为底物。

如图 8-18 所示：两分子苯酚与一分子邻苯二甲酸酐在浓硫酸或无水氯化锌作用下缩合得到**酚酞**（phenolphthalein，**10**）这一最为常用的酸碱指示剂。酚酞在 pH 8.2～10.0 的溶液中形成电荷离域范围很大的紫红色的共轭双负离子（**11**），不在该 pH 范围内的碱性或酸性更强的溶液中分别成为无色的三负离子（**12**）或显橙色的三苯基正离子（**13**）。

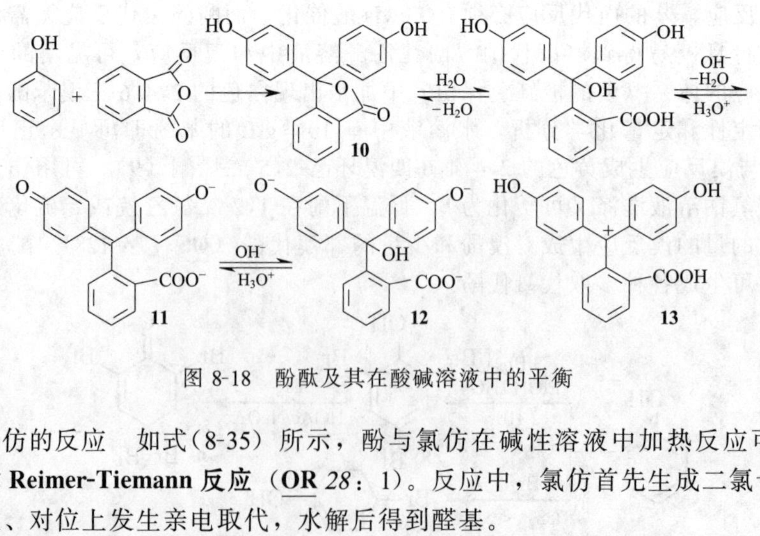

图 8-18 酚酞及其在酸碱溶液中的平衡

（5）与氯仿的反应 如式（8-35）所示，酚与氯仿在碱性溶液中加热反应可在芳环上引入甲酰基，称 **Reimer-Tiemann 反应**（**OR** 28：1）。反应中，氯仿首先生成二氯卡宾并随之在酚羟基的邻位、对位上发生亲电取代，水解后得到醛基。

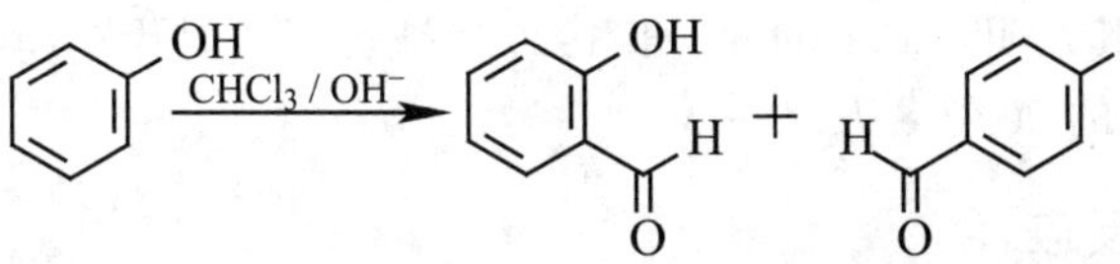

$$(8\text{-}35)$$

（6）**与二氧化碳的反应**　酚在碱性环境下与二氧化碳高压反应得到芳环上的羧基化产物邻羟基苯甲酸盐（**14**），称 **Kolbe-Schmitt 反应**。**14** 有分子内氢键，是一个很弱的碱而易于生成，另一个异构体产物对羟基苯甲酸盐的产率很低。

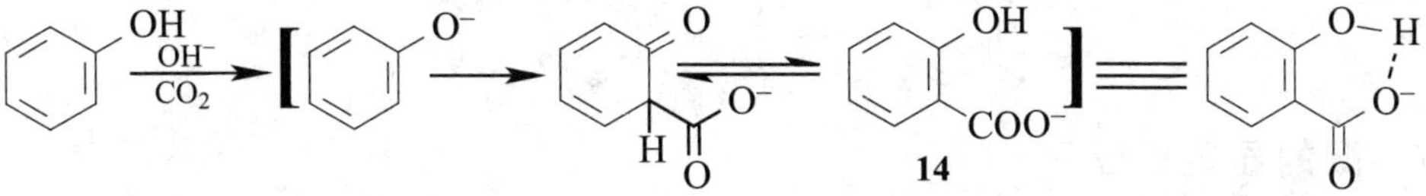

8.6.5　羟甲基化反应

苯酚可与弱亲电性的甲醛反应生成缩合产物 2,2'-二羟基二苯甲烷（**15**）：

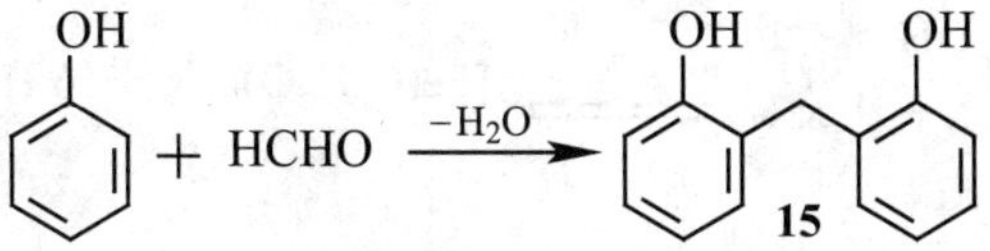

如图 8-19 所示，碱催化下酚与过量甲醛反应后可在邻位、对位上发生**羟甲基化反应**生成邻或对羟基苯甲醇。这两个缩合产物很不稳定，受热时脱水形成 α,β-不饱和羰基的**对醌甲烷**（**16**）和**邻醌甲烷**（quinomethane，**17**），**16** 和 **17** 与体系中的酚氧负离子发生 Michael加成反应（参见 9.10.2）形成的取代酚再次发生羟甲基化反应。上述各反应继续重复，最终形成一个长链交叉缩合的高度缩聚产物**酚醛树脂**（phenolic resin，**18**）。根据酚与甲醛的配比和反应条件的不同得到的相对分子质量或大或小的各类热塑性或固塑性的酚醛树脂是应用极为广泛的聚合物材料。可溶性的树脂是有重要用途的油漆，若缩聚过程中加入木屑、纤维素、石粉等填料和乌洛托品等固化剂，然后加压加热可得到一种不溶性高熔点俗称**电木**的热固性网状体型酚醛树脂，其机械强度和化学稳定性都很好，且有优良的绝缘性能，广泛用于开关和电器外壳等绝缘材料和日常用品。酚醛树脂是第一个人工合成并给材料学科带来革

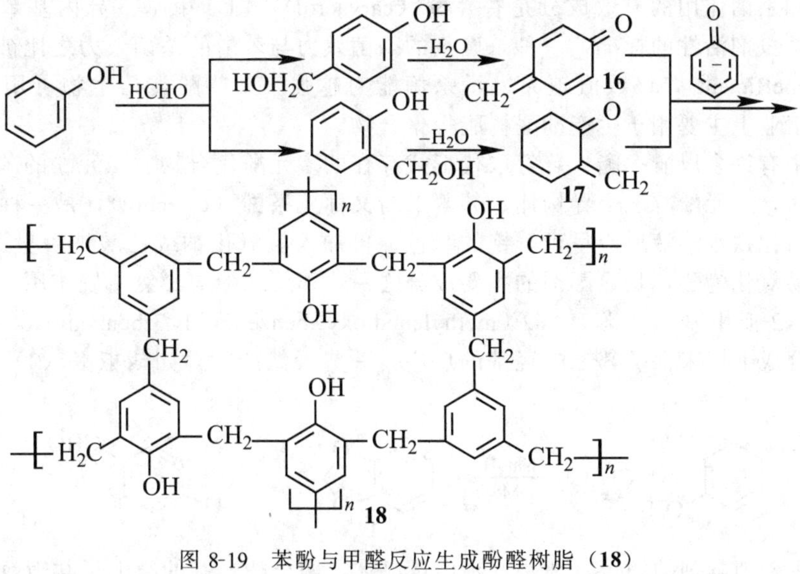

图 8-19　苯酚与甲醛反应生成酚醛树脂（**18**）

命性变化的塑料制品，其发明者 **Baekeland** 于 1999 年被美国"时代"周刊评为与爱因斯坦齐列的 20 世纪最有影响力的 20 位名人之一。

8.6.6 萘酚的氨解反应

苯酚不易被转化为苯胺，但萘酚上的羟基在亚硫酸氢钠存在下可以被氨基取代，这也是制备萘胺的好方法，如式（8-36）所示。带吸电子取代基的萘酚更易氨（胺）解。

$$\text{(8-36)}$$

8.6.7 酚的显色反应

各类酚类化合物与三氯化铁的水溶液作用均可显示紫、蓝、绿等不同的深色。这种有色物质的具体组成颇为复杂而并不完全清楚，应与由铁和酚氧基生成的烯醇配合物结构（**19**）相关。脂肪族烯醇化合物也有类似性质，该显色反应可方便地鉴别出酚或烯醇式结构。

$$6 \; \text{C}_6\text{H}_5\text{OH} + \text{FeCl}_3 \rightleftharpoons [\text{Fe}(\text{C}_6\text{H}_5\text{O})_6]^{3-} + 6\,\text{H}^+ + 3\,\text{Cl}^-$$
19

8.7 苯酚和多元酚

苯酚是一种有特殊气味的无色固体（熔点 41℃），最早从煤焦油中发现且又有酸性而俗称**石炭酸**（carbolic acid）。空气中放置时因酚羟基易于氧化而呈粉红色或深棕色；酚在冷水中的溶解度较小，但与热水互溶，也易溶于醇、醚等有机溶剂。苯酚有毒，还会引起皮肤灼伤。许多酚类化合物有杀菌能力，这可能与酚的酸性及表面活性有关。它们作为消毒杀菌剂的发现和应用使外科手术发生了革命性的进步。甲基酚异构体的混合物称**甲酚**（cresol），医院内常用的杀菌剂**来苏儿**（lysol）是甲酚与肥皂溶液的混合物。苯酚与甲酚的混合物和五氯苯酚都能用作木材防腐剂，后者的钠盐还可灭杀血吸虫疫区的钉螺。医用漱口水中一种具麝香草清香味和杀菌作用的有效成分是**香芹酚**（carvacrol），即 2-甲基-5-异丙基苯酚。苯酚还是衡量各种杀虫剂活性的标准，一种杀菌剂的杀菌效力与苯酚的杀菌效力之比被称为**苯酚系数**（phenol coefficient），该数值越大表示杀菌能力越强。某些酚类衍生物可用作食品防腐剂。苯酚在工业上主要用于生产酚醛树脂等聚合物。

自然界中有许多以醚、酯、苷等取代形式存在的多元酚化合物。二元酚的苯环比苯酚的苯环活泼得多，二元酚有三个异构体。邻苯二酚又称**儿茶酚**（catechol），是一种易溶于水的晶体，与三氯化铁水溶液反应呈现鲜艳的绿色，再加入氢氧化钠或乙酸钠后呈深红或紫色。邻苯二酚很易氧化为醌，是显影剂的主要成分之一。邻苯二酚与二氯甲烷作用生成**苯并间氧杂环戊烷**［1,2-亚甲基二氧苯，1,2-(methylenedioxy)benzene，1,3-benzodioxole，**1**］，这是一个在有机合成上用来保护邻二酚羟基的反应。一些天然产物，如**胡椒醛**（**2**）也具有此类结构。

$$\text{1} \qquad \text{2}$$

能用作医药消毒剂的间苯二酚是一种白色晶体，两个酚羟基的给电子共轭效应使苯环上的 4 位特别活泼。如，与邻苯二甲酸酐发生缩合反应，可生成一种名为**荧光黄**（fluorescein，**3**）的荧光染料。

3

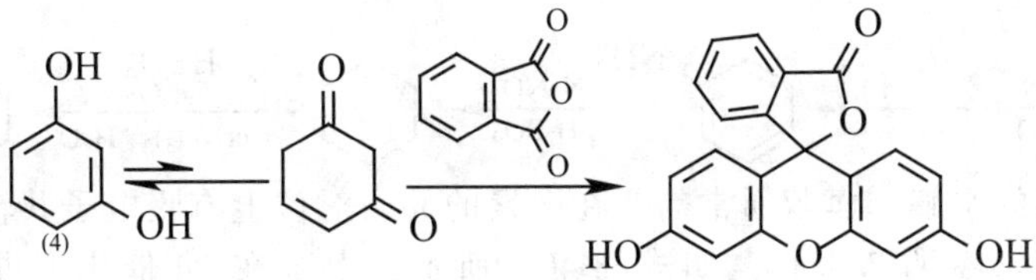

对苯二酚（hydroquinone）又称**氢醌**（hydroquinone），很易以较高产率氧化为**对苯醌**（benzoquinone，**4**），故可用作显影剂、抗氧剂和阻聚剂等。对苯醌也易被硼氢化钠等还原为对苯二酚，两者存在着如式(8-37) 所示的平衡反应。

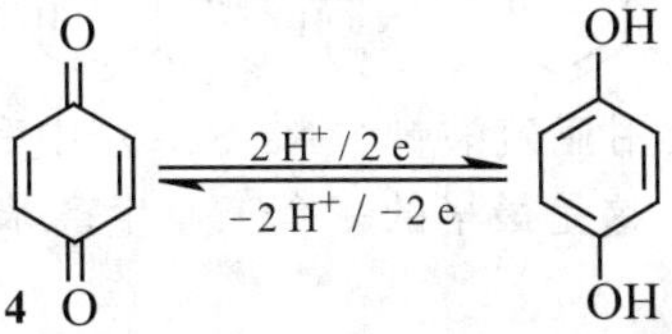

(8-37)

这个平衡位置与氢离子浓度的平方成正比，故它的电极电位对 pH 很敏感，pH 每改变 1，电位相差 0.059V。作为**半电池**（half cell），它能产生出易于重现的电极电位，故醌氢醌电极电池曾用来测定溶液的 pH，但 pH>9 时，醌和碱发生不可逆的反应而不能适用。等物质的量的富电子对苯二酚中的苯环和缺电子的对苯醌中的六元环之间能形成一种称**醌氢醌**（qunoihydrone，**5**）的电子供受配合物。这种电子供体-受体的氧化还原对在电化学和生化领域有特殊应用。醌氢醌是一种绿色的晶体，溶于热水后能再离解为对苯二酚和对苯醌。

5

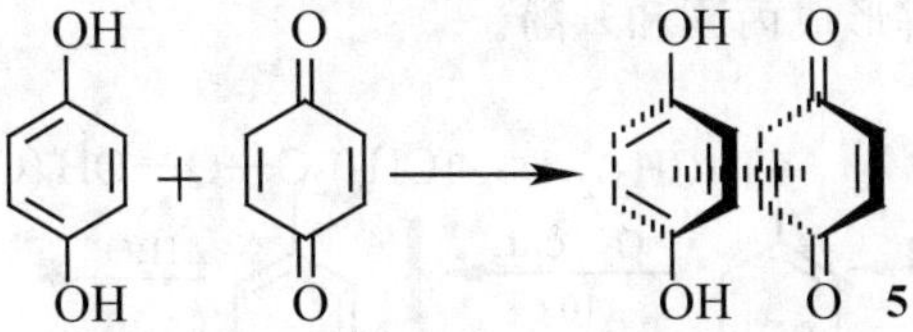

维生素 E（**6**）含有一个对苯二酚和 4 个异戊二烯头尾相接的子结构，如式(8-38) 所示。**6** 可与自由基氧化剂 ROO· 作用从而保护机体内的类脂分子免受其影响，同时被氧化成较稳定的酚氧自由基，该酚氧自由基可与维生素 C 作用再生出酚羟基。

6

G = G′:CH$_3$; 维生素Eα　G:CH$_3$, G′:H; 维生素Eβ　G:H, G′:CH$_3$; 维生素Eγ　G = G′:CH$_3$ 维生素Eδ

(8-38)

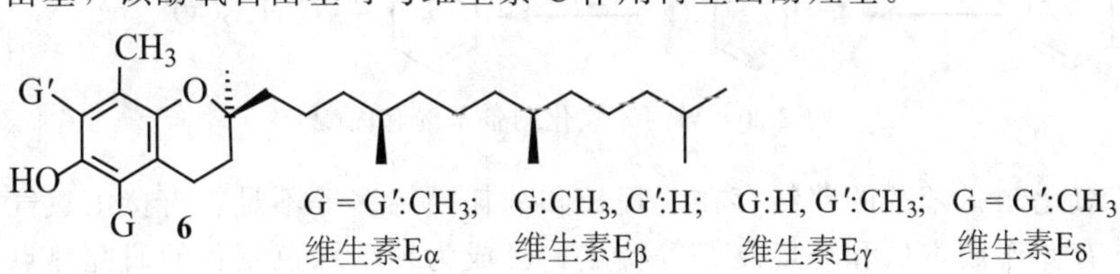

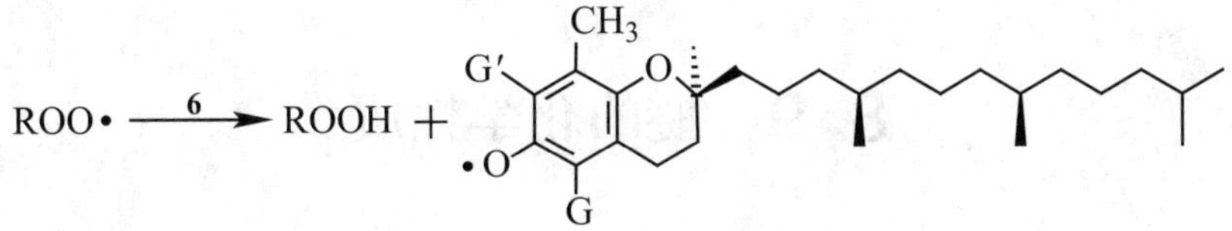

8.8 酚的制备

酚和醇的制备方法尽管都涉及引入羟基，但两者的差别很大。

（1）芳香重氮盐水解　芳香烃经硝化、还原得到苯胺后再制得重氮盐，重氮盐水解得到苯酚，如式（8-39）所示（参见 12.9.1）。

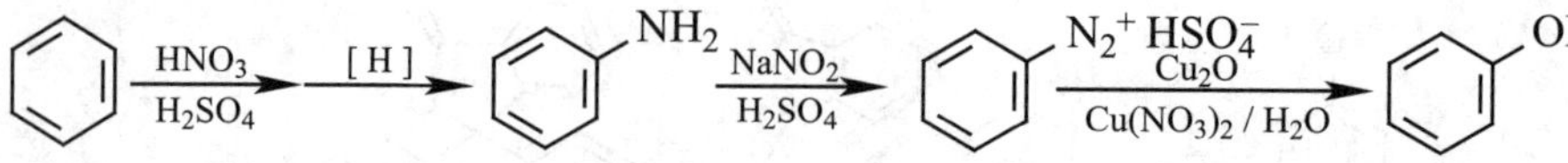

$$\text{（8-39）}$$

（2）卤代芳烃的水解　卤苯通常需要在卤素的邻、对位上有吸电子共轭效应基团存在下才能发生水解反应（参见 7.9.1）。如式（8-40）所示，卤苯在 Pd 催化下可与碱反应得到苯酚，该法与重氮盐水解法互补，都能用于制备酚衍生物。

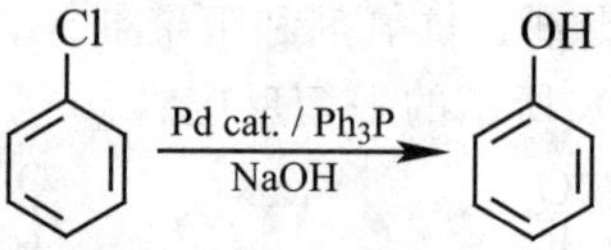

$$\text{（8-40）}$$

（3）磺酸盐碱熔法　芳磺酸用亚硫酸钠（Na_2SO_3）中和为芳磺酸钠盐，再经碱熔融后酸化得到酚，如式（8-41）所示。这是最早的一个工业生产苯酚的方法，但要用到强酸强碱，因污染大而已被淘汰。

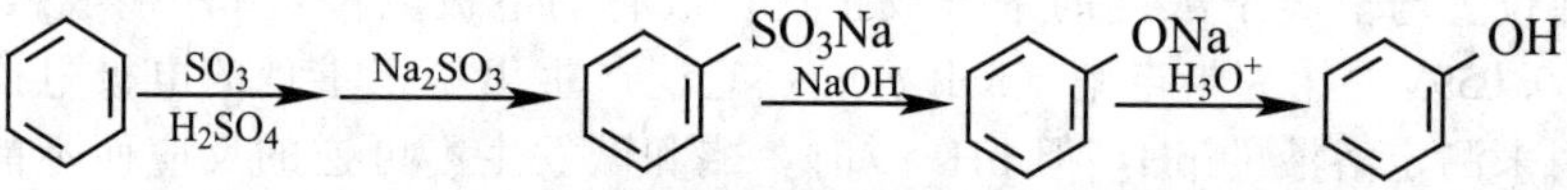

$$\text{（8-41）}$$

目前工业生产苯酚的主要方法是**异丙苯**催化氧化，反应得到苯酚的同时还有丙酮生成。如图 8-20 所示，苯和丙烯作用得到异丙苯，异丙苯上非常活泼的苄基氢可被氧化成过氧化物，后者在酸作用下失去一分子水并形成氧正离子，苯环随即带着一对电子转移到氧上，生成的碳正离子再水合、分解形成丙酮和苯酚。

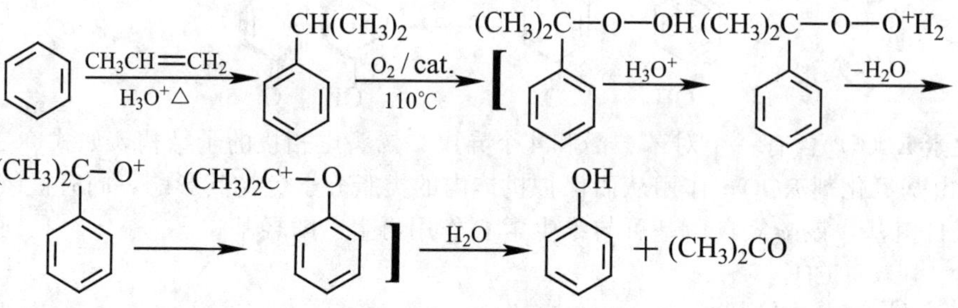

图 8-20　异丙苯氧化制备苯酚和丙酮

但异丙苯氧化制备苯酚的路线存在流程长和消耗丙烯多等不足。直接由氧气氧化苯制备苯酚的步骤具有操作成本低和环境友好等特点，已成为苯酚绿色制备的研究热点。

8.9　醚的化学性质

ROH 和 H_2O 的酸性相近，RO^- 和 OH^- 都是强碱和差的离去基，故醚与醇一样发生亲核取代反应的活性都很差。醚不含醇具有的活泼氢，故不会被 $SOCl_2$ 或 PCl_3 等活化，但氧上的孤对电子仍可接受质子而使醚分子得到活化。故醚在碱性条件下是相当稳定的，在酸性环境下则会发生一些化学反应。使用时需注意小分子醚的高挥发性引致的易燃性和可能生成的过氧化物所致的易爆性。

8.9.1 碱性

醚氧原子上有孤对电子而可成为电子供体，与质子形成氧鎓盐；作为一个 Lewis 碱，也能与缺电子的 Lewis 酸化合物形成配合物。乙醚可溶于浓硫酸并放出大量的热，该酸溶液倒入水相中又可分出乙醚层。该性质可用于醚的提纯并反映出氧鎓盐（**1**）的形成虽然和铵盐的形成相似，但醚中的氧原子和质子的结合远比铵盐中氮原子和质子的结合弱。

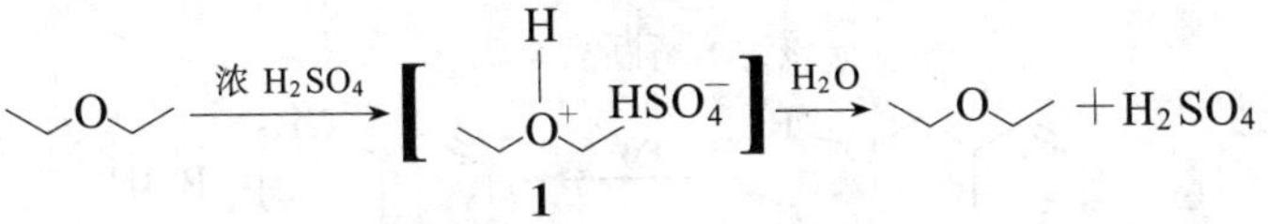

$$\diagdown O \diagup \xrightarrow{\text{浓 } H_2SO_4} \left[\diagdown \overset{\overset{H}{|}}{\underset{\mathbf{1}}{O^+}} \diagup \quad HSO_4^- \right] \xrightarrow{H_2O} \diagdown O \diagup + H_2SO_4$$

三氟化硼 BF_3 是一个很好的 Lewis 酸催化剂，但是沸点（$-101℃$）很低而使用不便。醚的 Lewis 碱性使其可与三氟化硼形成稳定的可以蒸馏分离的三氟化硼乙醚配合物（$BF_3 \cdot Et_2O$，沸点 $126℃$），后者还可继续与氟代烃形成如 **2** 一类叔取代氧鎓盐，这些叔取代氧鎓盐极易分解出烷基正离子并与亲核试剂作用，在有机合成中是最具活性的**烷基化试剂**之一。如式（8-42）所示，三乙基氟硼酸氧鎓盐（$Et_3O^+ \cdot BF_4^-$，**2**）中与氧相连的碳原子可接受亲核试剂进攻，如，与醇反应生成乙基烷基醚。

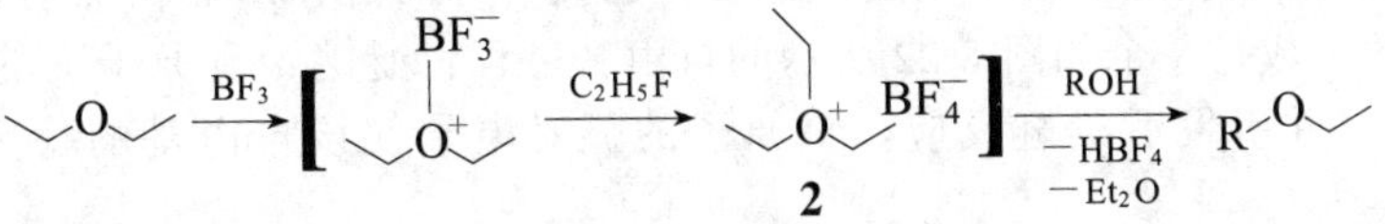

$$\diagdown O \diagup \xrightarrow{BF_3} \left[\diagdown \overset{\overset{BF_3^-}{|}}{O^+} \diagup \right] \xrightarrow{C_2H_5F} \overset{\overset{}{}}{\underset{\mathbf{2}}{O^+}} BF_4^- \xrightarrow[-Et_2O]{ROH \atop -HBF_4} R \diagup O \diagup \tag{8-42}$$

8.9.2 醚键裂解

醚键可以被浓氢碘酸（57%）断裂，这与强酸和醇分子反应使醇中 C—O 键断裂的情况有相似之处。该反应常称 **Zeisel 醚裂解**（cleavage）反应，生成碘代烃和醇，如式（8-43）所示。这个反应合成意义很小，但常用于醇的保护。

$$ROR' \xrightarrow{\text{HI 或 HBr}} RX + R'OH \tag{8-43}$$

氢碘酸先和醚作用形成氧鎓盐，使离去基团成为离去性极好的 ROH 而非 RO$^-$，亲核性较强碱性较弱的 I$^-$ 接着从位阻较小的一面进攻醚键碳原子发生一个 S_N2 反应过程。由于位阻效应，一般总是较小的 R 基团生成碘代物 RI。R 为仲烷基或叔烷基、苄基、烯丙基的反应也可以经过 S_N1 过程，其过程比 S_N2 反应快，此时生成仲或叔烷基卤代物，如图 8-21 所示。烷基芳基醚裂解后总是得到酚和烷基碘代物，但二芳基醚不会裂解。

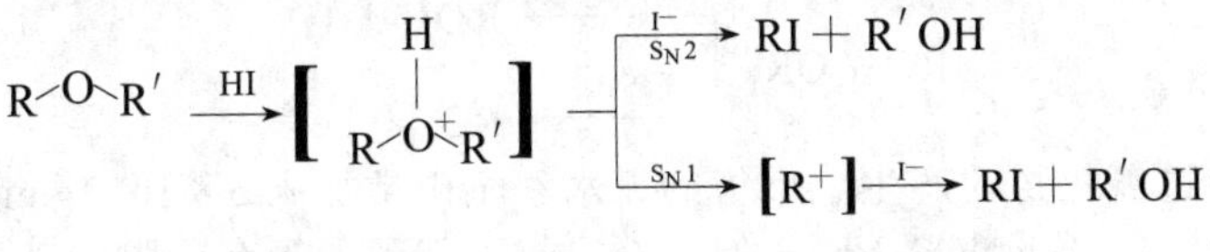

$$R \diagup O \diagup R' \xrightarrow{HI} \left[R \diagup \overset{\overset{H}{|}}{O^+} \diagup R' \right] \begin{array}{c} \xrightarrow{S_N2} RI + R'OH \\ \\ \xrightarrow{S_N1} [R^+] \xrightarrow{I^-} RI + R'OH \end{array}$$

图 8-21 醚在 HI 作用下的两种裂解过程

叔丁基醚的 S_N1 裂解反应特别容易进行，常用于羟基的保护（参见 8.14）。浓氢溴酸（48%）也能裂解醚键且常生成两个溴代物（**OS** Ⅲ：692）。如式（8-44）所示，氧杂环己烷（**3**）可与 HBr 反应生成 1,5-二溴戊烷。但 HBr 裂解醚键的活性和应用都不如 HI；Cl$^-$、HSO$_4^-$ 的亲核活性都较差，HCl 和 H_2SO_4 仅对叔烷基、烯丙基和苄基醚的裂解有作用。

$$\underset{\mathbf{3}}{\left[\bigcirc\!\!O\right]} \xrightarrow{2\,HBr} Br \diagdown\!\!\diagup\!\!\diagdown\!\!\diagup Br \tag{8-44}$$

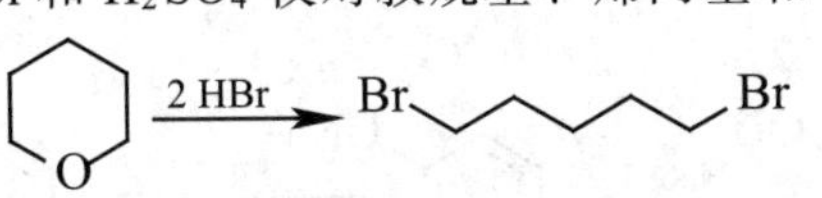

烯基醚酸性水解后生成羰基化合物，如式（8-45）所示。

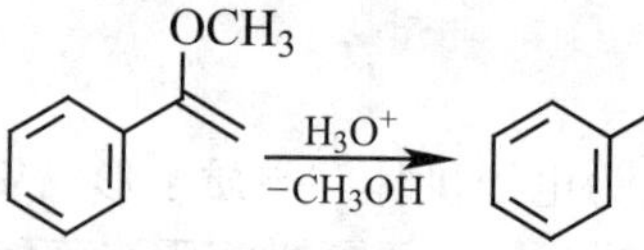

$$\text{(8-45)}$$

与其他醚不同，**苄基醚**中的苄基 C—O 键可经催化**氢解**（hydrogenolysis，指由氢气断裂一根单键的反应）而断裂，如式(8-46)所示。该反应可用于醇、酚羟基在有机合成过程中的保护。

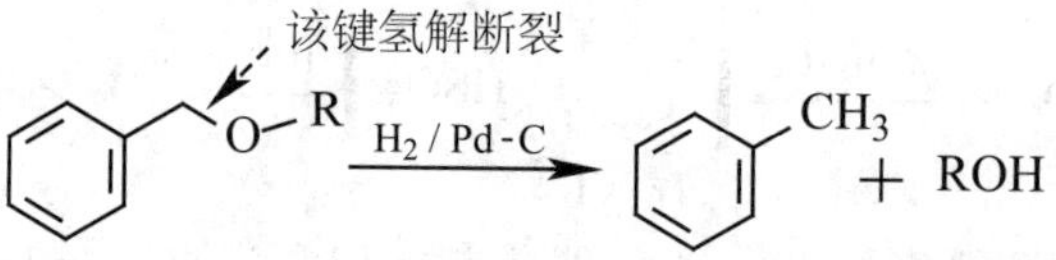

$$\text{(8-46)}$$

该键氢解断裂

8.9.3 自氧化反应

氧分子插入 C—H 键生成过氧化物（ROOH）的反应称**自氧化反应**（autoxidation）。称自氧化是因为生成的过氧化物也能加速引发同样的反应而形成结构复杂的**有机过氧**（organoperoxide）聚合物（**4**）。烷基醚长期暴露于空气中后，醚键碳原子的 C—H 键会生成**过氧键**（参见 3.5）。甲基叔丁基醚不易产生过氧化物，乙醚、异丙醚和四氢呋喃均较易生成过氧化物。过氧化物的生成是一个如图 8-22 所示的自由基过程：醚键 α-碳原子上的氢最易被夺取，生成自由基（**5**）并引发后续链反应，氧原子的孤对电子使该自由基的稳定性增加而易于生成。

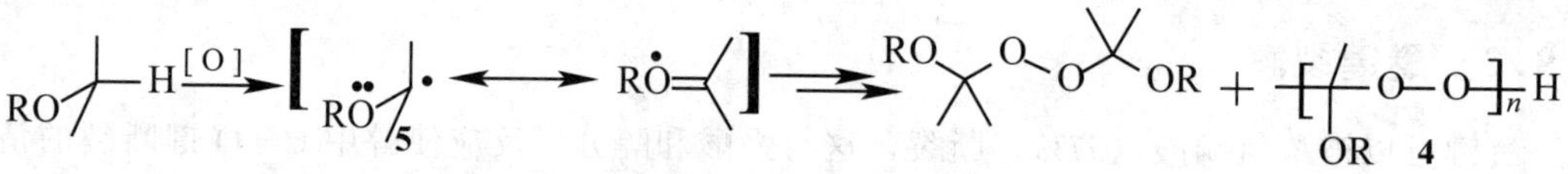

图 8-22 醚的自氧化过程

易爆的 **4** 和过氧化氢一样是一类不稳定的化合物，它们或是晶体，或是沸点很高的液体，遇热分解并引发一些不必要的副反应。故平时在蒸馏大量乙醚时绝对不可蒸得太干，不然若有过氧化物存在就会由于局部浓度增大引起爆燃。在使用存放时间较长的醚类化合物时应先检查一下有无过氧化物存在，一个简便方法是取少量的醚用湿润的**碘化钾-淀粉试纸**检验。过氧化物将 I^- 氧化为 I_3^- 而使试纸变蓝。醚中的过氧化物很易用硫酸亚铁或亚硫酸钠溶液除去，如式(8-47)所示的两个反应。

$$\text{(8-47)}$$

为了防止醚中过氧化物的产生，市售的无水乙醚中常加入 5×10^{-8} g/mL 的抗氧剂二乙基氨基二硫代甲酸钠 $[(C_2H_5)_2NCS_2Na]$。如 2,6-二叔丁基苯酚等有位阻的苯酚对其他物质的自氧化也有很好的抑制作用。

8.9.4 酚醚的生成和裂解

醇分子间发生脱水反应生成醚类化合物；酚分子中的 C—O 键较为牢固，酚分子之间脱水生成二芳基醚的反应一般需要较为激烈的反应条件。酚生成酚钠后再进行 Williamson 反应可合成芳香醚（**6**，参见 8.12）。

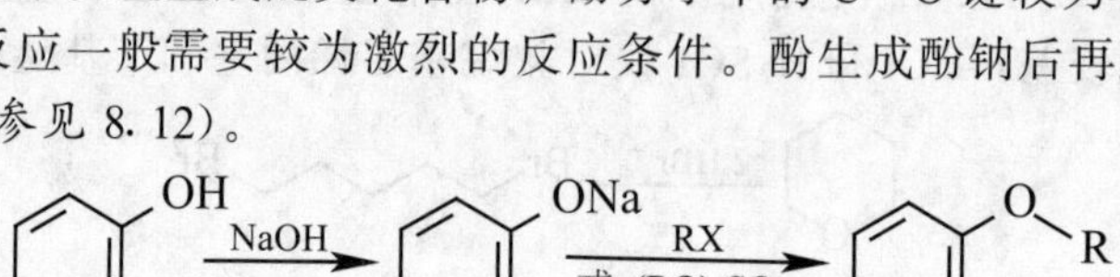

不像仲醇或叔醇的氧鎓离子可离去一分子水生成烷基正离子，酚的氧鎓离子若离去一分子水生成的是内能极高的苯基正离子而难以实现。酚醚中的 $C(sp^2)$—O 键很难断裂，但氧原子质子化后可接受碘负离子或溴负离子的亲核进攻而断裂 $C(sp^3)$—O 键生成苯酚和卤代烷。因此利用酚制成甲醚再酸解的方法可在有机合成中保护酚羟基，如式(8-48)所示。

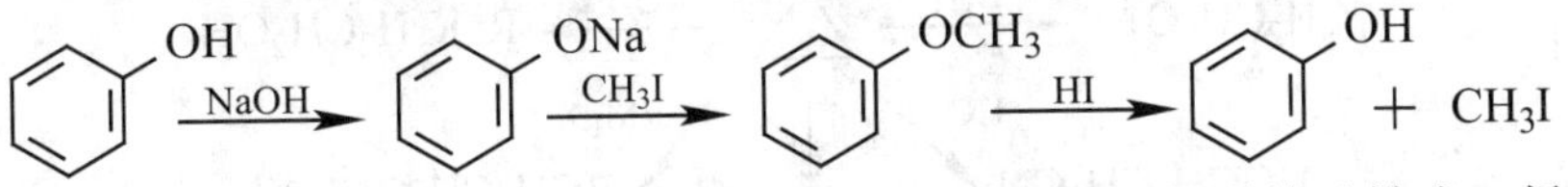

$$(8-48)$$

烯丙基苯基醚（allyl phenyl ether）受热发生烯丙基醚键的断裂并重排成 2-烯丙基酚，称 **Claisen 重排反应**（**OR** *2*：1，*22*：1；**OS** Ⅲ：418）。若酚羟基的邻位已被占据，则烯丙基可迁移到酚羟基的对位，如式(8-49)所示的两个反应。

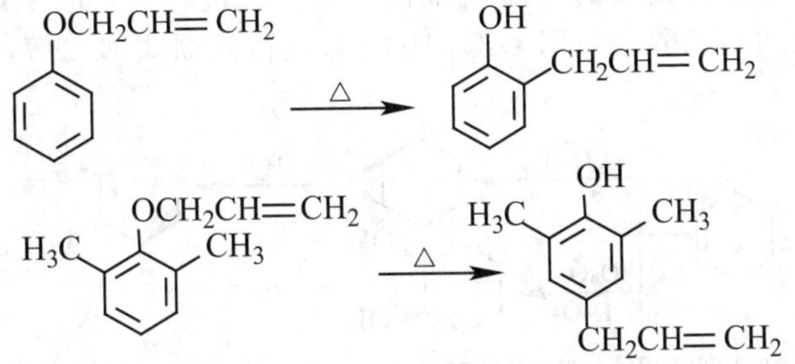

$$(8-49)$$

8.10 环氧乙烷

环醚亦称环氧化物，即环中的亚甲基被氧原子取代而成的化合物。醚官能团的性质在开链或普环以上的环醚中是相同的。如，应用广泛的有机溶剂四氢呋喃、1,4-二氧六环等与一般的醚一样都是很稳定的，只有在加热和强酸作用下醚键才会断裂。四氢呋喃的的偶极矩略小于乙醇，是一个不含羟基的极性溶剂。

氧杂环丙烷是最常见的环氧化物，可由相关的烯烃用过氧酸氧化（参见 3.7.2）或由 β-卤代醇经分子内 Williamson 反应（参见 8.12）来制备。β-卤代醇可以由烯烃与次卤酸经过一步反式加成过程得到（参见 3.4.7，**OS** Ⅱ：256，Ⅲ：835），卤原子所在碳原子的构型在形成环氧化物时发生反转，经过如此两步反应后得到的环氧化物的构型和底物烯烃一样，如式(8-50)所示。

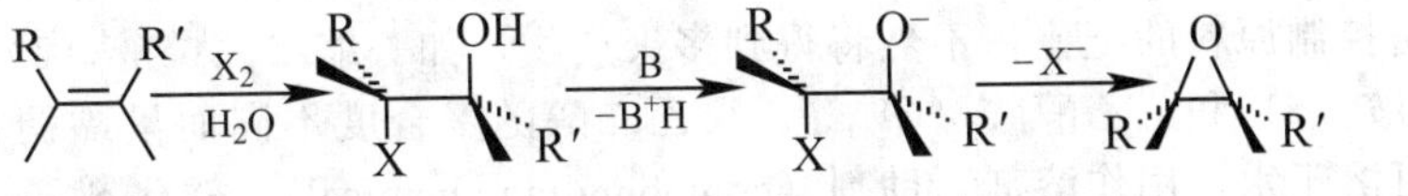

$$(8-50)$$

环氧乙烷与乙醚等相比有特殊的反应性能，分子中三元环张力能较大（约 105kJ/mol），C—O 键中的碳原子易接受亲核试剂进攻而开环，氧原子是离去基团，生成各种非常有用的带羟乙基的化合物，如图 8-23 所示。开环产物中有卤素和羟基两个官能团的卤代醇分子还可进行很多反应；**乙二醇单醚**（ethylene glycol mono-ether）又称**溶纤剂**（cellosolve），兼有醇和醚的性质，溶解纤维素的性能特别优良，也是油漆的优良溶剂，但使用时要注意其毒性；**乙醇胺**（ethanolamine）又称**胆胺**，是一种防锈剂和纺织工业上的**湿润剂**（wetting agent），它可溶于水，具有常温下吸收、加热时放出 CO_2 和 H_2S 等酸性气体的作用，故在工业上用作气体净化剂（scavenging agent）；**β-羟基丙腈**脱水后就得到**丙烯腈**（acrylic nitrile）。

对苯二甲酸与环氧乙烷反应得到合成纤维涤纶的单体对苯二甲酸二（β-羟基）乙酯。

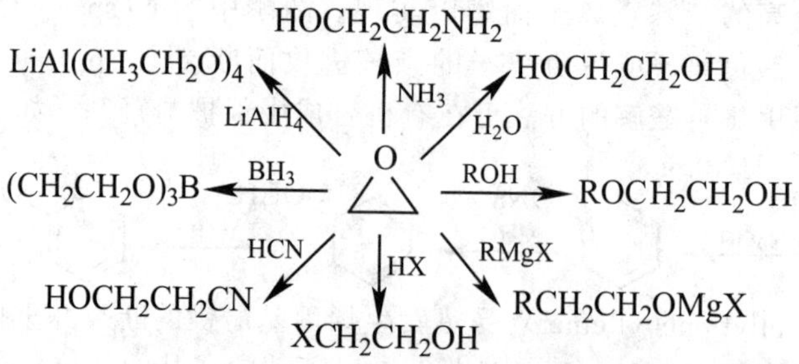

$$\text{LiAl(CH}_3\text{CH}_2\text{O)}_4 \xleftarrow{\text{LiAlH}_4} \quad \begin{matrix} \text{HOCH}_2\text{CH}_2\text{NH}_2 & \text{HOCH}_2\text{CH}_2\text{OH} \\ \uparrow\text{NH}_3 & \uparrow\text{H}_2\text{O} \end{matrix}$$

（结构中心为环氧乙烷 O 三元环）

$$(\text{CH}_2\text{CH}_2\text{O})_3\text{B} \xleftarrow{\text{BH}_3} \qquad \xrightarrow{\text{ROH}} \text{ROCH}_2\text{CH}_2\text{OH}$$

$$\text{HOCH}_2\text{CH}_2\text{CN} \xleftarrow{\text{HCN}} \qquad \xrightarrow{\text{HX}} \text{XCH}_2\text{CH}_2\text{OH} \qquad \xleftarrow{\text{RMgX}} \text{RCH}_2\text{CH}_2\text{OMgX}$$

图 8-23 环氧乙烷的一些开环反应

环氧乙烷开环反应具有典型的 S_N2 特征而总是反式进行的。故从烯烃出发，经环氧化后再水解得到的是反式邻二醇，而用 OsO_4-H_2O_2 氧化得到顺式邻二醇，如式（8-51）所示的两个反应。

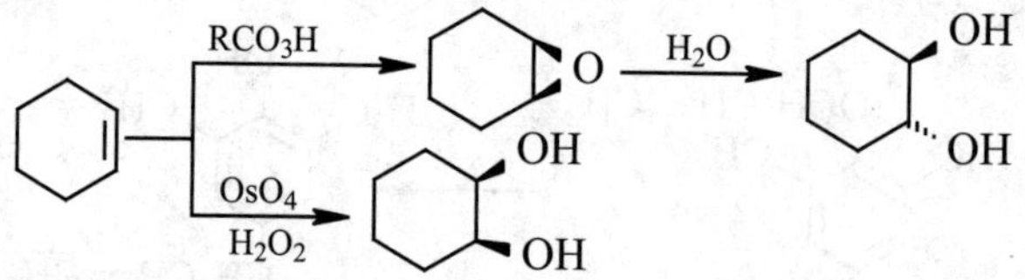

$$\text{（环己烯）} \xrightarrow{\text{RCO}_3\text{H}} \text{（环氧环己烷）} \xrightarrow{\text{H}_2\text{O}} \text{（反式邻二醇）} \qquad \xrightarrow{\text{OsO}_4,\ \text{H}_2\text{O}_2} \text{（顺式邻二醇）} \tag{8-51}$$

不对称的取代环氧乙烷类化合物的开环反应会涉及位置选择性问题，亲核试剂在碱或酸催化下分别主要进攻少取代或多取代一端的碳原子。以 1,2-环氧丙烷（2-甲基-1,2-氧杂环丙烷，**1**）与醇反应为例，如图 8-24 所示：在中性或碱性条件下开环反应经过一个 S_N2 过程，亲核试剂甲氧负离子优先进攻少取代，即空间位阻较小的 C(1)；在酸性条件下，氧原子首先被质子化，使 C—O 键更加极化，正电荷更易位于多取代的 C(2) 上，然后亲核试剂迅速进攻 C(2) 得到产物。

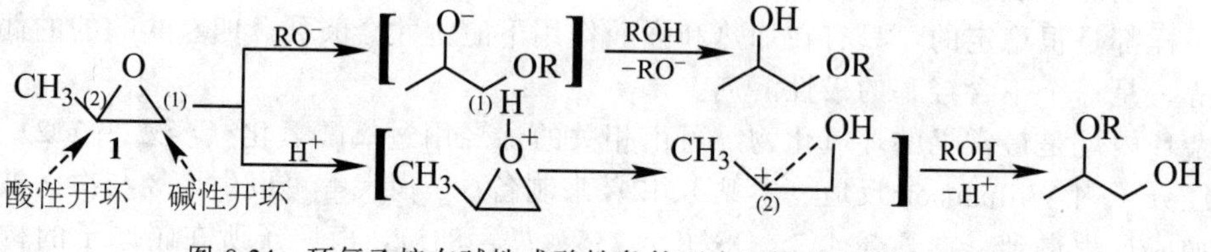

图 8-24 环氧乙烷在碱性或酸性条件下有不同的开环反应机理

在酸或碱催化下，环氧乙烷还能开环聚合形成高分子化合物聚环氧乙烷，又称**聚氧乙烯**或**聚乙二醇**（polyethylene glycol，**2**）。因此，由环氧乙烷出发制备乙二醇、乙二醇单醚或乙醇胺时要严格控制原料的配比，不然将得到多聚产物，如一缩二乙二醇（**3**）、二缩三乙二醇（**4**）、二乙醇胺（**5**）和三乙醇胺（**6**）等。聚乙二醇随聚合度不同而呈黏稠状液态或蜡状固态，它们都可溶于水，用作溶剂、**助剂**（compounding chemical）、**软化剂**（soft agent）、**乳化剂**（emulgent）、**分散剂**（dispersing agent）、湿润剂和**洗涤剂**（detergent）等。

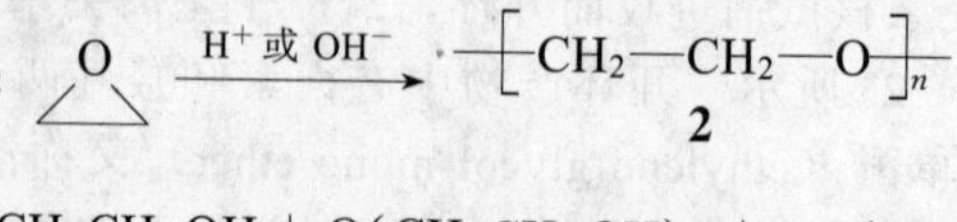

$$n\ \text{O（环氧乙烷）} \xrightarrow{\text{H}^+ \text{或 OH}^-} \begin{matrix} \text{CH}_2\text{—CH}_2\text{—O} \\ \text{2} \end{matrix}_n$$

$$\text{O（环氧乙烷）} \xrightarrow{\text{H}_2\text{O}} \text{HOCH}_2\text{CH}_2\text{OH} + \text{O(CH}_2\text{CH}_2\text{OH)}_2 + \text{HO(CH}_2\text{CH}_2\text{O)}_3\text{—H}$$
$$\text{（3）} \qquad \text{（4）}$$

$$\xrightarrow{\text{NH}_3} \text{H}_2\text{NCH}_2\text{CH}_2\text{OH} + \text{HN(CH}_2\text{CH}_2\text{OH)}_2 + \text{N(CH}_2\text{CH}_2\text{OH)}_3$$
$$\text{（5）} \qquad \text{（6）}$$

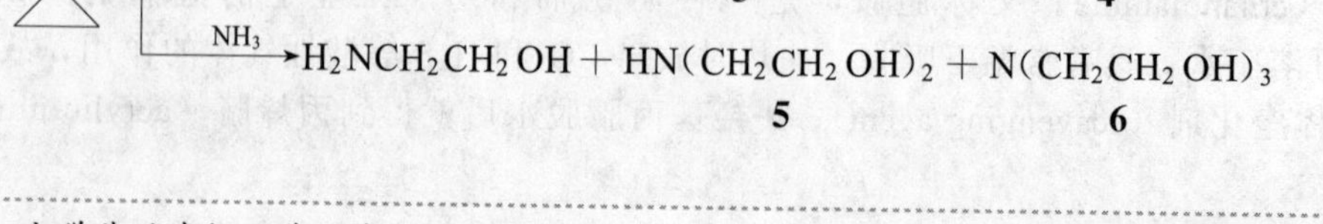

1,4-二氧六环具有溶血作用，使用时应注意。不少环氧化物是致癌的主要诱因，但许多正常的生理代谢过程也涉及具环氧结构的中间体，这也是癌症疾病的治疗难度较大的一个原因。

8.11　大环多醚和超分子化学：相转移催化反应

20 世纪 60 年代初，**Pedersen** 小组意外地得到了一个由两分子邻苯二酚和两分子二（2-氯乙基）醚缩合而成的大环醚二苯并-18-冠-6（**1**），如式（8-52）所示。

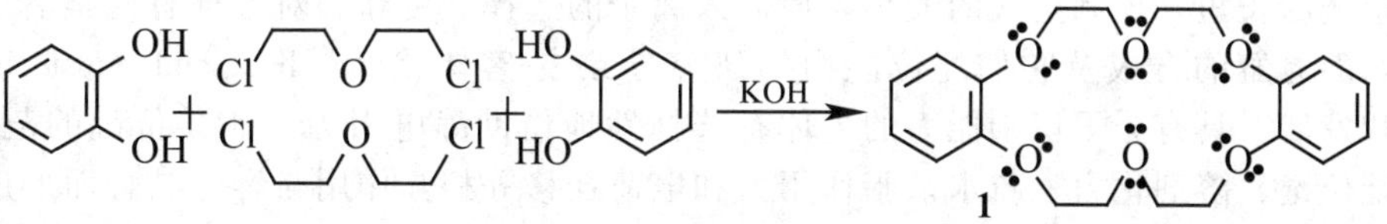

（8-52）

这类大环多醚分子中含有三个以上 OCH_2CH_2 的重复单元，其形状如同西方社会所用的王冠，故称**冠醚**（crown ether）。它们的命名常常根据成环的总原子数 m 和其中所含的氧原子数 n 而称之为 m-冠-n，系统命名较为复杂而使用不便。如，15-冠-5（**2**）的系统命名为 1，4，7，10，13-五氧杂环十八烷；苯并-15-冠-5（**3**）的系统命名为 1，2-苯并-1，4，7，10，13-五氧杂环十八烷。

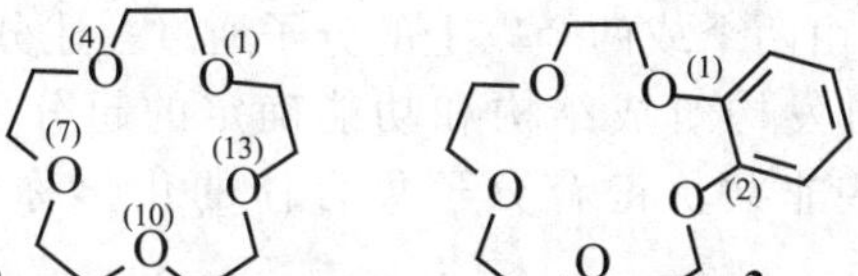

冠醚一个最主要的特点即是众多醚键的存在，分子中有一个因环的大小不同而体积不等的空腔。带孤对电子的氧原子通过静电引力或 Lewis 酸碱配位作用使一定大小的金属离子能稳定地保持在空腔内，故冠醚又称**离子载体**（ionoprores）。大小不等的冠醚和其特定的配位点决定了可溶剂化不同的正离子。如，18-冠-6 中的空穴直径约 0.3nm，和钾离子的直径 0.266nm 相仿，两者能形成稳定的配合物；12-冠-4 和 15-冠-5 则只能分别与 Li^+（直径 0.136nm）和 Na^+（直径 0.194nm）配位而不能与 K^+ 配位。

冠醚中亲水的氧原子使其具有水溶性，亲脂性的烃基又使其可溶于有机溶剂，兼具亲水、亲脂的性质使其能产生**相转移催化**作用（phase transfer catalysis）。相转移催化反应的一个重要应用是可将无机盐带入非极性的有机溶剂相中去进行本不能发生的非均相有机反应。如图 8-25 所示：溶于水的乙酸钾很难与溶于有机相的卤代烃进行取代反应，加入 18-冠-6 后，该冠醚与乙酸钾配合形成的 Ⓚ⁺OAc⁻（〇在此处表示冠醚）把 OAc⁻ 从水相带入有机溶剂相；没有溶剂化影响的 OAc⁻ 是完全游离的自由负离子〔又称**裸阴离子**（naked anion）〕，亲核活性极大而顺利完成取代反应。而后 Ⓚ⁺Br⁻ 再回到水相，Ⓚ⁺ 再将 OAc⁻ 带入有机溶剂相，周而复始完成相转移催化反应。冠醚的用量在 5% 以下，其作用就是在两相之间转移负离子，因此它也被称为**相转移催化剂**。

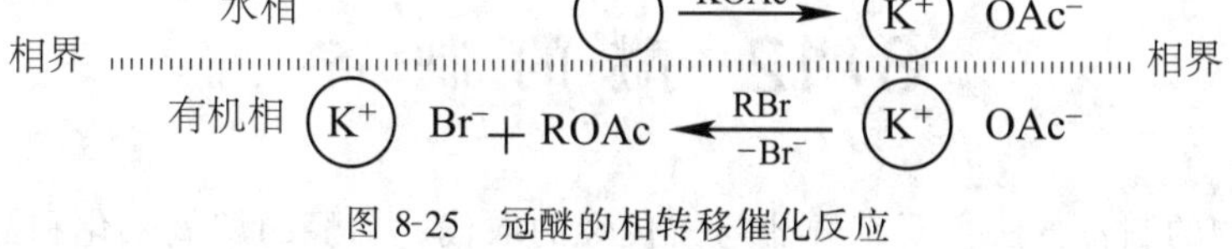

图 8-25　冠醚的相转移催化反应

大环多醚也能和固体盐中的离子配合，因此也可发生固-液相催化反应。如，$KMnO_4$不溶于非极性的苯，18-冠-6捕获钾离子后将高锰酸根带入苯溶液中而形成紫红色的**紫苯**（purple benzene），如此一来高锰酸根也可在有机相中发挥氧化作用了。相转移催化反应的选择性强、产品纯度高、分离容易，也不必使用昂贵的非质子极性溶剂，因此得到广泛应用。Pedersen和另两位开创超分子化学领域的**Lehn**及开创主-客化学领域的**Cram**因在冠醚一类研究工作上的贡献而荣获1987年诺贝尔化学奖。但冠醚有毒，对皮肤和眼睛都有刺激作用，使用时要多加小心。此外，它的合成较为困难，价格也较昂贵，这些因素也限制了它的普遍应用性。

将冠醚中的氧原子换成氮原子，分子内就能生成第三根桥，形成有三维结构的**笼状分子**，利用链的长短来控制空穴的大小，使嵌入离子的选择性更高。对各种有光学活性或特殊拓扑形态的冠醚的合成及它们配位能力的研究导致**主-客体化学**（host and guest chemistry）的形成和发展。具有分子识别能力的主体有选择性地借助静电引力、非共价键的范氏引力、氢键、配位键、溶剂化力、疏水亲脂作用力和电荷迁移等相互作用与客体结合而形成配合物或**包结物**（inclusion compound），它们也是酶与底物、抗体与抗原、受体与药物等在生物体内发挥重要生理功能的作用模式。化学家们设计合成了大量种类繁多的功能大环主体化合物，如冠醚、**穴醚**（cryptate ether）、大环多胺、由6～12个葡萄糖单元以α-1,4-苷键连接成环的**环糊精**（cyclodextrin，α-环糊精，**4**）、由4～8个4-叔丁基苯酚与甲醛缩合而成的**杯芳烃**（calixarene，对叔丁基杯[4]芳烃，**5**）等、多个苯环在1,4-位以亚乙基或杂原子相连而成的**环番**（cyclophane，**6**）等。由两个或两个以上的分子通过上述分子间作用可联结成**超分子体系**，分子通过分子识别而自发构筑成结构和功能确定的超分子体系的过程称**分子自组装**（self-assembling）。研究这些非共价键合分子集合体的化学称**超分子化学**（supramolecular chemistry）。

化学作为一个多尺度的科学正在全面发展。长期以来，高分子化学家对相对分子质量大于5×10^4的较有兴趣，其他化学家则热衷于相对分子质量小于2000的小分子。超分子化学处理的这些大分子的相对分子质量多在2000～50000之间，20世纪80年代以来，超分子科学所取得的成果已十分引人注目，在模拟酶、模拟膜和催化反应、分子开关、金属富集及分离、分析、制备有特殊结构性能的大分子中已发挥了很大的作用；在类似生命过程的各种高效的单元反应组合及实现自然界复杂而独特的识别、转化、转位、复原等可循环功能方面的研究已日益受到重视。

8.12　醚 的 制 备

醚类化合物的制备方法主要有醇盐与卤代烃的取代、烯烃的烷氧汞化和醇的分子间脱水等几类反应。

（1）Williamson 醚合成法　对称醚和混合醚都可由一分子醇的碱金属盐与卤代烃或磺酸酯、硫酸酯等发生 S_N2 反应来得到，称 **Williamson 醚合成法**，如式（8-53）所示（**OS** I：185，233，296；II：445，III：140，566；73：184）。

$$(Ar)RO{-}H \xrightarrow{NaOH} (Ar)RO^{-}Na^{+} \xrightarrow[\substack{(R'O)_2SO_2}]{\substack{R'X \\ \text{或 } R'OTs}} (Ar)RO{-}R' \qquad (8\text{-}53)$$

Williamson 醚合成法是一个 S_N2 反应。卤代烃应为伯卤代烃，仲或叔卤代烃在该反应条件下会有消除副反应。制备不对称醚有两条合成路线可供选择，需考虑卤代烃和烷氧化物的选用问题。如，制备甲基叔丁基醚（'butyl methyl ether）应该用叔丁基氧负离子和碘甲烷而不能由甲基氧负离子与叔丁基卤代烃反应。因为叔丁基卤代烃的空间位阻很大，甲基氧负离子难以进攻 α-碳原子，它更易夺取 β-H 发生双分子消除反应，使烯烃成为主要产物，如式（8-54）所示的两个反应。

$$(CH_3)_3CONa \xrightarrow{CH_3X} \qquad CH_3ONa \xrightarrow{(CH_3)_3CX} \qquad (8\text{-}54)$$

分子内的 Williamson 反应可以形成环醚［参见式（8-50）］。Ag_2O 存在下，中性醇和卤代烃可直接反应生成醚，糖的烷基化反应就是如此操作的（参见 13.4.2）。烯醇是很不稳定的，卤代烯烃又是活性很差的亲电试剂，故烯基醚不可能用烯醇钠与卤代烃或醇钠与卤代烯烃反应来制备，但可用炔烃与醇在碱或汞盐催化下反应得到（参见 5.3.3）。

冠醚主要通过二元卤代物和二元醇的碱金属盐之间进行的 Williamson 反应来制备。如式（8-55）所示，18-冠-6（**1**）可以从二缩三乙二醇（**2**）的钾盐和相应的二氯化物 **3** 经两次 S_N2 反应而来。第一步亲核取代反应后生成的 **4** 中的钾离子（直径 0.266nm）与六个具孤对电子的氧原子配位，恰好起到一个模板作用，使烷氧负离子能与长链另一端的氯原子靠近而成键（**OS** 52：66，57：30）。

$$\qquad (8\text{-}55)$$

（2）烯烃与醇的加成反应　如式（8-56）所示的两个反应，伯醇在酸性条件下也可与能生成稳定碳正离子中间体的烯烃加成生成醚类产物，如甲基叔丁基醚的工业生产。此外，烯烃在醇溶剂体系中与三氟乙酸汞反应生成**烷氧汞化合物**（**5**），**5** 还原成醚。同样遵循马氏规则的该反应与烯烃的羟汞化水合反应类似且效果更好，可用来制备除叔丁基醚外几乎所有的醚。

$$\qquad + CH_3OH \xrightarrow{H_3O^+} (CH_3)_3COCH_3$$

$$\qquad + ROH \xrightarrow{Hg(OCOCF_3)_2} \underset{\textbf{5}}{\overset{OR\ Hg(OCOCF_3)}{\qquad}} \xrightarrow{NaBH_4} \overset{OR\ H}{\qquad} \qquad (8\text{-}56)$$

（3）**醇的分子间脱水反应**　醇分子内脱水成烯（参见 8.3.7），但在质子酸、Lewis 酸催化剂或硅胶、氧化铝等脱水剂存在和适当的高温条件下，质子化的伯醇也可接受另一分子醇中的氧原子的进攻，发生分子间缩合脱水成醚的反应。该反应是醇的消除反应和亲核取代反应两种反应的竞争，高温通常更有利于成烯的反应。从伯醇制对称醚的产率较高，仲醇的反应结果较差，叔醇不会成醚而均成烯烃产物。成醚反应时醇中的氧原子先与质子生成氧鎓离子（**6**），碳氧键极性增加，而后经由 S_N2 或 S_N1 过程继续反应。如式（8-57）所示的两个反应：S_N2 过程是羟基所连的碳原子与另一分子醇中的氧原子结合后再脱水并失去质子形成醚；S_N1 过程是先形成碳正离子后与另一分子醇反应再失去质子形成醚。

$$ROH \underset{-H^+}{\overset{H^+}{\rightleftharpoons}} \left[\; RO^+H_2 \atop 6 \right. \begin{array}{l} \xrightarrow[S_N2]{ROH/-H_2O} \left[RO\overset{\displaystyle H}{\overset{|}{O^+}}R\right] \xrightarrow{-H^+} ROR \\[2mm] \xrightarrow[S_N1]{-H_2O} R^+ \xrightarrow{ROH} \left[RO\overset{\displaystyle H}{\overset{|}{O^+}}R\right] \xrightarrow{-H^+} ROR \end{array} \tag{8-57}$$

该法不适于用不同的伯醇来制备混合醚，因为选择性不好，得到的是不易分离的三个醚的混合物，但可用于制备叔烷基伯烷基混合醚（**OS** Ⅳ：72）。叔醇更易质子化并生成叔碳正离子，故反应表现出较好的选择性，如式（8-58）所示的几个反应。

$$RCH_2OH + R'CH_2OH \xrightarrow{H_3O^+} \begin{array}{l} \longrightarrow RCH_2OCH_2R \\ \longrightarrow RCH_2OCH_2R' \\ \longrightarrow R'CH_2OCH_2R' \end{array}$$

$$(CH_3)_3OH + CH_3OH \xrightarrow{H_3O^+} (CH_3)_3OCH_3 \tag{8-58}$$

二元醇通过有控制的分子内或分子间的脱水反应分别得到环醚或二氧环醚等化合物（**OS** Ⅳ：350），如四氢呋喃（**THF，7**）和 1,4-二氧六环（**8**）的制备。

8.13　含硫有机化合物

硫是继碳、氢、氧、氮和磷之后的第六大元素而为生命所必需，并广泛存在于各种生物体系中。许多含硫有机化合物，特别是小分子硫醇和硫醚都有特殊的臭味。如式（8-59）所示，**大蒜**和**洋葱**中富含如**蒜氨酸**（**1**）等含硫的烷基半胱氨酸硫氧化物，在挤压或切割过程中从细胞中释放出的**蒜氨酸酶**和**催泪因子合成酶**迅速协同催化这些硫氧化物发生一系列有机反应而生成有特殊刺激性气味的挥发性硫醚、连二硫、亚砜、氨等化合物；还有一些含硫物质经消化后产生不能再代谢并由血液输送到全身的气味物质**烯丙基甲基硫醚**，该硫醚可长达数天才能经呼吸、汗液、尿液散发完。故吃完大蒜后人的呼吸和全身都会有持续的臭味。

$$\tag{8-59}$$

8.13.1 硫原子的电子构型

与氧同族的第三周期元素硫的电子构型为 $1s^2$、$2s^2$、$2p^6$、$3s^2$、$3p^4$、$3d^0$。硫原子体积比氧原子大，电负性（2.6）比氧小，价电子层离原子核较远，可形成四价或六价的有机化合物。硫原子的 3s 和 3p 轨道杂化形成 sp^3 杂化轨道后与其他原子成键的情况与氧原子大致相同。但氧原子与碳原子形成 π 键用的都是 2p 轨道，重叠非常有效而可生成非常稳定的 π 键，而 3p 轨道与 2p 轨道或两个 3p 轨道之间形成的 π 键的重叠都不够大，强度弱而不稳定，易聚合成只含 σ 键的化合物。

硫具有能量较低的 3d 轨道，可稳定 α-碳上的负电荷，C—S 键相对容易断裂。这两点使硫醚、亚砜和砜等硫化物可成为有用的有机合成试剂。

8.13.2 硫醇和硫酚

硫醇（thiol）和**硫酚**是制备其他含硫有机化合物的重要原料。它们的命名和相应的含氧化合物相仿，在烷基后加一个硫字。氢硫基（SH）称**巯基**（mercapto group），SR 称**烷硫基**。低级的硫醇有毒且有很难闻的臭味，利用这一特性，人们在煤气中加入极微量的乙硫醇或叔丁硫醇以提高对煤气泄漏的警觉性（乙硫醇的浓度只要达到 10^{-11} g/L 即可被人嗅出，随碳原子数的增加，硫醇的臭味逐渐减弱，到壬硫醇时反有愉悦的香味。

硫醇的偶极矩及 S—H 键极性都不大，分子间氢键较弱，沸点及溶解度都比相应的醇类低得多。如，乙硫醇的沸点（37℃）比乙醇低 41℃，硫酚的沸点（168℃）也比苯酚低 13℃。甲硫醇分子中 C—S 和 S—H 的键长分别为 0.182nm 和 0.134nm，都比甲醇分子中 C—O 和 O—H 的键长长；而键角∠CSH 为 96°，小于甲醇中∠COH 的键角。除甲硫醇在室温时是气体（沸点 6℃）外，其他硫醇、硫酚均为液体或固体。

如式（8-60）所示的两个反应，硫醇可以通过卤代烃与硫氢盐反应来制备，但反应生成的硫醇易继续烷基化而生成硫醚。用**硫脲**〔thiourea，$CS(NH_2)_2$〕替代硫氢盐与卤代烃反应可较好地得到硫醇。

$$R-X \begin{array}{c} \xrightarrow{NaSH} R-SH \xrightarrow{NaSH} RS-Na \xrightarrow{RX} RSR \\ \xrightarrow{CS(NH_2)_2} R-S^+=C(NH_2)_2 \xrightarrow[(2)H_3O^+]{(1)OH^-} R-SH + CO(NH_2)_2 \end{array} \qquad (8\text{-}60)$$

硫酚（benzenethiol）一般可以由高价硫氧化物还原得到，如式（8-61）所示。

$$\text{（结构式）} \xrightarrow{Zn/HCl} \text{（结构式）} \qquad (8\text{-}61)$$

（1）酸性　硫化氢的酸性比水强，硫醇和硫酚的酸性也比相应的醇和酚强得多。较强的酸性可归因于硫原子 3p 轨道上的价电子和氢原子的 1s 轨道重叠不够，与硫成键的氢易于解离。乙硫醇（$pk_a=10.6$）易溶于稀的氢氧化钠水溶液，通入二氧化碳又重新变成硫醇；硫酚（$pk_a=7.8$）可溶于碳酸氢钠而苯酚则不溶，如式（8-62）所示。

$$RS-H \underset{CO_2/H_2O}{\overset{NaOH}{\rightleftharpoons}} RS-Na + H_2O$$

$$\text{（结构式）}S-H \xrightarrow{NaHCO_3} \text{（结构式）}S-Na \qquad (8\text{-}62)$$

硫醇、硫酚的钠盐颇为稳定，其不少重金属盐和无机硫化物一样不溶于水，许多重金属盐能与体内某些生物功能分子中的巯基结合引起中毒。让中毒者服用的 **2,3-二巯基丙醇**（dimercaprol，**2**）等硫醇衍生物具有同样的原理〔与汞、铅离子螯合生成可从尿中排出的配合物（**3**）而使这些重金属脱离生物分子起到解毒作用]。**2,3-二巯基丁二酸二钠盐**（**4**）也有同样的重金属解毒功能，硫醇的英文名 mercaptan 即"捕获汞"的意思。

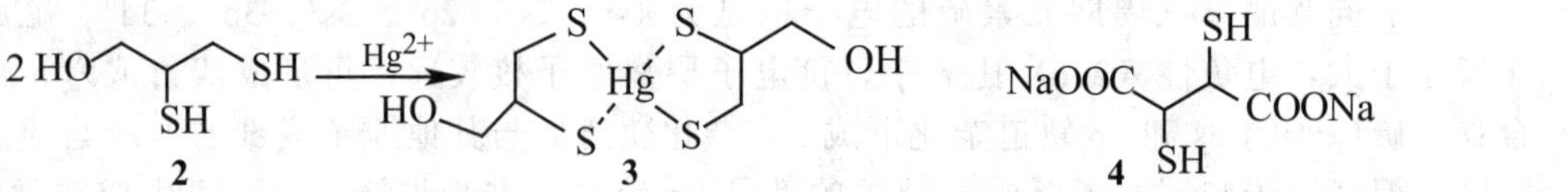

（2）**氧化**　硫原子比碳原子容易被氧化，硫氢键又比氧氢键容易断裂，故硫醇也远比醇容易氧化。温和的条件下空气中的氧就能将硫醇氧化为**二硫化物**（disulfide），如维生素 B 一族的**硫辛酸**（lipoic acid，**5**）的合成：

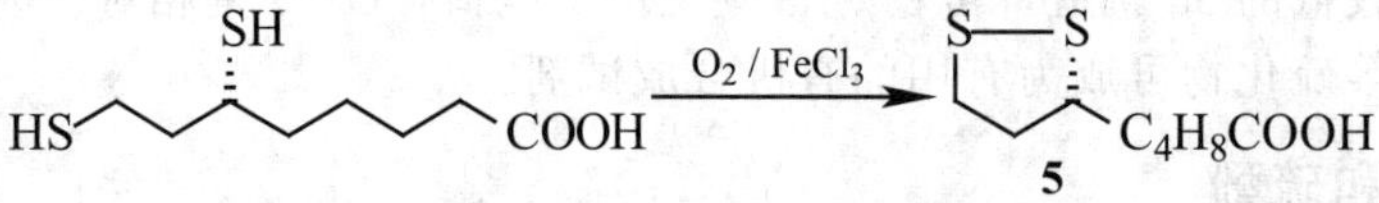

二硫化物中的 S—S 键能约 220kJ/mol，较 C—C 键能小得多，比氢键强得多。故 S—S 键既对生物大分子分子立体骨架的建立有重要贡献，又易于还原断裂（**OS** *II*：580）。S—S 键的形成和断裂是生物体内常见的生化反应之一（参见 14.2.3；**OS** *I*：194）。所有哺乳动物中都有能保护细胞免受有害氧化剂作用的**谷胱甘肽**（glutathione），其生理作用就是通过硫醇和二硫化物之间的氧化还原反应来实现的，如图 8-26 所示。

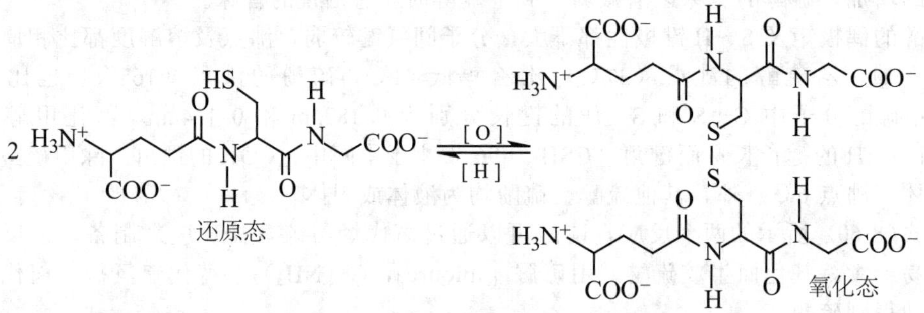

图 8-26　谷胱甘肽的还原态和氧化态

在高锰酸钾和硝酸等强氧化剂存在下，硫醇经过中间体产物**次磺酸**（**6**）、**亚磺酸**（**7**），最终氧化成**磺酸**（**8**），如式（8-63）所示。

$$R—SH \xrightarrow{[O]} R—S(OH) \xrightarrow{[O]} R—S(O)OH \xrightarrow{[O]} R—SO_2OH$$
$$\quad\quad\quad\quad\quad\quad 6 \quad\quad\quad\quad\quad 7 \quad\quad\quad\quad\quad 8 \quad\quad\quad (8\text{-}63)$$

（3）**还原**　硫醇或硫酚可经催化氢解为相应的烃，石油炼制中用到该还原反应以达到脱硫的目的。

（4）**亲核反应**　与醇一样，硫醇也可与醛、酮羰基发生亲核加成反应（参见 9.4.4），与羧酸衍生物发生加成-消除反应而生成各种硫代羧酸衍生物。

8.13.3　硫醚、亚砜和砜

硫醚（sulfide）是具有特殊臭味不溶于水的液体，沸点比相应的氧醚高，可用 Williamson 反应由硫醇盐与卤代烷反应制备。烷硫负离子有较强的亲核性和较弱的碱性，进行亲核取代反应时少有消除副反应发生。对称的硫醚可由卤代烷与硫化钠反应来制备（**OS** *II*：345，547），如式（8-64）所示。

$$R—SH \xrightarrow{NaOH} R—SNa \xrightarrow{R'X} R—S—R'$$
$$R—X \xrightarrow{Na_2S} R—S—R \quad\quad\quad\quad\quad (8\text{-}64)$$

硫醚与氧醚不同，易极化而表现出很强的亲核性，可与卤代物、α-卤代乙酸酯等烃基化

试剂作用经 S_N2 反应生成**锍盐**（$R_3S^+X^-$）。锍盐是易进行亲核取代反应的一类烷基化试剂，生化反应中的甲基化反应就是通过 **S-腺苷甲硫氨酸**（S-adenosylmethionine，**SAM，9**）的**甲基锍盐**来实现的。锍盐的结构与铵盐相仿，与铵盐不同的是，带三个不同取代基的锍盐（$RR'R''S^+$）的手性是易保持的。

硫醚氧化后生成**亚砜**（sulfoxide），亚砜很易进一步氧化为**砜**（sulfone）。如，二甲硫醚氧化后生成**二甲亚砜**（dimethyl sulfoxide，**DMSO，10**）和**二甲砜**（**11**）。硫醚的易氧化性使其在一些反应中作为温和的还原剂使用，如用于烯烃臭氧化得到醛、酮而非酮、酸的反应中。亚砜呈非平面的锥形结构，带不同取代基的亚砜（$RR'S=O$）的手性也是易保持的。亚砜中的硫氧键可用中性形式（$S=O$）或电荷分离形式（S^+-O^-）表示，砜中的硫氧键则多用中性形式表示。$S=O$ 中的 π 键性质与 $C=C$ 或 $C=O$ 不同，硫原子是 sp^3 杂化，硫氧原子间以 sp^3-p_x 成 σ 键，d_{xy}-p_z（p_y）成 π 键，但（d-p）π 键重叠不多，$S=O$ 是一个强的极性键，**10b** 的贡献远大于 **10a**。

亚砜有弱碱性，能与强酸成盐，还原生成硫醚。碱在二甲亚砜中表现出比在水相中更强的碱性，如，氢氧化钠在 DMSO 溶液中的碱性比在水溶液中的要强 10^{14} 倍。砜一般是一类稳定的可溶于水的固体，$S=O$ 的吸电子诱导效应能活化 α-碳上的氢，如二甲亚砜和二甲砜的 pk_a 各为 29.0 和 20.0。吸湿性极强的二甲亚砜是一个高度缔合的无色液体，液相范围宽（18～189℃），与水配成的溶液熔点可降至 -75℃，在 130℃ 以上会有热分解现象，是广为应用的一个非质子极性溶剂。但使用时要注意避免与皮肤接触，因为它的溶解能力和穿透能力都很强，会增强膜或皮肤对其他物质的通透性而把某些物质带入体内，这与其体积小及兼具亲水亲脂性有关。二甲亚砜分子中带正电的硫原子一端被两个甲基所包围，空间位阻使负离子不能接近，而其带负电的氧原子一端暴露在外，从而产生一个几乎裸露的亲核活性极大的无溶剂化负离子（参见 7.4.4）。

8.13.4 磺酸类化合物

磺酸相当于硫酸分子中的一个羟基被烃基取代后的产物。脂肪族磺酸可由硫醇氧化或卤代烃与亚硫酸氢钠间的亲核取代反应来制备。磺酸根的负电荷可共轭分散到三个氧原子上，故磺酸是一个很强的质子酸。许多需要用质子酸为催化剂的反应如聚合、酯化、脱水等反应都可应用磺酸来催化。**甲磺酸**（methanesulfonic acid，**MsOH**，CH_3SO_3H）和**对甲苯磺酸**（p-toluene sulfonic acid，**TsOH**）是两种最常用的强酸型催化剂，许多**强酸型离子型交换树脂**（strong-acid type ion exchanger）是**磺酸树脂**。

苯磺酸（pk_a -0.6）的水溶性极大，常含有结晶水，其钙、钡和铅盐都是水溶性的。在染料分子中引入磺酸基可增加染料的水溶性及染料与织物因带电离子相互吸引而产生的结合度。芳环磺化反应后得到的产物倾入水中，加入过量的食盐，生成的芳基磺酸钠在过量钠离子存在下溶解度降低而沉淀析出，如式（8-65）所示。长链烷基苯磺酸钠可用作洗涤剂，常见的如 4-十二烷基苯磺酸钠（参见 11.14）。

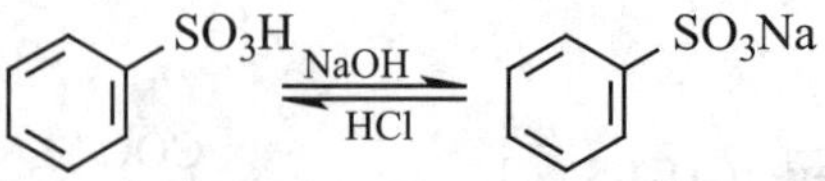

$$\text{（8-65）}$$

芳磺酸中的磺酸基可被氢、羟基、氨基、氰基等取代，磺酸基中的羟基则可被氯、烷氧基或氨基等取代分别生成磺酰氯、磺酸酯和磺酰胺。磺酸钠和五氯化磷作用生成**苯磺酰氯**（benzene sulfonic chloride，**12**），芳磺酰氯的活性不如酰氯，在 Lewis 酸催化下与芳环发生类似于傅-克酰基化反应的缩合反应，生成**芳香砜**（**13**）类化合物（**OS** I：84）。

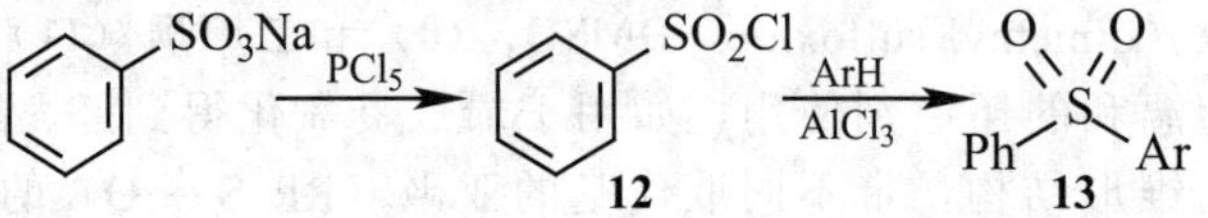

如式（8-66）所示的几个反应，磺酸酯也与卤代烃一样能与醇反应生成醚；被氢化铝锂等金属氢化剂还原生成烷烃；在碱的作用下或在 DMF 和 HMPA 等高沸点非质子极性溶剂中受热脱酯生成烯烃。磺酸根是一个很好的离去基团，磺酸酯作为极好的亲电试剂易接受亲核试剂进攻得到各类产物（参见 7.4.4）。

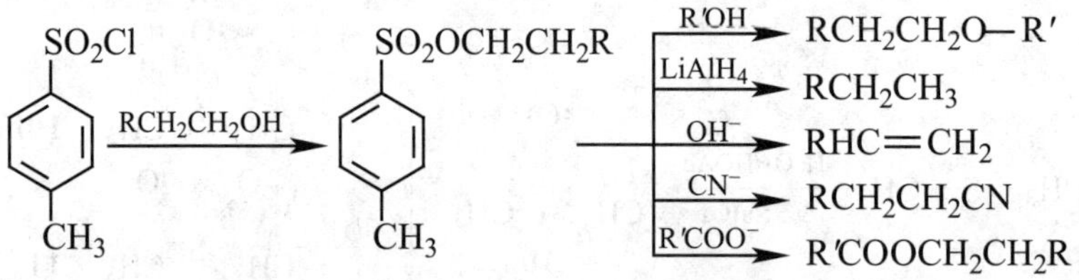

$$\text{（8-66）}$$

磺酸与氨反应得到**磺酸铵**（**14**），**14** 脱水后形成**磺酰胺**（sulfonic acid amide，**15**），该反应还可用于鉴别伯胺、仲胺和叔胺（参见 12.5.2）。许多磺酰胺化合物是重要的抗炎药物。

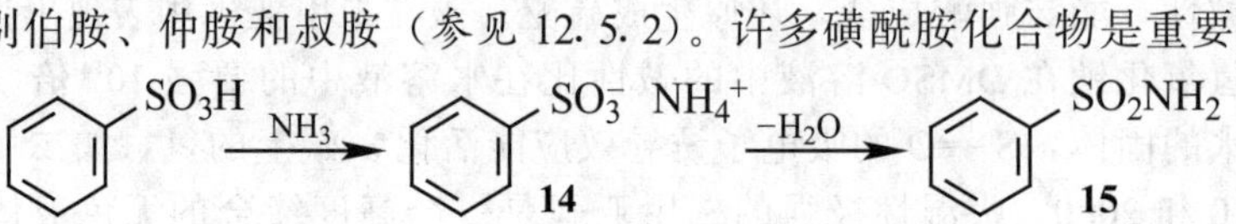

8.14　有机合成反应（3）：保护和去保护

有机分子常常含有多个相同或不同的官能团，反应时就会出现干扰的问题。如，以 3-溴丙醇为原料合成 1,4-戊二醇（**1**），目标产物比底物多两个碳原子和一个仲羟基。显然通过格氏试剂和乙醛的反应是较理想的路线，但 3-溴丙醇因羟基的存在不能直接和 Mg 作用生成所需的格氏试剂，如式（8-67）所示。

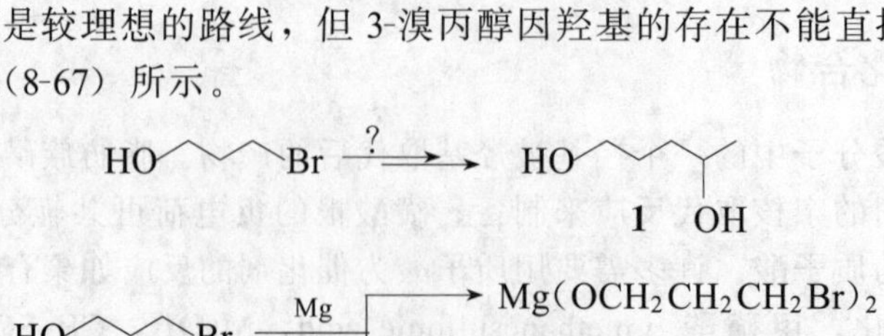

$$\text{（8-67）}$$

故底物的羟基应先保护起来，即转化为一个不与 Mg 或 C—Mg 键反应的基团，待格氏试剂和乙醛反应后再去保护回复为羟基。保护和去保护反应应该都是简捷有效的，对所需进行的合成反应也是无影响的（参见 16.1.5）。但保护和去保护毕竟是全合成反应中多余和无效的两步反应，系迫不得已所采用的一种策略，应谨慎使用。

羟基可以用烷基氯硅烷在叔胺存在下转化为**硅醚**（silyl ether，**2**）来保护。无亲核活性的叔胺既可增强醇的亲核活性，又可吸收另一个氯化氢副产物，如式（8-68）所示，硅醚对强碱、氧化、氢化和金属氢化物等试剂都很稳定，但又容易经酸性水解或经 F⁻ 进攻后回复出羟基官能团。硅与氧、氟都有很强的亲和性，Si—F 键的强度远比 Si—O 键大（参见 9.16.1）。醚基也是常用于羟基保护的基团（参见 8.9.2 和 16.1.5）。

$$ROH \xrightarrow[Et_3N]{R'_3SiCl} \underset{\mathbf{2}}{R'_3Si-OR} \xrightarrow{Bu_4N^+ F^-} ROH + R'_3SiF \tag{8-68}$$

这样，目标化合物 1,4-戊二醇的合成可以按如图 8-27 所示的路线操作。

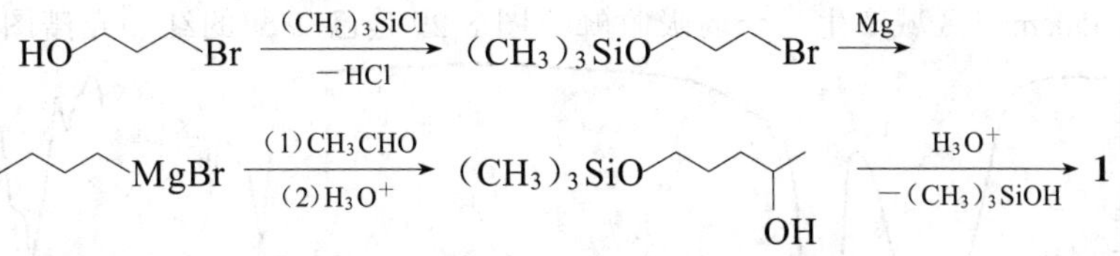

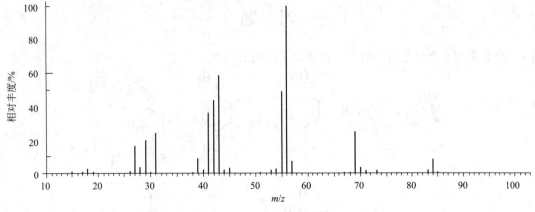

图 8-27　从 3-溴丙醇合成 1,4-戊二醇（1）的路线

8.15　波谱解析

（1）质谱　醇的分子离子峰很弱，通常有分子离子经 1,3-或 1,4-消除反应丢失一分子水生成的 $[M-18]^{+\cdot}$ 峰，后者发生二级裂解，生成 $[C_nH_{2n-1}]^+$ 系列离子。醇易发生 α-断裂，如，伯醇可生成 $m/z\,31$ $[CH_2{=}O^+H]$ 的离子峰。在仲、叔醇的几个 α-断裂中，碳数多的烷基优先丢失。酚类化合物有明显的分子离子峰。芳香环上的羟基的特征碎裂是 $[M-CO]^{+\cdot}$ 和 $[M-HCO]^+$。醚的分子离子峰丰度比相对分子质量相当的醇强，α-碎裂后生成相应的 $[C_nH_{2n+1}O]^+$ 和 $[C_nH_{2n+1}]^+$。芳香醚的分子离子峰很强，其碎裂规律与脂肪醚相似，生成 ArO^+ 的碎裂占优势，该离子经二级裂解失去 CO。

图 8-28 是己-1-醇的质谱图，分子离子峰很弱，可见丢失一分子水生成的 m/z 84 和 56、43、42、31 等碎片峰。

图 8-28　己-1-醇的质谱图

（2）紫外光谱　饱和的醇、醚在紫外及可见光区域不产生吸收峰，因而低级的醇常用作紫外光谱测定的溶剂。酚的紫外吸收中在 λ_{max} 210nm（6200）、270nm（1450）处各有 B 带和 E 带两个吸收带。

（3）红外光谱 醇、酚都含有 C—OH 基团而具相似的特征谱带。气相或处在非极性溶剂稀溶液中的醇、酚游离羟基的 ν_{OH} 在 3650～3580cm^{-1} 出现窄的强吸收谱带。如，2,6-二叔丁基酚的 IR 在 3600cm^{-1} 有一个尖而强的单峰。液态或固态醇、酚测试时因分子间形成强度和长度不等的氢键缔合而使 O—H 键强减弱，ν_{OH} 向低频移动。氢键缔合是复杂多样化的，故在3500～2900cm^{-1} 区域出现宽而强的 OH 特征吸收峰。$\nu_{C—OH}$ 在 1260～1000cm^{-1} 区域内出现一个强吸收峰，δ_{OH} 在 1500～1300cm^{-1} 出现宽吸收峰。醚和环氧化合物中的 $\nu_{C—OR}$ 在 1275～1600cm^{-1} 区域产生强吸收峰，但并不是很有特征性。因为 C—C 伸缩振动的频率与 C—OC 的相近，而且许多含有 C—O 键的分子，如醇、酚、酸、酯对上述吸收峰都会产生干扰。硫醇、硫酚中的 $\nu_{C—SH}$ 在 2600～2550cm^{-1} 区域产生一个弱吸收峰。图 8-29 是己-1-醇的红外光谱图。

图 8-29 己-1-醇的红外光谱图

（4）核磁共振谱 羟基质子是一个可交换的活泼氢并能生成氢键，它的化学位移随浓度、温度和溶剂等测定条件不同在 0.5～5 之间。醇中 β-H 受到氧的吸电子诱导作用产生的去屏蔽作用，δ_H（2.5～4.0）比一般烷基质子小。如，乙醇的 ^{1}H NMR 谱图中可见 δ_H：3.69（2H，q，CH$_2$），2.61（1H，s，OH），1.23（3H，t，CH$_3$）。醇羟基所连碳的 δ_C 在50～80。苯酚邻、间和对位的 δ_H 分别为 6.70、7.14 和 6.81，反映出氧原子上的孤对电子对苯环的供电子共轭效应使邻、对位碳原子的电荷密度比间位大。与醚键相连的氢化学位移为 3.3～4.0，如二正丙醚的 ^{1}H NMR谱图中可见 δ_H：0.8（6H，t，CH$_3$），1.4（4H，m，CH$_2$），3.2（4H，t，CH$_2$）。

习 题

8-1 命名下列 9 个化合物并指出手性碳原子的绝对构型：

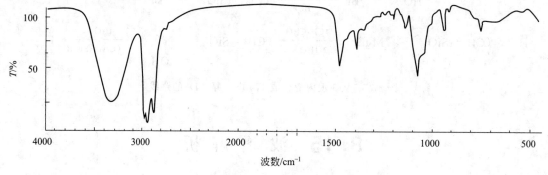

8-2 将下列两组化合物按沸点高低次序排列：

（1）正戊烷，正戊醇，2-甲基丁-1-醇，2-甲基丁-2-醇；

（2）邻羟基苯甲醛和对羟基苯甲醛。

8-3 比较下列两组化合物酸性强弱的次序：

（1）

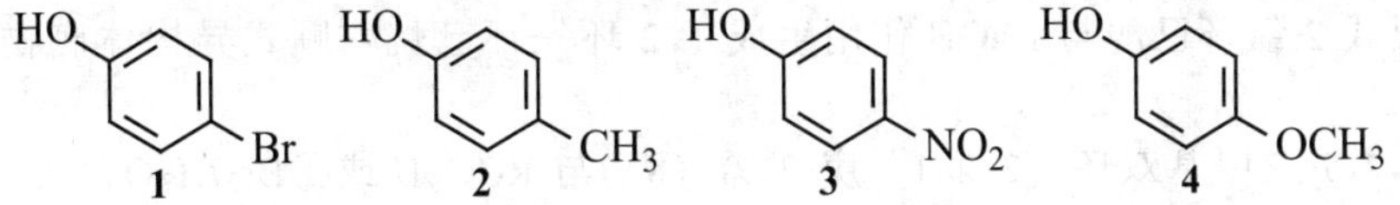

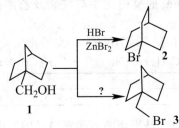

（2）

8-4 解释：

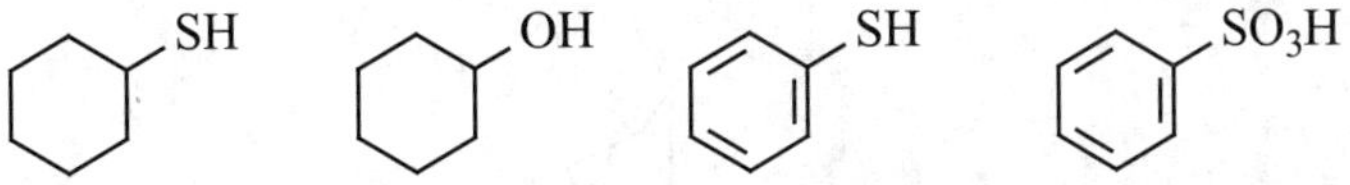

（1）环己醇的水溶性比己醇的大。

（2）六氟异丙醇[$(CF_3)_2CHOH$]的偶极矩和沸点（1.07×10^{-30} C·m，58℃）都比异丙醇[$(CH_3)_2CHOH$]（5.40×10^{-30} C·m，82℃）的小，但酸性（pk_a 9.3）更大。

（3）反-1,2-环己二醇的沸点比顺式异构体高。

（4）反-1,2-环己二醇的稳定构象是 a,a-二羟基椅式构象。

（5）1,2-二叔丁基乙二醇的外消旋体有分子内氢键，内消旋体只有分子间氢键。

（6）一份体积的绝对乙醇与一份体积的水混合后得到小于两份体积的乙醇水溶液。

（7）CH_3OH 与 KCN 作用能得到 CH_3OK 与 HCN 吗？

（8）对映纯丁-2-醇在稀酸溶液中慢慢失去光活性。

（9）酸催化下丁-1-醇进行脱水反应的产物中除了丁-1-烯外还有丁-2-烯。

（10）反-2-甲基环戊-1-醇与吡啶/$POCl_3$ 作用主要生成 3-甲基环戊-1-烯，该脱水过程是顺式的还是反式的？

（11）环丙基甲醇放置在酸性水溶液中有环丁醇生成。

（12）叔醇与三溴化磷的反应不如伯醇或仲醇。

（13）通过两分子叔醇制备叔丁醚的反应性很差。

（14）高温有利于伯醇分子内脱水成烯的反应，略低的反应温度有利于伯醇进行分子间脱水成醚的反应。

（15）乙烯在乙醇溶液中与 HI 反应得到碘乙烷，与 HCl 反应却得到乙醚。

（16）双环 [2.2.1]庚-1-基甲醇（**1**）与 HBr/$ZnBr_2$ 反应得到 1-溴双环 [2.2.2]辛烷（**2**），怎样反应才能得到所要的 1-溴甲基双环 [2.2.1]庚烷（**3**）呢？

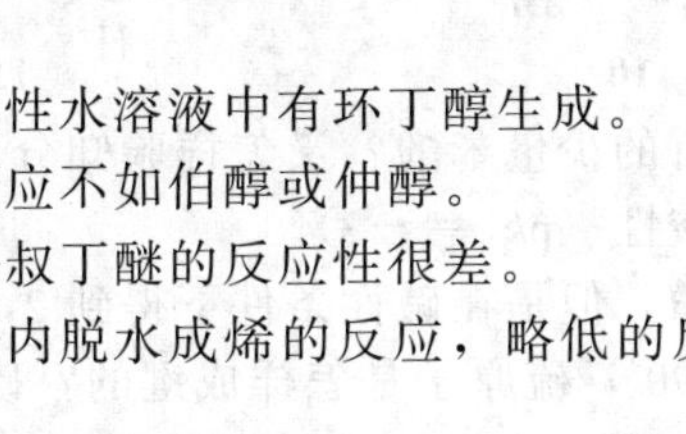

（17）给出下列反应所需试剂 **4** 和 **5**，为何不直接用 HI 一步反应得到产物。

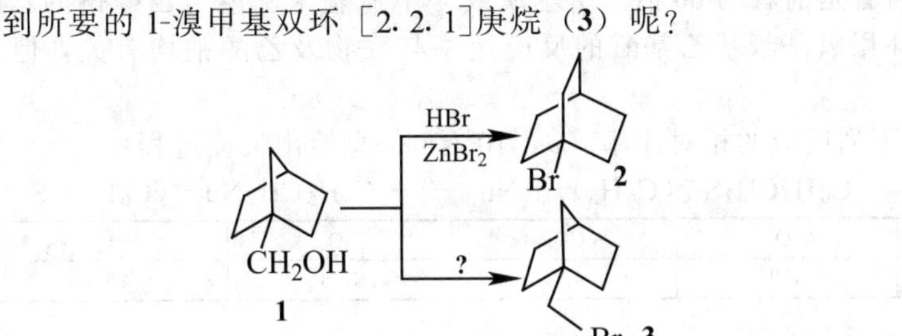

（18）2-甲基-1,3-丙二醇发生 pinacol 重排后的主要产物是 2-甲基丙醛（**6**）而非丁-2-酮（**7**）。

（19）顺-4-叔丁基环己-1-醇氧化为 4-叔丁基环己-1-酮的反应速率比反式底物的快。

（20）反式 2-氯环己醇与 NaOH 作用生成 1,2-环氧环己烷，顺式异构体底物同样反应却得到环己酮。

（21）1,7,7-三甲基双环［2.2.1］庚-2-烯（**8**）与 RCO₃H 或①Br₂/H₂O、②NaOH 的两个反应给出的两个环氧化物结构不同。

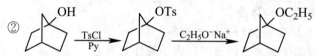

8

（22）烷氧基是很差的离去基，但环氧乙烷容易接受亲核试剂的进攻。

（23）下列两个反应过程是不合理的。

① $C_6H_5OH \xrightarrow{H^+} C_2H_5O^+H_2 \xrightarrow{C_2H_5O^-Na^+} C_2H_5OC_2H_5$

②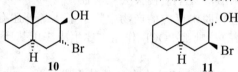

（24）（2S,3R）-3-氯丁-2-醇（**9**）与 OH⁻/EtOH 作用得到光学活性的环氧化物，再用 OH⁻/H₂O 处理后生成丁-2,3-二醇，该二醇产物有旋光活性吗？

（25）下列两个立体异构体底物 **10** 和 **11** 只有一个底物与碱作用后可生成环氧化物。

10   **11**

（26）怎样分离环己醇中含有的少量苯酚？又怎样验知分离是否完全？

（27）苯酚的酮式有很强的酸性（pk_a＝－3）。

（28）酚与氯反应得到单氯酚，但是在碱性条件下得到 2,4,6-三氯苯酚。

（29）硫化氢的∠HSH 接近 90°，硫原子是怎样成键的？硫酚与乙硫醇之间的 pk_a 差值比酚与乙醇之间的 pk_a 差值小得多。

（30）苄基溴或 4-甲氧基苄基溴与水反应生成苯甲醇或 4-甲氧基苯甲醇的反应速率仅与底物有关，但后者是前者的 60 倍。苄基溴或 4-甲氧基苄基溴与乙醇钠的乙醇溶液反应生成苄基乙基醚或 4-甲氧基苄基乙基醚的反应速率与底物及乙醇钠均有关，但后者仅是前者的 2 倍。

（31）根据下列反应的相对速率（v，$10^5/s$）信息给出反应过程：

$$C_6H_5CH_2S^+(C_6H_5)_2 + Nu^- \longrightarrow C_6H_5CH_2Nu + (C_6H_5)_2S$$

Nu⁻	AcO⁻	Cl⁻	PhO⁻	OH⁻	PhS⁻
v	3.9	4.0	3.8	74	107

（32）带羰基的丙酮分子（**12**）是平面的，带亚砜基的二甲亚砜（**13**）是锥形的。

$$CH_3 \overset{O}{\underset{\|}{C}} CH_3 \qquad CH_3 \overset{O}{\underset{\|}{S}} CH_3$$

12   **13**

（33）锂铝氢的活性比钠硼氢强。

8-5 给出下列八个反应的过程：

（1）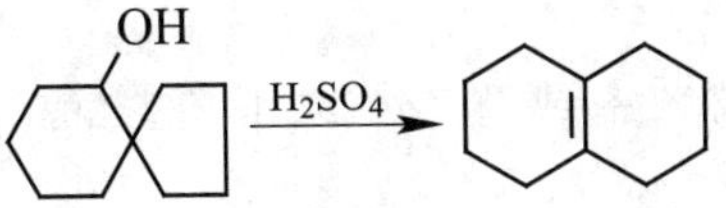
OH
H_2SO_4

（2）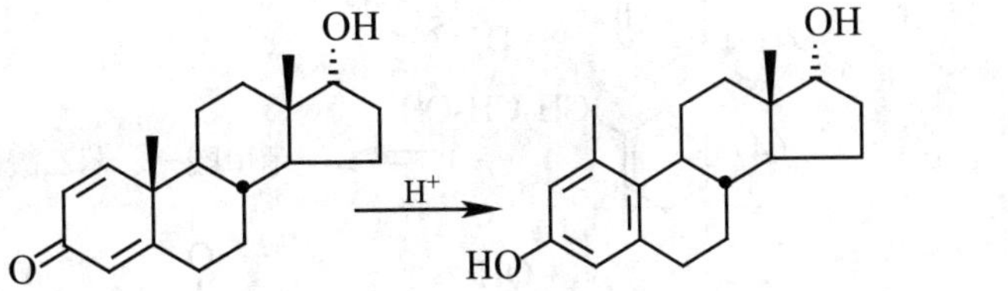
OH
O
H^+
OH
HO

（3）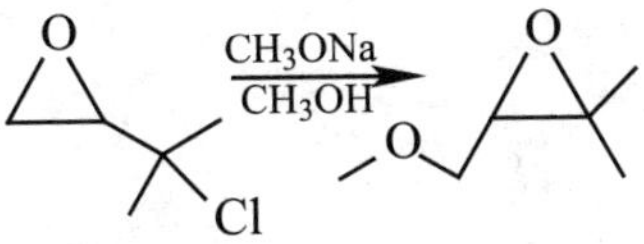
O
Cl
CH_3ONa
CH_3OH
O

（4）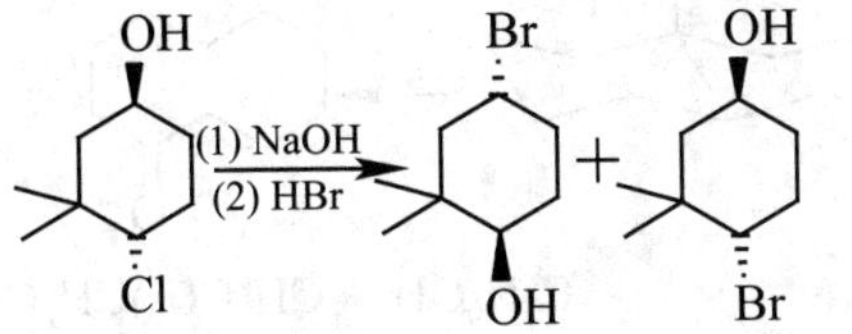
OH
Cl
(1) NaOH
(2) HBr
Br
OH
+
OH
Br

（5）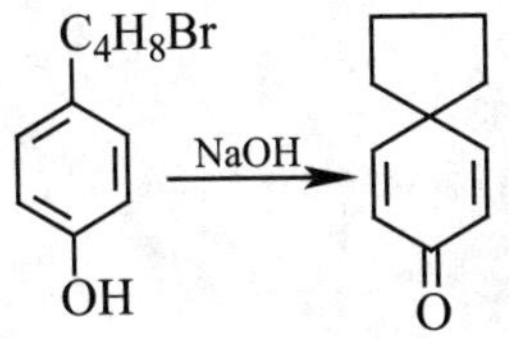
C_4H_8Br
OH
NaOH
O

（6）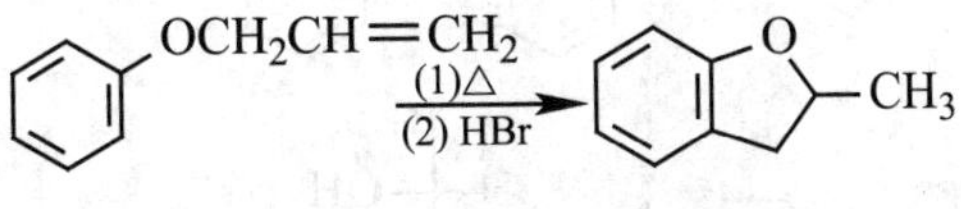
$OCH_2CH=CH_2$
(1)△
(2) HBr
O
CH_3

（7）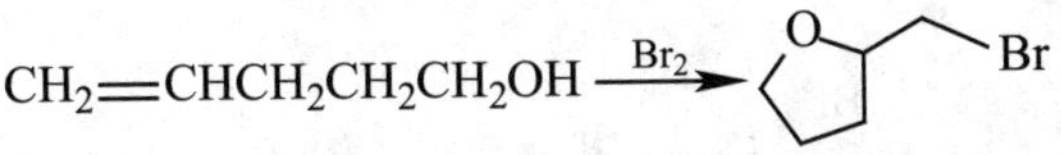
$CH_2=CHCH_2CH_2CH_2OH$
Br_2
O
Br

（8）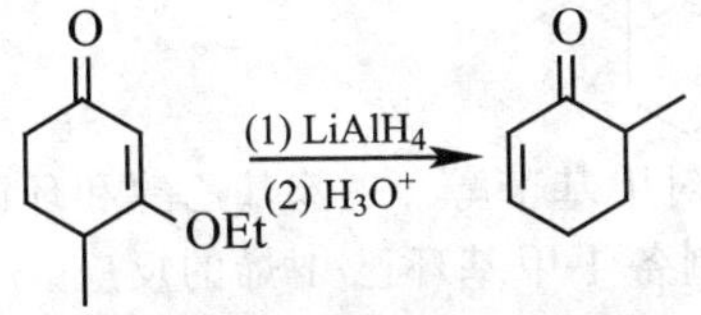
O
OEt
(1) $LiAlH_4$
(2) H_3O^+
O

8-6 给出下列反应产物或中间体 **1**～**10** 的结构：

（1）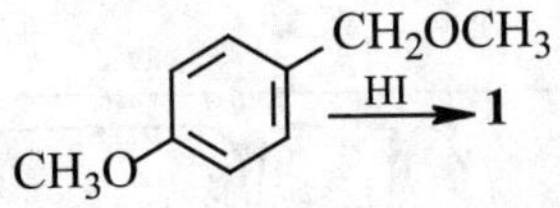
CH_2OCH_3
CH_3O
HI
1

（2）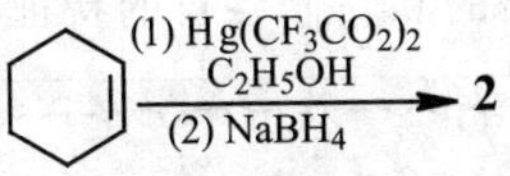
(1) $Hg(CF_3CO_2)_2$
C_2H_5OH
(2) $NaBH_4$
2

（3）$C_4H_9Br \xrightarrow{H_2NC(S)NH_2} \mathbf{3}$

（4）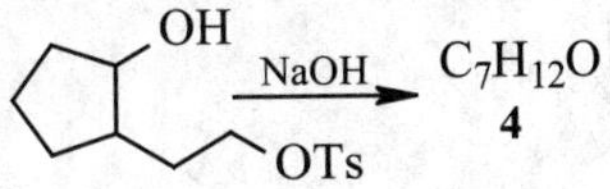
OH
OTs
NaOH
$C_7H_{12}O$
4

（5）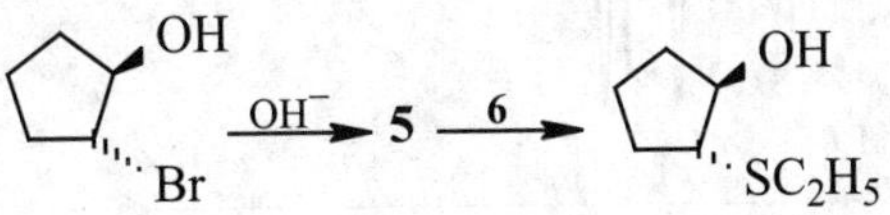
OH
Br
OH^-
5
6
OH
SC_2H_5

（6）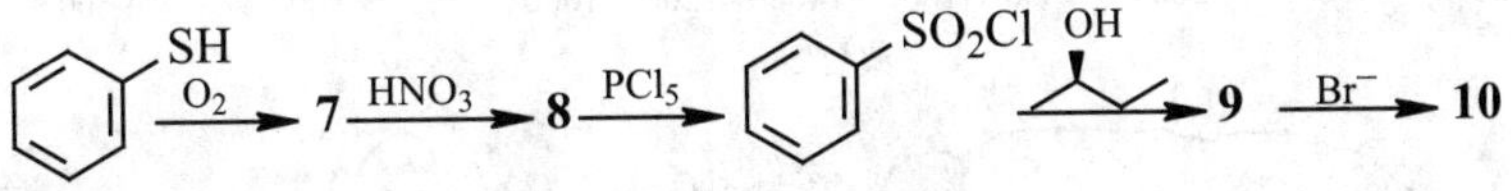
SH
O_2
7
HNO_3
8
PCl_5
SO_2Cl
OH
9
Br^-
10

8-7 选择合适的试剂和原料制备下列三个化合物：

$C_2H_5OC(CH_3)_3$

1

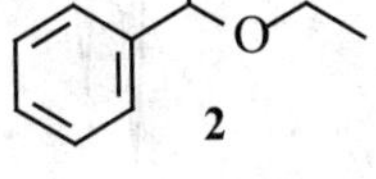

2

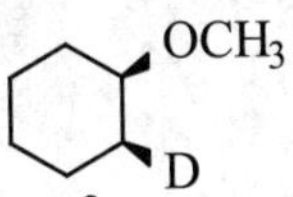
OCH_3
D

3

8-8 以所给的原料合成所需化合物：

（1）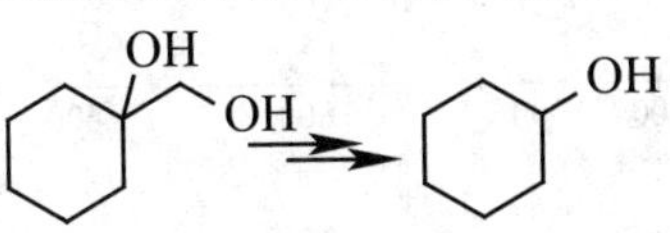
OH
OH
OH

（2）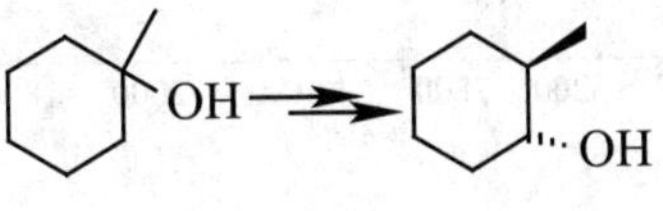
OH
OH

（3）[structure] $\longrightarrow$ [structure]

（4）[structure] $\longrightarrow$ 苯甲酸 或 苯乙酸 或 苯乙醛 或 苯乙烯 或 1-苯基乙醇

（5）[structure] $\longrightarrow$ [structure]

（6）[structure] $\longrightarrow$ [structure] C_3H_6OH 或 [structure] $CH(CH_3)CH_2OH$

（7）[structure] $\longrightarrow$ [structure]

（8）[structure] $\longrightarrow$ [structure] OAc 或 [structure] Br 或 [structure] Br

8-9 用化学方法区别下列四个化合物：对乙基苯酚、对甲基苄醇、2-苯基乙醇和环己醇。

8-10 怎样利用红外光谱追踪从 1-甲基环己-1-醇脱水制备 1-甲基环己-1-烯的反应。

8-11 A 和 B 分别是 2-甲基丁醇或叔丁基甲基醚红外光谱图，指出 A 和 B 分别是由 2-甲基丁醇还是叔丁基甲基醚给出的和它们各自的特征峰所在。

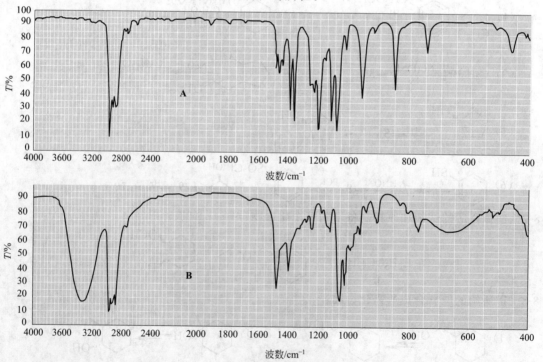

8-12 给出化合物 **1**～**4** 的结构：化合物 **1**，元素分析值为 C68.13、H13.72；m/z 88 （M$^+$）；δ_H：0.91 （6H，d）、1.14 （3H，d）、1.62 （1H，m）、1.77 （1H，m）、3.55 （1H，宽）。化合物 **2**：MS：88 （M$^+$）；IR：3600cm^{-1}；δ_H：0.92 （3H，t，J＝8Hz）、1.25 （1H，s，加D$_2$O后消失）、1.20 （6H，s）、1.49 （2H，q，J＝8Hz）。二醇化合物 **3**，分子式 C$_8$H$_{18}$O$_2$，不与 HIO$_4$ 反应，δ_H：1.23 （12H，s）、1.57 （4H，s）、1.96 （2H，s）。化合物 **4**，IR：3250cm^{-1} （宽）、1611cm^{-1}、1510cm^{-1}、1260cm^{-1}；δ_H：2.46 （1H，s）、3.77 （3H，s）、4.53 （2H，s）、6.86 （2H，d）、7.23 （2H，d）。

9 醛和酮

羰基（carbonyl group，C=O）是碳氧原子间以双键相连的基团，是醛（aldehyde）、酮（ketone）、羧酸及羧酸衍生物（参见第 10 章和第 11 章）的官能团。羰基碳上连有一个烃基和一个氢原子的是醛，通式为 RCHO（注意：勿写成易与醇混淆的 RCOH），最简单的是连有两个氢原子的甲醛。羰基上连有两个烃基的是酮，通式为 RCOR′，最简单的是连有两个甲基的丙酮。醛羰基总是位于碳链端头的 C(1) 位，酮羰基可位于碳链中间或碳环上的任何位置。与烯烃同分异构体的相对稳定性相似，羰基碳原子上多取代的更稳定，即酮的相对稳定性要比同分异构体的醛大。如，**丁酮**的燃烧热（2479kJ/mol）比**丁醛**（2446kJ/mol）的小。醛和酮有许多共性，常统称为"醛、酮"一起讨论。

9.1　羰基的结构

醛、酮羰基中的氧、碳原子均是 sp^2 杂化。氧上的三个 sp^2 杂化轨道中一个与碳成键，另两个被两对孤对电子占有；碳上的三个 sp^2 杂化轨道分别与氢原子或烃基及氧原子形成三个 σ 键；氧、碳原子的两个 p 轨道重叠形成一个 π 键。羰基键长约 1.220nm，键能约 690kJ/mol；∠(H)RCO 接近 120°，醛、酮中的羰基部分是扁平的，在非手性环境下可以接受亲核试剂来自平面上方或下方的进攻。

碳氧双键和碳碳双键都由一根 σ 键和一根 π 键组成，但碳氧双键更短、更强、更极化、也更稳定。羰基上氧的电负性比碳大，保留 π 电子的能力更强；双键电子云偏向氧原子一端使其带部分负电荷，碳原子带部分正电荷而是 Lewis 酸，如 **1a** 所示。羰基是共振杂化体，有碳氧双键的非极化（**1b**）和偶极化（**1c**）两个共振结构式，如图 9-1 所示。**1b** 中碳、氧原子均有八隅体构型而贡献较大，既非八隅体构型又是正负电荷分离的 **1c** 的贡献相对较小，但羰基的许多反应与 π 键的极化密切相关。氧原子较大的电负性使羰基化合物有较大的偶极矩，如，乙醛和丙酮的偶极矩各为 $9.02×10^{-30}C·m$ 和 $9.69×10^{-30}C·m$，丙烯的偶极矩仅为 $1.0×10^{-30}C·m$。

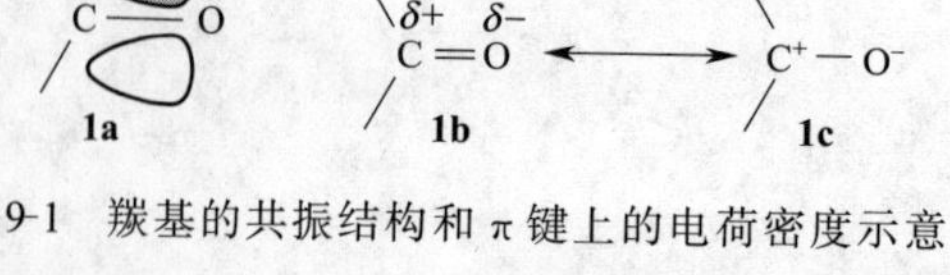

图 9-1　羰基的共振结构和 π 键上的电荷密度示意图

9.2 命名和物理性质

醛、酮的命名一般以含有羰基的最长碳链作为母体主链，再从靠近羰基的一端开始依次标明碳原子的位次。醛的命名加后缀（甲）醛（carbaldehyde），醛基碳原子要计数在内。如，2-氯丁醛（α-氯代丁醛，**1**）和 3-苯基丙醛（β-苯基丙醛，**2**）。简单酮有两种命名法，一是将羰基官能团作母体，称甲酮（ketone），加上羰基两旁由小到大的烃基名，称某基某基甲酮（"基"和"甲"字常被省略。）。此处的酮字含碳、氧原子，指"C═O"；如，**3** 称甲基乙基甲酮或甲乙酮，**4** 称乙基苯基甲酮，**5** 称二苯甲酮或二苯酮。二是将羰基所在碳链（环）加羰基碳原子一并作母体称酮（英语用"-one"为后缀），此处的酮字仅含氧原子，不含碳原子，指"═O"。如，**3** 称丁-2-酮，**4** 称苯丙酮（不称苯乙酮）。连有烷基或芳基的羰基官能团［R（Ar）CO］称**酰基**（acyl group）。醛基或酮基也可作为取代基以前缀**甲酰基**（formyl）或**氧代**（氧亚基，oxo-）表示。如，**6** 称戊-4-羟基-2-酮，**7** 称 2-溴环戊酮（α-溴代环戊酮），**8** 称戊-4-羰基醛（4-氧亚基戊醛）。常见的 $CH_3CO—$ 和 $C_6H_5CO—$ 分别称**乙酰基**（acetyl，**Ac**）和**苯甲酰基**（benzoyl）。

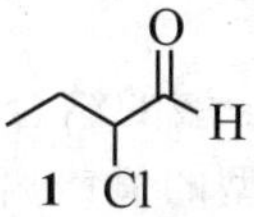

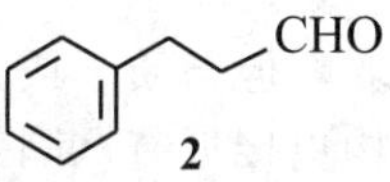

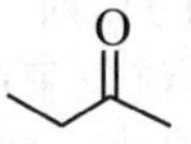

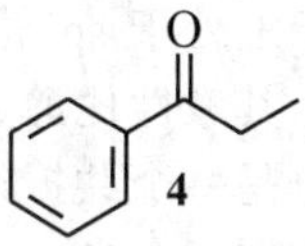

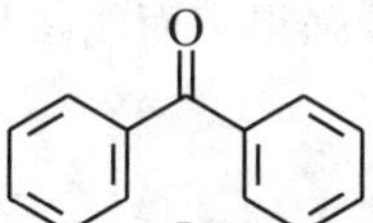

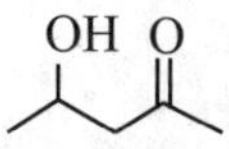

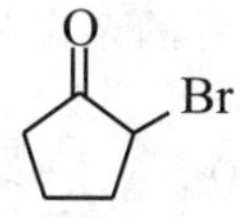

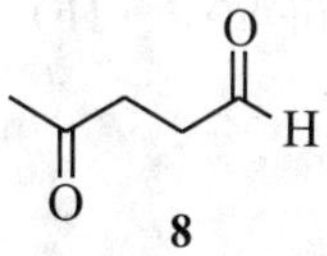

许多天然醛、酮都有俗名。如**茴香醛**（**9**）、**薄荷酮**（**10**）、**香芹酮**（**11**）和**茉莉酮**（**12**）：

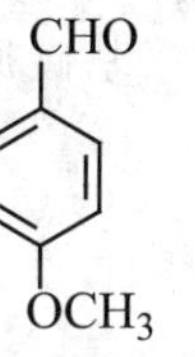

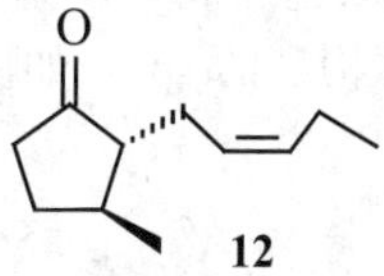

极性的醛、酮分子间有偶极-偶极作用，但没有氢键，沸点比相对分子质量相近的醇低，比烃或醚高，如表 9-1 所示。带两对孤对电子的羰基氧原子可成为氢键的受体，相对分子质量较低的甲醛、乙醛、丙酮等可溶于水也可溶于有机溶剂；其他醛、酮仅微溶或不溶于水而易溶于一般的有机溶剂。

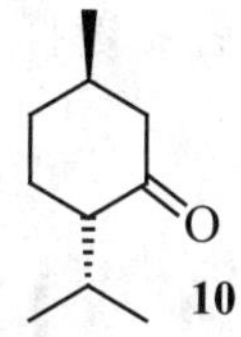

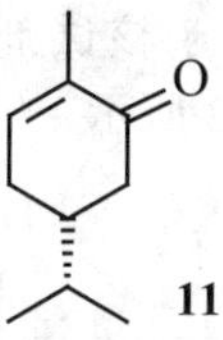

表 9-1　几个常见醛、酮的熔点、沸点和溶解度

化合物	熔点/℃	沸点/℃	溶解度/（g/100g 水）	化合物	熔点/℃	沸点/℃	溶解度/（g/100g 水）
甲醛	−92	−21	55	丙酮	−94	56	8
乙醛	−121	20	8	丁酮	−86	80	26
丙醛	−81	49	20	甲基乙烯基酮	−6	80	8
丙烯醛	−88	53	30	戊-2-酮	−78	102	5.5
正丁醛	−99	76	7.1	戊-3-酮	−41	102	4.8
正戊醛	−91	102	2.0	己-2-酮	−35	150	1.6
己醛	−56	131	0.1	苯乙酮	21	202	0.5
苯甲醛	−26	178	0.3	二苯甲酮	48	306	不溶

除甲醛是气体外，C_{12} 以下的醛、酮是液体，高级的醛、酮是固体。低级醛有辛辣的刺鼻味，许多中级醛、酮有花香清香和特殊的甜香味，是香料工业中的配方成分。如，**辛醛**是具有柑橘香气的浅黄色液体；**庚-2-酮**有强烈的类似香蕉的水果香气，**苯乙酮**具有类似**金合欢**和**苦杏仁**的香气。自然界的许多醛、酮化合物，如肉桂醛、薄荷酮等都有易识别的气味。

9.3 化学反应点

氧化态处于各类官能团中间的羰基是化学性质最丰富的官能团之一，可进行各种转化反应而被认为是最重要的一个官能团。羰基化合物的反应在生物体的生理过程中起着关键性的作用，各类脂肪、糖、蛋白质的代谢和生源合成都包括羰基的缩合、亲核加成、α-取代等反应，故生物化学反应有时又称**羰基反应**。

羰基的化学反应点主要表现在三个点上：Lewis 碱性的羰基氧、Lewis 酸性的羰基碳和酸性的 α-氢，如图 9-2 所示。

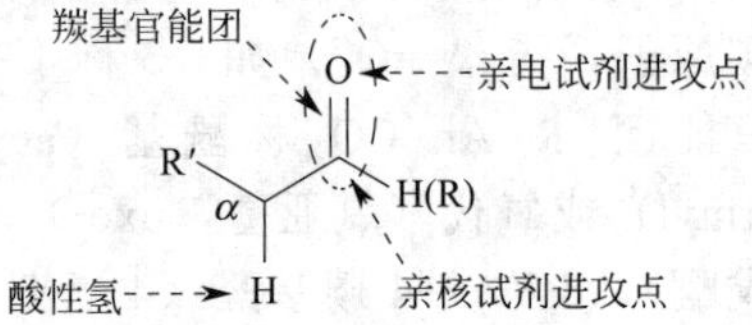

图 9-2 醛、酮的反应点

醛、酮氧原子上处于 sp^2 轨道的孤对电子受到原子核较强的吸引力，其碱性比醇、醚氧原子的弱，但与质子或 Lewis 酸的结合仍非常迅速而有效。质子化羰基也是一个共振杂化体，其结构更接近有八隅体构型的氧鎓离子（**1a**）而非无八隅体构型的碳正离子（**1b**），后者的亲电性比中性的羰基碳强得多而能参与众多反应。

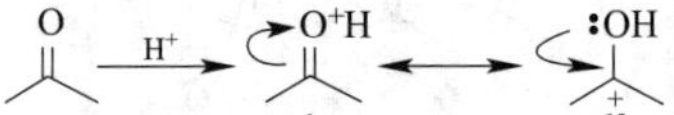

平面构型的羰基中带部分正电的碳比带部分负电的氧更活泼，可发生与碳碳双键相反的亲核加成反应。故不与碳氧双键加成的亲电试剂可与碳碳双键加成，不与碳碳双键作用的亲核试剂能与碳氧双键加成。羰基接受亲核试剂进攻后 π 键打开，羰基碳原子的杂化形态由 sp^2 改变为四面体构型的 sp^3，如图 9-3 所示。

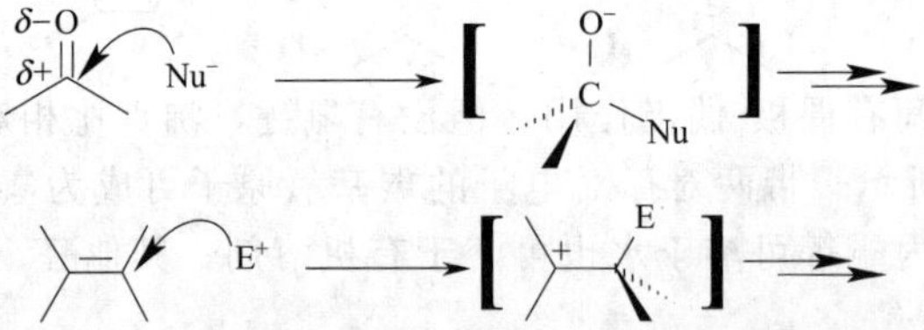

图 9-3 碳碳双键和碳氧双键对试剂的电性要求相反

羰基化合物也是最重要的一类含酸性氢的有机化合物（参见 1.11.1），如，丙酮、二乙酰甲烷和三乙酰甲烷中 α-H 的 pk_a 值各为 20、9 和 6。强碱作用下羰基化合物失去 α-H 生成共振杂化体 α-羰基碳负离子或称烯醇盐（烯醇负离子）而发生 α-取代或羰基缩合等反应。

9.4 羰基上的亲核加成反应

羰基上的亲核加成反应是醛、酮最重要的化学反应。如图 9-4 所示，中性或带负电荷的亲核试剂从偏离羰基平面约 107° 的方向进攻羰基碳原子，形成一根强 σ 键的同时断裂一根弱 π 键，故反应在能量上是有利的。加成反应后生成的四面体中间体有两条后续途径：途径（a）是氧负离子质子化成醇，途径（b）是质子化成醇后再脱水生成双键结构。亲核加成反应的活性与亲核试剂的亲核性、羰基碳原子的亲电性及羰基或试剂的体积大小等因素密切相关。

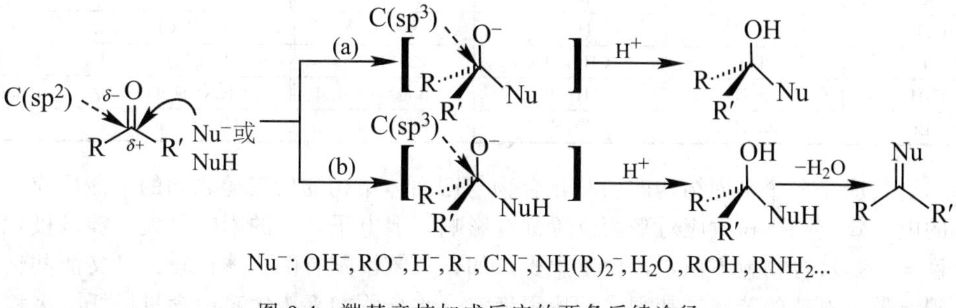

Nu^-: OH^-,RO^-,H^-,R^-,CN^-,$NH(R)_2^-$,H_2O,ROH,RNH_2...

图 9-4　羰基亲核加成反应的两条后续途径

9.4.1　醛、酮底物的活性

各种醛、酮底物进行亲核加成反应的活性大小为：$HCHO>RCHO>RCOCH_3>RCOR'$。与羰基相连的基团从氢到甲基到烃基的供电子性能和体积均依次变大，羰基碳原子的电正性依次变小，这两种因素都不利于带负电的亲核试剂接近羰基碳原子发动进攻。另一方面，羰基碳原子接受亲核试剂进攻后其构型由 sp^2 变为 sp^3，羰基上原有的两个取代基靠得更近，产生的立体位阻效应对酮羰基的反应活性有较大的影响。小环烷酮接受亲核试剂后角张力能得到部分解除，但产物中又新产生非键的扭转张力。综合电子、立体、键角、非键张力等各种因素的影响，各类醛、酮发生亲核加成反应的活性顺序为：甲醛＞脂肪醛＞环己酮＞环丁酮＞环戊酮＞甲基酮＞脂肪酮＞芳基脂肪酮＞二芳基酮。

9.4.2　酸或碱催化的过程

亲核试剂对羰基进行亲核加成的反应速率在中性环境下很慢，该反应常常需在碱或酸环境下才能发生。碱性条件下，亲核试剂（Nu^-）进攻羰基碳原子成键，碳氧双键上的 π 电子移向氧原子生成烷氧负离子（**1**），**1** 从溶剂处得到质子给出产物：

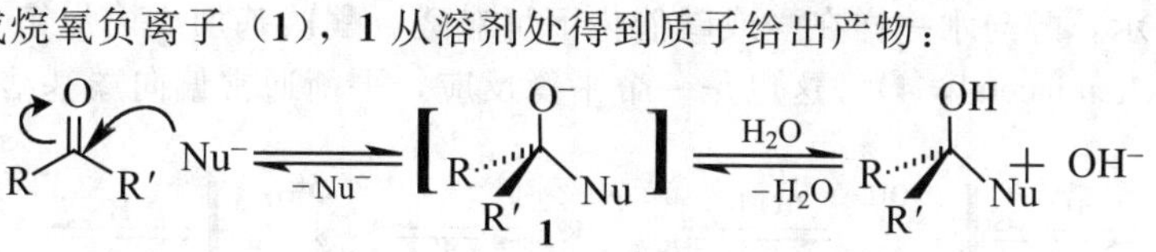

酸性条件下，羰基氧原子先发生质子化生成羟基取代的碳正离子（**2**），**2** 的亲电活性比中性的羰基大得多，更易接受亲核试剂进攻给出产物。

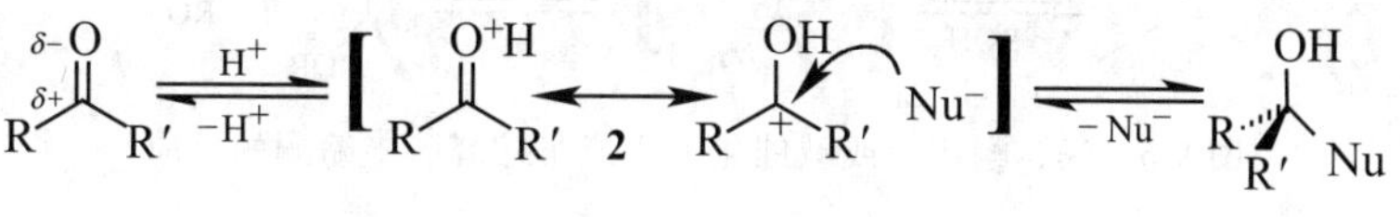

9.4.3　加水

中性试剂，如水，也可与醛、酮发生亲核加成反应。醛、酮羰基化合物有一定的水溶性除了能与水分子形成分子间氢键外，还与它们与水发生加成反应生成**偕二醇**（gem-diol，**3**）有关。如表 9-2 所示，偕二醇通常不稳定而难以分离，脱离水溶液就易脱水恢复羰基结构，但可作为中间体参与反应（参见 8.3.8 和 9.6.1）。

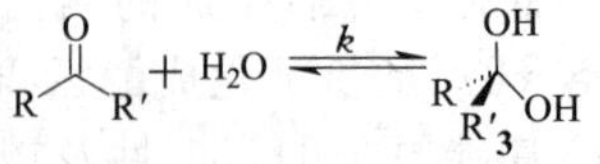

表 9-2　一些醛、酮与其水合物的平衡常数 k

R, R′	k	R, R′	k	R, R′	k
H, H	2.2×10^3	H, Ph	8×10^{-3}	H, CH$_2$Cl	37
H, CH$_3$	1.1	CH$_3$, CH$_3$	2×10^{-3}	H, CCl$_3$	$2. \times 10^3$
H, C$_2$H$_5$	0.71	CH$_3$, Ph	6.6×10^{-1}	CH$_3$, CH$_2$Cl	2.9
H, ^{t}Bu	0.24	Ph, Ph	1.2×10^{-7}	CF$_3$, CF$_3$	10^6

　　该水合反应是一个平面结构的羰基化合物与四面体结构的偕二醇之间的平衡反应。羰基上取代基的电子效应和体积效应对平衡位置都有影响，但电子效应的影响更大。羰基极化的偶极结构愈稳定，其水合物愈不稳定，含量愈少。如，二苯甲酮有两个体积较大且又能共轭分散偶极羰基碳所带正电荷的苯环，其酮式结构很稳定，水合物在平衡体系中含量极低。水相平衡体系中甲醛完全变成水合物，乙醛和丙酮的水合物各占 56% 和 0.2%，三氯乙醛和六氟丙酮则完全变成水合物，反映出羰基上强吸电子取代基团使羰基的稳定性下降是相当重要的因素。

　　水的亲核性能很差。醛、酮的水合反应需酸或碱催化。中性环境下达到平衡需很长时间。酸溶液中形成更易与水作用的质子化醛、酮，碱溶液中进攻试剂是亲核性比水大得多的 OH$^-$，如图 9-5 所示。

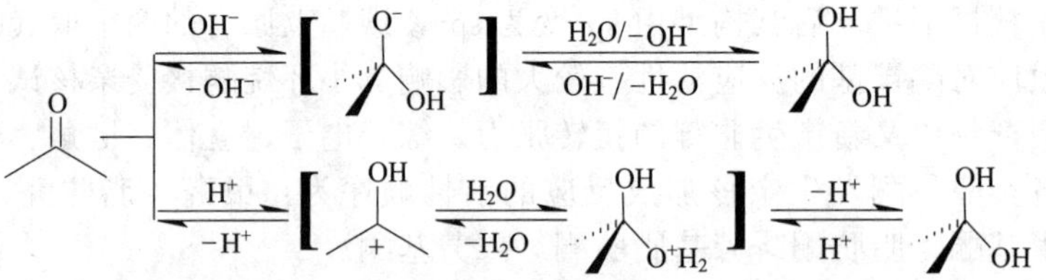

图 9-5　醛、酮羰基经酸或碱催化的水合反应

9.4.4　加醇或硫醇和羰基的保护

　　如图 9-6 所示，醇与水一样在酸或碱催化下可对醛、酮羰基加成，加第一分子醇生成**半缩醛**或**半缩酮**（hemiacetal，**4**）。这也是一个平衡反应，平衡通常偏向羰基结构。

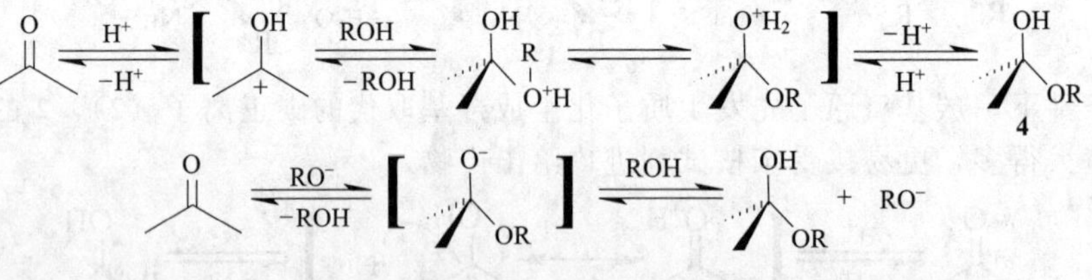

图 9-6　醛、酮在酸或碱催化下生成半缩醛、半缩酮的反应

　　一般的半缩醛、半缩酮也是一类相当不稳定的化合物，在平衡混合物中的比例很小。例外的是从 γ-或 δ-羟基醛、酮经分子内羟基与醛、酮的加成反应而生成的五元和六元环半缩醛、半缩酮是足够稳定的（OS Ⅲ：470），如式（9-1）所示。半缩醛、半缩酮的生成也是糖化学的基础，常见的单糖就是以六元环半缩醛的形式存在的，各种单糖进一步以缩醛的形式结合成多糖和纤维素（参见 13.8）。

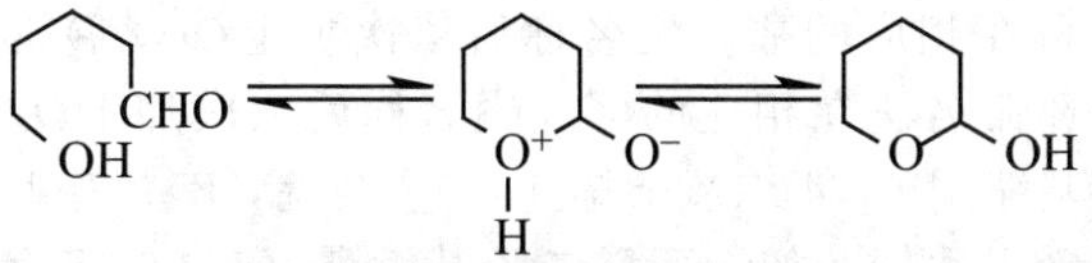

$$\tag{9-1}$$

如图 9-7 所示，半缩醛、半缩酮中的羟基很活泼，酸催化下能继续与醇反应生成**缩醛**、**缩酮**（acetals，5）。碱对此过程无催化活性（**OS** Ⅱ：137），因羟基是很难被其他亲核基团直接取代的。可以分离存在的缩醛、缩酮比半缩醛、半缩酮稳定得多。

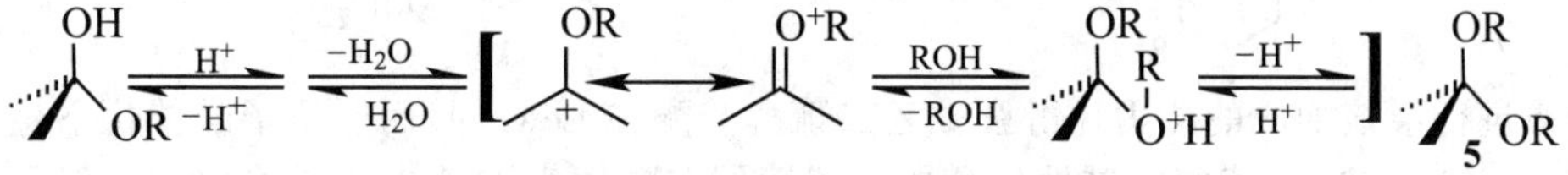

图 9-7 半缩醛、半缩酮在酸催化下生成缩醛、缩酮

生成缩醛、缩酮的反应大多采用氯化氢气体或对甲苯磺酸为催化剂。反应是可逆的，增加醇的浓度及体系中加入能除去水的 $MgSO_4$ 等脱水剂有利于平衡偏向缩醛、缩酮，加水有利于平衡偏向醛、酮，又称缩醛、缩酮的水解反应。生成缩醛、缩酮的反应大多采用醇为溶剂的体系，醛与过量的醇较易生成缩醛，缩酮的生成要困难得多，如，丙酮与乙醇的缩合反应到达平衡后只有 2% 缩酮成分。用**原甲酸酯**〔$HC(OR)_3$，参见 11.12.3〕、乙二醇等替代醇（**OS** Ⅰ：1，Ⅴ：303）制备缩酮效果更好。如式（9-2）所示的两个反应。环缩酮比非环的缩酮更易生成，水解需更激烈的条件。

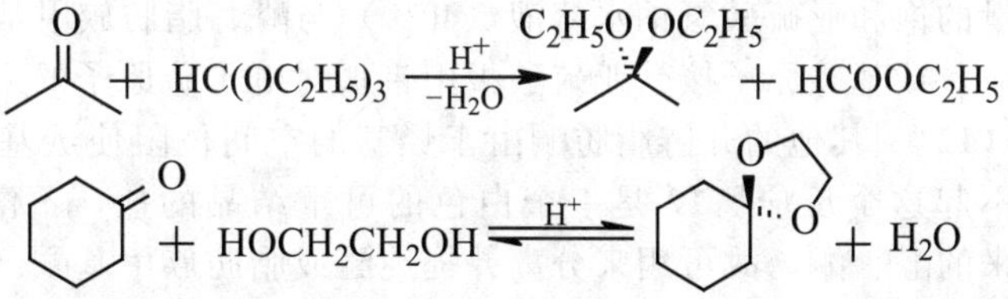

$$\tag{9-2}$$

缩醛、缩酮具有同碳偕二醚的结构，中性或碱性环境下是足够稳定的，也不接受各类亲核试剂、负氢离子或氧化剂、还原剂的进攻，但又易于水解恢复羰基结构。利用这个生成缩醛、缩酮后再水解的反应可保护对碱敏感的羰基，使其在反应前后没有变化而不受影响。如，带醛基的卤代物不能直接生成格氏试剂，故发生格氏反应时要用到保护的策略（**OS** Ⅱ：305，307）。如图 9-8 所示，底物 β-溴代丙醛需转化为 β-溴代二乙醇缩丙醛（β-溴代丙醛缩二乙醇，6）后才能制成格氏试剂来反应。

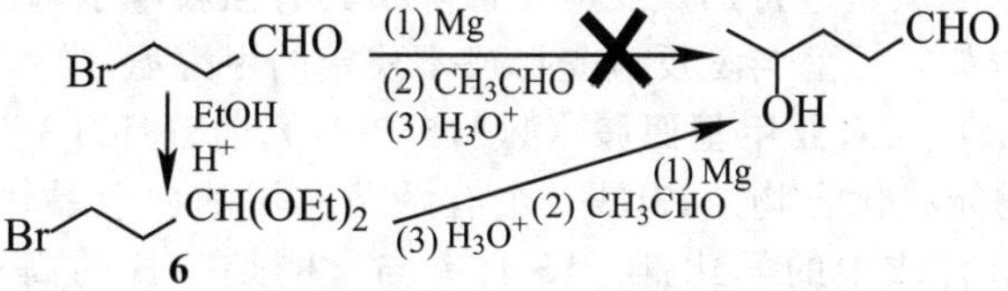

图 9-8 带醛基的卤代物需保护醛基后才能制备格氏试剂

生成缩醛、酮保护醛、酮的策略同样可用于醇羟基的保护：用二氢吡喃（dihydropyran，**DHP**）在酸催化下转化为具缩醛结构的**四氢吡喃醚**（7），7 经酸性水解恢复出醇羟基。

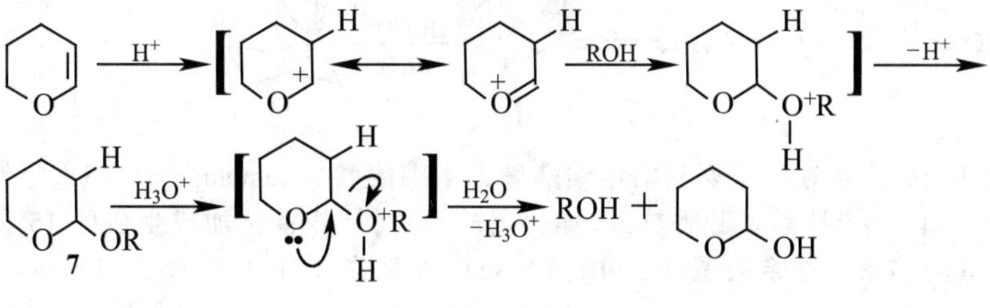

缩醛、缩酮命名时可在相应的醛、酮名称后依次加上 O（氧）-取代基名、缩醛、缩酮；环状缩醛、缩酮可按杂环命名法在相应的醛、酮名称后依次加上 O,O-取代亚基名和缩醛、缩酮，如，环己酮亚乙基缩酮（1,4-二氧杂螺［4.5］癸烷，**8**）。一些缩醛、缩酮类化合物具有特殊的香气而可用作食用香精。如，**丙醛二乙基缩醛**（1,1-二乙氧基丙烷，**9**）和**乙酰乙酸乙酯亚乙基缩酮**（**10**）各具有令人愉快的坚果香气和苹果香气。

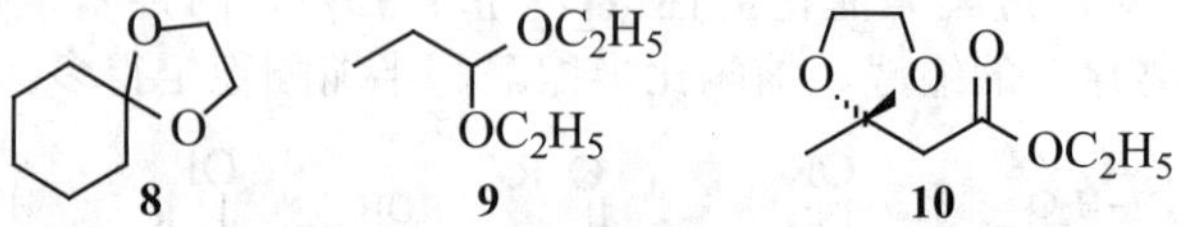

硫醇进行亲核加成的能力比醇强。**乙二硫醇**与酮在 Lewis 酸而非质子酸催化下生成**硫缩酮**（thioacetals，**11**）。硫醚的碱性比醚弱；硫缩酮在酸性水溶液中仍是稳定的，但可被二价汞盐水解回复羰基结构，在吸附了氢的 Raney 镍作用下很易还原脱硫为亚甲基。通过这两步反应在合成上可以用于选择性地保护羰基或将羰基在中性环境下还原为亚甲基。

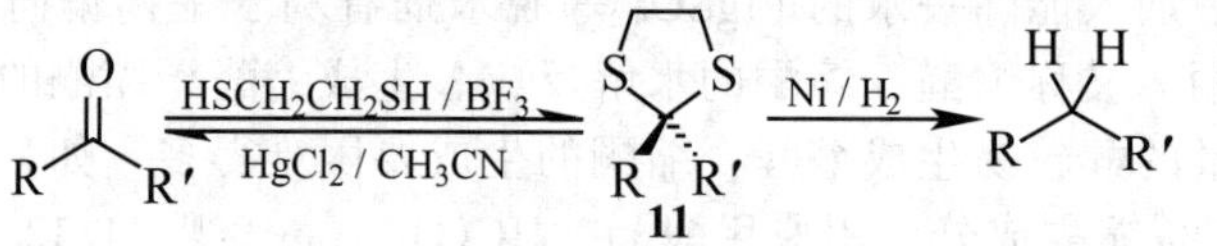

9.4.5 加亚硫酸氢钠

除硫醇外，过量的饱和亚硫酸氢钠水溶液（40%）与醛、脂肪族甲基酮或低级环烷酮也能在冰浴温度下反应，羰基碳原子接受亚硫酸根中带孤对电子硫原子的亲核进攻生成加成物 **α-羟基亚硫酸钠盐**（**12**）。其他的开链脂肪酮由于烃基的空间位阻使羰基难以接近大体积的亚硫酸氢根离子而不起这个反应。**12** 是一个白色的可重结晶的盐，不溶于醚但可溶于水，遇酸或碱分解为原来的醛、酮，故可用来分离并提纯醛或脂肪族甲基酮（**OS** IV：903）。

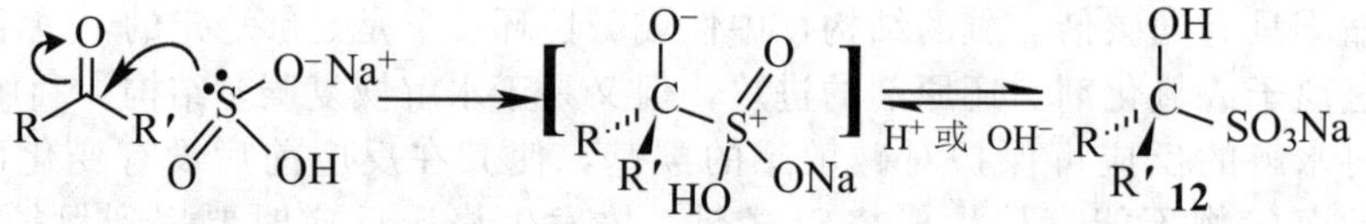

9.4.6 加氨、胺及其衍生物

氨或胺也能对醛、酮羰基进行加成反应，但除了具有强吸电子基团的醛，如三氯乙醛外很难得到稳定的产物。如，甲醛与氨反应先形成不稳定的甲醛氨，后者失水并聚合生成一个称**乌洛托品**（urotropine）或**六亚甲基四胺**（1,3,5,7-四氮杂三环［3.3.1.1^{3,7}］癸烷，hexamine，**HMTA**，**13**）的笼状化合物。**13** 是一个有杀菌作用的白色晶体，用于消毒剂和树脂工业中的固化剂及有机合成中的氨化剂。**13** 具有与金刚烷一样的高对称性，热稳定性好，熔点高（260℃时升华），用硝酸氧化后可生成威力强大爆速达 8380m/s 的**旋风炸药**（黑索金，**RDX**，**14**）。

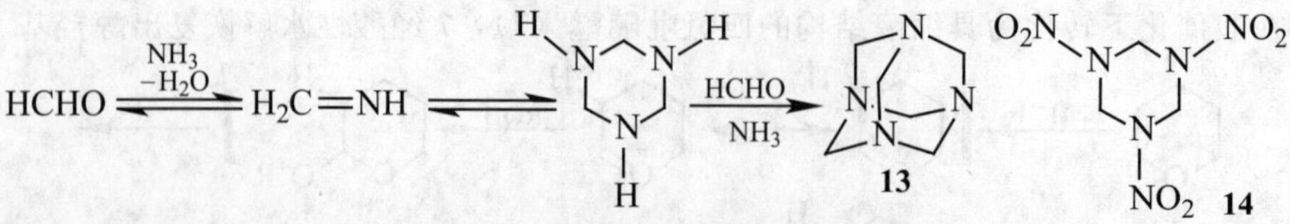

带有羟基的碳上再连一个氨基的**半缩醛胺**、**半缩酮胺**（hemiaminal，**15**）与偕二醇一样是不稳定的。如图 9-9 所示，芳香族醛、酮与胺，特别是芳香胺加成生成的 **15** 易失去一分子水形成具共轭体系俗称**希夫碱**（Schiff's base）的**亚胺**（$RR'C=NR''$，imine，**16**）。亚胺

也有很易相互转化的顺反异构体。碳氮双键上都有芳香基的亚胺是稳定的，脂肪族醛、酮与伯胺（RNH$_2$）生成的亚胺无需酸或碱催化就易水解成为醛、酮和胺（**OS** *IV*：605），故反应时需建立脱水的反应环境来得到亚胺。亚胺 C=N 键的结构与羰基相似，也可接受亲核试剂的进攻，氢化还原后成为胺（参见 12.11.2）。亚胺的生成常常是许多生物体系中（辅）酶与羰基反应的第一步，亚胺的水解也是很重要的生化反应。

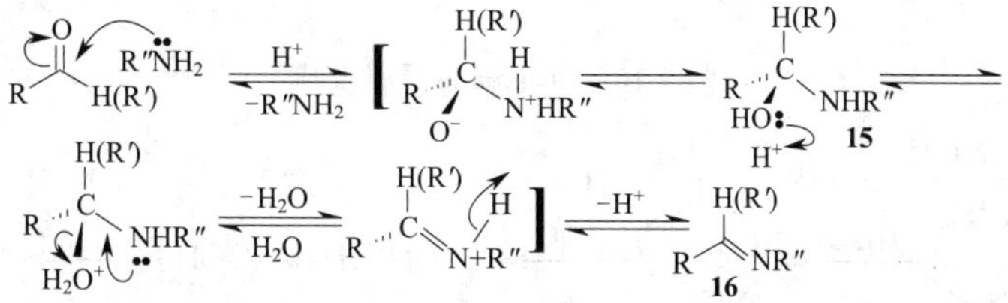

图 9-9　醛、酮羰基与伯胺反应生成亚胺的反应

　　醛、酮与胺的缩合反应包括亲核加成和脱水两步过程，胺的亲核活性较强，加成一步中无需酸催化也能顺利进行，但脱水一步需酸催化，质子化羰基更有利于接受胺的进攻，但过强的酸将生成失去亲核活性的质子化胺。大部分缩合反应的 pH 值为 5 左右，具体条件尚需视醛、酮底物和不同的胺而定。氮原子上连有电负性基团的亚胺通常是稳定的。如表 9-3 所示，醛、酮与胺的衍生物很易形成各称希夫碱、**(羟)肟**（oxime）、**腙**（hydrazone）或**缩氨脲**（semicarbazone）的亚胺。这些亚胺都极易结晶且熔程很短并已有记录。如，戊-2-酮和戊-3-酮的沸点都是 102℃，不可能蒸馏分离，但它们的缩氨脲的熔点各为 112℃ 和 139℃。在有机波谱成为常规的结构解析工具之前，化学家经常通过对比醛、酮样品形成的这些亚胺的熔点来鉴别结构。如今亚胺仍用于挥发性醛、酮的分离提纯及制备 X 射线衍射所需的晶体。这些氨的衍生物也常称**羰基试剂**，在薄层色谱中常用于检测羰基化合物的显色剂。

表 9-3　醛、酮羰基 R$_2$C=O 与胺及其衍生物的加成缩合产物

胺及其衍生物(结构式)	加成缩合产物结构(名称)
伯胺(H$_2$N—R$'$)	R$_2$C=NHR$'$(希夫碱)
羟胺(H$_2$N—OH)	R$_2$C=NOH(肟)
肼(H$_2$N—NH$_2$)	R$_2$C=NNH$_2$(腙)
苯肼(H$_2$N—NHC$_6$H$_5$)	R$_2$C=NNHC$_6$H$_5$(苯腙)
2,4-二硝基苯肼[2,4-(NO$_2$)$_2$C$_6$H$_3$NHNH$_2$]	R$_2$C=NNHC$_6$H$_3$-2,4-(NO$_2$)$_2$(2,4-二硝基苯腙)
氨基脲(H$_2$NNHCONH$_2$)	R$_2$C=NHNHCONH$_2$(缩氨脲)

　　对甲苯磺酰肼（TsNHNH$_2$）与醛、酮羰基加成后生成**对甲苯磺酰腙**（**17**）。如式（9-3）所示的两个反应，**16** 在如烷基锂一类强碱作用下失去底物羰基 α-碳上的酸性氢原子并生成烯烃化合物（**OR** *23*：3，*39*：1；**OS** *51*：66）；**17** 与钠硼氢反应后亚胺基转化为亚甲基（**OS** *52*：122）。

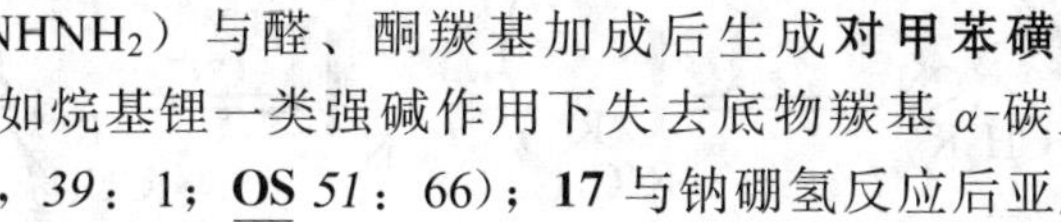

$$\text{(9-3)}$$

　　酮肟在 H$_2$SO$_4$ 等酸作用下可生成重排产物酰胺，称 **Beckmann 重排**，如图 9-10 所示（**OR** *11*：1）。该重排反应的立体专一性特征非常令人瞩目，只有羟基反位上的烃基在反应后迁移到氮原子上（**OS** *II*：76）。醛肟的重排很少见。

　　环己酮与羟胺反应后得到环己酮肟，而后在硫酸作用下经 Beckmann 重排反应得到**己内酰胺**（**18**），18 水解聚合后生成称**尼龙 6**（**19**）的合成纤维。

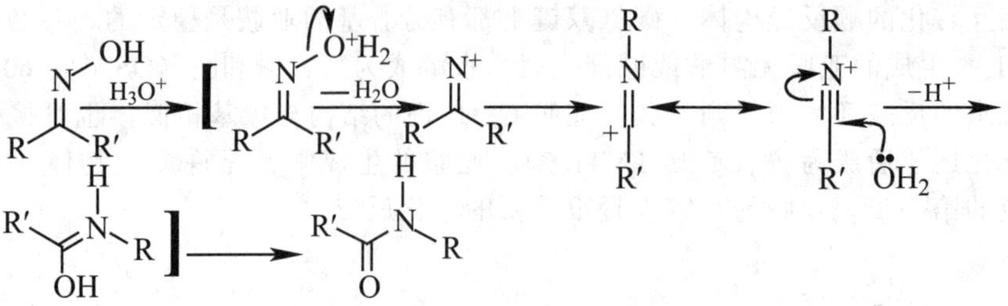

图 9-10　Beckmann 重排反应

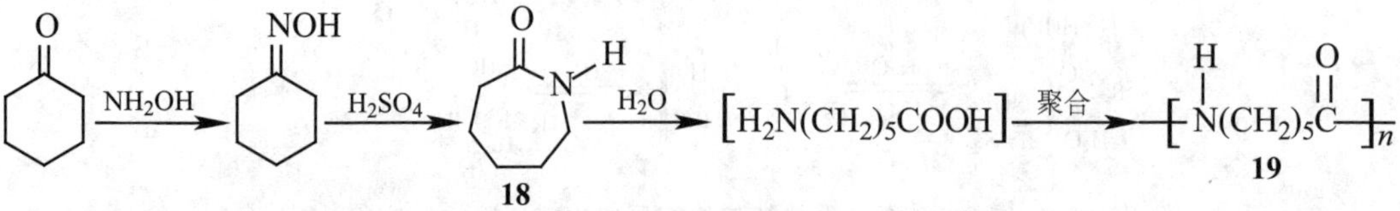

仲胺 （R_2NH） 与醛、酮发生加成反应的产物因氮原子不再带有氢原子而不会脱水生成亚胺。但若醛、酮底物的羰基有 α-氢，其与仲胺加成后在酸催化下会发生另一种脱水过程而生成**烯胺**（enamine，$RHC = CR'NR_2$，**OS** I：80，20），如式（9-4）所示。烯胺是一类很重要的有机合成试剂，在 α-碳上可发生亲核取代反应 （参见 12.6.2），在酸水溶液中与亚胺一样也是不稳定的。

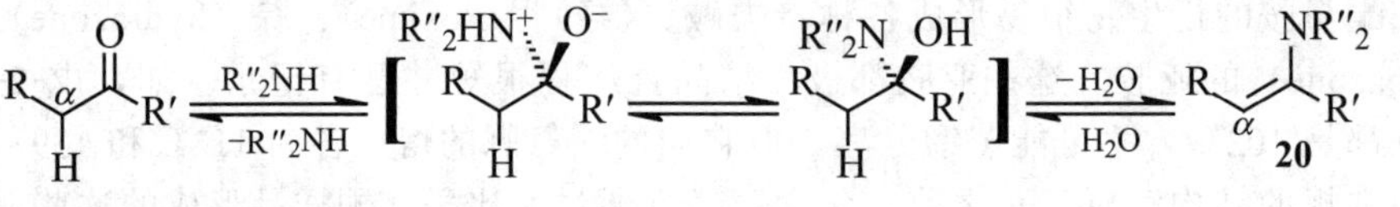

$$(9\text{-}4)$$

9.4.7　加氢氰酸

除了金属有机化合物外，醛、酮羰基也可与其他碳亲核试剂加成，如，醛、酮与 HCN 反应后生成称**氰醇**（cyanohydrin，21）的 α-羟基腈，该反应是在底物的碳链上增长一个碳和引入氰基的好方法。醛、脂肪族甲基酮和 C_8 以下的环酮均可与氢氰酸反应，具大体积位阻效应的芳基酮或脂肪酮没有反应。羰基与 HCN 的反应也是可逆的，碱性水溶液中氰醇即分解为醛、酮和氰化物，故 pH 值对反应速率的影响很大。生成氰醇的关键一步是 CN^- 对羰基的亲核进攻，但有毒、挥发性大 （沸点 $26.5^\circ\!C$） 而使用不便的氢氰酸是弱酸 （pk_a 9.3），其水溶液中 CN^- 的浓度很低，直接反应的速率极慢。故反应通常在溶有 NaCN 的 pH 为 10 的溶液中进行，即在兼有 CN^- （催化量即可，因可从 HCN 再生） 和 HCN 的环境下进行。

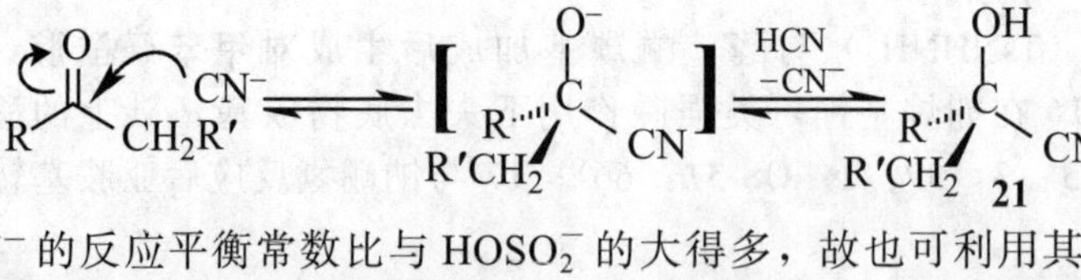

醛、酮与 CN^- 的反应平衡常数比与 $HOSO_2^-$ 的大得多，故也可利用其生成 α-羟基亚硫酸钠盐的可逆反应与 NaCN 反应来生成氰醇 （**OS** I：336，II：7，IV：58）。反应中亚硫酸单钠提供质子给氧负离子中间体而无 HCN 生成，如图 9-11 所示。

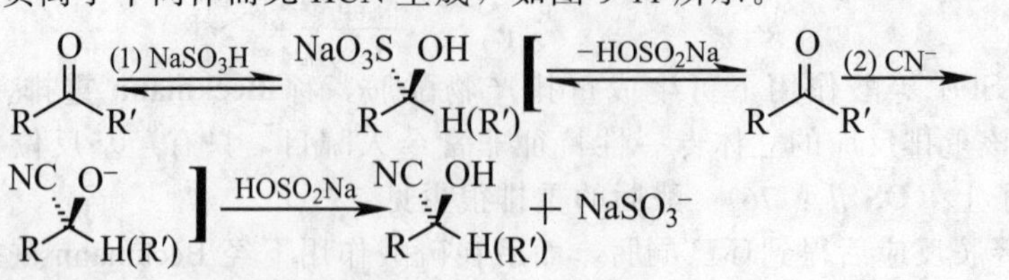

图 9-11　利用生成 α-羟基亚硫酸钠盐的可逆反应制备 α-羟基腈

α-羟基腈是个很有用的中间体产物，其糖苷衍生物存在于许多植物组织中而产生毒性。α-羟基腈脱水生成 α,β-不饱和腈；氰基可转变为其他官能团，如，水解生成 **α-羟基酸**（**22**），22 脱水生成 **α,β-不饱和酸**（**23**）。**丙酮氰醇**（**24**）在酸性甲醇溶液中加热，发生脱水和酯化反应后生成 **α-甲基丙烯酸甲酯**（**25**），25 在自由基引发剂作用下聚合生成**聚 α-甲基丙烯酸甲酯**（polymethyl methacrylate，**26**）。**26** 是一种无色透明的固体材料，具有良好的光学性质，相对密度小，机械强度大，不易破碎且耐老化，又易加工成型，故可用作光学仪器上的透镜、棱镜及交通工具中的挡风玻璃和各种防护罩。但它的耐热性、耐磨性和硬度不够好。

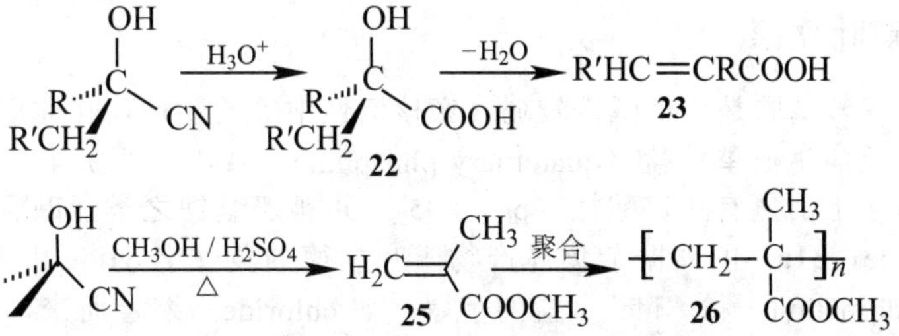

从丙酮出发生产 26 的合成路线的原子经济性不高。以异丁烯为原料，氨氧化生成 α-甲基丙烯腈后再用含硫酸的甲醇溶液醇解也可用来制备 26。更新的方法是以丙炔、一氧化碳、甲醇在 Pd 催化下加压反应一步生成，原子利用率可达 100%（参见 17 章）。

9.4.8 加有机金属化合物

醛、酮与格氏试剂作用，发生加成反应后经水解得到醇。以甲醛、醛或酮为底物反应后分别得到伯醇、仲醇和叔醇，如式（9-5）所示。

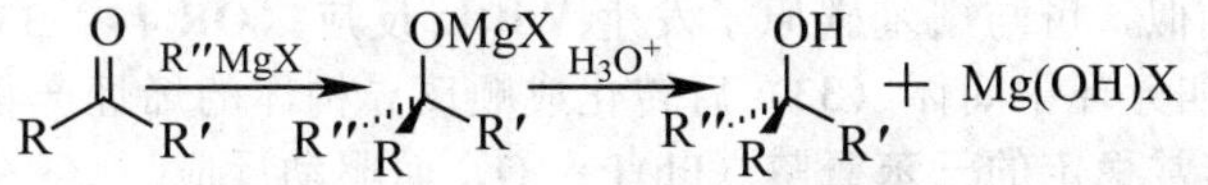

$$\underset{R}{\overset{O}{\|}}\underset{}{C}R' \xrightarrow{R''MgX} \underset{R'''}{\overset{OMgX}{|}}CR' \xrightarrow{H_3O^+} \underset{R'''}{\overset{OH}{|}}CR' + Mg(OH)X \tag{9-5}$$

格氏试剂（RMgX）中的烃基负离子（R⁻）是很强的可与绝大多数醛、酮羰基作用的碳亲核试剂，若醛、酮中与羰基相连的烃基取代基的体积很大，则其与羰基碳的靠拢会受到阻碍而使亲核加成反应不易发生。如，叔丁基格氏试剂与二异丙基甲酮反应就得不到加成产物，叔丁基负离子转而以碱的形式夺取酮上的 α-H 生成叔丁烷和酮的烯醇化产物，水解处理后又回到了底物酮。另一种反应是叔丁基负离子提供一个负氢离子给羰基的同时转化为异丁烯放出，酮发生可以用其他更简单的方法来直接进行的还原反应。如图 9-12 所示，（a）和（b）这两个反应实际上都浪费了格氏试剂。此时改用有机锂试剂往往可以解决此问题。有机锂试剂的亲核活性比格氏试剂强得多且位阻效应很小，反应后可得到目标产物醇（**27**）。

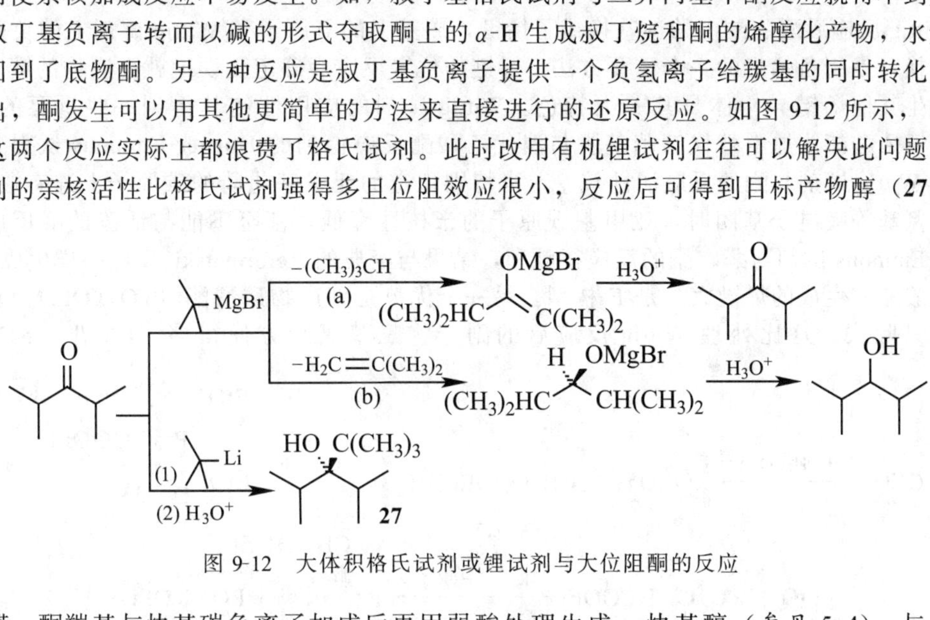

图 9-12 大体积格氏试剂或锂试剂与大位阻酮的反应

醛、酮羰基与炔基碳负离子加成后再用弱酸处理生成 α-炔基醇（参见 5.4），与 α-溴代

羧酸酯 $RCHBrCO_2R'$ 及锌在惰性溶剂中反应也生成羰基上的加成产物（**28**），水解后得到 β-羟基酸酯（**29**），称 **Reformatskii 反应**（**OR** *1*：1，*22*：423）。该反应必须在卤代酸酯、锌和醛、酮并存的体系中进行，因有机锌与格氏试剂不同，不能由卤代酸酯和锌单独制备予以保存。β-羟基酸酯产物也易脱水生成 α,β-不饱和酯（**30**）。

9.4.9 有机磷叶立德

三价磷，如三苯基膦是一个碱性较弱、亲核活性中等的物种，在非质子性溶剂中可与伯卤代烃进行 S_N2 反应生成**季鏻盐**（quaternary phosphine，**31**，参见 7.4.2）。季鏻盐中与磷原子相连的 α-碳原子上的氢有一定酸性（$pk_a=35$），可被丁基锂之类强碱脱去生成称**磷叶立德**（phosphorous ylide，**31a**）的共振杂化体产物。叶立德的英文名 **ylide** 由两个英文词根 "yl"（基团的字尾，如 methyl）和 "ide"（盐的字尾，如 chloride）缩合而来，表示带负电荷的碳原子与带正电荷的杂原子相邻的两性离子。磷可利用其 3d 轨道形成五价化合物，故叶立德的另一个共振结构是磷碳间形成 p-d 轨道重叠的极性 π 键结构。这种结构称**依林**（ylene，**32b**），英文由两个词根 "yl" 和 "ene" 缩合而来，其贡献小于叶立德。

Wittig 自 20 世纪 50 年代开始对磷叶立德的制备及其应用做了创造性的研究并因此而荣获 1979 年诺贝尔化学奖，故磷叶立德一类试剂也称 **Wittig 试剂**。叶立德中带负电荷的碳原子与格氏试剂中的相似，可与羰基碳原子发生 **Wittig 反应**（**OR** *14*：333，*25*：73）。反应经过一个称 Betaine 的四元环中间体（**33**）后转化成顺反异构体的烯烃产物（**34**），同时放出因有强 P═O 双键故非常稳定的**三苯氧膦**（Ph_3P═O）而驱动反应。

Wittig 反应后醛、酮中的羰基换成了烯键，羰基上的氧原子和 Wittig 试剂上的负碳原子发生交换，是制备烯烃的一个重要方法。烯键的位置反应后确定无误地就在底物的羰基上而不会产生其他烯键异构体是其一大特色。Wittig 试剂的应用性使其得到一些重要的修正，如，用亚磷酸酯为原料替代三苯基膦与溴代乙酸酯反应得到的 **Horner-Emmons 试剂**（**35**）。经典的 Wittig 试剂与酮的反应活性较差，当特别稳定的亚甲基化磷的碳原子上连有羧酸酯、酰基、氰基等吸电子基团时，亚甲基碳原子的亲核性降低，甚至不能与活泼的醛反应。但 Horner-Emmons 试剂与醛、酮的反应很顺利，结果与经典的 Reformatskii 反应一样生成 α,β-不饱和酸酯，生成的烯键大多是 E-构型。另一个优势是副产物**磷酸酯**[$P(O)(OEt)_3$] 易溶于水而很易除去，这比处理 Wittig 反应后的副产物三苯氧膦方便得多（**OS** *IV*，547；*66*：220）。

9.4.10　产生手性中心的反应（2）：亲核加成反应的立体化学

对称酮的羰基平面无论从哪一面接受亲核试剂的进攻得到的产物都是一样的，这样的（羰基）平面称**等位面**或**全同面**（homotopic face）。如图 9-13 所示：用氘代锂铝 LiAlD$_4$ 还原甲醛，负氘从羰基平面的上方或下方进攻得到的中间体产物（**36a**）或（**36b**）是同一分子。

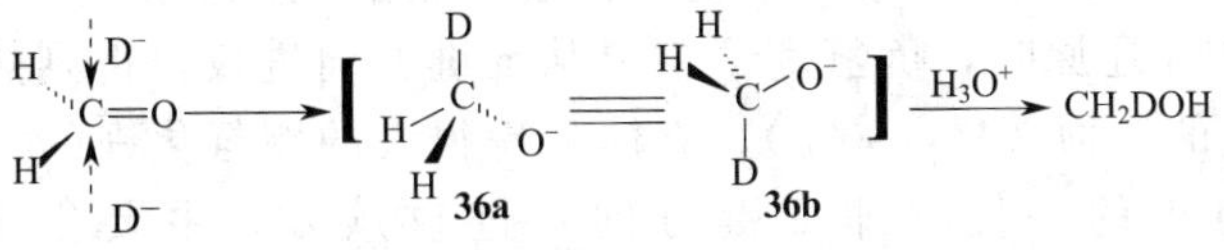

图 9-13　全同面上的反应产物只有一种

乙醛分子中的羰基平面也是分子的对称面，但上下两面并不等同，称**对映面**（enantio-tropic face）。如图 9-14 所示，从上方看下去，原子（团）根据次序规则从大到小是顺时针的，称 ***re*-型**；而从下方望上来，排列次序是逆时针的，称 ***si*-型**。对映面羰基接受亲核试剂的加成后产生一个四面体手性中心，羰基平面是**前手性平面**，羰基碳是前手性碳原子（参见 4.13）。如，用氘代氢化锂铝还原乙醛，负氘从羰基平面的上方或下方进攻机会和速率相等，分别得到两个对映体（R）-**37** 和（S）-**37′** 的混合物产物，即外消旋体。

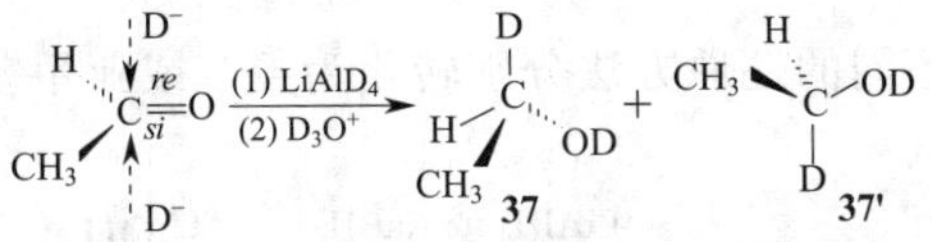

图 9-14　非手性环境下对映面上的加成反应产物是外消旋体

手性试剂从 *re*-面或 *si*-面进攻对映面羰基时形成的两种过渡态并无对映关系，所需活化能不一样，反应速率不同，故得到两个含量不等的对映异构体，称**对映选择**。如图 9-15 所示的乙醛与手性格氏试剂的反应，得到两个不等量的非对映异构体产物 **38** 和 **39**。

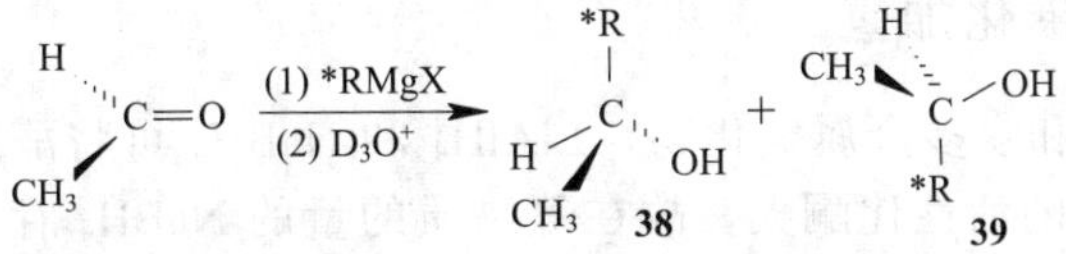

图 9-15　手性环境下对映面上的加成反应产物是不等量的两个非对映异构体

生物体中的酶是手性的，对 *re/si* 型对映面的选择性非常高，它往往完全从对映面的一个方向去与底物作用生成立体专一性的产物（**OS** *63*：1）。如，室温下乙酰乙酸乙酯经**面包酵母**还原得到的产物中主产物（S）-β-羟基丁酸乙酯（**40**）与其对映体（**40′**）之比为 93：7。

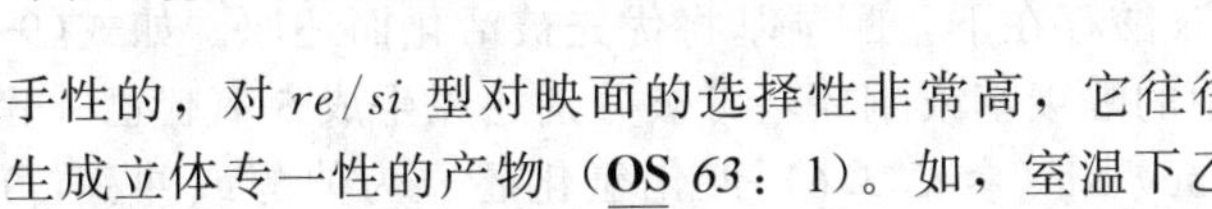

如图 9-16 所示，2R-甲基环戊-1-酮上的 C(2) 是不对称碳原子，羰基所在平面不是分子的对称面，称**非对映面**（diastereotopic face）。亲核试剂进攻该非对映面羰基时由于甲基的立体位阻效应将主要从远离甲基的方向［即从纸平面的背面（*si*-面）］进攻而表现出立体选择性。如，其与乙基格氏试剂反应后产物 **41** 的比例较 **42** 多（**OS** *V*：175）。

因立体位阻效应使进攻试剂从不同的方向反应是常见的。如，亲核试剂从构象稳定的 4-

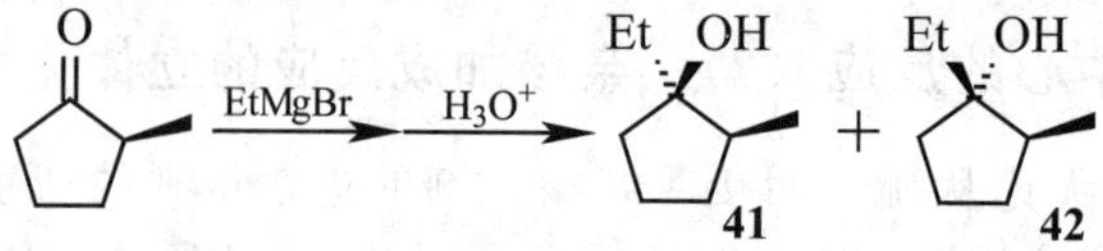

图 9-16　非对映面上的加成反应产物是不等量的非对映异构体

叔丁基环己酮的上方或下方，即 a 键或 e 键方向进攻羰基平面地反应速率不等，得到数量不等的不同产物。LiAlH$_4$ 还原时，负氢离子主要从 a 键方向进攻，得到热力学更稳定的羟基位于 e 键的反式取代的产物（**43**，90%）；立体障碍很大的硼氢化锂的三叔丁基衍生物 LiB^{t}Bu$_3$H 将主要从位阻小的一侧（即 e 键方向）进攻羰基，主要生成顺式异构体产物（**44**，95%）：

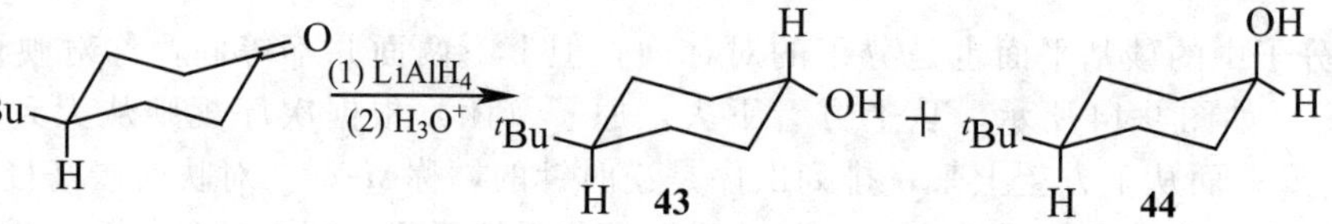

9.5　还　原　反　应

　　醛、酮羰基可以应用不同的还原方法分别转化为羟基或亚甲基，如式（9-6）所示的几个反应。

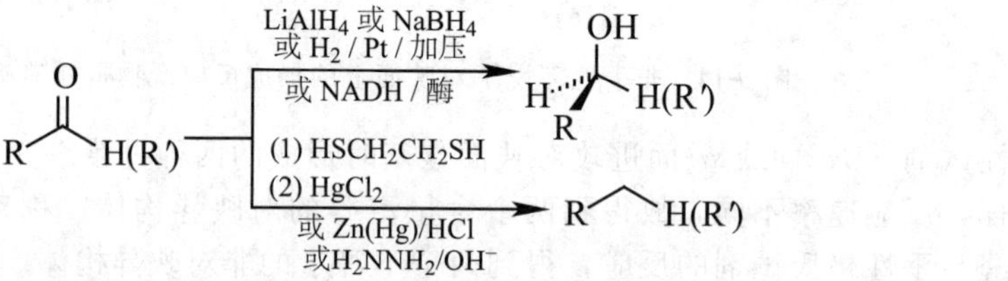

$$\tag{9-6}$$

9.5.1　负氢试剂和催化加氢

　　负氢试剂包括硼烷和众多金属氢化物，LiAlH$_4$ 和 NaBH$_4$ 可将醛或酮还原成相应的伯醇或仲醇（参见 8.5）。醛的活性比酮大，故在等物质的量的 NaBH$_4$ 存在下，低温下一个兼具醛羰基和酮羰基的分子可化学选择性地还原醛羰基而实现**化学选择性**（chemoselectivity）。但在 CeCl$_3$ 一类 Lewis 酸存在下，酮羰基将优先被活化而还原。如式（9-7）所示的三个反应，5-氧亚基己醛（**1**）中的醛羰基或酮羰基可被分别还原生成 5-氧代己-1-醇（**2**）和 5-羟基己醛（**3**）。醛或酮可被 Raney Ni（参见 3.6）催化氢化还原为伯醇或仲醇，产率也较好。但羰基的催化氢化比碳碳双键困难，因分子中的其他重键往往也会参与氢化反应而缺少选择性。

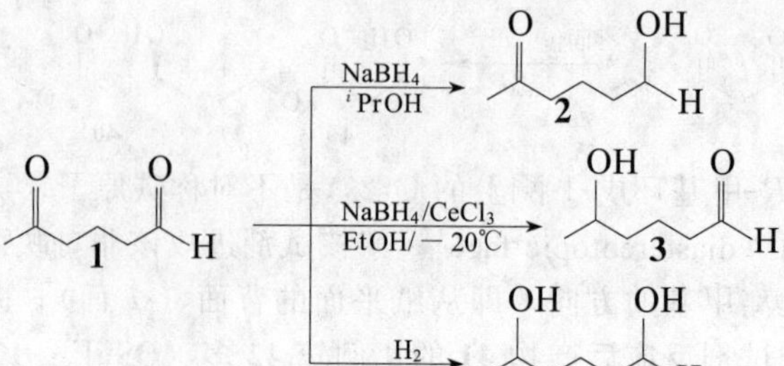

$$\tag{9-7}$$

9.5.2 单电子转移

醛、酮用溶解在无水乙醇或高沸点丁醇溶剂中的钠进行化学还原也生成醇。该反应经过一个**单电子转移过程**（注意：不是烷氧基钠的碱，参见 5.5.2），称 **Bouveault-Blanc 反应**（**OR** *23*：259；**OS** Ⅱ：154，Ⅲ：671）：金属钠首先给出其价电子使醛酮成为羰游基（ketyl，**4a**），**4a** 再得到一个电子生成碳氧双负离子（**5**），7 从醇溶剂中得到质子生成还原产物醇（**6**）。**6** 也有可能是 **4a** 的另一个共振结构 **4b** 先得到质子生成氧自由基（**7**）并继续从金属钠再得到一个电子生成负离子（**8**）后而来的。二苯酮经单电子还原生成电荷高度离域的蓝色羰游基（**9**），该现象已用于制备无水四氢呋喃（THF）的指示反应。极易吸潮的 THF 是实验室最常用的一个溶剂，用钠去除 THF 中的微量水时，可在体系中加入二苯酮，当有蓝色出现时指示水分已不再存在。

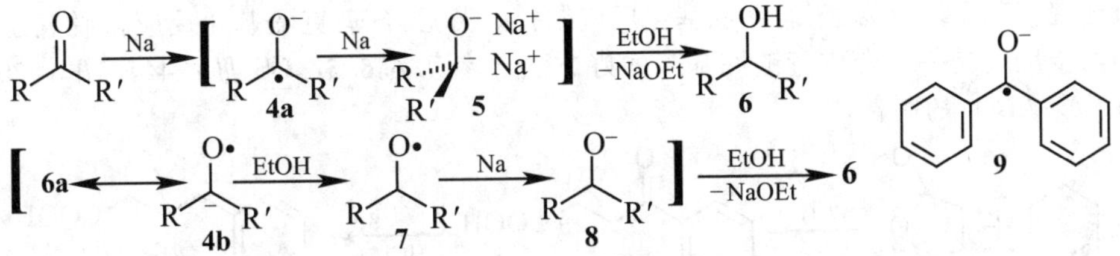

在苯或醚等非质子性溶剂中以 Mg 或 Ti 为单电子供体，**4a** 可发生自由基偶联反应生成二醇的金属盐（**10**），**10** 水解得到称**频哪醇**（pinacol，**11**）的产物，称 **McMurry 反应**。

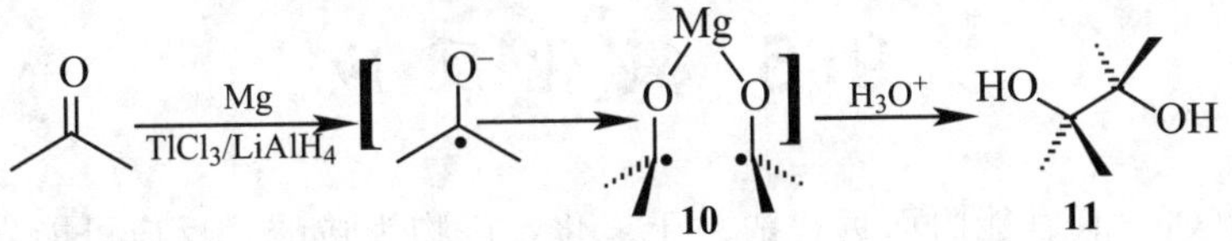

9.5.3 酸性脱氧

锌粒与汞盐（$HgCl_2$）在稀盐酸溶液中反应，Hg^{2+} 被锌还原为 Hg 并在锌的表面形成**锌汞齐**（zinc amalgam，Zn-Hg）。醛、酮羰基在锌汞齐/浓盐酸体系中可脱氧而还原为亚甲基，称 **Clemmensen 还原法**（**OR** *1*：155，22：401）。如式（9-8）所示，该反应经苄羟基中间体转化为亚甲基，常用于芳香酮羰基的脱氧还原反应，但不适用于对强酸环境敏感的如 α,β-不饱和的或带有羟基的醛、酮化合物。

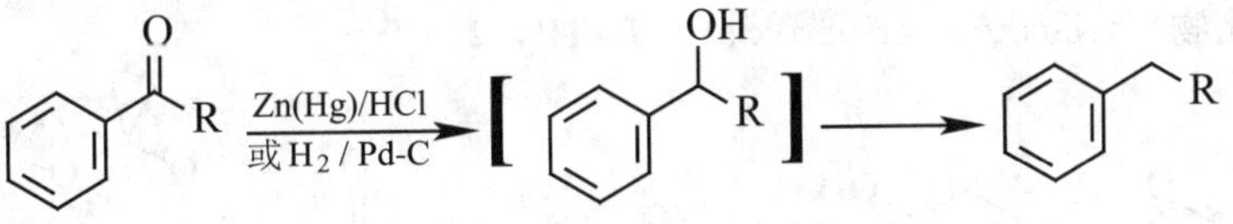

$$(9-8)$$

9.5.4 碱性脱氧

Wolff 和 **Kishner** 发现，将醛酮与金属钠（钾）和无水肼在封管中高温加热反应，生成的腙（**12**）受热分解放出氮气而形成亚甲基产物（**15**，<u>OR</u> *4*：378），称 **Wolff-Kishner-黄鸣龙还原法**。该反应过程与亚胺的生成相似。**15** 中的氨基在高温及碱的作用下失去一个质子生成氮负离子（**13**），**13** 接受一个质子再失去另一个质子后发生负电荷离域和双键移位生成 N＝N 双键负离子（**14**），**14** 脱去氮分子并从溶剂中夺取质子而完成反应。如图 9-17 所示，我国化学家黄鸣龙改进了这个方法：将醛、酮与碱、水合肼及高沸点的水溶性溶剂如**二缩乙二醇**（沸点 245℃）等一起加热反应成腙后将水和过量的肼蒸出，继续加热回流使温度达到腙的分解温度后即可完成此还原过程。黄鸣龙方法使该反应可在常压下进行，反应时间由原来的几十小时缩短为几小时，又避免了金属钠（钾）和封管、高压釜等苛刻的反应条件，同时还可以用肼的水溶液代替昂贵的无水肼，使该还原反应成为一个易于实现和操作的过程，大大推进了由醛、酮羰基转化为亚甲基的合成应用性。相转移催化应用于该反应也有很好的效果（**OS** Ⅳ：510）。

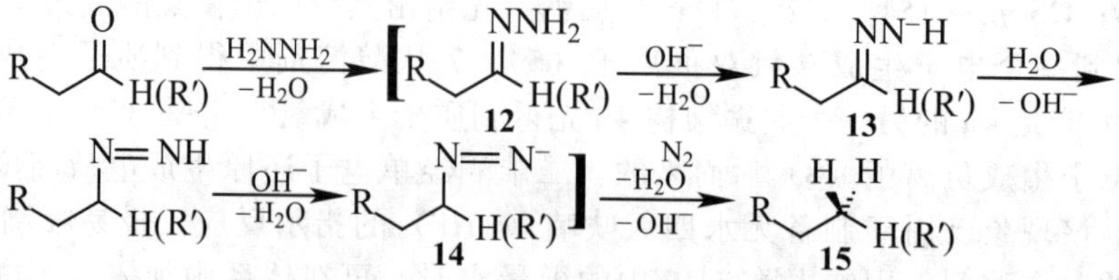

图 9-17　Wolff-Kishner-黄鸣龙还原法

直链烷基苯不能直接经傅-克烷基化反应制得。芳烃经傅-克酰基化反应再脱氧还原为亚甲基的两步反应是一个合成直链烷基苯的好方法（参见 6.5.5，**OS** Ⅲ：444，Ⅳ：203），如 4-苯基丁酸（**16**）的制备。

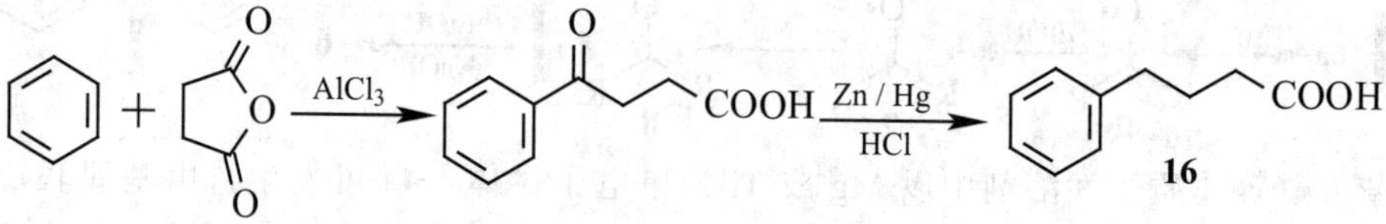

9.6　氧　化　反　应

醛因有 RC(O)—H 官能团而远比醇易于氧化，产物为羧酸。反应可能先生成醛羰基的水合物（参见 9.4.3），水合物中的一个羟基氧化为羰基而生成羧酸。乙醛或苯甲醛在空气中就会被空气缓慢氧化为乙酸或苯甲酸，故此类醛应保存在深色瓶子内并尽量避免接触空气和金属杂质化合物以防止自氧化反应。酮通过烯醇式进行的氧化反应通常不易发生，如，酮与稀的高锰酸钾溶液等弱氧化剂都没有反应，在强烈的氧化条件下酮羰基碳所处的骨架裂解生成复杂的混合氧化产物。故酮的氧化反应在有机合成中应用不多，对称的环烷酮在适当的氧化条件下可以只得到一种产物，如，聚合物工业中一个很重要的原料**己二酸**（**1**）就可通过环己酮氧化来制得。丙酮与过氧化氢在盐酸作用下可生成爆炸威力颇大俗称"**熵炸药**"的**三丙酮三过氧化物**（triacetone triperoxide，**TATP**，**2**）。

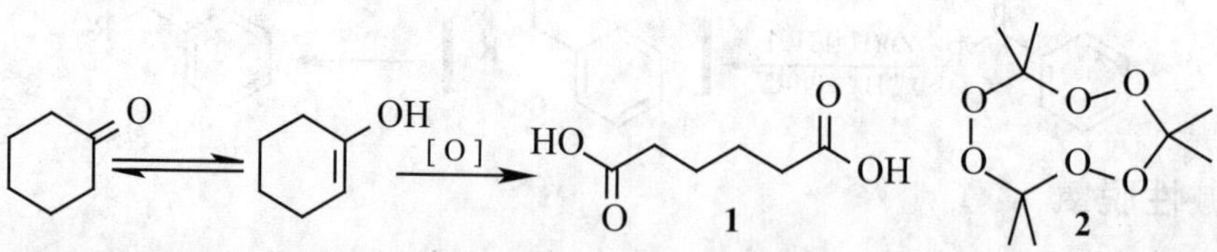

9.6.1　Fehling 试剂和 Tollens 试剂氧化

Tollens 试剂（碱性银氨离子）和 **Fehling 试剂**（以酒石酸钾钠为配位剂形成的碱性氧化铜）均可与醛反应，但不与酮作用。这两个氧化反应可以区别醛和酮，如式（9-9）所示的三个反应。Fehling 试剂与脂肪醛作用后生成砖红色氧化亚铜沉淀，但对芳香醛并无作用。故利用该试剂可以区别脂肪醛和芳香醛。糖尿病人的尿中含有较多的葡萄糖（五羟基己醛，参见 13.2），医院里即是用由硫酸铜/碳酸钠/柠檬酸钠组成的 **Benedict** 试剂来检验葡萄糖成分的。

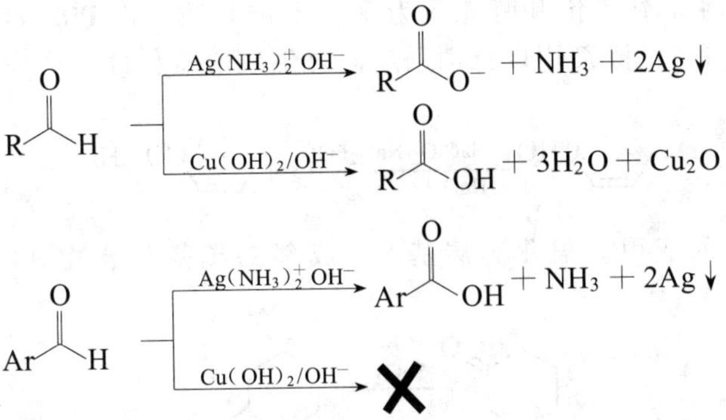

$$R\text{—CHO} \begin{cases} \xrightarrow{\text{Ag(NH}_3)_2^+\text{OH}^-} R\text{—COO}^- + NH_3 + 2Ag\downarrow \\ \xrightarrow{\text{Cu(OH)}_2/\text{OH}^-} R\text{—COOH} + 3H_2O + Cu_2O\downarrow \end{cases}$$ (9-9)

$$Ar\text{—CHO} \begin{cases} \xrightarrow{\text{Ag(NH}_3)_2^+\text{OH}^-} Ar\text{—COOH} + NH_3 + 2Ag\downarrow \\ \xrightarrow{\text{Cu(OH)}_2/\text{OH}^-} \textbf{✗} \end{cases}$$

Tollens 试剂是一种温和的氧化醛成酸并生成银单质沉淀的氧化剂（**OS** *IV*：**972**）。该反应若在洁净的玻璃器皿中进行，细微的金属银粒沉积在玻璃表面壁上形成一层**银镜**（silver mirror），故又称**银镜反应**。应用 Ag（I）氧化醛成酸在经济上虽不甚合算，但至今工业制镜和热水瓶胆镀银等仍都应用这个反应，该实验在早期也是用于检验样品中是否含有醛基的一个化学方法。Ag（I）氧化醛的反应在弱碱性环境下进行，酮、醚、醇、碳碳重键等官能团不受影响是其突出的优点。如式（9-10）所示，底物中的双键在反应后不受影响。

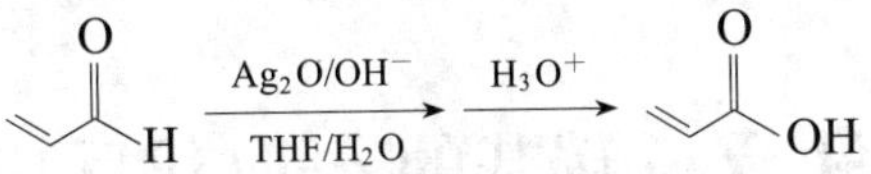

$$\xrightarrow[\text{THF/H}_2\text{O}]{\text{Ag}_2\text{O/OH}^-} \xrightarrow{\text{H}_3\text{O}^+}$$ (9-10)

9.6.2 过氧酸氧化

醛在过氧酸或过氧化氢作用下被氧化为羧酸；酮被氧化为酯，称 **Baeyer-Villiger 重排反应**（**OR** *9*：**73**，*43*：**251**）。如图 9-18 所示，酮与过氧酸反应先生成一个带 O—O 弱键的四面体中间体（**3**），**3** 中 O—O 键异裂的同时一个烷基迁移到氧原子上，其过程如同发生了 1,2-碳正离子重排。

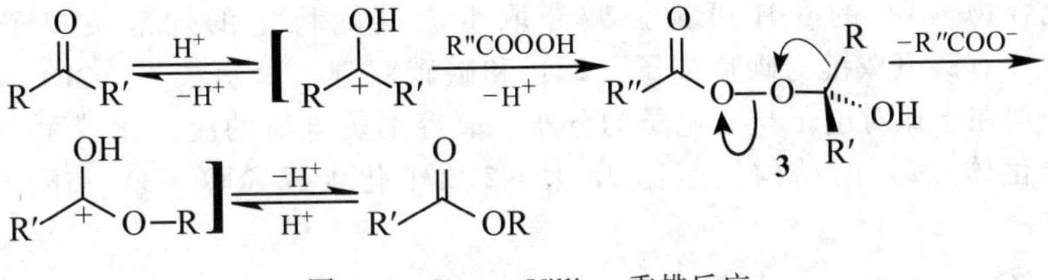

图 9-18　Baeyer-Villiger 重排反应

Baeyer-Villiger 重排反应中羰基旁边的两个 C—C 键均可插入氧，迁移基团有类碳正离子性质，迁移倾向的强弱次序为叔取代基＞仲取代基＞苯基＞苄基＞伯取代基＞甲基。如，苯乙酮经此氧化反应后生成的两个产物中乙酸苯酯（**4**）是主要产物。底物酮结构中有给电子取代基和过氧酸中有吸电子取代基时均可加快反应。该反应是一个由酮制备酯的方法，特别是从环烷酮可得到内酯。过氧酸与带碳碳双键的醛、酮底物发生氧化反应时优先进攻碳氧双键。

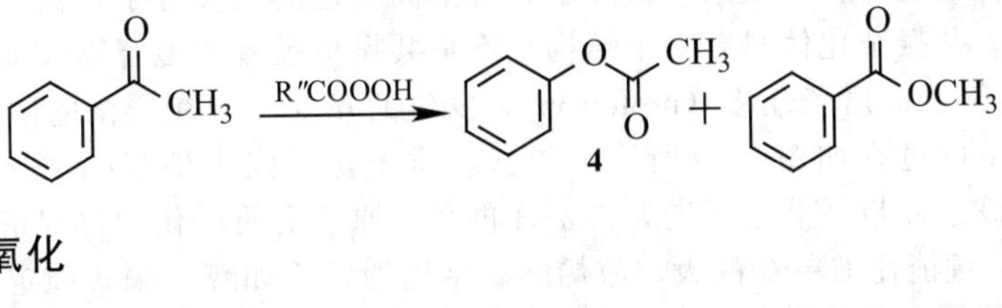

9.6.3 其他氧化

亚氯酸钠在磷酸二氢钠的缓冲溶液中生成的亚氯酸也可将醛氧化为羧酸。该组合试剂对醇没有影响，也适于将 α,β-不饱和醛氧化为 α,β-不饱和酸，称 **Pinnick 反应**，如式（9-11）所示。体系中需有烯烃等清除剂用以抵消反应同时生成的氧化性副产物次氯酸（HOCl）的影响。

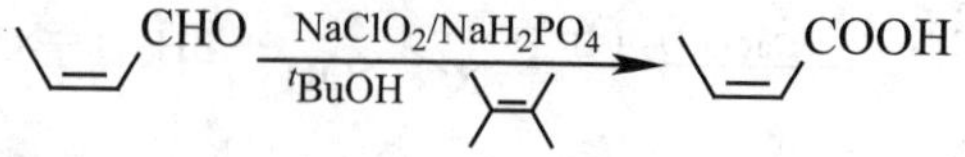

$$\text{CHO} \xrightarrow[{}^{t}\text{BuOH}]{\text{NaClO}_2/\text{NaH}_2\text{PO}_4} \text{COOH} \qquad (9\text{-}11)$$

SeO_2 可将羰基旁的亚甲基氧化为羰基，生成**邻二羰基化合物**（<u>OS</u> IV：229），如式（9-12）所示。

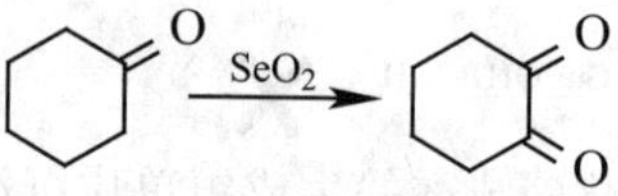

$$\xrightarrow{\text{SeO}_2} \qquad (9\text{-}12)$$

α-羟基醛（酮）化合物与邻二醇一样，可被高碘酸氧化裂解（参见 8.3.8），如式（9-13）所示。

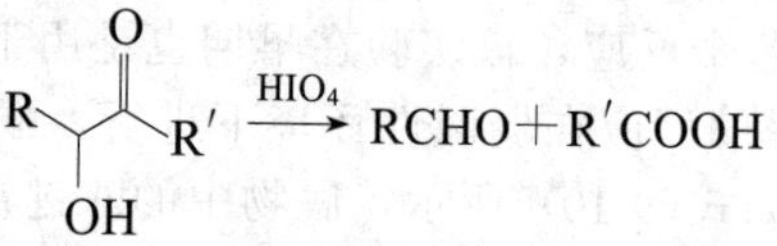

$$R\underset{\text{OH}}{\overset{\text{O}}{\text{C}}}R' \xrightarrow{\text{HIO}_4} \text{RCHO} + R'\text{COOH} \qquad (9\text{-}13)$$

9.7 羰基的 α-取代反应

醛、酮羰基的 α-H 比一般 C—H 上的氢有大得多的活性（参见 7.4.4），如，乙醛 α-H 的 pk_a 为 13.5。经由烯醇离子或烯醇的 α-H 被其他基团取代的反应是醛、酮又一个重要的合成反应。

9.7.1 烯醇离子和烯醇

醛、酮化合物（**1**）的 α-H 可被强碱夺取生成共轭稳定的烯醇负离子或称烯醇盐（enolate，**2**），**2** 有碳氧双键与碳负离子（**2a**）和碳碳双键与氧负离子（**2b**）两个共振结构式，它们的差别在于孤对电子与 π 电子的分布。氧容纳负电荷的能力比碳大，故 **2b** 的稳定性和对共振杂化体（**2**）的结构贡献比 **2a** 大。**2** 质子化生成烯醇（**3**）和酮式羰基化合物（**1**）的平衡产物。

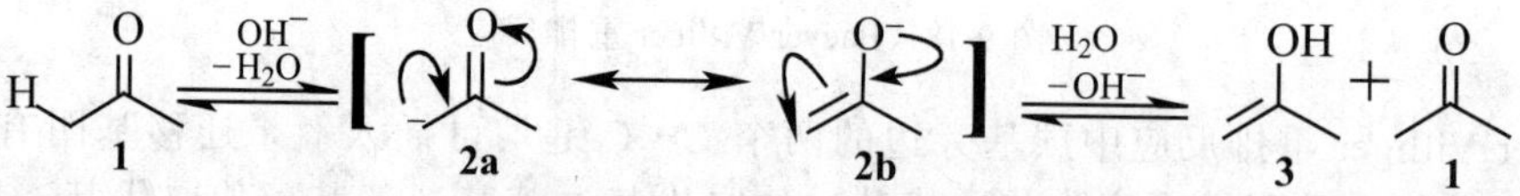

$$\underset{1}{\text{H}} \underset{-\text{H}_2\text{O}}{\overset{\text{OH}^-}{\rightleftharpoons}} \left[\underset{2a}{} \longleftrightarrow \underset{2b}{} \right] \underset{-\text{OH}^-}{\overset{\text{H}_2\text{O}}{\rightleftharpoons}} \underset{3}{\text{OH}} + \underset{1}{\text{O}}$$

绝大部分有机化合物都只有一个结构，也有一些有机分子中的某些官能团不够稳定而易快速重排成另一种结构并组成平衡，称**互变异构**（tautomerism），如酮式-烯醇式的平衡。互变异构与共振（参见 1.9.4）是完全不同的两个概念，两者之间有着本质上的差别，所用的符号也完全不同。互变异构体是两个或几个具有不同构造的真实分子，在一定的条件下可以分离而独立存在。共振杂化体只有一个结构，不是共振贡献者的混合物或平衡体系。

酮式-烯醇式通过 α-**质子迁移**（prototropy）发生的互变异构在严格的中性条件下是不会发生的，酸催化下的过程如图 9-19 所示：羰基氧质子化增强了羰基的诱导作用，接着 α-H 解离生成烯醇。该过程与碱催化下先失去 α-H 再在氧原子上质子化的过程正好相反。

C=O 双键的键能比 C=C 的大，故烯醇式结构通常不如醛、酮式稳定，炔烃发生水合反应后得到的是酮而非烯醇。相对而言醛基比酮基易生成烯醇式，酮基又比酯基易生成烯醇

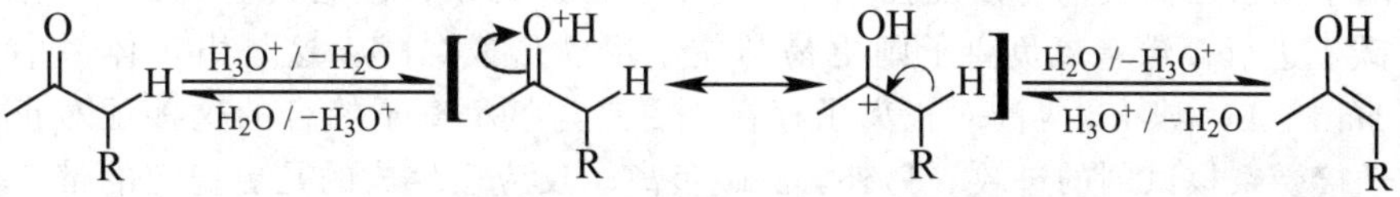

图 9-19 羰基在酸催化下与烯醇的互变平衡

式。能提高醛、酮 α-H 的离解倾向、能形成分子内氢键及有共轭烯键存在等因素都有利于烯醇式的存在，如，共轭大 π 键产生的芳香性使苯酚的结构是烯醇式而非酮式。表 9-4 是几个羰基化合物的烯醇式含量。

表 9-4　几个羰基化合物的烯醇式含量　　　　　　　　　　　　　单位:%

羰基化合物	CH_3CHO	CH_3COCH_3	$CH_2(COOEt)_2$	$NCCH_2COOEt$	环己酮
烯醇式	0.05	10^{-8}	0.0077	0.25	10^{-5}
羰基化合物	CH_3COCH_2COOEt		$CH_3COCHPhCOOEt$	α-环戊二酮	$PhCOCH_2COCH_3$
烯醇式	8		30.0	76.4	89.2

溶剂对醛、酮式-烯醇式互变异构的影响也较大。如，环戊-1,3-二酮在不同环境下的烯醇式含量如表 9-5 所示。

表 9-5　环戊-1,3-二酮在不同环境下的烯醇式含量　　　　　　　　单位:%

H_2O	CH_3CN	己烷	纯液态	纯气态
1.8	58	92	76.4	92

兼有 α-H 和 α′-H 的不对称酮转化为烯醇离子时有位置选择型问题。多取代烯醇离子（**4**）因双键上有更多的取代基而热力学更稳定，少取代烯醇离子（**5**）则因 α-H 周围的立体位阻小而在动力学上更有利。高温、长时间反应以建立平衡及体系中过量底物酮的存在有利于多取代烯醇的生成；低温、快速及强而位阻大的碱有利于少取代烯醇的生成。

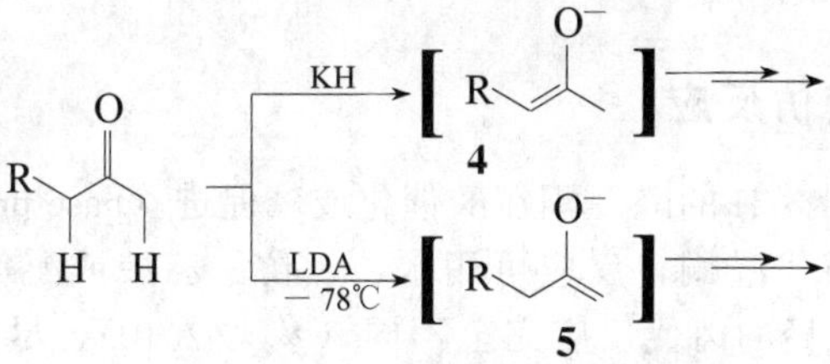

烯醇有两个共振结构式（**3a** 和 **3b**），**3a** 的贡献更大，氧可提供孤对电子给双键，烯醇的亲核活性比烯烃强得多。酸性和亲核活性都比醛、酮式强的烯醇在平衡混合物中的比例虽小，但反应活性大，反应后不断推动新的醛基、酮式-烯醇式的互变平衡直至所有的醛基、羰基底物完全反应。烯醇式羟基失去质子或醛、酮式羰基失去 α-氢都生成烯醇负离子（**2a** 和 **2b**）。

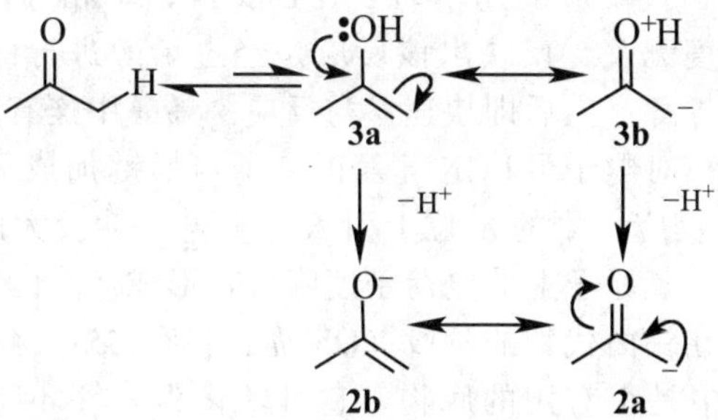

2 和 **3** 都是很好的亲核物种，**2** 的亲核活性更强。**2** 有 α-碳负离子（**2a**）和羰基氧负离

子（**2b**）两个亲核点而具**两可反应性**（参见 7.7），α-碳的亲核性比羰基氧更强，亲核取代反应多在 α-碳上进行；羰基氧负离子则更易与质子反应形成烯醇。这是由于体系中的烯醇负离子总有 Na$^+$、Li$^+$ 或 K$^+$ 等配对正离子存在，更易与氧负离子缔合的这些配对正离子阻碍了氧负离子接受亲核试剂的进攻。另外，α-碳负离子反应后生成的是更稳定的带 C＝O 双键的产物，氧负离子生成的是稳定性相对较小的带 C＝C 双键的产物。两可亲核性的选择性与亲电试剂的性质及反应环境密切相关。

9.6.3～9.6.5 及 **9.7** 讨论的 α-取代反应及羰基缩合反应都经过相同的过程：碱性或酸性条件下分别生成烯醇离子或烯醇后再进行后续反应。

9.7.2　氘代反应和外消旋化

醛、酮的 α-H 易被氘代，酸或碱催化下将羰基化合物与重水混合后所有的 α-H 均可被氘代。带 α-H 的 α-手性醛、酮的构型在中性溶剂中不会变化，但在微量的酸或碱存在下渐渐发生外消旋化。这两个现象均涉及烯醇或烯醇负离子的形成：如，手性的 2-甲基-1-苯基丁酮（**6**）中的 α-H 在 NaOD 催化下于二氧六环/D$_2$O 体系或 D$_2$SO$_4$/D$_2$O 体系中被氘原子取代的同时发生外消旋化，生成外消旋的氘代产物 2-氘-2-甲基-1-苯基丁酮（**7** 和 **7′**），H/D 交换速率和底物（**6**）外消旋化的速率相等。碱性或酸性环境下生成的烯醇负离子（**8**）或烯醇（**9**）都有一个无手性的对称平面，氘可以从平面上下任何一个方向进攻。

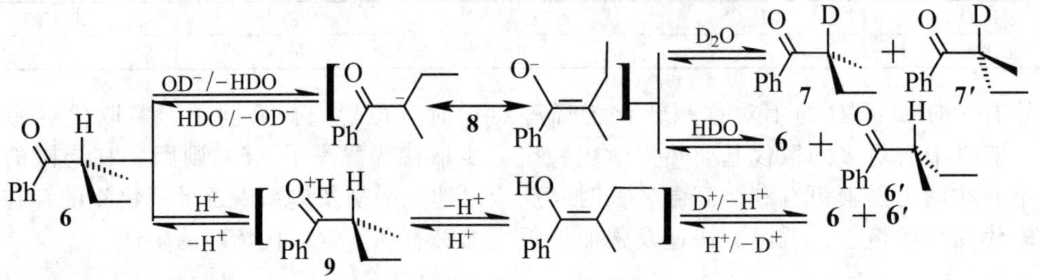

9.7.3　卤代反应和卤仿反应

如式（9-14）所示，带 α-H 的醛、酮在酸催化或**碱促进**（base promoted）下与卤素反应可分别生成 α-单卤代或多卤代醛酮，反应可用水、氯仿、乙酸或醚等各种溶剂并在室温下就能进行。该反应机理与烷烃的卤代反应完全不同（参见 2.10），尽管反应前后都是 C—H 键转化为 C—X 键。

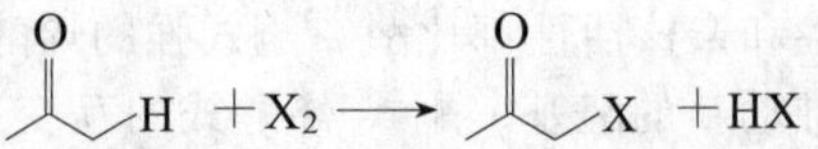

$$ \qquad\qquad\qquad\qquad\qquad\qquad\qquad\qquad\qquad\qquad\qquad\qquad\qquad (9\text{-}14) $$

酸催化下，酮进行 α-卤代反应的速率与 α-H-D 交换速率相等，仅与底物酮及酸的浓度有关，与卤素的种类及浓度无关，反映出该反应是经过烯醇进行的。如图 9-20 所示，烯醇的生成是决速步，卤素在烯醇产生后即快速参与反应。烯醇中连有供电子羟基的烯键对亲电加成的活性很大，氧上的孤对电子可稳定卤素正离子与烯键加成后生成的碳正离子（**10**），**10** 迅即失去质子完成取代反应。酮的 α-位上引入一个电负性较大的卤原子后，羰基上的 π 电子云向碳原子方向移动，氧原子上的电荷密度降低，形成烯醇的反应速率变慢，故酮在酸催化下的卤代反应可终止在一卤代物的阶段（**OS Ⅲ**：188，55：24）。

α-卤代酮在有机合成中是很有用的底物，它可转化为 α,β-不饱和酮或发生亲核取代反应，如式（9-15）所示。

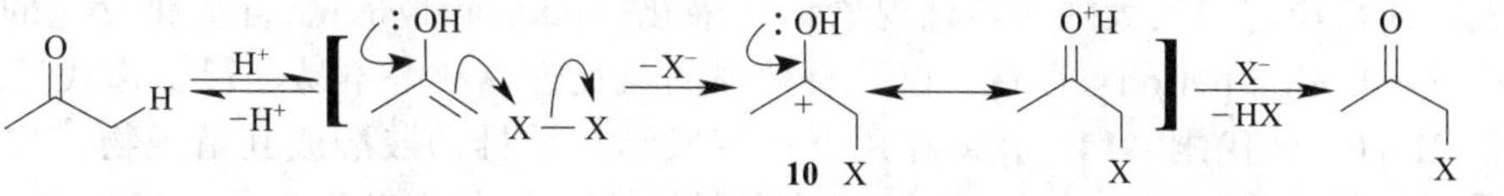

图 9-20 酸催化下酮的 α-卤代反应

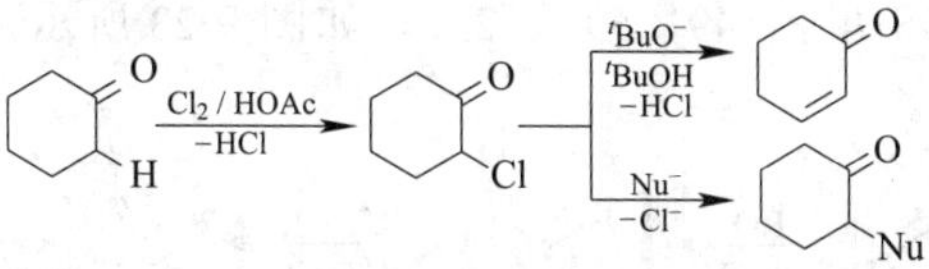

$$（9-15）$$

碱存在下，酮生成烯醇负离子后再与亲电的卤素反应，反应速率与底物酮及碱有关，碱是等物质的量消耗掉而非催化量的，如图 9-21 所示。与酸催化不同，由于卤原子的吸电子诱导效应，α-卤代酮中 α-H 的酸性更强，卤代愈多酸性愈强［$(CH_3)_2CO$、CH_3COCH_2Br 和 $CH_3COCHBr_2$ 中 C—H 的 pk_a 各为 19，14 和 12］。故带多个 α-H 的酮在碱性环境下的卤代反应难以停留在一卤代物阶段，得到的产物是同一 α-碳上的多卤代物。如，碱性环境下戊-3-酮进行溴代反应后得到的产物是 2,2-二溴戊-3-酮（11）而非 2,4-二溴戊-3-酮（12）。

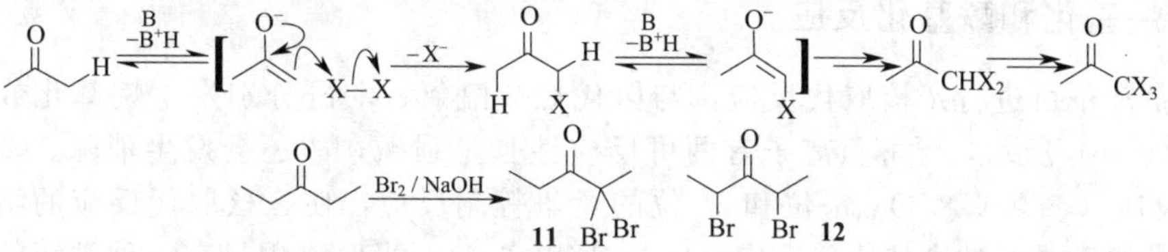

图 9-21 碱促进下酮的 α-卤代反应

因此，制备 α-单卤代酮应选择酸性催化并用等物质的量的卤素，要得到 α-多卤代酮应在碱性条件下用过量的碱和过量的卤素来反应。但控制卤素多取代的量并不容易，合成应用上不如酸催化的单卤代反应。

如图 9-22 所示，甲基酮中甲基的三个氢原子在碱和过量的卤素存在下将全被卤素原子取代而生成三卤甲基酮。后者的羰基在碱性溶液中与羟基负离子发生亲核加成反应生成四面体中间体（13），13 消除三卤甲基负离子后成为羧酸，三卤甲基负离子继而快速夺取羧酸质子成为**卤仿**（haloform），该全过程称**卤仿反应**。经卤仿反应可得到比底物甲基酮少一个碳原子的羧酸，可得到因结构特殊而用其他方法不易制备的羧酸（OS Ⅱ，428：，Ⅲ：302）。卤素在碱性条件下快速生成**次卤酸盐**，故卤仿反应也可在次卤酸钠和酮之间发生。氯仿最早就是由乙醇和次氯酸钠（NaClO）反应制得的。次卤酸盐也是一种氧化剂，**甲基仲醇**一类化合物易被次卤酸盐氧化成甲基酮产物，故也可发生卤仿反应。卤仿反应在波谱技术尚未得到推广应用前常用来检验未知底物中有无乙酰基或甲基仲醇基［$CH_3CH(OH)—$］子结构存在，因为具特殊嗅味的亮黄色碘仿固体的生成很易识别。

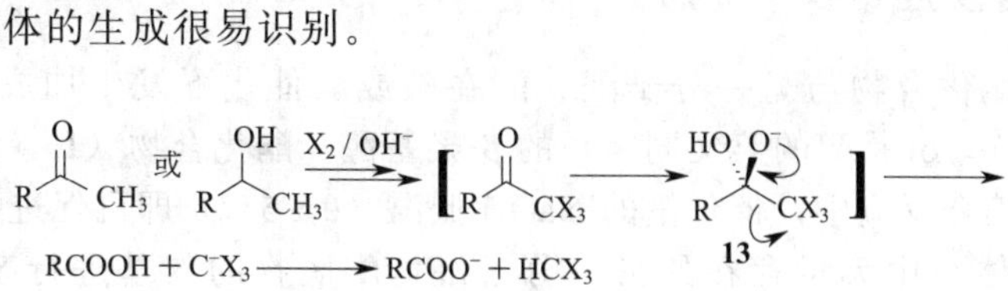

$$RCOOH + C^-X_3 \longrightarrow RCOO^- + HCX_3$$

图 9-22 卤仿反应

醛、酮的卤代反应在中性条件下开始时很慢，因为此时没有质子催化，烯醇含量很低。过一段时间后，反应迅即进行并很快完成。因为反应开始后生成的另一个产物卤化氢催化烯醇的形成，使反应速率大大加快，该现象称**自催化**（autocatalysis）。自催化反应的进行有一段**诱导期**（induction period）存在。卤素有较强的氧化性，故醛不易进行 α-卤代反应。

有 α'-H 的 α-卤代酮（**14**）在碱作用下可生成结构重排的羧酸或其衍生物（**17**），称 **Favorskii 重排**反应（**OR** *11*：261）。如，**14** 在醇钠存在下转化为烯醇离子（**15**），**15** 的碳负离子分子内亲核取代生成具环丙酮结构的中间体（**16**），环丙酮羰基接受亲核试剂进攻后三元环开环生成重排产物（**OS** *IV*：549，*53*：123），如图 9-23 所示。

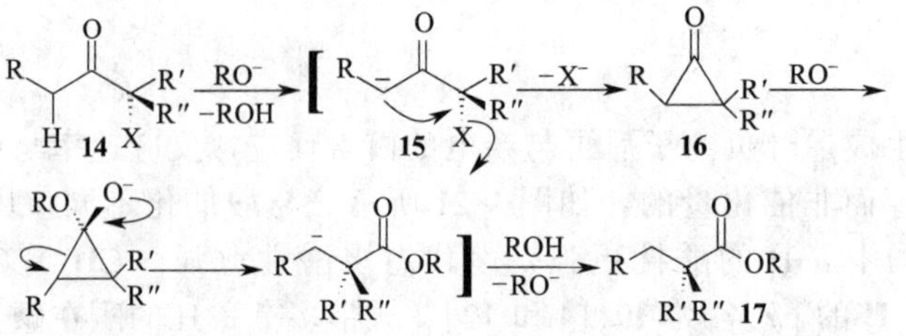

图 9-23　Favorskii 重排反应

9.7.4　烷基化和酰基化反应

烯醇负离子可进行亲核取代反应，与卤代烃或酰氯、酸酐分别发生烷基化或酰基化反应。如式（9-16）所示，烯醇负离子有两可反应性且是强碱，故还会发生消除、多取代、自身 Aldol 反应（参见 9.8.1）、α-位和 α'-位的竞争等副反应，使亲核取代反应的结果非常复杂，远不如烯胺进行的亲核取代反应好（参见 12.5.3）。当底物酮只有一种类型的 α-H 且与活性较大的烯丙基卤代烃、苄基卤代烃或卤甲烷间进行烷基化反应才有尚好的效果。

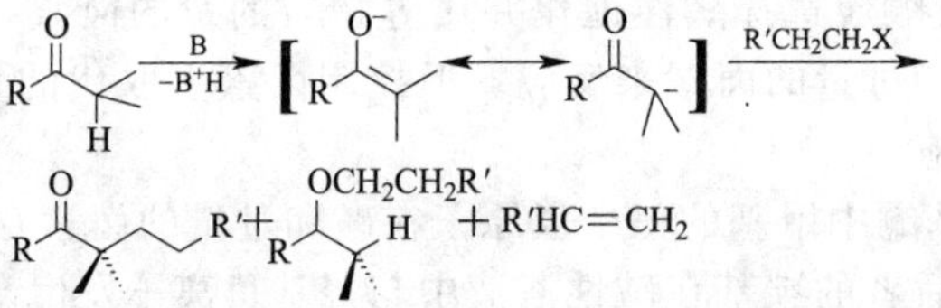

$$(9\text{-}16)$$

9.8　羰基缩合反应

醛、酮羰基兼具羰基碳的亲电性和 α-C 的亲核性，两者结合，即一分子烯醇负离子进攻另一分子醛、酮羰基碳原子就可发生极富合成价值的新生 C—C 键的缩合反应。

9.8.1　羟醛缩合反应

有 α-H 的醛、酮化合物与另一分子醛、酮在碱或酸催化下发生加成反应得到称 **Aldol**（ald 是醛的英文词首，ol 是醇的英文词尾）的 **β-羟基醛**、酮化合物（**1**）。

碱催化的羟醛缩合反应中，催化量的 NaOH 低温（0～5℃）即可促进醛、酮转化为烯醇盐负离子并随之对体系中大量存在的另一分子醛、酮底物的羰基进行亲核加成形成新的 C—C 键，生成的烷氧负离子（**2**）质子化生成 **1** 的同时推动平衡向缩合产物方向移动，如图 9-24所示。

与一般的醇不在碱性条件下脱水不同，β-羟基醛、酮化合物（**1**）在 OH⁻ 作用下失去羰基 α-H 成为烯醇负离子（**3**），如图 9-25 所示。**3** 失去 OH⁻ 生成共轭的热力学更稳定的 E-式

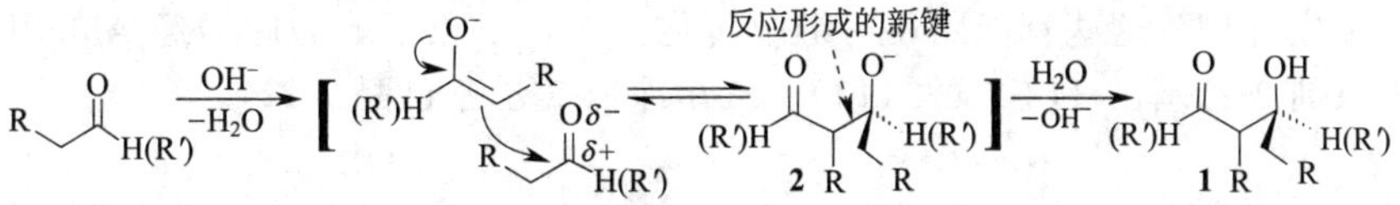

图 9-24　碱催化的 Aldol 反应

为主的 **α,β-不饱和醛、酮产物（4）**。整个加成-脱水反应称 **Aldol 反应**或**羟（醇）醛缩合反应**（**OR** 16：1）。某些 Aldol 反应得不到 **1** 而只有脱水产物 **4**，尤其在强碱、高温和较长反应时间的反应条件下，这可能是不稳定的 **1** 生成后就发生脱水反应或 **3** 发生的消除反应所致。

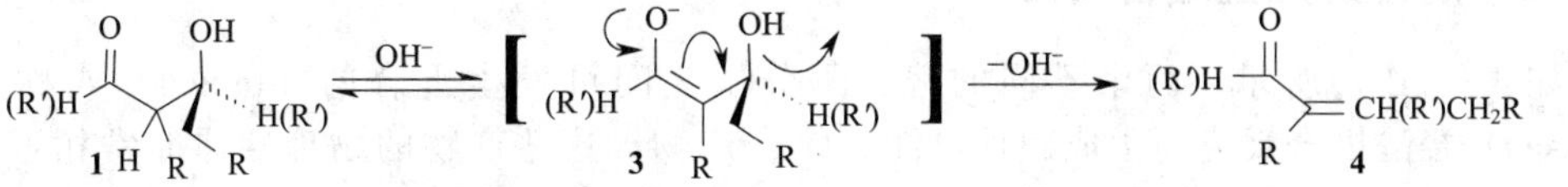

图 9-25　碱性环境下 β-羟基醛、酮的脱水反应

如图 9-26 所示，Aldol 反应也可在酸性条件下发生。酸催化下一个分子的羰基生成的烯醇（**5**，参见 9.7.1）与另一个分子（**6**）的质子化羰基间发生加成反应生成 **7**。**7** 脱去质子即生成 **1**，**1** 在此酸性反应条件下稍稍加热即脱水生成 **4**。

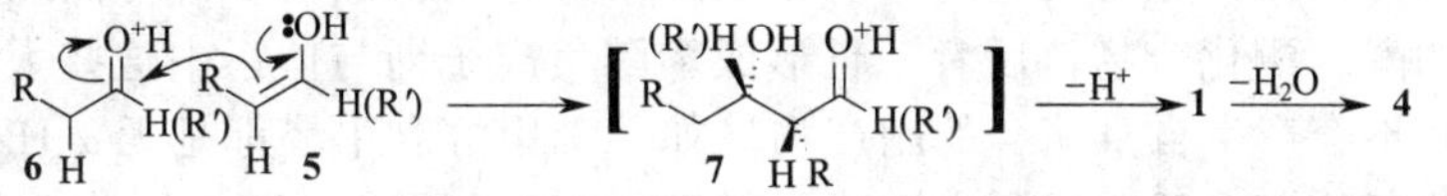

图 9-26　酸催化的 Aldol 反应

Aldol 反应是可逆的，β-羟基醛、酮化合物（**1**）断裂为两个羰基化合物的反应称**逆 Aldol 反应**。碱性环境下以酮为底物的 Aldol 反应平衡不利于缩合产物。如，乙醛或丙酮的 Aldol 反应平衡混合物中缩合产物各占 50% 和 2%。让 **1** 脱离平衡体系或使其脱水生成 α,β-不饱和醛、酮（**4**）的方法都有利于反应平衡向缩合方向进行（**OS** I：199）。如，丙酮利用**索氏提取器**（Soxhlet extractor）去水反应，缩合产物 4-甲基戊-3-烯-2-酮（**8**）的产率可达 70%：

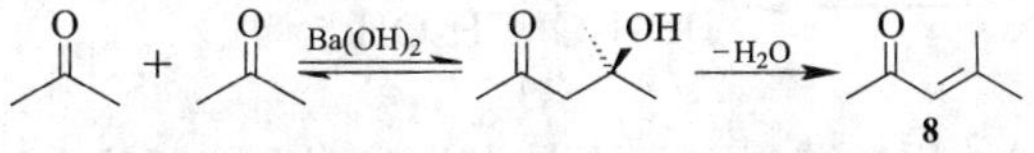

双羰基化合物的稀溶液可发生分子内的羟醛缩合反应生成环状化合物，该反应特别适于 $C_5 \sim C_7$ 环化合物的合成。如，以辛-2,7-二酮为底物主要得到由 C（3）烯醇碳负离子进攻 C（7）羰基碳原子生成的具五元环的主要产物 1-甲基-2-乙酰基环戊烯（**9**）和另一个由 C（1）烯醇碳负离子进攻 C（7）羰基碳原子生成的具七元环的次要产物 3-甲基环庚-2-烯酮（**10**）。三元环、四元环的张力较大不易形成；长链分子有众多构象，两端官能团不易接近，成环反应又有较多的熵减，故八元环以上的也不易形成。

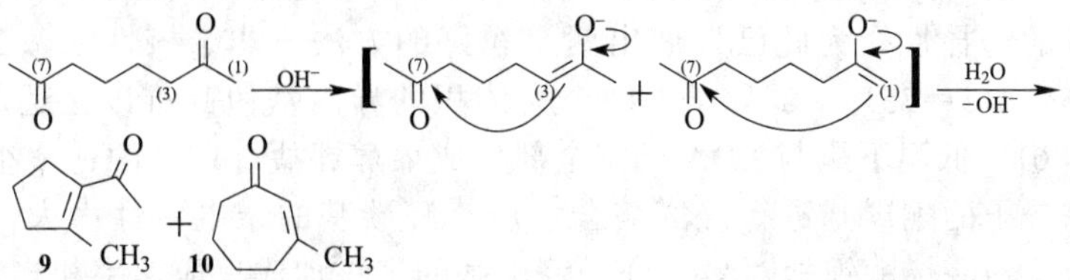

碳链增长的反应在有机合成中总是极为有用的，通过 Aldol 反应可以得到碳链增长的带

烯基的醛、酮化合物，这些官能团还可继续转化。如，以正丁醛为底物经 Aldol 反应可得到很有用的驱虫剂 2-乙基-1,3-二醇（**11**）、汽车涂料 2-乙基己醛（**12**）。

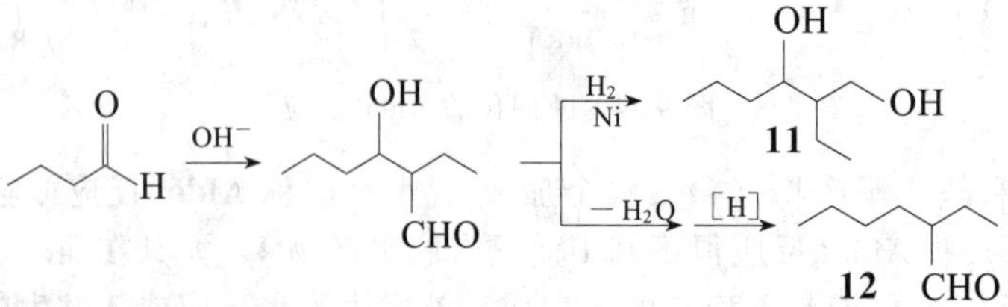

9.8.2　混合的羟醛缩合反应

如式（9-17）所示，两个不同的醛、酮分子之间可发生**混合的**（mixed）或称**交叉的**（crossed）**羟醛缩合反应**而生成四种可能的缩合产物，这些产物的物理性质非常相近而不易分离。故混合的羟醛缩合反应多无实用意义。

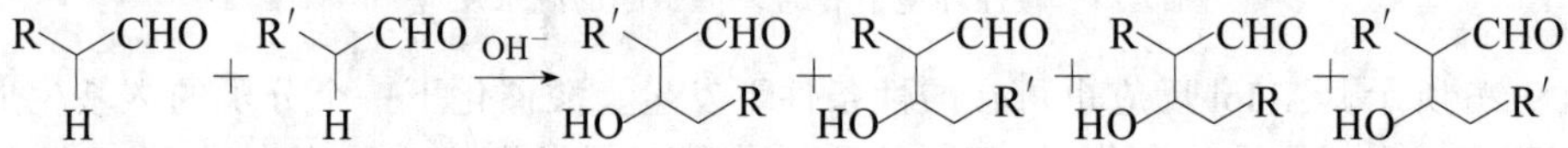

若用一个含 α-H 的醛、酮与另一个只能作为亲电组分且亲电活性比含 α-H 的醛、酮强得多的无 α-H 的醛、酮进行混合的羟醛缩合反应，生成的产物就减为两种了。再控制反应条件可使产物只有一种，如，先将大大过量的无 α-H 的醛、酮与碱混合，再往此体系中慢慢滴入另一种含 α-H 的醛、酮化合物，后者一旦形成烯醇负离子即与体系中这些大量存在的无 α-H 的醛、酮反应而不会产生自身缩合的副产物。如，苯甲醛和甲醛都是无 α-H 的醛，苯甲醛与乙醛发生混合的羟醛缩合反应后脱水生成**肉桂醛**（**13**）。甲醛是醛、酮化合物中具最强亲电活性的醛而极易接受亲核试剂的进攻，三分子甲醛与有三个 α-H 的一分子乙醛发生缩合反应得到三羟甲基乙醛（**14**，**OS** I：425）。

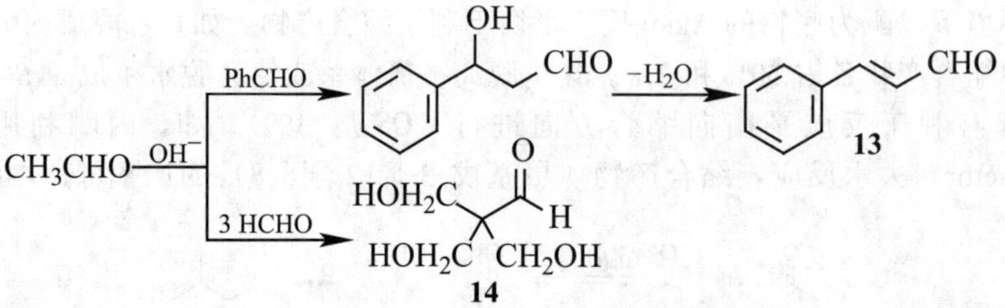

酮接受亲核加成的活性比醛弱得多而不易发生自身的 Aldol 反应，但生成烯醇盐后也可较好地亲核进攻体系中亲电活性较强的醛羰基，进行混合的羟醛缩合反应，如式（9-18）所示的丙酮与苯甲醛间的缩合反应。

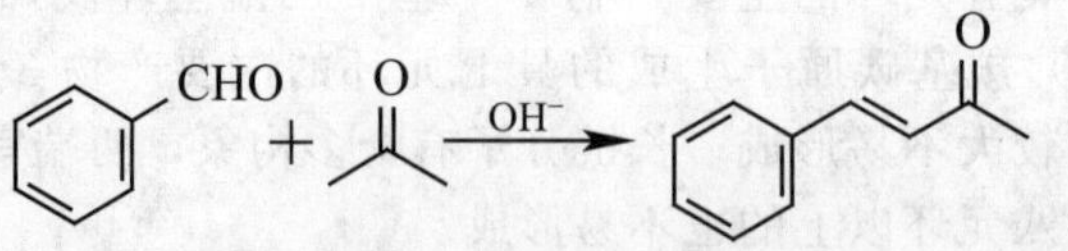

若能将体系中的某醛、酮底物转化为一类不会对羰基进行加成反应的烯醇盐将可控制混合羟醛缩合反应的选择性，为此已发展出两个较好的方法。非亲核性强碱**二异丙基氨基锂**（^{i}Pr$_2$NLi，**LDA**，$pk_a = 35$）中氮原子上两个大体积的异丙基使其难以接近羰基去发生亲核加成（参见 9.4.6）。低温下酮与 LDA 反应全部生成烯醇锂盐（**15**）的速率很大，**15** 在此环境下不会与另一分子的酮羰基进行羟醛缩合反应。醛羰基的亲电活性太大，LDA 与醛生成醛烯醇锂盐的速率与醛烯醇锂盐对另一分子醛羰基的亲核加成反应速率相当，故仍很难完全避免醛自身的羟醛缩合反应。另一个较好的策略是将醛、酮底物转化为活性不大的**烯醇硅醚**

（**16**），**16** 在 Lewis 酸 TiCl₄ 催化下才与另一分子醛、酮进行产率很好的交叉羟醛缩合反应（参见 9.16.3）。

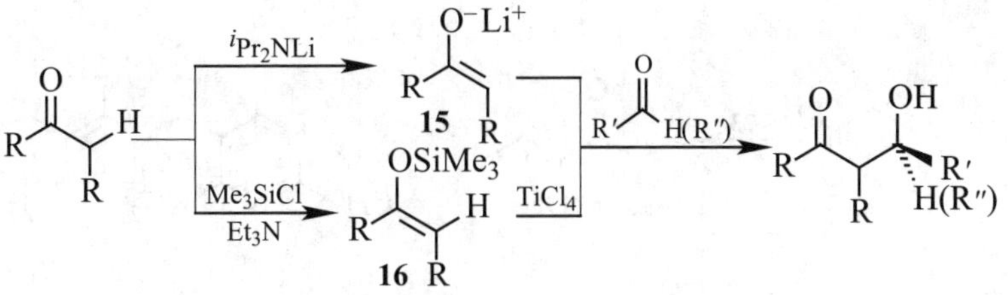

9.8.3 活泼亚甲基化合物与醛、酮的缩合反应

连有两个吸电子基团的**活泼亚甲基化合物** GCH_2G'〔G：$RCH(O)$、CN、NO_2、CO_2R、SO_2R、$P(O)(OR)_2$〕有酸性较强的亚甲基氢原子，其碳负离子进攻醛、酮羰基碳原子发生亲核加成反应后脱水生成具有碳碳双键的产物，称 **Knoevenagel 反应**（**OR** 1：210，6：1，15：204），如式（9-19）所示。

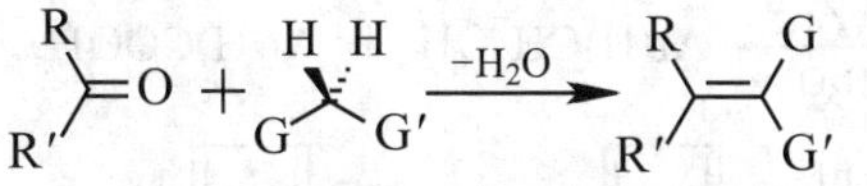

$$（9-19）$$

G,G'：COOH(R)，CONHR，COR，CN，NO_2，$PO(RO)_2$，SO_2R

Knoevenagel 反应的结果与羟醛缩合相似：一个分子的羰基失去氧原子，另一个分子失去两个活泼 α-氢原子后相互以双键相结合而得到产物。如**胡椒丙烯酸**（**17**）的合成。

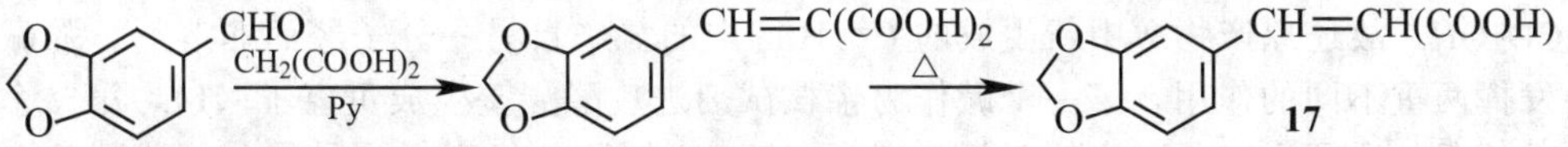

9.8.4 安息香缩合反应

芳香醛在 CN⁻ 作用下发生亲核的羰基碳与另一个亲电的羰基碳之间的反应，生成 **α-羟基酮**（**偶姻**，acyloin）。苯甲醛经此反应后得到称**安息香**（benzoin，**18**）的二苯羟乙酮，故称**安息香缩合**或**苯偶姻缩合**（benzoin condensation，**OR** 4：269）。

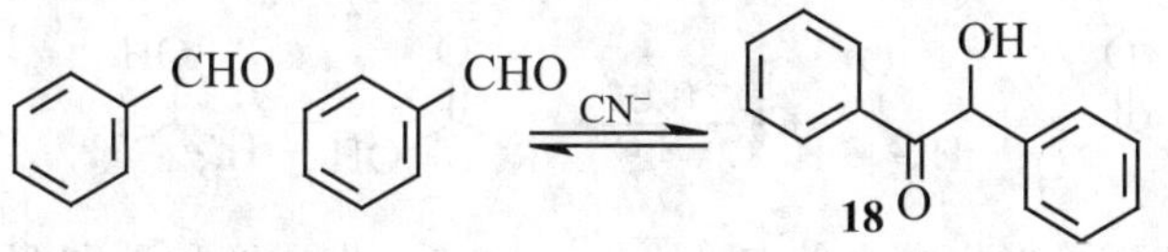

安息香缩合反应中，一分子苯甲醛与 CN⁻ 作用形成氧负离子中间体（**19**），**19** 中一个酸性质子分子内迁移到氧负离子上而成为碳负离子中间体（**20**），**20** 对另一分子苯甲醛进行亲核加成，这是一步决速步，加成产物（**21**）发生快速的分子内氢转移成为 **22** 后消除 CN⁻ 得到缩合产物。CN⁻ 作为一个强的亲核物种引发反应，其吸电子性能有利 **19** 中 C—H 键的解离，良好的离去性又能促进 **18** 的生成。

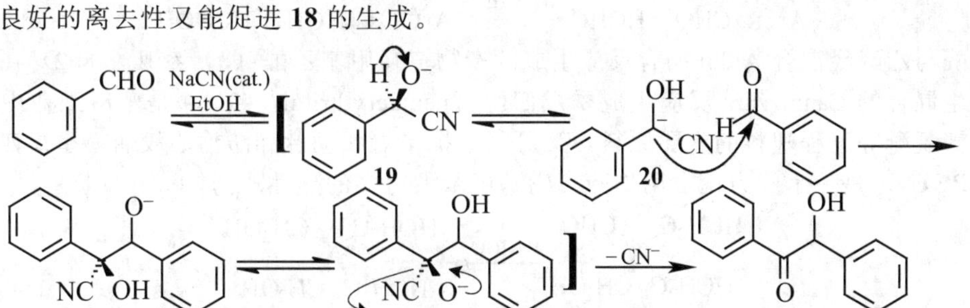

芳香基使负电荷位于苄基碳上的 **20** 易于生成，脂肪族醛不发生安息香缩合反应。生物体内也有类似安息香缩合的反应，催化剂是含有噻唑环的酶，如存在于人体内的**硫胺素**（维生素 B_1，**23**）等。

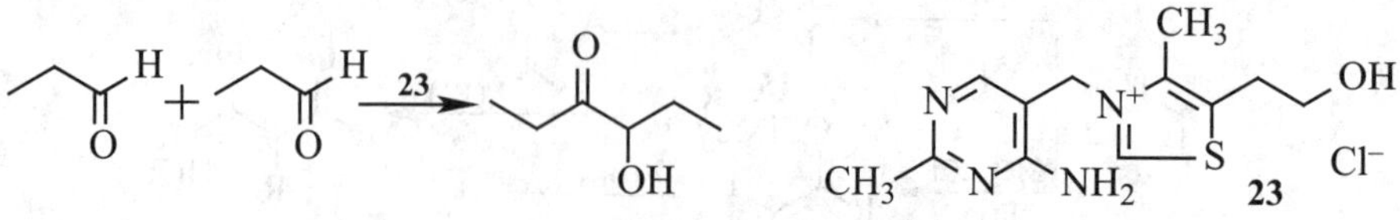

9.9 醛的歧化反应

两分子如芳香醛和甲醛之类无 α-氢的醛在浓碱溶液中发生**歧化反应**（disproportionation），一分子醛氧化为酸的同时另一分子醛还原为伯醇，称 **Cannizzaro 反应**（**OR** *2*：94；**OS** IV：276），如式（9-20）所示的两个反应。

$$2 \ Ar(H)CHO \xrightarrow[\text{(2) } H_3O^+]{\text{(1) 浓 OH}^-} Ar(H)CH_2OH + Ar(H)COOH$$

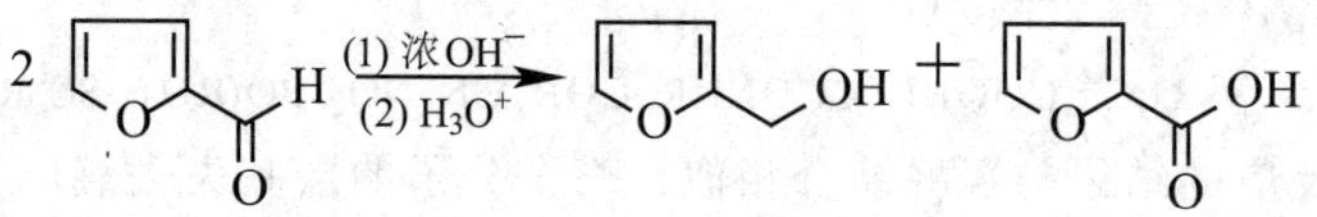

(9-20)

歧化反应若在重水中进行，没有 α-氘代醇生成；若以氘代醛（$RCDO$）为底物，醇产物为 RCD_2OH。故还原产物醇中新生成的 C—H 键中的氢来自另一分子醛而非溶剂。强碱在反应中发挥两重不同的作用，第一个碱作为亲核试剂进攻醛羰基生成负离子（**1**），第二个碱脱去 **1** 中的羟基质子生成不稳定的双氧负离子（**2**），**2** 转移负氢离子到另一分子醛羰基上而成为相对较稳定的羧基负离子，接受负氢离子的醛则转化为氧负离子，经后处理各成为羧酸和醇。

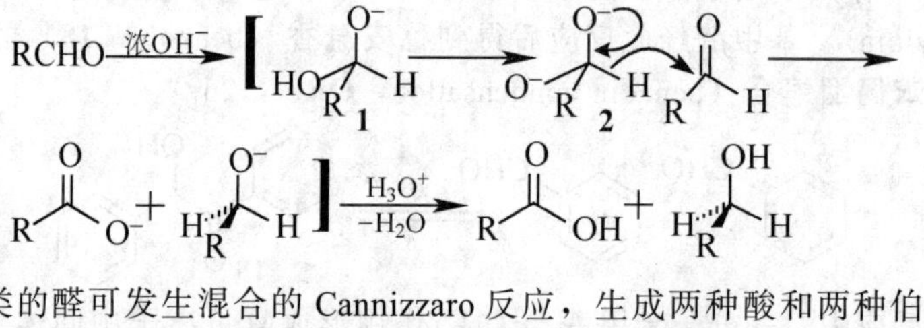

两种不同种类的醛可发生混合的 Cannizzaro 反应，生成两种酸和两种伯醇。甲醛与无 α-H 的醛进行混合的 Cannizzaro 反应时，无论从电子效应还是立体效应来讲，甲醛更易接受 OH^- 进攻后成为负氢的供给者而被氧化为甲酸（**OS** II：590），另一个无 α-H 的醛还原为醇，如式（9-21）所示。

$$Ar(R)CHO + HCHO \xrightarrow{\text{浓 OH}^-} Ar(R)CH_2OH + HCOOH$$

(9-21)

甲醛与乙醛经混合 Aldol 缩合反应生成的产物三羟甲基乙醛（**3**，参见 9.8.2）在强碱溶液中发生混合的 Cannizzaro 反应生成**季戊四醇**（pentaerythritol，**4**）。**4** 是塑料工业中如**醇酸树脂**、**聚氧醚**等工程塑料的重要原料，又可用于扩张冠状动脉和防治心绞痛；**季戊四醇四硝酸酯**（**PETN**）是一个威力比常用炸药三硝基甲苯大得多的烈性炸药。

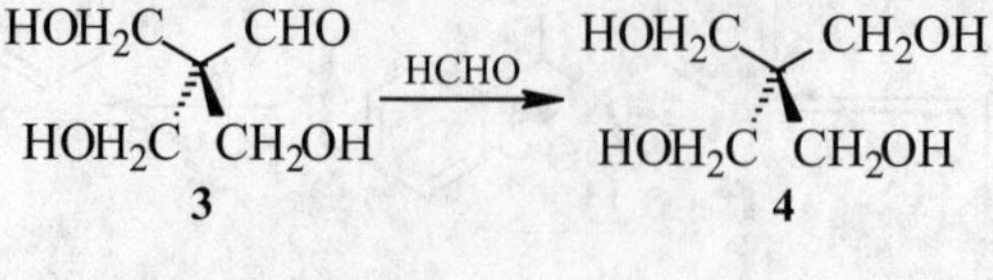

9.10 α,β-不饱和醛、酮及其反应

不饱和醛、酮一般多指带有碳碳双键的醛、酮化合物，碳碳双键位于 α- 与 β- 碳原子之间或 β- 与 γ- 碳原子之间的各称 **α,β-不饱和醛、酮**或 **β,γ-不饱和醛、酮**，最小的不饱和醛、酮为丙烯醛、乙烯酮（$H_2C=C=O$，ketene）。除乙烯酮和 α,β-不饱和醛、酮外，其他不饱和醛、酮兼具孤立烯烃和羰基的性质。许多 α,β-不饱和羰基化合物有毒，处理时要小心。

α,β-不饱和醛、酮因有共轭效应比其他非共轭的不饱和醛、酮稳定。如，在酸或碱催化下，丁-3-烯醛很容易转变为丁-2-烯醛并放出热量 25kJ/mol。它们的偶极矩比饱和醛、酮大得多，如，正丁醛和丁-2-烯醛的偶极矩分别为 $9.0 \times 10^{-30} C \cdot m$ 和 $12.3 \times 10^{-30} C \cdot m$。α,β-不饱和醛、酮分子是一个共振杂化体，碳碳双键与羰基组成共轭体系，性质来自烯基羰基的整体而非两个孤立的官能团。如图 9-27 所示：碳碳双键上的 π 键与羰基上的 π 键交盖形成一个扩展的电荷离域的 π 体系，α-H 处于与羰基 π 键正交的向位上，酸性也远不如孤立羰基化合物中的强。

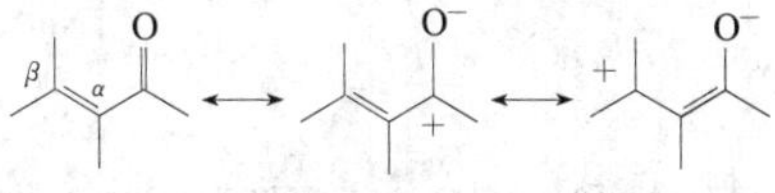

图 9-27 α,β-不饱和羰基的共振结构

9.10.1 1,2-加成和 1,4-加成

共轭体系中某个原子受到外界环境的影响时，其他相关原子也会有所反应而产生**动态共轭效应**，表现出正负电荷沿共轭链交替出现的结构而促进反应发生。α,β-不饱和醛、酮中羰基的吸电性使烯键电子云密度降低，接受亲电试剂进攻的活性远不如孤立的烯烃，如，与卤素的加成反应速率很慢。另一方面，孤立的烯烃很难发生亲核加成反应，但是与羰基共轭的 β-烯键碳有一定的活性而能与羰基碳竞争接受亲核试剂的进攻，如图9-28所示。

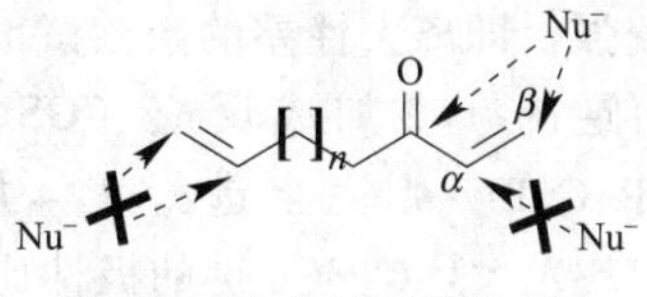

图 9-28 亲核试剂不会进攻孤立双键但可进攻 α,β-不饱和醛、酮的羰基碳和 β-碳

以亲核试剂 Nu^- 与甲基乙烯基酮的反应为例，Nu^- 若进攻缺电的羰基 C(2) 发生 1,2-加成反应生成产物（**1**）；若进攻因共轭而缺电的端基 C(4) 发生 1,4-加成反应生成产物（**2**），但不会进攻 C(3)（参见 3.13.2），如图 9-29 所示。

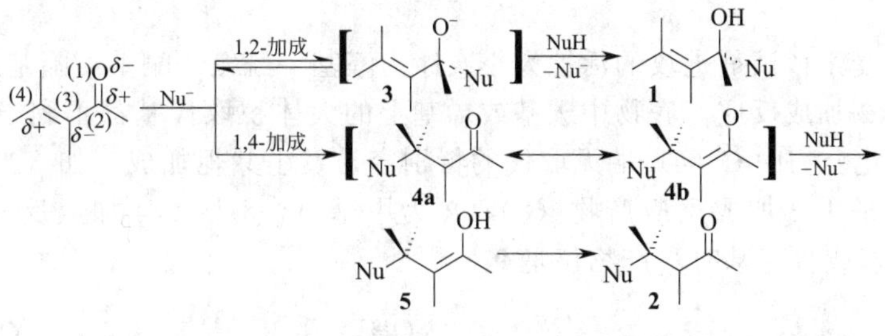

图 9-29 碱性条件下亲核试剂 Nu^- 进攻甲基乙烯基酮的共轭效应

加成反应是分步进行的。碱性条件下 Nu^- 首先进攻羰基 C(2) 进行可逆的 1,2-加成反应

生成（**3**），或进攻烯基 β-碳发生 1,4-加成反应生成一个与羰基共轭的碳负离子中间体（**4**）。**4** 由于共轭效应使负电荷得以分散而较 **3** 稳定，故加成反应常常以 1,4-加成为主，生成的烯醇产物（**5**）不稳定而重排成稳定的羰基结构产物（**2**），结果好像在烯基 π 键上发生 3,4-加成，如式（9-22）所示。

$$ \text{(4)} \overset{\text{(1)}}{\underset{\text{(3)}}{\text{O}}} \text{H(R)} \quad \xrightarrow{\text{HNu}} \quad \text{Nu} \overset{\text{O}}{\underset{\text{H}}{\text{-}}} \text{H(R)} $$

$$ \text{HNu: HX, HCN, HNHOH, HNaSO}_3\text{, HNR}_2'\text{, HSR}' \qquad (9\text{-}22) $$

酸性条件下质子首先与氧原子配位后形成 **6a**。**6** 是一个共振杂化体，另有 **6b** 和 **6c** 两个共振贡献者。**6b** 与亲核试剂加成得 1,2-加成产物 **1**；**6c** 与亲核试剂加成得 1,4-加成产物后转化为 **2**。

1,4-加成产物因有 C=O 双键而比有 C=C 双键的 1,2-加成产物在热力学上更稳定，但 1,2-加成反应在动力学上更有利。故这两类加成反应常同时发生，何者占优势与反应条件、底物羰基上取代基的体积、电子效应及亲核试剂的性能有关，如式（9-23）所示。碱性较弱，即稳定性高、离去性好的亲核物种，如，氰基负离子、卤素负离子、中性的硫醇、醇、胺等虽易与羰基直接亲核加成发生动力学有利的反应，但生成的四面体中间体往往不够稳定，较易发生逆反应，故温度高时通常更易进行热力学控制的反应，主产物是 1,4-加成产物。碱性较强，即离去性差的亲核试剂，如，RMgX 和 RLi 中的碳负离子或负氢离子一般更易进行非可逆的 1,2-加成反应（**OS** *IV*: 771）；但在亚铜盐催化下的格氏试剂及 Gilman 试剂（R₂CuLi）则完全进行 1,4-加成反应（**OS** *66*: 95，*72*: 541）。铜的电负性（1.9）比镁（1.3）大，C—Cu 键的极性比 C—Mg 键弱，有机铜试剂中的碳负离子相比格氏试剂具有较少的负电荷，更易进攻 α,β-不饱和醛、酮中的烯基而非羰基碳原子。

$$ (9\text{-}23) $$

底物羰基接受亲核试剂进攻的活性大小次序为醛基＞酰氯＞酮基＞酯基＞酰胺基，活性愈大愈易进行 1,2-加成反应。底物中羰基或烯基上的大体积取代基都不利于亲核试剂进攻，α,β-不饱和羰基化合物中 C(4) 端无取代的特别容易发生共轭加成。如，当底物（**7**）的 R 为氢时，产物仅是 1,2-加成反应产物（**8**）；R 为甲基时，**8** 与 1,4-加成反应产物 **9** 之比为 2:3；R 为异丙基或叔丁基时，产物仅是 **9**。

9.10.2 Michael 加成反应和 Robinson 增环反应

烯醇碳负离子愈稳定愈易进行 1,4-加成反应（参见 3.13.2）。如图 9-30 所示，在碱作用下由活泼亚甲基化合物（参见 9.7.2）生成的烯醇碳负离子对 α,β-不饱和醛、酮、酯、酰胺、磺酸酯、腈和硝基化合物等共轭体系易发生 1,4-加成反应，产物是 1,5-二羰基化合物（**OR** 10：3，19：1，46：1，47：315；**OS** 63：37），该反应称 **Michael 加成反应**。以 α,β-不饱和醛、酮为例，烯醇碳负离子进攻羰基碳生成相对较不稳定的氧负离子（**10**），进攻 β-碳则生成相对较稳定的共轭的烯醇负离子（**11**）而是较易进行的反应。Michael 加成反应是一个非常重要的形成 C—C 键的有机合成反应，小分子底物反应后生成相对分子质量更大的产物。

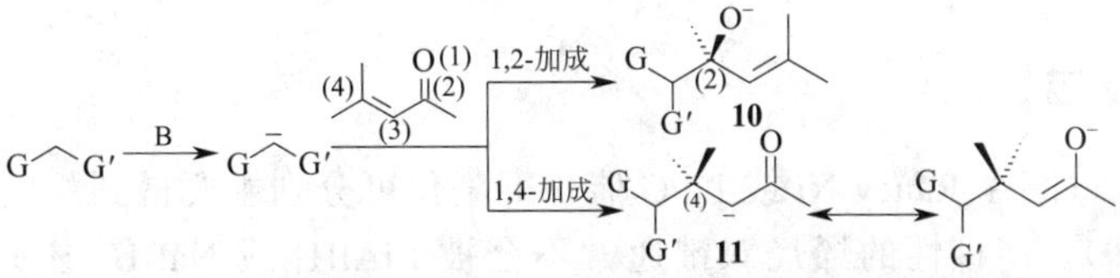

G,G': COOH(R), CONHR, COR, CN, NO$_2$, PO(RO)$_2$, SO$_2$R

图 9-30　Michael 加成反应

在较强的碱性或酸性环境下经 Michael 加成反应生成的 1,5-二羰基化合物能进一步发生分子内羟醛缩合反应得到六元环状 α,β-不饱和酮，这两步在有机合成中很有用的反应程序称 **Robinson 增环**（annulation）反应（**OR** 7：113，10：179；**OS** IV：486，869）。如图 9-31 所示，以 2-甲基环己-1,3-二酮为底物经 Robinson 反应后可得到两个六元环的并环产物（**13**）。整个合成反应在很温和的条件下进行，用吡咯烷为碱可催化环合和脱水。

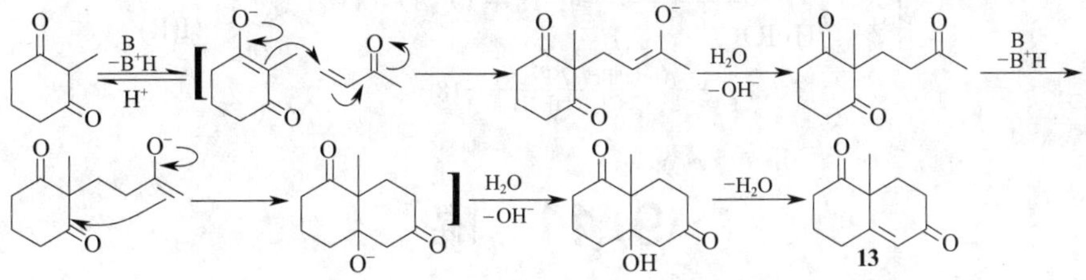

图 9-31　Robinson 增环反应

9.10.3 插烯作用

若底物 G—C(1)—C(2) 在失去 G 的同时在 C(2) 上能发生反应的，则其**插烯物**（vinylog）G—C(1)—C(2)＝C(3)—C(4)在失去 G 的同时在 C(4) 上也能发生反应，称**插烯作用**（vinylogy）。如，乙醛的醛基和甲基之间若插入多个共轭双键，羰基的活化作用仍可非常有效地沿着共轭链传递下去。这个现象在共轭体系中是普遍存在的，如图 9-32 所示。

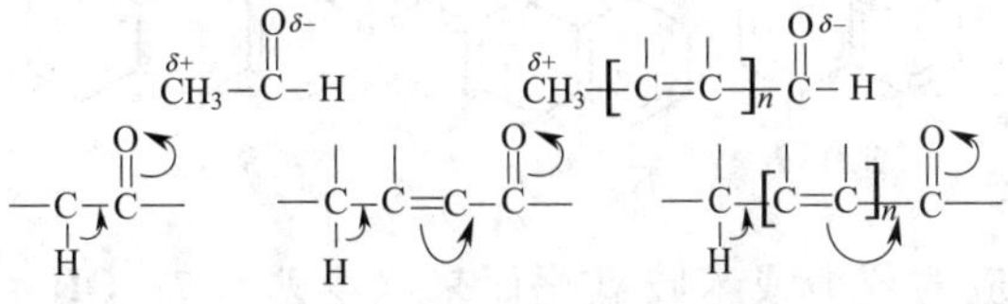

图 9-32　具共轭效应的插烯作用

如，α,β-不饱和醛、酮中的 γ-H 和孤立羰基的 α-H 一样活泼。丁-2-烯醛（巴豆醛）中羰基的吸电子效应通过共轭双键传递到 γ-碳上，使 γ-H 得以活化。14 在碱作用下生成具有共振结构 15a 和 15b 的烯醇负离子，15 进攻另一个底物分子 14 的羰基得缩合产物 16，16 脱水得到辛-2,4,6-三烯醛（17）。

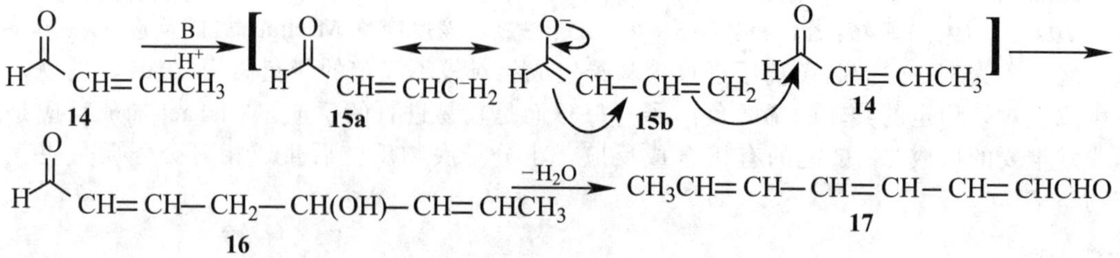

9.10.4 还原反应

α,β-不饱和醛、酮在 Raney Ni 或 Pd/C 催化下氢化可分别主要得到相应的不饱和醇（18）或饱和醛、酮（19）。亲核性的烯烃双键通常不会被 LiAlH$_4$ 或 NaBH$_4$ 还原，但 α,β-不饱和醛、酮用这两个试剂还原后也生成 18 和 19，19 再还原为饱和醇（20）。在该体系中加入 CeCl$_3$ 一类能与羰基配位而使其活化的 Lewis 酸后可只得到 18。一个仅还原羰基而对双键、硝基、卤素、氰基等其他官能团几乎无影响的好方法是用异丙醇溶液中的异丙醇铝还原的 Meerwein-Poundorf 还原法（参见 8.5）。

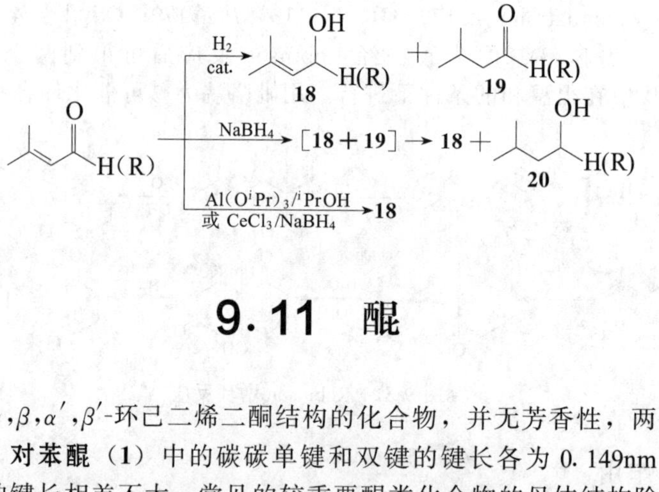

9.11　醌

醌是一类具有 $\alpha,\beta,\alpha',\beta'$-环己二烯二酮结构的化合物，并无芳香性，两个羰基共存于一个共轭的六元环上。对苯醌（1）中的碳碳单键和双键的键长各为 0.149nm 和 0.132nm，与孤立的单键和双键的键长相差不大。常见的较重要醌类化合物的母体结构除对苯醌外还有邻苯醌（2）、1,4-萘醌（3）、1,2-萘醌（4）、蒽醌（5）和菲醌（6）。醌并无芳香性，小分子的醌类化合物大多具有升华性和挥发性，能通过水蒸气蒸馏来分离纯化。

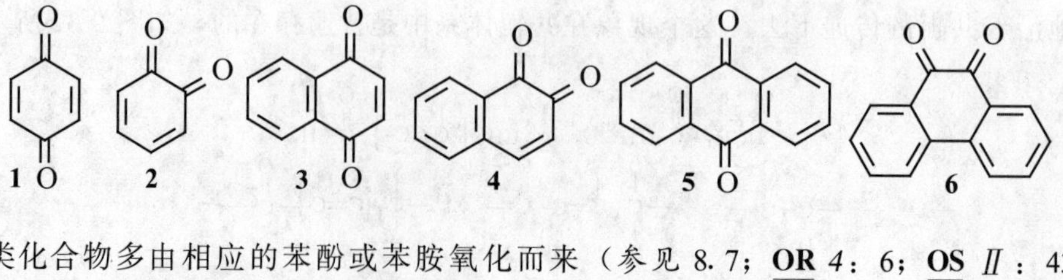

醌类化合物多由相应的苯酚或苯胺氧化而来（参见 8.7；**OR** 4：6；**OS** Ⅱ：430，Ⅲ：633，Ⅳ，698），产率一般不高。氧化过程中生成的中间体 2- 和 4-环己二烯酮自由基（7 和

8）继续氧化产生苯醌的同时也可进行其他类型的自由基偶联反应而使产物很复杂。

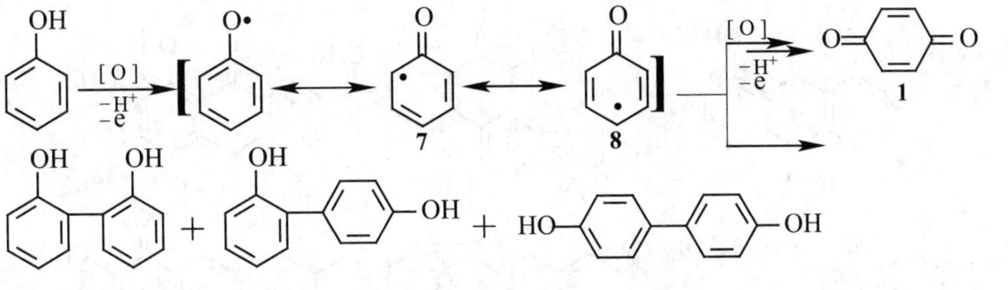

醌有活泼的 α,β-不饱和酮的化学性质，可在羰基或双键上发生各种加成、还原等反应。醌很易被 $Fe^{[2+]}$ 等还原为酚，相当于是酚氧化的逆过程，也涉及电子和质子的转移。如，对醌还原时先接受一个电子生成名为**半醌**（semiquinone，**9**）的负离子自由基，**9** 再接受一个电子生成对苯二酚双负离子（**10**）或得到一个质子成为对苯二酚氧自由基（**11**）；**10** 得到两个质子或 **11** 再接受一个电子和一个质子后成为氢醌（**12**，参见 8.7）。**12** 很易失去一个氢原子，生成很稳定的 **13**。醌或氢醌类化合物都是很强的自由基捕获剂，常用作抗氧剂、食品防腐剂和阻止自由基聚合反应的**阻聚剂**（antipolymerizer）。酚羟基邻位有大体积基团的酚，如，**2,6-二叔丁基苯酚**也有类似功能。

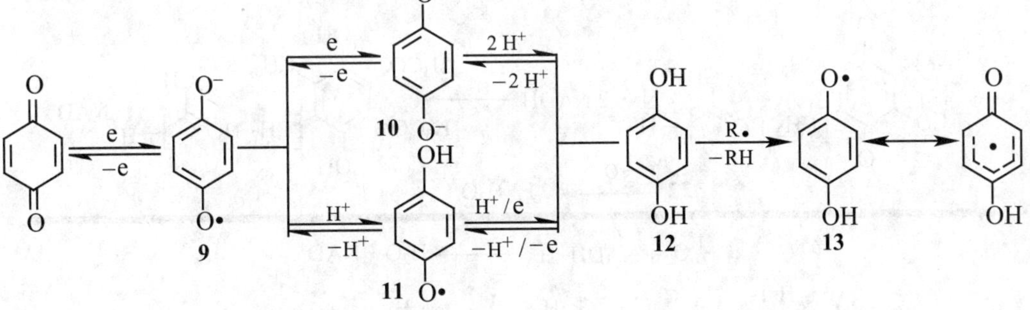

醌易被还原成氢醌，故某些醌衍生物，特别是环上带有吸电子基团的可用作氧化剂。如，有机合成中常用 **2,3-二氯-5,6-二氰基对苯醌**（**DDQ**，**14**）作氧化剂来进行脱氢反应并已在工业生产中得到应用（**OS** V：428）。

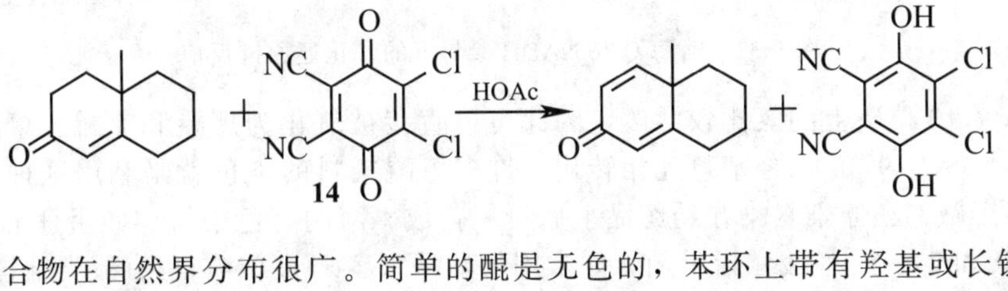

醌类化合物在自然界分布很广。简单的醌是无色的，苯环上带有羟基或长链的共轭基团等助色团后会呈现各种颜色。对醌或邻醌多半呈黄色或橙色、红色。许多取代醌类化合物色彩艳丽而广泛应用于染料工业。多种植物色素及指示剂中有苯醌子结构，如中药大黄中的有效成分**大黄素**（emodin，**15**）、丹参中的**丹参醌**（**16**）和从茜素根中分离出来的红色染料**茜素**（**17**）等。**维生素 K** 是一类 2-甲基-1,4-萘醌的衍生物，有促进凝血酶原生成的作用，临床上用作止血剂。仅在侧链链长和不饱和度有差别的维生素 K_1（**18**）和维生素 K_2［**19**，也称维生素 $K_{2(35)}$］广泛存在于自然界中。细菌代谢时还产生一种比维生素

$K_{2(35)}$少一个异戊烯结构单位的维生素$K_{2(30)}$。维生素K_3（**20**）是水溶性的人工合成品，有一定毒副作用。

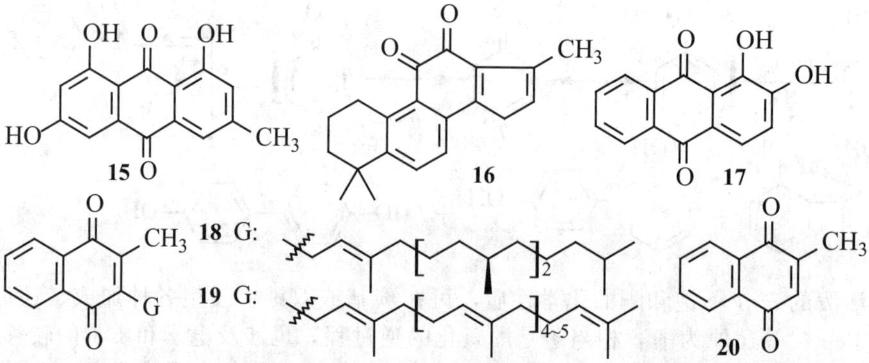

15　**16**　**17**　**18** G:　**19** G:　**20**

氢醌与醌之间可逆的氧化-还原反应在生命科学中也发挥着极重要的作用。**辅酶 Q**（ubiquinone，**CoQ**，**21**）又称**泛醌**，在自然界广泛存在于从细菌到人类的所有需氧生物细胞膜内。它们在细胞的线粒体内起到促进呼吸的作用，在酶反应中电子从**烟酰胺腺嘌呤二核苷酸**（**NAD^+**）转移到氧，NADH 被氧化为**还原烟酰胺腺嘌呤二核苷酸**（**NADH**），氧气被还原为水并产生能量。NAD^+是自然界最重要的氧化剂，它从其他分子得到一个氢原子和一对电子后成为 NADH；还原剂 NADH 又能可逆地回到NAD^+。辅酶 Q 在该过程中并无变化，仅作为中间介质成为**还原辅酶 Q**（**$CoQH_2$**，**22**）后又氧化回原态，如图 9-33 所示。

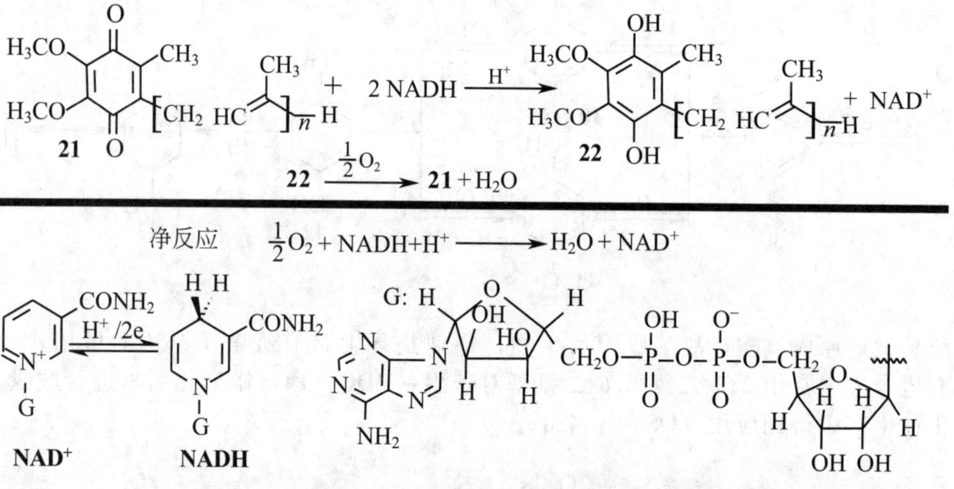

图 9-33　辅酶 Q 在 NADH 参与下的氧化还原链反应

蒽、菲 9,10-位碳上的氢比较活泼，因此可以直接被氧化为蒽醌和菲醌。蒽醌是一个黄色针状晶体，易与 9,10-二羟基蒽互相转化。许多蒽醌染料的染色就是利用这种氧化还原的性质，可溶于碱的还原染料染在纺织品上后再氧化成不溶的有色染料。如**阴丹士林黄 GK** 的两种形式 **23** 和 **24**。一些酸碱指示剂，如常用的酚酞（参见 8.6.4）也有醌类结构。

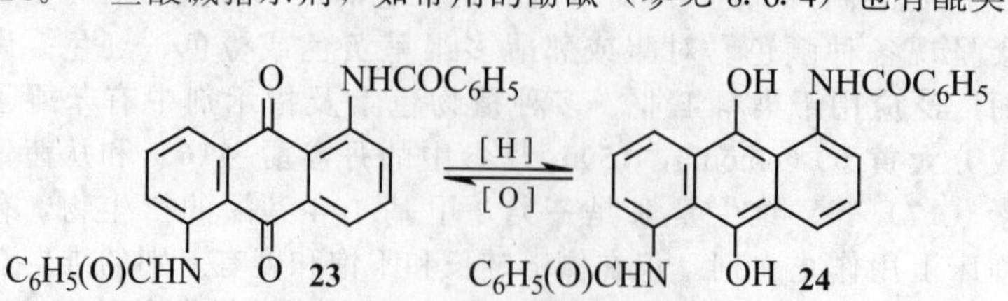

23　**24**

9.12 芳香族醛、酮

芳香族醛、酮分子中芳环的立体位阻及羰基和芳环的 π-π 共轭效应使羰基和芳环的活性均有所降低并显示出一些与脂肪族醛、酮不同的反应。如，芳环不发生傅-克反应；芳香醛能与亚硫酸氢钠发生加成反应，但芳香酮无此反应；得到间位异构体产物的硝化或磺化反应需较苛刻的条件，醛基在硝化时还易被氧化。脂肪醛和伯胺的反应产物复杂而用处不大，但芳香醛和伯胺能很好地生成 Schiff 碱，氢化还原后得到苄基仲胺，如式(9-24)所示。

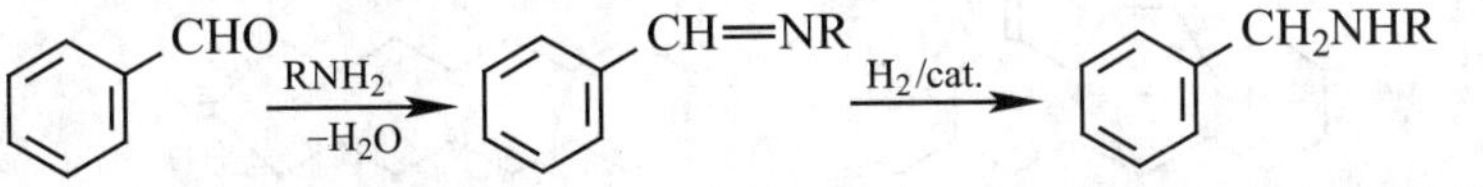

$$(9\text{-}24)$$

酸酐在碱性催化剂羧酸盐作用下生成的 α-碳负离子可对芳香醛进行与醇醛缩合相似的亲核加成反应，生成的中间体产物不稳定，失去一分子羧酸后形成又称**桂皮酸**或**肉桂酸**（cinnamic acid）的 β-芳基-α, β-不饱和酸（**1**），称 **Perkin 反应**（**OR** 1：210；**OS** Ⅲ：426）。Perkin 反应得到的苯丙烯酸以反式为主，但以邻羟基苯甲醛为底物可生成**香豆素内酯**（coumarinic lactone，**2**），这意味着环内酯的形成可能是促使 Perkin 反应生成顺式酸或使反式酸向顺式异构体酸转化的一个动力。脂肪醛虽然也可以进行 Perkin 反应，但是产率很低，反应较复杂而用处不大。

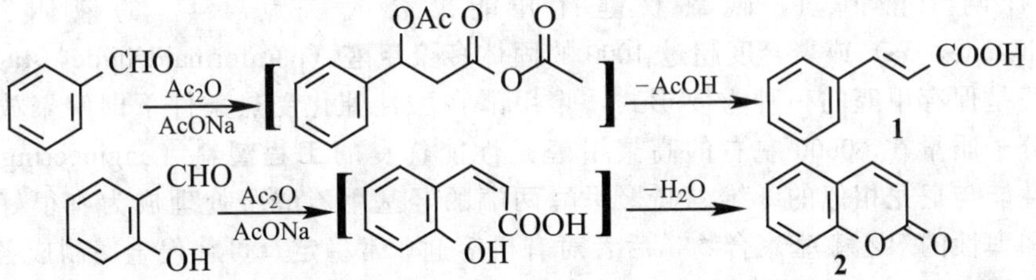

如式(9-25)所示的三个反应，苯甲醛、苯乙酮与卤素作用分别生成有催泪性质的苯甲酰氯（**3**）和卤甲基苯基酮（**4**），芳环不受影响；在较多量 AlCl₃ 催化下生成酰基配合物（**5**）后才能在苯环上产生卤代反应（参见 6.5.5）。

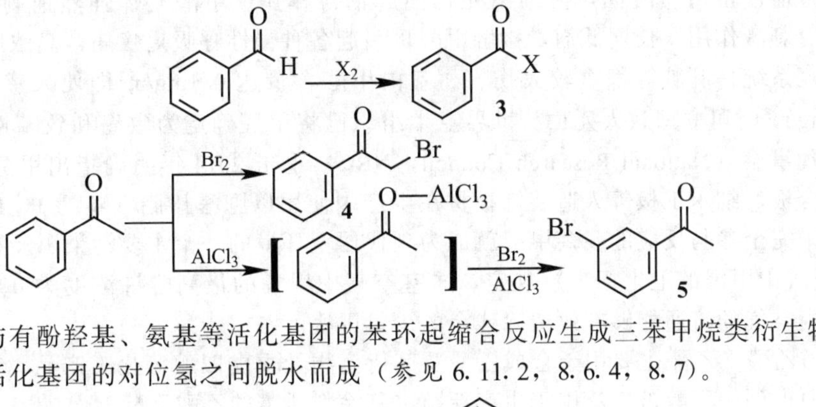

$$(9\text{-}25)$$

芳香醛可与有酚羟基、氨基等活化基团的苯环起缩合反应生成三苯甲烷类衍生物（**6**），反应在羰基和活化基团的对位氢之间脱水而成（参见 6.11.2，8.6.4，8.7）。

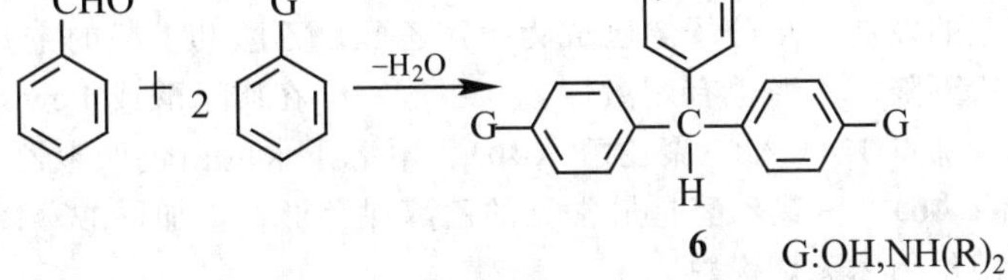

9.13 几种重要的醛酮化合物

醛、酮化合物是很重要的常见化工产品。许多天然产物含有醛、酮羰基，一些大环酮是很名贵的香料。如，β-甲基环十五酮即是**麝香酮**（muscone，**1**），十七环-9Z-烯酮俗称**香猫酮**（civetone，**2**）。但环碳原子数再增多，香味反会减弱乃至完全消失。

（1）甲醛　甲醛是最小最简单的也是产量最大的醛，其工业生产是以银为催化剂经空气氧化甲醇而得，广泛用于生产各种树脂、塑料和合成纤维材料。含 40% 甲醛和 8% 甲醇的水溶液即是俗称的防腐剂**福尔马林**（formalin）。商业可得的甲醛亚硫酸钠加成物（$HOCH_2SO_3Na$）是一个很好的提供实验用单体甲醛的原料。

甲醛有两个醛基氢，碳氧双键打开能聚合成沸点 114℃ 的液体**三聚甲醛**（trioxymethylene，**3a**）或聚合度超过 1000 的固体**多聚甲醛**（paraformaldehyde，**4a**）。比较稳定的聚甲醛是保存甲醛的一种重要形式，聚甲醛在酸性催化受热条件下即解聚放出甲醛单体。相对分子质量在 60000 左右的高聚甲醛是性能优良的**工程塑料**（engineering plastics），可以制成性能与尼龙相似的纤维。高聚甲醛两端的羟基用乙酸酐处理成为有很好的机械强度、硬度和弹性的双乙酰基聚合物，后者对有机溶剂非常稳定，可替代金属制成各种机械配件。甲醛可用于生产酚醛树脂（参见 8.6.6）外，还可与平均聚合度为 1400～1700 的聚乙烯醇生成俗称**维纶**的**聚乙烯醇缩甲醛**合成纤维。缩醛化程度一般控制在 35% 范围，这样的纤维中还保留有相当的羟基，从而较易和染料作用着色。

甲醛能使蛋白质凝固，使细菌死亡而起消毒作用。甲醛气体强烈地刺激黏膜，对眼、鼻、喉有刺激作用。长期低剂量接触甲醛可引起各种慢性呼吸道疾病，高浓度甲醛对神经系统、免疫系统、肝脏等都有较大伤害。室内甲醛含量达 0.1mg/m³ 即使人感到异味和不适，达 230mg/m³ 时可立即致人死亡。世界卫生组织已将甲醛确定为致癌和致畸性物质，**美国国家研究理事会**（National Research Council，**NRC**）也于 2014 年明确指出甲醛对人确有致癌性。胶合板、细木工板等人造装饰板材在生产中使用以脲醛树脂（参见 11.12.2）为主的胶黏剂，未完全参与反应的残余甲醛就成为现代居室环境的一个主要污染源。我国的国家标准《居室空气中甲醛的卫生标准》规定，居室空气中甲醛的最高容许浓度为 0.08mg/m³。经常保持室内空气的流通能够有效清除残余的少量甲醛。

（2）乙醛　乙醛主要用于合成乙酸及其衍生物及季戊四醇等化工产品，乙醛经 Aldol 反应再还原得到的丁醇被广泛用于生产新颖水基涂料所需的乙酸丁酯、丙烯酸丁酯和异丁烯酸丁酯。随着石油工业的发展，小分子烯已成为生产乙醛、乙酸和丁醛的主要原料，乙醛的重要性和产量均已有所下降。乙醛也有刺激性，与甲醛一样在质子酸或 Lewis 酸作用下可分别成为有香味的液体（沸点 124℃）三聚乙醛（**4b**）、不溶于水的白色四聚乙醛固体（**5**，熔点 246℃）或多聚乙醛（**4b**）。三聚乙醛是最常见的乙醛保存形式，加稀酸蒸馏可解聚放出乙醛单体；四聚乙醛可用作固体无烟燃料。

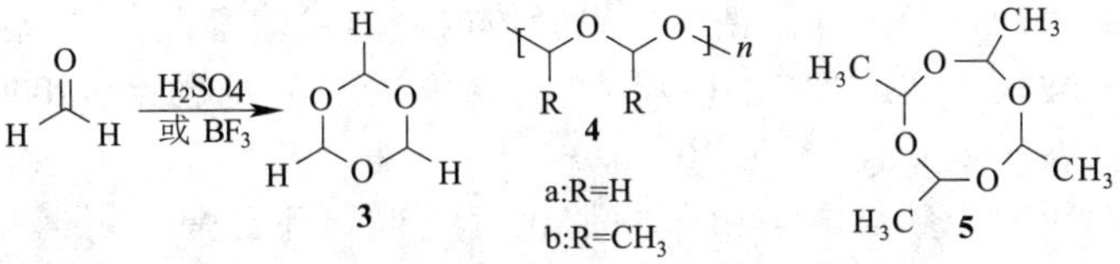

（3）丙酮　丙酮最重要的一个工业生产方法是异丙苯空气氧化法（参见 8.8），丙烯在 PdCl$_2$-CuCl$_2$ 催化下氧化也能得到丙酮（**Wacker-Hoeschst 工艺**），如式(9-26)所示。

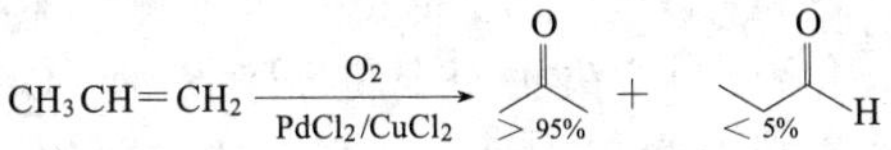

$$\text{(9-26)}$$

丙酮既是优良的溶剂，也是丙烯酸甲酯类化合物和医药行业中多种化工产品的基本原料，与苯酚缩合生成俗称**双酚 A(6)** 的 2,2-二对羟苯基丙烷。**6** 是一个重要的高分子单体原料，与光气或碳酸二酯缩聚而成的**聚碳酸酯**（polycarbonate，**Lexan**，**7**）具有很强的抗冲击能力，广泛用于各类机械外罩和防弹玻璃材料。双酚 A 与环氧氯丙烷反应时，芳氧负离子进攻环氧碳原子发生亲核取代后再脱去氯负离子使环氧环再生，不断重复这个过程可得到末端具有环氧基的线型**预聚物**（prepolymer，**8**），其平均相对分子质量在 4000 以内。用二胺或二酐等为**固化剂（交联剂）**，在 **8** 两端发生亲核开环反应形成具交联网状体型结构的**环氧树脂**（ether resin，**9**），如图 9-34 所示。环氧树脂俗称**万能胶**（general purpose adhesive），分子中的双酚 A 结构赋予聚合物韧性、刚性和耐热等优良的物理性能，醚键则有很好的耐化学性，羟基与环氧基可与钢材、木材、玻璃、陶瓷等多种材料表面的活性基反应成键而产生极佳的黏结性，用作黏合剂、封装剂和表面涂层材料。环氧树脂浸渍玻璃纤维后可得到质量轻、强度好的玻璃钢。已知双酚 A 是与性激素和甲状腺素等一样具备强大调节功能的小分子内分泌干扰物，不慎长期摄入会影响人体健康。

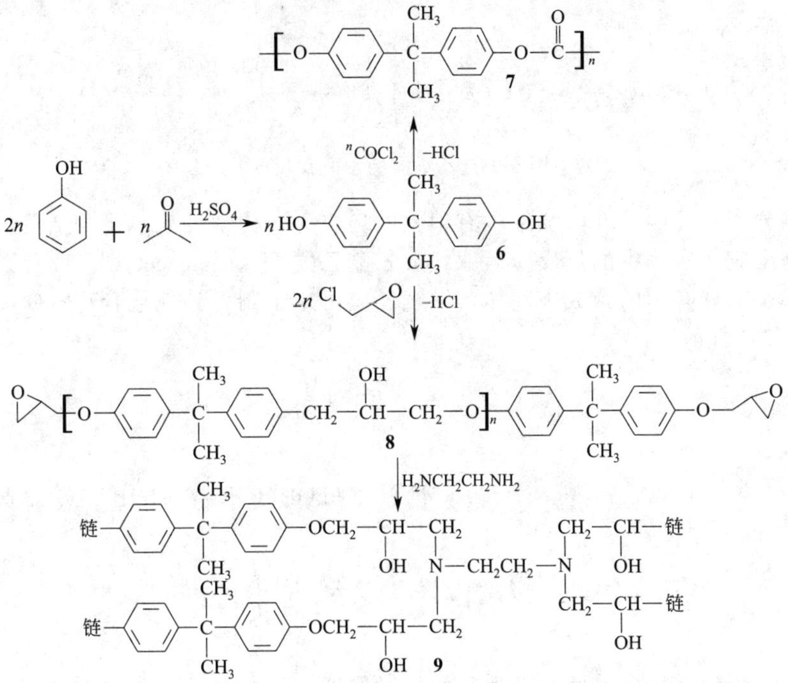

图 9-34　双酚 A(**4**)的制备及其共聚反应

健康人的血浆中丙酮含量极低。糖尿病患者体内糖的代谢紊乱，造成脂肪不正常的分解而产生过量的乙酰乙酸根（$CH_3COCH_2CO_2^-$），后者脱羧给出经呼吸排出的丙酮。丙酮在生化过程中称为**酮体**（ketone body，参见 10.15.3）。

（4）环己酮和大环酮　环己酮可由苯酚催化氢化得到环己醇后再氧化的方法来工业生产，现在更多地采用环己烷的光化学氧化方法。环己酮氧化后生成己二酸，环己酮肟重排生成己内酰胺（参见 9.4.6），它们都是重要的聚合物单体。

（5）乙烯酮　乙烯酮（**OR** 3:3）可由乙酸或丙酮热解产生（**OS** I：330），也可通过 α-溴代酰溴与锌粉共热的 E2 消除反应中失去两个溴原子得到（**OS** IV：348）。这个具有特殊嗅味的低沸点（沸点 −48℃）无色有毒气体是一个高度活泼的化合物，室温下即二聚形成**双乙烯酮**（ketene dimer，**11**，沸点 127℃，**OS** III：508，V：679）。双乙烯酮也是乙烯酮的常见保存形式，加热即分解为乙烯酮。

乙烯酮分子中的两个累积双键成正交关系，并不共轭，与格氏试剂反应生成甲基酮，与能形成烯醇的醛酮化合物反应生成乙酸烯醇酯。如图 9-35 所示，许多含活泼氢的底物可与乙烯酮发生加成作用，氢和余下部分分别加到乙烯酮的羰基氧和羰基碳上生成烯醇后迅速重排为羰基结构而生成乙酸或乙酸衍生物。底物中的氢在这些反应中都被取代成乙酰基，故乙烯酮是一个很好的**乙酰化试剂**（acetylizing agent）。

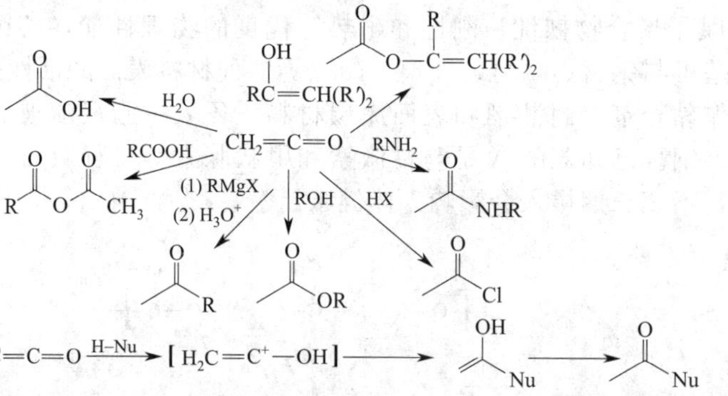

图 9-35　乙烯酮的乙酰化反应

双乙酰酮分子中的四元环内酯结构有很大的环张力，化学性质也十分活泼，同样可与带活泼氢的底物反应，底物中的氢反应后取代成**乙酰乙酰基**（acetoacetyl）。带有乙酰乙酰基结构的化合物都是十分有用的合成中间体，继续反应可用于制备其他化合物（**OS** III：10，V：155），如式（9-27）所示。

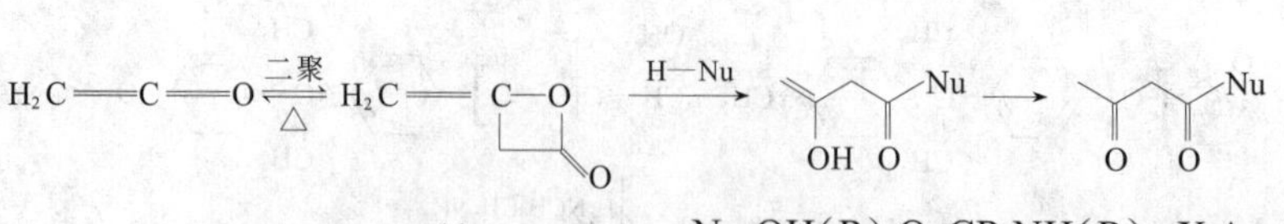

$$\text{（9-27）}$$

9.14　二羰基化合物

二羰基醛、酮化合物可根据两个羰基的相对位置用阿拉伯数字或小写希腊字母来命名，它们的性质与这两个羰基所处的位置有密切关系。最简单的二醛是可由乙二醇氧化生成的淡黄色液体**乙二醛**（glyoxal，熔点 15℃，沸点 51℃）；最简单的二酮是可由丁酮经 SeO_2 或

HNO_3氧化（**OS** Ⅱ：508）生成的有脂肪奶香味的淡黄色液体丁二酮（沸点88℃）。

α-二酮化合物在碱作用下可以重排成 **α-羟基羧酸**。二苯乙二酮与碱溶液共热生成二苯基乙醇酸的盐（**1**），称**二苯基乙醇酸**（benzil-benzilic acid）**重排**，如图9-36所示。

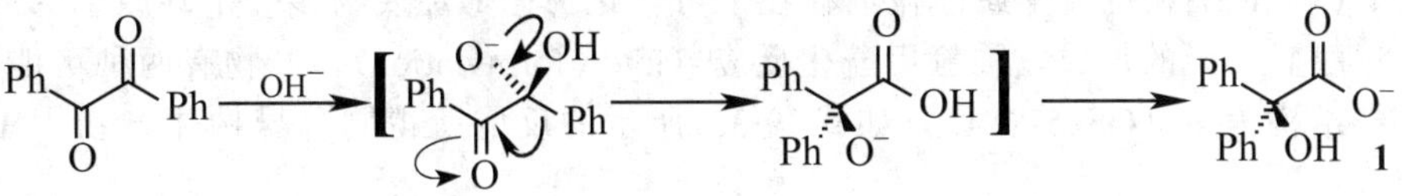

图9-36　二苯乙二酮在碱作用下重排为 α-羟基羧酸

丙酮与乙酸酐作用得到一个无色有香气的液体戊-2,4-二酮（**2**，**OS** Ⅲ：16）。戊-2,4-二酮又称乙酰丙酮，易形成由分子内短而强的氢键参与的六元环烯醇结构，与 Fe^{3+} 生成紫色配合物；也能与许多如 Cu^{2+} 等重金属盐形成稳定的螯合物（**3**）。戊-2,4-二酮在强碱性溶液中裂解生成丙酮和乙酸，这实际上是制备戊-2,4-二酮反应的逆反应。与单羰基分子不同，戊-2,4-二酮中亚甲基氢的活性较大（$pk_a=11$），弱碱就能使其形成碳负离子（**OS** Ⅴ：767），但不发生自身的 Aldol 类缩合反应，如式(9-28)所示。

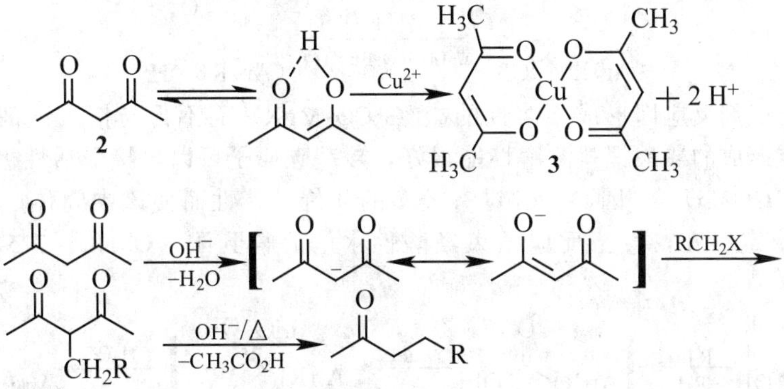

$$(9\text{-}28)$$

9.15　制备

醛、酮可通过如下几个方法来制备。

（1）醇的氧化　伯醇或仲醇的氧化脱氢反应是最常用的得到醛或酮的方法（参见8.3.8），如式(9-29)所示。

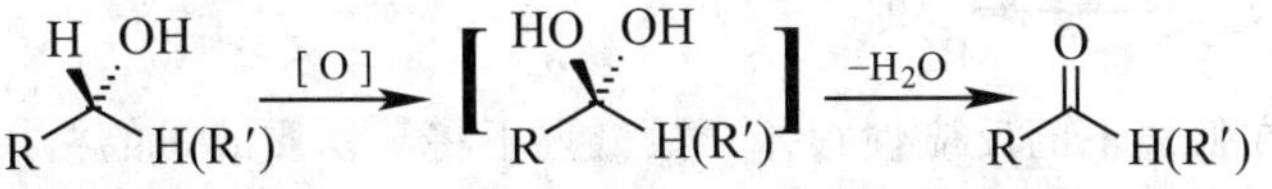

$$(9\text{-}29)$$

（2）不饱和烃的氧化和加成　烯烃经臭氧分解能得到醛和酮，用高锰酸钾和重铬酸钾等氧化剂氧化则可生成酮或酸（参见3.7）。从乙炔、丙炔、端基炔烃经催化水合反应可分别得到乙醛、丙酮、甲基酮；炔烃用体积较大的硼烷试剂加成得到反马氏加成产物，氧化后生成醛（参见5.3.3和5.3.4），如式(9-30)所示的两个反应。

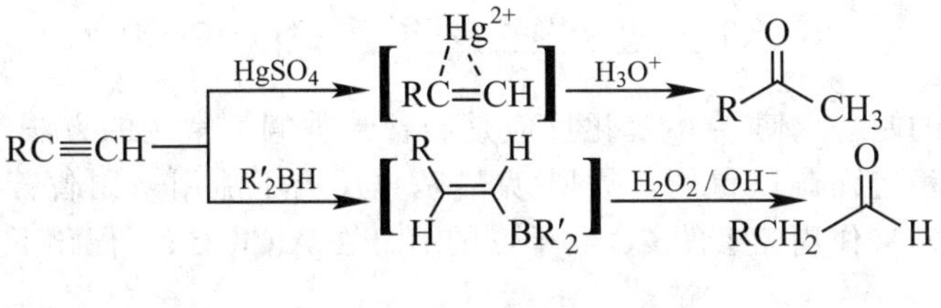

$$(9\text{-}30)$$

乙烯在 Pd-Cu 复盐催化下的氧化反应是工业生产乙醛的重要方法，如式(9-31)所示。

$$H_2C = CH_2 \xrightarrow[PdCl_2/CuCl_2]{O_2} CH_3CHO \qquad (9\text{-}31)$$

烯烃、CO 和 H_2 在过渡金属催化剂存在下可转化为比烯烃底物多一个碳原子的醛，净结果相当于甲醛对烯烃的加成，称**氢甲酰化反应**（hydroformylation）。产物有两种可能的结构，一般以直链结构为主（**OS** 57：1），如式(9-32)所示的反应所得同分异构体产物中 **1** 是主要产物。

$$RHC = CH_2 \xrightarrow[Co_2(CO)_8]{H_2/CO} \underset{\mathbf{1}}{R \curvearrowright \overset{O}{\underset{}{C}} H} + R \curvearrowright \overset{O}{\underset{}{C}} H \qquad (9\text{-}32)$$

（3）**羧酸及羧酸衍生物的还原或与有机金属试剂的反应**　羧酸用 Li/RNH_2 处理得到醛；酰氯、羧酸酯、腈等可用一些弱还原剂 ${}^i Bu_2AlH$ 或 $LiAl(OR)_3H$ 还原到醛（参见 11.6）；酰氯在胺（吸收放出的卤化氢并阻止产物醛的氢化）存在下以加入少量硫化物而毒化后的钯为催化剂，氢化也得到醛，称 **Rosenmund 还原法**（**OS** 51：8），如式(9-33)所示。

$$(Ar)R \curvearrowright \overset{O}{\underset{}{C}} Cl \xrightarrow[\text{或 } LiAl(O^tBu)_3H]{H_2\text{-}Pd/BaSO_4} (Ar)R \curvearrowright \overset{O}{\underset{}{C}} H \qquad (9\text{-}33)$$

羧酸与格氏试剂反应即形成不溶性的盐（RCO_2MgX）而不再与格氏试剂继续反应；与有机锂试剂反应形成的羧酸锂盐溶解性能很好，羧基碳原子可以再接受活性极强锂试剂的亲核进攻生成 $[RR'C(OLi)_2]$，因 O—Li 键有较多的共价键特性而使该中间体产物的双负离子特性较小而能稳定存在，直至反应结束经酸性水解后得到酮（**OS** Ⅳ：775），如式(9-34)所示。

$$Ar(R) \curvearrowright \overset{O}{\underset{}{C}} OH \xrightarrow[-RH]{R'Li} \left[Ar(R) \curvearrowright \overset{O}{\underset{}{C}} OLi \right] \xrightarrow{R'Li} Ar(R) \curvearrowright \overset{LiO\ OLi}{\underset{}{C}} R' \xrightarrow{H_3O^+} Ar(R) \curvearrowright \overset{O}{\underset{}{C}} R' \qquad (9\text{-}34)$$

酰氯与格氏试剂或有机锂试剂也很易反应，生成的中间体产物酮将继续与格氏试剂或有机锂试剂反应生成叔醇（参见 11.5）。有机铜锂试剂不与醛、酮、酸酐、酯、酰胺、腈、硝基化合物等作用，但可与酰氯在低温下（干冰/丙酮洛，$-78℃$）反应生成酮，如式(9-35)所示。

$$R \curvearrowright \overset{O}{\underset{}{C}} Cl \xrightarrow{R'_2CuLi} \left[R \curvearrowright \overset{O}{\underset{}{C}} \overset{\delta^+}{Cl} \text{---} \overset{\delta^-}{R'_2CuLi} \right] \xrightarrow[-LiCl]{-R'Cu} R \curvearrowright \overset{LiO\ OLi}{\underset{}{C}} R' \xrightarrow{H_3O^+}$$

$$R \curvearrowright \overset{HO\ OH}{\underset{}{C}} R' \xrightarrow{-H_2O} R \curvearrowright \overset{O}{\underset{}{C}} R' \qquad (9\text{-}35)$$

格氏试剂与酮在低温下的反应性很差，故低温下将等物质的量的格氏试剂分批加到酰氯或酯溶液中反应可得到酮。有较大空间障碍的底物或格氏试剂都有利于使反应控制在生成酮的阶段，如式(9-36)所示。格氏试剂与腈反应生成的亚胺盐经水解后也生成酮（参见 11.15.3）。

$$\overset{O}{\underset{}{C}} Cl \xrightarrow[]{(CH_3)_3CMgBr} \xrightarrow{H_3O^+} \overset{O}{\underset{}{C}} C(CH_3)_3 \qquad (9\text{-}36)$$

（4）**芳香醛酮的制备**　傅-克酰基化反应是制备芳香酮最常用的方法（参见 6.5.5）。甲酰氯和甲酸酐极不稳定而难以得到，故傅-克酰基化反应不能用来制备芳香醛。如式(9-37)所示，由甲酸和氯磺酸作用产生的 CO 和干燥的 HCl 在 $AlCl_3$-CuCl 催化下与活泼的芳香族化合物高压反应可生成芳香醛，称 **Gattermann-Koch 反应**（**OR** 5：6，9：37）。反应中可能生成了极为活泼的甲酰氯并迅速与芳香烃发生酰基化反应（**OS** Ⅱ：583）。活性大的芳香族化合物还可与 N-取代甲酰胺（HCONR₂）在 POCl₃、SOCl₂ 或 ZnCl₂ 等催化下得到苯甲醛类衍生物，称 **Vilsmeier-Haack 甲酰化反应**（**OR** 49：1），该反应会产生大量不易处理的磷化物而使应用受到限制。

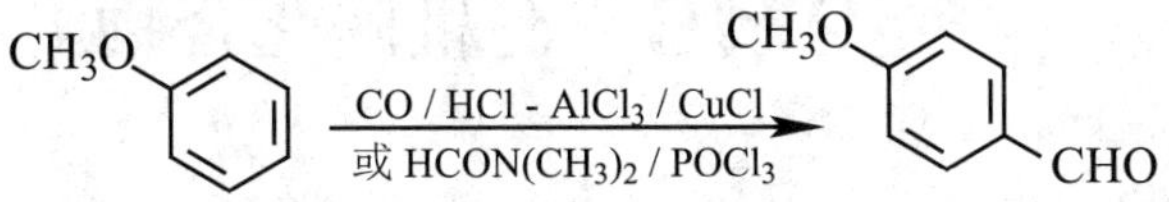

$$\text{(9-37)}$$

酚类化合物在碱性溶液中以氯仿为试剂发生 Reimer-Tiemann 反应（参见 8.6.4）可得到邻或对羟基芳甲醛（**OR** 60：169），如式（9-38）所示。该法是一个制备邻酚醛的好方法（**OS** Ⅲ：463，Ⅳ：866），但产率不高且往往得到异构体混合产物。邻酚醛有分子内氢键，应用水蒸气蒸馏的方法可将其从异构体混合产物中分离出来。

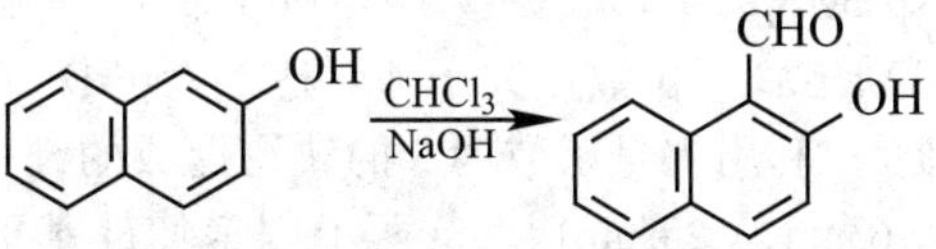

$$\text{(9-38)}$$

芳香族化合物在 ZnCl₂ 存在下与 HCN 和 HCl 作用也可得到芳甲醛。除芳胺外，酚和吡咯、吲哚等杂环化合物均适用这个反应。也可直接用氰化锌[Zn(CN)₂]代替氢氰酸，活化的芳环在较温和的条件下就可反应，如式（9-39）所示。

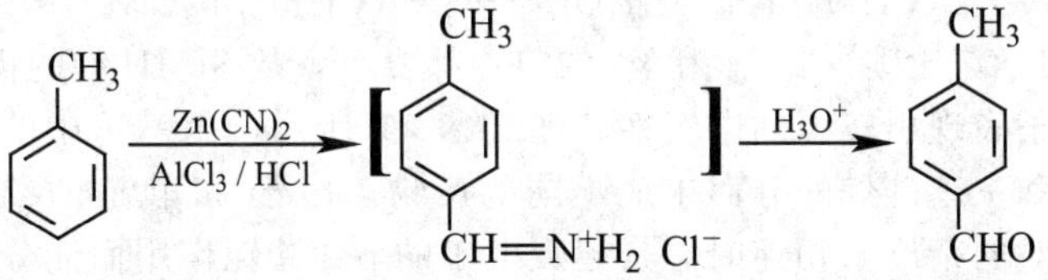

$$\text{(9-39)}$$

用腈（RCN）代替氢氰酸反应同样可以得到芳香酮，称 **Hoesch-Houben 反应**（**OR** 5：387）。将干燥的 HCl 通入芳香族化合物和腈、氯化锌的混合物中，待中间产物析出后加水分解，如式（9-40）所示。

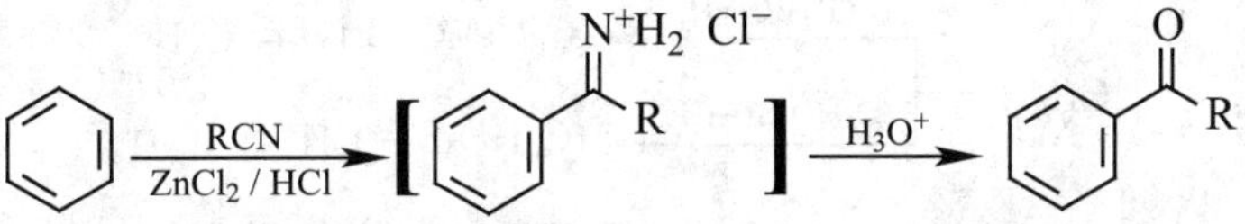

$$\text{(9-40)}$$

苄基氢易被卤代，苄基位的偕二卤代物水解后生成芳香醛酮化合物，如式（9-41）所示。但反应产物中常因混有难以彻底去除的微量卤素而使应用受到限制（**OS** Ⅳ：807）。

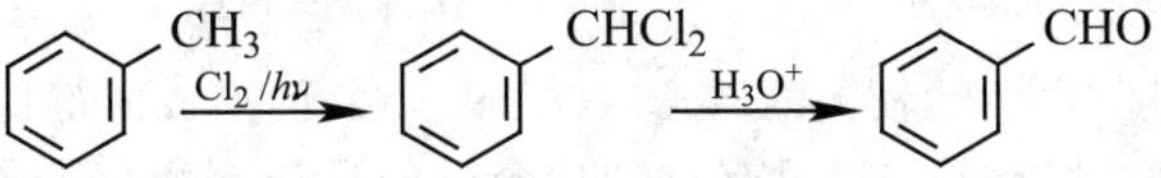

$$\text{(9-41)}$$

控制适当的反应条件，工业上也可将苄基氢氧化为羰基，式（9-42）所示的两个反应。

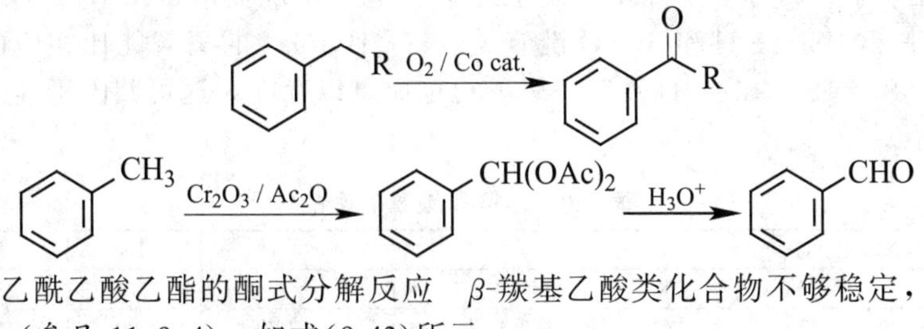

$$\text{(9-42)}$$

（5）取代乙酰乙酸乙酯的酮式分解反应　β-羰基乙酸类化合物不够稳定，易于脱羧分解而得到甲基酮（参见 11.9.4），如式（9-43）所示。

$$\text{(structure)} \xrightarrow[\text{EtOH}]{\text{NaOEt}} \xrightarrow{\text{RX}} \text{(structure with R)} \xrightarrow[\substack{(2)H_3O^+ \\ -CO_2}]{(1)OH^-} \text{(product with R)} \qquad (9\text{-}43)$$

9.16 有机硅化合物

硅位于与碳同族的第三周期。自然界并无天然有机硅化物,但众多有机硅化合物在科学和工业应用上都相当重要。

9.16.1 电子构型和反应特点

硅的电子构型为 $1s^2 2s^2 2p^6 3s^2 3p^2 3d^0$,成键模式与碳类似,一般为 4 价,也可成为手性中心。硅原子有可供利用的 3d 轨道,配位数可大于 4 而达 5(sp^3d)或 6(sp^3d^2);硅原子直径几乎是碳的两倍,与磷、硫相近;利用主量子数为 3 的轨道形成的键更弱、更长[Si—C(H、O、Cl)键长为 0.189nm(0.148nm、0.163nm、0.205nm)]。这两个因素使硅基引起的空间效应不大,进行 S_N2 反应要容易并快得多。如,叔丁基氯在甲醇中很稳定,而类似结构的**三甲基氯硅烷**很容易和甲醇反应给出取代产物,如式(9-44)所示。

$$(CH_3)_3SiCl + CH_3OH \xrightarrow{-HCl} (CH_3)_3SiOCH_3 \qquad (9\text{-}44)$$

硅的电负性(1.8)比碳(2.5)和氢(2.1)都要小,故 Si—H 键的极性和 C—H 键的极性方向相反,硅原子表现出较强的电正性。如式(9-45)所示,甲基锂中的甲基负离子会分别进攻三苯甲烷的氢和三苯硅烷的硅而生成不同的产物。由于 3d 轨道的参与,硅原子与不饱和基团或有孤电子对的杂原子相连时总是起吸电子的 p-d 共轭作用而能分散负电荷,故位于硅原子 α-位的 C—H 键呈现较强的酸性;C—Si 键能与碳正离子的 2p 空轨道发生 p-σ 超共轭作用,这两个因素使硅原子有稳定 α-碳负离子和 β-碳正离子的作用。如,亲电试剂可位置选择性地进攻烯基硅烷中的 α-C 生成 **β-硅基碳正离子(1)**而非 **α-硅基碳正离子(2)**。

$$CH_3Li \Bigg\langle \begin{array}{l} \xrightarrow{(C_6H_5)_3C-H} (C_6H_5)_3C-Li + CH_4 \\ \xrightarrow{(C_6H_5)_3Si-H} (C_6H_5)_3Si-CH_3 + LiH \end{array}$$

$$\qquad (9\text{-}45)$$

如表 9-6 所示,硅与电负性较大的原子(O、N、X)间形成的键比碳形成的键强,与电正性原子形成的键则相对较弱。F^- 对有机硅化合物的反应有很好的催化作用,能使 Si—C 键断裂而产生活性碳负离子,β-羟基硅烷也易于发生 β-消除而形成 C=C 双键,这些都与反应能生成高键能的 Si—F 键和 Si—O 键有关。Si—H(C)键的离解能比相应的 C—H(C)键的弱。Si=C、Si=Si、Si=O 双键都极不稳定而难以存在,这可归因于硅的 3p 轨道参与重叠的程度很小。

表 9-6 硅键和碳键的键能   单位: kJ/mol

项目	H	C	N	O	F	Cl	Br	I	Si
R_3Si-	340	290	400	370	580	390	310	230	230
R_3C-	385	370	330	380	480	330	280	210	290

9.16.2　硅烷、氯硅烷和硅醇

硅烷的通式与烷烃相似，为 Si_nH_{2n+2}，至今已知的硅烷中 n 均不超过 6。会自燃的硅烷极不稳定，受热分解为硅和氢，遇水分解出二氧化硅，故应用性不大。但硅烷衍生物有较广泛的用途，四烃基硅烷 R_4Si 非常稳定且耐热，各种氯硅烷是制备有机硅化合物最重要的基本原料，Si—Cl 键可被还原为 Si—H 键；与格氏试剂或有机锂试剂反应生成 Si—C 键。氯硅烷易水解生成硅醇，硅醇在微量酸、碱催化下易聚合脱水生成硅氧烷或聚硅氧烷，如式(9-46)所示。要得到纯粹的硅醇需在严格中性的条件下反应。

$$(CH_3)_3SiCl \xrightarrow{H_2O} \left[(CH_3)_3SiOH \right] \xrightarrow[-H_2O]{} (CH_3)_3SiOSi(CH_3)_3 \tag{9-46}$$

9.16.3　几个有用的硅试剂

有机硅化合物在有机合成中最初只是用作保护基，如三甲硅基用于保护羟基、巯基、氨基等含活泼氢的基团（参见 8.14）。硅醚的热稳定性、脂溶性都很好，沸点不高，适于气相色谱的分离分析。20 世纪 70 年代后众多有机硅化合物成为有机合成中应用颇为广泛的一类试剂，有机硅化学和硅技术取得了明显的进展。

硅烷类化合物可以还原羰基化合物，如式(9-47)所示。

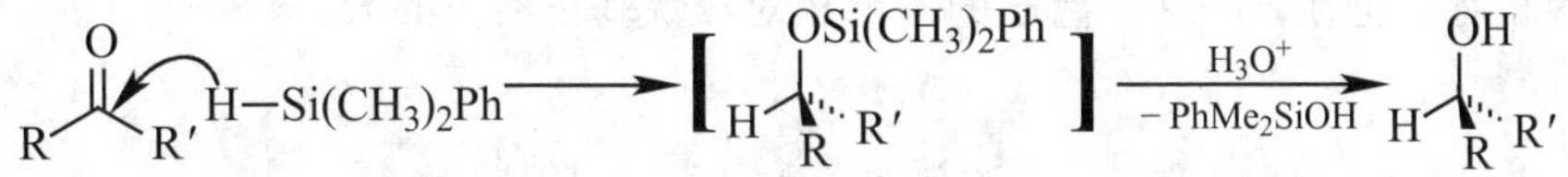

$$\tag{9-47}$$

烯丙基硅烷与亲电试剂反应时，亲电试剂优先进攻 γ-位，形成 β-硅基碳正离子（**3**），反应的位置选择性很好。3 脱去硅基生成双键重排的取代产物：

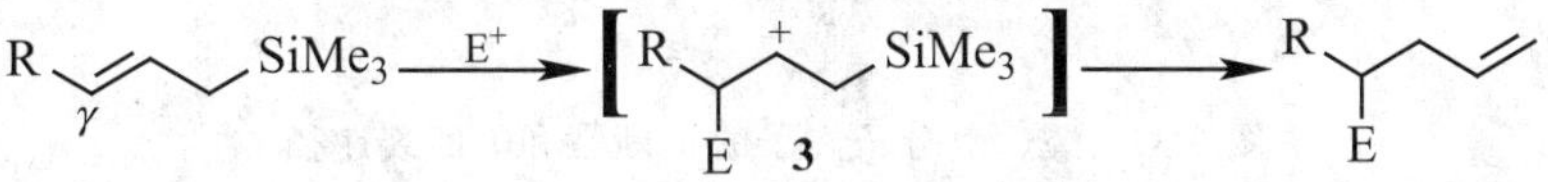

不对称酮在不同条件下可生成易由蒸馏得以分离提纯的多取代或少取代的**烯醇硅醚**（C＝C—OSiR₃）。烯醇硅醚的稳定性很高，在 $TiCl_4$ 催化下与各种亲电试剂发生位置专一性的取代或缩合反应（参见 9.8.2，**OS** 62：95，65：1），如式(9-48)所示。

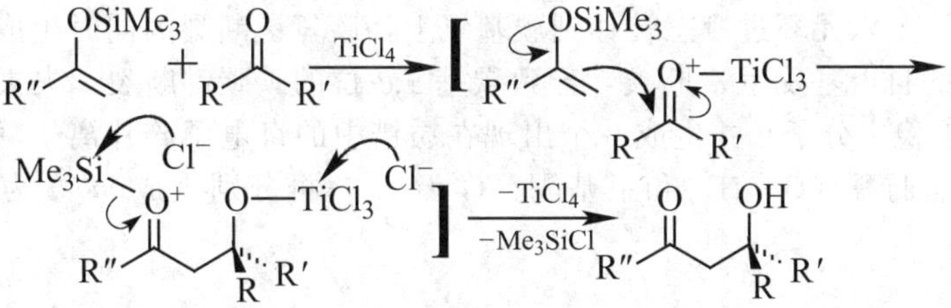

$$\tag{9-48}$$

Peterson 于 20 世纪 60 年代发现 **α-硅基碳负离子**能与醛酮化合物反应生成可被分离的稳定化合物 **β-羟基硅烷**，后者在酸或强碱环境下进行消除反应可立体专一性地生成 *cis*-或 *trans*-烯烃，称 **Peterson 烯基化反应**（**OR** 38：1）。α-硅基碳负离子又称**硅叶立德**（参见 9.4.9），反应活性较大，可对某些不发生 Wittig 反应的羰基化合物进行烯基化反应，如式(9-49)所示亚甲基产物（**4**）的生成：

9.16.4　有机硅材料

有机硅高分子（organosilicon polymer）是最重要的聚合物之一和产量最大的元素有机化合物，其结构相对并不复杂，但产品种类及应用领域之丰富多彩可说是人造材料中绝无仅有的。有机硅高分子可分为四大类：主链由 Si—O 组成的、由 Si—C（N、S）等组成的、由 Si—Si 组成的、由 C—C 组成但其侧链有硅基连结的。其中研究得最多、最早实现工业化生产的是一类主链由旋转能垒很低的 Si—O 键组成的包括**硅油**、**硅橡胶**、**硅树脂**等多种聚有机**硅氧烷**和小分子**硅烷偶联剂**的有机硅材料。

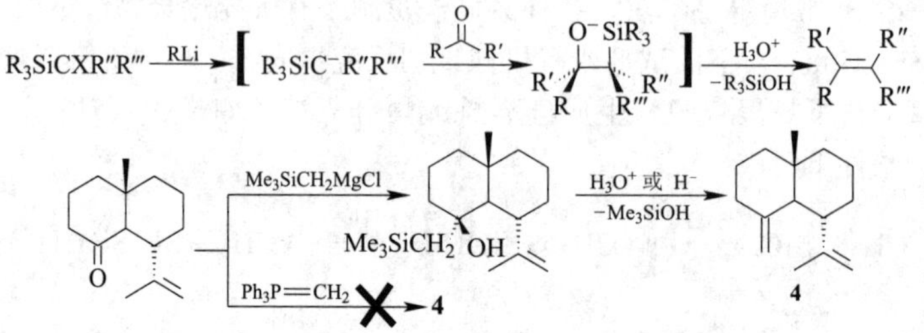

$$R_3SiCXR''R''' \xrightarrow{RLi} \left[R_3SiC^- R''R''' \xrightarrow{\underset{R'}{\overset{O}{\parallel}}C-R'} \underset{R}{\overset{O^- SiR_3}{\underset{R}{\overset{\mid}{C}}-\underset{R'''}{\overset{R''}{\underset{\mid}{C}}}}} \right] \xrightarrow[-R_3SiOH]{H_3O^+} \underset{R}{\overset{R'}{\diagdown}}C=\underset{R'''}{\overset{R''}{\diagup}}$$

(9-49)

9.17   波谱解析

（1）质谱　醛、酮分子离子峰的丰度较高，其主要碎裂峰包括均由羰基引发的 α-断裂、i-断裂和**麦氏重排**（McLafferty rearrangement），如图 9-37 所示。各个正离子相对丰度取决于这些离子的相对稳定性，酰基正离子的丰度相对较烷基正离子的大。

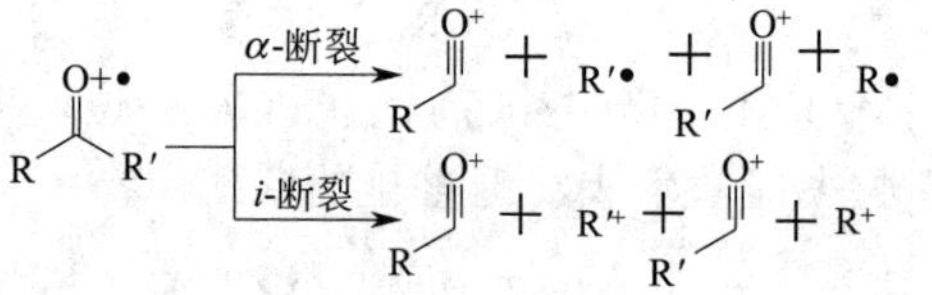

图 9-37　醛、酮分子离子的 α-断裂和 i-断裂途径

麦氏重排是 **McLafferty** 发现的质谱中最常见和最重要的重排，指含 γ-H 的 C=G（G：C、O、N、S）体系在质谱仪中发生 α,β-断裂的同时 γ-H 转移到 G 原子上的反应。如图 9-38 所示，一个含有羰基（或其他如烯键、芳环等不饱和官能团）的化合物在质谱分析时，γ-位上的氢原子经过一个六元环过渡态转移到羰基氧上，碳氢键断裂的同时生成了新的氢氧键和新的自由基。新的自由基发生 α-断裂，导致羰基 α,β-位的碳碳键断裂，失去一个中性碎片分子烯烃（**1** 或其他稳定分子）并生成一个出现在质谱中的奇电子碎片离子峰（**2**）。如，α-位上没有取代基的脂肪醛（G=H）和甲基酮（G=CH$_3$）可分别生成 m/z 为 44 和 m/z 为 58 的特征离子。

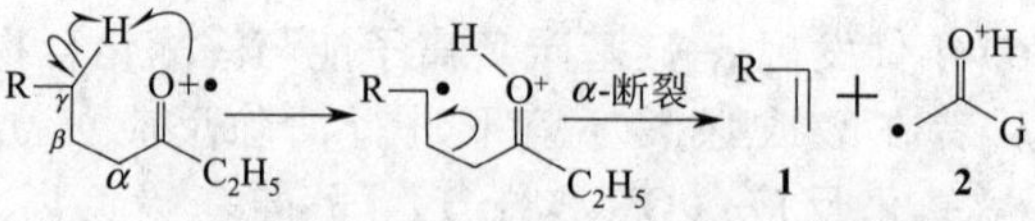

图 9-38　长链醛、酮分子离子的麦氏重排途径

图 9-39 是己-3-酮的质谱图，可见 m/z 100（M$^+$），72，71，57，43，29 等特征峰，偶数的 m/z 72 即由麦氏重排所产生的碎片峰：

（2）紫外吸收光谱　羰基是一个生色团，分别在 195～210nm 和 270～295nm 有强度均较弱的 $n \rightarrow \pi^*$ 和 $\pi \rightarrow \pi^*$ 两个吸收带。α,β-不饱和醛、酮形成共轭的 $\pi \rightarrow \pi^*$ 跃迁，使吸收

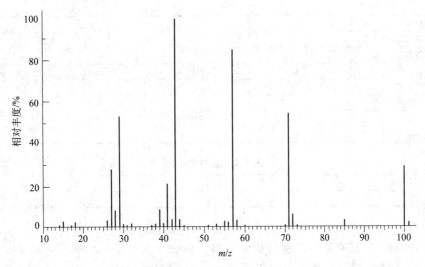

图 9-39　己-3-酮的质谱图

带红移至近紫外区内，在 215~250nm 出现吸收强度很大（$\varepsilon_{max}>10^4$）的 K 带。脂肪族 α,β-不饱和醛或酮、羧酸和羧酸衍生物的 K 带也可用 **Woodward 经验估算法**（参见 3.17.2）进行理论估算（表 9-7，芳香族化合物参见表 11-2）。表 9-7 的数据是在 95% 乙醇中测定的，如用其他溶剂测试时，应对计算值再加上增量校正（表 9-8）。

表 9-7　α，β-不饱和羰基化合物 UV 光谱（K 带）的基本值和取代基团的增值

$$\underset{\delta}{}\overset{\gamma}{}\underset{\beta}{}\overset{}{}\underset{\alpha}{}\overset{O}{}G$$

单位：nm

G	基 本 值	共轭碳原子上的烷基取代	助色团取代
H	207	α-：+10； β-：+12； γ- 或 δ- 或更远：+18；	OH　α-：+35；β-：+30；δ-：+50
R	215		OR　α-：+35；β-：+30；γ-：+17；δ-：+31
环状 α,β- 不饱和酮	202（五元） 215（六元）		Cl　α-：+15；β-：+12 Br　α-：+25；β-：+30
OH(R)	193		NR₂　β-：+95
每增加一个共轭双键　+30			同环共轭二烯　+39
环外双键　+5			每增加一个 OCOR　+6

从 **3~6** 的 UV（λ_{max}）估算值和实际测得值的四个实例可以看出，根据 Woodward 经验计算规则得出的估算值还是相当接近于实际值的：

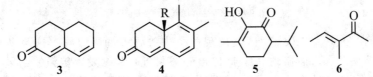

化合物	**3**	**4**	**5**	**6**
基本值	215	215	215	215
增加共轭双键	+30	+30×2		
环外双键	+5	+5		

化合物	3	4	5	6
同环共轭二烯		+39		
α-烷基取代				+10
β-烷基取代	+12	+12	+12	+12
δ-烷基取代	+18	+18×3		
α-OH取代			+35	
计算值(λ_{max})/nm	280	385	262	237
实测值(λ_{max})/nm	288	388	270	236

表 9-8 溶剂校正表　　　　　单位: nm

甲醇、乙醇	氯仿	二氧六环	乙醚	己烷	水
0	−1	−5	−7	−11	+8

（3）红外光谱　红外光谱是检测醛、酮羰基官能团最为方便的波谱方法。羰基的 $\nu_{C=O}$ 在 1870～1700cm^{-1} 区域有很易识别的强吸收峰。如表 9-9 所示，各种不同类型的 $\nu_{C=O}$ 具体位置有所不同，通常把饱和脂肪酮中羰基的吸收峰位置（1715cm^{-1}）作为醛、酮羰基的相对标准。影响因素与相邻取代基的电子效应（诱导和共轭效应）、氢键、环张力或相邻基团造成的空间效应等有关。氢键的形成使 $\nu_{C=O}$ 向低频移动。

表 9-9 各类羰基化合物的 $\nu_{C=O}$

化合物 RC(O)G		G	$\nu_{C=O}$/cm^{-1}
G 主要起诱导效应	饱和脂肪酮	R	1715
	脂肪醛	H	1740～1720
	酰氯	Cl	1815～1785
	羧酸	OH	1760（游离）、1720～1680（缔合）
	酸酐	OCOR	1750～1860（两个强峰）
	酯	OR	1750～1715
G 主要起共轭效应	酰胺	NH$_2$、NHR	1690～1630
	烯酮	C=C	1720～1690
	芳酮	芳基	1700～1680

图 9-40 是己-3-酮的红外光谱图，可见其很强的羰基特征峰频率 1715cm^{-1}。

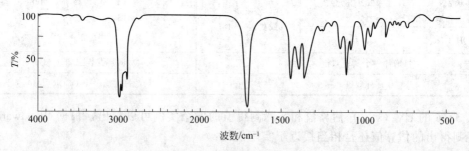

图 9-40 己-3-酮的红外光谱图

大多数醛类在 2830～2720cm^{-1} 区域出现两个中等强度的吸收峰。这两个吸收峰是醛基中 C(O)—H 伸缩振动和弯曲振动（位于 1390cm^{-1} 附近）共振发生**倍频**的结果。当上述区域中出现两个中等强度的吸收峰，同时谱图中还存在羰基吸收峰时，可明确判断有醛基。图 9-41 是苯甲醛的红外光谱图，请注意其极强的羰基峰（1703cm^{-1}）和醛基的三个特征峰（3065cm^{-1}、2820cm^{-1} 和 2736cm^{-1}）。

（4）核磁共振谱　醛基的 δ_H 在 9～10 的低场，该区域通常不会有其他官能团中的氢而

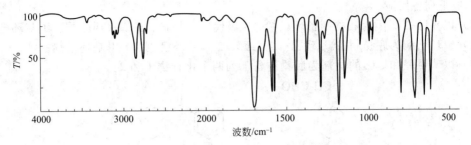

图 9-41 苯甲醛的红外光谱图

很易解析；羰基邻碳上的 δ_H 在 2～3 区域内。醛酮羰基的 δ_C 在很易识别的最低场，为195～205。

习 题

9-1 命名下列各化合物：

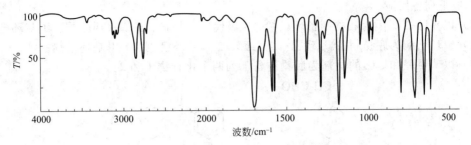

1 **2** **3** **4** **5** **6**

9-2 分别给出苯乙醛和苯乙酮与下列试剂反应后的产物：

（1）$NaBH_4$ 而后 H_3O^+；（2）Tollens 试剂；（3）C_2H_5MgBr 而后 H_3O^+；（4）CH_3OH/HCl（g）；（5）NH_2OH/HCl；（6）HCN/KCN；（7）$Ph_3P\!=\!CH_2$；（8）H_2NNH_2/KOH。

9-3 写出下列六个反应的主要产物或底物或所需试剂的结构：

（1）～（6）（反应式图）

9-4 下列 10 个化合物 1～10 中哪些能起碘仿反应？哪些能起银镜反应？哪些能与 $NaHSO_3$ 发生加成反应？哪些能发生 Aldol 反应？哪些能发生 Cannizzaro 反应？哪些能生成苯腙？

1 **2** **3** **4** **5** **6** **7** **8** **9** **10**

9-5　完成下列各反应。

（1）以环己-2-烯酮为底物制备环己烯、3-氧代环己基腈、3-苯基环己酮、甲基环己烷。

（2）以环己酮为底物制备顺-环己-1,2-二醇、2-苯基环己酮、1-甲基环己烯。

（3）以苯甲醛和≤C_4的试剂为底物制备下列两个化合物 **1** 和 **2**：

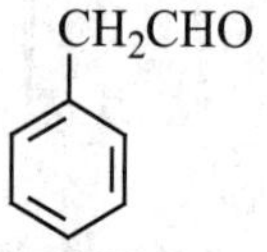

1 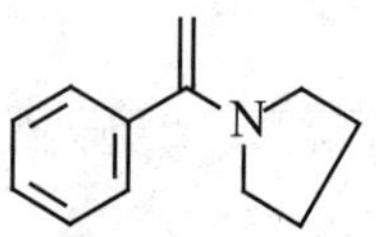　　　　　　　　　　　　　　**2**

（4）以 *CH_3OH 为同位素 ^{14}C 的来源和 ≤C_2 的试剂合成 $CH_3CH = *CH_2$（**3**）、$CH_3*CH=CH_2$（**4**）、*$CH_3CH=CH_2$（**5**）。

（5）以甲基乙烯基甲酮为底物合成 3-甲基-1-氯戊-3-醇。

（6）以苯甲醚为底物制备 α-甲基-4-甲氧基苯乙醛。

（7）选择合适的试剂 **6～10** 完成下列反应：

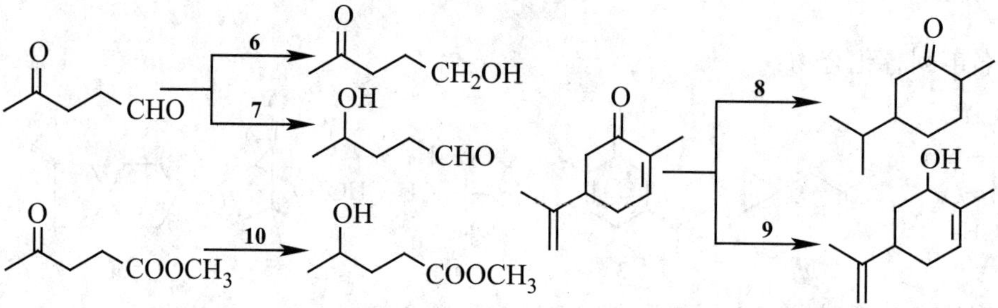

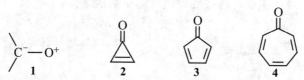

9-6　指出：

（1）羰基有无如 **1** 所示的共振结构式?

（2）下列三个不饱和共轭环烯酮（**2～4**）中最不稳定的一个。

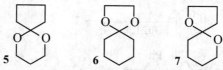

（3）下列三个缩酮化合物（**5～7**）的前体醛、酮和醇的结构。

（4）二氧杂环己烷（$C_4H_8O_2$）的所有异构体结构并简述它们最典型的特性。

（5）为什么 **8** 和 **9** 两个立体异构体在酸催化下与乙二醇反应生成缩酮的难易程度差别很大?

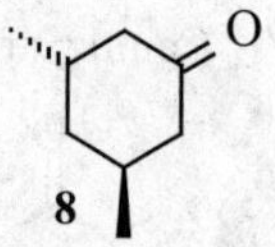

8 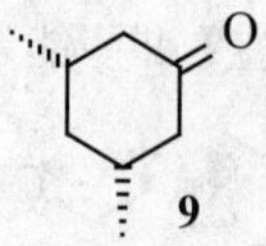　　　　　　　　**9**

（6）环缩醛（**10**）的酸性水解过程：

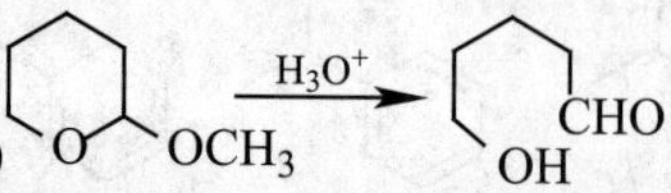

（7）下列三个负离子的共振结构式。

NCC⁻ HCOOCH₃ 　　　　　CH₃CH=CHC⁻ HCOOCH₃ 　　　　　C₆H₅C⁻ HCOOCH₃

（8）3-氧代丁-1-醇和环戊-1,3-二酮中的酸性氢原子。

（9）下列两个酮分子（**11** 和 **12**）中 α-H 的酸性大小。

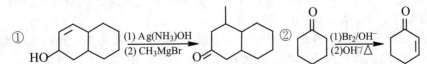

R_2C=（O）R'　**11** H　　　R_3C—（O）R'　**12** H

（10）下列两个反应的平衡常数，C_2H_5OH、戊-2,4-二酮和戊-2-酮的 pk_a 分别为 16、9 和 21。

$$C_2H_5ONa + \text{（戊-2,4-二酮）} \underset{}{\overset{k\,eq}{\rightleftharpoons}} \text{（钠盐）} + C_2H_5OH$$

$$C_2H_5ONa + \text{（戊-2-酮）} \underset{}{\overset{k\,eq}{\rightleftharpoons}} \text{（钠盐）} + C_2H_5OH$$

（11）下列三对化合物 **13/14**、**15/16**、**17/18** 每对中烯醇化程度相对较大的那个。

13　**14**　和　**15**　**16**　和　**17**　COCH₃　**18**　COCH₃

（12）为什么下列两个化合物（**19** 和 **20**）的烯醇式都不存在。

19　Bu^t　**20**

（13）下列三个化合物（**21～23**）的烯醇式含量相对大小并解释。

21　**22**　COOEt　**23**　EtOOC

（14）环戊酮酸性环境下于重水中发生 α-氘代反应的机理。

（15）四个醛、酮化合物 β,β,β-三氟丙醛、丙醛、戊-3-酮和环戊酮进行亲核加成反应的活性大小。

（16）三个转变 R_2CO 到 R_2CH_2 的方法并比较它们的优劣。

（17）不稳定的甲基乙烯基酮自身易通过 Diels-Alder 反应生成的二聚体的结构。

（18）下列六个反应中可能存在的错误。

① HO—（化合物）$\xrightarrow[(2)\ CH_3MgBr]{(1)\ Ag(NH_3)OH}$（产物）　② （环己酮）$\xrightarrow[(2)OH^-/\triangle]{(1)Br_2/OH^-}$（环己烯酮）

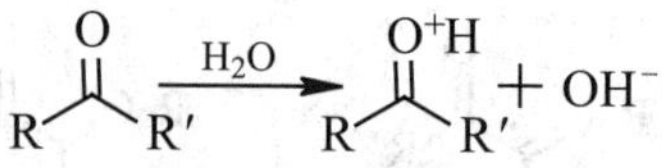

9-7 解释下列实验现象：

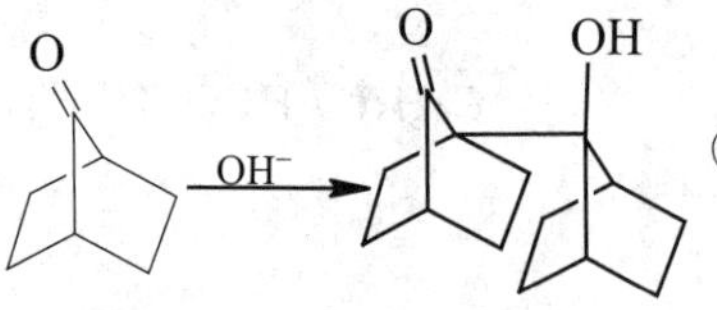

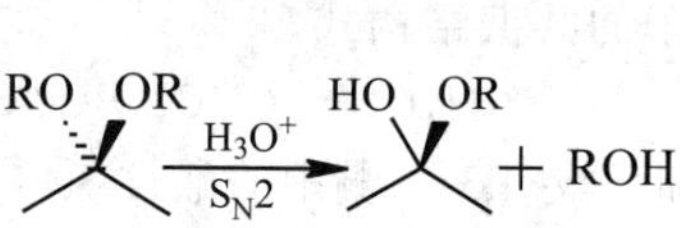

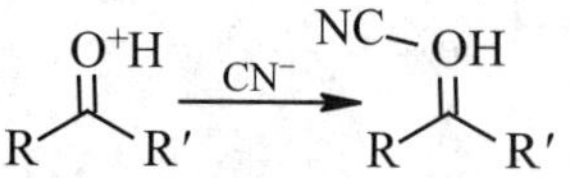

（1）对映纯的 3-苯基戊-2-酮（**1**）在碱性水溶液中会发生消旋化，而对映纯的 3-甲基-3-苯基戊-2-酮（**2**）在同样条件下不会消旋。

（2）氢氧化钠或乙醇钠之类碱不适宜用于醛、酮的烷基化反应。

（3）β,γ-不饱和环己酮（**3**）在酸性条件下会异构为 α,β-不饱和环己酮（**4**）。

（4）酮 $RR'C{=}O$ 在 $H_2^{18}O$ 存在下有 $RR'C{=}^{18}O$ 生成。

（5）环丙酮、三氯乙醛、茚三酮（**5**）的水合物都很容易生成。

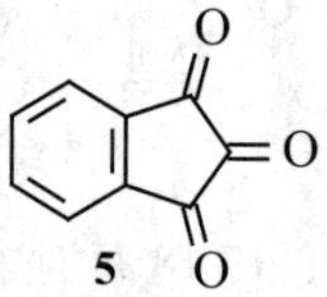

5

（6）4-叔丁基环己-1,3-二醇的几个异构体中只有全顺式的能与丙酮生成缩酮产物。

（7）3,4-二羟基丁醛在溶液中是 4-羟基与醛羰基进行分子内缩合而不是 3-羟基与醛羰基进行分子内缩合生成半缩醛。

（8）缩酮的生成需酸催化，碱催化是无效的。

（9）对称的酮和羟胺反应生成一种肟，不对称的酮则生成两种肟。

（10）氮原子上连有氮、氧等电负性较大原子（团）的胺衍生物与醛、酮生成的亚胺化合物通常要稳定一些。

（11）戊二酮与羟氨反应生成异噁唑衍生物。

（12）碱促进的酮与卤素得到 α-多卤代酮的反应中碱的用量要大于等当量才行。

（13）甲基异丙基酮与苯甲醛进行混合的 Aldol 反应有很好的位置选择性。

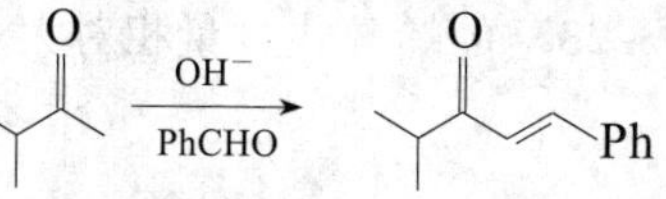

（14）2-甲基环戊酮与氢化铝锂反应后生成两个不等量的产物。

（15）$^iBu_2AlH$ 或 $LiAl(OR)_3H$ 的还原性比 $LiAlH_4$ 弱。

（16）α,β-不饱和醛、酮的 1,4-加成产物比 1,2-加成产物稳定。

（17）丁-2-烯醛与乙醛反应所得产物氧化后可得天然产物山梨酸（**6**）。

$$CH_3CH{=}CH{-}CH{=}CHCO_2H$$

6

（18）格氏试剂与酰氯反应制酮时，要低温下将格氏试剂加入酰氯溶液而不能颠倒加料次序。

（19）CH_3MgBr 和环己酮反应得到叔醇的产率可高达 99%，而 $(CH_3)_3CMgBr$ 在同样条件下反应后主要回收底物环己酮，叔醇的产率只有 1%。

（20）黏稠的丙三醇（**7**，沸点 290℃；密度 1.24g/mL）用三甲基氯硅烷处理得流动性很好的液体 1,2,3-三（三甲硅氧基）丙烷（**8**），后者的相对分子质量增加不少，但沸点、密度

（沸点 180℃；密度 0.88g/mL）和黏度都下降了。

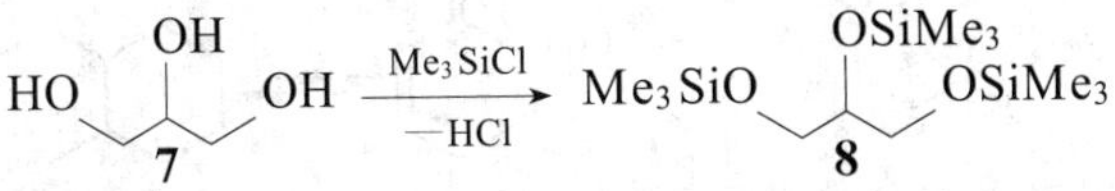

$$HO\overset{OH}{\underset{7}{\diagdown}}OH \xrightarrow[-HCl]{Me_3SiCl} Me_3SiO\overset{OSiMe_3}{\underset{8}{\diagdown}}OSiMe_3$$

9-8 Wittig 反应问题：

（1）Wittig 试剂多是由三苯基膦来制备的，三烷基膦不适宜用来制备 Wittig 试剂，为什么？

（2）三苯基膦作为一个强的亲核试剂也可与环氧乙烷反应，同样经过 Betaine 的四元环中间体后转化成烯烃产物。完成下列反应。

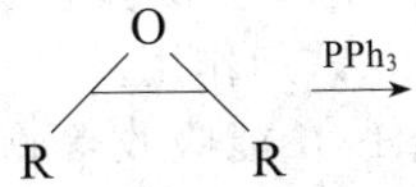

$$R\overset{O}{\diagdown}R \xrightarrow{PPh_3}$$

（3）比较合成 3-乙基己-3-烯（**1**）所用两条 Wittig 反应路径的优劣。

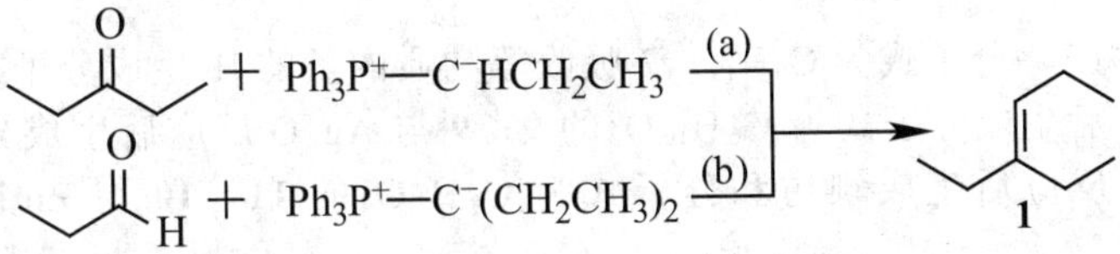

9-9 给出下列各个反应的过程：

（1）

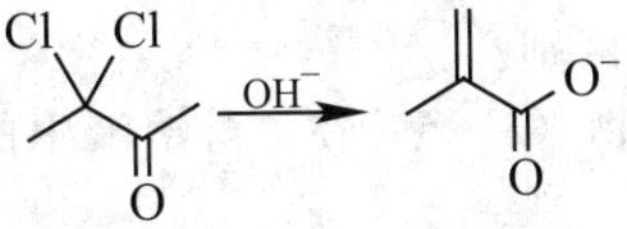

（2）

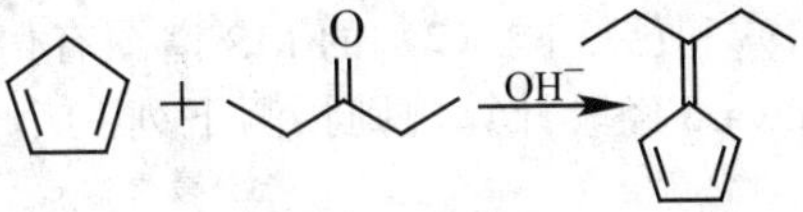

（3）

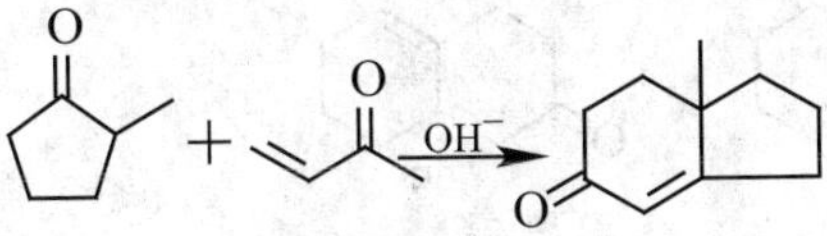

（4）

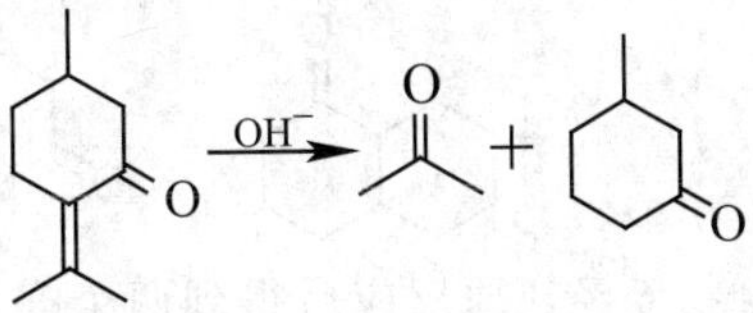

（5）

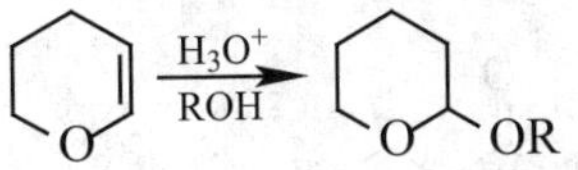

（6）

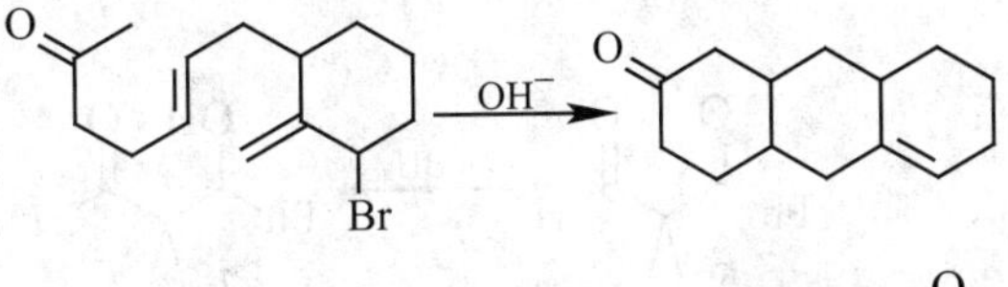

（7）

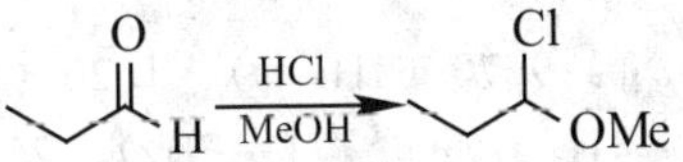

（8）

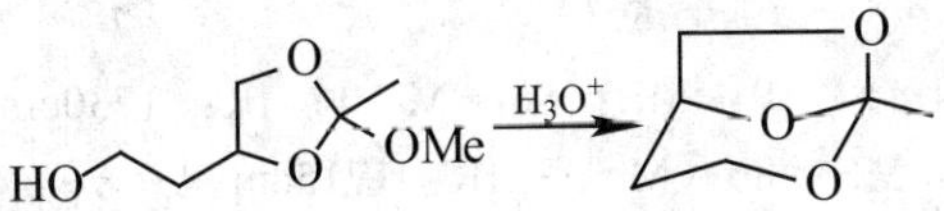

（9）

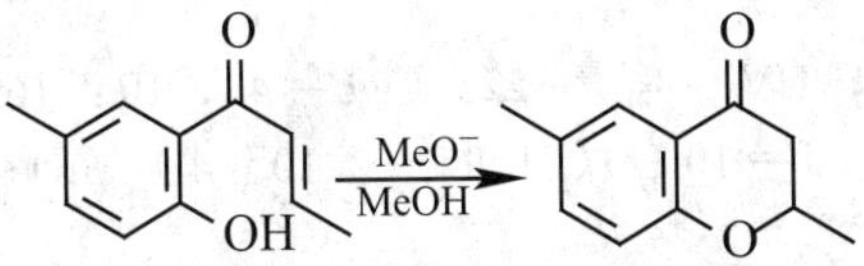

（10）

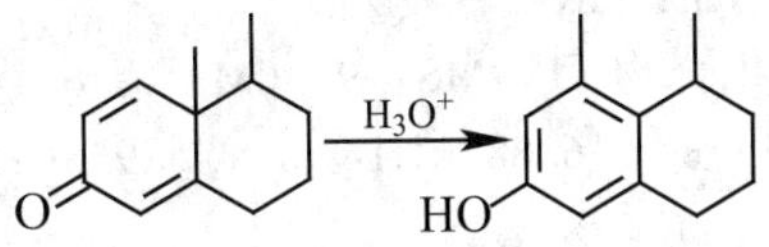

9-10 完成下列转变：

（1）

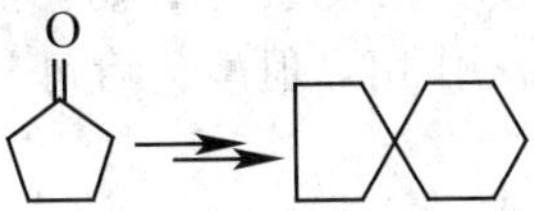

（2）

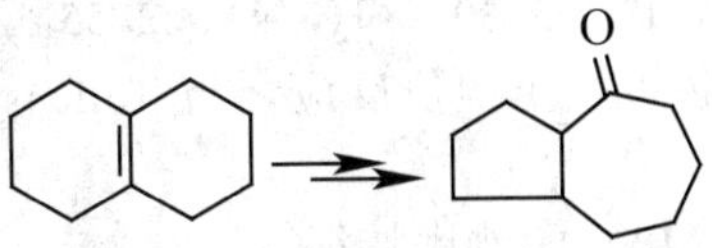

（3） 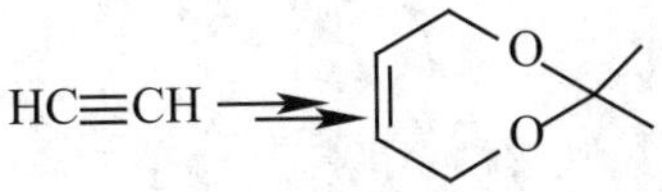 $HC\equiv CH \Longrightarrow$

（4）

(5) 　(6)

9-11 用化学方法区别以下三组化合物：

(1) 2,7-二甲基环庚酮、3,6-二甲基环庚酮；（2）戊-2-酮、戊-3-酮、环戊酮；

(3) 对乙基苯甲醛、β-苯基丙醛、α-苯基丙酮。

9-12 指出化合物（1 ～ 11）的结构和各反应过程：

(1) 化合物 **1**，分子式为 $C_6H_{12}O_3$，IR：$1710cm^{-1}$；δ_H：2.1（3H，s）、2.6（2H，d）、3.2（6H，s）、4.7（1H，t），与 I_2/OH^- 作用生成黄色沉淀，与 Tollens 试剂不作用，但用一滴稀硫酸处理 **1** 后所得产物可与 Tollens 试剂作用。

(2) 手性化合物 **2**，分子式为 $C_{12}H_{20}$，能吸收等物质的量的 H_2 生成两个异构体产物 **3**、**4**；**2** 经 O_3 分解后得 **5**（$C_6H_{10}O$），也有光学活性的 **5** 与 DCl/D_2O 反应得到 **6**，质谱分析表明 **6** 的 M^+ 为 101。

(3) 某烃化合物 **7**，分子式为 C_6H_{10}；**7** 吸收等物质的量的 H_2 生成分子式为 C_6H_{12} 的 **8**，**7** 经臭氧化-还原分解后生成分子式为 $C_6H_{10}O_2$ 的 **9**；**9** 与 Ag_2O 反应后生成分子式为 $C_6H_{10}O_3$ 的 **10**；**10** 与 NaIO 反应后生成碘仿和分子式为 $C_5H_8O_4$ 的 **11**，**10** 与 Zn-Hg 反应后生成正己酸。

9-13 波谱解析结构：

(1) 己-2-酮（**1**）和己-3-酮（**2**）的 MS 谱图有何主要区别？

(2) 根据 Woodward 经验计算规则预测下列三个化合物（3～5）在乙醇溶液中的 UV 谱 K 吸收带的 λ_{max} 值。

(3) 化合物 **6** 经还原反应后得到两个产物 **7**、**8**，选择简捷有效的波谱方法鉴别这两个产物。

(4) 化合物 **9**，MS：86（M^+）；IR：$1730cm^{-1}$；δ_H：9.70（1H，s）、1.20（9H，s）。化合物 **10**，MS：86（M^+）；IR：$1715cm^{-1}$；δ_H：2.40（1H，7 重峰，J＝7Hz）、2.15（3H，s）、1.00（6H，d，J＝7Hz）。

(5) 化合物 **11**，MS：96（M^+）、68（100）；UV：$\lambda_{max}＝225$（$lg\varepsilon＝4$）；IR：$1690cm^{-1}$、$1610cm^{-1}$；δ_H：6.88（1H，m）、5.93（1H，d，J＝10Hz）、1.95～2.10（4H，m）、2.35～2.50（4H，m）。

(6) 化合物 **12**，元素分析 C 54.53，H 9.15；MS：132（M^+）、117、75、43（100）；IR：$1690cm^{-1}$；δ_H：4.70（1H，t）、3.30（6H，s）、2.55（2H，d）、2.05（3H，s）；δ_C：207、118、51、48、25。该化合物可发生碘仿反应，与 Tollens 试剂无作用，但酸化后可与 Tollens 试剂作用。

(7) 解析对溴苯乙酮（**13**）的波谱特征。

10 羧 酸

有机酸包括磺酸、亚磺酸、膦酸、羧酸，最常见的是羧酸。同一碳原子上兼具羟基与羰基的**羧基**（carboxyl group，COOH）是**羧酸**（carboxylic acid，RCOOH）的官能团。羧基中的羟基氢是强酸性的，两个氧原子都是 Lewis 碱，羰基碳也可接受亲核试剂进攻。

羧酸广泛可见于自然界、生物体系和实验室中，在生物体内是以磷酸酯或硫醇酯的形式出现并参与各类生化反应。高等植物主要含有软脂酸、油酸和亚油酸，动物脂肪中主要有硬脂酸、油酸和软脂酸，细菌中还有带支链和环丙烷的酸。羧酸与人类生活关系密切，如，阿司匹林、前列腺素等耳熟能详的化合物都是天然的或修饰过的羧酸，食醋是含量约 2% 的乙酸水溶液，许多羧酸盐是常用的食品防腐剂，**肥皂**（参见 11.14），即长链脂肪酸的钠盐分子中兼含极性完全不同的亲脂性烷基和亲水性羧基而具有去污作用，食油是高级脂肪酸的甘油酯，等等。

10.1　羧基的结构

羧基碳取 sp^2 杂化轨道形式，各与羟基氧原子、烃基碳原子（甲酸是氢原子）和氧原子形成 σ 键，p 轨道上的一个电子与氧原子上的一个电子组成一个 π 键。羧酸的两根碳氧键明显不同，如，甲酸分子中 C＝O 键长 0.123nm，比一般 C＝O 键（0.122nm）略长；C—O 键长0.136nm，比醇的 C—O 键（0.143nm）短得多。

羧基中的羰基与羟基彼此影响，羟基氧上的孤对电子与碳氧双键处于共轭位置。如图 10-1 所示，羧酸（**1**）有三个共振结构式，其中不带任何电荷的 **1a** 贡献最大，正负电荷分离的两个共振结构式（**1b** 和 **1c**）贡献不大。羟基氧原子的供电子共轭效应使羧基碳的电正性程度比醛、酮的小，羰基的吸电性则又使 O—H 键的极性增加。羧酸分子中强极性的 C＝O 键和 O—H 键使分子间有较强的偶极-偶极和氢键作用，在固态、液态、中等压力的气态或非质子性溶剂体系中都主要以**二缔合体**（dimer，**2**）形式存在；其中氢键键长约 0.27nm，键能约 30kJ/mol。二缔合体有规则地层层排列，层间容易滑动，故高级脂肪酸具有一定的润滑性。

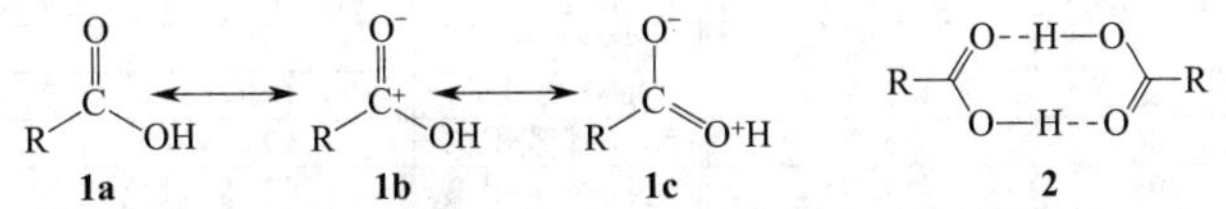

图 10-1　羧酸的共振结构式（**1**）和二缔合体（**2**）结构

10.2 命名和物理性质

羧酸也可采用官能团系统命名法，用烃基的名称加上"酸"字或以乙酸、甲酸的衍生物来命名。羧基的命名在各种不同类型的官能团次序中（参见 6.4）相对最大，故羧酸总是作为母体，羧基总是不作为取代基来处理的。

许多羧酸根据其来源而有俗名。如，乙酸最早由醋中获得，故俗称**醋酸**（ethanoic acid）；丁酸俗称**酪酸**，奶酪的特殊臭味就有丁酸味。**苹果酸**（α-羟基丁二酸，malic acid，**1**）、**柠檬酸**（3-羟基-3-羧基戊二酸，citric acid，**2**）、**酒石酸**（tartaric acid）各来自于苹果、柠檬、酿制葡萄酒时所形成的**酒石**（wine stone）。从油脂水解得到的**软脂酸**（十六酸，palmitic acid）、**硬脂酸**（十八酸，stearic acid）和**油酸**（oleic acid，顺-十八碳-9-烯酸）则都是根据它们的性状而命名的。*cis*-丁烯二酸（**3**）、*trans*-丁烯二酸（**4**）又各称**马来酸**（maleic acid）、**富马酸**（fumaric acid）。

根据羧基所连的烃基，羧酸可分类为**脂肪族羧酸**〔alifatic acids，多来自油脂（**甘油酯**，glyceride）的水解，故又称**脂肪酸**（fatty acids），从各种生体组织中已分离得到 500 多种，参见 11.13〕、**芳香族羧酸**、**（不）饱和酸**和**取代酸**；根据羧基数目可分类为**一元酸**、**二元酸**和**多元酸**。羧酸多具有刺激性或不愉快的臭味。如表 10-1 所示，羧酸的沸点是同碳数有机分子中最高的，其熔点随相对分子质量增加先降低后升高，戊酸熔点最低；当羧酸中烃基变大时，羧基间的缔合受到一定阻碍，二聚体的稳定性降低导致熔点下降。熔点与碳原子数的相关曲线呈锯齿形，偶数碳原子的比与它相邻的前后两个奇数同系物的高。不饱和羧酸中顺式双键的存在使分子呈弯曲形，相互之间不易靠近而使熔点较饱和脂肪酸的低。如，*cis,cis*-十八碳-9,12-二烯酸的熔点只有 $-5^\circ C$，而十八碳羧酸（硬脂酸）的熔点有 $70^\circ C$。秋冬季节**无水乙酸**凝固为冰状物结晶，故又称**冰醋酸**（glacial acetic acid）。羧酸的水溶性比相应的醇更大，其缔合体结构在水相中被羧酸与水的氢键所取代。$\leqslant C_4$ 的羧酸可与水混溶，$\geqslant C_{10}$ 的羧酸几乎不溶于水，高级羧酸特别易溶于可形成氢键但极性又比水小的醇。二缔合体结构使羧酸的极性降低而可溶解于苯及卤仿等非极性溶剂。芳香族羧酸在水中的溶解度不大，有些还能在水中重结晶。甲酸、乙酸、芳香酸、丙烯酸、多元酸的相对密度大于 1，普通脂肪酸的相对密度小于 1。

表 10-1 一些羧酸的熔点、沸点和水溶性

羧酸	熔点/℃	沸点/℃	水溶性/(g/100g)	羧酸	熔点/℃	沸点/℃	水溶性/(g/100g)
甲酸	8	100.5	8	辛酸	16	284	0.7
乙酸	16.6	118	8	油酸	16	223(13333Pa)	不溶
乙二酸	189.5	157(升华)	14	软脂酸	63	269(13333Pa)	不溶
丙酸	-22	141	8	硬脂酸	70	287(13333Pa)	不溶
丙二酸	135	140(分解)	74	亚麻酸	-11	232(2266Pa)	不溶
丙烯酸	13	142	8	月桂酸	44	225(13333Pa)	不溶
丁酸	-6	164	8	苯甲酸	122	250	0.3
丁二酸	188	235(分解)	8	苯乙酸	77	266	微溶
顺丁烯二酸	140	169	79	邻苯二甲酸	234		
反丁烯二酸	300	185	0.7	对苯二甲酸	300(升华)		微溶
戊酸	-34	186	3.7	邻羟基苯甲酸	159		2.0
己酸	-3	205	1.0	间羟基苯甲酸	202		微溶
己二酸	153	265(13333Pa)	2.0	对羟基苯甲酸	213		0.5

注：未给出压力数据的沸点值由常压（101325Pa）测得。

10.3 酸性和碱性

羧酸是有机化合物中酸性最强的一族，但与大部分无机酸相比还是很弱的。酸的酸性通常是在水相中测量的，pk_a 值在 $2 \sim 12$ 的酸是可精确测量的，小于 2 的强酸或大于 12 的弱酸将分别都以 H_3O^+ 或 OH^- 形式出现而难以区分这些强酸或弱酸的酸性强弱不同。此时需要用酸性比水强或比水弱的溶剂来测量那些很强酸或很弱酸的酸性。

羧酸的离解度不大；如，0.1 mol/L 的乙酸水溶液中离解的仅 1.3%，生理环境下（pH＝7.3）的羧酸呈**羧基负离子**（**羧酸根**，carboxylate ion）的形式。甲酸的酸性相对最强，其与乙酸、丙酸、丁酸、苯甲酸的 pk_a 各为 3.77、4.76、4.88、4.86、4.20。羧酸的酸性大于碳酸（pk_{a1}＝6.4，pk_{a2}＝10.3），故可以分解碳酸氢盐并放出二氧化碳，如式（10-1）所示。

$$RCOOH + NaHCO_3 \longrightarrow RCOONa + CO_2 \tag{10-1}$$

羧酸的强酸性来自两个因素：羧基中羰基的吸电子诱导效应使 O—H 键中的电子云比一般的醇羟基更靠近氧原子，O—H 键有较大的极性可使氢原子较容易成为质子而解离。此外，如式（10-2）所示的羧基解离出质子并生成具共轭结构的羧基负离子（见图 10-2）是较易进行的过程。

$$RCOOH + H_2O \underset{}{\overset{k_{eq}}{\rightleftharpoons}} H_3O^+ + RCOO^-$$

$$k_{eq} = \frac{[H_3O^+][RCOO^-]}{[RCOOH][H_2O]}$$

$$k_a = k_{eq}[H_2O] = \frac{[H_3O^+][RCOO^-]}{[RCOOH]} \tag{10-2}$$

羧基负离子（$O\!=\!C\!-\!O^-$）具烯丙基负离子结构（参见 7.4.4）：一个氧原子带有一个可与羰基上的 p 电子发生 p-π 共轭作用的负电荷，三个原子上的三个 p 轨道有相互交盖的 4 个 p 电子。羧基负离子是对称的一个共振杂化体，如，甲酸钠中两根 C—O 键的键长完全相等，均为 0.124nm，分不出哪个是单键哪个是双键。如图 10-2 所示，**1a** 和 **1b** 是等同的两个共振结构式，存在着最有效的共振，另一个共振结构式 **1c** 对羧基负离子的结构贡献很小。羧基负离子的结构也可用 **1d** 或 **1e** 那样的非经典结构式来给出，虚线可理解为两个碳氧键均属于单键和双键之间的键，**1e** 中的两个氧各有 1/2 个负电荷。比较一下，醇 ROH 解离出质子后生成的烷氧基负离子上的负电荷是定域在一个氧原子上的，故酸性较羧酸弱得多。

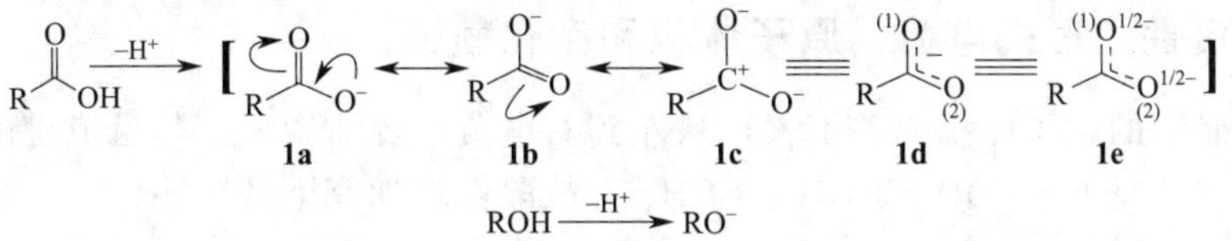

图 10-2 羧基负离子（**1**）的共振结构

羧酸可与 KOH、NaOH、NH_3 等碱成盐。性质与羧酸完全不同的羧酸盐是高熔点的固体，不再有羧酸的臭味。碱金属羧酸盐和羧酸铵可溶于水而难溶于有机溶剂，其他金属羧酸盐的水溶性仍很差，故肥皂在硬水中形成的羧酸钙、镁都会沉淀析出。羧酸盐用无机酸酸化后又可转为原来的羧酸。该性质可用于羧酸的分离提纯：将混合物置于 10% 碳酸氢钠或氢氧化钠水溶液（碳酸的 pk_{a1} 和 pk_{a2} 各为 6.4 和 10.2）和乙醚或二氯甲烷等有机溶剂的混合物中，羧酸转化为钠盐进入水相与其他不溶于碱水溶液的有机化合物分离后再用无机酸将羧酸盐转回到原来的羧酸（参见 12.3.3），如式（10-3）所示。

$$RCOOH \underset{H_3O^+/-H_2O}{\overset{OH^-/-H_2O}{\rightleftharpoons}} RCOO^-$$ （10-3）

与醇质子化形成氧𬭩离子一样，尽管不容易，羧基的羰基氧原子比羟基氧原子更易接受一个质子（**2**，$pk_a \sim -6$）而表现出碱性，该性质对羧酸在酸催化下进行的众多反应有很重要的意义。如图 10-3 所示，质子化羧酸（**2**）的酸性极强（pk_a 约为 -6），有三个共振结构，其中两个是等价的（**2a** 和 **2c**），正电荷得到分散而较稳定。羟基氧原子质子化生成的 **3a** 中氧原子上的正电荷得不到共轭分散而远不如 **2** 稳定。

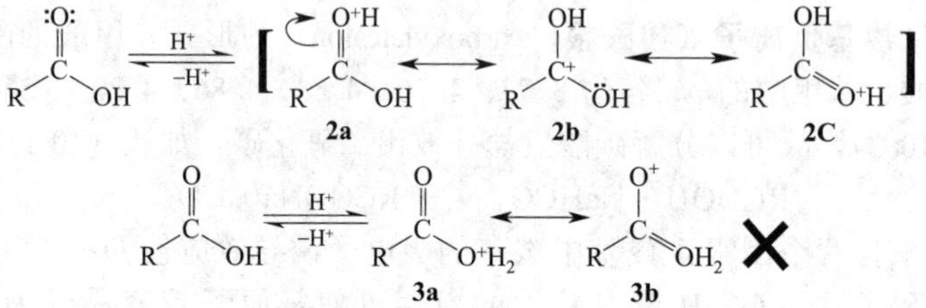

图 10-3　羧酸的质子化

10.4　影响酸性强度的因素

比较一个酸 HA 的酸性强弱可从 HA 的结构去推断电离 H^+ 的难易或分析离解质子后 A^- 的相对稳定性这两个方法来判断（参见 1.11.1）。影响酸性强度的因素主要与结构和溶剂的影响有关，但环境温度也不可忽略。除特别注明外，酸性强度都是在室温（25℃）于水相体系中进行测量或比较推出的。如，乙酸的酸性小于乙二酸，但若在较高的温度时次序就颠倒了，该现象在一些酸度相仿的同系物中有时可以看到。

化学反应中选择合适的酸或碱是经常要处理的问题，能记住一些常见化合物的 pk_a 肯定是有益的，但更有用的是能根据结构对其酸性强弱作出正确的分析预测。几乎所有用来解释化学现象的因素都被用于解释酸性强度，对影响酸性强度的讨论也是归纳运用许多基本概念的好课题。下面分别讨论了影响酸性强度的各种因素，但这些因素并不是孤立的，需要综合分析考虑。

10.4.1　电负性、形式电荷、原子体积和杂化轨道

第二周期元素的原子体积相差不大，从左到右电负性逐渐增大，与氢成键的极性也逐渐增大，相对稳定性是 $F^- > OH^- > NH_2^- > CH_3^-$，故酸性增加有下列次序：

$$HF > H_2O > NH_3 > CH_4；\quad RCOOH > RCONH_2 > RCOCH_3$$

原子体积相差较大时，电负性大小的影响就减弱了，同族元素自上而下原子的体积和极化度逐渐变大，价电子所在轨道的主量子数变大，负电荷离核更远，原子容纳负电荷的能力也逐渐增加。如，氢卤酸中尽管碘的电负性比其他卤素小，但负电荷因能扩展在体积更大的第五周期的 sp^3 杂化轨道上而远比落在体积较小的第二周期的氟的 sp^3 杂化轨道中稳定。实验表明，酸性强弱有下列次序：$HI > HBr > HCl > HF$，该次序与电负性影响酸性强弱的结果有矛盾。同样原因，硫醇的酸性较（氧）醇强。

一方面，原子带形式正电荷的酸性通常比同种中性的强，如，N^+H_4 的酸性比 NH_3 强得多；但不

同种原子间并不总是如此，如，R_3N^+H 的酸性比乙酸弱得多。另一方面，带形式负电荷的原子的碱性通常比同种中性的要强得多。当主量子数相同时，s 轨道的能量比 p 轨道的低，对负电荷的吸引也较强。酸 HA 中 H—A 键的 s 成分愈大酸性也愈强。如，乙炔、乙烯和乙烷 C—H 键中的碳原子杂化轨道各为 sp、sp^2 和 sp^3，s 成分各为 50%、33% 和 25%，pk_a 分别是 25、36 和 42。

10.4.2 极性效应

羧酸分子中取代基的极性效应（参见 1.3.5 和 1.3.6）对羧酸的酸性强弱有很大的影响。

（1）诱导效应　表 10-2 是几个乙酸和丁酸衍生物的酸度。可以看出，α-位的吸电子基团使乙酸的酸性增强，吸电子基团愈多、吸电性愈强、酸性也愈强（氰基和硝基还有共轭效应）。首先，吸电子基使 O—H 键中的电子更靠近氧，氢周围的电子云较少而易于失去；其次，吸电子基团可以分散 COO^- 基上的负电荷起到稳定作用。再比较三个氯代丁酸的酸性也可以看出，吸电子基团愈接近羧基，酸性愈强，这与诱导效应随键连数的增加而降低是一致的。

表 10-2　几个乙酸衍生物和单氯代丁酸衍生物的酸度（pk_a）

酸	HCH_2COOH	$NCCH_2COOH$	O_2NCH_2COOH	F_3CCOOH
pk_a	4.76	2.38	1.68	0.23
酸	C_3H_7COOH	$C_2H_5CHClCOOH$	$CH_3CHClCH_2COOH$	$Cl(CH_2)_3COOH$
pk_a	4.84	2.84	4.06	4.52

1 和 2 的键连次序相同，但 1 的酸性比 2 弱。电负性大而带部分负电荷的氯原子与羧基负离子是电性相斥的，1 中这两者距离比 2 短，静电相斥效应相对更强，故酸性要弱一些。α-氯乙酸（$pk_a = 2.67$）有较强的酸性除了氯原子的吸电子诱导效应外，还与具偶极矩的 C—Cl 键中正的一端通过空间稳定邻近的羧基负离子（3）有关，这些都反映出场效应使酸性减弱或增强的影响。

（2）共轭效应　使酸稳定的共轭效应导致酸性降低，使共轭碱稳定的共轭效应使酸的酸性提高。共轭效应产生的影响在许多场合下往往都比诱导效应强得多。2015 年才制得不稳定的三氰基甲烷[$HC(CN)_3$]的酸性可接近磺酸。如表 10-3 所示，己酸衍生物中因烯键有吸电子的诱导效应而都使酸性增加，但 β,γ-不饱和羧酸表现出最强的酸性。对 α,β-不饱和羧酸而言，烯键还同时存在供电子的共轭效应，故酸性反不如 β,γ-异构体强。

表 10-3　正己酸和几个不饱和正己酸的酸度（k_a）

羧酸	$C_5H_{11}COOH$	$C_3H_7CH = CHCOOH$	$C_2H_5CH = CHCH_2COOH$	$H_3CCH = CHCH_2CH_2COOH$
$k_a \times 10^5$	1.5	1.98	2.41	1.91

取代苯甲酸中对位有供或吸电子共轭效应基团存在使酸性分别降低或增强，间位基团不产生共轭效应而只有较弱的诱导效应，邻位基团兼具混杂的位阻效应、电子效应和氢键作用并通常都使酸性增强，如表 10-4 所示。

表 10-4 几个取代苯甲酸的酸性 （pk_a）

取代基	邻位	间位	对位	取代基	邻位	间位	对位
H	4.20	4.20	4.20	Br	2.85	3.81	3.97
CH$_3$	3.91	4.27	4.36	I	2.86	3.85	4.02
(CH$_3$)$_3$	3.45	4.28	4.38	OH	2.98	4.08	4.57
F	3.27	3.86	4.14	OCH$_3$	4.09	4.09	4.47
Cl	2.92	3.83	3.98	NO$_2$	2.21	3.49	3.42

10.4.3 立体效应

体积很小的质子在转移过程中直接的立体障碍较少见到。然而，立体效应（参见 1.4）可以因抑制共轭效应而影响到酸性的强弱。邻位叔丁基苯甲酸的酸性比对位叔丁基苯甲酸强近 10 倍，这是由于庞大的叔丁基使邻位羧基与苯环的共平面性受到削弱，从而使苯环的供电共轭效应减弱，称共振的立体抑制效应。同样原因，所有的邻位取代苯甲酸的酸性都要比对位取代的异构体强。

如图 10-4 所示，α,β-不饱和烯酸的顺反异构体中较大的取代基和羧基处在同侧的 Z-式羧酸的酸性较 E-式的强。这也是由于邻近基团的空间接近和相互挤压使烯基和羧基相对不易处在同一平面内，烯基产生的供电子共轭作用受到削弱。

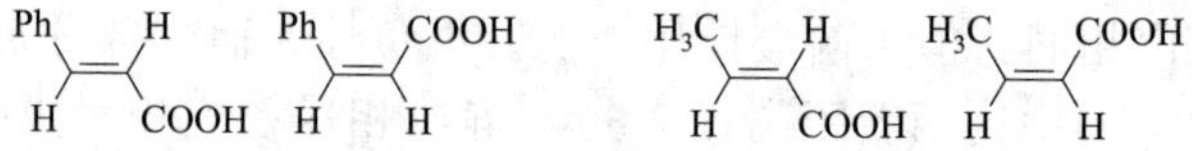

图 10-4 两组顺/反-α,β-不饱和烯酸的酸度 （pk_a）

10.4.4 芳香性

芳香性结构有很强的稳定性。一般的烯丙基 C—H 酸性很弱 （pk_a 36），但环戊二烯的酸性（pk_a 16）与水接近。因为环戊二烯脱去质子后生成的环戊二烯负离子是有芳香性的物种（参见 6.3.4），相当稳定而易于生成。

10.4.5 氢键和溶剂化作用

马来酸（**4**）解离第一个质子的酸性 （pk_{a1} 2.0） 要比富马酸（**6**，pk_{a1} 3.0）大一个数量级。因为它电离出一个质子后生成的羧基负离子（**5**）因位置有利而可生成氢键并起到分散负电荷的作用。但第二个质子则又由于氢键的原因使其难以离去，故 **4** 的 pk_{a2}（6.5）要比 **6** （pk_{a2} 4.5）的大。邻羟基苯甲酸（**7**）离去一个羧基质子后能生成分子内氢键，酸性比对羟基苯甲酸强得多。

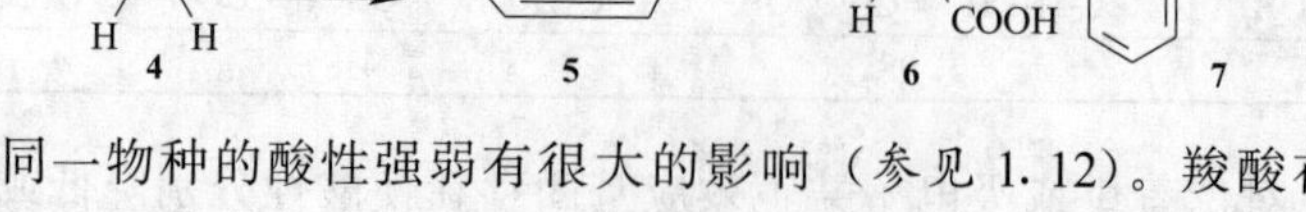

不同的溶剂对同一物种的酸性强弱有很大的影响（参见 1.12）。羧酸在碱性愈强的溶剂中愈易给出质子。如，乙酸在水中是弱酸，在液氨中则完全解离而成为强酸。顺-4-叔丁基环己基甲酸（**8**）羧基位于 a 键，反式异构体（**9**）的羧基位于空间体积阻碍相对较小的

e键，**8**中羧基的空间周围相对 **9** 而言受到 H(3a) 和 H(5a) 的位阻影响较大，可接纳的溶剂分子也少一些，稳定羧基负离子的溶剂化效应不如 **9** 有效。故 **8** 的酸性（$pk_a = 8.23$）比 **9**（$pk_a = 7.79$）的小。

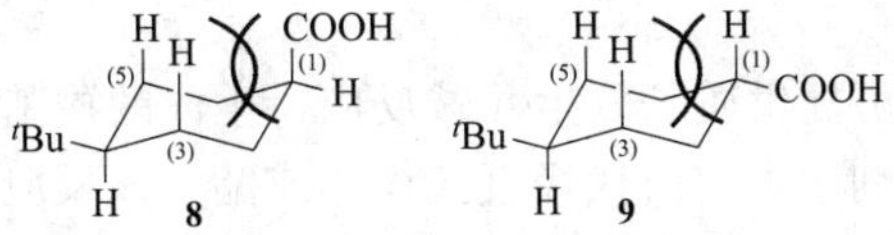

分子结构对酸碱性的影响在气相或液相中都是一样的。但分子在气相中基本上是孤立的，在液相中是被溶剂介质分子包围的溶剂化分子。酸的共轭碱受到的溶剂化作用愈强愈易生成，酸的酸性也愈强。苯酚和乙酸的 pk_a 值在水中相差 6 左右，在气相时相近。因乙酸根（CH_3COO^-）在水中能有效地被溶剂化而得到稳定，气相中则不再有溶剂化效应而降低了酸性。苯酚的酸性在水相或气相中相差无几，因苯氧负离子（$C_6H_5O^-$）上的负电荷可以离域共轭分散到苯环，溶剂化效应较弱。

因此，实际上存在着两类酸度。一类是在无外加介质的气相环境中测得的**气相酸度**，即由其本身结构决定的**内在酸度**（internal acidity）。另一类是在某种溶剂中测得的**液相酸度**（solvation acidity），受到溶剂化效应的影响。某些类型的有机化合物的 pk_a 值如表 10-5 所示。

表 10-5　某些类型的有机化合物的酸度（pk_a）与其共轭碱形式

酸	pk_a	共轭碱	酸	pk_a	共轭碱
$ArSO_3H$	-6.5	$ArSO_3^-$	RCH_2OH	16	RCH_2O^-
$HC(CN)_3$	-5	$C^-(CN)_3$	R_3COH	18	R_3CO^-
H_3O^+	-1.74	H_2O	$ArCOCH_2R$	19	$ArCOC^-HR$
$Ar(R)COOH$	$3\sim5$	$Ar(R)COO^-$	$RCOCH_2R$	20	$RCOC^-HR$
$ArSH$	7	ArS^-	RCH_2COOR	25	RC^-HCOOR
$RCOCH_2COR$	9	$RCOC^-HCOR$	R_2CHCN	25	R_2C^-CN
NH_4^+	9.3	NH_3	$RC\equiv CH$	25	$HC\equiv C^-$
$ArOH$	10	ArO^-	$ArNH_2$	26	$ArNH^-$
R_2CHNO_2	10	$R_2C^-NO_2$	Ar_3CH	32	Ar_3C^-
R_3NH^+	10	R_3N	NH_3	34	NH_2^-
RSH	10	RS^-	$ArCH_3$	35	$ArCH_2^-$
$CH_2(CN)_2$	11	$HC^-(CN)_2$	$CH_2=CHCH_3$	36	$CH_2=CHCH_2^-$
$RCOCH_2COOR$	11	$RCOC^-HCOOR$	$R_2C=CH_2$	37	$H_2C=CH^-$
$CH_2(COOR)_2$	13	$HC^-(COOR)_2$	C_6H_6	37	$C_6H_5^-$
H_2O	15.74	OH^-	$^cC_3H_6$	39	$^cC_3H_5^-$
$^cC_5H_6$	16	$^cC_5H_5^-$	$C_6H_5CH_3$	41	$C_6H_5CH_2^-$
$RCONH_2$	17	$RCONH^-$	RH	$45\sim50$	R^-

10.5　化学反应点

羧酸是最重要的制备众多羧酸衍生物的底物，其化学反应点如图10-5所示。羧酸兼具醇和醛、酮的性质，但羧基并不是羰基和羟基的简单叠加。与醛、酮类化合物一样，芳香族羧酸的反应活性不如脂肪族羧酸。

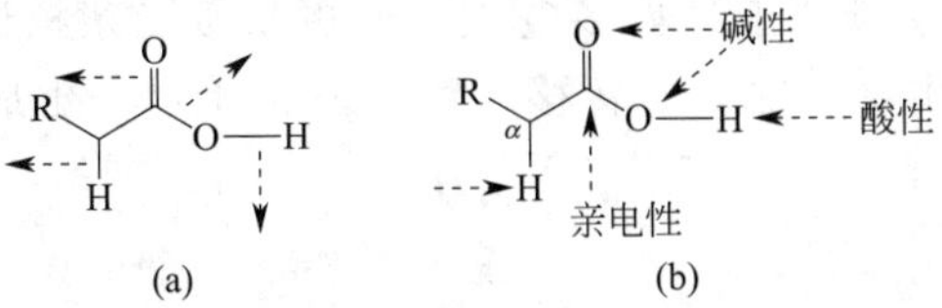

图 10-5　羧酸反应的断键点（a）和反应点（b）

10.6　羧基中羟基氢的反应

羧酸是强有机质子酸，可提供质子发生酸碱反应，生成的羧基氧负离子是个亲核试剂。羧酸在 HMPA 等非质子极性溶剂中可与卤代烃直接作用成酯。该反应常用来合成那些因位阻效应而难以由羧酸和醇直接酯化生成的酯，如式(10-4)所示。

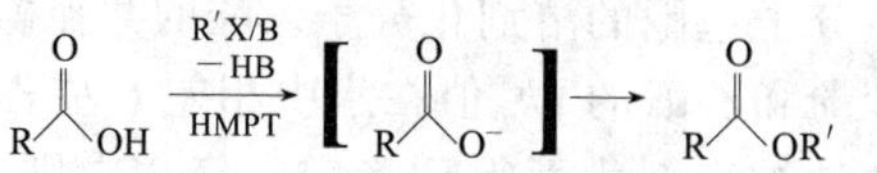

$$
R\!-\!\overset{\displaystyle O}{\underset{}{C}}\!-\!OH \xrightarrow[\text{HMPT}]{\substack{R'X/B \\ -HB}} \left[R\!-\!\overset{\displaystyle O}{\underset{}{C}}\!-\!O^- \right] \longrightarrow R\!-\!\overset{\displaystyle O}{\underset{}{C}}\!-\!OR'
\tag{10-4}
$$

如式(10-5)所示的两个反应，酸性条件下羧酸的羟基与烯烃加成也可生成酯，分子内的该反应很容易得到五元的 γ-或六元的 δ-内酯（参见 11.9.3，**OS** $\mathbb{N}$：417）。

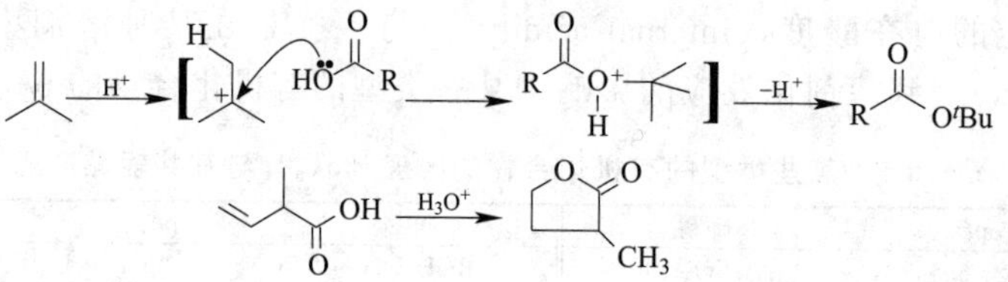

$$
\tag{10-5}
$$

10.7　羧基碳上的亲核加成-消除反应

醛、酮与亲核试剂经过加成反应得到四面体中间体（**1**）接着质子化两步反应生成加成产物，如图 10-6(a)所示。**1** 若发生消除反应，离去基将是碱性和活性极强的 H^- 或 R^- 而难以实现。如图 10-6(b)所示，羧酸和醛、酮一样也可与亲核试剂进行加成反应生成四面体中间体（**1**），但 OH^- 接着可成为离去基离去，经过加成-消除两步过程，整个反应就像在羧基碳上发生了亲核试剂取代羟基的反应，故又称**亲核酰基取代反应**（nucleophilic acyl substitution reaction）。但所谓的亲核酰基取代反应仅是表象，因为羰基碳是 sp^2 杂化碳，要发生 S_N2 或 S_N1 反应都是很难的（参见 7.4）。

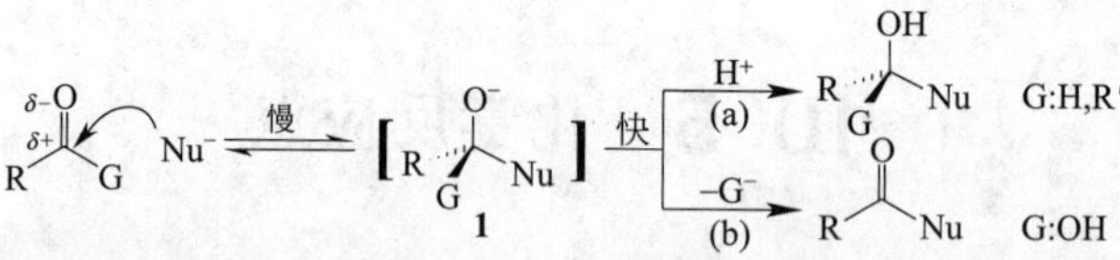

图 10-6　羧酸或醛、酮的羰基碳亲核加成后的后续反应分别是消除反应或质子化反应

羧酸与亲核试剂的加成-消除反应通常在酸催化下进行。如图 10-7 所示，酸催化下，羧基中的羰基氧质子化使羰基碳原子带更多电正性而更易接受亲核试剂 NuH 的进攻生成四面体中间体产物（**2**），**2** 发生分子内质子转移后离去一分子水并生成另一个中间体产物（**3**），**3** 失去质子完成整个反应。

10.7.1　酯化反应

如式(10-6)所示，羧酸与醇在质子酸或 Lewis 酸催化下反应成酯。这个反应是可逆的，

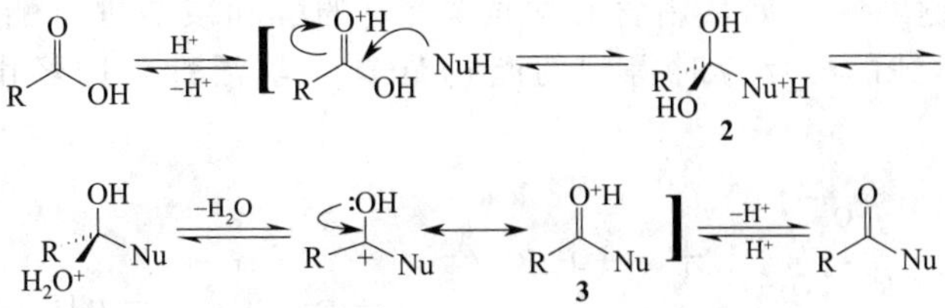

图 10-7　酸催化下羧酸的加成-消除反应

如，1mol 的乙酸与 1mol 乙醇的酯化反应到平衡时只生成 2/3mol 的酯和水。

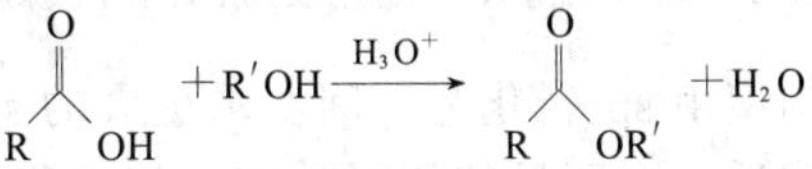

$$\underset{R}{\overset{O}{\|}}{-}OH + R'OH \xrightarrow{H_3O^+} \underset{R}{\overset{O}{\|}}{-}OR' + H_2O \qquad (10\text{-}6)$$

为得到较高产率的酯，可以用两种方法去打破平衡。一种是根据原料来源投入过量的酸或醇，使正反应加快并改变反应达到平衡时反应物和产物的组成。如，制备乙酸乙酯时，若乙醇的量为 10 倍乙酸的物质的量时，则平衡时 97% 的乙酸可转化为乙酸乙酯。另一种方法是将产物之一的水从反应体系移走，使逆反应不能进行。这可以用加入合适的如无水硫酸镁（铜、铝）、分子筛、**二环己基碳二亚胺**（1,3-dicyclohexylcarbodiimide，**DCC**，**4**）等脱水剂或利用恒沸混合物去水的手段来实现。脱水缩合剂 **4** 易与水反应后成为 N,N'-**二环己基脲** $[CO(NH^c C_6 H_{11})_2]$ 沉淀析出并受热脱水再生出 DCC（**OS** 63：183）。

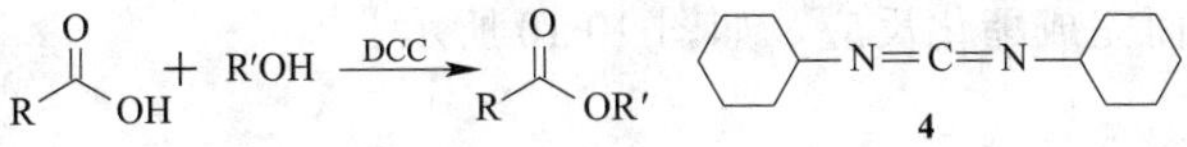

苯或甲苯都能与水组成二元恒沸物 $[C_6 H_6：H_2 O = 91：9$（沸点 69℃）；$CH_3 C_6 H_5：H_2 O = 4：1$（沸点 84℃）$]$，共沸物在反应中被蒸出，通过分水器将水分出后苯或甲苯这些带水物仍回到反应器中继续带水。这样，不但使反应平衡向酯的方向前进，而且根据带出的水的量可以判断反应是否完成。酯化过程中酯也可与醇、水一起蒸出，如，乙酸乙酯和乙醇及水能形成**三元恒沸物**（$CH_3 COOC_2 H_5：C_2 H_5 OH：H_2 O = 83：9：8$；**OS** II：264；276）。

酯化反应的速率一般较慢。如，乙酸与乙醇在室温或 150℃ 酯化反应达到平衡需长达 16 年或数天，酸催化下则仅需数小时即可。整个过程如图 10-8 所示，反应中醇首先接受酸性催化剂的质子成为氧镓盐，羧酸中的羰基氧原子从醇的氧镓盐（**5**）中夺取质子生成共振稳定的羧酸氧镓盐（**6a**）并使羧基中的碳原子带有正电荷（**6c**）而更易与醇氧原子结合成键。中间体 **7** 失去醇或转化为 **8** 后失去水的两条途径都有可能，因为水或醇的酸性非常接近。

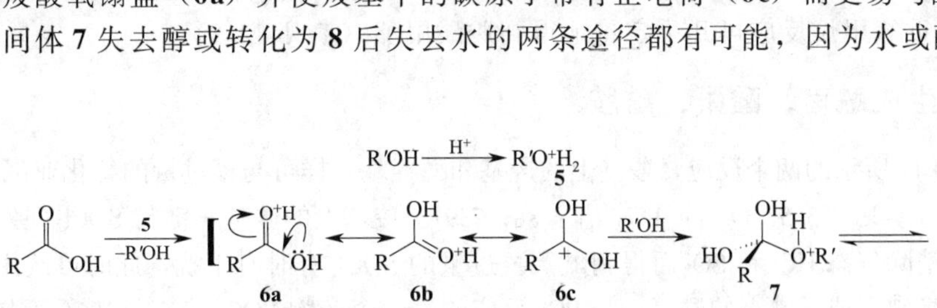

图 10-8　酸催化下羧酸与醇的酯化反应

羧酸进行酯化反应时可有酰氧键 $RC(O){-}OH$ 断裂[图 10-9（a）]或提供氢发生 $RCOO{-}H$ 断裂[图 10-9（b）]两种模式。羧酸与伯醇、仲醇间的酯化反应是酰氧键断裂，与叔醇反应是烷氧键断裂。如，用含有**同位素**^{18}O 的醇和羧酸进行酯化反应时产物是含有 ^{18}O 的酯；用光学纯的醇反应时得到的酯仍具有光学活性，即经由如图 10-9（a）所示的过程。

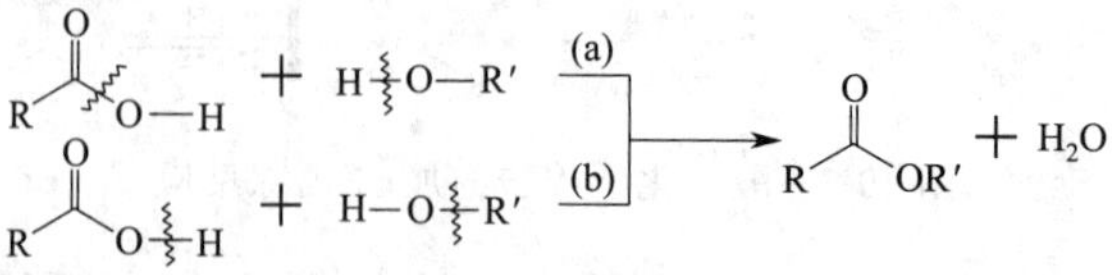

图 10-9　羧酸与醇发生酯化反应的两种成键模式

羧酸酯化时，羰基碳的构型由 sp^2 转化为空间要求更大的 sp^3，羧基或醇羟基的邻近大基团取代都对反应不利。故酯化反应有明显的位阻效应，如，羧酸和醇的酯化速率大小顺序是 $HCOOH > CH_3COOH > RCH_2COOH > R_2CHCOOH > R_3CCOOH$；伯醇＞仲醇＞叔醇。如，乙酸、丙酸、2-甲基丙酸和 2,2-二甲基丙酸与异丁醇在 155℃反应 1h 的转化率分别为 44%、41%、29% 和 8%；甲醇、乙醇、异丙醇、异丁醇和叔丁醇与乙酸在 155℃反应 1h 的转化率分别为 56%、47%、26%、23% 和 1%。叔醇反应时还会产生大量的烯烃副产物，故不宜直接与羧酸进行酯化反应。又如，2,6-二烷基苯甲酸中羧基周围的空间位阻较大，难以接近醇分子而不能进行一般的酯化反应。此时可将羧酸先溶于 100% H_2SO_4 之类强酸中，羧基在强酸中会形成与苯环共平面的直线平面型酰基正离子（**9**）。醇分子接着可从平面的上方或下方进攻 **9** 中的酰基碳从而完成酯化反应，如图 10-10 所示。

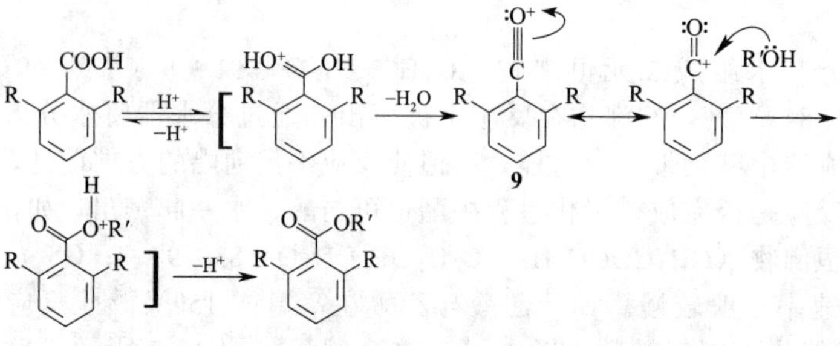

图 10-10　2,6-二取代苯甲酸在强酸作用下的酯化反应

酚类化合物与羧酸的酯化较脂肪醇困难得多，通常要用活性更大的酸酐或酰卤来替代羧酸。羧酸与重氮甲烷反应可几乎定量地得到羧酸甲酯（参见 12.9）。

10.7.2　生成酰卤、酸酐、酰胺

如图 10-11 所示的两个反应，羧基上的羟基和醇羟基一样可与稍过量的氯化亚砜（$SOCl_2$）反应生成酰氯（参见 8.3.5；**OS** I：147，IV：88；739）。羧基上的羰基 π 键与 $SOCl_2$ 间发生 S_N2 反应后再分子内消除气态 HCl 和 SO_2 而得到酰氯。过量的 $SOCl_2$ 有时有干扰，此时可改用 PCl_5 或 PCl_3 来分别制备高沸点或低沸点的酰氯。与 PCl_5 反应的另一个产物 $POCl_3$ 沸点（106℃）较低，与 PCl_3 反应的另一个产物 H_3PO_3 沸点（200℃分解）较高。羧酸与三溴化磷反应生成酰溴（参见 8.3.6；**OS** II：156，IV：554）。

如式（10-7）所示的三个反应，羧酸在强脱水剂存在下发生分子间脱水反应成酐。酰氯（RCOCl）中氯原子的强电负性使酰基碳具较强的亲电性而可接受亲核性的羧酸盐进攻成酐；低级的酸酐本身容易吸水，故有时可以利用其作为脱水剂将较高级的羧酸转化成酸酐的同时自身转化为羧酸（**OS** II：560，IV：242）。

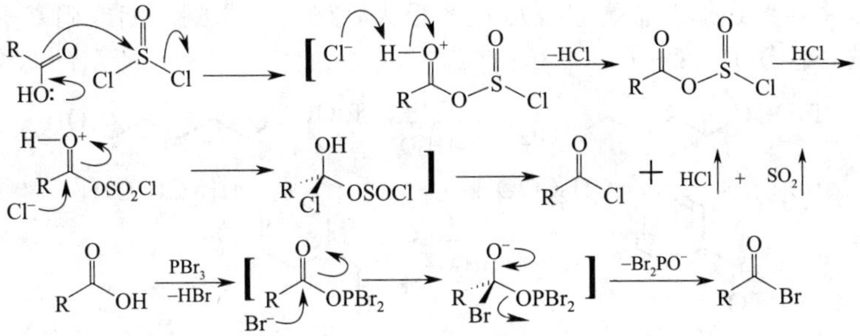

图 10-11　羧酸与氯化亚砜或三溴化磷反应生成酰氯或酰溴

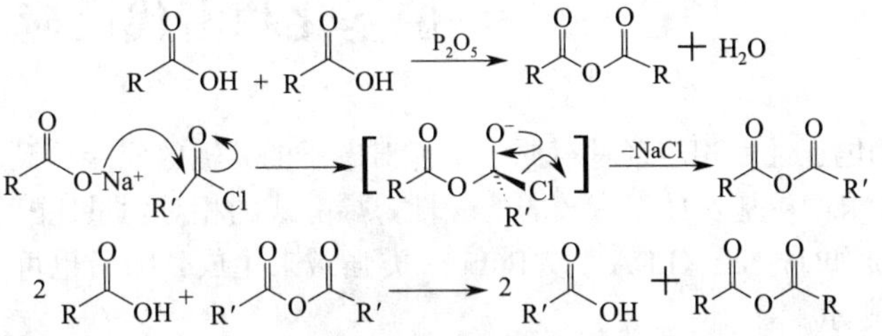

（10-7）

如图 10-12 所示的两个反应，羧酸的酸性比氨（胺）的共轭酸强，两者反应时，羧酸更易提供质子给氨（胺）生成**羧酸铵盐**而不发生亲核酰基取代反应。铵盐中的羧基负离子更不易接受亲核试剂的进攻，但铵盐受热将可逆分解为羧酸和氨或脱水生成酰胺。碱性或亲核性都比醇强的氨（胺）若作为亲核试剂进攻羧酸的羰基碳，则经加成-消除过程可生成酰胺（**OS** I：82）。只有伯胺或仲胺可与羧酸反应生成酰胺，叔胺是不行的。

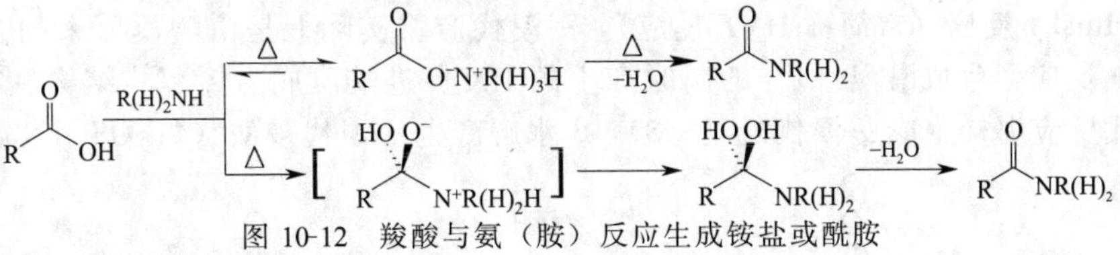

图 10-12　羧酸与氨（胺）反应生成铵盐或酰胺

10.8　羧基的还原反应

羧基是最难还原的基团之一，羧酸常用作催化氢化的惰性溶剂。羧酸也很难被 Na/C_2H_5OH 或 $NaBH_4$ 还原，但在液氨(胺) 中可被碱金属还原为醛；与氢化铝锂先发生酸碱反应放出一分子氢气并生成羧酸根与 AlH_3 的配合物（**1**），**1** 进行分子内负氢转移，断裂一根弱的 Al—H 键转化为 **2**，继而成为还原活性比羧酸大得多的醛（**3**）后即刻再还原为伯醇（**OS** 66：161）并放出 LiOH 和 $Al(OH)_3$，如图 10-13 所示。产物醇中 α-亚甲基的两个氢原子来自锂铝氢，羟基氢原子来自后处理的酸性溶剂。

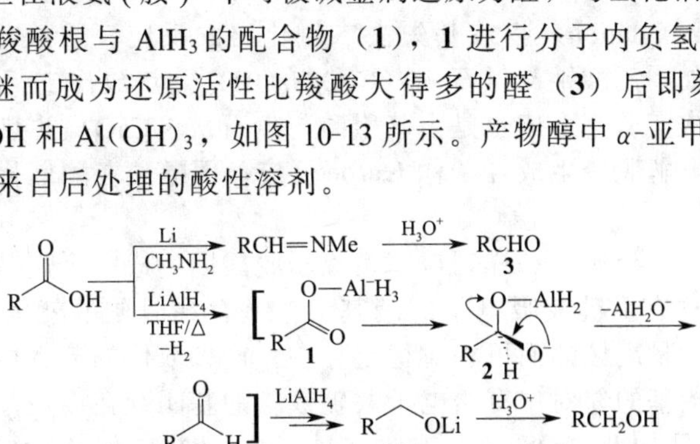

图 10-13　羧酸被锂或锂铝氢还原为醛或伯醇

硼烷也可以将羧酸还原为伯醇且反应速率很大，硼烷还原酮、酯或硝基等的反应速率较小，故可用于选择性还原（**OS** *63*：136；*64*，104），如式（10-8）所示的两个反应。

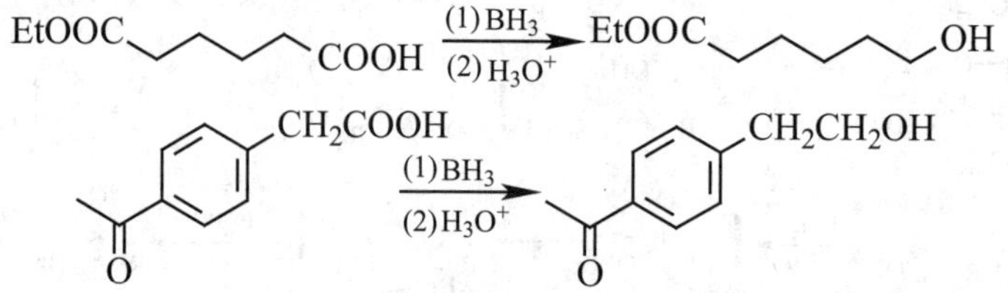

$$（10\text{-}8）$$

10.9　α-烷基化和卤代反应

羧基中羰基碳的电正性因相连羟基氧原子上孤对电子的共轭效应能得到一定补偿，故减弱了向 α-C 获得电子的要求，羧基 α-H 仅有较弱的酸性，烯醇式的相对含量比醛、酮少得多。1mol 羧酸的烯醇盐需用 2mol 如 ^{i}Pr$_2$NLi（LDA）或 BuLi 一类强碱来生成，随后也可进行烷基化等亲核取代反应，如式（10-9）所示。

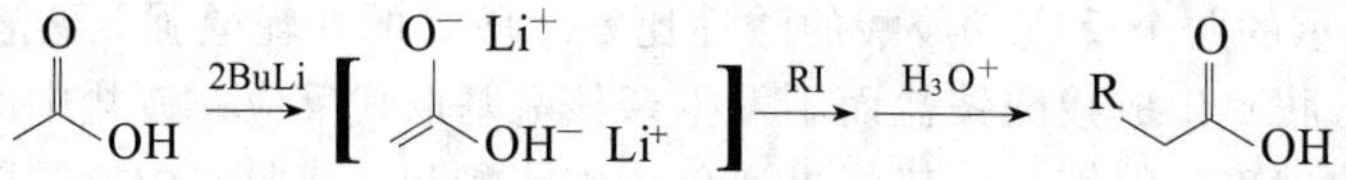

$$（10\text{-}9）$$

以 PBr$_3$ 为催化剂，羧酸与溴反应生成 α-溴代羧酸（**OS** *I*：115，*III*：381）。磷易与溴反应生成 PBr$_3$，故微量的磷也可替代 PBr$_3$ 用作催化剂。羧酸的 α-溴代反应又称 **Hell-Volhard-Zelinsky 反应**（常简称 **HVZ 反应**），α-溴代产物实际上是由酰溴而来的。反应时羧酸先与 PBr$_3$ 反应，生成酰溴（**1**）的同时产生的 HX 促进酰溴成为烯醇式结构（**2**）。2 如同酮的 α-卤代反应那样生成 α-溴代酰溴（**3**），3 水解产生 α-溴代羧酸（**4**；**OS** *IV*：398，608）。

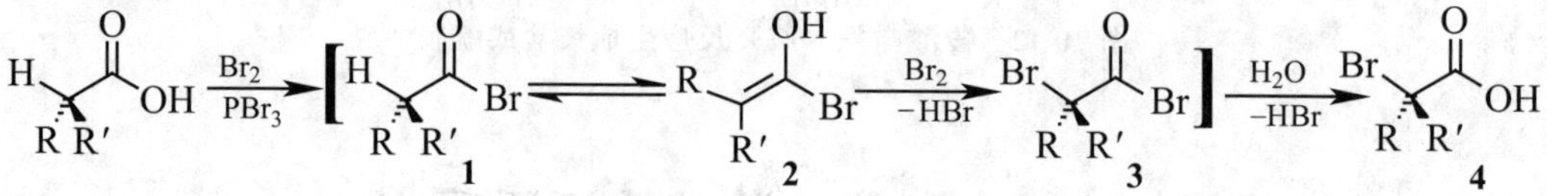

10.10　脱羧反应

脱羧反应（decarboxylation）指羧基失去二氧化碳的反应。羧酸化合物通常是稳定的，但高温下也可脱羧。如，乙酸钠与碱石灰（CaO/NaOH）共热放出二氧化碳并生成实验室所需的甲烷；苯的第一次实验室合成也是由苯甲酸与生石灰（CaO）共热脱羧而完成的；羧酸的碱金属盐在阳极上电解脱羧生成烃，称 **Kolbe 反应**；丙酮酸在酶催化下的脱羧反应是一个相当重要的生物反应。

就像烷烃不易脱去一个质子一样，羧基负离子脱羧因生成一个烷基碳负离子也是很不容易的。但在羧基的 α-位有重键或吸电子的硝基、氰基存在时羧酸就较易受热脱羧，此时生成的碳负离子因负电荷是离域的而可相对稳定存在。许多取代的芳香羧酸也可发生脱羧或羧基重排反应，特别是羧基的邻对位有给电子共轭效应的基团存在或羧基邻位有大的立体位阻基团存在的情况下更是如此（**OS** *I*：455，541；*II*：93），如式（10-10）所示的两个反应那样。

$$RCH_2HC=CHCOOH \xrightarrow[-CO_2]{\triangle} RCH_2HC=CH_2$$

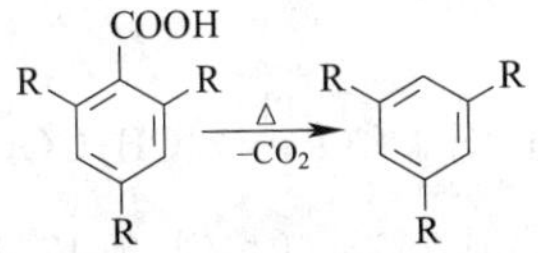

$$\tag{10-10}$$

这些脱羧反应通常在酸性环境下更易进行。如图 10-14 所示，脂肪族羧酸的脱羧反应经过一个**六元环状过渡态**。该过渡态中的羧基氢与碱性的羰基氧或重键处于理想的成键位置，涉及三对电子的排列重叠，与芳香性苯的电子排列相似，故称**芳香过渡态**。芳香过渡态的能量较低，能形成芳香过渡态的反应都是较易进行的，如 Diels-Alder 反应，高锰酸盐、四氧化锇或臭氧对烯烃碳碳双键的加成等反应过程都涉及芳香过渡态，都是易于进行的。β-羰基羧酸的脱羧产物是烯醇，烯醇再转化为酮，不能生成烯醇中间体产物的 β-羰基羧酸不易发生脱羧反应。β,γ-不饱和羧酸也可脱羧，双键在脱羧后重排到 α,β-位之间。

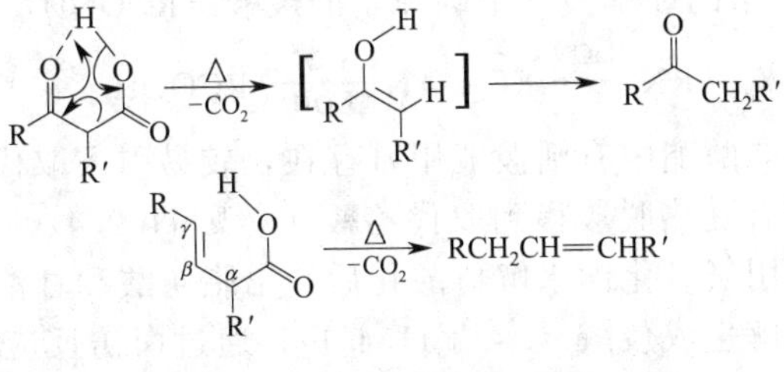

图 10-14 β-羰基酸和 β,γ-不饱和羧酸的脱羧反应

如式 (10-11) 所示，羧酸银在无水惰性溶剂四氯化碳中与等物质的量的溴反应，失去二氧化碳并生成比羧酸少一个碳原子的溴代烷，称 **Hunsdiecker 反应**（**OR** 9：341）。天然产物大多是偶数碳原子的，故偶数碳原子的底物比单数碳原子的价廉易得。利用 Hunsdiecker 反应从偶数碳原子的羧酸出发就可制备具有单数碳原子的溴代烷。该反应更适宜制备伯溴代物。

$$RCH_2COOAg \xrightarrow[-CO_2]{Br_2/\triangle} RCH_2Br + AgBr \tag{10-11}$$

10.11 制备

羰基碳原子上有三根碳氧键，制备一般采用以下几个方法。

(1) 有机物氧化 羰基碳的氧化形式是各类有机分子中最高的，羧酸可通过众多有机分子的氧化反应来制备。如式 (10-12) 所示，伯醇氧化生成醛，醛继续氧化生成相应的羧酸（参见 8.3.8 和 9.6）。不会继续氧化的羧酸容易分离提纯，故在实验操作上比醇氧化制备醛要方便（**OS** *II*：315）。

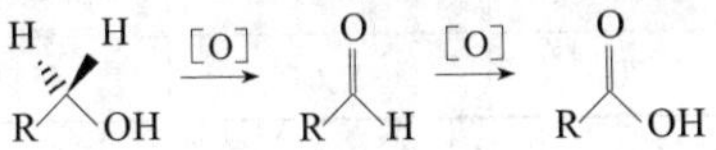

$$\tag{10-12}$$

氧化不饱和醇或醛到不饱和酸时需用湿润的氧化银或 $Ag(NH_3)_2^+$ 等性能温和的弱氧化剂（参见 9.6.1）以避免碳碳双键被氧化；至少有一个苄基氢的烷基苯氧化后生成苯甲酸（参见 6.9）。炔烃及至少有一个烯基氢的烯烃与热而浓的高锰酸盐氧化后生成羧酸（参见 3.7 和 5.6）；烷烃氧化也产生脂肪酸，长链石蜡烷烃用气相空气氧化可得到各种脂肪酸的混合物。以石油产品为原料的氧化反应已大量用于生产苯二甲酸和丁烯二酸等多种有用的羧酸。如式

（10-13）所示的在铑催化下甲醇羰基化生产乙酸的方法称 **Monsanto 工艺**，被誉为有机化学工业发展中的第三个里程碑。

$$CH_3OH + CO \xrightarrow{Rh^{3+}} CH_3COOH \tag{10-13}$$

（2）由金属有机化合物制备　格氏试剂（参见 7.12.1）与二氧化碳反应后经水解得到羧酸。反应时将干燥的二氧化碳气体通入格氏试剂溶液或将格氏试剂溶液倒入过量的干冰中，而后用稀酸水解（**OS Ⅱ**：425），如式（10-14）所示。这个方法从卤代烷出发可得到多一个碳原子的羧酸，适合于各种脂肪族和芳香族取代甲酸。二氧化碳与烷基锂作用后也得到羧酸，但需抑制烷基锂与羧酸锂作用生成对称酮的副反应（参见 9.15）。

$$RX \xrightarrow{Mg} RMgX \xrightarrow{CO_2} RCOOMgX \xrightarrow{H_3O^+} RCOOH \tag{10-14}$$

（3）腈水解　卤代烷与氰化钠（钾）反应生成腈（RCN），腈在酸性或碱性条件下水解生成羧酸（参见 11.15.3，**OS Ⅰ**：254，289；**Ⅱ**：588），如式（10-15）所示。通过这个方法也能得到比卤代烷（RX）中的烃基多一个碳原子的羧酸（RCOOH）。

$$RX \xrightarrow{NaCN} RC \equiv N \xrightarrow[\text{或 OH}^-]{H_3O^+} RCOOH \tag{10-15}$$

（4）丙二酸酯法　丙二酸酯中有活泼亚甲基存在，较易引入取代基团，取代丙二酸酯水解后生成取代丙二酸，后者受热脱羧得到取代乙酸（参见 11.9.4）。

（5）油脂水解　油脂用氢氧化钠水解再酸化后给出脂肪酸和甘油（参见 11.13）。

此外，羧酸衍生物水解生成羧酸（参见 11.4.1）；通过卤仿反应得到比底物少一个碳原子的羧酸（参见 9.7.3）；三氯甲苯水解生成苯甲酸，如式（10-16）所示。

$$\tag{10-16}$$

10.12　二元羧酸

碳酸（H_2CO_3）是最简单的二元羧酸，其他**二元（羧）酸**（binary acid）都是结晶化合物。二元酸分子间吸引力由于碳链两端都有羧基而较大，熔点和溶解度比相对分子质量相近的一元羧酸都要高。二元酸中有两个可以离解的氢，羧基有较强的吸电子诱导效应，故离解常数 k_{a1} 较大，两个羧基靠得愈近 k_{a1} 愈大。第一个羧基离解后形成有供电子诱导效应的羧基负离子，使第二个羧基离解质子变得困难。k_{a1} 和 k_{a2} 的差值也随着两个羧基之间距离的增加而减小，如表 10-6 所示。

表 10-6　几个二元酸的酸度（pk_a）

二元酸	草酸	丙二酸	丁二酸	戊二酸	己二酸	邻苯二甲酸
pk_{a1}	1.27	2.85	4.21	4.34	4.41	2.95
pk_{a2}	4.27	5.70	5.64	5.41	5.28	5.41

二元酸受热后根据两个羧基的相对位置可发生脱羧或脱水反应。乙二酸受热分解生成一氧化碳和水，丙二酸极易脱羧生成乙酸，取代丙二酸的脱羧反应在合成化学中非常有用（参见 11.9.4）。丁二酸、顺丁烯二酸和戊二酸在强脱水剂 P_2O_5 存在下加热或与乙酐、酰氯共热脱水生成五元和六元**环酐**（cyclic anhydride，**OS Ⅳ**：630）。己二酸在氧化钡存在下加热生成环戊酮，单独加热或与乙酐共热时脱羧生成不稳定的环酐（**1**），**1** 在储存或加热时转变成**聚**

酐（polyanhydride，**2**）；庚二酸以上的二元酸在高温加热时也都形成聚酐。

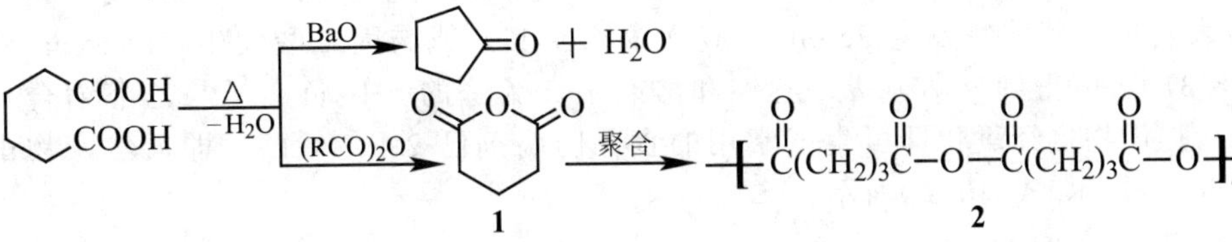

$$\text{（反应式）}$$

二元酸和二元伯胺反应可形成线型的**聚酰胺**（polymeric amide）。各条轴向排列的聚酰胺链中的羰基氧和氨基氢之间的众多氢键使产品具有良好的机械强度和伸展度。如，由己二酸和己二胺聚合反应得到可作合成纤维和工程塑料的**尼龙66**（**3**），由癸二酸和癸二胺得到**尼龙1010**。尼龙1010有良好的耐油、耐磨和绝缘性能，作为工程塑料可在很宽的温度范围内使用。对苯二甲酸和对苯二胺缩合形成的高聚物的链之间由多而强的氢键结合而具单被状结构，苯环的引入使其有足够的强度，高温下其物理性能也几无改变。商品名 **Kevlar**（**4**）纤维的拉伸强度比钢铁还好，可用于头盔、防弹背心和消防服装。混合有相对刚性的尿素和其他柔性部分的聚酰胺酯类合成纤维密度低，材质轻，不易分解且弹性极佳，广泛用于泳衣和紧身内衣等纺织用品。

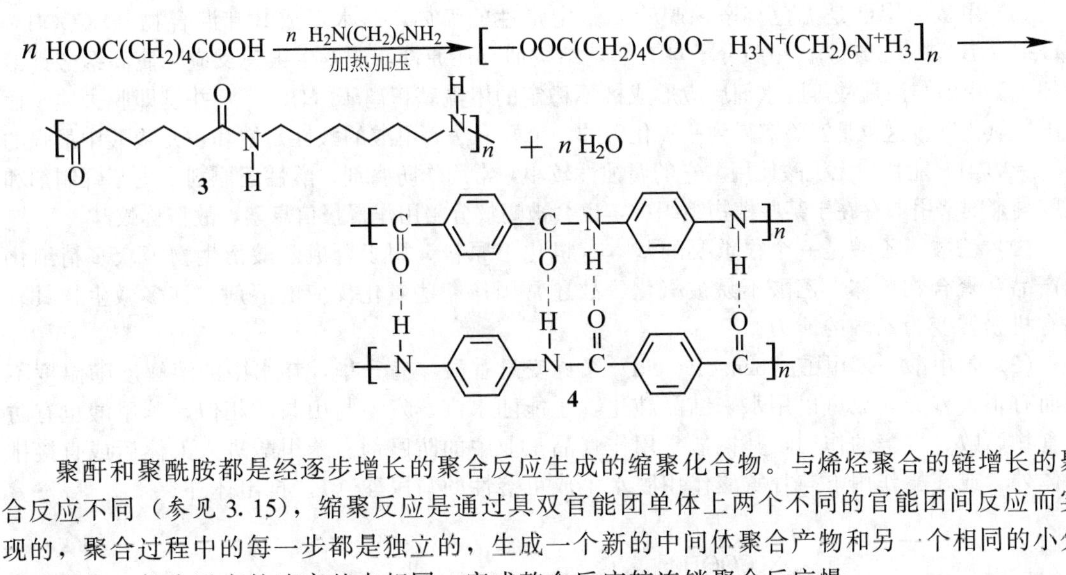

$$\text{（反应式）}$$

聚酐和聚酰胺都是经逐步增长的聚合反应生成的缩聚化合物。与烯烃聚合的链增长的聚合反应不同（参见 3.15），缩聚反应是通过具双官能团单体上两个不同的官能团间反应而实现的，聚合过程中的每一步都是独立的，生成一个新的中间体聚合产物和另一个相同的小分子副产物。每步反应的速率基本相同，完成整个反应较连锁聚合反应慢。

二元酸和二元伯醇也可经逐步增长的聚合反应形成线型的**聚二酸二酯**。如，由己二酸和己二醇聚合反应得到**聚己二酸己二酯**（**5**）。

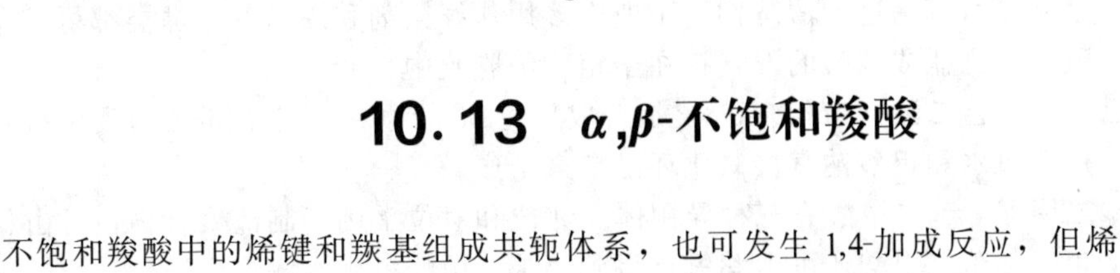

$$\text{HOOC(CH}_2)_4\text{COOH} \xrightarrow[-n\,H_2O]{n\,\text{HO(CH}_2)_6\text{OH}} \text{（产物 5）}_n$$

10.13 α,β-不饱和羧酸

α,β-不饱和羧酸中的烯键和羰基组成共轭体系，也可发生 1,4-加成反应，但烯键与羧基

间的共轭效应不如与羰基间的强。如丙烯酸及其衍生物等 α,β-烯键羧酸常用作聚合物的单体原料，其制备可通过不饱和卤代物的格氏反应、不饱和腈的水解及 α-羟基酸或 α-卤代酸的消除反应来实现。芳香醛发生 Perkin 反应（参见 9.12）或与丙二酸发生 Knoevenagel 反应（参见 9.8.3）均可得到 β-芳基-α,β-不饱和酸。丁-2-烯醛的 γ-碳负离子与乙醛缩合（参见 9.10.3）所得产物再经氧化即可生成常用的食品防腐剂己-2,4-二烯酸，即天然产物**山梨酸**（sorbic acid，**1**），如式（10-17）所示。

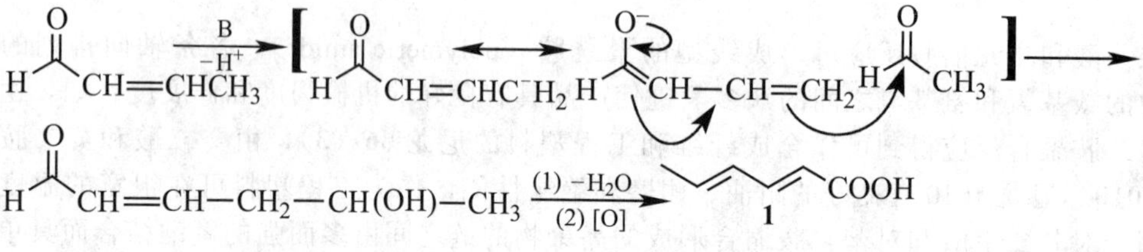

$$(10\text{-}17)$$

10.14　几种常见的羧酸

（1）甲酸　甲酸是无色有辛辣嗅味和一定毒性的液体，与水形成共沸混合物（HCOOH∶$H_2O=3∶1$，沸点 107℃）。甲酸分子具有醛基结构而有还原性，能发生银镜反应，使高锰酸钾溶液褪色。甲酸与浓硫酸等脱水剂反应形成极不稳定的甲酰基正离子（HCO^+）并迅即脱去质子而放出一氧化碳，这也是实验室得到一氧化碳的一个好方法。甲酸的酸性是饱和一元羧酸中最强的（$pk_a=3.74$），能替代无机酸使用。它的腐蚀性较小，常用作防腐剂、酸性还原剂、皮革鞣制剂和橡胶凝聚剂。甲酸存在于某些植物组织中，也会被蚂蚁分泌用作**警报信息素**，故俗称蚁酸。

（2）乙酸　乙酸是一个很重要的基本有机化工原料，用于合成乙酸衍生物等众多精细化工产品和聚合物单体。乙酸不易被氧化，故还常用作一些氧化反应的溶剂。许多微生物具有将有机物转变为乙酸的能力。

（3）苯甲酸　苯甲酸（benzoic acid）又称**安息香酸**，易升华，在水中的溶解度随温度不同而有很大差异，故可以用水来结晶纯化，也能随水汽蒸发。与山梨酸相似，苯甲酸也有防止食物腐败、发酵的作用，其钠盐常用作食品工业中的防腐剂。苯甲酸进入人体后或直接排出体外，或在酶作用下与甘氨酸作用脱水生成可溶性的**马尿酸**（**1**）排出体外。

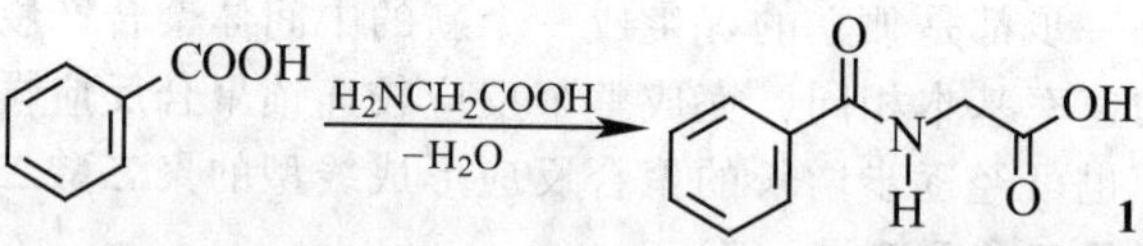

（4）乙二酸　乙二酸又称**草酸**（oxalic acid），通常含两分子结晶水，含氧量在有机物中最高。草酸可继续被氧化为二氧化碳和水，该反应在分析化学上可用于标定高锰酸钾溶液的浓度；草酸还原后生成乙醛酸和乙醇酸。草酸可与许多金属形成大多是可溶性的配合物，可用作去除铁锈和墨水等污迹的清洗剂。工业上多用作媒染剂和漂白剂。糖类都可被硝酸氧化为草酸，草酸常以钙盐或钾盐的形式存在于植物细胞膜中。

（5）己二酸　**己二酸**（adipic acid）是合成尼龙 66 的原料，可由环己酮氧化得到，一个绿色工艺是用双氧水和钨酸钠直接氧化环己烯来生产。

（6）苯二甲酸　苯二甲酸有三种异构体。邻位和对位常用于制造聚合物，可由相应的二甲苯氧化产生。邻苯二甲酸还可由萘氧化得到邻苯二甲酸酐后水解产生。

10.15 取代酸

取代酸是羧酸分子中还有其他官能团存在的化合物。

10.15.1 卤代酸

α-卤代酸是重要的精细化工品，卤原子在羧基影响下活性较大，易转换成羟基、氨基、氰基等许多有用的基团。γ-、δ-和 ε-卤代酸在碱作用下发生分子内反应并分别生成五元、六元和七元环内酯。

氟乙酸（参见 7.14）和**氟乙酰胺**（fluoroacetamide，CH_2FCONH_2）都因极毒用作杀鼠剂，但对人畜的危害也极大而已被严禁使用。能在生物体内代谢产生氟乙酸的化合物都有很强的毒性。二氟乙酸毒性小得多，兼具毒性和腐蚀性的三氟乙酸是一个能与水及许多有机溶剂混溶的无氧化性的强酸（沸点 73 ℃），广泛用作质子酸催化剂或特殊的溶剂体系。可用于保护羟基、氨基的**三氟乙酰基**（trifluoroacetyl，CF_3CO—）是一个较稳定的官能团，生成的三氟乙酸的酯和酰胺易水解。

10.15.2 羟基酸

羟基酸广泛用于医药和食品工业。羟基的吸电子诱导效应和氢键效应使羟基酸的酸性和水溶性均较母体羧酸强，但增强效应不如卤素的大。羟基酸较易发生脱水反应。如式（10-18）所示的三个反应，α-羟基酸受热时易双分子间脱水生成**交酯**（lactide，**1**）；与无机酸加热时生成少一个碳原子的醛或酮；与稀高锰酸钾溶液共热被氧化分解生成少一个碳原子的醛，继续氧化生成少一个碳原子的羧酸。后两个反应可用于从羧酸底物出发得到少一个碳原子的醛、酮或羧酸，也被用于 α-羟基酸的鉴定。

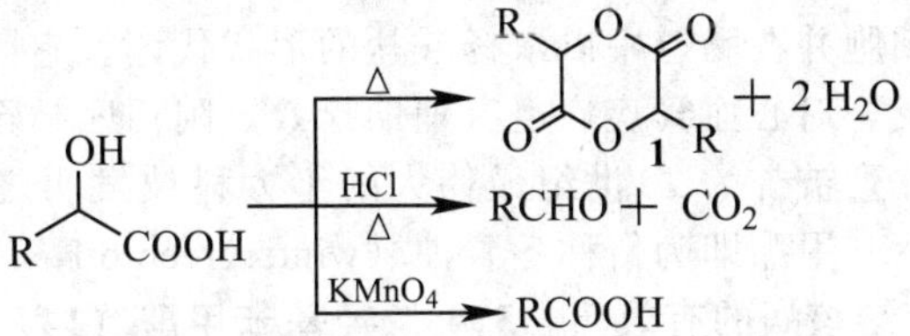

$$\text{(10-18)}$$

β-羟基酸脱水形成 α,β-不饱和酸，在酸或碱催化下还能发生类似羟醛缩合的逆反应生成醛、酮和乙酸，如式（10-19）所示的两个反应。

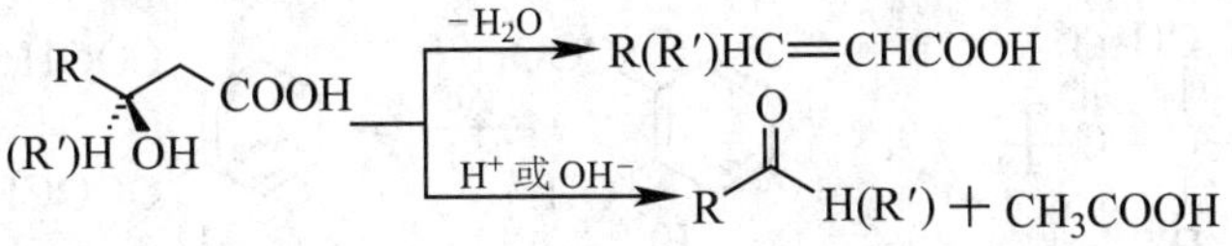

$$\text{(10-19)}$$

有致幻性的 γ-羟基酸极易脱水生成稳定的中性化合物 γ-内酯。δ-羟基酸也易同样经分子内脱水生成 δ-内酯。当羟基与羧基相隔四个以上亚甲基时，分子内脱水形成**大环内酯**（large ring lactone，**2**）的反应速率远不如分子间生成**聚酯**（**3**）的逐步增长聚合反应的大，如式（10-20）所示的两个反应。

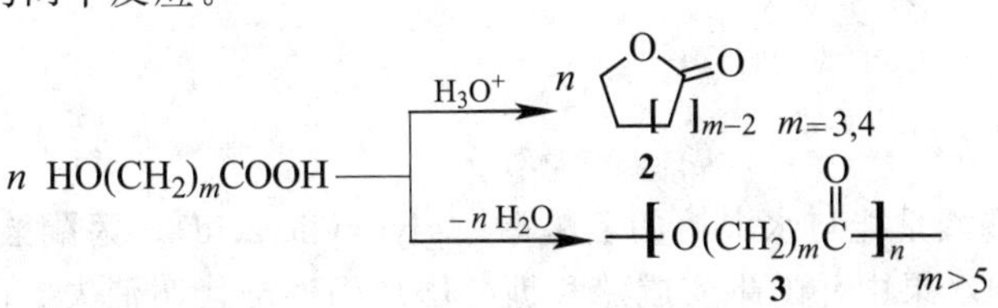

$$\text{(10-20)}$$

如 **7.7** 节所讨论的那样，操控一个带双官能团的分子仅发生分子内或分子间的反应并不容易。促使分子内反应的一个办法是降低底物在体系中的浓度以减少分子间碰撞的机会，同时活化相应的两个官能团并促使它们分子内接近。较成功的分子内酯化反应可在 **2,2′-二吡啶过硫醚（4）** 和三苯膦作用下于稀溶液中进行。**4** 将羧基转化为带吡啶环的硫醇酯（**5**）。**5** 发生分子内质子转移，生成的氧负离子（**6**）分子内进攻活性较大的硫醇酯羰基而完成反应（**OS** 63：192）。产物是分子内脱水产物大环内酯（**7**）而几无分子间脱水产物酯（**8**）或聚酯（**3**）。

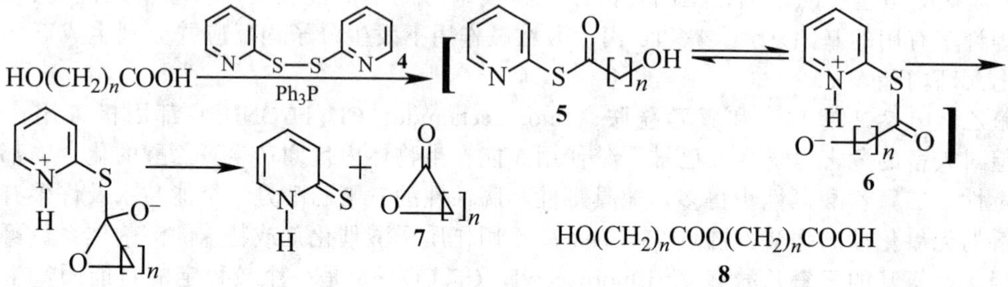

自然界中有许多羟基酸。羟基乙酸存在于甜菜和尚未成熟的水果中，是一个亲水疏油型的化合物。α-羟基丙酸又称**乳酸**，许多水果和酸牛奶都含有（±）-乳酸，葡萄糖在人体内氧化后形成(S)-（＋）-乳酸。选用不同的菌种从乳糖、麦芽糖或葡萄糖发酵可以生产（＋）-乳酸或（±）-乳酸，乳酸的吸湿性很强，还易溶于苯。**聚羟基乙酸**（polyhydroxyethyl acid）和**聚乳酸**（polylactic acid，**9**）是近年开发出的一种**生物可降解（biodegraded）高分子材料**，可用于外科手术缝合线。

最初来自柳树和水杨树的皮、叶和根水解液的邻羟基苯甲酸又称**水杨酸**（salicyclic acid，**10**）。这是一种有酸甜味且能升华的白色针状晶体，有杀菌能力而可用于食品防腐剂。水杨酸的酸性对胃壁、食道黏膜有刺激作用，钠盐也有不愉快的味道。其乙酰衍生物，即**阿司匹林**（**11**）能穿过胃细胞并在肠道中以水杨酸盐的形式代谢，它因抑制前列腺素的合成代谢而起退热、止痛、消炎，对心血管疾病也有辅助疗效。阿司匹林至今仍是最常用的药物之一，并与电脑、飞机等并列被誉为 20 世纪最伟大的十大科技发明之一。水杨酸在酸催化下也能与醇生成水杨酸酯，其甲酯即为俗称**冬青油**（wintergreen oil，**12**）的外敷药；**对氨基水杨酸**（PAS，**13**）是治疗结核病的有效药。3,4-二羟基苯甲酸（**14**）则是中药四季青的抗菌有效成分之一。(R)-α-羟基苯乙酸俗称**扁桃酸**（amygdalinic acid，**15**）。

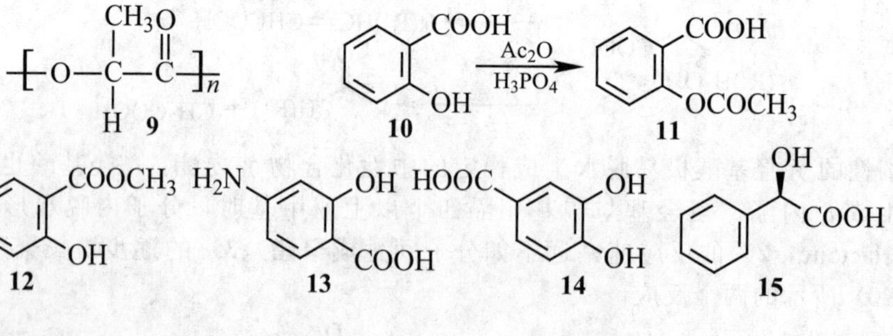

10.15.3 羰基酸

最简单的 α-羰基酸是能与水混溶的**乙醛酸**（glyoxylic acid）、**丙酮酸**（pyruvic acid）。乙醛酸存在于未成熟的水果中并随果实成熟和糖分增加而逐渐代谢消失。丙酮酸是糖在动物体内进行代谢和植物光合作用生成糖类化合物的中间体化合物。

α-羰基酸易受热失去一氧化碳，丙酮酸与浓硫酸一起加热就生成乙酸。**乙酰乙酸**是最简单的 β-羰基酸，这是一个不稳定的酸，而它的酯则是有机合成中最常用的试剂之一（参见 11.9.4）。β-羟基丁酸、β-丁酮酸和丙酮酸都是脂肪酸的代谢产物，总称酮体。糖尿病患者的血液和尿液中的酮体含量因代谢问题均高于正常水平。

10.16　超强酸

酸性比 100% 硫酸还强的酸称**超强酸**（super acid），其中能溶解基本由烃类组成的蜡烛的超强酸俗称**魔酸**（magic acid）。超强酸大多含有氟原子，如，常见的有相当大液相范围（$-89\sim167℃$）的**氟磺酸**（fluorosulfonic acid，FSO_3H）的酸性极强，尚无其他质子酸能使其质子化。但如式(10-21)所示，它能自身进行质子解，其共轭碱 FSO_3^- 相当稳定，几无对质子的亲核性或配位能力，故 FSO_3H 是极强的供质子体。

$$2HSO_3F \rightleftharpoons H_2SO_3F^+ + FSO_3^- \tag{10-21}$$

将 FSO_3H 或 HF 置于如 SbF_5 一类强 Lewis 酸的三氧化硫溶液中，强 Lewis 酸与 FSO_3^- 配位，使另一个 FSO_3H 分子更易质子化；三氧化硫的加入形成酸性更强且黏度很小的液态体系 $HSO_3F \cdot SbF_2(SO_3F)_3$。

超强酸作为极强的质子供体与一般酸一样，但可在低温下使用，故反应的副产物少且产率高。另一个突出之点是除了可以将质子给予一般的 n-受体（非键）或 π-受体外还能给予 σ-受体。即便如 C—C 或 C—H σ 键对超强酸也表现出碱性，即所谓的 **σ-碱性**。超强酸与 n-受体发生作用是将质子给原子，而与 σ 键作用则与 π 键作用一样是将质子给键。如图 10-15 所示，甲烷 σ 键上的电子对与超强酸质子的空轨道作用生成具**二电子三中心键**结构的碳正离子（**1**）。

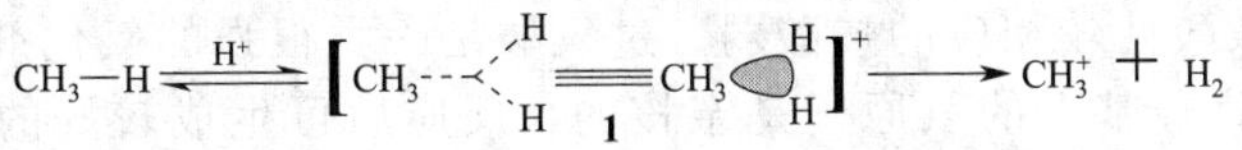

图 10-15　甲烷在超强酸作用下生成二电子三中心键的五配位卡鎓碳正离子

二电子三中心键用三原子间三条相交的虚线来代表（注意在虚线的交界点并无碳原子存在，这里仅表示三原子间的一对电子）。如此生成的碳正离子有很高的活性，三原子间的一对电子将移向两个原子之间而使其余一个原子（团）以三价正离子的形式放出，故后续反应会有三种途径。如，丙烷中的 C—C σ 键接受超强酸质子成 **2**，**2** 或是发生逆反应仍给出烷烃和质子，或是生成乙基碳正离子与甲烷，或是生成甲基碳正离子与乙烷，如图 10-16 所示。

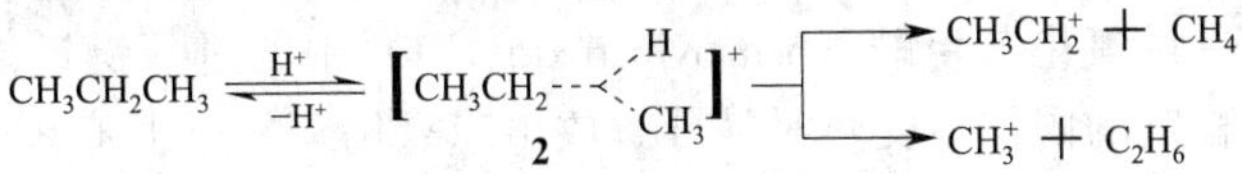

图 10-16　丙烷在超强酸作用下生成的卡鎓碳正离子（**2**）及其反应途径

魔酸与 σ 键的反应表明有两类碳正离子。一类是经典的如 CH_3^+、$C_2H_5^+$ 等常见的三配位碳正离子，带正电的碳原子外有形成 3 个共价键的 6 个电子，称**卡宾碳正离子**（carbenium ion）；另一类是超强酸作用下才会产生的如 CH_5^+、$C_2H_7^+$ 等**非经典的碳正离子**，带正电的碳原子外有 8 个电子，其中一对电子形成三中心键，碳处于五配位状态，称**卡鎓碳正离子**（carbonium ion），相当于氧鎓离子和硫鎓离子，中心原子是高于其正常价数的正离子。要注意的是像 $C_2H_7^+$ 这样的卡鎓碳正离子会有如 **3** 或 **4** 这样两种形式，而 $C_2H_5^+$ 则只有一种形式，**碳正离子**（carbon cation）则泛指两者。在魔酸介质中还可以形成各种新无机离子，如，碳酸可质子化形成 $C(OH)_3^+$，苯生成其共轭酸（**5**）。

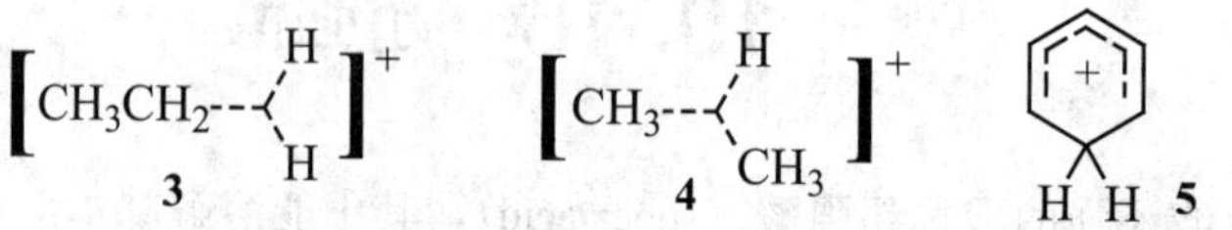

魔酸可在低温下活化碳氢化合物并用于饱和烃的降解、聚合、异构化、硝化、氧化与芳烃的氢化、烷基化等过程的催化剂。如，甲烷与魔酸加压加热反应可生成 H_2 和长链脂肪族化合物，与 FSO_3D 反应能生成氘代程度不等的各种甲烷。一些**固体魔酸**也已问世并得到应用。固体魔酸由石墨、合金、离子交换树脂、聚合物等载体与魔酸两部分组成，它们比液体魔酸使用方便且易于回收，腐蚀性小而特别适于工业应用。魔酸的发现者 **Olah** 因对碳正离子的出色研究而荣获 1994 年诺贝尔化学奖。

10.17   过氧酸和过氧酰基化物

过氧酸（peroxy acid，RCO_2OH）相当于是过氧化氢（H_2O_2）的单酰基化物，可由羧酸与高浓度的过氧化氢经酸催化反应或由酰卤、酸酐与过氧化钠反应得到。低级的过氧酸不够稳定，受热后有发生强烈爆炸的危险，浓度较高时更要注意安全操作，过氧苯甲酸相对要比过氧乙酸安全。过氧酸在储存时都会渐渐分解而降低过氧含量。

过氧酸能形成较强的分子内五元环氢键和分子间氢键，离去质子后生成的氧负离子并不与碳氧双键共轭，故酸性较相应的羧酸弱。过氧酸是一类很强的氧化剂，分子中有较弱的 $RC(O)O—OH$ 单键，羟基上的氧原子是亲核的，反应后可生成较好的羧基离去基，如式（10-22）所示。过氧酸可将碳碳双键氧化成环氧化物（参见 3.7.2）；氧化醛为酸，氧化酮为酯（参见 9.6.2）。过氧羧基中羰基的电正性愈高，氧化活性愈强，各类常见过氧酸的活性大小为 $CF_3CO_2OH > mCPBA$（间氯过氧苯甲酸，较安全并易处理的固体）$> CH_3CO_2OH \gg H_2O_2$。

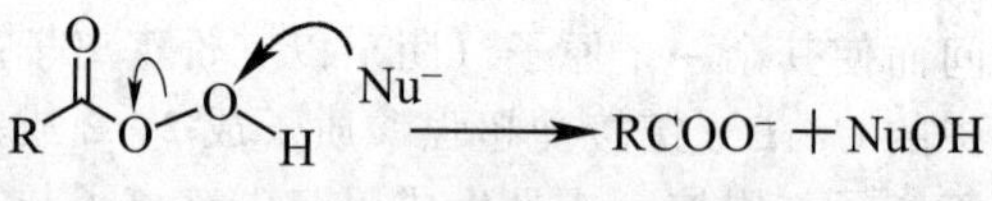

$$(10\text{-}22)$$

过氧酰基化物$[(RCOO)_2]$相当于是过氧化氢的双酰基化物，可由酰氯和过氧化氢反应生成，分子中有较弱的酰基过氧单键 $RC(O)O—OC(O)R$，易发生均裂反应而产生自由基。最常用的自由基引发剂之一**过氧化苯甲酰**（benzoylperoxide，**1**）中的过氧键键能仅 139kJ/mol，过氧化苯甲酰在室温下是稳定的固体，受热时易分解放出二氧化碳并产生苯基自由基。

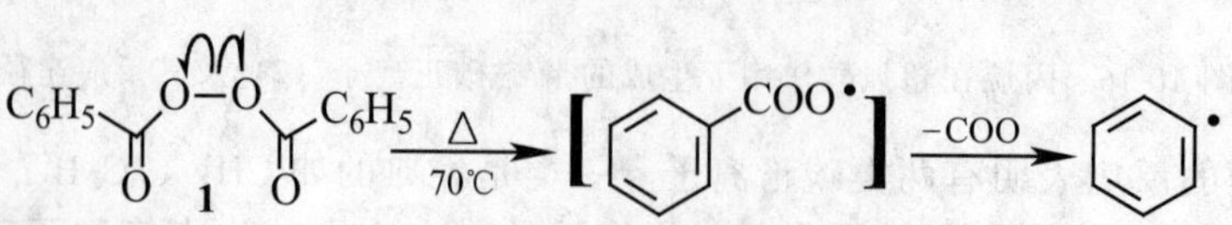

习 题

10-1 用系统命名法命名下列四个化合物：

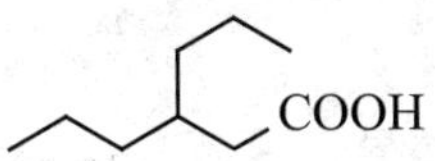

（结构式 **1**、**2**、**3**、**4**）

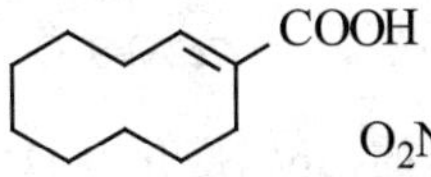

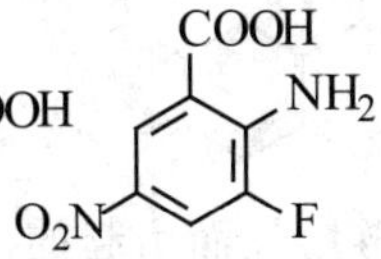

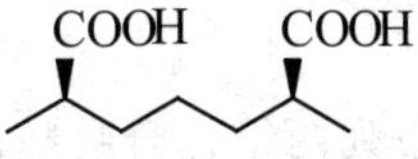

10-2 将下列各组中的化合物按酸性强弱次序排列并给以解释。

（1）乙酸（**1**）、甲酸（**2**）和草酸（**3**）。

（2）对溴苯甲酸（**4**）、对硝基苯甲酸（**5**）和 2,4-二硝基苯甲酸（**6**）。

（3）氟乙酸（**7**）、碘乙酸（**8**）和氯乙酸（**9**）。

（4）水（**10**）、甲醇（**11**）和甲酸（**12**）。

（5）（结构式 **13** 和 **14**）　（6）（结构式 **15** 和 **16**）

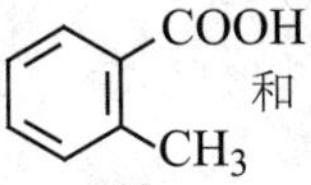

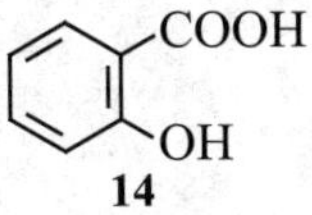

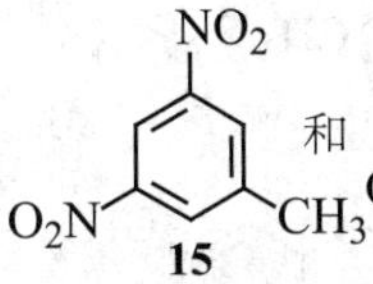

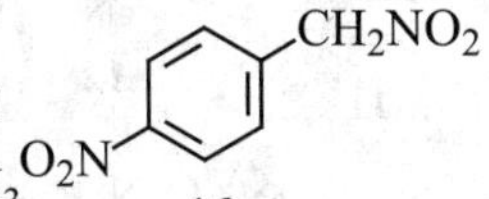

（7）（结构式 **17** 和 **18**）

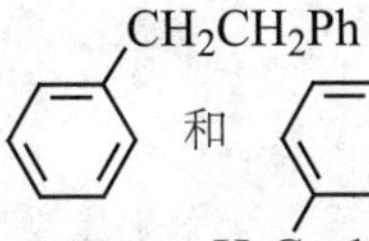

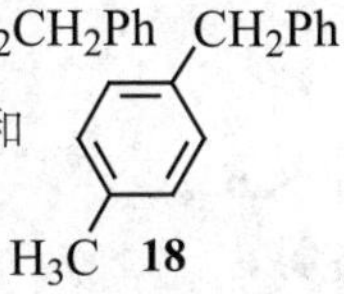

（8）CH_3COOH、HCl、C_2H_5OH、H_3O^+、H_2O、$C_2H_5NH_2$、CH_3SO_3H、CH_3CH_3。

（9）顺-和反-4-叔丁基环己基甲酸。

10-3 分离问题：

（1）如何用酸-碱萃取的操作分离邻甲酚、邻甲基苯甲酸和 2-甲基环己酮的混合物？

（2）从己-1-醇用 PCC 氧化得到己醛的实验完成后，反应体系中含有己醛、未反应完的己-1-醇、过度氧化产物己酸、氧化铬、吡啶，如何分离得到己醛？

10-4 解释下列现象：

（1）羧酸在醇中的溶解度一般较水中的大，也易溶于氯仿等非极性有机溶剂。

（2）三个甲氧基取代苯甲酸的酸性是间位（**1**）最强，邻位（**2**）其次，对位（**3**）最弱，对位取代物比母体苯甲酸还要弱，但甲氧基乙酸（**4**）的酸性比乙酸强。

（3）2,6-二甲基苯酚的酸性比苯酚弱，但 2,6-二甲基苯甲酸的酸性比苯甲酸强。

（4）苯基在芳香族亲电取代反应中表现出是有供电子效应的邻、对位取代基，但苯乙酸的酸性（$pk_a = 4.31$）比乙酸强。

（5）羟基乙酸（$pk_a = 3.83$）的酸性比乙酸强，而对羟基苯甲酸（$pk_a = 4.48$）的酸性比苯甲酸弱。

（6）仅由 C、H 和 O 原子组成的方酸（**5**）是个强酸（$pk_a = 1.5$）。

（结构式 **5**）

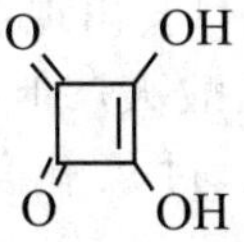

（7）甲磺酸（**6**）的酸性（pk_a＝－1.2）比乙酸（pk_a＝4.75）强得多。

（8）各种化合物（**7**）的 pk_a 随取代基 G 不同而分别为：6.04（G＝H）、6.25（G＝Cl）、6.20（G＝COOMe）。

7a：G=H
7b：G=Cl
7c：G=COOEt

（9）下列两组化合物随碳链增长而引起的 Δpk_a 变化有较大差异：

	n	1	2	3
$Me_3N^+(CH_2)_n COOH$（**8**）	pk_a	2.93	4.16	4.96
$Me_3C(CH_2)_n COOH$（**9**）		6.37	6.12	6.13

（10）下列三组化合物中 **10**、**12** 和 **14** 的酸性分别比其异构体 **11**、**13** 和 **15** 强：

① **10** 和 **11** ② **12** 和 **13** ③ **14** 和 **15**

（11）邻硝基苯甲酸在水和乙醇中的 pk_a 值分别为 2.21 和 8.62。

（12）乙酸的酸性在水相中比丙酸略强，气相中比丙酸略弱。

（13）羧基的质子化在羰基氧原子而非羟基氧原子上。

（14）贵金属催化下叔戊醇（**16**）、新戊醇（**17**）、2-甲基丁-2-烯的硫酸溶液与一氧化碳反应均生成同一产物 2,2-二甲基丁酸。

（15）单同位素 ^{18}O 的羧酸（**18**）在 ^{18}O 标记的水中放置慢慢生成双同位素 ^{18}O 标记的羧酸（**19**）。

$$ R-\overset{*O}{\underset{18}{C}}-OH \underset{H_2O}{\overset{H_2{*O}}{\rightleftharpoons}} R-\overset{*O}{\underset{19}{C}}-{*OH} $$

（16）羧酸与亲核试剂的加成-消除反应常在酸催化下进行，为何少见在碱催化下进行反应呢？

（17）α-羟基酸与烷基锂试剂反应可得到 α-羟基酮，但烷基锂用量需 3equ.。

$$ R-\underset{O}{\underset{\|}{C}}(OH)-OH \xrightarrow{3 R'Li} \xrightarrow{H_3O^+} R-\underset{O}{\underset{\|}{C}}(OH)-R' $$

（18）双环［2.2.1］庚-2-氧代-1-甲酸（**20**）不发生脱羧反应，β-酮酸的脱羧反应比 β-二羧酸容易发生。

（19）保管不善的苯甲醛放置后在瓶口会出现白色固体。

（20）过氧乙酸的相对分子质量比乙酸大，但沸点（105℃）比乙酸（118℃）低，酸性（pk_a＝8.2）比乙酸（pk_a＝4.75）弱。过氧化氢的酸性（pk_a＝11.6）也比水（pk_a＝15.7）强。

10-5 指出：

（1）对羟基苯甲酸在 pH 各为 3、5、7 和 12 环境下的存在形式；以对羟基苯甲酸为底物要得到对烷氧基苯甲酸应如何控制条件。

（2）对甲基苯甲酸和 4-氧代己酸与下列六个试剂的反应产物

① $KMnO_4/H_3O^+$；② CH_3MgBr、H_3O^+；③ BH_3、H_3O^+；④ $LiAlH_4$、H_3O^+；⑤ $NaBH_4$、H_3O^+；⑥ H_2。

（3）下列脱羧反应的产物：

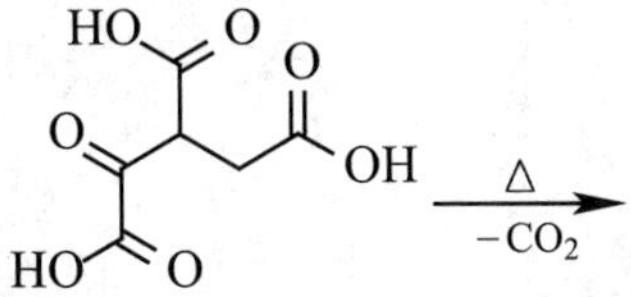

（4）下列各步反应中所用的试剂：

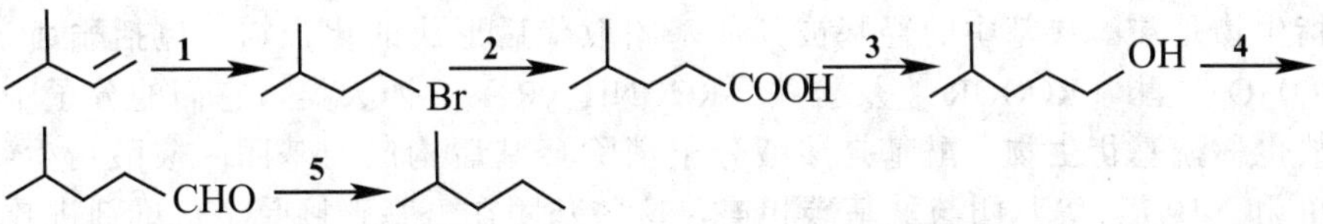

（5）应采取何种措施提高甲酸与甲醇反应生成甲酸甲酯或苯乙酸与乙醇反应生成苯乙酸乙酯的产率？

（6）下列反应过程的机理：

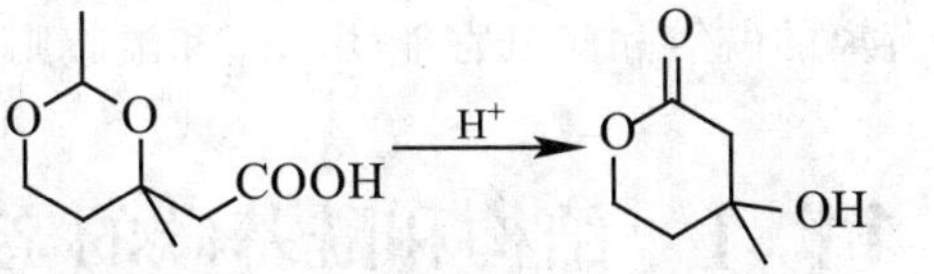

10-6 指出下列四个反应设计中可能存在的错误并给出改正的方法。

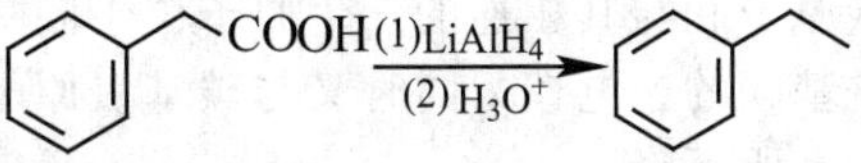

10-7 以 $\leqslant C_2$ 的试剂和给出的底物完成下列合成反应：

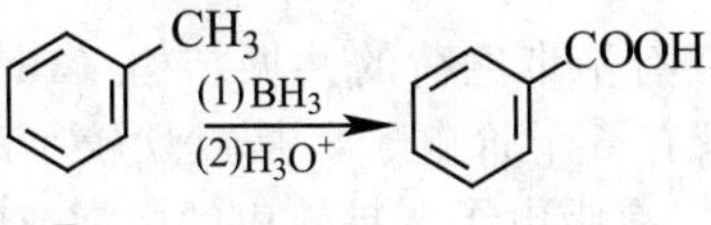

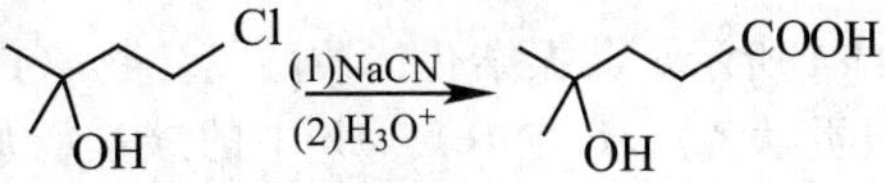

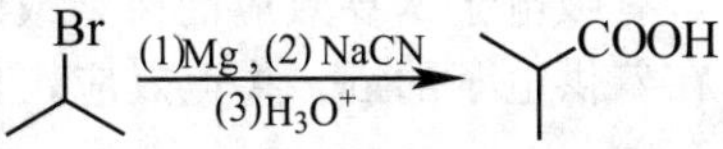

（1）以苯为原料分别制备间氯苯甲酸、对溴苯甲酸、对氨基苯甲酸和苯乙酸。

（2）以 $^*CO_2$ 为同位素标记碳的来源制备 $CH_3CH_2{}^*COOH$ 和 $CH_3{}^*CH_2COOH$。

（3）给出至少四条由环己醇制备环己基甲酸的路线。

（4）以溴乙烷为原料制备叔丁基甲酸 $[(CH_3)_3CCOOH]$。

10-8 给出下列各化合物（1～6）的结构及反应过程：

化合物 1，分子式为 C_7H_{12}，催化加氢生成 C_7H_{14}（2）；1 经臭氧化反应后生成 $C_7H_{12}O_2$（3）；3 经碱性银氨离子氧化生成 $C_7H_{12}O_3$（4）；4 与 I_2/OH^- 作用得到二羧酸 $C_6H_{10}O_4$（5）；5 受热后得到分子式为 $C_6H_8O_3$ 的 6。6 的 ^1H NMR 显示有三类氢：δ_H：3.0（4H，d）、1.5（1H，m）、1.3（3H，d）；IR：$1800cm^{-1}$、$1760cm^{-1}$。

11 羧酸衍生物

羧酸衍生物是羧酸羧基中的羟基被其他基团取代后形成的化合物，包括**酰卤**（RCOX）、**酸酐**[(RCO)$_2$O]、**酯** [RCOOR$'$] 及**酰胺** [RCONH (R$'$)$_2$] 四大类，它们的分子中都有酰基官能团，故也称**酰基衍生物**。酰基是羧酸分子消除羟基后构成的基团。羧酸衍生物中的 X、OCOR、OR 和 NH(R)$_2$ 等基团与**酰基碳**相连，这些基团在酰基碳接受亲核试剂进攻后都可成为离去基团。羧酸衍生物各有特性，同时又有不少共性，如，经酸性或碱性水解后都生成羧酸。本章先讨论羧酸衍生物的共性，而后介绍各类羧酸衍生物的特性。

羧酸衍生物应用广泛，在有机合成和生物化学中都非常重要。酰氯和酸酐的活性比羧酸强得多，天然产物中不含游离的酰氯和酸酐官能团，酯和酰胺则是常见的。

11.1 结构和酰基碳的亲电活性

如图 11-1 所示，共振杂化体羧酸衍生物（**1**）主要有不带电荷的共振结构（**1a**）和电荷分离的共振贡献者（**1b** 与 **1c**）。**1b** 中的羰基碳原子只有 6 个价电子，是贡献较小的共振结构。酰基碳原子和与其相连的三个原子位于同一平面，有吸电子诱导效应的卤素或氧、氮原子可增加酰基碳的亲电性，同时又与羰基氧原子间存在着供电子的 p-π 共轭效应，使酰基碳的亲电活性有所下降。

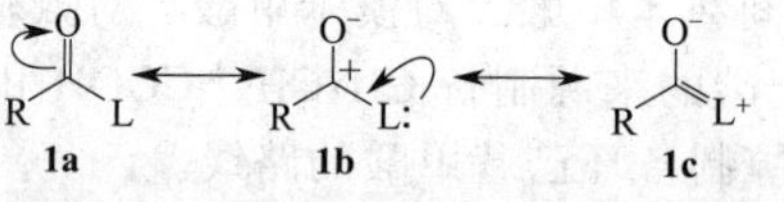

L:X,OCOR$'$,OR$'$,NH(R$'$)$_2$

图 11-1 羧酸衍生物（**1**）的共振结构式

4 类羧酸衍生物中酰卤酰基碳的亲电活性最大。卤素的电负性较大而表现出较强的吸电子诱导效应及较好的离去性；其价层电子处于相对较大的 3p 轨道（氯），与酰基碳的 2p 轨道重叠不够有效而使供电子的 p-π 共轭效应较小，酰氯中 **1c** 的贡献相对最小。酸酐和酯中的氧原子的供电子 p-π 共轭效应能力居中，酸酐的共轭效应及 **1c** 的贡献不如酯大，酰基碳的亲电活性也比酯大。酰胺酰基碳的亲电活性在 4 类羧酸衍生物中最小。氮的电负性在此系列中相对最小而表现出较弱的吸电子诱导效应及较差的离去性；氮在元素周期表中紧挨着碳，供电子的 p-π 共轭效应非常有效；酰胺中 **1c** 的贡献相对最大，C—N 键明显具有部分双键性质，围绕 C—N 键旋转需克服约 85 kJ/mol 的能障。

11.2　命名和物理性质

　　羧酸衍生物分别以酰卤、酸酐、酯和酰胺为母体来命名，前缀与羧酸的命名相同。两个酰基相同的酸酐称**单酐**，命名为某（酸）酐；不同酰基的称**混酐**，命名时与混合醚相似，简单酸的名在前。酯根据酰基和醇（或酚）的组成称为某酸某酯或某醇某酸酯。酰胺氮原子上的取代基用斜体前缀 N-标出。内酯、内酰胺中与氧、氮相连的碳原子位次常用希腊字母标示。如，苯甲酰氯（**1**）、乙丙酸酐（**2**）、丙酸乙酯（**3**）和 ε-己内酰胺（**4**）：

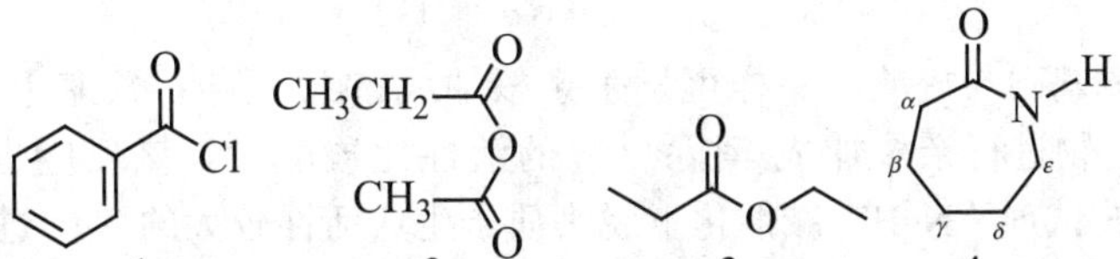

　　酰卤与卤代烃中的 C—X 键键长接近；酯的 C—O 键键长比醚的短 0.007nm；酰胺中的 C—N 键键长比胺的短 0.01nm。除酰胺外，其他羧酸衍生物分子中没有羟基而不能形成氢键，沸点比同碳数的羧酸低得多。各类羰基衍生物的沸点高低次序为酰胺＞羧酸＞腈＞酯≈酰氯＞醛≈酮。羧酸衍生物因极性较大且能与水形成氢键而有相对较好的水溶性，少于 4 个碳原子的低级羧酸衍生物均可溶于水，水溶性随碳原子数的增加而迅速降低，并转而可溶于醚及卤代烃等有机溶剂。酯和 N,N-二取代酰胺都是高度极化的，但酰基上无活泼的羟基和氨基而可用作某些反应体系中的溶剂。

11.3　酰基氧的碱性和 α-氢的酸性

　　羧酸衍生物中的酰基氧可接受质子而表现出碱性，酰胺或酯中的氮或醇氧原子与羰基发生的供电子共轭效应使羰基氧带有负电荷而有较强的碱性，质子化都发生在酰基氧上生成氧鎓离子（**1**），若质子化在氮原子或醇氧原子上将生成正电荷得不到分散而不够稳定的鎓离子（**2**）。离去基团 L 的给电子能力愈强，酰基氧原子愈易发生质子化，故四类羧酸衍生物碱性的强弱次序是酰胺 ＞ 酯 ＞ 酸酐 ＞ 酰氯。一些质子化含氧化合物的 pk_a 如表 11-1 所示。

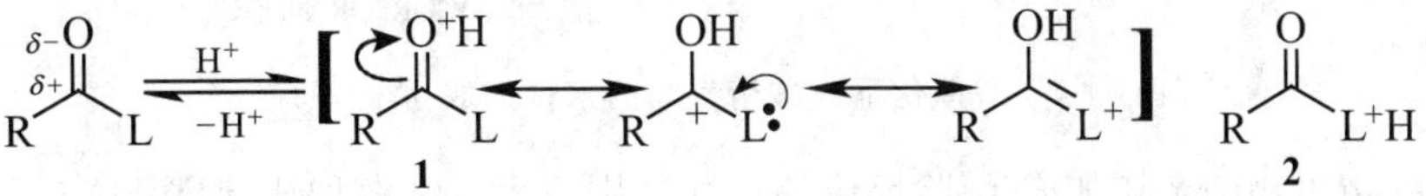

表 11-1　一些质子化含氧化合物的 pk_a

化合物	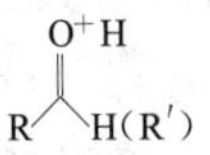 $\overset{\overset{O^+H}{\|\|}}{R}H(R')$ 醛酮	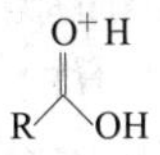 $\overset{\overset{O^+H}{\|\|}}{R}OH$ 羧酸	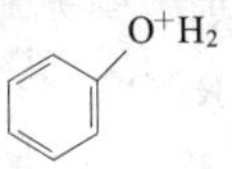 $\overset{O^+H_2}{\bigcirc}$ 酚	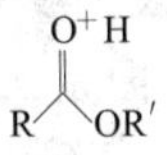 $\overset{\overset{O^+H}{\|\|}}{R}OR'$ 酯	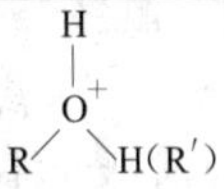 $\overset{\overset{H}{\|}}{\underset{R'}{O^+}}H(R')$ 醇、醚	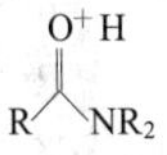 $\overset{\overset{O^+H}{\|\|}}{R}NR_2$ 酰胺
pk_a	−7	−7	−7	−5	−4	−1

　　羧酸衍生物 α-H 的酸度也与离去基团 L 的给电子能力有关。如图 11-2 所示，L 的吸电子诱导效应愈强，与羰基的共轭效应愈小，α-H 的酸度愈大，故含氧化合物的酸性的强弱次

序为：酰氯（$pk_a \approx 16$）＞酸酐＞醛、酮（$pk_a \approx 18$）＞酯（$pk_a \approx 25$）＞酰胺（$pk_a \approx 30$）。羧基负离子 α-氢的酸性最小（$pk_a \approx 38$）。

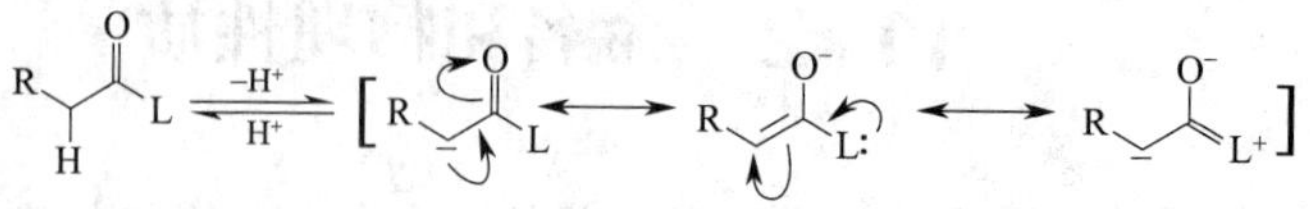

图 11-2　羧酸衍生物中酰基 α-H 的酸度与离去基团 L 的给电子能力有关

11.4　酰基碳上的亲核加成-消除反应

羧酸衍生物的酰基碳与羧酸的一样可发生亲核加成-消除反应。羧基上的羟基易与亲核试剂作用，故羧酸衍生物进行亲核加成-消除反应的活性比羧酸大，该反应也需碱或酸的催化。如图 11-3 所示，亲核试剂（NuH）碱催化下脱去质子生成活性较大的 Nu^- 进攻酰基碳生成四面体碳负离子中间体（**1**），**1** 离去 L^- 完成反应；L^- 再与 NuH 作用继续产生 Nu^- 去参与反应。酰基碳上的吸电子基团有利于 **1** 中负电荷分散，也有利于其生成；酰基上大体积取代基团不利于 Nu^- 进攻。

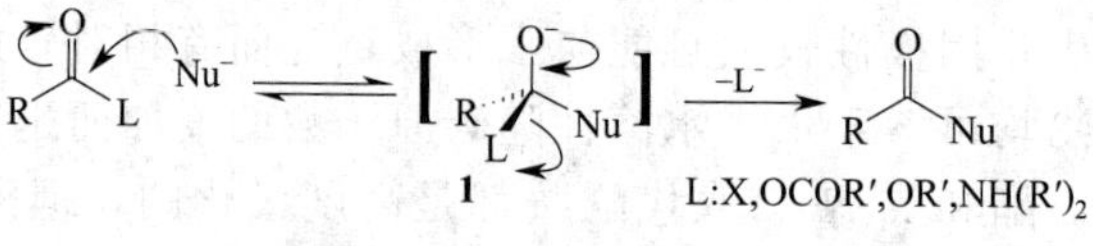

图 11-3　碱催化下羧酸衍生物的亲核加成-消除反应

如图 11-4 所示，酸催化下，羧酸衍生物的酰基氧质子化使酰基碳原子带更多电正性，更易接受亲核试剂（NuH）的进攻生成四面体正离子中间体（**2**），**2** 发生分子内质子转移，质子化的离去基（HL^+）具更好的离去性，离去后生成的另一个中间体（**3**）失去质子恢复酰基结构。

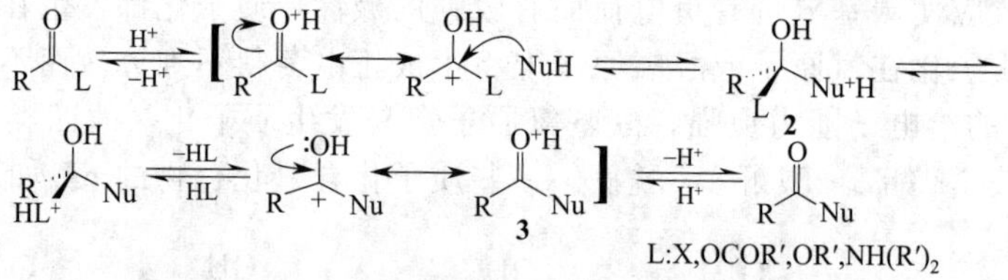

图 11-4　酸催化下羧酸衍生物的亲核加成-消除反应

各类羧酸衍生物的亲核加成-消除反应的活性差别很大。亲核加成-消除反应无论是碱还是酸催化，第一步加成反应都是慢的决速步，接受亲核试剂进攻的活性大小为：酰卤＞酸酐＞醛＞酮＞酯≈羧酸＞酰胺＞羧酸根。羧酸及其衍生物离去基团的碱性强弱次序是 $NH_2^- > OH^- \approx RO^- > RCOO^- > X^-$，离去倾向是 $X^- > RCOO^- > RO^- \sim OH^- > NH_2^-$，故羧酸衍生物亲核加成-消除反应的活性大小在同一亲核试剂进攻下的次序为 $RCOCl > (RCO)_2O > RCOOR' > RCONH(R')_2$。如，乙酰氯遇水激烈反应并放热，乙酰胺在沸水中也相当稳定。

羧酸衍生物的亲核加成-消除反应实现了酰基从高活性羧酸衍生物到低活性的转化，称**酰基转移反应**（acyl transfer reaction），反应活性的排序在前的羧酸衍生物可转化为排序在后的，反之是不行的。该反应在有机合成化学和生物化学中都有极为重要的影响和应用。

11.4.1 水解反应和酯水解的机理

羧酸衍生物进行水解反应后生成羧酸，如式(11-1)所示。相对速率若以酯为1，则酰卤和酸酐各为10^{11}和10^{7}，酰胺为10^{-2}。低级酰氯水解反应的速率很快，产物溶于水而貌似溶解一样，如，乙酰氯在潮湿的空气中就会水解放出HCl而冒烟，某些酰氯可用作催泪剂。小分子酸酐的水解反应也无需酸碱催化，产物是两个羧酸。相对分子质量较大的及芳香酰氯、酸酐的水解速率较小，加热或加酸碱催化或加入一个合适的溶剂使其成为均相后都会促进水解的发生。

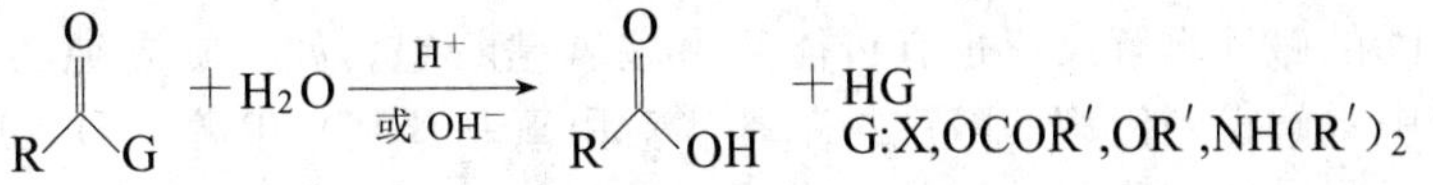

O
R G
+H2O
H+
或 OH−
O
R OH
+HG
G:X,OCOR′,OR′,NH(R′)2

(11-1)

酯（RCOOR′）水解后生成羧酸和醇，是羧酸与醇反应成酯的逆反应。酯的水解比酰氯和酸酐要困难，中性环境下长时间加热也无反应发生。在碱促进或酸催化下的水溶液中受热回流即可快速进行酯的水解，碱促进的反应中作为反应物的碱至少需等物质的量才行，结果是不可逆的（产物是羧基负离子和醇）；酸催化下的反应是可逆的（产物是羧酸和醇）。

碱性环境下的水解反应速率与酯（RCOOR′）和碱的浓度成正比，反映出这是一个双分子反应，R和R′的诱导效应和位阻效应均能产生较大的影响。小体积和吸电子性的R及小体积的R′有利于反应。碱使弱亲核性的水成为强亲核性的OH^-与酯羰基发生亲核加成，生成的四面体中间体内能较高，脱去离去性并不好的烷氧负离子但同时可形成一个稳定的羰基，反应是放热的。离去的烷氧负离子与伴随而生的羧酸作用而促进水解反应的正向进行，如式（11-2）所示。

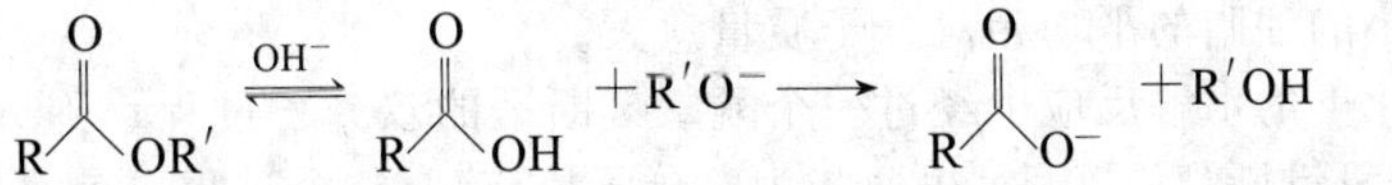

O
R OR′
OH−
O
R OH
+R′O−
O
R O−
+R′OH

(11-2)

水解反应涉及酰氧键[RC(O)—OR′]断裂或烷氧键（RCOO—R′）断裂两种方式，决定这个过程的因素有酯的结构及反应条件等。同位素标记方法表明，大多数场合下发生的是酰氧键断裂。^{18}O标记的酯碱性水解时，反应未全部完成前回收的底物酯包括含^{18}O和不含^{18}O的酯；用不含^{18}O的酯在$H_2{}^{18}O$中水解时，未反应的底物酯中有部分含^{18}O原子。这两个现象均表明反应经过如图11-5所示的加成-消除过程：第一步亲核加成反应生成一个四面体负离子中间体（**4a**），**4a**中OH上的质子快速转移到另一个带负电荷的氧原子上生成**4b**。第二步消除反应中**4a**失去OH^-生成不带^{18}O的酯，**4b**失去OH^-生成带有^{18}O的酯；**4a**或**4b**失去$R'O^-$则得到水解产物酸和醇。该亲核加成-消除反应过程常用$\mathbf{B_{AC}2}$（B表示碱性，AC表示酰氧键断裂，2表示决速步为双分子反应）表示。手性醇形成的酯经$\mathbf{B_{AC}2}$机理水解后，生成的醇的构型保持不变。

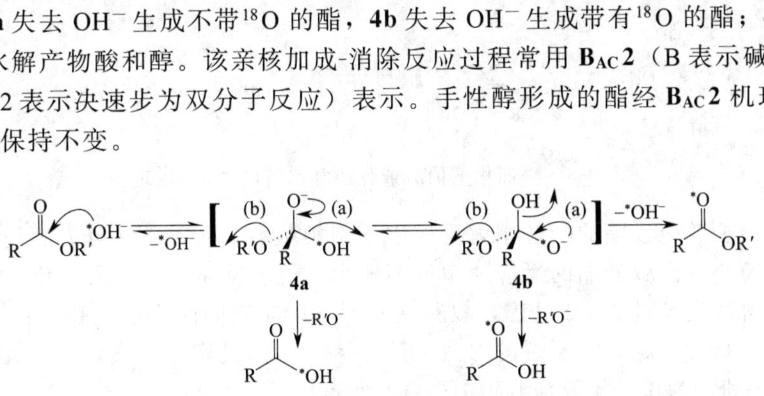

O
R OR′
*OH−
−*OH−
(b)
O−
(a)
R′O
R
*OH
4a
(b)
OH
(a)
R′O
R
*O−
4b
−*OH−
*O
R OR′
−R′O−
O
R *OH
−R′O−
*O
R OH

图11-5 碱促进下酯水解的加成-消除机理

酯的碱性水解反应貌似也有可能经由如图 11-6 所示的 S_N2 亲核取代机理。若有此过程，^{18}O 标记的酯反应后回收的底物酯 ^{18}O 含量不变；无 ^{18}O 标记的酯在 $H_2^{18}O$ 中反应，回收的未反应的底物酯也不会带有 ^{18}O。实验表明并无这些现象，故酯的碱性水解反应中不存在 S_N2 机理。

图 11-6 碱促进下酯水解的 S_N2 反应不存在

酯的碱性水解反应也有可能经由烷氧键断裂。如，旋光纯的邻苯二甲酸单酯（**5**）在碱溶液中水解得到消旋的醇产物苯基（对甲氧基苯基）甲醇（**6**），反映出反应经过烷氧键断裂并生成了一个较稳定的烷基正离子，过程与 S_N1 反应相似，称 $\mathbf{B_{AL}1}$ **机理**，B 表示碱性，AL 表示烷氧键断裂，1 表示决速步为单分子反应，如图 11-7 所示。

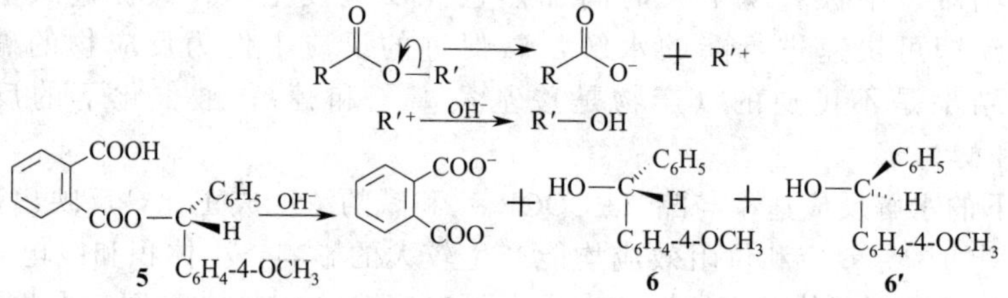

图 11-7 碱促进下叔醇酯水解的 $B_{AL}1$ 机理

主要成分是长链脂肪酸钠的肥皂一直是利用油脂的碱性水解来制造的，故酯的碱性水解反应也称**皂化**（saponification）**反应**。根据皂化反应的结果可以测定酯分子中含有的酯基数。皂化值愈小的油脂的平均相对分子质量愈大。

酯在酸催化下的水解反应也经过一个酰氧键断裂的双分子过程，称 $\mathbf{A_{AC}2}$ **机理**（A 表示酸，AC 表示酰氧键断裂，2 表示决速步为双分子反应），整个过程也就是羧酸发生酸催化酯化反应的逆反应。如图 11-8 所示：第一步酯羰基质子化是决速步，质子化的酯（**7**）的亲电能力非常强，迅速接受水分子的亲核进攻生成四面体正离子中间体（**8**），**8** 发生分子内质子转移后失去醇分子再失去质子完成水解反应。

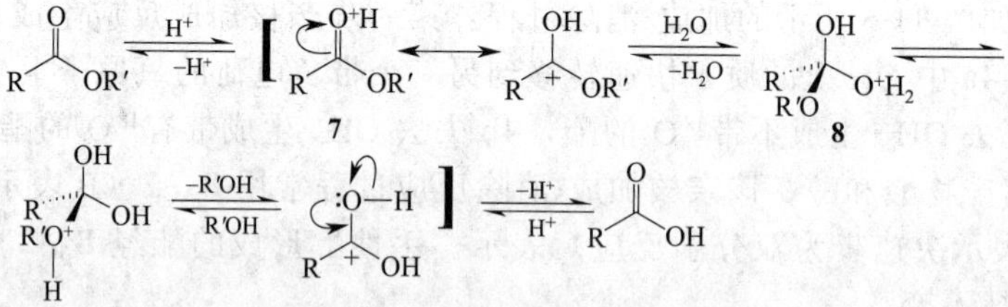

图 11-8 酸催化下伯醇或仲醇酯水解的 $A_{AC}2$ 机理

烷氧基的体积效应在酯的酸性水解反应中影响相对不太大，通常可见的仍是烷氧基团愈大，反应速率愈小。但叔醇酯的反应速率反而较大，提示反应过程有所变化。酸催化下伯醇或仲醇酯的水解反应经过 $A_{AC}2$ 过程，叔醇酯的水解反应则因能生成较稳定的碳正离子而经过酰基正离子，是发生烷氧键断裂的 S_N1 过程，称 $\mathbf{A_{AL}1}$ **机理**（A 表示酸，AL 表示烷氧键断裂，1 表示决速步为单分子反应），如图 11-9 所示。

$A_{AL}1$ 机理也得到同位素标记方法的证明。如式（11-3）所示，由 ^{18}O 叔丁醇形成的酯酸

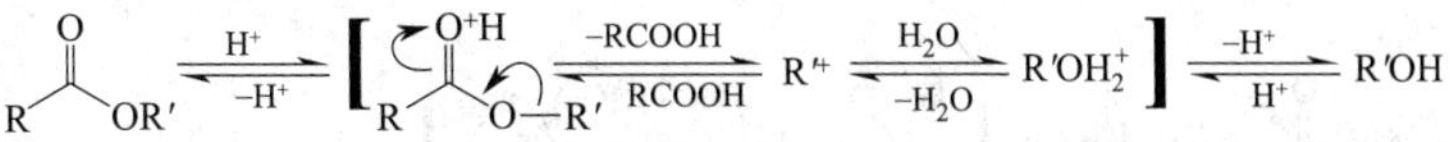

图 11-9　酸催化下叔醇酯水解的 $A_{AL}1$ 机理

性水解后生成的叔丁醇并无 ^{18}O。叔醇酯易于酸性水解的性质使其可用作羧基的保护基（参见 16.1.5）。

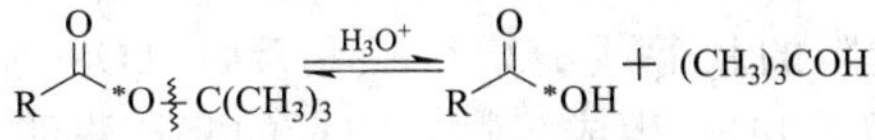

$$\hspace{11cm}(11\text{-}3)$$

酯的水解反应根据底物结构和反应条件的不同而有多种机理，上面介绍的是 4 种最常见的，许多水解反应也并非经由单种机理进行。酚比醇的酸性强，离去基 ArO^- 比 RO^- 稳定，故**酚酯**比醇酯容易水解。如式(11-4)所示，甾体化合物（**9**）进行选择性水解酚酯而非醇酯官能团。

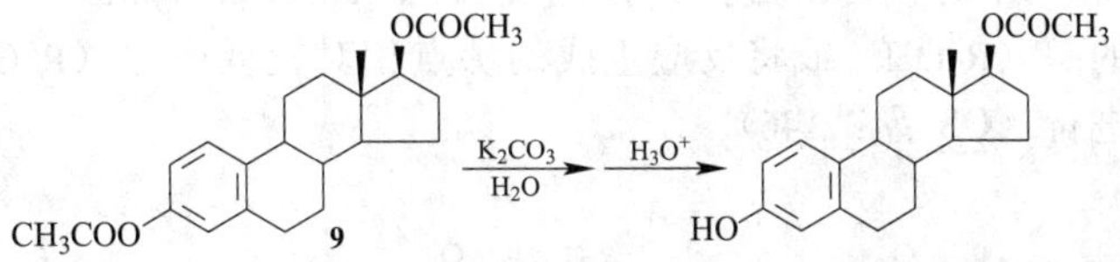

$$\hspace{11cm}(11\text{-}4)$$

酰胺需要比酯在更强的至少等物质的量的浓酸或浓碱水溶液中加热进行水解反应，分别生成羧酸与铵盐或羧酸盐与胺，有空间位阻和 N-取代烃基的酰胺更难水解。如图 11-10 所示，酰胺在酸性环境下（70% H_2SO_4，100℃，3h）水解生成一个中性的四面体中间体（**10**），**10** 中氮原子的碱性比氧大，质子化并成为更易离去的中性胺，且在体系中转化为铵盐而不再有亲核性。

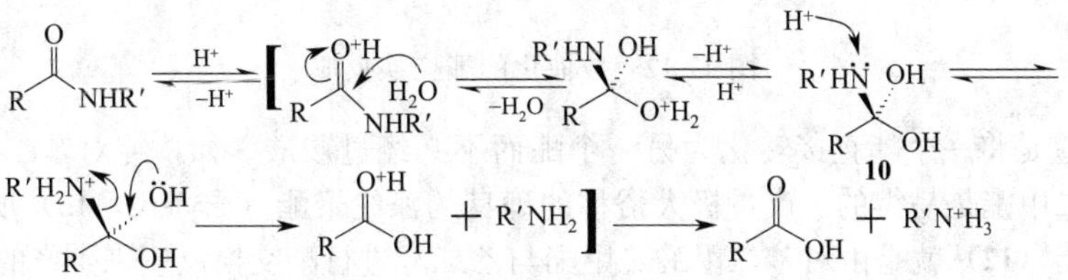

图 11-10　酰胺的酸性水解反应

酰胺在碱性环境下（10% NaOH，100℃，3h）的水解生成一个四面体中间体负离子（**11**），离去的氨基负离子的碱性比羟基负离子的大，反应虽不易但还是可以慢慢发生的，如图 11-11 所示。

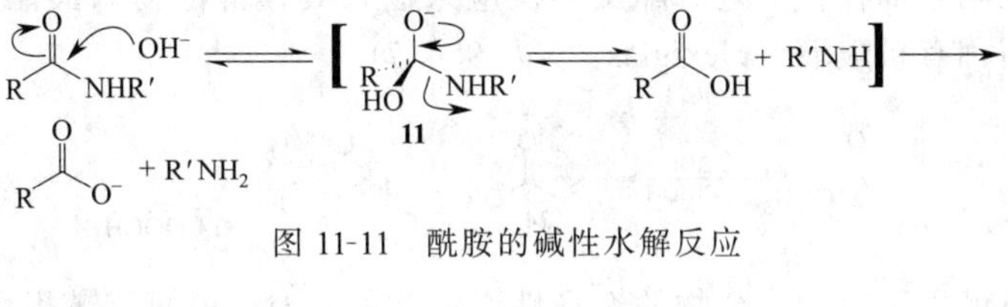

图 11-11　酰胺的碱性水解反应

11.4.2　醇解反应和酯交换

羧酸衍生物在水溶剂体系中进行水解反应，在醇溶剂体系中可进行醇解反应。与羧酸的酯化需酸催化不同，除酰胺外，酰氯、酸酐或酯均需在碱催化下与醇反应生成酯。碱有助于除去中间体中的酸性氢而推动反应，如式（11-5）所示。

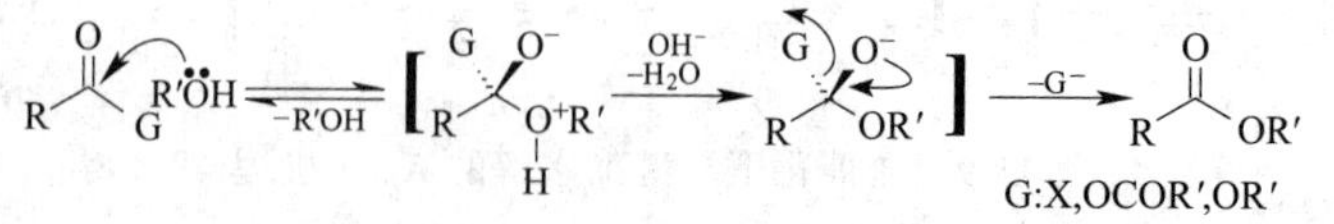

$$(11-5)$$

酰氯与醇直接反应即生成酯并放出另一个产物 HCl。若产物酯在酸性环境下不稳定，则可在反应体系中加入吡啶或三乙胺为碱以用于中和 HCl。该反应是一个有效得到酯的合成方法，活性较弱的或有空间位阻的叔醇或酚均可顺利反应（**OS** Ⅲ：142；Ⅳ：84；51：96）。酸酐也较易与醇反应（**OS** Ⅲ：141）生成等物质的量的酯和羧酸。环酐与醇反应后开环生成二元酸单酯或双酯。苯酐与醇反应后得到的许多二酯类化合物都是塑料工业中常用的增塑剂；与甘油作用生成广泛用于涂料工业的聚酯，俗称**醇酸树脂**。

如图 11-12 所示，酯（RCOOR′）在酸催化下（常用干燥的氯化氢气体或对甲苯磺酸）与醇（R″OH）反应后 OR′可被 OR″置换，称**酯交换**（transesterification）反应。该反应是可逆反应，利用过量的醇（R″OH）或将反应生成的沸点相对较低的醇（R′OH）除去等实验手段可控制反应正向进行（**OS** Ⅲ：146）。

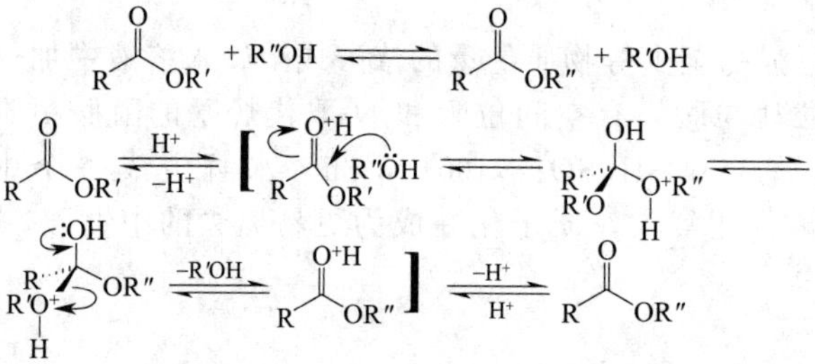

图 11-12　酸催化的酯交换反应

酯交换反应是将一个酯直接转化为另一个酯而不必经过羧酸。如，纯对苯二甲酸不易生产，纯对苯二甲酸二甲酯是易得的。产量极大俗称**的确良**的**涤纶聚酯**（terylene，**13**）所需单体对苯二甲酸二乙二醇酯（**12**）就是由对苯二甲酸二甲酯与乙二醇进行酯交换反应来生产的。

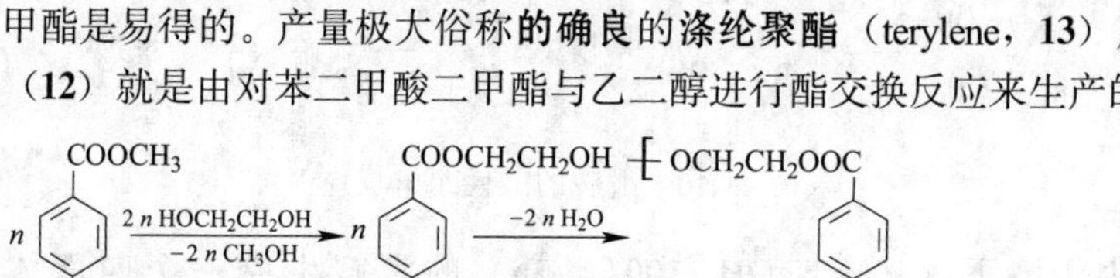

丙烯酸等在酸性条件下不稳定的酸在酯化条件下易于聚合，这时也可以利用易得的丙烯酸甲酯与其他醇在阻聚剂存在下进行酯交换反应来制备其他醇的**丙烯酸酯**（**14**）。聚甲基丙烯酸甲酯（**15**）俗称**有机玻璃**（plexiglas，参见 9.4.7）。

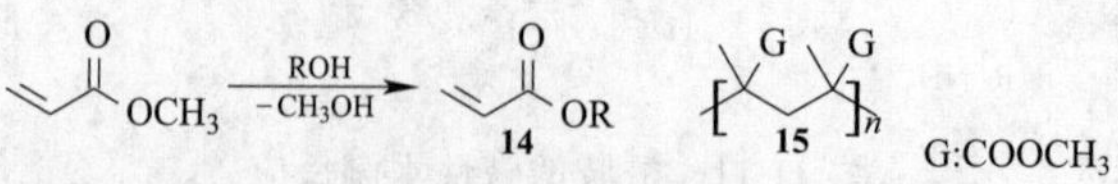

酯交换反应亦可用于二酯化合物的选择性水解。如，对乙酰氧基苯甲酸甲酯（**16**）在甲醇钠催化下使用大量甲醇进行酯交换反应可转化为对羟基苯甲酸甲酯（**17**）。

酚酯和**烯醇酯**等一些难以通过直接酯化合成的酯也能用酯交换反应来制备，如乙酸环己烯醇酯（**18**）的合成：

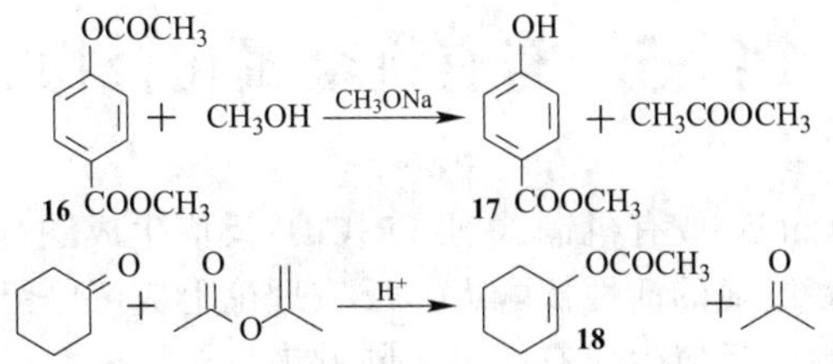

天然脂或蜡发生酯交换反应可给出高级醇。如，从**虫蜡**（**19**）可得到正二十六碳烷醇（**20**）。

$$C_{25}H_{51}COOC_{26}H_{53} + CH_3OH \rightleftharpoons C_{25}H_{51}COOCH_3 + C_{26}H_{53}OH$$

19   **20**

11.4.3 氨（胺）解反应

氨（胺）的亲核活性比醇强。酰氯、酸酐和酯均可与伯胺或仲胺反应生成酰胺（参见 12.5.2）。酰氯或酸酐生成酰胺的反应速率较大，反应时常加入过量的氨（胺）或其他叔胺碱以中和另一个产物酸。邻苯二甲酸酐一类环酐与胺反应先生成单酰胺羧酸（**21**），21 脱水形成氮原子上连有两个酰基的化合物**酰亚胺**（imide，**22**），如图 11-13 所示。羧酸酯与伯胺或仲胺的反应速率远不如酰氯或酸酐，需高温和过量的胺才行（OS Ⅳ：80）。酰胺在酸性条件下与胺（氨）也有与酯交换反应相似的**胺交换反应**，但并不容易进行。

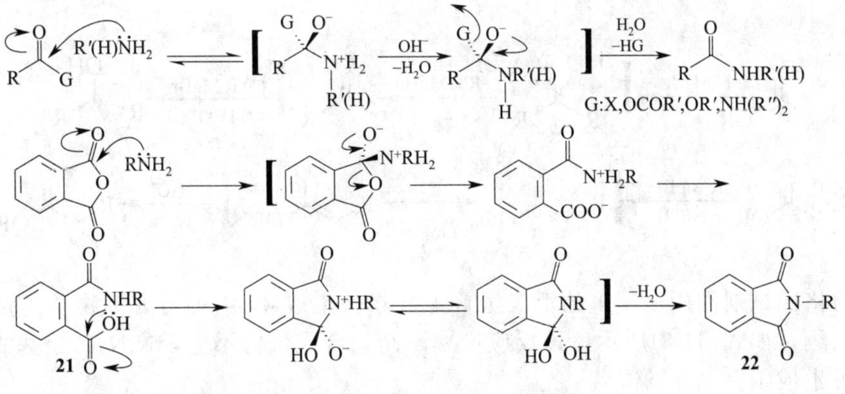

图 11-13　羧酸衍生物的氨（胺）解及邻苯二甲酰亚胺的生成反应

11.4.4 酸解反应

如式(11-6)所示，酰氯与羧酸（盐）加热反应是制备酸酐的一种方法，酸酐与羧酸反应可生成另一种酸酐；酯或酰胺与羧酸反应生成另一种羧酸与另一种酯或酰胺的混合物。但这些酸解反应的应用都不多。

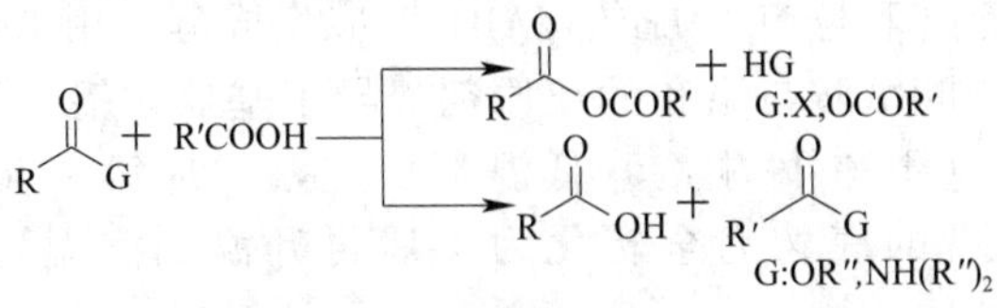

(11-6)

11.5 与有机金属化合物的反应

酰氯与铜锂试剂（R$_2$CuLi）或有机镉试剂（R$_2$Cd）反应生成酮；与格氏试剂或有机锂试剂反应先生成中间体产物酮，酰氯的活性比酮大，反应理论上应可停留在酮阶段。但酮与这两个试剂的反应也很容易，故继续反应生成有两个相同的来自金属试剂取代基的叔醇。低温下等物质的量的格氏试剂滴入酰氯反应可得到酮产物（参见 9.15），环酐与格氏试剂作用则生成酮酸（**1**），如式（11-7）的两个反应所示。

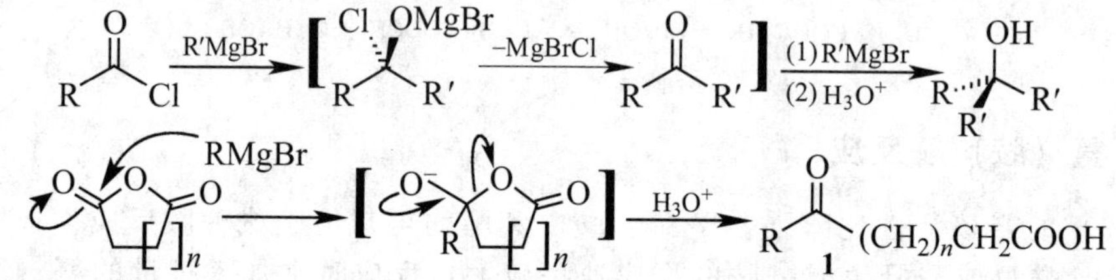

$$\text{（11-7）}$$

酯与格氏试剂或有机锂试剂反应生成有两个相同取代基的叔醇，甲酸酯则得到对称的仲醇（参见 8.5；**OS** Ⅰ：226，Ⅱ：179；52：19）。格氏反应中先生成半缩醛的镁盐（**2**）并迅速转化为酮。有较大空间阻碍的酯能停留在酮这一步，但一般酮羰基的活性比酯羰基强，迅即与体系中存在的格氏试剂继续进行加成反应。位阻很大的格氏试剂难与酯羰基发生加成反应，但能夺取酯的 α-H 而使羧酸酯成为烯醇盐（**3**），结果仅得到由格氏试剂而来的烷烃（参见 9.4.8）并回收酯底物。

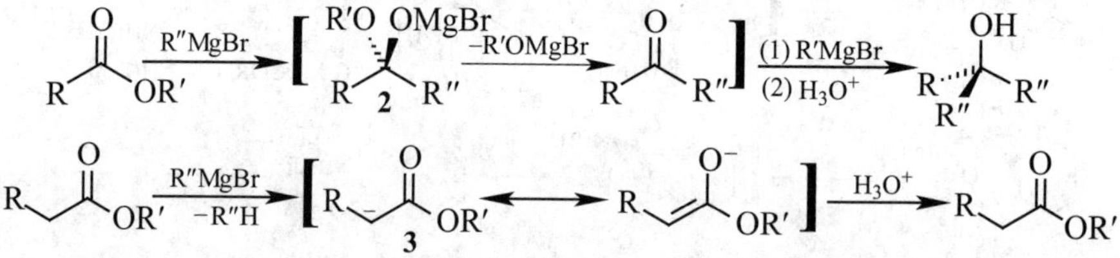

酰胺与格氏试剂作用，氮上的活泼氢首先被除去生成 **4**，**4** 再与另等物质的量的格氏试剂反应得到酮，如式（11-8）所示。该反应产率不高，合成价值不大，N,N-二烃基酰胺与格氏试剂反应可生成酮。

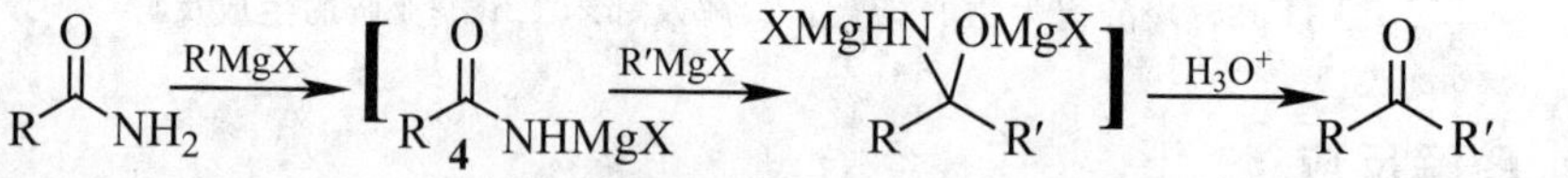

$$\text{（11-8）}$$

11.6 还原反应

酰氯较易被还原，低温下与 NaBH$_4$ 或 LiAlH$_4$ 反应生成醇，用 Rosenmund 还原法生成醛（参见 9.15）。酰氯或羧酸酯酰胺与温和的还原剂二异丁基氢化铝（^{i}Bu$_2$AlH，**DIBALH**）或 LiAl(OBu^t)$_3$H 在 −78℃（干冰-丙酮浴）低温下反应，反应第一步生成的 **1** 在此低温环境下可稳定存在，待所有的底物完全转化为 **1** 后再升温到室温，加酸水后处理得到还原产物醛。

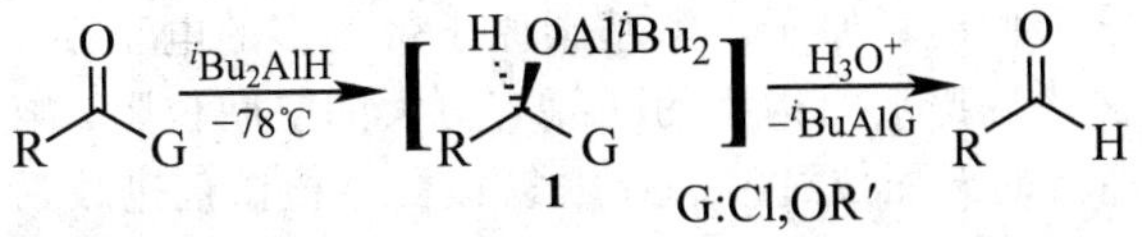

　　酸酐还原经醛和羧基负离子中间体再生成两分子伯醇，但合成价值不大。环酐还原后可以形成内酯，如式 (11-9) 所示。

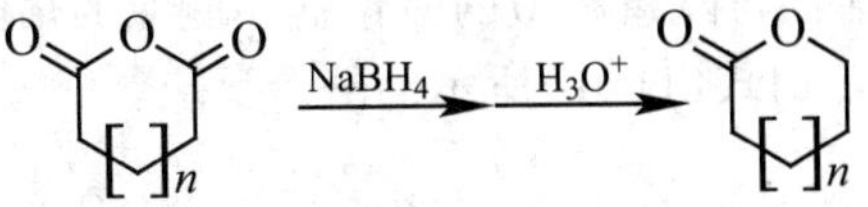

$$(11-9)$$

　　羧酸酯用氢化铝锂还原可得到两分子醇（**OS** *73*：1），来自酰基生成的伯醇常是该反应的合成价值所在。反应分两步进行，酯首先接受负氢离子进攻生成四面体中间体（**2**），**2** 离去烷氧负离子生成中间体产物醛（**3**），醛与负氢进行加成反应的活性大于酯，故会继续反应生成醇。硼氢化钠与酯的反应速率极慢，它与氯化锂反应得到的硼氢化锂（LiBH₄）可较好地还原酯为醇。羧酸酯在铜铬氧化物的催化下高压氢化还原也得到两分子醇（**OR** *8*：1），这个方法特别适用于工业上油脂的氢解。

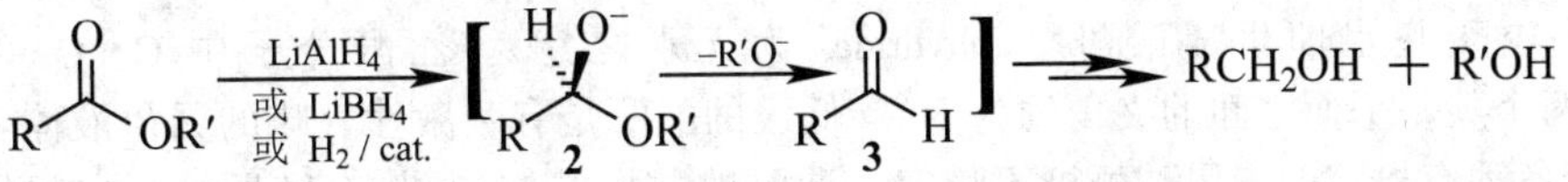

　　酯也可用 Bouveault-Blanc 反应（参见 9.5.2）得到醇产物，若在惰性溶剂中还原，反应中生成的负离子自由基发生偶联反应，生成的 α-二酮中间体产物（**4**）在体系中继续被由钠提供的一个单电子所还原，酸水处理后得到 α-羟基酮（偶姻，**5**），故又称偶姻反应（参见 9.8.4，**OR** *23*：2；**OS** II：114，IV：840）。二元羧酸酯发生分子内偶姻反应是制备中环 α-羟基酮的好方法，产率也较高。

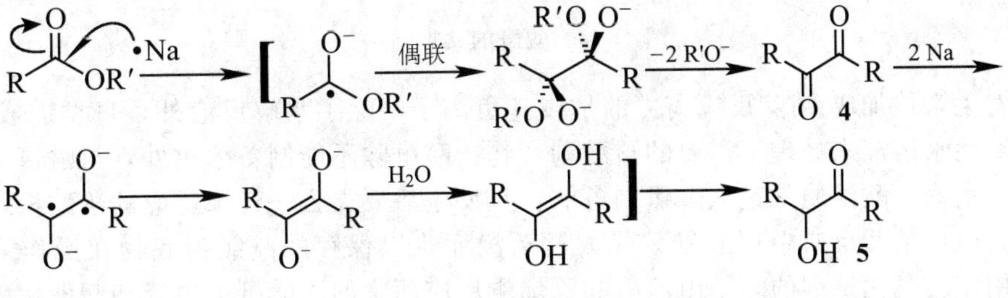

　　酰胺和羧酸酯一样也需高温高压下发生氢化还原反应。如式 (11-10) 所示，伯、仲或叔酰胺与氢化铝锂或硼烷反应，羰基被还原为亚甲基而生成伯、仲或叔胺（**OS** IV：339，564）。

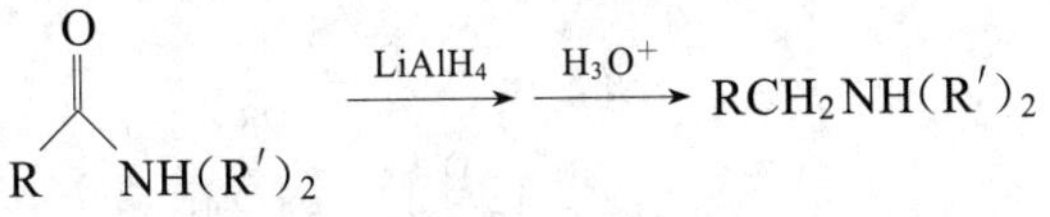

$$(11-10)$$

11.7　酰卤

　　酰氯是酰卤中最重要的化合物，常由羧酸与 SOCl₂ 反应得到（参见 10.7.2）。最简单酰卤的是乙酰氯。**甲酰氯**（formyl chloride）不稳定，高于 −60℃ 就分解为 CO 和 HCl。低级酰氯是有刺激臭味的液体。

酰氯中羰基的 π 电子云偏向氧原子，酰基碳原子带较多的电正性。酰氯的反应活性比卤代烷大。四面体构型的卤代烷比平面构型的酰氯有更大的空间位阻，接受亲核试剂进攻发生 S_N2 反应时形成一个较拥挤的五配位过渡态；酰氯接受亲核试剂进攻后生成的四面体中间体易消除稳定性很好的氯负离子而产生酰基化合物。酰氯是常用的**酰基化试剂**，如，与芳香环发生傅-克酰基化反应；水解、醇解、羧酸解分别生成羧酸、酯、酸酐；与伯胺或仲胺反应生成酰胺、与叔胺反应生成活性与酰氯相似的酰铵盐。酰氯的烯醇式含量比羧酸高，也能进行 α-卤代反应（参见 10.11），如式(11-10)所示的一个反应。

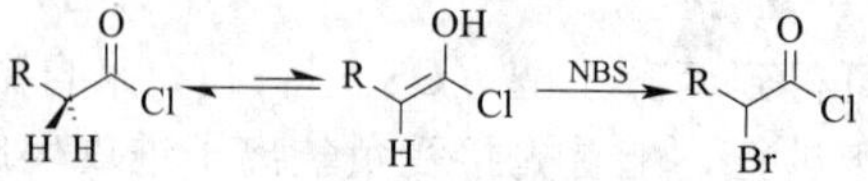

$$(11\text{-}11)$$

11.8 酸酐

两分子羧酸脱水即生成酸酐（anhydride, 为无水之意）。乙酐分子中 C—O 单键键长 0.140nm，两个羰基平面之间的夹角约为 50°。低级的酸酐是有刺激性气味的无色液体，不溶于水而易溶于各种有机溶剂，甲酸酐极不稳定。酸酐的共振结构如图 11-14 所示，中间氧原子中的孤对电子被两个羰基共轭分散而使其与羰基的共振效应不如酯有效，故酰基碳的亲电活性弱于酰氯，但比酯大。

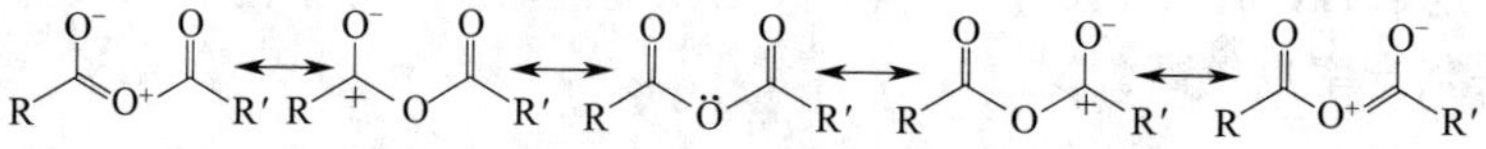

图 11-14　酸酐的共振结构

酸酐发生亲核加成-消除反应离去的是羧基负离子，除了水解反应外，每类加成-消除反应都需用碱性水溶液来处理不需要的羧酸副产物。酸酐除不能制备酰氯外，与酰氯一样是羧酸的活化衍生物。酸酐通常是从酰氯制备的，且反应后要失去一份未反应的羧酸根，故应用不如酰氯。但在某些反应中用酸酐替代太过活泼而难以保存的酰氯为底物在操作上更为有利。如，用作乙酰化试剂的多是由乙酸和乙烯酮反应而来的乙酸酐；由苯和萘催化氧化得到的顺丁烯二酸酐和邻苯二甲酸酐（又称**苯酐**，phthalic anhydride）是重要的高分子单体原料，广泛用于聚酯、玻璃钢和增塑剂等材料工业。环酐反应后可生成带羧基的双官能团化合物，如式(11-12)所示的两个反应。

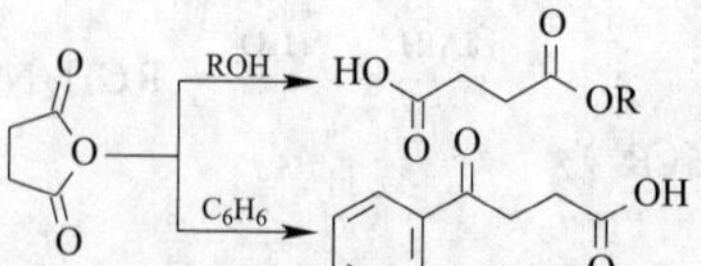

$$(11\text{-}12)$$

混酐可以从羧酸钠和酰氯反应而来，该方法和制醚的 Williams 反应相似（参见 8.12）。混酐中电正性较大、位阻较小的酰基碳更易接受亲核试剂的进攻。如式(11-13)所示，由甲酸钠和乙酰氯而来的甲乙酐与胺反应主要生成甲酰胺而非乙酰胺。

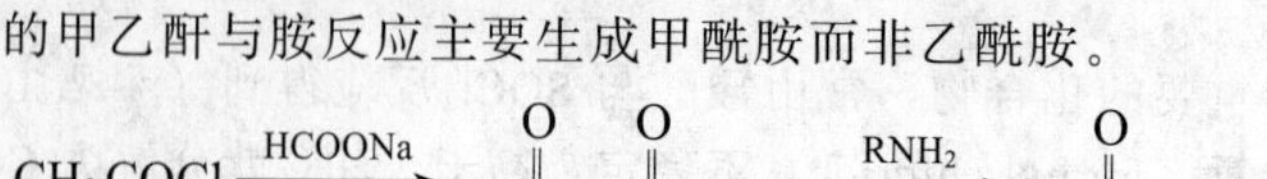

$$CH_3COCl \xrightarrow{HCOONa} \quad \xrightarrow[-HOAc]{RNH_2} \quad (11\text{-}13)$$

11.9 羧酸酯

羧酸酯可溶于常见的有机溶剂而水溶性不大。酯广泛存在于生物体内并有重要的生理作用。低级的酯有芳香气味，常用作香料香精；许多花果的香气是由酯产生的，如**乙酸异戊酯、戊酸异戊酯及丁酸丁酯**分别具有类似香蕉、苹果及菠萝的香味；有些羧酸酯则是激素。**乙酸乙酯**是常用的溶剂，丁酸丁酯已替代以往常用作清洗剂的三氯乙烷。许多**邻苯二甲酸二酯**可溶于聚合物并使聚合物链之间的相互作用降低而能滑动，故称增塑剂或**塑化剂**（plasti-ficator），但它们也是环境内分泌干扰物，具有抗雄性激素作用，故严禁添加到食品中。一些不饱和酸或二元酸的酯则是高分子材料的单体原料。用于皮革防腐剂的富马酸二甲酯（dimethyl fumarate）有抗真菌药效，2013 年获美国食品药品监督管理局（**FDA**）批准用于治疗多发性硬化症，老药新用，DMF 是该年度发布上市的 27 种新药中相对分子质量最小和结构最简单的。

羧酸酯相当于是羧酸盐的烷基化产物，可通过羧酸、酰氯或酸酐与醇反应或由羧酸盐与卤代烃反应（参见 10.6）得到；羧酸与重氮甲烷反应产生羧酸甲酯（参见 12.9）；腈在酸性条件下与醇作用也生成羧酸酯（参见 11.15.3）；酮经 Baeyer-Villiger 氧化反应也是一个制备酯的方法，特别是从环酮可得到内酯（参见 9.6.2）。酯可发生水解、醇解、氨（胺）解反应分别生成羧酸、新的酯和酰胺，但不能转化为酰氯和酸酐。

11.9.1 酯缩合反应

酯羰基的 α-H 也有一定的酸性（$pk_a = 24$），其烯醇盐可亲核加成到另一个羰基上进行 **Claisen 缩合反应**（**OR** 1：266，8：61，15：1）。如，乙酸乙酯在乙醇钠（乙醇的 $pk_a = 16$）作用下形成的烯醇碳负离子进攻体系中未烯醇化的另一分子酯羰基生成乙酰乙酸乙酯（**1**）。

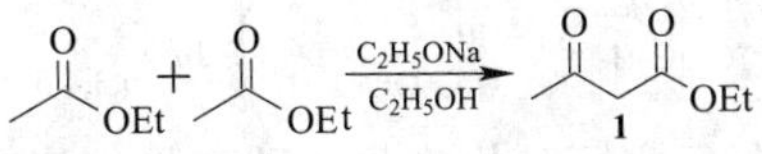

该反应全过程如图 11-15 所示：第一步反应是一分子酯的烯醇离子（**2b**）进攻另一分子未烯醇化的酯羰基生成四面体中间体负离子（**3**），**3** 离去烷氧负离子得到酰基取代产物 **1**。故 Claisen 酯缩合反应是一个取代反应，与作为加成反应的羟醛缩合反应不同。从酸碱平衡来看，乙酸乙酯 α-H 的酸性和乙氧负离子的碱性都不强，故乙酸乙酯的烯醇负离子在体系中很少，第一步的加成是个可逆反应，但实际上 Claisen 酯缩合反应进行得很完全。这可归因于产物乙酰乙酸乙酯（**1**）中亚甲基上的氢原子是一个较强的易被乙氧负离子不可逆地夺去的酸性氢（$pk_a = 11$），形成稳定的碳负离子（**4**）并推动反应朝产物方向进行。故 Claisen 酯缩合反应所用的碱非催化量且应比等当量的还稍多。若将生成的另一个产物乙醇不断蒸出，则更有利于平衡向缩合方向的转移。

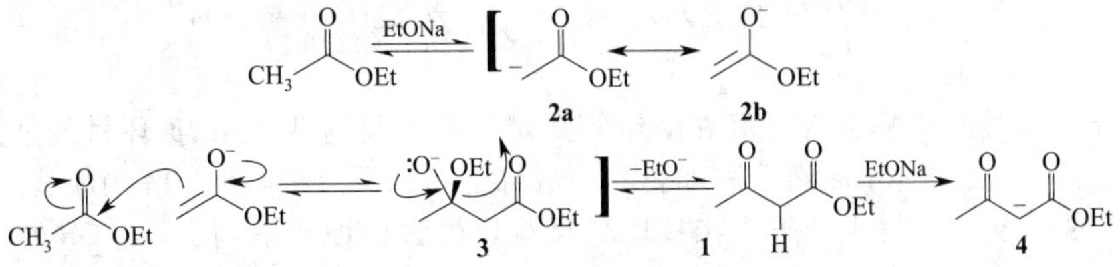

图 11-15 Claisen 酯缩合反应

4 之所以稳定与负电荷具有广泛的离域有关，它与两个酯基处于共轭位置而有如图 11-16 所示的三个稳定的共振结构式：

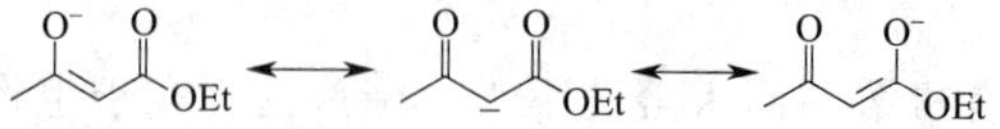

图 11-16　乙酰乙酸乙酯碳负离子（**4**）的共振结构

只有一个 α-H 的酯不易发生 Claisen 酯缩合反应，因为此时生成的 β-氧代酯没有亚甲基氢，无法形成如 **4** 那样的碳负离子来推动反应。此时必须用更强的如氢化钠、氨基锂或三苯甲基钠等碱，将所有的底物酯完全转化为 α-烯醇负离子再进行后续不可逆的缩合反应，如式（11-14）所示。

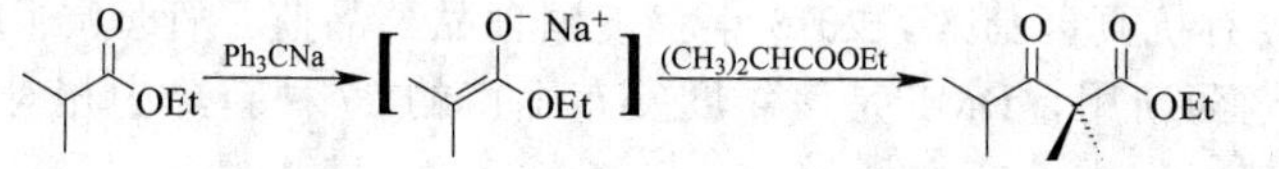

$$(11-14)$$

酯缩合反应得到的 β-氧代酯水解后生成 β-氧代酸，后者受热脱羧。全过程可用于对称酮的合成，如图 11-17 所示。

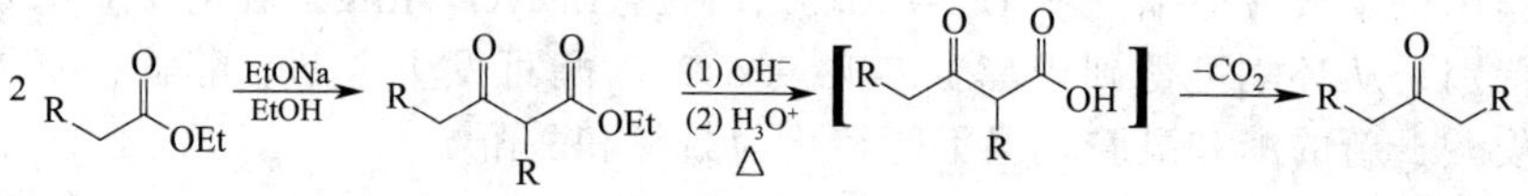

图 11-17　酯缩合反应制备对称酮

分子内的酯缩合反应又称 **Dieckmann 反应**（**OR** 15：1），特别适于生成普环 β-氧代内酯（**OS** Ⅱ：116），如式（11-15）所示。

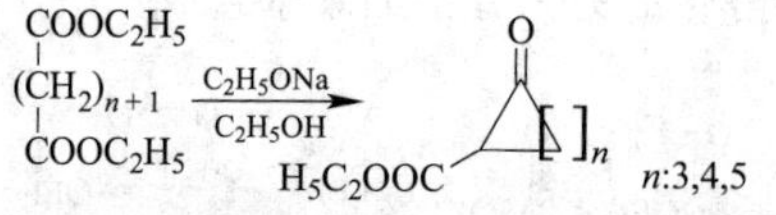

$$(11-15)$$

两个不同的酯之间发生缩合反应可随机产生 4 种产物。将含 α-氢的酯慢慢加入较过量的碳酸酯、甲酸酯、苯甲酸酯、草酸酯等不含 α-氢的酯与碱的体系中可进行很有用的 **交叉**（crossed）**酯缩合反应**（参见 9.8.2）。如，乙酸乙酯与苯甲酸酯缩合得到苯甲酰乙酸乙酯（**5**）；含 α-氢的酯与草酸酯缩合后生成 α-氧代羧酸酯（**6**），6 受热易失去一氧化碳生成取代的丙二酸酯产物（**OS** Ⅱ：272；Ⅳ：141）。

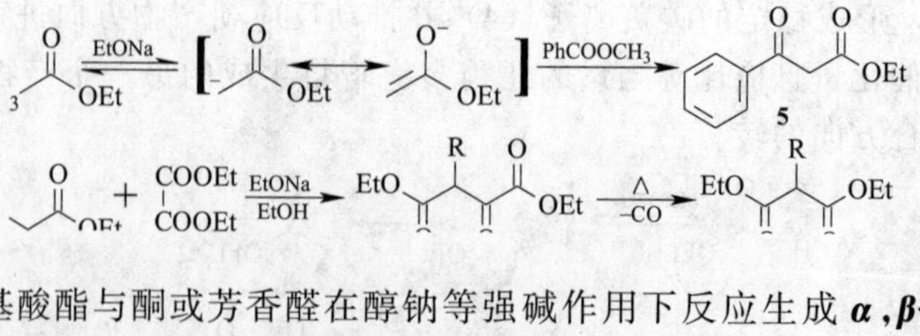

α-卤代亚甲基酸酯与酮或芳香醛在醇钠等强碱作用下反应生成 α,β-**环氧羧酸酯**（epoxy ester，**7**）。如图 11-18 所示：α-卤代酸酯更易形成烯醇负离子（**8**），8 与醛酮羰基加成后得到烷氧负离子（**9**），9 接着发生分子内亲核取代反应，失去卤原子后得到 7（**OS** Ⅳ：459）。7 在很温和的条件下可水解得到很不稳定的 α,β-环氧酸（**10**），10 受热易脱羧生成烯醇并随

即转化为醛（**11**）。这也是一个以酮为底物得到增加一个碳的醛的制备方法，称 **Darzens 反应**（**OR** 5：414）。

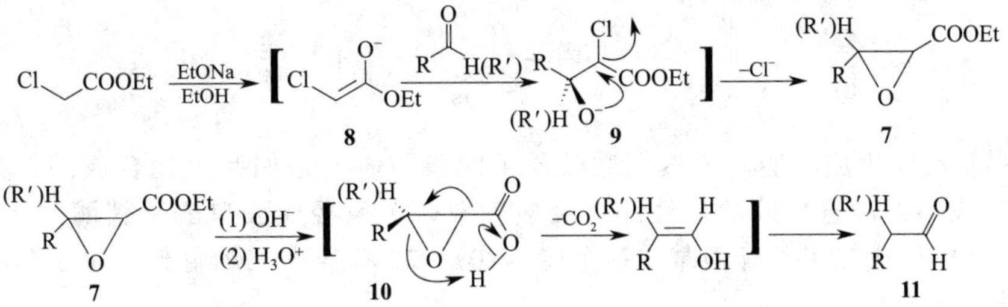

图 11-18　Darzens 反应

　　低温下酯与二异丙基氨基锂（参见 9.8.2）一类强碱反应能完全转化为烯醇负离子（**12**）。如式(11-16)所示的两个反应，**12** 兼具亲核性和碱性，可进行亲核取代反应（**a**）或进攻羰基进行加成反应（**b**）。

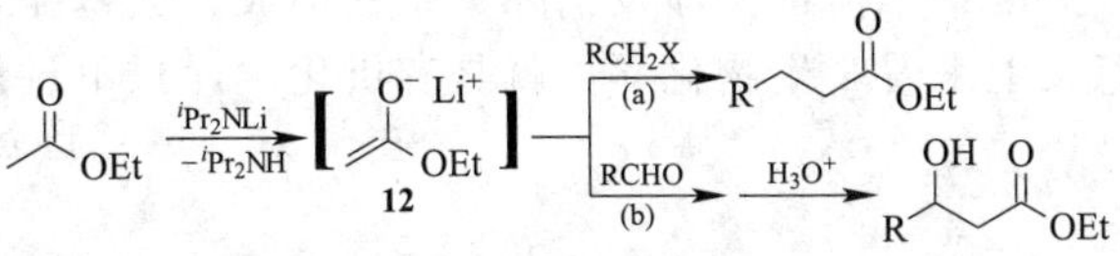

$$(11\text{-}16)$$

　　酯羰基也可作为亲电组分接受 α-H 的酸性比酯强的醛、酮、腈和硝基烷（参见12.11.2）烯醇碳负离子的亲核进攻，发生类似交叉 Claisen 缩合的反应，分别得到引入酯酰基的 β-二酮（**13**）、β-氧代腈（**14**）或 β-氧代硝基化合物（**15**），如式(11-17)所示的三个反应。不含 α-氢的酯的此类反应更好。

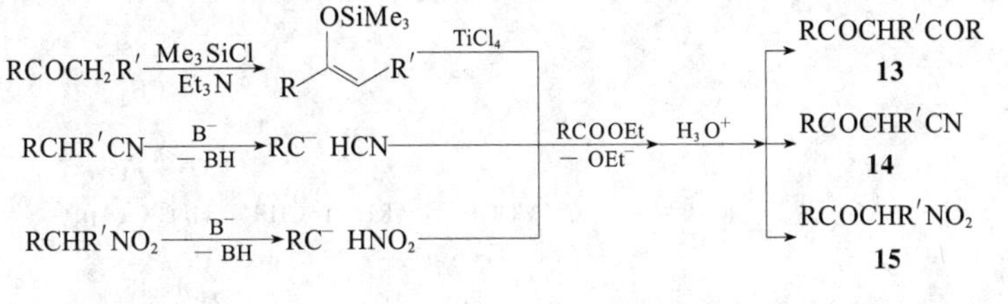

$$(11\text{-}17)$$

　　不含 α-氢的甲酸酯进行交叉酯缩合反应后生成的甲酰取代酯[RCH(CHO)COOR]不稳定，产物通常较复杂，产率也较低。但甲酸酯与醛、酮烯醇负离子可较好地进行缩合反应得到 β-氧代醛（**16**）。

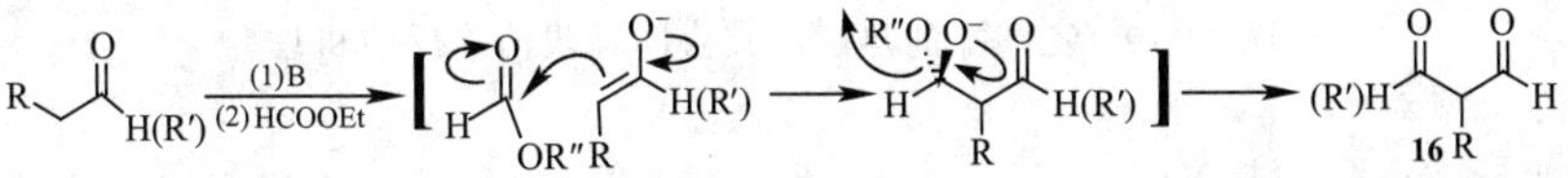

　　萜类和甾体等天然产物分子在自然界的生物合成中也用到酯缩合反应和醇醛缩合反应。这些天然产物分子的碳来源是一个乙酸接在辅酶 A 上的硫醇酯，即**乙酰辅酶 A**（AcSCoA，**17**）。硫原子给电子的能力弱，与羰基的共轭效应没有氧醇大，烷硫基（RS⁻）的离去性和稳定性都比烷氧基（RO⁻）大，故 **17** 中的乙酰基易受亲核进攻而发生转移。另外，**17** 中羰基的极化程度较强，故乙酰基 α-H 酸性也较强而易受亲电试剂的进攻。如，2 分子乙酰辅酶 A 在酶催化下发生酯缩合反应生成**乙酰基乙酰辅酶 A**（**18**）。

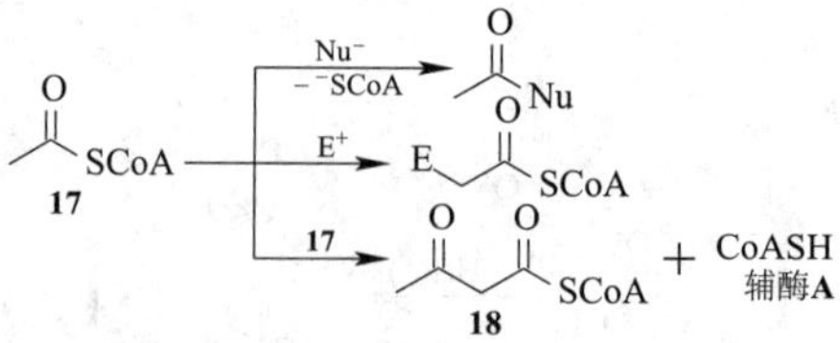

18 经多步反应生成丁酸，天然偶数碳原子的脂肪酸就是如此生物合成的；其乙酰基作为受体与 **17** 发生对映选择性的醇醛缩合反应生成（S）-**甲羟戊酸单酰基辅酶 A**（**19**），**19** 再经多步酶促反应生成**二甲基烯丙基焦磷酸酯**（**20**）。**20** 有异戊二烯骨架，也是萜类和甾体等天然产物分子的生源前体。

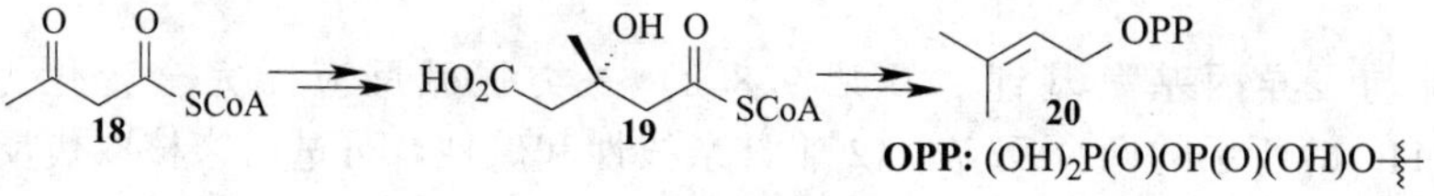

生物反应过程都极为复杂，但都是涉及消除、亲核加成、羰基缩合、水解等有机化学所研究的内容。从这个意义上来看，生物化学也就是有机化学，只不过是大分子在生命环境中酶促作用下进行的。

11.9.2 热解反应

乙酸酯在高温条件下发生气相热解反应，生成乙酸和纯度与产率均较好的少取代或末端烯烃。利用同位素标记的手性底物，可以发现反应经过一个六元环状过渡态（**21**）而发生酰基和 β-H 协同顺式消除的立体专一性过程，如图 11-19 所示。某些醇底物不适宜直接脱水来得到烯烃，可通过将其转化为酯再进行热解的方法来得到。

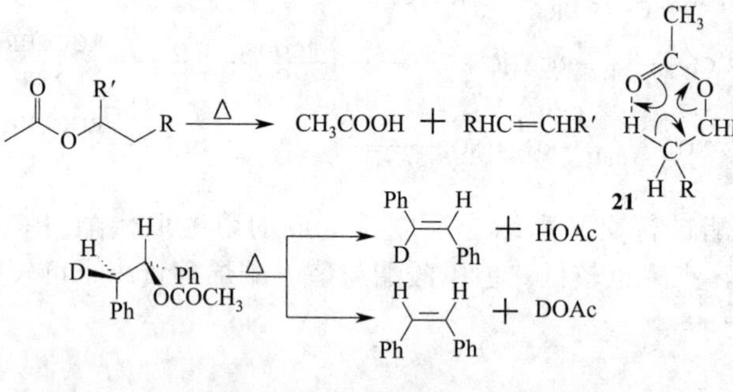

图 11-19 乙酸酯的热解及其协同顺式消除反应机理

11.9.3 内酯

内酯（lactone）即环酯，或称 **2-氧杂环烷酮**，最小的三元环 α-内酯极不稳定，超过 $-100^\circ C$ 即分解而成聚合物。四元环的 β-丙内酯由乙烯酮与甲醛反应而得，五元环的 γ-丁内酯和六元环的 δ-戊内酯很易由相应的羟基酸经分子内脱水而得（参见 10.15.2），ε-己内酯由环己酮氧化而来，大环内酯可由长链羟基酸在稀溶液中或经官能团活化后生成。许多天然内酯化合物，如**红霉素**（**22**）、**银杏内酯类化合物**（**23**）、维生素 C（参见 13.5.3）等都具有独特的抗菌、抗肿瘤或保健活性。**青蒿素**（**24**）是我国科学家首先从蒿叶中提取并给出了结构，其衍生物是目前最有效的抗疟药之一。屠呦呦因此成果而荣获 2015 年度诺贝尔生理学或医学奖。2015 年从链霉菌属中发现了一种新抗生素 Gargantulide A，该天然产物毒性极强，具有五十二元环结构和 105 个碳原子的内酯结构，其中近半数碳原子是手性中心。

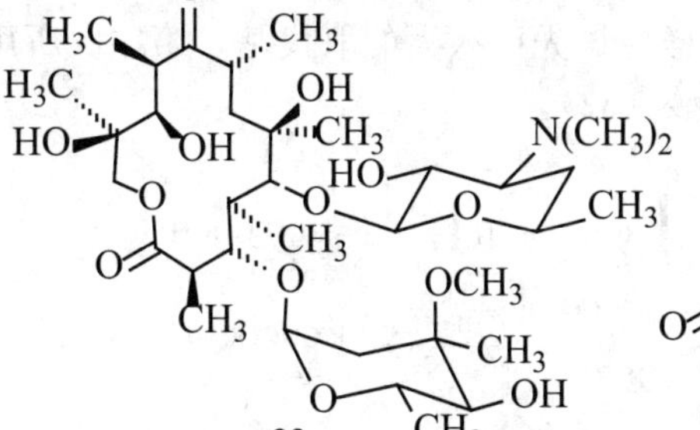

11.9.4　乙酰乙酸乙酯和丙二酸二乙酯

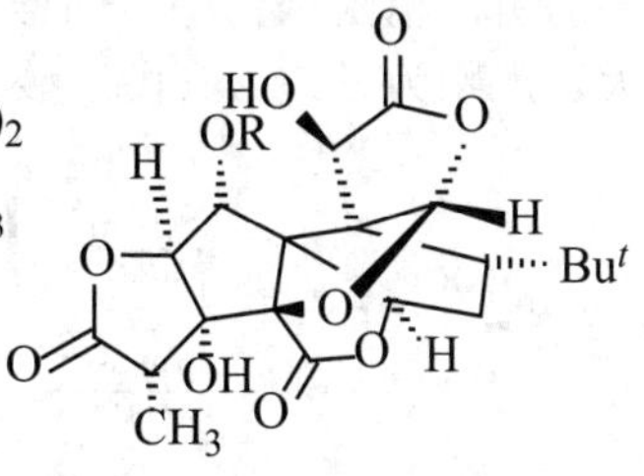

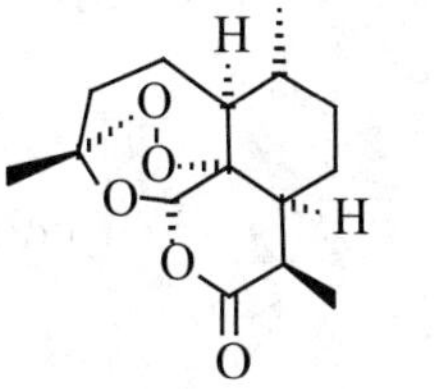

俗称"三乙"的**乙酰乙酸乙酯**（ethyl acetoacetate）及**丙二酸二乙酯**（diethyl malonate）都含有被两个吸电子基团（即酯基或羰基）活化了的一个活泼亚甲基（pk_a分别为 11 和 13）。它们在醇钠等碱作用下易形成稳定的烯醇碳负离子而各用于甲基酮衍生物或乙酸衍生物的制备。

乙酰乙酸乙酯可由乙酸乙酯经酯缩合反应得到，工业上是用双乙烯酮与乙醇反应生产的（参见 9.13）。这是一个微溶于水、有香味的无色液体，常温下蒸馏时（沸点 180℃）有分解现象。乙酰乙酸乙酯的亚甲基上可以引入一个或两个取代基后得到取代乙酰乙酸乙酯（**25** 或 **26**），水解成 β-氧代酸后在酸水中加热脱羧生成甲基酮衍生物（**27** 或 **28**），该酸式分解过程相当于 Claisen 酯缩合的逆反应。合成 α,α-二取代丙酮时，通常应该先引入较大的取代基后引入较小的取代基；或先引入伯烷基后引入仲烷基，否则会影响产物的纯度和产率。

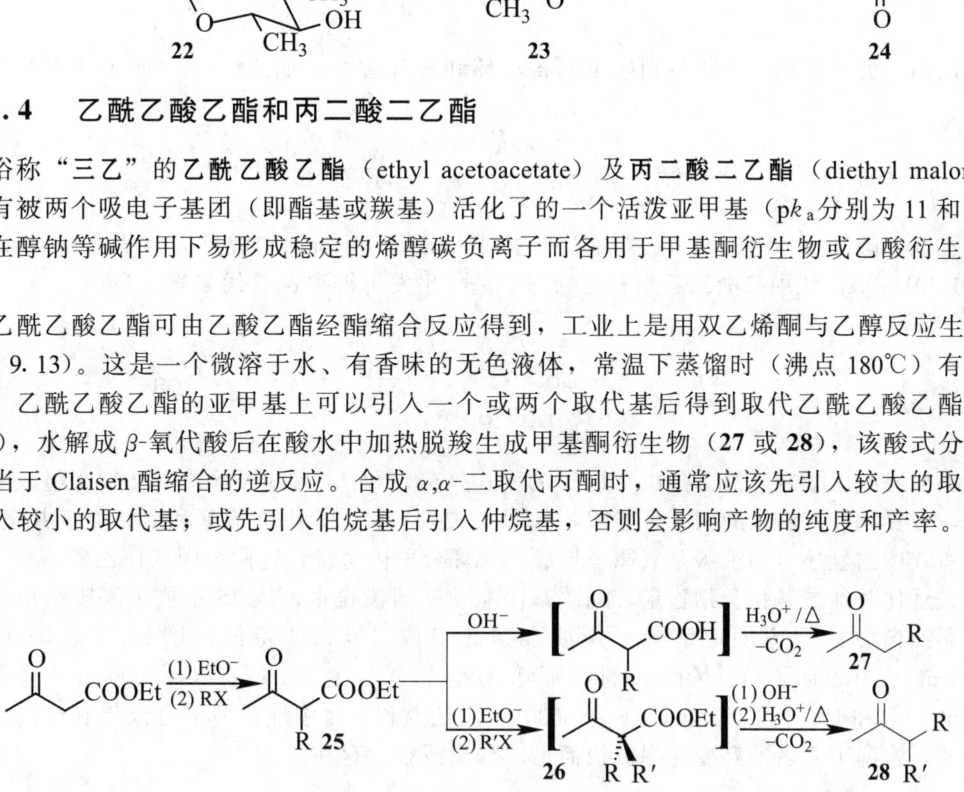

乙酰乙酸乙酯与 α-卤代酮或 α-卤代酸酯反应则分别生成 γ-二酮或 γ-氧代酸酯（**29**）；2mol 乙酰乙酸乙酯与 α,ω-二卤代物反应可制备 1mol 二元甲基酮（**30**）。

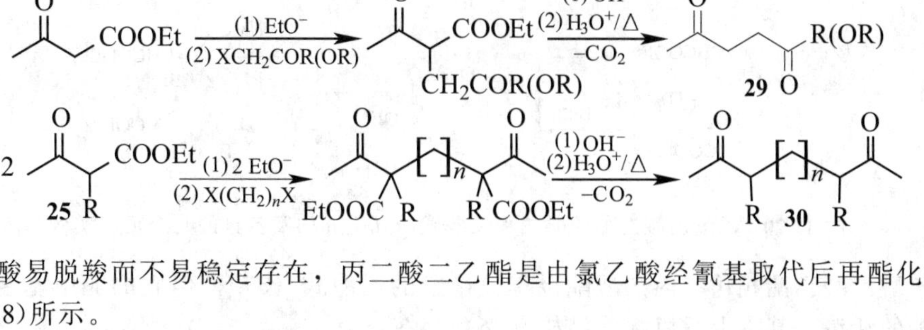

丙二酸易脱羧而不易稳定存在，丙二酸二乙酯是由氯乙酸经氰基取代后再酯化得到的，如式（11-18）所示。

$$ClCH_2COONa \xrightarrow{NaCN} NCCH_2COONa \xrightarrow[H_2SO_4]{C_2H_5OH} CH_2(COOEt)_2 \qquad (11\text{-}18)$$

丙二酸二乙酯的烯醇盐经烷基化再水解后生成取代丙二酸酯的衍生物，后者水解、酸化后受热脱羧生成取代乙酸（**31**，**OS II**：279，474）。丙二酸二乙酯中的两个亚甲基氢都可以被取代，但第二个取代基的引入稍困难一些，同样应该先引入大的取代基，第二次所用的碱和卤代烃的活性也应更大，产物为 α,α-二取代乙酸（**32**）。

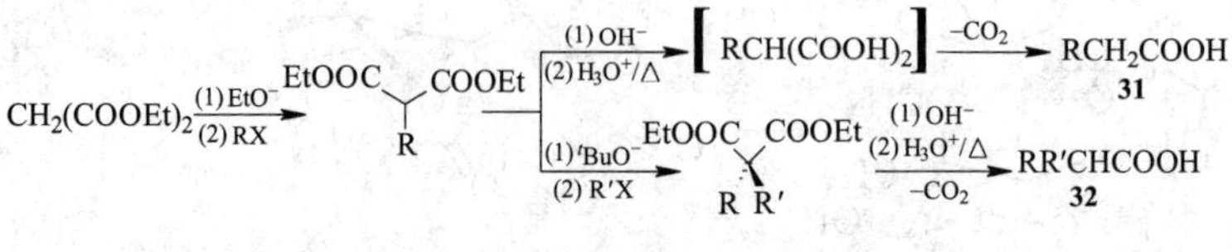

以丙二酸二乙酯为底物特别适于制备小环和普环羧酸，如式（11-19）所示环丁基甲酸的制备。

$$(11\text{-}19)$$

乙酰乙酸乙酯和丙二酸二乙酯的烯醇盐很易进行 Michael 加成反应（参见 9.10.2）。如式（11-20）所示，从丙二酸二乙酯和乙烯基甲基酮出发可得到 δ-氧代羧酸（**33**）。

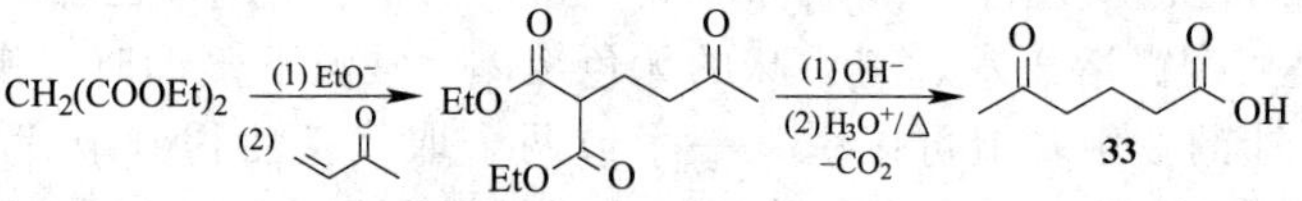

$$(11\text{-}20)$$

乙酰乙酸乙酯在室温下是由 92.5% 的酮式（**34**）和 7.5% 的烯醇式（**35**）所组成的平衡体系，各具酮羰基和烯醇两个官能团，如图 11-20 所示。**35** 中的烯基和酯基处于共轭位置，Z-烯醇式中的氢还可与酯羰基氧原子形成六元环分子内氢键；这两个因素使乙酰乙酸乙酯的烯醇式远比其他羰基化合物稳定。酮羰基比酯羰基活泼得多，故 **35** 主要由酮羰基形成的烯醇。用波谱方法可方便地解析平衡混合物的组成。酮式的特征谱图是：δ_H（3.6），IR（1700cm^{-1}，1690cm^{-1}）；烯醇式的特征谱图是：δ_H（16，5.5），IR［3000cm^{-1}（宽峰），1645cm^{-1}］和 UV［λ_{max} 244nm（$\varepsilon = 16000$）］。低温和绝对中性环境下可以得到纯的酮式和烯醇式，常温下两者的互变速率极快而难以分离或独立存在。

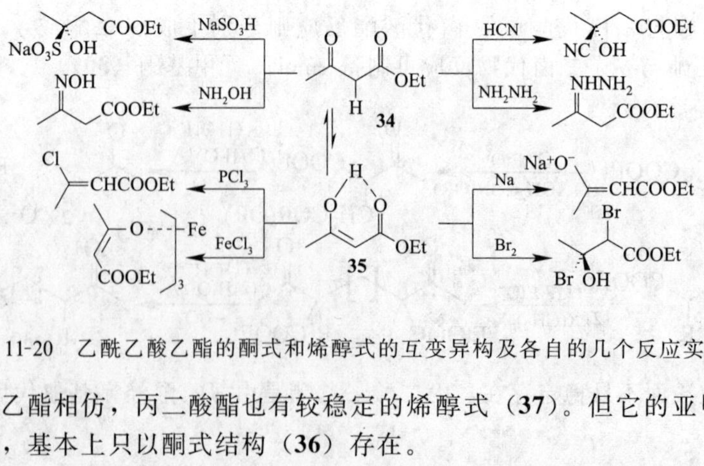

图 11-20　乙酰乙酸乙酯的酮式和烯醇式的互变异构及各自的几个反应实例

与乙酰乙酸乙酯相仿，丙二酸酯也有较稳定的烯醇式（**37**）。但它的亚甲基氢不如乙酰乙酸乙酯的活泼，基本上只以酮式结构（**36**）存在。

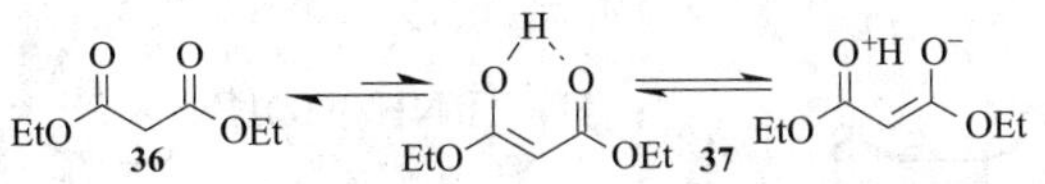

11.10 酰胺

酰胺{英文的酰胺和氨基负离子碱[H(R)$_2$N$^-$]都是 amide}接受亲核试剂进攻的活性和氨基负离子的离去性能都是羧酸衍生物中最差的，故可成为肽或蛋白质的基本单位（参见第14章）。酰胺可发生水解或氨（胺）解反应得到羧酸或另一个酰胺，但不会与卤素负离子、羧基或烷氧基进行亲核酰基取代反应去生成酰氯、酸酐、酯。无色有氨味的低黏稠性液体N,N-二甲基甲酰胺［dimethyl formamide，HCON(CH$_3$)$_2$，**DMF**，沸点 153℃］可溶于水和有机溶剂。DMF 有较大的介电常数，作为电子给予体时能与电子受体形成配合物或溶剂化物，分子具有醛基结构而有还原性，但在水溶液中没有偕二醇结构。**N,N-二甲基乙酰胺**［CH$_3$CON(CH$_3$)$_2$］比 DMF 稳定，与 DMF 一样都是用途广泛的非质子极性溶剂（参见 7.4.4）。酰胺可由羧酸、酰氯、酸酐、酯进行氨（胺）解反应或腈的水解反应得到（参见 11.15.3）。N-取代酰胺还可以通过酮的 Beckmann 重排反应得到（参见 9.4.6）。

11.10.1 分类

酰胺根据氮原子上的取代基可分为伯、仲、叔酰胺三类。如图 11-21 所示，酰胺沸点高且有较大的偶极矩，两个电荷分离的共振贡献者之间在高度极化的 N—H 与另一分子偶极化的羰基氧原子间有很强的氢键。氮原子上的氢被烃基取代后氢键消失，沸点也随之降低。除甲酰胺外的伯酰胺都是固体。

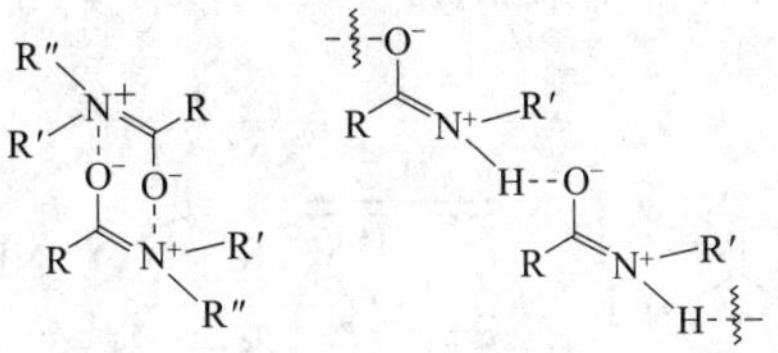

图 11-21 酰胺分子间的缔合作用

内酰胺（**2-氮杂环烷酮**，lactam）又称**环酰胺**，其命名与内酯相似。20 世纪 30 年代，**Fleming** 意外地发现了**青霉素**（**配尼西林**，Penicillin，**1**）这一抗菌物质。通过 **Florey** 和 **Chain** 的工作，其活性成分得到分离，他们三人因此出色的工作而荣获 1945 年度诺贝尔医学或生理学奖。青霉素自 1943 年开始大量生产并得到广泛应用，其分子结构中一个四元环内酰胺（β-丙内酰胺）与一个五元硫杂环并联，五元环上有一个羧基，内酰胺 α-碳上接上各种取代基可形成各种配尼西林药物［**配尼西林 G**（R＝苄基）；**配尼西林 F**（R＝2-戊烯基）；**配尼西林 X**（R＝4-羟基苄基）；**配尼西林 K**（R＝己基）；**配尼西林 V**（R＝苯氧甲基）］。后来发展出来的抗菌活性更好的**头孢霉素**（cynnematin，**2**）则由 β-丙内酰胺和一个六元硫杂环并联而成。细菌细胞膜上带有羟基的酶受到有较大张力的 β-丙内酰胺进攻而失去活性。

具两个酰胺官能团的化合物由分子内脱氨形成**酰亚胺**（**OS** *II*：562），酰亚胺分子中氮原子上的氢原子受到两个羰基的影响变得非常活泼而有较强的酸性（pk_a≈10）。丁二酸单酰胺脱水生成环状的**丁二酰亚胺**（**3**）。3 与次溴酸钠反应即生成俗称为 **NBS** 的 N-溴代丁二酰

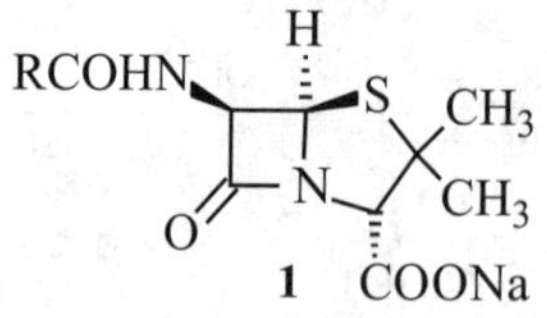

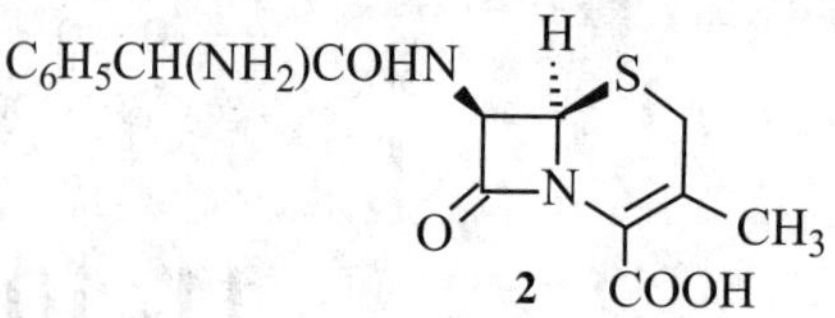

亚胺（**4**）。**3** 与碱反应则中和成盐，如丁二酰亚胺钾（**5**）的生成。

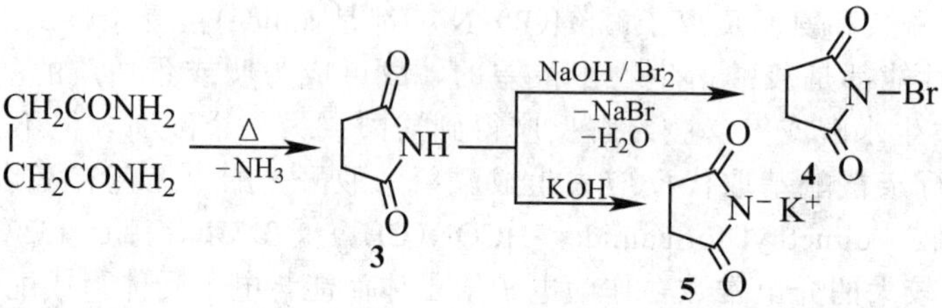

11.10.2　酸碱性

酰胺（$RCONH_2$）是中性的，$pk_a \approx 16$ 与醇相当，羰基的吸电子诱导效应和共轭效应使酰胺中氮原子的碱性比胺（RNH_2）弱得多。酰胺遇强酸，如 HF/BF_3 才会成盐；在酸水溶液中不生成铵离子，在无水乙醚中与氯化氢形成盐的沉淀，加水后又分解为酰胺与盐酸。酰胺中 N—H 的酸性很弱（$pk_a \approx 22$），与强碱形成遇水即分解的盐。酰亚胺的酸性大得多，与弱碱碳酸钠就可作用生成氨基钠盐。

11.10.3　加水和脱水反应

酰胺相当稳定，许多酰胺可以在水中重结晶。如式（11-21）所示的两个反应，酰胺加水成为羧酸铵；伯酰胺在 P_2O_5、$POCl_3$ 或 $SOCl_2$ 等脱水剂作用下受热失水成腈（**OS** I：3，II：379，III：493；IV：144）。

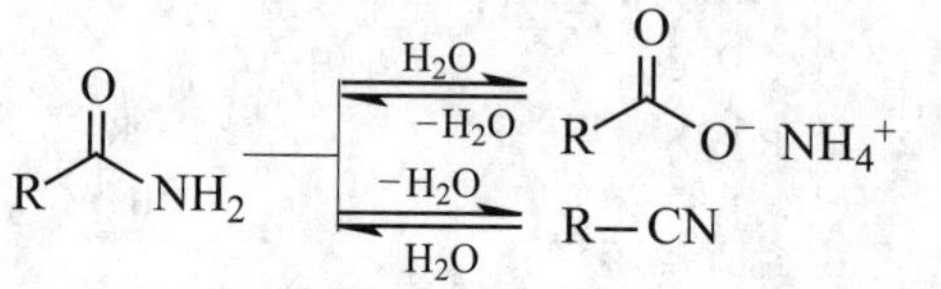

$$(11-21)$$

邻苯二甲酸二铵盐受热脱水、脱氨生成可用于制备伯胺的**邻苯二甲酰亚胺**（**6**，参见 12.11.1）；与次卤酸盐作用发生 Hofmann 降解反应（参见 11.10.4）生成邻氨基苯甲酸。

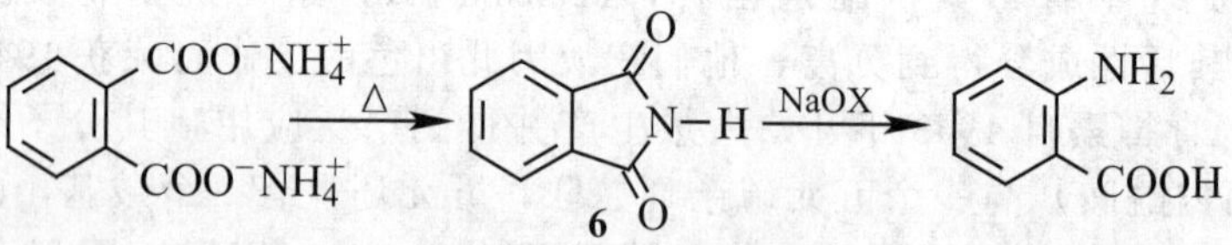

11.10.4　Hofmann 降解反应

酰胺分子中酰基 α-H 的酸性很小（参见 11.3），只有叔酰胺（RCH_2CONR_2'）才能产生 α-碳负离子。伯酰胺在强碱作用下形成的酰胺氮负离子（**7**）可以发生卤代反应并除去羰基生成比底物酰胺少一个碳原子的伯胺，该反应称 **Hofmann 降解**（重排）**反应**（<u>OR</u> 3：267），整个过程如图 11-22 所示（<u>OS</u> IV：45，104）。以次卤酸盐（$NaOH/X_2$）为试剂，伯酰胺先生成 N-卤代酰胺（**8**）。由于卤原子的吸电子诱导效应，**8** 的 N—H 酸性比底物伯酰胺强，在反应环境下更易形成相应的负离子（**9**），带弱 N—X 键的 **9** 离去 X⁻ 的同时发生烷基（R）迁移而生成中间体产物**异氰酸酯**（**10**）。迁移基团（R）若是有旋光活性的，反应后其构型保持不变。**10** 相当于是二氧化碳的含氮衍生物，sp 杂化的羰基碳有很强的亲电活性，很易接受水分子的进攻生成不稳定的取代**氨基甲酸**（carbamic acid，**11**），**11** 随即脱羧给出伯胺产物。

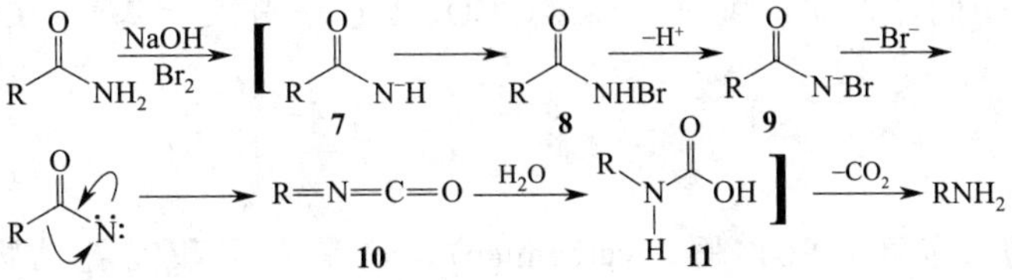

图 11-22　Hofmann 降解反应

11.11　α,β-不饱和羧酸衍生物的 1,2-加成和 1,4-加成

α,β-不饱和羧酸衍生物与 α,β-不饱和醛、酮一样（参见 9.10.1），也有可与亲核试剂发生直接加成或共轭加成的羰基 C(2) 和烯基 β-C(4) 两个亲核反应点。通常可以看到的是，羰基活性大的酰氯易发生直接加成反应，活性较小的酯或酰胺则易发生共轭加成反应，如式（11-22）所示的两个反应。

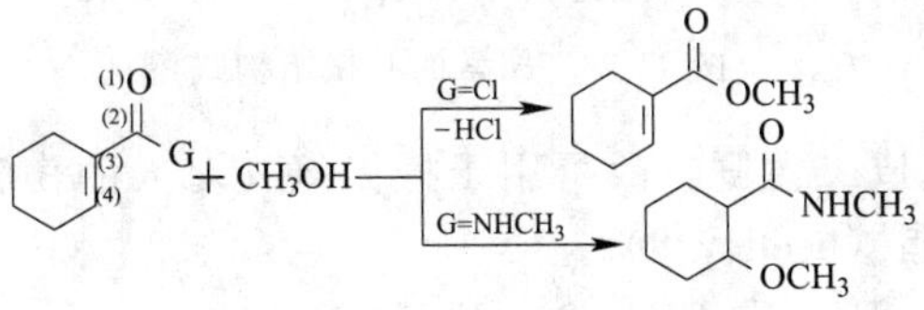

$$(11-22)$$

11.12　碳酸衍生物

碳酸[CO(OH)₂]是二元羧酸，相当于**羟基甲酸**或一羰基双羟基化合物。含一个羟基的酸性碳酸衍生物不稳定，易分解并放出二氧化碳，故最常见的碳酸衍生物是两个羟基都被其他基团取代的中性衍生物。如，**光气**（phosgene，**1**）、**氯甲酸酯**（chloroformate，**2**）、**碳酸酯**（**3**）、氯甲酰胺（**4**）、**尿素**（urea，**5**）和**氨基甲酸酯**（carbamate，**6**）：

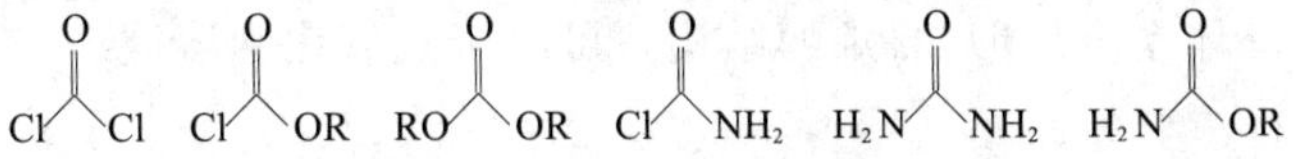

11.12.1　光气

光气相当于是碳酸的二酰氯衍生物，可由四氯化碳与浓硫酸反应制得。光气有剧毒，遇水分解放出大量氯化氢，与醇反应生成氯甲酸酯（**2**）和碳酸酯（**3**）；与氨反应生成氯甲酰胺（**4**），**4** 脱氯化氢生成异氰酸（carbimide，**7**）或氰酸（**8**）后再氨化为尿素。光气与芳烃在 Lewis 酸催化下生成二芳基甲酮（**OS** V：201）；与双官能团化合物反应生成环状的碳酸

酯或高聚物。绿色化学上应用毒性相对较小且易于计量操作的液态**双光气**［ClCO$_2$CCl$_3$］或固态**三光气**［CO(CCl$_3$)$_2$］代替气态的光气（bp8.1℃）。

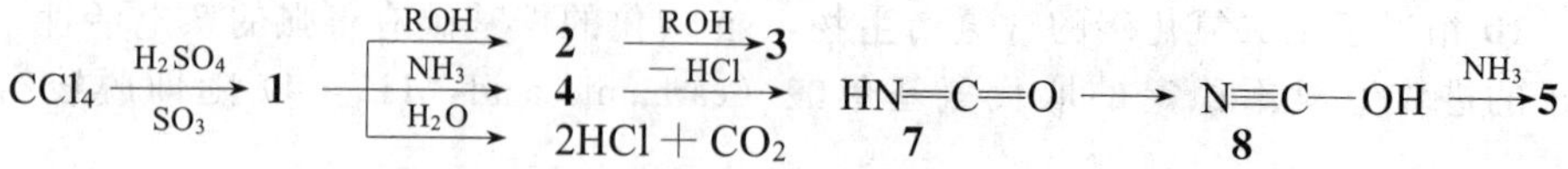

$$CCl_4 \xrightarrow[SO_3]{H_2SO_4} 1 \underset{H_2O}{\overset{ROH}{\underset{NH_3}{\Longrightarrow}}} \begin{matrix} 2 \\ 4 \\ 2HCl+CO_2 \end{matrix} \xrightarrow[-HCl]{ROH} 3 \quad HN=C=O \longrightarrow N\equiv C-OH \xrightarrow{NH_3} 5$$
$$\qquad\qquad\qquad\qquad\qquad\qquad\qquad\qquad\qquad\qquad\quad 7 \qquad\qquad\qquad 8$$

光气分子中一个氯原子被取代后得到的产物氯甲酸衍生物（ClCOG）的活性小于光气，也是很有用的酰氯中间体。如，氯甲酸酯（ClCOOR′）是引入酯基（—COOR）的试剂，可制备氨基甲酸酯。

11.12.2　尿素

尿素是碳酸的二酰胺，又称**脲**（carbamide）。这是人类和哺乳动物体内的蛋白质代谢的最后产物之一，主要存在于尿中，人每天可排出约 30g 尿素。尿素在农业生产上是一个很有用的氮肥，含氮量高达 46.6%，在酸、碱或**脲酶**（urease）催化下分解放出 CO$_2$ 和 NH$_3$。第一次将无机物经人工手段合成得到的有机化合物就是尿素（参见绪论）。尿素在工业生产中是通过加压、加热下用二氧化碳和过量的氨反应生成氨基甲酸铵盐后再加热得到的。

尿素分子中有两个氨基，具不能使石蕊试纸变色的弱碱性。C—N 键键长 0.137nm，比正常的略短，而 C—O 键键长为 0.125nm，比正常的略长，存在着如图 11-23 所示的含两性离子结构在内的共振结构：

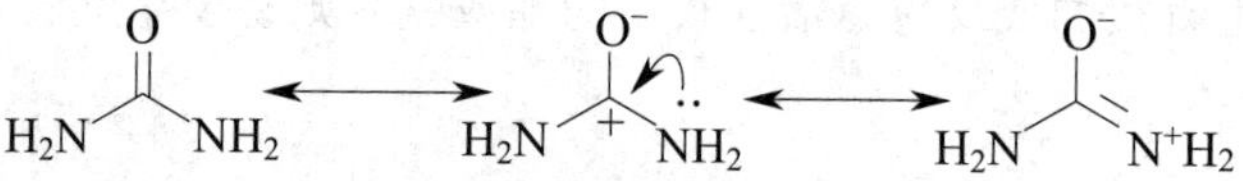

图 11-23　尿素的共振结构式

尿素很易与氯反应生成二氯脲，故可用于抵御氯气对人的伤害，与甲醛缩合形成俗称"电玉"的聚合物**脲醛树脂**（beetle，**9**）。

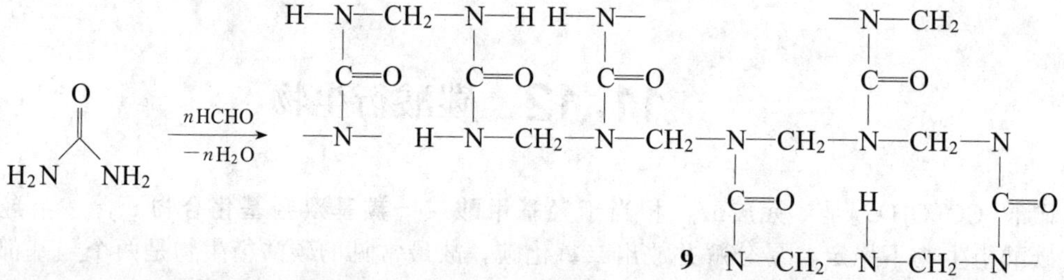

脲与酰胺或酸酐作用生成酰脲，与丙二酸酯反应生成有酸性的称**巴比妥酸**（barbituric acid）的丙二酰脲（**10a**）。巴比妥酸衍生物是一类重要的**安眠镇静类**（soporific）药物，其互变异构体嘧啶芳环体系（**10b**）含烯醇结构，可溶于氢氧化钠溶液。

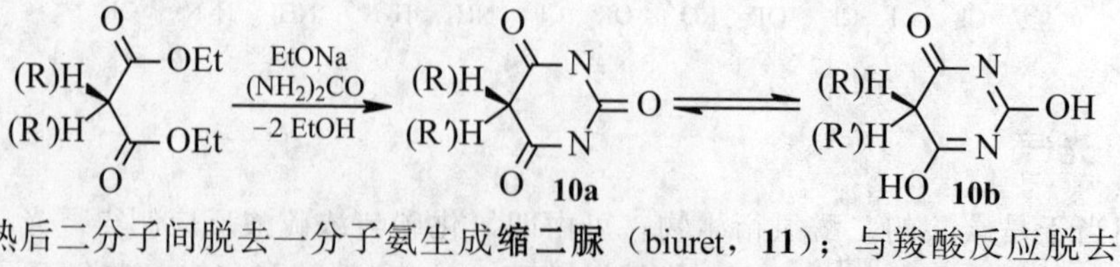

尿素受热后二分子间脱去一分子氨生成**缩二脲**（biuret，**11**）；与羧酸反应脱去一分子氨生成酰胺（**12**）；迅速加热时分子内失去一分子氨形成异氰酸（**7**），后者不稳定而立即聚合成**三聚氰酸**（triazine triol，**13**）；与水合肼反应生成用于鉴定醛、酮的**氨基脲**（semicarbazide，**14**，参见 9.4.6）；与亚硝酸反应生成二氧化碳和氮气，该反应可用于在制备重氮盐的反应体系中除

去多余的亚硝酸（参见 12.6）。

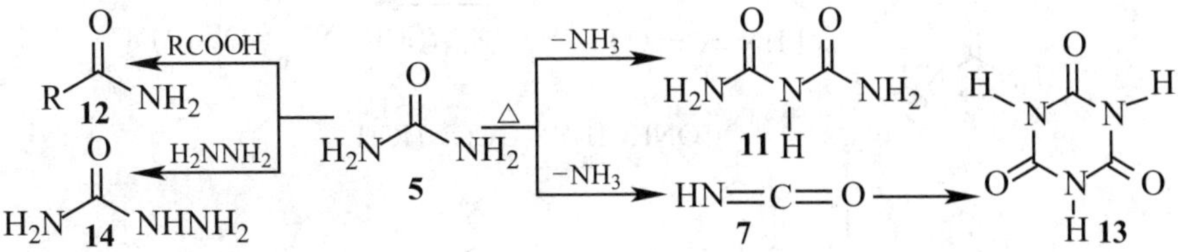

11.12.3 原（碳）酸衍生物和碳酸酯

原（碳）酸〔orthocarbonic acid，$C(OH)_4$〕极不稳定，迅即分解为 CO_2 和 H_2O 而难以保存。原甲酸〔orthoformic acid，$HC(OH)_3$〕是甲酸的羰基水合物，也不稳定，易脱水生成甲酸。**原甲酸酯**〔trialkyl orthoformate，$HC(OR)_3$〕是甲酸酯的缩酮，酸催化下放出醇而可用于制备缩醛、酮（**OS** IV：21），相当于发生了羰基-缩醛、酮交换反应，如式（11-23）所示。

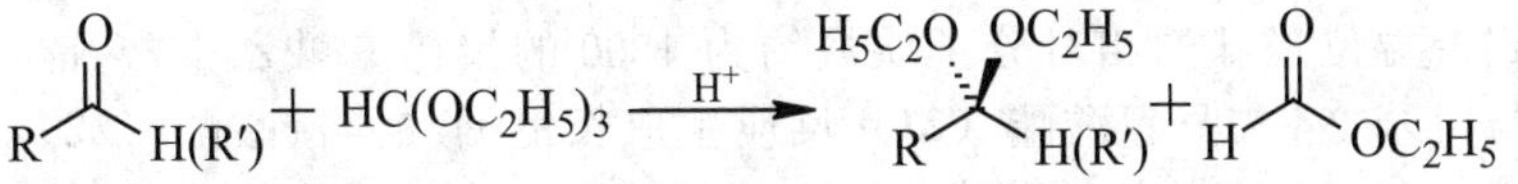

$$(11\text{-}23)$$

碳酸可生成碳酸一酯（HOCOOR）和碳酸（二）酯〔$CO(OR)_2$〕。将二氧化碳通入醇钠（RONa）的醇溶液中即得到碳酸一酯钠（NaOCOOR）；光气和醇作用则生成碳酸二酯；用氯甲酸酯和醇反应可以得到含不同烃基的碳酸二酯〔$CO(OR)(OR')$〕。碳酸酯不能烯醇化，故仅能作为亲电试剂参与羰基缩合反应，如，接受醛、酮羰基烯醇盐的进攻生成很有用的 β-氧代酯（**15**）。**15** 有活泼亚甲基氢，经取代脱羧生成 α-烷基酮，如式（11-24）所示的反应。

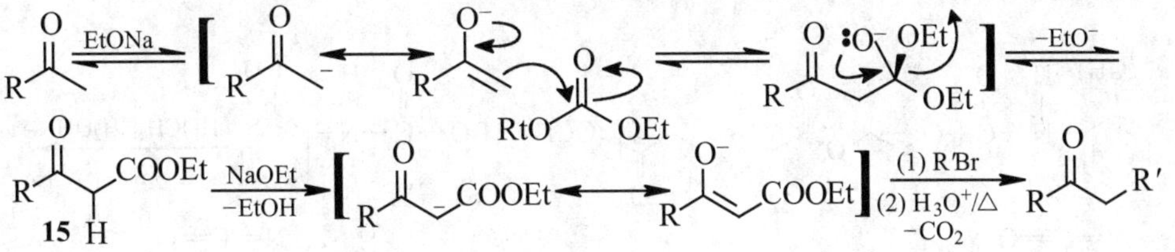

$$(11\text{-}24)$$

碳酸酯与格氏试剂反应先得到羧酸酯，羧酸酯继续与格氏试剂反应生成三个取代基均来自格氏试剂的叔醇（**16**，**OS** II：282，602），如式（11-25）所示。作为一类相对绿色的试剂，碳酸酯正可取代常用但有毒的硫酸二甲酯一类烷基化试剂，有机合成中用于酯转移反应并提供酯基。碳酸二酯也是合成用作光盘材料的聚碳酸酯的基本原料。

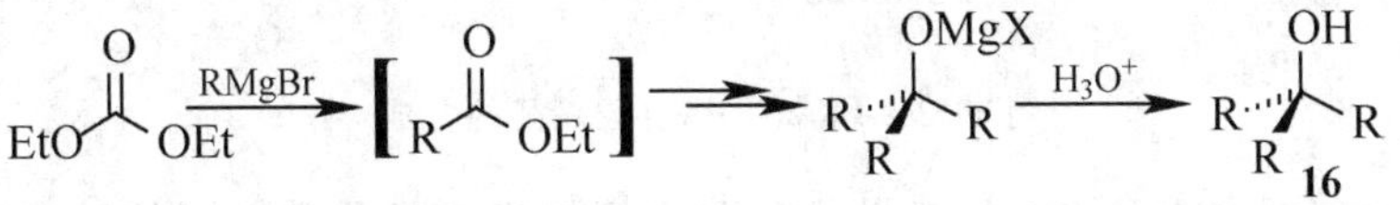

$$(11\text{-}25)$$

11.12.4 氨基甲酸酯和异氰酸酯

氨基甲酸酯（**6**）可由碳酸酯与氨（胺）反应来制备。尿素在醇溶液中加热，脱氨生成的中间体产物异氰酸立即与醇加成也生成氨基甲酸酯。氨基甲酸酯是一类重要的低、中等毒性的可生物降解农药，被广泛应用的如 1-（N-甲基氨基甲酸酯）萘（**甲萘威，17**）、3-（N-甲基氨基甲酸酯）甲苯（**速灭威，18**）等。

异氰酸（**7**）与其异构体氰酸（**8**）之间形成一个动态平衡。但异氰酸根（**19a**）是一种

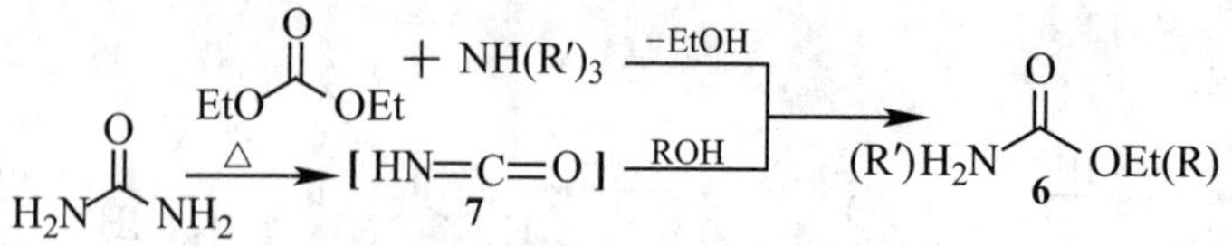

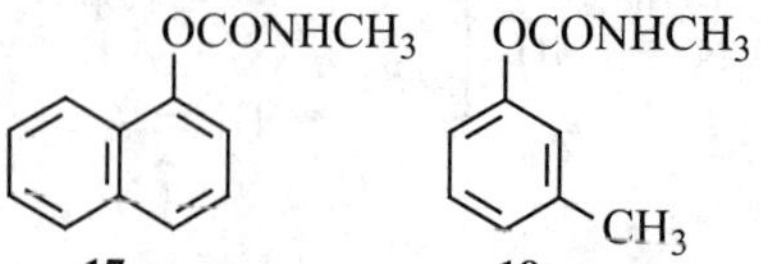

两可负离子，与氰酸根（**19b**）是共振关系，故（异）氰酸盐只有一种。

$$N^- = C = O \longleftrightarrow N \equiv C - O^-$$

$$\textbf{19a} \qquad\qquad \textbf{19b}$$

光气-与胺的反应可用于制备**异氰酸酯**（RNCO）。异氰酸酯易与水反应生成胺并放出二氧化碳，与羧酸、醇、酚、氨、胺等含有活泼氢的化合物反应生成 N-取代氨基甲酸酯。异氰酸酯的一个重要应用是生产**聚氨基甲酸酯**（polyurethane）。如图 11-24 所示，己二酸与乙二醇反应可得到带端位羟基的相对分子质量约为 1800 的聚己二酸乙二醇酯（**20**，$n = 10$），其末端醇羟基与甲苯-2,4-二异氰酸酯（**21**）反应生成长链的二异氰酸酯（**22**），**22** 中余留的异氰酸酯官能团可与再加入的乙二醇或乙二胺等**扩链剂**交联生成聚氨基甲酸酯（**23**），**23** 中兼具易变柔顺的聚酯和刚性的苯基结构，广泛用于制作**泳衣**之类的纤维材料。

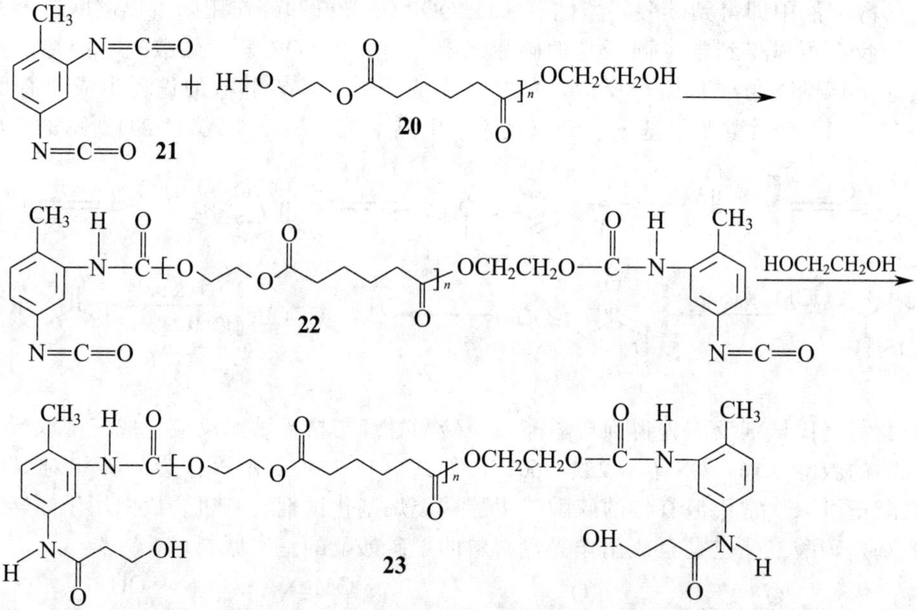

图 11-24　聚氨（基甲酸）酯的合成

22 若在聚合时混有少量水分，二异氰酸酯水解放出二氧化碳，固化时的产品中即形成具保温性能的海绵状**聚氨酯泡沫**（polyurethane foam）**塑料**。**22** 与多羟基单体聚合可得高度多维交联而又具坚硬特性的泡沫产物，广泛用于保温建筑材料。

11.13　类脂化合物（2）：蜡、油脂、脂肪酸和磷脂

蜡（wax）主要是由 $C_{20} \sim C_{28}$ 直链偶数碳原子的羧酸与 $C_{16} \sim C_{36}$ 的直链一元醇的酯组成

的混合物。如**鲸蜡**和**蜂蜡**的主要成分各是软脂酸十六醇酯（$C_{15}H_{31}CO_2C_{16}H_{33}$，熔点 $41\sim$ 46℃）和软脂酸三十醇酯（$C_{15}H_{31}CO_2C_{30}H_{63}$，熔点 $62\sim65℃$），此外还含有一些游离的羧酸、醇、酮和烃。蜡通常覆盖在树叶、羽毛和皮毛的表面，起润滑和防水等作用，广泛用于化妆品的基质和生活用品。

　　油脂泛指室温下呈固态的动物**脂肪**（fat）和呈液态的植物**油**（oil）。本为无色的油脂，常因含有脂溶性色素而呈色，它们不如糖类易被氧化代谢，是动物长期储能的物质。天然油脂是一个复杂的混合物，从化学结构看都是**三羧酸甘油酯**（triacylglycerol，**1**），水解后生成甘油和三个具直链或支链的长链脂肪酸。油脂命名时将脂肪酸名在前，甘油名在后；同种脂肪酸生成的称**甘油同酸酯**，两种或三种羧酸生成的称**甘油混酸酯**。甘油与三种不同的脂肪酸生成的酯有 27 种异构体，其中 18 种组成九对对映体。甘油二羧酸酯或单羧酸酯主要存在于生物的代谢产物中。

$$R'COO\overbrace{}^{\displaystyle OOCR}_{\displaystyle OOCR''} \xrightarrow[(2)H_3O^+]{(1)OH^-} HO\overset{OH}{\curlywedge}OH + RCOOH + R'COOH + R''COOH$$

1

　　植物油脂的提取主要有冷榨法和热榨法。前者得率低，但品质较好；后者收率较高，但产品带色且品质稍差；近来多采用收率和品质均佳的超临界溶剂萃取法来提取。动物油脂则一般采用加热脂肪组织获得。长期受到空气中的氧或微生物作用的食用油脂会发生水解、氧化等反应而产生一些挥发性的醛、酮、酸等含氧混合物，表现为游离脂肪酸的含量增加并导致**酸败**（rancidity）变质。油脂中游离脂肪酸的量用**酸值**（acid value）表示，指中和 1g 油脂所需的氢氧化钾的质量（g），酸值大于 6g KOH/g 的油脂不宜食用。

　　脂肪酸长链饱和的称**饱和脂肪酸**，多存在于动物脂肪中；有一个或多个双键（大部分是顺式）的称单或多**不饱和脂肪酸**，多存在于植物油中。脂肪酸是以乙酸为结构单位由生物合成所得，故除个别的如海豚油脂中含有单数碳的异戊酸外多是 $C_{12}\sim C_{20}$ 的偶数碳原子的酸。含量最多的三个是几乎分布在所有的油脂品中的软脂酸、动物脂肪中的硬脂酸和**橄榄油**中的**油酸**。其他常见的如椰子油中的**月桂酸**（lauric acid，十二酸）、葵花子油中的**亚油酸**（linolic acid，顺,顺-十八碳-9, 12-二烯酸）和亚麻子油中的**亚麻酸**（linolenic acid，顺,顺,顺-十八碳-9,12,15-三烯酸）等。此外还有一些含羟基、环氧基的不饱和酸，如蓖麻中的**蓖麻油酸**〔castor oil acid，$Z\text{-}CH_3(CH_2)_5CH(OH)CH=CH(CH_2)_7COOH$〕等。工业产量最大的脂肪酸有油酸、亚油酸、软脂酸、硬脂酸、亚麻酸、月桂酸、**芥酸**（erucic acid, 顺-二十二碳-13-烯酸）和**肉豆蔻酸**（myristic acid, 十四酸）8 种。

　　油脂的物理性质主要与脂肪酸成分有关，碳链的长度和不饱和度均有较大的影响。双键结构使分子的三维形状弯曲而相互不易贴近，范氏引力和熔点都较低，不饱和度愈多的熔点愈低。油脂中脂肪酸长链中的双键经催化氢化饱和后熔点得到提高，称油脂的**硬化**（hardening）。油脂硬化后还具有不易变质和保存方便等优点而广泛用于食品工业。称**干性油**（drying oil）的**桐油**（chinese wood oil）是我国的特产，其中的**桐油酸**（elaeomargaric acid，顺,反,反-十八碳-9,11,13-三烯酸）有三根双键形成的共轭体系。长时间置于空气中的桐油在表面会慢慢形成一层干硬而有弹性的薄膜，该薄膜富有黏着性且耐寒、耐热、耐水，经久不裂而起到保护底物的作用。成膜的过程可能和过氧化自由基的生成且渐渐形成高分子聚合物有关。

　　脂肪酸既是代谢成其他化合物的原料，也是最为重要的生物能源之一。美国食品药品监督管理局提出，含有非共轭不饱和双键的脂肪酸，不管其来源如何都可定义为**反式脂肪酸**。

通常认为一些天然的反式脂肪酸对健康是有利的，而人工合成的人造黄油中的反式脂肪酸对健康是不利的。食用大量脂肪可能是造成心血管疾病的因素之一，但是两者之间的关系是非常复杂的，至今尚无定论。这主要与它们能否促成体内防止血管硬化的“好”的**高密度胆固醇**含量增加的同时能降低引起血管梗死的“坏”的**低密度胆固醇**含量的生理功能有关。含有多个不饱和双键的脂肪酸对人体和动物的新陈代谢是至关重要的，但人体自身往往不能合成或合成的量不够所需，所以饮食中的油脂成分是非常重要的。与必需氨基酸相似的人体无法自行合成的**必需脂肪酸**也仅来自食物，它们都是不饱和脂肪酸，结构中通常有两个以上位于C(3)-C(4)、C(6)-C(7)及C(9)-C(10)之间的顺式双键和二乙烯基亚甲基子结构，在海洋浮游生物和某些植物油中含量相对较高。亚油酸、亚麻酸和**花生四烯酸**（arachidonic acid,顺,顺,顺,顺-二十碳-4, 7,10,13-四烯酸,2）等都是必需脂肪酸。一些天然羧酸的含量虽少生理作用却极强，如由 C_{20} 骨架组成的**前列腺素**（prostaglandin，**PG**，**3**）和一些必需脂肪酸。花生四烯酸是人体合成前列腺素、白三烯、聚集血小板的**凝血酶素**（**4**）等一个重要的生物前体化合物。

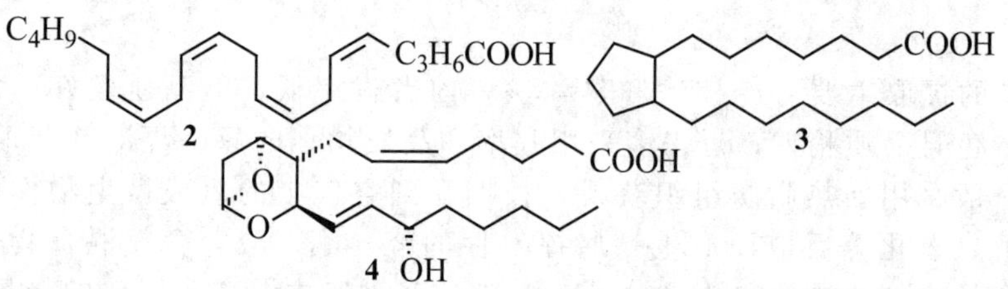

2　3　4

三羧酸甘油酯在生源上由**甘油磷酸**（glycerophosphoric acid，**5**）而非甘油直接酰化所得：**5** 酰化生成**磷脂酸**（phosphatidic acid，**二酰基甘油磷酸**，**6**），**6** 是各种甘油磷酸的前体，水解为 **1,2-二羧酸甘油酯**（**7**）再继续酰基化而生成三羧酸甘油酯（**1**）：

$$\underset{\mathbf{5}}{\begin{array}{l}CH_2OH\\|\\CHOH\\|\\CH_2OPO_3H_2\end{array}} \xrightarrow[-2HSCoA]{\begin{array}{c}RCOSCoA\\R'COSCoA\end{array}} \underset{\mathbf{6}}{\begin{array}{l}CH_2OCOR\\|\\CHOCOR'\\|\\CH_2OPO_3H_2\end{array}} \xrightarrow{H_2O} \underset{\mathbf{7}}{\begin{array}{l}CH_2OCOR\\|\\CHOCOR'\\|\\CH_2OH\end{array}} \xrightarrow[-HSCoA]{R''COSCoA} \mathbf{1}$$

磷脂（phosphatide）是一类与油脂相仿的含有磷原子的高级脂肪酸酯，有两大类。最常见的一类是磷脂酸，分子中 C(1)上的脂肪酸多为饱和的；C(2)是有手性的，多为 R-或 L-构型，所接的脂肪酸常是不饱和的；C(3)上的磷酸酯通常与另一分子氨基醇如乙醇胺、胆碱、丝氨酸、肌醇等形成磷酸二酯，如**磷脂酰乙醇胺**（**α-脑磷脂**，**8**）和**磷脂酰胆碱**（**α-卵磷脂**，**9**）。

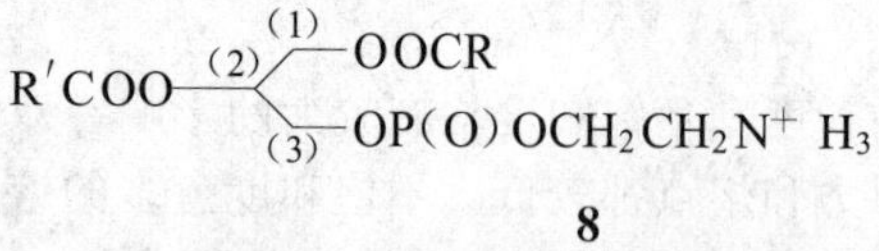

8

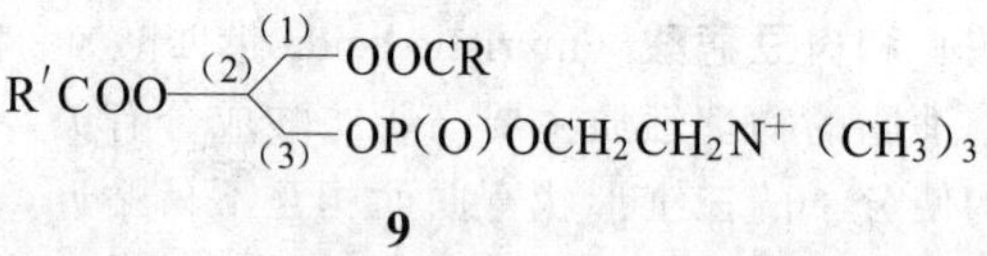

9

另一类磷脂分子为**磷酸鞘氨酯**（sphingolipid，**10**），是以 ***2S*，*3R*，*4E*-鞘氨醇**（sphingosine，**11**）或有关的二羟基胺组成的磷酸酯。

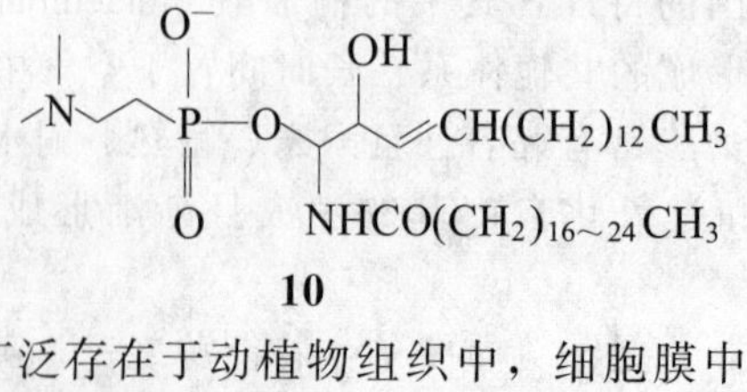

10

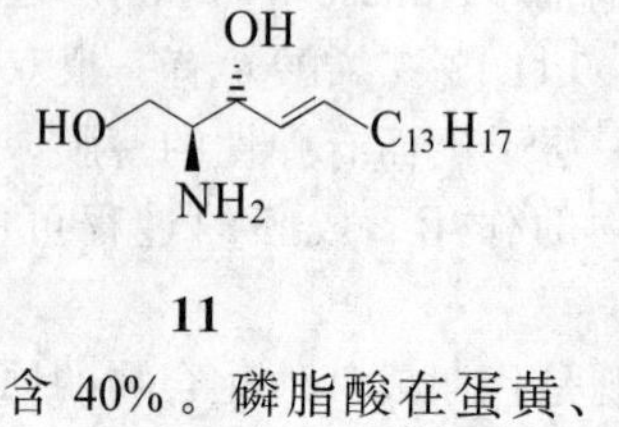

11

磷脂分子广泛存在于动植物组织中，细胞膜中约含 40%。磷脂酸在蛋黄、种子和脑细胞中较为丰富，作为神经纤维膜主要成分的磷酸鞘氨酯则在脑和神经系统中特别丰富。磷脂是一系列调控生理机能作用的小分子信息物质的前体，许多药物的作用机制也都与磷脂代谢有关。其分子结构中的一部分是疏水非极性长碳链的烃基，另一部分为亲水的**极性偶极离子**。它们实际上也是一类表面活性剂，与肥皂相似，置于水中后，极性基团指向水面，疏水部分因对水的排斥作用而相互聚集，与水隔开，形成如图 11-25 所示的**类脂双分子层**（lipid bilayer）。由磷脂和蛋白质及夹杂甾体等小分子形成的类脂双分子层厚约 5nm，脂肪链起到壁垒作用，阻挡住极性物质和离子，但能够让非极性脂溶性分子通过、溶解并扩散到细胞。磷脂不溶于丙酮，此一特性可用于磷脂的分离提取。

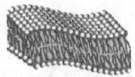

图 11-25 类脂双层结构示意图（亲脂端在中间，裹有其他生命分子；亲水端在外侧）

11.14 表面活性剂

在很低的浓度下就能降低溶液表面张力的物质称表面活性剂，表面活性剂作为洗涤剂、乳化剂和起泡剂等广泛用于日常生活和工农业生产中。表面活性剂的分子结构中两端各有亲脂和亲水成分。如，肥皂的主要成分是来自牛油皂化所得硬脂酸、软脂酸、油酸及来自椰子油皂化所得月桂酸、肉豆蔻酸的钠盐；合成洗涤剂的代表 4-十二烷基苯磺酸钠等。如图 11-26 所示，水溶液中这些表面活性剂形成三维球状的**胶束**（micelle）结构，长链烃基在内部因范氏引力相互簇集并接近处于球核心的油污，处于球表面的羧基或磺酸基被水分子包围。伴随机械摩擦和振动，表面活性剂带着油污分散悬浮于水相中得以除去。长链脂肪酸的钙、镁盐的水溶性较差，故肥皂不宜在硬水中使用，磺酸钙、镁盐的水溶性较好，故合成洗涤剂可在硬水中使用。

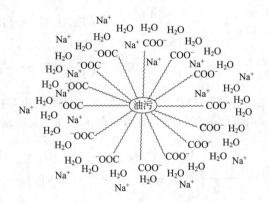

图 11-26 肥皂在水相中的胶束结构

11.15 腈

腈（nitrile，$RC{\equiv}N$）相当于是氢氰酸（HCN）分子中的氢原子被烃基取代的产物。**氰**

基（C≡N）碳的氧化态与羧基中的碳相同，也易接受亲核试剂的进攻。腈的结构中虽无酰基但也易转化成其他羧酸衍生物，水解后也生成羧酸；故可将其作为羧酸衍生物来讨论。

11.15.1　结构和命名

氰基是腈的官能团，碳、氮原子都是 sp 杂化，两者之间由一个 C—N σ 键和两个 C—N π 键连接；氮原子上还有一对孤对电子在 sp 杂化轨道中，排布在 C—N 键的轴向上而与炔基相似。腈的命名可以按两种方式进行，腈指子结构"≡N"。简单分子可将氰基作官能团，此时氰基的碳也计在总碳原子数内；复杂分子可将氰基作取代基看待。如，丙烯腈（**1**）、苯乙腈（**2**）、ω-氰基己醇（**3**）、氰基乙酸乙酯（**4**）、己二腈（**5**）等。

$$H_2C = CHCN \quad PhCH_2CN \quad HO(CH_2)_5CN \quad NCCH_2COOEt \quad NC(CH_2)_4CN$$
$$\textbf{1} \qquad\qquad \textbf{2} \qquad\qquad \textbf{3} \qquad\qquad\quad \textbf{4} \qquad\qquad\quad \textbf{5}$$

11.15.2　理化性质

纯粹的腈并无异味。与无机氰化物不同，腈分子不会离解出氰根离子，毒性较小。但一些不饱和腈仍有一定毒性。与羧酸的二缔合体结构相似，两分子腈之间因较强的偶极相互作用而可组成如 **6** 所示的结构。腈有较大的极性和较高的沸点，如，常用的溶剂乙腈的沸点（81℃）比乙醇还高。乙腈能与水混溶，也能溶解许多有机化合物和盐类化合物。高级腈的水溶性迅速下降，丁腈已几乎不溶于水。

腈的碱性和亲核性都很弱，氮原子上的孤对电子受核束缚较牢，需强酸才能质子化。氰基与羰基有相似之处，可发生亲核加成和 α-碳上的取代反应；氰基也是一个可用于亲核取代反应的离去基团。如式（11-26）所示，腈的水解反应在温和的酸性或碱性环境下可停留在酰胺阶段（该法用于制备酰胺并不合适，酰胺可方便地由酰氯或酸酐与氨反应得到），在强酸或浓碱中受热水解直接生成相应的羧酸（盐）；与醇在无水氯化氢存在下反应得到羧酸酯。

$$(11\text{-}26)$$

如式（11-27）所示，与丙二酸酯的合成相似，甲基丙烯酸酯也是由 α-甲基丙烯腈的醇解反应来制备的，因为甲基丙烯酸的直接酯化难以避免不饱和酸自身易聚合的副反应。

$$(11\text{-}27)$$

氰基有仅次于硝基的强吸电子效应，α-H 有弱酸性（$pk_a \approx 26$）。立体位阻的影响不大，有两个 α-H 的腈较易进行两次亲核取代反应。如式（11-28）所示的几个反应，α-碳负离子可以作为亲核试剂与卤代烃、醛、酮、羧酸酯、腈等发生反应（**OS**，IV：176；55：91）；己二腈在碱作用下进行分子内亲核加成反应生成 α-氰基环戊酮，后者酸性水解脱羧成环戊酮；腈与格氏试剂或有机锂试剂发生亲核加成反应生成稳定的亚胺盐，水解后给出产物酮（**OS** III：562；V：520）；发生 Reformatsky 反应生成 β-氧代羧酸酯（**OS** IV：120）。

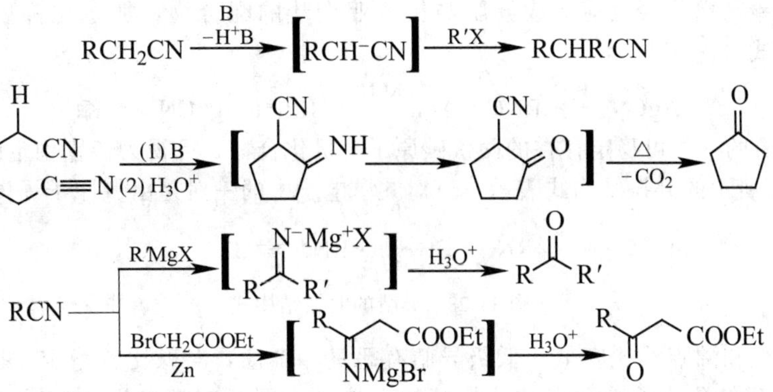

$$RCH_2CN \xrightarrow[-H^+B]{B} [RCH^--CN] \xrightarrow{R'X} RCHR'CN$$

$$(11\text{-}28)$$

腈可被弱还原剂 $^iBu_2AlH$ 或 $LiAl(OR)_3H$ 等还原成醛，如式(11-29)所示。

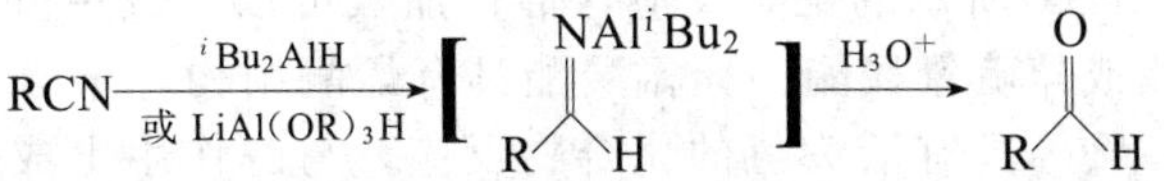

$$RCN \xrightarrow[\text{或 } LiAl(OR)_3H]{^iBu_2AlH} \left[\begin{array}{c} NAl^iBu_2 \\ \diagdown\diagup \\ R \quad H \end{array} \right] \xrightarrow{H_3O^+} \begin{array}{c} O \\ \parallel \\ R \quad H \end{array} \qquad (11\text{-}29)$$

腈被锂铝氢、金属钠-醇还原体系或在过渡金属镍、钴、钯等催化下的加氢反应（**OS** Ⅲ：229）还原成伯胺。腈的氢化反应和炔烃氢化的机理相同，也是分步进行的。如图 11-27 所示，腈先氢化为亚胺后再氢化生成伯胺。伯胺与亚胺可发生亲核加成生成中间体产物（**7**），**7** 可进一步氢化并失去一分子氨而转化成仲胺。类似的加成在仲胺与亚胺间也会发生。因此，腈的催化氢化反应常伴有高沸点的副产物仲胺和叔胺的生成。

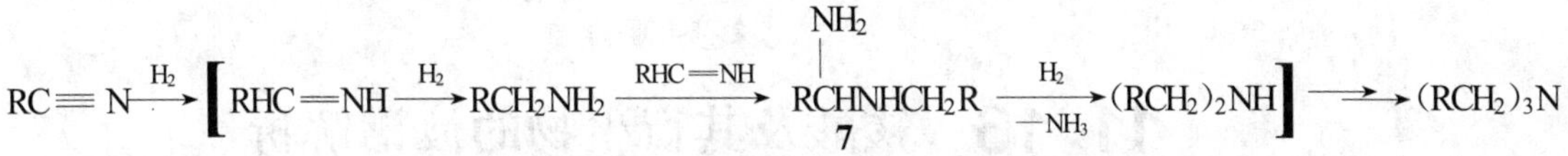

图 11-27　腈的氢化反应产物伴有副产物仲胺和叔胺

11.15.3　制备

如式（11-30）所示的三个反应，伯卤代烃与氰化钠反应可得到较高产率的脂肪腈（参见 7.4；**OS** Ⅱ：292；Ⅳ：576）；仲、叔卤代物制腈时由于消除副反应而产率不高。酰胺或羧酸铵盐与五氧化二磷共热，发生脱水反应生成腈，这是从羧酸或其衍生物出发合成腈的主要途径（参见 11.10.3；**OS** Ⅳ：62）。醛与羟胺反应得到醛肟，醛肟与五氧化二磷共热脱水生成相应的腈。

$$(11\text{-}30)$$

芳香腈还可以由重氮盐与氰化亚铜反应得到（参见 12.8.1）。叔腈可由烯烃与氢氰酸反应得到，如式（11-31）所示。

$$(CH_3)_2C=CH_2 + HCN \xrightarrow[Al_2O_3]{\triangle} (CH_3)_3CCN \qquad (11\text{-}31)$$

11.15.4　异腈及其衍生物

异腈（isonitrile）早期又称胩（carbylamine，该术语已建议不再使用）。是腈的同分异构体，也有碳氮叁键，其命名一般以异氰基为取代基，称为异氰基某烃。如，CH_3CH_2NC 称异氰基乙烷。氰离子是一种两可离子，氮原子上进行烷基化反应即生成异腈；

氰化银或氰化铜与卤代烃反应形成异腈与银或亚铜盐的配合物，加氰化钾后给出异腈（**OS** Ⅳ：438），如式(11-32)所示。

$$AgCN \xrightarrow{RI} RNC \cdot AgI \xrightarrow{KCN} RNC + KAg(CN_2) + KI \qquad (11\text{-}32)$$

异腈是仅有的一类可稳定存在的两价碳原子有机化合物，可视为特别稳定的卡宾。其结构可用如图 11-28 所示的共振结构式表示，三对共享电子中的一对是由氮原子提供的配价键：

$$R\overset{\cdot\cdot}{N} = C: \longleftrightarrow RN^+ \equiv C^-$$

图 11-28　异腈的共振结构式

异腈的极性和沸点均比腈低。低级异腈有恶臭和毒性，对碱比较稳定，遇稀酸易水解成 N-烃基甲酰胺后转化为伯胺和甲酸。异腈的亲核或亲电反应都发生在碳原子上，生成稳定四价碳的产物。如式(11-33)所示的三个反应，催化加氢可以形成甲基仲胺；与氧化汞或硫反应分别生成**异氰酸酯**或**异硫氰酸酯**。异氰酸酯具有烯酮结构，sp 杂化的羰基碳是高度亲电性的，易与水、醇、胺等具有活泼氢的化合物反应，与醇作用生成取代氨基甲酸酯（**8**，参见 11.12.4）。

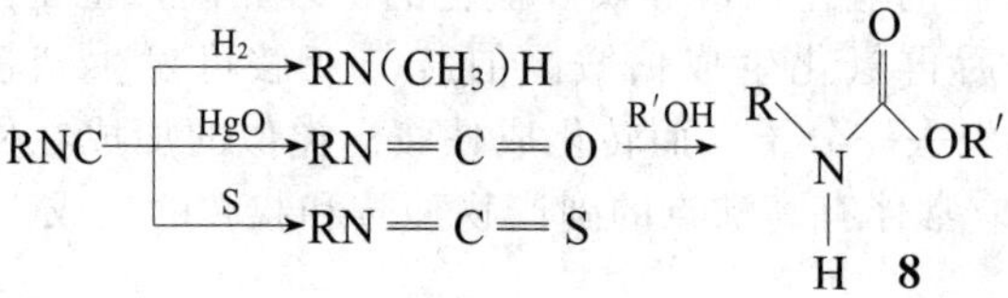

$$RNC \begin{cases} \xrightarrow{H_2} RN(CH_3)H \\ \xrightarrow{HgO} RN=C=O \\ \xrightarrow{S} RN=C=S \end{cases} \xrightarrow{R'OH} \underset{\mathbf{8}}{R-\underset{H}{\underset{|}{N}}-\overset{\overset{O}{\|}}{C}-OR'} \qquad (11\text{-}33)$$

11.16　羧酸及其衍生物的波谱解析

（1）质谱　羧酸及其衍生物有相似的质谱碎裂规则。它们大多有可以识别的分子离子峰，分子离子峰在羰基处继续引发 α-断裂和 i-断裂产生特征离子，也能发生麦氏重排后生成具有显著结构特征的碎片离子（参见 9.17）。长碳链中的各个（C—C）键也会发生断裂生成 $[C_nH_{2n+1}]^+$ 和 $[C_nH_{2n}COL]^+$ 两类系列离子。分子离子峰很弱的腈和异腈的质谱可利用氮规则（参见 2.15.3）来解析。长链腈也能发生麦氏重排，产生的 m/z 为 41（$CH_2=C=N^+H$）的碎片峰常是基峰。

（2）紫外吸收光谱　饱和的脂肪羧酸和酯在近紫外区域没有吸收。α,β-不饱和酸或酯的最大吸收波长可按表 9-7 的经验规律进行计算。芳香族羧酸衍生物和芳香族醛、酮紫外吸收的谱带（$\pi \rightarrow \pi^*$ 跃迁）波长可用表 11-2 的经验规律估算。

（3）红外吸收光谱　红外谱图可很好地用来解析羧酸及其衍生物。它们在 1700cm^{-1} 左右均有强的羰基伸缩振动产生的特征吸收峰（参见表 9-9）。羧酸有强的氢键作用，$\nu_{C=O}$ 峰出现在约 1700cm^{-1}（单体在 1780cm^{-1}），ν_{OH} 在 3500～2500cm^{-1} 有宽而强的吸收峰（低于醇的吸收）；气相的游离羟基的伸缩振动在 3520cm^{-1}。酰卤的 $\nu_{C=O}$ 峰（1815cm^{-1}）是羧酸衍生物中最高的。酸酐的 $\nu_{C=O}$ 有两个对称和不对称的强峰（1815cm^{-1} 和 1780cm^{-1}），两峰相距约 40cm^{-1}。羧酸酯中的 $\nu_{C=O}$ 峰在约 1740cm^{-1}，五元环内酯在约 1770cm^{-1}。酰胺有三个主要的红外特征峰：$\nu_{C=O}$ 出现在约 1670cm^{-1}；伯酰胺和仲酰胺的 ν_{NH} 在 3600～3150cm^{-1} 各有两个和一个吸收峰；δ_{NH} 出现在 1620～1510cm^{-1}。腈类化合物的特征 $\nu_{C\equiv N}$ 峰在 2260～2220cm^{-1} 区域内（强度大于炔的吸收峰）。α,β-不饱和羰基的 $\nu_{C=O}$ 和 $\nu_{C=C}$ 峰较正常值各下降约 40cm^{-1} 和 20cm^{-1}。

表 11-2　芳香族醛、酮、羧酸和酯的 UV 光谱（K 带）的基本值和取代基 G 的增值

化合物（基本值）	G	芳香环上的取代位置		
		$o-$	$m-$	$p-$
	R	3	3	10
	OH(R)	7	7	25
$GC_6H_4CHO(250)$	O^-	11	20	78
$GC_6H_4COR(246)$	Cl	0	0	10
$GC_6H_4COOH(230)$	Br	2	2	15
$GC_6H_4COOR(230)$	NH_2	13	13	58
	NHR	0	0	73
	NR_2	20	20	85
	$NHCOCH_3$	20	20	45

（4）NMR 谱　羧酸中的羟基和酰胺中的氨基质子都是活泼氢，由于氢键缔合，δ_H 呈现宽峰并有一个相对较大的变化范围，羧基氢在 13.2～10.0 并因可发生 H—D 交换被湮灭而很易识别；酰胺中 N—H 的 δ_H 在 9.4～5.0。NMR 可区别出互变能垒＞55kJ/mol 的两个构象。酰胺中的 C—N 键具有部分双键特性，室温下能观察到 N,N-二甲基甲酰胺中两个 CH_3 各自出现的两个单峰（δ_H2.88 和 2.97）。C—N 键旋转随温度升高而加快，两个甲基氢成为一个单峰（δ_H2.92）。

羧酸及其衍生物中的氧、卤素和氮原子上的未共享电子对可向羰基碳转移，降低了去屏蔽效应，故它们的 $\delta_{C(O)}$ 比对应的醛、酮向高场移动 30～50，出现在 165～180 处；氰基的 δ_C 约在 120 处。

习　题

11-1　完成丙酰氯、丙酐、丙酸甲酯、丙酰胺与下列八个试剂（含后续必需的酸处理）的反应：

（1）Ph_2CuLi；（2）H_3O^+；（3）苯胺；（4）$LiAl(O^tBu)_3H$；（5）$LiAlH_4$；（6）甲醇；（7）CH_3MgI；（8）乙酸钠。

11-2　指出：

（1）下列七个化合物中酸性氢所在并比较它们的酸性强弱次序：

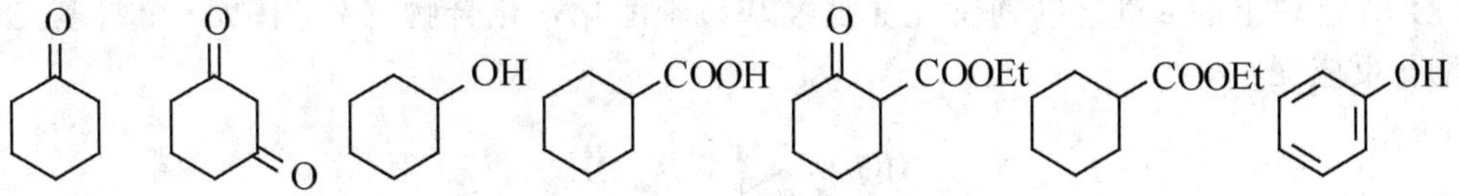

（2）下列四个含氮化合物的酸性强弱次序：

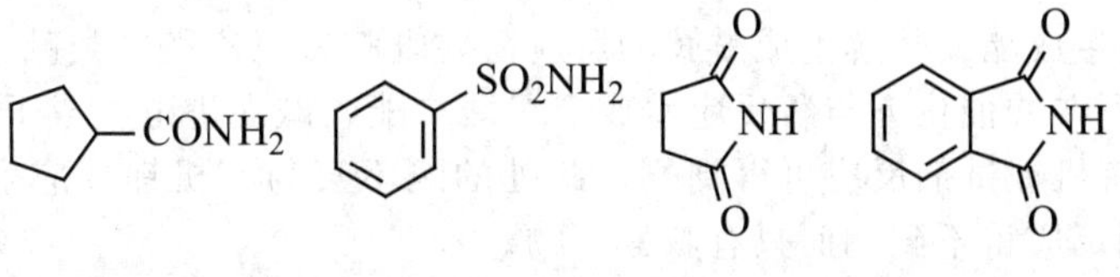

（3）下列两个反应过程为何是不合理的？

①

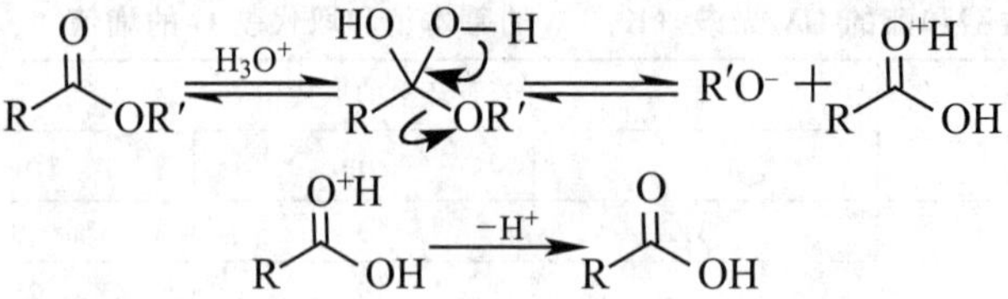

②

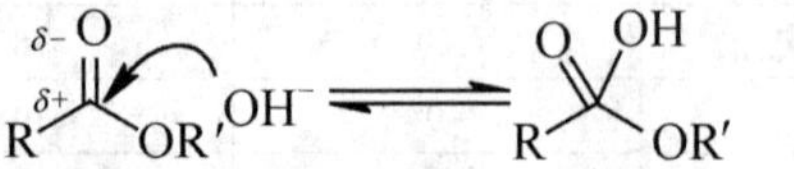

（4）组成下列两个聚合物的单体结构：

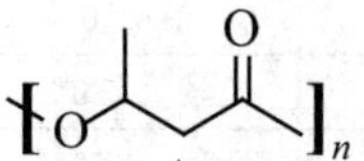

A

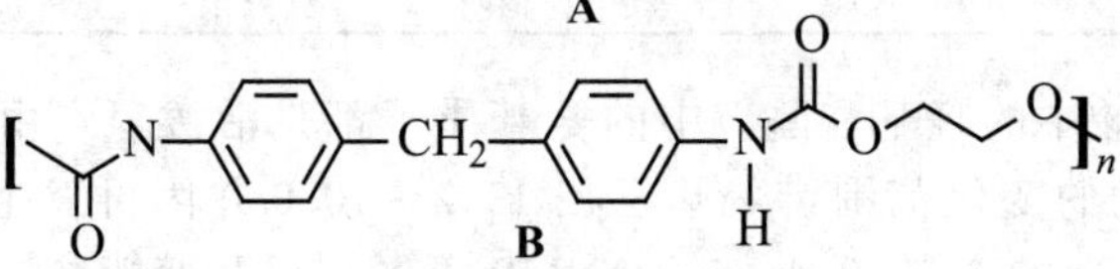

B

11-3 解释下列现象

（1）N,N-二甲基甲酰胺（**1**）与其同分异构体 N-甲基乙酰胺（**2**）的沸点各为 150℃和 206℃，相差甚大。

（2）氮原子在胺中的键角约为 106°，但在尿素分子中为 120°。

（3）非水溶性的酰胺也不溶于 NaOH 水溶液。

（4）HCl 不会将羧酸转化为酰氯。

（5）3-氧代丁酸内酯主要以烯醇式（**3**）存在。

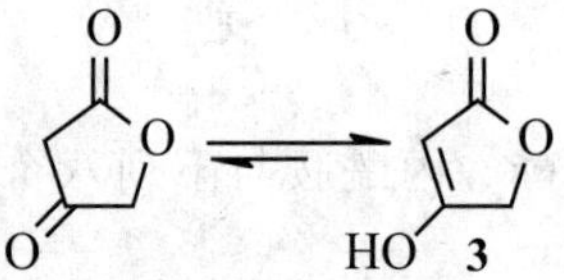

HO 3

（6）对位 G-取代苯甲酸甲酯的碱性水解速率大小为 $NO_2 >$ Br $>$ H $>$ $CH_3 >$ OCH_3，若 G 还有 CN、CHO、NH_2，其总的次序又该如何？

（7）酯的水解需在碱促进或酸催化下进行，能说成酸促进或碱催化吗？脂肪的水解都是在碱性环境中加热进行的，为何不在酸性环境下进行呢？

（8）环己烷上的 e 键羟基通常比 a 键羟基易于酯化，化合物（**4**）中哪一个羟基更易于发生酯化反应呢？

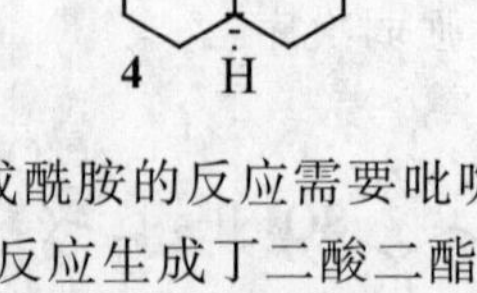

HO (9) (3) OH

4 H

（9）酰氯醇解生成酯或胺解生成酰胺的反应需要吡啶或三乙胺之类碱。

（10）丁二酸酐在酸催化下与醇反应生成丁二酸二酯，碱促进下生成丁二酸单酯。

（11）羧酸与有机锂试剂反应可得到酮，此处的酮不会与有机锂反应生成醇。酰氯或羧酸酯与有机锂试剂反应得不到酮而只有叔醇产物。

（12）Claisen 酯缩合反应中所用的碱通常是与酯中烷氧基成分相同的烷氧负离子

（RO⁻），用其他碱可以吗？

（13）2-甲基己二酸二乙酯（**5**）发生 Dickman 酯缩合反应只得到一个产物 **6**，无 **7**。

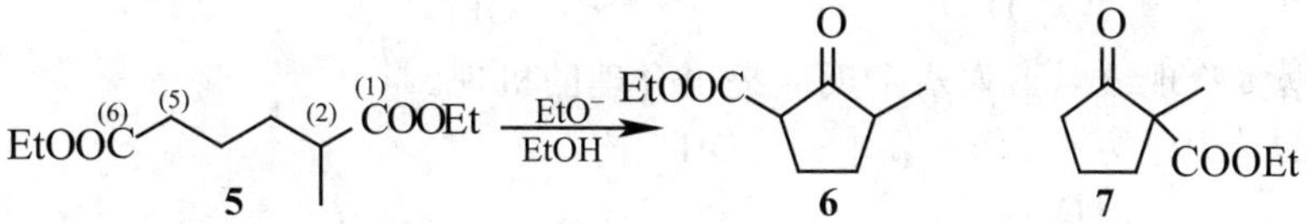

（14）叔丁醇酯用于 α-碳原子上的亲核取代反应比伯醇酯的效果好。

（15）Darzens 反应不适用于脂肪醛底物。

（16）R_3CCOOH 一类化合物不能由丙二酸酯方法得到。

（17）取代丙二酸二乙酯和乙酰乙酸乙酯的脱酯基反应中，叔丁醇酯可采用直接酸性加热水解的方法，甲醇酯可采用碱金属氯化物在 DMSO 中加热的方法来实现。

（18）硫醇酯（$RCOSR'$）进行亲核加成-消除反应的活性比醇酯大。

（19）酰胺中羰基被亚氨基取代形成脒类化合物。给出脒（**8**）的共轭酸的共振结构，为何 **8**、实验室常用的双环脒化合物 1,5-双氮杂-［3.4.0］壬-5-烯（**9**，DBN）、1,8-双氮杂-［5.4.0］十一碳-7-烯（**10**，DBU）等一类脒都是强碱。

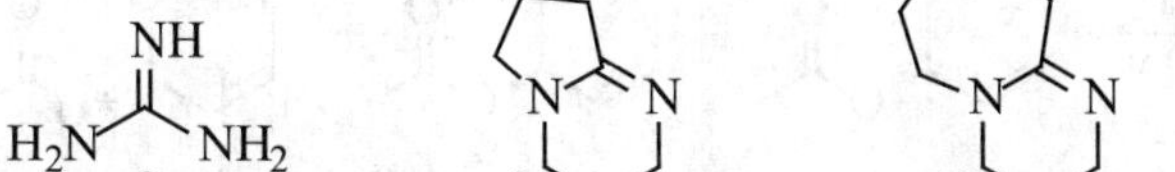

（20）光气与苄醇反应可得到氯甲酸苄酯（**11**），后者尽管也有酰氯官能团但不会继续与苄醇反应生成碳酸二苄酯。

11-4 给出下列各个反应过程：

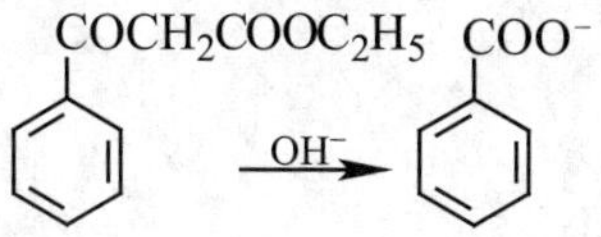

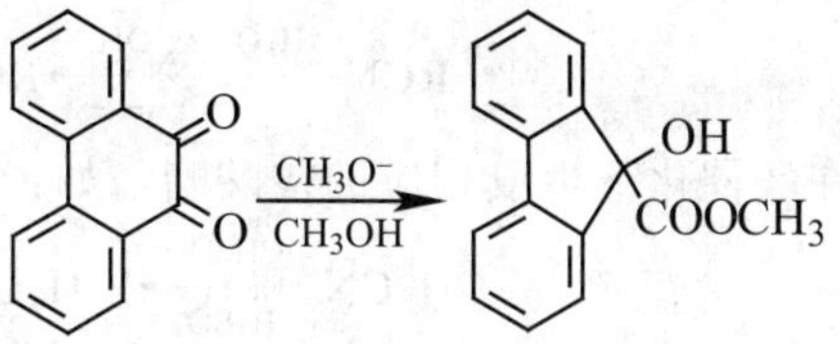

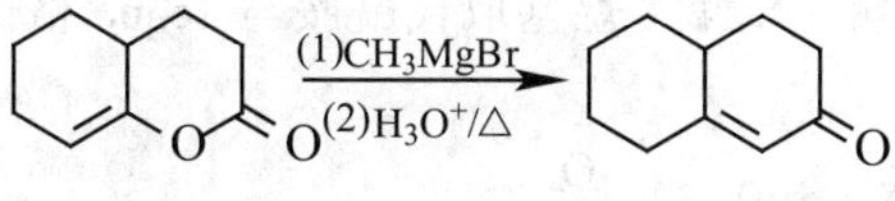

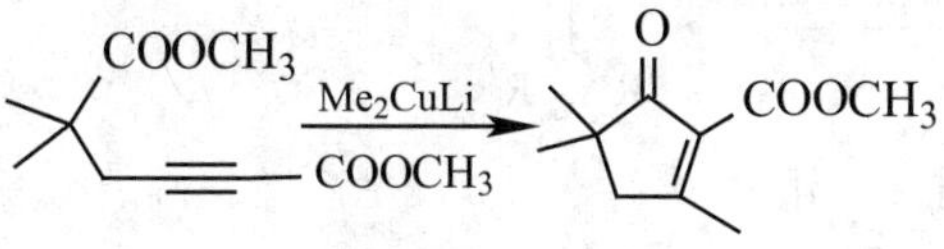

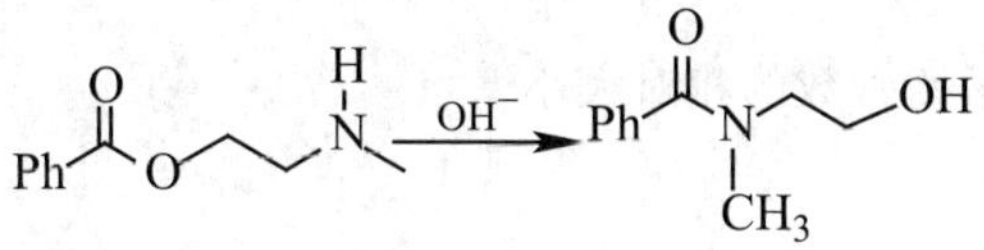

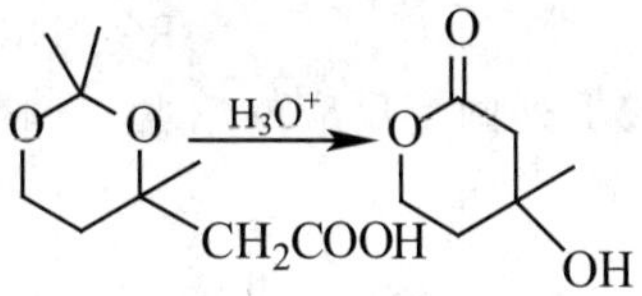

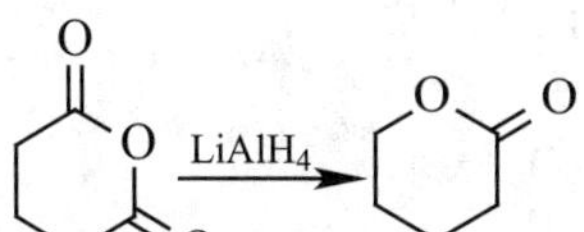

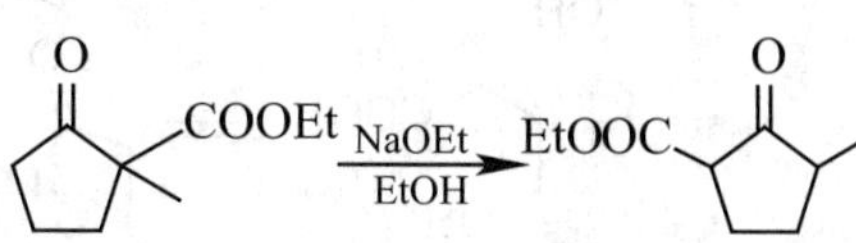

(9)

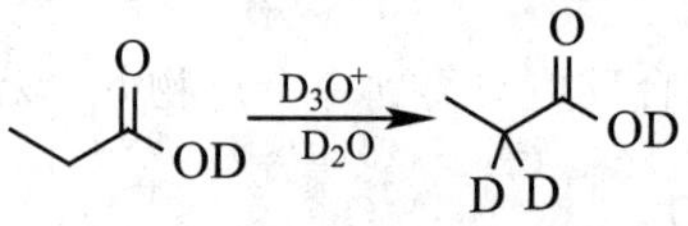

(10)

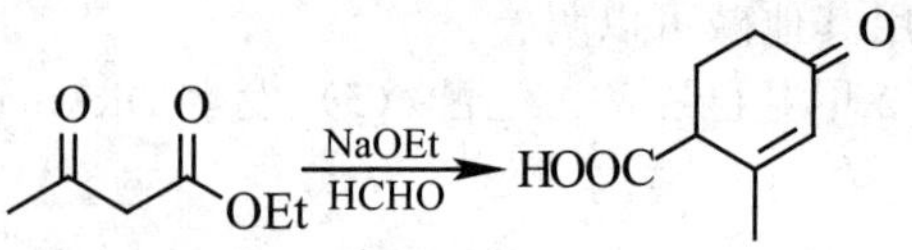

11-5 根据实验现象对下列八个反应提出合理的机理。

(1) 反应的动力学方程为 $v = k \, [S] \, [OH^-]^2$

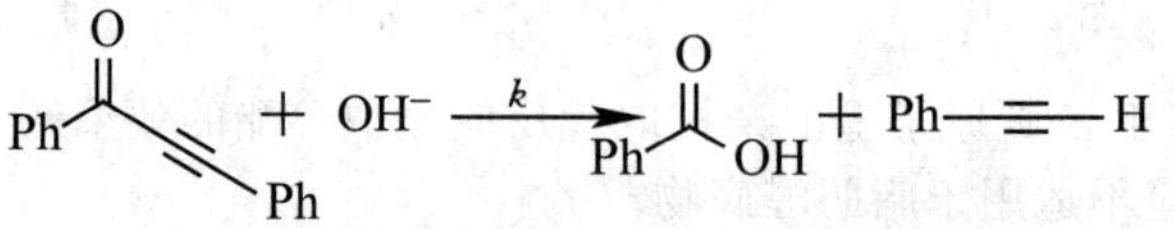

(2) 叔酰胺用 ^{t}BuOK/H$_2$O/DMSO 进行水解反应可在室温下进行。

(3) 如下内酯化反应只能酸催化，碱性环境下是不反应的。

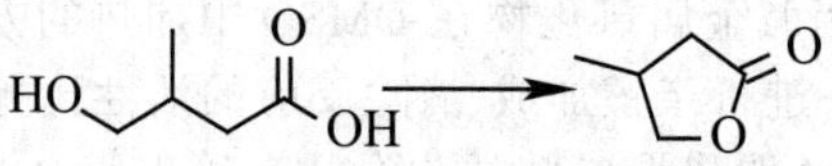

(4) 同位素 ^{18}O 标记的对映纯底物经酸处理得到一对非对映异构体产物，且标记氧原子的位置改变了。

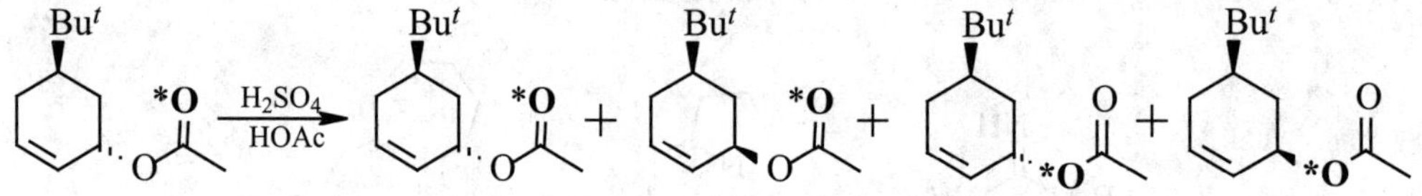

(5) 酰基化反应中常用吡啶为碱，如，酰氯与醇反应生成酯的反应。

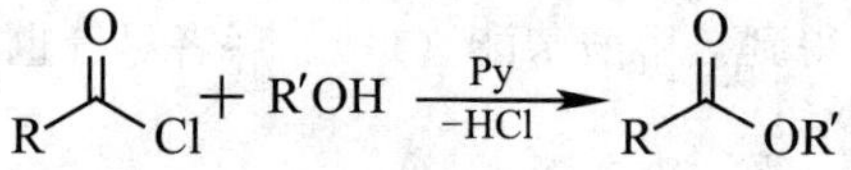

(6) 腈在强酸或强碱中均可水解生成相应的羧酸。

$$RCN \xrightarrow[\triangle]{H_3O^+ \text{ 或 } OH^-} RCOOH$$

(7) 腈与醇在酸催化下生成相应的羧酸酯，如：

$$CH_3CN \xrightarrow[H_2SO_4]{CH_3OH} CH_3COOCH_3$$

(8) 伯酰胺需与 2equ. 格氏试剂作用生成酮。N,N-二烷基取代酰胺与 1equ. 格氏试剂作用即可生成酮。

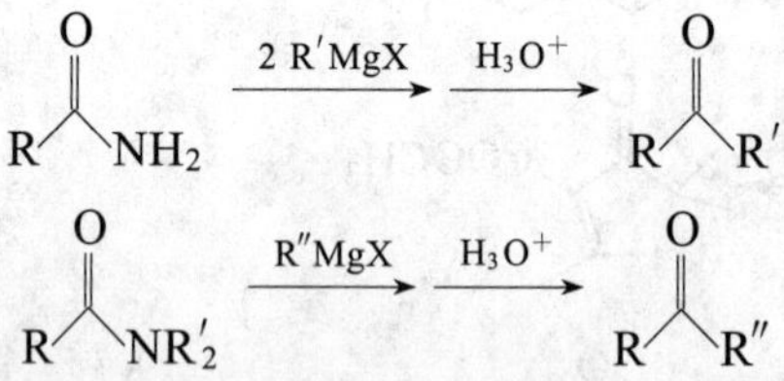

11-6 比较下列两个反应的焓变、熵变、平衡常数的相对大小。

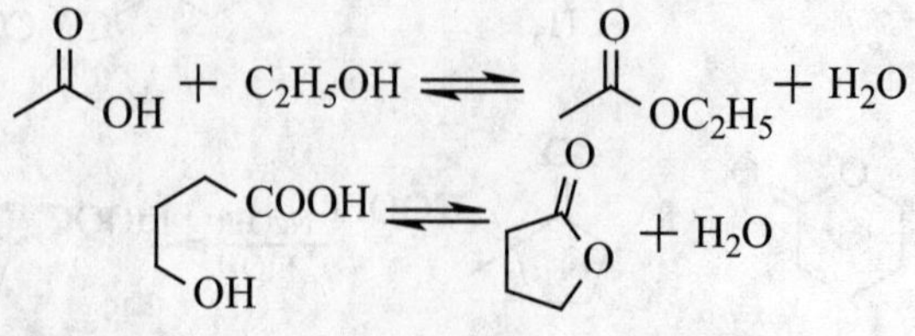

11-7 下列三个反应均未能得到所需产物，为什么？应如何操作才行呢？

(1) R—CH₂—CHO ＋ CH₃COOMe $\xrightarrow{\text{MeONa}}$ (产物) ✗

(2) （丙酮） $\xrightarrow[\text{EtOH}]{\text{EtONa}}$ ClCH₂COOEt ⟶ (产物) ✗

(3) （含 OH/OH 结构底物） $\xrightarrow[\text{Py}]{\text{Ac}_2\text{O}}$ (产物) ✗

11-8 给出下列两个反应的底物、中间体、产物 1 ～ 9 的结构：

(1) C₅H₁₂O₂ (**1** 手性) $\xrightarrow[\text{H}_3\text{O}^+]{\text{K}_2\text{Cr}_2\text{O}_7}$ C₅H₈O₃ $\xrightarrow[\text{H}_3\text{O}^+]{\text{CH}_3\text{OH}}$ C₆H₁₀O₃ (**3**) $\xrightarrow[\text{-CH}_3\text{OH}]{\text{LiAlH}_4 \quad \text{H}_3\text{O}^+}$ **1** 外消旋

（另一路径）C₅H₁₂O₂ $\xrightarrow{\text{H}_3\text{O}^+}$ （**2** 内酯结构 O）

(2) C₅H₆O₃ (**4**) $\xrightarrow{\text{1 mol C}_2\text{H}_5\text{OH}}$ **5** / **6** ; **5** $\xrightarrow{\text{SOCl}_2}$ C₇H₁₁O₃Cl (**7**) ; **6** $\xrightarrow{\text{SOCl}_2}$ C₇H₁₁O₃Cl (**8**) $\xrightarrow{\text{C}_2\text{H}_5\text{OH}}$ C₉H₁₈O₄ (**9**)

11-9 分别以下列五个底物为原料制备苯乙酮：（1）苯；（2）溴苯；（3）苯甲酸甲酯；（4）苯甲腈；（5）苯乙酸。

11-10 完成下列各个合成：

(1) （亚甲基环己烷）⟶ （1-甲基环己烷羧酸 COOH）和（环己基乙酸 CH₂COOH）

(2) （环戊二烯）⟶ （2-哌啶酮 N—H，O）；⟶ （环戊烷四羧酸衍生物 HOOC... COOH）和（HOOC... CH₂COOH）

(3) （甲苯）⟶ （2-氯-4-(氯甲基羧基)甲苯，Cl，CHClCOOH）

(4) （环己酮）⟶ （1-甲基-1-(氨甲酰甲基)环己烷 CH₂CONH₂）

(5) （环庚酮）⟶ 壬二酸

11-11 以丙二酸二乙酯或乙酰乙酸乙酯和其他 ≤ C₄ 的试剂合成下列七个化合物：

1 （螺环-COOH）　**2** （HOOC-螺环-COOH）　**3** （二甲基庚二酮）

4 （酮酸 O... COOH）　**5** （COOH... COOH 取代丁二酸）　**6** （H₅C₂-内酯 O=）　**7** （环丙基酮）

11-12 给出合理的合成路线制备苯基丙二酸二乙酯（**1**）、甲酰丙酮（**2**）、戊-2,4-二酮（**3**）、己-2,5-二酮（**4**）、庚-2,6-二酮（**5**）、2,2-二甲基-4-戊烯酸（**6**）、三个正戊烯酸异构体，即戊-2-烯酸（**7**）、戊-3-烯酸（**8**）和戊-4-烯酸（**9**）。

11-13 用化学方法区别下列三组化合物：

（1）对羟基苯乙酸/对甲氧基苯甲酸；（2）环戊基甲酸/己-2-烯酸；（3）甲酸/乙酸。

11-14 指出化合物 **1**、**2** 的结构和各反应过程：分子式为 C_4H_6O 的化合物 **1**，不溶于 NaOH，与 NaHCO₃ 无作用，可使溴水褪色。**1** 与 NaOH 水溶液共热后生成乙酸钠和乙醛。**1** 的同分异构体 **2** 也不溶于 NaOH，也与 NaHCO₃ 无作用，也可使溴水褪色，但与 NaOH 水溶液共热后生成甲醇和一个羧酸钠盐，该钠盐酸化中和后所得羧酸仍可使溴水褪色。

11-15 波谱解析结构：

（1）E-3-苯基丙烯酸乙酯（**1**）的 δ_H：1.32（3H，t，J = 7Hz）、4.25（2H，q，J = 7Hz）、6.43（1H, d, J = 14Hz）、7.35～7.50（5H，m）、7.68（1H，d，J = 14Hz）。E-丁-2-烯酸（**2**）的 δ_C：18、123、148、172。对这些峰的归属加以说明，为何这两个化合物中两个烯键碳原子及它们所连氢原子的 δ_H 和 δ_C 都有很大的差别？

（2）将下列五个化合物按红外谱图中羰基伸缩振动频率大小顺序排列：

乙酰氯、丙酮、乙酸甲酯、乙酰胺、苯甲酰胺

（3）某化合物从 δ_H 数据〔7.40（4H，d）、4.33（2H，q）、3.80（3H，s）、1.35（3H，t）〕分析，可为对甲氧基苯甲酸乙酯（**3**）或对乙氧基苯甲酸甲酯（**4**）。你觉得应再做一个什么谱学分析来确证是哪一个呢？

（4）分子式均为 $C_4H_8O_2$ 的三个同分异构体的 ¹H NMR 谱图 **A**、**B** 和 **C** 如下图所示，指出 **A**、**B** 和 **C** 对应的结构式。

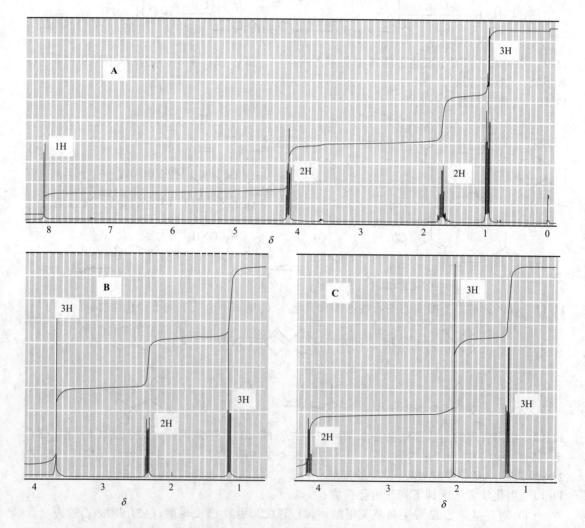

12 含氮化合物

大气中占到 80% 的氮是惰性的,但含氮的有机化合物和含氧的一样有活跃独特的理化和生物性能。含氮分子是自然界最丰富的有机化合物,许多人工合成的含氮化合物广泛应用于医药、农药和精细化工领域,超过 95% 的药物分子含有氮原子。氮是天然有机分子中继碳、氢和氧后第四个常见的原子,氮上的孤对电子使含氮分子具有碱性和亲核活性。除了前已介绍的酰胺和腈外,本章继续介绍胺、硝基化合物及偶氮化合物、重氮化合物等含氮的小分子有机化合物。氨基酸、蛋白质、核酸等含氮的生命小分子和高分子化合物在第 14 章和第 15 章讨论。

12.1   胺的结构

胺(amine)是氨中的氢原子被烃基取代的衍生物,存在于植物和其他生物组织中的胺称**生物碱**(alkaloids),如,古柯碱(**可卡因**,cocaine,**1**)、**麻黄素**(**2**)、**尼古丁**(**烟碱**,**3**)、**吗啡**(**4**)、维生素 B_6(**5**)等,它们和许多人工合成的胺都有重要的生理作用。

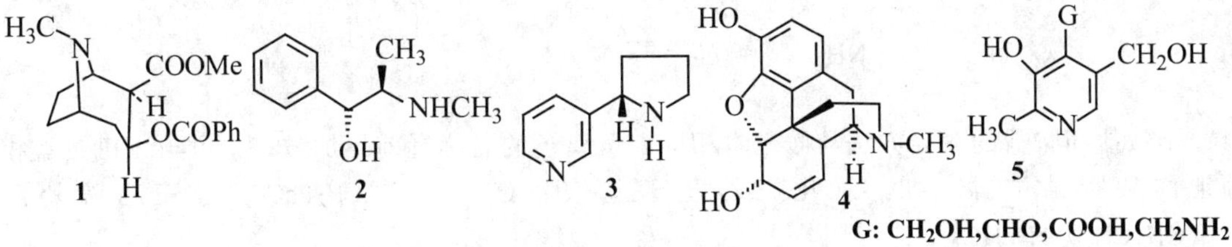

G: CH_2OH,CHO,COOH,CH_2NH_2

氮原子的价电子构型为 $2s^2 2p^3$,在脂肪胺中成键时取 sp^3 不等性杂化,三个 sp^3 杂化轨道分别与氢原子或碳原子的轨道重叠形成三根 σ 键,还有一个 sp^3 杂化轨道被一对孤对电子占据,呈如图 12-1 所示的四面体型或锥形结构。苯胺中氮原子上的孤对电子与苯环的大 π 键发生共轭,使孤对电子所在的基本仍属 sp^3 杂化轨道中的 p 成分增加,该共轭使苯胺的共振能(163kJ/mol)比苯大。甲胺中的∠HNH 为 105.9°,∠HNC 为 112.5°;苯胺(C_6H_5NH_2)分子为扁平形的锥形体,∠HNH 为 114°,HNH 平面和苯环平面之间的夹角为 19.4°。连有三个不同取代基的叔胺(RR′R″N)是常见的,手性仲胺、叔胺则是极少见的(参见 4.4.4 和图 4-3)。但氨基连在手性碳原子的手性胺和手性季铵离子(RR′R″R‴N⁺)是常见的。

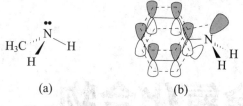

(a)   (b)

图 12-1　甲胺（a）和苯胺（b）的构型

12.2　胺的命名和物理性质

　　胺根据所连烃基的不同可分为**脂肪胺**和**芳香胺**；根据氮上所连烃基数目的不同分为伯胺（RNH_2）、仲胺（R_2NH）、叔胺（R_3N）和季铵（R_4N^+）。与卤代烃或醇中的不同，胺命名中的伯、仲、叔的意义仅与氮上的烷基取代数目有关，而与烷基的结构无关。如，叔丁醇 [$(CH_3)_3COH$] 是叔醇，叔丁胺 [$(CH_3)_3CNH_2$] 却归入伯胺。

　　胺的普通命名是将氮上所连的烃基名称后加胺组成（英文中保留烷的词干，将词尾 e 用 amine 取代即可）。对于仲胺和叔胺，若氮上所连的烃基相同，在烃基名称前加上二或三。若氮上所连的烃基不同，则按基团顺序由小到大写出其名称后加胺组成。如，二乙胺 [$(CH_3CH_2)_2NH$]、甲丁胺 [$CH_3NHC_4H_9$]、叔丁胺 （$(CH_3)_3CNH_2$）和乙二胺 [$H_2NCH_2CH_2NH_2$]。

　　胺的系统命名仍需用到母体骨架、官能团和取代基，含氮主链名称加胺组成主体化合物。氮上所连烃基的名称置于主体化合物前，并冠以大写斜体元素符号 N-表示基团连在氮上。若化合物中含有位次在氨基前的官能团，则可将胺基作为取代基，称为氨基。如，2-氨基-4-甲基戊烷（**6**）、3-氨基戊-2-醇（**7**）、N-甲基-N-乙基-4-氯苯胺（**8**）、N-苄基苯胺（**9**）。

6　**7**　**8**　**9**

　　季铵盐和胺盐的命名方法与胺基本相同，负离子的名称置前再加铵；也可与无机铵盐相似地称某胺某酸盐。如，氯化三乙基苄基铵 [$(C_2H_5)_3N^+ CH_2PhCl^-$]、三乙胺盐酸盐 [$(CH_3CH_2)_3N^+ HCl^-$]。

　　低级胺有氨的气味或鱼腥味，具一定的毒性且易透过皮肤或从口鼻吸入。甲胺除有毒外，还易与空气形成爆炸性的混合物。纯粹的胺多是无色的，但易被空气氧化而常呈浅黄色或棕色。胺分子间有极性的 C—N 键和 N—H 键之间的偶极-偶极相互作用；氮原子的电负性比氧小，N—H 键的极性和强度均弱于 O—H 键，形成的氢键也弱。低级脂肪胺可溶于水和醇，六个碳以上的胺难溶于水而可溶于醇、醚、苯等有机溶剂。胺能与氯化钙形成配合物，干燥处理时应该用无水氢氧化钾等为好。胺的沸点比相应的烷烃高，但明显低于同碳数的醇（参见表 8-1）。三类胺中伯胺的沸点相对最高，叔胺的相对最低，这与分子间能否形成氢键及氢键作用力的强弱有关。一些常见胺的熔点、沸点和水溶性如表 12-1 所示。

表 12-1　一些胺类化合物的熔点、沸点和水溶性

化合物	熔点/℃	沸点/℃	水溶性/(g/100g)	化合物	熔点/℃	沸点/℃	水溶性/(g/100g)
氨	−78	−33	∞	正丁胺	−50	78	∞
甲胺	−94	−6	易溶	异丁胺	−85	68	
二甲胺	−93	7	易溶	仲丁胺	−104	63	
三甲胺	−117	3	易溶	叔丁胺	−67	46	
乙胺	−80	17	∞	苯胺	−6	184	3.7
二乙胺	−48	56	易溶	苄胺		185	∞
三乙胺	−115	89	14	N-甲基苯胺	−57	196	微溶
正丙胺	−83	48	∞	N,N-二甲苯胺	3	194	1.4
二正丙胺	−40	110	微溶	二苯胺	53	302	不溶
三正丙胺	−94	155	微溶	三苯胺	127	365	不溶
异丙胺	−101	34	∞	乙二胺	8	117	∞

12.3　胺的碱性

　　胺是有机化合物中碱性和亲核性最强的一族；生物体内的胺是生理条件下不带电荷的最强和最丰富的碱。胺分子中氮原子上未成键的孤对电子易与质子和 Lewis 酸结合，是典型的 Bronsted 碱和 Lewis 碱。胺的碱性比氨大，这与烷基的供电子诱导效应及接受质子后能更好地分散正电荷有关。

　　胺在水溶液中可给出铵正离子和羟基负离子而表现出碱性，其强弱可用离解常数 k_b（大部分胺的 k_b 仅约 0.001 或更小）来表示，但更多是用胺的共轭酸，即质子化铵（RN^+H_3）的离解常数 k_a 或其对数的负值 pk_a 来表示（$pk_a = 14 - pk_b$）。胺共轭酸的 pk_a 愈大，胺的碱性愈强。质子化脂肪胺的酸性比水强，比羧酸弱得多，pk_a 为 10 ～ 11，如表 12-2 所示。

$$RNH_2 + HA \rightleftharpoons RNH_3^+ + A^-$$
$$RNH_2 + H_2O \xrightleftharpoons{k_b} RNH_3^+ + OH^-$$
$$RNH_3^+ + H_2O \xrightleftharpoons{k_a} RNH_2 + OH^-$$

表 12-2　几个胺共轭酸的 pk_a（25℃）

共轭酸	pk_a	共轭酸	pk_a	共轭酸	pk_a
NH_4^+	9.3	$CH_3CH_2NH_3^+$	10.6	$(C_6H_5)_2NH_2^+$	1.2
$CH_3NH_3^+$	10.6	$(CH_3CH_2)_2NH_2^+$	10.9	$C_6H_5NH_2^+CH_3$	4.4
$(CH_3)_2NH_2^+$	10.7	$(CH_3CH_2)_3NH^+$	10.8	$C_6H_5NH^+(CH_3)_2$	4.4
$(CH_3)_3NH^+$	9.8	$C_6H_5NH_3^+$	4.7	$C_5H_5NH^+$	5.3

12.3.1　电子效应和溶剂化效应

　　胺碱性的强弱也与取代基的电子效应和溶剂化效应密切相关。烷基具有供电子诱导效应，故伯、仲、叔脂肪胺的碱性都比氨强，在非质子性溶剂中碱性强弱次序为：叔胺＞仲胺＞伯胺。在质子性溶剂中，胺分子中疏水性烷基的增加产生的立体效应不利于溶剂化作用，N—H 键的减少又减弱了有利于稳定共轭酸正离子的氢键效应，这两个效应使叔胺的碱性在质子性溶剂中比仲胺、伯胺弱。如，气相中取代甲胺系列的碱性强弱次序是：$Me_3N > Me_2NH > MeNH_2 > NH_3$；水溶液中的碱性强弱次序为：$Me_2NH > MeNH_2 > Me_3N > NH_3$（参见 10.4.5）。

　　如图 12-2 所示，苯胺中与氮原子相连的 $C(sp^2)$ 的电负性比脂肪胺中与氮原子相连的

C(sp³)大，氮上的孤对电子与芳环的大 π 键间有 p-π 共轭，这两点都使氮上的电子云密度降低，再加上体积大且疏水性的苯环使苯胺的溶剂化效应减弱这一重要的因素，芳香胺的碱性比脂肪胺的弱。

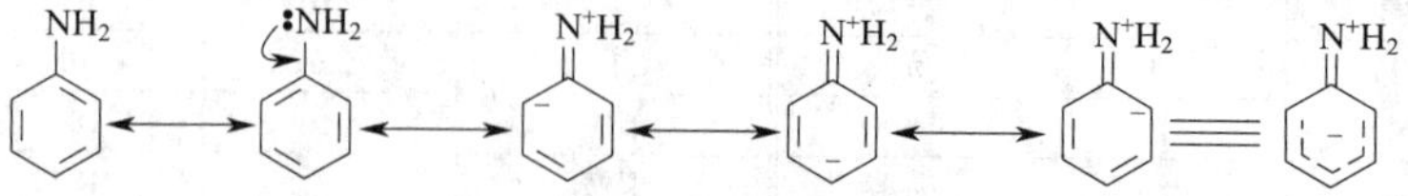

图 12-2 苯胺的共振结构

苯环上取代基的电子效应对苯胺的碱性强弱有很大影响。给或吸电子效应分别引起碱性增强或减弱。对位或间位 OH(R) 分别使碱性增强或减弱，因为对位 OH(R) 的给电子共轭效应的作用比吸电子诱导效应大，而间位异构体只有吸电子诱导效应。同样，间、对位硝基苯胺的碱性比苯胺弱，但对位碱性下降的幅度更大也是因为对位硝基产生的吸电子共轭效应所致，如图 12-3 所示。取代基产生共轭效应的影响一般都比诱导效应大，如，卤代苯胺的碱性比苯胺的强。

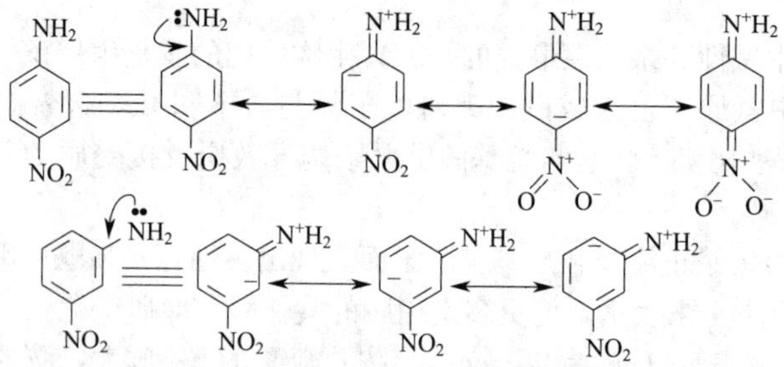

图 12-3 对硝基苯胺中的硝基通过吸电子共轭效应影响氨基的碱性，间硝基苯胺上的硝基与氨基间没有共轭效应

12.3.2 立体效应

2,6-二取代苯胺的碱性因共振的立体抑制效应使其碱性比苯胺强。脂肪胺，如甲胺系列与 Bronsted 质子酸作用的碱性强弱为 Me₃N > Me₂NH > MeNH > NH₃，而与体积相对较大的 Lewis 酸 Me₃B 的配位能力是 Me₂NH > MeNH₂ > Me₃N > NH₃。这反映出体积效应的结果，烃基体积愈大的碱愈不易与体积大的 Lewis 酸配位，此类效应也称**面张力**（face strain）或**前张力**。三乙胺（**1**，$pk_a = 8.6$）的碱性比同是叔胺的**奎宁胺**（quinuclidine，**2**，$pk_a = 10.6$）弱，后者的氮原子因结构而突出在外，孤对电子更易接受质子。

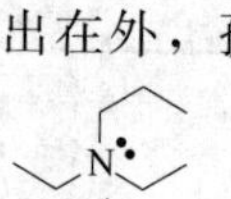

12.3.3 胺盐的生成和胺的分离

胺，无论有无水溶性均可定量与强酸作用形成胺盐。由质子化的铵正离子和酸根负离子组成的胺盐均是高熔点、可溶于水、微溶于有机溶剂的非挥发性固体。胺盐的生成和再在碱性溶液中回复为胺的操作可用于酸、碱性混合物的分离（参见 10.3）。如图 12-4 所示：混合物用碱水溶液和有机溶剂处理，酸性化合物成盐进入水相后再经酸化得以游离出来；胺一类碱性成分进入有机相，酸化后成为水溶性的胺盐进入水相，卤代烃等中性化合物留在有机相中得以分离；胺盐水溶液经碱处理，从水溶液中游离出的胺即可用有机溶剂萃取。

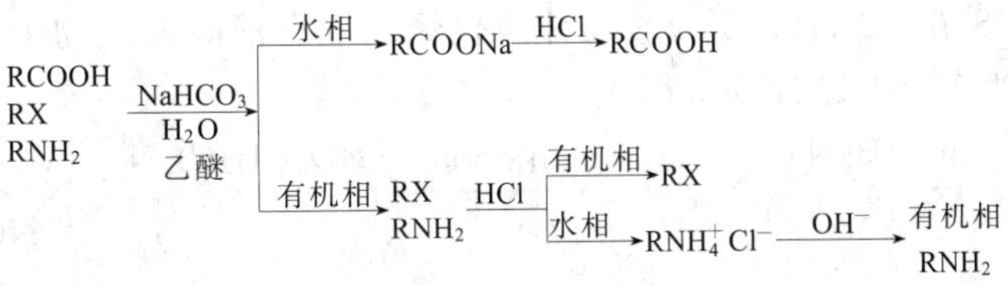

图 12-4　利用胺的碱性从有机混合物中萃取分离出胺

12.4　胺的酸性

氮原子的电负性比氢大，N—H 键上氢的酸性（$pk_a \approx 35$）虽弱，但也是可被烷基锂等强碱夺取后生成氨基负离子（NH_2^-）的。Na、Li 或 K 等碱金属在 Fe^{3+} 催化下与液氨反应，缓缓放出氢气而转化为氨基负离子的碱金属盐［用 **$MNH_2/NH_3(l)$** 表示］，Fe^{3+} 能促进电子由碱金属向氮原子的转移。若无 Fe^{3+} 存在，碱金属将简单地溶于氨中，因可产生溶剂化电子而成为很强的还原溶液［用 **$M/NH_3(l)$** 表示，参见 5.5.2 和 6.8］。

胺中的氮原子连有酰基或磺酰基后，N—H 的酸性大为增强。双全氟烷基磺酰亚胺［$(R_fSO_2)_2NH$］的酸性甚至比硫酸还强，是一个超强酸（参见 10.16）。

12.5　胺的化学性质

胺的化学性质都可归于带孤对电子的氮原子的碱性和亲核性：如，与醇、醚一样形成氢键；与亲电试剂成键。但氨基的碱性太强，质子化的胺不会断裂 $C—N^+H$ 键，它更易失去质子回复到中性胺的结构。此外，胺也很易被氧化。

12.5.1　烷基化反应

如图 12-5 所示，氨可与伯卤代烃发生 S_N2 反应生成伯铵盐，铵盐在反应体系中易发生质子转移，失去卤化氢生成伯胺和铵盐。伯胺或仲胺也可与伯卤代烃进行 S_N2 反应分别生成仲铵盐或叔铵盐，同样经质子转移生成仲胺或叔胺。叔胺则可与伯卤代烃反应生成四烷基季铵盐。如，三甲胺与氯化苄反应得到常用作有机合成中的相转移催化剂**氯化三甲基苄基铵**（**1**）。

$$NH_3 \xrightarrow{RX} RN^+H_3 \ X^- \rightleftharpoons RNH_2 + NH_4^+ \ X^-$$

$$RNH_2 \xrightarrow[-RNH_3^+ X^-]{RX/RNH_2} R_2NH \xrightarrow[-R_2NH_2^+ X^-]{RX/R_2NH} R_3N \xrightarrow{RX} R_4N^+ \ X^-$$

$$N(CH_3)_3 + C_6H_5CH_2Cl \longrightarrow C_6H_5CH_2N^+(CH_3)_3Cl^-$$
$$\mathbf{1}$$

图 12-5　氨、胺的烷基化反应生成混合物产物

故胺的烷基化反应产物常常是一个复杂的伯、仲、叔胺乃至季铵盐的混合物。氨是廉价的，伯胺也是易得的，控制氨（胺）或卤代烃的配比及反应条件可使某类胺或季铵盐成为主要产物。如，过量的氨与 α-卤代酸反应得到 α-氨基酸；与 1,2-二氯乙烷反应得到重要的化工原料 1,2-乙二胺，后者与氯乙酸反应可得到分析化学中的配位试剂**乙二胺四乙酸**（ethylene diamine tetraacetic acid，**EDTA**，**2**）。若使用过量的如卤化苄和碘甲烷等活泼烷基化试剂，主

要产物是**季铵盐**（**OS** Ⅳ：585）。氨或胺与仲卤代烃反应有消除副产物生成，与叔卤代烃反应主要生成消除副产物而不进行 S_N2 反应。

胺也可与 α-卤代羰基化合物及环氧乙烷等进行亲核取代反应，与 α,β-不饱和酮（酯）易发生 Michael 加成反应（参见 9.10.2），如式(12-1)所示。

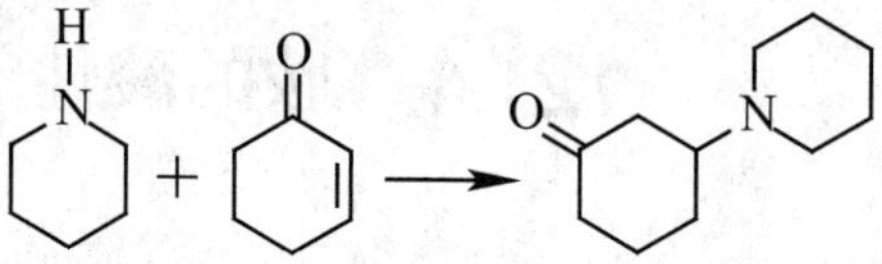

$$(12\text{-}1)$$

12.5.2　酰基化和磺酰化反应

如式(12-2)所示，伯胺或仲胺都能与羧酸衍生物进行亲核加成-消除反应（参见 11.4.3）生成酰胺，酰胺氮上的孤对电子与氧原子共轭分散，亲核性很弱，故胺的酰基化反应比烷基化反应单一，不会生成多酰基化产物。氮上没有氢的叔胺不发生酰化反应，仅可与酰氯成盐。

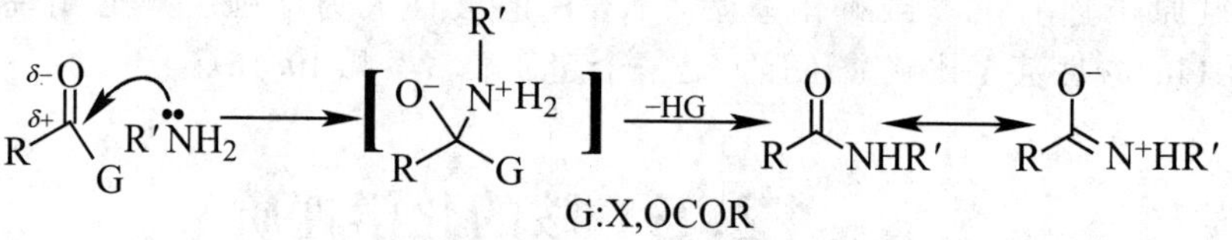

G:X,OCOR

$$(12\text{-}2)$$

芳胺中的氨基酰化后成为稳定的仍具较强邻、对位定位效应的酰氨基，同时也改变了芳环的反应活性（参见 12.10），酰氨基在反应完毕后用酸性水解除去酰基而恢复出氨基（**OS** Ⅰ：111，Ⅳ：42）。如式(12-3)所示的两个反应，苯胺直接硝化易被氧化，与溴水直接反应很难得到单溴苯胺。若先将苯胺酰化后再反应就可解决此问题（参见 6.10 和 8.14）。芳香伯胺经酰化保护后，也可进行 Friedel-Crafts 烷基化和酰基化反应。

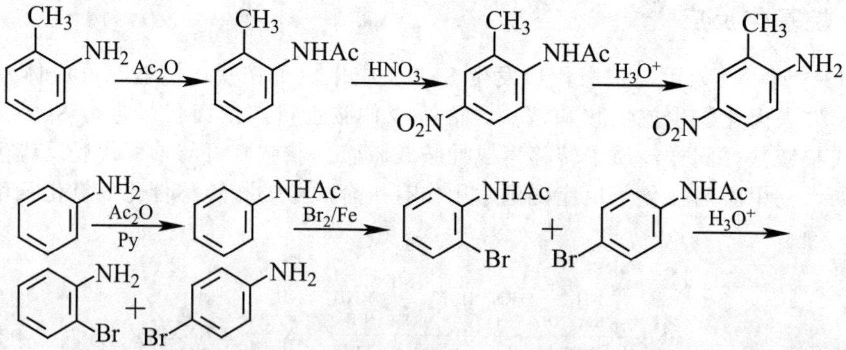

$$(12\text{-}3)$$

胺与磺酰卤反应形成**磺酰胺**（sulfamide，参见 8.13.4），常用的磺酰化试剂为对甲苯磺酰氯。伯胺的磺酰化产物（**3**）中的氮上还有一个氢原子，受强吸电子基团磺酰基的影响而显示出较强的酸性，因此可与碱作用成盐而溶解，酸化后又会析出不溶于水的磺酰胺。仲胺的磺酰化产物（**4**）的氮原子上没有氢原子而不溶于碱水溶液。叔胺则与磺酰卤不发生磺酰化反应。利用这种化学反应性质上的差别可以区分伯胺、仲胺和叔胺。该方法称 Hinsberg 反应，如图 12-6 所示。随着波谱技术的发展和普及，Hinsberg 反应的实用意义也已不大了。

磺酰胺也可经水解回到胺，但水解速率比酰胺慢得多。

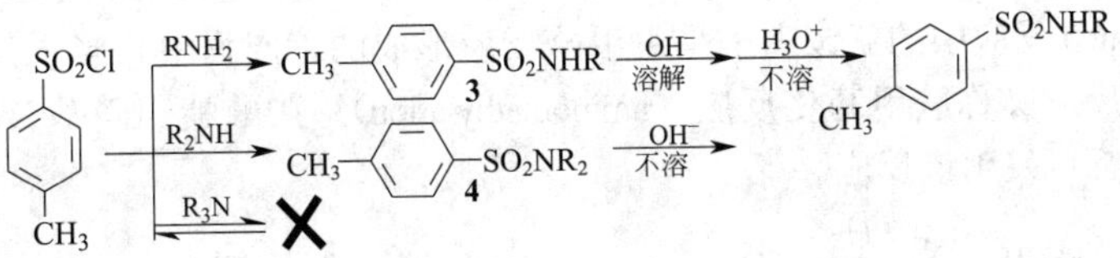

图 12-6　利用磺酰胺的生成反应可鉴别伯胺、仲胺和叔胺

12.5.3　与醛、酮的反应及烯胺的应用

伯胺或仲胺可与醛、酮发生亲核加成反应后分别形成亚胺（**5**）或烯胺（**6**，参见 9.4.6）。不对称酮与仲胺反应一般得到双键碳上少取代的烯胺。

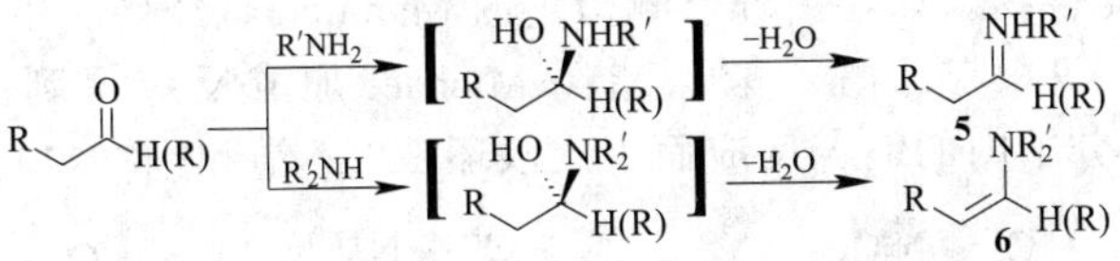

如同烯醇式与酮式的关系那样，烯胺（**6**）中的氮上有氢时会发生质子的快速重排，形成热力学稳定的亚胺（**5**），故制备烯胺要以仲胺而非伯胺为试剂。

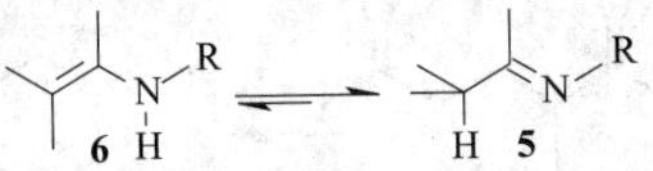

如图 12-7 所示，烯胺本身是电中性的，但氨基氮原子使烯胺中的碳碳双键成为富电子体系而成为有用的亲核底物，与烯醇负离子的活性相似。

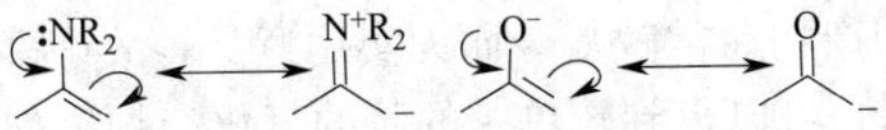

图 12-7　烯胺与烯醇负离子的共性

烯胺的反应相当于在起始醛、酮底物的 α-位上进行的反应，但效果优于烯醇（参见 9.7.1），因为所需碱性很弱，消除副产物很少，也没有 O-取代副产物。烯胺与伯卤代烃反应后得到 α-取代醛酮；与酰氯或酸酐反应后得到 1,3-二羰基化合物，也易进行 Michael 加成反应，如图 12-8 所示。

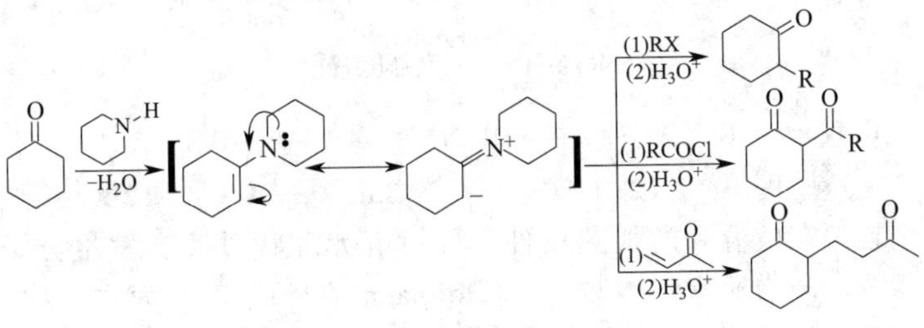

图 12-8　烯胺的烷基化、酰基化和共轭加成反应

12.5.4　胺甲基化反应

Aldol 反应中，烯醇负离子进攻羰基形成 β-羟基羰基产物。与此类似，烯醇负离子也可以进

攻由仲胺与甲醛反应得到的亚胺盐（**7**），生成 γ-氧代胺（**8**），称 **Mannich 反应**（**OR** *1*：303，*7*：3）。绝大部分 Mannich 反应中的亚铵离子是由甲醛反应形成的，产物中相当于是在烯醇中引入了一个胺甲基，故该反应又称**胺甲基化反应**（aminomethylation）。羧酸酯、硝基、腈的 α-H 及炔烃、醇、酚上的活泼氢都可发生该反应。

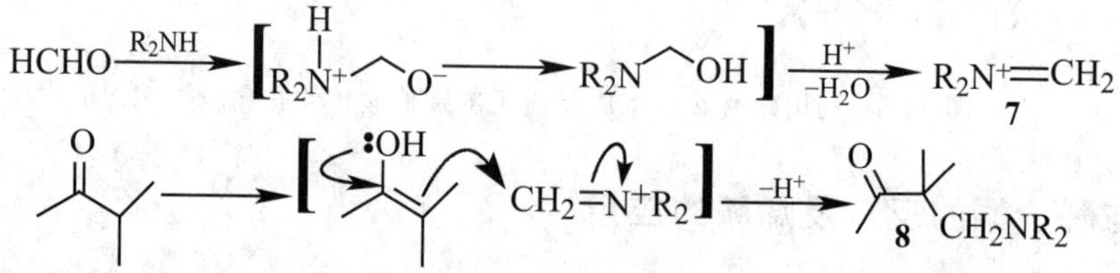

Mannich 反应的产物 **8** 俗称 **Mannich 碱**，是一个容易保存且很有用的合成中间体。**8** 可转化为季铵碱后发生消除反应生成 α,β-不饱和醛、酮，故相当于是不稳定也不易得到的 α,β-不饱和醛、酮的前体化合物。如，由环已酮衍生的 Mannich 碱经彻底甲基化并成碱热解后生成的 2-亚甲基环已酮（**9**）与乙酰乙酸乙酯经 Michael 加成反应得到的 1,5-二氧代化合物（**10**）还可进一步进行分子内的缩合反应而生成双环 α,β-不饱和酮（**11**）：

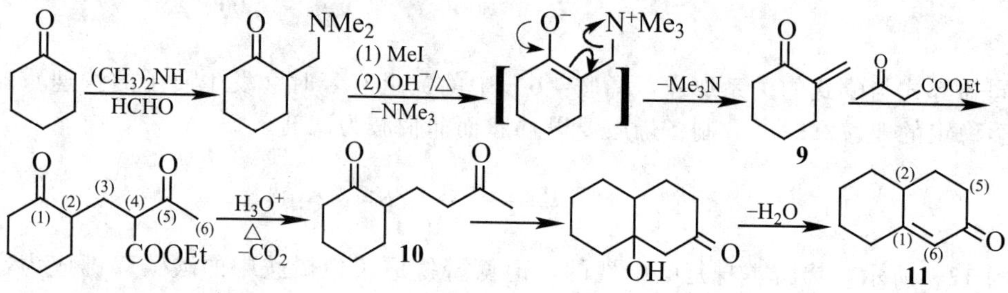

12.5.5 氧化反应

胺很易氧化，氧化反应的产物通常较复杂而无实用意义，故许多胺产品都以不易氧化的盐的形式保存。选择适当的氧化剂，可以得到较单一的胺的氧化产物。如，芳香伯胺在过量过氧三氟乙酸（CF_3COOOH）或过硫酸盐（$K_2S_2O_8$）作用下可生成硝基化合物或亚硝基化合物；在酸性条件下可被重铬酸钾氧化得到较高收率的苯醌。如式(12-4)所示的三个反应，伯胺与过氧化氢一类氧化剂反应一般可依次氧化为羟胺、亚硝胺和硝基化合物；仲胺可氧化为羟胺；叔胺则高收率地生成 ***N*-氧化物**，即**氧化叔胺**（tertiary amine oxide，**12**）。氧化叔胺中 N—O 键上的一对电子由氮原子提供，早期的文献常用 **12a** 的形式表示，如今更多地用带形式电荷的 **12b** 来表示：

$$RNH_2 \xrightarrow{[O]} R—NH—OH \xrightarrow{[O]} R—N=O \xrightarrow{[O]} R—NO_2$$

$$R_2NH \xrightarrow{[O]} R_2NOH$$

$$\underset{}{R_3N} \xrightarrow{H_2O_2} \underset{\textbf{12}}{R_3N:\ddot{\underset{..}{O}}:} \equiv \underset{\textbf{12a}}{R_3N \rightarrow O} \equiv \underset{\textbf{12b}}{R_3N^+—O^-} \qquad (12\text{-}4)$$

有 β-H 的氧化叔胺在较温和的加热条件下经过五元环状过渡态发生分子内同面顺式 E2 反应生成烯烃与羟胺。产物通常以少取代的 Hofmann 烯烃或 *Z*-型为主，称 **Cope 消除**（**OR** *11*：317；**OS** *Ⅳ*：162），如图 12-9 所示。

12.5.6 脂肪胺与亚硝酸的反应

亚硝酸（HNO_2，HONO）是一种很不稳定的酸，通常在需要时用亚硝酸钠和强酸作用即时产生。亚硝酸在酸性环境下质子化后脱水放出亲电性的可用 **13a** 和 **13b** 两个共振结构式表

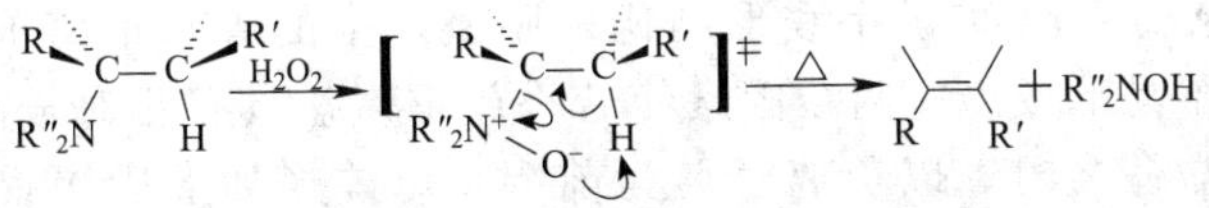

$$R''_2N{-}\overset{\displaystyle R}{\underset{\displaystyle R'}{C}}{-}\overset{\displaystyle R'}{\underset{\displaystyle H}{C}}{-}H_2O \longrightarrow \left[\begin{array}{c}R''_2\overset{+}{N}{-}C{-}C{-}R' \\ \overset{-}{O}{:}\quad H\end{array}\right]^{\ddagger} \xrightarrow{\triangle} \overset{\displaystyle R}{\underset{\displaystyle R'}{C}}{=}\overset{\displaystyle R'}{\underset{\displaystyle}{C}} + R''_2NOH$$

图 12-9　氧化叔胺的消除反应

示的**亚硝酰正离子**（NO⁺，nitrosyl cation）或称**亚硝鎓正离子**（nitrosonium ion）：

$$HONO \xrightarrow{H^+} \left[H{-}\overset{\displaystyle H}{\overset{|}{\overset{+}{O}}}{-}N{=}O\right] \xrightarrow{-H_2O} :\overset{+}{N}{=}\overset{..}{O}: \longleftrightarrow :N{\equiv}O^+:$$

$$\text{13a} \qquad\qquad \text{13b}$$

　　脂肪族伯胺与亚硝酸反应生成不稳定的**单烷基 N-亚硝胺**（**14**），14 氮原子上的氢原子发生分子内迁移重排为**重氮氢氧化物**（**15**），14 质子化后脱水生成**重氮正离子**（diazonium salt，**16**）。H—N＝N—H 称乙氮烯（diazene），重氮分子和**偶氮分子**（azo compounds）都有重氮基（—N＝N—），前者仅在重氮基一端有烃基，后者则两端都有烃基取代。生成重氮化合物的反应称**重氮化反应**（diazotization），重氮基 N_2^+ 是很好的离去基团，易带着一对电子成为自然界最稳定的中性氮气分子离去。故脂肪族伯胺形成的重氮盐在生成环境下即易分解放出氮气并形成烷基正离子。不稳定的烷基正离子无选择性地发生各种加成、消除或重排等反应形成复杂的醇、烯烃、重排产物的混合物，如图 12-10 所示。故脂肪族化合物的重氮化反应在有机合成中的应用意义很小，但常用于碳正离子的研究。上述反应过程中释放出的氮气是定量的，故可用于氨基酸或蛋白质中伯氨基含量的定量测定。

$$RCH_2NH_2 \xrightarrow[HX]{NaNO_2} \Big[RCH_2\,NH(NO) \longrightarrow RCH_2N{=}NOH \underset{-H^+}{\overset{H^+}{\rightleftharpoons}}$$

$$\text{14} \qquad\qquad\qquad \text{15}$$

$$RCH_2N{=}NO^+H_2 \underset{H_2O}{\overset{-H_2O}{\rightleftharpoons}} RCH_2\,\overset{..}{N}{=}N^+ \longleftrightarrow RCH_2N^+{\equiv}N: \xrightarrow{-N_2}$$

$$\text{16}$$

$$RCH_2^+\Big] \longrightarrow RCH_2OH + RX + 烯烃 + 重排产物$$

图 12-10　脂肪族伯胺重氮盐的生成及其后续反应

　　仲胺与亚硝酸反应生成浅黄色不溶于水的**双烷基 N-亚硝胺**[$R_2N(NO)$]，后者分子中无 N—H 键，与稀酸共热则分解为原来的仲胺，故可利用此性质来分离纯化仲胺。N-亚硝胺的应用很少，但因被认为有较强的致癌作用而引人注目。烟熏肉制品中常使用的亚硝酸钠，与胃酸接触后可放出亚硝酸并与食物中的胺反应生成有害的 N-亚硝胺。许多食物和饮用水中也天然存在硝酸盐，很易经人体酶的作用转化为亚硝酸盐，故烟熏肉品中添加的亚硝酸钠究竟增加了多少致癌风险尚不易简单地给出结论。

　　叔胺与亚硝酸仅发生简单的没有多少实用意义的酸碱反应而成盐。

12.6　芳香重氮盐

　　芳香族仲胺或叔胺与亚硝酸的反应结果与脂肪族的相仿。与脂肪族重氮盐在生成时就会分解的高度不稳定性不同，芳香族伯胺与亚硝酸在 0～5℃ 低温下反应生成的芳香族重氮盐

（ArN$_2^+$ X$^-$）还是相对稳定的：苯基重氮离子（**1**）中氮原子上的 p 轨道与芳环上的 π 电子有较强的 p-π 共轭，C(Ar)═N═N 键呈线形结构；脱氮产生的芳基正离子或芳基自由基也都是能量较高的物种而不易形成。这两个因素使芳香族重氮盐具有相对较高的热稳定性，C—N 键不易断裂。重氮盐命名时，以负离子名为前缀，母体烃加上后缀重氮盐（正离子）组成，如氯化 2-甲苯重氮盐（**2**）。

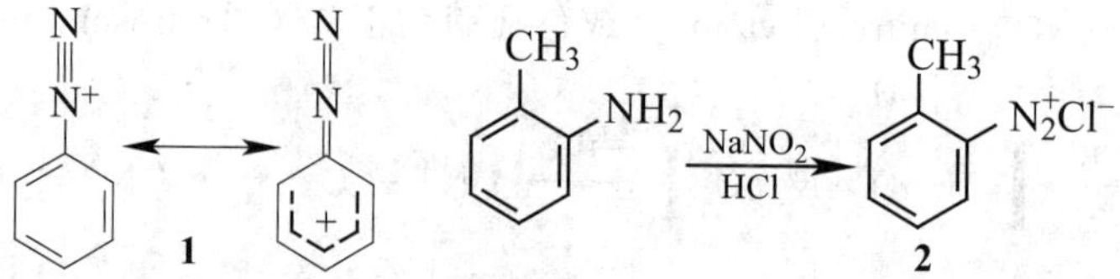

芳香族重氮盐有三个非常重要的应用：①转换为通常不易得到的碘、氟、羟基、氰基等基团；②制备与芳香亲电取代反应定位效应相反的位置专一性产物；③发生偶合反应得到一类应用颇广的偶氮类产物。

12.6.1 取代反应

如式(12-5)所示的几个反应，芳香族重氮盐的重氮基能被羟基、卤素原子、氰基等许多亲核基团取代并放出氮气，其过程随反应的不同可包括碳正离子或自由基中间体。用于合成目的的芳香重氮盐多为芳香重氮氢硫酸盐，后者在酸性水溶液中受热或在室温下的 Cu$_2$O/Cu(NO$_3$)$_2$/H$_2$O体系中反应可分解转化为酚（**OS** I：404）。这是制备酚的一个好方法，无需强碱或芳环上存在吸电子基团。但体系中存在的其他亲核组分对该水解反应有干扰，如，若以芳香重氮盐酸盐为底物，Cl$^-$ 的亲核性强，反应后有氯苯副产物生成，反映出反应过程中有苯基正离子中间体生成。此外，生成的酚在硫酸水溶液中也不易与尚未反应的底物重氮硫酸盐偶合（参见 12.8.2）。芳香重氮氢硫酸盐与碘化钾（钠）反应可得到芳基碘化物。一价铜盐对重氮离子有较强的亲和性，芳香重氮盐与 CuCl、CuBr 或 CuCN 发生 **Sandmeyer 反应**（**OS** $Ⅲ$：185）生成氯代芳烃、溴代芳烃或芳香腈，KCl 或 KBr 对此反应是无效的，反映出 Cu$^+$ 对反应的发生有关键作用，可能是引发了自由基中间体的生成。芳香重氮盐与氟硼酸或磷氟酸反应生成芳香重氮氟硼酸盐沉淀，后者受热生成氟代芳烃，称 **Schiemann 反应**（**OR** 5：193；**OS** $Ⅱ$：133，188，295），是得到氟代芳烃最主要的方法。此外，芳香重氮盐还能分别和亚硝酸钠、亚硫酸钠、叠氮钠或硫氰酸钠反应得到硝基芳烃、芳基磺酸、芳基叠氮或芳基硫氰等化合物。

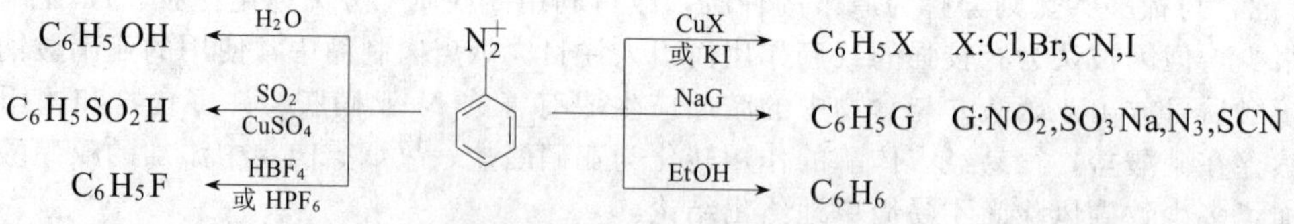

$$(12-5)$$

芳香族重氮盐中的重氮基在乙醇或次磷酸等还原剂作用下可被氢原子取代。重氮基来自氨基，故反应又称**还原去氨基反应**（reductive deamination）。相当于是氨基被氢原子所取代的该反应在有机合成上是非常有用的（**OS** $Ⅱ$：592，$Ⅳ$：947），使氨基能用做全合成中可被除去的导向取代基。如，溴具邻位、对位定位作用，故 1,3,5-三溴苯不能直接由苯的溴化来制备。以苯胺为原料，经溴化、重氮化和去氨基反应就可达此目标，如式(12-6)所示。

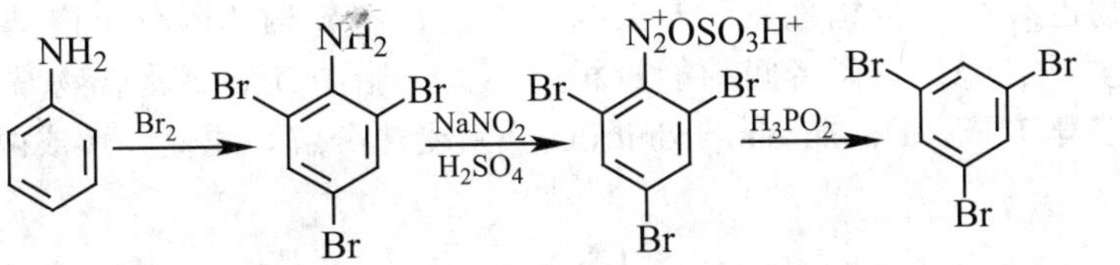

$$(12-6)$$

利用芳环的硝化、还原、重氮化、反应后去重氮化的路线可有效地在芳环的某一位置上引入所需基团。但步骤多、分离纯化复杂及产率低是其不足。如今各种新开发的方法，特别是应用有机金属化合物在芳环特定位置进行的选择性取代、偶联等反应已取得了很大成功。

12.6.2 偶合反应和偶氮化合物

芳香族重氮盐中带正电荷的重氮基也能作为一个弱的亲电物种进行芳香亲电取代反应。如图 12-11 所示，芳香族重氮盐低温下与如酚或芳香胺一类高度活泼的富电子芳烃发生**重氮偶合反应**（diazo coupling），生成**偶氮化合物**（azo compound）。重氮偶合反应的过程与一般的芳香族亲电取代反应相同，因立体效应主要在羟基或氨基的对位生成取代产物，对位已有取代基时则在邻位偶合，对位及邻位都有取代基的则不发生反应。与萘酚或萘胺的偶合反应发生在带有羟基或氨基的环上。

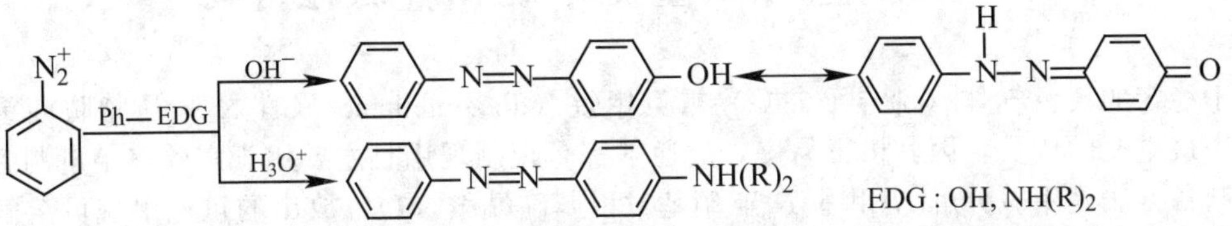

图 12-11　重氮盐在弱碱性或弱酸性条件下分别与酚或芳香胺进行偶合反应

重氮盐和酚的偶合反应需在弱碱性条件下进行。酚是弱酸性物质，碱性条件下形成有利于重氮正离子进攻的酚盐负离子；但碱性也不能太强，因为重氮盐会与强碱作用生成不能偶联的**重氮酸**（$ArN_2^+ OH^-$）或**重氮酸盐**（ArN_2O^-）。重氮盐和芳香胺的偶合反应则需在弱酸性条件下进行，因为胺在碱性溶液中不溶解；但也不能在强酸性介质中反应，否则胺成盐会使苯环失去活性，不利于重氮离子的进攻。当底物芳环中同时含有酚羟基和氨基时，通过控制溶液的 pH 值可有选择性地在不同的位置与重氮盐进行偶合，得到所需的偶氮化合物。

重氮基两侧都连有取代芳环的偶氮化合物因有较长的共轭体系而吸收紫外-可见光并呈现亮丽的色彩（参见 3.17.2），可用作**偶氮染料**（azo dyes）。偶氮染料中多带有磺酸根或羧酸根，一些随溶液 pH 的不同而有明显颜色变化的偶氮化合物可用作**酸碱指示剂**。如，水溶液中**甲基橙** {4-［4-（二甲氨基）苯基偶氮基］苯磺酸钠，methyl orange，**3**} 在 pH＜3.1 时呈红色，pH＞4.4 时呈黄色；**刚果红** {二苯基-4,4′-双［（偶氮-2-）-1-氨基萘-4-磺酸钠］，congo red，**4**} 在 pH＜3.0 时呈蓝色，pH＞5.2 时呈红色。美国食品药品监督管理局现已批准使用的食用色素只有 7 个，其中一个称**日落黄**（sunset yellow，**5**）的就是偶氮化合物。

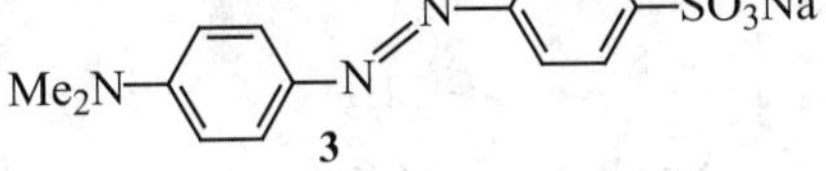

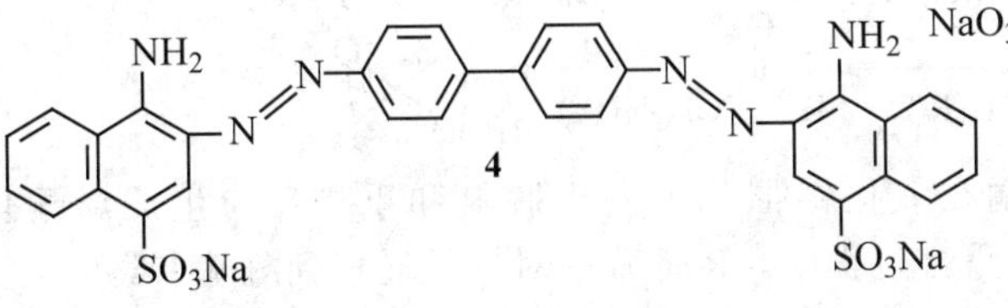

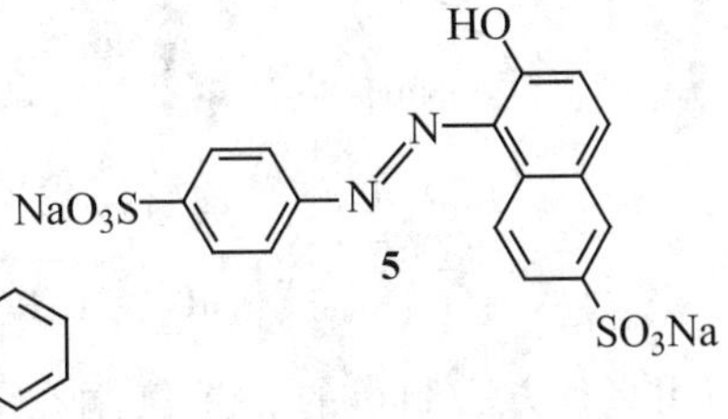

偶氮化合物也有顺/反异构现象（参见 3.1.3）。E-型异构体因分子内基团间的静电排斥较小而比 Z-型异构体稳定，两者间的能量相差不大。脂肪族偶氮化合物常用作自由基引发剂，如，**偶氮双异丁腈**（azobisisobutyronitrile，**6**）受热分解，脱氮并形成两个烷基自由基。

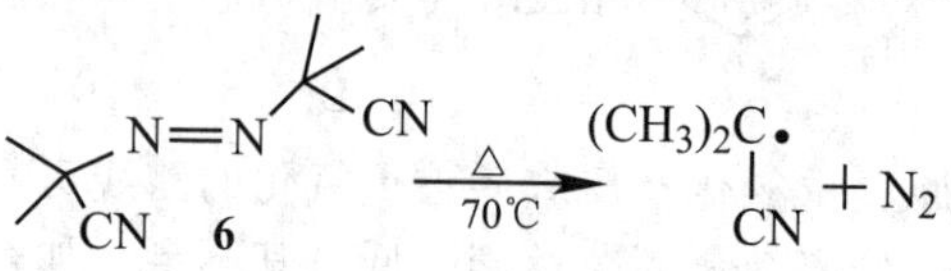

12.6.3 还原反应

芳香族重氮盐经硫代硫酸钠、亚硫酸钠、亚硫酸氢钠或氯化亚锡等一些无机还原剂还原后成为**芳肼**（aromatic hydrazine）。苯肼是一种不溶于水的高沸点（241℃）无色液体，易被空气氧化成深色物质，是合成药物、染料等精细化工产品的重要原料，常制成稳定的盐酸盐（**7**）来保存。

$$PhN_2^+\ X^- \xrightarrow{Na_2S_2O_3} \xrightarrow{HCl} PhNHNH_2 \cdot HCl$$
$$\mathbf{7}$$

12.7 重氮甲烷和叠氮化合物

不稳定的黄色气体（沸点 −23℃）**重氮甲烷**（diazomethane，CH_2N_2）是脂肪族重氮化合物中最重要的成员，因其极毒易爆，故通常都是现制现用且主要用于实验室小量制备。常用的制备方法是用碱分解 N-甲基-N-亚硝基对甲苯磺酰胺（**1**），放出的重氮甲烷可溶解并短暂保存于低温的乙醚溶液中。

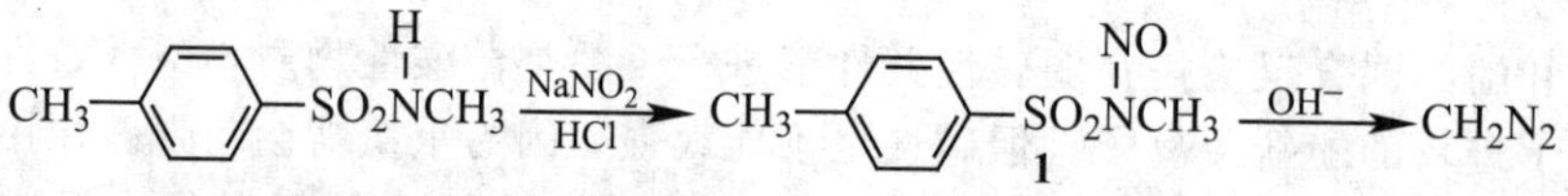

呈线性构型的重氮甲烷分子是一个弱偶极分子（$\mu = 4.2 \times 10^{-30}\ C \cdot m$），碳原子和两个氮原子上的 p 轨道重叠形成一个**三原子四电子 π 键**，中间的氮原子带有一个正电荷，两端的碳和氮原子共享一个负电荷，主要具有如 **2a** 和 **2b** 所示的两个共振结构式，氮的电负性比碳大，故 **2a** 的贡献更大一些。重氮甲烷具有很强的亲核性，夺取质子生成活性极强的甲基重氮正离子（**3**）后随即分解放出氮气分子和活性极强的甲基正离子，后者随即与亲核试剂反应。如式(12-7)所示的几个反应，重氮甲烷易与羧酸、酚、胺等反应生成相应的甲酯、酚甲醚、甲胺产物，俗称**甲基化反应**（methylation）；醇的酸性较弱，与重氮甲烷的反应需在氟硼酸催化下进行。重氮甲烷与醛、酮反应则生成比底物多一个碳原子的醛、酮或环氧化物。此外，重氮甲烷也是生成卡宾的重要前体（参见 3.4.8）。

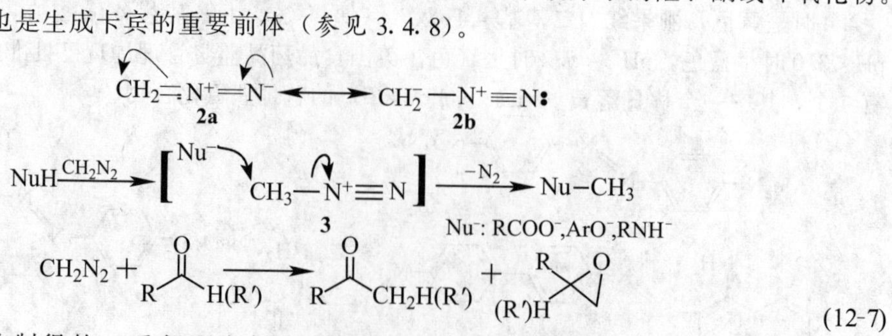

$$(12-7)$$

可由多种方法制得的 α-重氮酮在氧化银催化下发生脱氮和重排反应生成烯酮化合物（**5**），称 **Wolff 重排**（**OR** 1：38）。重排过程中，R 带着一对电子迁移到酰基卡宾碳上，手性的 R 迁移后的立体构型保持不变。烯酮化合物与水、醇、胺等反应生成羧酸及其衍生物（参见 9.14）。酰氯很易与重氮甲烷反应，经亲核加成和消除后得到 α-重氮酮（**4**）。由羧酸出发制得酰氯再与重氮甲烷作用，发生**碳链增长反应**（carbon-chain lengthening）而得到比底物羧酸多一个碳原子的羧酸衍生物，称 **Arndt-Eistert 反应**（**OR** 1：38）。

$$\underset{R'}{\overset{O}{\underset{|}{R}}}\overset{\oplus}{N}=N^- \xrightarrow[H_2O]{Ag_2O} [RR'C=C=O] \longrightarrow RR'HCCOOH$$

$$\underset{R}{\overset{O}{\parallel}}Cl \xrightarrow[-HCl]{CH_2N_2} \left[\underset{\mathbf{4}}{R-C-CH=N^{+}=N^-} \longleftrightarrow R-C-CH-\overset{+}{N}\equiv N\colon \right] \xrightarrow[-N_2]{Ag_2O}$$

$$\left[\underset{\mathbf{5}}{R-\overset{O}{\overset{\parallel}{C}}\overset{\curvearrowright}{CH}} \right] \longrightarrow RHC=C=O \begin{array}{l} \xrightarrow{H_3O^+} RCH_2COOH \\ \xrightarrow{R'OH} RCH_2COOR' \\ \xrightarrow{R'NH_2} RCH_2CONHR' \end{array}$$

也有一个三原子四电子 π 键的叠氮负离子（N_3^-）是一个良好的亲核试剂，与卤代烷反应得到的**叠氮化合物**（RN_3）的分子结构与重氮甲烷相似。叠氮化合物经还原形成脂肪族伯胺（参见 12.11.2）。叠氮化钠与酰氯反应得到的酰基叠氮化物（**6**）经加热分解，放出氮气并形成重排产物异氰酸酯（**7**），后者加水分解形成胺，称 **Curtius 反应**（**OR** 3：337）。叠氮酸（HN_3）与羰基化合物以强酸为缩合剂反应也可得到 **6**，称 **Schmidt 反应**（**OR** 3：307）。这两个重排过程中迁移烷基的立体构型也均保持不变，产物胺都比原料羧酸少一个碳原子。叠氮化合物都有爆炸性，制备和应用时需小心处理。

$$\begin{array}{c} \underset{R}{\overset{O}{\parallel}}Cl \xrightarrow[-NaCl]{NaN_3} \\ \underset{R}{\overset{O}{\parallel}}OH \xrightarrow[-H_2O]{HN_3} \end{array} \left[\underset{\mathbf{6}}{R-C-\overset{\curvearrowright}{N}-\overset{+}{N}=\overset{\curvearrowright}{N}\colon} \longleftrightarrow R-C-N^--\overset{+}{N}\equiv N\colon \right] \xrightarrow[-N_2]{\triangle}$$

$$\underset{R}{\overset{O}{\parallel}}\overset{..}{N}\colon = RN=C=O \xrightarrow[\mathbf{7}]{H_2O} RNHCOOH \xrightarrow{-CO_2} RNH_2$$

12.8　芳香胺芳环上的取代反应

中性环境下氨基是强邻位、对位取代基（参见 6.6.2），但酸性环境下更易质子化生成的铵基正离子（—NH_3^+）是钝化苯环的间位定位基。苯胺的亲电取代反应有诸多不足：如，需 Lewis 酸催化的反应因氨基易与 Lewis 酸生成配合物而不再进行；不易控制在单取代；易氧化分解等。这些不足均可通过氨基酰基化保护来克服。酰胺氮上的孤对电子与羰基共轭分散，故亲核性很弱，也不再与 Lewis 酸形成酸碱配合物（参见 12.6.2）；酰氨基也是邻、对位活化基，其体积效应使对位取代是主要产物。

12.8.1　卤代反应

苯胺与溴水快速反应，定量生成白色的 2,4,6-三溴苯胺沉淀。反应体系中常加入碳酸氢钠等弱碱以吸收放出的溴化氢并防止氨基质子化。苯胺与溴即使在 CS_2 中低温反应仍得三取代产物，要进行单溴化反应可用 2,3,5,6-四溴环己-2,5-二烯酮（**1**）为试剂（<u>OS</u> 55：20）。

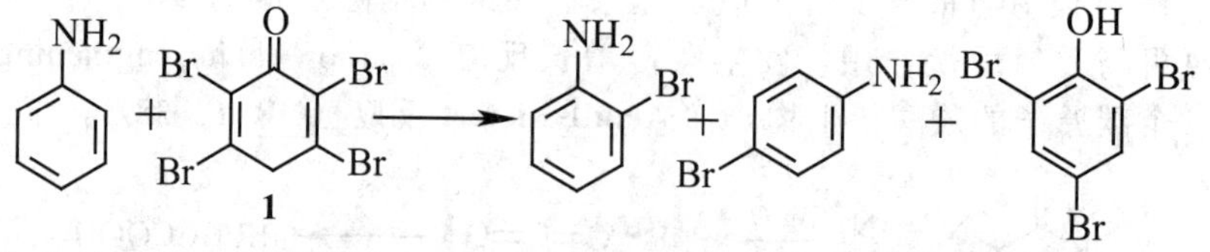

反应活性差的碘很难与芳烃进行直接的亲电取代反应，但在弱碱性环境下能与苯胺反应生成单碘代产物（<u>OS</u> Ⅱ：347），如式（12-8）所示。

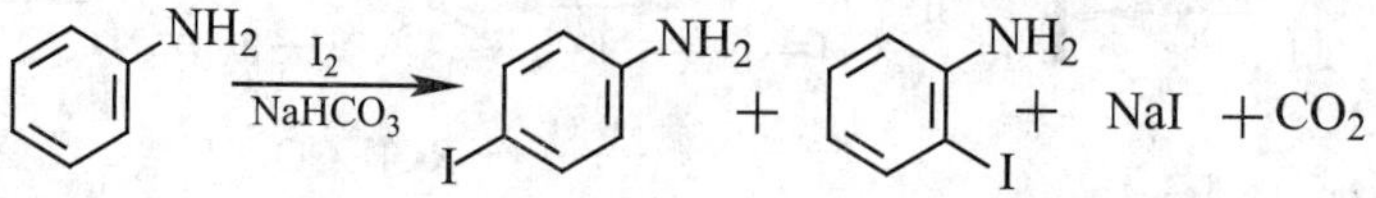

$$(12\text{-}8)$$

12.8.2 硝化反应

苯胺中的 N—H 键易被氧化和质子化，直接进行硝化反应将生成复杂的硝化和氧化的混合产物，苯胺与硝酸混合还易引起爆炸。若要在苯胺氨基的邻位、对位进行硝化，同样应先将氨基转变为乙酰氨基。叔芳胺可用较温和的硝化剂 $HNO_3/HOAc$ 体系进行硝化反应，主要产物为占比达 70% 的对位取代的产物，如式（12-9）所示。

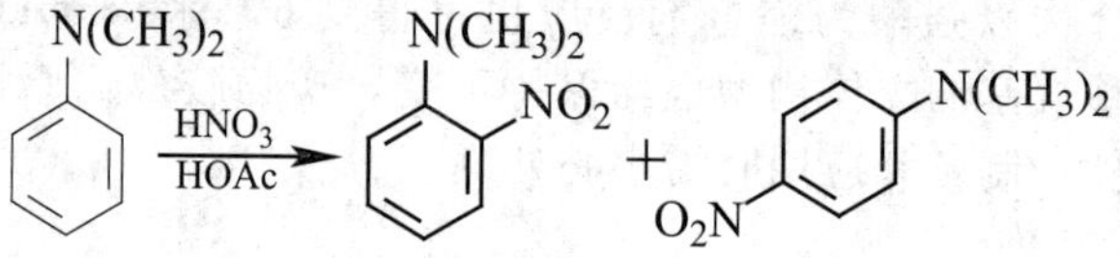

$$(12\text{-}9)$$

12.8.3 磺化反应

苯胺与硫酸混合即发生质子化生成**硫酸苯铵盐**（**2**）。铵基的强钝化效应使 **2** 很难再在苯环上进行磺化反应，即使有也在间位上发生。在 200℃ 高温下苯胺与硫酸的反应可生成稳定的**对氨基苯磺酸**（sulfanilic acid，**3a**；<u>OS</u> Ⅲ：824）。产物可能是由先生成的硫酸铵盐重排并失去一分子水而来，也有可能因生成质子化的苯胺是可逆的，未质子化的苯胺与硫酸发生速率极大的芳香亲电反应所致。芳烃分子内引入磺酸基团后，水溶性通常会得到改善。对氨基苯磺酸主要以**内盐**（inner salt），即具很强分子间作用力的**偶极离子**（zwitterion，**3b**）形式存在，是一种熔点非常高的白色晶体，但在达到其熔点（280～300℃）前往往就开始分解。它不仅不溶于许多有机溶剂，而且也几乎不溶于水。由于这是一个强酸弱碱组成的内盐，在强碱性水溶液中可以转变成对氨基苯磺酸负离子而使其溶解度明显提高。

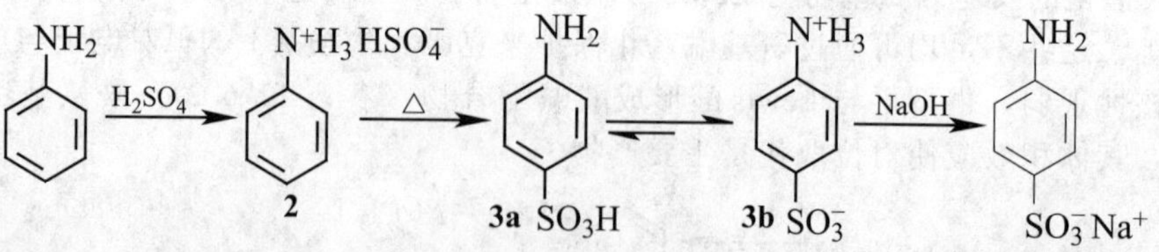

乙酰氨基苯与氯磺酸发生苯环上的磺化反应生成对乙酰氨基苯磺酰氯（**4**）。**4** 与氨基嘧啶、氨基噻唑等杂环化合物反应生成在药物发展过程中有里程碑意义的**磺酰胺**（sulfanilamide）**类药物分子**（**5**）。

偶氮染料可以使羊毛类纤维着色，实际上也就是与动物蛋白质之间产生作用，这使科学家们想到它们对细菌有无作用并最终从上万种化合物中发现一种商品名为**百浪多息**（prontosil，**6**）的红色偶氮染料有抗菌作用。**6** 在体外并无抗菌作用，反映出它在体内的抗菌作用

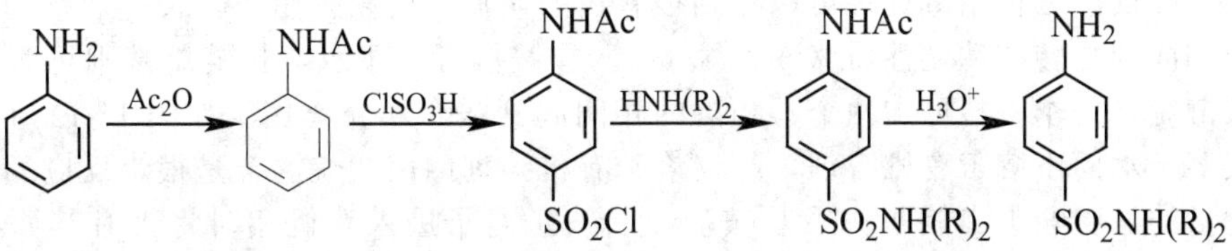

必是被代谢为其他有效成分所产生的。许多 *N*-氮杂环取代的对氨基苯磺酰胺，如常用的**磺胺噻唑**（**7**）、**磺胺嘧啶**（**8**）等都具有相当好的抗菌活性。这些磺胺化合物并非**杀菌药**（bactericidal drug），而是扰乱细菌新陈代谢的**抑菌药**（bacteriostatic drug）。细菌的生命活动中有一种酶催化的反应，其中需要对氨基苯甲酸作为组分之一来制备又称**维生素 M** 的**叶酸**（pteroylglutamic acid，**9**）。磺胺类药物的导入使它和对氨基苯甲酸竞争酶的活性部位，结合了磺酰胺的酶不能再将对氨基苯甲酸转化为叶酸。细菌因缺乏叶酸导致其生长受到抑制而死亡。叶酸也是人类所需的一种维生素，但人体本身并不合成叶酸，主要依靠外界食物获取，因此磺胺药物对人类的影响不大。

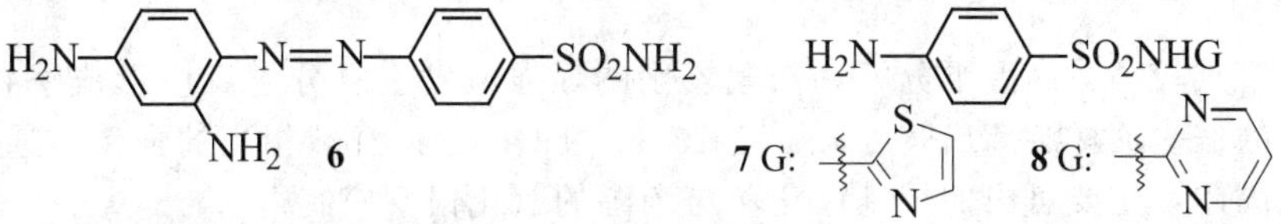

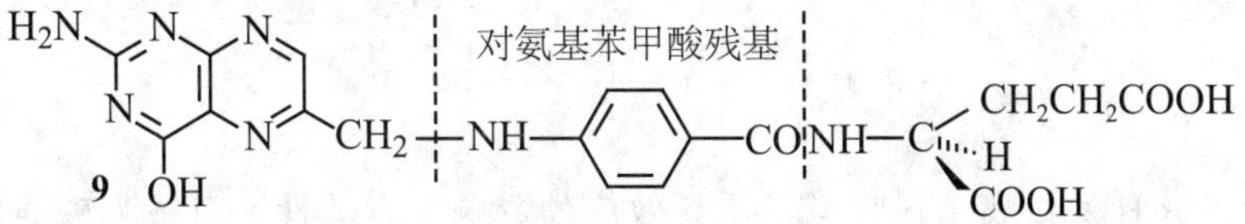

12.9　季铵盐

胺与过量的卤代烃反应可生成季铵盐（$R_4N^+X^-$，参见 12.5.1）。季铵盐的氮原子上既无氢原子也无孤对电子，不再有酸性或碱性，其性质与胺或铵盐（$R_3HN^+X^-$）均完全不同。在动物的肝、脑组织中存在的季铵碱**胆碱**（choline，**1**）最早是在胆汁中发现的。胆碱以卵磷脂的形式在体内调节脂肪、糖类和蛋白质的代谢，并传递神经冲动所需的物质。**乙酰胆碱**（acetyl choline，**2**）的作用更是比胆碱大 10 万倍以上。动物体内存在的乙酰胆碱酶将完成生理使命后的乙酰胆碱分解。某些有机磷化合物具有抑制乙酰胆碱酶的作用，导致乙酰胆碱的积聚，从而引起血压降低、肌肉收缩、神经错乱等疾病乃至死亡。许多季铵盐能够吸附在细菌表面，干扰细菌的生理功能从而起到消毒杀菌效果。植物生长激素**矮壮素**（**3**）和抗菌药**新洁尔灭**（**4**）等都是季铵盐。

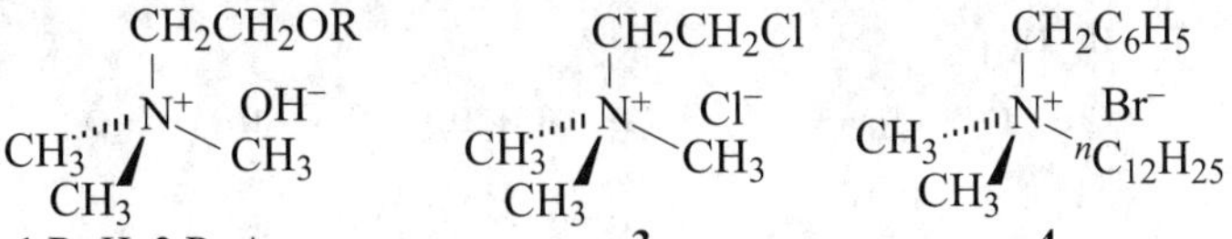

12.9.1　相转移催化性

季铵盐是一类重要的**阳离子表面活性剂**。若在聚苯乙烯侧链的苯环上先进行氯甲基化，然后与三甲胺反应，再用碱处理可以得到很有用的**阴离子交换树脂**。具长链烷基的季铵盐具有与冠醚相同的相转移催化性质（参见 8.11）。季铵盐可溶于水，长链烷基则可溶于有机溶剂，故长链烷基的季铵盐可在两个不相溶的相间起到一个媒介作用。如图 12-12 所示，固体氰化钠仅溶于水而不溶于有机溶剂，与仅溶于有机溶剂的卤代烷混合是很难反应的。体系中加入催化量的氢硫酸十二烷基三甲基铵盐，当铵正离子进入有机相时将带有其原有的配对 HSO_4^- 或 CN^-。水相中 CN^- 的浓度远大于 HSO_4^-，完全游离的负离子 CN^- 更有可能被带入有机相中并立即与卤代烃反应，HSO_4^- 是弱亲核性的弱碱，即使进入有机相中也不会与卤代烃反应。铵正离子随后又带有配对负离子 HSO_4^- 或 Br^- 回到水相。如此来回不断发生将反应负离子 CN^- 带入反应相态中去的相转移催化作用。

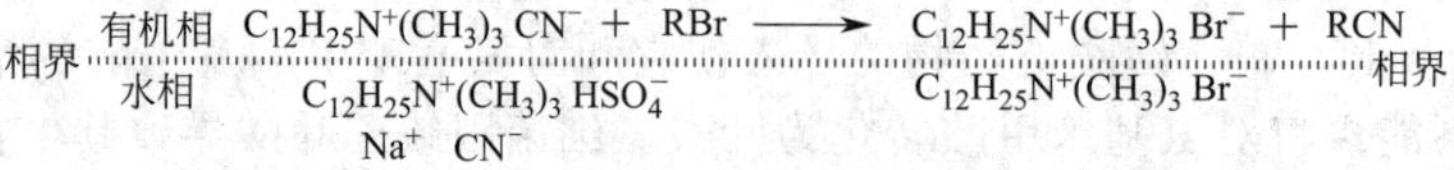

相界
有机相 $C_{12}H_{25}N^+(CH_3)_3\ CN^-\ +\ RBr\ \longrightarrow\ C_{12}H_{25}N^+(CH_3)_3\ Br^-\ +\ RCN$
水相 $C_{12}H_{25}N^+(CH_3)_3\ HSO_4^-$ $C_{12}H_{25}N^+(CH_3)_3\ Br^-$ 相界
$Na^+\ CN^-$

图 12-12　十二烷基三甲基硫酸氢铵盐的相转移催化

12.9.2　Hofmann 热解反应

季铵盐熔点较高，高温下分解，与氢氧化钠等强碱发生复分解反应形成**季铵碱**（**5**）而不是像一般的铵盐那样游离出胺。**5** 是与 KOH、NaOH 等无机碱相当的强碱，通常为易吸水潮解的无色固体，主要可由四烃基卤化铵与潮湿的氧化银反应制得。

$$R_3N \xrightarrow{RI} R_4N^+I^- \xrightarrow[-AgI]{Ag_2O/H_2O} R_4N^+OH^-$$

5

季铵碱中的 β-H 受铵离子强吸电子诱导效应的影响而有酸性，可被强碱夺取。季铵离子 R_4N^+ 的离去性虽与质子化的胺 $(R)_2H_2R'N^+$ H 接近，但它不带质子，故与碱可以发生反应而不会是简单的酸碱间的质子转移。如图 12-13 所示，在 100～200℃受热条件下季铵碱发生裂解生成烯烃、叔胺和水，相当于发生了与 Cope 消除反应相同的 E2 反应，但反应条件更苛刻（**OS** *V*：315）。

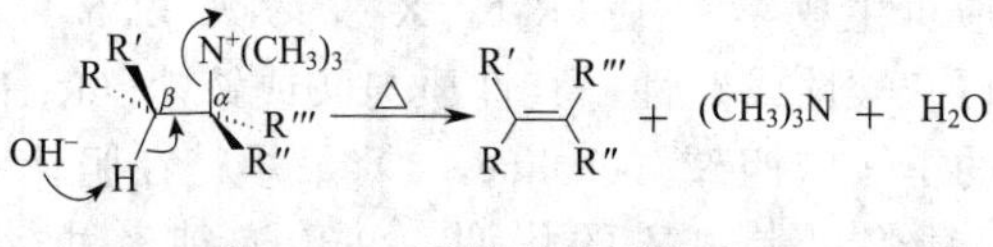

图 12-13　季铵碱的消除反应

胺虽然与卤代烃或醇一样可转化为烯烃，但需先转化为季铵碱才行，且主要生成与 Zaitsef 规则相反的少取代烯烃，称 **Hofmann 消除**（**OR** *11*：317）。这可能与离去的 α-$N(CH_3)_3$ 体积较大，故少取代 β-碳原子上的氢更易被碱夺取有关。如图 12-14 所示，2-丁基三甲基氢氧化铵热解后生成的烯烃产物中少取代的丁烯和多取代的丁-2-烯各占 95% 和 5%。

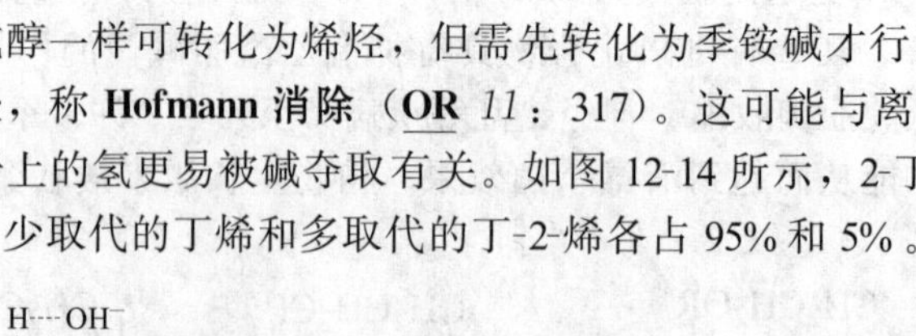

图 12-14　Hofmann 消除反应的两个取向

连有如羰基、苯基、乙烯基等吸电子取代基或不饱和基团的 β-氢的酸性明显增强，容易受到碱的进攻发生不符合 Hofmann 消除规则的消除反应。如式（12-10）所示，二甲基乙基 β-苯乙基氢氧化铵热解后主要生成苯乙烯而非乙烯。

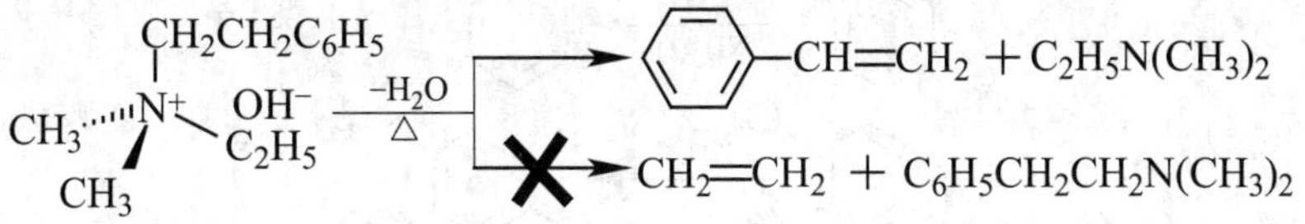

$$\text{(12-10)}$$

季铵碱的降解反应非常有用，除了可以制备某些末端烯烃外，在波谱技术得以发展和普及前还常用于解析胺和一些天然生物碱的结构。一个未知结构的胺在碳酸钾一类碱存在下与过量碘甲烷反应后，氮原子上的氢都被甲基取代，形成甲基取代的季铵盐，该过程称**彻底甲基化**（exhaustive methylation）。季铵盐中的卤素离子仅是弱碱，不会夺取 β-H，也不会发生消除反应，将季铵盐转化为季铵碱后再受热分解即生成较简单的叔胺和烯烃，根据叔胺和烯烃产物的结构可以推测原来胺的结构。如，从烯烃产物（**7** 和 **8**）及叔胺（**9**）的结构可以得知原来胺的结构应为 **6**：

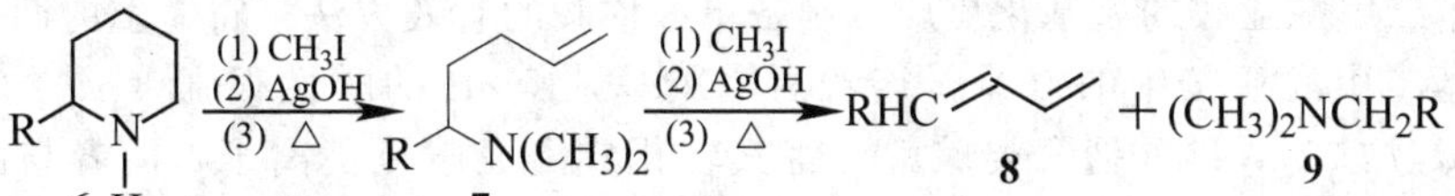

12.9.3 离子液体

常规的离子化合物只在高温时呈熔融状液态。20 世纪 90 年代前后，人们发现一些季铵盐，如二烷基取代的咪唑盐（**10**）在室温就有很宽的液相范围。这种由正负离子组成的盐并无分子形式，不溶于水而与有机分子有很好的亲和性，故称**离子液体**（ionic liquid，**IL**）。十分稳定的离子液体有与极性溶剂一样的低黏性，但不挥发，又有盐的高热容和离子传导性，在合成化学和绿色化学中有广泛应用。常用的离子液体除咪唑盐外还有吡啶盐和季铵盐类。通过改变正负离子的结构可得到有不同液相范围和特殊物理性能的离子液体，故被誉称为**"设计者的溶剂"**。

10　X: BF$_4$, OAc, (CF$_3$SO$_2$)$_2$N, CF$_3$SO$_3$, Br, I

12.10　胺的制备

胺的制备方法与胺的化学反应密切相关，主要有氨的烷基化、含氮化合物的还原和亚胺的亲核加成反应。

12.10.1　烷基化反应

（1）氨或胺的烷基化反应　氨或胺与伯卤代烃经 S$_N$2 反应生成脂肪族伯胺，但所得产物常常是一个复杂的伯、仲、叔胺及季铵盐的混合物。除非混合物组分的沸点有较大的差距，否则该反应不是理想的合成特定胺的方法（参见 12.5.1）。芳香族卤代烃常用作制备芳香胺的底物。通常情况下芳香族卤代烃不易发生亲核取代反应，但在液氨中与氨基钠可经苯炔机理发生取代（参见 7.9.2），如 **1** 的制备；缺电子卤代芳烃可以与氨或胺直接发生芳香亲核取代（参见

7. 9. 1，**OS** 11：221)，如 **2** 的制备；也可在钯金属催化下与氨（胺）发生偶联反应，如 **3** 的制备。

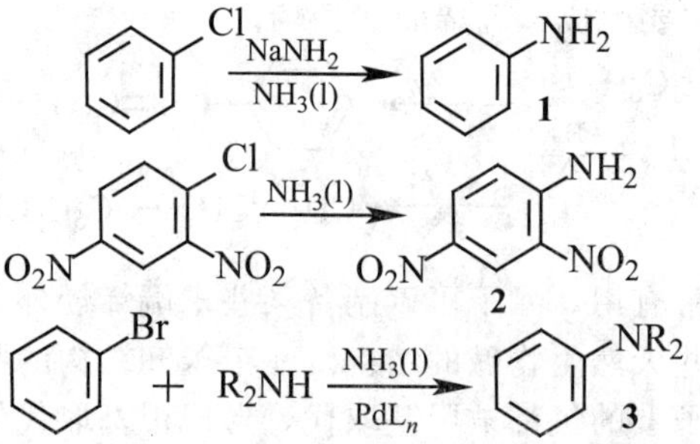

氨或胺对环氧乙烷进行烷基化反应生成相应的乙醇胺化合物（参见 8.10），如式（12-11）所示。

$$NH_3 \xrightarrow{\quad\triangle\quad} NH_2(CH_2CH_2OH) + NH(CH_2CH_2OH)_2 + N(CH_2CH_2OH)_3 \qquad (12\text{-}11)$$

（2）邻苯二甲酰亚胺的烷基化反应 制备单一伯胺的有效方法是将氮上的两个氢原子保护起来。邻苯二甲酰亚胺中的氮原子连着两个羰基，N—H 的酸性很强（pk_a 约 8.3，酰胺 $RCONH_2$ 的 pk_a 约 22），碳酸盐一类碱就可将其转化成酰亚胺氮负离子，后者与卤代烃等烷基化试剂作用形成 N-烷基邻苯二甲酰亚胺（**4**），**4** 在酸水解下得到伯胺的铵盐，再用碱处理就可得到游离的伯胺（**OS** *II*：25）。该方法所得伯胺产物的纯度和产率均较高，称 **Gabriel 合成法**。

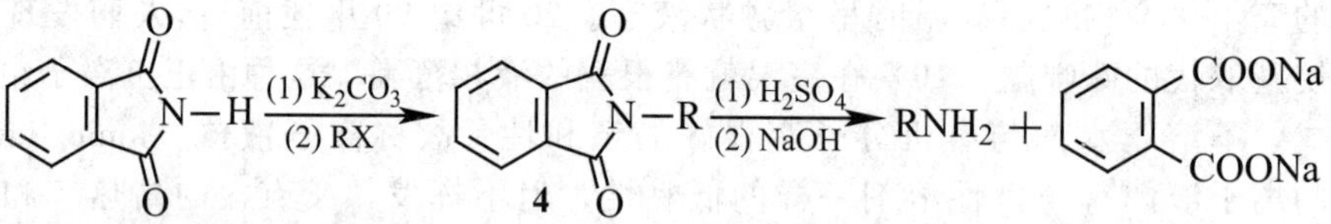

（3）六亚甲基四胺的烷基化反应 六亚甲基四胺（**5**，参见 9.4.6）与卤代烃，特别是如卤化苄、烯丙基卤等活泼的卤代烃或 α-卤代羰基化合物反应生成季铵盐，后者在醇中用盐酸分解后生成高纯度的伯胺（**OS** *V*：121；73：246）。

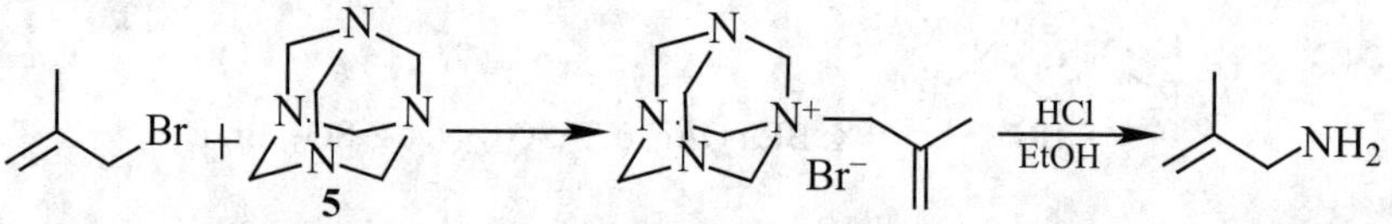

（4）对甲苯磺酰胺的烷基化反应 对甲苯磺酰氯与伯胺反应生成 **N-烷基对甲苯磺酰胺**（**6**），**6** 在碱作用下形成的磺酰胺氮负离子（**7**）与烷基化试剂的反应产物 **N,N-二烷基对甲苯磺酰胺**（**8**）经水解后可以得到仲胺。

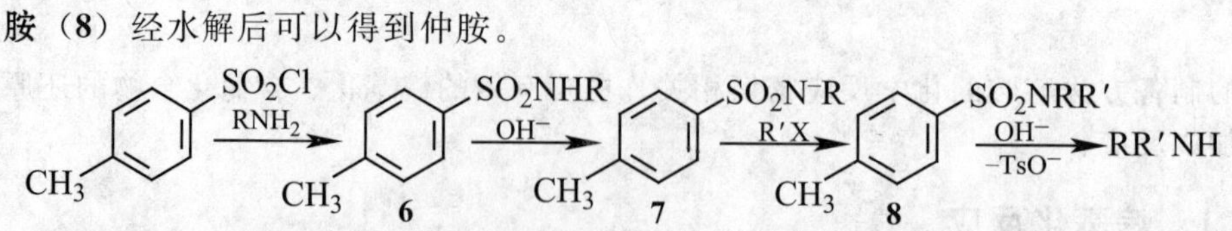

（5）醇胺法 萘酚中的羟基在亚硫酸氢钠存在下可以被氨或胺取代为萘胺（参见8.6.6）。工业上环己胺是由环己醇氨解制得的；氨或胺的烷基化反应也可用醇为烷基化试剂，反应需高温（300～500℃）、加压（1～4MPa）并在如 Al_2O_3、SiO_2 等催化剂作用下进行，得到的产物通常是伯胺、仲胺和叔胺的混合物，如式（12-12）所示的甲胺的生产：

$$CH_3OH + NH_3 \xrightarrow[\text{cat.}]{400℃/2MPa} CH_3NH_2 + (CH_3)_2NH + (CH_3)_3N \qquad (12\text{-}12)$$

12.10.2　含氮化合物的还原反应

（1）还原胺化反应（reductive amination）　还原胺化反应含两步过程，是通用的胺合成方法。以羟氨、伯胺或仲胺为底物可分别生成伯胺、仲胺或叔胺。如式(12-13)所示的两个反应：伯胺与醛、酮生成 N-取代亚胺，再用 $NaBH_4$ 或 $LiAlH_4$ 还原为相应的仲胺，羟氨与醛、酮生成的亚胺（参见 12.5.3）在还原性金属或负氢试剂作用下转化为相应的伯胺（**OS** Ⅱ：313，318，Ⅲ：328）。

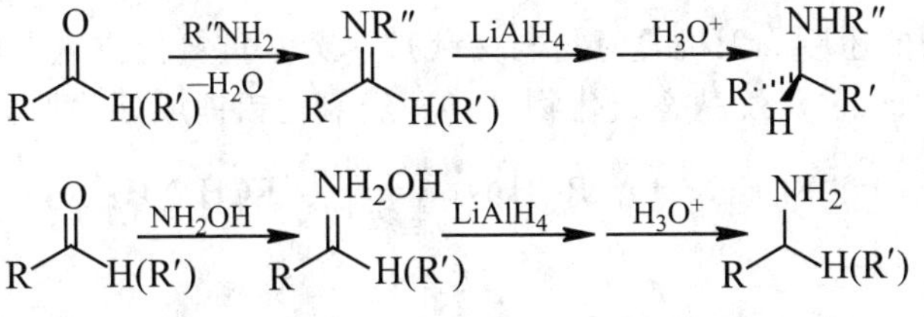

$$(12\text{-}13)$$

仲胺与醛、酮生成不稳定的亚胺盐（**9**），**9** 无需分离在溶液中经催化氢化或弱负氢试剂如**氰基硼氢化钠**（$Na^+ B^- H_3CN$，吸电子的氰基使负氢转移的活性降低。反应在 pH2～3 环境下进行，亚胺质子化后更易接受 H^- 进攻，硼氢化钠在此酸性条件下要分解）或更安全的**三乙酰氧基硼氢化钠**作用下被还原为相应的叔胺（**OR** 4：3）。

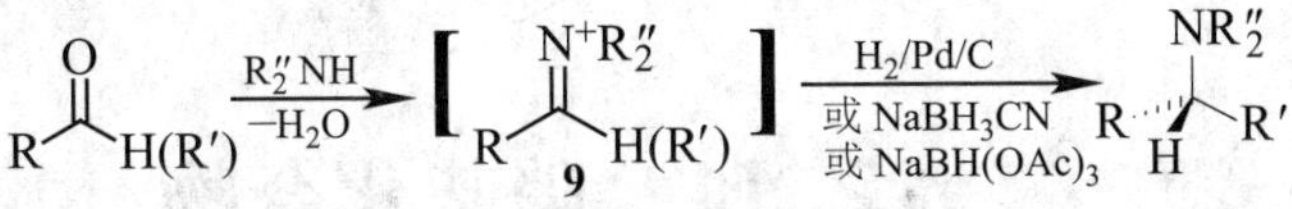

（2）硝基化合物的还原　硝基化合物催化氢化或酸性环境下用金属还原生成相应的伯胺，该法特别适用于芳胺的制备，且还原产率高（参见 12.11.3，**OS** Ⅰ：240，Ⅲ：63）。Fe、Zn /HCl 或 $SnCl_2$/HCl 等化学试剂和催化氢化都能用于还原芳香族硝基化合物。Fe/HCl 还原硝基化合物的方法成本低，但产生不易处理的氧化铁副产物，胺的分离也较麻烦。Sn（或 $SnCl_2$）/HCl 的反应较快且温和，对芳环上的羰基无作用，但是成本较高，且副产物氯锡酸 H_2SnCl_6 会与胺形成复盐，需用碱将其分解。NaHS 和（NH_4）$_2$S 等硫化物可用于多硝基芳烃的选择性还原，硝基苯胺中硝基官能团的活性较小而不会被这些硫化物继续还原，如式(12-14)所示的三个反应。

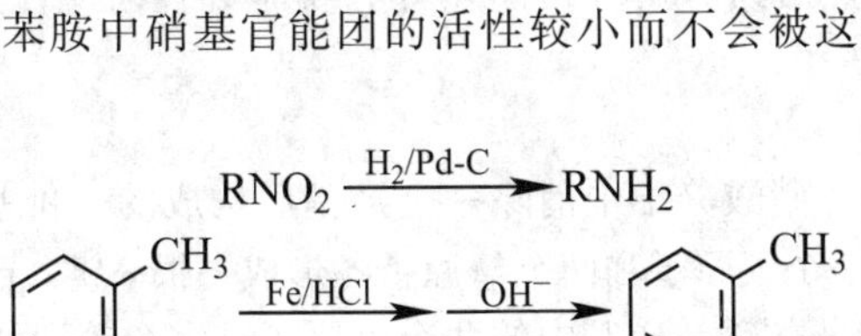

$$(12\text{-}14)$$

硝基经催化氢化还原为氨基是相对绿色的一个反应而日益受到重视。各类官能团进行还原氢化反应的容易程度是酰氯＞硝基＞炔＞醛＞烯＞酮＞苄基醚或胺（氢解）＞腈＞酯＞芳环。

（3）酰胺和腈的还原　如式(12-15)所示：氨、伯胺或仲胺酰化后生成的伯、仲或叔酰胺可被氢化铝锂分别还原成伯胺、仲胺或叔胺，称**酰化还原反应**（acylation reduction 参见11.6）。这也是一个通用的合成胺的方法，只是胺产物中必定是带有一个亚甲基取代的烃基。

伯酰胺 RCONH$_2$ 经 Hofmann 重排反应后得到 RNH$_2$（参见 11.10.4）。

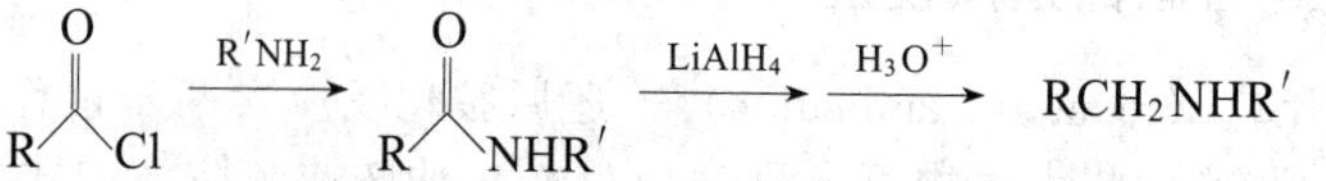

$$R-\overset{O}{\underset{|}{C}}-Cl \xrightarrow{R'NH_2} R-\overset{O}{\underset{|}{C}}-NHR' \xrightarrow[\text{}]{LiAlH_4} \xrightarrow{H_3O^+} RCH_2NHR' \qquad (12\text{-}15)$$

腈在氢化铝锂或催化加氢作用下形成伯胺（参见 11.15.2），腈由卤代烃 RX 而来，故所得伯胺是在起始底物卤代烃的骨架上多了一个碳，如式（12-16）所示。

$$RX \xrightarrow{NaCN} RCN \xrightarrow[\text{或 } H_2/Pd\text{-}C]{LiAlH_4} RCH_2NH_2 \qquad (12\text{-}16)$$

（4）叠氮化合物的还原　无机叠氮盐与卤代烷、芳基重氮盐或酰卤反应，形成烷基、芳基或酰基**叠氮化物**（azide）。烷基叠氮化物（**10**）经氢化铝锂或催化加氢还原后得到伯胺。

$$RCH_2X \xrightarrow{NaN_3} \underset{\textbf{10}}{RCH_2N_3} \xrightarrow[\text{或 } H_2/Pd\text{-}C]{LiAlH_4} RCH_2NH_2$$

12.10.3　亚胺的亲核加成反应

亚胺可以与一些如烷基锂、格氏试剂、末端炔碳负离子、α-亚砜碳负离子、烯醇负离子等碳原子亲核试剂进行加成反应，得到仲胺化合物，如 **11** 的制备。

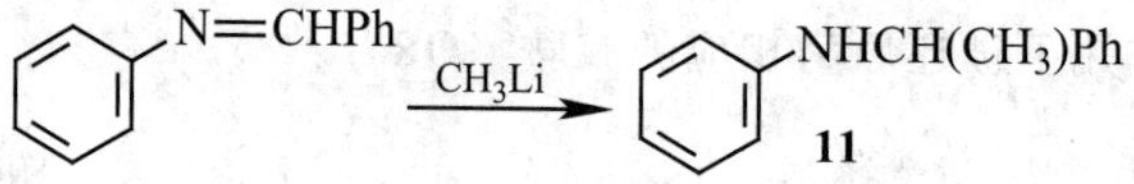

12.11　硝基化合物

硝基化合物包括脂肪族和芳香族两大类。其命名与卤代烃相类似，硝基作为取代基处理。如，硝基甲烷（CH_3NO_2）、三硝基甲烷 $[CH(NO_2)_3]$、2-甲基-2-硝基丙-1-醇 $[(CH_3)_2C(CH_2\text{-}OH)NO_2]$ 等。亚硝酸酯（RONO）是硝基化合物（RNO_2）的同分异构体，其极性和沸点都比硝基化合物低得多。如，C_2H_5ONO 和 $C_2H_5NO_2$ 的沸点各为 17℃和 115℃。许多硝基化合物有毒，受热后易分解并发生爆炸，实验处理时应注意安全。

12.11.1　硝基的结构

硝基亦称硝酰基，相当于硝酸分子中消除一个羟基后构成的一价基团，以—NO_2 表示。硝基分子中 sp^2 杂化的氮原子与一个碳原子和两个氧原子各形成一根 σ 键，p 轨道与两个氧原子的 p 轨道重叠形成一个三原子四电子的键，硝基中的两个氧原子是完全等性的。两根 N—O 键也是均等的，键长均为 0.121nm。如 **1a** 那样的结构式虽然总的成键电子数是正确的，但位于第二周期的氮原子上有 10 个成键电子是违反八隅律的，是不合适的结构式。故习惯上用含有**配位共价键**（coordinate covalent bond，箭头符号意味该成键电子是仅由箭头尾部的原子提供的）的结构（**1b**）或含有形式电荷的共振结构（**1c**）来表示，如图 12-15 所示。

12.11.2　脂肪族硝基化合物

低级脂肪族硝基烷烃主要用作溶解乙酸纤维、油漆、合成橡胶等聚合物材料及有机化合物的溶剂，工业上一般都是通过烷烃与硝酸在气相中的高温反应制得（参见 2.9.3）。利用亚硝酸盐与卤代烃间的亲核取代反应也可得到硝基烷烃；由于亲核试剂亚硝酸根离子含有氮和氧两个亲核中心，取代产物常是硝基化合物和亚硝酸酯（**OS** *I*：401；*IV*：724）的混合

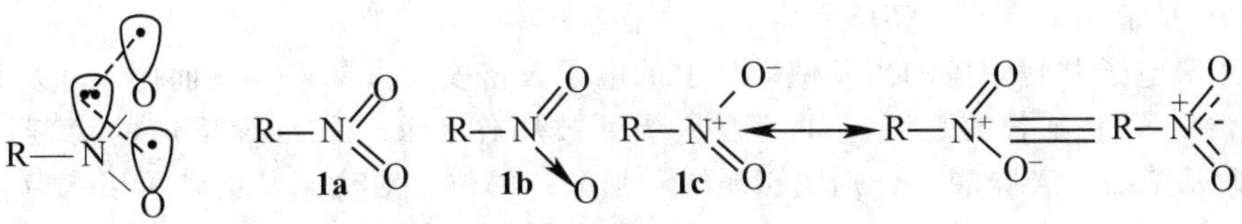

图 12-15 硝基的结构

物，如式（12-17）所示。在非极性溶剂中以亚硝酸银为试剂则基本生成硝基化合物。

$$RCH_2X \xrightarrow{NaNO_2} RCH_2NO_2 + RCH_2ONO \qquad (12\text{-}17)$$

硝基是强极性基团，有很强的吸电子诱导效应和共轭效应，其 α-H 的 pk_a 达 8.6，硝基化合物是酸性较强的。酸性 α-H 的存在使硝基化合物易发生互变异构（参见 9.7.1），平衡偏向于**硝基式（假酸式）**异构体（**2**），**酸式**（**3**）的含量较低。碱性环境下酸式异构体转化成相应的盐，使平衡往生成酸式的方向移动。

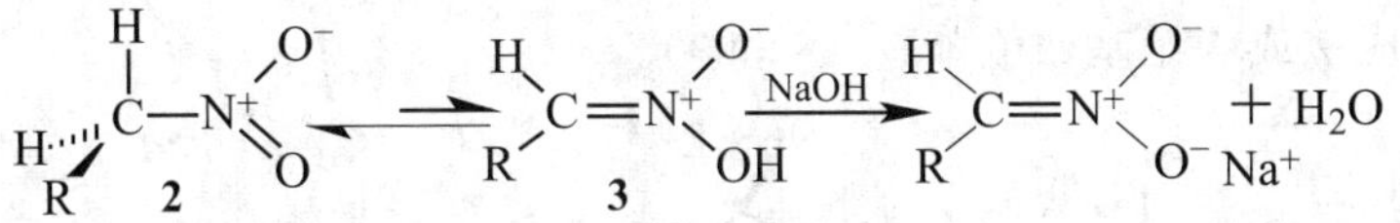

$$\text{（结构式）} \quad 2 \rightleftharpoons 3 \xrightarrow{NaOH} + H_2O$$

硝基烷烃盐是一类有用的合成试剂，如，碱作用下与醛、酮或酯羰基可发生亲核加成反应（**OS** I：413），称 **Henry 反应**。所得 β-羟基硝基化合物较易脱水生成 α,β-不饱和硝基化合物，如式（12-18）所示。

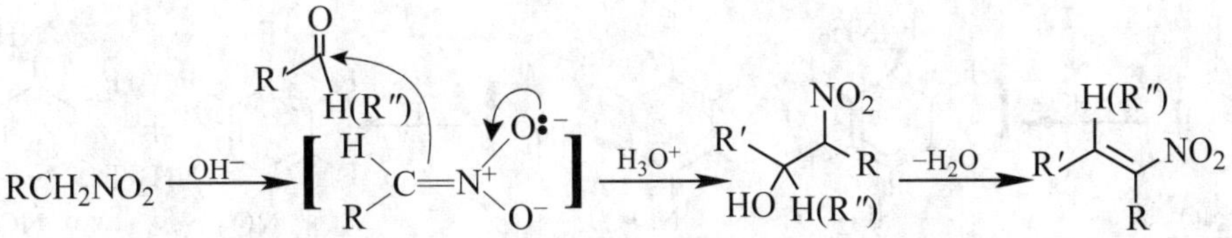

$$RCH_2NO_2 \xrightarrow{OH^-} [\ \cdots\ ] \xrightarrow{H_3O^+} \text{（结构式）} \xrightarrow{-H_2O} \text{（结构式）} \qquad (12\text{-}18)$$

伯、仲或叔硝基烷烃均可与亚硝酸反应。伯硝基烷烃反应后得到蓝色的 α-亚硝基伯烷基硝基烷烃（**4**），**4** 在碱作用下转变成红色的硝肟酸盐（**5**）。仲硝基烷烃反应后得到无色的 α-亚硝基仲烷基硝基烷烃（**6**），**6** 无 α-氢而不能异构化为硝肟酸，但在碱性条件下也呈蓝色。叔硝基烷烃因无 α-氢而不与亚硝酸反应。故而利用与亚硝酸反应的不同现象可以方便地区分三种不同类型的硝基烷烃。

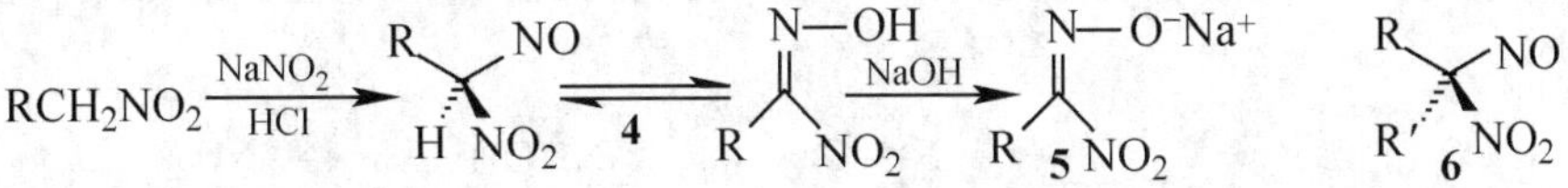

$$RCH_2NO_2 \xrightarrow[HCl]{NaNO_2} \text{（结构式）} \rightleftharpoons 4 \xrightarrow{NaOH} 5 \qquad 6$$

硝基烷烃可转化为两类重要的化合物：还原生成胺；酸式盐用浓硫酸处理后水解形成相应的醛、酮，称 **Nef 反应**（**OR** 38：655），如式（12-19）所示的两个反应。

$$R_2CHNO_2 \xrightarrow{OH^-} \xrightarrow{R'X} R_2R'CNO_2 \xrightarrow[\text{Raney Ni}]{H_2} R_2R'CNH_2$$

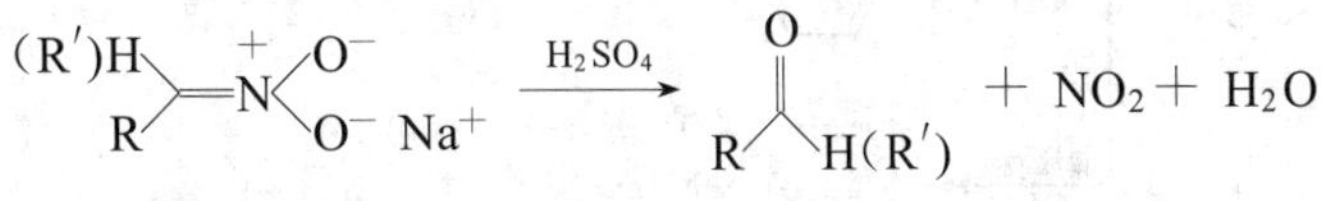

$$\text{（结构式）} \xrightarrow{H_2SO_4} \text{（结构式）} + NO_2 + H_2O \qquad (12\text{-}19)$$

12.11.3 芳香族硝基化合物

芳香族硝基化合物大多是浅色具芳香味的液体或固体，可用作配制香料或香精，一般都由芳烃直接硝化得到（参见 6.5.2）。芳香族硝基化合物的相对密度比水大且几乎不溶于水，多硝基化合物多为黄色固体。可直接通过甲苯的硝化反应制得的**间三硝基甲苯**（TNT，**7**，熔点 80 ℃）是常用的炸药，实验室中要保存在水中。

具有强吸电子共轭效应的硝基使苯环上的电子云密度大大降低，从而使苯环及其侧链基团的化学性质发生显著的变化。如，硝基苯可被用作 Friedel-Crafts 反应的溶剂；苯酚和 **2,4,6-三硝基苯酚**（苦味酸）分别属于弱酸和强酸；邻位、对位硝基卤苯可以水解生成硝基酚（参见 8.8）；**7** 中的苄基位氢显示出远比一般苄基位氢强的酸性，碱作用下可与醛发生缩合反应（**OS** Ⅱ：445）。

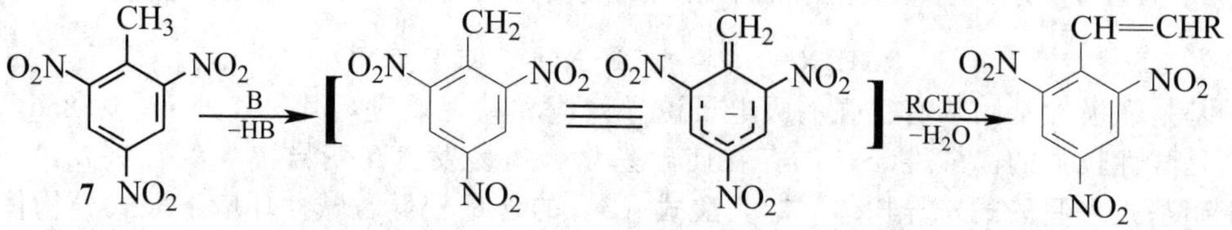

如图 12-16 所示。五氟硝基苯与氨反应后在硝基的邻位、对位上发生亲核加成-取代的**去氟氨基化反应**生成 2- 或 4-硝基四氟苯胺（**8** 和 **9**）。

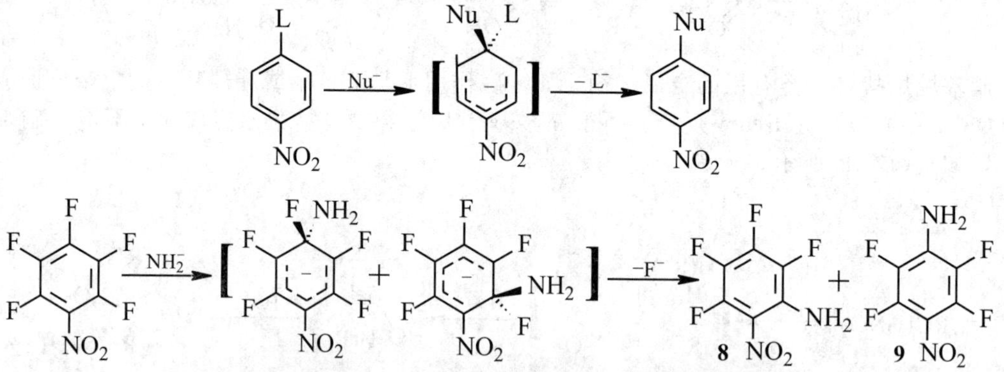

图 12-16　五氟硝基苯与氨经亲核加成-取代机理发生的取代反应

硝基芳烃在不同的还原剂、酸碱性、反应温度等条件下易被还原为各种氮原子氧化程度不等的产物。如，硝基苯在酸性条件下可以被铁粉还原为苯胺，反应经过亚硝基苯（**10**）、N-羟基苯胺（**11**）等中间产物（**OS** Ⅰ：445，Ⅲ：668）；在中性条件下的还原易停留在 **11** 这步；而在碱性条件下易被还原成**偶氮苯**（**12**）或**氧化偶氮苯**（二苯乙氮烯氧化物，**13**，**OS** Ⅲ：103）。

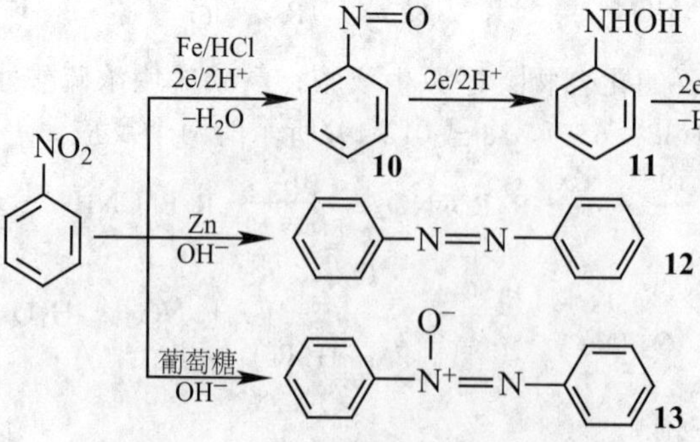

硝基苯用氢化铝锂还原时一般仅得到偶氮苯或**氢化偶氮苯**（**14**）。**14** 在酸催化下可发生分子内重排生成 **4,4′-二氨基联苯**（**15**）。

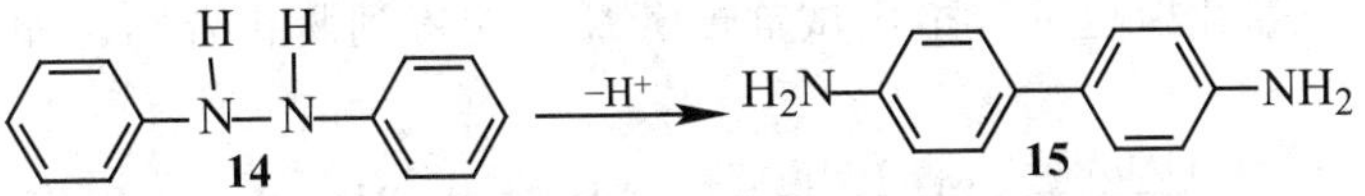

$$\text{(14)} \quad \xrightarrow{-H^+} \quad H_2N\text{—}\boxed{}\text{—}\boxed{}\text{—}NH_2 \quad \text{(15)}$$

12.12 有机磷化合物

磷是天然有机分子中继碳、氢、氧、氮后第五个常见的原子，具 C—P 键的化合物又称**膦** (phosphine)。作为有机合成试剂和精细化工产品的有机磷化合物是一类很重要的有机化合物。三苯基膦[$(C_6H_5)_3P$]和磷叶立德（参见 9.4.9）是常见试剂；光学活性的**叔膦**($RR'R''P$) 作为性能优异的配体在金属有机配合物的不对称催化反应中发挥的作用是其他试剂不可替代的。

12.12.1 电子构型、类型和命名

与氮原子同在周期表中第ⅤA族的磷原子也有 5 个价电子。与氮不同的是，磷除了 $3s^2$、$3p^3$ 价电子外还有易参与成键的在磷与过渡金属配位中起关键影响的 3d 空轨道。三配位膦化合物的成键方式与胺相似：磷原子取 sp^3 杂化，三个杂化轨道参与 σ 键的形成，另一个轨道中填充孤对电子；分子也呈棱锥形，但键角小于相应的胺，故膦中磷原子上孤对电子的裸露程度和磷的亲核活性均比胺中的氮原子强，膦化物也是许多有机过渡金属化合物中常见的配体。连接三个不同取代基的磷原子是手性中心，对映异构体翻转能垒达 150 kJ/mol 而可稳定存在。

四配位膦化合物主要有两类：一类结构与季铵盐相似，另一类为**膦酰化合物 (1)**；四种取代基不同时也具有手性。膦酰化合物中的 P—O 之间除已经存在一个 σ 配位键外，氧的 2p 轨道中的两对孤对电子还都会反馈到磷的两个空 3d 轨道中，形成 $(p\text{-}d)_\pi$ **反馈重键**。这种 π 重键体系使膦酰化合物的偶极炬小于胺氧化物；P—O 键的离解能也是单键中最大的。膦酰化合物有很高的热力学稳定性，氢氧化膦 **(2)** 受热仅生成烷烃和氧化膦而不会像胺氧化物那样发生生成烯烃的热分解反应。

$$R_3P{=}O \quad \underset{1}{\longleftrightarrow} \quad R_3P^+{-}O^-$$

$$R_4P^+OH^- \xrightarrow{\triangle} RH + R_3P{=}O$$
$$2$$

磷以 sp^3d 杂化轨道形成具三角双锥或正方锥形结构的五配位化合物；也能以 sp^3d^2 杂化轨道形成呈正八面体或四角双锥结构的六配位化合物。

膦的命名与胺相同，按磷上连接的烃基个数不同分为**伯膦、仲膦、叔膦**和**季𬭊盐**。三价有机膦酸有**亚膦酸**[$RP(OH)_2$]和**次亚膦酸**[$R_2P(OH)$]；五价有机膦酸有**膦酸**[$RP(O)(OH)_2$]和**次膦酸**[$R_2P(O)(OH)$]。有机磷酸的羟基被卤素、烷氧基及氨基取代各生成膦酰氯、膦酸酯和膦酰胺。如，三苯基氧膦 [$(C_6H_5)_3PO$]、亚磷酸三甲酯[$(CH_3O)_3P$]、磷酸三甲酯 [$(CH_3O)_3PO$]和磷酸单甲酯 **(3)**、苯基膦酸二甲酯 **(4)**、甲基膦酰胺 **(5)**、甲基次膦酸 **(6)** 和氯化四丁基𬭊[$(C_4H_9)_4P^+\ Cl^-$]：

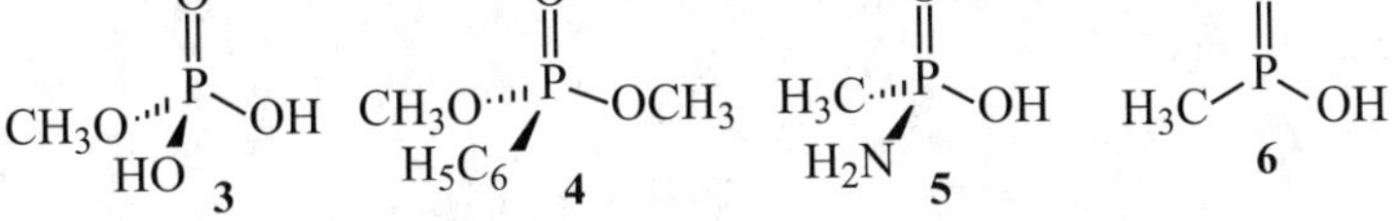

12.12.2 性质

三氯化磷是制备膦化物的重要底物，还原生成磷烷(PH_3)。磷烷与氨一样发生烷基化反

应生成各类膦烷。三氯化磷也可与格氏试剂或芳烃反应得到膦化合物，如式（12-20）所示的几个反应。

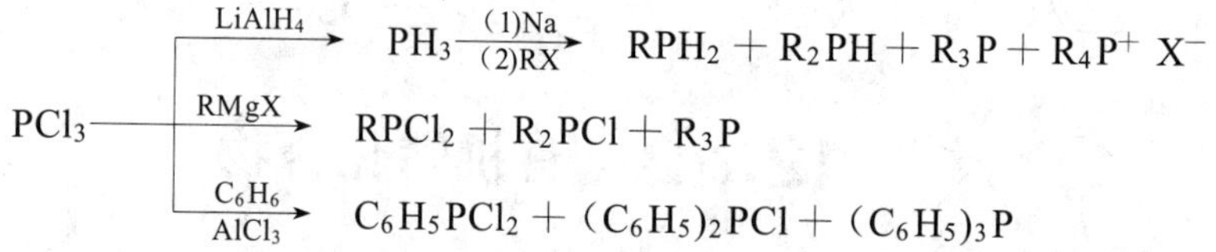

$$PCl_3 \begin{cases} \xrightarrow{LiAlH_4} PH_3 \xrightarrow[(2)RX]{(1)Na} RPH_2 + R_2PH + R_3P + R_4P^+\ X^- \\ \xrightarrow{RMgX} RPCl_2 + R_2PCl + R_3P \\ \xrightarrow[AlCl_3]{C_6H_6} C_6H_5PCl_2 + (C_6H_5)_2PCl + (C_6H_5)_3P \end{cases}$$

（12-20）

大多数膦烷是沸点较低的液体〔CH_3PH_2（$-14℃$），$(CH_3)_2PH$（21.5℃），$(CH_3)_3P$（41℃）〕。相对密度均小于 1 的膦烷都有强烈嗅味和较大的毒性，难溶于水而易溶于有机溶剂。三配位的膦很易氧化，伯膦、仲膦和叔膦分别被氧化成烷基膦酸，二烷基次膦酸、氧化叔膦，较低级的膦在空气中迅速氧化而引发自燃。烷基膦酸和二烷基次膦酸都是晶体，易溶于水而呈强酸性。膦烷的碱性比胺弱，与强酸成盐，与强碱作用形成碱金属膦烷。膦中磷原子的外层电子更易极化而有更强的亲核活性。叔膦可以与卤代烃等亲电试剂发生反应形成季鏻盐。季鏻盐用强碱处理后，失去 α-氢形成亚甲基膦烷化合物。该化合物的磷碳键具有很强的极性，具备内盐的性质而形成磷叶立德。三配位的羟基膦化物（**7**）都不够稳定，易异构化形成五价的膦酰基化合物（**8**）：

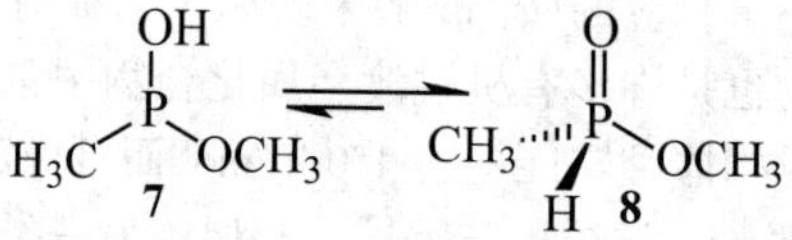

如图 12-17 所示，亚磷酸酯和卤代烃反应，生成烷基膦酸二酯（**9**），称 **Arbuzov 反应**。烷基膦酸二酯在强碱作用下形成的 α-磷酰基碳负离子具有很强的亲核性，可与醛、酮羰基反应生成烯烃化合物，即 Wittig-Horner 反应（参见 9.4.9）。

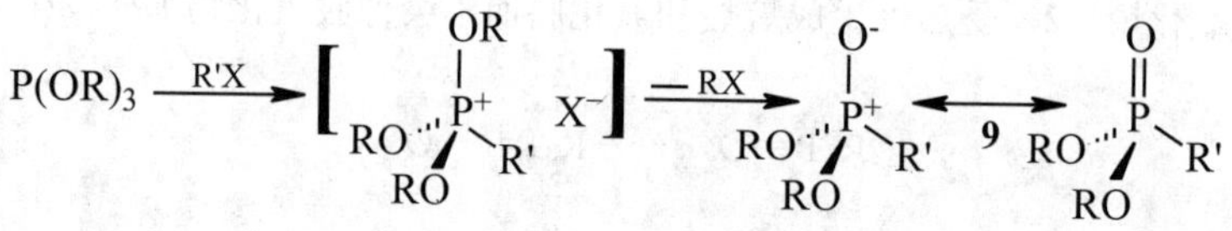

图 12-17　Arbuzov 反应

12.12.3　生理活性

不少膦化物是杀菌剂或除草剂，如**敌敌畏**（**10**）、**乐果**（**11**）等许多磷酸酯和硫代磷酸酯〔$P(S)(OR)_3$〕等化合物都有灭杀虫害的作用；如**沙林**（sarin，**12**）一类含氟的膦酰化物是神经性毒气。有机磷农药性能优异且残存期短，易水解后失去毒性而对环境的污染相对较小，但对人畜的直接毒性很大且后来发现也存在环境持久性问题，许多有机磷农药最终还是被禁用了。生物体内如 ATP 一类含磷有机化合物是最重要的一种生物能源，对生命的遗传等起决定作用的生物大分子 DNA 和 RNA 的分子主链中也都含有磷原子。此外，含磷的抗氧化剂、稳定剂和萃取剂、螯合剂也都是有特殊价值的化工产品。

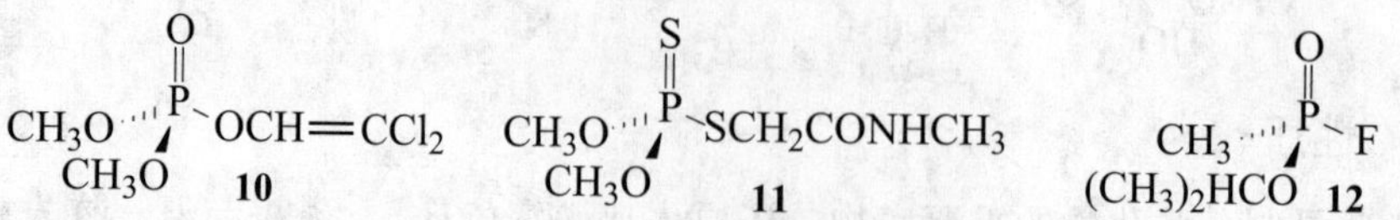

12.13 含氮化合物的波谱解析

(1) 质谱 含氮化合物很易利用氮规则（参见 2.15.3）来鉴别：含奇数个氮原子的分子离子峰的质荷比为奇数，其碎片离子峰的质荷比为偶数；含偶数个氮原子的分子离子峰的质荷比为偶数，其碎片离子峰的质荷比为奇数。芳香族含氮化合物的分子离子峰较强，脂肪族的则较弱。脂肪胺的特征碎片离子为 $[C_nH_{2n}+2N]^+$（m/z 为 30，44，58，72 等），最重要的碎裂方式是与氮相连的 C—C 键的 α-碎裂，失去一个烷基自由基并生成丰度很大且常为基峰的特征离子（**1**）。如图 12-18 所示，N-丁基丙胺的 MS 谱图上可见 m/z 为 115（M^+）的分子离子峰、m/z 为 86（C_4H_9 N^+ ═ CH_2）和基峰 m/z 为 72（$C_3H_7N^+$ ═ CH_2）的特征离子峰。$[M-NO_2]^+$ 也是脂肪族硝基化合物的特征离子峰。

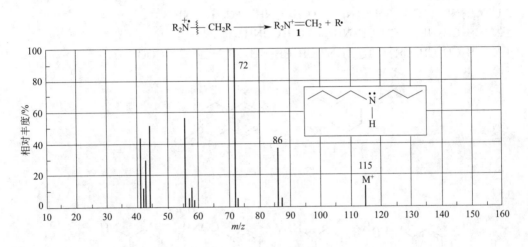

图 12-18 N-丁基丙胺的质谱图

(2) 紫外和红外光谱 硝基是一个生色团，在 210nm 和 270nm 左右各有 $n\rightarrow\pi^*$ 和 $\pi\rightarrow\pi^*$ 两个吸收带，但强度均较弱。胺的红外光谱主要有 ν_{NH} 和 δ_{NH} 特征吸收，前者是一个较为尖锐的中等强度的吸收带，稀溶液中伯胺的 ν_{NH} 在 3500cm^{-1} 和 3300cm^{-1} 出现两个各为不对称和对称的伸缩振动峰，仲胺在此区域只有一个峰。醇的 ν_{OH} 吸收峰也出现在同一区域但通常更宽而少见有特征的尖峰。δ_{NH} 峰在 1650～1580cm^{-1} 区域；ν_{CN} 峰在 1250～1020cm^{-1} 区域。硝基的特征红外吸收谱带处于 1390～1260cm^{-1}（ν_s）和 1660～1500cm^{-1}（ν_{as}）区域。

(3) 核磁共振谱 因氢键缔合，胺中 $\delta_{H(N-H)}$ 随测定温度、溶剂类型和浓度的不同而在一定范围内变化：脂肪胺和芳香胺的分别在 0.5～4.0 和 2.5～5.0 范围内。与羟基相似，分子间 N—H 质子的交换速率比 NMR 测试所需的时间尺度大，故峰形一般比较宽的 N—H 少见裂分，有时甚至几乎观察不到，酰胺中的氨基也有类似情况。氮的去屏蔽效应比氧小，胺中 N—CH 的 δ_H 在 2～3 范围内；脂肪腈的 α-H 的 δ_H 在 2～2.3 范围内；硝基烷烃的 α-H 的 δ_H 在 4.5 左右。苯胺中邻、间和对位的 δ_H 分别在 6.51、7.01 和 6.61，比苯酚的相应值各低 0.21、0.13 和 0.60，反映出氮原子对苯环的供电子共轭效应比氧原子大。

胺和硝基化合物中 N—C 的 δ_C 各约为 50 和 75。

习 题

12-1 命名下列各化合物：

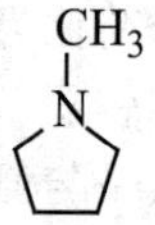
1

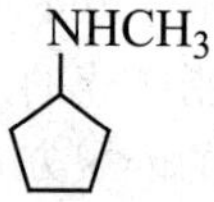
2

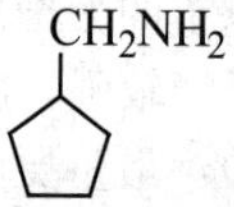
3

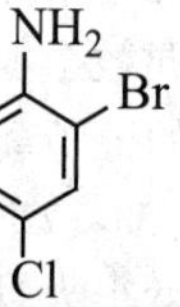
4

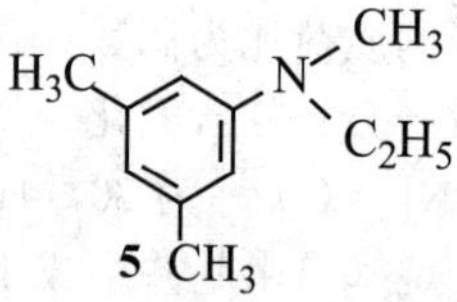
5

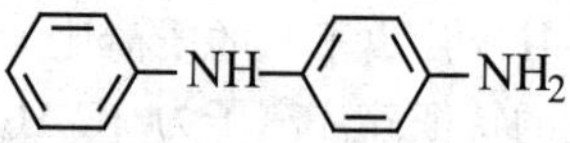
6

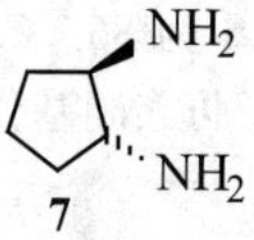
7

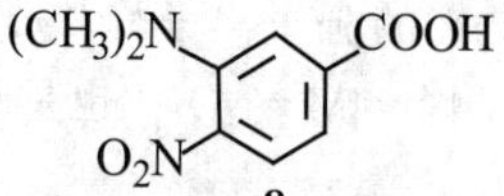
8

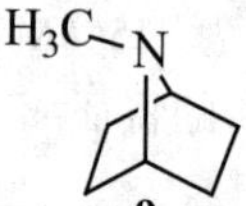
9

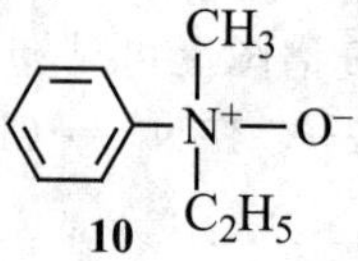
10

$C_{12}H_{25}N^+(C_2H_5)_3\ Br^-$
11

12-2 比较下列各组化合物的碱性强弱：

（1）CH_3NH_2、$C_6H_5NH_2$、NH_3、$(CH_3)_2NH$、$(C_6H_5)_2NH$。

（2）$CH_3CH_2NH_2$、CH_3CH_2NHNa、CH_3CONH_2。

（3）$CH_3CH_2CH(CH_3)NH_2$、$H_3N^+CH_2CH_2NH_2$、$H_2NCH_2CH_2COOC_2H_5$。

（4）

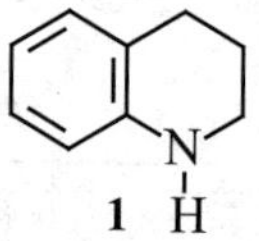
1

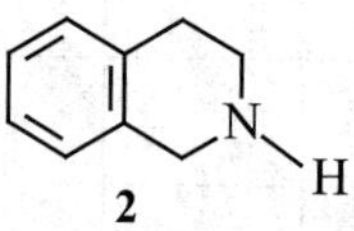
2

（5）

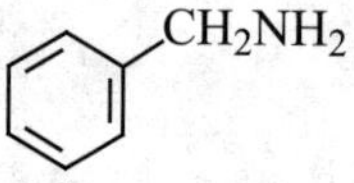
3

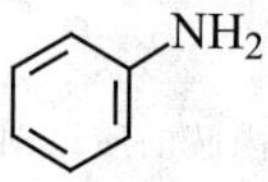
4

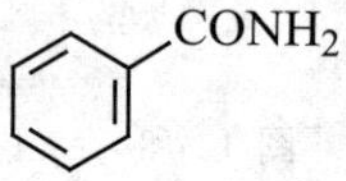
5

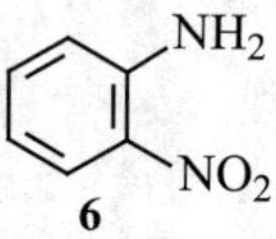
6

（6）

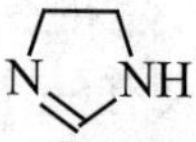
7

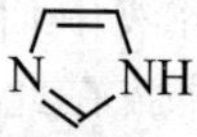
8

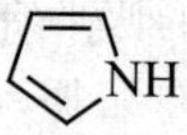
9

（7）吡啶、环己胺、戊腈。

（8）*N*,*N*-二甲基-2,4,6-三硝基苯胺（**10**）、2,4,6-三硝基苯胺（**11**）。

（9）2,6,*N*,*N*-四甲基苯胺（**12**）、*N*,*N*-二甲基苯胺（**13**）。

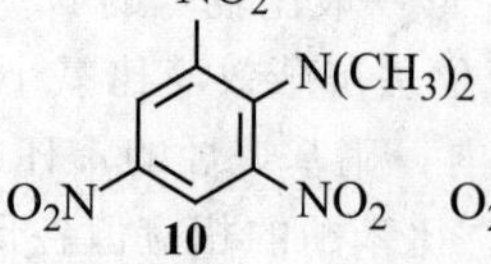
10

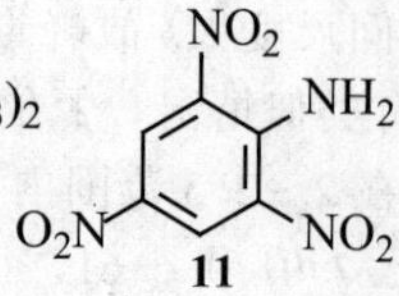
11

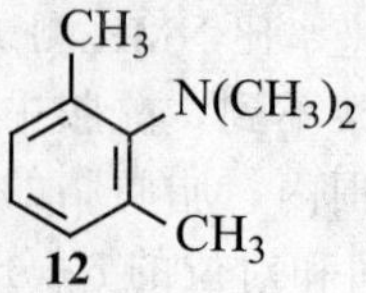
12

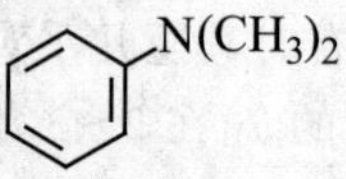
13

（10）**14** 中三个氮原子的碱性强弱次序及 **15** 中碱性最强的氮原子。

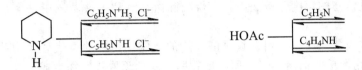

12-3 完成下列四个反应并指出反应平衡点是偏向反应物还是产物。

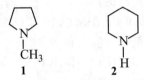

12-4 解释:

(1) N-甲基吡咯啉（**1**）与其同分异构体哌啶（**2**）的沸点各为81℃和106℃。

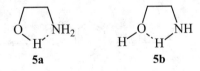

(2) 苯胺中的 C—N 键键长（0.140nm）比甲胺中的（0.147nm）短；苯胺的碱性比甲胺弱。

(3) 分子 **3** 中有无手性氮原子。

$$CH_3-\overset{+}{N}-CH_2CH_2-\overset{+}{\underset{H}{N}}-CH_2CH_2CH_3$$
3

(4) 许多氨基药物通常都制成铵盐使用。

(5) 共振结构式（**4c**）对重氮甲烷结构的贡献大吗？

$$CH_2=\overset{+}{N}=N^- \longleftrightarrow CH_2-\overset{+}{N}\equiv N: \longleftrightarrow CH_2-\overset{..}{N}=\overset{+}{N}:$$
4a   **4b**   **4c**

(6) β-乙醇胺的两种带氢键结构（**5a** 和 **5b**）的稳定性大小。

5a   **5b**

(7) 氯仿在氢氧化钠等强碱作用下生成二氯卡宾，二氯卡宾随之与烯烃发生加成反应。该实验操作时体系中需加一点季铵盐才能使反应顺利进行。

(8) C—F 键是碳原子最强的单键（$\Delta_D H_m$ 约 460kJ/mol），故在脂肪族亲核取代反应中氟是卤素中最差的离去基，但在芳香族亲核取代反应中氟却是最好的离去基。如，2,4-二硝基氟苯可与脂肪胺反应生成 2,4-二硝基苯胺。为何两者有如此大的区别？产物 2,4-二硝基苯胺会与底物 2,4-二硝基氟苯继续发生取代反应吗？

(9) 1-氯己烷与氰化钠在水中几乎不发生反应，但加入少量的溴化正十六烷基三丁铵后，反应可以顺利地进行，形成高产率的正庚腈。

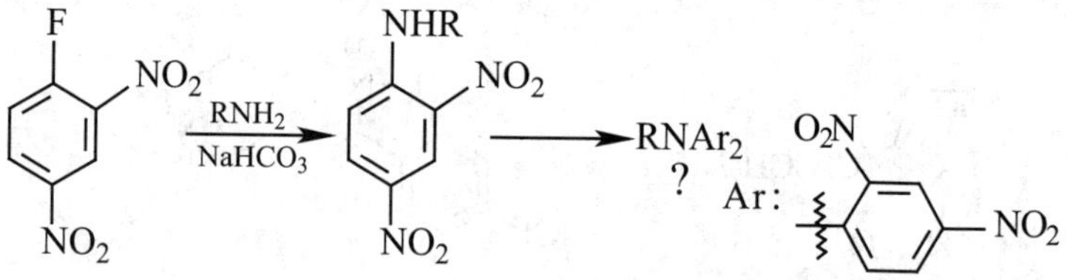

（10）季铵碱热解生成烯烃的同时还有醇生成。

（11）试从过渡态的角度分析 2-卤代丁烷消除卤化氢和丁-2-基三甲基氢氧化铵发生消除反应的取向规则。

（12）烯胺与卤代烃反应得到 α-烷基醛、酮的反应中用到的卤代烃多为苄基、烯丙基或 α-氧代卤代烃，用简单的伯卤代烃常回收底物醛、酮而无取代产物生成。

12-5 给出：

（1）四个三碳胺（C_3H_9N）的沸点高低次序。

（2）间甲苯胺与下列四个试剂反应的产物。

①Br_2；②$CH_3I/AlCl_3$；③CH_3COCl 再 HSO_3Cl；④$(KSO_3)_2NO$。

（3）对羟基苯胺与下列两组试剂的反应产物。

① a. 1 equ. Ac_2O/Py；b. $H_2NCH_2CH_2Cl$；c. HCl。

② a. 过量 Ac_2O/甲苯，回流；b. $NaOH/H_2O$。

（4）叔胺与亚硝酸反应的产物。

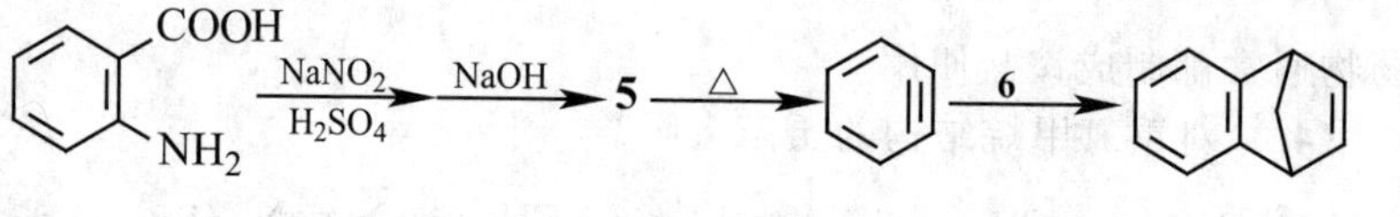

（5）下列各步反应所需试剂、中间体或产物（**1** ～ **16**）的结构：

① ②

③

④ $C_4H_9NH_2 \xrightarrow{HNO_2}$ **7** + **8** + ··· ⑤

⑥

⑦ $Et_3N + CH_3COCl \longrightarrow$ **13** $\xrightarrow{EtOH}$ **14**

⑧

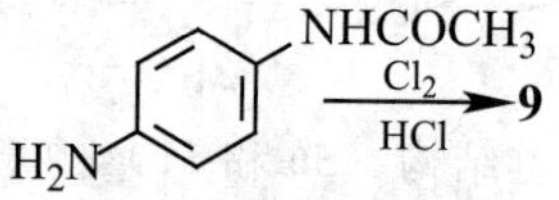

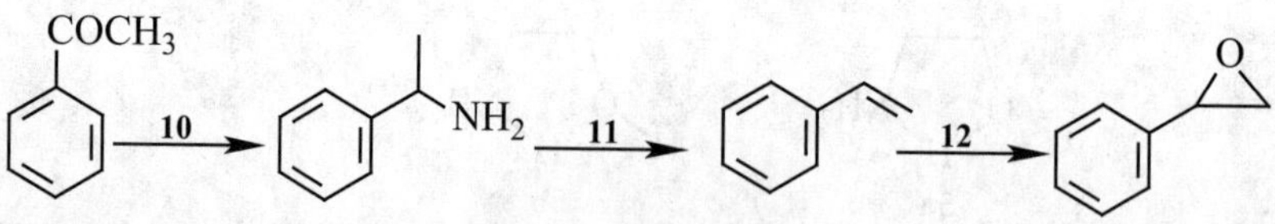

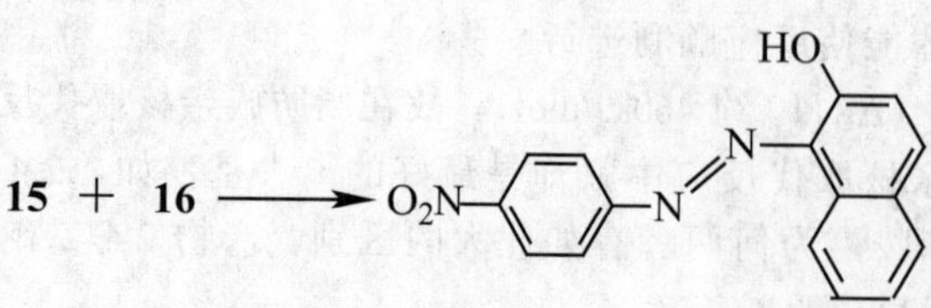

12-6 指出下列四组反应中可能存在的错误：

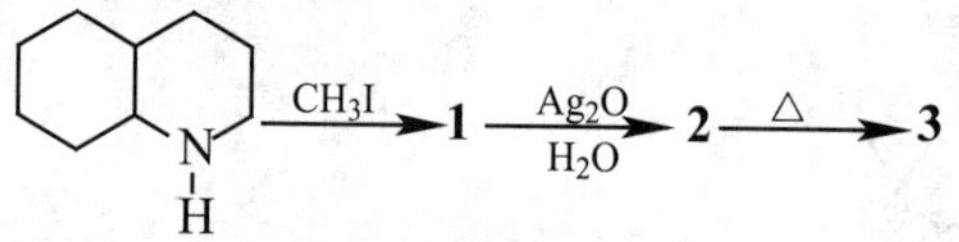

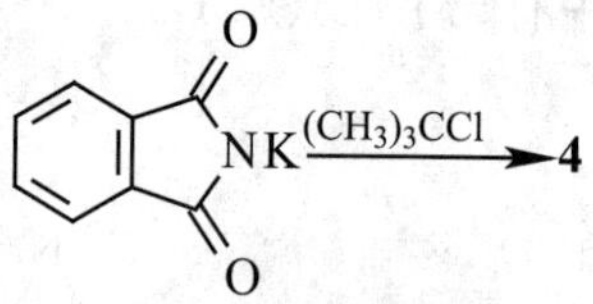

（1）$CH_3CH_2CONH_2 \xrightarrow{Br_2/OH^-} CH_3CH_2CH_2NH_2$

（2）

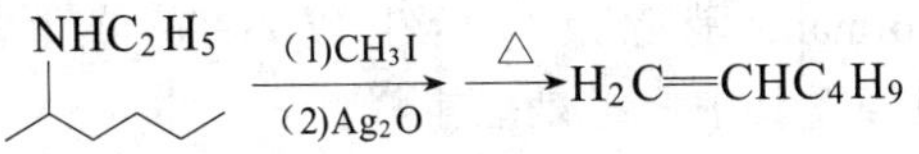

$$\underset{\substack{NHC_2H_5}}{} \xrightarrow[\text{(2)Ag}_2\text{O}]{\text{(1)CH}_3\text{I}} \xrightarrow{\triangle} H_2C=CHC_4H_9$$

（3）$(CH_3)_3CBr \xrightarrow{NH_3} (CH_3)_3CNH_2$

（4）$(C_2H_5)_2CO \xrightarrow[\text{NaBH}_3\text{CN}]{\text{Me}_3\text{N}} (C_2H_5)_2HCN(CH_3)_2$

12-7 给出下列五个反应的过程：

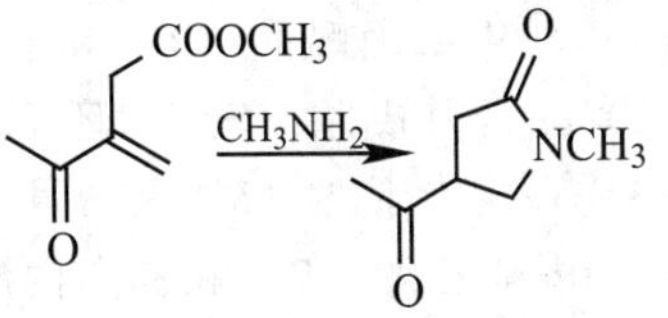

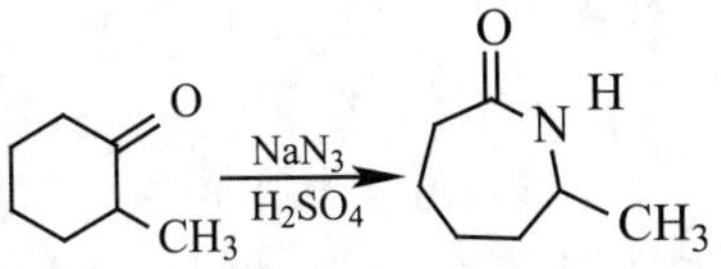

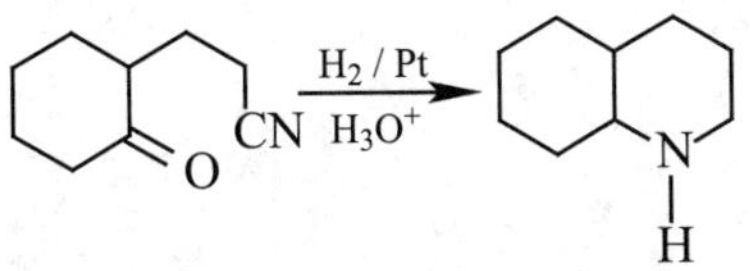

（1）$\xrightarrow[\text{OH}]{\text{Br}_2}$ 苯甲醛 $+ CO_2 + NH_3$　（2）$\xrightarrow{\text{CH}_3\text{NH}_2}$

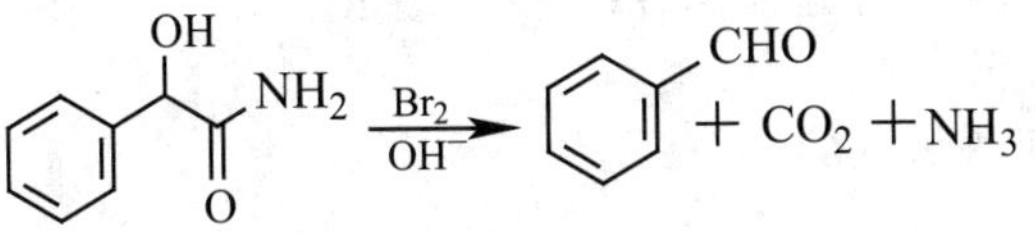

（3）$\xrightarrow[\text{H}_2\text{SO}_4]{\text{NaN}_3}$　（4）$\xrightarrow[\text{H}_3\text{O}^+]{\text{H}_2/\text{Pt}}$

（5）$\xrightarrow{\text{CO(OEt)}_2}$

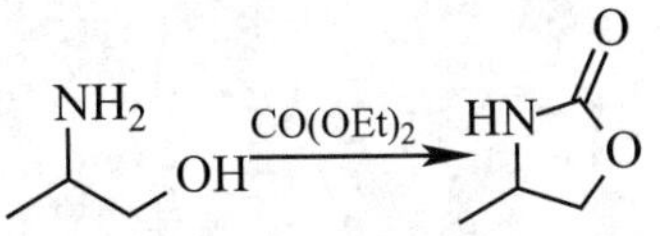

12-8 完成下列转换：

（1）以丁醇为原料制备丁胺（**1**）、二丁胺（**2**）、戊胺（**3**）、丙丁胺（**4**）、丙胺（**5**）。

（2）以戊酸为原料制备戊胺（**6**）、己腈（**7**）。

（3）以丙酮为原料制备异丙胺（**8**）、异丁胺（**9**）、叔丁胺（**10**）。

12-9 以给定的底物制备所需化合物：

（1）以$\leqslant C_4$的有机物为原料制备环己基甲胺。

（2）以环己酮为原料制备 7-氧代辛酸。

（3）以苯胺为原料制备苄胺。

12-10 以苯或甲苯为原料制备下列八个化合物：

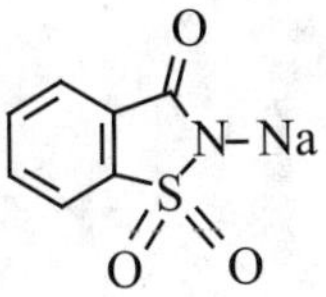

1 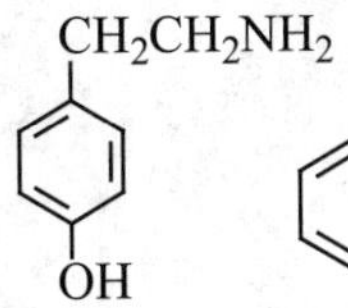　**2** 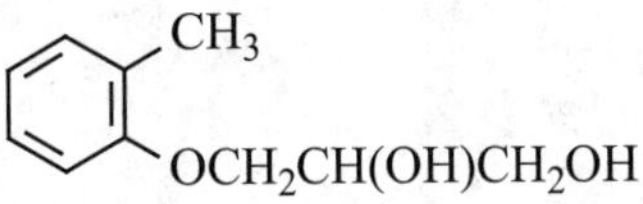　**3** 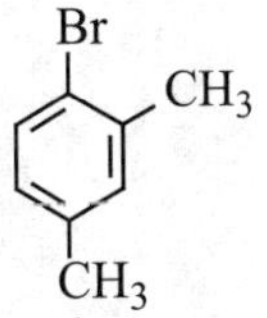　**4**

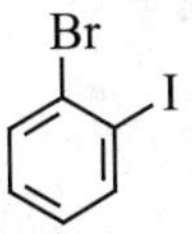

5 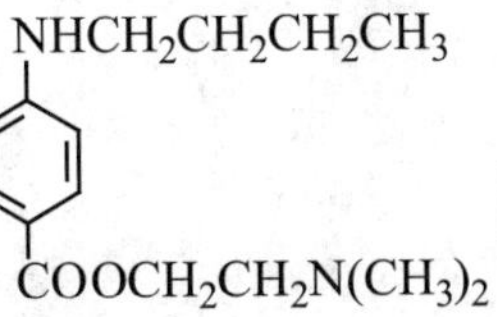　**6** 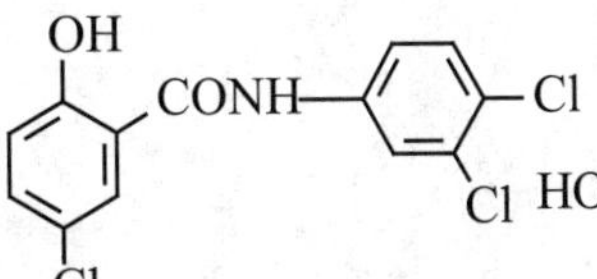　**7** 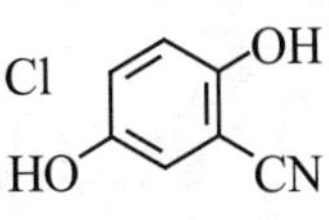　**8**

12-11 给出下列各化合物的结构及反应过程：

（1）化合物 **1**，分子式为 C_4H_7ON；IR：$2240cm^{-1}$、$3400cm^{-1}$；δ_H：1.65（6H，s）、3.7（1H，s）。

（2）有毒生物碱 coniine（**2**）是一个仲胺，分子式为 $C_8H_{17}N$，经 Hofmann 消除反应后生成主要产物为 5-（N，N-二甲氨基）辛-1-烯。

（3）化合物 **3**，分子式为 $C_7H_{15}N$；与碘甲烷作用生成 $C_8H_{18}N^+I^-$（**4**）；**4** 与 AgOH 作

用并加热后生成 $C_8H_{17}N$（**5**）；**5** 经 Hofmann 消除反应后生成 **6**，**6** 催化氢化后生成 C_6H_{14}（**7**），**7** 的 ^1H NMR 谱图上只有两组峰，其中一组是七重峰。

（4）化合物 **8**，分子式为 $C_6H_4ClNO_2$；还原后得化合物 C_6H_6ClN（**9**）；**9** 重氮化后再用 CuBr 处理得到的化合物经硝化反应可生成两种同分异构的单硝化产物 **10** 和 **11**。**10** 和 **11** 经碱性水溶液加热处理得 **12** 和 **13**，**12** 和 **13** 的分子式各为 $C_6H_4ClNO_3$ 和 $C_6H_4BrNO_3$。

12-12 选择一个波谱解析方法来快速区别下列各组同分异构体化合物：

（1）N-甲基丙酰胺（**1**）和 N,N-二甲基乙酰胺（**2**）；

（2）ω-羟基戊腈（**3**）和环丁基甲酰胺（**4**）；

（3）γ-氯代丁酸（**5**）和 β-甲氧基丙酰氯（**6**）；

（4）丙酸乙酯（**7**）和乙酸丙酯（**8**）。

13 糖

本书第 13～15 章讨论存在于生物体系中的有机大分子，即**生物有机化合物**（bioorganic compounds）。生物有机化合物的结构通常都较复杂以能在复杂的生物体系中相互**识别**（recognition），但其结构-性能关系则与一般的有机分子并无二致，在生物体系的细胞里与在实验室的烧瓶里进行的有机反应都遵从同样的化学原理。

又称**碳水化合物**（carbohydrate）的**糖**（sugar，succharide）是植物光合作用的产物，占全球植物质干重的 75% 左右。动物靠饮食获取的糖大部分都代谢掉了，留在体内的糖不到动物体重的 1%。几乎所有的生物都要合成或代谢糖以获取和储存能量来维持生命活动。淀粉、肝糖原或纤维素等多糖是生物体储存太阳能和化学能的物质和支撑组织材料，也是许多工业产品和绿色化学所需的丰富原料。

糖是自然界分布最广泛和最丰富的主要由碳、氢和氧组成的一类有机化合物。人们早在 18 世纪就发现葡萄糖、果糖等许多天然单糖的实验式符合通式 $C_m(H_2O)_n$。这种组成就好像是碳的水合物，故称碳水化合物。实际上不少糖，如**鼠李糖**（$C_5H_{12}O_5$）、**脱氧核糖**（$C_5H_{10}O_4$）、氨基糖等形式上就不符合碳水化合物的通式；有些符合这个通式的化合物，如甲醛、乙酸、乳酸等在理化性质上与糖化合物相差很大。由于根深蒂固的历史原因，碳水化合物仍用于称呼单糖、寡糖、多糖、淀粉、纤维素、复合多糖及糖的衍生物。从结构来看，糖就是**多羟基醛**（酮）及水解后能生成多羟基醛（酮）的化合物，一些多羟基的酸和胺衍生物也属于糖类研究的范围。

糖类化合物可分为单糖、低聚糖和多糖三大类。单糖是最简单的不能再水解为更小糖分子的糖，低聚糖和多糖则是可水解为单糖并由两个以上的单糖通过氧桥连接而成的糖。单糖和低聚糖一般是可溶于水且有甜味的结晶形物质；绝大多数不溶于水的多糖是非结晶形、无甜味的物质。

13.1　单糖的构型和 D/L 命名

根据分子含有醛基还是酮基及碳原子的数目，**单糖**（monosaccharide）可分为**醛糖**（aldose）、**酮糖**（ketose）和丙（三）糖、丁（四）糖、戊（五）糖、己（六）糖等。这两种分类方法常结合起来使用，如，最丰富的天然糖葡萄糖是己醛糖，果糖是己酮糖等。单糖分子大多只有一个羰基组分，酮糖比同碳数的醛糖少一个立体源中心，立体异构体的数目只有后者的一半。

单糖的开链结构式常以 Fischer 投影式（参见 4.7）来表示：氧化态高的醛、酮羰基放在上方，碳原子编号自上端开始。为书写方便，氢可以不标，一条短横线表示羟基所在。如图 13-1 所示为葡萄糖（**1**）结构式的几种常见表示方式。

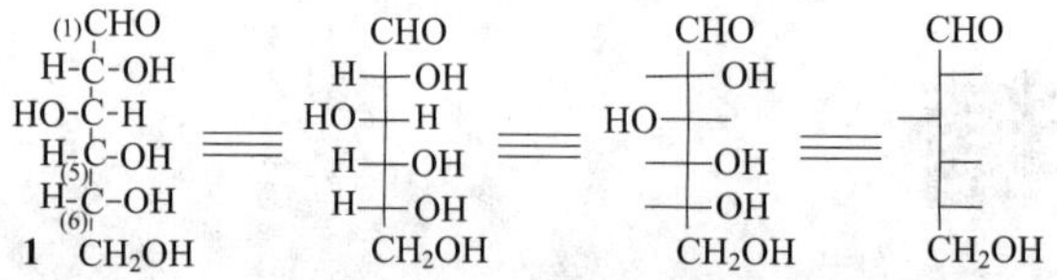

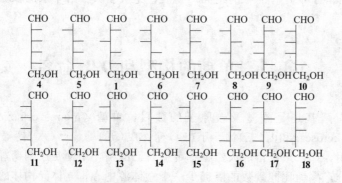

图 13-1　葡萄糖（**1**）结构式的几种常见表示方式

糖分子都有手性且习惯采用 D/L 系统命名，自然界最简单的天然醛糖 D-（＋）-甘油醛（**2**）或 L-（－）-甘油醛（**3**）被用于单糖 D/L 命名的标准参考物。如图 13-2 所示。这种命名方式只依据编号最大、最远离羰基的手性碳原子［邻近编号最大碳原子的手性碳原子，故又称**倒数第二个碳原子**（penultimate carbon）］，如葡萄糖中 C(5) 的相对构型。该手性碳原子的构型与 **2** 的构型相同的称 D 型（H 在左边，OH 在右边）；与 **3** 的构型相同的称 L-型（H 在右边，OH 在左边）。大多数天然单糖是 D-型的，尽管它们对偏振光的响应各有可能是右旋或左旋。

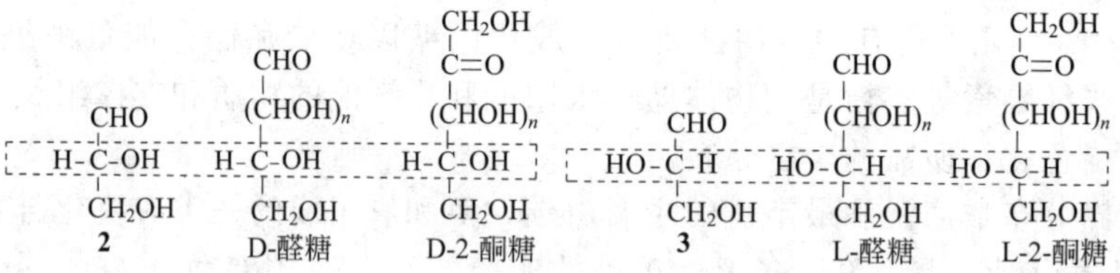

图 13-2　D-糖和 L-糖的构型

六碳醛糖有 4 个手性碳原子，16 个光学异构体中有 8 个是 D-型的、8 个是 L-型的，如图 13-3 所示。除了 D-（＋）-葡萄糖（**1**）外，还有：D-（＋）-**阿洛糖**（**4**）、D-（＋）-**阿桌糖**（**5**）、D-（＋）-**甘露糖**（**6**）、D-（＋）-**古罗糖**（**7**）、D-（＋）-**艾杜糖**（**8**）、D-（＋）-**半乳糖**（**9**）、D-（＋）-**塔罗糖**（**10**）；L-（－）-阿洛糖（**11**）、L-（－）-阿桌糖（**12**）、L-（－）-葡萄糖（**13**）、L-（－）-甘露糖（**14**）、L-（－）-古罗糖（**15**）、L-（－）-艾杜糖（**16**）、L-（－）-半乳糖（**17**）、L-（－）-塔罗糖（**18**）。自然界只有 **1**、**6** 和含量很低的 **9**、**10** 这 4 个六碳醛糖，其余 12 个都是人工合成得到的。

图 13-3　六碳醛糖的结构

13.2　葡萄糖构型的确立

天然的 D-(＋)-葡萄糖 **(1)** 是最常见的一个六碳醛糖，广泛存在于许多植物的种子、茎、叶、根、花、果和动物体液之中，可用作医药业的营养剂及印染和制革业的还原剂，也是生产葡萄糖酸和维生素 C 的原料。葡萄糖是易溶于水的白色晶体，甜度约为蔗糖的 70%，可由蔗糖、淀粉、纤维素等二糖和多糖水解制得。

葡萄糖的分子式为 $C_6H_{12}O_6$，一分子葡萄糖与乙酸酐反应后可引入 5 个乙酰基，故分子中应有 5 个不在同一碳原子上的羟基官能团。它能与 Fehling 试剂或 Tollens 试剂作用；与羟胺或氢氰酸反应生成一元肟或一元羟腈化合物，这些结果表明分子结构中有一个醛基。由此可以推断葡萄糖的结构式为五羟基己醛：$CH_2OH*CHOH*CHOH*CHOH*CHOHCHO$。

五羟基己醛含有 4 个手性碳原子，最多有 16 个可能的光学异构体存在，葡萄糖应是这可能的 16 个立体异构体之一。对葡萄糖中 4 个手性碳原子的构型确定作出卓越贡献的 **Fischer** 在 1891 年完成了这一难度极大的研究课题，他以此成就而荣获 1902 年度的诺贝尔化学奖。Fischer 首先假定葡萄糖中 C(5) 的构型是 D-型，即如 **1a** 所示。从五碳的(－)-阿拉伯糖（arabinose，**2**）与 HCN 作用后可以生成 **1** 和 **(＋)-甘露糖 (6)**，因此，**1** 和 **6** 只是 C(2) 构型相反，它们的 C(3)、C(4)、C(5) 的构型和 **2** 的 C(2)、C(3)、C(4) 应该相同。**2** 氧化生成的二酸是有旋光活性的，因此其分子中的 C(2) 构型必定与 C(4) 相反，相当于 (＋)-葡萄糖的 C(3) 与 C(5) 构型也必定相反。由于 C(5) 构型已经假定，故 C(3) 构型也可以作出合理的假定了，如 **1b** 所示。

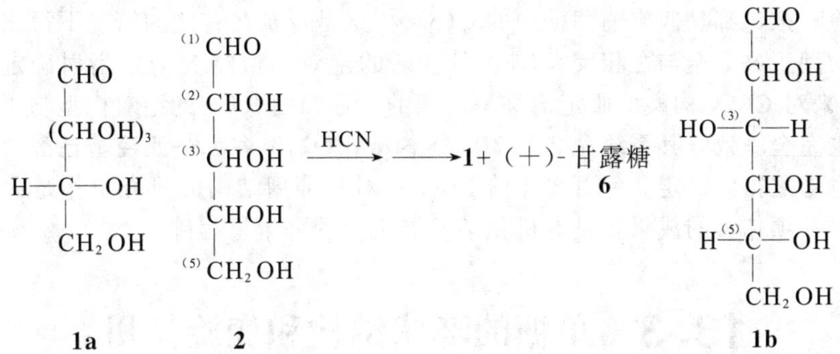

1 氧化后得到的二酸有旋光活性，故 C(4) 与 C(5) 构型必定相同，羟基位于右侧。推论至此，(＋)-葡萄糖只有两种可能的构型 **1** 或 **1′**。这两种构型中，**1′** 氧化后生成的糖二酸 **(4)** 只可能由一种己醛糖(**1′**) 而来：

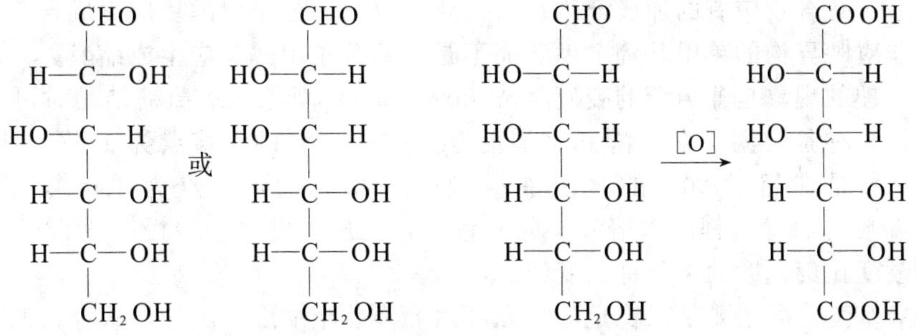

而 **1** 氧化后生成的葡萄糖二酸(**5**) 除了由 **1** 而来外还可由醛基和羟甲基位置正好与葡萄糖相反的 L-(－)-**古罗糖(15)** 而来：

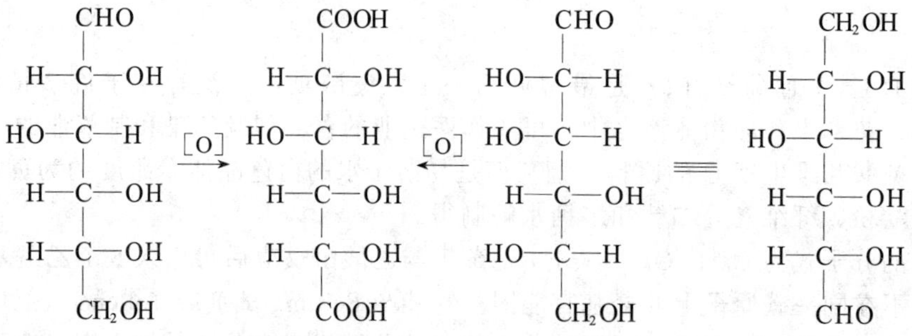

Fischer 设计了一个精巧的实验方案，将 **5** 转化为糖内酯再还原到醇，后者形成另一个糖内酯可再还原到醛 (**15**)，从而确定了(＋)-葡萄糖分子中所有手性碳原子的相对构型应如 **1** 所示。

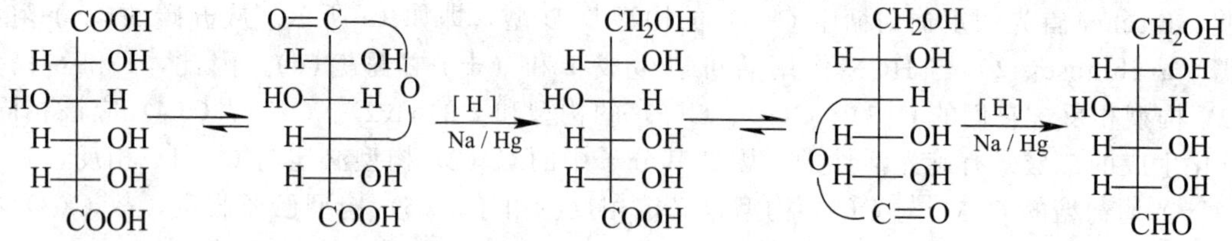

上述实验和推论都是假定葡萄糖中的 C(5) 构型是羟基在右侧的情况下得出的，也有可能它真正的构型正好完全与之相反。(＋)-甘油醛的绝对构型经 X 射线衍射确定以后，证明了 Fischer 原来对 C(5) 构型的假定恰好是正确的。葡萄糖 (**1**) 的绝对构型与早先对其作出的相对构型也完全一致，其系统名为 **2R,3S,4R,5R-2,3,4,5,6-五羟基己醛**。其他许多糖的绝对构型也随之得以确定。一百多年前 Fischer 对葡萄糖结构的研究工作是人类认识微观世界所取得的一项伟大的成果，是有机化学发展史上的一个里程碑。

13.3　单糖的环状结构和变旋作用

葡萄糖的构型虽然已经确定，但是这个开链结构并不能合理地解释许多现象。如，IR 或 ^{1}H NMR 均表明葡萄糖分子中没有羰基的伸缩振动或醛基质子的吸收峰；它与亚硫酸氢钠不生成一般醛基化合物应有的加成产物；酸催化下仅与一分子甲醇反应生成含有一个甲基醚结构的两个非对映异构的单甲基葡萄糖苷而不是与两分子甲醇反应生成缩醛。

另一个有趣的现象是葡萄糖的**变旋**（mutarotation）现象。葡萄糖结晶时可以生成两种不同的晶体：一种是常温下在乙醇和水的混合溶剂中得到的，熔点为 146℃，比旋光度为 ＋112°；另一种是在超过 90℃ 的水溶液或吡啶中得到的，熔点为 150℃，比旋光度为 ＋18.7°。无论哪一种葡萄糖的水溶液长久放置后，比旋光度均会慢慢变化为＋52.7°。人们把这种自然改变比旋光度的现象称为变旋。

γ-或 δ-羟基醛、酮主要是以稳定的五元和六元环状半缩醛、酮的形式存在的。同时含有羟基和醛基的葡萄糖 (**1**) 也可在分子内生成一个如 **2** 那样的六元环半缩醛结构。**2** 中并无游离的醛基，故不再和亚硫酸氢钠加成，但半缩醛上还有一个羟基，故可以和甲醇作用形成甲基葡萄糖苷 **3**。如图 13-4 所示，半缩醛中的羰基 C(1) 成为一个新的手性中心，可形成 α- 和 β- 两个互为非对映异构体关系的立体异构体，分子中其他手性碳原子的立体构型都是相同的，称**端基异构体**（anomer）或**异头物**，有多个手性中心的立体异构体分子中只有一个手性中心的构型呈对映关系的称**差向异构体**（epimer），异头物也是差向异构体。半缩醛碳原子又称**异头**或苷（glycoside）碳原子，连接的羟基称**苷羟基**。如 **2** 或 **3** 这样表示的结构式称 **Haworth 透视式**：式中的吡喃环或呋喃环处于与纸平面垂直的一个平面中，异头碳原子置于右侧，环氧原子位于环后排。C(2)—C(3) 键在纸平面的前方，C(5)—O 键则位于纸平面的后方，环的上方或下方用垂直线给出。半缩醛羟基与碳相连的没有确定构型的键用波纹线"～"表示。

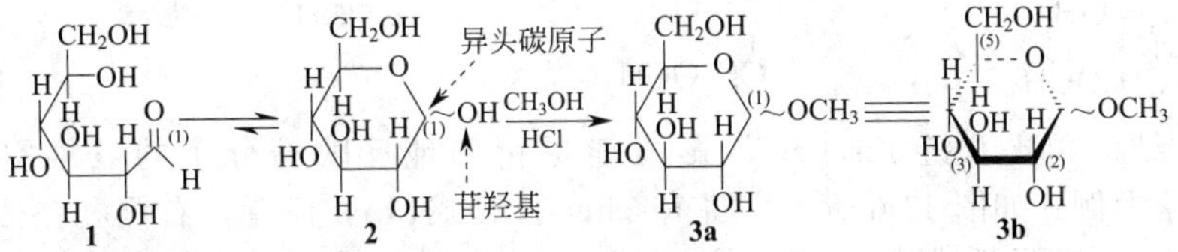

图 13-4　葡萄糖的六元环半缩醛结构（**2**）和甲基葡萄糖苷（**3**）的 Haworth 透视式

化学家仍习惯用更实际的椅式构象来描述糖的半缩醛结构。半缩醛在水溶液中形成由三个化合物组成的平衡体系，如图 13-5 所示。这三个异构体都可纯化分离，无论从何者出发，葡萄糖在水溶液中最终都因变旋作用得到有相同组成比例的平衡混合物：α-D-(＋)-葡萄糖（**4**，占 36%）、开链式（**1**，占 0.024%）和 β-D-(＋)-葡萄糖（**5**，占 64%）。**4** 和 **5** 的区别仅在于 C(1) 苷原子的构型不同。

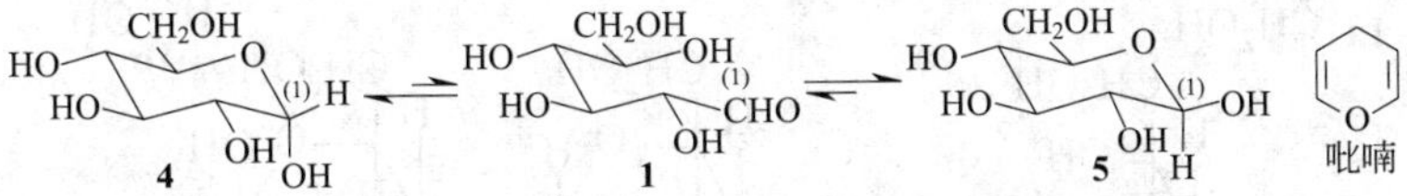

图 13-5　三种 D-(＋)-葡萄糖的平衡及吡喃的结构

具有六元氧杂环结构的糖称**吡喃糖**（pyranose）。与环己烷一样，稳定的吡喃糖构象也是椅式构象。半缩醛 C(1) 上的羟基与决定构型的编号最大的手性碳原子上的羟甲基在环异侧的称 α-型〔C(1) 根据 CIP 命名是 S-构型〕，如 **4**；在环同侧的称 β-型〔C(1) 根据 CIP 命名是 R-构型〕，如 **5**。若糖中编号最大的手性碳原子上没有羟甲基，该碳上的氢原子与 C(1) 上羟基在环异侧的称 α-型，在环同侧的称 β-型。**5** 的六元环构象中所有的羟基及羟甲基均在平伏键上；**4** 中 C(1) 上的羟基处于直立键，有 1,3-张力存在，故 β-构型更稳定，平衡体系中的含量也较高。

根据分子内成环的一般规律，葡萄糖分子中 C(4) 或 C(5) 上的羟基可分别与醛基形成相应的五元或六元环化合物的半缩醛。**Haworth** 将葡萄糖用硫酸二甲酯在碱性条件下彻底甲基化，使其转化成 1,2,3,4,6-五-O-甲基葡萄糖苷（**6**），**6** 用稀盐酸水解时只有半缩醛上的甲基被去掉，其他的四个甲基仍保留醚的形式。该四甲醚用硝酸氧化可生成二甲氧基丁二酸（**7**）和三甲氧基戊二酸（**8**）的混合物。这一系列反应的结果表明，葡萄糖的醛基是和 C(5) 上的羟基形成六元环半缩醛结构的。如果它与 C(4) 上的羟基成环，氧化后的产物不会有五个碳原子的二酸存在。通过 X 射线衍射的方法也确定了葡萄糖是以六元环半缩醛形式存在的。

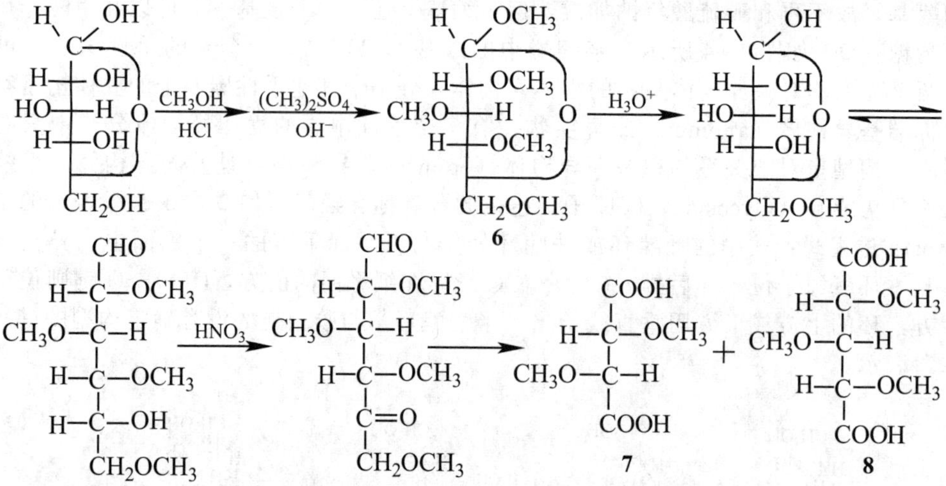

Haworth 结构式比开链 Fischer 投影式能更精确地反映糖分子的三维空间构型。以 D-（＋）-葡萄糖为例：如图 13-6 所示，将 Fischer 投影式 **(1a)** 横置，右侧和左侧的基团分别在下方和上方，再转呈折线状 **(1b)**，绕 C（4）—C（5）键旋转 120°使羟甲基朝向上方、C（5）上羟基位于环平面得 **1c**，C（5）上羟基与 C（1）醛基反应环合为六元 α-半缩醛结构**(4)** 或 β-半缩醛结构**(5)** 的 Haworth 结构式。Haworth 因 1930 年提出单糖的环状结构形式和 1933 年成功地全合成维生素 C 的突出成就而荣获 1937 年度诺贝尔化学奖。

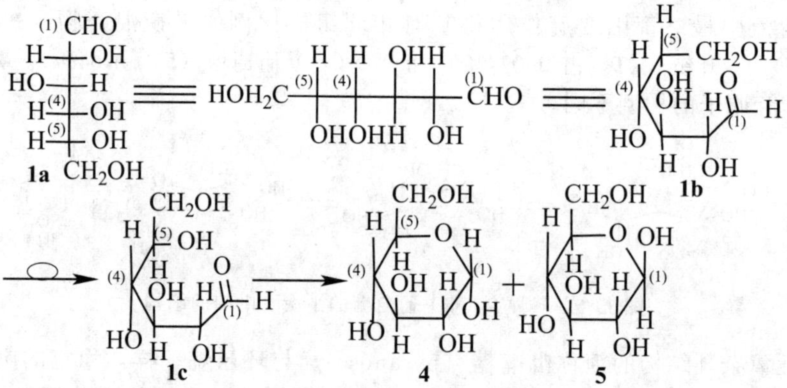

图 13-6　D-（＋）-葡萄糖半缩醛结构的 Fischer 投影式转化为 Haworth 结构式

Haworth 结构式的稳定六元环构象也是椅式，通常 D-系以 **9**，L-系以 **10** 表示。如，**4**、**5**、α-L-（－）-吡喃葡萄糖**(11)**、β-L-（－）-吡喃葡萄糖 **(12)**。

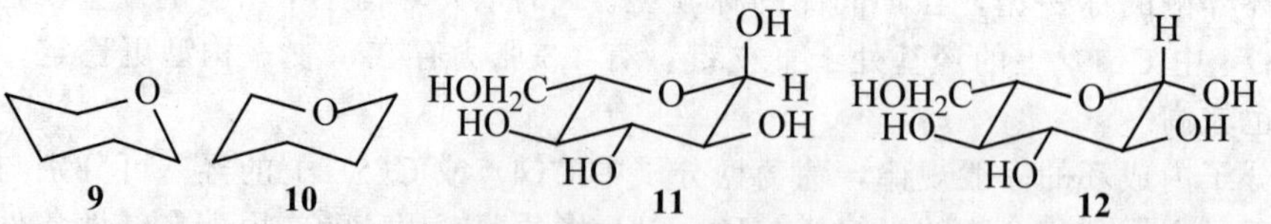

五碳单糖形成五元氧杂环的呋喃糖结构（参见 13.5.2）。与六元吡喃糖的构象应该用椅式表示不同，五元环更易实现平面排列，故呋喃糖的构象常用 Haworth 结构式表示。

13.4　单糖的理化性质

具多个羟基的单糖分子有吸湿性，易溶于水、乙醇而难溶于乙醚等非极性有机溶剂。单糖的水溶液有过饱和倾向，浓缩时不易结晶而成为糖浆。糖主要以环状半缩醛结构存在，但在溶液中又与开链的醛、酮结构处于快速平衡，其多与分离、鉴定和结构的解析、修饰有关的糖化学反应与羟基和醛、酮羰基及这两个官能团形成的缩醛、酮基有关且主要涉及开链结构，加上众多手性中心的存在和影响，糖的化学反应是相当复杂而又独特的。

13.4.1　差向异构化和烯二醇重排

酸、碱或热等条件都可在差向异构体之间引发可逆的转化过程，称**差向异构化**（epimerization）。差向异构化后生成的差向异构体的含量一般不会均等，故仍有光学活性。碱性水溶液中，糖分子中羰基的 α-H 被夺取并再质子化后生成烯二醇，烯二醇回复羰基结构后发生差向异构化反应和醛糖-酮糖的相互转化。如图 13-7 所示，D-（＋）-葡萄糖（**1**，65%）、D-（＋）-甘露糖（**2**，3%）和 D-（－）-果糖（**3**，32%）三者之间在碱性水溶液中通过烯醇式而相互转化成为一个平衡的混合物。

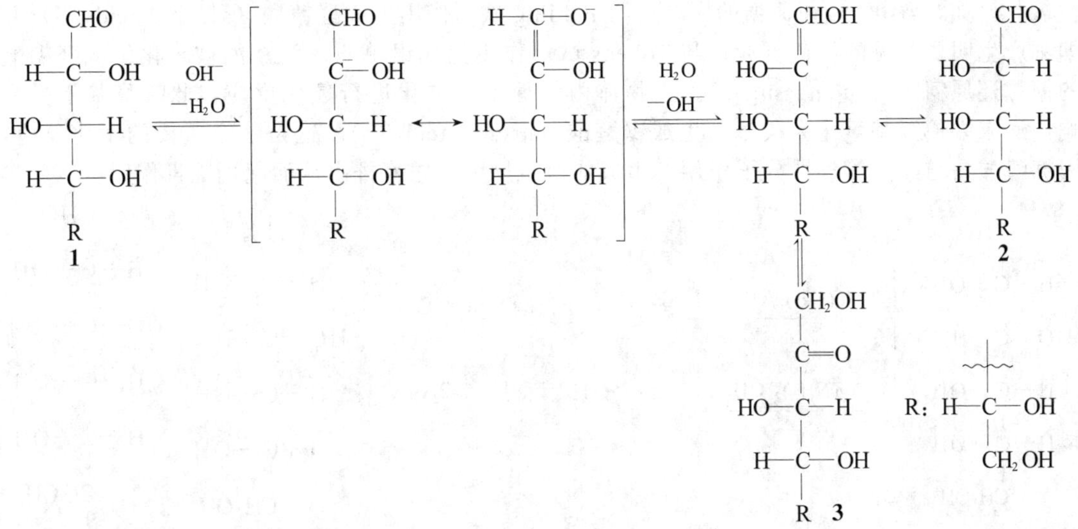

图 13-7　D-（＋）-葡萄糖（**1**）、D-（＋）-甘露糖（**2**）和 D-（－）-果糖（**3**）在碱性环境下的转化互变

糖在碱性溶液中极易发生的这些烯二醇反应导致产生相当复杂而难以处理的混合物体系，故糖化学反应多取中性或弱酸性的条件而很少采用碱性环境。

13.4.2　醚化和酯化

糖中的羟基也能转化为醇的衍生物。就像半缩醛与醇反应生成缩醛一样，酸催化下单糖与醇反应只有 C(1) 上的羟基发生烷基化生成专称**苷**（aglycon）的缩醛（参见 13.6）。在碱性条件下所有的羟基虽都可转变成醚，但易引发众多副反应。以 Ag_2O/CH_3I 为试剂可得到产率很好的糖的甲基醚产物（**4**）。缩醛（**4**）可被选择性水解而生成烷氧基取代的半缩醛（**5**）。

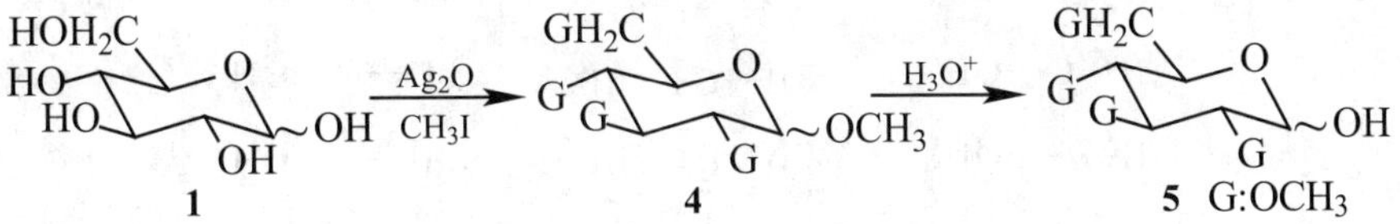

糖分子中顺式的邻位或间位二羟基用羰基化合物处理易形成五元或六元环醚的**糖缩醛、酮**（**6**），该反应常被用于保护糖分子中选定的醇羟基：

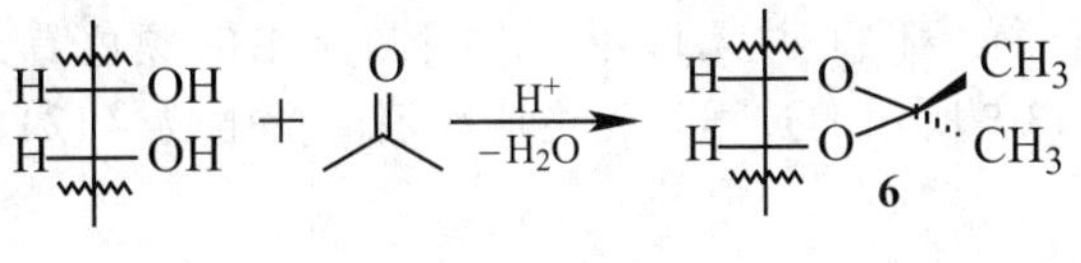

糖可用与醇羟基反应相同的方法转化成酯类产物。葡萄糖在碱催化下与乙酸酐发生乙酰化反应生成 α-和 β-D-葡萄糖五乙酸酯的混合物（**7**）。反应在较高温度下进行时，e 键羟基的 β-异头物位阻小而反应快；异头物之间的互变速度也增大，生成的产物主要是 β-D-葡萄糖五乙酸酯。

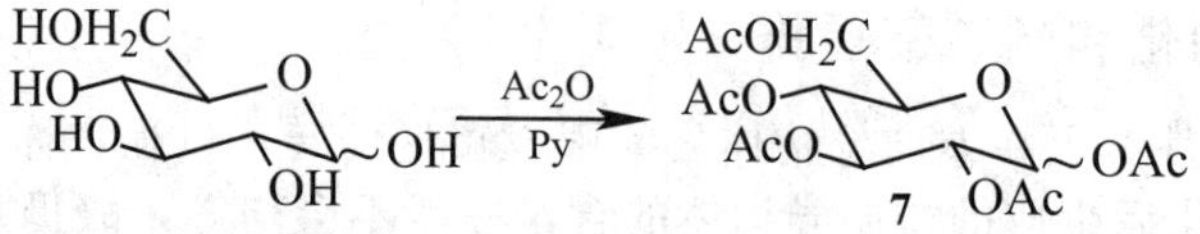

糖的醚化或酯化衍生物不溶于水而易溶于有机溶剂，可结晶而用于糖的分离纯化。

13.4.3 氧化和还原

单糖能被许多氧化剂氧化。与醛比酮易被氧化一样，醛糖中的醛基也比酮糖中的羰基易被氧化。如，含 0.1% 葡萄糖的尿样可与 Fehling 试剂作用生成**醛糖酸**（aldonic acid，**8**）并即刻产生明显可见的红色沉淀；与 Tollens 试剂作用生成银单质沉淀。能被氧化生成醛糖酸的糖称**还原糖**（reducing sugar）。生物体内的糖由酶催化进行氧化反应，此时醛基不受影响，而末端伯羟基氧化为羧基，生成**糖醛酸**（uronic acid，**9**）。这是一个重要的生化反应，因糖醛酸易与酚类等毒性分子作用，生成的衍生物可由尿液排出从而起到除毒作用。

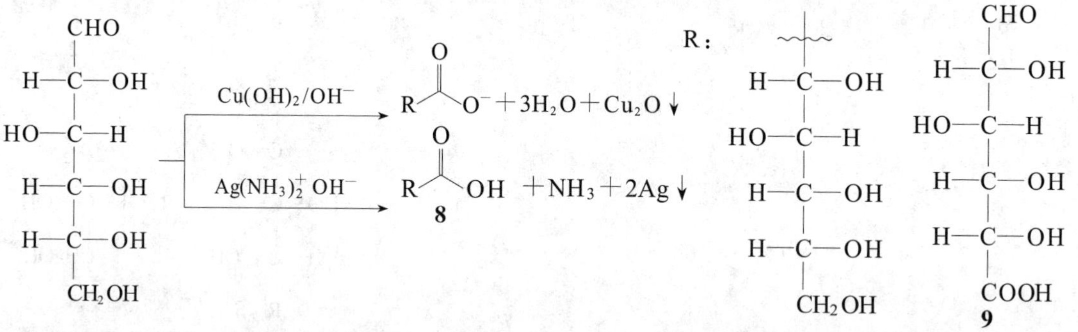

具有半缩醛、酮基的醛糖（**10**）以及在碱性环境下因差向异构化（参见 13.4.1）而可互变为醛糖的酮糖都具还原性而能被氧化为醛糖酸。如，**果糖**（**11**，fructose）虽是酮糖，也可被 Fehling 试剂或 Tollens 试剂等弱氧化剂氧化。具有缩醛、酮基团的糖没有游离的苷羟基（参见 13.5），碱性环境下不会转变成开链式的醛糖或酮糖，故是**非还原糖**。Fehling 试剂或 Tollens 试剂不能区别醛糖和酮糖，但可以用来区别还原糖和非还原糖。

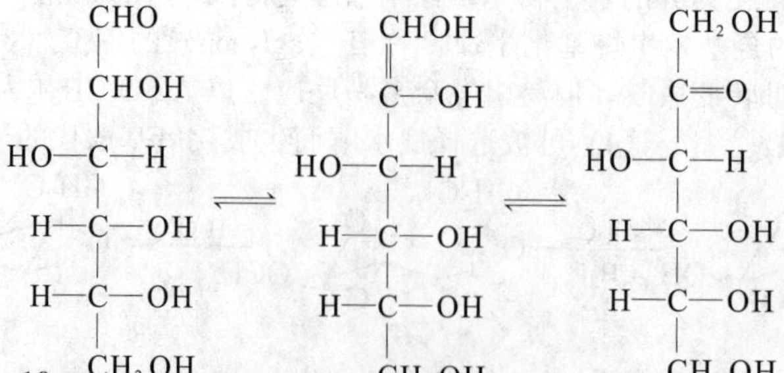

溴水是一个温和的弱氧化剂，在 pH5~6 的微酸性条件下可氧化醛糖分子中的醛基为醛糖酸。羟基和酮羰基在同样条件下并无作用，故观测溴水的颜色有无变化可区别醛糖和酮糖。反应可能经由如图 13-8 所示的过程，先生成次溴酸衍生物（**12**），**12** 成内酯（**13**）后开环生成醛糖酸（**8**）：

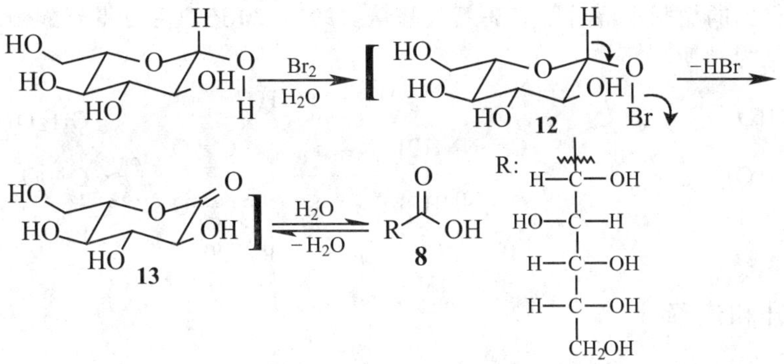

图 13-8　醛糖与溴水的反应

强氧化剂硝酸氧化单糖时，醛基和末端 CH_2OH 基团都被氧化生成称**糖二酸**（aldaric acid）的多羟基二元羧酸和因碳链断裂生成的其他小分子氧化产物。糖可被高碘酸氧化，邻二羟基、α-羟基醛、酮的碳碳链发生断裂后得到醛、酮或酸。该反应可用于糖的降解和结构的测定，如式（13-1）所示的三个反应。

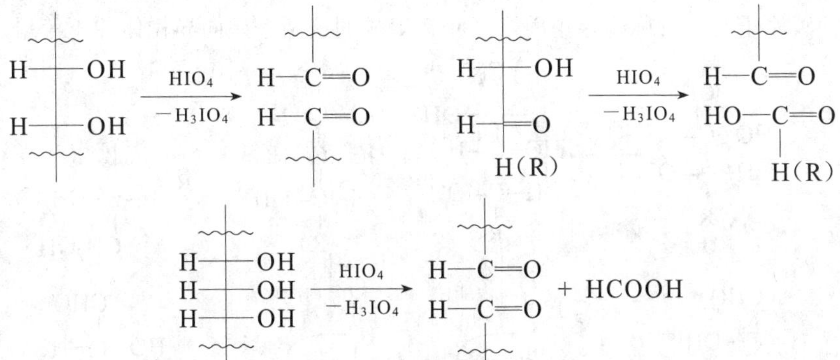

$$\tag{13-1}$$

硼氢化钠、氢化铝锂、钠汞齐或 H_2/Ni 等还原剂都能将单糖中的羰基还原为羟基，生成广泛用于食品工业的**糖醇**（alditol）一类多羟基化合物。如，酮糖（**14**）还原后得到一对差向异构体的糖醇（**15**）和（**16**）；D-（+）-葡萄糖还原得到山梨醇（sorbitol，**17**），甘露糖还原得到**甘露醇**（mannitol，**18**）。

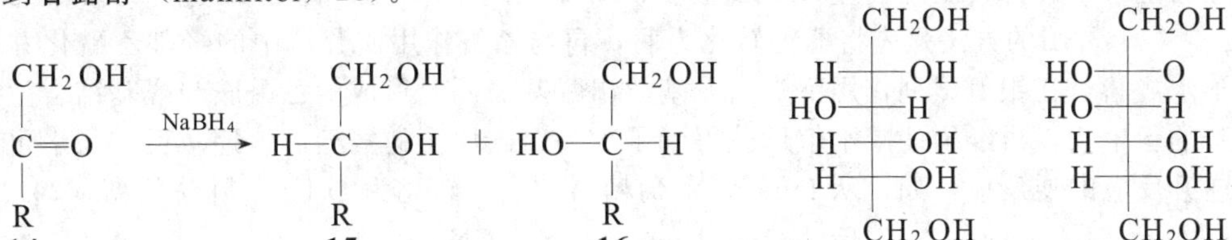

13.4.4　成脎

与一般的醛、酮一样，糖分子中的羰基官能团也可与苯肼等试剂反应生成易提纯、且有特殊形状和明确熔点的结晶，称**糖脎**（osazone，**19**）。糖成脎的反应在糖化学的研究中发挥了极重要的分离和鉴别作用，其反应机理尚不完全清楚。反应需要三当量苯肼，一当量用于氧化 C(1) 或 C(2) 的羟基为羰基，苯肼被还原为苯胺和氨；两当量苯肼再与这两个羰基成脎。糖成脎的反应只在 C(1) 和 C(2) 上进行，因此同碳原子数的单糖除 C(1) 和 C(2) 外其他碳原子构型都相同的糖得到的糖脎都一样。如，D-（+）-葡萄糖与 D-（+）-甘露糖是 C(2) 上的差向异构体，它们与 D-（-）-果糖都生成同一糖脎。

醛糖反应得到的糖脎水解后形成 **2-氧代醛糖**（**20**），20 还原后可得到酮糖。醛糖经过这样的变化可转化为酮糖。

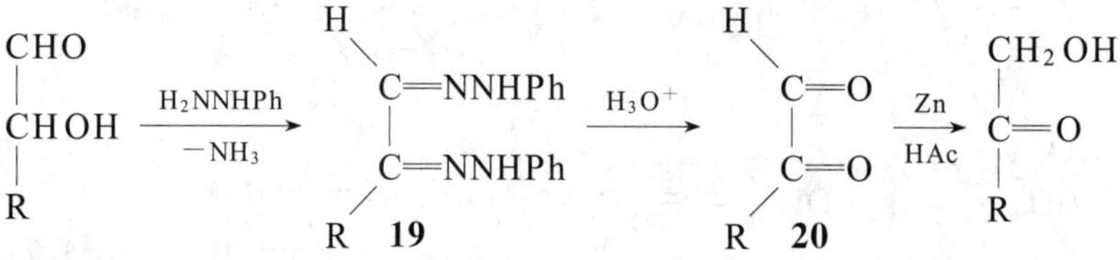

13.4.5　递升和递降

糖碳链可通过反应得以延伸或缩短，较小或较大的糖成为较大或较小的糖。低级醛糖和氢氰酸加成生成 α-羟基腈，后者水解后就得到比底物多一个碳原子的醛糖酸。醛糖酸易脱水生成 γ-内酯，后者经钠汞齐还原生成醛糖，该反应称醛糖的递升反应（chain lengthening）。如，D-（－）-阿拉伯糖（**21**）经此反应程序可转化为 D-（＋）-葡萄糖（**22**）和（＋）-甘露糖（**23**）。该反应程序又称 **Kiliani-Fischer 合成**，后人改进后用 $Pd/BaCO_3$ 催化氢化 α-羟基腈为亚胺，再酸性水解也可完成反应。递升反应后，产物分子中又增加了一个手性碳原子。糖分子中其他手性部分对新生的手性碳原子有不对称诱导作用，因此新生成的这两个差向异构体并不等量。

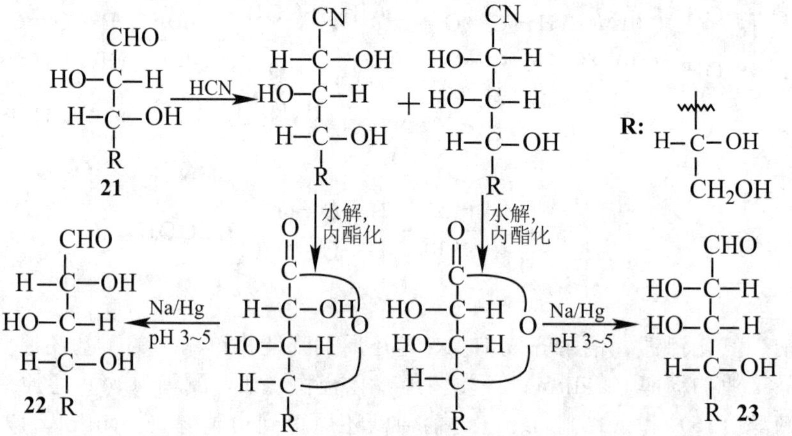

醛糖也可以经几步反应后生成比底物少一个碳原子的醛糖，即 **递降反应**（chain shortening）。一个常用的方法是先将醛糖转化为肟，再与乙酐作用使分子中的羟基乙酰化并失去一分子水成腈，在银氨试剂作用下失去氰基放出醛基。同时形成的乙酰胺与醛基结合生成二乙酰胺的衍生物，再经稀盐酸水解后就得到了少一个碳原子的醛糖。该递减反应几乎也就是上述递升反应的逆反应，如，从 D-（＋）-葡萄糖（**22**）可转化为 D-（－）-阿拉伯糖（**24**）。

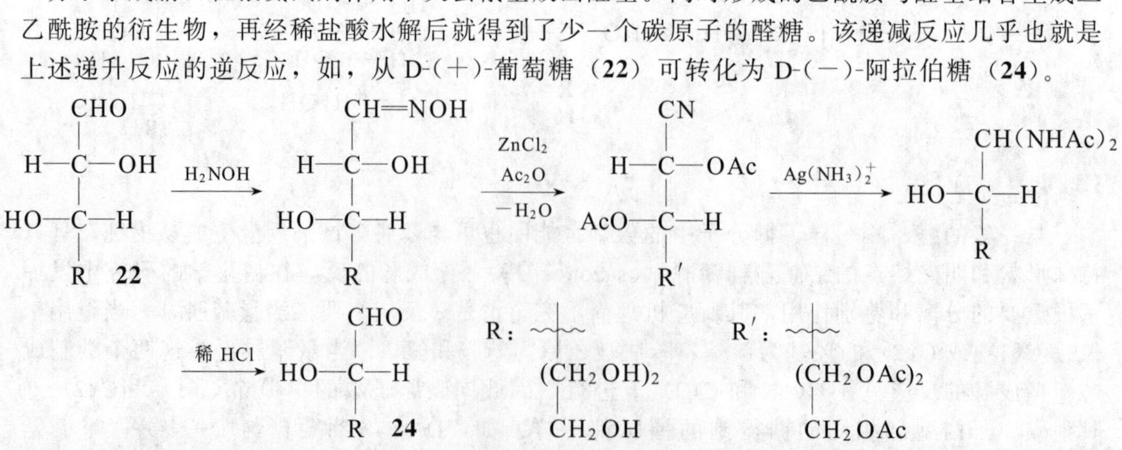

上述方法是 **Wohl** 首先提出的，对五碳、六碳糖很有效，但产率不高。**Ruff** 发现，将醛糖经

溴水氧化为糖酸后的钙盐在 Fe^{3+} 或氧化汞作用下，再经 H_2O_2 氧化也可断裂 $C(1)$—$C(2)$ 键，生成比底物糖少一个碳原子的醛糖，如式(13-2) 所示。

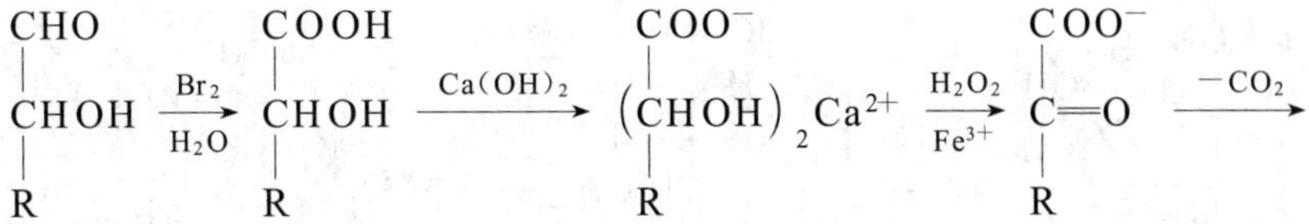

$$
\begin{array}{ccccccc}
\underset{|}{CHO} & & \underset{|}{COOH} & & \underset{|}{COO^-} & & \underset{|}{COO^-} & & \underset{|}{CHO} \\
CHOH & \xrightarrow[H_2O]{Br_2} & CHOH & \xrightarrow{Ca(OH)_2} & (CHOH)_2 Ca^{2+} & \xrightarrow[Fe^{3+}]{H_2O_2} & C=O & \xrightarrow{-CO_2} & CHOH \\
| & & | & & & & | & & | \\
R & & R & & & & R & & R
\end{array} \qquad (13\text{-}2)
$$

　　醛糖每经过一次递减反应就失去一个醛基碳原子，生成少一个碳原子的醛糖，最终得到 D-(＋)-或 L-(－)-三碳醛糖甘油醛，该程序在早期为糖相对构型的建立发挥了重要作用。

13.5　几个重要的单糖化合物

13.5.1　果糖

　　果糖（1）是葡萄糖的同分异构体，广泛存在于自然界中，特别在水果和蜂蜜等物质中含量较高。作为甜味最强的天然单糖，果糖的代谢不需胰岛素参与，故是适于糖尿病人的甜味品。果糖是 D-构型的六碳酮糖，异头碳原子是 $C(2)$ 羰基碳原子。**D-六碳酮糖**另外三个异构体是 D-(＋)-谢柯糖（2）、D-(－)-山梨糖（3）和 D-(－)-塔格糖（4）：

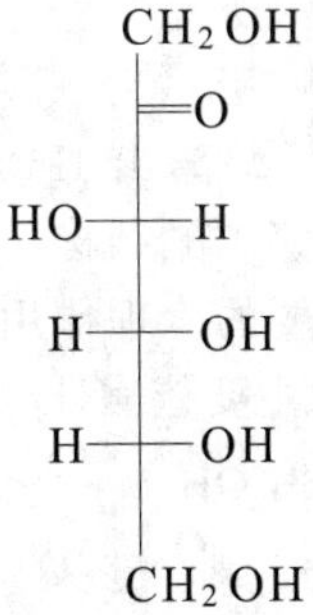

（1：CH₂OH / C=O / HO—C—H / H—C—OH / H—C—OH / CH₂OH）
（2：CH₂OH / C=O / H—C—OH / H—C—OH / H—C—OH / CH₂OH）
（3：CH₂OH / C=O / HO—C—H / HO—C—H / H—C—OH / CH₂OH）
（4：CH₂OH / C=O / HO—C—H / HO—C—H / H—C—OH / CH₂OH）

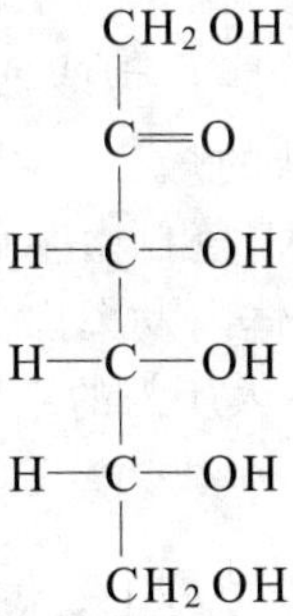

1　　　　　2 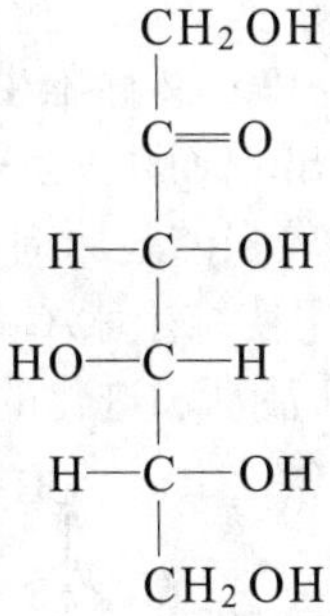　　　　　3 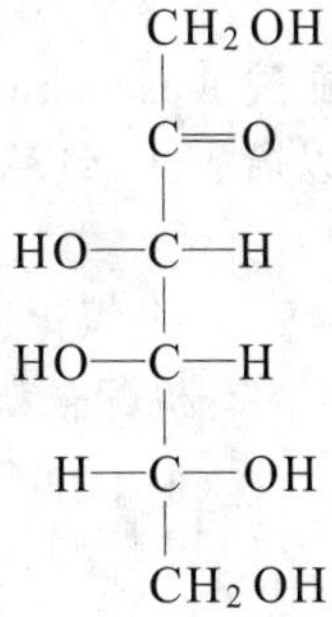　　　　　4

　　如图 13-9 所示，果糖经递升反应后再水解还原得到 α-甲基己酸（5），这表明果糖是一个己-2 酮糖。

$$CH_2OH—C=O—CHOH—CHOH—CHOH—CH_2OH \xrightarrow{HCN} CH_2OH—C(OH)CN—CHOH—CHOH—CHOH—CH_2OH \xrightarrow{H_3O^+} CH_2OH—C(OH)COOH—CHOH—CHOH—CHOH—CH_2OH \xrightarrow{HI} CH_3—CHCOOH—CH_2—CH_2—CH_2—CH_3 \quad (5)$$

图 13-9　果糖可转化为 α-甲基己酸

　　果糖也有变旋光现象，它可由分子内的 $C(2)$ 羰基与 $C(5)$ 或 $C(6)$ 上的羟基形成呋喃型和吡喃型两种环状结构，水溶液中以吡喃型形式存在，成苷时多以呋喃型形式存在。X 射线衍射分析表明，呋喃型糖中的五元环在同一个平面上，而吡喃型糖中的六元环主要以椅式构象存在。如，α-D-(－)-呋喃型果糖（6）、α-D-(－)-吡喃型果糖（7）、β-D-(－)-呋喃型果糖（8）、β-D-(－)-吡喃型果糖（9）：

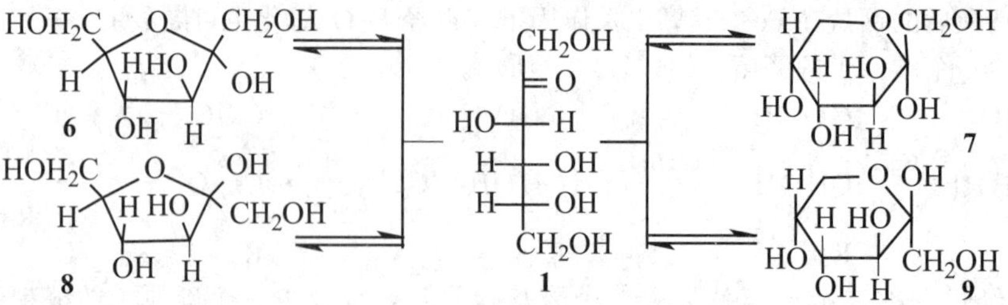

13.5.2 核糖

β-D-(−)-核糖（10）和 β-D-(−)-2-脱氧核糖（11） 这两个五碳醛糖是核酸的重要组成，也有呋喃型结构。核糖(C)3-和(C)5-两个位置上的羟基与磷酸成酯，同时 1-位上的羟基和嘧啶或嘌呤碱缩合后形成核酸的基本单位（参见 15.1）。

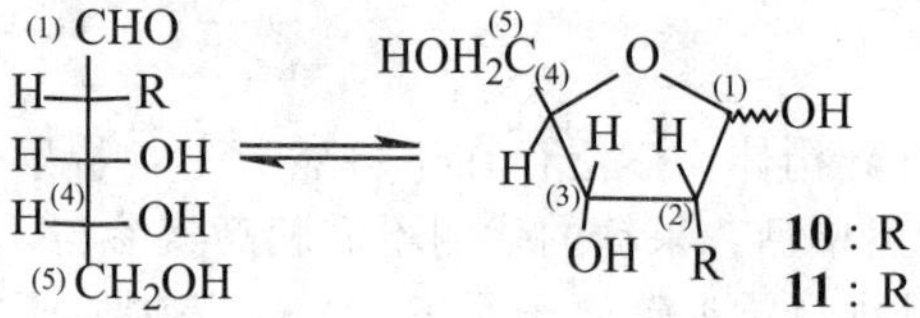

10：R = OH
11：R = H

13.5.3 抗坏血酸

抗坏血酸（ascorbic acid，**12**）又称**维生素 C**，是 L-古罗糖酸的内酯。维生素 C 中的一个酮羰基以烯醇式（**13**）形式出现而生成一个特殊的烯二醇结构，可游离出 H^+ 而有酸性（$pk_a = 4.17$）。烯二醇又是一类较强的还原剂，给出双氢自由基后形成邻二酮结构，即**脱氢维生素 C**（**14**）。这个氧化还原作用使维生素 C 在生物体内发挥出非常重要的生理作用，因为氧化和抗氧化的有机配合就是生命活动和进化的必需。人所需的维生素 C 主要依靠外界摄入。

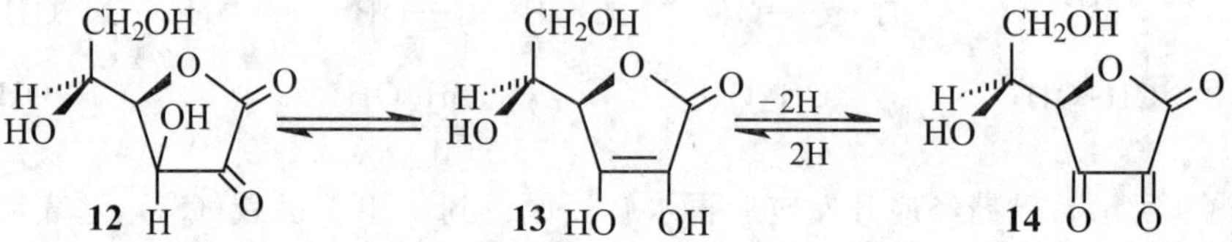

如图 13-10 所示，结合生物和化工技术，维生素 C 可以由葡萄糖（**15**）出发而低成本地大量生产，其年产量超过所有其他维生素产量之和，广泛用于保健、食品、防腐剂和添加剂。

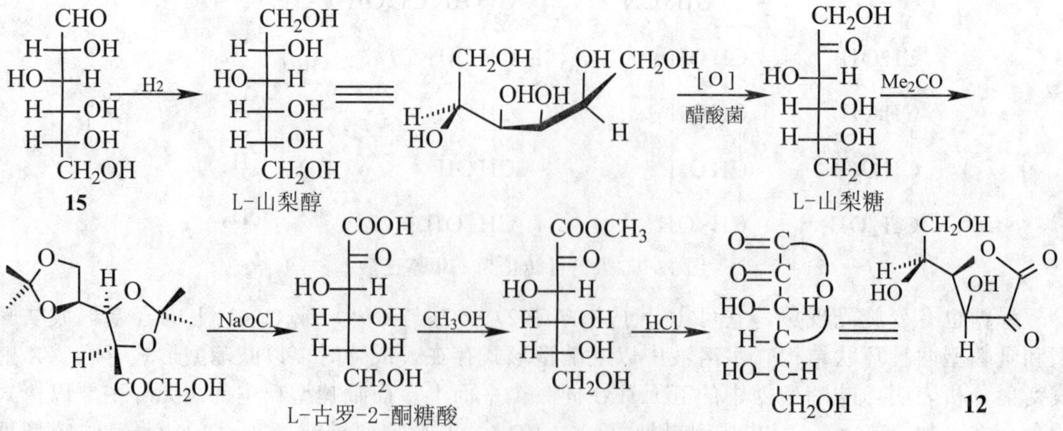

图 13-10　维生素 C 的工业生产路线

13.5.4　去氧糖和氨基糖

糖分子中一个羟基被氢原子取代后形成**去氧糖**（deoxy sugar）。如，从 L-甘露糖（mannitose）C（6）羟基和 L-半乳糖（galactose）的 C（6）羟基脱氧生成产物 **L-鼠李糖**（rhamnose，**16**）和 **L-岩藻糖**（fucose，**17**）。**16** 和 **17** 分别是植物细胞壁和藻类糖蛋白的主要组成。最常见的去氧糖是 DNA 中的 2-去氧核糖（**11**）。

糖分子中的一个羟基被氨基取代后生成**氨基糖**（amino sugar）。葡萄糖聚合形成**纤维素**（cellulose，**18**），D-2-氨基葡萄糖聚合形成**壳聚糖**（**19**）。许多节肢甲壳动物和低等动物如真菌、藻类的细胞壁中含有由 D-乙酰氨基葡萄糖聚合形成的**甲壳素**〔**β-(1,4)-2-乙酰氨基-2-脱氧-D-葡萄聚糖**，chitin，**20**〕。**链霉素**（streptomycin，**21**）中含有一个 N-甲基-L-氨基葡萄糖。

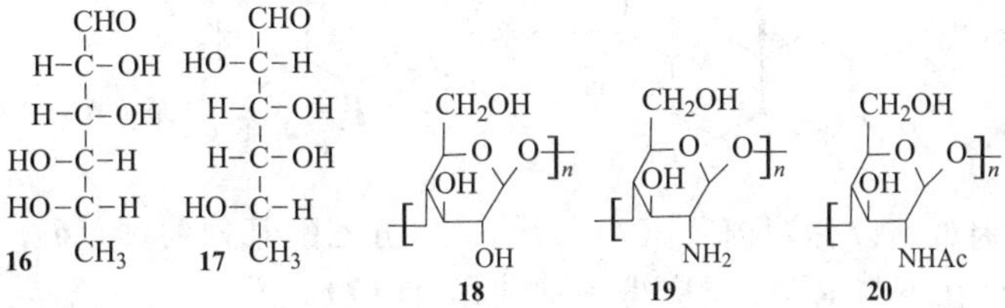

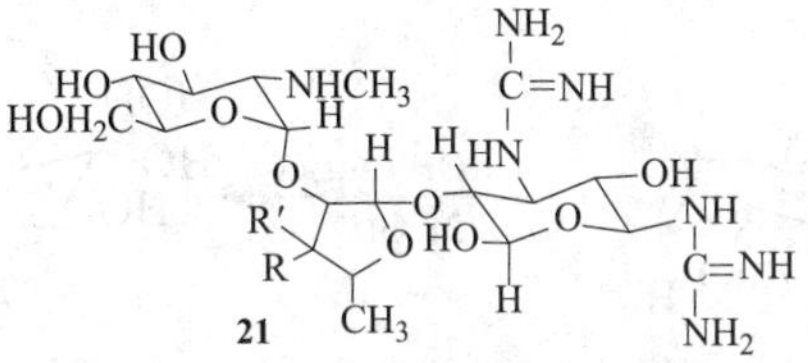

硫酸链霉素: R: OH, R′: CHO
硫酸双氢链霉素: R: OH, R′: CH₂OH
硫酸双氢去氧链霉素: R: H, R′: CH₂OH

13.6　苷

半缩醛与醇反应脱水生成缩醛（参见 9.4.4），单糖分子中的半缩醛羟基（苷羟基）与另一个称**配糖体**或**苷元**（aglycon，genin）的分子中任意位置的羟基、氨基、硫醇基等反应失水形成的缩醛称苷（有些旧文献称"甙"，现已建议不再用"甙"这一名称）。苷的命名根据构成分子的糖和配糖体称某糖某苷，同时还必须指出其构型。如，α-D-（＋）-吡喃葡萄糖苷（**1**）和 β-D-（＋）-吡喃葡萄糖苷（**2**）。如图 13-11 所示，单糖分子中的半缩醛羟基在反应过程中质子化后离去，碳正离子上的正电荷可共轭分散到邻位环氧原子上而得以稳定，醇从上下两个方向进攻平面状碳正离子生成 β-或 α-糖苷。苷中的桥连氧原子与缩醛〔RCH(OR′)₂〕中的一样，在中性或碱性环境下是非常稳定的，但可被酸性（或酶催化）水解为组分糖和配糖体，相当于成苷的逆反应。糖苷分子中没有游离的半缩醛（酮）结构，故不再具有还原性，也不发生变旋和差向异构化反应。如，葡萄糖是还原糖，其糖苷是非还原糖。

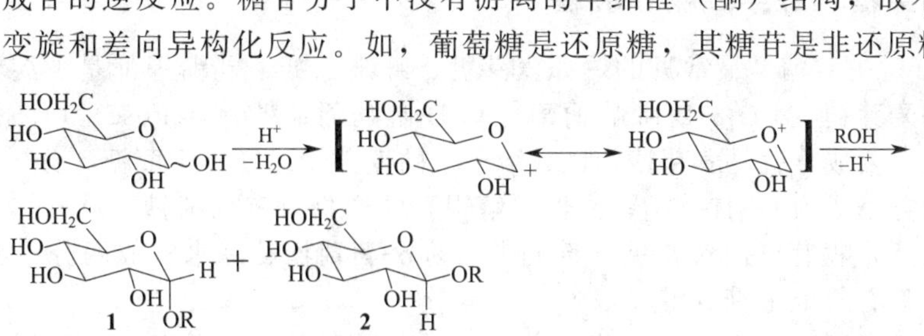

图 13-11　葡萄糖的成苷反应

苷元也可通过非氧原子与糖形成 N-苷或 S-苷，如，DNA 和 RNA 中常见的**氨基糖 N-苷**。自然界有许多具很重要的生理作用的苷类化合物，如，存在于桃、杏和一些植物、菌类生物中的含氮**氰苷**（**3**）；C（17）位上带有不饱和五元或六元内酯环的甾体苷元组成的**强心苷**（**4**）；苷元为三萜或甾烷类的**皂苷**等。传统的滋补中药人参含有多种化学成分，最主要的有效成分是几十种功效各不相同的**人参皂苷**（saponin，**5**），含量约 4%，其在根须中的含量比主干根还要高。

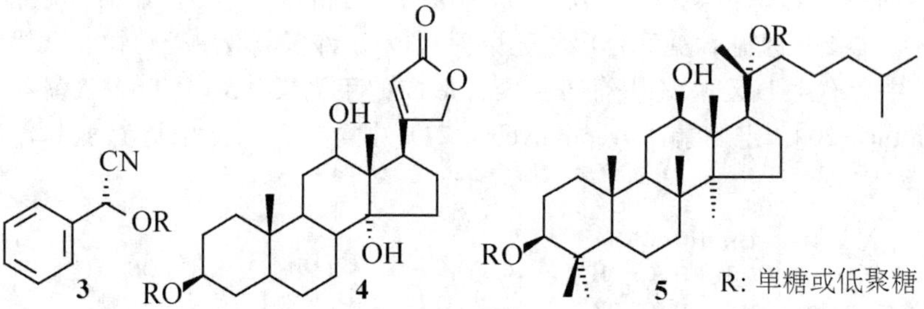

苷的合成较为困难。以葡萄糖苷（**7**）为例，以五乙酰基葡萄糖（**6**）为底物，先与 HBr 反应后再在 Ag_2O 存在下与 ROH 反应得到葡萄糖苷（**7**）。

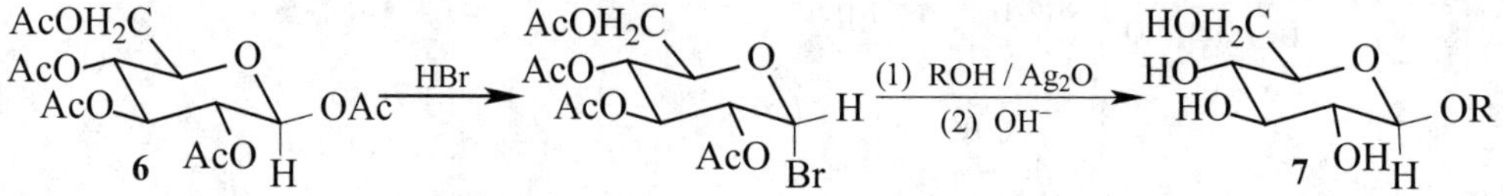

13.7 低 聚 糖

苷中的苷元若是一个糖基，即成为**双糖**（disaccharide），双糖继续不断与单糖成苷可生成由 4～10 个相同或不同的单糖单位组成的**低聚糖**（oligosaccharide）和由多于 10 个单糖单位组成的**多糖**（polysaccharose）。大部分天然糖都多于一个单糖单位，最常见的是双糖分子，构成双糖分子的单糖多是己糖。理论上各个羟基均可组成双糖的苷键，但天然双糖只有 $1,4'$-、$1,6'$-和 $1,1'$-三种方式。1 是一个单糖分子的异头碳原子编号，带撇号的数字是另一个单糖分子中苷键所在碳原子的编号。前两种方式成苷后，一个单糖分子中仍有半缩醛官能团，是还原糖。$1,1'$方式是两个单糖分子都通过异头碳原子上的羟基脱水结合而成，此类双糖分子中只有缩醛、酮基，是非还原糖。

13.7.1 麦芽糖、纤维二糖和乳糖

带 $1,4'$-苷键的双糖是最常见的，如麦芽糖、纤维二糖、乳糖等都是。淀粉在淀粉酶作用下水解得到**麦芽糖**（4-O-α-D-吡喃葡萄苷基-D-吡喃葡萄糖，maltose，**1**）。麦芽中有淀粉酶，饴糖中的主要成分就是麦芽糖。也易溶于水的麦芽糖甜度小于蔗糖，分子中保留有半缩醛结构，它的分子式为 $C_{12}H_{22}O_{11}$，酸性水解得到的产物只有葡萄糖。此外，它还可被来自酵母的只能水解 α-糖苷键而对 β-糖苷键无影响的 **α-葡萄糖苷酶**水解成两分子 D-葡萄糖，反映出麦芽糖中只有一个 α-糖苷键。

通过下列反应可以推测一个葡萄糖配体上成苷的羟基位置。麦芽糖在溴水作用下变为 **D-麦芽糖酸**（maltobionic acid，**2**），2 用硫酸二甲酯彻底甲基化生成八-O-甲基麦芽糖酸甲

酯（**3**），3 水解后生成 2,3,4,6-四-O-甲基-D-吡喃葡萄糖（**4**）和 2,3,5,6-四-O-甲基-D-葡萄糖酸（**5**）。5 来自于可被溴水氧化的葡萄糖单元，C(4) 上有未被甲基化的羟基，说明正是这个羟基和另一个葡萄糖分子的半缩醛羟基结合成苷键形成了麦芽糖分子。从构象来看，作为 α-葡萄糖苷的麦芽糖中一个葡萄糖分子中 C(1) 上半缩醛的羟基是直立键，而另一个葡萄糖分子中 C(4) 位上的羟基是平伏键。25℃时，麦芽糖的 α- 和 β-端基异构体的比旋光度分别为 +168°和 +112°，平衡时比旋光度为 +136°。两分子 D-葡萄糖单元通过 α-1,6'-苷键连接生成称**异麦芽糖**（isomaltose）的双糖。

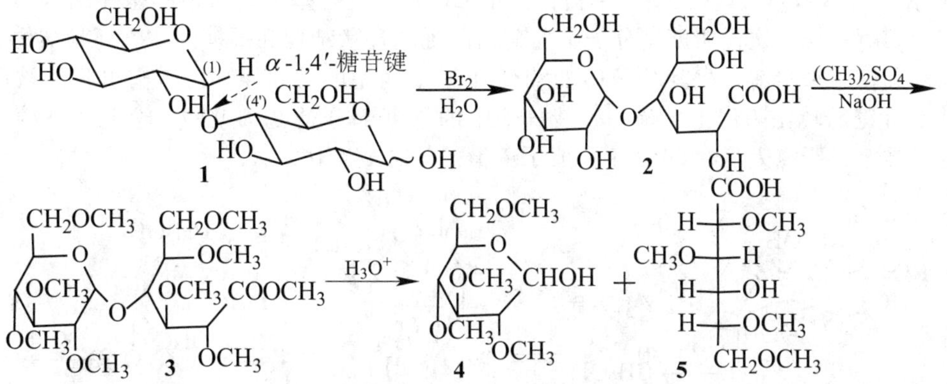

与淀粉水解得到麦芽糖相似，棉花等中的纤维素水解后得到分子式也为 $C_{12}H_{22}O_{11}$ 的**纤维二糖**（4-O-β-D-吡喃葡萄糖基-D-吡喃葡喃糖，cellobiose，**6**）。这也是一个还原糖，水解后也只生成葡萄糖。但是，它只能被水解 β-苷键的来自苦杏仁的 β-葡萄糖苷酶所水解。经溴水氧化、彻底甲基化再水解后得到的产物和麦芽糖的产物一样，因此在分子结构上，它和麦芽糖的唯一差别仅在于它的苷键是 β-1,4'-苷键。虽然只是半缩醛羟基构型的不同，这两个双糖在生理作用上有很大的差别。麦芽糖有甜味，纤维二糖无味，人体可以消化麦芽糖，却不能分解纤维二糖，而许多牛、马等高等动物却能够以纤维素为食料营养。

乳糖（4-O-β-D-吡喃半乳糖苷基-D-吡喃葡萄糖，lactose，**7**）也是一个能被 β-葡萄糖苷酶水解的还原糖，分子式为 $C_{12}H_{22}O_{11}$。乳糖水解后得到一分子 D-葡萄糖和一分子 D-半乳糖；用溴水氧化后再水解，得到 D-半乳糖和 D-葡萄糖酸；故乳糖是由 D-半乳糖的半缩醛 β-羟基和 D-葡萄糖中的非半缩醛 C(4)-OH 结合而成的。有甜味的乳糖存在于哺乳动物的乳汁中，如，人乳中占 5%～8%，牛奶中占 4%～6%。牛奶发酸主要就是乳糖在乳酸杆菌作用下变质氧化成为乳酸的变化过程。乳糖在人体内经乳糖酶作用分解为能被人体吸收利用的半乳糖和葡萄糖。

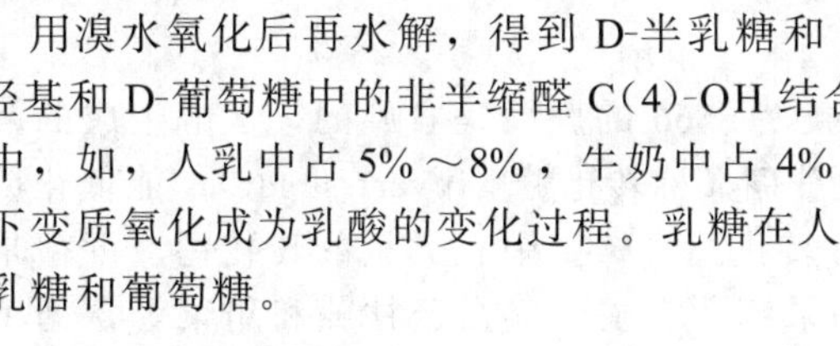

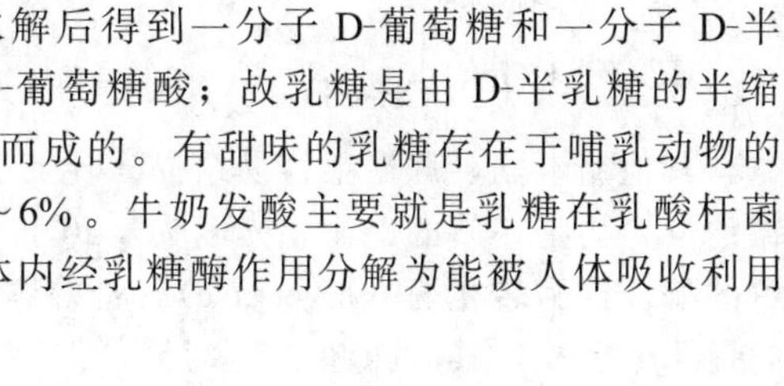

13.7.2 蔗糖

蔗糖（α-D-吡喃半乳糖苷基-D-呋喃果糖苷，sucrose，**8**）是一个带 1,1'-苷键的非还原糖，分子式为 $C_{12}H_{22}O_{11}$，水解后生成一分子 D-(+)-葡萄糖和一分子 D-(−)-果糖。无还原性的化学性质反映出在蔗糖分子中的葡萄糖部分不存在半缩醛羟基，果糖部分也不存在半缩酮羟基，葡萄糖和果糖是各自以半缩醛羟基和半缩酮羟基脱水结合而成的。果糖的异头碳原子是 C(2)，故该苷键亦称 1,2-苷键。

　　蔗糖经甲基化后得到八甲基醚的衍生物，再经酸性水解得到 2,3,4,6-四-O-甲基-D-葡萄糖和 1,3,4,6-四-O-甲基-D-果糖的 2,5-氧环呋喃衍生物。该反应表明蔗糖分子中的葡萄糖部分是吡喃型的。蔗糖用高碘酸氧化时需消耗掉三当量高碘酸，生成一分子甲酸和一分子四醛化合物。反映出蔗糖分子中有一个邻二醇和一个邻三醇的结构，该四醛化合物经溴水氧化生成四元酸。后者再酸性水解得到一分子乙醛酸（**9**）、一分子 3-羟基丙酮酸（**10**）和两分子手性的 D-（－）-甘油酸（**11**），反映出两个单糖都是由 C(5) 上的羟基与分子内醛基和酮基形成的半缩醛和半缩酮，也再次说明蔗糖分子中葡萄糖的吡喃环状结构和果糖的呋喃环状结构。蔗糖可以用麦芽糖酶来水解，故其分子中的葡萄糖是 α-构型的。同样，由于它也只能被能水解 D-果糖 β-苷键的转化酶催化水解，故其分子中的果糖部分是 β-构型的。至此，蔗糖分子的结构得以推定，研究人员在 1953 年完成了蔗糖的全合成工作。

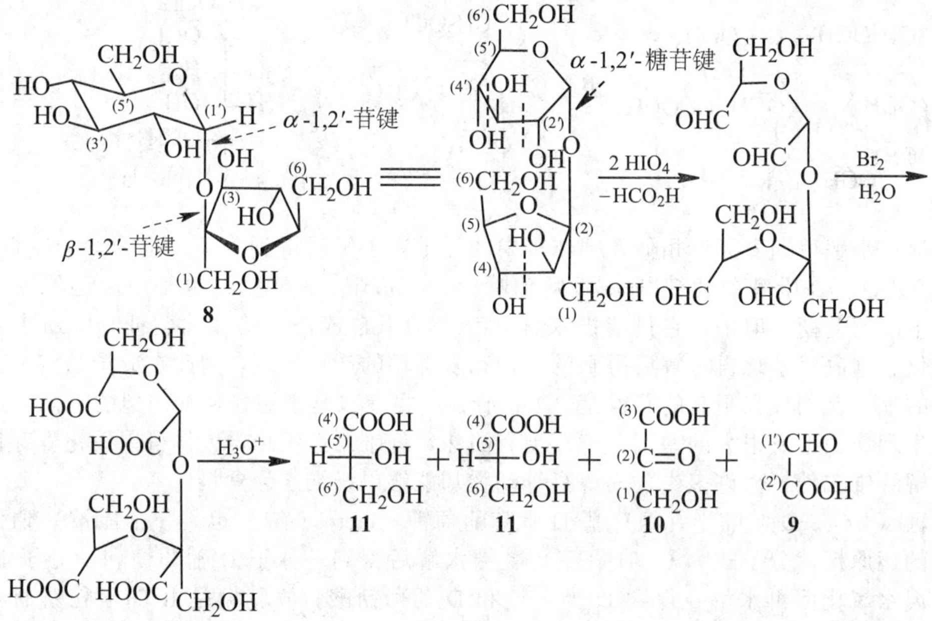

　　与其他糖不同，蔗糖很容易结晶。比旋光度为 +66° 的蔗糖是右旋的，水解生成的两个单糖的混合物是左旋的，比旋光度为 -20°，故蔗糖又称**转化糖**（invert sugar），能催化蔗糖水解的酶被称为**转化酶**（invertase）。蜜蜂含有转化酶，**蜂蜜**中有大量的转化糖。蔗糖是主要的食用糖之一，其甜味超过葡萄糖，但不如果糖。它主要存在于甘蔗和甜菜等含糖植物中，是第一个得到也是世界上产量最高的一种纯天然有机化合物，年产量达 1×10^8 t 左右。甘蔗和甜菜中的蔗糖含量分别为 14% 和 18% 左右。

13.7.3　棉子糖

　　棉子糖（β-D-呋喃果苷基 6-O-α-D-吡喃半乳苷基-α-吡喃葡萄糖苷，raffinose，**12**）是存在于棉籽和甜菜中的一个非还原糖，分子式为 $C_{18}H_{32}O_{16}$，酸性水解后生成 D-（－）-果糖、D-（＋）-半乳糖、D-（＋）-葡萄糖，用苦杏仁酶水解时生成 D-（－）-果糖、**蜜二糖**。蜜二糖是（＋）-乳糖的异构体，能被 α-葡萄糖苷酶水解但不能为苦杏仁酶所水解。棉子糖经彻底甲基化后再水解，得到 1,3,4,6-四-O-甲基-D-果糖、2,3,4,6-四-O-甲基-D-半乳糖、2,3,4-三-O-甲基-D-葡萄糖。由以上这些反应可以得出棉子糖的结构式为：

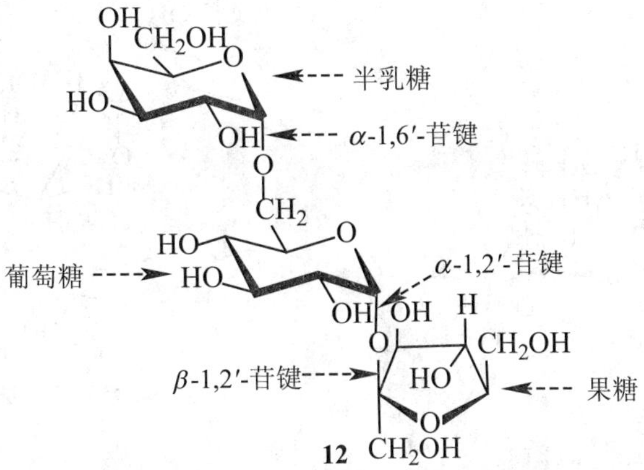

半乳糖

α-1,6'-苷键

葡萄糖

α-1,2'-苷键

β-1,2'-苷键

果糖

12

13.8 多 糖

多糖是由数目巨大的单糖分子通过糖苷键而成的高聚物,水解后只产生一种单糖的称**同多糖**（homopolysaccharide），多于一种单糖的称**杂多糖**（heterosaccharide）。多糖分子的末端虽然仍有苷羟基,但所占比例太小,故多糖并无还原性。几乎所有的生物体内都含有的多糖化合物是人类食物的主要成分之一和生命活动不可或缺的物质。淀粉、纤维素和糖原是与人类活动联系最多的三种由葡萄糖组成的多糖。

多糖链通过连接于不同的位点、分支及 α/β 糖苷异构化等形式可形成相当多的异构体。如,由三个不同的单体只产生 6 种不同的多肽或核酸,形成的寡糖可达 1056 种之多。多糖的结构测定远比蛋白质和核酸困难,不仅涉及糖残基的组成及各种功能团在糖链中的取代位置、比例及连接顺序,还有糖苷键和各个单糖的构型、构象等问题,自动化、微量化和标准化操作都不易做到。多糖的合成都需要选择性地羟基保护、糖苷化和去保护等多步反复操作,产率低,分离纯化的损失也较大。

13.8.1 淀粉

淀粉（starch）大量存在于许多植物组织之中,特别是种子、根、茎,谷物中的含量在75% 以上。不同来源的淀粉其外观形状不同,但多是无定形的颗粒。淀粉的分子式为 $(C_6H_{10}O_5)_n$,水解时可产生一种低相对分子质量的多葡萄糖混合物——**糊精**（dextrin, starch gum）,再水解产生麦芽糖和异麦芽糖,而最终水解产物都是葡萄糖。故淀粉是由葡萄糖组成的同多糖。

植物淀粉中平均含 20% **直链淀粉**（amylose, **1**）和 80% **支链淀粉**（amylopectin, **2**）。从结构上看,直链淀粉是由 200～1000 个葡萄糖的 α-1,4'-苷键结合而成的长链,经甲基化反应后再水解,得到 2,3,6-三-O-甲基-D-葡萄糖和 0.3% 左右的 2,3,4,6-四-O-甲基-D-葡萄糖。这表明淀粉链中的每个葡萄糖单元都和另两个葡萄糖单元分子通过 C(1) 和 C(4) 组成苷键,而 C(5) 上的羟基已被结合进吡喃糖环之中。但是,淀粉链末端的两个葡萄糖单元分子的结构形态有所不同,一端的 C(4) 处有羟基,另一端的 C(1) 处有半缩醛羟基,前者可生成一个 2,3,4,6-四-O-甲基-D-葡萄糖分子。因此,根据最终水解产物中四甲基化和三甲基化产物分子的比例可以计算淀粉的链长和相对分子质量。例如,得到的四甲基化产物若占 0.25%,则这个直链淀粉约由 400 个葡萄糖分子结合而成,相对分子质量约为 7×10^4。大多数直链淀粉的相对分子质量在几万到几十万之间不等。

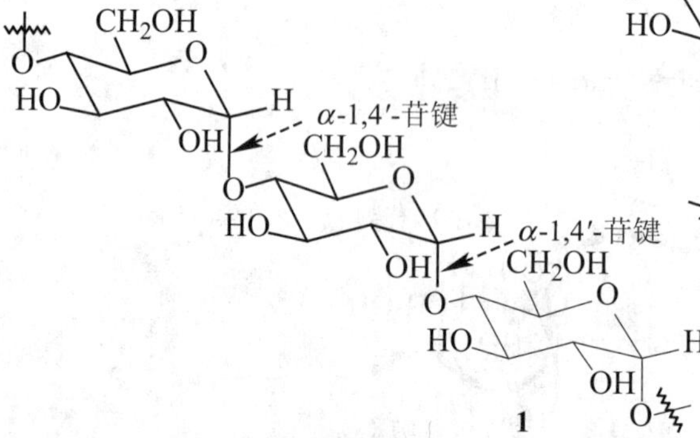

α-1,4′-苷键 （1）

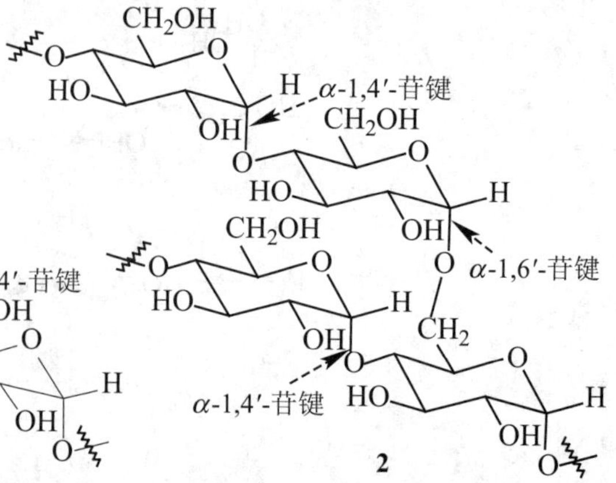

α-1,4′-苷键 α-1,6′-苷键 α-1,4′-苷键 （2）

淀粉的直链结构绝非意味着这是一个长长伸展开的直链，实际上它盘旋成一个螺圈状，每一圈螺旋约有 6 个葡萄糖单元。每一分子中的一个基团和另一个基团保持一定的距离并维持一定的相互作用。这种紧密堆集的线圈式结构不利于水分子接近，故直链淀粉的水溶性不大。此外，这个以一定方式盘旋的长链还可以再弯折起来形成一个看似不甚有规则的立体构型。所以，长链淀粉分子有**一级结构**，这是指分子中原子间的共价键连方式，然后长链盘旋形成所谓**二级结构**，而这个盘旋的长链又卷缠形成**三级结构**，如果这个多糖高分子链再自行结合或与另一个类型的分子结合，又可组成立体形态各异的**四级结构**。生物大分子的这种高级结构的立体构型和构象对高度专一性的生物化学反应起着决定性的作用。当这些高级结构被破坏时，分子的物理、化学性质改变，原有的生理活性也将受到破坏。

淀粉螺旋中间的空腔恰好可以容纳碘分子进入，形成一个呈现深蓝色的包结化合物或配合物，这个显色反应也常用于检验淀粉的存在和**碘量法**分析的终点指示，反应迅速、灵敏。使淀粉变蓝的实际上是**碘离子**（I_3^-）而非碘分子。碘的四氯化碳或丙酮溶液不能使干燥的淀粉变蓝，但能使淀粉水溶液变蓝，而碘的碘化钾水溶液或碘的水溶液均能使干燥的淀粉变蓝。

支链淀粉的相对分子质量更大，可达几百万。它彻底甲基化后再水解后可得到三个产物：两个和直链淀粉的水解产物一样，另一个是 2,3-二甲基葡萄糖，它与 2,3,4,6-四-O-甲基葡萄糖各占约 5%。这表明，这个葡萄糖单元的 C(4) 和 C(6) 羟基都参与了苷链，即处于支链交接处的位置。因此，支链淀粉有一个高度支链化的结构。每条短链由 20～25 个葡萄糖单元以 α-1,4′-苷链结合，在链交叉的地方，一端通过 C(1) 和另一条链上的 C(6) 以苷链结合，形成一个树枝状的复杂分子。支链淀粉遇碘呈现紫红色。由于它的分子中有许多暴露在外的羟基，分子结构呈树枝状，易于和水形成氢键，吸水后膨胀成糊状，因此它比直链淀粉易溶于水。

有不少方法可用于分离直链淀粉和支链淀粉。**分步沉淀法**是较为常用的之一，利用不同浓度的硫酸镁水溶液在相同温度下或相同浓度的硫酸镁溶液在不同温度下两种淀粉的沉降速度不同达到分离的目的。利用两种淀粉的稳定性和凝沉性差异也可实现分离：直链淀粉的凝沉性大，易于形成晶体。此外，还可利用纤维素柱法分离，支链淀粉不易被棉花柱吸附而仍存在于流出的溶液中。用分步沉淀法得到的直链淀粉中含有的少量支链淀粉就可应用棉花柱吸附法除去。

不同来源的淀粉中直链淀粉与支链淀粉的比例不同。由于耕作条件的差异，即使是同一种类稻米中所含的淀粉也有性质上的差异。糯米淀粉中几乎全是支链淀粉。淀粉颗粒中内外层紧密结构的螺旋链在蒸熟过程中变得松弛和疏松，体积膨胀，支链结构也随之展开，熟化后形成的高分子溶液黏度也大得多。因此，粮食制品蒸熟后会形成一种带有胶体溶液性质的黏性液体，而糯米因其支链淀粉含量高，又比普通的粳米、籼米黏得多。

淀粉经水解、糊精化或与化学试剂反应后分子中的某些 D-吡喃葡萄糖基单元的结构会发生改变，形成淀粉的**改性**（modification）。淀粉经改性后得到的产品在工农业和食品卫生等领域中有着广泛用途。如，用高碘酸氧化淀粉，在某些单元的 C(2)—C(3) 键断裂形成两个醛基，得到名为**二醛淀粉**的产品，它可用于生产吸水纸和皮革工业中的**鞣料**，在医疗上有去毒疗效。淀粉与丙烯腈进行接枝共聚，生成的共聚物经碱处理后得到分子内兼有酰氨基和羧基的共聚物（**3**）。这类聚合物的吸水能力可达到其本身质量的 1000 倍以上，可用作**医用尿纸巾和吸水纸**；用于农业上，则可使处理过的种子在干旱的条件下得以发芽生长。

$$\text{淀粉}-OH + n\, H_2C{=}CHCN \xrightarrow[H_2O]{OH^-} \text{淀粉}-O{-}[CH_2{-}\underset{COONa}{\underset{|}{CH}}]_m[CH_2{-}\underset{CONH_2}{\underset{|}{CH}}]_n{-}H$$

3

淀粉在酸、热或 α-淀粉酶的作用下部分水解后生成糊精。糊精可分为**红色糊精**和**无色糊精**两大类：前者遇碘显示红色，后者遇碘不显色，其相对分子质量也比前者小。糊精易溶于热水而难溶于冷水，它的黏结性很好，在造纸、纺织和印染、油墨等工业中有广泛应用。

与植物一样，动物体内也含有大约由 100×10^4 个 D-葡萄糖单元组成的淀粉，称**糖原**（glucogen）或**动物淀粉**，由于它最早是从肝脏中得到的，故又称**肝糖**（glycogen）。这是一种可溶于水的白色固体，遇碘显红色，水解后生成麦芽糖和葡萄糖。动物体内一部分葡萄糖被消化以提供能量，其他部分就是以糖原的形式储存于多种组织之中。当生理需要时，糖原分解为葡萄糖，这是一个在酶作用下很复杂的生化分解过程。糖原在结构上和支链淀粉类似，但是支链相对多而短。

人每天耗能约 10000kJ，每摩尔淀粉可产生约 2820kJ 热量，若人需要的能量单由淀粉供给，则需要 550g 的淀粉，一般的米面约含 75% 淀粉。淀粉靠植物光合作用生成，进入人体后经口腔唾液中的 α-淀粉酶和十二指肠中的胰 α-淀粉酶的作用水解为 α-糊精、麦芽寡糖和麦芽糖，再在小肠黏膜上经各种酶转化为葡萄糖。葡萄糖、半乳糖、果糖等其他单糖在体内再逐步代谢氧化为水和二氧化碳的同时放出热量，一部分葡萄糖进入血液循环形成**血糖**。血糖是糖在体内的运输形式，一部分被氧化吸收，另一部分即转为肝糖原在肝脏内储藏。进食后体内葡萄糖大量增加，超过平均 1.7mg/mL 的血糖平衡浓度。当血糖浓度低于 1.6mg/mL 时人会感到饥饿，此时吃块糖果可迅速补充血糖而消除部分饥饿感。

淀粉经特殊的杆菌发酵后还可得到由 6~12 个葡萄糖单元以 α-1,4-苷键连接成环的环糊精。如，由 7 个 D-葡萄糖可以组成 **β-环糊精**，环糊精中的空穴是亲油性的，而环外是亲水性的（参见 8.11）。

13.8.2 纤维素

纤维素（**4**）是自然界分布最广的天然高分子有机化合物。它是植物细胞的主要成分，木材中的 50% 和棉花中的 90% 都是纤维素成分。纤维素与淀粉一样也是 D-(+)-葡萄糖的同多糖，但是糖苷链都是 β-苷链，用硫酸和乙酸酐处理后得到八-O-乙酰基纤维二糖。纤维素的相对分子质量比淀粉大得多，如棉花纤维素有 60×10^4，苎麻纤维素的相对分子质量达到 200×10^4 之大。

纤维素分子的长链依靠数目众多羟基形成的氢键结合形成**纤维素束**。每一小束有 100 多条彼此平行的纤维素分子链，几个纤维素束绞在一起形成绳束状结构，再定向排布成肉眼所能辨别出的纤维。因此，纤维素有很大的强度和弹性，这与相邻纤维素分子中的氢键、D-(+)-葡萄糖单元的构型及 β-1,4'-苷键相结合的形式密切相关。D-阿拉伯糖或 D-半乳糖即使以同样的方式联结起来也不会有像纤维素这样特殊的性质。纤维素的一大用处是造纸，滤纸几乎就是纯的纤维素。木材中绳索状的纤维素和**木质素**（xylogen）像钢筋混凝土那样混在一起。木质素是一组复杂的芳香族多酚类化合物，结构尚不清楚。木材用亚硫酸钙处理，溶解掉木质素后余下较纯的木质纤维素。

4

不溶于水的纤维素无味，没有还原性。食草动物靠吃各种富含纤维素的植物茎、叶、根等就能生存，因为滋生于土壤和牛、羊及白蚁等食草动物的消化道中的一些微生物能分泌纤维素酶。人不能靠树皮草根过活，也不能从纤维素得到能量。但是，人也需要摄入如粗粮、燕麦、大麦、水果、蔬菜等一些富含纤维素的食物。多羟基亲水性的纤维素使肠子增加蠕动，保持湿润而让大便通畅并有助于食物的消化吸收。食物中的纤维素还有一些可被肠道细菌的酶分解，除产生水和二氧化碳外还有乙酸、乳酸和其他短链脂肪酸。如，大肠杆菌能和纤维素作用合成维生素 B 类的泛酸、维生素 K 和肌醇，从而被人体所吸收利用。高纤维植物还容易使人得到饱感，带走胆固醇的代谢产物胆固酸并使胆固醇在体内的沉积减少。因此，膳食纤维已被列为蛋白质、脂肪、糖类、维生素、无机盐和水之外的第七类**营养素**（nutrient），是其他营养素无法代替的物质。

纤维素分子中每个葡萄糖单元含有三个游离的羟基，可以利用这些羟基通过醚化、酰基化等反应进行纤维素改性来制备许多有用的纤维素衍生物。纤维素用浓硝酸/浓硫酸处理后生成一个俗称**硝化纤维**的**硝酸纤维素酯**（**5**），硝化程度不同，产物的性质和用途也不同。硝化程度较低、含氮量约在 11% 时得到**胶棉**、**赛璐珞**等塑料和照相软片，它们不溶于水，易燃，爆炸性低。三个游离羟基都被硝化时得到俗称为**火棉**的爆炸性**无烟火药**，含氮量达 13% 左右，爆炸时不产生烟尘。这是第一个以天然高分子化合物经化学处理后得到的**人造纤维**（artificial fiber），它不同于合成纤维，后者是以小分子化合物为原料经化学加工后合成的纤维。

$$[C_6H_7O_2(OH)_3]_n \xrightarrow[H_2SO_4]{HNO_3} [C_6H_7O_2(ONO_2)_3]_n$$
5

由纤维素硝酸酯制得的人造纤维成本较高，易燃性更是一大缺陷。19 世纪后半叶发现，纤维素分子中的羟基与溶于含 20% 氢氧化铜的氨水溶液中的铜氨离子间可形成一个配合物。该配合物遇酸分解再经碱液处理可沉淀出一种称**人造丝**（rayon）的物质。这种具有一定光泽和强度的铜氨人造纤维很柔软，虽然不易染色，但仍适宜制作高级织物，曾被称为"光辉的材料"。但是，它的原料是短棉绒，又需消耗大量的铜、氨，成本昂贵，活跃了 20 年左右逐渐被其他人造纤维所取代。20 世纪初人们发现，纤维素先用碱处理以增加其活性后与二硫化碳反应可生成黏度很大的**纤维素黄原酸钠**的黏胶（**6**）。该黏胶通过细孔进入酸水浴中后分解，凝固成形生成称**黏胶纤维或人造棉**（artificial cotton）的一种人造丝。它的光泽更好，分子很长，可制成长丝或短丝用于纺织工业。改用 1% 的硫酸锌为凝固浴液后使黏胶纤维的质量大为改进。由于黏胶纤维能以木材制造的纤维素浆粕为原料，来源充裕，得到的纤维性能又好，其产量很快就超过了天然丝，如今仍在人造纤维中占有一席之地。

$$[C_6H_7O_2(OH)_3]_n \xrightarrow{NaOH} [C_6H_7O_2(OH)_2ONa]_n \xrightarrow[NaOH]{CS_2}$$
6

$$[C_6H_7O_2(OH)_2OCS_2Na]_n \xrightarrow{H_3O^+} [C_6H_7O_2(OH)_3]_n + nCS_2$$

纤维素与乙酐、乙酸/浓硫酸等反应则得到**三乙酸纤维素**（cellulose triacetate）。该聚合物较硬，脆性大，仅溶于价贵且有毒的氯仿中。将其部分水解后可得到**二乙酸纤维素**，俗称**乙酸纤维素**（acetate rayon，**7**）。**7** 可溶于丙酮，制成的胶浆不像硝酸纤维素那样易燃，故可制作安全型胶片的片基和人造丝。这类人造纤维有类似真丝的柔软手感而广受欢迎。它还具有一种选择性过滤能力，可滤出烟中的苯酚等有毒物质，对**烟碱**的吸收却很低，已成为**卷烟过滤嘴**的制造材料。在人造纤维工业中乙酸纤维素是仅次于黏胶纤维的第二大品种。

$$[C_6H_7O_2(OH)_3]_n \xrightarrow[H_2SO_4]{HOAc/Ac_2O} [C_6H_7O_2(OAc)_3]_n \xrightarrow[-HOAc]{H_2O} [C_6H_7O_2(OH)(OAc)_2]_n$$
$$\textbf{7}$$

纤维素在氢氧化钠溶液中也可以和卤代烷作用进行烷基化反应，但纤维链在反应时也被打断，生成的短链醚可用于制备薄膜、假漆。纤维素用氯乙酸处理后生成含有羧基的纤维素醚，俗称**羧甲基纤维素**（carboxyl methyl cellulose，**8**），溶于水中成黏稠液，可用作纺织工业的上浆剂、黏合剂、石油工业中的**泥浆稳定剂**、造纸工业的**胶料**及合成洗涤剂的**填料**、牙膏和冰淇淋的**稳定剂**等。

$$[C_6H_7O_2(OH)_3]_n + n ClCH_2CO_2H \xrightarrow[-HCl]{NaOH} [C_6H_7O_2(OH)_2OCH_2CO_2H]_n$$
$$\textbf{8}$$

多糖的丰富性及其应用在环保产业中也日益受到重视，源于淀粉的可生物降解的塑料制品已经面世。纤维素转化为蛋白质等生物技术也不断取得令人鼓舞的成功。

13.8.3 多糖的生理功能

相当长的一段时间内，由于糖的分离、合成及结构研究都非常困难，糖被认为仅是一种能量储存物质。糖核苷二磷酸的生物学功能于 20 世纪 50 年代得以发现，**糖生物学**（glycobiology）开始取得了蓬勃发展。糖是继核酸和蛋白质之后的另一类构成生物信息的生物高分子，其重要性在生命科学中不断得到体现和应用。已知的天然多糖化合物有 300 多种，从功能来看主要有三种类型：第一类是支持组织或称结构物质的多糖，如纤维素、虾、蟹和某些昆虫外壳中的甲壳素等。甲壳素和纤维素一样稳定，不易水解，可用作外科手术缝线用的材料。第二类是营养性的或称能量物质的多糖，如植物中的淀粉和由聚果糖组成的**菊糖**、动物体中的糖原等。它们都是生物体的储藏养料，随代谢的需要可转变放出能量。第三类是**糖胺类多糖**（glycosamine glycan），存在于哺乳动物结缔组织和体液之中，如眼球中的**透明质酸**［*β*-葡糖醛酸（1→3)-*β*-乙酰氨基葡萄糖（1→4)]，软骨中的**硫酸软骨素**［*β*-葡糖醛酸（1→3)-*β*-乙酰氨基葡萄糖硫酸酯（1→4)]、肌肉和内脏中的**肝素**（氨基葡萄糖和两种糖醛酸、硫酸酯的黏多糖）等。此外，糖还是细胞骨架的组分并在细胞的识别及细胞信号传导中起着关键作用，参与各种生命现象的调节过程。从天然产物中分离出的如香菇多糖、云芝多糖、黄芪多糖、牛膝多糖、冬虫夏草多糖等许多多糖能激活免疫细胞并提高机体的免疫功能。糖的复杂多样性还在于其能够进行各种酰基化、磷酰化、烷基化及硫酸酯化等反应生成各种形式的衍生物。糖及其衍生物的柔韧性极好，受到环境的影响会产生各种构象变化，从而实现分子之间的匹配和相互作用以传递更多的生物信息。因此，寡糖能够以最小的结构单元编码最大的生物信息量，是生命过程中最合适的生物信息载体。糖与肽、蛋白质或脂以共价键相结合的**糖缀合物**（glycoconjugate）也都是一些非常复杂的大分子，它们广泛存在于动物的各类组织和细胞之中，具有很强的生理调节功能。

13.9 甜味分子的结构理论和甜味剂

谈及糖，人们自然就会想到**甜味**（sweet）。甜味作为一种物质属性，自然与甜味物质的组成和每个成分的构造、构型及构象有关。但作为一种感觉，它也和人的生理感觉、心理状态及环境因素等有关系。

13.9.1 甜度和生甜基团学说

甜味剂的**甜度**（sweetness）可根据大多数人的品尝结果得出一个统计值，有各种相对定量的标准。若以 10% 的蔗糖水溶液的甜度定为 1.00，各种常见糖类化合物的甜度值为：最甜的果糖 1.73、葡萄糖 0.69、半乳糖 0.63、麦芽糖 0.46、乳糖 0.39、甘油 1.08。温度对甜度的影响较明显，人的甜觉在 30℃ 时最为敏锐，低于 10℃ 和高于 50℃ 时甜觉变得很迟钝。浓度增高，甜度一般也随之增加，但是在不同的甜味剂之间增加的程度差别较大。如葡萄糖的甜度在低浓度情况下比蔗糖小，但随浓度增加，这种差别逐渐减少。甜度与因晶体大小而影响溶解速率也有关系，如，一般觉得绵白糖比砂糖甜，但配成相同浓度的溶液产生甜度也是相等的。不同种类的糖混合后互有增甜的作用，如 5% 葡萄糖的甜度约为同浓度蔗糖的一半，但 5% 葡萄糖和 10% 蔗糖混合后产生的甜度与 15% 蔗糖溶液相等。其他介质的存在对甜度也有影响，果糖内加入少量柠檬酸后甜度降低至与蔗糖相似。在 5%～7% 的蔗糖溶液中加入 0.05% 食盐使甜度增加，但食盐量继续增加后甜度就降低了。食醋对低浓度糖溶液的影响很小，但会明显降低高浓度糖溶液的甜度。

影响甜度的最主要因素还是甜味分子的结构。D-甘油醛有微弱甜味，其构造异构体1,3-二羟基丙酮则有清凉味且带毒性。D-赤藓糖和 D-苏阿糖之间及 D-阿拉伯糖和 D-木糖之间的甜度差异都很大。一般来说，单糖聚合物的甜度随聚合度增加而降低。同样的聚合度，不同的糖苷键对甜度影响也很大，麦芽糖与异麦芽糖甜度不同，而纤维二糖完全没有甜味，经由 1,6'-苷键结合而成的龙胆二糖不但不甜，相反还产生苦味。市售葡萄糖多以 α-D-葡萄糖为主，其甜度约为 β-异构体的 1.5 倍，将市售葡萄糖溶于水中后，甜度就逐渐降低，直到趋于稳定。β-D-果糖的甜度是 α-异构体的 3 倍。糖的不同环状构型对甜度也有影响。六元环吡喃型果糖晶体的甜度为 2.0，溶于水中后，六元环平衡逐渐由 β-型向 α-型转变，同时又向五元环呋喃型平衡转移，引起甜度降低。

天然甜味物质就组成看，大多是脂肪族羟基化合物。某些醛、酯、磺酸、酰胺、卤代烃等也有甜味。5% 的乙醇溶液有微弱甜味，羟基数目随相对分子质量增加时，其甜度一般也会逐渐增加。如，多元醇的甜度由强到弱的次序为：D-甘露糖＞D-核糖＞D-赤藓糖＞丙三醇＞乙二醇，羟基多于 6 个的多元醇甜度却反而减弱。但这也仅仅是大致规律，常有例外。一些含氮的化合物特别是许多 D-型氨基酸也有甜味，而 L-型氨基酸有的有甜味，有的没有甜味或甚至还有苦味。

关于甜味与分子结构的关系也有不少理论解释，其中以**生甜基团学说**较为典型和引人注目。该学说认为，有甜味感的分子都有一个如氧、氮等电负性较大且连有一个氢原子的原子，可用 A—H 表示，离 A—H 0.3～0.4nm 处有另一个电负性也较大的原子，可用 B 表示。A—H 和 B 之间的距离小于或大于 0.3～0.4nm 时则没有甜味，如环戊-1,3-二醇的两个异构体中，反式的 O—O 距离约 0.36nm，有甜味，顺式的小于 0.3nm 没有甜味。甜味化合物中由氢的供体酸 A—H 和氢键的受体碱 B 所组成的 A—H/B 结构被称为生甜基。与生甜基相对应的味蕾感受器也有相应的基团受体形成一对一的拓扑结构，通过双氢键形成分子复合物，如图 13-12 所示。甜味分子和味蕾感受器之间是通过三维空间而起作用的，空间构型不同，味觉和甜度也不同。多肽虽然也有 A—H/B 结构但无甜味，这与它们的溶解度太小有关。同时，这些大分子中只有链端有 A—H/B 结构，故影响很小。

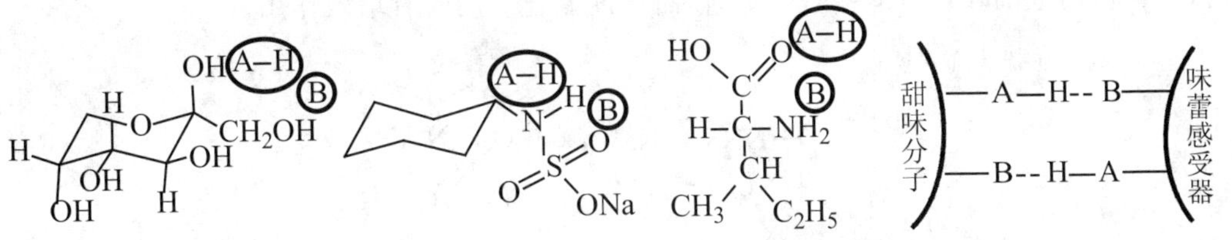

图 13-12　三个甜味物质的 A—H/B 结构及其与味蕾感受器的作用

对甜味感觉的理论研究还在不断探索。事实上有些甜味分子并不存在 A—H/B 结构，有此结构的化合物却没有甜味的也有不少，如氯仿有甜味而三氟甲烷不甜，尽管它们都有 A—H/B 结构。

13.9.2　甜味剂

甜味剂（sweetener）可分为三大类：第一类是口感好、甜度低、含热量高的蔗糖、葡萄糖等糖类营养型化合物；第二类是甜叶菊苷、罗汉果苷、甘草苷等非糖类天然产物；第三类是人工合成的化合物。许多天然单糖在食品中广为用作甜味剂，它们的营养性很好，有较高的发热值，但甜度不高，用量大，易引起肥胖、龋齿、心血管疾病等副作用，糖尿病人更是不宜食用这些糖类化合物。为此，甜度更大、热值较低的**人工甜味剂**的开发一直受到重视。**糖精**（saccharin，**9**）是 1878 年偶然发现的第一个合成的非糖类甜味剂，甜度是葡萄糖的 300 倍。糖精在体内不能被利用，热稳定性不高，用量稍大时会有苦味，此外还常有报告说其对健康有副作用，故使用受到限制。下面是几个代表性的新型甜味剂产品。它们的结构与单糖相去甚远，这也说明甜味的感受原理绝非简单，也不是一个小分子的外形或某些特定的官能团就能决定的。

（1）蔗糖衍生物　20 世纪 80 年代以来，人们发现蔗糖上引入氯原子可增加甜味，氯代位置和数目均有影响，其中较为成功的甜味剂是 4,1′,6′-三氯蔗糖（4-氯-4-脱氧-α-D-吡喃半乳糖-1,6-二氯-1,6-二脱氧-β-D-呋喃果糖苷，**10**），商品名为 Sucralose，其甜度为蔗糖的 500 倍左右。

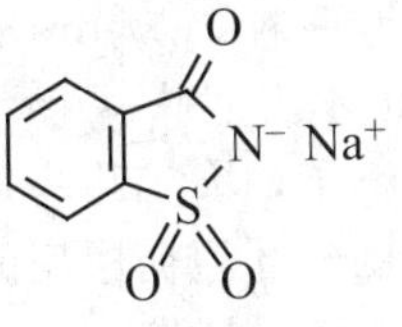

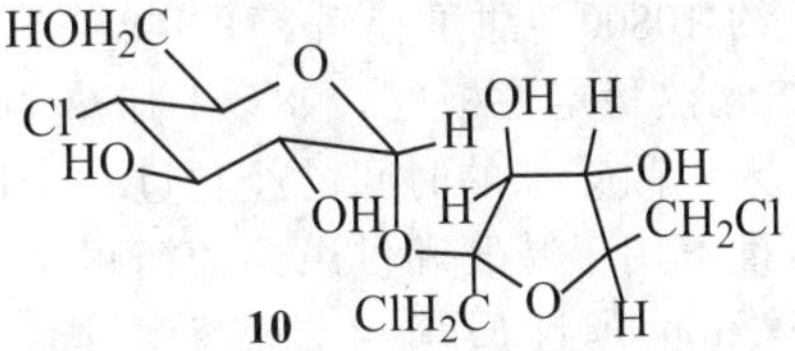

（2）查尔酮衍生物　从桃树及柑橘等果皮中提取得到的**柚皮苷**（**11**）与稀碱共热后生成查尔酮糖苷，再催化加氢生成**二氢查尔酮柑橘苷**（**12**）；由新橙皮苷经同样处理则可以得到**二氢查尔酮橙皮苷**（**13**）。它们的甜度在蔗糖的 2000 倍以上。

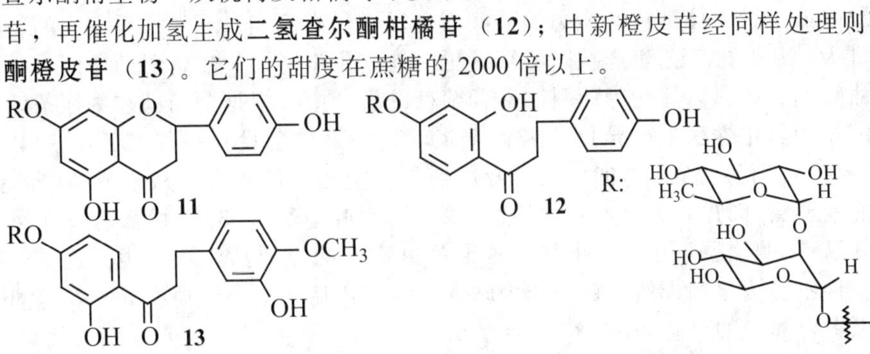

（3）磺酰胺衍生物　某些磺酰胺化合物有甜味，如 20 世纪 50 年代上市商品名为**甜蜜素**（cyclamate）的**环己氨基磺酰钠**（**14**），其甜度约为蔗糖的 100 倍，价廉物美兼甜味纯正，但副作用较强已被禁止使用。商品名为 **Acesulfame-K** 的**双氧噻嗪钾**（**15**）的甜度为蔗糖的几百倍，pH 应用范围较广（3～7），与其他甜味剂混合使用时有增效作用。

（4）肽类衍生物　至今已发现近十种甜味蛋白，有的本身有甜味，有的需诱发产生甜味。某些肽类化合物也有甜味，如 20 世纪 80 年代上市商品名**阿斯巴甜**（aspartame，**16**）的 L-天冬酰胺-L-苯丙氨酸甲酯，其甜度是蔗糖的 200 倍。这是侥幸发现的第一代肽类甜味剂产品，对血糖值无影响，也不会引致龋齿，但仅在 pH3～5 时较稳定。研究得较彻底的阿斯巴甜被认为是安全的食品添加剂之一，但因可代谢出苯丙氨酸而对苯丙酮酸尿患者有毒。阿斯巴甜消旋后的异构体有苦味，其衍生物天冬氨酰氨基丙二酸旅醇甲醇二酯（**17**）甜度为蔗糖的 27000 倍。N-(2,2,4,4-四甲基-3-硫杂环丁基)-L-天冬门酰胺-D-丙氨酰胺（**18**）是另一个二肽衍生物甜味剂，商品名 **Alitame**，其甜度为蔗糖的 2000 倍，pH 应用范围较广，也无异味。

16：R = CH₂C₆H₅
17：R = COOC₁₀H₁₇

18

20 世纪 70 年代以前，人们普遍认为味觉受体只与小分子有作用，相对分子质量大于 2500 的物质必然是无味的。然而，1968 年首先分离出一种有甜味的蛋白质后，至今已有 10 多种蛋白质大分子被发现是有甜味的。如，从一种非洲植物中得到的 thaumatin，商品名**塔林**（Talin），甜度为蔗糖的 2500 倍。从中药马槟榔中也分离得到一种名为 **Mabinlin** 的甜蛋白，相对分子质量约 10800，甜度是蔗糖的 400 倍。另一种名为 **Brazzein** 的天然甜蛋白，甜度为蔗糖的 2000 倍，热稳定性极好，98℃下加热 2h 仍不失甜味。

使用不含热量的人工甜味剂的时间已经超过一个世纪了，人工甜味剂用在食品中的数量越来越大，同时也被推荐用于减肥和供患葡萄糖耐受不良及Ⅱ型糖尿病的人使用。这些非糖甜味剂的物理、化学和生理性质均与天然糖不同，甜度也足够大。如，**19** 的甜度达到 6×10^4，**20** 被认为是最甜的化合物，甜度达到 22×10^4 以上。但合成的非糖甜味剂也需谨慎使用，其影响或干扰人体糖代谢能力的某些不良反应仍有可能。开发优质安全的新型非糖甜味剂大有可为：从改进工艺生产技术和继续更多地利用丰富的天然资源两方面入手大力开发新颖人工甜味剂。如，以淀粉为原料制造葡萄糖的生产中，根据葡萄糖在碱性条件下转化为果糖的原理，用**异化性酶**生产异化果葡糖浆，其中果糖含量在一代产品中占 42%，二代产品中占 55%，三代产品中占 99%，甜度达到与蜂蜜相似的程度。从松节油中的**紫苏醛肟**化后生成的**紫苏糖**（**21**）、天然产物**木糖醇**（**22**）、**甜叶菊苷**（**23**）、**甘草皂苷**（**24**）也都是较为安全并已得到广泛应用的甜味剂。龙舌兰植物中的主要活性成分**龙舌兰素**（agavins）类物质是一种不易消化的天然多糖，作为膳食纤维食用后不会导致血糖升高，但同时又能满足糖尿病患者对甜味的口感需求。

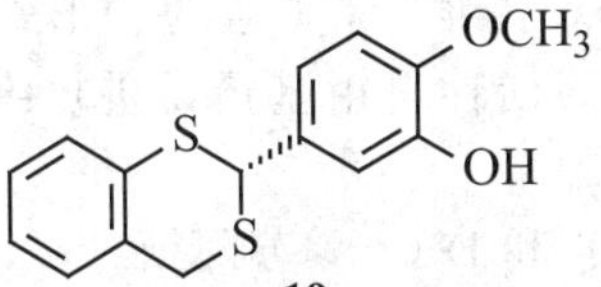

19 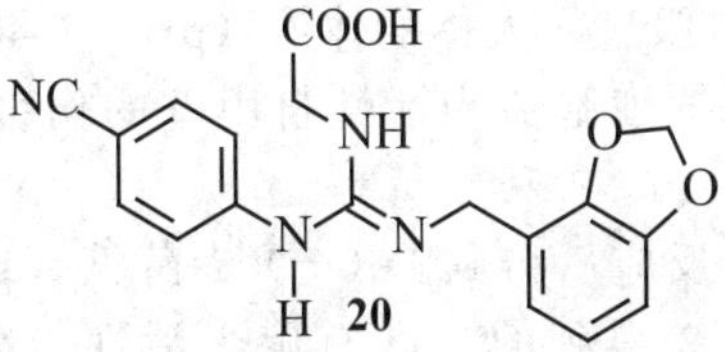 **20** 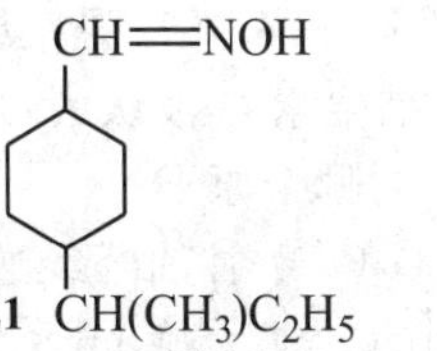 **21**

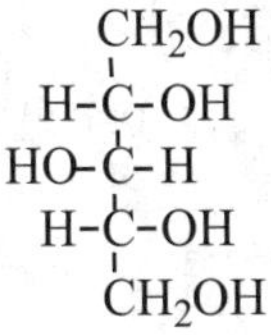

22 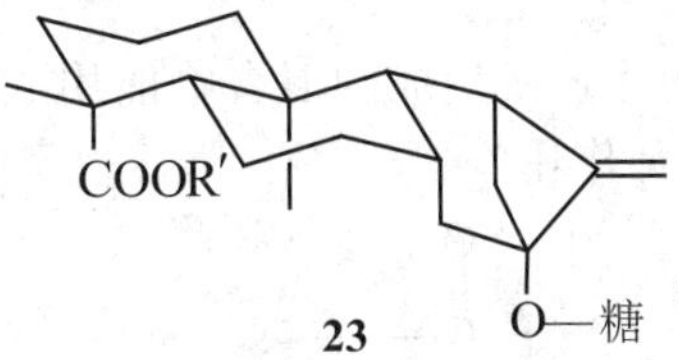 **23** 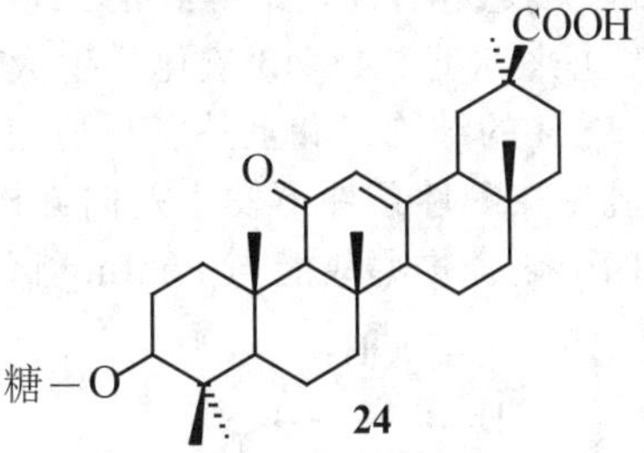 **24**

习 题

13-1 解释下列各术语：

单糖、D-糖/L-糖、异头物、苷、还原糖、1,4'-键连、呋喃式和吡喃式、Haworth 结构式、α-异构/β-异构。

13-2 说明：

（1）β-D-古罗糖（**1**）的环状结构是吡喃式还是呋喃式？将其用 Fischer 结构式表示。

（2）将 L-阿拉伯糖（**2**）和 D-半乳糖（**3**）分别表示为五元环的和六元环的 Haworth 式。

（3）β-D-塔罗糖（**4**）与 $NaBH_4$、Br_2/H_2O、稀 HNO_3、乙醇/HCl、Ac_2O/Py、CH_3I/Ag_2O 的反应产物。

（4）^1H NMR 分析表明，化合物 **5** 在 $CDCl_3$ 中取代基以占 a-键为主，而在 D_2O 中以占有 e-键为主。

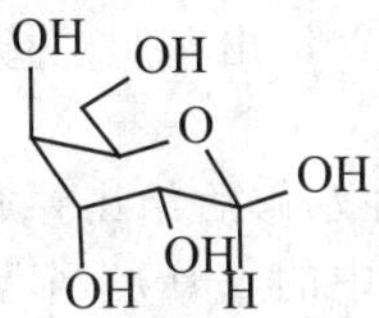

1 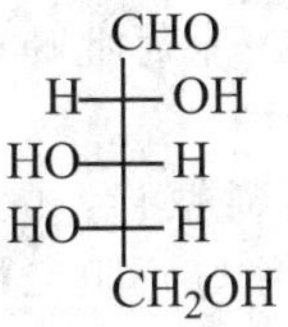 **2** 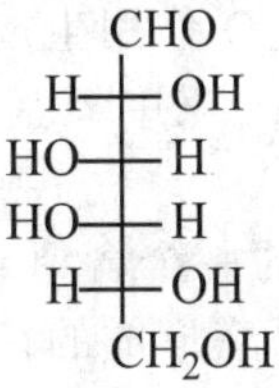 **3** 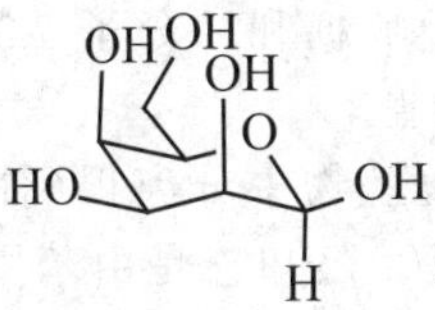 **4** 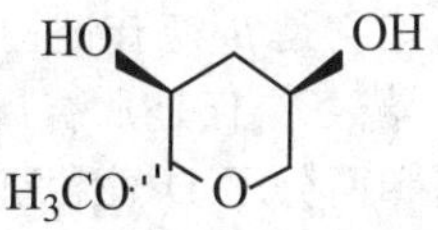 **5**

（5）有几个七碳醛糖异构体？其中 C(4)、C(5) 构型和葡萄糖的 C(3) 和 C(4) 相同的 D-糖有几个？

（6）醛糖可以与 Fehling 试剂作用，也能成脎，但不与 $NaHSO_3$ 作用，为什么？

（7）D-半乳糖用 $NaBH_4$ 还原后所得的六碳醇有光学活性吗？

（8）D-果糖在水溶液中得到一个平衡组成：70% β-吡喃糖、2% α-吡喃糖、23% β-呋喃糖和 5% α-呋喃糖。给出它们的结构式。

（9）cis-丁-2-烯酸与 OsO_4-H_2O_2 发生双羟化反应的产物是苏式还是赤式。

（10）从 α-或 β-半缩醛糖出发生成 α-或 β-缩醛糖苷的比例都相同。

（11）利用糖被高碘酸氧化的反应可以判断底物是六元的吡喃糖还是五元的呋喃糖半缩醛结构。

13-3 没有羧基的维生素 C 有"酸"的称谓"抗坏血酸（ascorbic acid）"，为何其有很强的酸性（$pk_a = 4.70$）呢？经口服进入人体的体液（pH＝7.40）后维生素 C 会呈何形式？

13-4 维生素 C 被认为可保护细胞免受活性自由基的伤害。活性自由基最易进攻维生素 C 分子中的哪个原子？

13-5 D-（＋）-甘油醛经递升反应后得到 D-（－）-赤藓糖（**1**）和 D-（－）-苏阿糖（**2**）；**1** 氧化后得到的二酸无旋光活性，**2** 得到的二酸有旋光活性；**2** 经递升反应后生成 D-（＋）-木糖（**3**）和 D-（－）-来苏糖（**4**），**3** 氧化后生成的二酸也无旋光活性，**4** 生成的二酸有旋光活性。给出 **1**、**2**、**3**、**4** 的结构式和上述各反应过程。

13-6 D-半乳糖在碱性条件下发生差向异构化，所生成的混合物能用成脎反应予以分离吗？

13-7 下列四个化合物哪些能与 Fehling 试剂作用？

13-8 某 D-己醛糖（**1**），氧化后生成有旋光活性的二酸（**2**）；递降为戊醛糖后再氧化生成无光学活性的二酸（**3**），与 **1** 能生成同种糖脎的另一己醛糖（**4**）氧化后得到无光学活性的二酸（**5**）。给出 **1**、**2**、**3**、**4** 和 **5** 的结构。

13-9 D-艾杜糖在 100℃时发生可逆的脱水和水合反应并主要以 1,6-失水-D-艾杜吡喃糖存在，给出 D-艾杜糖及其失水产物稳定的吡喃糖形式；α-和 β-构型中何者更稳定？为什么 D-葡萄糖加热到 100℃不会发生像 D-艾杜糖那样的失水反应？

13-10 许多糖有变旋光现象。如，α-D-吡喃半乳糖的比旋光度为＋150.7°，β-D-吡喃半乳糖的比旋光度为＋52.8°，将 α-或 β-半乳糖中的任何一个溶于水中放置到平衡时测得的比旋光度为 80.2°，此时 α-和 β-的组分如何？

13-11 存在于藏红花和龙胆属植物中的龙胆二糖是一个不常见的带 1,6'-苷键的二糖，有还原性，酸性水解后生成葡萄糖，与 CH_3I/Ag_2O 作用生成八甲基醚，后者水解后生成一分子 2,3,4,6-四甲氧基-D-葡萄吡喃糖和一分子 2,3,4-三甲氧基-D-葡萄吡喃糖，给出龙胆二糖的结构，已知它是 β-糖苷键构型。

13-12 苦杏仁苷是从杏属植物中分离得到的一个含氰葡萄糖苷，酸性水解后给出氰化氢、苯甲醛和两分子 D-葡萄糖。已知它是由苯甲醛形成的氰醇与龙胆二糖中的 β-苷羟基键连而成的，给出其结构。

13-13 D-葡萄糖与丙酮在酸性条件下给出一个非还原性的 1,2,5,6-二亚异丙基-D-呋喃葡萄糖，给出反应过程及 1,2,5,6-二亚异丙基-D-呋喃葡萄糖的结构式。

13-14 D-甘露糖与丙酮反应给出一个二亚异丙基衍生物，后者仍可和 Tollens 试剂作用，给出它的结构。

13-15 为何 D-葡萄糖酸和 D-甘露糖酸在吡啶溶液中加热时能互相转换？

13-16 由指定原料合成目标化合物：

（1）从半乳糖合成 6-脱氧半乳糖；（2）从 D-葡萄糖合成 D-阿洛糖。

13-17 化合物 **1**，分子式为 $C_5H_{10}O$，IR：3400cm^{-1}、1640cm^{-1}；δ_H：5.70（1H，t，$J = 7Hz$）、4.15（2H，d，$J = 7Hz$）、3.83（1H，宽）、1.70（3H，s）、1.63（3H，s）。给出 **1** 的结构式并对 IR 和 ^{1}H NMR 的数据给以解释。

14 氨基酸、肽和蛋白质

蛋白质是生物体中最丰富的有机化合物，生命活动的基本特征就是生理功能各异的蛋白质不断自我更新的过程。

14.1 氨 基 酸

蛋白质是由 20 多种氨基酸失水形成的多酰胺高聚物。生物体内有 180 多种氨基酸，但组成天然蛋白质的**蛋白质氨基酸**（protein amino acid）主要是如表 14-1 所示的 20 种 **α-氨基酸**。

14.1.1 分类和命名

蛋白质氨基酸可根据 R 基团的酸碱性分类：R 基团中含有羧基的称**酸性氨基酸**；含有氨基或其他碱性基团的称**碱性氨基酸**（这些氨基酸中的氨基除了在脯氨酸中是位于五元环中的仲胺外都是伯胺）；其他都归入**中性氨基酸**。氨基酸的构型表示也采用 D/L 系列，除甘氨酸外的 19 种 α-氨基酸分子中氨基所在的碳原子都是手性碳原子且相对构型都是 L-型。但要注意，D/L 在糖中由最远离醛基的手性碳原子的构型来决定，在氨基酸中以最靠近羧基的手性碳原子的构型来决定。在 Fischer 投影式中，羧基位于上部，L-型氨基酸中的氨基位于左侧，如，**L-氨基酸（1）**、**L-(−)-甘油醛（2）**、**L-苏氨酸（3）** 和 **D-苏阿糖（4）**。若以 R/S 系列来命名，除半胱氨酸外的蛋白质氨基酸都是 S 构型，但这种命名法并不流行。异亮氨酸和苏氨酸的侧链上还有一个都是 R 构型的手性碳原子。

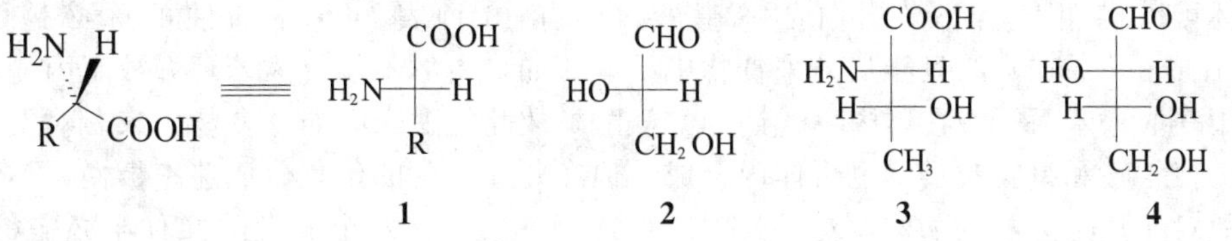

1　　**2**　　**3**　　**4**

蛋白质氨基酸多采用俗名。如，微具甜味的甘氨酸，从天门冬植物中得到的天冬氨酸，蚕丝中得到的丝氨酸等。1975 年，IUPAC 对 20 种蛋白质氨基酸给出了标准的一个命名、一个字母、其英文名称前三个字母（**三字码**）组成的缩写符号，并规范了它们的碳链定位。非蛋白质氨基酸的命名相对不够严谨，它们的俗名、半系统命名或系统命名均会出现在文献中。

表 14-1　一些蛋白质氨基酸的等电点（25℃）、溶解度（25℃）和 pk 值[②]

名称	缩写	结构式	pI	溶解度 /（g/100mL H_2O）	pk_{a1} α-CO_2H	pk_{a2} α-NH_3^+	pk_{a3} 侧链
		中性型氨基酸					
甘氨酸	Gly(甘,G)	$H_2C(NH_3^+)COO^-$	5.97	25	2.34	9.60	
丙氨酸	Ala(丙,A)	$CH_3CH(NH_3^+)COO^-$	6.00	16.7	2.34	9.69	
缬氨酸[①]	Val(缬,V)	$(CH_3)_2CHCH(NH_3^+)COO^-$	5.96	8.9	2.32	9.62	
亮氨酸[①]	Leu(亮,L)	$(CH_3)_2CHCH_2CH(NH_3^+)COO^-$	5.98	2.4	2.36	9.60	
异亮氨酸[①]	Ile(异亮,I)	(3R)- $CH_3CH_2CH(CH_3)CH(NH_3^+)COO^-$	6.02	4.1	2.36	9.60	
丝氨酸	Ser(丝,S)	$HOCH_2CH(NH_3^+)COO^-$	5.68	5.0	2.21	9.15	
苏氨酸[①]	Thr(苏,T)	(3R)-$CH_3CHOHCH(NH_3^+)COO^-$	5.60	很大	2.09	9.10	
谷氨酰胺	Gln[谷(NH_2),Q]	$H_2NCOCH_2CH(NH_3^+)COO^-$	5.65	3.7	2.17	9.13	
天冬酰胺	Asn[天冬(NH_2),N]	$H_2NCOCH_2CH(NH_3^+)COO^-$	5.41	3.5	2.02	8.80	
半胱氨酸	Cys(半胱,C)	$HSCH_2CH(NH_3^+)COO^-$	5.07	很大	1.96	8.18	10.28
甲硫氨酸[①]	Met(蛋,M)	$CH_3SCH_2CH_2CH(NH_3^+)COO^-$	5.74	3.4	2.28	9.21	
苯丙氨酸[①]	Phe(苯丙,F)	$C_6H_5CH_2CH(NH_3^+)COO^-$	5.48	3.0	1.83	9.13	
酪氨酸	Tyr(酪,Y)	4-$HOC_6H_4CH_2CH(NH_3^+)COO^-$	5.66	0.04	2.20	9.11	10.07
脯氨酸	Pro(脯,P)		6.30	162	1.99	10.60	
色氨酸[①]	Trp(色,W)		5.89	1.1	2.83	9.39	
		酸性型氨基酸					
天冬氨酸	Asp(天冬,D)	$^-OOCCH_2CH(NH_3^+)COO^-$	2.77	0.54	1.88	3.65	8.60
谷氨酸	Glu(谷,E)	$^-OOCCH_2CH_2CH(NH_3^+)COO^-$	3.22	0.86	2.19	4.25	9.67
		碱性型氨基酸					
赖氨酸[①]	Lys(赖,K)	$H_3N^+(CH_2)_4CH(NH_3^+)COO^-$	9.74	很大	2.18	8.96	10.53
组氨酸	His(组,H)		7.59	4.2	1.82	9.17	6.10
精氨酸[①]	Arg(精,R)		10.76	15	2.17	9.04	12.48

① 必需氨基酸。

② 结构式所示是在生理环境下（pH=7.3）存在的形式。半胱氨酸侧链中的巯基、酪氨酸侧链中的氨基和组氨酸侧链中的酚羟基有部分离子化形式。

　　人体可以代谢产生一半蛋白质氨基酸，还有 10 种表 14-1 中所注的称**必需氨基酸**（essential amino acid）的只能从外来食物中摄取。如，人体不能合成苯环，故苯丙氨酸只有从食物中获取；苯丙氨酸在体内可代谢为酪氨酸，故酪氨酸未必非从食物中来。对发育有重要作用的精氨酸和组氨酸虽然也可体内合成，但在儿童体内的生化合成速率极慢，不够正常所需，故对儿童是必需氨基酸，对成人则属正常氨基酸，这两个氨基酸又称**半必需氨基酸**。人们可以从不同的食物来源中摄取必需氨基酸，但不易在一种食物内同时获得。如，米、面之类植物蛋白均缺少赖氨酸，大米蛋白缺少苏氨酸，玉米蛋白缺少色氨酸；大豆蛋白是植物蛋白中氨基酸种类最丰富的，但甲硫氨酸含量较少。缺少一种以上必需氨基酸的蛋白质称**不完全蛋白质**（incomplete protein）。肉、鱼、蛋和牛奶等大多数动物蛋白质所含的氨基酸种类和比例与人体需要较为接近，称**完全蛋白质**（complete protein）。人体每天约需 50g **完全蛋白**

质以满足生理需求，蛋白质经消化分解成各种氨基酸，有的被用于合成所需蛋白质，有些转化为其他如肾上腺素、甲状腺素和褪黑激素等非蛋白质生理活性物质，有些则被消耗而提供能量。人体若缺少这 10 种必需氨基酸会使多种蛋白质的代谢和合成失去平衡，导致营养不良。故日常生活中注意饮食的多样化、科学化对健康是非常重要的。此外，针对性地在食物中适量添加某些必需氨基酸也是一种方法。组成人体各种组织细胞中蛋白质的氨基酸有一定比例，故人体需求的各种氨基酸的相对比例也不尽相同。

表 14-1 中所列的 20 种 α-氨基酸又称**编码氨基酸**（coding amino acid），带有遗传信息密码并用于蛋白质的生物合成。组成蛋白质的只有 L-氨基酸，在低等生物中也能参与蛋白质组成的 **D-氨基酸**在高等生物中是罕见的。包括非 α-取代的氨基酸、带其他官能团的和 D-氨基酸在内的其他天然氨基酸统称**稀缺氨基酸**。已知的稀缺氨基酸已超过 700 种，分布于植物、微生物、动物体和人体的各个组织系统中，也各自有着独特的生理功能。

α-氨基酸广泛用于食品、医药、饲料等工业中，L-谷氨酸单钠盐即是**味精**，L-天冬氨酸钠和甘氨酸钠、丙氨酸钠和某些核苷酸如肌苷酸、鸟苷酸等均有增强鲜味的作用。氨基酸配制的输液可用作手术前后病人的营养补充，不少氨基酸衍生物有药理作用。

14.1.2 偶极结构

氨基酸能以较简单的**中性形式**（**1**）来表示，但这个在同一分子内兼具羧基和氨基的结构是不易存在的，其固态结构应是如图 14-1 所示由分子中的羧基和氨基经分子内酸碱反应而成的**偶极离子**或又称**两性离子**（zwitterion ion，dipolar ion，**2**）的内盐。含有一个正电荷和一个负电荷但整体不带电荷的内盐结构使氨基酸能形成很强的晶格而成为不挥发的有较高熔点的晶体，熔融时分解；氨基酸偶极矩很大；不溶于非极性溶剂而易溶于水（等电点时溶解度最低）；IR 中并无典型的羧基吸收峰，但有羧基负离子的吸收峰（$1600cm^{-1}$）。氨基酸既可作为碱与酸反应接受质子，也可作为酸与碱反应失去质子，其酸性（来自 NH_3^+ 而非 COOH）和碱性（来自 COO^- 而非 NH_2）比一般的羧酸和胺都弱得多。

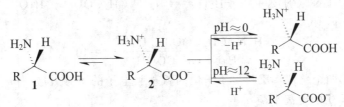

图 14-1　氨基酸在不同 pH 环境下的结构形式

14.1.3 酸碱性和等电点

氨基酸是多质子弱酸，其在水溶液中的结构取决于溶液的 pH，在强酸性或强碱性环境下分别以正离子的铵基羧酸或氨基羧酸根负离子形式存在。酸碱性是氨基酸极为重要的化学性质。如式（14-1）所示，质子化烷基取代氨基酸（**3**）的 pk_a 平均值为 2.2。酸性氨基酸中的天冬氨酸和谷氨酸的侧链羧酸的 pk_a 各为 3.7 和 4.3，这些羧基的酸性都比乙酸强。

$$R\overset{\overset{NH_3^+}{|}}{-}COOH + H_2O \underset{}{\overset{pk_a\approx 2.2}{\rightleftharpoons}} R\overset{\overset{NH_3^+}{|}}{-}COO^- + H_3O^+ \tag{14-1}$$

3

如式（14-2）所示，氨基酸上质子化氨基的 pk_a 平均值为 9.5，比一般伯胺上质子化氨基的 pk_a 平均值为 10.6 小，反映出这些氨基的碱性比伯胺弱。但组氨酸侧链上的咪唑基是芳香胺弱碱；精氨酸侧链上的胍基是强碱。

$$\underset{R}{\overset{\overset{\displaystyle NH_3^+}{|}}{}}\!\!\!-\!\!COO^- + H_2O \xrightleftharpoons[]{pk_a \approx 9.5} \underset{R}{\overset{\overset{\displaystyle NH_2}{|}}{}}\!\!\!-\!\!COO^- + H_3O^+ \tag{14-2}$$

各种氨基酸分子中羧基的离解能力和氨基接受质子的能力并不相等，调节其所在溶液的 pH，氨基酸将分别呈现出酸式结构（正离子）或碱式结构（负离子，参见 1.11.1）。在某个称**等电点**（isoelectric point，**pI**）的 pH 环境下，某个氨基酸离解质子和接受质子的程度相等，分子完全以偶极离子的形式存在，没有净的正电荷或负电荷而处于溶解度最低的电中性状态。以甘氨酸为例，pH＜1 以 **4** 存在；等电点时以 **5** 存在；pH＞13 时以 **6** 存在。故在 pH 值为 7 的纯水环境中不同氨基酸的正离子、负离子和偶极离子这三种形式存在的量并不相等。中性氨基酸中 NH_3^+ 的酸性一般大于 COO^- 的碱性，在水溶液中的 pH 略小于 7，pI 在 5.6～6.3 之间。酸性型氨基酸在酸性溶液中才能阻止第二个羧基的电离以维持其电中性，它们的 pI 在 2.8～3.2 之间，碱性型氨基酸在碱性溶液中才能阻止侧链碱基的质子化以维持其电中性，它们的 pI 一般在 7.6～10.6 之间。每个氨基酸都有其独自的等电点，当溶液的 pH 小于或大于氨基酸的 pI 时，氨基酸分别以正离子（$H_3N^+CHRCOOH$）或负离子（$NH_2CHRCOO^-$）的形式存在，在电场中分别向阴极或阳极移动。故各种氨基酸在某一个 pH 环境电场作用下的**迁移速率**不等，利用电泳技术或阴、阳离子交换树脂都可达到分离混合氨基酸的目的。

$$CH_3\overset{\overset{\displaystyle N^+H_3}{|}}{}\!\!\!\!\!\!-COOH \xrightleftharpoons[H_3O^+]{OH^-} CH_3\overset{\overset{\displaystyle N^+H_3}{|}}{}\!\!\!\!\!\!-COO^- \xrightleftharpoons[H_3O^+]{OH^-} CH_3\overset{\overset{\displaystyle NH_2}{|}}{}\!\!\!\!\!\!-COO^-$$

4   **5**   **6**

表 14-1 给出的各个氨基酸的 pk_a 是通过如下的测试方法得到的。以甘氨酸盐酸盐为例，pk_{a1} 系指如式（14-3）所示的电离平衡：

$$H_3N^+CH_2COOH + H_2O \xrightleftharpoons{k_1} H_3N^+CH_2COO^- + H_3O^+$$
$$pk_{a1} = 2.34$$

$$k_1 = \frac{[H_3N^+CH_2COO^-][H_3O^+]}{[H_3N^+CH_2COOH]} = 10^{-2.34} \tag{14-3}$$

pk_{a1} 比乙酸小两个单位，反映出质子化的氨基吸电子的诱导效应。pk_{a2} 系指如式（14-4）所示的第二个去质子的电离平衡：

$$H_3N^+CH_2COO^- + H_2O \xrightleftharpoons{k_2} H_2NCH_2COO^- + H_3O^+$$
$$pk_{a2} = 9.60$$

$$k_2 = \frac{[H_2N^+CH_2COO^-][H_3O^+]}{[H_3N^+CH_2COO^-]} = 10^{-9.60} \tag{14-4}$$

1mol 甘氨酸盐酸盐（$H_3N^+CH_2COOH$）溶液用碱滴定时，先失去酸性强的—COOH 上一个质子，然后—NH_3^+ 再失去第二个质子。碱的量达到 0.5mol 时，$H_3N^+CH_2CO_2H$ 的一半被中和，这时，$[H_3N^+CH_2COOH] = [H_3N^+CH_2COO^-]$，溶液的 pH 正好等于 pk_{a1}；碱的量为 1.0mol 时，溶液中两性离子的浓度 $[H_3N^+CH_2COO^-]$ 达到最大，由于分子的净电荷为零，质子化程度等于去质子化程度，即为等电点。对中性的甘氨酸而言，相当于 $[H_3N^+CH_2COOH] = [H_2NCH_2COO^-]$。从 k_1 和 k_2 的表达式可以看出 pI 就是两个 pk_a 的平均值，对甘氨酸而言，其 pI 如式（14-5）所示。

$$pI = [pk_{a1}(\alpha\text{-COOH}) + pk_{a2}(\alpha\text{-}NH_3^+)]/2 = (2.34 + 9.60)/2 = 5.97 \tag{14-5}$$

碱的量继续增加，NH_3^+ 失去另一个质子，碱的量达到 1.5 mol 时，$[H_3N^+CH_2COO^-]$ 的一半被中和，这时，$[H_3N^+CH_2COO^-]=[H_2NCH_2COO^-]$，溶液的 pH 正好等于 pk_{a2}；此时代表的是铵离子的酸性强度。碱达到 2.0mol 时，甘氨酸全部转变为它的共轭碱 $H_2NCH_2COO^-$。

氨基酸侧链带有另外的酸性或碱性官能团的，其 pI 将降低或升高。带羧基、酚羟基、巯基等酸性侧链的四个氨基酸（半胱、酪、天冬、谷）的 pI 是两个小的 pk_a 平均数。以天冬氨酸（**7**）为例，如式(14-6) 所示。

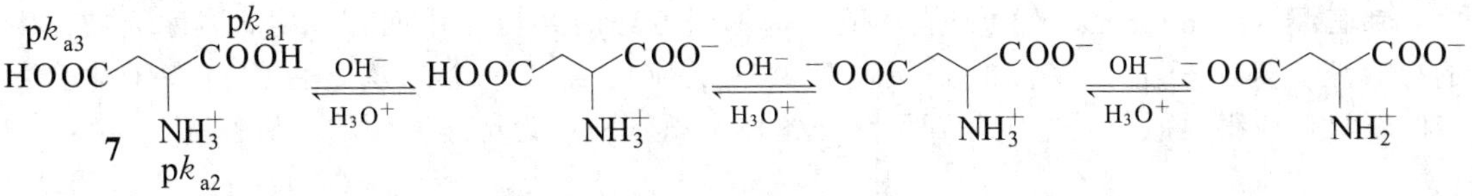

$$pI = [pk_{a1}(\alpha\text{-COOH}) + pk_{a3}(\beta\text{-COOH})]/2 = (1.88 + 3.65)/2 = 2.77 \qquad (14\text{-}6)$$

带碱性侧链的三个氨基酸（赖、组、精）的 pI 值则是其两个大的 pk_a 的平均数，以赖氨酸（**8**）为例，在强酸性溶液中，赖氨酸的两个氨基都质子化，生成赖氨酸双正离子。随着 pH 增大先后从羧基、α-铵离子和 ε-铵离子中失去质子，它们的平衡如式(14-7) 所示。

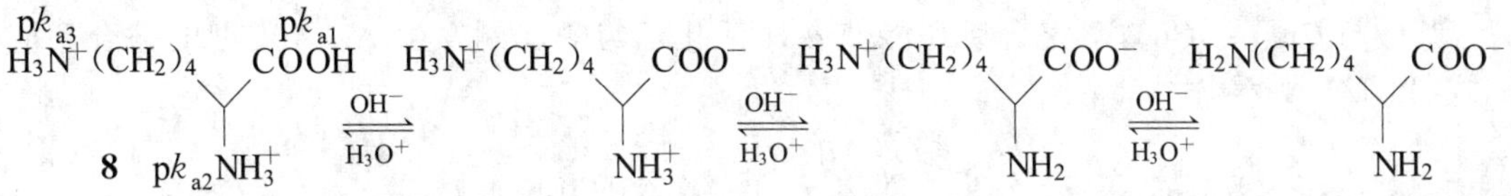

$$pI = [pk_{a2}(\alpha\text{-}NH_3^+) + pk_{a3}(\varepsilon\text{-}NH_3^+)]/2 = (8.96 + 10.53)/2 = 9.74 \qquad (14\text{-}7)$$

蛋白质氨基酸的溶解度和 pk 值如表 14-1 所示。

14.1.4 化学反应

氨基酸最重要的反应是分子间脱水形成酰胺肽键的反应。小心控制反应条件可使氨基或羧基各自发生反应。如图 14-2 所示：氨基可以发生烷基化和酰基化反应；氧化脱氨生成酮酸，这个反应在体内由酶催化完成；与甲醛作用后转化为亚胺或醇胺并使氨基的碱性消失，接着用碱可以测定羧基的量，该法称**甲醛滴定法**；与 2,4-二硝基氟苯进行亲核取代；与强酸发生质子化；与亚硝酸反应生成 α-羟基酸并快速放出定量的氮气，据此可计算出氨基酸中氨基和伯胺基的数量。

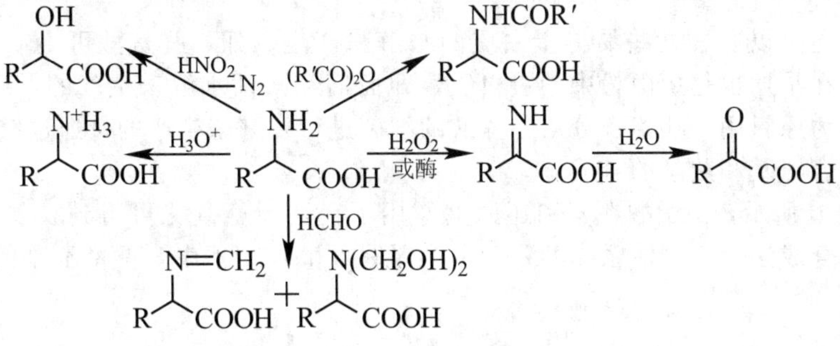

图 14-2　氨基酸中氨基的几个反应类型

如图 14-3 所示，氨基酸中的羧基表现出的典型反应主要有成盐、酯化、酰胺化、脱羧、还原等反应。

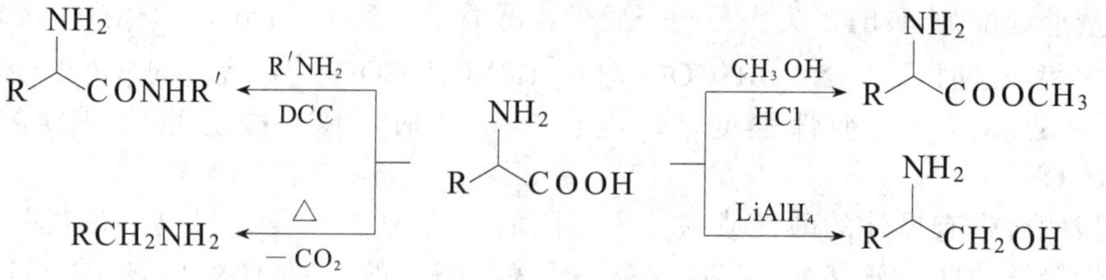

图 14-3　氨基酸中羧基的几个反应类型

茚三酮（ninhydrin）的两个苯基位羰基受到芳环的共轭作用而较稳定，其水合物（**9**）的醇溶液与氮原子上无取代的 α-氨基酸共热反应后得到一个深蓝紫色的负离子化合物（**10**），该反应很灵敏，是鉴定除脯氨酸外各种 α-氨基酸最为迅速简便的分析方法。

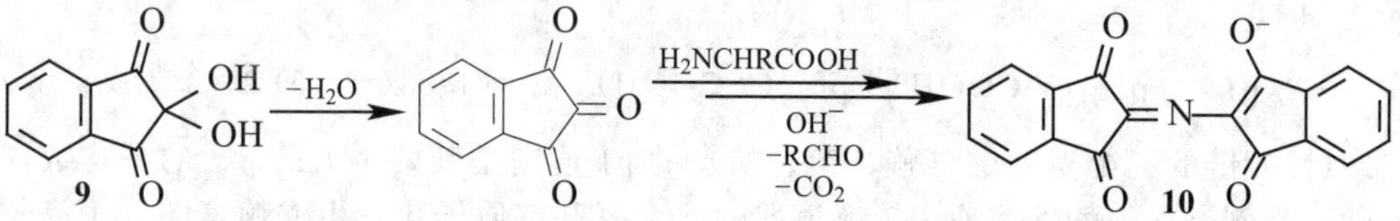

一些氨基酸的金属盐是形状很好的分子配合物晶体，不同的氨基酸和不同的金属以特有的比例形成各种分子配合物。利用这个性质可以用来沉淀和鉴别某些氨基酸和蛋白质。当 α-氨基酸与 Cu^{2+}、Co^{2+} 等螯合后还能使 α-H 活化，与醛、酮发生 Aldol 类型的缩合反应，如式（14-13）所示。

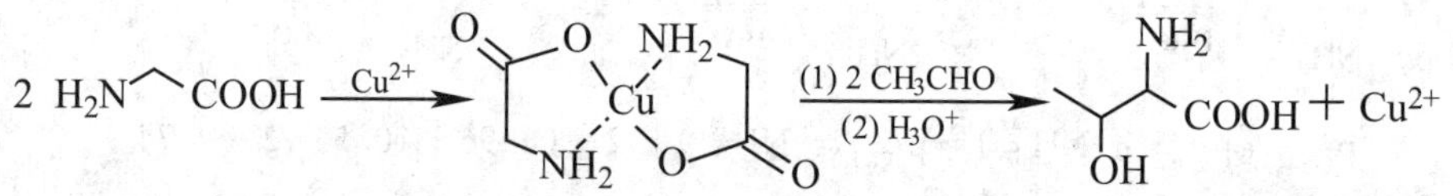

两分子氨基酸的氨基和羧基可以发生分子间失水反应生成环状的取代二酮哌嗪（交酰胺，**11**），**11** 在酸作用下打开一个酰胺键生成**二肽**（**12**）。

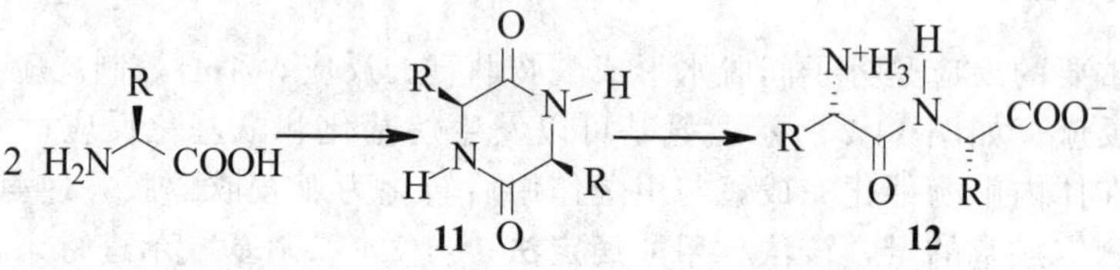

在碱性或酸性催化下，D- 或 L-氨基酸还会发生互变的消旋化反应。

14.1.5　制备

许多氨基酸可以通过某些易得蛋白质的水解来产生。如，胱氨酸可由动物毛发水解得到；谷氨酸钠在早期也是用面粉中的蛋白质，即**面筋**经酸性水解来生产的，现在是以淀粉、甜菜、甘蔗等为原料用一些擅长分泌谷氨酸的细菌进行发酵来生产的。通过有机合成来制备氨基酸则需结合氨基和羧基的合成。

如式（14-8）所示，α-酮酸在氨和还原剂作用下经还原氨基化可得到 α-氨基酸。这也是一个模拟生物合成法，生物体系中的 α-氨基酸就是在酶作用下由 α-酮酸而来的。

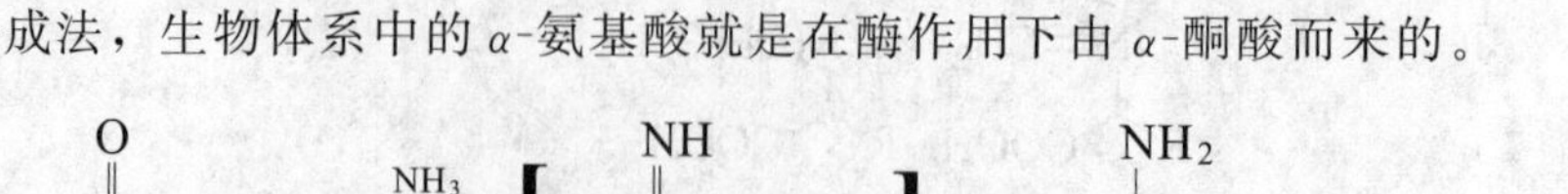

$$(14\text{-}8)$$

醛在氨存在下与氢氰酸作用，生成的中间体亚胺接受氰基进攻生成氰氨化物，后者水解后得到 α-氨基酸，称 **Strecker 氨基酸合成法**（<u>OS</u> *II*：29），如式（14-9）所示。

$$\underset{R}{\overset{O}{\underset{\displaystyle H}{\parallel}}}\!\!C \xrightarrow{NH_3} RHC=NH \xrightarrow{HCN} \underset{R}{\overset{NH_2}{\underset{\displaystyle CN}{\mid}}}\!\!CH \xrightarrow{H_3O^+} \underset{R}{\overset{NH_2}{\underset{\displaystyle COOH}{\mid}}}\!\!CH \tag{14-9}$$

如式（14-10）所示，α-卤代酸在大量氨存在下进行氨解也是制备氨基酸（**OS** I：300）的好方法。氨基酸产物中的羧基减弱了氨基的亲核活性，不会再去进攻 α-卤代酸。

$$\underset{R}{\overset{Br}{\underset{\displaystyle COOH}{\mid}}}\!\!CH \xrightarrow{\text{过量 } NH_3} \underset{R}{\overset{NH_2}{\underset{\displaystyle COO^-\ NH_4^+}{\mid}}}\!\!CH \tag{14-10}$$

以 2-卤代丙二酸酯为原料经 Gabriel 合成法反应可得到纯度较好的氨基酸，如式（14-11）所示。

$$\text{（酞亚胺）} N^-K^+ \xrightarrow{XHC(COOEt)_2} \text{（酞亚胺）} NCH(COOEt)_2 \xrightarrow[\substack{(2)RX \\ (3)H_3O^+}]{(1)EtO^-} \underset{R}{\overset{NH_2}{\underset{\displaystyle COOH}{\mid}}}\!\!CH \tag{14-11}$$

丙二酸二乙酯经亚硝化后生成亚硝基丙二酸酯（**13**）并立即重排为肟。肟在乙酐存在下催化氢化、酰基化后得到 **2-乙酰氨基丙二酸二乙酯**（**14**）。14 再经烷基化、水解后生成氨基酸。

$$CH_2(COOEt)_2 \xrightarrow[H_3O^+]{NaNO_2} \underset{\textbf{13}}{O=NCH(COOEt)_2} \rightleftharpoons HON=C(COOEt)_2 \xrightarrow{H_2}$$

$$\underset{EtOOC}{\overset{NH_2}{\underset{\displaystyle COOEt}{\mid}}}\!\!CH \xrightarrow{Ac_2O} \underset{\substack{EtOOC \\ \textbf{14}}}{\overset{NHAc}{\underset{\displaystyle COOEt}{\mid}}}\!\!CH \xrightarrow[(2)RX]{(1)EtO^-} \underset{EtOOC}{\overset{NHAc}{\underset{\displaystyle COOEt}{\mid}}}\!\!CR \xrightarrow{H_3O^+} \underset{R}{\overset{NH_2}{\underset{\displaystyle COOH}{\mid}}}\!\!CH$$

含有活泼亚甲基的二酮哌嗪（**15**）与醛缩合后再还原水解也生成氨基酸。

上述方法得到的氨基酸都是外消旋体，应用非对映异构体结晶法和酶法拆分后可得对映纯的氨基酸（参见 4.12）。如，D-/L-丙氨酸酰化后生成的 N-酰基衍生物与**马钱子碱**或光活性的（—）-麻黄素作用得到非对映异构体的两种盐而予以分离。在某些酶的作用下，可以使外消旋氨基酸的 N-酰基化物或氨基酸酯中的某一种分解成游离的氨基酸而得到分离。利用不对称合成方法来对映选择性地形成 C(2) 手性中心以取得 L-α-氨基酸的工作也已取得许多进展和成功。生物体系中的氨基酸合成在酶催化下进行，多由 **α-酮酸**经还原氨基化产生，其化学原理和实验室里的合成完全一样。如式（14-12）所示，丙酮酸在生物体系中转化为丙氨酸：

$$\tag{14-12}$$

工业上脯氨酸由**明胶**（gelatin）水解制得；L-色氨酸用吲哚、丙酮酸和氨在色氨酸酶作用下生产；光学活性的 L-赖、缬、亮、异亮、苏、精、苯丙、酪、组、脯等 L-氨基酸主要由微生物发酵法生产；甘氨酸、丙氨酸和甲硫氨酸主要仍用合成法来制取。

14.2 肽

肽是介于氨基酸和蛋白质之间的物质。两个或两个以上的氨基酸脱水缩合形成若干个肽键从而组成一个肽。多个肽进行多级折叠就组成一个蛋白质分子。生物体内有几百种肽，它们与特定的受体结合，作为激素或神经调节剂等刺激酶的活化并促进一系列生物大分子的合成或释放。基因工程是人工合成多肽化合物的重要手段，生物体内的多肽是由更大的肽经一系列酶催化的降解反应而产生的。

14.2.1 肽键

如图 14-4 所示，一分子 α-氨基酸中的羧基和另一分子 α-氨基酸中的氨基之间缩水形成的酰胺键称**肽键**（peptide linkage），生成的寡聚体就是肽。—NH—CH(R)—CO—的重复组成了**肽骨架**（peptide backbone）。肽中含肽键的链称**主链**（main chains）或**肽链**，取代基（R）称**侧链**（side chains），各个氨基酸单位称**残基**（residue）或单体。

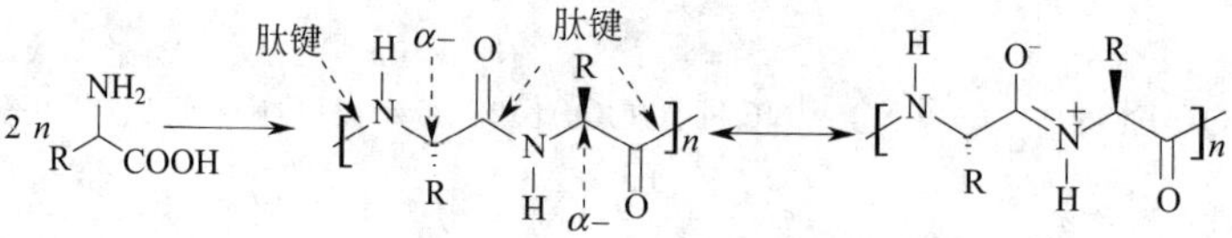

图 14-4　肽的形成及肽链的结构

两个半胱氨酸片段在肽中可形成**二硫键**（R—S—S—R）或称**二硫桥**（disulfide bridge）。二硫键是肽中唯一的将两个非相邻氨基酸键合起来的共价键，使不同的小肽链结合成一条肽链或聚拢成环。二硫键在温和的还原条件下会断键生成两个半胱氨酸的巯基，这两个巯基经温和氧化又可形成二硫键，但在过氧酸作用下完全不可逆地断裂为两个磺酸基，如图 14-5 所示。

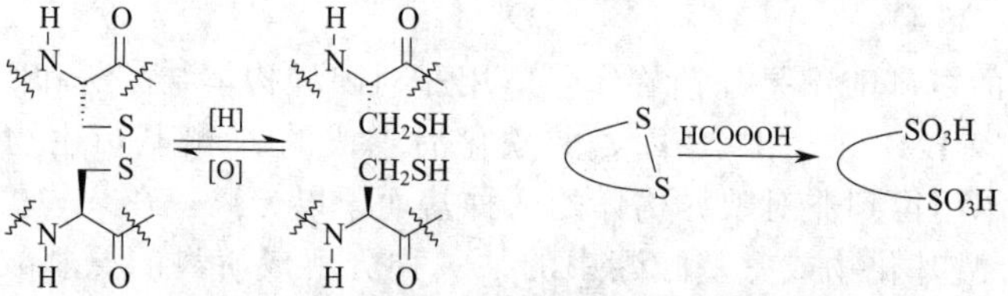

图 14-5　多肽中的二硫键被过酸氧化断裂

由于酰胺氮原子上孤对电子与羰基共轭，N—H 键总是与羰基呈反式排列，各个氨基酸中的 R 基团沿肽链互为反位排列；肽键且有相当大的刚性且是平面的。碳氮键键长（0.132nm）在典型的 C═N 双键（0.127nm）和 C—N 单键（0.147nm）之间，因具有约 40% 的双键性质而不能自由旋转，每个区域平面性使肽链有一定程度的柔顺性而能采取多种构象和反映生物活性所需的各种不同类型的折叠方式。

14.2.2 命名

由两个、三个……十个氨基酸形成的肽各称两肽、三肽……十肽，形成肽键的氨基酸可以相同或不相同。10～20 个氨基酸形成的肽称**寡肽**（oligopeptide），更多氨基酸形成的相对分子质量小于 5000 肽称**多肽**（polypeptide）。

肽链的自由氨基（NH_3^+）一端称 **N-端**（N-terminus），自由羧基（COO^-）一端称 **C-端**。肽链在表示时都将 N-端置于左端，C-端置于右端，命名自 N-端到 C-端并以 C-端氨基酸为母体，肽链中其他氨基酸中的"酸"改为"酰"，称某氨酰某氨酰某氨酸。如，三肽（1）命名为缬氨酰半胱氨酰甘氨酸，简称缬-半胱-甘肽或缬·半胱·甘肽或缬半胱甘肽。也可用英文缩写符号来表示为 Val-Cys-Gly，现在更普遍的是用氨基酸英文名称的第一个字母来表示为 VCG。复杂的环多肽结构式中在每个构成肽键的氨基酸间常用箭头符号"→"指出 N-端到 C-端的方向。

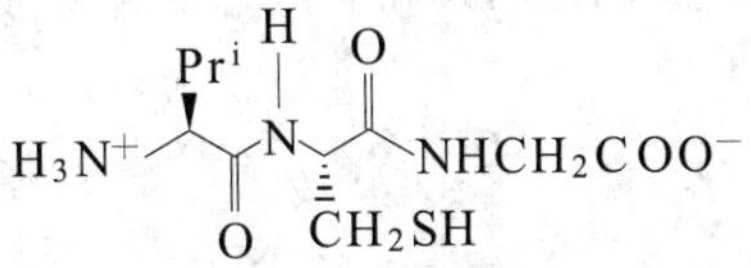

1

14.2.3　氨基酸顺序的测定

n 种氨基酸形成多肽时可以有 $n!$ 种不同的排列方式。肽的形成方式随着相对分子质量的增大而日趋复杂，如，一个由 100 个残基组成的肽可有 20^{100} 种组成，而真正的结构仅是其中之一。测定肽的结构涉及三个主要问题：氨基酸的种类、相对含量及其在肽链中的位置。

多肽的相对分子质量确定后先用过氧甲酸氧化断裂二硫键为磺酸并经分离纯化后得到各个肽链，然后用 6mol/L 的盐酸在 120℃加热 24h 使其彻底水解为游离的氨基酸后分析其种类和相对含量。根据多肽的相对分子质量和所含氨基酸的相对含量，能够得出**多肽的分子式**。接着需测定肽链中氨基酸的**排列次序**：断裂一根端基肽键给出一个氨基酸和残余的肽链，如此反复操作。该法称端基分析法（terminal residue analysis），可从 N-端或 C-端开始，N-端更为多样有效。如，**Edman 降解法**（degradation）应用**硫氰酸苯酯**（PhNCS）为试剂，与 N-端的氨基反应生成硫脲衍生物**苯胺基硫代甲酸**（2）。2 在无水氯化氢作用下关环形成一个**取代二氢噻唑酮**（3）的衍生物并从肽链上断裂。3 在酸性条件下重排为**取代苯基乙内酰硫脲**（4），所有氨基酸的苯基乙内酰硫脲都是已知的且很易鉴定。带有新 N-末端的次生肽链可利用这个程序再进行分析，应用这个原理设计而成的自动分析仪已能精确测定多达 30 个氨基酸以下的多肽结构。由于肽链内部的水解副反应及众多副产物的堆积，更多的重复操作产生更大的失误，此时宜将多肽通过先酸性水解或酶断裂方法生成几个小的片段后再来分析。

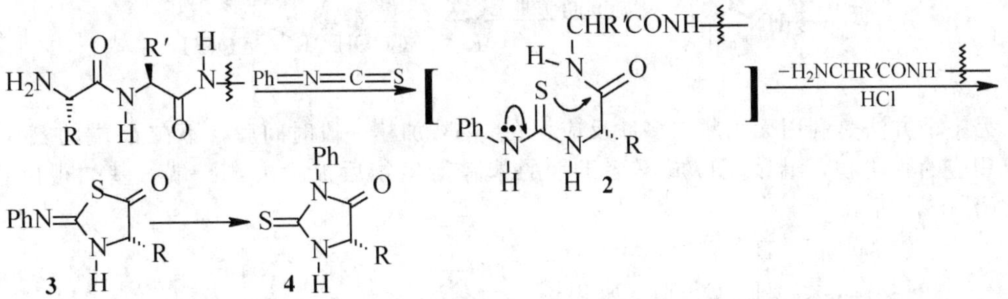

Sanger 发现肽链 N-端的氨基与 **2,4-二硝基氟苯**（**DNFB**）作用可生成 N-端带有 2,4-二硝基氟苯的肽（5），酸性水解后只有 N-端氨基酸带有 DNFB。各种带有 DNFB 的氨基酸都是黄色的，很容易通过色谱得以鉴定。

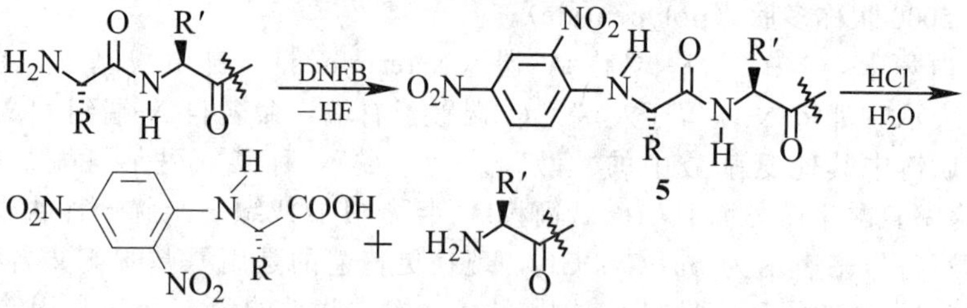

虽然像赖氨酸等碱性氨基酸分子中的氨基也会与 DNFB 作用，但肽键都是由氨基酸的 α-氨基形成的，故肽链中的赖氨酸 DNP（**6**）和肽链端的赖氨酸 DNP（**7**）是可以区别的。

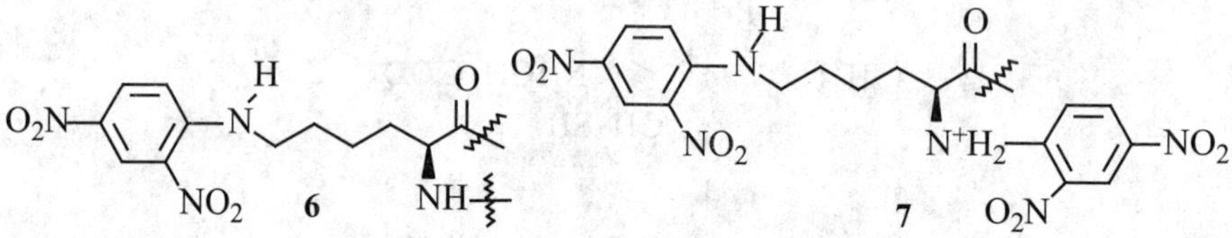

无荧光的**丹酰氯**，即 **1-二甲氨基-5-萘磺酰氯**（**8**）也能与肽的 N-端的游离氨基反应，生成的取代肽（**9**）水解后得到有荧光的可用纸色谱或薄板色谱法鉴别的 N-丹酰氨基酸（**10**）。

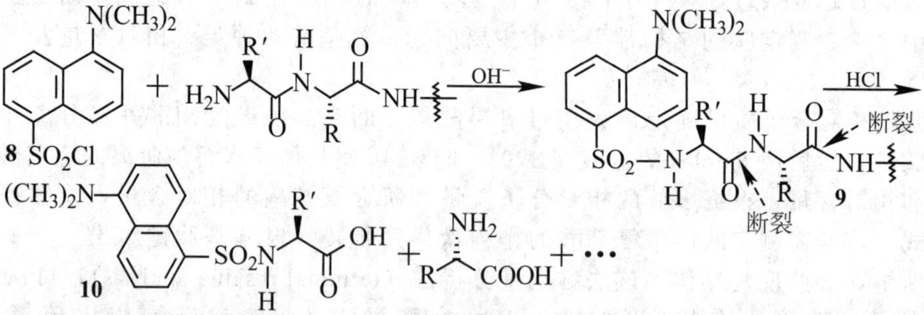

C-端的顺序分析可由**羧肽酶**（carboxypeptidase）来进行。在该酶作用下，只有最靠近羧基的那个肽键水解，得到一个游离的氨基酸和次生肽，如式（14-14）所示。不同种类的羧肽酶通常只能水解一定类型的肽键。如，**胰蛋白酶**专一性水解赖氨酸或精氨酸中的羧基形成的肽键；**糜蛋白酶**专一性水解由芳香氨基酸如苯丙氨酸、酪氨酸、色氨酸中的羧基形成的肽链。**胃蛋白酶**的选择性就较差，可水解苯丙氨酸、色氨酸、赖氨酸、谷氨酸、精氨酸中的羧基形成的肽键。

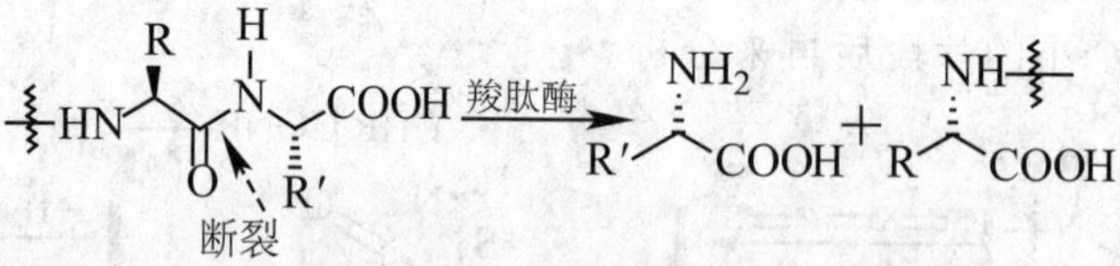

$$\text{（14-14）}$$

另一个方法是利用无水肼与多肽反应，在 105℃ 加热一段时间后，不在 C-端的氨基酸都形成相应的肼化物，继续反应成不溶于水的苯腙衍生物后被除去，C-端氨基酸得以鉴别，如式（14-15）所示。

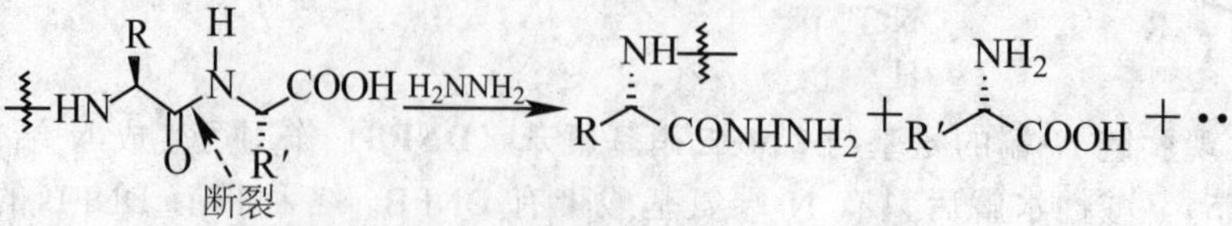

$$\text{（14-15）}$$

利用**溴化氰水解法**也可得到由甲硫氨酸羧基形成的肽键断裂后的小肽产物，如式（14-16）所示。

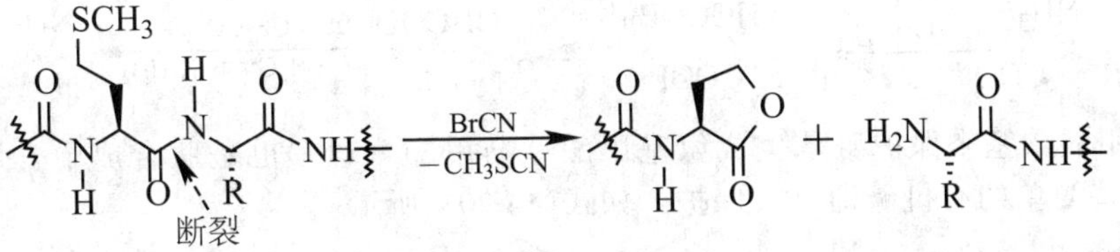

$$\text{（14-16）}$$

结合上述方法就可对肽的氨基酸顺序进行测定。如，一个肽链片段经完全水解鉴定后得知含有酪、赖、精、亮、丙、甲硫、谷和甘 8 种氨基酸，其中甘氨酸是两个单位，故是一个九肽分子。与 DNFB 和羧基多肽酶的反应显示 N-端是酪氨酸，C-端是甘氨酸；然后用胰蛋白酶降解，得到两个二肽和一个五肽，它们分别与 DNFB 作用后得知二肽组成为酪-赖和丙-甘，五肽结构为谷-甲硫-亮-甘-精；用溴化氰水解得到一个酪-赖-谷-甲硫四肽和一个亮-甘-精-丙-甘五肽。由此可以得出结论，这个九肽是酪-赖-谷-甲硫-亮-甘-精-丙-甘。

经端基分析得出每个片段小肽的顺序，各个片段小肽会有重合，需如同排七巧板那样合理地给出整个肽链中氨基酸排列的次序。如，某肽经酸性水解和顺序分析后给出如下五个片段：Phe-Gln-Asn，Pro-Arg-Gly-NH₂，Cys-Tyr-Phe，Asn-Cys-Pro-Arg，Tyl-Phe-Gln-Asn。根据各个氨基酸在各个片段中的出现及其前后次序，该肽的结构应为：

$$\text{Cys-Tyr-Phe-Gln-Asn-Cys-Pro-Arg-Gly-NH}_2$$

肽一级结构的测序随着近年来波谱技术和计算机科学的飞速发展已取得相当大的进步。如，利用质谱中的**梯状测序**（ladder sequenceing）技术使多肽从 N-端逐一解离氨基酸而形成可解析的互差为一个氨基酸的系列肽。

14.2.4 合成

氨基酸之间脱水形成肽键的反应并不简单。每个氨基酸都有氨基和羧基，简单地让两种氨基酸反应将无序地生成三种二肽；若单纯活化某个基团，它将与同种分子的另一个基团反应。因此，要使两种氨基酸在特定的羧基和氨基之间形成肽键就需要如式（14-17）所示：①选择性地分别保护一个氨基酸中不参与成肽的羧基和另一个氨基酸中不参与成肽的氨基；②活化要形成肽键的羧基；③注意侧链官能团对生成肽键的影响及反应过程中不会发生外消旋化等副反应的发生。

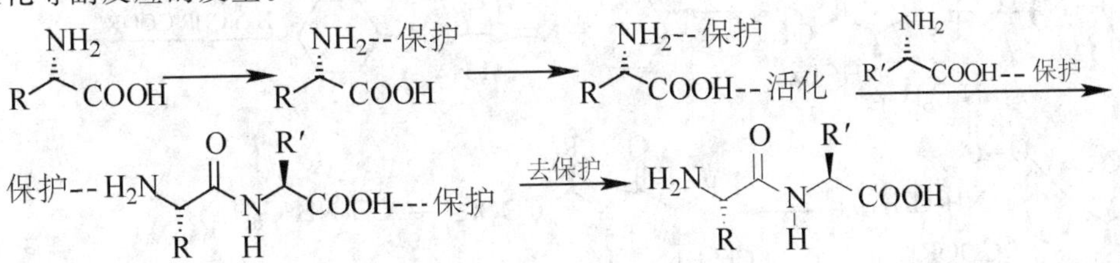

$$\text{（14-17）}$$

氨基有几个保护方法，成肽后利用不同的去保护方法可以保留某个酰胺键或某个保护基。早期常用**氯甲酸苄酯**（benzoxycarbonyl chloride，$ClCO_2CH_2Ph$）反应得到对碱稳定的苄氧甲酰氨基（benzyloxycarbunyl，—$NHCO_2CH_2Ph$，**Z** 或 **Cbz**），成肽后再由催化氢化还原或无水乙酸溶剂中用 HBr 恢复氨基，如式（14-18）所示。

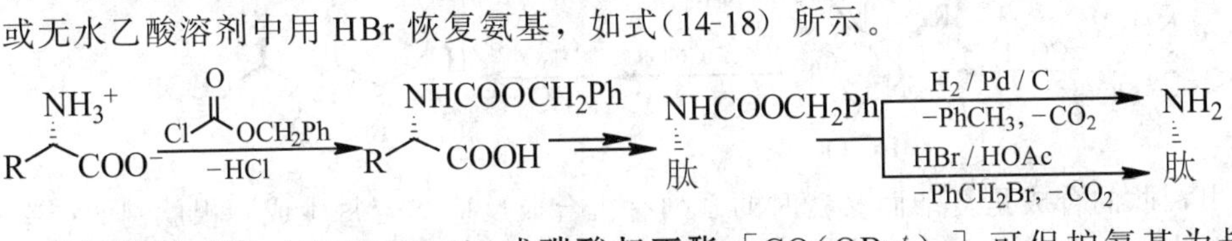

$$\text{（14-18）}$$

氯甲酸叔丁酯（$ClCOOBu^t$）或**碳酸叔丁酯**〔$CO(OBu^t)_2$〕可保护氨基为叔丁氧酰氨基（—$NHCOOBu^t$），成肽后再用三氟乙酸在二氯甲烷中洗涤即可去除保护基**叔丁氧羰基**

(*tert*-butyloxycarbonyl，**Boc**)，如式（14-19）所示。

（14-19）

用 9-芴甲氧羰基来保护氨基生成氨基甲酸 9-芴甲酯（**11**）也是肽合成中常用的主流方法，**11** 用一些简单的有机碱即可去保护，如式（14-20）所示。

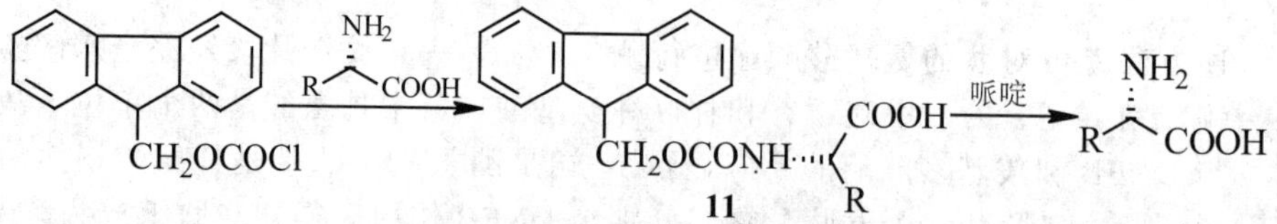

（14-20）

羧基一般可转化为酯来保护。酯基比酰胺键易于水解，甲酯、乙酯或叔丁酯可分别用碱性或酸性水解方法、苄酯可用氢解或无水乙酸溶剂中用 HBr 的方法恢复羧基。氨基酸侧链中的氨基可转变为对甲基苯磺酰氨基，反应成肽后也可以用 Na/NH$_3$（l）分解除去对甲苯磺酰基；侧链中的巯基、羟基可将其转化为苄硫醚或苄基醚的形式，反应后分别用 Na/NH$_3$ 和氢解的方法除去苄基保护基。

氨基保护过的氨基酸还需活化羧基才可与另一个氨基酸的氨基顺利地形成肽键。如，将羧基转变为酰氯或混合酸酐以增加羧基的亲电能力，如式（14-21）所示的一个二肽的合成。酰氯的活性太强，易产生一些副反应。

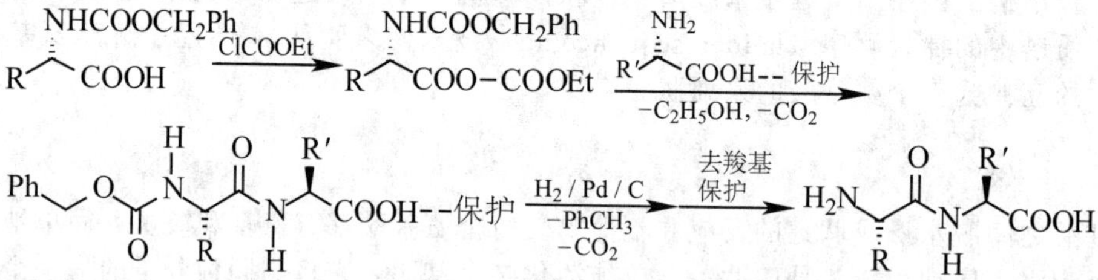

（14-21）

二环己基碳二亚胺（**DCC**，**12**，参见 10.7.1）是一个活化羧酸的优良试剂，与氨基酸生成 **O-酰基异脲**（**13**）后可有效地与另一个氨基酸的氨基作用，生成的四面体中间体（**14**）脱去一个很好的离去基，即稳定的 N,N′-二环己基脲（**15**）并形成酰胺键：

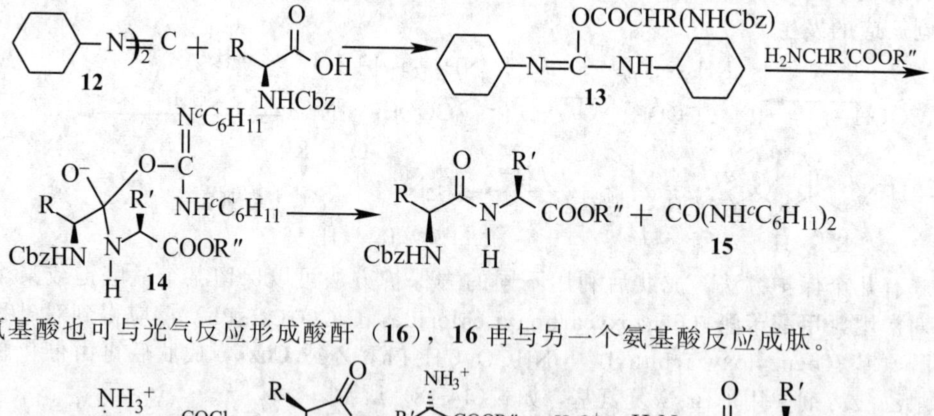

氨基酸也可与光气反应形成酸酐（**16**），**16** 再与另一个氨基酸反应成肽。

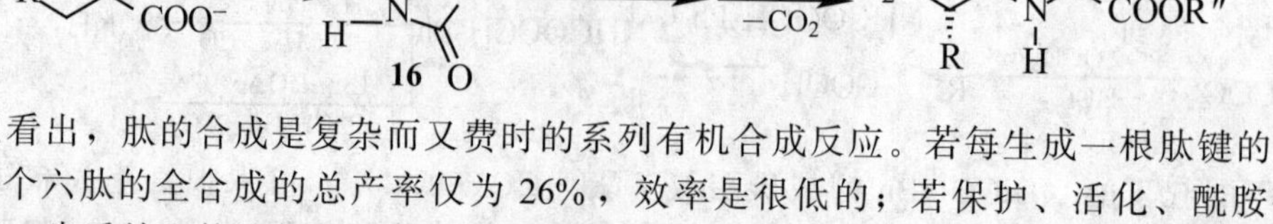

可以看出，肽的合成是复杂而又费时的系列有机合成反应。若每生成一根肽键的产率有80%，一个六肽的全合成的总产率仅为26%，效率是很低的；若保护、活化、酰胺化、去保护的每一步后处理的纯化不干净，遗留的成分就会进入后续反应，使产物多肽的纯度受到

很大影响。**Vigneaud** 于 20 世纪 50 年代合成八肽催产素（pitocin）成功是多肽领域中划时代的成就并因此获得 1955 年度的诺贝尔化学奖。

前述反应都是在液相中进行的。20 世纪 60 年代，**Merrifield** 发明了一个革命性的快速有效的多肽**固相合成法**（solid phase technique），如图 14-6 所示。该方法在不溶性的由苯乙烯和对氯甲基苯乙烯共聚而成的树脂（**17**，Ⓟ—CH_2Cl）表面上进行反应。一个氨基酸反应生成苄酯（**18**）后用三氟乙酸除去 Boc 保护基团后再与另一种已由 Boc 基团保护的氨基酸在 DCC（**12**）存在下振荡反应，生成一个仍挂在树脂上的氨基被保护的二肽（**19**）。如此重复不断构成新的肽键，最后一步用氢氟酸处理，Boc 保护基团除去的同时肽链从树脂上断裂下来。固相多肽合成的方法已经应用于自动化的仪器操作上，使合成周期大大加快，过去需要几年时间才能完成的液相合成工作如今在自动化仪器上进行可缩短为十几天。Merrifield 也因该工作而荣获 1984 年诺贝尔化学奖。

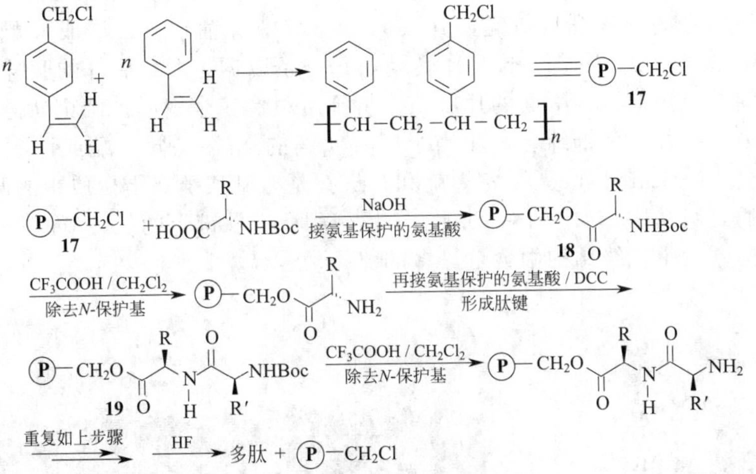

图 14-6　Merrifield 多肽固相合成法

固相合成方法中形成肽键的反应实际上是在液相中进行的，但生成的化合物又是接在固相上的。该法可应用过量的试剂使形成肽键的反应更为有效；多余的试剂、副产物、溶剂容易洗涤除去；在树脂上的中间体产物无需分离纯化。其缺点是每步反应总难以完全，生成的多肽要在最后一步才进行提纯，产物中会混有缺少一个或多个氨基酸的杂质肽，给最终产物的提纯带来较大困难。实际操作时往往先制备几种较小的肽组分，然后再将它们结合得到多肽。

14.3　蛋　白　质

生物界中**蛋白质**（protein）的种类估计在 $10^{10\sim12}$，包括单纯蛋白质或结合蛋白质；前者是由相对分子质量大于 5000（有些可达几十万之巨）的一个或多个多肽组成的生物大分子，后者除肽链外还有其他配体。蛋白质在生物体中有些起结构作用，有些起决定形状作用，有些主要用来与其他分子产生键连作用。蛋白质的这些不同的作用与其构型、构象及氨基酸成分密切相关。如，蛋白质中的甘氨酸和 4 个烷基氨基酸都反映出疏水性能；苯丙氨酸和色氨酸除有疏水性能外还有相互吸引的 π-堆积性能；3 个带羟（酚）基的氨基酸对羰基有很强的亲核性能；两个含硫的氨基酸对结构有重要影响；3 个带有额外氨基的碱性氨基酸和 4 个带有额外酰基的酸性氨基酸对许多酶催化反应的发生往往是很关键的；与其他氨基酸都不同的脯氨酸中的氨基处于环上，常出现在蛋白质扭曲的位置上并使其有一定的硬度和刚性。

14.3.1　四级结构

生物大分子的生物功能无不依赖于三维结构，只有那些能与受体匹配的构象才表现出生物活性。蛋白质的结构极其复杂，与一般的小分子不同而可有四级结构。

蛋白质中各个肽链的氨基酸顺序，即完整的共价键结构称**一级结构**（primary structure）。由氨基酸残基，如羟基、氨基和羧基等产生的各类氢键使肽链中某些片段按一定的规律卷曲或折叠形成**二级**（secondary）**结构**。多肽链上 R 基的大小和极性不同，其稳定构象中最重要的作用力是不同氨基酸之间由 C =O 和 N—H 形成的氢键。如，同一条肽链中因该类氢键而可固定成一个右手螺旋状的空间结构，每转一圈约相当于 3.6 个氨基酸单位，圈间距离约为 0.54nm，螺旋上升时，每个氨基酸残基沿轴转动 $100°$ 并平均向上 0.15nm，R 基指向螺旋外面，相邻的螺圈之间形成螺内氢键，其取向几乎与中心轴平行，形成 **α-螺旋**（α-helix）。当 R 基团不大，将 C—C $_\alpha$ 及 C$_\alpha$—N 稍作转动，每一条以锯齿形状展开的肽链和相邻的另一条肽链通过链间的氢键结合。平面的片层结构折叠后很像一个扇面。两个肽链之间可以是同向平行或逆向平行的并由氢键缔合，相当于所有肽链的 N-端在同一端或一顺一倒地排列在两端形成 **β-折叠**（β-pleated sheet）。α-螺旋和 β-折叠是氨基酸链在蛋白质中的两个重复结构，是两个最常见的二级结构，如图 14-7 所示。α-螺旋中所有肽键上的氮、氧原子都参与氢键而成为最稳定的构象，是二级结构中含量最多的。

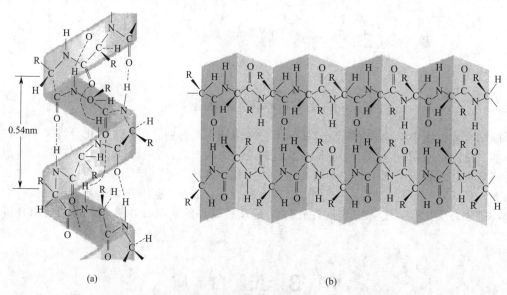

(a)　　　　　　　　　　　　　　　　(b)

图 14-7　肽链中的 α-螺旋（a）和 β-折叠（b）

二级结构存在于肽链的某些区域，肽链末端远离残基的一些**次级作用**使肽链进一步盘曲、折叠或聚集并形成三维构象完整且更稳定的**三级**（tertiary）**结构**。次级作用包括氨基酸侧链上各种由正或负的电荷基团之间的相互吸引形成的**盐键**，相同性质的疏水基团之间形成的**疏水键**，侧链靠近时相互吸引而产生的范氏作用力或氢键，两个半胱氨酸之间形成的二硫键，等等。蛋白质中由一条或几条多肽链组成的最小单位称**亚基**（subunit），复杂的蛋白质分子由于亚基之间的各种次级协同作用而构成独特的空间结构，即**四级**（quaternary）**结构**。

Sanger 经过近 10 年的努力，于 1955 年给出了由 17 种 51 个氨基酸及两条肽链 A、B 所组成的**牛胰岛素**（bovine insulin）的一级结构，这在生物化学和有机化学领域都是有划时代意义的一件大事。他为此成就荣获 1958 年度诺贝尔化学奖。我国化学家于 1965 年在世界上首次成功地完成了人工全合成牛胰岛素的工作，标志着人类在探索生命现象的征途中跨出了重要的一步。20 世纪 80 年代以后，培养蛋白晶体的技术和测定效率越来越发达，较小的蛋白质分子在溶液中的构象已可运用多维 NMR 方法测定。探索各级结构之间的内在关系以及从一级结构出发结合同源蛋白的已知结构从而推断预测高级结构的工作也已有不少进展。化学之所以能够大步迈进生物学，很大程度上是与测定蛋白质结构和核酸序列工作中所发挥的重要作用分不开的。

14.3.2 性质

蛋白质的理化性质与氨基酸有部分相似，但更多的是由其结构的特殊性产生的特有性质。

（1）等电点　与氨基酸相似，蛋白质分子也是两性化合物，在等电点时是中性分子；不在等电点时以正或负离子形式存在。不同蛋白质的等电点不同，在同一 pH 溶液中的大小和所带电荷的性质、数量及电泳速率也不同，利用这种性质发展出来的电泳分析方法可用于蛋白质的分离分析。

（2）胶体性质　蛋白质分子颗粒大小处于**胶体**大小范围（$1\sim100\mu m$）内，故蛋白质溶液具有胶体溶液的性质。蛋白质表面有许多亲水基团，每个蛋白质颗粒外层在水溶液中形成对蛋白质颗粒凝聚沉淀起到遏制作用的**水化膜**。在一定 pH 溶液中带有同种电荷的同种蛋白质粒子间会相互排斥，与周围带相反电荷的离子形成稳定的**双电层**，如图 14-8 所示。

图 14-8　蛋白质胶体示意图（外圈为水化膜，从左到右分别是带正电荷、等电点时和带负电荷的蛋白质颗粒）

蛋白质溶液还具有黏度较大，扩散速度慢等高分子溶液的性质，它一般也不能透过半透膜，**透析**就是利用半透膜分离纯化蛋白质的方法。人体的细胞膜都具有半透膜性质，使不同的蛋白质合理地分布在细胞内外不同的部位，这对维持正常的电解质和水的平衡分布及调节各类物质的代谢作用均具有重要的意义。

（3）变性作用和水解　当蛋白质在某些如受热、受压、超声、光照、辐照、振荡、搅拌、干燥、脱水或强酸、强碱、重金属盐及有机溶剂乙醇、丙酮、脲等物理和化学因素影响下，精细缔合的肽链松展开来，多级空间结构受到破坏而不复存在。此时，虽然蛋白质中的肽链虽未断裂，但理化性质和生物特性都被改变了，产生**变性作用**（denaturation）。热、酸、碱、紫外线是使蛋白质变性最常见的因素。

变性在分子水平上可以从微小结构的改变开始，长链展开又重新折叠成另一种结构或肽链发生重新排列。在变性可逆进行的早期阶段，破坏的只是蛋白质的三级和四级结构，经不可逆的过度变性后，蛋白质分子的二级和三级结构都彻底变化并不再能恢复到其原有的结构，如蛋白受热凝固为不透明的硬块。变性作用带来的另一个重要影响是蛋白质原有的生理活性完全丧失。蛋白质的变性与人类生活生产活动密切相关。如，种子要在适当的环境下保存以避免其变性而失去发芽能力；疫苗、制剂、免疫血清等蛋白质产品在储存、运输和使用过程中也要注意变性问题；延迟和制止蛋白质变性也是人类保持青春、防止衰老的一个有效过程。另外，通过注入酒精和加热、辐照等手段使病菌和病毒的蛋白质变性又可起到治病、消毒和灭菌等作用。变性后的煮熟蛋白质更易被人体吸收，**酸奶**是鲜奶经发酵而成的，其所含的变性蛋白质也更易消化吸收，营养价值也更高。

蛋白质在水溶液中受到酸、碱等催化剂的影响甚至连一级结构都受到破坏，即发生了水解作用，此时可以产生一系列多肽、小肽等中间产物，直到最终的水解产物氨基酸。水解完全时，自由氨基的氮量就完全恒定了。

（4）沉淀　蛋白质从溶液中析出即蛋白质的沉淀，沉淀出的蛋白质有些是变性的，有些并未变性。通过加热、盐析、加脱水剂或试剂等几个方法可使蛋白质沉淀。

加热可使某些蛋白质变性从而凝固沉淀出来，这与热运动使氢键破坏有关，加热灭菌也是使细菌体内的蛋白质凝固从而失去生理活性。向蛋白质水溶液中加入氯化钠等中性电解质盐，使蛋白质分子表面的电荷被中和，失去电荷的蛋白质颗粒就开始**盐析**凝聚，牛奶中加入食盐就可看到结块现象。如果盐析时溶液的 pH 正好是等电点 pI，其盐析效果更佳，沉淀出的蛋白质在这样的场合下一般不会变性。丙酮、甲醇、乙醇等亲水性强的有机溶剂加到蛋白质溶液中后，这些有机溶剂使蛋白质胶体颗粒表面的水化膜消失而产生沉淀或进入肽链空隙引起溶胀作用使氢键和分子间力受到破坏。75%的乙醇有最强的灭菌作用也是这个性质所产生的效果。乙醇浓度过高，使细菌表面蛋白质快速凝固而阻止进一步渗入；浓度过低使凝固能力降低。钨酸、鞣酸、三氯乙酸和苦味酸、磷钨酸等生物碱试剂既能使生物碱沉淀也能使蛋白质沉淀，它们与蛋白质结合后生成不溶性的盐。Hg^{2+}、Ag^+、Cu^{2+}等重金属离子也会和蛋白质结合生成沉淀，这个性质在临床上可用来救治重金属盐中毒者，给病人口服生鸡蛋和生牛奶，使其和重金属离子结合成不溶性的能沉淀的蛋白质，然后在催吐剂作用下将它们呕出，达到解毒效果。

蛋白质的凝固、沉淀和变性有一定的关系，但变性不一定就会沉淀，凝固的变性蛋白质也不一定沉淀。此外，沉淀也有可逆和不可逆两种。可逆沉淀中沉淀出的蛋白质分子的各级结构基本没有变化，沉淀因素去除后，沉淀蛋白质会重新溶解，而不可逆沉淀则不会再重新溶解了。用盐析法沉淀的蛋白质是可逆的，用重金属离子方法得到的沉淀蛋白质是不可逆的，用有机溶剂方法得到的沉淀蛋白质在初期是可逆的，时间长了以后也成为不可逆的了。

（5）颜色反应　蛋白质也可与茚三酮反应生成蓝紫色物质并用于定性和定量分析。碱性蛋白质溶液中滴加稀硫酸铜溶液，铜离子与四个肽键上的氮原子形成紫红色的配合物，肽键越多，颜色越深，称蛋白质的**双缩脲反应**。蛋白质遇到硝酸时，在芳香氨基酸的侧链芳香环上发生硝化反应，产生黄色现象，称**蛋白黄反应**。做实验时皮肤不慎溅上硝酸会留下黄色的痕迹就是蛋白黄反应的结果。

14.4　酶

自 1926 年人类第一次成功地从刀豆中提取到能催化尿素分解为 NH_3 和 CO_2 的脲酶结晶至今，已有 2000 多种酶得到鉴定。化学家参与生物学研究的第一件大事就是认识到生物体内的一切新陈代谢过程都是在**酶**（enzyme）这一蛋白质参与下进行的，称**生物催化**（biocatalysis）。酶的高效性、专一性、温和的反应条件及强大的活力调控使生命运动中的各种生物化学反应得以有序进行。人体内发生的所有化学反应几乎都离不开酶的参与，缺乏酶对生物体有时是致命的。由于消化的原因，除了那些如酵母等改善胃肠消化作用的酶外，人体缺乏的酶都无法通过口服得到。

酶并无生命，绝大多数酶都是蛋白质，它们的相对分子质量大小有很大区别，但催化活性可高达 10^{10} 且具有人工难以达到的高度反应专一性。如人体内的过氧化氢酶每分钟可分解 5000 万个过氧化氢分子；麦芽糖酶只催化水解麦芽糖为 D-葡萄糖而对蔗糖不起作用，糜蛋白酶专一性水解由芳香性氨基酸羧基形成的肽键。通常一种酶只能催化某个底物的某个单一的反应。酶的这种专一性就像一把钥匙只能打开一把特定的锁一样，其他形状的钥匙打不开这把锁，打开了锁后，钥匙并未变化，它还能继续去打开其他同类型的锁。也有些酶的专一性并不太强，如胃蛋白酶就可以催化水解所有的肽键，它的作用就好像万能钥匙一样。

14.4.1　组成和分类

20 世纪 80 年代初研究人员发现了具有催化功能的核酸酶，从而打破了以往认为酶只是蛋白质的传统观念并开创了酶学研究的新领域。单纯蛋白质酶的催化活性仅由蛋白质结构决定。结合蛋白质酶又称**类蛋白**（albuminoid）**酶**，分子中除酶蛋白质外还含有**辅基**（prosthetic group）。辅基一般是参与催化反应的有机小分子和一些金属离子。如，许多维生素，特别是维生素 B 类维生素都是辅酶；辅酶是金属离子的酶又称**金属酶**，它们约占 1/3。有些辅基也是特称**辅酶**（coenzyme）的蛋白质，这些辅酶大多有如 NAD、NADP、FAD、辅酶 A 等核苷酸结构。辅基和辅酶的作用都是活化酶蛋白，与不同的酶蛋白结合形成不同性能的全酶。

酶在生物反应中要发挥催化作用必须蛋白质（此时又称**酶蛋白或酶朊**）和辅基共同参与，酶蛋白决定反应的专一性和高效性，辅酶则对质子、电子和某些基团起传递作用而促进催化过程，故辅酶相同而酶蛋白不同的几种酶能催化同一类型的反应，但被催化的底物各不相同。如，辅酶都是 NAD 的乳酸脱氢酶和苹果酸脱氢酶分别作用于乳酸和苹果酸，它们都起同样的催化脱氢反应。

根据催化性能可将酶分为**氧化还原酶**、**转移酶**、**水解酶**、**裂解酶**、**异构酶**和**合成酶**六大类，再依据底物和反应类型为具体酶给出习惯命名。如，水解酶促进食物及其他物质通过水解断裂成小分子：淀粉酶水解淀粉为单糖，糖酶促使糖类水解，蛋白酶把大的蛋白质分子分解为较小的蛋白质、多肽和氨基酸，脂肪酶水解各种脂肪和油类，氧化酶和脱氢酶参与氧化还原反应等。1961 年，国际酶学会议提出了一套系统命名法，其名称包括参加反应的所有底物的名称＋反应性质＋酶，在各底物之间用"："分开。如 D-葡萄糖酸-δ-内酯：水：水解酶，系统命名法避免了习惯命名法出现的一酶多名和多酶一名的情况。若底物之一为水，则"水"字常可略去。

14.4.2　酶催化

酶分子中蛋白质的三级结构形成一个具催化能力的三维袋状部位，称**活性中心**（active sites），活性中心的大小和形状与底物的构造、构象具有锁-匙那样严格的匹配而能结合，故酶对底物具有专一性的选择。酶催化全过程是非常复杂的，大致可分三步：第一步，主要通过氢键、静电引力和非极性基团之间的各种作用力使底物在酶的活性部位上结合生成**酶-底物复合物**；第二步，在酶-底物复合物内进行催化反应生成**酶-产物复合物**；第三步，酶脱离产物并继续催化另一个底物分子的反应。

α-胰凝乳蛋白酶（chymotrypsin）是由 245 个氨基酸残基组成的单链酶蛋白。当底物与该酶接近时，通过 Ser 195-His 57 及 His 57-Asp 102 之间的氢键形成的"**电荷转接系统**"使第 195 位上的丝氨酸羟基质子转移到 57 位上组氨酸的咪唑基团上，造成该氨基酸有很高的亲核活力，攻击肽链底物上的羧基碳原子，然后 57 位上的组氨酸供给一个质子使被作用的肽键断裂，放出肽断片的产物之一 RNH$_2$，同时形成 195 位丝氨酸上酰化的酰化酶。然后水又提供一个质子给 His 57，同时产生 OH$^-$ 去攻击酰化酶上的羰基碳原子，酰化酶水解放出肽链断片的另一个产物 R'COOH，同时，酶的活力中心再度形成。用同位素磷标记的二异丙基氟磷酸与这个酶反应，发现只有第 195 位上丝氨酸能作用，它一旦与 DFP 结合后，这个酶的活性也会消失。另一个活性中心第 57 位上的组氨酸也是通过化学修饰法得到证明的，该组氨酸残基的咪唑基与氯甲基 α-对甲苯磺酰氨基苯乙基酮作用后也使酶失活，如图 14-9 所示。

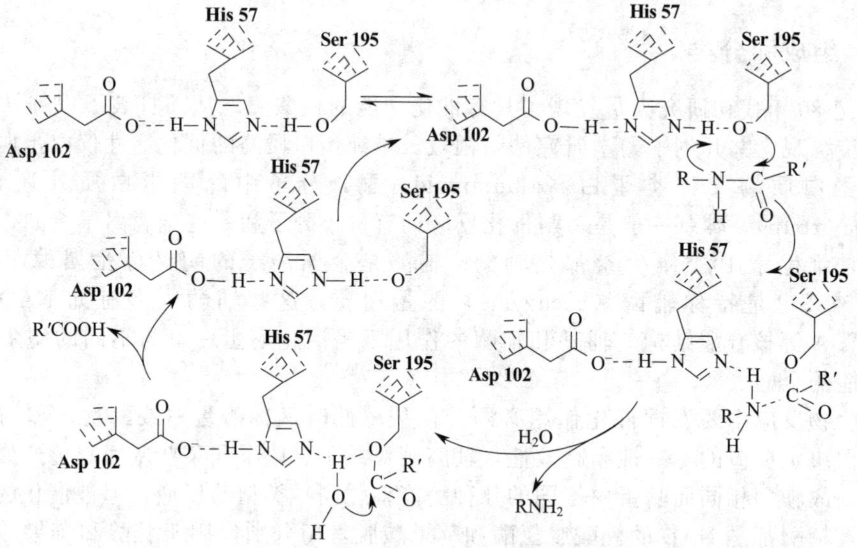

图 14-9　α-胰凝乳蛋白酶催化肽链水解的机理

与化学催化剂相比，酶的特点非常明显：它对底物结构的敏感性极强，催化效率极高，反应条件也常符合绿色化学的要求。酶促反应中的立体选择性是最有价值的性质之一，两个对映体往往与酶以不同的反应速率反应。但是，酶催化反应往往过于专一且只在生理环境条件下表现出活性，酶制剂的成本较高也限制了它的应用。一个酶的相对分子质量可达几万甚至上百万，但活性中心往往只有 1～2 个。**模拟酶**（enzyme mimic）就是人工合成或半合成或组装成的具有像酶那样有活性中心的分子或分子聚集态。如，环糊精、冠醚、多肽、带催化基团的功能高分子、淀粉及其衍生物等都是人们感兴趣的物质。对它们的研究一方面可以了解天然酶与底物的作用机理，另一方面也为开发新型的工业催化剂打下基础。

已有 9 位科学家因对酶科学的研究工作而获得了 4 个年度的诺贝尔化学奖。他们的获奖反映出酶化学研究的重大意义，也是有机化学和生物化学不断取得进展的重要标志。

习　题

14-1　回答：

（1）给出脯氨酸在 pH 为 2.50 的质子化形式和中性形式的比例及 pH 为 9.70 的负离子形式和中性形式的比例。脯氨酸的 pk_1 和 pk_2 各为 1.99 和 10.60。

（2）给出酪氨酸在 pH 为 9.75 的溶液中的主要存在形式。

（3）在多少 pH 环境下可以电泳分离组氨酸、丝氨酸和谷氨酸？某三肽由这三个氨基酸等量组成，给出其可能的结构。

（4）某含有等量氨基酸 Ala、Gly、Phe、Val 的四肽结构，用糜蛋白酶水解生成一个含有等量 Phe 和 Val 的二肽，给出该四肽的结构。

（5）某肽经由过氧甲酸酸性水解和顺序分析后给出如下五个片段：Ile-Gln-Asn-Cys，Gln-Asn-Cys-Pro，Pro-Leu-Gly-NH$_2$，Cys-Tyr-Ile-Gln-Asn，Cys-Phe-Leu-Gly。给出该肽的结构。

（6）一个由天冬氨酸、亮氨酸、缬氨酸、苯丙氨酸及两个甘氨酸、两个脯氨酸所组成的八肽结构。终端分析法表明 N-端是甘氨酸，C-端是亮氨酸，酸性水解给出缬-脯-亮、甘-天冬-苯丙-脯、甘、苯丙-脯-缬碎片，给出该八肽的结构。

14-2 解释：

（1）非等电点下氨基酸是非中性的。

（2）天然氨基酸的手性 α-碳原子根据 CIP 次序规则命名绝大多数都是 S-构型，但天然半胱氨酸却是 R-构型，它与其他天然氨基酸的三维空间排列是相反的吗？若用 D/L 系列命名有差别吗？

（3）怎样利用已知绝对构型的 L-（＋）-丙氨酸来判断 L-（－）-丝氨酸、L-（－）-天冬酰胺酸和 L-（－）-半胱氨酸的绝对构型？

（4）胰岛素和鱼精蛋白的 pI 值分别为 5.3 和 10，它们在水中混合时有浑浊现象。

（5）蛋白质中的巯基和二硫基、酚基等官能团一般在其变性后才易检出。

（6）合成肽链时保护氨基的试剂是苄氧甲酰氯而不是苯甲酰氯，活化羧基的试剂常用对硝基苯酚而不是苯酚。

（7）氨基酸进行酯化反应的速率比羧酸快还是慢？其酰基化反应速率与胺相比又如何？

（8）肽中的羧基和质子化氨基的酸性比氨基酸的强还是弱？

14-3 给出丙氨酸与下列八组试剂的反应产物：

（1）NaOH/H$_2$O；（2）HCl/H$_2$O；（3）（CH$_3$CO）$_2$O；（4）C$_6$H$_5$CH$_2$OCOCl；（5）NaNO$_2$/HCl；（6）（CH$_3$）$_2$SO$_4$；（7）CH$_2$＝C＝O；（8）CH$_3$N＝C＝S。

14-4 给出下列各步反应中的中间体、产物（1～22）的结构式：

（1）

$$CH_3COOEt + \underset{COOC_2H_5}{\overset{COOC_2H_5}{|}} \xrightarrow[EtOH]{EtO^-} \boxed{1} \xrightarrow{H_3O^+} \boxed{2} \xrightarrow[H_2/Pt]{NH_3} \boxed{3}$$

（2）

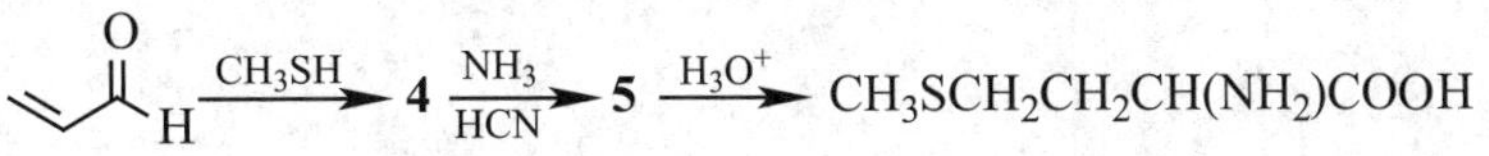

$$\text{(丙烯醛)} \xrightarrow{CH_3SH} \boxed{4} \xrightarrow[HCN]{NH_3} \boxed{5} \xrightarrow{H_3O^+} CH_3SCH_2CH_2CH(NH_2)COOH$$

（3）

$$H_2NCH_2COOH \xrightarrow{PhCH_2OCOCl} \boxed{6} \xrightarrow[DCC]{O_2N-C_6H_4-OH} \boxed{7} \xrightarrow{\overset{NH_2}{|}CH-COOR} \boxed{8} \xrightarrow{H_2/Pt} \boxed{9}$$

（4）

$$\text{(结构)} \xrightarrow{CH_2=CH-CHO} \boxed{10} \xrightarrow[HOAc]{KCN} C_{13}H_{20}O_6N_2 \boxed{11} \xrightarrow[-H_2O]{H_3O^+} \boxed{12} \xrightarrow{H_2/Pt} \boxed{13} \xrightarrow{Ac_2O}$$

$$\boxed{14} \xrightarrow{OH^-} \xrightarrow{H_3O^+/\triangle} Lys$$

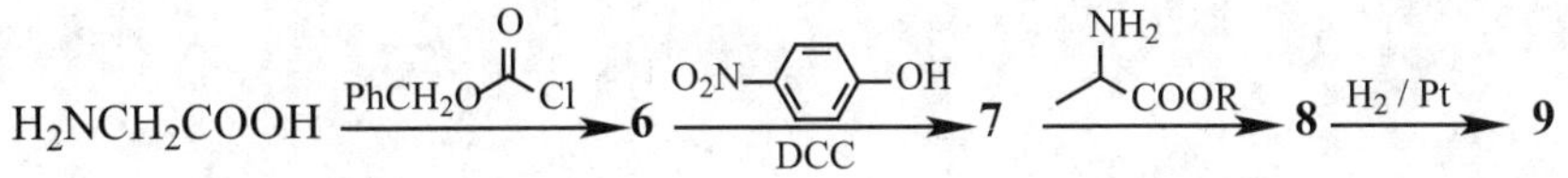

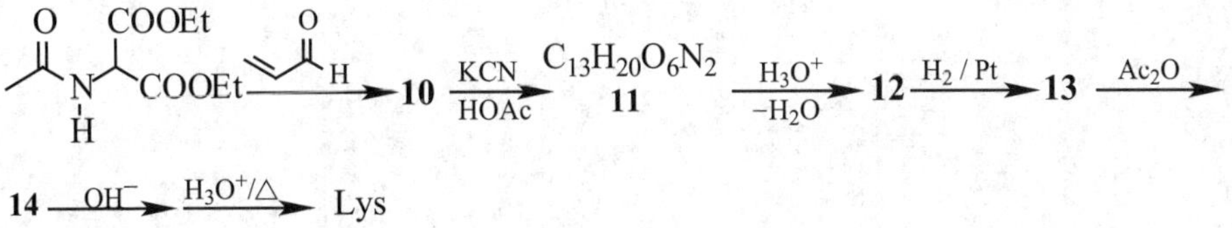

（5）

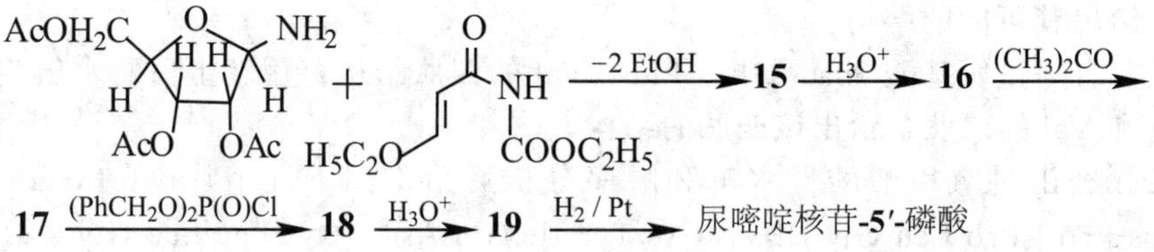

$$\text{17} \xrightarrow{\text{(PhCH}_2\text{O)}_2\text{P(O)Cl}} \text{18} \xrightarrow{\text{H}_3\text{O}^+} \text{19} \xrightarrow{\text{H}_2\text{/Pt}} \text{尿嘧啶核苷-5'-磷酸}$$

（6）

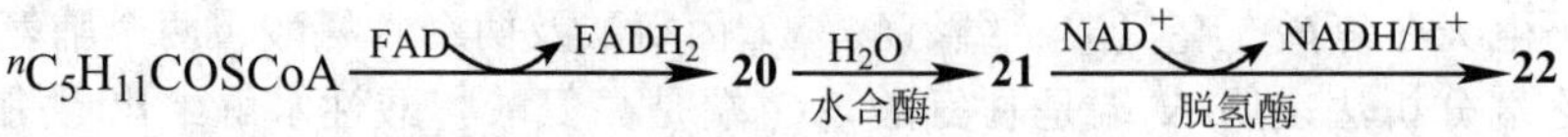

$$^{n}\text{C}_5\text{H}_{11}\text{COSCoA} \xrightarrow[\;]{\text{FAD} \quad \text{FADH}_2} \text{20} \xrightarrow[\text{水合酶}]{\text{H}_2\text{O}} \text{21} \xrightarrow[\text{脱氢酶}]{\text{NAD}^+ \quad \text{NADH/H}^+} \text{22}$$

14-5 如何用化学方法识别下列两组化合物：

（1）苹果酸、谷氨酸；（2）色氨酸、酪氨酸。

14-6 类细胞色素 C 是一个存在于所有有氧生物细胞中的一个酶，含有 0.43% 的铁，该酶的最小相对分子质量应为多少？

14-7 Merrifiel 固相合成法所用的树脂成分之一（**2**）是经过聚苯乙烯（**1**）与氯甲基甲醚在 Lewis 酸催化下反应制得的，写出该反应的机理；给出利用固相合成法制备二肽 Ala-Ile（**3**）的路线。

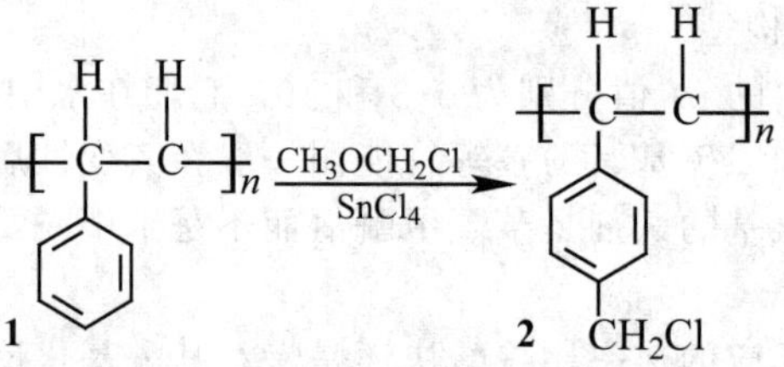

14-8 完成下列合成：

（1）利用 Cbz 基团和苄基为保护基合成二肽 Phe-Gly。

（2）利用活化酯的方法从 Cbz-Phe-Gly-乙酯合成三肽 Val-Phe-Gly-乙酯。

（3）以乙酰氨基丙二酸二乙酯为原料制备缬氨酸，该反应的产率高吗？为什么？

（4）以 Na*CN 为标记碳原料，从丙烯酸酯出发制备 HOO*CCH₂CH(NH₂)COOH。

14-9 写出 DCC 存在下 Cbz 保护的氨基酸与对硝基酚反应生成氨基酸对硝基苯酯的反应过程。

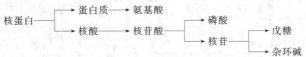

15 核酸

核酸（nucleic acid）、糖和蛋白质是对生命现象有重大意义的三大类生物高分子化合物。1869 年，**Miescher** 从细胞核中分离出一种含磷的酸性物质，由于这个物质首先是从细胞核中分离得到的，又具有酸性，故被命名为核酸。**Avery** 发现并证实了染色体中的**脱氧核糖核酸（DNA）**是携带遗传信息的物质。到 20 世纪 50 年代，人们已经能够完全确定，核酸是以遗传编码的方式存储和传递生物信息并指导蛋白质合成的物质。用计算机语言来描述的话，生命活动中的蛋白质是"**硬件**"，核酸则相当于是"**软件**"。

15.1 核苷、核苷酸和核酸的组成

核蛋白由核酸和蛋白质结合而成，若将核蛋白水解，则分步可得到如图 15-1 所示的各类产物。

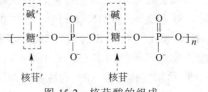

图 15-1　核蛋白的组成

如同蛋白质是由众多氨基酸结合而成，核酸是由许多**核苷酸**（nucleotide）聚合而成的，故又称**多核苷酸**（polynucleotide）。但核酸中核苷酸单体的数目远远多于蛋白质中氨基酸单体的数目，有些连肉眼都能察觉。从组成分析，核酸主要含 C、H、O、N、P 五大元素，个别的还有硫元素。各种核酸中磷的含量接近恒定（9%～10%），故通过磷含量的测定可了解生物组织中核酸的含量。从结构分析，核苷酸分子由包括碱与戊糖的**核苷**（nucleoside）和磷酸所组成，如图 15-2 所示。核苷酸有酸性，在中性水溶液中以多价负离子形式存在，在细胞中则与碱性蛋白质、多元胺或碱土金属离子结合。

图 15-2　核苷酸的组成

核酸有**核糖核酸**（ribonucleic acid，RNA）和**脱氧核糖核酸**（deoxyribonucleic acid，DNA）。RNA 和 DNA 中的戊糖分别是 **D-核糖（1）**和 **2′-脱氧-D-核糖**（右上角的"′"专指核苷中糖上的位置，**2**）。核苷酸中有嘌呤和嘧啶两大类碱基，它们分别是**腺嘌呤**（adenine，**A**）、**鸟嘌呤**（Guanine，**G**）、**胞嘧啶**（Cytosine，**C**）、**胸腺嘧啶**（Thymine，**T**）和**尿嘧啶**（Uracil，**U**）这五种（核酸中的碱常用单一的大写英文字母表示），如图 15-3 所示。这些碱

都是接近平面状的芳香胺，在 DNA 双螺旋结构中 A-T、G-C 配对堆积并产生最大可能的氢键（参见 15.2）。RNA 和 DNA 在结构组成上有两点差别：第一，RNA 中的糖是核糖，DNA 中的糖是脱氧核糖；第二，RNA 中的碱基没有胸腺嘧啶（T），DNA 中的碱基没有尿嘧啶（U）。DNA 相对分子质量一般比 RNA 大，在 $10^6 \sim 10^9$ 之间，多为白色纤维状固体，有些 DNA 可以用电子显微镜观察。如，**大肠杆菌染色体 DNA** 由 40 多万个碱基对组成，相对分子质量为 2.6×10^9，长度达 1.4 mm。各种 RNA 的相对分子质量从几万到几百万的都有，有的像 DNA 那么大，但有些 RNA 只有几十个核苷酸组成。

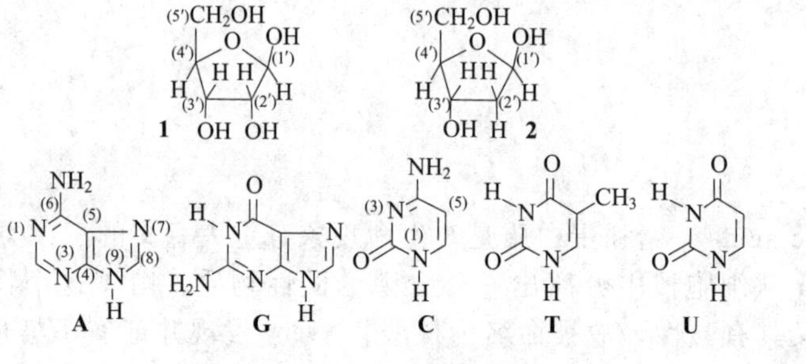

图 15-3 核酸中的糖和碱的结构

G、C、U 和 T 这 4 个碱都存在酮式和烯醇式结构的互变异构，在 pH 为 7±2 的生理条件下主要以酮式存在。自然界并无母体化合物嘧啶（**3**）和嘌呤（**4**），但它们的衍生物，特别是带羟基或氨基的衍生物普遍存在且都有很强的生理活性作用。带羟基的衍生物和酚类似，有烯醇式结构。但是像 **4-羟基嘧啶（5）** 和 **6-羟基嘌呤（6）** 这种结构还是以酮式为主。从共振结构来分析，它们的酮式结构仍可保持芳香环的结构。

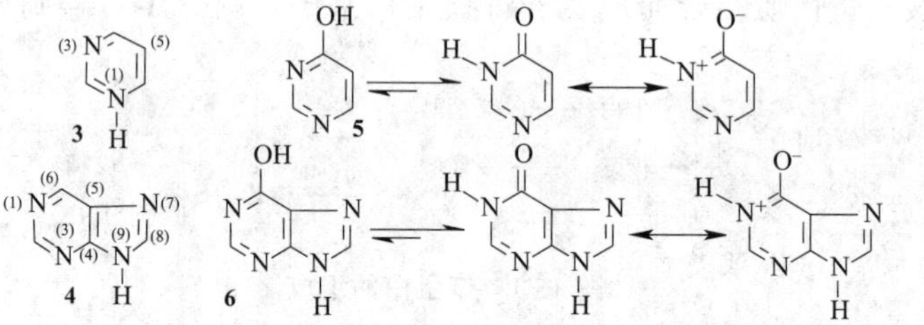

核苷是嘧啶类或嘌呤类碱的氮原子与 D-核糖或 $2'$-脱氧-D-核糖的苷碳原子连结形成的糖苷，嘧啶类碱基以 N(1)-位、嘌呤类碱基则以 N(9)-位与戊糖的 $1'$-位形成与糖上的—CH₂OH 呈顺式关系的 β-苷键，如腺嘌呤核苷（**7**）。核苷中戊糖的 $3'$-位或 $5'$-位与正磷酸形成磷酸二酯键，可简写为 C-$3'$-O-P-O-C-$5'$-键，该磷酸酯就是核苷酸。核苷酸多为**单磷酸酯**，如**腺嘌呤-$5'$-单磷酸核苷酸（8）**和**腺嘌呤单环磷酸酯（9）**。在 pH 为 7 的生理条件下，核苷酸上磷酸酯的两个羟基以氧负离子形式存在。腺嘌呤和鸟嘌呤核苷酸在许多生物过程中还以单环磷酸酯的形式出现。

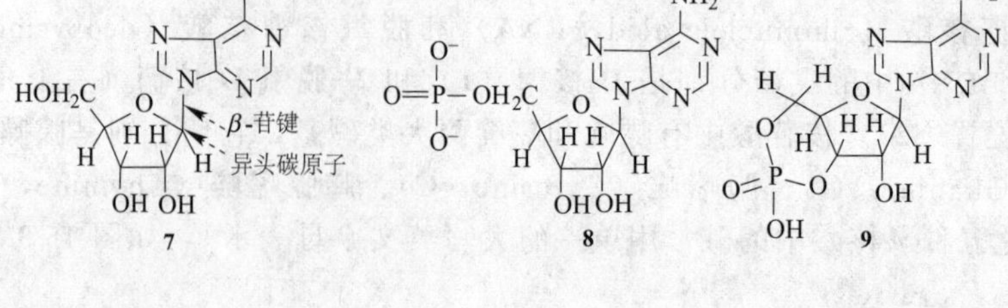

核苷酸分子中也可含 2 个或 3 个磷酸基的。如**二磷酸腺苷**（adenosine diphosphate，**ADP，10**）和**三磷酸腺苷**（adenosine triphosphate，**ATP，11**）等**多磷酸核苷**。ATP 是生物体内的**储能物质**（energy currency），在合成代谢中由 ADP 和 HPO_4^{2-} 生成，在分解代谢中则转移一个 HPO_4^{2-} 给其他分子再生为 ADP，能量获取的和释放也在此过程中得以实现，如图 15-4 所示。

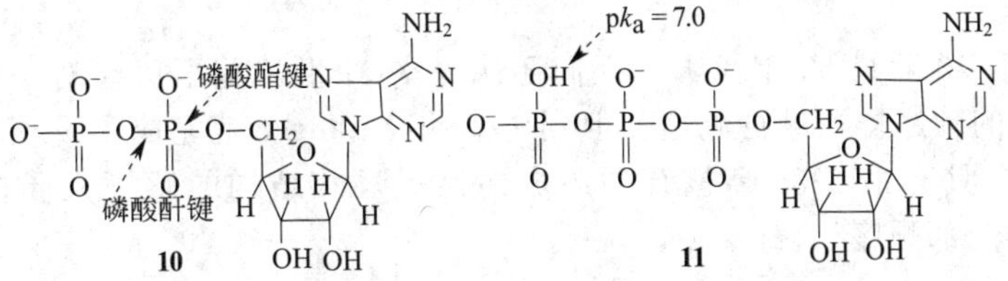

图 15-4 pH 7 时 ADP^{3-}（**10**）和 ATP（**11**，ATP^{3-} 和 ATP^{4-} 各占 50%）的结构

核酸是由核糖或脱氧核糖通过磷酸连接起来的一条长链，在糖分子上再与不同的碱基结合。核酸的两个末端分别为磷酸单酯或游离的羟基。图 15-5 代表了由 4 个核苷酸组成的 DNA 或 RNA 中的一段核酸链的结构。

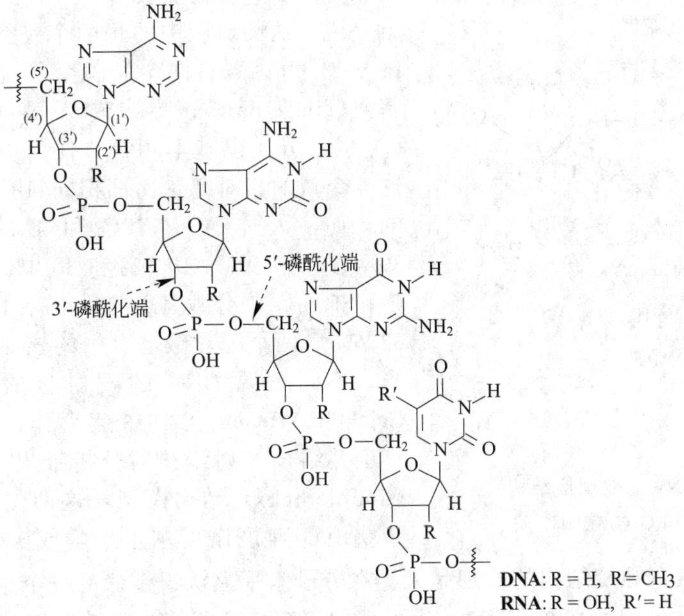

DNA：R = H，R' = CH₃
RNA：R = OH，R' = H

图 15-5 DNA 和 RNA 链示意图

核酸链常用缩写式表示，如图 15-6 所示，由左向右是从 5′-端到 3′-端，P 代表磷酸基，垂直的线代表核糖或脱氧核糖。P 在核苷的右下方或左下方分别表示在糖的 3′-位或 5′-位上酯化。A、C、G、T、U 各代表不同种类的碱基。两个核苷通过一分子的磷酸在 3′-及 5′-位上结合，它们分别被简写为-A-C-G-T-或-A-C-G-U-。

考虑到碱结构的差别及各个核苷酸链的顺序排列连接的各种可能性，加上高达亿万级的相对分子质量，DNA 和 RNA 分子结构的复杂性是可想而知的。核酸的结构也涉及顺序及高级结构问题。核酸中的糖磷酸酯链相当于蛋白质中的肽链，碱基相当于多肽链中 α-碳原子上的基团。有些 DNA 的链很长，太大的分子不易分离，离析过程中即使轻微的搅拌和振荡也可能使链折断或引起变化。核酸纯度的标准及相对分子质量的确认至今还尚无可靠、可信

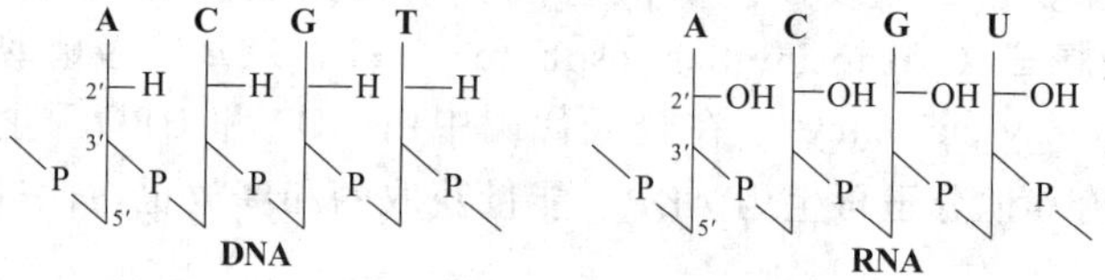

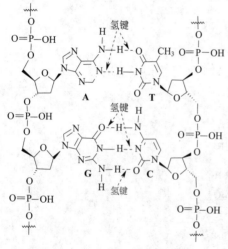

图 15-6　DNA 链和 RNA 链的简单表示法

的标准通用方法。20 世纪 60 年代末，人们还认为在 21 世纪前不可能对一个即使是很小的 DNA 分子中碱基的顺序排列进行测定。但到 1977 年，**Sanger** 就完成了一项了不起的突破性工作，确定了一个具有由 5386 个核苷酸组成的巨大环状结构的感染大肠杆菌噬菌体病毒 FX174 的 DNA 的全部顺序。

15.2　DNA 的双螺旋结构

20 世纪 40 年代后期已经证实所有 DNA 分子中的腺膘呤（A）和胸腺嘧啶（T）的比例、鸟嘌呤（G）和胞嘧啶（C）的比例基本相等。也就是说，这两对碱中的每两个是**互补**（complementary）的并因各有两个和三个氢键而形成稳定的**碱基对**（base pair）；嘌呤碱（A＋G）和嘧啶碱（T＋C）的百分比也基本相等。任何生物体所有细胞中这 4 个碱的相对摩尔比都相同且是该生物体所特有的，如，人体 A、G、C 和 T 的摩尔分数各为 30.4%、19.9%、19.9% 和 30.1%；酵母菌 A、G、C 和 T 的摩尔分数各为 31.7%、18.3%、17.4% 和 32.6%。两个配对碱基对中的核酸浓度总是彼此相当，不同来源 DNA 的配对核酸的相对量不同。**Crick** 和 **Watson** 在 1953 年合作，通过分子模型的推论并结合 X 射线衍射分析推出了 DNA 的**双螺旋**（double helix）结构模型，这两位科学家也因此而荣获 1960 年度诺贝尔生理学或医学奖。DNA 被称为生命的蓝图，其双螺旋结构的发现是人类在分子水平上认识生命的一个重大突破。

图 15-7　DNA 的双螺旋结构及 A-T 和 G-C 碱基对

如图 15-7 所示，一级结构中 DNA 有两条脱氧多核苷酸彼此盘结并以螺旋方式围绕同一个中心轴。这两条磷酸二酯键的走向各从 $5'$ 到 $3'$ 和 $3'$ 到 $5'$，彼此互补以反向平行的状态构成双螺旋。两条链之间通过螺旋内嘧啶碱和嘌呤碱的氢键固定下来，它们之间的距离正好和双螺旋的直径（2nm）相吻合，螺旋的轴心穿过氢键的中点。为了使两个链之间的作用足够有效，碱基的氢键配对就不能够是随意的。如，若两个都是嘌呤环，则将占有太大的空间而会排斥；若两个都是嘧啶环，则相距太远而难以形成氢键。故一条螺旋链上的碱基顺序就决定了另一条螺旋链上的碱基顺序。这两个互补的碱基对中，A 和 T 之间有两根氢键，G 和 C 之间有三根氢键。与中心轴垂直的碱基平面与糖环平面也近乎垂直，螺旋中包括约 10 个核苷酸的每一圈相距 34nm，两个相邻核苷酸之间的夹角约 36°。形状扁平的疏水性嘌呤和嘧啶碱基在双螺旋内侧十分贴近、层层堆积，形成一个强大的疏水区而与介质中的水分子隔开，这种碱基堆积力和链上配对碱基之间的氢键作用一起维持着 DNA 的双螺旋结构。链上的脱氧核糖和磷酸处于螺旋外侧。螺旋外部有两个螺旋形凹槽：一条深宽的称**大沟**（major groove）；另一条稍浅窄一点的称**小沟**（minor groove），它们是 DNA 识别蛋白质分子的位点所在。DNA 的二级结构也可以分为两大类：一类是右手双螺旋；另一类是局部的左手双螺旋。随溶剂、温度及盐型和碱基顺序的不同，DNA 可以有不同的构象并处于动态平衡之中。构象的变化使 DNA 螺旋盘旋的松紧程度、大小沟的深浅和宽窄都不同，从而可识别不同的蛋白质分子。正是双螺旋结构的柔性和构象间的可变性，使它在与调控蛋白质及其他分子的相互作用中得以发挥重要的生物功能。DNA 分子的这种双螺旋结构已被证明是非常稳定的。这些双螺旋的二级结构可进一步紧缩闭合成环状或复杂麻花状的空间构象，形成非常复杂的如超螺旋、十字架和三链状结构等三级结构，至今搞清楚的仍很少。2014 年发现人类细胞 DNA 中还存在四链螺旋结构。

DNA 双螺旋结构可以说不但具有形态美和内在美，更揭示了作为化学实体的基因是能够被分析和认识的并可通过化学方法使其发生改变。但 DNA 极其稳定的双螺旋结构也会在紫外线、自由基或其他外部环境影响下受损。好在受损后又会及时通过碱基、核苷酸的切除或 DNA 的错配得以修复，从而使遗传和生命体系的稳定状态得到维持。三位科学家因对 DNA 修复机制的研究成果而获得 2015 年度诺贝尔化学奖。DNA 经常出现在新闻中，是研究生物进化和药物设计的工具和探究生命本质的分子生物学象征和标志。

15.3　RNA 的结构和功能类型

　　RNA 的碱基主要是腺嘌呤（A）、鸟嘌呤（G）、胞嘧啶（C）和尿嘧啶（U）四种。有些 RNA 分子还含有另外一些如 5-甲基胞嘧啶等又称**稀有碱基**的**特殊碱基**。一方面，RNA 虽然也可以由于碱基的互补同样成为一股双螺旋，但由于核糖的 $2'$-位上还存在一个能伸入到 RNA 分子内部的羟基，使类似于 DNA 那样的双螺旋结构难以形成。另一方面，DNA 只有 $3'$-、$5'$-位上两个都是磷酸酯化的羟基，而 RNA 中有三个自由的羟基。磷酸二酯键可以在 RNA 的 $3'$-、$5'$-位上或 $2'$-、$5'$-位之间形成。大部分 RNA 结构中只在一条分子的一段或某几段中有两股互补的排列而其他区段则是单股的弯曲的核苷酸链，在某些区域可发生自身回褶形成双螺旋结构，其间的碱基也有互补关系，但彼此不平行，也不垂直于螺旋轴。它的二级结构也远不如 DNA 那么有规律，

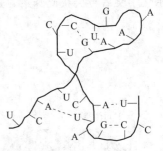

图 15-8　RNA 的二级结构示意图

如图 15-8 所示。1965 年，**Hofley** 完成了第一个由 77 个核苷酸组成的 RNA，即酵母转移丙氨酸 RNA 的顺序测定。这也是第一个被阐明顺序结构的核酸。至今上万 RNA 的排列顺序已被搞清楚，最长的一个顺序排列有 17 万多个核苷酸。

　　RNA 有三种不同的功能类型：**核糖体 RNA（rRNA）、信使 RNA（mRNA）**和**转移 RNA（tRNA）**。相对分子质量较大的核糖体 RNA 是细胞中含量最多的一类 RNA，其生物功能是为蛋白质的生物合成提供场所；含量最少的信使 RNA 占 RNA 总量的 5%～10%，其生物功能是接受 DNA 的遗传信息并成为蛋白质生物合成的模板，相当于是 DNA 的副本；相对分子质量比 mRNA 和 rRNA 小得多的转移 RNA 由 80～100 个核苷酸单位组成，在细胞中含量为 10%～15%。转移 RNA 以自由状态或与氨基酸相结合而存在，往往含有多种稀有碱基，不同的转移 RNA 可以专一地接受不同的氨基酸，并与之结合后将其送到核糖体上去进行蛋白质的合成。

15.4　DNA 的复制

　　DNA 中腺嘌呤和胸腺嘧啶、鸟嘌呤和胞嘧啶之间形成配对形式的特征清晰地表达出了遗传物质可能的**复制**（replication）机制。核酸中的碱基排列顺序和蛋白质中的氨基酸排列顺序则储存和表达了生物信息。

　　DNA 的双螺旋结构在存储遗传信息和指导蛋白质合成两方面都起到了关键作用。如图 15-9 所示，它既能自身复制、合成出与自己完全相同的另一个 DNA 分子，同时也能控制合成蛋白质所需的特定方式。一个有机体中几乎所有的细胞核中都含有相同的染色体结构，每个有机体都以具有这同一种染色体结构的单细胞形式开始其生命过程。DNA 的双螺旋结构的每一半在有性繁殖中各来自两个亲体。细胞分裂时，DNA 的双螺旋结构从一端解开分离到两个子细胞里，每一条都将作为模板或样板，在细胞中已经制造好了的各种核苷酸单体根据碱基互补原则，即 A 对 T、G 对 C 成两股螺旋分别排成队列，由于每个碱基有特定的配对方式这一特性，新生成的某位置上的碱基必定是另一股链螺旋中在该位置上出现的同一种碱基。这些按照互补规律组合的核苷酸在酶作用下互相形成糖磷酸键并逐一连接起来。如此便合成了一股与分离开来的那股螺旋完全相等的新螺旋，这一过程是分别在分离开来的两股螺旋中同时进行的，在两个子细胞中又各自形成了一个新的与母细胞中的 DNA 完全一样双螺旋，基因和遗传信息便以这种方式从上一代传到下一代而完成 DNA 的复制功能。复制是非常有效的，几分钟就能完成。1980 年，**Berg**、**Gilbert** 和 **Sanger** 三人因对核酸顺序和基因功能的出色研究而共享诺贝尔化学奖。Sanger 是继 1958 年因蛋白质测序而单独获得诺贝尔化学奖后再次获此殊荣，是迄今唯一的一位两次诺贝尔化学奖得主。

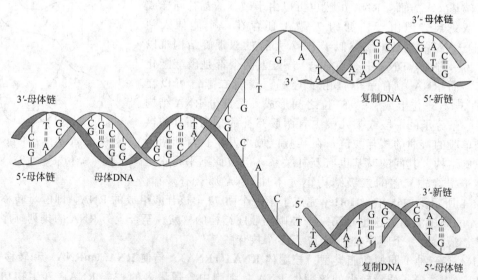

图 15-9　DNA 的自身复制示意图

15.5　基　　因

　　早年在研究 DNA 的结构时就发现了不同种生物的 DNA 具有其本身特有的碱基组成排

列，且这个碱基组成没有组织器官的特异性，不受年龄、性别和环境地区的影响。因此，DNA 的碱基组成比例可以作为生物学上分类的标志。

人们早就觉察到生物的特征会代代相传，到 20 世纪已经清楚，把遗传特征传下去的因子（基因，gene）位于细胞内的染色体之中。细胞分裂，染色体也分裂，基因也被完全一样地复制下来。基因在分子生物学上即是 DNA 双螺旋链上的一段核苷酸的排列，是表达生物器官组织的结构和性状遗传性的物质和基本功能单位，携带着能在特定条件下表达的遗传信息。如同原子理论在物理和化学中的核心地位一样，基因学说是遗传学的核心和现代医学和生物学的基本理论。可以说，弄清了 DNA 片断即基因的本质，也就了解了生命的本质及人与生物生老病死的规律和奥秘。一个 DNA 分子可以有上万个基因，一个基因通常有几千个碱基对。人的 46 条（23 对）染色体大约含有 30 亿个碱基对，20000～25000 个基因。通常所说的基因是指蛋白质编码基因，即合成有功能的人体蛋白质多肽链或 RNA 所必需的全部 DNA 排列。这些基因在 30 亿对碱基中仅占不到 1.5% 的比例，然而却蕴藏着表达一个人体所需要的全部遗传特性的基础。其余占到 98.5% 的人类非蛋白质编码基因曾被认为是没有意义的"垃圾 DNA"，但近年来的研究表明它们实际上是一块庞大的控制面板，含有数百万个基因开关，调控着基因的活性和正常工作，也是生命最重要的源泉之一。垃圾 DNA 的功能破译也为物种间的差异提供了合理的解释。如，人与其他动物的基因种类、结构、数量和组的大小差别都很小，但形态和智慧相差如此之大，可能也是这些垃圾 DNA 起到的作用。随着科学家们对垃圾 DNA 了解的深入，"基因"也许需要重新给出另一个定义。

由中国、美国、英国、日本、德国和法国六个国家参与的国际"**人类基因组图谱工程**"（**HGP**）于 1990 年启动。自那以后，基因组测序越来越快速和廉价。2006 年 5 月，公布了人类第一号染色体的基因测序图，标志着这一被认为是继"曼哈顿原子弹计划"和"阿波罗登月计划"之后人类自然科学史上最大的研究计划已经取得重大突破。如今已迎来个人基因组时代，人们有理由乐观地预言，到 2020 年左右给每个新生婴儿绘制基因组谱图可成为例行程序。要找出 2 万多个基因的位置，需经过测序、拼接和标注这三个步骤来"**读出**"，但人类的遗传奥秘犹如一部天书，要真正理解所包含的遗传信息是如何发挥作用的，即"**读懂**"还将是一个漫长而困难的过程。同时，搞清非编码区的遗传语言，即垃圾 DNA 有什么作用的问题也是基因组学成长的烦恼。

1984 年，人们发现了 DNA 指纹，即人的基因中具有一小段可复制**非编码 DNA 顺序**的短串联重复序列基因座〔short tandem repeat（**STR**）loci〕。除同卵双生子外，每个个体都有其独一无二的 STR loci 排列，不同个体的 STR loci 之间都有细小的差别，相同的可能性在几千万分之一。父子两代的 STR loci 排列虽并不完全等同，非同一性的概率在十万分之一。1986 年，**聚合酶链反应**（polymerase chain reaction，**PCR**）的发明使体外特定的 DNA 片段的复制扩增（基因放大）成为可能。仅仅只要有一小段几皮克 DNA 链（1pg＝10^{-12} g，约 10 万个分子，1 万个核苷），由自动化机械操作就能在几小时内再生出几微克（1μg＝10^{-6}g），约 10^{11} 个分子的 DNA 来，放大因子达到 10^7～10^9。结合顺序测定技术，这些发现和发明在法医鉴定、法律纠纷、物种分类、疾病诊断及建立 DNA 文库等领域均产生了极为重要的影响，充分反映出当代分子生物技术对人类社会产生的重大影响。

纵观诺贝尔生理学或医学奖的历史，遗传学课题获奖数已达 19 次之多，充分说明了遗传学在科学上的重要性和对人类生活、生命和发展的巨大作用。遗传学的核心即基因学说可以说是在有机化学基础上建立起来的基本理论，无可动摇地处于现代生物和医学的核心地位。

15.6　DNA 的转录和 RNA 的生成

　　DNA 在细胞核中首先合成传递 DNA 遗传信息的 mRNA，合成出来的 mRNA 接受了 DNA 中存储的遗传信息，其碱基的排列顺序完全由 DNA 所决定，称**转录**（transcription）的这个过程也与 DNA 的复制相似并遵循碱基配对规律，只不过是尿嘧啶（U）代替了胸腺嘧啶（T），核糖代替了脱氧核糖。另外，mRNA 只以拆开的 DNA 双螺旋中的一股螺旋为模板。碱基成对以后，同样由酶催化形成糖磷酸键，接着整条 mRNA 便分离开来，而 DNA 双螺旋结构也重新形成，如图 15-10 所示。

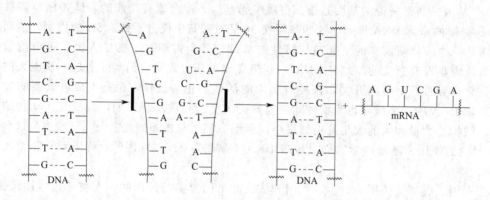

图 15-10　DNA 指导 mRNA 的生成

　　RNA 中的大碱基嘌呤和小碱基嘧啶之比并不是如在 DNA 中那样为等量的。因为只有一股链来控制合成，RNA 分子中不但腺嘌呤与尿嘧啶的数量不一样，鸟嘌呤与胞嘧啶的比例也不是 1∶1。故 RNA 不会有双螺旋结构，它以一条单链的形式存在。RNA 都由依赖于 DNA 的 RNA 聚合酶合成，RNA 聚合酶接受 DNA 模板的信息，在某些金属离子如 Mg^{2+} 或 Mn^{2+} 的参与下催化 RNA 的合成。

15.7　蛋白质的生物合成和 RNA 的翻译

　　DNA 双螺旋结构被提出几年后，该结构参与蛋白质合成的机制逐渐明朗，使双螺旋结构的非凡价值真正受到了科学界的重视。

　　科学家发现，在生物合成中，每三个字母（碱基）的组合形成一种氨基酸的**密码子**（字，codon），蛋白质中的氨基酸都是根据 tRNA 分子中三种碱基的组合而结合成肽链的。四个字母（代表四个碱基）中用三个字母的编码可表示出所有编码蛋白质的氨基酸。到 1965 年，科学家已完全确定了编码 20 种天然氨基酸的 64 组密码子，如表 15-1 所示的**遗传密码组合表**（codon assignments of base triplets）。如，UGG 代表色氨酸；苯丙氨酸的密码子是 UUU，只含有尿嘧啶（U）的 tRNA 可把苯丙氨酸结合进蛋白质中。氨基酸可以具有 1～6 个不同的密码子，如，苯丙氨酸的密码子还可以是 UUC；AAA 和 GAG 均代表赖氨酸；丝氨酸有六个密码子等。AUG 代表蛋白质的合成开始，UAA、UAG、UGA 的出现则是蛋白质多肽链终止的代码。

表 15-1　氨基酸的遗传密码组合

5′-末端	中间核苷酸				3′-末端
	U	C	A	G	
U	苯丙	丝	酪	半胱	U
	苯丙	丝	酪	半胱	C
	亮	丝	终止	终止	A
	亮	丝	终止	色	G
C	亮	脯	组	精	U
	亮	脯	组	精	C
	亮	脯	谷酰胺	精	A
	亮	脯	谷酰胺	精	G
A	异亮	苏	天冬酰胺	丝	U
	异亮	苏	天冬酰胺	丝	C
	异亮	苏	赖	精	A
	甲硫(起步)	苏	赖	精	G
G	缬	丙	天冬	甘	U
	缬	丙	天冬	甘	C
	缬	丙	谷	甘	A
	缬	丙	谷	甘	G

　　生物体中蛋白质的生物合成是一种复杂而有规律的 20 多种氨基酸组合的过程。不同氨基酸先后排列成肽的顺序取决于不同的 tRNA，后者又是由 mRNA 链上的碱基顺序所决定的。根据碱基互补的原则，mRNA 接受了 DNA 分子中由四个碱基组成的存储的遗传信息，随后召集一系列与之配对的专门从事携带和活化氨基酸的 tRNA。每种氨基酸都有一种或数种与之对应的特异 tRNA 携带转运。tRNA 既能读取 mRNA 上碱基排列的遗传密码，又能识别各种氨基酸并把这些特定的氨基酸带到 mRNA 上，让它们在对应的密码子上各就各位。每一个 tRNA 中都含有三碱基组单位，它们通过氢键的形式分别与 mRNA 密码子中的三碱基组配对。因此，在转移 RNA 上的这些**三碱基组**（triplet）常常又被称为**反密码子**（anticodon），在转移 RNA 的一端含有哪个反密码子，也就含有哪种氨基酸。如苯丙氨酸的反密码子为 AAG，相应的密码子为 UUC。丙氨酸的反密码子为 CGI（I 为稀有碱基之一），密码子可能为 GCU、GCC、GCA，因为 U、C、A 都可能是 I 对应的碱基。

　　如，某个 tRNA 的一端是由 CCA 碱基顺序的核苷酸组成，末端腺嘌呤核苷酸基暴露出的糖上有一个羟基，在酶作用下，它只会与某个特定的氨基酸发生酯化反应，这样这个 tRNA 便和某一个特定的氨基酸结合起来了，如式（15-1）所示。

$$核苷酸—CCA—OH + \underset{R}{\overset{NH_2}{\underset{\ }{}} }{COOH} \xrightarrow[-H_2O]{酶} 核苷酸—CCA—OCOCH(NH_2)R \qquad (15\text{-}1)$$

tRNA　　　　　　　　　　　　　　　　　　　　　　　**tRNA**-氨基酸

　　蛋白质是在细胞中的一个由 RNA 和蛋白质所组成的部分核糖体参与下进行合成的。合成开始时接在链首端的一般是甲硫氨酸，最后它将在酶作用下脱离肽链或者成为肽链的组分。合成过程中，核糖体顺着 mRNA 移动并读出链上的密码子。与 mRNA 上的密码子相匹配，按碱基互补原则形成对应反密码子的各种 tRNA 带着不同的氨基酸也进入核糖体，从而开始肽链的合成。在转肽酶作用下两个氨基酸之间成肽键。肽键形成后 tRNA 即获得自由而离去，该核糖体则继续向前移动，这一过程不断重复。在一条信使 RNA 链上可以附着几个核糖体同时工作，因此，一条 mRNA 链上可以同时合成几条多肽链。当核糖体遇到 mRNA

上表示蛋白质合成终止的密码处时就会脱离 mRNA 而完成蛋白质的合成。

因此，合成蛋白质所需的各种氨基酸是由 tRNA 带来的，各种 tRNA 的顺序排列是由 mRNA 决定而"翻译"过来的，而 mRNA 的信息又是从 DNA 转录（transcription）来的，DNA 在蛋白质的合成中起着模板的作用。如，一个控制谷半胱甘三肽（Glu·Cys·Gly）生物合成的 mRNA 分子将可能具有 GAAUGCGGA 这一碱基顺序。因为氨基酸的密码子不止一个，所以该顺序只是多种可能顺序中的一种。从 DNA-RNA 的合成所确立的碱基配对关系可以知道合成这股 mRNA 链的 DNA 链应该具有 CTTACGCCT 的碱基顺序。故根据一个已知的蛋白质结构可以弄清楚控制这个蛋白质合成基因的大体情况。图 15-11 是一段更大的甲硫-丙-丝-苯丙-亮-天冬酰胺肽链的合成示意图。

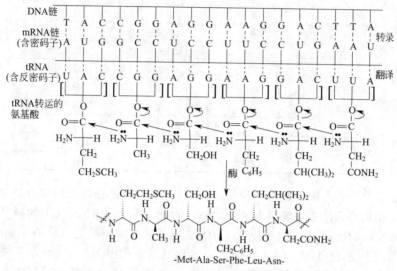

图 15-11　DNA 控制蛋白质中一段甲硫-丙-丝-苯丙-亮-天冬酰胺肽链的合成

DNA 分子上只要有一个碱基不同，或者读错一个密码都会导致氨基酸顺序的变化。再以三肽谷半胱甘为例，若在自我复制过程中出现了某种差错，如，将胞嘧啶误读为胸腺嘧啶，DNA 碱基序列从 CTTACGCCT 变为 CTTATGCCT，结果由这个变异的基因所产生的 mRNA 将会是 GAAUACGGA。此时，代表半胱氨酸的密码子 UGC 变成代表酪氨酸的 UAC，最后所形成的三肽成为谷酪甘三肽 Glu·Tyr·Gly。可以看出，一个碱基的变化给生物体系带来的变化和后果是很严重的，能改变其原有的生物功能而导致变异或疾病。

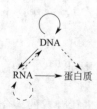

图 15-12　核酸与
蛋白质的关系

DNA 指导着 RNA 的合成，而 RNA 又指导着蛋白质的合成，DNA 通过指导 RNA 的合成间接控制着蛋白质的合成。在特殊的场合下，RNA 也能指导 DNA 和 RNA 的合成，即发生 RNA 的反向转录及互补 DNA 的生成；DNA 也能直接控制蛋白质的合成，但这两种情况出现的概率相对都很小。一般来说，遗传信息一旦传到蛋白质以后就不能再转回去，分子生物学中的这一条中心法则可以用图 15-12 来表示。图中的实线表示一般的转移过程，虚线表示在特殊情况下发生的转移过程。**人造核酸**（xeno-nucleic acid，**XNA**）是与 DNA 和 RNA 构造不同的人工合成的核酸，也有复制和进化的功能，对了解生命现象和开发新药均有很积极的意义。

虽然一组氨基酸可能形成许多种不同的蛋白质，但是各种生物细胞对制造相对特殊种类的蛋白质有极妙的选择性。DNA 的复制、转录和翻译过程被称为**中心法则**，也是生物体内最基本的生命活动。

15-1　某 DNA 链中腺嘌呤和胞嘧啶的含量各为 26.2% 和 23.8%，其鸟嘌呤的含量有多少？

15-2　解释:

（1）一般的缩胺醛酮很易在稀酸水溶液中水解，给出其过程。核苷中也有缩胺醛酮结构，但它是足够稳定的，不会在稀酸水溶液中水解。

（2）DNA 中的鸟嘌呤主要在 N(3)、N(7) 上发生亲电取代反应。

15-3　给出某 DNA 上一段（5′-）TATGCAT（3′-）的互补链上的碱基顺序。

15-4　某 DNA 碱基顺序为（5′-）GATTACCGTA（3′-），它可转录出怎样的 mRNA 顺序？某顺序为（5′-）UUCGCAGAGU（3′-）的 mRNA 转录自怎样顺序的 DNA？

15-5　下面的 mRNA 顺序标记着怎样的氨基酸顺序:

CUA-GAC-CGU-UCC-AAG-UGA

15-6　给出可用于合成后脑磷脂肽（metenkephalin），酪-甘-甘-苯丙-甲硫的 mRNA 顺序。

15-7　下面四个字各代表 mRNA 中的什么氨基酸？它们是从什么 DNA 遗传密码复制得到的？从这四个字又可得到什么 tRNA 反密码子？

AAU、GAG、UCC、CAU

15-8　从下列 DNA 碱基顺序链可指导合成出怎样的肽链结构？

（5′-）CTA-ACT-AGC-GGG-TCG-CCG（3′-）

15-9　生物代谢途径中有一个重要的中间体化合物腺苷酸一磷酸（AMP），其环状衍生物中的磷酸酯接在 3′-位和 5′-位上，给出它的结构。

15-10　给出下列两个反应的过程:

（1）
$$\underset{R}{\text{R}}\overset{\text{NH}_2}{\text{CH}}\text{COOH} \xrightarrow[\text{AcONa}]{\text{Ac}_2\text{O}} \text{（噁唑啉酮环）}$$

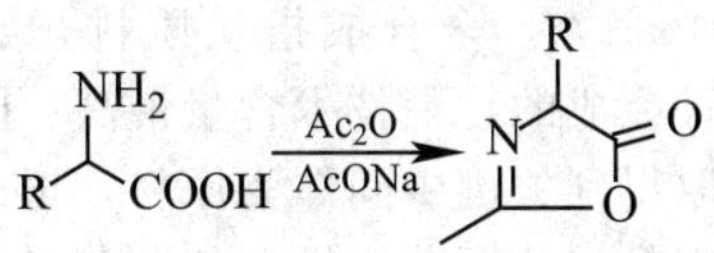

（2）
$$\text{(腺嘌呤核苷)} \xrightarrow[\text{H}_2\text{SO}_4]{\text{NaNO}_2} \text{(次黄嘌呤核苷)}$$

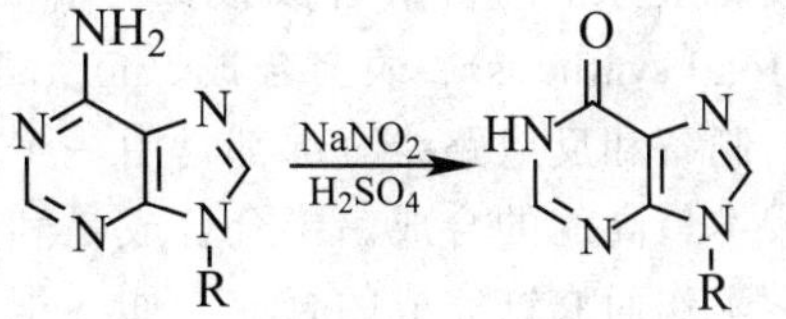

16 有机合成设计

有机化学最重要的功能之一就是创造新物质、新分子以及生产天然产物。**有机合成**（organic synthesis）是从易得的起始原料通过多步反应制备结构较为复杂的目标有机分子的逻辑性过程。有机合成是有机化学工业的基础，为人类社会提供有特殊性能的化合物，确定复杂分子的结构，从中还能不断探索发现新的有机反应和合成技术，赋予创造的艺术。有机合成的面貌自20世纪80年代以后有了很大改变：以不对称催化和过渡金属催化的偶联反应等为代表的众多化学、位置和立体选择性、专一性反应不断涌现并得到应用；商业提供的化合物越来越多而无需合成；以核磁共振为代表的波谱解析日益普及；重结晶和蒸馏等传统分离技术的重要性随着各种色谱技术的发展已不断下降。有赖于这些进步，任何有机小分子化合物都已经可以得到合成。

较复杂分子的有机合成根据工作的独立性可分为**全合成**（total synthesis）、**半全合成**（semi total synthesis）、**表全合成**（formal total synthesis）三类。全合成指从原料开始到最终产物的制备和反应路线全部都是由一个科研组独立设计完成的，是技术含量最高、同时往往也是成本最高的的合成。半全合成是利用从自然界提取得到关键中间体为原料，再通过后续的化学工作而修饰完成的合成。如，很多甾醇类激素都是用从薯蓣里提取的薯蓣皂苷为原料合成的；紫杉醇的工业化生产也是由半全合成得到的。表全合成又称**接力全合成**（relayed total synthesis），指反应路线有一部分是完全复制他人而完成的合成工作。如，Woodward 和 von Doering 于1944年完成了奎尼辛的全合成而被认为实现了奎宁的合成，因为从奎尼辛到奎宁的转换在20世纪初期就已由 Rabe 完成了。

解决基础有机化学涉及的有机合成问题需要在理解机理的基础上熟练地运用官能团的相互转化，此过程也是复习和应用各类有机反应的最佳途径之一。若要发表论文涉及一个新的成功的反应时，应给出详尽的包括所用原料、试剂、催化剂、溶剂、温度等条件，反应顺序、现象和产物分离、测试方法及值得给出的反应安全评估、实验设备、副产物等。

16.1　反合成分析

完成有机合成的方法有两种：一种是正向合成到达目标分子（**TM**）；另一种是从目标分子出发，切断其中可能的成键处，一步步倒推出较小的分子，直至可以得到的原料，这种设计方法也称反合成分析。反合成分析是目前广为应用和十分有效的一个方法，特别适合于复杂分子的合成（参见5.14）。

反合成分析用**双杆箭头符号**"$\Longrightarrow$"表示，其中要用到**切断**（disconnection，断键处用曲折线"$\sim\!\sim\!\sim$"表示）这一操作。切断指在目标分子某个结构单元的某处断开后得到两个片段的过程，这些片断又可以继续进行切断直到原料为止。切断后得到的片断称为**合成元**（synthon）。合成元往往是离子或自由基等活性中间体而非实际存在的分子，需**转化**（transform）成与之相当的试剂，即**合成等价物**。转化用**虚箭头符号**"$\cdots\!\!\rightarrow$"表示。把切断过程倒过来，即将合成元组合就成了合成。每一步反合成分析都可能产生多种方案并推导出多个不同的前体，这就需要作出合理的取舍，要用原料易得、路线简捷和反应产率高的有机合成反应。建立一个有机合成的设计方案包括目标分子骨架的构筑，某个位置上官能团的导入和立体化学的要求这三个因素。

16.1.1 基本骨架的建立

分子的基本骨架也指它的碳骨架。脂肪族分子的骨架可通过构筑或切断 C—C 键来实现，芳香族分子的基本骨架是芳香环，可用苯及其衍生物为底物。

（1）碳链增长的反应　碳链增长可应用如金属有机化合物、腈、端基炔、烯醇（胺）负离子等带碳负离子的试剂与如卤代烃、环氧化物、羧酸衍生物及 α,β-不饱和羰基化合物等亲电的底物之间的反应。如，格氏试剂、锂试剂与醛、酮、羧酸及其衍生物、二氧化碳、环氧乙烷、腈、卤代烃反应；CN^- 与伯卤代物及醛酮反应；炔基负离子与醛、酮、伯卤代烃或环氧乙烷反应；醛、酮、酯、腈、硝基化合物的烯醇（胺）负离子或碳负离子与伯卤代烃或酰氯及各类羰基化合物的缩合反应；Gabriel 反应；Wittig 反应；Amdt-Eistert 反应；傅-克反应；Diels-Alder 反应；酮、酯和芳香卤代物的双分子偶联反应；Mannich 反应和重氮甲烷的反应等。

（2）碳链缩短的反应　当目标分子的碳骨架比合成元或易得原料的小时，就需要用到此类反应。它们包括：烯（炔）烃的（臭）氧化断裂反应；带 α-苄基氢的芳环侧链的氧化断裂反应；邻二醇或 α-羟基醛、酮的氧化断裂反应；醛、酮的 Ruff 降级反应、卤仿反应；β-酮酸酯（乙酰乙酸乙酯或丙二酸酯的衍生物）的分解反应；醛、酮、酯的羟醛缩合和酯缩合的逆反应；脱羧反应；Hofmann 反应；Curtius 反应；α-羟基酸的热分解反应；酯的热解反应；羧酸银的 Hunsdicker 反应、Beckmann 重排反应等。

（3）碳环的构筑　碳环的构筑要根据碳环的大小而选用分子内 S_N2 反应、二卤代物脱卤、缩合反应、活泼亚甲基和 α,ω-二卤代物的双烷基化反应或重排等不同的方法。如，三元环可用卡宾反应；六元环可用 Diels-Alder 环加成反应、Robinson 增环反应，芳环与环二酸酐的傅-克反应。杂环化合物多通过分子内的亲核取代反应和一些专用的特定合成反应，如，吲哚、喹啉的合成等。

（4）碳架重排　当目标分子和其前体合成元有相同的碳原子数时，常可利用重排反应完成碳骨架的变化。如，伯碳正离子向仲碳、叔碳正离子的重排；Claisen 芳基烯丙基醚的重排；pinacol 重排；邻二酮重排成 α-羟基羧酸；Favorskii 重排；Fries 重排等。

16.1.2 选择性的反应

不少有机反应和反应试剂有位置选择性，在反合成分析时要充分注意到这一点。如，卤素的自由基取代反应；Markovnikov 规则、Saytzeff 规则和 Hofmann 成烯规则；Baeyer-Villiger 氧化；Beckmann 重排；醛、酮的活性差异；1,2-和 1,4-加成反应；芳环取代基的定位规则；烯、炔的氢化；$NaBH_4$ 和 $LiAlH_4$ 及衍生试剂的选择应用；Dieckmann 酯缩合；羰基 α-位和 α'-位的烯醇化等。

立体选择性或立体专一性的反应也是必须考虑的。如，卤代烃的 S_N2 反应和 E2 反应；

邻二卤代物的脱卤反应；烯烃的硼氢化反应；与 $KMnO_4$、OsO_4、O_3 和 RCO_3H 的氧化反应；与 Br_2 或 Cl_2 的加成反应；与卡宾的环丙烷化反应；炔烃的加氢反应；环己烷椅式构象的平衡；环氧化物的开环反应；D-A 环加成反应；酯的热解反应；Hofmann 重排、Beckmann 重排反应等。

16.1.3 切断

切断是化学反应的逆反应。正确的切断应该以合理的反应过程为依据推导出简便易得的前体。切断通常在杂原子或官能团连接处进行，对称单元处也是常见的切断点。好的切断除了合理外还要使切断后得到的合成元易得或能最大限度地简化。被切断的键一定会有相应的合成反应重新得以构筑。

如，目标分子 1 中有两处可以合理地切断，切断 b 处比切断 a 处好，能够给出容易实现的正离子和负离子，如图 16-1 所示。

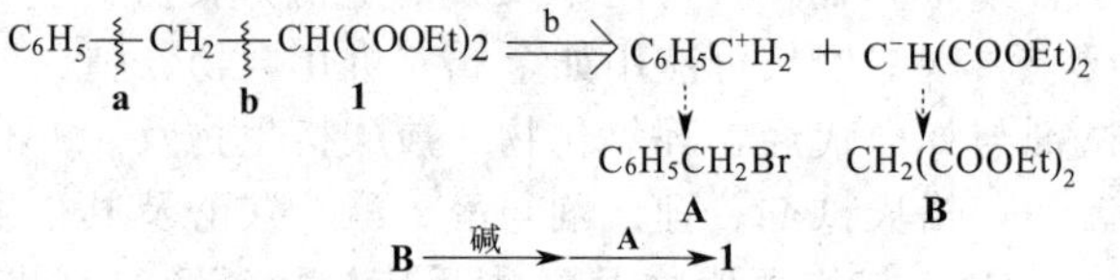

图 16-1　目标分子 1 的切断选择和合成路线

目标分子 2 和 3 的切断都利用了 Diels-Alder 反应的逆反应，如式（16-1）所示的两个反应。

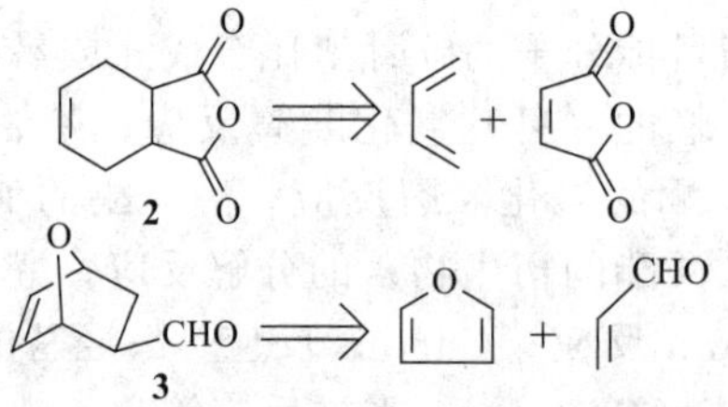

（16-1）

目标分子 4 也有两个合理的切断，切断 b 处的更好，因为它将目标分子转化为两个几乎相等的合成元，丙酮和环己基格氏试剂都可直接得到的。而切断 a 处的方式得到的合成元甲基环己基酮仍是需要通过合成才能得到的化合物，其反应步骤比切断 b 处的烦琐，如图 16-2 所示。

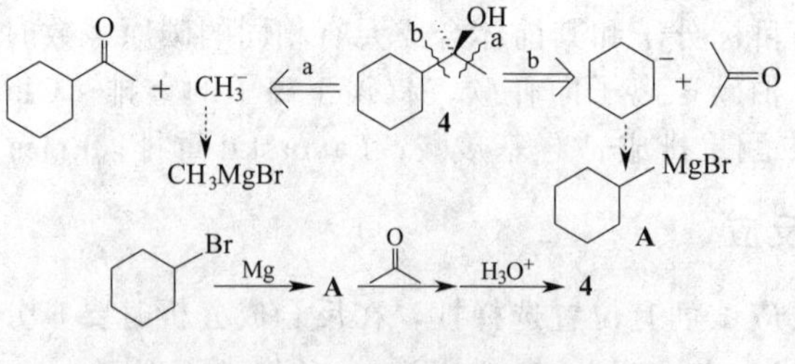

图 16-2　目标分子 4 的切断选择和合成路线

目标分子 5 是合成抗抑郁药 Fluoxetine（百忧解，Prozac）的中间体产物，有两个合理的切断。a 处的切断看似通过一个简单的亲核取代反应即可，但产物的手性不易控制。故 b 处的切断更好，手性底物醇是可得的，中间体化合物（A）中的氟原子受到对位三氟甲基的强吸电子效应的影响易接受芳香亲核进攻而离去，如图 16-3 所示。

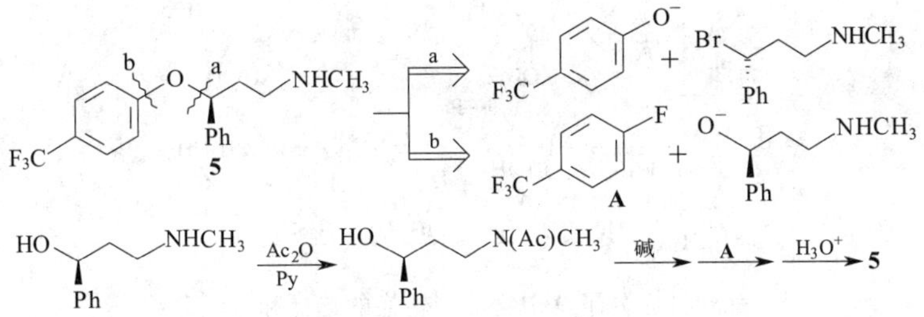

图 16-3 目标分子 **5** 的切断选择和合成路线

16.1.4 官能团的建立

为了合理地进行反合成分析并在正确的位置上构筑官能团，需要对反应整理归类，熟练掌握它们的应用范围和反应机理，再加上正确的切断分析和**官能团转化**（functional group transformation）设计出成功的合成路线。官能团转化包括官能团转换（functional group inter-conversion, FGI）、**官能团添加**（functional group addition, **FGA**）和**官能团消除**（functional group removal，**FGR**）三种类型。

（1）羰基 醛、酮羰基正好处于有机化合物氧化态的中部，氧化可生成羧酸及其衍生物，还原得到醇、烯烃、烷烃等化合物，故反合成分析可有多种选择。如式（16-2）所示，光是加成就有 a 或 b 两种选择。

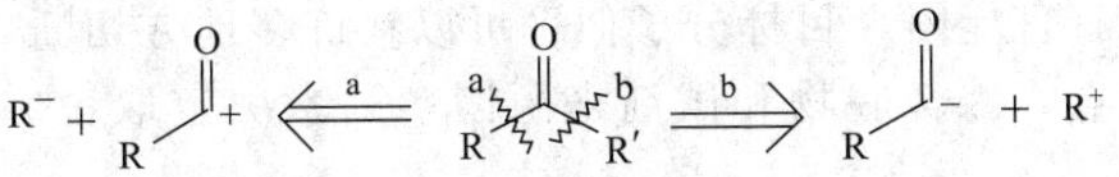

$$R^- + \underset{R}{\overset{O}{\underset{}{\|}}} \Longleftarrow \underset{a}{\overset{O}{\underset{R}{\|}}}\underset{b}{R'} \Longrightarrow \underset{R}{\overset{O}{\underset{}{\|}}}{}^- + R^+ \qquad (16\text{-}2)$$

Friedel-Crafts 酰化反应是制备芳香酮的一个好方法。目标分子 **6** 应该在 b 处切断，在 a 处切断是不行的，因为硝基苯不起傅-克反应，如图 16-4 所示。

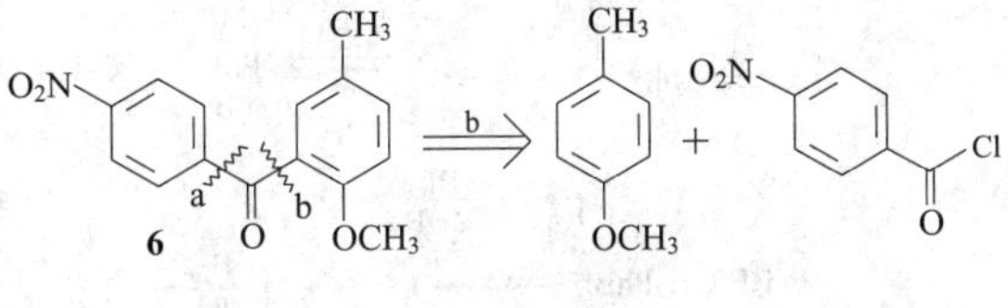

图 16-4 目标分子 **6** 的切断选择

（2）羟基 醇羟基主要可以通过羰基与金属试剂反应得到。如图 16-5 所示，目标分子 **7** 可由 **8** 经官能团转换而来，**8** 中 b 处的切断比 a 处的好，因为 a 处切断后用到的苄基格氏试剂太过活泼，制备时因产生自由基而引发聚合等副反应。

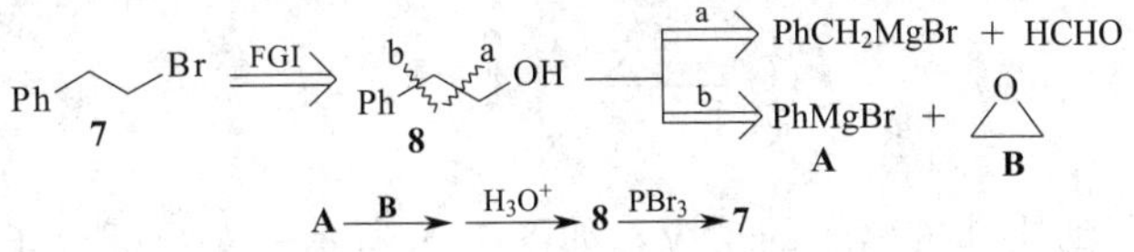

图 16-5 目标分子 **7** 的切断选择和合成路线

（3）烯烃双键 碳碳双键主要可以通过醇的脱水来生成。如图 16-6 所示，要合成目标分子 **9**，a 处的官能团转换不如 b 处的好，因为 a 处的官能团转换所得合成元脱水时还会生成不需要的另一个共轭的烯烃副产物 **10**：

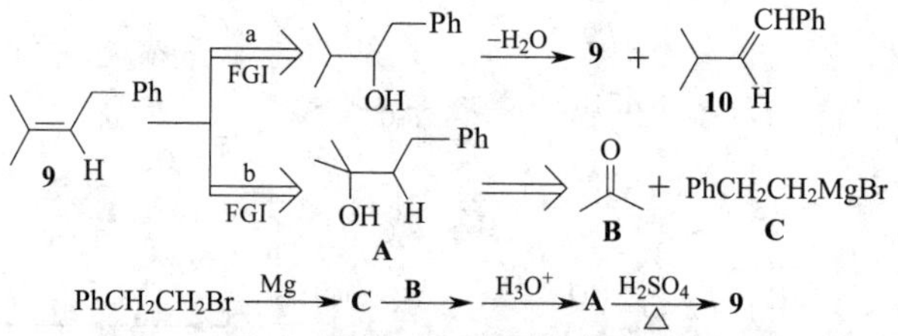

图 16-6　目标分子 **9** 中官能团转换的选择和合成路线

　　目标分子 **11** 在同一处切断后有两种选择，a 处的选择不如 b 处的，因为 b 处所得合成元的原料容易得到，如图 16-7 所示。

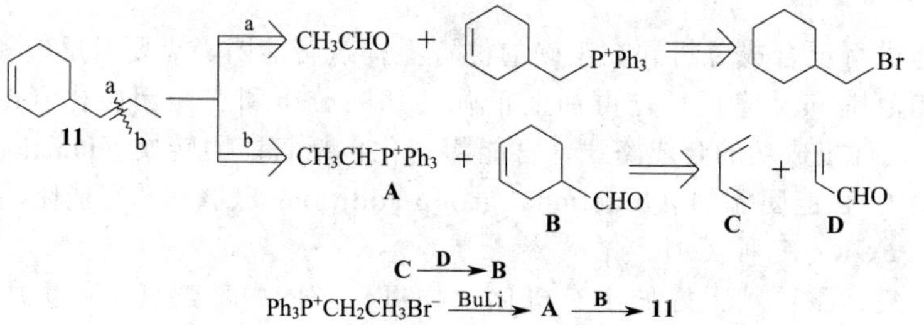

图 16-7　目标分子 **11** 的切断选择和合成路线

　　（4）烷烃　烷烃没有官能团，目标分子似乎可以在许多地方切断，故需认真分析比较以找出合理的官能团转化点，综合底物和试剂来源诸多因素决定取舍。如图 16-8 所示对目标分子 **12** 的反合成分析：

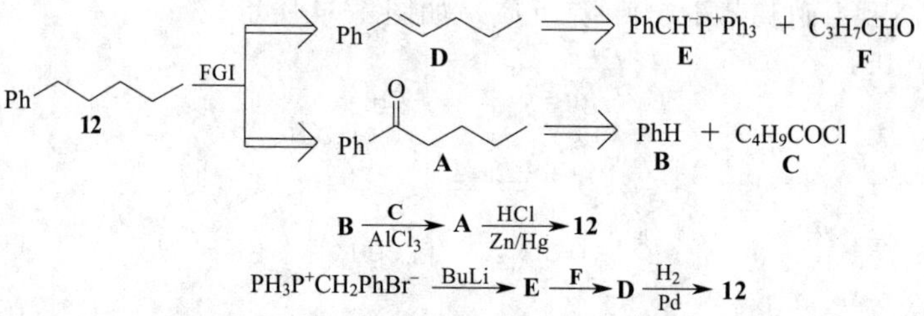

图 16-8　目标分子 **12** 中官能团添加的选择和合成路线

　　（5）双官能团　带双官能团的目标分子的反合成分析可分为如下几种：

　　稳定的 1,1-双官能团多指 α-羟基腈，可用醛、酮底物与氰基负离子的反应来实现，如式（16-3）所示的反合成分析：

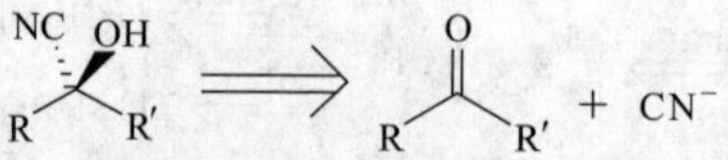

（16-3）

　　1,2-双官能团多用到炔基负离子的反应，如图 16-9 所示的对目标分子 **13** 的反合成分析：

　　乙烯基酮类化合物 **14** 可以由甲基酮和甲醛缩合得到，但是碱催化的反应常常导致聚合和其他副反应使目标物的产率很低，因此多用 Mannich 反应来代替（参见 12.5.4），如式（16-4）所示。

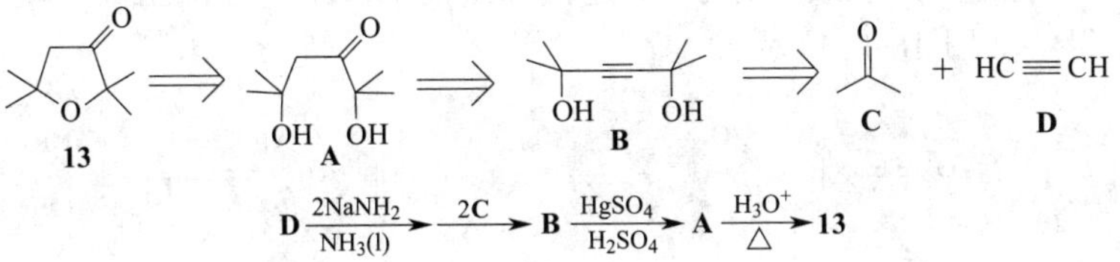

图 16-9　目标分子 **13** 的反合成分析和合成路线

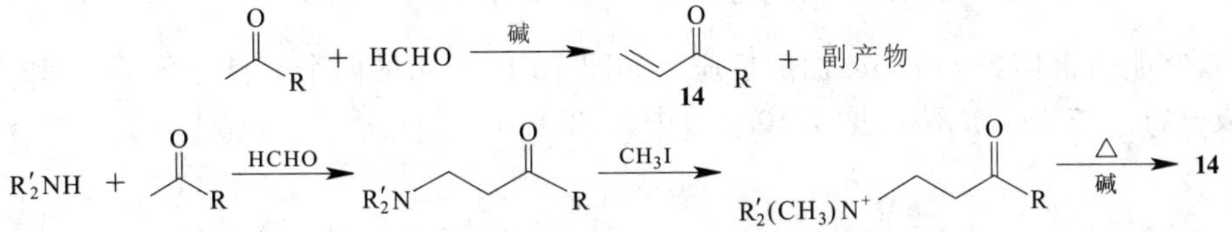

（16-4）

1,3-双官能团多会用到 Aldol 反应，如图 16-10 所示对两个 α,β-不饱和羰基化合物 **15** 和 **16** 所作的反合成分析：

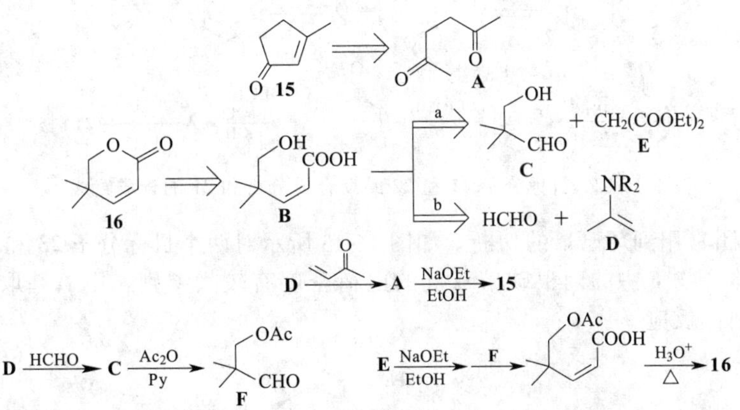

图 16-10　目标分子 **15** 和 **16** 的反合成分析和合成路线

1,4-双官能团大多会用到烷基化反应，如式（16-5）所示对目标分子 **17** 所作的反合成分析：

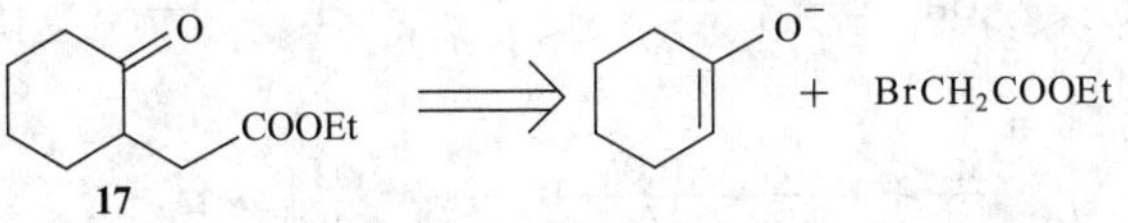

（16-5）

式（16-5）的这个反合成分析看似合理，但实际上若在碱性介质中直接用环己酮和 α-卤代酸酯反应得到的是另一个产物 **18**。因为 α-卤代酸酯中 α-H 的酸性更大，发生的是如式（16-6）所示的 Darzens 反应（参见 11.9.1）。要使酮成为合适的亲核试剂，应先将其转化为烯胺才好。

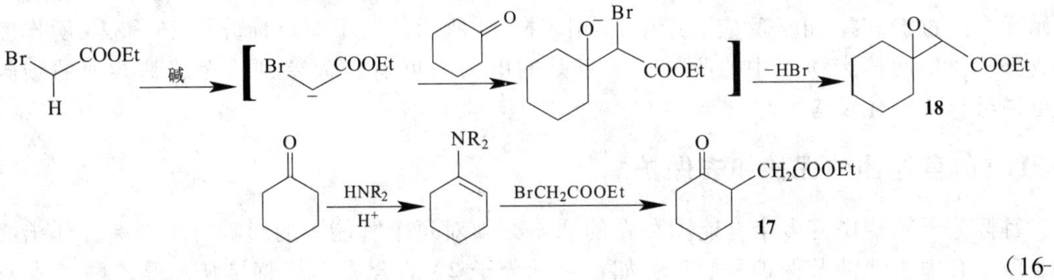

（16-6）

目标分子 **19** 可通过 1,4-双羰基分子 **20** 进行分子内 Aldol 反应来生成，**20** 可通过烯胺与 α-卤代酮反应而得，如图 16-11 所示。

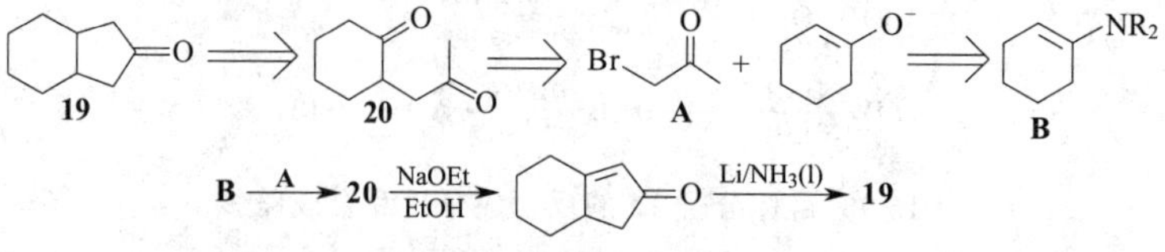

图 16-11　目标分子 **19** 的反合成分析和合成路线

1,5-双官能团常用到 Michael 加成反应，如图 16-12 所示的两个对目标分子 **21** 和 **22** 所作的反合成分析。**22** 的合成路线见 9.10.2 节中的图 9-31。

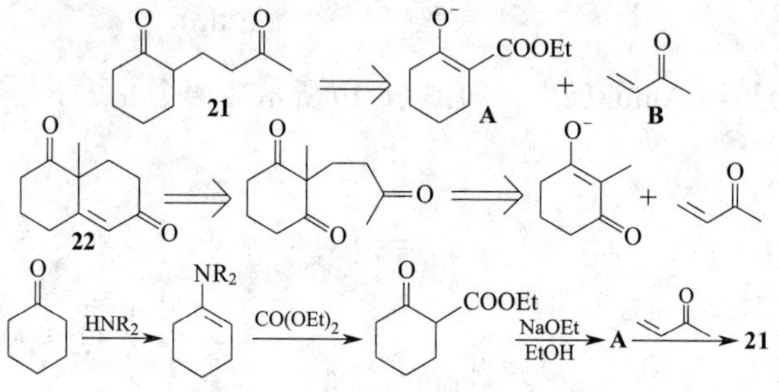

图 16-12　目标分子 **21** 和 **22** 的反合成分析和 **21** 的合成路线

1,6-双官能团常用到环己烯的切断，如图 16-13 所示对两个目标分子 **23** 和 **24** 所作的反合成分析。中间体产物 **F** 中的两根碳碳双键的电荷密度有较大差别，甲氧基取代的碳碳双键更易进行氧化断键反应。

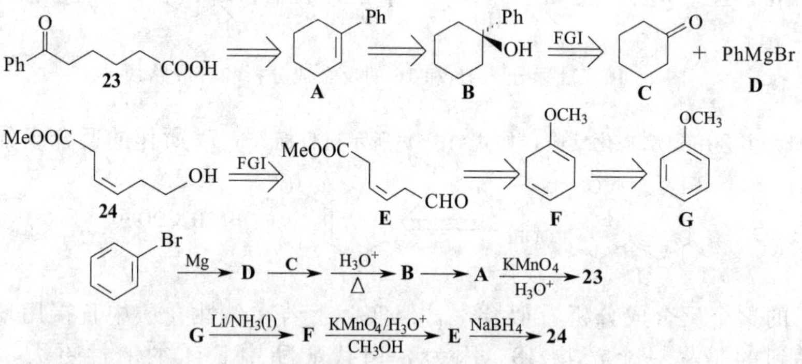

图 16-13　目标分子 **23** 和 **24** 的反合成分析和合成路线

（6）环　分子内的取代反应可以生成各种大小不等的环；三元环常通过卡宾反应制取；六元环多经过 Diels-Alder 反应而产生，如图 16-14 所示的两个对目标分子 **25** 和 **26** 所作的反合成分析。中间体产物 **A** 中的两根碳碳双键的电荷密度有较大差别，无羰基共轭的碳碳双键更易进行环氧化反应。

16.1.5　官能团的保护和去保护

目标分子结构中有多个官能团存在的话，必须对每个官能团的影响有所判断并作出必要的处理，其中主要涉及保护和展现。如，目标分子 **27** 的合成不能直接从乙酰乙酸乙酯与格

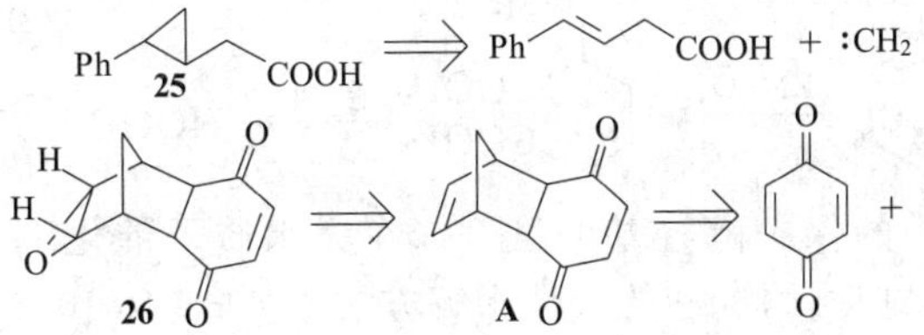

图 16-14　目标分子 **25** 和 **26** 的反合成分析

氏试剂作用得到，格氏试剂将首先与酮羰基而不是酯基作用。因此，要先将乙酰乙酸乙酯中的酮羰基转变成缩酮，反应后再经稀酸水解恢复羰基，如图 16-15 所示。

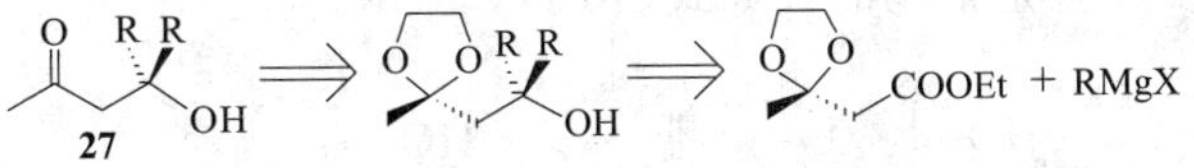

图 16-15　目标分子 **27** 的反合成分析

　　醛羰基比酮羰基活泼，因此当分子中同时含有醛基和酮基时，要使酮羰基反应而保持醛羰基不变的话，也需要对醛基先加以保护，如式（16-7）所示的目标分子 **28** 的合成：

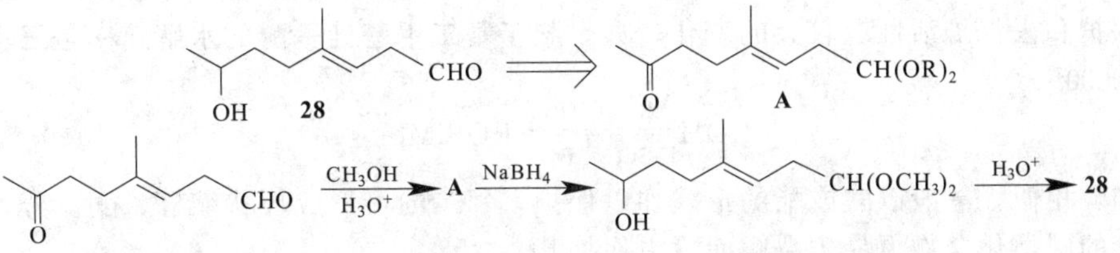

（16-7）

　　Wieland-Miescher 酮（**29**）分子内有两个酮羰基，直接用负氢离子还原时非共轭的酮可被立体和化学选择性地还原而不影响到亲电性稍差的共轭酮羰基。若要让共轭的酮羰基反应就需将活性较强的酮羰基保护起来再反应，如式（16-8）所示。

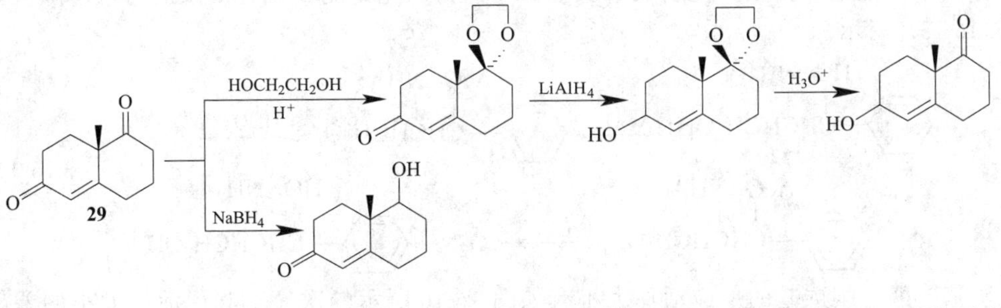

（16-8）

　　好的保护基应该定向地仅与需要保护的基团作用，反应条件温和，对分子其他部位没有影响。同时，保护基的引入和除去的产率要高，除去时应有多种合适途径便于选择性反应。

　　有机合成中经常遇到的需要保护的基团及保护方法有以下四种。

　　（1）羟基和酚羟基　　羟基常转化成苄基醚、叔丁基醚、甲基醚、甲氧基甲基醚（—OCH₂OCH₃，**MOM**）、β-甲氧基乙基醚（—OCH₂CH₂OCH₃，**MEM**）等**取代烷基醚**和1-乙氧基乙基醚 ［—OCH(OCH₂CH₃)CH₃，**EE**］等**取代乙基醚**保护。这些基团对氧化、还原及碱性条件下的许多反应都是稳定的，去保护可通过酸性水解和氢解等方法来实现。如式（16-9）所示，底物 **30** 要氧化双键前需先将羟基用苄氧基保护。

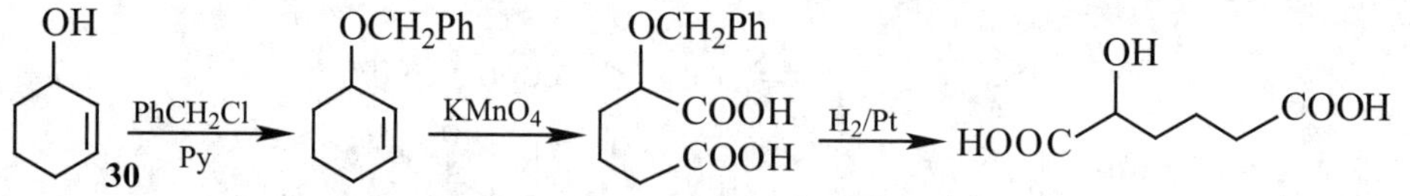

$$ \text{(16-9)} $$

二氢吡喃也是一个常用的保护醇羟基的试剂，在无水质子催化下反应形成**四氢吡喃醚**（缩酮）衍生物（**31**），去保护可用温和的酸性水解方法，如式（16-10）所示。

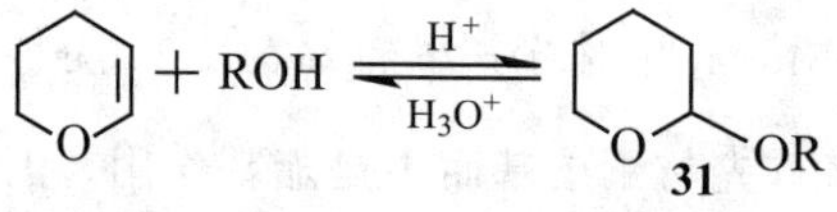

$$ \text{（16-10）} $$

羟基还能以转化为羧酸酯形式予以保护；顺-1,2(3)-二醇可以形成环状缩醛、酮加以保护，这在糖类的化学反应中是常见的，如式（16-11）所示。

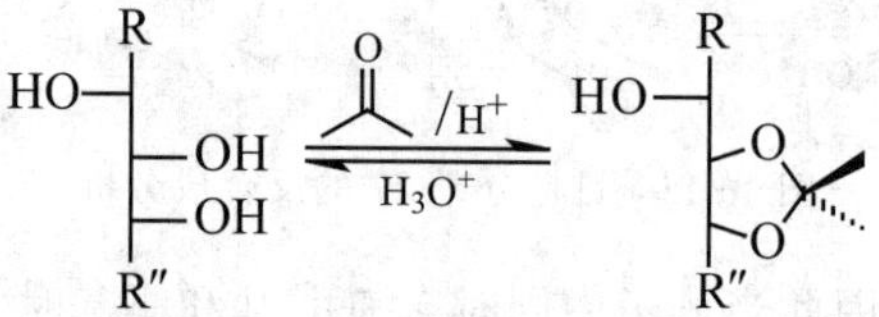

$$ \text{（16-11）} $$

如式（16-12）所示，转化成**硅醚**（silyl ether）也是保护羟基的一个很好的方法（参见8.14）。最常用的硅基是三甲基硅基，硅原子上不同取代基产生的立体效应和诱导效应可使羟基的保护和去保护活性有较大的变化，如，**叔丁基二甲基硅基醚**的水解速率是**三甲基硅基醚**的 1/10000。

$$ ROH \underset{Bu_4N^+F^-}{\overset{R_3'SiCl/Py}{\rightleftharpoons}} ROSiMe_3 \qquad \text{（16-12）} $$

酚和醇相似，一般以醚或酯的形式加以保护，邻二酚可形成环状缩醛、酮。芳香醚和酯比脂肪族的同类化合物更易于裂解而除去保护基。

（2）**氨基** 在肽和生物碱的合成中常遇到氨基的保护问题，多以氯甲酸苄酯（**Cbz**）、氯甲酸叔丁酯（**Boc**）等氨基羧酸酯的形式给予保护，利用不同的取代基可选择性地保护和去保护（参见 14.2.4）。氨基转化为酰氨基也是常用的好方法。如，底物分子 **32** 进行硝化反应之前，分子中的羟基和氨基要先与乙酐反应加以保护以免氧化，硝化结束后再水解除去酰基，式（16-13）所示。

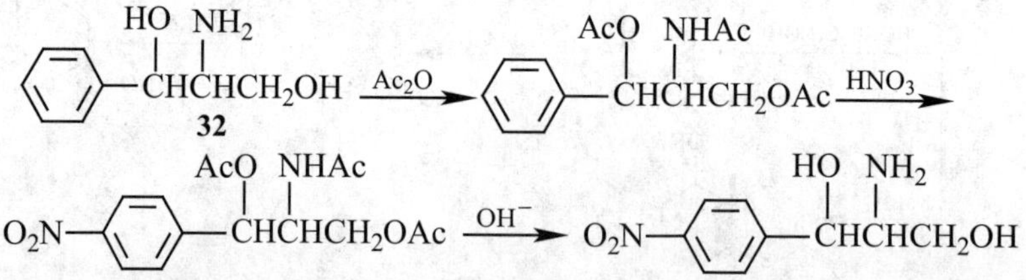

$$ \text{（16-13）} $$

（3）**羰基** 醛、酮羰基的反应活性大小有如图 16-16 所示的次序，利用活性大小的差异可对不同的羰基分别加以保护。

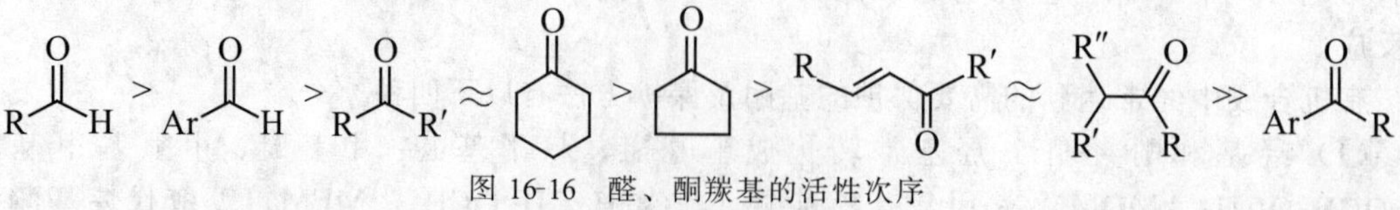

图 16-16 醛、酮羰基的活性次序

醛、酮羰基最常用的保护方法是转化为缩醛、酮或硫缩醛、酮（参见 9.4.4）。生成缩醛、酮的常用试剂是小分子的醇、硫醇、原甲酸酯、乙二醇、乙二硫醇等，如式（16-14）所示的两个反应。

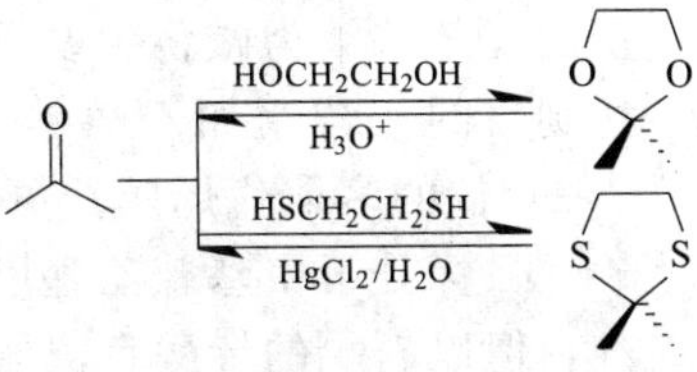

$$
\begin{array}{c}
\xrightarrow[\text{H}_3\text{O}^+]{\text{HOCH}_2\text{CH}_2\text{OH}} \\[4pt]
\xrightarrow[\text{HgCl}_2/\text{H}_2\text{O}]{\text{HSCH}_2\text{CH}_2\text{SH}}
\end{array}
\qquad (16\text{-}14)
$$

（4）羧基　羧基的常用保护是转化为酯，从而可抑止羧基质子产生的酸性影响。一些新的反应方法和使酯的生成或水解更为迅捷、专一、有效。如用 DCC 为脱水剂或用卤代烃代替醇等。水解也可以采用硅试剂、非质子溶剂、三溴化硼等方法，叔丁酯在酸性条件下可温和水解；苄醇酯的裂解可以用催化氢解的方法。硫醇酯的活性比氧酯大得多，活化羧基并在肽链和内酯化反应中得到较多应用。

官能团的选择性保护可以说是和合成化学同步发展的。据统计，目前有机合成工作中仍不能不以近一半的工作量从事保护和去保护的操作，因此掌握和运用保护基团在有机合成中的操作是非常重要的。运用保护策略还可调整基团的反应活性。如，苯环上氨基和羟基保护后可以很好地发生芳香亲电取代反应（参见 8.14 和 12.8）。但保护和去保护的操作是不得已而为之的，它们使合成路线拉长，总产率降低。发展更富专一性的有机反应和应用生物反应是不用或少用保护的方向。

16.1.6　官能团的展现和活化

官能团的保护，一个方法是使一个活性基团的活性降低，它由"保护—其他部位反应—去保护"三步过程完成；另一个方法则是将可能受影响的基团以另一种反应性的基团即**潜伏官能团**（latent function group）形式出现，潜伏官能团也相当于**前官能团**（pro-function），然后通过**展现**（exposition）反应得到所要的目标官能团。

如，邻二羟基官能团的潜伏官能团可以是双键，双键氧化后就能得到邻二羟基。双键对不少反应，如与金属试剂的加成活性很低，故是个较理想的邻二羟基官能团的潜伏官能团。又如要得到 4-烷基环己-2-烯酮（**33**），可以利用苯环的 Birch 还原反应。苯甲醚作为潜在的环己-2-烯酮，苯环上的甲氧基成为羰基的前官能团，如图 16-17 所示。

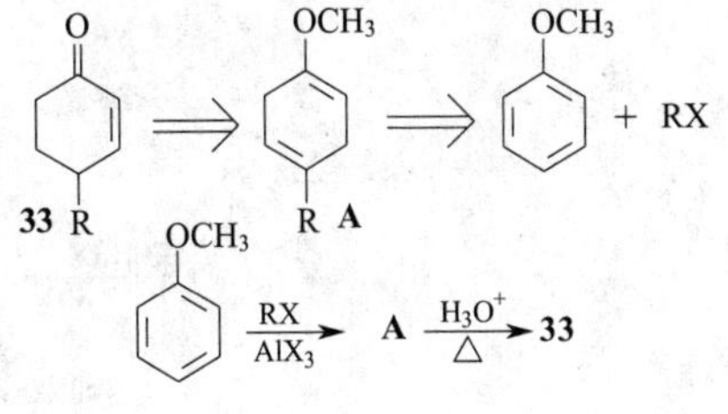

图 16-17　目标分子 **33** 的反合成分析和合成路线

呋喃开环生成 1,4-双酮，故呋喃环相当于 1,4-双羰基的前官能团。如图 16-18 所示茉莉花的主香成分**茉莉酮**（**34**）的制备：

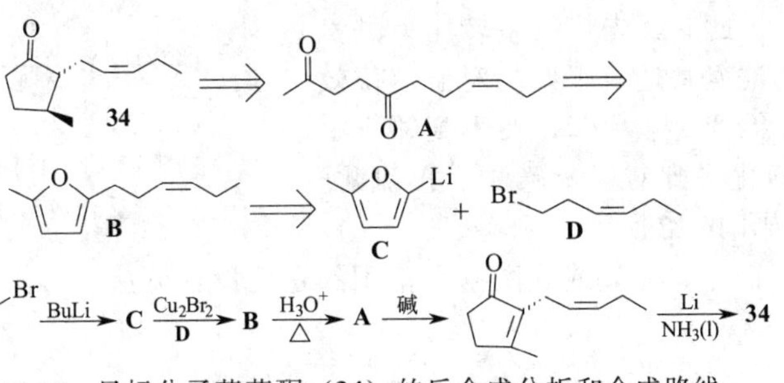

图 16-18　目标分子茉莉酮（**34**）的反合成分析和合成路线

为了使反应能有效地进行位置选择反应，需选择合适的试剂。如图 16-19 所示目标分子 2,6-二甲基环己酮（**35**）的反合成分析中，底物 2-甲基环己酮在乙二醇二甲醚溶液中以大体

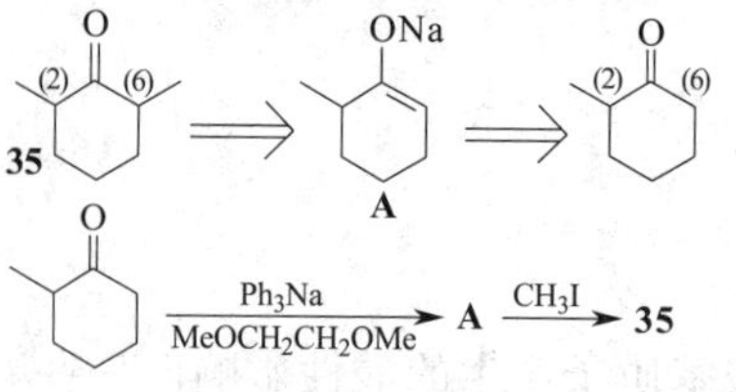

图 16-19 目标分子 35 的反合成分析

如图 16-20 所示。

积的三苯基钠为碱将主要得到 C(6) 位的少取代烯醇盐而达到目的。若用如乙醇钠一类强碱，则热力学更稳定的 C(2) 位的多取代烯醇盐更易生成。

目标分子甲基苯乙基甲酮（**36**）的反合成分析似乎不难，但以丙酮的烯醇负离子 **37** 为底物实际操作时得到的是一个混合物，**36** 的产率很低。这是由于产物 **36** 的活性与底物几乎一样，它们会进一步反应下去生成 **38** 和 **39**，

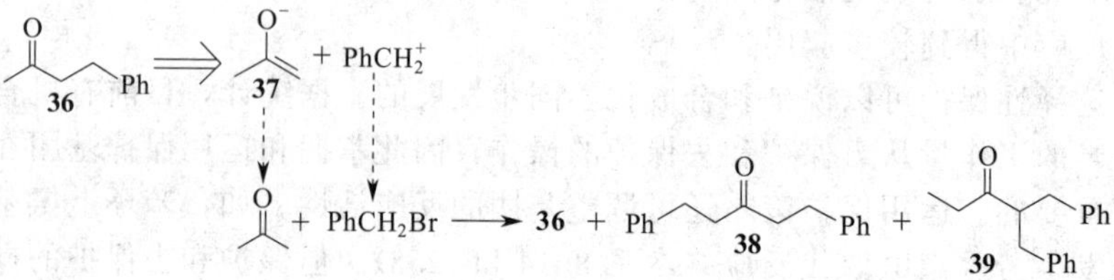

图 16-20 目标分子 **36** 的反合成分析

解决这个问题的方法也是应将底物丙酮转化为烯胺。也可引入**导向基团**（directing group）得到分子中所需反应点，反应后再去除这个外加的基团使反应符合位置选择性的要求。如图 16-21 所示，以乙酰乙酸乙酯为底物制备 **36** 就能取得很好的结果。2-甲基环己酮的 C(6) 位因氢键形成的六元环而更易引入醛基，使 H(6) 的酸性比 H(2) 强得多，得到的 **37** 为在 C(6) 位引入甲基生成 **35** 建立了基础。

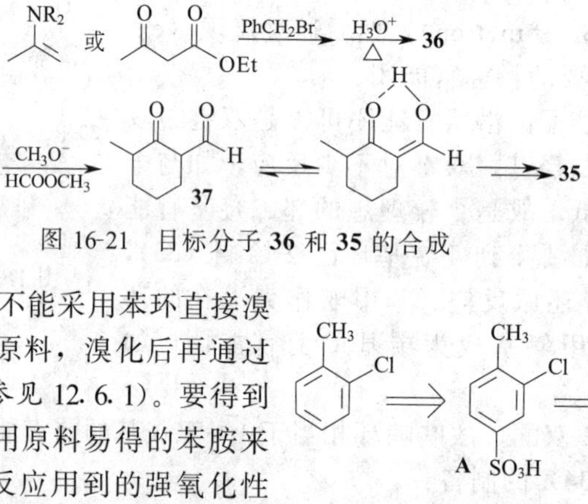

图 16-21 目标分子 **36** 和 **35** 的合成

要得到 1,3,5-三溴苯显然不能采用苯环直接溴化的反应。此时，以苯胺为原料，溴化后再通过重氮去胺化反应就可以了（参见 12.6.1）。要得到对硝基苯胺，最好的选择是用原料易得的苯胺来硝化，位置选择性也好，但反应用到的强氧化性硝酸对氨基有影响。此时，先将氨基转化为酰氨基，不会被氧化的酰氨基还有很好的对位定位效果。甲苯氯化主要得到对氯甲苯，要得到邻氯甲苯则可从甲苯先磺化得到对甲苯磺酸后再氯化、去磺化来实现，如图 16-22 所示。

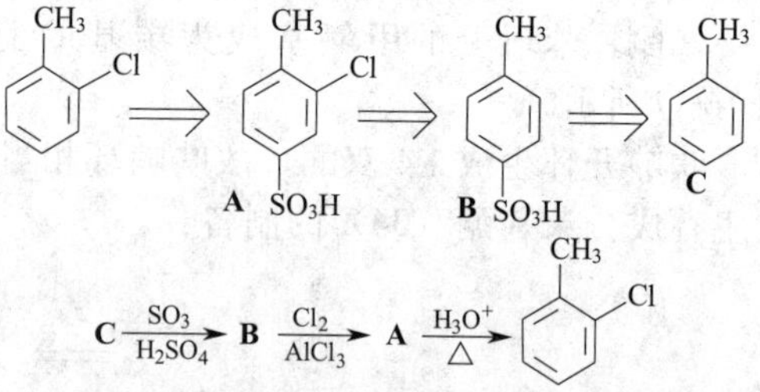

图 16-22 目标分子邻氯甲苯的反合成分析和合成路线

在苯环上引入硝基、氨基或磺酸基是常用的定位设计方法。

16.2 反合成分析实例

下面通过 10 个实例给出反合成分析的思路。每个目标分子所需起始底物都应是常见的

简单原料化合物。

[例 16-1] 合成叶醇（**1**，*cis*-己-3-烯-1-醇）。

解：从官能团处切断，顺式双键可由炔烃而来，这又解决了羟基官能团引入的问题。

$$\text{（1）} \Longrightarrow C_2H_5\!-\!\!\equiv\!\!-C_2H_5OH \Longrightarrow C_2H_5\!-\!\!\equiv\!\!-H + \triangle O$$

位于 **1**、**A**、**B**、**C** 下方

$$B \xrightarrow[\text{NH}_3(l)]{\text{NaNH}_2} C \xrightarrow{\text{H}_3\text{O}^+} A \xrightarrow[\text{Lindlar Pd}]{\text{H}_2} 1$$

[例 16-2] 合成 4-甲基-2-溴苯胺（**2**）。

解：多取代苯在进行反合成分析时要注意取代基之间的位置，利用各种官能团之间的转化以及如硝基、氨基、磺酸基、甲氧基等活化剂、钝化剂的导向作用。如，**2** 的合成中就要考虑到在芳环上先引入氨基再引入溴才是合乎芳香亲电取代反应的定位规则并能满足目标分子要求的。氨基有较强的定位效果，但卤代时会发生多卤代的问题，故需加以钝化。

（结构式序列：**2**、**A**、**B**、**C**、**D**、**E**）

$$E \xrightarrow[\text{H}_2\text{SO}_4]{\text{浓 HNO}_3} D \xrightarrow{\text{Fe/HCl}} C \xrightarrow[\text{Py}]{\text{Ac}_2\text{O}} B \xrightarrow[\text{Fe}]{\text{Br}_2} A \xrightarrow{\text{H}_3\text{O}^+} 2$$

[例 16-3] 合成 4-苯基丁-2-酮（**3**）。

解：这里再介绍一条与 16.1.5 中图 16-16 不同的反合成分析，苯环 γ-位难以直接引入羰基。但羰基可由羟基氧化而来，引入羟基的方法就较多了。

$$3 \xrightarrow{\text{FGI}} A \Longrightarrow \text{PhCH}_2\text{CH}_2^- + \text{CH}_3\text{C}^+\text{HOH} \dashrightarrow \text{CH}_3\text{CHO}\ (E)$$

$$\text{PhCH}_2\text{CH}_2\text{MgBr}\ (B) \dashrightarrow \text{PhMgBr}\ (C) + \triangle O\ (D)$$

$$\text{PhBr} \xrightarrow{\text{Mg}} C \xrightarrow{D} \xrightarrow{\text{H}_3\text{O}^+} \xrightarrow{\text{PBr}_3} \xrightarrow{\text{Mg}} B \xrightarrow{E} \xrightarrow{\text{H}_3\text{O}^+} A \xrightarrow{\text{PCC}} 3$$

[例 16-4] 合成 2-乙基戊酰（哌啶）胺（**4**）。

解：酰胺化合物可切断为胺和羧酸（酰氯），后者则可通过官能团转化来实现。

$$4 \Longrightarrow \text{HO}-\!\!C(=O)\ (A) + \text{HN}\ (B)$$

$$\text{CO}_2 + \text{BrMg}-(C) \Longrightarrow \text{HO}-(D) \Longrightarrow C_2H_5CH_2MgBr\ (E) + C_2H_5CHO\ (F)$$

$$^n\text{C}_3\text{H}_7\text{Br} \xrightarrow{\text{Mg}} E \xrightarrow{F} \xrightarrow{\text{H}_3\text{O}^+} D \xrightarrow{\text{PBr}_3} \xrightarrow{\text{Mg}} C \xrightarrow{\text{CO}_2} A \xrightarrow{\text{SOCl}_2} B \xrightarrow{} 4$$

[例 16-5]　合成环己-2-酮基-苯甲酰基-苯基甲醇（**5**）。

解：5 是一个多官能团化合物，有 1,2-、1,3-、1,4-双官能团。在 β-羟基酮的 1,3-双官能团处切断是较为有利的，所需的二苯乙二酮又可通过苯甲醛的安息香缩合后再氧化的路线来实现。

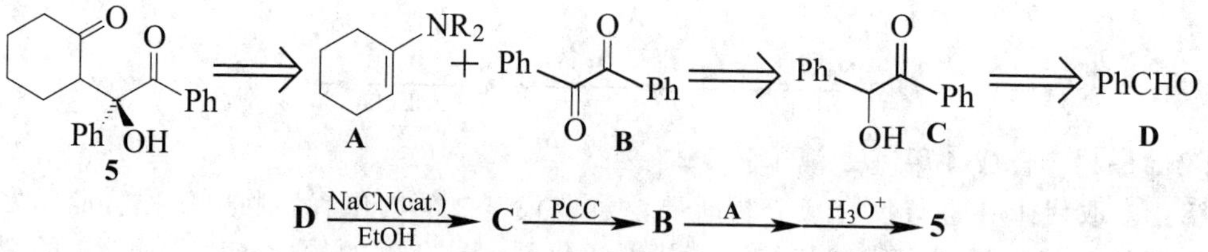

$$D \xrightarrow[\text{EtOH}]{\text{NaCN(cat.)}} C \xrightarrow{\text{PCC}} B \xrightarrow{A} \xrightarrow{H_3O^+} 5$$

[例 16-6]　合成对-(2,6-二氧代庚-4-基)甲氧基苯（**6**）。

解：6 是一个 1,5-双官能团化合物，合成此类结构的分子时常用到 Michael 加成反应。

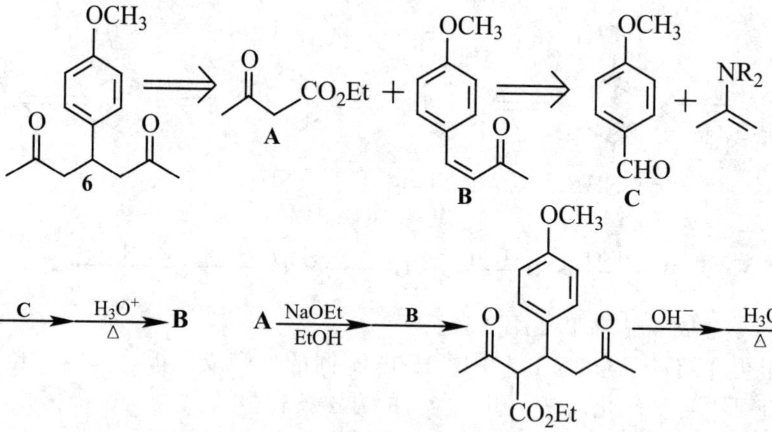

[例 16-7]　合成缩酮化合物 1-甲基-7,8-二氧杂双环[4.2.1]辛烷（**7**）。

解：在目标分子 **7** 的含氧官能团处切断就得到 1,2-、1,5-和 1,6-双官能团分子，经官能团转化和 Michael 加成反应即可。

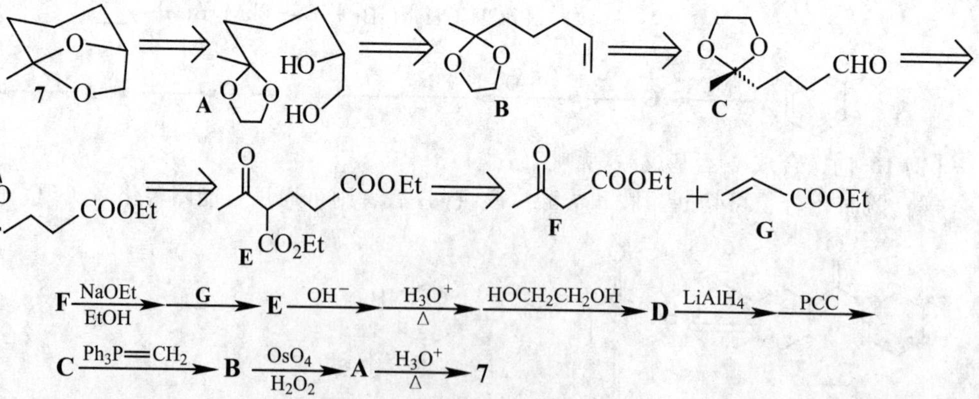

$$F \xrightarrow[\text{EtOH}]{\text{NaOEt}} G \xrightarrow{} E \xrightarrow{\text{OH}^-} \xrightarrow[\triangle]{H_3O^+} \xrightarrow{\text{HOCH}_2\text{CH}_2\text{OH}} D \xrightarrow{\text{LiAlH}_4} \xrightarrow{\text{PCC}}$$

$$C \xrightarrow{\text{Ph}_3\text{P}=\text{CH}_2} B \xrightarrow[\text{H}_2\text{O}_2]{\text{OsO}_4} A \xrightarrow[\triangle]{H_3O^+} 7$$

[例 16-8]　合成 2-甲基-5-异丙烯基环戊烯基醛（**8**）。

解：目标分子 **8** 中有一个 α,β-不饱和羰基，这种场合常常可以在烯键处切断。该分子经此切断后得到 1,6-双羰基，后者可用到环己烯衍生物选择性氧化断裂双键的合成反应，而环己烯结构可通过 Diels-Alder 反应来实现。

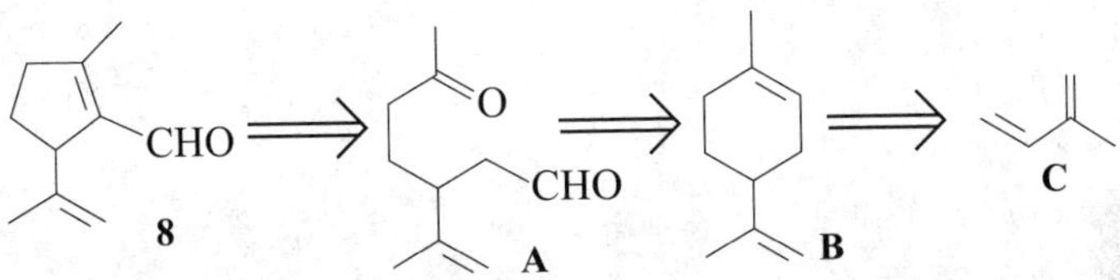

8　A　B　C

$$2\mathbf{C}\xrightarrow{\text{D-A反应}}\mathbf{B}\xrightarrow[H_3O^+]{KMnO_4}\mathbf{A}\xrightarrow{OH^-}\mathbf{8}$$

［例 16-9］ 合成 6-氧代螺[4. 5]癸烷（**9**）。

解： 目标分子 **9** 是一个螺环化合物，引入羰基和一步步反应并不容易。但若能想到片呐醇重排这一反应，问题就迎刃而解了。

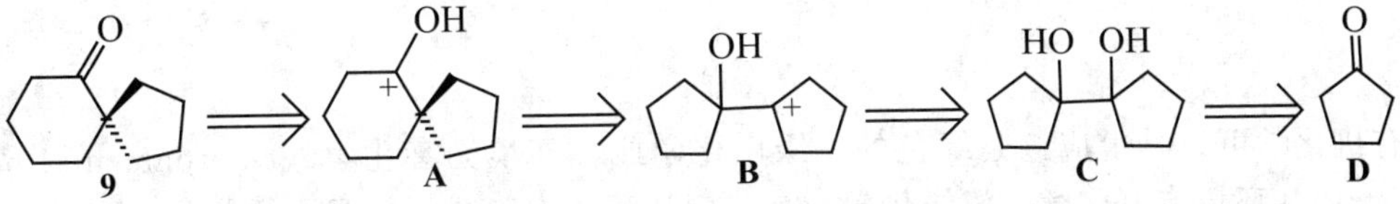

9　A　B　C　D

$$2\mathbf{D}\xrightarrow[EtOH]{Mg/Hg/TiCl_4}\mathbf{C}\xrightarrow[-H_2O]{H_3O^+}\left[\mathbf{B}\longrightarrow\mathbf{A}\right]\xrightarrow{-H^+}\mathbf{9}$$

［例 16-10］ 合成 2,3,5-三羧基环戊基乙酸（**10**）。

解： 目标分子 **10** 是一个多官能团化合物，官能团都是相同的羧基，这给合成带来一定方便。显然，一步步引入官能团是不容易的。若想到双羧基可通过切断烯烃的氧化反应来实现，再看到结构中的一个环戊烷结构，以环戊二烯为原料进行 Diels-Alder 反应，问题的解决就有希望了。

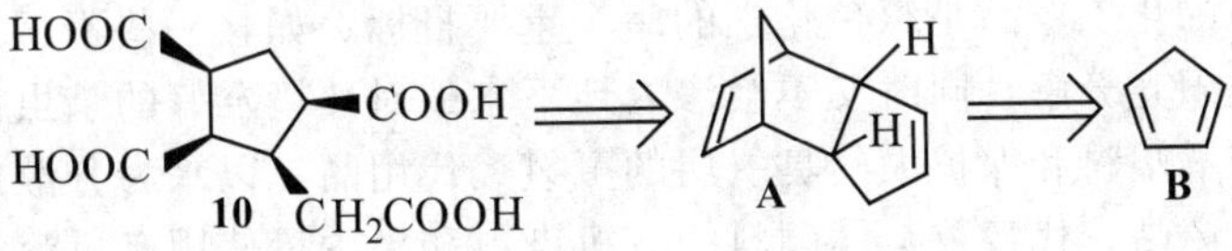

10　A　B

$$2\mathbf{B}\xrightarrow{\text{D-A反应}}\mathbf{A}\xrightarrow[H_3O^+]{KMnO_4}\mathbf{10}$$

习　题

完成下列化合物（**1**～**15**）的反合成分析并给出合成路线：

1　2　3　4　5　6　7　8　9　10　11　12　13　14　15

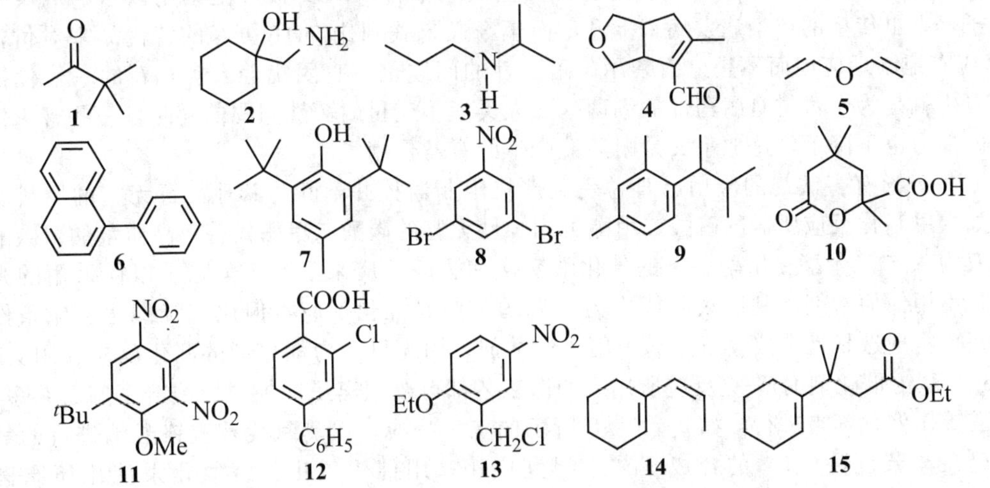

17 绿色有机化学

有机化学可以是也应该是绿色的。**绿色化学**或称**环境无害化学**（environmental benign chemistry）、**环境友好化学**、**清洁化学**，是一门从源头上阻止污染且不再使用和产生有毒有害物质的化学。近年来更进一步发展为**低碳化学**（low carbon chemistry）与**可持续化学**（substainable chemistry）的观念，以强调化学与环境、资源、经济、社会等要素一体化可持续发展的特征。其宗旨包括：应用无毒无害且可再生的底物和原料；在少用、不用如反应溶剂或分离溶剂等辅助物质的无害排放及节能条件下进行的零排放和原子经济性的高选择性反应；得到环境友好、价廉物美的产物并不再产生无用的反应废物。

生产环境友好的化工产品是绿色化学的一个重要目标。如，一些不积累，不挥发，黏附在叶子表面但能被阳光分解，同时又不会渗入地下水的对环境友好的杀虫剂的生产；没有白色污染的生物可降解塑料和保护大气臭氧层的氟氯烃代用品；以水为分散剂的水性涂料已成为涂料工业的主流产品，代替重金属颜料的有机染料和极少量使用有机溶剂的有机涂料正不断面世。我国在 2004 年签署了斯德哥尔摩**持久性有机污染物公约**。公约上涉及的 12 个历史上为人类健康和工农业生产都产生过非常积极作用的有机物因难以降解，日积月累而已造成极大的污染问题而被舍弃不用也不再生产。引起人们极大关注的环境污染事故之一的元凶二噁英是许多工业化学品生产过程中的副产物，完全避免此类有害化合物的产生是化学家在设计选择工艺路线时要谨慎决策而决定取舍的关键因素，在不能有效解决问题之前，再好的经济路线也是不能采用的。另一方面也应看到化合物的有效性和毒性的二重性，没有一个物质是绝对良性或仅有负面作用的。据世界卫生组织报告，**DDT** 被广泛禁用以后，疟疾之类由蚊子等害虫传播的传染病发病率上升，而至今尚未找到比 DDT 更好的替代品来对付，故 DDT 应有控制地应用而不是全面禁用。耐药性的问题也一直困扰着人类，新的一代代抗生素的诞生就是为了对付有耐药性的细菌。在人类疲于应付耐药性问题的同时，一些害虫传播病菌的能力也下降了，这似乎又是耐药性产生的有益作用了。

一些有毒有害试剂的应用已日益受到严格限制监控并不断为其他无毒无害的原料所取代。如，甲基化反应所需的硫酸二甲酯可用中性无害的**碳酸二甲酯**代替；高质量的聚碳酸酯已用**双酚 A** 与二苯酯在熔融态下的催化酯交换和去酚反应来生产，免除了以往采用的光气原料且不用任何溶剂。利用太阳能作为光源的一些光催化反应不但比传统催化反应条件温和，还可实现选择性合成，不用、少用化学试剂。用无机酸为催化剂的酯化反应和用 AlCl₃ 等 Lewis 酸为催化剂的傅-克反应所用到的旧工艺都可改用**离子交换树脂**或**分子筛**、**杂多酸**、**超强酸**等作催化剂来进行。如式(17-1)所示的三个反应，以臭氧代替重铬酸钠进行的氧化反应已在**洋茉莉醛（1）**的合成工艺中得到应用；用催化氢化代替氯化汞催化还原**肉桂**

醛（**2**）已再无含汞废水的污染问题；用羰基铁作丁香酚（**3**）异构化制备异丁香酚（**4**）的催化剂，就很好地解决了老方法需在高温浓碱条件下进行反应产生的"三废"问题。

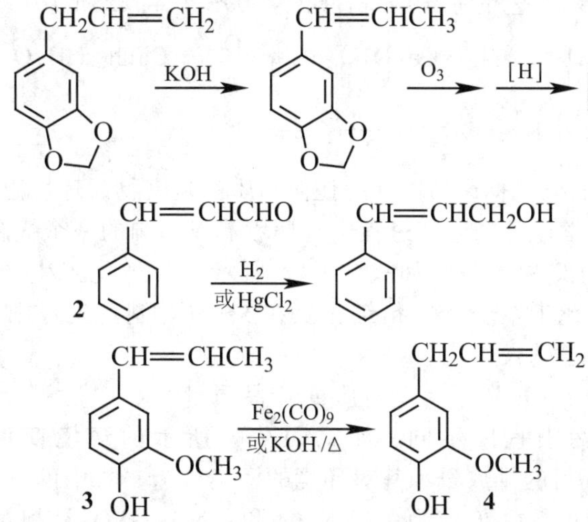

$$(17\text{-}1)$$

近代工业有机化学产品主要来自储量有限、不可再生且已对环境带来明显负面影响的石油和煤。自20世纪60年代末以来，人们开始再度重视利用地球上丰富的可再生资源，即**生物质**（biomass）来代替煤和石油。生物质主要包括淀粉和**木质素**两大料，如森林、草类废物及玉米秆、麦草秆等农业废物，它们都含有糖类聚合物，被破碎成单体后可用于发酵并生产酒精。纤维素虽然也可被转化为葡萄糖，但它们是以 β-1,4-化学键联的结晶状态且紧密地与木质素和半纤维素联结在一起，水解解聚要比淀粉困难得多（参见13.7.1）。人们已经开发了一些新技术来克服上述问题：如，高压蒸汽中迅速降压可破坏木质纤维素的结构；纤维素与木质素、半纤维已可完全分开；用有机溶胶技术、离子液体和催化转化等手段可成功地将纤维素转化为乙二醇、葡萄糖或其衍生产品；用石灰水高温处理和细菌发酵等简单技术也能把废生物质转化成动物饲料；用加氢脱氧制取碳氢燃料等。以葡萄糖为原料，通过酶反应已可得到传统上以苯为原料制造的己二酸、邻和对苯二酚等化工产品。利用生物催化转化方法从糖类物质制造的新型聚合物具有生物可降解（biodegrade）功能，原料单体也实现了无害化，可以说是同时解决了多个环保问题。近年以二氧化碳和一氧化碳为原料合成可降解塑料制品、以植物油为原料制得的不易燃、毒性低变压器油、多杀菌素（spinosad）一类绿色杀虫剂的开发、水性丙烯酸醇酸树脂合成技术和用氧气作为氧化剂来代替危险的化学品氧化剂的新颖合成方法等项目都获得了**美国总统绿色化学挑战奖**（Presidential Green Chemistry Challenge Award）的表彰。

如今，研究新合成方法和工艺路线的指导思想已从片面追求高收率转变为将废物排出降低到最低限度的清洁化要求上来。著名的有机化学家**Trost**首次提出了**原子经济性**（atom economic）的概念，即原料分子中有多少原子转化成产物。最理想的原子经济性反应是原料分子中的所有原子能百分之百地转变为产物，这样就实现了废物的零排放，即不产生任何副产物或废物。Wittig反应是个很好的将羰基转化为亚甲基的反应，但从原子经济性考虑就是一个很差的反应。Wittig反应后产物相对原子质量增加14（＝CH_2），原料原子却需要用到292〔276（Ph_3P＝CH_2）＋16（＝O）〕，如式（17-2）所示。

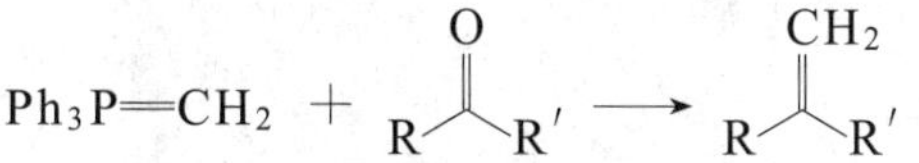

$$(17\text{-}2)$$

如式（17-3）所示的两个反应，经典的环氧乙烷生产工艺从乙烯出发，即使化学产率达到 100%，但每生产 1kg 产物会产生 3kg 副产物，原子经济性仅 25% ［44/(28＋71＋75)］。一步气相催化环氧化反应的新工艺的原子经济性可达 100% ［44/(28＋16)］。

$$CH_2=CH_2 + Cl_2 + Ca(OH)_2 \longrightarrow \triangle\!\!\!\!O + CaCl_2 + H_2O$$

$$CH_2=CH_2 + \frac{1}{2}O_2 \longrightarrow \triangle\!\!\!\!O \tag{17-3}$$

相对于每个化工产品而言，目标产品以外的任何物质都是废物。**环境因子**（environmental factor，**E-因子**）也是衡量化学产品的生产过程中对环境造成影响的一个概念，其定义为每生产 1kg 目标产品同时产生的废物的量，如式（17-4）所示。各种化工生产部门中炼油业的 E-因子最小，约 0.1，基本化工在 1～5，精细化工在 5～50，制药工业则在 25～100。反应步骤越长，废料越多，E-因子越大。

$$E\text{-因子}＝废料质量/产品质量 \tag{17-4}$$

不同的废料对环境的污染程度不同。如式（17-5）所示的**环境商值**（environmental quality，**EQ**）同时考虑了废料的排放量和其对环境的污染行为。式中的 E 为 E-因子，Q 是废料对环境给出的不友好程度。Q 值定为 1 的 NaCl 和 $(NH_4)_2SO_4$ 是相对无害的；重金属离子的盐类基于其毒性大小所具有的 Q 值为 100～1000。EQ 值是化学家衡量或选择环境友好生产过程的重要因素。

$$EQ＝EQ \tag{17-5}$$

从原子经济性及 E-因子、EQ 值的综合估价和分析来开发新的反应和探索新的合成工艺已成为绿色化学的研究热点。过渡金属催化的 C—H 键的芳基化、烯基化、烷基化、卤化、羟基化、胺化等反应已取得很大成就。广为应用的聚合物原料甲基丙烯酸甲酯（**5**）传统上是利用制取苯酚的副产物丙酮和丙烯腈工业的副产物 HCN 经两步反应制取的，每生产 1kg 产物产生 2.5kg 的副产物硫酸铵，原子经济性只有 46%，E-因子仅为 2.5。一步催化法以乙炔为原料，反应的原子经济性达到 100%，化学选择性和产率均达到 99% 以上，如式（17-6）所示。

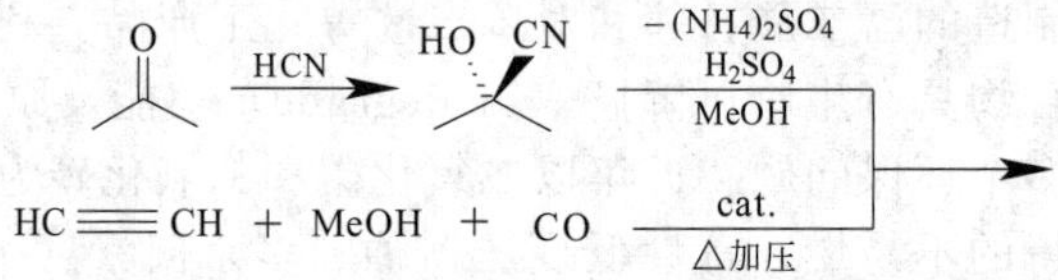

$$\tag{17-6}$$

环境友好的工艺在精细化工和制药工业中也取得了许多成果。如，传统抗炎镇痛药 2-对异丁基苯基丙酸，即**布洛芬**（ibuprofen，**6**）的旧制备工艺需六步反应，原子经济性低且反应操作中有大量盐产生，E-因子很高，而新开发的工艺只经过三步反应并且实现了高原子经济性的无盐生产过程，如图 17-1 所示。

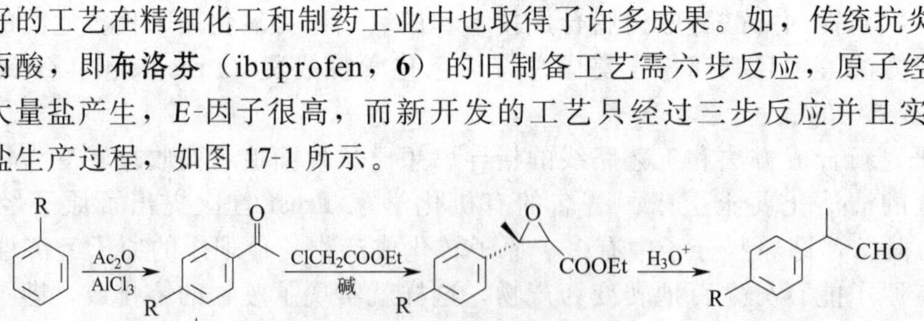

图 17-1　布洛芬（**6**）的新旧工艺

如图 17-2 所示，染料**靛蓝**（**7**）的传统碱熔法工艺生产过程中有大量无机盐形成，*EQ* 值很大。20 世纪 90 年代开发成功 *EQ* 值很低的钼均相催化反应工艺；更新的葡萄糖发酵法是一种接近大自然的自我生产的绿色工艺，所需原料**色氨酸**（**8**）由葡萄糖发酵而来，整个生产对环境的友好程度很大。

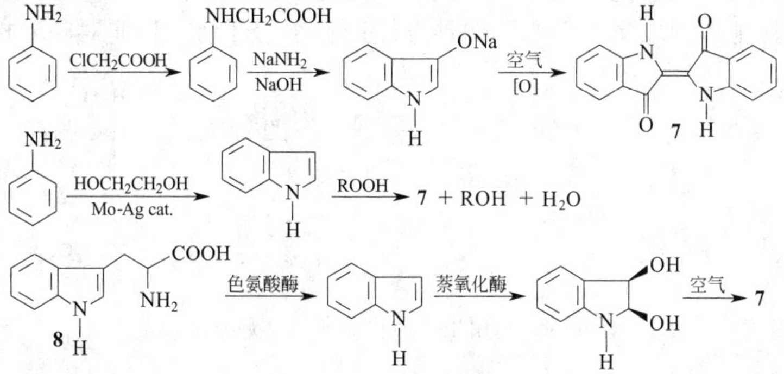

图 17-2　靛蓝（**7**）的新旧工艺

如图 17-3 所示，2003 年上市的止疼药**普瑞帕林**（prebagalin，**9**）的老生产工艺以丙二酸二酯衍生物为底物，最后需用到（S）-扁桃酸拆分一步而浪费了一半产品。改用铑配合物催化的不对称氢化工艺后，转化率和产物的 *ee* 值都提高了，但工艺路线对原料的纯度要求较高，金属催化剂所需配体的制备和产品中微量残留贵金属的处理也颇为复杂。后来又发现一个酶在非常温和的条件下就能立体选择性地水解丙二酸二酯衍生物底物为手性丙二酸单酯衍生物，另一个对映单酯衍生物可消旋化后重复使用。每次创新的工艺都更好地满足了绿色化学的要求。

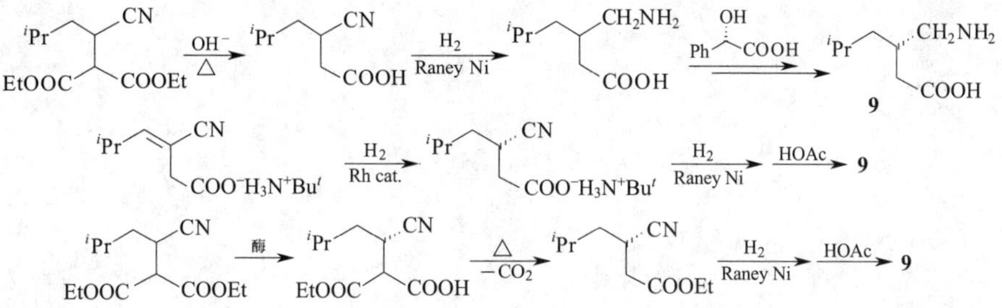

图 17-3　普瑞帕林（**9**）的新旧工艺

有机反应过程中经常用到的苯、醚等挥发性有机溶剂也都是严重的环境污染源，改用毒性相对较小的甲苯、环己烷等溶剂可以改善这一情况（参见 1.12）。**超临界流体**❶在替代无毒无害溶剂的应用研究中最为活跃，已广泛应用于萃取、高精度清洗及废物处理等领域。二氧化碳超临界流体还能替代氟里昂作为生产泡沫塑料的发泡剂及油漆、涂料的喷雾剂。以水为溶剂的工艺研究也已取得了相当大的进展和应用。如，甲基丙烯酸酯的聚合反应已由**悬浮聚合**改为以水为分散剂的**乳液聚合**。但大部分有机化合物在水中的溶解度有限且有许多有机化合物还会与水反应，废水污染的处理也是一个问题。利用高分子负载反应物和催化剂的**固**

---

❶　超临界流体指高于临界温度和临界压力且介于液态和气态之间的流体。它们的一些物理性质，如密度、黏度、扩散、极性、介电常数等会随着温度和压力的微小变化而发生巨大变化，从而影响溶解能力，并可在该体系中控制反应的选择性，实现反应-分离一体化操作过程。

相合成反应、无溶剂的有机合成反应、多组分反应和组合化学的研究方法也已不断成熟。以酶或微生物等有机体为催化剂实现的生物催化具有反应选择性高、条件温和、操作简单、环境友好等突出优点而成为有机反应结合生物科学的一个优势领域。通过外加辅酶、辅基、金属离子和抑制剂、激活剂等手段已可更好地调控酶的活力以满足反应需要。如图 17-4 所示，利用**啤酒酵母**将酮羰基立体选择性地还原为仲羟基已成为常用方法：从底物 α-取代-β-氧化酯（**10**）可专一性地得到以酮基还原的四种可能产物中的任何一种非对映异构体：

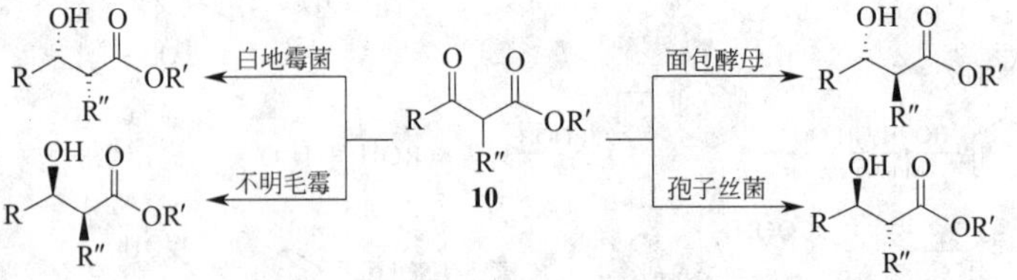

图 17-4　利用生物催化剂还原 β-羰基酯

科学技术不能危及自然界和人类的生存，人类必须与自然界和睦相处并协调发展。一个洁净的世界和一个可持续发展的社会在很大程度上要靠化学家的努力，更需要有更多富有创新精神的青年化学家来参与。优秀的化学家也肯定是环境的好朋友，在创造大量物质财富的同时创造一个更为洁净的自然界。

Ⅰ　有机化合物中文名称中的构词成分和系统命名通则

有机化合物数量众多，它们的命名主要有**俗名**（trivial name）和（**IUPAC**）**系统名**两种类型。记忆、应用和检索都较为方便的俗名又称**惯用名**，多根据化合物的来源、性质、形状、发现地或发现者而得。许多结构较复杂的天然产物分子常用来源生物体的种、属名再加上如"素"、"子"等为词根。俗名相当简洁但不含或含不完整的结构信息，名称中没有或仅含少量系统命名中采用的词缀。**系统名**含有准确无误的结构信息，但许多化合物的系统名较为复杂，取名并不容易。也有些名称含有不完整的系统名，相当于是**半俗名**或半系统名。多数有机化合物因结构复杂或市场需求而有一物多名，如，药物分子常有其**商标名**（trade name）。此外，美国化学会因文摘索引所需而有 **CAS**（Chemical Abstracts Service）命名系统，德国有基于 Beilstein 数据库发展出来的命名法，这两个命名体系与 IUPAC 的差别不大；IUPAC 也提出有**首选名**（preferred IUPAC names，**PIN**）和**一般名**（general IUPAC name）的说法。

IUPAC 提出的《**有机化学命名法**（IUPAC Nomenclature of Organic Chemistry）》自 1892 年提出后于 1979 年、1993 年、2004 年都做过一些并不很多的修正和补充。我国于 1960 年发布了《有机化学物质的系统命名原则》，1980 年发布了《有机化学命名原则》并于 1983 年审定出版。为适应有机化学学科的发展，由全国科学技术名词审定委员会和中国化学会组建的第二届化学名词审定委员会有机化学学科组已完成了新版《有机化合物命名原则》的编制工作，待审定后不日即将出版。根据新版命名原则得出的名称能更清晰科学地表达出有机化合物的结构内涵，形式上更符合中文的构词习惯，同时又易与 IUPAC 英文名相互转换。

有机化合物的中文系统名由复合式**词根**和**词缀**所构成，即前缀-母体-后缀。词根是词义的基础，由化合物**母体结构**（parent structures）和后缀特性基团的名称复合而成，前缀表征取代基及其附着在母体结构中的位置，再加上为精确表征结构所需的各种连缀、符号和数字。

1　构词成分

母体　取代基及其编号　特性基团［官能（基）团］连缀字　前缀字　后缀字　天干、数字、量词和顺序字　西文符号　标点符号

1.1 母体

母体包括**母体氢化物**（parent hydride）和**官能性母体**（functional parent）。母体氢化物的命名是有机化合物命名的基础和出发点，指骨架上仅连接有氢原子的无分叉直链或环状结构，包括**直链饱和烃、单环烃、含并（稠）环、桥环、螺环、联环**的多环烃和**杂环**。官能性母体的结构中存在有特性基团，在至少一个骨架的原子或特性基团上连有氢原子，或结构中有特性基团能形成至少一种官能团性的修饰。

1.2 取代基及其编号

母体结构中一个或多个氢原子或特性基团中的氢原子或基团可被取代成为**取代基团**。链状取代基编号时通常总是将连接点（带游离价键）编为1-位，也有按取代基的主链进行编号并使连接点的位次编号尽可能的低。游离价键可在母体结构的任何位置，所有包括1-位在内的均需标明在名称中。如，丁-2-基（**1**）、丁-3-烯-1-基（**2**）、1-乙基-3-甲基戊-1-基或5-甲基庚-3-基（**3**）。连接点的位次编号在环取代基中也应尽可能的低。如，萘-2-基（**4**）和5-羧基-2-氯苯基［**5**（5-carboxy-2-chlorophenyl），不建议称3-羧基-6-氯苯基，参见通则］。取代基全名可用或不用括号，括号中取代基自身的位次编号无需添加撇号。如，3-甲基-5-(1,1-二甲基丙-1-基)壬烷（**6**）。

1.3 特性基团［官能（基）团］

母体氢化物上的单个杂原子，如—Cl、=O；带一个或多个氢或其他杂原子的杂原子，如—NH_2、—OH、—SO_3H；含一个碳原子的杂原子基团，如—CHO、—CN、—COOH 等习惯上都称**特性基团**或**官能团**。碳-碳不饱和结构在非环化合物中可看作官能团，在非累积双键数的环状化合物视为母体氢化物本身的组成部分。含多个特性基团的分子只能选择一个称**主体基团**的特性基团作为后缀用于该化合物的类名。主体基团的选择按基团类型的次序（参见本书 6.4）确定。

1.4 连缀字

有机化合物的中文名称中采用六个特定的连缀字来表达各子结构组成名称间的相互关系：化、代（替）、杂、合、并、缩。一些连缀字在名称中常可省略。如，1,2,3,4-四氢(化)萘、1,2-二氯(代)苯、硅杂环己烷、三水(合)六氟丙酮、苯并呋喃、二乙醇缩丙醛等。

1.5 前缀字

环、联、聚、脱等前缀字用于描述词根中不同的母体结构；此外还有描述构造异构体的**正、异、新、仲、叔**；描述构型异构体的**顺、反、对映**；描述取代基相对位置的**邻、间、对、迫**（近，一般仅用于萘中 1,8-位结构的相对位置）。

1.6 后缀字

有机化合物的中文名称中常见的后缀字有**基、亚基、次(炔)基、自由基、根**等。通过单键与分子其余部分相连的结构单元常以"基"为后缀来命名，这些结构单元包括烃消除一个氢后形成的取代基和各种特性基团［官能（基）团］。基是中文有机化合物名称中最常见的后缀字，如，烷基、羟基、氨基、羧基等。

以一个双键连接于分子骨架的取代基，以两个单键连接于分子骨架的取代基均称亚基。如，乙亚基（**7**）和丙(烷)-2,2-亚甲基或1-甲基乙(烷)-1,1-亚甲基［**8**，俗称异丙叉基］。以叁键连接于分子骨架的取代基称"次基"或"炔基"。

$$CH_3CH= \qquad \begin{array}{c} H_3C \quad CH_3 \end{array}$$

$$\textbf{7} \qquad\qquad \textbf{8}$$

自由基 〔(free) radical〕用于命名具有未配对电子的取代基和特性基团。有机化合物中少见的**根**作为后缀用于命名分子结构中与其他组成以离子键相结合的部分,如有机酸失去质子后的有机酸根。在命名由此形成的盐时,根字通常省略。

1.7 标点符号

标点符号对明确所命名的结构是极其重要的。为使名称紧凑明晰,建议一律采用中文半字,即英文的标点符号。

名称中多个表示位次的数字间用**逗号**分开。桥环或螺环化合物中表示桥原子数的数字间用小圆点式的**句号"·"**分开。**半字连接号**(-,英文连接号)用于数字、西文字母与中文名称间的连接。中文名称间如有必要连接时则用**全字连接号**(—)。**圆(小)括号**放在中文数字之后,用于结构较复杂的取代基、需标明的双键第二位次、立体化学中的构型标记等。多环分子中桥原子数的数字用**方(中)括号**表示。圆括号使用后还需进一步标明时可依次采用方括号、**大括号**,需要时可反复使用这三种括号。置于"N"后的单撇(′),双撇(″)和三撇(‴)等**撇号**用于区分分子中不同位置的氮原子。

1.8 天干、数字、量词和顺序字

天干甲、乙、丙、丁、戊、己、庚、辛、壬、癸用于表示十个碳(或氮、氧、硅、硼等)原子以下的链或环的原子数,十一以上则用中文数字。

阿拉伯数字1、2、3……用于链或环上原子(团)的编号和取代基或特性基团在母体结构中的位次。位次数字加在所表示的对象之前,多个位次数字间用逗号","分开,(前)后加半字连接号"-"。在螺、桥环化合物中用于表示螺、桥节点间的原子数目,数字间用小圆点式的句号"."分开。

中文数字一(mono)、二(di-)、三(tri-)……表示化合物中相同的原子、取代基、重键、特性基团的个数,"一"字通常可省略。中文数字单(mono-)、双〔bi(s)-〕、叁(ter-)、肆(quarter-,tetrakis)……指出桥环化合物的环数及化合物中复杂取代基的个数,"单"字通常可省略。不致引起混淆时,双、叁、肆……也可改用中文数字二、三、四……。

顺序字伯、仲、叔、季用于烃类或胺类分子中一、二、三、四取代时的名称,在系统名中较少见。

1.9 西文符号

小写斜体拉丁字母 a,b,c…在并环化合物命名中表示并环边的位置。o-,m-,p-用于二取代苯衍生物中取代基的相对位置,这三个字符也可用中文邻、间、对或阿拉伯数字替代。大写斜体元素符号 O-,N-,P-,S- 表示基团连接在这些元素上。一些斜体字母作为立体词头用于标明化合物中某结构单元的构型状态,如,表示顺/反构型的 Z、E、绝对构型的 R、S 等。

与阿拉伯数字的用法类似,希腊字 α、β、ω……ω 也可用于链、环上原子(团)的编号以及取代基的位次,ω 表示末端位。用于醛、酮、酸和杂环等体系时其含义较阿拉伯数字顺延一位。α、β 在立体化学中,尤其在天然产物的习惯命名中也用于表示取代基在参考平面下方或上方的构型取向。

2 命名通则

确定直链分子中的主链　确定环系分子中的主环系　确定环-链分子中的母体氢化物

确定不饱和烃中的母体氢化物　　前缀的排列顺序　　原子和基团位次的编号及插入的位置

系统命名操作时应在确定、命名分子母体结构的基础上加上特性基团、取代基及相应的词缀,一般可按下列步骤依次进行:

(1) 确定一种用作后缀的主体基团或者官能团类名的名称;

(2) 确定并命名用作词根的母体结构;

(3) 命名可分开的取代基前缀,有必要时对其中的子结构进行编号;

(4) 有必要时对结构进行完整的编号,确定连缀和/或前缀以及相应的立体化学词头;

(5) 将各结构单元复合成一完整的名称。

2.1　确定直链化合物中的主链

直链母体氢化物的主链可按下列标准,自上至下逐条对照至确定:

(1) 链中含有最多个数的最高位(优先)特性基团。如,2-(1-氯-丙-1-基)丁-1,3-二醇(**9**);

(2) 链中含有最多个数的杂原子。如,3-(丁-1-基)-2,5-二氧杂己烷(**10**);

(3) 最长的链。烃类化合物主链标准的选择与以往不同,新版建议选择时优先考虑链的链长(链骨架原子数),其次才是链中所含重键的数量。如,4-乙烯基庚烷(**11**)而不建议3-丙基己-1-烯;

(4) 汇集最多数量重键的链。如,4-(丁-1-基)庚-2E,5E-二烯-1-醇(**12**)而不建议4-(丙烯-1-基)辛-2-烯-1-醇;

(5) 最多双键的链。如,3-丙次基戊-1,4-二烯(**13**)而不建议3-乙烯基己-1-烯-4-炔;

(6) 含最高位杂原子(F>Cl>Br>I>O>S>N>P>Si>B>Al)最多的链、由所有杂原子构成的数字位次组最低的链。如,4-甲硫基甲基-2-氧杂-7-硫杂辛烷(**14**)而不建议4-甲氧基甲基-2,7-二硫杂辛烷;

(7) 后缀主特性基团的位次或位次组最低的链。如,3-(1-氯-乙-1-基)-5-氯戊-1-醇(**15**);

(8) 所有重键构成的数字位次组最低的链。如,5-氯-4-(丙烯-1E-基)戊-1-烯(**16**);

(9) 双键位次组最低的链。如,2-(丁-3-烯次基)己-3Z-烯-5-炔-1-醇(**17**);

(10) 前缀中取代基数目最多的链。如,3,4-二甲基-2-(丙-1-基)戊-1-醇(**18**);

(11) 前缀取代基的数字位次组最低的链。如,2-(3,4-二甲基-丙-1-基)-3,3-二甲基戊-1-醇(**19**);

(12) 按英文字母排列在前的前缀取代基的链。如,3-溴-2-氯甲基丙-1-醇〔**20**,3-bromo-2-(2-chloromethyl) propan-1-ol〕而不建议 3-氯-2-溴甲基丙-1-醇〔3-chloro-2-(2-bromomethyl)propan-1-ol〕。

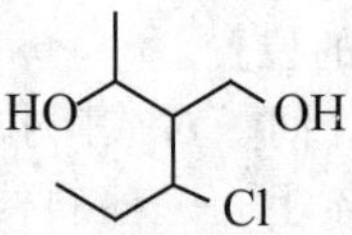

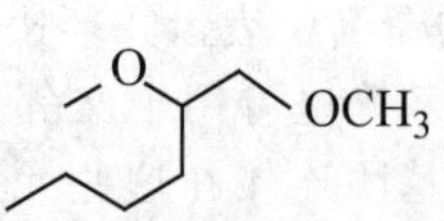

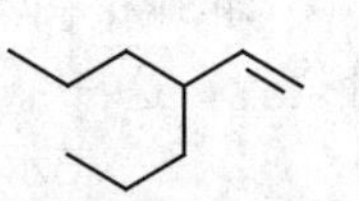

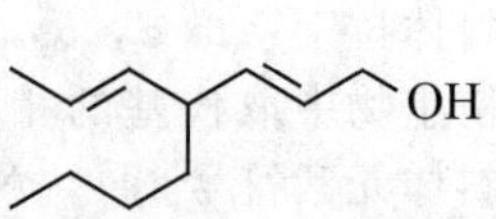

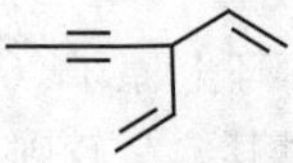

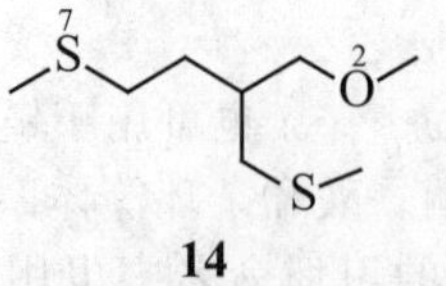

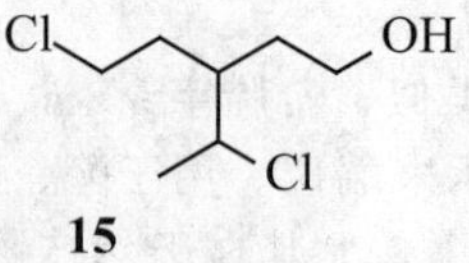

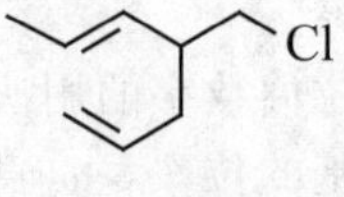

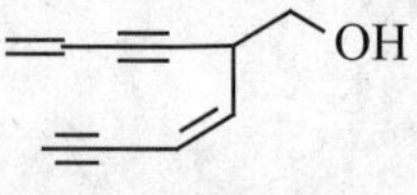

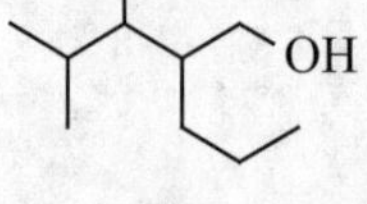

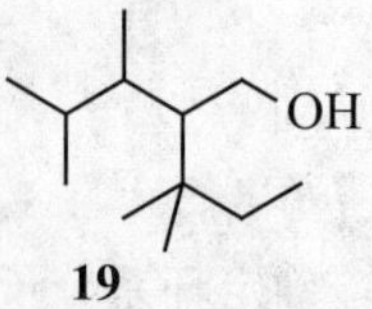

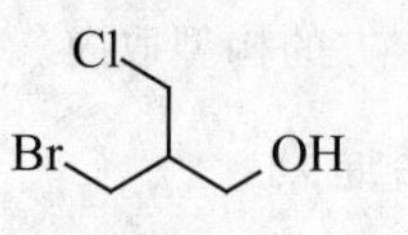

2.2 确定环系化合物中的主环系

环系化合物中含有两个或两个以上的环（系）时，需选择其中之一为主环（系）并作为命名的词根。主环（系）选择按下列标准自上至下逐条对照至确定：

(1) 环中含有最多个数的最高位（优先）原子或主体特性基团；(2) 杂环优于所有碳环；(3) 杂环中选择高位杂原子的环；(4) 芳环系优于脂环系；(5) 脂环系中环原子数目多的环；

(6) 环大的；如：

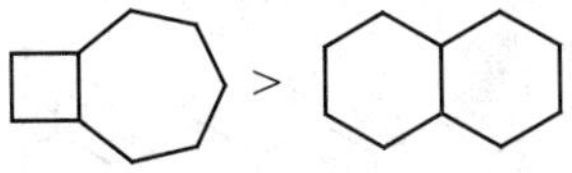

(7) 两个环间共有原子最多的；如：

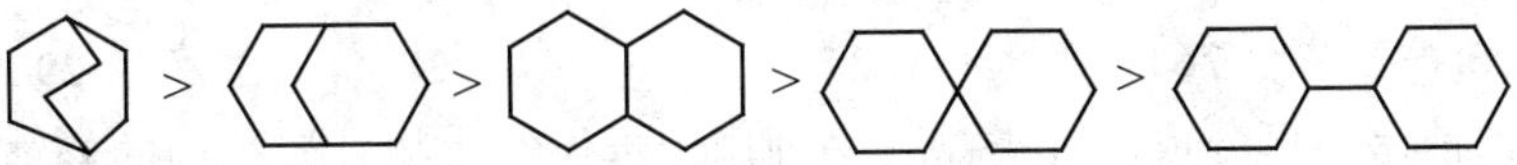

(8) 氢化程度低的；如：

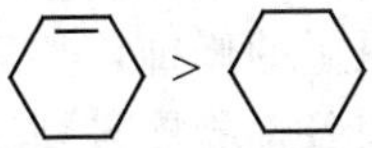

(9) 取代基数目多的；如，N-苯基-4-甲氧基苯胺（**21**）：

2.3 确定环-链化合物中的母体氢化物

无论环的大小和链的长短，环-链化合物均以带有最高位（优先）特性基团的环或链作为母体氢化物。如，2-己基环戊-1-醇（**22**）和 3-环己基丙-1-醇（**23**）

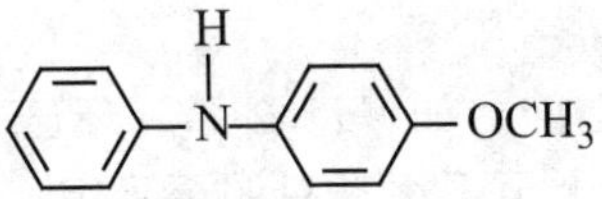

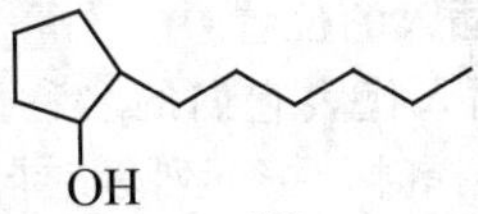

2.4 确定不饱和烃中的母体氢化物

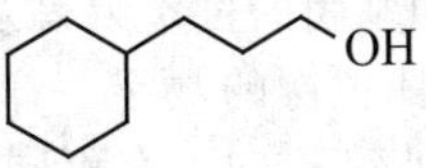

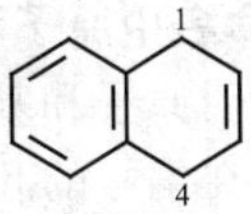

母体氢化物若含有一个或多个重键时，将后缀"烷"改为"烯"、"炔"或"烯炔"。超过十个碳原子的不饱和母体氢化物在中文数字名后，烯、炔字前加"碳"字。有两个以上双、叁键时在相应烯、炔字前用中文数字标明数目。含最大非累积双键数的不饱和环系称**熳环**（mancude，Maximum Number of non Cumulated Double Bond），如，[**p**]轮烯（*p* 为表示环大小的数字）是单环熳环。重键结构在非环化合物中可视为官能团，在环状化合物中视为母体氢化物本身的组成部分，编号时则作为基团来对待。

不可分前缀"氢化"直接置于母体氢化物名称前并在氢化前加上总是偶数的数字标明熳环饱和的程度。氢化的"化"字通常可省略，如，1,4-二氢萘（**24**）。

2.5 前缀的排列顺序

系统名中的**前缀**有可分开的和不可分开的两种类型，后者紧接排列在其修饰的母体结构名称之前，前者则还在这之前。

编制索引时有一种方式是将一些前缀分开置于母体结构名称之后，中间加逗号。如，2-氯-3-甲基萘在索引中是"萘，2-氯-3-甲基-"，故氯和甲基称可分开前缀。可分开前缀主要是各种原子和取代基，不同情况下的排列次序规定如下：

(1) 简单前缀可按其英文字母的顺序依次排列。表示个数的复数字头不计入字母顺序。如，1-异丙基-4-甲基环己烷（**25**，1-isopropyl-4-methylcyclohexane）、2,3,4-三氯-1,5-二甲基苯（**26**，2,3,4-trichloro-1,5-dimethylbenzene）；

(2) 有进一步取代的取代基则比较它们的完整名称。如，5-(氯甲基)-3-甲基辛烷（**27**，

5-chloromethyl-3-methyloctane)；

（3）两个取代基名称相同但数字位次不同时，按数字小大前后排列。如，1-(1-氯乙基)-3-(2-氯乙基)苯［**28**，1-(1-chloroethyl)-3-(2-chloroethyl)benzene］；

（4）两个取代基名称相同但邻、间、对（*o*-，*m*-，*p*-）位次不同，按邻、间、对顺序前后排列。如，3-(*o*-氯苯基)-4-(*m*-氯苯基)己烷［**29**，3-(*o*-chlorophenyl)-4-(*m*-chlorophenyl) hexane］。

25

26

27

28

29

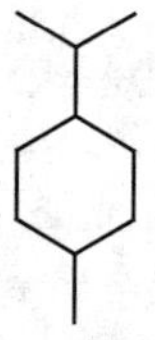

不可分开的前缀还可分成两种类型：一种用于母体氢化物骨架结构的修饰，如，环结构的**环**、**双环**、**螺**；并环体的**苯并**；桥结构的**乙烯桥**、**苯桥**；骨架异构的**异**、**仲**、**叔**等。另一种用于母体氢化物骨架结构中有取代原子的修饰，如**氧杂**，**氮杂**等由置换原子名加“杂”的前缀。多个骨架结构修饰的前缀按英文名称顺序排列，多个骨架结构置换原子的前缀则按位次小大排列，当此两种前缀均存在时则先排列骨架结构置换原子的前缀。表示分子氢化程度的**氢化**、**脱氢**、**脱水**也是可分开的前缀，在决定位次编号时应优先考虑给予低位次的编号。

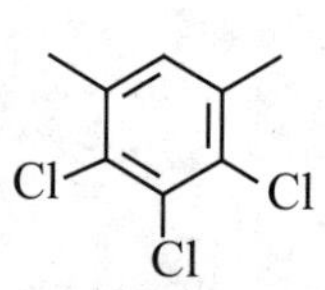

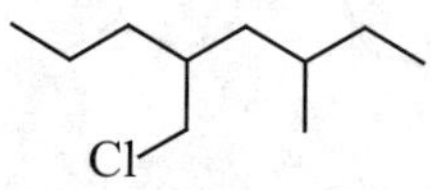

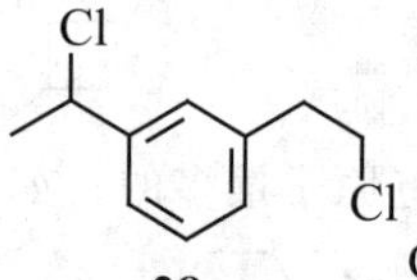

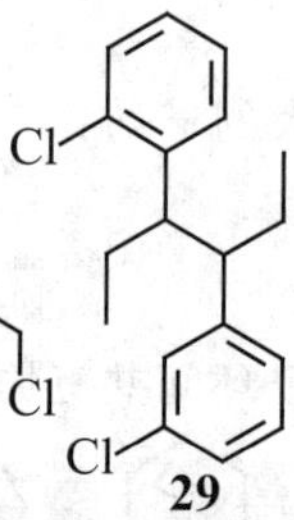

立体词头按其位次小大外加括号后依次排列在名称的最前。如结构中有各自独立的编号系统子结构，则分别放在各子结构的名称之前。

2.6 命名中原子和基团的位次编号及插入的位置

标明原子和基团位次的数字一律插入代表它们的名称之前。如，己-2-烯、环己-2-烯-1-醇等。在编号的起点和方向上有不同选择时，按下列标准自上至下逐条对照至确定：

（1）作为命名后缀的主体基团位次最低（小）；如，4-氨基环己-1-醇（**30**）；

（2）杂原子的位次（组）最低（小）；

（3）氢化和脱氢的位次（组）最低（小）、重键的位次（组）最低（小）、双键位次最低（小）。

如，5-甲基-2,3-二氢-1*H*-吡咯（**31**）、3-氯环己-1-烯（**32**）、2-甲基戊-1-烯-4-炔-3-醇（**33**）；

30

31

32

33

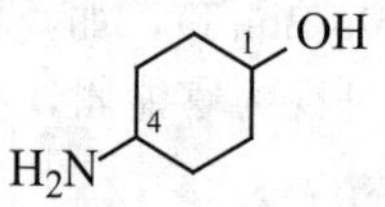

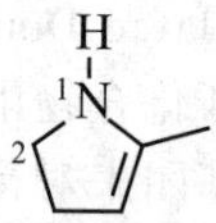

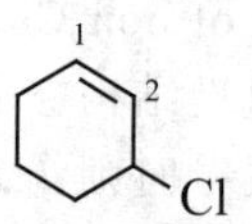

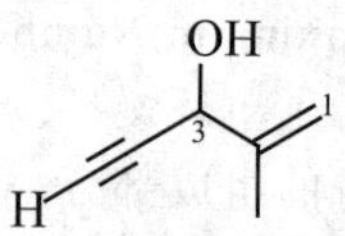

（4）所有取代基、氢化、脱氢合在一起的位次组最低（小）。如，5,6-二氯-1,2,3,4-四氢萘（**34**）；

（5）排列在前的取代基的位次最低（小）。如，3-乙基-4-甲基己二酸（**35**）；

（6）同位素丰度改变的原子位次最低（小）；如，(2-^{14}C）丁烷（**36**）；

（7）CIP 立体词头中的 *Z*、*R* 或非 CIP 立体词头中 *cis* 的位次编号在一对立体异构源中心间比 *E*、*S*、*trans* 的为低（小）。如，庚-(2*Z*,5*E*)-二烯二酸（**37**）、(2*R*,4*S*)-二氯戊烷（**38**）。

34

35

$CH_3CH_2{}^{14}CH_2CH_3$

36

37

38

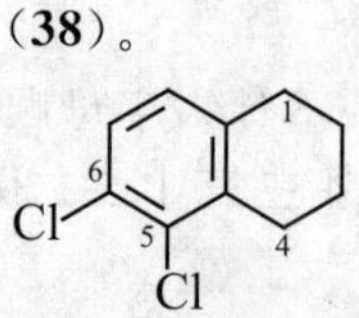

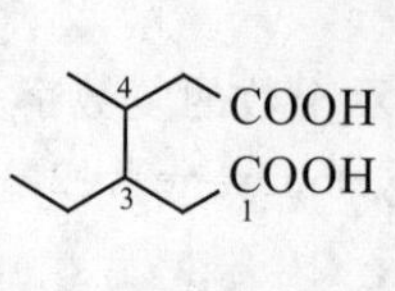

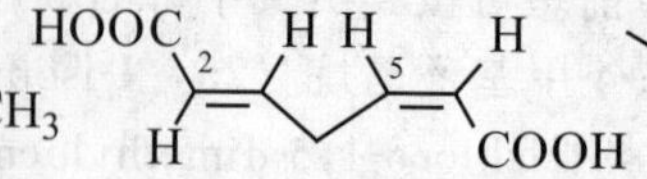

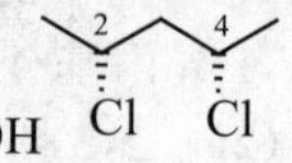

以往中文命名原则中各前缀是按 CIP 顺序规则由小至大排列的，这就要求科研人员和师生应有一定的英语专业知识才行。此外，脂肪烃选择主链时优先考虑含重键的链，新建议则采用 IUPAC 按英文字母顺序来排列前缀，选择主链时则优先考虑链的链长再考虑链中所含重键的数量；一些符号的使用和位次也有变动。这些变异中本教材采用的是以往的命名法，本附录介绍的则是新建议的命名法。笔者认为，诸如甲基、乙基之类何者在前的排列和主链应如何选择都是人为的并非对错的问题，无需过多强求纠结。最重要的是按一定规则给出的化合物名称所蕴涵的结构应是唯一无误的且是能与他人交流的，在此基础上应力求简洁易明。

M

N

O

P

T

Ⅲ 西文（中文）人名索引

IV 英文缩写词及含义

A

a（键）[直立（竖）键]

A（酸、受体、腺嘌呤）

A（吸光度）

$A_{AC}1$（酸性酰氧键断裂单分子酯水解反应）

$A_{AC}2$（酸性酰氧键断裂双分子酯水解反应）

$A_{AL}1$（酸性烷氧键断裂单分子酯水解反应）

AB（AM、AX）（^{1}H NMR 中化学位移相差小、中、大的核组）

ABS（丙烯腈-丁二烯-苯乙烯共聚物）

Ac（乙酰基）

AcO（乙酰氧基）

ACP（酰基载体蛋白）

AcSCoA（乙酰辅酶 A）

ADMEP（非环二烯的换位聚合反应）

ADP（二磷酸腺苷）

Ala（丙氨酸）

Aldol [醇（羟）醛缩合反应]

anti-（反式）

Ar（芳香基）

Arg（精氨酸）

as [反对称（峰，IR）]

Asn（天冬酰胺）

Asp（天冬氨酸）

ATP（三磷酸腺苷）

B

B [碱、带（UV）]

$B_{AC}2$（碱性酰氧键断裂双分子酯水解反应）

$B_{AL}1$（碱性单分子烷氧键断裂酯水解反应）

BDE（键离解能）

BHT（246 抗氧剂，2,6-二叔丁基对甲酚）

BINAP（2,2′-二二苯基膦-1,1′-联萘）

Bn（苄基）

Boc（叔丁氧羰基）

bp（沸点）

Bu（丁基）

Bz（苯甲酰基）

C

c（光速）

c（环）

C（胞嘧啶）

C（共轭）

C_{60}（富勒烯）

CAS（美国化学会）

cat [催化剂（反应）]

Cbz（苄氧羰基）

CI（化学电离）

CIP（次序规则）

CM（烯烃换位反应）

CoA（辅酶 A）

CoQ（辅酶 Q，泛醌）

Cp（环戊二烯基，茂基）

Cys（半胱氨酸）

C-端（肽链羧基端）

D

d（亚层）

d（双重峰）

D [偶极矩（德拜）、供体、构型]

D-A 反应（Diels-Alder 反应）

DCC（二环己基碳二亚胺）

DDQ（2,3-二氯-5,6-二氰对苯醌）

DDT（双对氯苯基三氯乙烷）

DEPT（无畸变增强的极化转移）

DET（酒石酸二乙酯）

$\Delta_D H_m$（键能）

DHP（二氢吡喃）

DIBALH（二异丁基氢化铝）

DMF（N,N-二甲基甲酰胺）

DMSO（二甲亚砜）

DNA（脱氧核糖核酸）

DNFB（2,4-二硝基氟苯）

E

e（键）［平伏（横）键］

E［能量、消除反应、带（UV）、构型（烯烃）、（环境）因子］

E^+（亲电物种）

E1（2）［单（双）分子消除反应］

E_l（偏离正常键长的张力能）

E_{nb}（非键张力能）

E_ϕ（偏离正常键角的张力能）

E_φ（扭转角的张力能）

ee（对映体过量）

EDG（供电子基团）

EDTA（乙二胺四乙酸）

EE（2-乙氧基乙氧基）

EI（电子轰击）

ESI（电喷雾离子化）

Et（乙基）

EQ（环境商值）

EWG（吸电子基团）

F

f（亚层）

f（力常数）

F×××（氟利昂命名）

FAB（快原子轰击）

F-C（Friedl-Crafts）

FDA（美国食品药品管理局）

FGA（FGI，FGR）［官能团加成（转换、消除）］

G

G（鸟嘌呤、取代基）

G^0（Gibbs 自由能）

$\Delta G^\ddagger$（Gibbs 活化能）

Gln（谷氨酰胺）

Glu（谷氨酸）

Gly（甘氨酸）

H

h（Plank 常数）

［H］（还原）

H_0（外磁场）

H'（感应磁场）

ΔH（焓变）

$\Delta H^{\neq}$（活化焓变）

$\Delta_c H_m$（燃烧能）

HA（羧酸）

Halon（哈龙，含溴氟利昂）

HGP（人类基因组图谱工程）

His（组氨酸）

HMO（Huckel 分子轨道理论）

HMTA（六甲基磷酰三胺，HMPA）

HOAc（乙酸）

HOMO（最高已占轨道）

HVZ（Hell-Volhard-Zelinsky 反应）

Hz（赫兹，s^{-1}）

$h\nu$（光引发的过程）

I

i（对称中心）

i（so）［异（结构式用词）］

I（诱导、透射光强度、自旋量子数）

I_0（入射光强度）

IL（离子液体）

Ile（异亮氨酸）

IR（红外光谱）

IUPAC（国际纯粹与应用化学联合会）

J

J（偶合常数）

K

k（反应速率常数）

k_a（酸解离平衡常数）

K［带（UV）］

L

L（配体、离去基团、构型或羧酸衍生物中的卤素、烷氧基、酰氧基、氨基）

L（UV 样品池长度）

LAH（氢化铝锂，$LiAlH_4$）

LDA（二异丙氨基锂，$^iPr_2NLi$）

Leu（亮氨酸）

LUMO（最低未占轨道）
Lys（赖氨酸）

M

m〔中等（峰强度，IR）、多重峰（^{1}H NMR）〕
m（*eta*）（间位）
$M^{+\cdot}$（分子离子）
MAO（甲基铝氧化物）
MCPBA（间氯过氧苯甲酸）
Me（甲基）
MEM（甲氧基乙氧基）
meso-（内消旋体）
Met（甲硫氨酸）
MO（分子轨道理论）
M/NH$_3$（l）（碱金属/液氨溶液）
MNH$_2$/NH$_3$（l）（氨基碱金属/液氨溶液）
MOM（甲氧基甲氧基）
mp（熔点）
Ms（甲磺酰基）
MS（质谱）
m/z（质荷比）

N

n〔正（结构式）、主量子数、非键（电子、轨道）、折射率〕
NAD$^+$（烟酰胺腺嘌呤二核苷酸）
NADH（还原烟酰胺腺嘌呤二核苷酸）
NBS（*N*-溴代丁二酰亚胺）
neo（新）
NMR（核磁共振）
NRC（美国国家研究理事会）
Nu$^-$（亲核物种）
$n+1$规则（^{1}H NMR）
N-端（肽链氨基端）

O

o（*rtho*）（邻位）
〔O〕（氧化）
op（旋光纯度）
OPP〔（HO）$_2$PO$_2$P（O）（OH）O〕
OR（有机反应丛书）
OS（有机合成丛书）

P

p（亚层）
p（*ara*）（对位）
P（产物）

PAHs（并环芳烃）
PCC（氯铬酸吡啶鎓盐）
PCR（聚合酶链反应）
PETN（季戊四醇四硝酸酯）
PG（前列腺素）
Ph（苯基）
Phe（苯丙氨酸）
PI（等电点）
pk_a（k_a的负对数）
PMR（质子核磁共振谱）
P-2Ni（Ni$_2$B）
POPs（持久性有机污染物）
Pr（丙基）
Pro（脯氨酸）
PTC（相转移催化反应）
Py（吡啶）

Q

q（*uart*）（四重峰）
Q（废料对环境给出的不友好程度）

R

r〔（范氏、共价）半径〕
R〔试剂、气体常数、（烷）基、自由基、绝对构型、带（UV）〕
RCM（环合换位反应）
RDX（旋风炸药）
re（构型）
ref（回流）
RNA（核糖核酸）
m（r、t）RNA〔信使（核糖体、转移）核糖核酸〕
ROM（开环换位反应）
ROMP（开环换位聚合反应）
r. t.（室温）

S

s〔亚层、单峰、强（峰强度，IR）〕
s（单键）
s（*ec*）（仲）
S（溶剂、底物）
S（绝对构型）
ΔS（熵变）
$\Delta S^{\neq}$（活化熵变）
SAM（腺苷甲硫氨酸）
s-cis（*trans*）〔单键顺（反）构型〕
SBS（苯乙烯-丁二烯-苯乙烯共聚物）
Ser（丝氨酸）

si（构型）

SI（国际单位制符号）

S_N1（2）［单（双）分子亲核取代反应］

STR loci（短串联重复序列基因座）

syn（顺式）

T

t［三重峰（^{1}H NMR）］

t（*ert*）［叔（结构式）］

T（胸腺嘧啶）

T（透光率、绝对温度）

TATP（三丙酮三过氧化物）

TEBA（三乙基苄基铵）

Tf（对三氟甲苯磺酰基）

TFA（三氟乙酸）

THF（四氢呋喃）

Thr（苏氨酸）

TM（目标分子）

TMS（三甲基硅基、四甲基硅烷）

TNT（间三硝基甲苯）

Trp（色氨酸）

Tos（对甲苯磺酰基）

Tyr（酪氨酸）

U

U（尿嘧啶）

U（不饱和数）

UV（紫外线）

V

v（反应速率）

V（维生素）

Val（缬氨酸）

VB（共价键理论）

Vis［可见（光谱）］

VOCs（挥发性化合物）

vs［很强（峰强度，IR）］

vs.（与…相比）

VSEPR（价电子对排斥理论）

W

w［弱（峰强度，IR）］

W 型［构型（^{1}H NMR）］

X

X（卤素，多指氯或溴，有时也包括碘；射线）

XNA（人造核酸）

Y

Y（产率）

Ylide（叶立德）

Z

Z［增量值（NMR）、构型（烯烃）］

V 希腊字母及其含义

α_{obs}（旋光度，实测旋光度）

α（$\beta\cdots\omega$）（与官能团相连的位置、萘环、杂环上的位置）

$[\alpha]$（比旋光度）

δ［（微量）电性］

δ［化学位移（NMR）、弯曲振动（IR）］

$\delta-$（部分负电荷）

$\delta+$（部分正电荷）

Δ（烯键位次）

ε（介电常数、摩尔消光系数）

ε_{max}（最强吸收波长处的摩尔消光系数）

γ（磁旋比）

λ（波长）

λ_{max}（最大吸收波长）

μ（偶极矩、折合质量）

ν（频率、伸缩振动）

ν_{as}（反对称伸缩振动）

ν_s（对称伸缩振动）

θ（键角）

φ（扭转角）

π（键、电子、轨道、碱性、配合物）

σ（键、电子、轨道、碱性、配合物、对称镜面）

$\bar{\nu}$［频率（波数）］

ψ（波函数）